The World Atlas of
WINE
8TH EDITION

월드 아틀라스 와인

휴 존슨 & 잰시스 로빈슨

The World Atlas of
WINE
8TH EDITION

월드 아틀라스 와인

휴 존슨 & 잰시스 로빈슨

GREENCOOK

THE WORLD ATLAS OF WINE
This edition was first published in Great Britain in 2019 by Mitchell Beazley, an imprint of Octopus Publishing Group Ltd Carmelite House, 50 Victoria Embankment London EC4Y 0DZ

Printed and bound in Singapore

Managing Editor Gill Pitts
Assistant Editor Julia Harding MW
Editorial Assistants Katherine Lavender, Kathryn Allen
Art Director Yasia Williams-Leedham
Cover design concept Daniel Benneworth-Gray
Layout design concept Lizzie Ballantyne
Designers Abi Read, Lizzie Ballantyne
New illustrations for eighth edition Jessie Ford
Senior Production Manager Katherine Hockley
Cartographic Editors Lynn Neal, Paul Hopgood
Gazetteer Mike Adams
Index Gillian Northcott Liles
Proofreader Jamie Ambrose
Picture Research Manager Giulia Hetherington
Picture Research Nick Wheldon
Revisions and new cartography for the eighth edition Cosmographics
Original cartography Clyde Surveys Ltd

월드 아틀라스 와인

펴낸이	유재영
펴낸곳	그린쿡
지은이	휴 존슨 & 잰시스 로빈슨
옮긴이	임명주·그린쿡 편집팀
기획	이화진
편집	박선희·나진이·이준혁
디자인	임수미·정민애

1판 1쇄 2020년 12월 18일

출판등록	1987년 11월 27일 제10-149
주소	04083 서울 마포구 토정로 53(합정동)
전화	324-6130, 324-6131
팩스	324-6135
E-메일	dhsbook@hanmail.net
홈페이지	www.donghaksa.co.kr
	www.green-home.co.kr
페이스북	www.facebook.com / greenhomecook

ISBN 978-89-7190-757-3 13590

사진(p.2~3)_ Château Cheval Blanc, Bordeaux

CONTENTS

Foreword

『The World Atlas of Wine』은 전 세계 와인생산지의 지도를 처음 만들 수 있는 순간과 기회를 놓치지 않았다. 그 순간이란 와인에 대한 관심이 갑자기 증폭했던 시기로, 1960년대의 들뜬 분위기로 시작되었다가 1971년 요란한 청소년기를 맞이하였다. 이처럼 전례 없이 와인 정보에 대해 목말라하는 대중들이 갑자기 등장하였다.

기회는 새로운 분야로 확장하려 했던 네덜란드 지도제작자의 소망에서 비롯되었다. 1966년에 출간한 나의 첫 책 『Wine』은 큰 성공을 거두었다. 내가 와인지도를 생각해봤을까? 최고의 지형도로 만든 지도를? 물론이다. 나는 지형도를 통해 책 속에 있는 지역, 마을, 와이너리 등의 단순한 이름이 마을과 들판, 숲, 계곡, 언덕의 생생한 사진으로 태어날 수 있다면 즐겁게 공부하고 기억할 수 있으리라 생각했다. 국제와인사무국은 나의 아이디어를 실현하기 어렵다고 판단했다. 그런데 『Atlas of the Universe』를 출간하여 크게 성공한 신생출판사 미첼 비즐리는 포도밭 지도를 식은 죽 먹기라고 생각했다. 우리는 함께 적절한 축척의 지도, 설명, 텍스트, 사진, 도표, 그리고 초판에 실렸던 대표적인 와인 라벨을 조합하며 책을 구상했다. 한때 잡지 에디터였던 나는 잡지처럼 책을 디자인했다. 『The World Atlas of Wine』의 소재, 줄거리, 디자인은 출판계가 놀랄 정도로 반응이 좋았다. 출간 후 2년 동안 6개 국어로 번역되어 50만 부가 팔렸다. 48년의 세월이 흐르고 7번의 개정판이 출간되는 동안 16개 국어로 늘어났고 470만 부가 팔렸다.

백과사전류의 책에 왜 그렇게 많은 수정이 필요하냐고 물어볼 수 있다. 변화가 서서히 진행되는 분야도 있지만, 와인의 세계는 지난 50년 동안 엄청난 변화의 소용돌이 한가운데에 있었다. 와인이 기호식품, 학문, 과학, 취미, 그리고 산업으로서 본궤도에 진입한 것이다. 그 이유는 많다. 과학의 진보, 식문화에 대한 관심, 휴가와 해외여행 증가, 소득 증가, 여가시간 확대, 호기심 증가, 뭔가 특별한 것을 만들어 세상에 이름을 알리고 싶은 욕망…… 이 모든 것이 와인에도 적용되었다. 50년이 지난 지금 우리는 가볍게 마실 만한 와인부터 독창적이고 훌륭한 와인까지 매우 광범위한 선택지를 갖고 있다.

그래서 연구가 필요하다. 시음하고, 표현하고, 가능하다면 설명도 해야 한다. 왜 동일한 품종을 다른 곳에서 재배하면 다른 와인이 되는 것일까? 왜 어떤 품종은 그 지역에서만 재배되어야 하는 것일까? 1970년대에 오스트레일리아와 캘리포니아 와인이, 1980년대에 뉴질랜드 와인이, 1990년대에 남아메리카 와인이, 그리고 2000년대에 남아프리카공화국 와인이 스타로 떠오른 이유는 무엇일까?

새로운 와인산지의 변화는 전통 와인산지의 변화로 이어졌다. 이탈리아는 토착품종의 재발견을 통해 놀라울 정도로 새로운 와인을 생산하고 있다. 프랑스에서는 그동안 관심 받지 못했던 산지가 새롭게 부각되고 있다. 스페인은 여러 세대에 걸친 무관심을 떨쳐내며 훌륭한 아이디어로 부활하고 있고, 그리스는 매우 흥미로운 향과 풍미로 어둠에서 벗어나고 있다. 어떤 나라도 변화의 물결을 피하지 못한다.

와인비평가들에게도 좋은 기회. 각종 와인대회가 신문의 헤드라인을 장식하고, 슈퍼마켓에는 수백여 종의 와인이 판매되고 있으며, 감히 상상할 수 없는 가격의 와인도 있다. 인터넷은 정리와 질서가 필요할 정도로 정보를 쏟아내며 확산시키고 있다.

지도제작자들 역시 변화의 속도에 즐거운 마음으로 보조를 맞추고 있다. 그들은 우리의 설명을 잘 듣고 생생한 그림과 사진, 도표를 우리 앞에 펼쳐놓았다. 이제 독자들은 새로운 와인산지의 정보를 눈앞에서 볼 수 있다. 『The World Atlas of Wine』 초판의 저자는 5번째 개정판부터 능력 있는 새로운 저자에게 운전대를 넘겼다. 새로운 저자는 오랜 친구인 잰시스 로빈슨. 전문성, 취향, 판단력, 그리고 그 어떤 작은 것도 놓치지 않는 섬세함으로 국제적인 명성을 얻고 있는 와인 전문가이다. 그런 전문가에게 운전대를 맡기게 된 것은 큰 행운이 아닐 수 없다.

휴 존슨

Introduction

이번 『The World Atlas of Wine』의 8번째 개정판은 지금까지의 전통적인 와인 관련 도서로는 가장 유용하고 광범위한 종합판이다. 나는 2년의 시간을 이 책에 쏟아부었다. 편집자 질 피츠와 편집팀, 그리고 와인계에서 가장 부지런한 마스터 오브 와인 줄리아 하딩이 같은 시간을 이 책에 헌신했다. 『The World Atlas of Wine』을 탄생시킨 후 5번째 개정판부터 나에게 운전대를 맡긴 휴 존슨의 조언 역시 소중했다. 이처럼 심층적인 와인지도를 개정하는 작업은, 너무 힘들고 에너지 소비가 커서 여행할 시간도 없다는 것이 작업자의 아이러니다. 하지만 우리는 와인테이스팅의 중심지 런던에 앉아서 세계를 여행했다. 와인병과 잔을 통해 와인세계의 놀랍고 역동적인 변화를 따라가는 것은 무엇과도 비교할 수 없는 소중한 기회였다. 『The World Atlas of Wine』 8번째 개정판을 준비하면서 현재의 와인세계가 지난 44년 동안 내가 와인비평을 하면서 보았던 것보다 더 큰 변화의 시대를 지나고 있다고 느껴졌다. 그래서 문화와 자연현상, 그리고 용광로처럼 끓어오르는 매우 다양한 인간의 야심을 이 책에 담아 세상에 내놓는다는 것이 무척 흥분되었다.

1980년대와 1990년대에 와인에 대해 관심을 가졌던 사람들은 생산자든 소비자든 모두 같은 방향을 바라보고 있었다. 처음으로 셀럽 대우를 받게 된 와인메이커들의 목표는 분명했다. 그들은 대부분 프랑스에 고급와인 생산국이라는 명성을 안겨준 와인을 재현하여 비슷한 스타일의 와인을 만들기 위해 노력했다. 그래서 그들은 어디에 있든, 여름이 얼마나 덥든 상관없이 시애틀에서 애들레이드까지 모든 와인메이커들이, 부르고뉴 화이트를 모델로 오크통에서 숙성시킨 샤르도네를 만들고, 보르도 1등급을 모델로 카베르네 소비뇽을 만들기 위해 노력했다. 스페인이나 이탈리아처럼 유서 깊은 고유의 와인 전통을 지닌 유럽 국가도 마찬가지였다.

20세기가 끝나가면서 이런 통일된 목표의식은 더 고무되었는데, 이유는 주로 권력에 보답하는 것 같았던 소수의 와인전문가, 즉 미국 비평가들로부터 소비자가 조언을 받고 있다는 사실 때문이다.

많은 네고시앙들이 자신이 인정하는 와인을 선택하지 않고 다른 사람들의 평가를 따르는 데 급급했고, 결과적으로 목표와 분명한 성과가 제한되었다. 와인메이커들은 고용주로부터 유명 비평가에게 높은 점수를 받는 와인을 만들라는 압박을 받았다. 점점 커지는 고급와인 시장에서 모두가 똑같이 자랑할 만한 와인을 원했고, 당연히 가격은 상승했다. 최고급와인과 일반와인의 가격 차이는 계속 벌어졌고, 반면 품질의 차이는 좁혀졌다. 과학적으로 교육을 받은 양조자들이 남반구 또는 북반구로 날아가서 깨끗한 와인양조 기술을 전파하면서 기술적으로 불완전한 와인은 과거의 일이 되었다. 이렇게 플라잉 와인메이커 현상이 가능했던 것은 통신의 발달과 값싼 비행기표 덕분이었다.

하지만 21세기부터 긍정적인 변화가 시작되었다. 유명 와인의 저력과 매력에 의문이 제기되고, 소셜미디어는 와인애호가의 커뮤니케이션 통로가 되었다. 이제 애호가들은 와인잡지나 뉴스레터의 점수에 의존하지 않는다. 와인에 대해 의견을 나눌 공간이 생겼기 때문이다. 동시에 생산자와 소비자는 제한된 품종으로만 만드는 와인에 지쳐갔다(생산자의 잘못이 크다). '샤르도네만 빼고 다 좋다'라는 ABC(Anything But Chardonnay) 운동이 일어나고, 토마토나 사과 등 전통품종에 대한 연구가 활발해지고, 생물다양성에 대한 관심이 높아졌다. 자신이 사는 지역의 중요성을 강조하는 로컬 푸드운동도 일어났다. 그 결과 순식간에 지역 토착 포도품종이 크

양조방식은 더 이상 1가지가 아니다. 태양열을 사용하는 프랑켄(Franken)의 루드비히 크놀(Ludwig Knoll) 와이너리는 콘크리트 양조통, 오크통, 사진 오른편에 묻혀 있는 암포라, 그리고 앙금을 계속 움직이게 하는 콘크리트 에그 등 다양한 방식을 선택할 수 있다.

게 유행하면서 많은 품종이 되살아났고, 블렌딩와인과 함께 사라졌던 품종이 다시 빛을 보게 되었으며, 예전에는 소수 품종만 표시했던 앞 라벨을 장식하게 되었다. 기온상승과 빨라진 수확시기로 고통받던 새로운 지역의 재배자들은 이제 더 따뜻해진 기후에 맞는 품종을 찾고 있다. 한편 전통 와인산지에서는 고대 품종에 대한 조사가 진행중이다(그중에는 이름조차 없는 것도 있다). 지구 온난화는 전 세계 생산자를 좀 더 서늘한 곳으로 이동시켰고, 와인지도는 북극과 남극으로 확장되었다. 또 다른 세계적 흐름은 지구에서의 지속가능성에 대한 고민이 활발해졌다는 것이다. 농약을 오랫동안 과도하게 사용한 결과, 땅이 오염되고 야생동물이 사라지는 것이 명백해지면서, 유기농법이야말로 앞으로 나아가야 할 방향이 되었다. 이미 1990년대에 유명 와인생산자들은 우주의 주기변화를 따르는 바이오다이나믹 농법으로 와인생산을 시작했다.

셀러에서 하는 인위적인 작업에 대한 거부감도 커졌다. 이제 오크통에서 지나치게 숙성되고 알코올 함량이 높으며 색깔이 진한 잘 익은 와인의 유행은 끝났지만, 그렇다고 가볍고 신선하며 상큼하고 화학첨가제를 전혀 넣지 않은 연한 색의 와인이 정답은 아니다. 정도가 다르기는 하지만 기술적으로 안정된 '내추럴' 와인부터, 정통방식의 훌륭한 와인 생산 가운데 새로운 것을 시도하는 생산자의 와인까지, 와인 스타일에 있어서 새로운 경향이 시작되었다. 예를 들어, 화이트와인용 품종을 오래 침용시켜 오렌지색이나 호박색 와인을 만들거나, 아카시아나무, 밤나무 또는 현지의 참나무로 만든 통에서 발효나 숙성을 시키는(둘 다 시키는 경우도 있다) 실험을 하고 있다. 토기 항아리인 암포라, 콘크리트 에그, 세라믹 공 등을 사용하기도 한다. 1가지 방식으로 포도를 재배하고 와인을 만드는 시대가 지나갔듯, 와인을 평가하는 방식도 여러 가지다.

기후변화, 적도 부근에서도 와인을 재배할 수 있는 정교한 재배방식, 와인의 유행 등으로 와인생산지가 훨씬 많아졌고 그 결과 와인애호가들에게 훨씬 다양한 선택권이 주어졌으며, 『The World Atlas of Wine』 8번째 개정판은 결국 페이지가 크게 늘어났다. 옛날에는 모두가 1등급와인을 시음하고 싶어했다. 하지만 오늘날의 와인애호가는 마시고 싶은 품종 100가지 또는 마시고 싶은 나라의 와인 50가지 리스트를 만들어 하나씩 시음할 확률이 더 크다. 와인생산자들이 특정 지역의 개성을 정확히 표현하려는 욕망은 그 어느 때보다 강하며, 지역은 매년 더 세분화되고 있다. 때문에 이 『The World Atlas of Wine』 보다 더 좋은 가이드가 있을까 싶다.

혼자서는 불가능한 일

와인에 대한 정보를 한 사람이 모두 알려줄 수는 없다. 휴 존슨과 나의 경력을 합하면 거의 100년이지만 두 사람이 힘을 합해도 불가능하다. 감히 할 수 있다고 주장할 생각도 없다. 우리는 현지 전문 컨설턴트의 리포트를 해석하고 포괄적인 맥락에 맞게 정리하는 데 큰 도움을 받았다(p.416 참조). 물론 『The World Atlas of Wine』의 모든 의견과 의도치 않은 실수는 우리의 책임이다. 런던에서는 옥터퍼스 출판그룹의 임프린트 미첼 비즐리의 베테랑 편집장 질 피츠의 호의와 능력, 뛰어난 기억력에 의지했다. 내가 관여한 4종류의 개정판을 모두 책임 편집한 그녀에게 고마움을 전하며, 그녀의 어시스턴트 캐서린 라벤더와 캐스린 앨런, 뛰어난 능력을 보여준 아트디렉터 야시아 윌리엄스, 디자인팀의 애비 리드, 리지 밸런타인에게도 많은 도움을 받았다. 발행인 드니즈 베이츠도 빼놓을

수 없다. 여러 발행인과 작업을 했지만 훌륭한 배려심과 조언을 아끼지 않는 발행인과 함께하는 것은 언제나 즐겁다. 위에 언급한 나의 동료 줄리아 하딩에게도 어떤 말로 고마움을 전해야 할지 모르겠다. 그녀가 지도를 좋아하는 것이 얼마나 다행인지! 또 그녀를 통해 전 세계 포도재배와 와인양조 전문가들의 지혜를 얻을 수 있어서 얼마나 행운이었는지! 지도가 없는 지도책을 상상할 수 있을까? 지도편집자 린 닐과 코스모그래픽스의 알란 그림웨이드, 마크 엘드리지가 없었다면 이 방대한 프로젝트는 존재할 수 없었다.

변함없이 이해하고 응원해준 남편 닉과 가족에게 감사한다. 그리고 끝으로 오래전 처음 해보는 와인지도라는 작업에 초대해준 휴 존슨에게 고마움을 전한다. 흥분되는 여행이었다. 이제 독자 여러분이 떠날 차례다.

잰시스 로빈슨

이 책의 지도를 보는 방법

『월드 아틀라스 와인(The World Atlas of Wine)』에 수록된 지도는 와인전문가가 아니라 소비자를 위해 제작되었다. 특정 아펠라시옹—AOP/AOC, DOP/DOC, DO, AVA, GI 또는 남아공의 ward—이 존재해도 소비자들에게 실질적으로 도움이 되지 못한다면 과감하게 제외했다. 반면 지역이나 구역의 이름이 아직 공식명칭으로 인정받지 못했더라도, 일반적으로 사용되는 와인용어라면 포함시켰다.

와인의 품질이나 지역에서의 중요도에 따라, 전 세계 와인애호가들이 관심을 가질 만한 특별한 와이너리를 지도에 표시했다. 지역에 따라 와인회사의 위치를 정확하게 표시하기 힘든 곳도 있다. 특히 캘리포니아와 오스트레일리아에서는 와인을 판매하거나 테이스팅하는 '셀러 도어'가 와인이 실제로 생산되는 곳과 다른 장소에 있을 수 있다(계약을 맺고 와인을 양조해주는 시설인 경우도 있다). 그런 경우에는 생산자가 와인애호가들에게 자신의 공식적인 위치로 알리고 싶어하는 곳을 표시했다. 코트 도르 지도처럼 세부적인 지도에는 와인생산자들을 표시하지 않았다. 마을의 한적한 길에 모여 있는 양조장보다는 포도밭을 더 집중적으로 표시했다.

한 나라 안에서의 와인산지는 기본적으로 서쪽에서 동쪽, 북쪽에서 남쪽의 순서로 소개했다. 물론 모든 규정이 그렇듯 예외도 있다.

이 책의 지도는 매우 다양한 축척을 사용했다. 상세한 정도는 지도에 표시된 지역의 복잡도에 따라 달라진다. 각 지도에는 축척 바를 표시했으며, 등고선 간격은 지도마다 다르고 모든 지도에 표시하였다.

지도에 로마체(예_ MEURSAULT)로 표시된 것은 관련 명칭과 장소이고, 고딕체(예_ Meursault)로 표시된 것은 지리적 정보이다.

지도마다 세로에 있는 알파벳, 하단 가로에 있는 숫자는 지역을 구분 지은 기준 영역이다. 샤토, 와이너리 등의 위치를 확인하려면 p.400~415에 있는 페이지 번호와 기준 영역이 표시된 지명색인을 참고한다.

와인의 역사

와인은 인류 문명의 첫 번째 증거와 함께 동쪽에서부터 등장한다. 그 첫 증거는 캅카스 지방에서 발굴된 BC 7,000년경 토기 조각에 남아있는 화학성분의 흔적이다. 이집트 파라오에게는 훌륭한 포도밭이 있었고(가나안인들이 재배하던 포도나무를 나일강 삼각주로 가져왔기 때문이다) 심지어 와인에 라벨도 있었지만, '가나안의 땅' 레바논에서 만든 와인을 더 좋아했다. 와인이라고 부를 수 있고 그 기원을 추적할 수 있는 와인은, 지중해에 식민지를 두었던 페니키아인과 그리스인으로부터 시작되었는데, 페니키아인은 BC 1,000년 무렵부터이고, 그리스인은 그로부터 400년이 지난 후부터이다. 그후 와인은 에게해, 이탈리아, 프랑스, 스페인에서 자리를 잡았다.

고대 그리스와 로마

그리스에서 와인은 시인들에게 아낌없이 칭송 받고 시로 기록되었지만, 상류층은 와인에 항상 허브, 향신료, 꿀을 넣거나 물을 섞어서 마셨다. 특히 에게해섬(키오스섬과 사모스섬)의 와인은 독특한 개성으로 귀하게 여겼다. 그리스어로 '심포지엄'은 와인을 양껏 마시면서 긴 대화(철학적이지 않아도 좋다)를 나누는 것을 의미한다. 그리스인들은 이탈리아 남부에서 처음 포도나무를 대량으로 심었고, 토스카나와 그보다 더 북쪽에 있는 에트루리아인이 이를 이어받아 로마인에게 전수했다. 아마도 "포도나무는 탁 트인 언덕을 좋아한다"는 베르길리우스의 글이 재배자에게는 가장 단순하면서도 최고의 조언이 되었을 것이다. 로마에서는 대규모로 포도를 재배했고, 수천 명의 노예도 있었다. 포도재배는 헝가리까지 로마제국 전체로 퍼졌으며, 로마는 스페인, 북아프리카 등 지중해 식민지에서 수많은 암포라(36l 항아리)를 수입했다.

로마 와인의 품질은 어땠을까? 그중에는 분명 아주 오래 보관할 수 있는 와인도 있었는데 이는 와인이 잘 만들어졌다는 의미다. 머스트에 자주 열을 가해 농축시킨 다음 난로 위에서 연기를 쐬기도 했는데, 아마도 현재의 마데이라 와인과 비슷한 효과를 내기 위해서였을 것이다. 로마인들도 훌륭한 빈티지 와인에 대해 이야기했으며, 시음 적기보다 더 오래된 와인을 마셨다. 오피미우스가 집정관이던 BC 121년부터 만든 유명한 오피미안 와인은 암포라에 보관했는데, 125년 후까지 마셨다고 한다. 나무통은 골족(갈리아인)이 발명했는데, 가볍고 다루기 쉬워 암포라를 대체했다. 2,000년 전 이탈리아인들은 지금으로 치면 거칠고 숙성이 안 된 와인, 즉 빈티지에 따라 날카롭거나 강한 와인을 마셨을 것이다. 그리스인은 북상하여 식민지였던 갈리아 남쪽의 마실리아(오늘날의 마르세유)까지 와인을 전파했다. 로마인은 그곳에 포도나무를 심었고, AD 5세기 무렵에 현대 유럽에서 가장 유명한 와인산지의 기초를 다졌다. 그들은 이미 수세기 전에 그리스인이 포도를 재배했던 프로방스를 시작으로 론계곡을 거쳐 랑그독과 바로 북쪽 가이약으로 올라갔다. AD 4세기경 시인 아우소니우스의 시대에는 보르도에서 와인을 만들고 있었다. 아우소니우스는 로마제국 북부의 수도 트리어에 살면서 모젤 와인에 대한 찬가를 쓰기도 했다.

초기에는 강의 계곡을 중심으로 발전했다. 로마인들이 적의 매복에 대비해 나무를 전부 베어내고 경작했기 때문이다. 또한 와인처럼 무거운 것을 나르려면 배가 최고의 운송수단이었다. 보르도, 부르고뉴, 트리어는 모두 남부 또는 이탈리아, 그리스와 와인교역을 시작하면서 자체적으로 포도나무를 심었다. AD 1세기경에는 루아르강과 라인강 유역, 2세기에는 부르고뉴, 4세기에는 파리(좋은 생각이 아니었다), 샹파뉴, 모젤에 포도밭이 생겼다. 부르고뉴의 코트 도르는 배가 다닐 수 없었기에 설명하기가 가장 어려운 포도밭이다. 부유한 도시 오툉을 지나 북쪽 트리어로 가는 주도로에 포도밭이 만들어졌는데, 오툉 사람들은 그 포도밭으로 돈을 벌 수 있다는 생각을 했고, 나중에 그곳이 황금을 낳는 언덕이라는 것을 깨달았다(프랑스어로 코트 도르는 황금 언덕을 의미). 그렇게 프랑스 와인산업의 기반이 마련되었다.

중세시대

로마제국 멸망 후 어두운 중세시대가 왔지만 빛은 비추었다. 우리에게도 익숙한 포도수확, 압착, 셀러의 오크통, 즐겁게 와인을 마시는 사람들을 묘사한 채색 필사본을 많이 볼 수 있다. 와인양조방법은 20세기까지 근본적으로 크게 변하지 않았다. 중세시대에는 교회가 문명과 기술의 저장고였다. 사실상 로마제국의 통치가 계속되었는데, 샤를마뉴 대제는 제국의 체계를 다시 세우고 좋은 와인을 만들기 위한 법 제정에 힘을 기울였다.

확장욕에 사로잡힌 수도원들은 산비탈을 개간하고 나무를 베어낸 들판 주변에 담을 쌓았다. 또한 죽음을 앞둔 포도재배자들과 전장으로 떠나는 십자군들이 교회에 땅을 바치면서 가장 큰 포도밭의 소유주가 되었다. 성당, 교회, 특히 수많은 수도원이 유럽에서 가장 좋은 포도밭을 소유하거나 조성하였고, 나중에는 미대륙에 처음 포도밭을 만들었다. 이탈리아의 몬테카시노와 부르고뉴의 클루니에 거점을 둔 베네딕토회 수도사들은 최고의 포도밭을 경작했지만, 사치스러운 생활로 악명을 떨쳤다. "식사를 하고 일어난 수도사들의 혈관은 와인으로 부풀었고 머리에서는 불이 났다." 이에 반발한 몰렘의 성 로베르토가 1098년 베네딕토회와 결별하고, 코트 도르 근처 시토의 새로운 수도원의 이름을 따서 금욕을 규율로 삼는 시토 수도회를 세웠다. 시토회는 큰 성공을 거두었고, 부르고

지금의 나폴리 해안은 AD 79년 베수비오 화산이 폭발하기 전까지 고대 로마의 주요 포도밭이면서 로마인이 가장 좋아하는 휴양지였다. 아래 프레스코화는 베수비오의 폭발로 파괴된 고대도시 헤르쿨라네움 유적에서 발견되었다.

옛 시토회 소속 클로스터 에버바흐 수도원은 1136년에 세워졌다. 포도밭, 광산, 양목장을 소유한 시토회는 사실상 세계 최초의 다국적 기업이었다.

뉴의 클로 드 부조 포도밭과 라인가우의 클로스터 에버바흐 수도원 근처의 슈타인베르크 포도밭, 그리고 유럽 전역에 훌륭한 수도원을 많이 세웠다.

보르도는 교회로부터 자유로운 유일한 주요 와인산지로, 상업 목적으로 만들어졌고 단일시장과의 교역을 통해 발전했다. 1152~1453년 프랑스 서부의 대부분을 차지했던 아키텐 공국이 영국 왕실과 혼인하면서, 보르도는 매해 모든 영국 해안도시에서 온 수백 척의 배에 영국인이 사랑하는 연한 클라레, 즉 뱅 누보가 담긴 큰 통(약 300ℓ)을 힘들게 실었다. 런던의 빈트너즈 컴퍼니는 1363년 번창하는 사업에 대한 일종의 독점권인 왕실인증서를 받았다.

그러나 교회와 수도원의 안정적인 체제 안에서 포도재배와 양조에 필요한 도구, 용어, 기술이 유지되었고, 와인 스타일과 지금 우리에게도 익숙한 포도품종이 서서히 생겨났다. 엄격하게 규제된 상품이 드물었던 중세시대의 와인과 양모는 북부 유럽에서 가장 비싼 사치품이었고, 직물과 와인교역은 부를 창출했다.

현대 와인의 발전

17세기까지 와인은 안전하고 몸에 좋으며 오래 보관할 수 있는 유일한 음료였다. 물은 도시에서 마시기에 안전하지 않았다. 홉을 첨가하지 않은 에일맥주는 금방 상했고, 증류주도 없었다. 하지만 17세기에 들어서자 모든 것이 변했다. 중앙아메리카에서 초콜릿이, 아라비아에서 커피가, 중국에서는 차가 들어왔다. 동시에 네덜란드인들은 증류기술과 증류주 교역을 발전시켜 프랑스 서부의 방대한 포도밭을 증류용 값싼 화이트와인 공급지로 바꾸었다. 에일에 홉을 넣으면서 맥주맛이 안정되었고, 도시에서는 로마시대 이후 부족했던 깨끗한 물을 공급했다. 와인산업은 새로운 아이디어를 찾지 않으면 붕괴될 위기에 처했다.

오늘날 고전이라 생각하는 대부분의 와인이 17세기 후반부터 나온 것은 우연이 아니다. 하지만 이런 발전은 때마침 유리병이 발명되지 않았다면 성공하지 못했다. 로마시대부터 와인은 오크통에 보관되었고 도자기, 가죽으로 만든 병이나 항아리에 담아 테이블로 옮겨졌다. 17세기 초에는 유리병 생산기술이 발전해서 더욱 강하고 값싼 유리병이 만들어졌고, 거의 동시에 유리병, 코르크마개, 코르크스크루도 만들어졌다.

와인을 유리병에 담아 코르크마개로 막아서 보관하면, 여는 순간 와인의 맛이 급속하게 변질되는 오크통보다 훨씬 오래 보관할 수 있다는 사실이 확실해졌다. 또한 시간이 지나면서 '부케'가 생성된다는 것도 알게 되었다. 그렇게 해서 장기보관용 와인 '뱅 드 가르드'가 탄생했고, 가격이 2~3배 뛰었다.

처음으로 품질을 중시한 보르도 '샤토 오-브리옹'의 역사는 17세기 중반에 시작됐다. 18세기 초에는 부르고뉴 와인의 스타일도 바뀌었다. 한때는 볼네와 사비니처럼 매우 섬세한 와인이 인기였지만, 이러한 뱅 드 프리뫼르(양조 뒤 바로 마시는 와인)는 오래 발효시켜 색이 진한 뱅 드 가르드, 특히 코트 드 뉘 와인에 자리를 내줬다. 그러나 부르고뉴에서는 여전히 피노 누아가 주요 품종이었고, 부르고뉴를 다스리던 발루아 공작들은 의무적으로 피노 누아를 심게 했다. 샹파뉴 역시 피노 누아를 의무적으로 심었다. 한편 독일 최고의 포도밭에서는 리슬링을 다시 심었고, 메독에서는 카베르네 소비뇽이 말벡을 대체했다.

와인병의 발달로 가장 큰 덕을 본 것은 독한 포트와인이다. 영국인들이 포트와인을 마시기 시작한 것은 17세기 말로, 계속된 전쟁으로 좋아하던 프랑스 와인에 매우 높은 관세가 붙자 포트와인으로 눈을 돌린 것이다. 스위트와인의 인기가 높았는데, 심지어 샴페인도 달았다. 말라가와 마르살라 와인이 전성기를 누렸고 토카이, 콘스탄티아, 그리고 미국에서는 마데이라가 가장 유명했다.

와인교역도 활발하게 이루어졌으며, 와인산업에 지나치게 의지하는 나라도 있었다. 1880년 이탈리아에서는 인구의 약 80%가 와인 관련 일로 생계를 유지했다. 이탈리아(토스카나, 피에몬테)와 스페인(리오하)은 최초로 현대적인 수출용 와인을 만들었고, 캘리포니아는 처음으로 와인붐을 겪었다. 이때 필록세라(p.27 참조)가 세계를 강타했다. 그 당시 거의 모든 포도나무가 뽑혔고, 와인세계의 종말처럼 보였다. 그러나 돌이켜보면 합리적인 재배방식, 접붙이기 기술 도입, 가장 적합한 품종 선택에 대한 압박 등이 새 출발의 계기가 되었다.

자세한 와인 역사는 휴 존슨의 『The Story of Wine』 참고.

와인이란?

와인은 마법의 힘을 지녔다. 기분이 좋아지고, 두뇌 회전을 도와주며, 몸의 긴장을 풀어주고, 정신을 자극한다. 와인은 쉽게 말해 발효시킨 포도즙이다. 다른 과일즙도 발효시키면 알코올 음료가 된다. 사과는 사과주(cider)를, 배는 페리를 만들 수 있고 루바브, 블랙베리 등 어떤 것이든 발효에 필요한 당분만 있으면 과일주를 만들 수 있다. 하지만 포도는 어떤 과일보다 오래 보관할 수 있고, 복합적인 맛의 술을 만들기에 적합한 당도와 산미가 있다. 또한 다른 과일과는 달리 당분을 첨가하지 않고 알코올 도수 12~14%의 술을 만들 수 있다. 포도즙은 산미가 강하고 주석산(타타르산)이 해로운 세균의 확산을 막아주기 때문에 건강에 좋고 안정적이다. 포도즙의 또 다른 특징은 포도밭, 셀러, 포도껍질에 좋은 효모가 자연적으로 존재해서 발효가 잘 된다는 점이다.

발효는 와인양조의 가장 중요한 포인트이다. 효모는 효과적으로 당분을 먹어치우고 알코올로 변화시킨다. 이 과정에서 포도즙은 덜 달아지고 알코올이 더 강해지며, 이산화탄소가 발생한다. 포도즙의 당분이 모두 알코올로 변하면 '드라이' 와인이 되고, 효모가 당분을 전부 알코올로 전환시키지 못해 와인에 당분이 남으면 '스위트' 와인이 된다(스위트와인은 여러 방식으로 만든다. 발효가 안 된 즙을 첨가하거나, 아이스바인처럼 당분이 농축된 언 포도를 압착하기도 하며, '귀부병'이라 불리는 보트리티스 시네레아라는 특별한 곰팡이가 핀 포도로 만들기도 한다. p.104, 293 참조).

와인의 색

포도 과육은 당분과 아주 중요한 산미를 제공하며, 포도껍질의 색과 상관없이 거의 비슷한 회색을 띤다. 갓 만든 와인은 탁하고 연한 밀짚색이다. 그 안에 떠있는 부유물질이 침전되면 맑고 연한 '화이트와인'이 된다. p.32~33을 보면 더 많은 정보를 얻을 수 있다.

레드와인은 껍질색이 진한 포도로 만든다(색소가 껍질에 들어있기 때문이다). 압착 후 껍질과 즙을 분리하여 발효시키는(화이트와인 양조법) 대신, 일부러 즙과 껍질을 장시간 접촉시킨다. 양조가 진행되는 동안 포도껍질과 즙이 발효통에 함께 있는 것이다. 효모는 산소가 없어야 작용한다(그래서 화이트와인을 만들 때 밀폐 가능한 스테인리스나 나무 통을 사용한다). 이산화탄소 기포는 유해 산소로부터 발효된 즙을 보호하고, 껍질을 위로 밀어올린다.

껍질에는 방부제 역할을 하는 타닌도 있다. 진한 차나 호두껍질을 먹으면 느껴지는 쓴맛이 바로 타닌인데, 타닌은 레드와인에 '강한 맛'과 '구조감', 그리고 주요 방부성분을 제공한다. 타닌의 구조와 숙성도는 매우 중요해서 의욕적인 와인메이커들이 열심히 연구하고 있다. 장기보관용 와인의 경우 특히 더 그렇다. 어린 레드와인의 시음이 생각만큼 즐겁지 않은 이유도 타닌 때문이다. 레드와인은 발효가 끝난 뒤 껍질과 즙을 며칠 또는 몇 주 동안 분리하지 않고 함께 둔다. 화이트와인, 특히 껍질과 어느 정도 접촉시켜서 만든 화이트와인에도 타닌이 있는데, 대부분의 레드와인보다는 적은 양이다. 흔히 말하는 오렌지와인은 화이트와인용 포도를 레드와인처럼 껍질과 즙을 접촉시켜 만든 것으로, 레드와 화이트의 중간이다. 음식과 매우 잘 어울린다.

로제와인은 색이 진한 레드와인용 포도를 사용하여 화이트와인과 같은 방식으로 양조한다. 단, 압착해서 발효시키기 전에 핑크색이 될 정도로만 껍질과 즙을 접촉시키는 부분이 다르다.

스파클링와인은 기포가 못 빠져나가는 환경에서 2차발효를 한다. 병이나(전통적인 샴페인 방식) 더 경제적인 양조통(샤르마 방식 또는 밀폐탱크 방식)으로 2차발효를 한다. 안에 갇힌 이산화탄소는 와인에 녹아들어 병을 열 때 경쾌하게 올라온다. 포트, 마데이라, 알코올 도수가 강한 셰리를 '주정강화와인'이라고 하며, 중성주정을 첨가하여 알코올 도수를 높인다.

성숙 마지막 단계의 피노 누아 단면

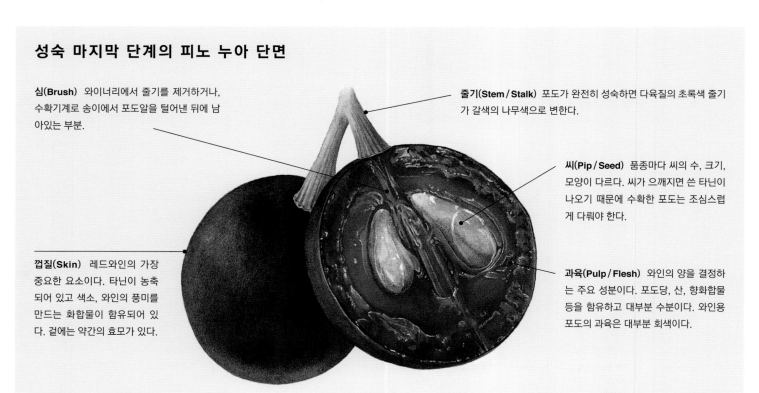

심(Brush) 와이너리에서 줄기를 제거하거나, 수확기계로 송이에서 포도알을 털어낸 뒤에 남아있는 부분.

줄기(Stem / Stalk) 포도가 완전히 성숙하면 다육질의 초록색 줄기가 갈색의 나무색으로 변한다.

씨(Pip / Seed) 품종마다 씨의 수, 크기, 모양이 다르다. 씨가 으깨지면 쓴 타닌이 나오기 때문에 수확한 포도는 조심스럽게 다뤄야 한다.

껍질(Skin) 레드와인의 가장 중요한 요소이다. 타닌이 농축되어 있고 색소, 와인의 풍미를 만드는 화합물이 함유되어 있다. 겉에는 약간의 효모가 있다.

과육(Pulp / Flesh) 와인의 양을 결정하는 주요 성분이다. 포도당, 산, 향화합물 등을 함유하고 대부분 수분이다. 와인용 포도의 과육은 대부분 회색이다.

포도나무

와인이라는 놀랍도록 다양하고 여러 감정을 불러일으키는 음료가, 포도즙 하나만을 발효시켜 만들었다는 것은 놀라운 일이다. 포도는 상업적으로 재배되는, 세계에서 가장 중요한 과일이다. 신선한 포도로 먹을 수 있고 건포도로도 만들 수 있지만, 전 세계 생산량의 절반은 더 고귀한 운명을 갖는다.

와인을 만들려면 알코올 발효를 위해 당분을 충분히 함유한 포도가 필요하다. 여기까지는 간단하다. 좋은 와인을 만들기 위해서는 산도, 타닌, 그리고 잘 알려지지 않은 향화합물의 적절한 균형이 필요하다. 와인 한 방울 한 방울은 모두 땅에서 얻은 물로 만들어진다. 이 물은 광합성을 통해 발효 가능한 당분으로 전환되는데, 땅속 영양분과 당분의 기본 구성요소인 탄소를 제공하는 공기 중 이산화탄소의 도움을 받는다.

어린나무는 처음 2~3년 동안 뿌리와 튼튼한 줄기를 만드느라 바빠서 열매를 많이 맺지 못한다. 하지만 가지치기를 하면 3년째부터 수익이 날 만한 양을 수확할 수 있다. 포도나무는 다른 작물들보다도 건조한 기후와 척박한 토양을 훨씬 잘 견딘다. 그래서 악조건이거나 외진 곳에 포도밭이 있는 경우도 있다. 메마른 여름 황무지에 포도밭만 초록으로 빛나는 풍경을 종종 보기도 한다. 포도나무는 덩굴식물이라서 일단 뿌리를 내리면 뿔뿔이 뻗어나가고 열매도 맺지만, 주로 새싹을 만들고 줄기를 뻗는 데 대부분의 에너지를 사용한다. 잎이 무성하고 구불구불한 긴 가지들이 덩굴손을 이용해, 타고 올라갈 나무를 찾아 수 평방미터의 땅을 뻗어나가면서 뒤덮는다. 그리고 가지가 땅에 닿으면 새로운 뿌리를 내린다.

하지만 현대에는 포도나무가 소중한 에너지를 가지와 잎 대신 포도를 익히는 데 쓰도록 유도한다. 대부분의 상업적 와이너리에서는 수확량이 중요하지만, 이 책의 지도에 표시된 주목받는 와이너리들의 궁극적인 목표는 품질이다. 따라서 수액이 말라서 가지자르기가 쉬운 겨울에 가지치기를 하는데, 싹의 수를 신중하게 계산하여 적당한 자리는 남겨두고 필요 없는 싹을 잘라낸다. 그래야 봄에 관리하기 쉽고 생산성이 좋은 싹이 된다. 포도나무는 작은 덤불모양으로 두거나, 가지를 철사에 고정시켜 줄지어 자라게 한다.

포도나무의 생장기

자라면서 포도나무의 뿌리는 물과 영양분을 찾아 땅속 깊이 내려간다(30m까지 내려가는 것도 있다). 보통 포도나무가 어릴수록 와인은 가볍고 섬세함이 덜하다. 처음 한두 해는 맛있는 열매를 맺을 수 있지만, 자연적으로 수확량이 적고, 풍미가 농축된 송이가 많이 열리지 않는다. 심은 지 3~6년이 지나면 포도나무는 안정기에 접어들어 자라는 공간을 다 채울 정도로 무성해진다. 포도의 풍미는 갈수록 좋아져 더 진한 와인을 만들 수 있다. 복잡해진 뿌리가 포도나무에, 그리고 건강한 토양과 공생관계인 미생물에, 효과적으로 수분과 영양분을 공급하기 때문이다(p.25~26 참조).

포도나무의 수명은 어디서 어떻게 자라느냐에 따라 달라진다. 물론 품종에 따라서도 다르다(p.14~17 참조). 하지만 대개 25~30년이 되면 경제성이 없을 정도로 수확량이 줄어들어 뽑아야 한다. 병충해(p.27 참조)나 다른 문제 때문에 그 전에 못쓰게 되는 경우도 있다. 나무를 잘라서 인기 품종의 바탕나무에 접붙이기도 한다. 수령이 오래된 나무의 포도로 만든 와인은 프리미엄 와인으로 인정받고 라벨에 '올드 바인(old vines)'이라고 특별한 표시도 한다. 불어로는 비에유 비뉴(vieilles vignes), 독어로는 알테 레벤(alte Reben), 이탈리아어로는 베키에 비녜(vecchie vigne), 스페인어로는 비냐스 비에하스(viñas viejas), 카탈루냐어로는 비냐스 베야스(vinyas vellas), 포르투갈어로는 비냐스 벨랴스(vinhas velhas)라고 하는데, 공식 용어는 아니다. 보르도 1등급와인의 경우 수령 12년이 안 된 포도나무는 아직 미숙하다고 생각해서 사용하지 않는 반면, 상업적인 와이너리에서는 올드 바인으로 인정받을 수도 있다.

포도나무는 덩굴식물이다. 사진에 보이는 포도나무는 볼리비아 친티에 있는 아르만도 곤잘레스의 산 로구에(San Rogue) 와이너리에 있는 것으로, 수령이 100~200년으로 추정된다.

스페인 중부, 특히 건조한 지역인 라 만차 지방에서 덤불모양으로 가지치기한 부시바인(bushvine). 모든 나무가 지하수를 최대한 빨아들일 수 있게 넓은 간격으로 심었다.

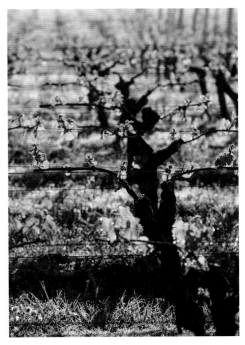

습한 보르도 지역에서는 포도나무를 훨씬 더 조밀하게 심는다. 수확량과 품질의 균형을 고려해서 가지치기하고, 철사에 고정시킨다.

포 도 품 종

여기서 이야기하는 '품종(variety)'은 식물학자가 말하는 '재배종(cultivar)'을 의미한다. 그러니까 품종은 어떤 특징 때문에 선택되어 재배된 것이다. 현재 수천 개의 품종 중 약 50개가 전 세계에서 재배되고 있다. 품종명은 과거 그들을 유명하게 만든 지역명과 거의 같은 의미로 사용될 정도로 국제적 통용어가 되었다. 이 책 초판에서는 와인 스타일을 결정하는 테루아가 매우 강조되었는데, 지금은 품종도 테루아 못지않게 중요해졌다. 그래서 특정 품종이 왜 그 지역에서 태어났는지, 그리고 태어난 지역을 떠나 타지에서 자라면 어떤 장점이 있는지를 알아보려고 한다.

여기에 소개된 품종은 세계 각지에서 가장 성공적으로 재배되는 것으로, 와인 공부를 위해 알아두면 좋다. 품종별 특징 중 적어도 일부는 그 품종의 와인에서 보증되어야만 한다.

와인 지식을 넓히려면 지리적인 공부도 필요하다. 여기에 나온 많은 지도는, 에르미타주 언덕에서 자란 시라와 거기서 48km 상류에 위치한 경사도가 조금 다른 코트-로티의 비탈에서 자란 시라의 맛이 왜 다른지, 호주 남부에서 쉬라즈라는 이름으로 자라는 시라는 왜 전혀 다른 맛을 내는지를 이해하는 데 도움이 된다.

포도나무의 가계

여기에 나오는 포도품종은 비티스(Vitis)속에 속하는, 잘 알려진 유럽종인 비니페라(Vinifera) 품종이다. 아메리카와 아시아 품종, 그리고 관상용 품종 역시 비티스속에 속한다(미국담쟁이덩굴 Verginia creeper은 파르테노키서스 Parthenocissus속이다).

미국의 일부 지역에서는 토착품종으로 와인을 만드는데, p.27의 설명처럼 진균병에 잘 견딘다. 라브루스카(labrusca) 종은 그 지역 외의 사람들은 좋아하기 힘든 '동물의 역한 향(foxy)'이 강하다(콩코드 포도로 만든 젤리를 생각하면 된다). 아메리카 품종과 아시아 품종은 특정 환경에 맞는 새로운 품종을 교배하는 데 매우 유용하다. 유럽종 비니페라와 교배해서 수백여 가지 교배종이 탄생했다. 진균병에 강한 품종(피비 PIWI 품종), 생장기간이 짧거나 극한의 추위를 견뎌야 하는 지역에서도 잘 익는 품종이 만들어졌고, 몽골 품종은 추위에 잘 견디는 포도나무를 만드는 데 사용되었다. 환경이 좋은 포도밭에서는 교배종이 필요 없지만, 매우 추운 지역의 포도밭은 다르다. 비니페라의 교배도 중요하다. 예를 들어 뮐러-투르가우(Müller-Thurgau)는 리슬링이 잘 익지 않는 지역에서 특별히 개발되었다. 하지만 뮐러-투르가우가 리슬링을 완벽하게 대체하지 못한다고 주장하는 사람도 있다.

포도나무에는 라벨이 없다. 그래서 포도알과 나뭇잎 모양, 색 등으로 식별해야 하는데, 이것이 품종학이다. 품종학을 통해 다양한 품종과의 연관성을 밝혔는데, 최근에는 DNA 분석으로 더 혁신적인 사실들이 밝혀졌다. 예를 들어 카베르네 소비뇽의 부모가 카베르네 프랑과 소비뇽 블랑이고, 샤르도네, 알리고테, 보졸레 품종 가메, 뮈스카데 품종 믈롱 드 부르고뉴, 오세루아 등을 비롯한 수많은 품종이 피노 누아와 잘 알려지지 않은 오래된 구에 블랑(Gouais Blanc)의 자손이라는 사실도 밝혀졌다. 피노는 시라의 증조부모이고, 메를로는 말벡(Côt)과 매우 가까운 친척이다.

포도품종의 자세한 정보는 잰시스 로빈슨, 줄리아 하딩, 호세 부야모스의 『Wine Grapes – a complete guide to 1,368 vine varieties, including their origins and flavours』를 참조한다.

가장 중요한 와인 품종

세계에서 가장 중요한 와인용 포도품종의 특징을 재배면적 순서로 간단하게 정리했다. 유명 품종은 잎모양 사진을 함께 실었지만 실제로 잎을 보고 품종을 구별하는 일은 생각만큼 쉽지 않다.

카베르네 소비뇽 Cabernet Sauvignon

세계에서 가장 많이 재배하는 포도품종

블랙커런트, 삼나무 향, 강한 타닌

미묘한 화려함으로 숙성시킬 수 있는 진한 레드와인의 대명사. 이런 이유로 카베르네 소비뇽은 세계 여러 지역에서 가장 많이 재배하는 레드와인 품종이지만, 비교적 늦게 익기 때문에 날씨가 온화한 지역에서만 재배가 가능하다. 원산지인 프랑스 메독과 그라브에서도 카베르네 소비뇽이 완전히 익지 않는 경우가 있다. 하지만 잘 익으면 작은 포도알의 두꺼운 남색 껍질 속에 색, 향, 타닌이 매우 잘 농축된다. 세심한 관리로 양조하여 오크통에서 숙성시키면 어떤 레드와인보다 오래 보관할 수 있고, 매우 흥미로운 풍미를 자랑하는 와인이 만들어진다. 보르도에서는 개화기에 날씨가 나쁘거나 너무 늦게 익을 경우를 대비하여 더 빨리 익는 메를로와 카베르네 프랑을 재배해서 카베르네 소비뇽과 블렌딩한다. 제2의 고향 같은 칠레, 오스트레일리아 일부 지역, 캘리포니아 북부처럼 따뜻한 지역에서는 블렌딩 없이 카베르네 소비뇽만으로 훌륭한 와인을 만든다.

메를로 Merlot

세계에서 두 번째로 많이 재배하는 레드와인 품종

풍성한 맛, 부드러움, 서양자두의 향

카베르네 소비뇽의 전통적인 블렌딩 파트너로, 색깔이 좀 더 연하고 과육은 더 많다. 특히 보르도에서 많이 재배하며, 날씨가 추운 해에도 카베르네 소비뇽보다 빨리 잘 익는다. 날씨가 따뜻할수록 알코올이 강해진다. 알이 크고 껍질이 얇아서 일반적으로 타닌이 적고 풍미가 풍부한 와인을 일찍 맛볼 수 있다. 메를로 역시 품종와인(varietal wine)으로 각광받고 있으며, 특히 미국에서는 카베르네 소비뇽보다 마시기 편한(하지만 높이 평가하기는 힘든) 와인으로 평가한다. 이탈리아 북동부에서는 더 잘 익는다. 잘 익지 않은 메를로는 거의 예외 없이 풀냄새가 난다. 최고의 메를로 산지는 포므롤인데, 여기서 만든 메를로 와인은 풍성하고 벨벳처럼 부드럽다. 칠레에서도 널리 재배되는데, 오랫동안 카르메네르(Carmenère) 품종과 혼동되었다.

템프라니요 Tempranillo

스페인에서 가장 유명하고
가장 많이 재배하는 포도품종

담뱃잎, 향신료, 가죽 등의 향

틴토 피노(Tinto Fino), 틴토 델 파이스(Tinto del País) 등
다양한 이름으로 불린다. 진하고 풍미가 강한 리베라 델 두에
로 레드와인의 중심이 되는 품종이다. 리오하에서는 장기보관이 가능
하고 개성 강한 와인을 만드는데, 가르나차와 블렌딩하기도 한다. 카
탈루냐에서는 울 데 예브레(Ull de Llebre), 발데페냐스에서는 센시벨
(Cencibel)이라 부르며, 나바라에서는 종종 보르도 품종과 블렌딩한다.
포르투갈에서는 틴타 호리스(Tinta Roriz)라고 하는데, 오래전부터 포
트와인을 만들었고, 테이블와인으로도 각광받고 있다. 알렌테주에서는
아라고네스(Aragonês)라 부르며, 싹이 일찍 나서 봄서리에 약하고 잘
썩지만 좋은 와인으로 세계적인 명성을 얻고 있다.

샤르도네 Chardonnay

세계에서 가장 유명한
화이트와인 품종

광범위한 재배지역,
다양한 스타일, 부드러움,
지나친 오크통 숙성은 금물이다

부르고뉴가 원산지인 화이트와인 품종. 피노 누아보다 훨씬
덜 까다롭다. 너무 춥거나 너무 더운 지역을 제외한 거의 모든 산지에
서 잘 자라고 잘 익는다(일찍 싹이 나서 봄서리에 취약하다). 화이트와인
품종 중에서 가장 유명하며 두 번째로 많이 재배되는데, 리슬링과는 달
리 자체의 풍미가 진하지 않기 때문이다. 오크통 발효나 숙성에 적합한
이유도 그 때문이다. 발랄한 스파클링와인, 오크통 숙성을 하지 않은
상쾌한 와인, 풍미가 풍부하고 기름진 와인 또는 달콤한 와인까지 와인
메이커가 원하는 대로 만들 수 있다. 샤블리처럼 날카롭고 상큼한 산미
의 와인, 그리고 샴페인을 비롯한 여러 스파클링와인의 주요 재료로 특
히 높은 평가를 받고 있다.

시라 Syrah / 쉬라즈 Shiraz

호주에서 가장 인기 있는 품종

블랙페퍼, 다크초콜릿, 강한 타닌

론 밸리 북부가 고향으로, 색이 매
우 진하고 장기보관이 가능한 에르
미타주(Hermitage)와, 향이 풍부한
코트-로티(Côte-Rôtie, 전통적으로 향
이 좋은 비오니에를 소량 블렌딩한다)를 만든다. 지금은 프랑스
남부 전역에서 블렌딩용으로 많이 재배한다. 오스트레일리아에
서는 쉬라즈라고 부르며 가장 많이 재배하는 품종인데, 프랑스의
시라와는 맛의 차이가 크다. 바로사처럼 따뜻한 지역에서는 진하고 풍
부하며 강한 와인이 되고, 빅토리아주처럼 서늘한 지역에서는 블랙페
퍼향이 살짝 느껴지는 와인이 된다. 오늘날 전 세계 와인메이커들은
모두가 사랑하는 이 포도로 다양한 실험을 하고 있다. 시라 와인은 숙
성도에 관계없이 끝맛에서 항상 짠맛이 살짝 감돈다. 칠레, 남아프리
카공화국, 뉴질랜드, 워싱턴주에서 차츰 중요 품종으로 자리매김하면
서 큰 사랑을 받고 있으며, 아르헨티나에서도 널리 재배되고 있다.

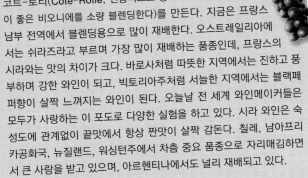

그르나슈 누아 Grenache Noir /
가르나차 틴타 Garnacha Tinta

세계적으로 부활하고 있는
샤토뇌프-뒤-파프의 주요 품종

색이 연하고, 달콤하며, 높은 알코올 함량,
긴 숙성기간이 필요하고, 로제와인에 사용

지중해 연안에서 널리 재배되며, 론 남부의 대표적인 품종으로 주로 무
르베드르, 시라, 생소(Cinsault)와 블렌딩한다. 루시용에서도 그르나
슈 블랑, 그르나슈 그리(둘 다 개성 강한 드라이 화이트와인을 만든다)와
함께 많이 재배되는데, 알코올 도수가 높아서 뱅 두 나튀렐(Vins Doux
Naturels, p.144 참조)을 만들 때 유용하다. 스페인에서는 가르나차라
고 부르며 가장 많이 재배하는 품종인데, 캄포 데 보르하나 그레도스산
맥 등지에서는 오래된 부시바인으로 훌륭한 와인을 생산한다. 이탈리
아 사르데냐섬에서는 칸노나우(Cannonau), 캘리포니아와 오스트레
일리아에서는 그르나슈로 불리며 점점 인정받고 있다.

소비뇽 블랑 Sauvignon Blanc

뉴질랜드의 대표 품종

풀향, 풋과일향, 예리함,
오크통 숙성은 드물다

아로마가 아주 예리하고 상쾌해서
알아차리기 쉽다. 여기 나온 대부분의
품종과는 달리, 비교적 어릴 때 마시는 것이 좋다. 소비뇽 블랑의 고향
은 프랑스 루아르 지방이다. 빈티지에 따라 맛의 차이가 있으며, 좋지
않은 빈티지는 상당히 신맛이 강하다. 더위가 심한 지역에서 재배하면
지나치게 무성해질 우려가 있고 개성 있는 아로마를 잃을 수 있다. 캘
리포니아와 호주 대부분의 지역에서 생산되는 소비뇽 블랑은 풍미가
너무 무거워질 수도 있다. 가지와 잎사귀를 잘라주어 과도한 생장을 관
리해주는 캐노피 매니지먼트로 뉴질랜드 말버러에서도 성공적으로 재
배하고 있다. 칠레와 남아공도 뉴질랜드의 경우를 참고하고 있다. 보르
도에서는 세미용과 블렌딩하여 드라이 화이트와인과 감미로운 스위트
와인을 만든다.

피노 누아 Pinot Noir

위대한 부르고뉴의 레드와인 품종

체리, 라즈베리, 바이올렛 향,
야생고기향, 연한 루비색에서
중간 루비색까지

빨리 익는 피노 누아는 매우 까탈스러운 품종이다.
더운 곳에서 재배하면 지나치게 빨리 익어서 비교적
얇은 껍질에 매력적인 풍미를 만드는 향화합물이 축적되지
못한다. 피노 누아가 완벽하게 자랄 수 있는 곳은 부르고뉴의 코트 도
르로, 여기서 잘 재배하면 테루아의 복잡한 차이를 와인에 그대로 담
아낼 수 있다. 전 세계 와인메이커들이 이 위대한 부르고뉴 레드와인
을 재현하려고 노력 중인데, 지금까지 가장 큰 성공을 거둔 곳은 독일,
뉴질랜드, 미국 오리건주, 캘리포니아주의 가장 서늘한 지역과 호주이
다. 스틸와인을 만들 때는 거의 블렌딩하지 않고, 샴페인을 만들 때는
샤르도네와 그 친척인 피노 뫼니에(Pinot Meunier)와 블렌딩한다.

산조베제 Sangiovese

이탈리아에서 재배되는
다양성을 지닌 품종

**톡 쏘는 활기찬 와인, 연한 색,
프룬부터 농가 냄새까지 다양한 풍미**

이탈리아 중부에서 흔히 볼 수 있는 품종
이지만 영웅이 될 수 있는 잠재력을 갖고 있다. 키안티 클라시코, 몬
탈치노(브루넬로), 몬테풀치아노(프루놀로 젠틸레) 와인이 대표적이
다. 마렘마에서는 모렐리노(Morellino)라고 불린다. 질이 떨어지는 산
조베제 클론은 과잉생산되어 가볍고 시큼한 맛의 레드와인을 만드
는데, 에밀리아-로마냐주에는 이런 와인이 매우 많다. 전통적인 키
안티는 화이트품종 트레비아노(Trebbiano)로 희석해서 만들었다.
하지만 20세기 말 카베르네와 메를로의 인기가 높아지자 산조베제
를 등한시하게 되었다. 몇몇 브루넬로 생산자들은 블렌딩할 때 프랑
스 품종을 섞는다는 의심을 받기도 했다. 그러나 지금은 100% 산
조베제 와인을 공식적으로 인정하고 있으며, 폭넓게 사랑받고 있다.

무르베드르 Mourvedre

방돌을 만드는 품종으로
환원반응이 잘 일어난다

**동물향, 블랙베리향,
알코올과 타닌이 강하다**

유명 품종은 아니지만 더운 지역에서 블렌딩할 때
유용하다. 프로방스 지방의 최고급와인 방돌 와인의 주요 품종이다. 조
심스럽게 양조해야 하고, 프랑스 남부와 호주 남부에서는 그르나슈와
시라를 블렌딩하여 풍성함이 느껴지는 와인을 만든다. 스페인 중동부
에서는 모나스트렐(Monastrell)이라고 불리며 대량으로 재배한다. 캘
리포니아와 호주에서는 마타로(Mataro)라고 불리고 외면당한 품종이
었는데, 무르베드르로 이름을 바꾼 뒤 새로운 삶을 살고 있다. 일반적
으로 블렌딩에 많이 쓰인다.

카베르네 프랑 Cabernet Franc

카베르네 소비뇽의 조상이며
전통적인 블렌딩 파트너

나뭇잎향, 상쾌하고, 묵직함이 드물다

카베르네 소비뇽보다 덜 진하고 더 부드럽다.
빨리 익기 때문에 루아르 지방과 서늘하고 토
양이 축축한 생테밀리옹에서 널리 재배되며,
보통 메를로와 블렌딩한다. 메독과 그라브 지방에서는 카베르네 소비
뇽이 잘 익지 않을 경우를 대비해 보험처럼 재배한다. 메를로보다 추위
에 강하며 뉴질랜드, 롱아일랜드, 워싱턴주에서는 식욕을 돋우는 식전
주용 와인으로 만든다. 또한 이탈리아 북동부에서는 풀냄새가 많이 나
며, 시농에서는 실크처럼 부드러운 특징이 가장 잘 표현된다.

리슬링 Riesling

세계에서 가장 풍부한
향미와 숙성 잠재력이 있는
화이트와인 품종

**풍부한 아로마, 섬세하고, 활기차며,
음식과 잘 어울린다, 오크통 숙성은 드물다**

카베르네 소비뇽이 레드와인의 왕이라면, 리슬링은 화이트와인의 여
왕이다. 지역에 따라 완전히 다른 스타일의 와인이 만들어지며, 여러
해에 걸쳐 근사하게 숙성된다. 20세기 말 리슬링은 'Reessling'이라
는 잘못된 발음과 과소평가로 싼 가격에 팔렸지만, 서서히 빛을 보기
시작했다. 강한 향이 특징이고 생산지역과 당도, 보관 연수에 따라 미
네랄, 꽃, 라임, 꿀 향이 난다. 오래 보관하면 기름진 향이 생기는데 따
뜻한 지역에서는 더욱 그렇다. 리슬링의 고향 독일에서는 리슬링으로
전설적인 귀부와인을 만드는데, 기후변화 때문에 지금은 단단하고 좋
은 드라이와인도 만든다(드라이와인과 귀부와인이라는 양극단 사이에 있
는 가볍고 달콤한 와인도 만든다). 리슬링은 독일, 알자스, 오스트리아에
서는 여전히 고급품종이며, 호주, 뉴욕주, 미시건주에서도 놀라울 정
도로 잘 자란다.

피노 그리 Pinot Gris / 피노 그리조 Pinot Grigio

이탈리아에서 프로세코 다음으로
가장 많이 수출되는 품종

**풀바디, 스모크향, 황금빛,
자극적이거나 밋밋하다**

인기가 많은 피노 그리의 뿌리는 알자스이다.
알자스에서 리슬링, 게뷔르츠트라미너, 뮈스
카와 함께 고급품종으로 인정받고 있으며, 알자스에서 가장 힘 있고 부
드러운 와인을 만드는 데 사용한다. 피노 그리의 껍질은 분홍색이며 샤
르도네와 친척 관계이다. 이탈리아에서는 피노 그리조라고 불리며 개
성 강한 또는 밋밋한 드라이 화이트와인 모두 나온다. 다른 지역에서도
많이 재배되며 그리 또는 그리조라 불리는데, 스타일이 다르지 않다.
오리건, 뉴질랜드, 오스트레일리아의 특산품이다.

말벡 Malbec

아르헨티나가 선택한 레드와인 품종으로
가장 유명한 와인을 만든다

**아르헨티나에서는 향신료향과 진한 풍미,
카오르에서는 야생동물의 살코기향**

말벡은 수수께끼 같은 품종이다. 오래전부터 보르
도를 비롯해 프랑스 남서부 지역에서 블렌딩 용도
로 사용했고, 말벡은 코 또는 오세루아라고도 부르는 카오르에서만 주
요 품종으로 사용되었다. 소박하고 때로는 동물향이 나는 중기보관용
와인이었다. 하지만 이민자들이 말벡을 아르헨티나 멘도사에 가져온
뒤, 환경에 잘 적응하여 아르헨티나에서 가장 인기 있는 레드와인 품종
이 되었다. 멘도사의 말벡 와인은 황홀할 정도로 부드럽고, 농도가 짙
으며, 활기차다. 알코올과 함유성분도 풍부하다. 카오르의 야심찬 생
산자들은 멘도사 최고의 말벡을 모델로 삼고 있다.

생산량이 곧 품질은 아니다

다음 포도품종은 재배면적이 큰 순서로 소개한다. 모두 세계에서 가장 많이 재배하는 20개 품종에 속하지만, 생산량이 많지 않아 실질적인 중요도는 떨어진다. 예를 들어 관개시설이 없는 스페인의 매우 건조한 지역에서는 포도나무의 간격을 멀리하여 심는다(p.13 가운데 사진). 스페인 품종 아이렌과 보발이 재배면적에서 각각 3위와 12위를 차지하는 이유는 그 때문이다.

아이렌(Airén) 라 만차 지방의 주요 품종이다. 중립적인 아로마의 평범한 화이트와인은 대부분 증류시켜서 브랜디로 만든다.

트레비아노 토스카노(Trebbiano Toscano) 이탈리아 중부에서 널리 재배하며 대부분 향이 별로 없는 투박한 화이트와인이다. 프랑스 남서부 지방에서는 위니 블랑(Ugni Blanc)이라고 부르며 주로 증류주를 만드는 데 사용한다.

카리냥(Carignan) 고향인 스페인에서는 카리녜나(Cariñena) 또는 마수엘로(Mazuelo)라고 부른다. 한때 프랑스 랑그독 지방에서 많이 심었고, 프리오라트에서는 여전히 주요 품종이다. 올드 바인에서 수확한 포도로 만든 와인은 강렬하고 흥미로운데, 수확량이 너무 많으면 시큼해지는 경향이 있다.

보발(Bobal) 스페인 동부에서 구조가 좋은 레드와인을 만드는 품종.

그라셰비나(Graševina) 웰치리슬링(Welschriesling), 이탈리안 리슬링 등 여러 이름이 있지만 고향인 크로아티아에서는 그라셰비나라고 부른다. 과소평가된 경우가 많은데, 훌륭한 드라이와인 또는 스위트와인을 만든다.

르카치텔리(Rkatsiteli) 산미가 매우 강한 화이트와인 품종으로 동유럽에서 많이 재배하며, 러시아와 중국에서도 재배한다.

마카베오(Macabeo) 마카베우(Maccabeu), 비우라(Viura)라고도 한다. 리오하와 루시용에서는 숙성 잠재력이 있는 드라이 화이트와인을 만든다.

눈여겨볼 품종

다음에 소개하는 품종은 앞에 나온 품종들보다 재배면적은 좁지만, 개성 강한 좋은 품질의 와인을 만든다.

슈냉 블랑 Chenin Blanc

다용도 품종, 꿀, 젖은 밀짚, 사과 등의 향

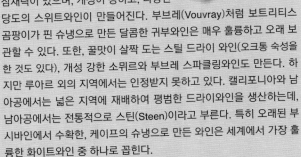

슈냉 블랑은 루아르 중부에서 재배되는 품종으로, 뮈스카데 품종인 믈롱 드 부르고뉴와 루아르 상류에서 생산되는 소비뇽 블랑의 중간 정도 된다. 산미가 강하고, 숙성 잠재력이 있으며, 개성이 강하고, 다양한 당도의 스위트와인이 만들어진다. 부브레(Vouvray)처럼 보트리티스 곰팡이가 핀 슈냉으로 만든 달콤한 귀부와인은 매우 훌륭하고 오래 보관할 수 있다. 또한, 꿀맛이 살짝 도는 스틸 드라이 와인(오크통 숙성을 한 것도 있다), 개성 강한 소뮈르와 부브레 스파클링와인도 만든다. 하지만 루아르 외의 지역에서는 인정받지 못하고 있다. 캘리포니아와 남아공에서는 넓은 지역에 재배하여 평범한 드라이와인을 생산하는데, 남아공에서는 전통적으로 스틴(Steen)이라고 부른다. 특히 오래된 부시바인에서 수확한, 케이프의 슈냉으로 만든 와인은 세계에서 가장 훌륭한 화이트와인 중 하나로 꼽힌다.

진판델 Zinfandel

부드러운 베리향, 알코올과 당도가 높다

한 세기 동안이나 진판델의 고향이 캘리포니아로 알려졌다. 하지만 DNA 분석을 통해 최소한 18세기부터 이탈리아 동남부에서 재배했던 프리미티보(Primitivo)와 같은 품종이고, 프리미티보는 원래 아드리아해를 건너 크로아티아에서 왔다는 사실이 밝혀졌다. '진'이라는 애칭으로도 불리는 진판델은 알이 고르게 익지 않지만, 일부는 비교할 수 없을 정도의 높은 당도로 알코올 도수가 17%까지 올라가기도 한다. 캘리포니아, 특히 소노마에서 올드 바인으로 만든 레드와인은 무척 훌륭한데, 센트럴 밸리에서 재배한 진판델은 일반적으로 그렇게까지 강렬하지 않다. 그래서 색을 연하게 내고, 향이 풍부한 뮈스카나 리슬링을 섞어 '화이트 진판델'(연한 분홍색)로 판매도 한다.

뮈스카 블랑 Muscat Blanc / 모스카토 비앙코 Moscato Bianco

포도 특유의 향, 비교적 단순한 풍미, 종종 달콤한 맛

뮈스카 품종 중 가장 품질이 좋다. 알이 작고(프랑스어로 petits grains) 모양이 둥근데, 알렉산드리아 뮈스카의 모양은 타원형이다(호주에서는 고르도 블랑코Gordo Blanco 또는 렉시아Lexia라고 하고 테이블와인을 만든다). 이탈리아에서는 모스카토 비앙코라 부르는데 아스티(Asti)를 포함해 수많은 약발포성 와인을 만든다. 프랑스 남부, 코르시카, 그리스에서는 매우 매력적인 스위트와인이 된다. 호주의 강하고 달콤하며 끈적한 뮈스카는 껍질이 진한 브라운 뮈스카이다. 스페인의 모스카텔은 보통 알렉산드리아 뮈스카이다. 토카이에서는 샤르거 무슈코타이(Sárga Muskotály, 옐로 뮈스카)를 단독 또는 블렌딩해서 훌륭한 와인을 만든다.

세미용 Sémillon

무화과, 시트러스(감귤류), 라놀린(양털 기름) 향, 풀바디, 진하고 풍부하다

세미용은 소테른과 바르삭에서 생산하는 뛰어난 품질의 스위트와인의 뼈대가 되는 품종이다. 세미용과 소비뇽 블랑을 4:1로 블렌딩하고 뮈스카델을 조금 첨가해서 그 유명한 스위트와인을 만든다. 세미용(프랑스 외의 지역에서는 Semillon, 아르헨티나에서는 Semijon으로 쓴다)은 비교적 껍질이 얇아 조건이 잘 갖춰지면 보트리티스 곰팡이가 잘 발생하여 놀라울 정도로 단맛이 농축된 귀부포도가 된다(p.104 참조). 보르도의 페삭-레오냥에서는 세미용을 오크통 숙성으로 품질 좋은 드라이와인을 만든다. 호주 헌터 밸리의 세미용 역시 훌륭한데, 일찍 수확하여 복합적이고 매우 가벼운 바디의 장기숙성용 드라이와인을 만든다. 남아공에도 훌륭한 세미용 포도밭이 있다.

기온과 햇빛

좋은 와인을 만드는 데 포도품종 다음으로 중요한 변수는 기후이다. 와인을 만들기 위해 포도를 재배하는 작업은 계절 기후와 장기적인 기후에 큰 영향을 받는다. 기후에 따라 어떤 품종이 어디에서 얼마나 잘 재배될지가 결정되며, 매일매일의 날씨가 성공한 빈티지와 실패한 빈티지를 결정짓는다.

기온, 일조량, 강수량, 습도, 바람 등 날씨와 기후 조건이 포도나무의 생장과 좋은 포도 열매와 와인을 만드는 데 영향을 미친다. 포도나무는 중위도의 특정지역(p.48~49 지도 참조)에서 가장 잘 자라기 때문에, 특히 서늘한 기후에서 포도가 제대로 익을지를 판단하는 데 기온은 중요한 요소이다.

강한 와인의 인기가 시들해진 지금 서늘한 기후에서 생산된 와인이 유행하고 있다. 더운 지역에서 생산된 와인보다 알코올 함량이 낮고 산미는 강하다. 더운 지역의 와인은 우아함이 덜하지만 더 강렬하다. 지나치게 더운 기후에서 자란 포도는 너무 빨리 익어서 생장기간이 짧다. 그래서 알코올 발효에 문제가 없을 정도로 당도가 높더라도, 일찍 수확하기 때문에 풍미가 충분히 축적되지 않는다. 결국 전 세계 와인생산자들은 기후 변화 때문에(p.22~23 참조) 더 높은 곳이나 시원한 바다 근처로 이동하는 등 좀 더 시원한 곳을 찾고 있다.

물론 위도 대신 고도를 조절할 수도 있다. 고도를 100m 높이면 평균 기온이 0.6℃ 떨어진다. 적도에 가까운 안데스산맥과 멕시코 중부에서 포도가 잘 자라는 이유이다.

연간 사이클

다양한 날씨와 기후 조건은 1년 내내 다른 역할을 한다. 겨울에 기온이 너무 내려가면 동면 중인 포도나무가 피해를 입을 수 있다. 겨울은 포도나무가 동면하는 동안 새로운 활력을 찾고 해로운 유기체를 죽일 수 있게 충분히 추워야 하지만, 기온이 -15℃ 이하로 자주 떨어지면 동면상태의 나무가 상하거나 얼어 죽을 위험이 높아져 경제적으로 문제가 생길 수 있다. 추위 때문에 포도나무가 상하고 여러 가지 질병에 더 취약해진다.

기온이 -25℃ 이하로 떨어지면 품종에 따라 나무가 바로 죽을 수도 있기 때문에 보호조치가 필요하다. 러시아와 중국 일부 지역에서는 가을에 포도나무를 흙 속에 깊게 심고 봄에 다시 원상복귀하는 힘든 작업을 한다. 노동력과 비용이 많이 들고 봄에 나무를 손상시키거나 싹을 떨어뜨리기도 한다.

기온이 크게 내려가지 않는 지역에서는 찬 공기와 따뜻한 공기를 섞어주는 윈드머신으로 치명적인 결빙에 대비한다. 캐나다의 가장 추운 산지에서는 포도나무에 재사용이 가능한 두꺼운 지오텍스타일(물이 통과하는 섬유)을 씌워 보호하는 실험을 하고 있다.

북부 유럽의 경우 진짜 위험한 시기는 포도나무에 싹이 트는 봄이다. 특히 싹이 난 지 얼마 안 되고 잎사귀가 아직 연약한 늦은 봄에 내리는 서리는 치명적인 위협이다. 그래서 포도나무에 싹이 트자마자 얼지 않도록 온갖 수단을 강구한다. 포도밭에 히터를 설치하기도 하고, 나무를 보호할 얼음막을 만들기 위해 물을 뿌리기도 하며, 윈드머신을 이용하기도 한다. 헬리콥터를 띄워서 공기를 뒤섞어 가장 해로운 찬 공기가 땅으로 내려오지 못하게 하는 경우도 있다. 샤블리에서도 지오텍스타일로 포도나무를 보호하는 실험을 했는데, 비용이 많이 들기 때문에 고급품종을 재배하는 포도밭에서 시도하는 것이 좋다. 2017년 4월 프랑스 각지에서 발생한 늦봄의 서리 피해로 알 수 있듯이, 봄서리는 포도 수확량에 심각한 영향을 미친다. 가을서리도 자주 발생하지는 않지만 위험하다. 포도 잎이 말라서 포도나무가 갑자기 생장을 멈출 수 있다.

날씨와 품종에 따라 다르지만 발아부터 수확까지 보통 150~190일이 걸린다. 포도나무가 자라는 동안 일조량은 광합성에 결정적이다. 하지만 알맞은 온기와 비 또는 관개용수 같은 수분(p.20 참조)이 충분하지 않으면 포도가 제대로 익지 않는다. 반대로 여름에 너무 더우면 광합성과 성숙이 전부 멈출 수도 있다. 포도잎의 기공은 기온이 35℃ 이상 오르거나 물 부족이 심각하면 스트레스로 닫힐 수 있다. 캘리포니아 재배자들이 두려워하는 것이 바로 뜨거운 열기로, 수확이 늦어질 수 있기 때문이다.

기온의 조건

생장기의 평균 기온은 산지에 따라 선선한 곳은 13℃, 더운 곳은 21℃로 다양하다. 기온에 따라 안정적으로 잘 익는 품종이 결정된다. 빨리 익는 품종이 있고 생장기간이 길어 늦게 익는 품종

중국 북부 닝샤 후이족 자치구에서는 겨울이 매우 춥기 때문에, 가을이면 포도나무를 깊게 심고 봄이 되면 원상복귀시켜야 한다. 이 힘든 작업을 여성들이 한다.

캐나다 퀘벡주 도멘 생자크(St-Jacques)의 재배자 이반 퀴리옹(Yvan Quirion)은 트렐리스 위로 지오텍스타일을 덮어 포도나무를 겨울 추위로부터 보호한다. 낮게 가지치기한 포도나무는 지면에서 올라오는 열기의 혜택을 받는다.

도 있다. 품질 좋은 테이블와인을 만들려면 수확 전 마지막 달에 15~21℃를 유지해야 한다. 스페인의 안달루시아, 마데이라, 남아공의 클라인 카루, 호주 빅토리아주의 북동부 지역처럼 더운 기후에서는 일반적으로 주정강화와인이 적합하다.

　겨울과 여름의 기온차 역시 지역별로 차이가 크다. 뉴욕주의 핑거레이크스, 워싱턴주 동부, 캐나다 온타리오주, 독일 북부와 같은 대륙성 기후 지역은 넓은 땅덩이의 영향으로 겨울은 매우 춥고 여름은 매우 덥다. 이들 지역에서는 가을에 기온이 급격하게 내려가

포도가 제대로 익지 않을 위험이 있다.

　반면, 가까운 바다나 대양의 영향을 받는 해양성 기후 지역은 계절별 기온차가 크지 않다. 온난한 해양성 기후는 겨울에 기온이 많이 내려가지 않아 포도나무가 동면에 들어가지 못한다. 또한 병해충이 추위에 죽지 않아 유기농법이 어려울 수도 있다. 보르도와 뉴욕주의 롱아일랜드 같은 서늘한 해양성 기후에서는 개화기 때 날씨가 불규칙하고 추울 수 있다. 그런 경우 열매를 맺지 못하고 결과적으로 수확량에 영향을 미친다. 일교차 역시 중요한데, 따뜻한 낮과 서늘한 밤은 와인생산에 있어 큰 장점이다. 캘리포니아나 칠레 같은 지역은 수온이 낮은 태평양과 가까워 그 영향으로 저녁에 기온이 떨어져 혜택을 보고 있다. 태평양은 보르도의 기온을 조절하는 대서양보다 훨씬 차갑다.

양질의 햇빛

햇빛이라고 다 같은 햇빛이 아니다. 일조량의 조건 역시 변수가 될 수 있다. 햇빛과 잎사귀와 포도의 상호작용은 p.28~29에서 확인할 수 있고, 기후변화와 그 효과는 p.22~23에서 설명하고 있다. 지형에서 고도 역시 포도나무가 받는 햇빛의 질에 영향을 미친다. 고도가 높은 지역 또는 뉴질랜드처럼 오존층 구멍에 가까운 지역은 강한 자외선을 많이 받기 때문에, 포도껍질이 유난히 두껍고 특히 타닌 함량이 높은 진한 색의 강렬한 와인을 만든다.

샤블리 포도밭에서 가장 큰 위협은 봄서리다. 그래서 포도나무에 싹이 트자마자 물을 뿌려 얼음막을 만들어 보호한다.

물과 와인

포도나무가 잘 자라기 위해서는 햇빛, 알맞은 기온, 그리고 물이 필요하다. 온대기후에서는 연평균 강우량이 최소 500㎜가 되어야 충분한 광합성으로 포도가 잘 익는다. 토양의 수분증발과 잎의 증산작용이 훨씬 활발한 무더운 기후에서는 품종에 따라 다르지만 750㎜ 이상이어야 한다. 라 만차의 아이렌(Airén)처럼 가뭄에 잘 견디는 품종도 있지만, 땅속 아주 적은 수분이라도 빨아들이도록 보통 부시바인을 넓은 간격으로 심는다.

포도나무에 필요한 수분의 양보다 비가 훨씬 적게 내리는 지역은 관개로 물 부족을 해결한다(물론 관개시설을 갖춰야 한다). 관개용수의 품질과 양은 여러 와인산지, 특히 오랜 가뭄으로 고통받고 있는 캘리포니아와 남아프리카에서는 중요한 문제다. 예전에는 관개용수를 당연하게 사용했던 재배자들도 지금은 물 사용을 줄일 방법을 찾거나 건지농법을 시도하고 있다. 호주의 광대한 내륙지역은 오랫동안 머리강과 그 지류 덕분에 저렴한 와인을 대량생산했지만, 지금은 수리권을 철저히 제한하고 있어 대응책이 필요하다. 더운 지역에서 흔히 볼 수 있는 염분에 오염된 물은 관개 효과를 제한하고 포도나무에 피해를 주는 또 다른 문제다.

포도밭의 땅속 구조와 특성, 그리고 포도나무의 뿌리는 자연적인 강수이든 관개용수이든 관계없이 포도나무에 공급하는 물의 양을 조절하는 데 중요하다(p.24~26 참조). 또한 공기가 뜨겁고 건조하면 수분증발 속도가 빨라진다.

물이 부족하면 포도나무는 수분 스트레스를 받아 알이 작고 껍질이 두꺼운 열매를 맺는다. 이로 인해 수확량은 줄어들지만 풍미와 색이 농축된 와인을 만들 수 있다. 하지만 가뭄이 심해지면 포도나무는 번식이 아니라 생존에 들어가 열매의 성숙과정이 완전히 멈추고, 그 결과 균형이 맞지 않는 와인이 만들어진다. 여러 지역, 특히 남반구와 캘리포니아주에서 포도밭을 더 확장하지 못하는 이유는 기후조건보다 관개시설 때문인 경우가 많다.

배수만 잘 된다면 이론상으로 연간 강우량의 상한선은 없다. 설령 포도밭이 홍수로 물에 잠겼더라도 신속하게 회복될 수 있는데, 특히 겨울에 빠르다. 예를 들어, 스페인 북부 갈리시아 일부 지역과 포르투갈 북부 미뉴는 한 해 1,500㎜ 이상이, 브라질의 중요 와인산지 세하 가우샤는 1,800㎜의 비가 대부분 생장기간에 내린다. 하지만 지나치게 많이 오면 포도나무에 진균병이 발생하기 쉽고(p.27 참조), 싹과 잎이 왕성하게 자라 캐노피가 너무 빽빽해져서 햇빛을 막기 때문에 포도가 잘 익지 않는다.

폭우, 우박, 습도

생장기간 동안 예상하지 못한 시기에 비가 내리거나 폭우가 쏟아지면 포도의 양과 질에 큰 영향을 미친다. 초여름 개화기에 날씨가 불안정하거나 추우면 포도열매가 얼마나 맺히고, 또 얼마나 고르게 맺힐지 불확실해진다. 여름철 장마가 길어지면 진균병이 잘 생긴다. 수확 직전, 특히 건조한 날씨가 이어진 뒤에 비가 많이 내리면 포도알이 빠르게 부풀어오르고 심지어 터지기도 한다(그러면 쉽게 썩는다). 그동안 만들어진 당분과 산미, 풍미가 빠르게 희석된다. 즉 '나쁜 빈티지'가 만들어지는 것이다(이를 보완할 방법은 p.34~35 참조).

유럽에서 우박은 점점 더 흔한 현상으로 일어난다. 아르헨티나의 일부 지역은 1년 내내 끊임없이 우박의 위협을 받는다. 우박이 내리면 싹이 찢어지고, 가지에 상처가 나고, 포도가 떨어져서 포도나무가 못쓰게 된다. 다행히 일부에 국지적으로 내리지만, 예측하거나 피하기는 매우 어렵다. 멘도사에서는 망을 쳐서 우박(때로는 뜨거운 햇빛)으로부터 포도나무를 보호하는 상황을 흔히 볼 수 있다. 부르고뉴에서는 구름씨 뿌리기(cloud seeding)로 우박 대신 비가 내리게 하거나, 대기 중에 충격파를 쏴 우박 형성을 막는 실험을 하고 있다. 일단 우박의 피해를 입으면 적어도 다음해까지는 회복하기 어렵다.

물과 관련하여 포도나무 재배에서 점점 더 중요해지는 또 다른 요소는, 일부 재배자들이 평균 기온과 함께 상승하고 있다고 보는 대기 중 습도이다. 포도밭의 대기가 습할수록 수분의 증발량도 줄

페루의 파라카스 근처 사막에 있는 베르나르도 로카 소유의 엘 밀라그로(El Milagro) 포도밭은 지하에 흐르는 강과 1년 내내 조심스럽게 관리한 물에 의존하여 포도를 재배한다. 검은색 관개파이프가 각각의 포도나무에 물을 공급한다.

어들어 포도나무가 수분을 더 잘 이용할 수 있다. 하지만 진균병도 습기를 좋아하므로 이는 동시에 장단점을 갖고 있는 것과 같다.

바람의 효과

바람 역시 중요하다. 포도나무의 생장 초기에 바람이 강하게 불면 연약한 싹이 터지고, 개화가 늦어지는 등의 문제가 생긴다. 캘리포니아 몬터레이의 살리나스 밸리처럼 강한 바람이 지속적으로 불면 광합성이 중단되어 열매 성숙이 늦어진다. 바람이 심한 프랑스의 론 밸리 남부에서는 악명 높은 북풍 미스트랄(Mistral)의 영향을 줄이려고 방풍시설을 설치했다. 아르헨티나의 뜨겁고 건조한 바람인 존다(Zonda)는 와인생산자들에게 두려움의 대상이다.

도움이 되는 바람도 있다. 오후에 불어오는 시원한 바닷바람 덕분에 포도재배가 가능해진 지역도 많다. 또한 바람은 습한 포도밭을 건조시키고 진균병의 위험도 낮춰준다.

우박 피해 전과 후. 2013년 8월 2일 밤에 쏟아진 우박이 보르도 앙트르-되-메르의 그레지약 근처에 있는 포도밭 10,000*ha*를 초토화시켰다.

이 책에서 보는 주요 통계자료

이 책에서는 대부분 해당 지역의 위치, 주요 재배품종, 포도밭을 위협하는 재해, 그리고 가장 중요한 기후 데이터 등 각 지역의 통계자료를 간략하게 정리하여 실었다.

기후정보는 미국의 와인기상전문가 그레고리 존스(Gregory Jones) 박사가 제공한 것으로 최근 30년 동안 관측한 자료이다(대부분 1981~2010년 자료).

평균 기온은 기상관측소(WS)에서 측정한 것으로 관측소의 위치는 지도에 빨간 역삼각형으로 표시하였고, 와인산지의 기후정보를 가장 잘 나타낼 수 있는 곳을 선정했다. 몇몇 관측소는 포도밭이 아니라 마을 가까이에 있으며, 그런 경우에는 도시화와 고도차이 때문에 포도밭 기온과 차이가 날 수 있다. 대부분 포도밭보다 기온이 더 높다.

위도/고도
일반적으로 위도가 낮을수록, 즉 적도에 가까울수록 따뜻하지만 고도에 따라 달라질 수 있다. 고도는 일교차를 결정하는 중요한 요소이기도 하다. 포도밭이 높은 곳에 위치할수록 낮(최고)과 밤(최저)의 일교차가 커진다.

연평균 강우량
연평균 강우량은 물을 사용할 수 있는 양을 알려준다. 물론 토양의 종류와 구조도 큰 영향을 미친다.

수확기 강우량
포도가 완전히 성숙하여 수확하는 마지막 달의 평균 강우량이다(수확기는 품종에 따라 그리고 해마다 달라진다). 비가 많이 올수록 포도맛이 묽어지고 껍질이 터져 썩을 위험이 크다.

주요 재해
일반적인 재해이다. 봄서리나 가을비 등 기후와 관련된 것과 전염병, 병충해까지 모두 포함한다.

리오하 로그로뇨	▼
북위 / 고도(WS)	42.45°/353m
생장기 평균 기온(WS)	18.2℃
연평균 강우량(WS)	405㎜
수확기 강우량(WS)	10월 : 37㎜
주요 재해	서리, 진균병, 가뭄
주요 품종	레드 템프라니요, 가르나차 (그르나슈) 화이트 비우라(마카베오), 말바지아

주요 품종
해당 지역에서 가장 많이 재배하는 주요 품종을 표시했다. 순서는 재배면적 순이다.

생장기 평균 기온
생장기는 북반구에서는 4월 1일~10월 31일, 남반구에서는 10월 1일~4월 30일이다. 이 기간의 평균 기온은 세계 와인산지의 기후를 짐작할 수 있는, 간단하면서도 믿을 만한 기준이다.

그레고리 존스 박사는 평균 생장기간 7개월을 기준으로 계산된 생장기 평균 기온을 4개 그룹으로 나누었다. 서늘함(13~15℃), 중간(15~17℃), 온화함(17~19℃), 더움(19~21℃). 이 4개 그룹은 전 세계에서 재배되는 와인양조용 포도의 숙성 잠재력과 대체적으로 연관되어 있어, 특정 품종이 특정 지역에서 잘 재배될지를 예상하는 좋은 지표가 된다. 포도재배가 가능한 생장기 평균 기온의 하한선은 13℃이고, 상한선은 21℃이다. 일반적인 식용포도는 24℃ 이상에서도 재배할 수 있다.

기후 변화

식물의 생장주기는 지구의 어느 특정 지역이 더워지는지 또는 추워지는지를 말해주는 믿을 만한 지표이다. 전 세계적으로 나무의 발아, 개화, 수확 시기가 점점 빨라지고 있다. 와인의 품질과 특징은 평균 기후 그리고 특별한 기후변화와 밀접한 관계가 있다. 기후가 변하면 와인도 변하기 때문에 포도재배자와 와인생산자에게 기후변화는 주요 주제가 아닐 수 없다.

포도는 북반구와 남반구에 각각 띠를 형성한 2개의 지역에서 재배된다(p.48~49 참조). 지역에 따라 다르지만 북반구와 남반구의 대부분 지역에서 평균 수확일이 20~30년 전보다 2~4주 빨라졌다. 호주 모닝턴반도의 경우 만생종 카베르네 소비뇽을 처음 심은 1980년대 초에는 5월에 수확했다. 1990년대에 알코올 도수가 높은 와인이 유행하면서 조생종 샤르도네와 피노 누아로 교체되었고, 4월 또는 이르면 3월 말에 수확했는데 지금은 2월에 수확하기도 한다. 2003년 프랑스 남서부의 1등급 샤토 오-브리옹에서는 8월 13일에 화이트품종의 수확을 시작했다. 샤토 오-브리옹은 시 중심부와 가까워 보르도에서 가장 빨리 수확을 시작했지만, 어쨌든 매우 빠른 수확이었다. 보르도에서는 전통적으로 9월 말이나 10월 초에 수확을 시작했는데, 지금은 보통 8월에 시작한다.

승자와 패자

와인산지의 평균 기온이 지속적으로 상승하면서, 포도 재배가 양극지방을 향해 이동하고 있다. 1970년대에는 비니페라 품종이 룩셈부르크 북쪽에서 잘 재배되어 수익이 날 정도의 양을 수확하리라고는 상상할 수도 없었다. 하지만 현재 벨기에, 네덜란드, 덴마크, 스웨덴에서 와인산업이 번창하고 있다. 노르웨이 남부의 와이너리에서 잘 익은 리슬링을 수확하고, 전형적인 대륙성 기후인 폴란드에서도 포도재배가 다시 부활했다. 물론 이 포도밭 중에는 비니페라와 다른 품종을 교배해서 만든 조생종이나 병에 강한 품종을 재배하는 곳도 있다. 하지만 불필요한 농약을 사용하지 않고, 또한, '역한 동물향'이 나는 미국 토착품종과 교배시킨 초강력 미국 품종에 의존하지 않고도 마시기 좋은 와인을 생산한다. 그래서 EU는 편의상 이 교배종들을 비니페라처럼 분류해서 '최소한의 품질'을 갖춘 와인을 만들게 했다. 화이트는 솔라리스(Solaris), 레드는 론도(Rondo)와 마레샬 포슈(Maréchal Foch)가 대표적이다. 몇몇 프랑스 포도밭에서도 허가를 받아 실험적으로 재배하고 있다.

기후변화로 가장 혜택을 보는 나라는 영국, 캐나다, 독일이다. 10~20년 전보다 훨씬 안정적으로 포도를 재배하고 있다. 샹파뉴의 생산자 중에는 영국 포도밭에 투자하는 사람도 있다. 왜냐하면 고급 스파클링와인 생산에 필요한 높은 산도가 샹파뉴보다 영국에서 더 쉽게 얻을 수 있기 때문이다.

얼마 전까지만 해도 유럽의 전통 와인산지의 고민은 포도를 충분히 익히는 것이었다. 하지만 지금은 천연 산미를 높게 유지시켜

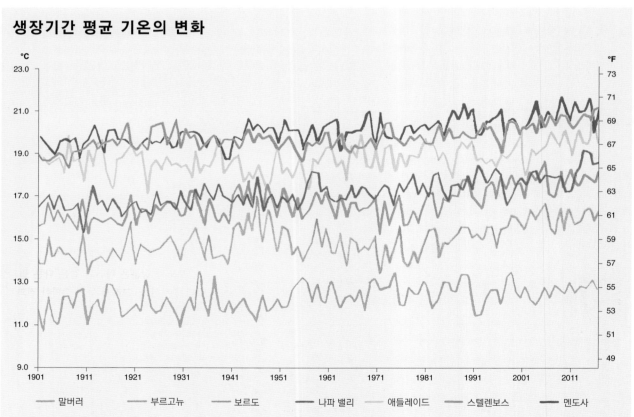

생장기간 평균 기온의 변화

범례: 말버러 — 부르고뉴 — 보르도 — 나파 밸리 — 애들레이드 — 스텔렌보스 — 멘도사

Data source: Climatic Research Unit, University of East Anglia. Harris et al (2014).

빈티지에 따라 다르지만, 특히 부르고뉴에서는 그래프가 상승하고 있는 것을 쉽게 알 수 있다. 말버러는 다른 어떤 주요 와인산지보다도 상당히 서늘한데, 아마 일조량의 영향으로 보인다. 보르도와 나파 밸리의 평균 기온이 놀라울 정도로 비슷한 것도 눈에 띈다. 아르헨티나와 남아프리카공화국에서 가장 중요한 와인산지인 멘도사와 스텔렌보스는 매우 덥고, 다른 지역처럼 지속적으로 기온이 상승하고 있다.

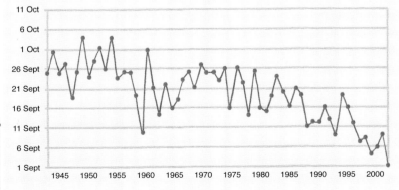

상큼하고 균형이 잘 잡힌 와인을 만드는 데 더 민감하다.

　유럽에서는 2003년 빈티지를 시작으로 몇 년 동안 여름이 정말 더웠다. 프랑스의 와인 관련기관은 포도즙에 주석산 첨가를 처음 허용했고, 부르고뉴에서조차 주석산을 첨가했다. 유럽이 아닌 더운 와인산지에서는 이미 오래전부터 허용되었다.

　여름은 전체적으로 더워지기만 한 것이 아니라(물론 2013년처럼 유럽 대부분 지역이 평년에 비해 기온이 낮을 때도 있다) 건조해지기도 했다. 가뭄이 점점 더 기승을 부리는 캘리포니아 일부 지역, 호주, 칠레, 남아프리카공화국에서는 산불이 자주 발생한다. 산불이 포도밭과 때로는 와이너리에 눈에 띄는 영향을 미치기 시작했다. 안타깝게도 연기로 오염된 포도와 와인에 대한 연구가 주요 주제가 되었다. 착색(베레종veraison 단계, p.31 참조) 후에 포도가 연기에 노출되면 연기 냄새가 와인에 영향을 미칠 수 있다.

샤토뇌프-뒤-파프의 수확 시작일

론 밸리 남부에 있는 샤토뇌프-뒤-파프는 예전보다 몇 주 일찍 수확하는 와인산지의 한 예일 뿐이다. 포도재배자들에게 여름휴가는 먼 추억이 되었다.

Data source: B. Ganichot, Institut Rhodanien Orange

2017년 10월 계속된 가뭄으로 캘리포니아에서 산불이 발생해 포도밭과 와이너리, 와이너리 직원들의 집을 태웠다. 다행히 대부분 수확이 끝난 뒤였다.

전술의 변화

여름 기온이 상승하거나 더 강렬해진 햇빛으로 포도알이 탈 위험이 커졌다. 20세기 말 재배자들은 포도를 충분히 익히려면 햇빛에 최대한 노출시켜야 한다고 생각했다. 캐노피 매니지먼트 기술은 지나치게 자란 잎을 자르고, 캐노피라고 부르는 나무 윗부분을 솎아내는 데 중점을 뒀다. 하지만 지금은 몇몇 지역 심지어 북유럽에서도 과도한 햇빛이 문제가 되고 있다. 특히 소비뇽 블랑 같은 품종은 햇빛을 막아줄 겹겹의 잎사귀 보호막이 필요하다. 시칠리아나 캘리포니아의 일부 지역처럼 햇빛이 강한 곳에서는 가벼운 천으로 된 그늘막을 씌워 포도가 타지 않게 보호하는 실험을 하고 있다.

　같은 이유로 생장기간을 늘리기 위해, 일부러 한낮의 태양을 피할 수 있는 경사지에 포도나무를 심기도 한다. 전통적인 와인산지에서는 예전보다 더 높고 바람이 부는 서늘한 곳을 찾아 포도나무를 심는다. 포도를 천천히 익히고 생장기간을 늘리려는 목적에서다. 포도의 당분은 타닌과 같은 다른 필요성분이 익는 것보다 더 빨리 증가한다. 그래서 늦게 수확한 결과로 포도가 지나치게 익는 경우가 종종 발생했다. 현재 적어도 관개지역에서는 물 공급의 타이밍을 교묘하게 조절하는 방법으로 포도에 당분이 축적되는 것을 늦추는 추세이다. 한때 물이 부족해서 관개용수가 필수였던 몇몇 지역에서는 건지농법을 적극적으로 실시하고 있다.

　유럽 외의 지역에서는 기후변화에 대한 대책으로 뜨거운 날씨에 더 적합한 품종을 심거나 접붙이기를 시도하고 있다. 호주의 경우는 카베르네 소비뇽에서, 물이 덜 필요하고 더위에 강한 지중해 품종으로 바꾸고 있다. 유럽의 와인산지는 전통 품종을 엄격하게 규정하고 있어서, 아직 이 방법이 대책이 되지 못한다.

테루아

프랑스어 테루아(terroir)를 정확히 번역할 수 있는 단어는 없다. 영국인과 미국인들이 오랫동안 테루아를 프랑스인이 지어낸 말이라며 의심했던 것도 그 때문일 것이다. 프랑스의 토양과 지형의 우수성과 함께 프랑스 와인이 특별하다고 주장하기 위해 만든, 뜬구름 잡는 소리라고 생각했던 것이다. 하지만 테루아는 어디에나 있다. 우리집 정원에도, 여러분의 집 텃밭에도 여러 종류의 테루아가 존재한다. 테루아는 경작에 관련된 모든 자연환경을 의미한다. 테루아의 유일한 미스터리는 테루아가 어떻게 당신의 잔에 담긴 와인에서 표현되는가이다.

좁은 의미의 테루아는 땅이나 토양을 의미하지만, 일반적으로는 더 넓은 의미가 있다. 토양 그 자체, 토양과 연결된 포도나무와 뿌리, 하부토와 그 밑에 있는 암석, 토양의 물리적 화학적 성분, 지형의 영향을 받아 토양 속에 살고 있는 생물, 그리고 기후(p.18~23 참조)와 날씨가 포함된다. 재배자의 결정과 유럽에서 보통 법으로 정해진 전통적인 포도재배와 와인양조방식도 테루아에 포함시켜야 한다고 주장하는 사람도 많다.

자연환경은 토양의 배수 능력, 햇빛을 반사하는지 아니면 열기를 흡수하는지, 고도, 경사도, 태양과의 방향, 서늘하거나 바람을 막아주는 숲 또는 기온을 올려주는 호수나 강과 바다가 근처에 있는지도 포함한다. 예를 들어 서리가 자주 내리는 언덕 기슭에 포도밭이 있다면, 토양은 같아도 찬 공기가 흘러 내려가는 언덕 경사면과는 테루아가 다르다. 일반적으로 고도가 높을수록 평균기온이 낮은데, 특히 밤이 그렇다(그래서 아르헨티나의 살타 지역처럼 적도 근처에서도 포도재배가 가능하다). 반대로 북부 캘리포니아의 경사면에 위치한 포도밭은 안개층 위쪽에 있어 계곡의 바닥면보다 기온이 더 높다.

마찬가지로 아침 햇빛을 받는 동향의 경사면은 보다 나중에 데워지고 늦게까지 햇빛을 받는 서향의 경사면과, 토양 성질은 같더라도 테루아가 달라서 와인 맛에도 차이가 난다. 독일 북부 모젤 지역은 지형이 구불구불하여 경사면의 방향에 따라 훌륭한 와인이 생산될지, 아니면 아예 불가능할지가 결정된다.

기후변화(p.22~23 참조)가 진행 중인 지금, 테루아는 더 중요하다. 온난화하고 있는 지구에서 포도나무 재배의 최적지가 어디인지, 또 앞으로 있을지에 대한 연구가 시작되었다. 오늘날 단일 포도밭에 얼마나 많은 테루아가 존재하는지는 잘 알려져 있다. 특히 포도밭의 면적이 광대하며 토양의 종류나 깊이에 따라 포도밭을 나누지 않고, 도로나 나무를 기준으로 나누는 지역에는 더 많은 테루아가 존재한다. 새로운 와인산지에서는 연구와 신기술을 통해 포도밭의 구획을 매우 정밀하게 나누고 있다. 정밀포도재배법(Precision viticulture)은 첨단기술로만 가능한 테루아의 세밀한 분석으로, 모든 포도나무의 잠재적 품질을 최적화한다.

포도밭 구획

'구획 나누기(zoning)'는 지질학(땅속의 암석연구), 지형학(지질과 연관하여 땅이 어떻게 생겼는지를 연구), 토양학(토양연구)을 활용한 정확하고 정밀한 과학이다(p.25 참조). 이제 재배자들은 고해상도의 토양지도를 참고하여 어떤 땅을 구매할지, 어느 구획을 어떻게 개량할지, 정확히 어디에 어떤 품종을 심어야 이상적인 와인을 만들 수 있을지를 결정하는 데 도움을 받는다. 그렇지만 결과가 보장되지는 않는다. 기존의 포도밭, 특히 수확량과 생장도가 구획마다 차이가 나는 대규모 포도밭에서는, 항공사진을 통한 원격탐사와 수확량의 모니터링, 매핑 기술로 포도나무의 생장력을 측정할 수 있다. 구획을 나누는 방식은 다양하지만 포도재배가 지리적 및 생물학적으로 더 정밀해지면서 포도밭 구획마다 정확한 시기에 수확하거나, 특정 블록의 포도나무에 농약을 많이 또는 적게 칠 수 있게 되었다. 하지만 비용이 들기 때문에, 투자 대비 와인의 품질과 가격이 높을 경우에만 가능하다. 대규모 구획 나누기는 새로운 와인산지에서도 재배지역의 경계를 정하는 데 유용한 기준이 된다.

초록의 포도밭과 메마른 포도밭. 반사막인 브리티시 콜럼비아주 오카나간 밸리에 있는 블루 마운틴(Blue Mountain) 포도밭은 관개용수로 포도나무를 재배하는 반면, 카나리아제도 란사로테섬에 있는 라 헤리아(La Geria) 포도밭에서는 낮게 정리한 포도나무를 화산재 토양에서 건지농법으로 재배한다.

토양

물과 영양분의 가용범위에 따라 테루아는 큰 변화를 보인다. 포도 성숙에 적절한 기온이라면, 테루아를 구성하는 물과 영양분은 재배방식에 따라 조절이 가능하다. 농약을 쓰거나, 물을 대거나, 배수를 하거나, 유기물이 부족하면 보충할 수 있다. 미생물 역시 포도나무가 이용하는 영양분의 양에 영향을 미친다. 포도나무 뿌리와 포도나무 사이의 피복식물에 많은 미생물이 공생한다.

토양

포도밭 토양은 지질시대, 구성 성분, 토양의 질, 구조, 깊이, 배수에 따라 다양하며, 포도나무는 대부분의 식물이 살기 힘든 토양에서도 잘 자란다. 이러한 특징은 토양의 지력, 보수력, 기온 등에 영향을 주고, 결과적으로 와인의 품질과 생산량에도 영향을 미친다.

질소의 경우 소량이지만 좋은 와인을 만드는 데 필수적이다. 나파 밸리 바닥지대의 좋지 않은 일부 포도밭처럼 언제든지 물을 흡수할 수 있는 비옥한 땅에 포도나무를 심으면, 자연적으로 새싹과 잎이 무성하게 자라 햇빛을 가리기 때문에 열매가 잘 익지 못하고, 그 결과 와인에서는 나뭇잎 같은 풀맛이 난다.

반대로 매우 척박한 땅에서는 물과 영양분의 공급이 철저히 제한되고, 한여름에는 사실상 광합성을 멈춘다. 스페인 중부와 이탈리아 남부의 전통적인 포도밭에서 이런 문제가 발생하는데, 포도나무는 물 부족으로 스트레스를 받으면 완전히 '셧다운'이 된다. 그리고 과실을 성숙시키는 데 쓸 에너지를 오로지 생존을 위해 사용한다. 이런 상황에서는 포도알의 수분이 서서히 줄어들어 당도는 매우 높아지지만, 원하는 향화합물이 형성되지 않고 타닌도 여물지 않는다. 그래서 알코올은 강하지만 타닌이 거칠고 풍미가 약하며 색도 불안정한 균형 깨진 와인이 만들어진다.

토양의 질과 구조 역시 지력과 뿌리의 물 접근성에 영향을 미친다. 점토질 토양은 자갈이나 모래보다 물이 잘 빠지지 않지만, 입자가 작고 가늘어서 뿌리가 영양분을 흡수하는 데 유리하다. 돌과 자갈이 많은 토양은 특히 보르도처럼 습한 지역에서 좋은데, 물이 잘 빠질 뿐 아니라 열을 잘 흡수하여 지표면의 온도를 높여준다. 샤토뇌프-뒤-파프 일부 지역의 굵은 돌로 이루어진 토양이나 뉴질랜드 김블랫 그레블스의 깊은 자갈 토양이 좋은 예이다.

토양 '프로파일링'은 포도밭 크기에 상관없이 토양의 편차와 상태를 조사하고 설명하는 데 매우 유용한 도구이다. 분석 결과는 포도밭을 관리하는 데 활용한다.

땅도 지속적인 풍화와 중력, 침식의 영향으로 시간과 함께 변화한다. 그러므로 경사면의 중간지대가 포도밭으로 가장 적합한 이유는, 위쪽 토양은 얇고 영양분이 적으며 침출도 많아 포도나무가 자라기 힘들고, 경사면과 계곡의 아래쪽은 땅이 깊고 비옥해서 지나치게 자라기 때문이다. 코트 도르가 좋은 예이다.

지질학

토양 속에 있는 돌들은, 포도밭의 다른 그 무엇보다 수많은 전설과 로맨스, 과장된 마케팅의 중심이 되어왔다. 몇몇 경우는 실제로 땅속에 숨어있는 돌(가끔 땅 밖으로 튀어나와 있지만)과 와인이 간접적으로라도 연결된 것처럼 보인다. 예를 들어 화강암 토양에서 만든 와인들, 마찬가지로 점판암이나 석회암이 많은 포도밭에서 만든 와인들끼리는 왜 맛과 질감이 가족처럼 비슷한 것일까? 프랑스에서는 때론 비논리적으로 느껴질 정도로 좋은 것은 무엇이든 석

토양 프로파일링

1960~1970년대에 보르도 메독 지역에서 제라르 스갱은 토양 연구를 위해 땅을 깊이 팠다. 그는 최고의 땅이라고 해도 특별히 비옥하지 않고, 다만 땅속 깊은 곳까지 배수가 빠르다는 사실을 밝혀냈다. 따라서 포도나무는 물을 찾기 위해 땅 깊숙이 뿌리를 뻗는데, 특히 마고 지역에서는 7m까지 뿌리를 뻗은 나무도 있다. 그 후 이어진 연구에 의하면, 관개를 하지 않는 포도밭에서 중요한 것은 토양의 깊이보다는 땅속에 흡수할 물이 있는가였다. 비옥한 토양의 경우에는 뿌리를 깊게 뻗으면 땅의 보수력이 지나치게 작용할 수 있다. 포므롤의 점토질 토양(샤토 페트뤼스)에서는 뿌리가 겨우 1.3m 정도 내려간다. 생테밀리옹의 석회암(샤토 오존) 토양에서는 뿌리의 깊이가 비탈은 2m, 고원은 0.4m에 불과하다. 하지만 점토질 토양의 경우에는 원활하게 배수가 되려면 유기물이 충분히 있어야 한다. 관련 연구에 의하면, 고급와인을 만들기 위한 완벽한 토양의 열쇠는 토양의 화학적 성분이 아니라 배수성과 보수력에 있다.

최근 포도밭에서 땅을 파는 일이 늘어나고 있다. 몇몇 포도밭 컨설턴트들은 토양의 종류, 깊이, 보수력을 집중적으로 분석해 관개의 시기와 최소량을 알려주거나, 관개가 필요 없는 재배방식에 대해 조언하기도 한다. 또한, 땅을 더 깊게 파서 암석의 종류와 균열 양상(뿌리가 암석을 통과하는 데 중요하다)을 조사하는 데 그치지 않고, 암석이 타닌에 미치는 영향을 밝히기 위해 암석의 보수력을 연구하기도 한다. 화강암은 드라이 타닌을, 화산성 토양은 쓴맛의 타닌을 만드는 것과 관련이 있을 수 있다. 그렇다고 토양과 타닌이 직접적인 관계가 있다고는 아직 말할 수 없다.

칠레 출신의 테루아 전문가로 세계 곳곳에서 컨설팅을 하는 페드로 파라(아래 사진)는 먼저 모암이 무엇인지 알아낸 다음(예 : 부르고뉴의 석회암, 스페인 프리오라트의 편암, 칠레 카우케네스의 화강암), 지형을 고려하고(경암과 연암층이 고원과 경사면을 이루는 방식), 마지막으로 실제 토양을 보고 질감과 다공성 등을 조사한다. 그에 의하면 크로즈-에르미타주나 칠레의 마이포 밸리처럼 어린 토양은 일반적으로 지질시대에 형성된 것은 아니지만, 자갈로 이루어진 충적단구에서도 복합적인 '지질적 테루아'를 보여주는 와인이 생산된다고 한다. 프로파일러는 이 모든 것을 재배자가 이해할 수 있도록 땅을 충분히 파서 포도밭 전체의 다양한 토양을 조사하고, 포도나무의 생육이 토양 분석과 어떤 상관관계가 있는지를 밝혀내야 한다. 무엇보다 놀라운 것은 이 모든 기술이 개발되기 전에도 이미 위대한 테루아들이 발견되었다는 사실이다.

바로사 밸리에 있는 노던 그라운즈의 매우 다양한 토양 단면은 칠레의 테루아 컨설턴트인 페드로 파라가 열광할 만한 것이다. 아래 사진은 스페인 리오하주의 산 비센테 데 라 손시에라(San Vicente de la Sonsierra)의 토양 단면이다. 이제 전 세계 포도밭에서 이처럼 흙을 파낸 구덩이를 쉽게 볼 수 있다.

유명한 리코레야(llicorella) 점판암과 석영의 파편은 스페인 북동쪽 프리오라트 지역의 특징이다. 이런 토양에서도 포도나무가 자라는 것이 놀랍지만, 실제로 잘 자라고 있다. 포도나무는 정말 강인한 식물이다.

회암의 공으로 돌린다. 영양분, 물의 가용성, 토양 온도 등이 와인에 영향을 미치는 것일까? 아니면 땅속의 돌과 와인의 맛 사이에 다리가 되는, 아직 알려지지 않은 메커니즘이 있는 것일까?

암석은 기원에 따라 화성암(예:화강암), 퇴적암(예:석회암), 변성암(예:점판암)으로 나뉜다. 여기서 중요한 것은 지형에 영향을 주는 기반암의 강도와 침식민감성이다. 기반암은 나무뿌리가 물과 영양분에 접근하는 능력에 영향을 주고, 햇빛과 서리, 바람 같은 기후요소를 확대 또는 축소시키기 때문이다(p.18~21 참조).

성장에 필수적인 칼륨과 마그네슘 같은 영양분을 '미네랄'이라고 하는데, 기반암의 화합물에서 유래한 말이다. 그런데 혼란스럽게도 기반암의 화합물도 미네랄이라고 부른다. 와인에서 '미네랄'이라는 용어가 얼마나 잘못 해석되고 부정확하게 사용되는지 알 수 있다. 지질학적인 미네랄과 '부싯돌향(flinty)' 또는 '화산성(volcanic)'으로 묘사되는 와인의 미네랄 풍미가 직접적으로 관계없다는 것은 과학적으로 명백하다. 그런데 최근 이 풍미가 발효 중 발생하는 황이나 산미에 의한 것일 수도 있다는 연구 결과가 나왔다. 그렇지만 긍정적인 의미의 '미네랄'이란 용어는 시음노트에서 사라지지 않을 것이다.

살아있는 토양

성실한 농부는 항상 땅의 건강에 신경쓴다. 적절한 유기물과 많은 미생물, 기타 유기체가 있어야 식물이 건강하게 자라기 때문이다. 지렁이는 땅이 얼마나 건강한지 알려주는 중요한 척도이다. 흙을 뒤적이면서 통기성이 좋아져 유기물을 부식토로 바꾼다.

유기물이 많아 지나치게 비옥한 토양은 질소가 많이 생성되어 포도가 풍성하게 열리지만 잘 익지 않을 우려가 있다. 반대로 질소 생성이 지나치게 제한되면, 발효시 질소 부족으로 효모가 포도즙을 와인으로 변화시키는 마술을 부리기 힘들어진다. 모래 토양은 일반적으로 유기물이 적고 물이 빨리 빠진다.

2010년대에 발표된 연구 결과에 따르면 유기농법이나 피복작물 활용과 같은 재배방식으로 땅속 유기물이 풍부해지기도 하지만, 그것 또한 포도밭 고유의 자연환경의 일부이며, 우리가 테루아라고 부르는 것이다.

적당한 물 공급과 충분한 영양분이라는 2가지 요소를 이루려는 식물의 능력은 타고난 자연환경과 인간의 노력에 달려있다. 포도나무의 경우도, 와인의 품질도 마찬가지다.

테루아 관리

그렇다면 어떤 테루아가 훌륭한 와인을 만드는가? 지난 50년 동안 토양, 물, 영양분의 결정적 상호작용에 대한 중요한 연구가 활발히 진행되었고, 최근 15년 동안은 첨단기술의 발전으로 매우 좁은 지역에서 테루아가 미치는 영향에 대한 이해가 높아졌다.

예를 들어 부르고뉴의 코트 도르에서 고급와인이 생산되는 포도밭은 경사면 중간에 위치한다는 것이 오래전에 밝혀졌다. 1000년에 걸친 침식에 의해(p.57 참조) 쌓인 이회토, 실트, 석회암의 조합은 좋은 와인을 만드는 데 필요한 물을 과하지도 부족하지도 않게 공급해준다. 하지만 우수한 테루아가 계속 우수할 수 있는 것은 단지 자연환경 때문만은 아니다. 그랑 크뤼 포도밭의 소유주는 배수관이나 배수로를 설치하고, 좋은 품질의 비료를 정확한 양만 사용하며, 이상적인 재배기술을 활용하여 포도밭을 완벽하게 관리할 수 있는 경제적 여력이 있다. 하지만 보통의 포도밭에서는 비경제적이어서 이런 노력을 쏟을 수 없다. 테루아가 표현되려면 사람과 돈이 필요하다. 17세기에 로마네-콩티의 소유주는 멀리 손 밸리에서 비옥한 흙을 대량으로 실어오기도 했다.

몇몇 유기농법과 바이오다이나믹 농법 재배자들은 테루아라는 용어를 효모처럼 눈에 보이지 않는 것까지, 그 땅의 모든 동식물에도 적용해야 한다고 주장한다. 테루아는 화학비료와 현지 생태계 밖에서 들여온 토양에 의해 변할 수 있다. 또한 몇백 년 동안 단일 작물을 재배하거나 땅을 갈고 피복작물을 재배하는 건강한 재배방식도 땅의 성격을 바꾼다고 주장할 수 있다. 그런데 흥미로운 점은 바로 옆에 있는 땅에서 똑같은 방식으로 재배한 포도라도 와인의 맛이 매우 다르다는 것이다.

풀어야 할 테루아의 또 다른 미스터리는, 바로 테루아가 어떻게 잔에 담긴 와인의 품질, 맛, 질감으로 표현되는가이다.

병충해

1753년 스웨덴의 분류학자 칼 린네는 비티스속의 유럽 포도종을 '와인을 만드는 포도'라는 뜻에서 '비니페라'라고 명명했다. 그때부터 비니페라 포도나무는 끊임없이 수많은 적을 만났는데, 그중에서도 최악의 병해충은 최근 들어(주로 미국에서 들어왔다) 자연적인 저항력이 생기기도 전에 포도나무를 공격했다.

19세기에는 2가지 진균병이 유럽의 포도나무와 신대륙에서 재배하는 비니페라를 공격했다. 처음에는 흰가룻병(오이듐균), 나중에는 노균병(솜털곰팡이)이었다. 많은 시간과 노력을 들여 치료법이 개발되었는데 2가지 모두 정기적인 약물 살포가 필요하다. 한편 포도나무가 한창 자랄 때 트랙터가 끊임없이 소리를 내면서 약물을 살포하는 것은 포도나무의 부패, 특히 잿빛곰팡이(*Botrytis fungus*, 놀라운 스위트 화이트와인을 만드는 보트리티스 시네레아 *Botrytis cinerea*의 다른 형태. p.104 참조)에 의한 부패를 막기 위해서다. 잿빛곰팡이는 포도에서 나는 곰팡내의 원인으로, 시간이 지날수록 부패방지 약물에 대한 저항력이 강해지고 있다.

2가지 진균병에 대한 치료제가 개발되자마자 더 큰 재앙이 닥쳤다. 필록세라는 포도나무의 뿌리를 마구 갉아먹어 결국 죽게 만드는데, 유럽의 거의 모든 포도밭을 초토화시켰다. 미국산 포도나무가 필록세라에 면역이 있다는 것이 밝혀지자(필록세라도 미국에서 왔다), 유럽의 포도나무는 대부분 필록세라에 저항력이 있는 미국산 포도나무에 유럽의 비니페라를 접붙인 나무로 대체되었다.

필록세라를 경험하지 않은 몇몇 새로운 와인산지에서는 포도나무를 접붙이지 않고 꺾꽂이로 심었다. 하지만 오리건주와 뉴질랜드에서는 이 방법이 오래가지 못했으며, 1980년대에 캘리포니아 북부에서는 필록세라를 확실히 방지하려면 바탕나무를 신중하게 선택해야 한다는 것을 비싼 값을 치르고 배웠다. 사우스 오스트레일리아주를 비롯한 여러 지역에서 필록세라를 막기 위한 강력한 방역규정을 시행하고 있다. 이웃한 빅토리아주에서는 필록세라가 실질적으로 큰 위협이 되고 있다.

병해충의 종류

땅 위로 자라는 포도나무의 윗부분도 수많은 생물의 먹거리가 된다. 응애, 잎말이나방류의 유충, 다양한 딱정벌레와 곤충, 진드기류가 포도나무를 노린다. 그 밖에 극소량으로도 포도나무를 오염시키는 액체를 배출하는 아시아무당벌레와, 아주 해로운 얼룩점박

이초파리 등이 있다. 이러한 해충은 대부분 약물로 방제할 수 있지만, 유기농법이나 바이오다이나믹 농법 재배자들은 천적과 페로몬, 직접 만든 제품을 이용하여 좀 더 친환경적인 방법을 시도하고 있는데, 그중 일부는 방제역할을 거의 못하는 것도 있다.

피어스병은 매미충에 의해 전염되는데, 매미충은 멀리까지 날아갈 수 있어 드넓은 미국의 포도밭을 위험에 빠뜨린다. 이 세균성 질병에 감염되면 먼저 잎에 검은 반점이 생기고, 잎이 떨어진 뒤 5년 안에 말라죽는다. 피어스병에 내성을 가진 품종은 없다. 매미충이 옮기는 또 하나의 치명적인 병은 포도황화병인데, 그중 프랑스어로 플라브상스 도레(flavescence dorée)라고 부르는 병이 가장 흔하다. 그러나 현재 세계적으로 가장 큰 위협은 에스카, 유티파 다이백을 포함한 포도나무 줄기병으로, 수확량이 줄고 나무의 수령이 단축된다. 현재로는 알려진 치료방법이 없다.

포도나무 줄기병은 오늘날 포도재배에서 가장 큰 위협이다. 포도잎이 사진처럼 변하면 에스카병의 징후이다. 에스카병은 유티파 다이백과 함께 가장 흔한 병이다.

치명적인 피어스병에 걸린 포도나무. 텍사스와 남부 캘리포니아에서는 풍토병이고, 이제는 북부 캘리포니아 계곡 근처에서도 발견된다.

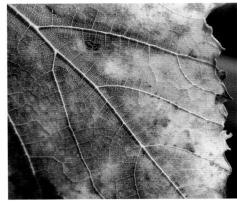

잎이 붉게 변하는 잎말이병에 걸린 포도나무는 사진작가들에게는 아름다운 피사체가 될 수 있지만, 수확량이 줄고 늦게 익는다.

포 도 재 배

포도재배자는 날씨, 기후, 주위 환경 등을 고려하여 자신의 포도밭에 가장 적합한 품종을 결정한다. 그렇다면 포도나무를 정확히 어디에 어떻게 심어야 할까? 유럽의 전통 와인산지에서는 상속을 받거나 AOC, 재배권 등에 의해 포도밭 위치가 거의 정해져 있기 때문에, 재배자가 위치를 선택하는 것은 불가능하다. 하지만 이제 포도밭 선정은 점점 더 중요해지고 정교한 과학이 되고 있다.

포도밭에 투자할 의사가 있다면 먼저 해마다 수익이 날 만한 양의 건강한 포도를 수확할 수 있는 포도밭인지 확인해야 한다. 느낌에 의존하기보다는 지형, 기후, 토양데이터(p.25 참조)를 철저히 분석하고 결정하는 것이 안전하다.

기온, 강우량, 일조량에 대한 대략적인 통계자료도 도움은 되지만 세심한 분석이 필요하다. 예를 들어, 여름 평균기온이 높으면 이론상으로는 좋아 보이지만, 특정 온도 30~35℃ 이상 올라가면 포도밭의 위치와 품종에 따라 사실상 광합성이 중단된다. 그래서 아주 무더운 날이 오래 지속되면, 포도가 아주 천천히 익거나 아예 익지 않을 수도 있다. 바람은 보통 기상통계에서 제외되었는데, 바람이 광합성을 조절하는 잎과 포도알의 작은 기공을 막으면 광합성이 중단될 수 있다.

서늘한 지역에서는 포도가 안정적으로 익을 만큼 충분히 따뜻한지 확인해야 한다. 영국처럼 여름과 가을 평균기온이 포도를 재배하기에 비교적 낮거나, 미국 오리건주처럼 비와 함께 가을이 빨리 오거나, 브리티시 컬럼비아 주처럼 기온이 갑자기 떨어진다면 조생종을 심어야 한다. 샤르도네와 피노 누아는 윌래밋 밸리에는 적합하지만, 적도에서 먼 북쪽의 포도밭에서는 너무 늦게 익는다. 리슬링은 독일 서부 모젤에서는 잘 익는데, 기후변화 때문에 어떻게 될

지 모르지만 영국에서는 거의 찾아볼 수 없다. 접붙일 바탕나무를 선택할 때도 토양과 기후를 잘 고려해서 신중하게 선택해야 한다.

여름 평균 강우량과 비가 오는 시기는 진균병(p.27 참조) 발생을 예측하는 데 유용한 정보다. 월간 강우량, 예상 증발량, 토양분석은 관개의 필요성(p.20 참조)을 결정하는 데 도움이 된다. 관개가 허용된 곳에서는 적절한 수원을 찾아야 한다. 관개의 타이밍과 속도를 정확히 조절하는 것은 와인의 품질과 양에 중요한 영향을 미친다. 캘리포니아, 아르헨티나, 특히 오스트레일리아에서는 새 포도밭 조성에 가장 큰 장애물이 물 부족이다. 이 지역은 과도한 삼림파괴로 물이 말랐거나, 너무 비싸거나, 염분이 너무 많다.

다른 목적으로도 물이 필요하다. 기온이 낮아 포도재배 한계선에 위치한 온타리오주와 미국 북동부의 주에서는 서리가 내리지 않는 전체 일수에 따라 포도품종과 생장기간이 결정된다. 샤블리와 칠레의 서늘한 카사블랑카 밸리에서는 어린 포도나무를 서리로부터 보호하기 위해 스프링클러로 물을 뿌려 얼음막을 만드는데, 물이 부족한 카사블랑카에서는 서리가 예측하기 힘든 재난이 된다.

p.24~26에서 설명한 것처럼 포도밭 후보지의 토양 역시 신중하게 분석해야 한다(아래 참조). 20년 전만 해도 캘리포니아의 포도나무를 연구하는 사람들은 기후에 대해서만 이야기했다. 하지만 경험이 축적되면서 이제 전 세계 재배자들이 토양 분석을 위해 구덩

우루과이의 보데가 가르손(236*ha*)은 새로 생긴 와이너리이지만 매우 야심차다. 아래 포도밭 지도는 토양 종류, 방향, 습도, 일조량, 숲과의 거리 등에 따라 1,200개 구획으로 나뉜다. 이 데이터는 어떤 품종을 어디에 심어야 할지를 결정할 때 활용된다.

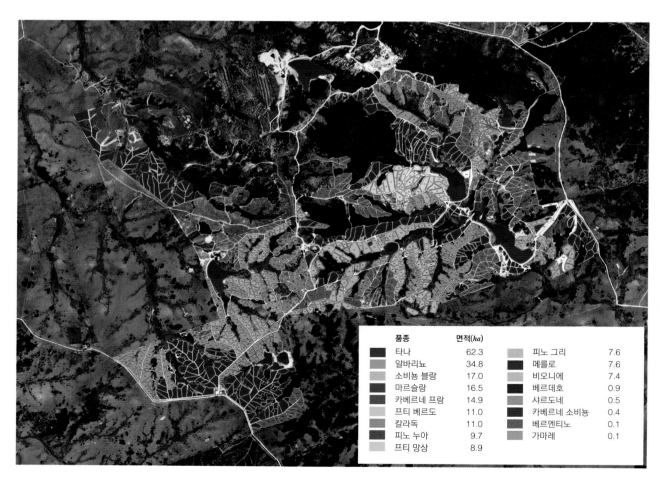

품종	면적(*ha*)		품종	면적(*ha*)
타나	62.3		피노 그리	7.6
알바리뇨	34.8		메를로	7.6
소비뇽 블랑	17.0		비오니에	7.4
마르슬랑	16.5		베르데호	0.9
카베르네 프랑	14.9		샤르도네	0.5
프티 베르도	11.0		카베르네 소비뇽	0.4
칼라독	11.0		베르멘티노	0.1
피노 누아	9.7		가마레	0.1
프티 망상	8.9			

이를 파서 샘플을 채취한다. 토양의 비옥도와 보수력은 와인의 품질과 수형관리 방식을 선택하는 데 중요한 열쇠가 된다. 질소(화학비료와 거름에 일반적으로 함유된 성분)가 너무 많으면 포도나무의 성장이 지나치게 왕성해져서, 열매의 성숙보다는 잎을 키우는 데 에너지를 쏟는다. 그 결과 포도송이는 무성한 잎과 가지로 이루어진 캐노피로 인해 무겁고 어두운 그늘에 가려진다. 이러한 현상은 매우 비옥한 토양, 특히 뉴질랜드와 나파 밸리의 저지대 같은 상대적으로 젊은 토양에서 흔히 볼 수 있다. 포도나무의 성장은 품종이나 바탕나무의 품종에 따라서도 달라진다. 토양이 지나치게 산성이거나 알칼리성이어도 안 되고, 유기물(다른 식물과 동물의 사체)과 인, 칼륨, 질소 같은 미네랄도 적당히 있어야 한다. 인(부족한 경우가 드물다)은 광합성에 필수적이고, 칼륨이 너무 많으면 와인의 pH가 지나치게 높아지고 산미는 약해진다.

포도밭 디자인

포도밭 위치가 결정되었거나 포도나무를 다시 심기 위해 재정리 계획이 있다면 신중하게 포도밭을 디자인해야 한다. 이랑의 방향(하루종일 햇빛을 받으려면 남북, 한낮의 태양을 피하려면 동서), 알맞은 나무모양, 말뚝 높이(나중에는 철사), 가지치기할 때 남길 싹의 수 등 모든 것을 고려해야 한다. 포도송이는 땅에서 얼마나 멀어야 이상적인가? 가파른 경사면이라면 계단식으로 만들 것인가? 계단식 포도밭은 만들고 유지하는 데 비용이 많이 들지만, 등고선을 따라 이랑을 만들 수 있기 때문에 트랙터와 사람이 이동하기 편리하다. 비가 많이 오는 지역에서는 침식의 위험이 없는지도 살펴봐야 한다.

그런 다음 가장 중요한 결정을 내려야 한다. 땅의 활력과 목표로 정해진 수확량(p.87 보르도 수확량 참조)을 고려하여 이랑 사이의 간격과 포도나무 사이의 간격을 정하는 것이다. 뜨겁고 건조한 날이 많은 지역에서는 물이 부족하기 때문에, 전통적인 덤불 형태로 간격을 넓혀 1ha당 1,000그루 이하로 심어야 한다. 당연히 수확량은 낮다.

한때 신대륙에서는 주로 따뜻하거나 더운 지역의 비옥한 처녀지에 포도나무를 심었기 때문에, 영양분이 과잉공급될 위험이 있었다. 재배자들은 이랑 사이 그리고 나무 사이에도 트랙터가 지나갈 수 있도록 간격을 넓혔고, 여기서도 포도밭의 밀도가 1ha당 1,000그루가 조금 넘게 심었는데 그 이유는 사뭇 다르다. 이렇게 하면 포도나무, 말뚝, 철사, 노동력이 절약되고, 경작과 기계수확이 쉬워지기 때문이다. 하지만 대부분의 경우 그에 대한 대가를 치렀는데, 포도나무가 과도하게 성장해서 캐노피가 포도송이를 가리고 잎은 그늘에서 광합성을 해야 했다. 그러면 포도가 제대로 익지 않고, 좋은 날씨에도 불구하고 와인은 불쾌할 정도로 산미가 강해지고 타닌은 설익는다. 그뿐 아니라 포도나무는 다음해에도 제대로 열매를 맺지 못한다. 가지 끝에 막 올라온 싹이 맛있는 열매가 되려면 충분한 햇빛이 필요하다. 캐노피가 두꺼우면 포도송이는 작아지고 잎만 무성해지는 악순환이 해마다 계속된다. 관개가 자유로우면 1ha당 경제효율은 높일 수 있지만, 포도나무는 너무 많이 달린 포도를 익혀야 하는 부담을 지게 된다.

하지만 이러한 전형적인 재배방식은(다행히 지금은 찾아보기 힘들다) 보르도와 부르고뉴의 전통적인 재배방식과는 완전히 다르다. 보르도와 부르고뉴에서는 1ha당 수확량이 일반적으로 훨씬 적고 1

포므롤에 있는 샤토 마제르는 바이오다이나믹 농법의 원칙에 따라, 겨울이 오면 소뿔에 새 거름을 채워 땅속에 묻는다. 봄이 되면 '프레퍼레이션 500(preparation 500)'이라고 부르는 소뿔 거름을 다시 파내고 빗물과 섞어 땅에 뿌린다.

그루당 수확량은 더 적다. 보통 1ha당 10,000그루의 포도나무를 심고, 이랑 간격을 1m, 나무 간격도 1m씩 띄운다(나무 위로 지나가는 트랙터straddle tractor로 작업한다). 모든 포도나무는 철저하게 가지치기해서 나무의 키를 비교적 작게 유지하고 싹의 수도 엄격하게 제한한다. 식재와 노동비용이 많이 들지만 포도가 잘 익을 확률은 매우 높다. 결과는 풍미가 강렬한 좋은 와인으로 나타난다.

지난 몇십 년 동안 캐노피 매니지먼트는 상당한 발전을 이루었다. 정교한 재배기술과 새로운 가지치기 방식으로, 아무리 나무자람새가 왕성한 포도나무여도 가지를 벌려서 캐노피를 조절할 수 있다.

유기농법과 바이오다이나믹 농법

수백 년 동안 유럽에서는 꾸준히 실험을 계속하여 대체로 지역 조건에 맞는 이상적인 해결책을 찾았고, 그 결과 세계에서 가장 좋은 포도밭과 사랑받는 와인을 생산하게 되었다. 하지만 재배자 각자의 재배 철학은 여전히 중요하다. 갈수록 유기농법이나 바이오다이나믹 농법을 채택하는 재배자가 늘고 있다. 2가지 농법 모두 잔류물이 있는 농약과 화학비료의 사용을 철저히 배제하지만, 노균병을 방제하기 위한 소량의 황산구리 용액(보르도액)은 허용한다. 황산구리 용액은 토양에 구리 잔류물을 남긴다.

바이오다이나믹 농법은 토양과 포도나무의 건강을 위해, 특수 방법으로 만든 퇴비나 식물에 기초한 동종요법 조제품을 활용한다. 심지어 포도밭과 와이너리의 작업 일정을 음력에 따라 정하기도 한다. 아직 과학적으로 증명은 안 됐지만, 당사자들도 놀랄 정도의 결과를 얻을 때도 있다.

모든 농사가 그렇듯 포도재배도 자연과 그 지역의 상황에 따라 크게 달라진다. 와인생산의 여러 과정 중 포도밭에서의 작업이 와인의 맛을 결정하는 가장 중요하고 가장 까다로운 부분이다.

포도밭의 1년

포도밭의 한 해, 즉 재배자의 연간 작업 사이클은 실질적으로 수확 후 잎사귀가 노랗고 빨갛게 변하는(사진작가에게는 완벽한), 나무의 수액이 줄어들 때 시작된다. 가을의 가장 중요한 작업은 실내에서 이루어지는데, 셀러에서 포도가 와인으로 변하고(p.32~35 참조), 새로 만든 와인은 와인메이커가 선택한 용기에 옮겨져 숙성된다.

수액이 줄고 줄기가 완전히 마르면 북반구는 11월 말, 남반구는 5월 말에 가지치기를 시작한다. 시기는 치밀하게 계산해서 정해야 한다. 봄서리의 위험이 있는 지역은 싹이 일찍 나오는 품종의 가지치기를 늦추어 싹이 늦게 나오게 한다. 수확시기를 늦추지 않고 열매 완숙을 원하는 따뜻한 지역의 생산자는 일부러 이웃 포도밭보다 일찍 가지치기를 한다. 확실한 것은 포도나무가 생장기에 쓸 영양분을 축적한 후에 동면에 들어가야 하고, 가지가 말라서 자르기 쉬운 겨울에 가지치기를 해야 한다는 점이다. 겨울 포도밭은 매우 추워서 옷을 단단히 입어야 한다.

가지치기를 하는 이유는 싹의 수를 제한하여 나무에 달리는 포도송이의 수를 조절하기 위해서다. 지난해에 자란 가지는 대부분 잘라내 태워버린다(스테이크 바비큐에 사용하기도 한다). 이때 포도나무의 모양과 크기가 정해진다. 가지치기 방식은 생장기에 포도나무를 철사에 어떤 모양으로 고정시켜 자라게 할지, 또는 모양을 아예 잡지 않을지에 따라 정해진다. 어떤 지역에서는 겨울의 혹독한 추위를 피하기 위해 포도나무를 땅에 깊게 심거나(p.18 참조), 추위가 심하지 않은 경우에는 밑동에 흙을 돋운다. 겨울은 포도밭의 말뚝과 철사가 완전히 노출되기 때문에 수리하기 좋은 시기이기도 하다. 포도나무를 새로 심을 계획이라면 휴면기에 나무를 뽑아내고 땅을 간다. 필요하다면 석회와 퇴비 등을 뿌린다.

늦겨울과 초봄은 포도밭과 셀러가 가장 한산한 시기다. 그래서 호기심 많은 사람들에게는 다른 반구에서 포도를 어떻게 수확하는지 보러 갈 수 있는 시기이기도 하다(북반구와 남반구의 반대되는 시간은 20세기 말 플라잉 와인메이커 현상으로 이어졌다. 기술력을 갖춘 남반구, 주로 호주 출신의 젊은 양조가들이 유럽으로 가서 와이너리를 청소하면서 새로운 와인양조 기술을 배웠다. 지금은 생산자와 아이디어가 쌍방향으로 움직인다). 집으로 돌아오면 그해의 첫 밭갈이를 할 때인데, 트랙터나 말이 끄는 쟁기로 밭을 갈아 땅의 통기성을 좋게 한다. 말은 트랙터처럼 땅을 단단하게 다지지는 못하지만 사진 찍기에 좋은 장면을 만들어준다(p.92 참조). 본격적인 재배 시즌이 시작되기 전에 포도밭의 장비를 준비할 때이다.

나무에 물이 오르면

p.31의 그림은 초봄에 포도나무가 겨우내 덮었던 갈색 나무껍질을 뚫고 어떻게 싹을 틔우는지 보여주는데, 재배자는 봄서리의 위험이 완전히 사라질 때까지 방심하면 안 된다. 가장 조마조마한 시기다. 맑은 봄날 저녁이면 포도밭에 나와, 윈드머신을 돌리거나 불을

나파 밸리 세인트 헬레나에 있는 코리슨 포도밭에서는 새둥지를 설치한다. 멕시코 파랑지빠귀(사진) 같은 새들이 해충을 잡아먹어 살충제를 사용할 필요가 없다.

피워서 공기를 순환시키고 위험한 찬 공기를 데운다.

봄이 되면, 포도밭은 거무스름한 나무 그루터기가 모여있는 모습에서 새로 돋은 싹과 어린잎의 초록 물결로 바뀐다. 캐노피가 무성해지면 포도가 잘 익을 수 있게 나무모양과 크기를 정리하고, 왕성하게 자라는 나무를 다듬어야 한다. 철사로 모양을 만드는 포도나무는 묶어주거나 트렐리스의 철사틀 안에 밀어 넣는다. 이 작업은 개화기 후에 더 중요해지는데, 캐노피가 빠른 속도로 자라기 때문이다. 초여름이 되면 광합성을 위해 포도송이 주위의 잎을 적절한 양만 남겨두고 정리해서 햇빛에 조심스럽게 노출시킨다.

포도나무가 자라는 동안 어떤 살균제와 살충제를 사용할지, 이랑 사이의 풀을 남겨둘지 아니면 다른 피복작물을 키울지, 여름에 제멋대로 자란 싹을 그냥 둘지 아니면 정리할지 등 여러 가지 중요한 결정을 내려야 한다. 또한 송이의 수를 줄이기 위해 포도가 익기 전 또는 익는 동안 '송이 솎아주기'를 할지도 결정해야 한다. 포도나무에 송이가 너무 많이 달리면 포도가 잘 익지 않는다.

20세기 말 농약이 크게 유행하면서 농부들은 포도나무가 잘 자라도록 반복적으로 약을 살포했는데 심각한 부작용이 뒤따랐다. 땅이 오염되었을 뿐 아니라 돈도 낭비되었다. 21세기에는 유기농법, 나아가 바이오다이나믹 농법을 실시하는 재배자가 늘어나고 있다. 유황이나 석회, 황산구리로 만든 보르도액만 사용하거나, 병충해 방제를 위해 천적이나 새, 페로몬 같은 자연친화적 방법을 활용한다. 습도가 특히 높을 때도 고집 있는 재배자는 농약을 사용하

아래의 리슬링 포도열매는 모두 2018년 10월 18일 클레멘스 부슈의 마리엔부르크 포도밭에서 딴 것이다. 포도알이 익어서 쪼글쪼글해지는 여러 단계를 보여준다.

지 않는다. 이랑 사이를 비워두지 않고 피복작물을 심는 경우가 많은데, 여기에는 여러 가지 장점이 있다. 이로운 벌레를 끌어들이고, 가파른 포도밭의 경우 토양 침식을 막으며, 흙에 공기를 공급하여 미생물이 늘어난다. 건조한 지역에서는 수분 증발을 최소화하고, 캐노피가 무성해질 위험이 있는 습한 지역에서는 물을 차지하기 위해 포도나무와 경쟁할 수 있기 때문에 피복작물을 갈아엎어 토양 구조와 흙속 유기물을 개선시키기도 한다.

더운 지역에서는 가볍게 덮인 캐노피로 포도가 햇빛에 타는 것을 막고, 일부지역에서는 우박을 피하기 위해 그물을 사용한다.

과거에는 한여름이 재배자의 휴가기간이었지만, 지금은 수확기가 빨라져서 매우 중요한 시기가 되었다. 포도나무의 건강과 열매 성숙도를 살피고, 수확시기를 결정하기 위해 매일 포도밭에 나가야 한다(비가 오면 수확을 못하기 때문에 날마다 걱정하며 일기예보를 확인한다). 잘 익은 포도는 새와 동물을 불러들인다. 새를 막는 그물은(p.360 참조) 비싸지만 반드시 필요하다. 이탈리아 중부 일부지역에서는 야생멧돼지를 막기 위한 울타리 설치도 한다. 호주에서는 캥거루가, 남아프리카에서는 개코원숭이가 문제를 일으킨다.

수확

동물, 서리, 우박으로부터 포도를 잘 지켰다면 이제 1년 동안 재배한 포도의 수확이다. 수확할 사람을 구하고, 식사를 제공하며, 합법적으로 고용하는 것이 점점 힘들어지는 반면에, 수확기계는 갈수록 정교해져서 지금은 몇몇 유명 포도밭에서도 기계로 수확을 한다. 한낮의 기온이 너무 높아 저녁에 수확하는 지역에서는 수확기계가 매우 요긴하다(p.353 참조). 효율적으로 잘 작동하는 수확기계를 확보하는 것은 포도밭의 1년 작업 중 가장 중요한 일이다.

수확을 준비할 때는 발효조나 오크통의 자리를 확보하는 것 외에, 모든 장비를 깨끗이 닦아야 한다. 정성껏 재배한 포도를 담을 플라스틱 상자도 물로 깨끗이 청소한다. 수확한 포도가 안전하게 도착하면, 이제 와인생산의 중심은 셀러로 이동한다.

늦여름 / 초가을
포도가 익는다
최근 포도 연구의 핵심은 성숙도를 측정하고 완숙을 결정하는 요건을 찾는 것이다. 껍질색이 진한 품종은 전체가 균일하게 진해야 하고, 줄기는 목질화되고, 포도씨에서 녹색이 보이면 안 된다.

초봄
싹이 튼다
유럽 북부에서는 3월, 남반구에서는 9월에 기온이 10℃까지 올라가면, 겨울에 가지치기한 후 남은 싹이 부풀어오르기 시작하고, 마디진 나뭇가지에서 초록색 싹이 하나둘 올라오는 것이 보인다.

10일 후
잎이 나온다
싹이 트고 10일 안에 잎과 덩굴손이 보이기 시작한다. 이 단계에서의 포도나무는 서리에 매우 약하다. 북반구와 남반구의 추운 지역에서는 늦으면 각각 5월 중순과 11월 중순까지 서리가 내린다. 가지치기를 늦게 하면 싹이 늦게 나온다.

포도나무 생장기

여름
색이 든다
꽃봉오리가 서리와 비를 피한 후 그 자리에 6월 / 12월이면 녹색의 작은 포도가 열린다. 여름이 지나면서 포도알이 커지고, 8월 / 2월이 되면 베레종(veraison)을 거치며 포도알이 부드러워지고 색이 불그스름하거나 노랗게 변한다. 당분이 빠른 속도로 축적되고 산미는 약해진다.

늦봄 / 초여름
꽃이 피기 시작한다
싹이 트고 6~13주 사이에 작은 꽃망울이 핀다. 꽃은 마치 작은 포도송이처럼 보이는데, 꽃봉오리가 떨어져 수술이 드러나면, 수정을 통해 열매를 맺는다. 이를 '착과'라고 한다.

10~14일 후
개화와 여러 현상
최종적인 수확량의 규모는 수정의 성공에 달렸다. 꽃이 피는 10~14일 동안 날씨가 좋지 않으면 꽃떨이(coulure) 현상이 나타날 수 있다. 꽃자루에 쪼그라진 열매들이 과도하게 달려있다가, 결국 자라지 못하고 떨어지는 것이다. 또한, 같은 송이에서 포도알의 크기가 각기 다른 착과불량(millerandage) 현상이 나타나기도 한다.

와인은 어떻게 만들까?

포도밭은 대자연이 지배하지만, 와이너리와 셀러는 사람이 지배한다. 와인 양조는 포도와 포도 상태, 그리고 와인메이커가 원하거나 요청받은 스타일에 따라 결정되는 과정이다. p.32~35의 그림은 오크통 숙성을 하지 않는 대량 생산 화이트와인과, 전통방식으로 양조해 오크통에서 숙성한 레드와인의 생산과정을 보여준다.

포도 수확

첫 번째로 가장 중요한 결정은 언제 수확하느냐이다. 와인메이커는 수확하기 몇 주 전부터 포도의 당도와 산도, 건강상태, 모양, 맛을 모니터링한다. 수확일을 결정할 때는 일기예보도 참고하는데, 비 예보가 있을 경우에는 더욱 그렇다. 정확한 수확 날짜에 민감한 품종이 있다. 예를 들어, 메를로는 나무에 너무 오래 두면 생기를 잃지만, 카베르네 소비뇽은 며칠 늦게 따도 괜찮다. 포도가 진균병(p.27 참조)에 감염된 경우, 비가 오면 상황이 악화될 수 있으므로 완전히 익지 않았어도 따는 편이 낫다. 화이트와인은 레드와인과 달리 썩은 포도알이 몇 개 들어가도 큰 문제가 없지만, 레드와인은 색의 변화가 빠르고 와인에서 곰팡내가 난다.

와인메이커와 수확 담당자는 하루 중 언제 포도를 딸지도 결정해야 한다. 무더운 곳에서는 보통 저녁이나(조명을 밝히고 기계로 수확. p.353 참조) 이른 아침에 따서 서늘한 상태로 와이너리까지 운반한다. 이때 품질을 중시하는 와인메이커는 높이가 낮고 층층이 쌓는 상자를 이용하여 포도의 손상 없이 운반한다. 고급와인은 수확 인력이 아무리 비싸고 구하기 어려워도 대부분 손으로 수확한다. 송이 전체를 딸 수 있고(기계는 포도알만 흔들어 떨어뜨린다), 잘 익은 송이만 골라 딸 수 있기 때문이다. 하지만 요즘 수확기계는 매우 신속하고 부드럽게 포도를 따고 포도알을 분류하는 기능도 있어서, 폭염이나 비 예보가 있을 때 큰 도움이 된다.

포도가 와이너리에 도착하면 차갑게 보관해야 한다. 무더운 지역에서는 발효조가 준비될 때까지 냉장보관하기도 한다. 어떤 기후에서든 고급 와이너리를 방문하면, 상한 포도알이나 포도 외의 불순물 중에서 완벽한 포도를 다시 골라내는 분류작업대를 자랑스럽게 보여준다. 원래는 날카로운 눈을 가진 사람의 일인데, 지금은 많은 부분을 기계가 하고 있다. 포도를 액체에 넣어 밀도로 분류하는 기계부터, 줄기 제거 후 설익거나 마르거나 상한 포도알과 불순물을 날리는 공기분사기와 컴퓨터 카메라가 함께 장착된 광학선별기까지 다양한 기계가 있다. 껍질을 터뜨리고 즙(70~80%가 수분)이 나오게 하는 파쇄작업도 기계가 한다. 사람이 발로 포도를 으깨는 곳은 이제 거의 찾아볼 수 없다(여전히 고급 포트와인이나 전통을 고집하는 소규모 일부 와인생산자만 발을 사용한다).

산소의 접촉

대부분의 화이트와인은 맛이 떨어지는 것을 막고, 가볍고 향이 풍부한 와인이 되도록 압착 전에 미리 줄기를 제거한다. 단, 일부 풀바디 화이트나 대부분의 최고급 스파클링, 스위트 화이트와인은 껍질의 강한 페놀성분이 추출되지 않도록 송이 전체를 압착기에 넣고 '프리 런(압착 전 포도의 무게로 저절로 나오는 즙)'을 받아 양조한다. 이때 줄기가 포도즙 배출에 도움이 되기도 한다.

화이트와인을 만들 때는 공기를 최대한 차단해서 신선한 과일향을 보존할지, 일부러 접촉시켜 더 복합적인 2차향을 얻을지를 결정해야 한다. 산소를 차단하려면 이산화황을 첨가해 산화를 방지하고 포도에 묻어 있는 효모의 활동을 막는다. 줄기를 완전히 제거하고, 포도즙을 저온에서 보관한다. 일부러 산소와 접촉시키는 경우, 페놀 화합물이 산화되는 '조기 산화'를 미연에 방지할 수 있다.

리슬링이나 소비뇽 블랑처럼 향이 풍부한 품종은 공기를 완전히 차단하지만, 화이트 부르고뉴 등의 고급 샤르도네는 일부러 공기를 접촉시켜서 양조한다. 껍질과 즙을 일부러 접촉시키는 '스킨 콘택트'를 하기도 한다. 압착 전 압착기나 다른 탱크에 '머스트(즙, 껍질, 과육, 씨 등이 섞여있는 포도즙과 와인의 중간 상태)' 상태로 몇

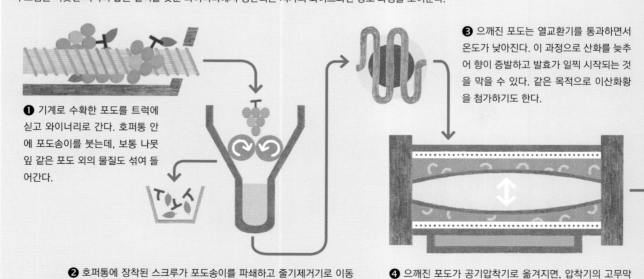

대량 생산 화이트와인 양조 과정

이 그림은 따뜻한 지역의 좋은 설비를 갖춘 와이너리에서 생산되는 저가의 화이트와인 양조 과정을 보여준다.

❶ 기계로 수확한 포도를 트럭에 싣고 와이너리로 간다. 호퍼통 안에 포도송이를 붓는데, 보통 나뭇잎 같은 포도 외의 물질도 섞여 들어간다.

❷ 호퍼통에 장착된 스크루가 포도송이를 파쇄하고 줄기제거기로 이동하면 롤러가 포도알을 으깬다. 파쇄된 포도는 회전실린더의 구멍을 통과하면서 줄기가 분리된다. 회전실린더의 구멍은 포도알만 통과할 정도의 크기여서 떫은맛을 내는 줄기나 잎이 제거된다.

❸ 으깨진 포도는 열교환기를 통과하면서 온도가 낮아진다. 이 과정으로 산화를 늦추어 향이 증발하고 발효가 일찍 시작되는 것을 막을 수 있다. 같은 목적으로 이산화황을 첨가하기도 한다.

❹ 으깨진 포도가 공기압착기로 옮겨지면, 압착기의 고무막이 천천히 부풀어올라 포도를 구멍 뚫린 스테인리스 실린더에 대고 눌러서 압착시킨다. 쓴 오일이 나오지 않도록 포도씨는 으깨지지 않는다. 포도즙이 압착기 하단에 있는 통에 모이면 냉각시킨 스테인리스 침전탱크로 옮긴다.

시간 정도 두면 껍질에서 풍미가 더 추출된다. 그렇지만 너무 길어지면 떫은맛까지 추출될 수 있다. 그래서 대부분의 화이트와인 품종은 색과 타닌을 추출하는 레드와인과 달리 발효 전에 압착한다. 하지만 많은 와인메이커들이 화이트와인을 만들 때 발효가 끝난 뒤에도 껍질을 그대로 두는 실험을 하고 있다. 그렇게 해서 떫고 독특한 맛이 나며 색깔이 진한, 오렌지 와인 또는 앰버 와인이라는 것이 완성되는데, 몇몇 음식과 훌륭하게 매칭된다.

부드러운 압착

화이트와인용 압착기는 씨가 으깨지거나 껍질에서 떫은맛이 나오지 않도록 부드럽게 즙을 추출한다. 가장 부드럽게 압착하는 공기 압착기를 많이 사용한다. 여러 번 압착하면서 포도즙을 따로 분리하는데, 처음 나온 포도즙이 가장 떫은맛이 약하다. 이 단계에서 산소와 접촉하지 않고 만든 화이트와인은 보통 고형물을 가라앉힌 다음 맑은 액체를 발효조에 옮겨 담는다. 그런데 일반적인 화이트와인은 기포를 발생시켜 고형물을 위로 밀어 올리는 부유탱크를 사용한다. 이 단계는 아직 발효가 시작되지 않은 것이 중요한데 이를 위해 저온을 유지하고 이산화황을 조금 첨가한다.

산화시켜서 만드는 화이트와인은 레드와인처럼 양조한다. 레드와인용 포도는 보통 줄기를 제거하고 껍질을 터뜨리는데, 부르고뉴의 전통방식처럼 송이 전체의 발효를 시도하는 와이너리가 늘고 있다. 하지만 줄기가 익지 않은 경우 매우 거친 맛이 난다. 일부 와이너리에서는 레드와인을 만들 때 '발효전 침용' 방식을 사용하기도 한다. 포도에 이산화황을 첨가해 길면 1주일까지 발효를 늦춰서, 색과 1차향인 과일향을 충분히 추출하는 것이다.

발효라는 기적

이제 달콤한 포도즙을 좀 더 드라이하고 다양한 향의 와인으로 변화시키는 발효 방법을 결정해야 한다. 효모(공기 중에 또는 포도껍질에 자연적으로 존재하거나 인공적으로 첨가한다)와 포도의 당분이 만나면 당분이 알코올, 열, 이산화탄소로 변환된다. 잘 익은 포도일수록 당도가 높아 강한 와인이 된다. 발효 도중에 발효조의 온도가 자연스럽게 올라가므로 무더운 지역에서는 온도를 낮춰야 한다. 발효 온도가 너무 높으면 귀중한 향화합물이 증발된다. 발효시 발생하는 가스 때문에, 수확기의 와이너리는 자극적인 냄새가 나는 위험한 곳이 된다. 이산화탄소, 포도, 알코올이 섞인 독한 냄새로 특히 레드와인처럼 발효조 뚜껑을 열고 양조하면 더 많이 나고, 이산화탄소가 지나치게 많으면 질식할 수도 있다. 대부분의 화이트와인은 포도즙의 산화와 갈변을 막기 위해 발효조를 밀봉해 발효시킨다. 발효조 뚜껑을 열고 발효시키는 레드와인은 이산화탄소와 포도껍질의 페놀 화합물이 보호막 역할을 한다.

효모와 효모의 작용에 대해서는 자연적으로 발생한 효모와 실험실에서 선택 배양한 효모 중 무엇을 사용할지 의견이 분분하다. 새로운 와인산지에서는 선택의 여지가 없다. 와인 효모는 개체수를 늘리는 데 시간이 걸리며, 초기에 사용할 수 있는 토착 균주는 해로운 경우가 많기 때문이다. 하지만 천연효모의 사용도 늘어나는 추세인데, 대부분의 와인은 특별히 배양된 효모를 머스트에 넣어 만든다(일단 발효조 하나에서 발효가 시작되면 그 머스트의 일부를 다른 발효조에 옮겨 넣어 발효가 촉진된다).

배양 효모는 예측 가능한 움직임이 보인다. 당도가 높은 머스트에는 특별히 강한 효모를 선택하는데, 침전물을 응고시키는 이 효모는 스파클링와인 양조에 유용하다. 배양 효모의 선택은 와인의 풍미에도 큰 영향을 미치며, 특정 아로마를 강화시키기도 한다. 하지만 전통주의자들은 공기 중의 효모만을 선호한다. 결과는 예측하기 힘들지만 더 흥미로운 향을 와인에 부여할 거라는 믿음 때문이다. 효모는 테루아의 한 요소로 보아도 지나치지 않다. 실제로 와이너리 소유주는 최상의 균주를 분리한 다음, 나중에 사용할 수 있도록 배양하기 때문에 효모의 소유권을 주장하기도 한다.

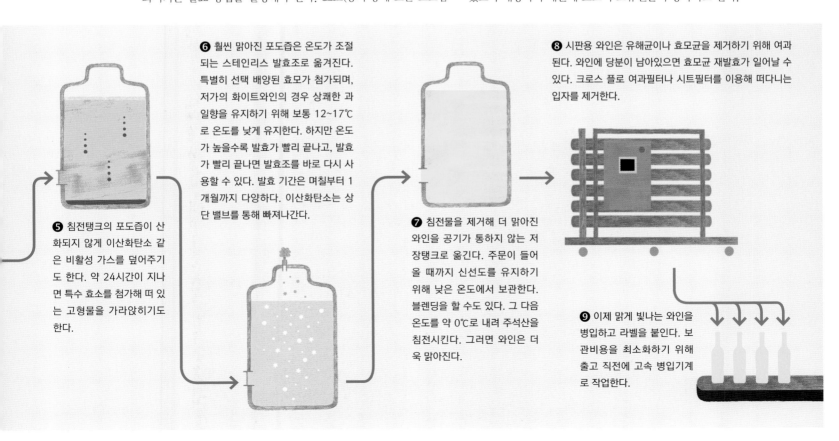

❺ 침전탱크의 포도즙이 산화되지 않게 이산화탄소 같은 비활성 가스를 덮어주기도 한다. 약 24시간이 지나면 특수 효소를 첨가해 떠 있는 고형물을 가라앉히기도 한다.

❻ 훨씬 맑아진 포도즙은 온도가 조절되는 스테인리스 발효조로 옮겨진다. 특별히 선택 배양된 효모가 첨가되며, 저가의 화이트와인의 경우 상쾌한 과일향을 유지하기 위해 보통 12~17℃로 온도를 낮게 유지한다. 하지만 온도가 높을수록 발효가 빨리 끝나고, 발효가 빨리 끝나면 발효조를 바로 다시 사용할 수 있다. 발효 기간은 며칠부터 1개월까지 다양하다. 이산화탄소는 상단 밸브를 통해 빠져나간다.

❼ 침전물을 제거해 더 맑아진 와인을 공기가 통하지 않는 저장탱크로 옮긴다. 주문이 들어올 때까지 신선도를 유지하기 위해 낮은 온도에서 보관한다. 블렌딩을 할 수도 있다. 그 다음 온도를 약 0℃로 내려 주석산을 침전시킨다. 그러면 와인은 더욱 맑아진다.

❽ 시판용 와인은 유해균이나 효모균을 제거하기 위해 여과된다. 와인에 당분이 남아있으면 효모균 재발효가 일어날 수 있다. 크로스 플로 여과필터나 시트필터를 이용해 떠다니는 입자를 제거한다.

❾ 이제 맑게 빛나는 와인을 병입하고 라벨을 붙인다. 보관비용을 최소화하기 위해 출고 직전에 고속 병입기계로 작업한다.

발효 도와주기

'발효 정지'는 와인메이커에게 악몽과 같다. 당분이 모두 알코올로 변하기 전에 발효가 멈추는 현상으로, 산화되거나 유해균에 감염되기 쉬운 혼합물만 와인메이커에게 남는다. 반면 발효가 끝난 와인의 알코올은 산화나 세균을 효과적으로 막아준다.

레드와인의 발효 속도가 와인 스타일을 결정한다. 발효 온도가 높을수록(향이 증발하기 직전까지) 더 많은 색과 향을 많이 추출할 수 있다. 낮은 온도에서 오래 발효하면 가볍고 과일향이 풍부해지지만, 높은 온도에서 너무 짧게 발효하면 바디감과 향이 모두 약해진다. 발효가 진행되면 온도는 올라가는데, 보통 풀바디 레드와인은 22~30℃, 향이 풍부한 화이트와인은 12℃에서 발효된다.

레드와인 발효 중 껍질에서 타닌, 향, 색소를 추출하려면 머스트와 발효조 위에 뜬 껍질, 씨 등의 고형물(캡)을 잘 섞어줘야 한다. 이를 위해 펌프를 써서 머스트를 고형물 위로 퍼 올리거나, 자동화기계나 수작업으로 고형물을 머스트에 잠기게 한다(피자주). 이런 작업과 타닌을 추출해 부드럽게 만드는 발효 후 침용(마세라시옹) 작업은 매우 정밀한 과학이다. 이와 함께 정확한 수확시기는 오늘날 어린 레드와인을 부드럽고 맛이 좋게 만드는 중요한 포인트이다.

발효용기는 유행을 탄다. 스테인리스 제품은 청소와 온도 조절이 쉽지만 나무, 콘크리트, 심지어 토기로 만든 용기를 선호하는 와인메이커도 있다. 거대한 탱크부터 암포라 또는 달걀형 용기까지 크기와 형태 역시 다양하다.

포도와 머스트, 그리고 와인을 부드럽게 다루는 것은 와인 품질에 중요한 영향을 미친다. 자금 여유가 있거나 와이너리가 편리하게 언덕에 위치한다면, 펌프를 사용하지 않고 중력을 이용할 수 있게 와이너리를 설계할 수 있다.

발효단계에서 여러 가지 조절

와인메이커는 발효단계에서 산의 첨가나 제거, 설탕 첨가, 농축 머스트 첨가 등을 결정해야 한다. 프랑스에서는 남쪽지방을 제외하고 200년 동안 발효조에 설탕을 첨가하여 알코올 도수를 높였다(당도가 아니다). 설탕 첨가 작업을 보당(chaptalization)이라고 하는데, 나폴레옹 내각의 농업장관이었던 장 앙투안 샤프탈이 제안하여 샤프탈이란 이름이 붙었다. AOC에서는 보당으로 알코올 도수를 2% 이상 높이지 못하게 규제하고 있는데, 현재 무더워진 여름과 발달한 캐노피 매니지먼트(p.29 참조), 다양한 곰팡이예방기술로 잘 익은 포도를 수확하게 되면서 설탕 첨가도 점점 줄어들었다. 하지만 단순히 발효시간을 늘리려고 설탕을 첨가하기도 한다.

와인메이커는 레드와인 발효조에서 포도즙을 일정량 덜어내어 풍미와 색을 함유한 껍질과 즙의 비율을 조절한다. 프랑스에서는 이 작업을 '세니에(saignée)'라고 부르는데, 요즘은 역삼투 같은 기계적 조절로 대체하기도 한다. 반대로 따뜻한 지역에서는 북유럽에서는 꿈도 꾸지 못할 당도를 가진, 그러나 맛이 없을 정도로 산미가 약한 머스트에 관습적으로 산을 첨가(또는 조절)한다. 여기에는 포도가 지닌 천연산인 주석산이 가장 적합하다. 유럽에서도 여름 기온이 올라가고 있어, 산을 보충하는 것이 점점 일반화되고 있다. 산도를 조절하는 또 다른 방법도 있다. 알코올 발효가 끝나면

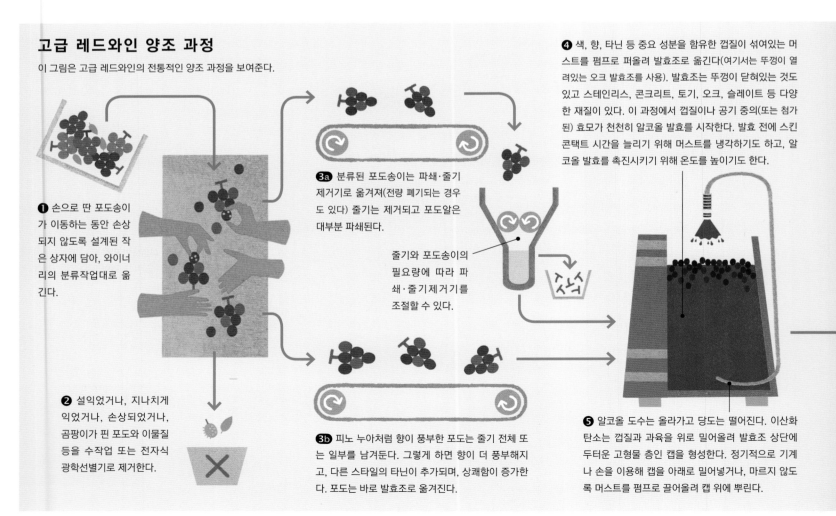

고급 레드와인 양조 과정

이 그림은 고급 레드와인의 전통적인 양조 과정을 보여준다.

❶ 손으로 딴 포도송이가 이동하는 동안 손상되지 않도록 설계된 작은 상자에 담아, 와이너리의 분류작업대로 옮긴다.

❷ 설익었거나, 지나치게 익었거나, 손상되었거나, 곰팡이가 핀 포도와 이물질 등을 수작업 또는 전자식 광학선별기로 제거한다.

❸a 분류된 포도송이는 파쇄·줄기 제거기로 옮겨져(전량 폐기되는 경우도 있다) 줄기는 제거되고 포도알은 대부분 파쇄된다.

줄기와 포도송이의 필요량에 따라 파쇄·줄기제거기를 조절할 수 있다.

❸b 피노 누아처럼 향이 풍부한 포도는 줄기 전체 또는 일부를 남겨둔다. 그렇게 하면 향이 더 풍부해지고, 다른 스타일의 타닌이 추가되며, 상쾌함이 증가한다. 포도는 바로 발효조로 옮겨진다.

❹ 색, 향, 타닌 등 중요 성분을 함유한 껍질이 섞여있는 머스트를 펌프로 퍼올려 발효조로 옮긴다(여기서는 뚜껑이 열려있는 오크 발효조를 사용). 발효조는 뚜껑이 닫혀있는 것도 있고 스테인리스, 콘크리트, 토기, 오크, 슬레이트 등 다양한 재질이 있다. 이 과정에서 껍질이나 공기 중의(또는 첨가된) 효모가 천천히 알코올 발효를 시작한다. 발효 전에 스킨 콘택트 시간을 늘리기 위해 머스트를 냉각하기도 하고, 알코올 발효를 촉진시키기 위해 온도를 높이기도 한다.

❺ 알코올 도수는 올라가고 당도는 떨어진다. 이산화탄소는 껍질과 과육을 위로 밀어올려 발효조 상단에 두터운 고형물 층인 캡을 형성한다. 정기적으로 기계나 손을 이용해 캡을 아래로 밀어넣거나, 마르지 않도록 머스트를 펌프로 끌어올려 캡 위에 뿌린다.

젖산발효가 시작되는데, 그 과정에서 포도의 거친 말산(사과산)이 부드러운 젖산과 이산화탄소로 바뀐다. 젖산발효를 이해하고 이 과정을 완벽하게 통제하는 것이 핵심이다. 와인이나 셀러의 온도를 높이고, 배양한 젖산균을 첨가하는 등 전체적인 산도를 낮추고 풍미를 더해 어린 레드와인도 훨씬 마시기 좋아진 것은 20세기 중반 양조기술의 중요한 발전이다. 하지만 공기를 차단해서 만드는, 향이 중요한 화이트와인에는 추가된 풍미가 바람직하지 않을 수 있다. 젖산발효를 억제(온도 조절, 이산화황 첨가 또는 필요한 균을 여과해서 제거)하면 상큼한 와인을 만들 수 있다. 실제로 고급 샤르도네의 경우 젖산발효로 질감과 풍미를 더하고, 따뜻한 지역에서는 산을 첨가해 풍미를 보완한다.

젖산발효는 레드와인 양조에 좋다. 최근에는 큰 발효조가 아니라 작은 오크통, 즉 배럴을 사용하여 젖산발효를 하는 게 유행이다. 그렇게 하면 더 많은 관리가 필요하기 때문에 고급와인에만 적용하고 있지만, 적어도 단기적으로는 와인비평가가 높이 평가하는 부드럽고 매력적인 질감을 얻을 수 있다. 그래서 어릴 때도 마시기 좋은 레드와인을 만들기 위해, 발효가 끝나기 전에 와인을 발효조에서 오크통으로 옮겨 알코올 발효를 끝내고 젖산발효를 시작하는 와인메이커가 늘고 있다.

캘리포니아와 호주 일부 지역 등 더운 곳에서는 높은 알코올 도수가 문제가 된다. 기후변화 때문이기도 하고, 더 많은 풍미와 잘 익은 타닌을 위해 늦수확을 하기 때문이기도 하다. 머스트를 농축할 때 역삼투, 증발, 저온증류 등 다양한 기술적 방법으로 완성된 와인의 알코올 도수를 낮출 수 있지만, 처음부터 균형 잡힌 재료를 만들기 위해 포도밭에서 대안을 찾는 와인메이커도 있다.

일부 최고급 레드와인은 오크통에서 알코올 발효를 끝내는데, 풀바디 화이트와인도 더 높은 값을 받기 위해 오크통에서 발효시키는 것이 관례가 되었다.

여과와 병입

발효가 끝나고 와인이 숙성되어도 병입단계가 남았다. 병입은 와인에 스트레스를 주는 작업이므로, 그 전에 와인이 안정되었는지를 확인해야 한다. 위험한 박테리아는 없는지, 극단적인 온도변화에서도 문제가 생기지 않는지를 확인한다. 와인은 소비자가 기대했던 것보다 여전히 뿌옇기 때문에 와인의 탁도를 낮춰야 한다. 그래서 저가의 화이트와인은 병입 전 탱크에 넣고 급랭시켜 남아있는 주석산을 침전시켜 제거한다. 그래야 나중에 병 안에서 주석산 결정체가 보이지 않는다(보기에 안 좋지만 무해하다).

대부분의 와인은 와인을 상하게 하는 박테리아나 재발효를 일으킬 효모균 등을 제거하기 위해 여러 방식으로 정제 및 여과를 한다. 아무것도 첨가하지 않거나 최소한만 첨가해서 만드는 '내추럴와인'에 대한 관심이 높아지고 있지만, 대부분 방부효과를 위해 소량의 이산화황을 첨가한다. 이 경우 '이산화황 함유(Contains sulphites)'라는 문구를 라벨에 표시해야 한다. 여과는 와인애호가 사이에서 뜨거운 논쟁거리다. 지나치면 풍미와 숙성 잠재력까지 죽일 수 있지만, 부족하면 해로운 박테리아의 먹이가 되거나 재발효 가능성도 있다. 따뜻한 곳에 와인을 보관하면 특히 그렇다. 와인 정제의 가장 자연스러운 방법은 시간과 침전이다.

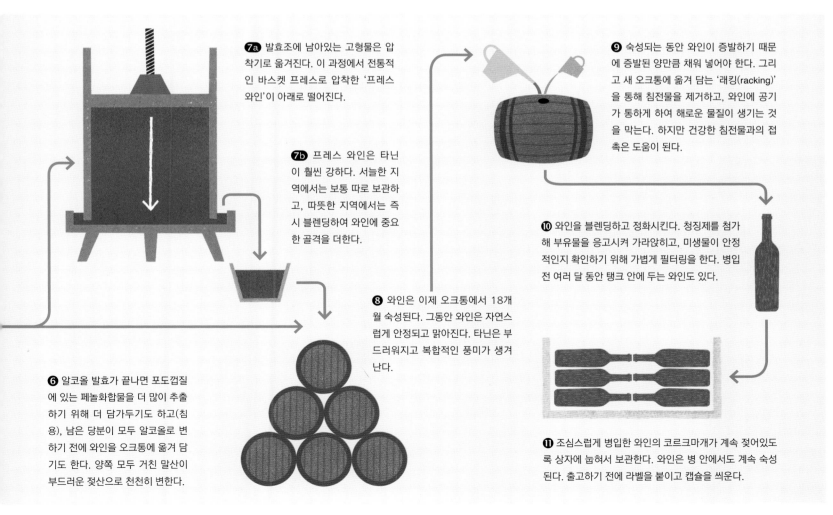

7a 발효조에 남아있는 고형물은 압착기로 옮겨진다. 이 과정에서 전통적인 바스켓 프레스로 압착한 '프레스 와인'이 아래로 떨어진다.

7b 프레스 와인은 타닌이 훨씬 강하다. 서늘한 지역에서는 보통 따로 보관하고, 따뜻한 지역에서는 즉시 블렌딩하여 와인에 중요한 골격을 더한다.

6 알코올 발효가 끝나면 포도껍질에 있는 페놀화합물을 더 많이 추출하기 위해 더 담가두기도 하고(침용), 남은 당분이 모두 알코올로 변하기 전에 와인을 오크통에 옮겨 담기도 한다. 양쪽 모두 거친 말산이 부드러운 젖산으로 천천히 변한다.

8 와인은 이제 오크통에서 18개월 숙성된다. 그동안 와인은 자연스럽게 안정되고 맑아진다. 타닌은 부드러워지고 복합적인 풍미가 생겨난다.

9 숙성되는 동안 와인이 증발하기 때문에 증발된 양만큼 채워 넣어야 한다. 그리고 새 오크통에 옮겨 담는 '래킹(racking)'을 통해 침전물을 제거하고, 와인에 공기가 통하게 하여 해로운 물질이 생기는 것을 막는다. 하지만 건강한 침전물과의 접촉은 도움이 된다.

10 와인을 블렌딩하고 정화시킨다. 청징제를 첨가해 부유물을 응고시켜 가라앉히고, 미생물이 안정적인지 확인하기 위해 가볍게 필터링을 한다. 병입 전 여러 달 동안 탱크 안에 두는 와인도 있다.

11 조심스럽게 병입한 와인의 코르크마개가 계속 젖어있도록 상자에 눕혀서 보관한다. 와인은 병 안에서도 계속 숙성된다. 출고하기 전에 라벨을 붙이고 캡슐을 씌운다.

왜 오크일까?

갈리아인이 오크통을 발명한 이래 와인과 오크는 뗄 수 없는 사이가 되었다. 오크는 프랑스 전역에서 자라므로 구하기 쉽고 튼튼하며 다루기도 쉽다. 오크통에 와인을 보관하면 맛이 좋아진다. 아카시아나무나 밤나무 등의 목재, 점토, 콘크리트, 다양하게 변형시킨 암포라 등으로도 실험했지만, 오크통이 오랫동안 변함없이 사랑받고 있다. 최근 오크통이 더 호평받는 것은 오크향이 와인과 잘 어우러지기 때문이다. 오크의 물리적 성질은 오크의 타닌 때문에 와인의 타닌을 안정시키고 질감을 부드럽게 만드는 데 더할 나위 없다. 오크통에서 오래 숙성시키면 와인이 부드럽게 정화된다.

오크통에서 화이트와인을 발효시키면 질감은 훨씬 부드러워지고 향은 더욱 깊어진다. 일부 와인메이커는 오크통 속 앙금을 막대로 휘저어(바토나주bâtonnage) 크리미한 질감을 만드는데, 너무 자주 하면 우유 같은 질감이 된다. 반대로 앙금을 휘젓지 않아 '성냥 켜는 냄새' 또는 부싯돌향이 나는 스타일로 만드는 생산자도 있다. 화이트와인에 오크향을 약간 더하기 위해 3개월 정도 오크통에 숙성시키기도 한다.

고급 레드와인은 18개월 이상 숙성한다. 오래 숙성한다고 오크향이 많이 나는 것은 아니다. 새 와인은 무겁고 두꺼운 효모 앙금을 분리하기 위해 발효 직후 깨끗한 오크통에 옮겨 담고(래킹racking), 그 후에도 수차례 옮겨 담는다. 지금은 앙금을 휘젓지 않고 그대로 두는 것을 선호하지만, 앙금이 깨끗하지 않으면 이산화황 때문에 불쾌한 냄새가 밸 수 있다. 래킹을 하면 와인에 산소가 공급되어 타닌도 부드러워진다.

와인은 숙성되면서 증발한다. 그로 인해 공간이 생기면(얼리지ullage) 와인이 해로운 산소와 접촉할 수 있기에, 정기적으로 와인을 채워 산화와 세균 증식을 막는다. 와인이 숙성되는 동안 와인메이커는 모든 통의 와인을 정기적으로 시음하여 래킹 여부와 시기, 병입 시기 등을 결정한다. 래킹, 와인 채우기, 오크통 청소는 와이너리 인턴 '셀러 랫(cellar rats)'에게는 익숙한 일이다.

오크통 숙성의 대안으로 '마이크로 옥시제네이션'을 사용하기도 한다. 오크통의 와인에 공기가 통하는 것을 모방해, 탱크나 오크통에 계산된 미량의 산소를 투입하는 방식이다. 하지만 더 간단하고 저렴한 방법인 오크칩, 오크막대, 심지어 부도덕하게 오크 에센스를 와인에 넣기도 한다. 이는 오크향을 재현시키고, 질감이 개선되며, 색이 안정되는 효과가 있다.

오크의 특성과 종류

오크통은 크기와 사용연수가 중요하다. 크고 오래될수록 오크향이 덜 배어난다(새 통은 최고급와인에 먼저 사용하고 그 다음에 조금 낮은 와인에 사용한다). 와인의 오크통 저장기간 역시 중요하다. 또 오크통을 불에 그을린 정도(오크칩에 불을 붙여 오크판을 구부리는 것을 토스트라 한다. 강하게 태울수록 타닌이 적게 나오는 대신 향신료나 구운 향이 난다), 오크의 건조 정도(야외에 쌓아놓고 말리면 부드러워진다), 심지어 시간 절약을 위해 가마에서 말렸는지, 마지막으로 오크의 생산지가 결정적으로 중요하다. 미국산 오크는 바닐라향과 매력적인 달콤함이 있다. 발트해산 오크는 천천히 자라 나뭇결이 촘촘해서 19세기 말에 인기가 많았다. 약한 향신료향의 동유럽산 오크가 다시 각광받고 있지만, 수백 년 동안 잘 관리된 프랑스산 오크가 가장 사랑받는다. 최고 품질 오크의 생장주기는 약 180년이었으나 지금은 크게 줄었다(눈치챈 시음자가 많지 않다).

오크에도 테루아가 있어서 생장 패턴과 나무 품질에 영향을 미친다. 프랑스의 리무쟁 오크는 나뭇결이 넓고 타닌이 강해 와인보다 브랜디에 적합하다. 알리에 데파르트망에 있는 10,000ha의 국유림인 트롱세의 오크는 거친 땅에서 천천히 자라 나뭇결이 촘촘하고 와인에 적합하며, 향화합물을 과하지 않게 전달한다. 보주의 오크도 트롱세의 오크와 비슷하지만, 색이 연해서 특별히 보주의 오크를 찾는 와인메이커도 있다. 하지만 단순히 프랑스 '중부'의 오크를 찾는 양조자도 많다. 숲마다 다양한 생장조건이 존재한다. 와인메이커들은 한 곳보다는 여러 회사와 거래하는 것을 선호하며 샤생, 당프토스, 프랑수아 프레르, 라두, 스갱-모로, 타랑소 같은 이름을 전 세계 오크통에서 볼 수 있다. 고급와인이 마지막으로 접촉하는 중요한 오크는 코르크이다.

뫼르소 마을 아래에 있는 아르노 앙트의 셀러. 부르고뉴에서 현재 다양한 크기의 오크통이 사용되고 있다. 전통적인 228*l* 통보다 더 큰 오크통이 보인다.

와인 마개

산소는 와인을 망칠 수 있기 때문에 차단해야 한다. 이를 위해서는 오크통보다 유리병이 훨씬 유리하다. 처음 유리병이 널리 사용되기 시작한 17세기에 유리병의 마개로 사용할 수 있었던 것은 오크나무 껍질로 만든 마개가 유일했다. 그것이 코르크이다. 아주 오래된 기술이지만 아직도 이보다 나은 마개는 나타나지 않았다.

코르크마개는 오래된 코르크참나무의 두꺼운 껍질을 원통형으로 찍어서 만든다. 포르투갈 알렌테주에는 코르크참나무 숲이 많고 주요 코르크마개 회사들도 포르투갈에 있었다. 그런데 여기에 문제가 있었다. 20세기 말 코르크의 품질이 심각하게 낮아졌는데, 아마도 나무껍질을 지나치게 자주 벗겨냈기 때문이었다. 즉, 코르크의 감염 위험이 증가하였다. TCA(trichloroanisole)라는 화합물과 관련된 곰팡내는, 염소나 곰팡이와 접촉한 코르크마개를 사용했을 때 다양한 강도로 나타난다. TCA 농도가 진하면 당연히 코르크 생산자의 잘못이지만, TCA와 TCA 관련 화합물의 농도가 낮으면 단순히 와인의 과일향과 맛이 변한 것으로 보고 와인과 그 생산자의 잘못으로 평가한다.

오늘날 병입 와인의 판매가 증가한 만큼 엄청난 양의 코르크가 필요하기 때문에, 마개의 대안을 찾는 것은 시급한 문제다. 호주와 뉴질랜드 와인생산자들은 TCA가 없는(코르크스크루도 필요 없는) 와인을 보장하는 스크루캡을 기꺼이 채택했다. 1세대 스크루캡은 완전히 밀봉했었지만, 지금은 와인생산자가 상단의 라이너에 허용된 산소량을 선택할 수 있고, 그 기술은 계속 연구 중이다.

하지만 대부분의 와인애호가들은 여전히 코르크마개를 선호한다. 코르크스크루로 와인을 개봉하는 방식 때문이다. 어쨌든 와인을 숙성시키는 데 코르크가 특별한 역할을 한다고 믿고 있으며, 비싼 와인을 개봉할 때 스크루캡은 격에 맞지 않는다고 생각한다.

합성코르크는 보통 플라스틱으로 만드는데, 현재는 식물성 원료로 만든 마개도 시판된다. 특히 신대륙 와인생산자에게 천연 코르크마개의 대체품으로 어느 정도 인정받고 있으며, 품질은 개선되고 있다. 다양한 스타일과 품질을 자랑하는 합성코르크는 감염 위험 없이 코르크마개를 빼내는 의식을 즐기고 싶은 와인애호가들의 마음을 사로잡으려 하지만, 합성마개는 다시 집어넣을 수가 없다. 천연 코르크가 오랫동안 가장 효과적인 병마개로 인정받았던 이유는 특유의 탄력성이 없기 때문이다.

유리마개인 비노락(vinolok) 역시 하나의 대안이다. 또 다른 것은 디암(Diam) 마개인데, 코르크 입자와 식용 마이크로스피어(microsphere)를 결합시켜 특수 처리한 효과적인 인조 코르크마개

코르크는 여전히 매우 전통적인 방법으로 생산된다. 스페인 남부 안달루시아의 로스 알코르노칼레스 국립공원에서 노새가 코르크참나무 껍질을 나르고 있다. 하지만 코르크 껍질과 와인 코르크마개의 최대 공급원은 포르투갈이다.

이다. 디암 마개는 여러 면에서 장점이 많아 샴페인 회사들이 애용한다.

이같은 경쟁자의 등장으로 코르크 회사들은 연구개발과 품질관리에 투자를 늘리고 있다. 감염 발생률을 대폭 줄이고, TCA가 거의 없다고 보증하는 천연 코르크도 선보였지만 값이 싸지는 않다.

모든 품질의 와인생산자들이 남모르게 스크루캡을 실험하고 있지만, 이미지 추락을 감수할 고급와인 생산자는 없다. 아무리 차이를 좁히려 해도 스크루캡과 고급와인 사이의 간극은 아직 멀다. 적극적으로 스크루캡을 채택했던 호주 생산자들조차 코르크를 사랑하는 중국에 와인을 수출하면서 생각을 다시 하고 있다.

마개의 종류

| 샴페인 코르크 | 일반 코르크 | 응집 코르크 | 합성 코르크 | 스크루캡 | 비노락 |

와인과 시간

모든 와인이 시간이 지날수록 좋아진다는 것은 속설에 불과하다. 물론 와인의 신비한 성질 중 하나가 수십 년, 수백 년이 지나도 계속 진화하고 좋아진다는 것이지만, 오늘날 대부분의 와인은 병입 후 1년 안에 마셔야 하고, 바로 마셔야 좋은 와인도 있다. 대개 저렴한 와인, 특히 화이트와 로제는 어릴 때 과일향이 사라지기 전이 가장 좋다. 바디와 타닌이 약한 레드, 즉 보졸레의 가메를 비롯한 생소, 돌체토, 람브루스코, 도른펠더, 츠바이겔트, 평범한 피노 누아도 마찬가지다. 장기숙성용 로제와인은 매우 드문데, 이런 와인은 신선하고 과일향이 살아있을 때가 가장 좋다. 비싼 와인일수록 장기숙성용인 경우가 많다. 하지만 예외적으로 콩드리유나 고급 비오니에처럼 출고 후 바로 마셔도 좋은 고급 화이트와인도 있다. 놀랍게도 좋은 샴페인과 고품질 스파클링와인도 오래 보관할 수 있는데, 보통은 사서 바로 마시지만 1~2년 지나고 마시면 풍미가 더 깊어진다.

대부분의 고급 화이트와 거의 모든 최고급 레드가 시음 적기보다 훨씬 전에 팔리고 있어 안타깝다. 이들은 시간이 지나야 매력을 발산한다. 어릴 때는 산도와 당분, 미네랄과 색소, 타닌과 모든 종류의 향화합물이 아직 녹아들지 않은 상태이다. 평범한 와인보다 좋은 와인일수록, 좋은 와인보다 훌륭한 와인일수록 더 많다. 하지만 포도에서 나온 1차향과, 발효와 오크통 숙성으로 생성된 2차향이 상호작용하고 조화를 이루어 독특하고 성숙한 '부케'를 만들려면 시간이 필요하다. 시간과 미량의 산소에 의해 와인은 천천히 숙성된다. 와인과 코르크마개 사이(헤드 스페이스)에 있는 충분한 산소가 병 안에 녹아들어 수년간 숙성을 지속시킨다.

좋은 품질의 어린 레드와인은 타닌, 색소, 향화합물(이 3가지를 '페놀 화합물'이라고 한다)이 섞여서 병입되고, 그 안에서 더 복합적인 향을 만들어낸다. 병 안에서 타닌은 색소나 산과 상호작용하여 새로운 화합물과 더 큰 분자를 만들고, 결국 침전물로 가라앉는다. 훌륭한 레드와인은 나이들수록 색과 떫은맛은 없어지고, 복합미와

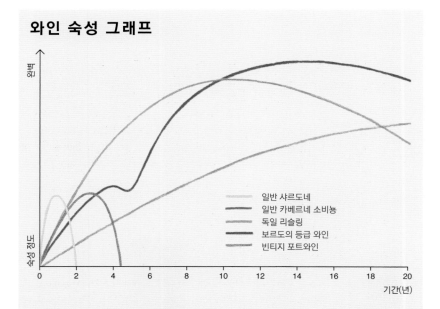

와인 숙성 그래프

(세로축) 품질
(세로축 아래) 숙성 정도

범례:
일반 샤르도네
일반 카베르네 소비뇽
독일 리슬링
보르도의 등급 와인
빈티지 포트와인

기간(년) — 0 2 4 6 8 10 12 14 16 18 20

대략적으로 품질 수준과 숙성력을 비교, 대조할 수 있는 숙성도 그래프. 보르도의 등급 와인처럼 고급 레드와인은 5년 무렵부터 성장이 주춤해진다. 풋풋한 과일의 1차향이 사라지고, 거친 페놀 화합물이 침전물로 가라앉기 전이다.

침전물이 생긴다. 실제로 와인병을 빛에 비춰보면 숙성도를 짐작할 수 있는데, 색이 연할수록 더 숙성된 와인이다.

화이트와인 숙성

페놀 화합물이 훨씬 적은 화이트와인의 숙성과정은 천천히 산화하여 페놀 화합물이 황금색으로, 마지막에는 갈색으로 변한다는 것 외에 별로 알려진 것이 없다. 1차향 및 2차향의 과일향과 '와인 특유의 풍미', 상큼한 산미 등이 부드러워져 꿀과 견과류향 또는 짭짤한 맛이 난다. 레드와인의 주요 방부제가 타닌이라면, 대부분의 화이트와인에서는 산미이다. 산미가 충분히 강하면(또한 균형을 맞출 다른 성분이 충분하면) 화이트도 레드만큼 오래 숙성시킬 수 있다. 귀부포도로 만든 스위트 화이트, 최고급 소테른, 독일의 리슬링, 토카이, 루아르의 슈냉 블랑(모두 산미가 강하다)은 장기숙성이 가능하다.

"이 와인은 언제 마셔야 가장 좋을까요?" 자주 받는 질문이지만 답하기 어렵다. 때로는 '오늘 저녁'이 가장 좋은 답이다. 불편한 진실은 양조자조차도 모른다는 것이다. 대부분 와인상태가 하향곡선을 그리기 시작해서야, 즉 시음최적기가 지나고 나서야 확실해진다. 과일향과 풍미가 사라지면 산미, 때로는 타닌이 지배하기 시작한다. 여전히 흥미롭게 느껴지지만 균형은 깨진다. 좋은 와인에 대해 예측 가능한 것은 예측 불가능하다는 사실뿐이다. 와인 한 상자를 사서 매해 와인의 성장을 관찰해본 사람은, 어릴 때는 멋지고 화려하다가 곧 무뎌지는 침체기(복합화합물이 한창 생성되는 시기)를 거쳐 좋은 와인으로 탈바꿈하는 것을 지켜보았을 것이다. 특히 론의 화이트와인은 소통 불가능한 사춘기로 유명한데 믿음을 버려선 안 된다.

훌륭한 와인은 없고 훌륭한 병만 있을 뿐이다(맞는 말이다). 보통 같은 상자에 들어있더라도 병마다 와인 맛이 다르다. 상자에 각각 달리 보관한 여러 로트의 병(지금은 병에 로트번호를 표시하는 와이너리가 많다)을 채울 수도 있고, 심지어 다른 오크통에서 나온 와인일 수도 있다. 점심 전 병입한 와인과 이후에 병입한 와인 맛이 다르다는 우스갯소리도 있다. 병마다 와인 맛이 다른 것은 코르크마개로 유입되는 산소의 양이 다르고, 오염물의 영향을 받는 정도도 다르기 때문이다. 가장 흔한 것은 TCA이다(p.37 참조). 숙성된 와인의 코르크마개가 깨끗하고 모양이 고르면 좋은 징조다. 한쪽에 붉은 얼룩이 있으면 와인이 옆으로 샌 것이기에, 문제가 있다는 표시다. 하지만 합리적으로 설명할 수 없을 때가 많은데, 이는 와인이 살아있고 변덕스러운 존재라는 또 다른 증거일 뿐이다.

같은 와인이라도 빈티지에 따라 숙성능력이 달라진다. 건조한 해에 생산된 레드와인은 포도껍질이 두꺼워져 비가 많이 온 해의 와인보다 오래 숙성된다. 비가 많이 오면 포도가 부풀어서 과육 대비 껍질의 비율이 훨씬 낮아진다. 서늘한 해에 생산된 화이트와인은 산도가 적정 수준으로 내려갈 때까지 시간이 더 걸린다(산미와 산도를 나타내는 pH는 사실 변함이 없다. 점점 증가하는 복합화합물이 산을 느끼지 못하게 방해하는 것이다).

숙성에 영향을 미치는 또 다른 요인은 p.39의 '와인 보관' 외에 병의 크기와 관계가 있다. 와인과 코르크마개 사이의 헤드 스페이스는 병의 크기와 상관없이 일정하다. 즉 산소량은 일반병(750㎖)을 기준으로 그 비율이 하프보틀(375㎖)은 2배이고, 매그넘(1.5ℓ)은 반이다. 그래서 숙성속도는 하프보틀에서 가장 빠르고, 매그넘에

서 제일 느리다. 이것이 하프보틀 와인이 더 빨리 숙성되고, 와인 수집가들이 매그넘에 집착하는 이유다. 단, 큰 병은 코르크가 잘못되면 많은 양의 와인을 버려야 한다.

그렇다면 어떤 와인을 셀러에 눕혀 놓기가 가장 좋을까? 즉 어떤 와인이 숙성시킬 가치가 있는 것일까? 와인의 기대수명이 긴 레드와인(병입)부터 나열하면, 빈티지 포트와인, 에르미타주, 등급 높은 보르도 와인, 바이하다(Bairrada), 마디랑, 바롤로, 바르바레스코, 알리아니코, 브루넬로 디 몬탈치노, 코트-로티, 고급 부르고뉴 레드, 당(Dão), 샤토뇌프-뒤-파프, 키안티 클라시코 리제르바, 조지아의 레드 사페라비, 리베라 델 두에로, 호주의 카베르네와 쉬라즈, 캘리포니아의 카베르네, 리오하(현재는 여러 스타일로 만드므로 일반화하기 힘들다), 아르헨티나의 말벡, 진판델, 신대륙 메를로와 피노 누아(피노 누아는 생산자의 능력과 야망에 따라 다양한 스타일이 있다) 순이다.

보르도의 그랑 크뤼 와인은 반드시 오래 보관해야 한다. 30년 전만 해도 최소 7~8년에서 길게는 15년 이상 보관하도록 만들어졌다. 하지만 오늘날 소비자들은 인내심이 부족하다. 현대인의 입맛은 더 부드러운 타닌(입안에 닿는 느낌이 매우 중요하다)과 숙성된 풍미를 추구하기 때문에 5년 정도의 숙성으로 마실 수 있게 하거나

때로는 더 어린 와인을 마시기도 한다.

캘리포니아에서는 잘 익고, 진하며, 부드러운 스타일을 거의 매해 만들 수 있지만, 보르도에서는 여전히 자연에 의존한다. 2005, 2010, 2016 보르도 빈티지는 인내심이 많다면 매우 훌륭한 와인이된다. 부르고뉴 레드는 타닌이 아주 강하지 않아서 큰 문제가 없지만 일부 그랑 크뤼 와인은 어릴 때 수많은 물질을 함유하고 있어, 만약 이런 와인을 10년이 되기 전에 마신다면 안타까운 일이고 돈 낭비다. 반면 최고급을 제외한 부르고뉴 화이트는 훨씬 빨리 숙성된다. 조기산화하는 와인이 많아서 이들의 숙성력에 대한 믿음이 손상되었지만, 5년 후 시음하여 확인해본다. 산미가 강한 샤블리는 코트 도르의 화이트보다 확실히 오래 보관할 수 있다. 하지만 일반적으로 샤르도네는 특별히 수명이 긴 품종이 아니다. 같은 조건일 때 병에서 오래 숙성할 수 있는 화이트는 토카이, 소테른, 루아르 슈냉 블랑, 독일 리슬링, 샤블리, 헌터 밸리 세미용, 스위트 쥐랑송, 코트 도르 화이트, 보르도 드라이 화이트 순이다. 대부분의 주정강화와인 토니, 셰리, 마데이라 같은 오크통 숙성 포트와인과 여러 스파클링와인은 병입 직후 바로 마실 수 있다. 그러나 빈티지 포트와인은 다르다. 오래 숙성할수록 훌륭한 풍미로 보답한다.

와인 보관

좋은 와인은 돈을 더 주고라도 살 가치가 있다고 생각한다면(대부분의 경우 그럴 것이다), 그 와인을 좋은 조건에서 보관하고 서빙(p.44 참조)하는 것도 중요하다. 제대로 보관하지 않으면 신의 술이 쓰레기로 변한다. 와인은 어둡고 서늘한, 되도록이면 조금 습한 곳에 잘 눕혀서 보관해야 한다. 강한 빛은 와인을 손상시키는데, 특히 스파클링와인은 빛에 오래 노출되면 안 된다. 진열장의 샴페인을 절대 사면 안 되는 이유다. 온도가 높으면 반응이 빨라진다. 그래서 따뜻할수록 와인은 빠른 속도로 숙성되며, 섬세하게 숙성되지 않는다.

와인 보관장소는 거의 모든 사람에게 고민거리다. 지금은 수집한 와인을 보관할 수 있는 완벽한 장소인 지하저장고를 가진 집이 거의 없다. 온도조절이 가능한 와인셀러가 해결책이 되는데, 특히 더운 지역에서 유용하다. 하지만 비용, 공간, 에너지 사용 면에서 경제적이지 않다. 전문 저장고에 자리를 임대해

이상적인 조건으로 와인을 보관할 수도 있다(와인이 숙성되는 동안 보세창고에 보관하면 관세나 세금을 피할 수 있다). 비용이 많이 들고 원할 때 바로 마실 수 없다는 단점이 있지만, 전문가가 책임지고 제대로 보관해준다는 사실에 위안을 받을 수 있다. 많은 고급와인 중개업체들이 이 서비스를 제공한다. 최고의 업체는 고객의 와인을 지속적으로 모니터링하고, 언제 무엇을 마셔야 할지 조언해주는 곳이다(와인 가치가 상승했는지도 알려준다). 최악은 고객의 와인과 함께 사라지는 곳이다. 고급와인 시장에서는 대부분은 고객이 와인을 거래할 때 중개인 역할을 하길 원한다. 전문 와인창고라면 안전한 추적과 검색 시스템을 갖추고, 이상적인 온도와 습도를 보장해야 한다. 보험 가입 여부도 확인해야 한다.

와인은 온도에 그렇게까지 까다롭지 않다. 10~13℃가 이상적이지만 7~18℃도 문제없다. 온도가 변하지 않고 유지되는 것이 더 중요하다(야외창고 또는 단열이 안 되는 보일러나 온수기 옆에 보관하면 안 된다). 어떤 와인도 온탕과 냉탕의 왕복을 견디지 못한다. 온도가 높으면 와인이 빨리 숙성되는 것 외에도 코르크의 팽창과 수축이 빠르게 일어나, 제대로 밀폐되지 않고 산소가 지나치게 유입될 수 있다. 만약 와인이 새는 듯하면 되도록 빨리 마시는 것이 좋다. 차게 보관하기 힘들면, 조금 높은 온도라도 안정된 상태로 보관하는 것이 좋다. 단, 30℃가 넘는 고온은 곤란하다. 고급와인을 배로 운송할 때는 온도 조절이 가능한 컨테이너를 이용하거나, 서늘한 계절에 보내야 한다.

와인병은 눕혀서 보관해야 한다. 그래야 코르크가 마르거나 수축하지 않아서 공기가 들어가는 것을 막을 수 있다. 스크루캡을 씌운 병은 세워서 보관할 수 있지만, 스크루캡이 손상되거나 봉인이 찢어지는 것을 막아야 한다. 고급와인 시장은 상황에 따라 다르겠지만, 좋은 와인을 어릴 때 시가(opening price)로 구매해서 완전히 숙성되면 판매하는 것도 좋은 방법이다. 하지만 모든 고급와인이 시간이 지난다고 가격이 상승하는 것은 아니다.

예전 와인셀러는 식품창고처럼 눈에 띄지 않고 특별하지 않은 곳이었지만, 지금은 사회적 지위를 나타내는 보여주고 싶은 곳이 되었다. 단, 일정한 온도가 유지되어야 한다.

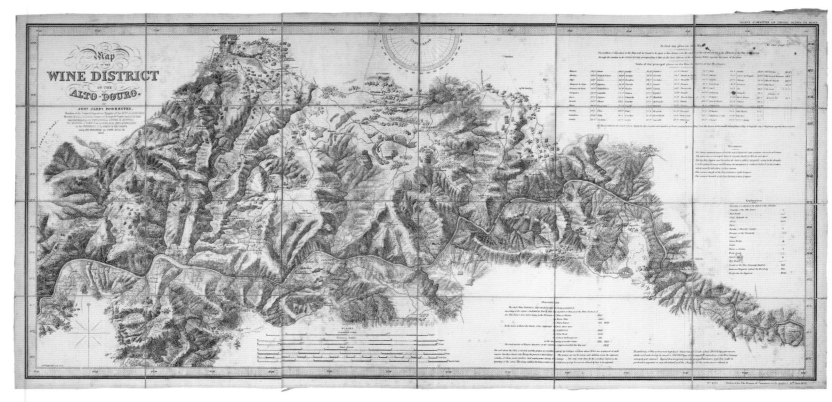

아 펠 라 시 옹

와인이 유명해지면 그 이름을 빌려서 사용하려는 유혹이 뒤따른 다. 이것이 AOC가 만들어진 이유다. 18세기 중반 포르투갈의 퐁 발 후작은 포트와인의 이름을 보호하기 위해 도루 밸리의 경계를 엄격하게 정했다. 거의 20년 전인 1737년, 헝가리 북동쪽 토카이 지방에서는 토카이 와인의 명성이 높아지면서 모방이 급증하자, 세계에서 처음으로 와인산지의 경계를 정했다. 토스카나 키안티의 중심부 키안티 클라시코의 경계는 많이 변했지만, 1444년에 이미 재배자에게 수확시기를 알려주기 위해 지역 규정이 도입되었다.

20세기 초 필록세라로 인한 혼란을 틈타 가짜 와인이나 불량 와 인이 저급한 교배종 와인만큼이나 기승을 부리자, 프랑스 와인 관 련기관은 공식적으로 와인산지의 경계를 정하기 시작했다(샹파뉴 에서는 그 경계를 두고 폭동이 일어났다). 이처럼 오랜 고급와인의 전통을 자랑하는 나라에서 와인 품질을 지키기 위해 취한 조치는 어떤 품종을 어떻게 심고 재배하는지, 어떻게 와인을 만드는지를 문서화하는 것이었으며, 1923년 르 루아 남작이 원산지 왜곡이 많 았던 샤토뇌프-뒤-파프를 보호하기 위해 처음 시작했다.

프랑스는 물 만난 물고기처럼 원산지통제명칭법(AOC, Appellation d'Origine Contrôlée)을 만들었다. 2008년 EU가 회원 국에 통용되는 원산지명칭보호법(PDO)을 도입했을 때 프랑스 의 AOC는 350개가 넘었고, 그 후 AOP로 이름이 바뀌었다. 그밖 에 유럽의 유명한 원산지명칭법으로 이탈리아의 DOC, 스페인의 DO, 포르투갈의 DOC, 독일의 크발리테츠바인(Qualitätswein)이 있다. 이 책에서는 각 나라의 도입부에 각각의 법에 대해 자세히 설명했다. 또한 프랑스를 비롯한 대부분의 유럽 국가에는 PDO 아 래에 지리적표시보호법(PGI)이 있으며, PDO보다 생산규정은 조 금 느슨하지만 여전히 특정 지리적 영역과 관련되어 있다.

유럽 외의 지역에서 와인 관련법은 지리적 경계를 정하는 것 에 한정되어 있다. 미국은 미국포도재배지역(AVA), 호주는 지리 적표시법(GI)이 있으며, 뉴질랜드의 말버러와인명칭(Appellation Marlborough Wine)과 같은 관행적인 비공식법이 한두 개 더 있다. 하지만 일반적으로 비유럽 와인산지에서는 어떤 품종이든지 생산

와인메이커이자 화가이며 순수 포트와인을 주창한 조셉 제임스 포레스터는, 1843 년에 포트와인 산지인 도루강 상류지역의 지도를 만든 선구자이다. 이 지도에는 페 주 다 헤구아에 있는 그의 와이너리 킨타 드 포레스터(Quinta de Forrester)에서 지 도에 나온 주요 장소까지의 이동시간이 표시되어 있다.

자가 원하는 대로 심을 수 있고, 원하는 방식으로 와인을 만들 수 있다. 신중하게 정한 지역 경계 내에서도 그렇다.

무거운 멍에인 AOC를 거부하고 법 밖에서 와인을 만드는 유 럽 생산자도 적지만 늘고 있다. 라벨에는 단순히 뱅 드 프랑스(Vin de France), 비노 디탈리아(Vino d'Italia), 비노 데 에스파냐(Vino de España)라고 표기한다. 슈퍼 토스카나(Super Toscana) 생산자들이 'DOC는 필요 없다'고 한 것도 같은 맥락이다. 실제로 슈퍼 토스카 나는 DOC 밖에서도 아무 문제가 없다. 그러나 소비자 입장에서 보면 어느 정도 규제가 있어야 하지 않을까? 논의가 필요하다.

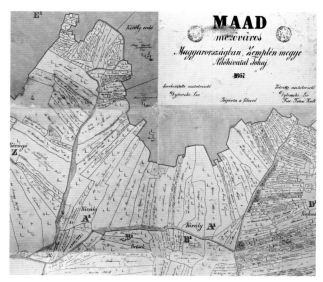

헝가리의 토카이 포도밭은 1700년대 초반에 최초로 등급이 분류되었다. 1867년 에 만들어진 마드(Mád) 지역의 지도는 구획별로 나뉜 포도밭을 자세히 보여준다.

라벨

모든 와인에 적용할 수 있는 라벨이 필요할까? 소비자는 그렇다고 하고, 생산자는 절대 아니라고 할 것이다. 생산자에게 라벨은 소비자에게 직접 말을 거는 도구이다. 와이너리의 정체성, 정보, 자부심, 자기표현, 의무표시사항 등 모든 것이 담겨있는 만큼 간단하게 답하기는 쉽지 않지만 시도해볼 가치는 있다. 필수정보나 유용한 정보가 많은데, 대부분 앞뒤 라벨에 나누어서 표시한다. 독일은 정보를 가장 효율적으로 라벨에 표시하지만, 질서정연한 와인라벨에서 매력을 찾기란 힘들다. 독일의 라벨은 아래 순서로 표시된다.

- 와인 원산지(지역이나 마을)
- 상세 와인 원산지(포도밭)
- 포도품종
- 스타일(드라이, 스위트 등)
- 빈티지
- 생산자(다양한 위치에 표시. 때로는 이름을 디자인하여 들어간다)

'Niedermenniger Euchariusberg Riesling Beerenauslese'는 음절이 많고 읽기 어려워 소비자의 마음을 끌어당기지 못한다. 하지만 'Oakville Martha's Vineyard Cabernet Sauvignon'은 같은 원칙이 적용되었지만 매우 효율적이다. 'Pommard Epenots Pinot Noir'는 생산자명이 없지만 완벽하고 명확하다. 하지만 프랑스에서는 절대 볼 수 없는 라벨이다. 법적으로 대부분의 AOC 와인은 품종 표시가 금

지되어 있다. 기본정보를 같은 순서로 표시하면 좋겠지만, 때로는 정보가 아예 없고 생산지역, 용량(㎖), 알코올 도수(%) 등 의무표시 사항만 있다.

라벨을 디자인할 때 생각해야 할 기본적인 질문이 있다. 정체성을 보여줄 것인가? 아니면 상품을 팔 것인가? 둘 다 필요하지만 서로 다르다. 이미 존경과 기대를 한몸에 받으며, 명성을 지키기 위해 싸우고, 심지어 위조품까지 나온 와인이 있는가 하면, 이제 막 시장에 나온 신참 와인도 있다. 전자는 존중을, 후자는 관심을 원한다. 보르도 1등급은 광고는 물론 설명조차 품위를 손상시키는 일이다. 그러나 남아메리카 블렌딩와인은 자세한 설명이 필요하다.

엄격함은 위상을 의미한다. 포도밭 이름을 명시하면 그 포도밭 구획이 특별하다는 것을 암시한다(가격도 높게 책정할 수 있다). 부르고뉴에서는 포도가 가장 잘 익는 최고의 포도밭 구획을 찾는 데 수백 년이 걸렸다. 새로운 와인산지에서도 지형적 특징(그래블리 메도, 초크 힐)을 강조하면서 따라잡기 위해 열심히 노력하고 있다.

예를 들어, 이탈리아의 Riserva, 스페인의 Reserva가 여전히 법적 의미로 쓰이고 있더라도, 'Reserve, Directors' Bin, Vieilles Vignes'와 같은 옛 수식어는 이제 더 이상 사용하지 않는다. 'Hand-picked'는 새롭게 등장한 용어로, 기계수확하는 곳과 달리 직접 손으로 수확하는 포도밭이 더 우수하다는 의미다. 'Limited Edition' 역시 자주 쓰지만 필요 없는 말이다.

와인 라벨 설명

와인은 적어도 하나의 이름이 필요하다. 생산자, 와이너리 또는 브랜드명이 와인명이 될 수 있다. 거기에 품종이나 포도밭 이름, 또는 병입 방식이나 '올드 바인' 같은 특별한 자격에 대한 이름이 붙는다.

포도를 수확한 해. 연도가 표시되지 않은 와인은 '논 빈티지(non vintage)'라고 한다.

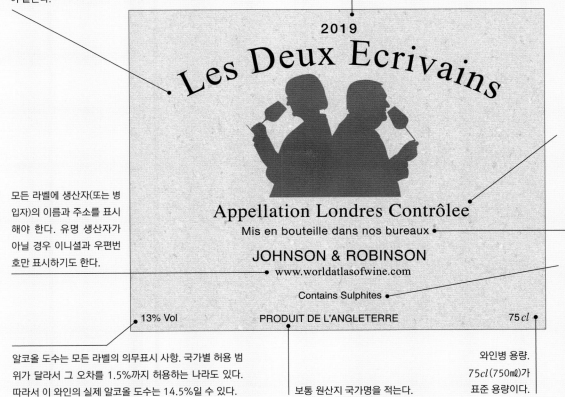

모든 라벨에 생산자(또는 병입자)의 이름과 주소를 표시해야 한다. 유명 생산자가 아닐 경우 이니셜과 우편번호만 표시하기도 한다.

아펠라시옹이나 IGP 같은 품질 표시, 또는 단순히 'Wine'이라고 적는다.

와인 병입 장소

의무적으로 건강 관련 경고사항을 표시하는데, 이런 주요 의무표시 사항은 주로 뒷라벨에 설명한다. 앞라벨은 디자이너의 역량을 발휘할 공간으로 남겨둔다.

알코올 도수는 모든 라벨의 의무표시 사항. 국가별 허용 범위가 달라서 그 오차를 1.5%까지 허용하는 나라도 있다. 따라서 이 와인의 실제 알코올 도수는 14.5%일 수 있다.

보통 원산지 국가명을 적는다.

와인병 용량. 75cl(750㎖)가 표준 용량이다.

와인 테이스팅과 평가

좋은 와인이든 고급와인이든 혀에서 목으로 넘길 뿐 제대로 시음하지 않는 경우가 많다. 생산자는 돈을 버니 좋겠지만, 와인애호가의 호기심을 막을 수는 없다. 관심 있는 사람이 있기 마련이다. 맛을 느끼는 감각이 입안에 있다면(그렇게 생각하기 쉽다), 와인을 입안 가득 넣고 삼키기만 하면 모든 향, 맛, 질감을 느낄 수 있을 것이다. 하지만 혀에 있는 수백 개의 미뢰는 기본적인 맛인 단맛, 신맛, 짠맛, 쓴맛, 그리고 감칠맛(우마미)만 느낄 수 있다. 와인의 복합적인 향과 맛을 수용할 수 있는 신경은 코 윗부분에 있다.

우리가 미각이라고 여기는 것 중 가장 예민한 감각은 실제로는 후각이며, 맛을 구별하는 기관은 비강 상부에 있는 후신경구이다. 와인의 휘발성 증기를 흡입하면(주로 코를 통해 흡입하고 약간은 입을 통해 코로 들어간다) 1,000개의 수용기를 통해 감지한다. 각각의 수용기는 특정한 향 그룹에 반응하는데, 놀랍게도 사람은 10,000가지 이상의 냄새를 구별할 수 있다.

후각은 그 어느 감각보다 빨리, 그리고 생생하게 저장된 기억을 떠올린다. 후신경구의 신경섬유는 기억을 저장하는 측두엽으로 바로 연결된다. 뇌의 가장 원시적인 기능 중 하나가 냄새를 기억과 연결시키는 것이다. 후각은 사람이 지닌 가장 원시적인 형태의 감각으로 기억에 바로 접근하는 특권을 가진 셈이다. '블라인드 테이스팅'에서 경험 많은 시음자는 보통 와인향을 처음 맡았을 때 즉시 떠오르는 기억에 의지하는 경우가 많다. 과거에 시음한 와인과 바로 연결시키지 못하면, 분석력에만 의지해야 한다. 따라서 경험자와 초심자가 참조할 수 있는 요소에는 큰 차이가 있다. 매우 유쾌하더라도 고립된 향은 큰 의미가 없다. 시음의 진정한 즐거움은 같은 포도밭 또는 옆 포도밭에서 만든 비슷하지만 미묘하게 다른 와인 맛의 기억을 일깨워서 서로 비교하는 데 있다. 물론 향만 중요한 것이 아니다. 색, 질감, 힘, 구조, 바디, 뒷맛의 길이, 복합적인 향 등 모든 것을 고려해야 한다.

시음은 가까운 사람들끼리 와인을 마시며 즐기는 모임부터, 품질을 평가하고 와인을 식별하는 마스터 오브 와인 자격증을 따기 위한 매우 어려운 블라인드 테이스팅 테스트까지 다양한 형태가 있다. 레스토랑에서 주문한 와인에 문제가 없는지 확인하기 위해 와인을 조금 따라서 시음하면 당신도 '시음자'가 된다. 여기서 시음하는 목적은 먼저 와인의 온도를 확인하는 것이고, 다음은 TCA 오염(p.37 참조) 같은 명백한 결함이 없는지를 확인한다. 단순히 와인이 마음에 안 든다는 이유로 교환을 요구할 수는 없다.

테이스팅 방법

눈

시음할 와인은 잔의 1/4을 넘지 않게 따른다. 먼저 와인이 맑은지 확인하고(뿌옇거나 스틸와인에 거품이 있으면 문제가 있다), 다음은 와인을 위에서 내려다보고 색이 얼마나 진한지 체크한다(레드와인이라면 어린 와인일수록 그리고 껍질이 두꺼울수록 색이 진하다. '블라인드 테이스팅'할 때 매우 중요한 힌트다). 레드와인은 숙성할수록 색이 옅어지고, 화이트와인은 반대로 진해진다. 하얀색을 배경으로 와인잔을 살짝 기울여서, 와인의 중간부분과 가장자리의 색을 관찰한다. 모든 와인은 시간이 지나면 갈색으로 변하는데, 레드와인은 가장자리가 먼저 벽돌색으로 변한다. 아직 어린 와인은 가장자리가 자주색이고, 오래된 와인은 가장자리가 색이 거의 없어진다. 윤기가 있고, 색의 그러데이션이 미묘할수록 더 좋은 와인이다.

코

모든 신경을 집중해서 단 한 번 향을 맡는다. 그런 다음 잔을 스월링하고 다시 맡는다. 인상이 강해지면 아로마와 부케도 강하다. 섬세하고 성숙한 와인은 잔을 스월링해야 제대로 향이 올라온다. 블라인드 테이스팅이라면 직관을 충분히 활용해야 한다. 즉, 시음한 기억 중 특정 향과 연결된 기억을 찾아내야 한다. 또한 와인 품질 평가를 위해 시음한다면 깨끗한지(요즘 생산되는 와인은 대부분 깨끗하다), 강한지, 무엇이 연상되는지 주목한다. 향에 이름을 붙이면 훨씬 기억하기 쉽다. 와인을 시음하거나 마실 때(2가지 경우에 와인의 느낌이 매우 다를 수 있다) 향이 어떻게 변하는지 관찰한다. 좋은 와인은 잔에 따라둔 상태에서도 시간이 지날수록 향이 더욱 흥미로워지고, 대량생산된 중저가 와인은 향이 감소한다.

입

입안 가득 와인을 머금은 상태에서 혀와 볼 안쪽에 분포한 미뢰에 와인을 골고루 닿게 한다. 코가 와인의 미세한 향을 잘 감지할 수 있다면, 입으로 와인을 구성하는 성분인 단맛, 신맛, 쓴맛을 느끼는 것이 가장 좋다. 볼 안쪽에서 드라이한 타닌이 느껴지는지, 목구멍 입구에서 과도한 알코올로 타는 듯한 느낌이 있는지 감각을 기울여야 한다. 입에 머금은 와인을 삼키거나 뱉어낸(와인전문가의 경우) 뒤에는 이 모든 요소가 균형을 이루고 있는지(어린 레드와인은 일부러 타닌 농도를 진하게 만드는 경우가 있다), 입안에서 풍미가 얼마나 지속되는지를 확인한다. 뒷맛의 길이는 품질을 말해주는 좋은 지표이다. 이 단계에 이르면 와인 품질을 전체적으로 평가할 수 있고, 어떤 와인인지도 알아맞힐 수 있다.

와인 테이스팅의 표현

와인은 평가보다 느낌을 표현하는 것이 더 어렵다. 맛은 소리나 색처럼 정해진 표현이 없어서 '강하다', '시큼하다', '거칠다', '달콤하다', '쓰다' 등의 기본적인 용어 외에 맛을 표현하는 단어는 모두 다른 감각에서 빌려온 것이다. 하지만 말은 감각에 정체성을 부여해 명확히 하는 데 도움이 된다. 와인감정가가 되려면 시음 용어를 잘 알아둬야 한다. 와인에 관한 것을 글로 정리하는 것은 한 단계 발전한 모습인데, 이런 와인애호가는 많지 않다. 마시거나 테이스팅한 와인에 대해 대략적으로라도 정리해두면 좋다. 첫째, 먼저 종이에 뭔가 적으려면 집중해야 하는데, 집중력은 와인 시음에서 가장 중요한 자질이다. 둘째, 정리를 위해 코와 혀가 느낀 감각을 정확히 분석해서 구별하게 된다. 셋째, 누군가가 특정 와인에 대해 물어보면 적어둔 노트를 보고 정확하게 이야기할 수 있다. 넷째, 시간이 지나면서 여러 와인, 즉 같은 와인이나 다르지만 관련 있는 와인을 마실 때 비교가 가능하다.

한마디로 테이스팅 노트는 좋은 습관이지만 시작이 어려운 일기와 같다. 전문적인 테이스팅 노트는 눈으로 보고, 코로 맡고, 입으로 느낀 것을 적을 수 있게 세 부분으로 나누어 적는데, 총평을 위해 네 번째 칸을 마련해 놓는 것도 좋다. 전문가들의 언어규범에 너무 얽매일 필요 없이 자신만의 용어와 약자를 만들어 노트에 적어도 되는데, 시음한 와인의 정확한 이름을 빈티지와 함께 적는 것이 가장 중요하다. 시음날짜도 적으면 나중에 유용하다. 시음장소, 시음한 사람도 같이 적으면 나중에 시음노트를 볼 때 쉽게 기억할 수 있다. 스마트폰을 활용하거나 자료를 모아서 정리해두면 나중에 찾아보기도 쉽다.

점수 평가의 기준

와인을 평가하여 점수를 매기는 것이 올바른 일일까? 전문적인 와인회나 심사단 평가라면 피할 수 없는 부분이다. 몇몇 나라에서는 기호나 숫자로 점수를 매기는 것이 판매에 큰 도움이 된다. 100점 만점 기준으로 점수를 매기는 방식은 전 세계 신세대 와인구매자들의 지지를 받았는데, 마치 점수판을 보는 듯 편하고 어떤 언어를 쓰든 이해할 수 있기 때문이다. 100점 만점에 89점 또는 93점은 아주 정확한 느낌을 주지만 실은 그렇지 않다. 영국 전문가들이 사용하는 20점 만점 기준이 더 현실적이지만, 이것도 좋은 와인은 14~19점대에 몰려 있고 0.5점을 주는 시음자도 있다. 몇 점 만점이든 점수를 매기는 것은 와인의 품질을 절대적, 객관적으로 측정한다는 의미지만, 시음은 본질적으로 주관적인 행위다. 심사위원단이 매긴 점수로 평균을 내는 방식은 개성이 강한 와인(싫어하는 사람이 있기 마련)을 제외하는 경향이 있어서 문제가 된다. 그렇다고 한 사람의 의견만으로 평가하는 것도 오해의 소지가 있다. 사람마다 좋아하고 싫어하는 와인의 향과 스타일이 있으며, 보통 자신이 좋아하는 것에서 시작하지만 경험이 늘어나면서 취향은 점점 발전하고 끊임없이 변한다. 와인 평가에 좋고 나쁜 절대적 기준은 없다. 내 입맛에 맞는 와인 스타일을 결정할 수 있는 사람은 나밖에 없다.

지금은 소수의 와인전문가가 활약하던 시절보다 개인 의견을 훨씬 중요하게 여기는 시대다. 와인을 검색하고 평가를 알려주는 앱인 비비노(ViVino)와, 크라우드소싱 테이스팅 노트인 셀러트래커(CellarTracker)의 온라인 데이터베이스가 큰 역할을 하고 있다.

런던에 있는 와인클럽 67 폴 몰의 샴페인 테이스팅. 테이스팅 시트와 꼭 필요한 물, 그리고 와인을 뱉어낼 스핏툰이 놓여있다.

어린 와인 & 숙성 와인

왼쪽 레드와인은 4년 된 사우스 오스트레일리아산 쉬라즈이다. 보랏빛을 띤 진한 색으로 가장자리까지 색이 진하다. 오른쪽은 또 다른 신대륙 와인으로, 8년 된 캘리포니아산 카베르네이다. 병에서 숙성되어 색이 연하고, 푸른빛이 훨씬 덜하며, 오렌지빛이 감도는 가장자리는 색이 특히 연하다.

왼쪽 화이트와인은 2년 된 캘리포니아 샤르도네이다. 어린 화이트와인은 대부분 색깔이 비슷하다. 리슬링은 좀 더 녹색을 띠고, 뮈스카데는 물처럼 거의 무색이다. 오른쪽 화이트와인은 15년 된 그랑크뤼 등급의 부르고뉴이다. 숙성을 거치면 화이트와인도 갈색을 띤다. 숙성되면서 색이 옅어지는 것이 아니라 거꾸로 더 진해진다.

와인 서빙

샤토 라피트를 혼자 마신다고 상상할 수 있을까? 와인은 나누는 술이고, 와인을 마시는 것은 사회적 행위이다. 인간관계, 환영, 경쟁, 유대감, 의식 등 모든 사회적 관습이 술과 함께하며, 알코올의 영향으로 온화해진다. 나눔에 마음을 더할수록 즐거움은 커진다.

와인을 잘 고르고 최적의 조건에서 알맞게 마시는 것은 어렵지 않지만, 필요한 수량과 종류, 마시는 순서를 미리 생각해야 한다. 먼저 어린 와인을 마신 다음에 장기숙성 와인을 마셔야 오래 숙성한 와인이 돋보인다. 화이트로 시작해서 레드로, 가벼운 와인에서 묵직한 와인으로, 드라이에서 스위트로 옮겨가야 한다. 반대로 하면 다음에 마실 와인의 시음을 망칠 수 있다.

마실 양을 정하는 것 역시 쉽지 않다. 보통 750㎖ 병에서 6~8잔(1/3 정도 채우는 것이 기준)이 나온다. 가벼운 점심식사라면 한 사람당 1잔 정도가 적당하며, 저녁식사에서는 5~6잔이 적당하다. 호스트가 기억해야 할 황금률이 있다. '충분하게, 그러나 절대로 강요하지 말고, 물도 잊지 말라!'

한 모금 마실 때마다 한마디 해야 하는 와인애호가가 아니라면 평가를 요구하지 말자. 한 코스에 와인을 1병 이상 서빙할 정도로 손님이 많을 때는 조금 다른 와인 2병을 함께 준비한다. 같은 와인이지만 빈티지가 다르거나, 같은 품종의 다른 지역 와인을 준비한다(모양이 다른 잔이나 잔에 표시를 해 혼란을 피한다. 런던의 한 와인판매상은 잔 바닥에 색이 다른 원형스티커를 붙인다). 일단 필요한 양이 결정되면 와인병을 하루 정도 세워 침전물을 가라앉힌다. 이때 와인 온도도 적정 수준으로 맞출 수 있는 시간이 확보된다.

온도는 와인을 즐기는 데 가장 큰 영향을 미친다. 아주 차가운 카베르네나 미지근한 리슬링은 끔찍한 낭비이며, 최상의 맛과는 거리가 한참 멀다. 그 이유는, 시음할 때 중요한 후각(미각은 대부분 후각에 의존)은 오로지 기체에 반응하며, 일반적으로 레드는 화이트보다 휘발성이 약하고 아로마의 강도도 덜하기 때문이다.

레드와인을 '실내온도'(전통적으로 18℃)로 서빙하는 이유는 아로마 성분의 증발온도(기화점) 때문이다. 견고하고 묵직한 와인일수록 서빙 온도가 높아야 한다. 보졸레나 서늘한 기후에서 자란 피노 누아처럼 아로마가 풍부하고 가벼운 레드는 화이트처럼 다룰 수 있다. 차가워도 향이 충분히 올라온다. 반면 브루넬로나 쉬라즈 같은 풀바디 레드의 복합적인 아로마 성분이 휘발되려면, 따뜻한 실내에서 와인잔을 두 손으로 감싸거나 입안에 머금어 데워야 한다.

타닌은 저온에서 잘 나타난다. 그래서 타닌이 강한 어린 와인을 높은 온도로 서빙하면 부드럽고 풍부해지며 맛이 좋아진다. 어린 카베르네 소비뇽이나 보르도 레드를 알맞은 방법으로 온도를 올려 서빙하면, 풍미는 풍성해지고 떫은맛은 줄어 잘 숙성된 와인처럼 착각할 수 있다. 하지만 피노 누아나 부르고뉴 레드는 타닌이 적고 원래 아로마가 풍부하기에, 오래전부터 부르고뉴 레드는 셀러에서 꺼내 바로 서빙하고, 보르도 레드보다 차게 마셨다.

단맛이 풍부한 스위트와인은 균형을 맞추기 위해 차게 서빙한다. 산미 역시 저온일 때 잘 느껴지므로 당도가 높거나, 너무 오래 숙성했거나, 더운 기후에서 만든 와인은 산미를 강조하기 위해 조금 차게 서빙해서 신선하고 활기찬 느낌을 준다. 스파클링와인도 기포 유지를 위해 스틸 화이트보다 조금 차게 서빙한다.

너무 높은 온도로 서빙된 와인은 상쾌한 맛을 잃는데, 일단 서빙한 뒤에는 온도를 빨리 낮추기 어렵다. 반면 온도를 높이기는 쉬워 와인을 조금 차게 서빙해도 실내온도에 맞춰 자연스럽게 온도가 올라가고, 또 잔을 두 손으로 감싸 온도를 높일 수 있다. 화이트와인은 냉장보관하므로 레드보다 알맞은 온도로 서빙하기 쉽다. 와인병을 빨리 식히려면 얼음과 물이 들어 있는 아이스버킷(얼음만으로 안 된다)이나, 쿨링 재킷에 넣어두는 것이 좋다. 와인병은 항상(와인잔은 더욱) 햇빛이 직접 닿지 않는 곳에 둬야 한다.

레드와인을 적정온도로 맞추는 일은 더 어렵다. 셀러의 보관온

와인 디캔팅

포일(캡슐)을 자른다. 병목 전체를 보고 싶다면 완전히 벗겨낸다. 천천히 코르크마개를 빼낸다. 이때 병(그리고 병 안의 침전물)은 되도록 움직이지 않게 한다. 디캔터는 깨끗한 것이면 어떤 용기든 상관없지만 유리제품이 보기 좋다. 오래된 와인은 헤드 스페이스가 적은 용기에 넣는 것이 좋고, 어린 와인은 공기와 접촉면이 넓은 용기에 디캔팅하는 것이 좋다.

병 입구를 깨끗이 닦은 뒤, 한 손으로 병을 잡고 다른 한 손으로는 디캔터를 잡는다. 와인을 조심스럽게 디캔터에 따른다. 이때 가능하면 병목 부분에 전구나 촛불 등의 강한 빛을 비춰 보면 좋다. 라벨이 위쪽으로 가도록 와인병을 보관했다면 침전물은 제자리에 있을 것이다.

침전물이 있다면 침전물이 병목 아래 둥그런 부분에 고일 때까지 와인을 조심히 따르다가, 침전물이 병목까지 내려올 것 같으면 멈춘다. 침전물이 너무 많으면 디캔터를 막아놓고 와인병을 세워둔 후, 조금 있다가 다시 진행한다. 병 안쪽에 붙어있던 침전물이 흘러나오는 경우도 있다. 이때는 침전물과 함께 남은 와인을 와인잔에 따라 침전물을 가라앉히고 마신다.

도, 즉 10℃에서 시작해 실온에서 10~12℃를 올리려면 몇 시간이 걸린다. 그래서 와인을 주방에 두기도 하는데, 주방은 대부분 20℃를 훨씬 넘고, 특히 조리 중에는 더 높아지므로 주의해야 한다. 20℃가 넘으면 레드와인은 균형이 깨져서 알코올이 증발되고, 강한 향이 와인의 개성을 가려, 일부 풍미가 영원히 사라지기도 한다.

레드와인의 온도를 빨리 올리는 실용적인 방법은 디캔팅한 뒤 디캔터를 21℃ 정도의 물에 넣어두는 것이다. 또는 디캔터를 데운(적당한 범위 내에서) 뒤에 디캔팅해도 좋다. 전자레인지에 와인병을 돌리면 온도를 빨리 높일 수 있지만, 서두르면 돌이킬 수 없는 결과를 초래한다. 먼저 물병을 전자레인지에 넣고 시험해본다. 레스토랑에서 주문한 레드와인의 온도가 너무 미지근하면 주저 말고 아이스버킷을 요청하자.

코르크마개 따기

와인병을 여는 것은 생각만큼 쉽지 않다(스크루캡의 인기가 계속 올라가는 이유다). 먼저 포일 또는 캡슐을 제거한다. 보통 병 입구 바로 아래의 포일을 깔끔하게 자르는데, 이는 단지 관습일 뿐이다. 포일커터가 있으면 편리하다. 코르크스크루는 코르크를 더 단단히 잡을 수 있는 속이 빈 나선형이 좋다. 손잡이가 단단한 것은 뽑을 때 코르크 가운데가 부서질 수 있어 피한다. '버틀러즈 프렌드'는 2개의 긴 날을 코르크마개 양쪽에 꽂아서 뽑아내기에 코르크가 부서지지 않는다. 오래되어 약해진 코르크마개를 위의 2가지 기술을 접목시켜 특별히 디자인한 모델도 있지만 보기에만 근사하다. 작은 칼과 2단 지지대가 달린 '웨이터즈 프렌드'는 125년 전에 특허를 받았는데, 가장 일반적인 제품으로 지금도 많이 사용한다.

스파클링와인을 딸 때는 특별한 기술이 필요하다. 스파클링와인은 차가워야 하며 흔들면 안 된다. 샴페인병 안의 압력이 트럭 타이어의 압력과 비슷하다는 것을 기억하자. 조심하지 않으면 마개가 튀어올라 다칠 수도 있다. 포일을 제거하고 철사를 푼다. 손바닥으로 마개를 누른 채 기포가 빠져나갈 수 있는 표면적이 최대화되도록 병을 기울이면서 코르크를 부드럽게 비틀면서 빼낸다. 마개가 빠질 때 펑 소리보다 바람 빠지는 소리가 나야 한다.

오래된 코르크마개는 문제를 일으킨다. 코르크스크루의 압력에 쉽게 부서지는데 특히 단단한 요즘 디자인의 제품들이 그렇다. 날이 2개인 버틀러즈 프렌드가 도움이 된다. 올드 빈티지 포트와인은 코르크가 잘 부서져서 열기 힘든데, 심지어 부서진 코르크를 병 안으로 밀어넣는 경우도 있다. 이때는 커피필터나 모슬린천으로 걸러내면 문제없다. 뜨겁게 달군 포트와인 집게(port tongs)로 병목을 잘라내도 좋다. 과격해 보이지만 깔끔하다.

디캔팅에 대해서는 많은 논란이 있지만 제대로 이해받지 못하는 측면이 있다. 효과를 예측하기 힘들기 때문이다. 침전물이 많은 오래된 와인만 디캔팅한다는 것은 잘못된 상식이다. 찌꺼기 없는 깨끗한 와인을 마시기 위한 예방조치일 뿐이다. 경험상 디캔팅은 어린 와인에 가장 유용하다. 어린 와인은 병 안에 든 공기가 활동할 충분한 시간이 없기에, 디캔팅을 하면 안의 공기가 빨리 효과적으로 활동하여 적어도 와인이 숙성된 것처럼 느껴진다. 한두 시간이면 닫혀있던 풍미가 열린다. 바롤로처럼 구조가 단단한 어린 와인은 디캔터에 24시간 놔두면 좋아진다. 보통 어리고 타닌과 알코올이 강한 와인은 오래된 라이트바디 와인보다 빨리 디캔팅하는 것이 좋고, 어린 와인이 디캔팅에 잘 견딘다. 부르고뉴 화이트나 론

코르크스크루 & 기타 도구

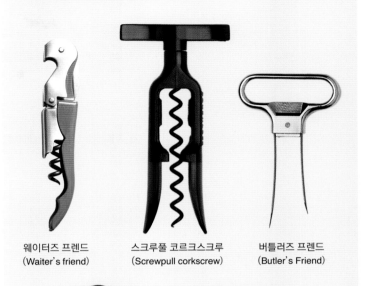

웨이터즈 프렌드
(Waiter's friend)

스크루풀 코르크스크루
(Screwpull corkscrew)

버틀러즈 프렌드
(Butler's Friend)

포일 커터(Foil cutter)

샴페인 스타(Champagne star)

포일 커터는 웨이터즈 프렌드에 달려있는 작은 칼 대신 사용할 수 있다. 4개의 다리가 있는 샴페인 스타는 와이어 머즐 사이의 홈에 끼운 뒤 단단히 막혀 있는 코르크마개를 돌려서 뺀다.

와인처럼 풀바디 화이트 역시 디캔팅 효과를 볼 수 있다. 심지어 디캔터에 담긴 모습도 레드와인보다 매력적이다.

디캔팅을 반대하는 사람들은 디캔팅을 하면 일부 과일향과 풍미가 사라진다고 주장한다. 차라리 병에 담긴 와인을 바로 잔에 따라 맛본 후 와인의 숙성상태를 점검하고, 필요하면 와인잔을 스월링하여 공기와 접촉시키는 것이 더 낫다는 것이다. 이는 논란의 여지가 있고 실제로 논란이 되고 있다. 가장 확실한 기준은 경험과 개인의 입맛이다. 마시기 전에 마개를 열어놓아도 별 차이는 없다. 하지만 최소한 와인에 문제가 있는지를 미리 확인할 수는 있다.

물론 좋은 와인잔도 중요하다. 리델 글라스는 와인이나 포도품종에 따라 잔 모양도 달라져야 한다는 정신으로 유명하지만, 와인마다 다른 잔을 사용하는 것은 지나친 면이 있다. 크고 넓은 꽃봉오리모양, 투명하고 적당히 얇은 두께의 잔이면 어떤 테이블와인도 돋보인다. 당연히 와인잔은 깨끗해야 한다. 윤이 나고 세제냄새나 음식냄새가 나면 안 된다. 요즘 잔들은 식기세척기로 세척해도 문제없으며, 유리잔이 뜨거울 때 리넨천으로 닦으면 좋다. 찬장이나 박스에 잔을 거꾸로 보관하면 잔에서 그 냄새가 난다. 문이 없는 찬장이라면 거꾸로 보관하지만, 깨끗하고 건조하며 공기가 잘 통하면 바로 세워서 보관하는 편이 좋다. 테이블에 올리기 전에 먼저 냄새를 확인한다. 후각을 위해 좋은 습관이다.

와인 가격

고급와인은 그 어느 때보다 비싸고, 위조와인은 더 이상 수익성이 없다. 유명 최고급와인은 확실한 명품자산으로 자리매김하기 위해 일부러 고가정책을 세운다. 1980년대 초에는 유명 보르도 1등급와인 1982년 빈티지 12병 1상자(고급와인의 기준 단위)를 300파운드면 살 수 있었다. 찬사를 받은 2000년 빈티지도 1상자에 450파운드보다 낮게 시작했다. 하지만 21세기 들어서 와인에 관심을 갖는 사람, 아니 저금리시대에 와인 투자에 관심을 갖는 사람의 수가 고급와인 생산량을 훨씬 뛰어넘어 당연히 가격에도 영향을 미쳤다. 이제 1등급와인은 마실 수 있는 최적기보다도 더 수십 년 전에 1상자에 수천 파운드 이상으로 판매되고 있다(1등급와인의 생산비용은 p.87 참조).

투자자들이 보르도 와인에 관심을 갖는 첫 번째 이유는 생산량이다. 세계적으로 유명한 와인이 상당량 생산되고 있으며 구매도 어렵지 않기 때문이다. 두 번째는 와인명칭 시스템이 비교적 간단하여 구분하기 쉽다는 점이다. 하지만 가장 중요한 이유는 보르도 와인의 숙성 잠재력이다. 투자자들은 가치를 잃기 전에 빨리 처리해야 하는 상품을 원치 않으며, 거래기간이 긴 상품을 좋아한다. 보르도 최고급와인은 20년 또는 그 이상 판매가 가능한 시장성을 갖고 있으며, 경매회사와 고급와인 네고시앙, 브로커들은 준비된 유통시장을 제공하고 있다. 1970년대 중반부터 보르도의 와인생산자와 네고시앙은 와인 선물시장인 '앙 프리뫼르(En Primeur)'에서 대부분의 최신 빈티지를 판매하고 있다. 앙 프리뫼르는 수확이 끝나고 다음해 봄에 전 세계 언론과 브로커들을 모아 아직 숙성도 끝나지 않은 와인을 시음하게 하고, 의문의 여지가 있는 소수의 '와인비평가'가 주는 점수를 근거로 가격을 책정한다. 샤토 소유주와 네고시앙은 여기서 얻는 상당한 수익을 어떻게 배분할지 신경전을 벌인다. 하지만 결국 출고가격과 양을 결정하는 사람은 주로 샤토 소유주이고, 네고시앙은 앞으로 나올 빈티지의 할당량을 잃지 않기 위해 샤토가 제안한 가격을 받아들인다.

2009년과 2010년처럼 일부 빈티지는 아시아 시장의 새로운 관심에 힘입어 수요가 급증했다. 아래는 2003년에 오픈하여 온라인에서 고급와인을 거래하는 런던국제와인거래소(Liv-ex)가 보여주는 그래프이다. 와인의 거래가격을 지수화한 라이브엑스 지수로 그 변화를 보여준다. 과열되던 보르도 와인시장은 2011년에 곤두박질쳤다. 신규 구매자인 중국 투자자들이 약속받은 즉각적인 투자회수가 이루어지지 않자 썰물처럼 빠져나갔기 때문이다. 2009년 빈티지의 시장가격은 2016년 말이 되어서야 출고가격 수준에 도달했다. 이는 가격이 얼마나 부풀려졌는지를 보여준다. 2007년에도 비슷한 추락이 있었는데 결국 회복했지만, 최근 몇 년간 앙 프리뫼르는 부진을 면치 못하고 있다. 다른 지역으로 눈을 돌리는 투자자가 늘어났고, 보르도 네고시앙 역시 실패를 줄이기 위해 다른 나라에서 생산된 고급와인을 대대적인 홍보와 함께 출시하고 있다.

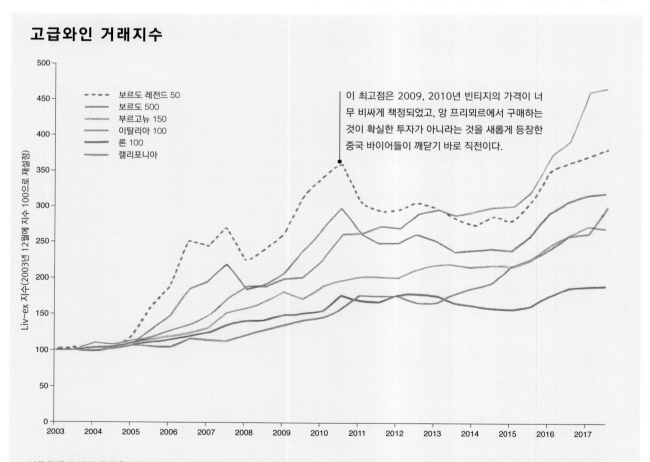

고급와인 거래지수

범례:
- 보르도 레전드 50
- 보르도 500
- 부르고뉴 150
- 이탈리아 100
- 론 100
- 캘리포니아

세로축: Liv-ex 지수(2003년 12월에 지수 100으로 재설정)

이 최고점은 2009, 2010년 빈티지의 가격이 너무 비싸게 책정되었고, 앙 프리뫼르에서 구매하는 것이 확실한 투자가 아니라는 것을 새롭게 등장한 중국 바이어들이 깨닫기 바로 직전이다.

가로축: 2003 2004 2005 2006 2007 2008 2009 2010 2011 2012 2013 2014 2015 2016 2017

보르도에서 가장 유명한 와인 50종류를 나타낸 Liv-ex의 '보르도 레전드 50'의 가격은 와인 거래의 대부분을 차지하는 500개의 등급와인보다 훨씬 빠르게 상승했다. 하지만 보르도 레전드조차 최근 '부르고뉴 150'의 가격상승에 밀려났다. 2011년을 보면 보르도 와인만 그래프가 급상승하는데, 이는 그 당시 새롭게 등장한 중국의 고급와인 투자자들이 보르도 레드에 전적으로 집중했기 때문이다. 부르고뉴 와인은 2015년부터 상승하기 시작했다. 론 와인은 저렴하게 판매되고, 캘리포니아는 그렇지 않다.

부르고뉴가 가장 확실한 대안이었다. 보르도보다 생산량도 훨씬 적어 가격이 폭등하기 시작했다. 그래프를 보면 부르고뉴의 투자 와인 상위 150종의 가격이 급등했다. 2011년에는 보르도의 고급와인 보르도 500을 추월했고, 2년 뒤에는 최고급 보르도 레전드 50까지 추월하였다. 도멘 드 라 로마네 콩티에서 만드는 진귀한 와인 로마네 콩티 2016은 병당 3,250파운드(세전)에 출시되었다.

이탈리아의 고급와인 역시 바롤로와 바르바레스코의 독특한 개성에 대한 폭넓은 평가와, 토스카나 최고 와인의 매력 덕분에 가격이 상당히 높게 상승했다. 캘리포니아의 컬트와인은 2003년에 이미 가격이 많이 올랐지만, 미국의 경기가 좋아 수요는 계속 늘고 있다.

데일리와인

고급와인의 반대편에 있는 데일리와인은 과거 그 어느 때보다도 가격 대비 품질 좋은 와인이 되었다. 와인메이커의 양조기술이 크게 발전해 기술적으로 불안전한 와인은 극히 드물고, 문제가 있다면 와인메이커의 능력 부족보다 코르크마개나 보관 및 운송에서 비롯된 것이다. 유통경쟁이 심해 공급과잉인 저가와인 시장의 이윤은 매우 적다. 기본적인 와인은 감흥도 없지만, 가격이 가치보다 비싸게 매겨지는 일도 없다.

밸류와인을 찾는 사람들은 마트와인과 트로피와인 사이의 광활한 중간지대에서 가장 좋은 가격의 가장 흥미로운 와인을 찾아내고자 한다(트로피와인을 마시는 사람은 없다. 트로피와인은 투자자들 사이를 옮겨다니며 와인셀러에 모셔질 뿐이다).

인건비, 때로는 물, 때로는 점점 줄어들고 있는 농약 사용, 포도밭과 와이너리 설비, 와인병, 마개, 라벨, 빈티지 유명세, 희소성, 숙성도, 시장 포지셔닝, 세금, 보조금, 현금 흐름, 생산자의 야망 등 이 모든 요소가 와인 가격을 결정한다. 유럽에서는 샴페인 회사와 네고시앙을 제외한 대부분의 와인생산자들이 자신의 포도밭을 소유하거나 임대하고 있다. 유럽 외의 지역에서는 포도를 구매해서 양조하는 것이 일반적인데, 이 또한 가격에 반영된다.

포도가 어디서 오든 포도밭의 땅값은 와인 가격에 큰 영향을 미친다. 오른쪽 위의 목록은 전 세계 와인산지의 포도밭 가격을 비교한 것으로, 유명세가 땅의 품질을 이긴다는 사실을 분명하게 보여준다. 억만장자들은 이제 최고급와인에 만족하지 않고, 그 와인을 만드는 와이너리를 소유하려고 한다. 목록에 있는 수치는 실제보다 낮게 잡은 것이며, 포도밭의 ㎡당 가격은 매달 신기록을 세우고 있다.

포도밭의 토지 가격

전 세계 와인산지에서 조사한 포도밭의 땅값을 1*ha*당 유로에서 1*ac*당 달러로 환산했다. 국가별로 세부지역을 나누고 가격이 높은 순서로 소개했는데, 유럽의 유명산지는 대부분 유럽 외 산지보다 가격이 높다. 하지만 보졸레 같은 지역은 매우 저렴하다. 스페인 헤레스 지역의 포도밭 가격을 보면 땅값과 트렌드 사이에 긴밀한 관계가 있어 보인다.

보르도의 유명 포도밭이 부르고뉴 최고의 포도밭보다 더 비싸다. 2018년 포므롤에 있는 페트뤼스(Petrus)의 지분 20%가 페트뤼스만큼 떠들썩하지는 않았지만 신기록을 세우며 최고가로 팔렸다. 그러나 그 가격은 보통 몇 세대에 걸쳐 한 가문이 소유한, 부르고뉴 코트 도르의 손바닥만한 그랑 크뤼 포도밭을 공론화시키지 않고 외부인에게 판 금액과 비슷하다.

나파 밸리의 유명세와 나파 밸리 포도의 가격 상승이 포도밭 가격에 큰 영향을 미쳤다. 반대로 윌래밋 밸리는 오리건주에서 가장 유명한 지역임에도 불구하고, 땅값이 비교적 저렴하다. 서늘한 산타 바바라의 포도밭은 가격이 매우 적절하다.

스텔렌보스의 땅값이 상대적으로 높은 이유는 이곳이 북유럽인들이 선호하는 별장지이고 겨울 휴양지여서 수요가 높기 때문이다.

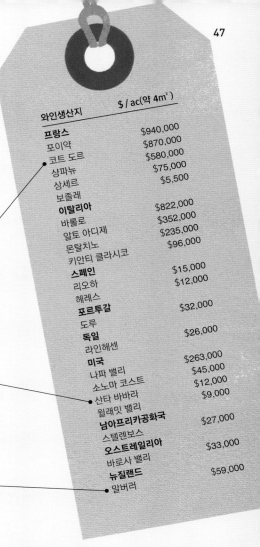

와인생산지	$ / ac(약 4m²)
프랑스	$940,000
포이약	$870,000
코트 도르	$580,000
상파뉴	$75,000
상세르	$5,500
보졸레	
이탈리아	$822,000
바롤로	$352,000
알토 아디제	$235,000
몬탈치노	$96,000
키안티 클라시코	
스페인	$15,000
리오하	$12,000
헤레스	
포르투갈	$32,000
도루	
독일	$26,000
라인헤센	
미국	$263,000
나파 밸리	$45,000
소노마 코스트	$12,000
산타 바바라	$9,000
윌래밋 밸리	
남아프리카공화국	$27,000
스텔렌보스	
오스트레일리아	$33,000
바로사 밸리	
뉴질랜드	$59,000
말버러	

와인 1병을 위한 노동시간

아래 표는 『The World Atlas of Wine』이 출간될 때마다 그 해 평균임금을 받는 영국 노동자가 4시간 일하고 살 수 있는 보르도 1등급와인의 양을 표시한 것이다. 1990년대 중반에는 4시간 일하면 보르도 고급와인을 1병 넘게 살 수 있었다. 가장 최근인 2017년에 1병을 사려면 평균임금으로 20시간 넘게, 또는 주당 평균노동시간의 절반을 일해야 살 수 있다.

4번째 개정판이 출간된 1994년에는 4시간 일하면 〈와인 1병+1잔〉을 살 수 있었다.

1971	1977	1985	1994	2001	2007	2013	2017

4시간 노동으로 살 수 있는 와인의 양

6:22	4:29	4:46	3:23	8:32	17:43	13:44	20:12

와인 1병을 사기 위해 일해야 하는 시간

세계의 와인

세계의 포도밭 지도는 더이상 북반구와 남반구의 온대 기후대를 지나가는 2개의 깔끔한 띠로 구성되지 않는다. 기후변화, 야망, 열대지역 포도재배 기술의 발전 등으로 인해, 이 책을 읽는 순간에도 포도밭의 경계는 계속 확대되고 있다. 와인의 세계는 북극을 향해 퍼져나가고 있으며, 재배할 수 있는 땅이 있다면 남극을 향해서도 퍼져나갈 것이다. 이제는 브라질, 에티오피아, 인도, 미얀마, 태국, 베트남, 인도네시아 등 적도에서 멀지 않은 곳에도 포도밭이 있다.

중국은 포도밭 면적에서 프랑스를 누르고 세계 2위로 올라섰지만, 수확한 포도의 11%만이 와인 생산에 쓰인다. 아래 리스트에서 별(*)표시가 붙은 국가는 와인생산을 위한 포도보다는 식용포도와 건포도용 포도를 더 많이 생산한다. p.49에서 보여주는 국가별 와인생산량은 오늘날 와인생산국의 상대적 중요성을 정확히 보여준다. 대부분의 주요 와인생산국에서 포도밭 면적이 조금 줄어들었는데, 오스트리아와 헝가리만 예외다. 크림반도가 러시아에 합병되면서 러시아와 우크라이나의 포도밭 면적에 변화가 있었다.

이탈리아와 프랑스는 매해 누가 더 와인을 많이 생산하는지 경쟁한다. 스페인은 물이 부족하고 포도나무 사이의 간격이 넓어 프랑스와 이탈리아보다 수확량이 낮다.

2010년대 초반 세계의 총 와인소비량이 감소했는데, 주된 이유는 프랑스와 이탈리아에서 와인소비가 줄었기 때문이다. 하지만 미국의 젊은 세대와 중국인 덕분에, 포도로 만든 가장 맛있는 음료인 와인의 세계적인 소비량이 다시 증가하고 있다.

acre	
ha	

$1ha(10,000㎡) = 2.47ac$

헥토리터

$1hl(100l)$ = 와인생산량을 나타내는 가장 일반적인 단위, $1hl$ = 22 영국갤런(26.4 미국갤런)

국가별 포도밭 면적

(단위 : 1,000ha)

순위	생산국	2013	2017	변동율(%)
1	스페인	973	967	-0.6%
2	중국*	757	870	14.9%
3	프랑스	793	786	-0.8%
4	이탈리아	705	699	-0.9%
5	터키*	504	448	-11.1%
6	미국	453	441	-2.8%
7	이란*	219	223	1.9%
8	아르헨티나	224	222	-1.0%
9	칠레	206	215	4.3%
10	포르투갈	229	194	-15.4%
11	루마니아	192	191	-0.2%
12	오스트레일리아	157	145	-7.5%
13	우즈베키스탄*	120	142	18.7%
14	몰도바	137	140	2.1%
15	인도	127	131	3.4%
16	남아프리카공화국	133	125	-5.9%
17	그리스	110	106	-3.7%
18	독일	102	103	0.2%
19	러시아 연방	62	88	42.1%
20	브라질	90	86	-4.4%
21	이집트*	74	83	12.2%
22	알제리*	79	75	-5.2%
23	헝가리	56	69	22.7%
24	불가리아	64	65	1.2%
25	조지아	48	48	1.0%
26	오스트리아	44	48	9.2%
27	모로코*	46	46	-0.9%
28	우크라이나	75	44	-42.1%
29	뉴질랜드	38	40	3.4%
30	타지키스탄*	41	34	-15.7%
31	멕시코	29	34	14.8%
32	페루	23	32	36.9%
	세계 총면적	6,910	6,940	0.4%

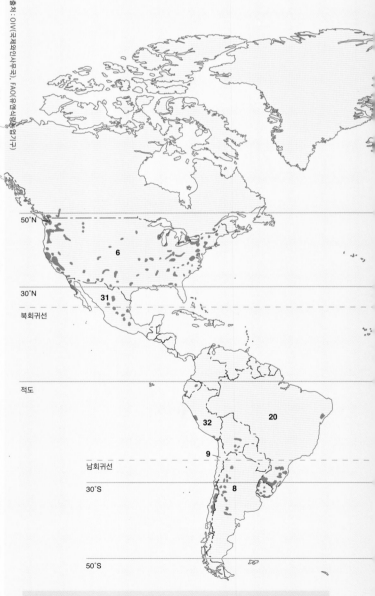

출처 : OIV(국제와인사무국), FAO(유엔식량농업기구)

*가 붙은 국가는 와인용이 아닌 식용포도나 건포도용 포도 등을 생산하는 포도밭의 비율이 크다.

출처 : OIV(국제와인사무국)

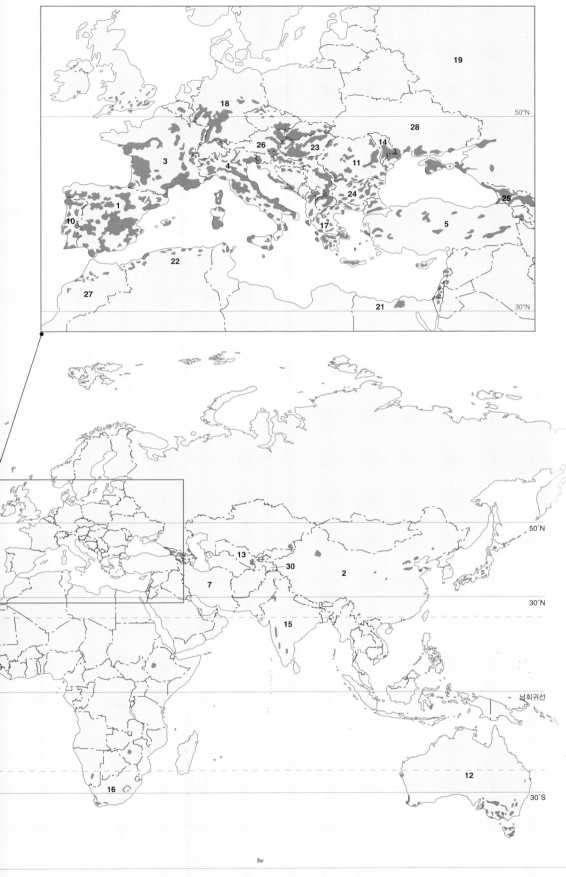

국가별 와인생산량

(단위 : 백만*hl*)

	2017	2018
북아메리카		
미국	23.3	23.9
남아메리카		
아르헨티나	11.8	14.5
칠레	9.5	12.9
브라질	3.6	3.4
유럽		
이탈리아	42.5	48.5
프랑스	36.6	46.4
스페인	32.5	40.9
독일	7.5	9.8
포르투갈	6.7	5.3
루마니아	4.3	5.2
러시아 연방	6.3	3.9
헝가리	2.5	3.4
오스트리아	2.5	3.0
그리스	2.6	2.2
몰도바	1.8	2.0
불가리아	1.2	1.1
스위스	0.8	1.1
아프리카		
남아프리카공화국	10.8	9.5
유럽 / 중동		
조지아	1.3	2.0
아시아		
중국	10.8	NA
오세아니아		
오스트레일리아	13.7	12.5
뉴질랜드	2.9	3.0
세계 총생산	**235.5**	**254.5**

2017년은 매우 이례적인 한 해였다. 봄서리 피해로 대부분의 유럽과 아르헨티나의 수확량이 크게 줄었고, 칠레는 가뭄으로 평년보다 수확량이 적었다. 2018년 수치가 평년을 대표한다.

―― ― ― 국경선

         포도밭(비례적 아님)

프랑스 FRANCE

소테른에서 샤토 디켐은 높은 곳에 있다. 지리적 위치뿐
아니라 명성과 가격도 높다.

프랑스 **FRANCE**

열성적인 절주 캠페인에도 불구하고, 와인 없는 프랑스는 생각할 수 없고 프랑스 없는 와인 역시 생각할 수 없다. p.53의 지도는 프랑스의 행정단위 데파르트망 département과, 이 나라의 자부심이며 세계인에게 즐거움을 선사하는 수많은 와인산지를 보여준다. 부르고뉴와 샹파뉴 같은 이름은 오래전부터 위대한 와인의 대명사였다. 프랑스인들은 넌더리를 냈지만, 과거에는 도용당하는 경우도 많았다.

과거에는 프랑스 전역에서 포도나무를 많이 재배했지만, 지금은 포도밭 면적이 계속 줄어들고 있다. 필록세라와 도시화가 있었고, 북부에서는 사람들이 와인을 덜 마시고, 남부에서는 과잉생산 해결을 위해 보조금을 주고 포도나무를 뽑아냈기 때문이다. 지도의 녹색 역삼각형 안의 숫자는 해당 데파르트망의 포도밭 총면적이다. 하지만 코냑Cognac 지방은 샤랑트Charentes를 포함해 주위에 있는 4개의 데파르트망에서 재배하는 포도로 프랑스에서 가장 유명한 브랜디를 생산한다.

프랑스는 여전히 다른 어느 나라보다도 다양한 품종으로 좋은 와인을 만들고 있다. 일단 지리적 조건이 훌륭하기 때문이다. 서쪽으로는 대서양이, 남쪽으로는 지중해가, 동쪽에는 대륙이 버티고 있다. 그리고 토양이 매우 다양한데, 특히 와인 품질에 중요한 역할을 하는 소중한 석회질 토양(석회암)이 다른 어느 나라보다 풍부하다. 기후변화도 프랑스의 포도수확 시기와 와인 스타일에 영향을 주고 있다.

프랑스는 포도밭이 좋을 뿐 아니라, 다른 나라보다 먼저 포도밭의 경계를 정하고, 등급을 나누고, 보다 세심하게 관리해서 좋은 와인을 생산해왔다. 이 책에 소개된 수많은 와인에 대한 기본정보는 프랑스 편에서 찾을 수 있다. 모든 것은 1920년대에 제정된 원산지통제명칭법(Appellation d'Origine Contrôlée), 즉 AOC와 함께 시작되었다. 해당 지역에서 만든 와인만 그 지역의 이름을 사용하게 한 새로운 법이다. AOC는 심어야 할 품종, ha당 최대 수확량, 포도의 최소 숙성도, 그리고 포도나무 재배와 와인양조방식에 대해 규정하고 있다. 프랑스의 AOC는 여러 나라에서 모방하고 있는데, AOC가 나라의 보물인지 아니면 불필요한 구속인지 논란이 많다. 다양한 실험을 막고, 훨씬 자유롭게 와인을 만들고 있는 신대륙과 경쟁하는 데 걸림돌이 된다는 것이다.

p.53의 지도에는 앞으로 나올 상세지도에 나오지 않는 중요한 AOC와 IGP(아래 참조)를 표시했으며, 25개 IGP는 데파르트망의 명칭과 정확히 일치한다.

라벨로 배우는 와인 용어

품질 표시

Appellation d'Origine Contrôlée(AOC) 원산지, 포도 품종, 양조방식이 명확히 규정된 와인으로, 보통 최고 등급이면서 가장 전통적인 와인이다. EU의 원산지보호명칭법(Appellation d'Origine Protégée, AOP)에 해당한다

Indication Géographique Protégée(IGP) EU의 명칭으로, 지역 와인을 의미하는 뱅 드 페이(Vin de Pays)를 점차 대체하고 있다. 보통 AOC보다 더 넓은 지역으로, 비전통적 품종과 더 많은 수확량이 허용된다

Vin(뱅) 또는 **Vin de France**(뱅 드 프랑스) EU의 기본 명칭으로, 테이블와인을 의미하는 뱅 드 타블(Vin de Table)을 대체하고 있다. 품종과 빈티지를 라벨에 표시해도 된다

기타 용어

Blanc(블랑) 화이트와인

Cave coopérative(카브 코페라티브) 조합식 와이너리

Château(샤토) 와이너리, 와인 농가. 주로 보르도에서 사용되는 용어

Coteaux de(코토 드), **Côtes de**(코트 드) 언덕의 비탈

Cru(크뤼) 품질이 우수한 특정 구획의 포도밭(또는 그 포도로 만든 와인). 직역하면 '농산물'

Cru classé(크뤼 클라세) 등급으로 분류된 포도밭(와인). 1855년 보르도의 등급 제정이 좋은 예다(p.84 참조)

Domaine(도멘) 와이너리, 와인 농가. 부르고뉴에서 사용되는 용어로, 보르도의 샤토보다 일반적으로 규모가 작다

Grand Cru(그랑 크뤼) 최고의 포도밭(와인). 부르고뉴에서는 특급 포도밭이지만, 생테밀리옹에서는 큰 의미가 없다

Méthode classique(메토드 클라시크), **méthode traditionnelle**(메토드 트라디시오넬) 샴페인과 같은 방식으로 만드는 스파클링와인

Millésime(밀레짐) 빈티지

Mis en bouteille au château(미 장 부테유 오 샤토)/**domaine**(도멘)/**à la propriété**(아 라 프로프리에테) 와이너리에서 포도를 재배하고 양조하여 병입한 와인

Négociant(네고시앙) 매입한 포도나 와인을 병입해서 유통하는 상인이나 회사(도멘과 비교)

Premier Cru(프르미에 크뤼) 1등급 포도밭(와인). 부르고뉴에서는 그랑 크뤼보다 1단계 아래. 메독에서는 최상위 4개의 샤토가 프르미에 크뤼다

Propriétaire-récoltant(프로프리에테르-레콜탕) 포도밭 소유주이며 포도재배자

Récoltant(레콜탕) 포도재배자

Récolte(레콜트) 수확 또는 빈티지

Rosé(로제) 로제와인

Rouge(루주) 레드와인

Supérieur(쉬페리외르) 보통 알코올 도수가 조금 높다

Vieilles vignes(비에유 비뉴) 수령이 오래된 포도나무. 따라서 이론적으로 더 진한 와인이 나오지만, 수령에 대한 법적인 규제는 없다

Vigneron(비녜롱) 포도재배자인 동시에 와인생산자

Villages(빌라주) 아펠라시옹 내에 있는 일부 우수한 코뮌이나 마을. 아펠라시옹 뒤에 붙는다

Vin(뱅) 와인

Viticulteur(비티퀼퇴르) 포도재배자

─ · ─ · 국경선

─ ─ ─ 경계선(département)

PAYS D'OC 지방 IGP / 뱅 드 페이

Agenais IGP / 뱅 드 페이

○ 데파르트망 중심도시

Marcillac 다른 지도에는 표시되지 않는 아펠라시옹(AOC)

● 아펠라시옹 중심지

Champagne (p.80~83)

Alsace (p.124~127)

Loire Valley (p.116~123)

Burgundy (p.54~79)

Jura, Savoie and Bugey (p.150~152)

Bordeaux (p.84~112)

Southwest (p.113~115)

Rhône (p.128~139)

Languedoc (p.140~143)

Roussillon (p.144~145)

Provence (p.146~148)

Corsica (p.149)

포도밭 면적

▼ 40

2016년 각 데파르트망의 포도밭 면적을 1,000ha 단위로 나타냈다. (1,000ha 미만은 생략)

부르고뉴 Burgundy

화이트와인으로 유명한 퓔리니(Puligny) 마을의 새벽 풍경. 오래전부터 코트 도르의 전통에 따라 가장 유명한 포도밭인 몽라셰(Montrachet)를 마을 이름 뒤에 붙였다.

파리가 프랑스의 머리이고 샹파뉴가 영혼이라면, 부르고뉴는 위장이다. 실제로 부르고뉴는 길고 즐거운 식사시간과 최고의 식재료로 차려낸 풍성한 식탁으로 유명하다. 서쪽에는 샤롤레Charolais 소고기, 동쪽에는 브레스Bresse 닭고기, 그리고 매우 크리미한 샤우르스Chaource 치즈와 동그란 에푸아스Epoisses 치즈가 있다. 부르고뉴는 옛 프랑스 공국 중에서 가장 부유했으며, 세계에서 가장 오랜 역사를 가진 와인산지의 하나다. 부르고뉴는 하나의 큰 포도밭이 아니라 여러 독특하고 뛰어난 와인산지를 포괄하는 지역의 이름이다. 가장 부유하고 중요한 곳이 **코트 도르**Côte d'Or로 부르고뉴의 중심부이며, 샤르도네와 피노 누아의 고향이다. 남쪽의 **코트 드 본**Côte de Beaune과 북쪽의 **코트 드 뉘** Côte de Nuits로 이루어져있다. 또 **샤블리**Chablis의 샤르도네, **코트 샬로네즈**Côte Chalonnaise의 레드와 화이트, 그리고 **마코네**Mâconnais의 화이트와인과 같은 스타들도 있다(모두 부르고뉴에 속한다). 마코네 바로 남쪽에서 바로 **보졸레**Beaujolais가 시작되는데, 지역 규모나 와인 스타일, 토양, 포도품종이 부르고뉴와 많이 다르다(p.72~75 참조).

오래전부터 내려온 부와 명성에도 불구하고 부르고뉴는 여전히 소박하고 시골스럽다. 코트 도르에서 거대한 저택은 찾아볼 수 없다. 와인병 라벨에 이름이 있는 사람들이 직접 가지치기를 하고 트랙터를 운전한다. 몇 안 되는 대규모 토지는 대부분 교회 소유였는데, 나폴레옹이 조각조각 찢어놓았다. 지금까지도 부르고뉴는 프랑스의 주요 포도밭 중에서 가장 잘게 나뉜 곳이다. 도멘(부르고뉴에서는 와이너리를 도멘이라고 한다. 한 도멘의 포도밭은 여기저기 흩어져있다)의 평균 면적은 예전보다 커졌지만, 여전히 7ha에 불과하다.

잘게 쪼개진 포도밭은 부르고뉴 와인의 유일하고 심각한 문제인 예측 불가능성의 원인이 되고 있다. 지리학자의 관점에서 봤을 때 인간적인 요소는 지도에 표시할 수 없으며, 다른 지역에서보다 부르고뉴에서는 더욱 인간적인 요소에 주목할 필요가 있다. 상속법 덕분에 대부분의 클리마climat(부르고뉴에서 포도밭 구획을 부르는 말)를 여러 재배자들이 몇 이랑씩 나눠서 소유하고 재배한다. 한 사람이 전체 포도밭을 소유하는 모노폴monopole은 부르고뉴에서는 드물다(p.64 참조). 규모가 가장 작은 재배자도 2, 3곳의 포도밭에 작은 구획을 갖고 있으며, 총 20~40ha를 가진 재배자도 코트 도르 포도밭 곳곳에 작은 구획 여러 개를 갖고 있다. 50ha의 클로 드 부조Clos de Vougeot는 80명의 재배자가 나누어 재배한다.

바로 이러한 이유로 부르고뉴 와인의 절반 가량이 지금도 양조가 끝나면 네고시앙에게 판매된다. 재배자들에게 오크통째로 새 와인을 매입한 네고시앙은 일정한 품질의 판매 가능한 양을 확보하기 위해 같은 아펠라시옹의 다른 와인과 블렌딩하기도 한다. 이렇게 블렌딩한 와인은 네고시앙이 숙성시켜 와인을 한두 통밖에 생산하지 못하는 특정 재배자의 이름이 아니라, 해당 AOC 명칭(포도밭처럼 아주 구체적인 것일 수도 있고 마을 이름처럼 더 넓은 지역일 수도 있다)을 라벨에 달고 세상에 나온다.

대형 네고시앙의 평판은 천차만별이다. 부샤르 페르 에 피스Bouchard Père et Fils, 조셉 드루앵Joseph Drouhin, 페블레Faiveley, 루이 자도Louis Jadot, 루이 라투르Louis Latour(화이트가 유명)는 오랜 전통을 지닌 믿을 만한 네고시앙이다. 한편 비쇼Bichot, 부아세Boisset, 샹송Chanson도 최근에 크게 개선되었다. 지금은 대형 네고시앙 회사 대부분이 상당한 면적의 포도밭을 소유하고 있다. 20세기 말에는 야심만만한 소규모 네고시앙들이 부르고뉴 최고의 와인을 생산했다. 그리고 포도밭의 가격이 치솟자, 다수의 훌륭한 재배자들이 자신의 네고시앙 회사를 함께 경영하고 있다.

부르고뉴의 아펠라시옹

부르고뉴에는 80개가 넘는 AOC가 있다. 대부분이 지역 이름이며, 이어지는 페이지에서 자세히 소개한다. 이처럼 지리적 명칭에 들어가는 품질 분류는 그 자체로 예술적인 작업이라고 할 수 있다(p.58 참조). 한편 부르고뉴 전역에서 재배한 포도로 만든 와인을 비롯해, 유명 코뮌 내에 있지만 토양과 환경이 평균 이하인 포도밭에도 쓸 수 있는 AOC 명칭이 있다. 먼저 **부르고뉴**Bourgogne AOC는 피노 누아나 샤르도네의 단일 품종와인이고, **부르고뉴 코트 도르**Bourgogne Côte d'Or AOC는 범위가 더 좁은 하위지역이다. **부르고뉴 파스투그랭**Passetoutgrains AOC는 가메에 피노 누아를 최소 1/3 블렌딩한 와인이고, **부르고뉴 알리고테**Aligoté AOC는 부르고뉴의 또 다른 화이트품종인 알리고테로 만든 비교적 시큼한 와인이다. **코토 부르기뇽**Coteaux Bourguignons AOC는 여기 지도에 나온 모든 포도밭과, 논란이 많지만 등급을 못 받은 보졸레와, 보졸레를 블렌딩한 와인이다.

부르고뉴 디종	▼
북위 / 고도(WS)	47.27° / 219m
생장기 평균 기온(WS)	15.7℃
연평균 강우량(WS)	761mm
수확기 강우량(WS)	9월 : 65mm
주요 재해	서리, 질병(특히 노균병), 가을비
주요 품종	레드 **피노 누아**, 가메 화이트 **샤르도네**, 알리고테

부르고뉴의 와인산지

북쪽 샤블리에서 남쪽 보졸레 경계까지의 거리는 총 222km이며, 부르고뉴 각 지역은 기후와 토양이 매우 다양하다. 하지만 모든 하위지역이 공통으로 피노 누아, 가메, 샤르도네, 알리고테의 4가지 품종으로 충실하게 와인을 양조하고, 포도밭과 셀러에서는 수작업을 한다.

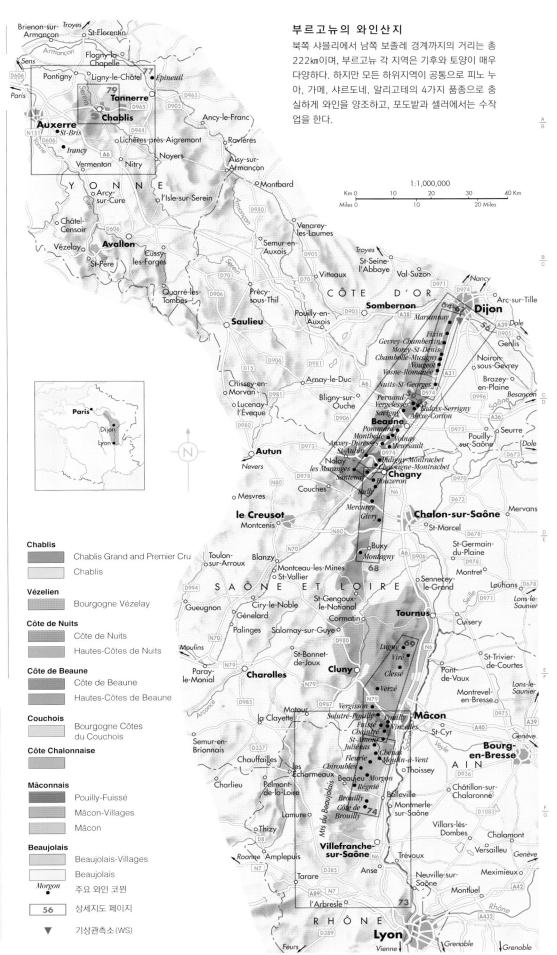

Chablis
- Chablis Grand and Premier Cru
- Chablis

Vézelien
- Bourgogne Vézelay

Côte de Nuits
- Côte de Nuits
- Hautes-Côtes de Nuits

Côte de Beaune
- Côte de Beaune
- Hautes-Côtes de Beaune

Couchois
- Bourgogne Côtes du Couchois

Côte Chalonnaise

Mâconnais
- Pouilly-Fuissé
- Mâcon-Villages
- Mâcon

Beaujolais
- Beaujolais-Villages
- Beaujolais

Morgon ● 주요 와인 코뮌

56 상세지도 페이지

▼ 기상관측소(WS)

코트 도르
Côte d'Or

부르고뉴의 중심지인 '황금 언덕'에서는 세계에서 가장 인기 있는 값비싼 레드와인과 드라이 화이트와인을 만든다.

테루아 석회암이 주를 이루고 이회토와 약간의 점토가 섞여있다.

기후 비교적 서늘하고 습하지만, 따뜻하고 심지어 덥기까지 한 여름이 점차 길어지고 있다.

품종 레드 피노 누아, 약간의 가메 / **화이트** 샤르도네, 약간의 알리고테

전 세계 와인애호가라면 누구나 언뜻 특별해 보이지 않는 코트 도르의 산등성이에 경외심을 가진다. 언덕에 있는 몇몇 작은 포도밭에서 어떻게 그렇게 개성이 뚜렷한 최상의 와인이 나오는지, 왜 다른 곳에서는 나오지 않는지 의문을 갖지 않을 수 없다. 특정 포도밭과 다른 포도밭을 구별짓는 요소가 있어서, 어떤 포도가 당분이 더 많고 껍질이 더 두꺼워지거나 전반적으로 개성이 강하고 탁월해진다고 말할 수 있을까? 그럴 수 없다. 사람들은 오랜 세월 상부토와 하부토를 조사하고, 기온과 습도와 바람의 방향을 기록하며 와인을 꼼꼼하게 분석해왔다. 하지만 기본적인 수수께끼가 여전히 풀리지 않고 있다. 몇 가지 물리적 요소로 훌륭한 와인의 명성을 나름 설명할 수는 있겠지만, 아직 누구도 물리적 요소와 와인의 관계에 대해 뚜렷한 결론을 내리지 못했다. 와인을 사랑하는 지질학자들이 불빛에 달려드는 부나방처럼 코트 도르에 빠져들었지만 말이다.

코트 도르는 중요한 지질학적 단층선을 따라 자리잡고 있다. 이 단층선은 칼슘이 풍부한 여러 지질시대의 해저퇴적물층이 케이크를 잘라놓은 단면처럼 드러나 있다(p.57 참조). 노출된 암석은 햇빛과 비바람을 맞고 풍화되어 연대와 토질이 제각각인 토양이 되었고, 비탈의 경사도에 따라 각기 다른 비율로 섞였다. 부르고뉴에서 콩브combe라고 불리는 작은 계곡은 언덕과 직각을 이루어 토양이 더욱 다양하게 섞이며, 보통 기온을 낮추는 역할을 한다. 비탈 중턱

의 고도는 대략 250m 정도로 일정한 편이다. 더 높은 곳, 즉 상부토가 단단한 바위를 얇게 덮은 언덕 상단 부근은 기후가 혹독해서 포도가 늦게 익는다. 언덕 하단의 토양은 충적토가 두껍게 쌓여있고, 습기가 많아 서리와 병충해의 위험이 높다.

코트 도르는 동쪽을 바라보고 있지만, 지역에 따라 정남향이나 심지어 서향으로 비스듬히 위치한 곳도 있다(특히 남반부의 코트 드 본이 그렇다). 아래쪽의 대략 1/3 지점까지는 이회암이 좁은 띠처럼 밖으로 노출된 석회질의 점토 토양이다. 이회토만 있었다면 최고급와인을 만들기에 너무 비옥한 토양이지만, 다행히 언덕위의 단단한 석회암에서 떨어져 나온 돌과 자갈이 섞여서 완벽한 토양이 되었다. 밖으로 노출된 지층 아래에서는 침식작용으로 흙이 계속해서 섞이는데, 흙이 떨어지는 거리는 경사도에 따라 다르다.

코트 드 본은 이회질 토양이 언덕의 더 높은 곳에 더 넓게 펼쳐져 있는데, 이를 '아르고비앵 Argovien'이라 한다. 튀어나온 석회암 언덕 아래로 포도밭들이 좁고 길게 이어진 것과 달리, 아르고비앵에서는 넓은 포도밭이 언덕 정상을 향해 완만하게 펼쳐져있다. 포도나무가 관목이 우거진 언덕 정상까지 다다른 곳도 있다. 오늘날 기후변화로 인해 더 높은 곳에도 포도나무를 심기 시작했다. 실제로 생토뱅St-Aubin을 비롯한 몇몇 마을은 과거에는 최고급 화

이트와인을 생산하기에 너무 추운 날씨로 여겨졌지만, 지금은 진가를 발휘하고 있다.

부르고뉴는 유럽에서 오랫동안 고급 레드와인을 생산해온 최북단 지역이다. 피노 누아는 춥고 습도가 높은 가을이 오기 전에 익는 것이 중요하다. 각 포도밭 특유의 날씨, 즉 중기후

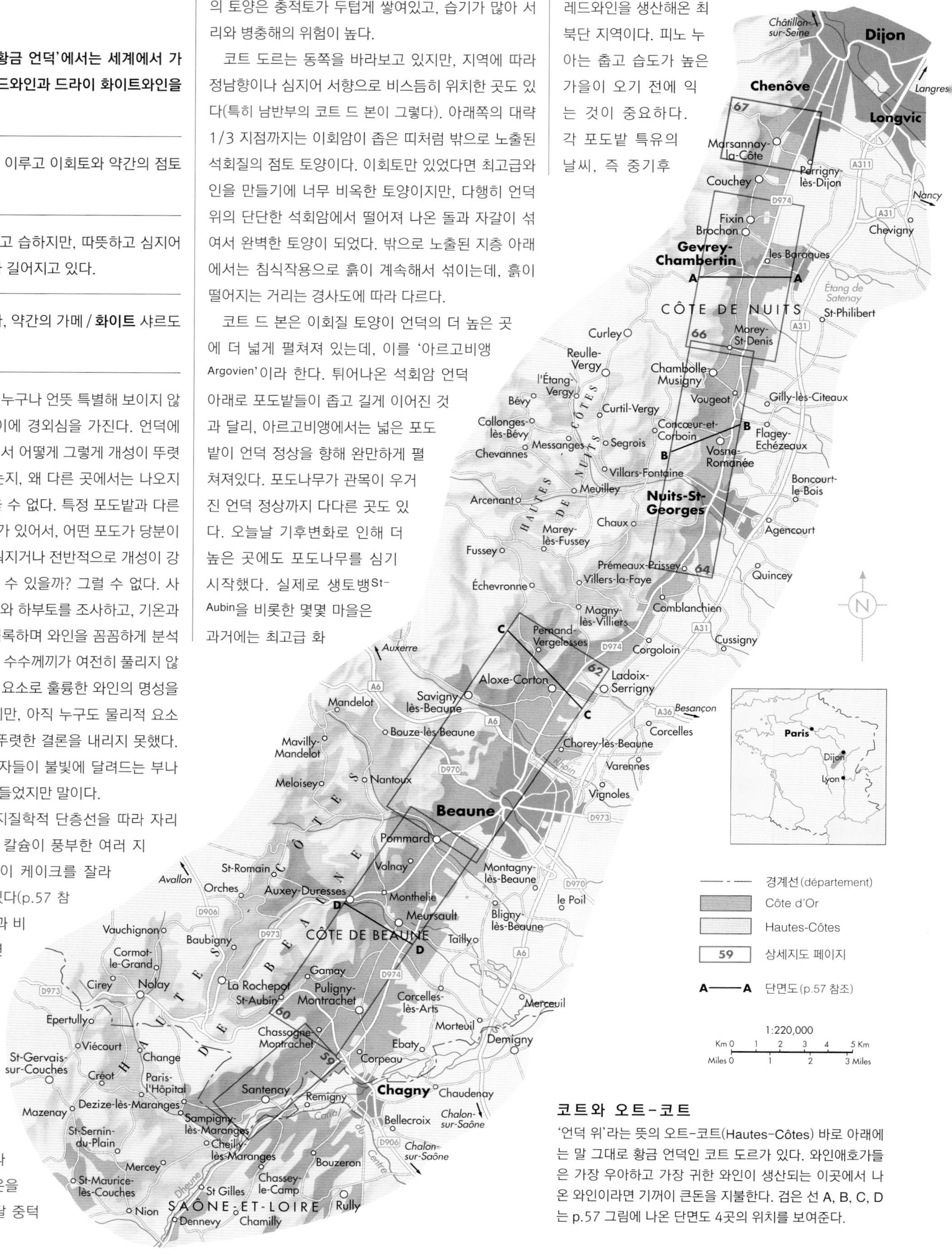

코트와 오트-코트

'언덕 위'라는 뜻의 오트-코트(Hautes-Côtes) 바로 아래에는 말 그대로 황금 언덕인 코트 도르가 있다. 와인애호가들은 가장 우아하고 가장 귀한 와인이 생산되는 이곳에서 나온 와인이라면 기꺼이 큰돈을 지불한다. 검은 선 A, B, C, D는 p.57 그림에 나온 단면도 4곳의 위치를 보여준다.

경계선 (département)

Côte d'Or

Hautes-Côtes

59 상세지도 페이지

A——A 단면도 (p.57 참조)

1:220,000

Km 0 1 2 3 4 5 Km
Miles 0   1   2   3 Miles

는 토지의 물리적 구조와 함께 품질을 결정하는 가장 중요한 요인이다. 지도에 표시할 수 없는 품질요인으로는 품종 선택, 가지치기와 관리방법이 있다. 전통품종들도 클론마다 생장력에 편차가 있기 마련이다. 재배자가 가장 생산성 높은 클론을 골랐다 해도 가지치기를 잘못하거나 비료를 지나치게 주면 품질이 떨어질 수 있다. 하지만 지금은 품질 향상이 더 많은 이익으로 돌아오며, 재배자들도 수년간 농약을 과도하게 사용한 뒤에는 토양을 되살려야 할 필요성을 점점 더 깊이 인식하고 있다. 유명한 부르고뉴 재배자들은 프랑스 바이오다이나믹biodynamic 농법의 선구자들이었다.

코트 도르의 포도밭 지도

여기 코트 도르의 지도는 다른 지역들보다 상세하다.

중기후와 토양의 패턴이 유례 없이 다양하기도 하지만, 독특한 역사 때문이기도 하다. 수많은 와인산지 중에서 와인 품질을 가장 오랫동안 연구해온 곳이 바로 부르고뉴로, 12세기 무렵 시토회와 베네딕트회 수도사들은 이미 포도밭 구획마다 서로 다른 와인이 나온다는 것을 알았다.

14~15세기 부르고뉴공국의 발루아Valois 가문 공작들은 부르고뉴 와인을 장려하고 수익을 낼 수 있는 일이라면 무엇이든 했다. 이후 대대로 지역환경에 대한 지식이 쌓여왔고, 디종Dijon에서 샤니Chagny까지 구릉지대의 클리마와 크뤼들에서 성과가 나타났다.

p.56의 지도는 코트 도르 지역을 전체적으로 보여준다. 지도 왼쪽(서쪽)의 연보라색 부분은 그리 높지 않은 언덕의 정상으로 지질학적 단층선들이 돌출되어

있으며, 비탈이 가파른 울퉁불퉁한 고원이다. 이곳이 해발 400m가 넘는 **오트-코트**Hautes-Côtes로, 오트-코트 드 본Hautes-Côtes de Beaune과 오트-코트 드 뉘Hautes-Côtes de Nuits로 나뉜다. 기온이 낮고 일조량이 부족해 아래 지역보다 수확이 1주일 정도 늦다.

비바람이 덜 부는 동향과 남향의 작은 계곡(콩브)에서는 대개 피노 누아와 샤르도네로 약간 가벼운 와인을 만들지만, 때때로 진정한 코트 도르 와인의 개성을 지닌 훌륭한 와인도 생산된다. 2015년처럼 예외적으로 여름 날씨가 좋은 해에는 오트-코트에서도 코트 도르의 서늘한 지역에서 생산된 것과 같은 훌륭한 와인이 생산된다. 오트-코트 드 본에서 가장 유명한 마을은 낭투Nantoux, 에슈브론Echevronne, 라 로슈포La Rochepot, 멜루아제Meloisey이다. 주로 레드와인을 생산

황금 언덕의 단면

4대 포도밭의 단면도는 코트 도르 토양의 다양성을 잘 보여준다. 상부토는 지면 아래의 바위와 언덕 위의 바위가 부서져 형성된다. 주브레-샹베르탱에서는 미성숙 토양인 렌치나(rendzinas)가 비탈 아래 이회암층까지 계속된다. 최고의 포도밭(클리마) 샹베르탱은 비바람을 피할 수 있는 곳에 위치하며, 이회암 위에는 석회질이 풍부한 갈색토가 있고, 그 아래에는 석회암이 있다. 섞인 토양이 평지까지 계속되면서, 그랑 크뤼나 프르미에 크뤼는 아니지만 포도나무가 자라기 좋은 땅을 제공한다. 부조에는 이회암이 겉으로 드러난 곳이 2곳 있다. 언덕 위의 첫 번째 지점 아래에는 그랑 에셰조가, 두 번째 지점 위아래에는 클로 드 부조가 위치한다.

코르통 언덕은 거의 꼭대기까지 이회암이 넓은 띠모양으로 둘러져 있는데, 최고의 포도밭들이 있는 곳이다. 하지만 경사가 매우 가팔라 재배자들은 지속적으로 비탈 아래로 쓸려 내려간 흙을 모아 다시 언덕 위로 돌려놔야 한다. 위에서 석회암 부스러기가 떨어지는 코르통-샤를마뉴에서는 화이트와인 품종을 재배한다. 뫼르소에서도 이회암이 높은 곳에 넓게 분포한다. 하지만 그 효과는 비탈 아래쪽의 노출된 석회암을 덮고 있는 자갈 토양에서 나타난다. 최고의 포도밭이 이 볼록한 비탈에 위치한다. 각각의 클리마가 흥미진진하고 다채로워서 유네스코는 코트 도르 전 지역을 세계문화유산으로 지정했다.

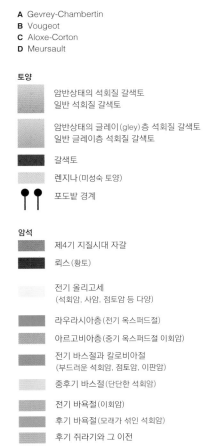

A Gevrey-Chambertin
B Vougeot
C Aloxe-Corton
D Meursault

토양

암반상태의 석회질 갈색토
일반 석회질 갈색토

암반상태의 글레이(gley)층 석회질 갈색토
일반 글레이층 석회질 갈색토

갈색토

렌지나 (미성숙 토양)

포도밭 경계

암석

제4기 지질시대 자갈

뢰스 (황토)

전기 올리고세
(석회암, 사암, 점토암 등 다양)

라우라시아층 (전기 옥스퍼드절)

아르고비아층 (중기 옥스퍼드절 이회암)

전기 바스절과 칼로비아절
(부드러운 석회암, 점토암, 이판암)

중후기 바스절 (단단한 석회암)

전기 바욕절 (이회암)

후기 바욕절 (모래가 섞인 석회암)

후기 쥐라기와 그 이전

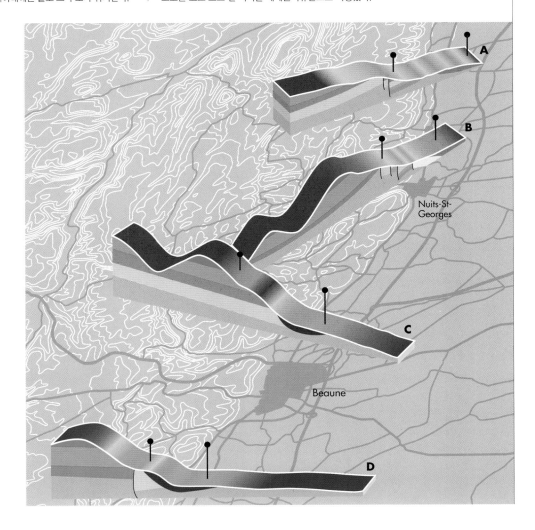

하는 오트-코트 드 뉘에서는 마레-레-퓌세Marey-lès-Fussey, 마니-레-빌레르Magny-lès-Villers, 빌라르-퐁텐Villars-Fontaine, 베비Bévy가 유명하다.

코트 드 본 남쪽 끝에는 비교적 최근에 AOC로 지정된 **마랑주Maranges**가 있는데, 상트네Santenay 바로 서쪽의 3개 코뮌(마을)에서 섬세한 레드와인이 생산된다. 코뮌 이름 뒤에 '레 마랑주lès Maranges'가 붙는다.

포도밭 등급 분류

코트 도르의 포도밭 등급은 지구상에서 가장 정교하게 분류되어있다고 해도 과언이 아니다. 게다가 생산자들의 이름과 철자가 조금씩 다르기 때문에 더 복잡하다. 19세기 중반에 법제화된 규정에 따라 포도밭은 4개 등급으로 분류되고, 각각의 와인 라벨에 이를 명확하게 표기해야 한다.

최고 등급은 그랑 크뤼다. 현재 31곳의 그랑 크뤼 포도밭이 활발하게 운영 중이며, 대부분 코트 드 뉘에 있다(p.64~67 참조). 각각의 그랑 크뤼는 독자적인 AOC가 있다. 한 단어로 된 단순한 포도밭 이름인 뮈지니Musigny, 코르통Corton, 몽라셰Montrachet, 샹베르탱Chambertin(앞에 '르Ie'를 붙일 때도 있다)이 부르고뉴 최

고의 권좌에 있는 와인들이다.

다음 등급은 프르미에 크뤼다. 코뮌 이름 뒤에 포도밭 이름을 붙인다(1곳 이상의 프르미에 크뤼 포도밭에서 수확한 포도로 만든 와인은 코뮌 이름 뒤에 'Premier Cru'를 붙인다). 예를 들어, 샹볼-뮈지니에 있는 샤름 포도밭의 포도로 만든 와인은 '샹볼-뮈지니 (레) 샤름Chambolle-Musigny (Les) Charmes'이라고 라벨에 표기한다. 그리고 샤름 포도밭의 포도와 또 다른 프르미에 크뤼 포도밭의 포도를 블렌딩한 와인은 '샹볼-뮈지니 프르미에 크뤼Chambolle-Musigny Premier Cru'라고 표기한다. 부르고뉴에는 프르미에 크뤼가 모두 635개나 되므로 각각 품질 차이가 있다 해도 전혀 놀랍지 않다. 뫼르소Meursault의 페리에르Perrières, 포마르Pommard의 뤼지앙Rugiens, 샹볼-뮈지니의 레 자무르즈Les Amoureuses, 주브레-샹베르탱Gevrey-Chambertin의 클로 생자크Clos St-Jacques는 클로 드 부조Clos de Vougeot나 코르통처럼 조금 처지는 그랑 크뤼보다 비싸다.

세 번째 등급은 아펠라시옹 코뮈날Appellation Communale이다. 뫼르소 같은 코뮌 이름을 사용할 수 있다. 종종 '빌라주(마을)' 와인이라고 한다. 라벨에 리외-디lieu-dit, 즉 옛날부터 불러온 포도밭 이름을 사용

할 수 있지만(점점 더 많이 사용하고 있다), 코뮌 이름보다 작은 크기로 표기해야 한다. 뫼르소에 있는 테송Tesson과 슈발리에르Chevalière 같은 몇몇 포도밭은 공식적인 프르미에 크뤼는 아니지만, 거의 같은 등급으로 여겨진다.

네 번째 등급은 위치가 덜 좋은 곳에 있는 포도밭이다. 유명한 코뮌에도 이런 포도밭이 있는데, 이 책의 상세지도에 '기타 포도밭'으로 표시된 곳으로(주도로인 D974의 동쪽 저지대에 몰려있다), 이곳의 와인은 지역 이름인 부르고뉴Bourgogne라고만 부를 수 있다. 물론 전반적으로 품질이 떨어지지만, 모든 와인이 다 그렇지는 않다. 여기에도 아주 좋은 가격으로 코트 도르 와인을 제공하는 재배자들이 있다.

소비자는 포도밭 이름과 코뮌 이름을 구분하는 노력을 해야 한다. 본Vosne, 샤샤뉴Chassagne, 주브레 등 많은 마을이 자신들의 가장 좋은 포도밭에 마을 이름을 덧붙이기 때문이다. 유명한 포도밭인 슈발리에-몽라셰Chevalier-Montrachet와 큰 코뮌인 샤사뉴-몽라셰Chassagne-Montrachet에 있는 불특정 포도밭은 이름만으로는 큰 차이가 없어 보이지만, 실제로는 결정적인 차이가 있다.

리슈부르 포도밭의 소유권

코트 도르의 포도밭은 좁고 길게 나뉘어있다. 겨우 몇 이랑을 소유한 도멘도 많다. 이 책에 나온 부르고뉴 지도에는 모든 포도밭 구획에 원래의 전체 이름을 표기했다. 가장 서늘하고 높은 곳의 베로이유(Verroilles)는 1936년 리슈부르에 합병되었다. 베로이유에서는 더 근사하고 가치 있는 이름을 사용하게 되어 싫지 않았을 것이다.

보통 '르 도멘(Le Domaine)'이라 불리는 도멘 드 라 로마네-콩티는 작은 본-로마네 마을의 서쪽과 북쪽에 있는 매우 부유한 그랑 크뤼 포도밭 중에서 가장 비싼 이랑을 여러 곳 소유하고 있다. 이 특별한 그랑 크뤼 리슈부르의 중심부도 가지고 있는데, 지도에서 볼 수 있듯이 여러 차례 개별적으로 매입한 것이다.

도멘 르루아의 포도밭은 랄루 비즈-르루아 여사가 1988년 도멘 샤를 노엘라(Charles Noëllat)를 인수할 때 매입한 것이다. 아래에 나오는 3개의 그로(Gros) 도멘처럼 부르고뉴에서는 한 가문의 사람들이 각각 다른 도멘에서 와인을 만드는 경우가 드물지 않다.

Domaines

- Clos Frantin
- Méo-Camuzet
- Gros Frère et Soeur
- AF Gros
- Anne Gros
- Domaine de la Romanée-Conti
- Leroy
- Mongeard-Mugneret
- Grivot
- Hudelot-Noëllat
- Thibault Liger-Belair

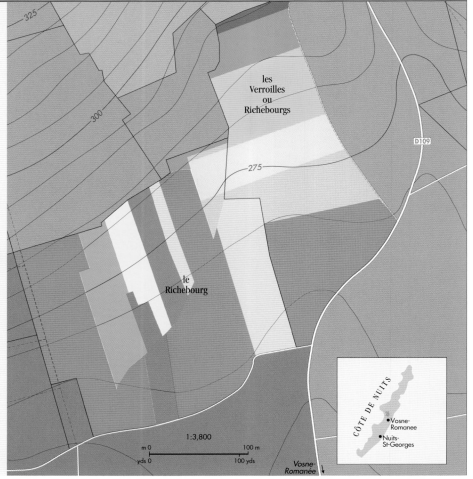

les Verroilles ou Richebourgs

le Richebourg

1:3,800

CÔTE DE NUITS

• Vosne-Romanee

• Nuits-St-Georges

Vosne-Romanée

코트 드 본 남부 Southern Côte de Beaune

p.59~67의 지도는 코트 도르의 포도밭을 남쪽에서 북쪽으로 올라가면서 소개한 것으로, 페이지를 넘기면서 연속적인 지형을 이해할 수 있다. 이 책의 다른 지도와 달리 방향을 45~90° 돌려놓아 복잡한 코트 도르의 각 지역을 펼친 면으로 볼 수 있다.

코트 드 본은 잘 알려진 이름 없이 시작하지만, 위로 올라가면서 점차 **상트네**Santenay와 같은 유명한 코뮌 이름을 만날 수 있다. 작은 마을 오-상트네Haut-Santenay와 바-상트네Bas-Santenay(마을사람들이 즐겨 찾는 온천이 있다)를 지나면, 언덕은 방향을 반쯤 틀어 동쪽에서 그 특유의 비탈이 다시 시작된다.

코트 드 본 남쪽 끝인 이 지역은 지질학적으로 매우 복잡하고, 코트 도르 전체로 봤을 때 여러 가지로 매우 이례적인 모습이다. 상트네 언덕의 복잡한 단층이 상부토와 하부토를 근본적으로 변모시켰다. 상트네

일부 지역은 코트 드 뉘의 일부 지역과 유사해서, 아주 뛰어나지는 않더라도 풍미가 깊고 수명이 긴 레드와인이 생산된다. 나머지 지역에서는 가벼운 와인이 생산된다. 화이트와인도 있는데, 전형적인 코트 드 본 와인이다. 최고의 클리마는 레 그라비에르Les Gravières(보르도의 그라브Graves처럼 자갈땅을 의미한다), 클로 드 타반Clos de Tavannes, 그리고 라 콤La Comme이다.

북쪽의 **샤사뉴-몽라셰**Chassagne-Montrachet에서는 뛰어난 레드와인이 생산되는 포도밭의 품질을 확인할 수 있다. 몽라셰라는 이름이 화이트와인과 너무나 밀접하게 연관되어있어 레드와인을 떠올리는 사람은 거의 없지만, 샤사뉴 남쪽에 있는 대부분의 포도밭에서는 소량이지만 레드와인 품종을 재배한다. 모르조Morgeot, 라 부드리오트La Boudriotte, p.60의 클로 생장Clos St-Jean이 가장 유명하다. 이들 레드와인은 자연적

으로 거칠고, 볼네Volnay보다는 소박한 주브레-샹베르탱에 더 가까운 맛이다. 하지만 요즘에는 견고한 구조보다는 부드러운 질감을 우선으로 하여 양조하는 편이다.

프랑스대혁명 무렵 방문한 토머스 제퍼슨은 "이곳의 화이트와인 생산자는 딱딱한 호밀빵을 먹을 수밖에 없지만, 레드와인 생산자는 부드러운 흰 빵을 먹는다"고 적었다. 하지만 르 몽라셰Le Montrachet(p.60 지도 참조)는 16세기부터 화이트와인으로 유명했고, 일부 포도밭은 피노 누아보다 샤르도네에 적합한 토양이다.

화이트와인 품종 재배는 전 세계가 샤르도네와 사랑에 빠진 20세기 후반에 본격적으로 시작됐다. 오늘날 샤사뉴-몽라셰는 드라이하지만 즙이 많고, 꽃향기와 때로는 헤이즐넛향이 나는 황금빛 화이트와인으로 세상에 알려져있다.

A|B
B|C
C|D
D|E

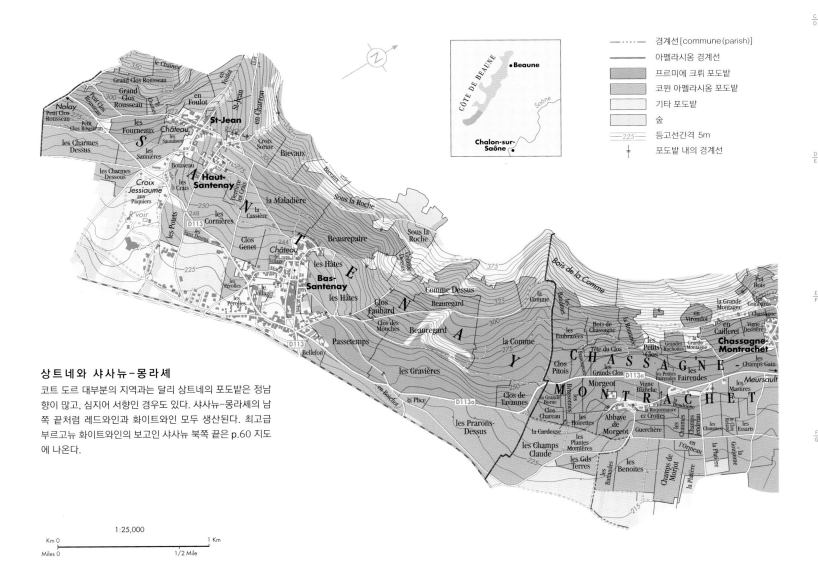

상트네와 샤사뉴-몽라셰
코트 도르 대부분의 지역과는 달리 상트네의 포도밭은 정남향이 많고, 심지어 서향인 경우도 있다. 샤사뉴-몽라셰의 남쪽 끝처럼 레드와인과 화이트와인 모두 생산된다. 최고급 부르고뉴 화이트와인의 보고인 샤사뉴 북쪽 끝은 p.60 지도에 나온다.

경계선 [commune (parish)]
아펠라시옹 경계선
프르미에 크뤼 포도밭
코뮌 아펠라시옹 포도밭
기타 포도밭
숲
225 등고선간격 5m
포도밭 내의 경계선

1:25,000
Km 0 ――――――――― 1 Km
Miles 0 ――――――――― 1/2 Mile

코트 드 본 중부 Central Côte de Beaune

아래 지도에서 동쪽을 향한 포도밭과 p.61의 뫼르소 Meursault 남쪽에 있는 포도밭은 부르고뉴 최고의 화이트와인 생산지다. 세계 최고의 드라이 화이트와인이라고 말하는 사람도 많다.

그랑 크뤼 포도밭 몽라셰Montrachet는 부르고뉴 화이트와인의 놀라운 장점을 모두 갖춘 것으로 유명하다. 10년 정도 숙성해 절정에 이른 몽라셰는 그 어떤 샤르도네보다 향이 풍부하고, 황금빛 윤기가 흐르며, 풍미가 오래가고, 즙이 많으며, 농도도 진하다. 모든 것이 강렬한, 정말 훌륭한 와인의 상징이다. 완벽한 동향이어서 여름날 저녁 9시까지도 포도나무 위로 햇빛이 쏟아지고, 갑자기 석회암이 나타나기도 한다. 이 2가지는 이웃 지역에는 없는 몽라셰만의 장점이다. 이 뛰어난 와인에 대한 수요는 공급보다 많을 수밖에 없지만, 비싼 값을 주고 실망하는 경우도 있다. 실제로 2000년대 초반에 부르고뉴 화이트와인의 명성이 심각하게

훼손되었는데, 병입 후 몇 년 만에 와인이 산화하는 경향을 소비자들이 알아차렸기 때문이다.

몽라셰 바로 위쪽 가파르고 높은 비탈의 슈발리에-몽라셰Chevalier-Montrachet는 몽라셰보다 와인의 깊이는 덜하지만 맑고 정교하다. 몽라셰 바로 아래 바타르-몽라셰Bâtard-Montrachet는 토양이 더 무겁고, 피네스보다 진한 풍미를 추구한다. 비앵브뉘Bienvenues와 샤사뉴의 레 크리오Les Criots 역시 그랑 크뤼다. 필리니-몽라셰Puligny-Montrachet의 프르미에 크뤼인 레 퓌셀Les Pucelles, 레 콩베트Les Combettes, 레 폴라티에르Les Folatières, 르 카이예레Le Cailleret, 그리고 뫼르소 최고의 레 페리에르Les Perrières는 잘 만들면 그랑 크뤼 못지않다.

필리니-몽라셰와 **뫼르소**의 밭들은 이어져있지만, 차이가 분명하다. 돌이 많은 고지대에서 훌륭한 와인을 만드는 작은 블라니Blagny 마을이 중간에 있어서

AOC 명칭이 복잡하다. 와인 색과 위치에 따라 필리니-몽라셰, 뫼르소-블라니, 또는 블라니가 된다(레드와인의 경우). 거의 모두 프르미에 크뤼 수준이다.

필리니 와인은 뫼르소 와인보다 섬세하고 우아하다. 뫼르소는 지하 수면이 높아서, 와인을 두 번째 겨울까지 숙성시킬 만큼 셀러를 충분히 깊게 파기 힘들기 때문이다. 전반적으로 뫼르소의 명성이 떨어지지만(그랑 크뤼가 없다), 넓은 지역에서 매우 수준 높고 기복 없는 와인을 만든다. 레 페리에르, 레 주느브리에르Les Genevrières의 위쪽, 그리고 레 샤름Les Charmes은 필리니 최고의 프르미에 크뤼들에 강력한 도전장을 내밀고 있다. 포뤼조Porusot와 구트 도르Gouttes d'Or에서는 견과류향이 있는 전형적인 뫼르소 와인이 나온다. 언덕

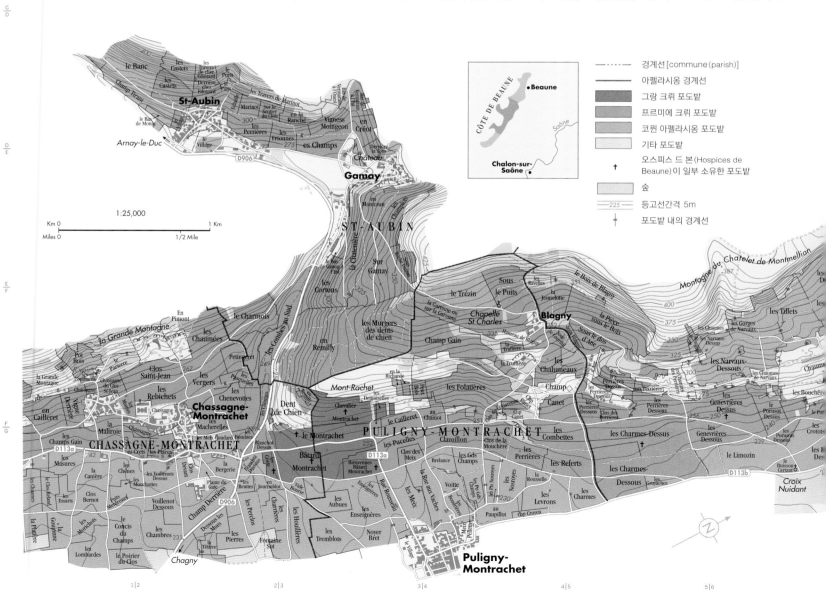

A / B

B / C

C / D

D / E

E / F

F / G

대부분의 코트 도르 코뮌보다 고지대인 생로맹에서도 꽤 괜찮고 가벼운 레드와인과 믿을 만한 화이트와인이 생산된다. 부르고뉴의 여름 날씨가 더워진 덕분이다.

위의 나르보Narvaux와 티예Tillets는 좀 더 상큼하면서도 강렬한 숙성 잠재력이 있는 와인을 만든다.

언덕 사이의 북적거리는 뫼르소 마을을 지나면 **오세-뒤레스**Auxey-Duresses와 **몽텔리**Monthelie로 갈 수 있다. 2곳 모두 소량의 화이트와인과 대량의 좋은 레드와인을 생산한다. 레드와인은 볼네Volnay만큼 높이 평가받지 못해(보관기간이 더 짧다) 더 저렴하다. 오세-뒤레스 뒤로는 **생로맹**St-Romain이 있다. 오트-코트 지역(레지오날) AOC에서 마을(코뮈날) AOC로 승격되었고, 가벼운 레드와인과 따뜻한 해에는 매우 흥미로운 화이트와인이 생산된다. 뫼르소는 **볼네**로 이어지는데, 이곳에서는 레드품종을 많이 재배하며 뫼르소보다는 볼네-상트노Volnay-Santenots라고 불린다. 볼네와 뫼

코트 도르의 포도나무는 특별대우를 받는다. 뉴욕과 홍콩의 와인수집가들에게 사랑받는, 세계적으로 유명한 생산자들도 포도나무를 직접 관리한다.

르소는 비슷한 점이 많다. 레드와 화이트 모두 부드럽고 향이 풍부하며, 레드는 색이 연하고 향기로운 피니시가 길게 남는다.

볼네의 레드는 가벼운 편이지만 매우 훌륭하다. 전통적으로 코트 드 본에서 최고로 여겨졌고, 가장 빨리 마실 수 있다. 가장 오래가는 와인은 이곳의 유명 AOC인 클로 데 셴Clos des Chênes과 카이예레Caillerets이다. 샹팡Champans, 부스 도르Bousse d'Or, 타유 피에Taille Pieds가 그 뒤를 잇는다. 클로 데 뒤크Clos des Ducs는 가파르고 작지만, 볼네 북부 최고의 클리마다. 부유한 이웃 포마르Pommard는 p.62에 나온다.

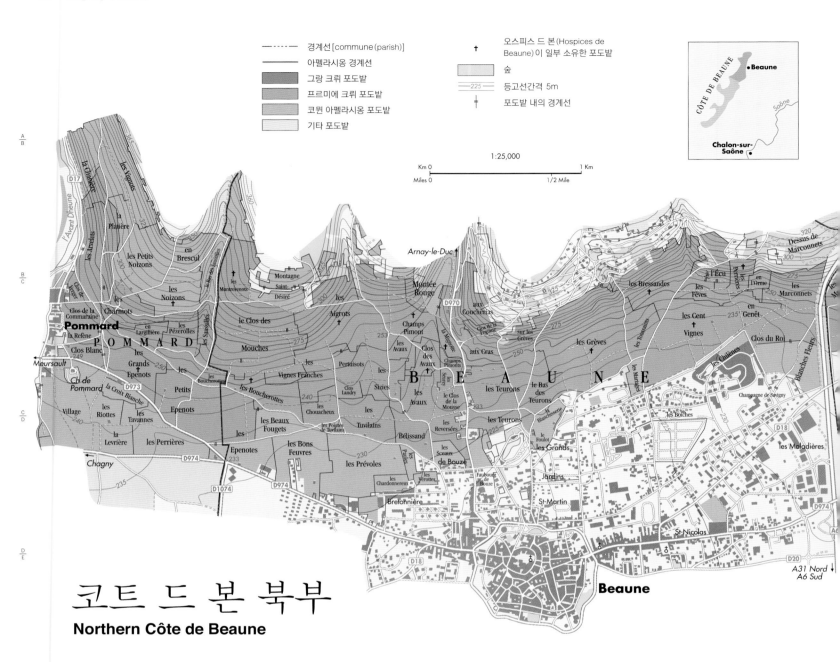

경계선 [commune (parish)]

아펠라시옹 경계선

그랑 크뤼 포도밭

프르미에 크뤼 포도밭

코뮌 아펠라시옹 포도밭

기타 포도밭

오스피스 드 본 (Hospices de Beaune) 이 일부 소유한 포도밭

숲

등고선간격 5m

포도밭 내의 경계선

1:25,000

Km 0 · · · · · · · · · 1 Km

Miles 0 · · · · · 1/2 Mile

코트 드 본 북부

Northern Côte de Beaune

포마르 포도밭은 볼네와 붙어있어(p.61 지도 참조) 볼네처럼 향기롭고 가벼운 와인을 기대할지 모른다. 하지만 부르고뉴는 언제나처럼 예상을 뒤엎는다. 코뮌의 경계는 토양의 변화를 의미한다. 포마르의 토양은 레 뤼지앵Les Rugiens이라는 이름이 의미하듯 불그스름하고 철분이 많은 토양으로, 완전히 다른 와인 스타일을 대표한다. 어린 와인은 색이 짙고 알코올과 타닌이 강하며, 놀랄 만큼 수명이 길다. 코뮌 내 포도밭의 1/3에 포마르 AOC를 붙이며 이런 스타일의 와인을 만드는데, 보통 우아함과 탁월함이 떨어진다. 하지만 뤼지앵과 에페노Epenots(Epeneaux)를 포함해 2~3곳의 뛰어난 프르미에 크뤼와 4~5명의 우수한 재배자가 있다. 부르고뉴에는 다른 어느 곳보다 재배자가 포도밭 수만큼 많다. 포마르 최고의 포도밭은 마을의 서쪽 가장자리 바로 위에 있는 레 뤼지앵의 아랫부분, 즉 p.61 지도의 레 뤼지앵-바Les Rugiens-Bas다. 본Beaune의 연례 경매

행사(아래 참조)에 나오는 최고 퀴베의 하나인 담 드 라 샤리테Dames de la Charité는 주로 레 뤼지앵과 에페노 포도로 만든다. 클로 드 라 코마렌Clos de la Commaraine 과 드 쿠르셀de Courcel, 콩트 아르망Comte Armand, 드 몽티유de Montille 등에서 만든 와인도 포마르에서 가장 좋은 와인인데, 최상급 부르고뉴 레드의 사랑스런 풍미를 제대로 음미하려면 10년을 기다려야 하는 견고한 와인들이다.

여기 지도에 실린 포도밭뿐 아니라 코트 도르를 통틀어 와인의 중심지는 성벽으로 둘러싸인 활기찬 중세 마을 본이다. 매년 11월에 열리는 와인 자선경매로 유명한 오스피스 드 본의 본거지다. 마을 위쪽 해발 약 245m 지점, 배수가 잘 돼 '콩팥 비탈'이라 불리는 곳에 유명한 포도밭이 줄지어있다. 그중 상당수가 부샤르 페르 에 피스Bouchard Père et Fils, 샹송Chanson, 드루앵Drouhin, 자도Jadot, 루이 라투르Louis Latour 등 본의 대

형 네고시앙의 소유다. 드루앵이 소유한 클로 데 무슈 Clos des Mouches의 일부 포도밭에서는 레드와 훌륭한 화이트가 생산되는데, 둘 다 이름이 높다. 부샤르 페르 에 피스가 소유한 레 그레브Les Grèves의 땅은 비뉴 드 랑팡 제쥐Vigne de l'Enfant Jésus로 알려져있는데, 여기서도 뛰어난 와인이 생산된다. 본에는 그랑 크뤼가 없다. 그래서 최고 와인이라도 가격이 과하지 않고 장기숙성도 가능하다. 하지만 10년 넘게 또는 로마네-콩티나 샹베르탱보다 더 오래 보관할 수는 없다.

본에서 북쪽으로 올라가면 동그마하고 정상에 숲이 울창한 코르통Corton 언덕이 나타나는데, 코르통 덕분에 코트 드 본에는 없던 레드 그랑 크뤼가 생겼다. 코르통에서는 화이트가 많이 생산되지 않지만, 위대한 그랑 크뤼 화이트인 코르통 샤를마뉴가 있다. 포도밭은 코르통 언덕의 서쪽과 남서쪽 경사면, 그리고 동쪽 경사면에 위치하는데, 동쪽 경사면은 언덕 꼭대기 주위

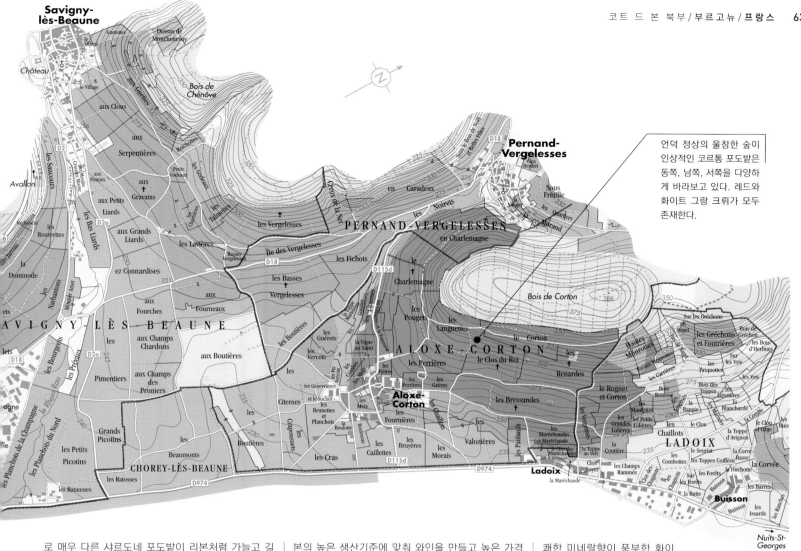

Savigny-lès-Beaune

Pernand-Vergelesses

언덕 정상의 울창한 숲이 인상적인 코르통 포도밭은 동쪽, 남쪽, 서쪽을 다양하게 바라보고 있다. 레드와 화이트 그랑 크뤼가 모두 존재한다.

로 매우 다른 샤르도네 포도밭이 리본처럼 가늘고 길게 둘러져있다. 이곳에는 꼭대기에서 하얀 석회석이 쓸려내려와 갈색 이회토와 섞여있다. 코르통 샤를르마뉴는 종종 몽라셰에 도전장을 내밀 정도로 빼어나다.

코르통 레드는 과일향이 풍부할 때도 있고 타닌이 강할 때도 있지만, 대체로 힘이 좋으며 대부분 동향과 남향 비탈에서 생산된다. 아래쪽으로 내려올수록 와인이 단순해지는데, 그랑 크뤼 등급에 걸맞지 않은 것도 있다. 최고의 코르통 레드는 르 코르통Le Corton, 레 브레상드Les Bressandes, 르 클로 뒤 루아Le Clos du Roi, 레 르나르드Les Renardes에서만 나온다.

남쪽 언덕 아래에 있는 **알록스-코르통**Aloxe-Corton AOC에서는 조금 급이 낮은 와인(주로 레드)이 생산되는 반면, 언덕을 돌아가면 나오는 **페르낭-베르줄레스 Pernand-Vergelesses**의 경우 동향의 서늘한 비탈에는 프르미에 크뤼 포도밭(레드와 화이트)이, 서향 비탈에는 몇몇 그랑 크뤼 포도밭이 있다.

사비니Savigny와 페르낭은 화려한 와인들에 조금 가려진 느낌이 없지 않지만, 두 AOC의 최고 재배자들은

본의 높은 생산기준에 맞춰 와인을 만들고 높은 가격으로 보상을 받는다. 옆 계곡 위쪽에 있는 사비니 포도밭에서는 놀라운 피네스를 가진 와인이 생산된다. 지역민들은 사비니 와인이 '영양 많고, 성스러우며, 병을 막아준다'고 자랑한다. **쇼레**Chorey는 주도로 옆 평지에 위치해지만, 부담없이 마실 수 있는 좋은 부르고뉴 레드와인을 생산한다. 지도 끝의 **라두아**Ladoix에서는 상

쾌한 미네랄향이 풍부한 화이트와 즙이 꽤 많은 레드가 나온다. 페르낭과 라두아에는 수 프레티유Sous Frétille, 레 그레숑Les Gréchons, 레 주아유즈Les Joyeuses 같은 프르미에 크뤼가 있는데, 화이트와 레드 중 하나만 프르미에 크뤼이고, 둘 다인 경우는 없다. 코트 도르 와인의 특징은 한마디로 뛰어난 복합미라 할 수 있다.

본의 상징인 오스피스 드 본의 타일 지붕. 오스피스 드 본은 15세기에 지어진 구빈원으로, 지금은 매년 11월에 열리는 자선경매로 유명하다. 오크통에 담겨있는 양조 직후의 와인을 경매에 부친다.

코트 드 뉘 남부 Southern Côte de Nuits

볼네나 본Beaune과 비교해 코트 드 뉘 와인은 좀 더 꽉 찬 느낌으로 색이 더 진하며, 보통 타닌이 더 강하고 수명이 길다. 코트 드 뉘는 레드와인의 고장이며, 화이트는 드물다.

코트 드 뉘의 언덕을 따라 구불구불 이어지는 프르미에 크뤼들이 한 무리의 그랑 크뤼 포도밭과 함께 펼쳐져있다. 여기서는 모방할 수 없을 정도로 과즙의 농후함이 가장 강렬하게 표현된 피노 누아 와인이 생산된다. 프르미에 크뤼는 단단한 석회암 언덕 정상 아래로 드러나있는 이회암을 따라 이어진다. 이회토 위에 실트와 자갈이 섞인 토양에서 최고 품질의 와인이 만들어진다. 운좋게도 이곳은 비바람을 가장 잘 막아주고 해가 잘 드는 지형이다.

아래 지도에서 왼쪽 가장자리에 있는 프레모Prémeaux의 와인은 뉘-생조르주Nuits-St-Georges라는 이름으로 출시된다. 프레모 와인은 아펠라시옹의 다른 포도밭, 특히 클로 드 라를로Clos de l'Arlot와 클로 드 라 마레샬Maréchale처럼 생산자가 밭 전체를 단독 소유한 모노폴monopole 와인보다 뼈대가 섬세하다. 코뮌 경계선 바로 위쪽 레 보크랭Les Vaucrains과 레 생조르주Les St-Georges(이 클리마는 그랑 크뤼가 되어야 한다고 생각하는 사람이 많다)에서는 타닌이 강하고 강렬하며 풍미가 좋은 장기숙성용 와인이 나오는데, 대부분의 코트

드 뉘 빌라주(코트 드 뉘의 최북단과 최남단에 있는 하급 아펠라시옹)에서는 보기 힘든 와인이다.

본은 관광객으로 북적거리고, 뉘는 비교적 조용하지만 여러 네고시앙 회사의 본거지다. 그리고 뉘의 프르미에 크뤼에서 본-로마네Vosne-Romanée로 올라가는 길에 있는데, 그 멋진 마을의 입구로서 들러볼 가치가 있다. 본-로마네는 소박하고 작은 마을이지만 열정적으로 와인을 생산한다. 뒷골목 문패에 줄지어 나오는 유명한 이름들만이 세상에서 가장 비싼 와인들이 생산되는 곳임을 말해준다.

마을은 불그스름한 흙이 길게 이어지는 언덕 아래에 있다. 마을에서 가장 가까운 포도밭인 로마네-생비방Romanée-St-Vivant은 땅이 깊고, 진흙과 석회가 풍부하다. 언덕 중턱의 포도밭은 성지순례자들이 많이 찾아오는 라 로마네-콩티La Romanée-Conti로, 토양이 거칠고 얇다. 더 가파른 위쪽은 라 로마네La Romanée인데, 토양이 건조하고 진흙이 덜 섞여있다. 그 오른편에 있는 큰 포도밭 르 리슈부르Le Richebourg는 방향을 틀어 북동쪽을 보고 있다(p.58 지도 참조). 왼쪽에는 좁고 긴 띠모양의 라 그랑드 뤼La Grande Rue가 있다. 그 옆의 긴 비탈밭이 라 타슈La Tâche인데, 한때 레 고디쇼Les Gaudichots라고 불리던 포도밭도 포함되어있다. 모두 부르고뉴 최고의 와인, 전 세계에서 가장 비싼 와인이 생

산되는 곳이다.

로마네-콩티와 라 타슈는 모두 도멘 드 라 로마네-콩티Domaine de la Romanée-Conti의 모노폴이다. 이 도멘은 리슈부르, 로마네-생비방, 에셰조Echézeaux, 그랑 에셰조Grands Echézeaux에도 상당한 면적의 포도밭을 소유하고 있고, 지금은 코르통Corton에도 포도밭이 있다. 피네스와 벨벳의 따스함, 은근한 향신료향이 결합된 동양적인 풍미를 가진 이곳 와인은 그야말로 부르는 게 값이다. 그중에서도 로마네-콩티가 가장 완벽한 와인으로 평가받지만, 이곳의 와인은 모두 가족처럼 서로 매우 닮았다. 포도밭 입지, 소량 수확, 귀한 올드 바인, 늦수확, 그리고 포도밭을 정성들여 가꾸는 재배자들의 노력이 함께한 결과다.

이웃 포도밭에서는 그리 놀랍지 않은 가격으로 비슷한 성격의 와인을 찾을 수 있다(단, 도멘 르루아Domaine Leroy는 매우 비싸다). 본-로마네라는 이름이 붙은 다른 모든 포도밭 역시 인상적이다. 부르고뉴의 교과서 같은 오래된 책에는 무미건조한 말투로 이렇게 적혀 있다. "본Vosne에는 평범한 와인이 없다." 라 타슈 바로 남쪽에 있는 프르미에 크뤼 말콩소르Malconsorts 역시 특별하다.

에셰조 그랑 크뤼의 면적은 36ha로(너무 넓다고 이야기하는 사람도 있다) 지도에서 에셰조 뒤 드쉬Echézeaux du Dessus 주변의 보라색 클리마들을 대부분 포함하며, 그보다 작은 그랑 에셰조와 함께 플라제Flagey 코뮌에 속한다. 너무 동쪽에 있어 이 지도에는 나오지 않지만, 플라제는 양조학적으로 본Vosne과 같

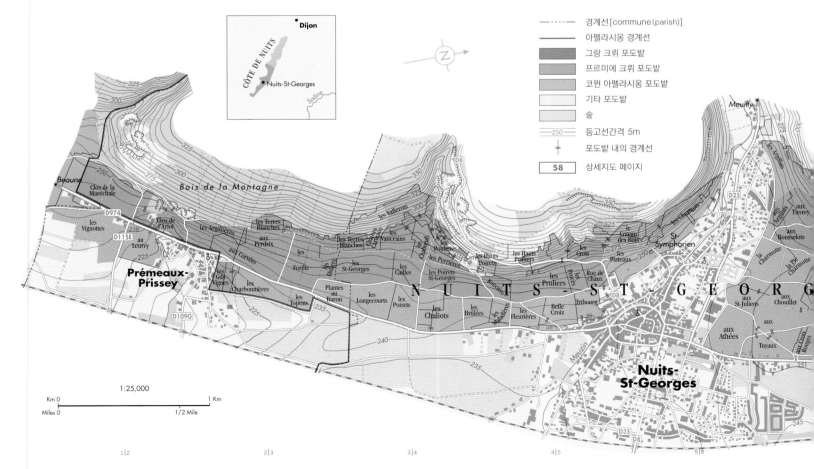

은 곳이다. 그랑 에셰조는 뛰어난 부르고뉴 와인처럼 균형이 잘 잡히고 입안에 맛이 오래 머무른다. 물론 가격도 더 비싸다.

부조Vougeot 아펠라시옹을 붙일 수 있는 와인은 많지 않다. 하지만 많은 와인이 50ha 규모의 **클로 드 부조 Clos de Vougeot**에서 생산된다. 클로 부조Clos Vougeot로도 불리는 이 드넓은 포도밭은 수도원 포도밭의 상징인 높은 돌담에 둘러싸여있다. 포도밭 전체가 그랑 크뤼 등급을 받았고 스타일과 품질, 가격이 매우 다양한데, 본Vosne의 귀족 와인보다는 상당히 저렴하다. 시토회 수도사들은 비탈 정상, 중턱, 그리고 때로는 맨 아래에서 나온 와인을 블렌딩해 우리가 최고의 부르고뉴 와인이라고 생각하는 그 맛을 만들어냈다. 뿐만 아니라 해마다 맛도 변함이 없었는데, 건조한 해에는 아래쪽 포도밭의 와인이 더 낫고, 비가 많이 온 해에는 맨 위쪽 포도밭의 와인이 더 낫기 때문이다. 오늘날에는 일반적으로 언덕 중턱과, 특히 언덕 맨 꼭대기에서 가장 좋은 와인이 생산된다. 물론 예외도 있으므로 재배자가 누구인지 잘 살펴봐야 한다.

클로 드 부조 포도밭의 북서쪽 구석에 있는 중세시대의 성은 타스트뱅 기사단의 본부다. 붉은색과 황금색 가운을 입고 떠들썩한 축제를 즐기는 것으로 유명한 부르고뉴 와인 기사단은 전 세계에 지부가 있다. 그랑 크뤼인 뮈지니Musigny는 이 성을 내려다보면서, **샹볼-뮈지니**Chambolle-Musigny의 다른 포도밭들과 떨어져서 숲이 울창한 석회암 언덕 꼭대기 아래에 끼여있다. 뮈지니는 샹볼-뮈지니 북쪽에 있는 본 마르Bonnes

Mares보다 클로 드 부조, 그리고 그랑 에셰조의 언덕 꼭대기와 더 가깝다. 비탈이 가파르기 때문에, 비가 계속 내리면 재배자들은 쓸려 내려온 석회암과 점토가 섞인 갈색토와 자갈을 다시 언덕 위로 돌려놓는다. 이 흙과 투과성이 좋은 석회암 하부토는 물이 잘 빠진다. 바디가 풍부한 와인을 만드는 데 적합한 조건이다.

뮈지니의 영광은 강한 힘에 사랑스럽고 잊혀지지 않는 섬세한 향이 더해진, 독특하고 관능적인 풍미에서 나왔다. 잘 만들어진 뮈지니 와인은 입안에서 화려한 풍미가 펼쳐지면서, 너무도 정확한 표현인 '공작새의 꼬리'를 경험하게 해준다. 뮈지니는 샹베르탱만큼 강하지 않고 로마네-콩티만큼 향신료향이 나지 않지만, 10~20년 동안 보관할 수 있다. 그리고 가격을 보면 깜짝 놀라게 된다.

샹볼-뮈지니의 또 다른 그랑 크뤼인 본 마르의 서부

전 세계의 와인애호가들은 도멘 드 라 로마네-콩티의 셀러를 방문할 수 있다면 무엇이든 내놓을 것이다. 와인경매소에서 사랑받는 로마네-콩티의 셀러는 매우 소박하다.

토양의 색은 옅고, 동부 토양은 붉다. 첫맛은 뮈지니보다 거칠며, 뮈지니의 부드러운 우아함에는 미치지 못한다. 레 자무르즈Les Amoureuses는 '연인들'이라는 의미의 이름이 이 와인의 모든 것을 설명해준다. 부르고뉴 최고의 프르미에 크뤼 중 하나로, 명예 그랑 크뤼라고 해도 과언이 아니다. 어떤 샹볼-뮈지니 와인이든 잊을 수 없는 경험을 선사할 것이다. 기후변화로 이곳의 날씨가 점점 더워지면서 품질 좋은 와인은 언덕 위쪽의 크라Cras와 퓌에Fuées 포도밭으로 이동한 것 같다. 이제는 레 샤름Les Charmes만큼 인기가 많다.

라 그랑드 뤼(1.6ha)는 1992년이 되어서야 공식적으로 그랑 크뤼 지위를 부여받았다. 도멘 드 라 로마네-콩티 소유의 프르미에 크뤼 고디쇼와 포도밭을 교환했는데, 그 결과 지금 라 타슈의 면적은 6ha로 줄어들었다.

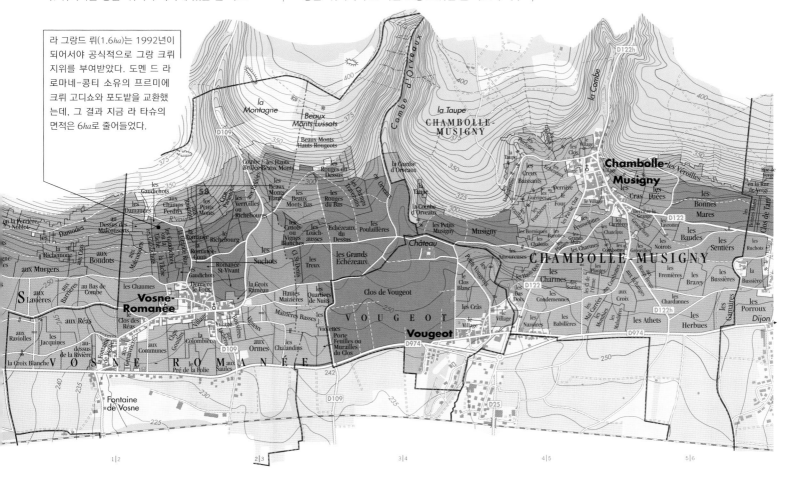

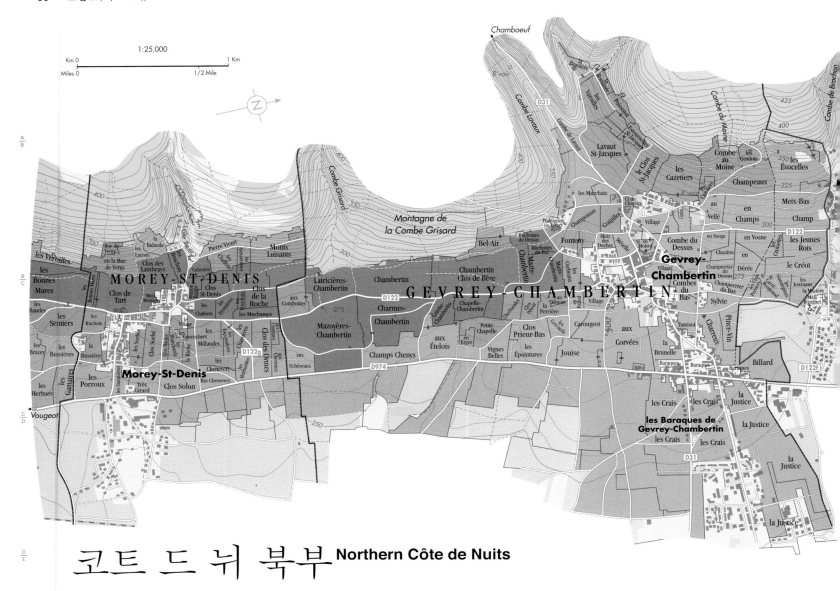

코트 드 뉘 북부 Northern Côte de Nuits

가장 섬세하고 가장 오래 숙성시킬 수 있는, 그래서 벨벳처럼 부드러운 부르고뉴 레드가 이곳 코트 도르 북쪽 끝에서 나온다. 비바람을 막아주고 해가 잘 드는 언덕에 자연은 풍요로운 토양을 선물했다. 낮은 능선을 따라 좁게 드러난 이회암을 실트와 자갈이 덮고 있다. 여기서 샹베르탱과 모레Morey, 샹볼-뮈지니 그랑 크뤼의 힘이 나온다. 무게감 있는 강한 와인이어서 어릴 때는 단단하지만, 숙성하면 비할 데 없는 복합미와 깊은 향이 생긴다.

모레-생드니 Morey-St-Denis 코뮌의 명성은 4개의 그랑 크뤼와 샹볼-뮈지니의 본 마르Bonnes Mares 일부에 가려져있다. 클로 드 라 로슈Clos de la Roche와, 마을 이름의 유래인 더 작은 규모의 클로 생드니St-Denis는 석회암이 풍부한 토양 덕분에 오래 숙성할 수 있고 힘과 깊이가 있는 와인이다. 모노폴인 클로 데 랑브레Lambrays는 매력적인 와인 덕분에 1981년 그랑 크뤼로 승격되었고, 2014년에는 LVMH 명품제국에 합병되었다. 이웃인 클로 드 타르Tart는 2017년 900년 만에 네 번째 소유주를 맞이했다. 바로 보르도 1등급 샤

토 라투르Château Latour를 소유한 피노Pinault 가문으로, 가격 인하를 기대할 수 없을 것 같다. 모레에는 20개가 넘는 소규모 프르미에 크뤼가 있는데, 이름은 잘 알려져 있지 않지만 품질 기준이 매우 높다. 포도밭은 토양을 찾아 지역에서 가장 높은 곳에 자리잡았다. 돌이 많은 고지대에 위치한 몽 뤼장Monts Luisants에서도 훌륭한 화이트와인을 만든다.

주브레-샹베르탱 Gevrey-Chambertin에는 좋은 땅이 매우 많다. 포도밭에 적합한 토양이 언덕부터 시작해 다른 어느 곳보다 멀리까지 펼쳐져있다. 주도로의 동쪽 일부는 당연하게도, 여전히 일반 부르고뉴 AOC가 아닌 주브레-샹베르탱 AOC이다. 이곳의 최고 포도밭은 샹베르탱과 클로 드 베즈Bèze다. 수백 년 전부터 지역의 대표로 인정받고 있고, 숲 아래 완만한 동향 언덕에 자리한다. 주브레의 많은 이들에게 성배처럼 고귀한 도멘 아르망 루소Armand Rousseau는 아치형 천장의 셀러를 찾은 시음자들에게 빈티지에 따라 샹베르탱이나 클로 드 베즈 중 하나를 마지막으로 서빙한다. 쟁쟁한 이웃 포도밭, 즉 샤름Charmes, 마조예르Mazoyères, 그리오

트Griotte, 샤펠Chapelle, 마지Mazis, 뤼쇼트Ruchottes, 라트리시에르Latricières는 밭 이름 뒤에 샹베르탱을 붙일 수 있지만, 앞에는 붙일 수 없다(클로 드 베즈는 예외). 부르고뉴 와인법은 신학보다 난해하다.

주브레-샹베르탱에는 50m 더 높은 언덕이 있는데, 입지가 뛰어난 남동향이다. 이곳에 가장 좋은 프르미에 크뤼 포도밭이 있다. 카즈티에르Cazetiers, 라보 생자크Lavaut St-Jacques, 바로유Varoilles, 그리고 특히 클로 생자크St-Jacques는 그랑 크뤼와 견줄 만한 수준이다. 부르고뉴의 어느 지역보다 유명한 포도밭이 많다.

한때 코트 드 디종Dijon으로 불렸던 북쪽 언덕은 18세기까지 최고로 여겨졌다. 하지만 재배자들이 도시에 보낼 벌크와인을 생산하려고 하급품종인 가메를 심으면서, 주브레 바로 북쪽의 브로숑Brochon은 '와인우물'이란 오명을 얻었다. 현재 브로숑 남쪽 끝은 주브레-샹베르탱 AOC에 포함되지만, 나머지는 코트 드 뉘-빌라주 AOC에 속한다.

하지만 **픽생**Fixin의 프르미에 크뤼인 라 페리에르La Perrière, 레 에르벨레Les Hervelets, 클로 뒤 샤피트르

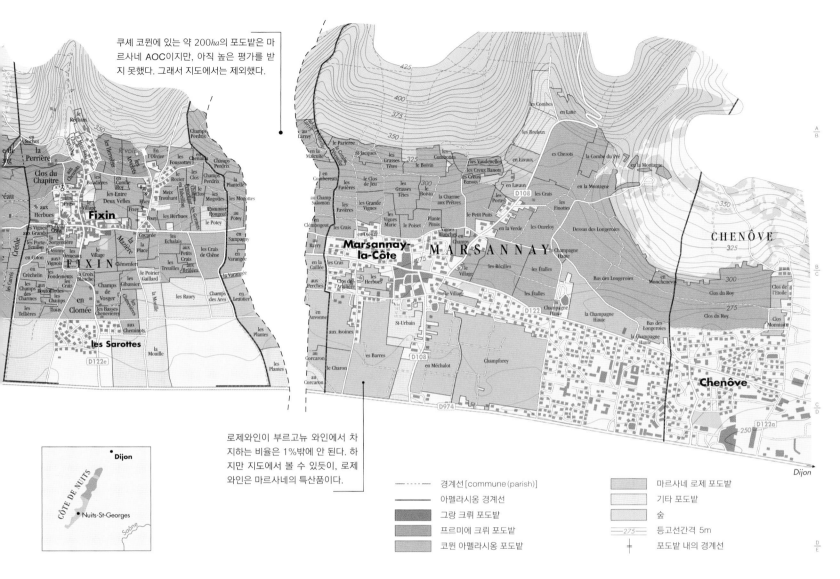

쿠셰 코뮌에 있는 약 200ha의 포도밭은 마르사네 AOC이지만, 아직 높은 평가를 받지 못했다. 그래서 지도에서는 제외했다.

로제와인이 부르고뉴 와인에서 차지하는 비율은 1%밖에 안 된다. 하지만 지도에서 볼 수 있듯이, 로제와인은 마르사네의 특산품이다.

--------- 경계선 [commune (parish)]	마르사네 로제 포도밭
———— 아펠라시옹 경계선	기타 포도밭
그랑 크뤼 포도밭	숲
프르미에 크뤼 포도밭	══275══ 등고선간격 5m
코뮌 아펠라시옹 포도밭	┼ 포도밭 내의 경계선

Chapitre는 전통을 이어가면서 주브레-샹베르탱 못지않은 품질 좋은 와인을 생산하고 있다. 픽생과 마르사네 Marsannay 사이에 있는 쿠셰Couchey는 이름 있는 와인이 없어 지도에 표시하지 않았다. 하지만 **마르사네**는 평판이 점차 좋아지고 있다. 피노 누아 로제가 특산품인데, 맛이 좋고 예외적으로 장기숙성이 가능하다. 특별 지정된 포도밭에서 생산되며, 디종으로 가는 주도로 오르막에 있는 포도밭이 유명하다. 싸고 좋은 와인을 찾는 이들이 관심을 가질 만한 레드가 많이 생산되며, 화이트는 대부분 평범하고 소량 생산된다. 이곳은 충적토의 비율이 코트 도르의 나머지 지역보다 높지만, 곧 프르미에 크뤼로 승격될 가능성이 있다. 마르사네 바로 북쪽 셰노브Chenôve에 있는 클로 뒤 루아Roy도 프르미에 크뤼로 승격될 것으로 예상되는데, 안타깝게도 현재 디종 외곽의 산업단지로 묶여있다.

도멘 피에르 다무아(Domaine Pierre Damoy)는 클로 드 베즈 포도밭에서 가장 큰 면적을 소유하고 있다(5ha 조금 넘는다). 매년 수확이 끝나면 가장 좋은 그랑 크뤼 포도는 도멘에서 사용하고, 나머지는 네고시앙에 판매한다.

코트 샬로네즈 Côte Chalonnaise

코트 도르 와인의 옅은색 버전이다. 때때로 거칠지만 많이 나아지고 있다.

테루아 친환경농업 지역이며, 석회암이 주토양이다.

기 후 고도가 높아 코트 도르보다 서늘하다.

품 종 **레드** 피노 누아 / **화이트** 샤르도네, 부즈롱의 알리고테

코트 샬로네즈 북쪽은 코트 도르 남쪽 끝과 아주 가깝지만, 놀랍게도 와인 맛은 많이 다르다. 샤니Chagny 남쪽의 목가적인 구릉지는 여러 가지로 코트 드 본과 비슷하다. 하지만 여기서는 규칙적인 능선 대신 석회암 비탈에 포도밭과 과수원, 목초지가 여기저기 섞여 있다. 코트 드 본의 언덕보다 50m나 더 높은 포도밭도 있다. 그래서 수확이 조금 더 늦어지고 포도도 안정적으로 익지 못한다. 한때 '메르퀴레 지방Région de Mercurey'으로 불렸지만, 동쪽에 있는 가장 가까운 도시 샬롱-쉬르-손Chalon-sur-Saône을 따라 코트 샬로네즈라고 부른다.

북쪽의 **뤼리**Rully에서는 레드보다 화이트가 더 많이 생산된다. 화이트는 상쾌하고 산미가 강해, 빈티지가 나쁜 해에는 부르고뉴의 스파클링와인 크레망 드 부르고뉴Crémant de Bourgogne의 좋은 재료가 된다. 날씨가 따뜻한 해의 빈티지는(점점 늘어나고 있다) 활기차고 사과처럼 상쾌해서 식욕을 돋우는 부르고뉴 화이트로 출시되어 비싼 값에 거래된다. 뤼리 레드는 서늘한 해에는 간결한 맛이지만, 우아함을 잃지 않는다.

메르퀴레Mercurey는 가장 유명한 AOC로 코트 샬로네즈 레드의 40%를 차지한다(부르고뉴-코트 샬로네즈 Bourgogne-Côte Chalonnaise 포함, 아래 내용 참조). 이곳 피노 누아는 코트 드 본의 조금 떨어지는 와인과 수준이 비슷하다. 어린 와인은 견고하고 단단하며 거칠지만, 잘 숙성된다. 페블레Faiveley가 주요 생산자다.

이곳에서는 프르미에 크뤼가 폭발적으로 늘어났다. 메르퀴레만 해도 1980년대에는 5개에서 지금은 32개로 늘어났고, 포도밭은 168ha가 넘는다. 코트 도르보다 프르미에 크뤼 비율이 높은데, 코트 샬로네즈 전역이 그렇다. 가격대비 품질이 좋은 와인들이다.

지브리Givry는 4개의 메이저 AOC 중 가장 소규모로 포도밭 면적이 메르퀴레의 절반 정도이고, 거의 레드 와인만 생산한다. 지브리 레드는 메르퀴레보다 과일향이 강하고 더 빨리 마실 수 있으며 타닌이 적다. 하지만 1980년대 말 관목림을 개간해 만든 클로 쥐Jus에서는 힘있는 장기숙성용 와인이 나온다. 지브리에서도 프르

미에 크뤼가 늘어나고 있다.

지브리 남쪽 **몽타니**Montagny는 전적으로 화이트와인만 생산하는 AOC다. 옆 마을 뷔시Buxy도 포함하는 이곳의 협동조합은 부르고뉴 남부에서 가장 성공적일 것이다. 몽타니의 화이트는 뤼리 화이트보다 맛이 풍부하며, 최상품은 코트 드 본의 조금 떨어지는 와인과 매우 비슷하다. 네고시앙 루이 라투르Louis Latour는 오래 전에 몽타니의 잠재력을 확인하고 몽타니 전체 생산량의 상당량을 책임지고 있다.

뤼리 바로 북쪽의 **부즈롱**Bouzeron은 알리고테 단일품종 화이트를 위해 제정된 AOC다. 부르고뉴에서 단일 마을의 알리고테만으로 화이트를 만드는 유일한 곳으로, 도멘 A&P 드 빌렌Villaine의 완벽주의에 대한 보상인 셈이다.

코트 샬로네즈 전 지역이 부르고뉴 레드와 화이트의 훌륭한 공급원으로, 부르고뉴-코트 샬로네즈 AOC로 판매된다.

범례

—·—·—	경계선 (canton)
—·—·—	경계선 [commune (parish)]
———	아펠라시옹 경계선
RENÉ BOURGEON	주요생산자
● Clos Jus	프르미에 크뤼
	프르미에 크뤼 포도밭
	기타 포도밭
	숲
═200═	등고선간격 20m

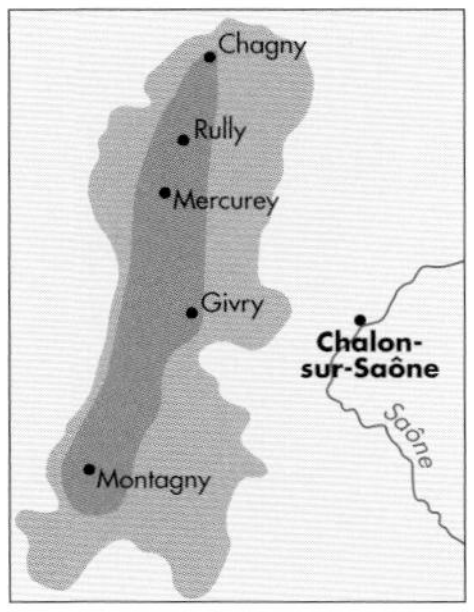

중앙의 긴 띠

이 지도는 코트 샬로네즈의 유명한 중앙의 긴 띠를 보여준다. 부즈롱, 뤼리, 메르퀴레, 지브리, 몽타니는 이곳의 중요한 코뮌이며 AOC 명칭이다. 잘 알려진 포도밭은 주로 동향과 남향 비탈에 위치한다.

1:100,000

마코네 Mâconnais

코트 도르 화이트의 애호가와 생산자는 가격이 적당한 와인과 포도밭을 찾아 남쪽으로 내려가고 있다.

테루아 석회암 하부토 위에 점토나 충적토의 상부토가 덮여 있다.

기 후 코트 도르보다 따뜻하다.

품 종 **화이트** 샤르도네 / **레드** 가메와 소량의 피노누아

이제 샤르도네의 고향은 마코네나 다름없다. 마코네에서 생산되는 와인 중 거의 90%를 샤르도네로 만들며, 마콩 블랑Mâcon Blanc이 샤블리Chablis만큼 많이 생산된다. 코트 드 본에서 온 라퐁Lafon과 르플레브Leflaive를 위시한 뛰어난 생산자들의 노력 덕분에 마코네 명성이 높아지고 있다. 마코네 화이트와인의 상당량은 합법적으로 부르고뉴 블랑Bourgogne Blanc으로 판매된다.

가메로 만든 레드는 다소 밋밋하다. 마코네의 주인공은 화이트이며, 특히 27개 마을에서 만드는 마콩-빌라주Mâcon-Villages AOC는 정말 흥미롭다. 지도에 대부분의 마을이 표시되어 있다. 이곳에서 신대륙 샤르도네에 대적할 만한 강하고 세련되며 잘 만든 와인이 생산된다. 뿐만 아니라 프랑스의 분위기가 더해져 빈티지마다 평가순위가 올라가고 있다. 남쪽의 샤슬라Chasselas, 렌Leynes, 생베랑St-Vérand과 샨Chânes은 편의상 **생베랑**(오른쪽 지도 설명 참조)이란 낯선 AOC를 붙이기도 한다. 생베랑 남부의 토양은 붉고 산성이며 모래가 많다. 이곳 와인은 푸이-퓌세Pouilly-Fuissé(p.70 지도 참조) 바로 북쪽에 자리한 프리세Prissé와 다바예Davayé의 석회암 지대에서 나오는 화려한 와인보다 단순하고 간결하다.

푸이-퓌세 중심부에서 바로 동쪽에 있는 **푸이-뱅젤**Pouilly-Vinzelles과 **푸이-로셰**Pouilly-Loché는 푸이-퓌세 와인의 훌륭한 대안이 될 수 있지만 생산량이 매우 적다.

석회암 지대에서 나오는 **마콩-프리세**Mâcon-Prissé도 가격대비 품질이 좋다. **뤼니**Lugny, **위시지**Uchizy, **샤르도네**Chardonnay(포도품종과 이름이 같은 행운의 마을이다), 로셰Loché는 가격이 저렴하고 통통한 부르고뉴 샤르도네로 팬들을 모으고 있다. 하지만 최고의 마을은 비레Viré와 클레세Clessé로, **비레-클레세**Viré-Clessé AOC(지도의 붉은색 경계선 참조)의 주인공이다. 석회암 지대의 띠 중앙에 위치하고, 북남 A6 고속도로와 대략 평행선을 그리며 북쪽으로 올라간다.

경계선 (département)
경계선 (canton)
Viré-Clessé

● Azé 마콩 AOC나 마콩-빌라주 AOC 뒤에 이름을 붙일 수 있는 마을

Leynes ● 생베랑 AOC를 붙일 수 있는 코뮌

DOM MICHEL ■ 주요생산자

Mâcon-Villages
Pouilly-Fuissé
Pouilly-Vinzelles
Pouilly-Loché
St-Véran
숲

70 상세지도 페이지

뫼르소의 왕 도미니크 라퐁(Dominique Lafon)과 퓔리니-몽라셰의 여왕 안-클로드 르플레브(Anne-Claude Leflaive)가 코트 도르 남쪽까지 내려온 것은 마코네로서는 자랑스러운 일이 아닐 수 없다. 라퐁은 오래전부터 매우 독특한 싱글빈야드 마코네 화이트와인을 생산하고 있으며, 르플레브에서도 현재 같은 일을 하고 있다.

1:130,000

푸이-퓌세
Pouilly-Fuissé

마코네 남쪽 끝, 보졸레와 거의 맞닿은 곳에서 독특하고 잠재력 있는 화이트와인이 생산된다. 푸이-퓌세 지역은 물결모양으로 솟아오른 석회암 언덕들이 갑자기 나타나는데, 이 곳에는 샤르도네 포도나무가 좋아하는 알칼리성 점토가 풍부하다.

지도를 보면 푸이-퓌세의 서로 다른 4개의 코뮌이 언덕 아래 낮은 비탈에 숨어 있다. 등고선만 봐도 지형이 얼마나 불규칙한지, 포도밭이 얼마나 다양한 모양인지 알 수 있다. 샹트레Chaintré 포도밭은 탁 트인 남향 비탈에 있어 북향인 베르지송Vergisson보다 2주 일찍 포도가 익는다. 베르지송에서는 수확을 늦게 하고 또 오래해서 풀바디 와인이 생산된다. 솔뤼트레-푸이Solutré-Pouilly 코뮌은 높이가 493m나 되는 솔뤼트레의 연분홍빛 바위 아래 숨어있다. 이 마을의 북쪽 끝(솔뤼트레)은 베르지송과 유사하고, 푸이는 퓌세와 더 비슷하다. 쌍둥이 마을인 푸이와 퓌세는 비교적 평지이고 조용하다. 와인을 사랑하는 관광객들만 이리저리 돌아다닌다.

푸이-퓌세의 최고 와인은 풍미가 아주 풍부하고, 시간이 지날수록 다채로운 과즙 맛이 난다. 대략 10여 곳에서 이렇게 수준 높은 와인을 곧잘 만드는데, 오크통의 원산지와 크기 및 연수, 양조 휘젓기, 오크통 숙성 기간 등 여러 가지 다양한 실험을 한 덕분이다. 그와 비교하면 다른 생산자들의 와인은 마콩-빌라주와 구분이 안 될 정도로 평범하며, 와인메이커들은 푸이-퓌세의 세계적 명성에 크게 의존하고 있다.

야심찬 생산자들

1980년대의 침체기에서 벗어난 푸이-퓌세 AOC에 다수의 야심찬 와이너리들이 나타나기 시작했다. 귀팡-에넨Guffens-Heynen, 브렛 브러더스Bret Brothers, JA 페레Ferret, 로베르-드노장Robert-Denogent, 쥘리앵 바로Julien Barraud, 샤토 드 보르가르Château de Beauregard, 그리고 바로 북쪽의, '포도나무 바위'란 이름이 잘 어울리는 라 로슈 비뉴즈La Roche Vineuse의 서쪽 비탈에 자리한 올리비에 메를랭Olivier Merlin(p.69 지도 참조)이 대표적이다.

야심찬 와인메이커들은 몇 년 동안 프르미에 크뤼 등급을 획득하기 위해 싱글빈야드 와인을 만들어왔고, 다른 와이너리들도 이들이 받는 높은 가격에 자극받고 있다. 누가 프르미에 크뤼가 되고 탈락하는지 최종 결정(2017년 기준)되면 논란이 생길 것이다. 프르미에 크뤼가 될 가능성이 큰 후보 와이너리를 지도에 표시하였다.

1:35,714

Km 0   1 Km
Miles 0   1 Mile

Tournus
Mâcon

지도 지명:
Prissé, la Crouze, Pierreclos, D177, aux Vignes Dessus, Roche de Vergisson, ST-VÉRAN, N79, DOM ROGER LASSARAT, JACQUES ET NATHALIE SAUMAIZE, Martelet, DOM SAUMAIZE-MICHELIN, Sur la Roche, les Crays, POUILLY-FUISSÉ, Chevigné, D209, D89, POUILLY-FUISSÉ, DOM BARRAUD, les Nambrets, DOM ÉRIC FOREST, DOM GUFFENS-HEYNEN, Repostère, MICHEL REY, Ronchevat, France, Vergisson, la Maréchaude, ST-VÉRAN, Morats, DAVAYÉ, les Péguins, Belouze, VERGISSON, Truche, POUILLY-FUISSÉ, D177, Plantay, DOM CORSIN, Denante, Davayé, la Gravière, Chanseron, Courtelongs en Buland, Molards, RIJCKAERT, DOM DES DEUX ROCHES, Mâcon, Roche de Solutré, POUILLY-FUISSÉ, aux Vignerais, D54, ST-VÉRAN, D172, St-Léger, D89, VINS AUVIGUE, en Servy les Quarts, les Morlays, en Champ Roux, D209, Solutré-Pouilly, DOM DES GERBEAUX, la Frairie, Gerbeaux, aux Bouthières, aux Chailloux, En Nanche, Barvay, aux Peloux, SOLUTRÉ-POUILLY, Pouilly, Vers Cras, la Croix Pardon, Bois de St-Léger, Grange Murger, PIERRE VESSIGAUD, CH DE BEAUREGARD, Beauregard, Serrières, Mont de Pouilly, Vers Pouilly les Reysses, Tournant de Pouilly, D172, les Ménétrières, les Brûlés, le Clos, Vignes des Champs, POUILLY-FUISSÉ, LOCHÉ, ST-VÉRAN, DOM ROBERT-DENOGENT, CH DE FUISSÉ, le Plan, les Vignes Blanches, DOM DE LA COLLONGE, J-A FERRET, Fuissé, Loché, POUILLY-LOCHÉ, CHASSELAS, Rochettes, Chasselas, DOM DE LA SOUFRANDISE, les Perrières, FUISSÉ, DOM CLOS DES ROCS, la Vallée, D89, Perriers, CH DE CHASSELAS, D172, CH DES RONTETS, Bois de la Roche, les Molards, DOM CORDIER PÈRE ET FILS, Crêches-sur-Saône, POUILLY-FUISSÉ, Vinzelles, DOM DE LA SOUFRANDIÈRE/BRET-BROTHERS, D31, Leynes, les Vessats, Balmont Haut, les Broyères, VINZELLES, POUILLY-VINZELLES, D169, les Perriers, Magnons, Pasquiers, LEYNES, en Cenan, le Clos de M. Noly, CH DES QUARTS, les Verchères, Clos du Château des Quarts, le Clos Ressier, les Plessys, DOM WALETTE, les Chevrières, Chaintré, CHAINTRÉ, POUILLY-FUISSÉ, D209, D31, Crêches-sur-Saône, CHÂNES, D169, DOM DOMINIQUE CORNIN

범례:
경계선 [commune (parish)]
아펠라시옹 경계선은 색선으로 표시
ST-VÉRAN 아펠라시옹
DOM BARRAUD 주요생산자
en Servy 주요포도밭
포도밭
숲
200 등고선간격 10m

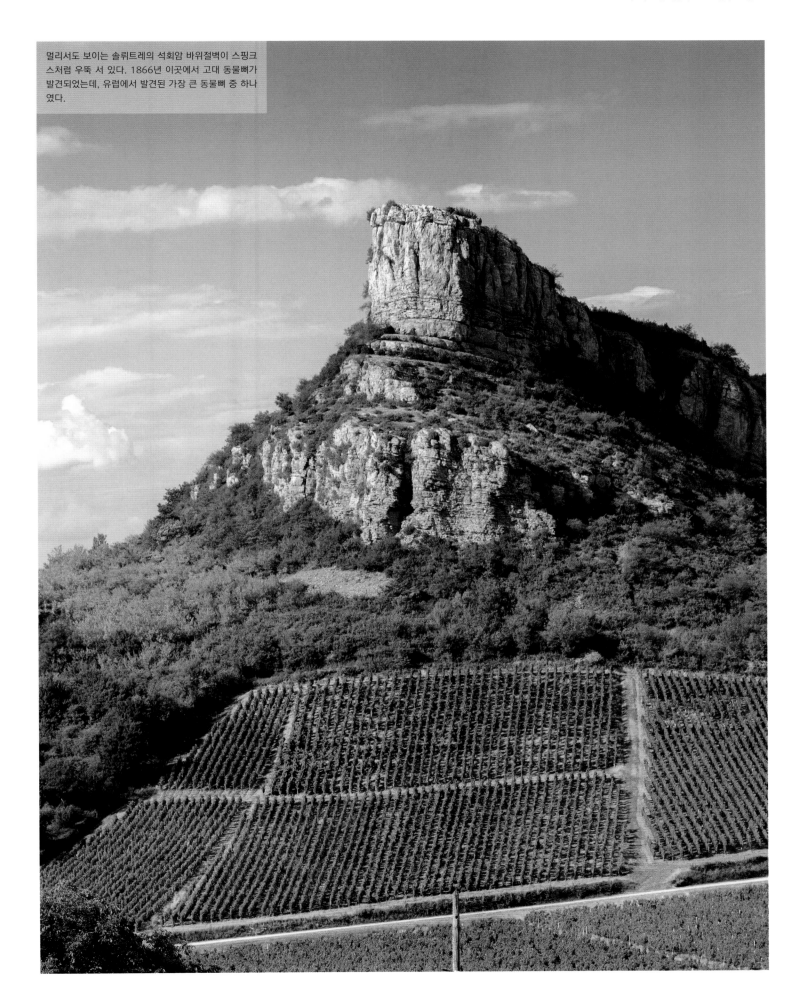

멀리서도 보이는 솔뤼트레의 석회암 바위절벽이 스핑크스처럼 우뚝 서 있다. 1866년 이곳에서 고대 동물뼈가 발견되었는데, 유럽에서 발견된 가장 큰 동물뼈 중 하나였다.

보졸레 Beaujolais

가메는 전 세계 산지에서 보조 품종으로 사용되지만 보졸레에서는 특유의 상쾌하고 활기차며 과일향이 강한, 가볍고 계속 마실 수 있는 와인을 만들 수 있다. 이곳의 가메는 다른 곳에서는 찾을 수 없는 풍미를 자아낸다.

테루아 북쪽은 다양한 색의 화강암을 점토와 모래가 덮고 있다. 남쪽은 평지이고 가벼운 토양이다.

기 후 여름이 매우 더운, 사실상 남부 기후이다.

품 종 레드 가메 / 화이트 샤르도네

일부 사람들은 보졸레 와인이 너무 가볍고, 훌륭한 와인이 가져야 할 다양한 모습이나 장기숙성력이 없다고 말한다. 하지만 이것을 장점으로 보는 이들도 있다. 빨리, 많이 마실 수 있다는 것이다. 보졸레 와인은 현재 너무 싸게 팔리고, 매년 11월에 출시되는 보졸레 누보의 인기가 시들해지면서 20세기 말 이후 유행에서 사라져버렸다. 하지만 '진지한 와인'이 언제나 무거운 와인일 필요는 없다. 보졸레의 장점은 목넘김이 매끄럽다는 것이다. 보졸레 지역은 부르고뉴 최남단

의 마콩 바로 남쪽에 있는 화강암 언덕부터 리옹 북서쪽의 평지까지 55km에 걸쳐있다. 이곳의 와인생산량은 나머지 부르고뉴 지역을 모두 합친 것만큼 많으며, 15,175*ha*의 포도밭은 매우 다양한 테루아를 자랑한다. 보졸레의 토양은 주도인 빌프랑슈Villefranche를 중심으로 북부와 남부로 나뉜다.

보졸레 남부, 즉 '바Bas' 보졸레에서는 점토가 화강암과 석회암을 덮고 있다. '황금 돌담'이라는 뜻의 피에르 도레Pierres Dorées 지역이 대표적인데, 햇빛을 받아 빛나는 돌담 덕분에 프랑스에서 가장 아름다운 마을 중 하나로 꼽힌다. 더 남쪽의 평지에서 생산되는 레드도 일반 보졸레 AOC이다. 매우 상쾌하고 신선한 와인으로, 부숑bouchon이라 부르는 리옹의 유명한 전통 레스토랑들에서 역시 유명한 별도 유리병에 담겨 나오는 최고의 비스트로 와인이다. 일반 '바' 보졸레는 장기숙성용 와인이 아니다. 점토 토양이 너무 차서 빈티지가 좋은 해에도 가메의 풍미가 제대로 무르익지 않는다. 물론 가끔 예외적인 와인이 나올 때도 있다.

북부 지역인 '오Haut' 보졸레는 화강암 하부토에, 상부토는 다양한 모래가 많은 토양이다. 물이 잘 빠지는 모래가 가메를 따뜻하게 해주어 가메가 보통 완벽하

게 익는다. 지도에 파란색과 연보라색으로 표시된 38개 코뮌은 **보졸레-빌라주**Beaujolais-Villages AOC를 붙일 수 있는 마을들이다. 이곳 포도밭은 서쪽의 해발 450m가 넘는 울창한 산에 자리잡고 있다.

돈을 더 주고라도 농도가 더 진한 보졸레-빌라주를 선택하면 그만큼 제값을 한다. 병입까지 직접 하는 극소수 와인메이커는 보졸레-빌라주에 코뮌 이름을 붙이기도 한다. 랑티니에Lantignié와 렌Leynes이 가장 흔한 코뮌 이름이다. 네고시앙은 여전히 생산을 주도하며 여러 코뮌에서 생산된 와인을 블렌딩하기 때문에 코뮌 이름 없이 '보졸레-빌라주'라고만 표기한다.

기억해야 할 이름

지도의 연보라색 지역 내에 검은색 밑줄이 쳐진 10곳은 마을 이름을 라벨에 넣을 수 있으며(심지어 보졸레를 표기하지 않아도 된다), 각자 독특한 개성을 가진 와인을 생산한다. 바로 보졸레 크뤼 또는 크뤼 보졸레 와인으로 p.74에서 자세히 다룬다. 보졸레 크뤼는 마코네 바로 남쪽, 푸이-퓌세 가까이에 있다. 보졸레 크뤼의 근간인 가메와 화강암은 포도와 땅의 신비로운 결합 중 하나로, 프랑스 사람들은 이를 하늘이 맺어준 인

사진은 빌프랑슈 서쪽에 있는 드니세(Denicé) 마을의 겨울 전경으로, 마을 앞까지 내려온 포도밭에 눈이 쌓여있다. 따뜻하고 느긋한 보졸레의 여름날, 푸르스름한 언덕은 관광객들로부터 많은 사랑을 받는다.

연으로 여긴다. 오늘날 이곳에서는 훨씬 더 진지한 와인을 만들기 위해 노력하고 있다. 하지만 가격은 그렇게 비싸지 않다.

보졸레 지방 북쪽 끝에서는 소량이지만 샤르도네로 보졸레 블랑Beaujolais Blanc을 만드는데 (레드와인 판매가 너무 힘든 관계로) 생산량이 늘고 있다. 역시 소량이지만 보졸레 전역에서 가메로 보졸레 로제를 만들며 점차 증가하고 있다.

가메는 보졸레에서 그야말로 물 만난 고기다. 전통적으로 보졸레에서는 가메 포도나무마다 각각 지지대를 받쳤다(이제 좋은 포도밭에서는 트렐리스를 대는 것이 허용된다). 가메는 거의 인간처럼 독립된 삶을 살아간다. 10년이 지나면 지지대는 제거되며, 여름에만 잠깐 묶어 놓는다. 가메는 인간보다 더 오래 살고, 키도 비슷하며, 기계가 아니라 사람이 직접 수확해야 한다.

오늘날 대부분의 보졸레 와인은 세미-탄산 침용(semi-carbonic maceration) 방식으로 만든다. 밀폐된 발효조에 으깨지 않은 포도송이를 통째로 넣으면, 맨 위의 포도부터 껍질 안에서 발효되기 시작한다. 이렇게 빠른 속도로 발효시키면 특유의 과일향과 풍미가 강조되는 반면, 타닌과 사과산은 최소화된다. 하지만 전통적인 부르고뉴 와인양조법으로 돌아가려는 와이너리가 늘고 있고, 일부 생산자들은 장기숙성을 할 수 있게 오크통을 다시 도입했다. 숙성된 좋은 품질의 가메를 피노트pinotte라고 부르는데, 피노 누아 같다는 뜻이다.

보졸레와 비슷한 맛

지도 밖 서쪽으로 산등성이를 지나 루아르강 상류 가까이에는, 보졸레보다 훨씬 소규모이지만 가메 품종에 전념하는 3개 지역이 있다(p.53 프랑스 지도 참조). **코트 로아네즈**Côte Roannaise는 로안Roanne 근처 루아르강의 남향과 남동향 비탈에 자리잡고 있다. 역시 화강암 토양으로, 몇몇 개별 도멘에서 가장 순수한 형태의 보졸레처럼 깨끗하고 상쾌한 와인을 생산한다. 더 남쪽으로 내려가면 비슷한 토양에서 가메를 재배하는 **코트 뒤 포레**Côtes du Forez가 나오는데, 잘 운영되는 단일 협동조합이 주도하고 있다. 클레르몽-페랑Clermont-Ferrand 근처의 **코트 도베르뉴**Côtes d'Auvergne는 포도밭이 더 넓고, 가메로 가벼운 레드와 로제 와인을 만든다. 가벼운 화이트와인도 소량 생산한다.

1:220,000

Km 0   1   2   3   4   5 Km
Miles 0   1   2   3 Miles

경계선 (département)

마코네 지방 경계선

보졸레 지방 경계선

Fleurie   보졸레 크뤼
• *Pruzilly*   보졸레-빌라주 코뮌
MOMMESSIN ■   주요생산자

Crus Beaujolais

Beaujolais-Villages

Beaujolais

| 74 | 상세지도 페이지

보졸레 빌라주와 크뤼

북쪽의 마코네 지방과 겹치는 곳을 포함해 보졸레 AOC 전체를 지도에 실었다. 보졸레 크뤼는 보졸레 지방 와인 총생산량의 1/3을 차지하며, p.74 지도에 자세히 표시하였다.

보졸레 크뤼 The Crus of Beaujolais

안개가 자욱하게 낀 푸르스름한 언덕 꼭대기에는 숲이 울창하고, 그 아래 비탈에서 포도나무가 빽빽하게 자란 다. 이곳이 10개의 보졸레 크뤼 고향이다. 최상의 보졸 레 크뤼 와인들은 단일품종인 가메에 테루아가 미치는 영향을 완벽하게 표현한다. 라벨에 '보졸레'라는 명칭 이 거의 나오지 않아서 크뤼의 이름을 외워두면 좋다.

최근 지질연구에서 보졸레 지방의 기반암이 코트-로티 남쪽 97km 지점에서 발견되는 화산암질 편암이 나 모래가 많은 화강암과 같다는 것이 증명됐다. 하지 만 침식이 계속되면서 상부토, 비탈의 방향, 기울기가 다양해졌고, 같은 크뤼에서도 다른 와인이 나오게 되 었다. 물론 보졸레 사람들은 눈 감고도 구별할 수 있다.

가장 북쪽의 크뤼는 규모가 가장 작은 **생타무르**St-Amour다. 이웃인 생베랑과 푸이-퓌세처럼 토양에 석 회암이 일부 있고, 구조가 단단하지는 않지만 다른 매 력이 있는 와인이다. **쥘리에나**Juliénas는 대부분 풀바 디이고, 조금 거친 크뤼다. 레 무유Les Mouilles와 레 카피탕Les Capitans은 다른 곳보다 더 좋은 포도밭 (리외-디)이다. **셰나**Chénas는 더 유명한 이웃인 **물랭-아-방**Moulin-à-Vent처럼 와인이 완전히 열 릴 때까지 시간이 걸린다. 물랭-아-방의 가장 우 수한 하위지역은 2곳이다. 한 곳은 실제로 풍차(물 랭-아-방) 근처에 있는 르 클로Le Clos, 르 카르클랭Le Carquelin, 샹 드 쿠르Champ de Cour, 레 토랭Les Thorins 리외-디로 이루어져있다. 다른 한 곳은 거기서 바로 위쪽인 라 로셸La Rochelle, 로슈그레Rochegrès, 레 베리 야Les Vérillats 지역이다. 남쪽으로 한참 내려가면 저지 대 평지가 나오는데, 이곳 와인은 복합미와 장기숙성 력이 떨어지고 고상함도 부족하다.

이름 때문인지 모르겠지만 **플뢰리**Fleurie는 여 성적인 이미지가 있다. 모래가 많은 샤펠 데 부아 Chapelle des Bois, 라 마돈La Madone, 레 카트르 방 Les Quatre Vents에서 실제로 여성적인 와인이 나온다. 하지만 라 루알레트La Roilette, 레 모리에Les Moriers 같 은 점토질 토양이나, 매우 따뜻하고 남향인 레 가랑Les Garants, 퐁시에Poncié의 바디감이나 장기숙성력은 최 고의 물랭-아-방과 견줄 만하다. 매우 가벼운 모래 토 양인 **시루블**Chiroubles은 가장 높은 곳에 있는 크뤼다. 날씨가 서늘한 빈티지는 조금 시큼하지만, 일조량이 많은 빈티지는 매력 넘치는 와인이 된다.

모르공Morgon은 내추럴와인의 고향이다(p.35 참 조). 두 번째로 큰 크뤼로, 화산 토양의 코트 뒤 피 Côte du Py 포도밭이 유명하다. 와인은 강하

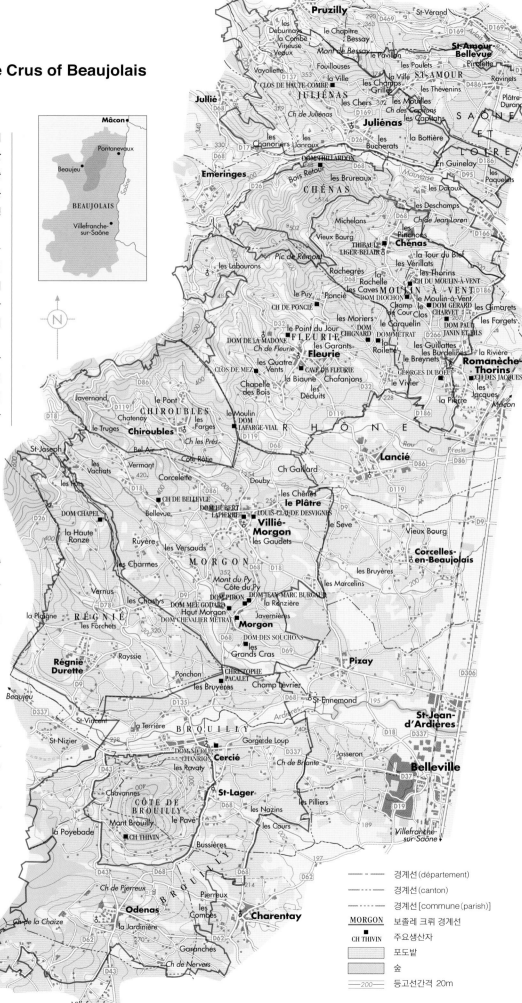

경계선 (département)
경계선 (canton)
경계선 [commune (parish)]
MORGON 보졸레 크뤼 경계선
CH THIVIN 주요생산자
포도밭
숲
200 등고선간격 20m

1:75,000
Km 0   1   2 Km
Miles 0   1   2 Miles

고 따뜻하며 향신료향이 난다. 레 샤름Les Charmes, 레 그랑 크라Les Grands Cras, 코르슬레트Corcelette, 샤토 가야르Gaillard 포도밭의 와인은 더 가볍고 부드럽다. 모르공 남쪽에는 변덕스럽고 면적이 넓은 크뤼인 **브루이**Brouilly가 있다. 훨씬 작은 **코트 드 브루이**Côte de Brouilly에 있는 몽 브루이Mont Brouilly 산의 화산토양 비탈에서 나오는 와인은 숙성 잠재력이 높다. 모르공 서쪽 레니에Regnié는 브루이나 상급 보졸레-빌라주에 더 가깝다. 가격이 과한 보졸레 크뤼는 드물고, 포도밭이 비싼 경우는 더 드물다. 그 결과 땅값 상승을 견디지 못한 코트 도르의 생산자들이 보졸레 크뤼로 몰려들었다.

보졸레 크뤼의 토양

화강암
- 얕은 화강암 토양
- 얕고 풍화된 화강암 토양
- 깊은 화강암 토양
- 깊고 풍화가 심한 화강암 토양

규토질 화산암
- 다양하고 얕은 규질암 토양
- 다양하고 깊은 규질암 토양

청색편암 화산암
- 얕고 풍화된 청석 토양
- 깊고 풍화된 청석 토양
- 얕고 풍화된 편암 토양
- 깊고 풍화된 편암 토양

사암
- 사암 위에 비석회질 토양

석회암
- 단단하고 얕은 석회암 토양
- 얕은 석회암 바위 위에 탄소가 없는 토양
- 깊고 단단한 석회암 토양
- 깊은 석회암 바위 위에 탄소가 없는 토양

이회토
- 이회토 위에 석회질 토양
- 이회토 위에 비석회질 토양

자갈
- 비석회질 자갈 비탈의 토양

잔류 점토
- 돌이 조금 섞인 잔류 점토
- 각암과 부싯돌이 섞인 잔류 점토

산기슭과 오래된 충적토층
- 산기슭과 돌이 조금 섞인 오래된 충적토
- 돌이 많은 오래된 충적토

비탈 하단의 최근 붕적토(작은 자갈 비탈)
- 최근 만들어진 깊은 붕적토

- 숲

MORGON 보졸레 크뤼 경계선
- 경계선 (département)
- 경계선 (canton)
- 경계선 [commune (parish)]

빙하가 없는 토양

지도에 나온 10개의 보졸레 크뤼는 주로 화강암 토양이다. 이 지역에서 화강암이 살아남은 이유는, 빙하가 없어서 녹은 빙하에 화강암이 쓸려갈 일이 없었기 때문이다. 979개의 크고 깊은 구덩이와 15,301개의 시추공을 파서 10년 동안 연구한 끝에 이곳의 복잡한 토양 구성이 밝혀졌고, 와인 풍미의 차이를 이해할 수 있는 실마리가 잡혔다. 크뤼에서만 차이가 있는 것이 아니라 이웃한 포도밭도 차이가 난다.

1:75,000
Km 0 1 2 Km
Miles 0 1 2 Miles

토양연구회사 시갈(Sigales)과 앵테르 보졸레(Inter Beaujolais, 보졸레 와인 협회)에서 만든 토양지도에 기초했다.

거의 익어서 초록빛을 띤 황금색 샤르도네는 좋은 샤블리 와인을 만드는 데 필수이다. 절정에 이른 샤르도네의 모습이다.

샤블리 Chablis

그 명성에도 불구하고 샤블리는 가장 저평가된 와인 중 하나다. 샤르도네는 샤블리에서 가장 흥미진진한 장기숙성 잠재력을 보여준다.

테루아　키메리지세Kimmeridgian의 점토질 석회암에서 가장 섬세한 와인이 나온다. 덜 좋은 포도밭은 젊은 포틀랜드 토양이 주를 이룬다.

기 후　부르고뉴 북쪽의 외떨어진 추운 지역이다. 봄서리로 자주 큰 피해를 입는다.

품 종　화이트 샤르도네

샤블리는 북서쪽으로 177km 떨어진 파리에 와인을 공급했던 광대한 와인산지 중 거의 유일하게 살아남은 곳이다.

　19세기 말 욘Yonne 데파르트망에는 40,500ha의 포도밭이 있었다. 대부분 레드품종으로, 지금의 미디Midi(랑그독-루시용) 역할을 했다. 센강으로 통하는 샤블리의 강들은 와인을 실어나르는 바지선들로 북적였다.

　처음에는 필록세라로 타격을 입고, 다음에는 철도가 욘의 와인산지를 비켜가는 바람에 샤블리는 프랑스에서 가장 가난한 농촌으로 전락했다. 그런데 20세기 후반 르네상스가 찾아와, 샤블리는 모방 불가능한 독특하고 위대한 와인이라는 옛 명성을 되찾았다. 샤르도네는 차가운 석회암 점토를 만나, 더 쉬운 재배조건에서는 만들어낼 수 없는 풍미를 낸다. 샤블리 와인은 단단하지만 거칠지 않고, 돌과 미네랄이 연상되지만 동시에 푸른 건초향이 난다. 실제로 어릴 때는 초록빛을 띤다. 그랑 크뤼 샤블리와 몇몇 최상급 프리미에 크뤼 샤블리는 장엄하고 강하며 불멸에 가깝다. 실제로 샤블리는 놀랄 만큼 생명력이 강하다. 10년쯤 지나면 낯설지만 기분 좋은 신맛이 생기고, 황금빛 초록색으로 빛난다. 샤블리 광신도들은 중년에 접어든 샤블리에서 사람들이 외면하는 젖은 양모냄새가 나기도 한다는 걸 안다. 그들에게는 안타까운 일이 아닐 수 없다.

굴과 굴껍질

기후가 서늘한 포도밭은 성공을 위한 특출한 조건이 필요하다. 샤블리는 본Beaune에서 북쪽으로 160km 떨어져있어서 부르고뉴 지역 중 샹파뉴에 가장 가까운데, 이 땅에 비밀이 있다. 바다에 잠겨 있던 석회암과 점토로 된 넓은 분지의 가장자리가 땅 위로 솟아오른 지역이라는 것이다. 선사시대의 굴껍질이 섞인 이 독특한 토양을, 영국해협 너머 분지의 가장자리인 도싯Dorset의 마을 이름을 따서 키메리지Kimmeridge라고 부

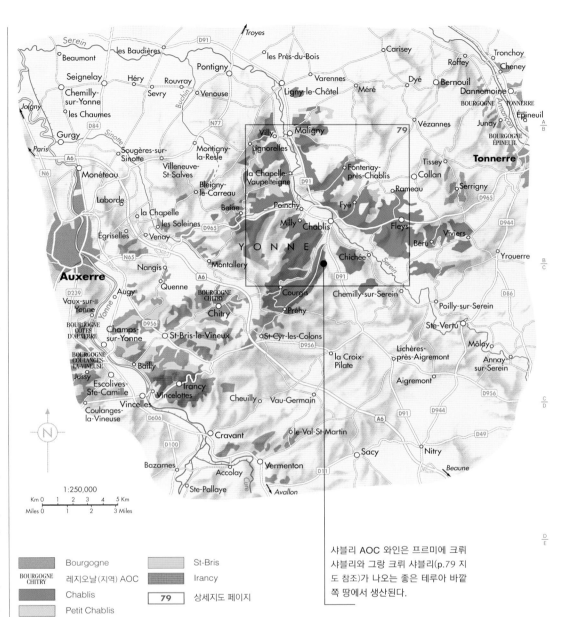

샤블리 AOC 와인은 프리미에 크뤼 샤블리와 그랑 크뤼 샤블리(p.79 지도 참조)가 나오는 좋은 테루아 바깥쪽 땅에서 생산된다.

범례

- Bourgogne 레지오날(지역) AOC
- Chablis
- Petit Chablis
- St-Bris
- Irancy
- **79** 상세지도 페이지
- **BOURGOGNE CHITRY**

욘

욘 데파르트망에는 샤블리뿐 아니라 지도 서쪽, 욘강의 이름이 들어간 최근에 지정된 소규모 아펠라시옹들도 있다. 하지만 샤블리 포도밭을 상징하는 것은 스랭(Serein)강 계곡과 그 지류다. 서리가 매년 수확량에 큰 영향을 미치기 때문에 샤블리는 변동이 심했다.

른다. 굴과 샤블리는 태초부터 연결되어 있었을지 모른다. 강건한 샤르도네는 샤블리의 유일한 품종으로, 비탈에 해가 잘 들어 포도가 매우 잘 익는다.

　욘 지역의 AOC는 샤블리와 넓은 주변지역인 **프티 샤블리**Petit Chablis 외에도 여러 개가 있으며, 샤르도네가 유일한 품종도 아니다. **이랑시**Irancy와 **부르고뉴 쿨랑주-라-비뇌즈**Bourgogne Coulanges-la-Vineuse AOC인 쿨랑주-라-비뇌즈 마을은 오래전부터 피노 누아로 가벼운 부르고뉴 레드를 만들어 왔다. 생브리-르-비뇌St-Bris-le-Vineux 주변에서 재배하는 소비뇽 블랑은 이 지역에서 보기 드문 품종으로, **생브리**St-Bris라는 독자적인 AOC를 획득했다. 반면 샤르도네와 피노 누아로 만든 와인은 **부르고뉴 코트 도세르**Bourgogne Côte d'Auxerre로 판매된다. 단, 시트리Chitry 근처는 **부르고뉴 시트리** AOC를 사용한다. 토네르Tonnerre 서쪽 마을의 레드와인은 **부르고뉴 에피뇌이**Bourgogne Epineuil AOC이고, 화이트와인은 **부르고뉴 토네르**Bourgogne Tonnerre AOC이다. 너무 복잡하다고? 그렇다고 손해 보는 사람은 없지 않은가!

샤블리의 중심부 The Heart of Chablis

샤블리 와인은 4개 등급으로 나뉜다. 북반구에서 남향 비탈이 얼마나 중요한지 명확하게 보여주는 등급 시스템이다. 그랑 크뤼 와인은 언제나 프르미에 크뤼보다 맛이 진하다. 그리고 프르미에 크뤼는 일반 샤블리보다, 일반 샤블리는 프티 샤블리보다 진하다.

7개의 그랑 크뤼 마을 모두는 강이 내려다보이는 남향과 서향 비탈에 모여있으며, 샤블리 전체 포도밭의 2%에 불과하다. 이론적으로 보면 7개 그랑 크뤼는 모두 고유의 스타일이 있지만, 그중에서도 풀바디를 자랑하는 레 클로Les Clos와 보데지르Vaudésir를 최고로 꼽는다. 하지만 더 중요한 것은 7개 그랑 크뤼가 가진 공통점이다. 강렬하며, 코트 드 본의 최상급 화이트에 뒤지지 않는 풍부하고 다양한 풍미를 가졌다. 동시에 산미가 강하고 날카로우며, 시간이 지나면 고급스러운 복합미가 생긴다. 10년 정도 숙성시키면 되지만, 20~40년이 되어도 위풍당당한 경우가 많다.

레 클로는 26ha로 가장 크고 유명하며, 풍미와 힘, 장기숙성에서 최고로 꼽힌다. 날씨가 좋은 빈티지의 레 클로는 시간이 지나면 거의 소테른Sauternes 같은 향이 난다. 프뢰즈Preuses는 매우 농밀하면서 둥글둥글하고, 돌냄새가 가장 적다. 반면 블랑쇼Blanchot와 그르누이Grenouilles는 대개 향이 매우 풍부하다. 풍미가 진하

고 향이 풍부한 발뮈르Valmur 애호가도 있고, 보데지르의 깨끗함과 피네스를 선호하는 애호가도 있다.

아마도 블랑쇼가 그랑 크뤼 중에서 가장 흥미가 떨어지는 반면, 코트 부그로Côte Bouguerots라고 불리는 부그로Bougros의 가장 가파른 포도밭에서는 윌리엄 페브르William Fèvre가 빼어난 와인을 만들고 있다.

프르미에 크뤼
이름이 있는 프르미에 크뤼는 공식적으로 40개이다. 잘 알려지지 않은 곳은 오래전에 폐기되고 가장 잘 알려진 12곳의 이름으로 와인을 공동 출시해왔다. p.79 지도에 나오듯이 옛 이름과 새 이름이 함께 쓰인다. 이들 프르미에 크뤼는 포도밭의 방향과 경사도에서 차이가 크다. 확실히 스랭Serein강 북쪽 기슭의 포도밭, 즉 북서쪽의 푸르숌Fourchaume과 동쪽의 몽테 드 토네르Montée de Tonnerre, 몽 드 밀리외Mont de Milieu 같은 그랑 크뤼 인근의 포도밭이 이점이 많다. 최고의 프르미에 크뤼는 말할 것도 없이 샤블리 최고의 가치를 대변한다. 매우 세련된 이 와인들은 적어도 코트 도르의 프르미에 크뤼 화이트만큼 오래 숙성시킬 수 있으며, 뫼르소Meursault보다 3~4년 더 기다렸다가 마셔야 한다. 보수적인 사람들은 샤블리 와인이 독특한 것은 키메리

포도나무의 생장을 위협하는 봄서리의 피해를 막기 위해 물을 뿌린다. 이상해 보일지 모르지만, 새싹에 얇은 얼음막을 입혀 연약한 싹을 보호한다(p.19 참조).

지세 이회토의 영향이라고 주장하지만, 포틀랜드 기반암과 이 지역에 광범위하게 분포하는 점토 때문이라고 주장하는 사람도 있다. 프랑스 국립 원산지명칭연구소(INAO)가 후자의 손을 들어주는 쉬운 길을 택해서, 샤블리 포도밭 면적은 총 5,140ha로 확대되었다. 프티 샤블리 884ha, 샤블리 3,367ha, 프르미에 크뤼 783ha, 그랑 크뤼 106ha이다.

1960년에는 프르미에 크뤼 포도밭이 샤블리 포도밭보다 많았다. 현재 프르미에 크뤼 포도밭이 많이 확대되었지만, 4배가 넘는 포도밭에서 샤블리 AOC가 생산된다. 그리고 주변지역의 프티 샤블리는 실력 있는 와인메이커가 만든 와인이 아니면 약하고 만족스럽지 못하다. 와인산지 중에서도 북쪽에 있는 샤블리는 옛날에 그랬던 것처럼 지금도 해마다 맛이 다르고, 재배자마다 다른 스타일의 와인이 나온다. 오늘날 대부분의 샤블리 재배자들은 탱크에서 발효시키고 오크통 숙성을 하지 않는 와인을 선호한다. 하지만 여러 번 사용된 오크통이 고급와인에 특별한 풍미를 제공한다는 것을 보여주는 생산자도 늘고 있다. 새 오크통은 너무 강할 수 있다. 샤블리 그랑 크뤼는 세계의 고급와인 시장에서 무시당하는 편이어서 가격도 코르통-샤를마뉴의 절반 수준이다. 같은 가격을 받아야 공정하다.

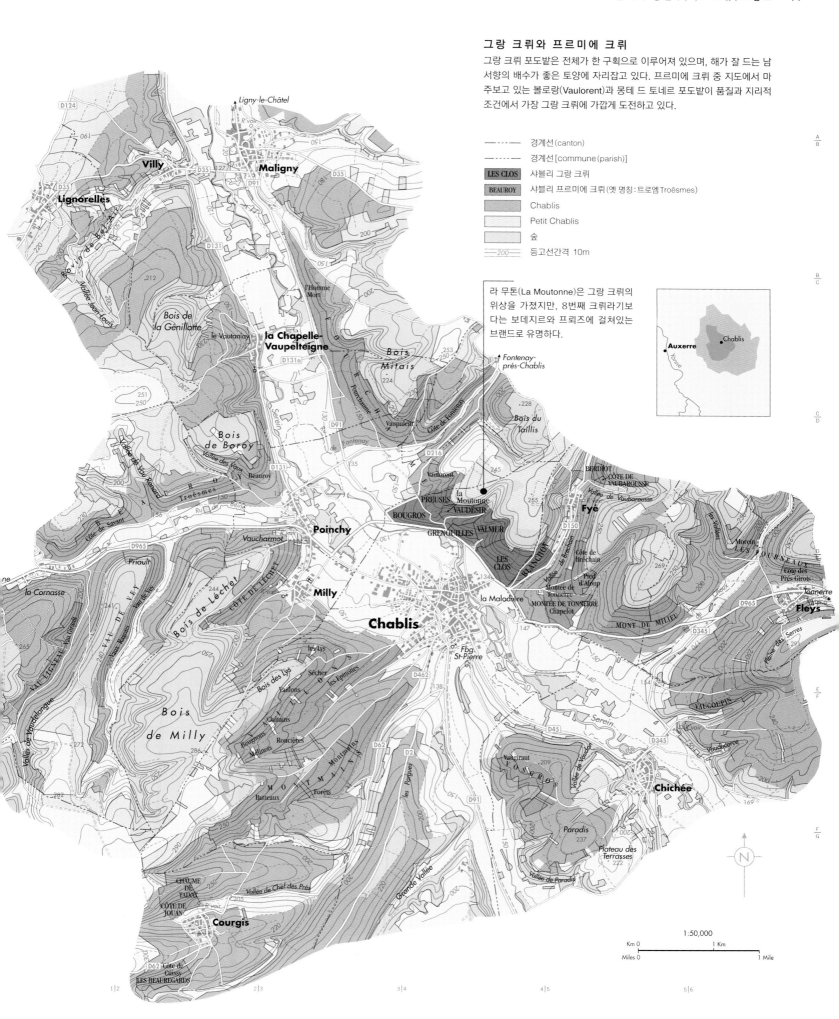

그랑 크뤼와 프르미에 크뤼

그랑 크뤼 포도밭은 전체가 한 구획으로 이루어져 있으며, 해가 잘 드는 남 서향의 배수가 좋은 토양에 자리잡고 있다. 프르미에 크뤼 중 지도에서 마 주보고 있는 볼로랑(Vaulorent)과 몽테 드 토네르 포도밭이 품질과 지리적 조건에서 가장 그랑 크뤼에 가깝게 도전하고 있다.

―――――――――	경계선(canton)
――――――――――	경계선[commune(parish)]
LES CLOS	샤블리 그랑 크뤼
BEAUROY	샤블리 프르미에 크뤼 (옛 명칭 : 트로엠 Troêsmes)
	Chablis
	Petit Chablis
	숲
⎓200⎓	등고선간격 10m

라 무톤(La Moutonne)은 그랑 크뤼의 위상을 가졌지만, 8번째 크뤼라기보 다는 보데지르와 프뢰즈에 걸쳐있는 브랜드로 유명하다.

1:50,000

Km 0   1 Km
Miles 0   1 Mile

샹파뉴 Champagne

샴페인이라는 이름을 얻기 위해서는 기포만으로는 부족하며, 프랑스 북동부의 샹파뉴 지역에서 생산된 와인이어야 한다. 그것이 프랑스 와인법의 기본규정으로 유럽 전역에서도 통용되고 있다. 지금은 끈질긴 협상 끝에 전 세계 대부분의 나라에서 이를 지키고 있다.

테루아 샹파뉴의 백악질 토양은 배수가 잘 되고, 이 토양을 파서 만든 동굴 셀러로 유명하다.

기 후 서늘한 북쪽 기후이다. 하지만 꾸준히 기온이 올라가고 있다.

품 종 **레드** 피노 누아, 피노 뫼니에 / **화이트** 샤르도네

모든 샴페인이 그 어떤 스파클링와인보다 낫다고 말하면 지나치게 들릴 수도 있다. 하지만 최고의 샴페인이 가진 상쾌함, 풍부함, 섬세함, 활기, 특별한 풍미의 조화, 그리고 부드러우면서도 자극적인 뉘앙스는 세계의 어떤 스파클링와인도 아직 도달하지 못한 경지다.

샴페인의 비밀은 위도와 정확한 위치에 있다. p.82 주요 정보의 위도는 이 책에 소개된 와인산지 중에서 가장 북쪽이다(영국은 제외한다. 영국 최고의 와인은 샴페인의 복제품이다). 샹파뉴 지방은 대서양과 가까워 해양성 기후와 구름층, 잘 구분된 계절의 혜택을 누린다. 기후변화 덕분에 포도가 더 잘 익고 산미가 약해지며, 생장기에 보다 균형있게 자랄 수 있다. 적도에서 멀리 떨어진 샹파뉴에서도 포도가 익는 것은 바다가 가깝기 때문이다.

토양과 기후의 영향을 많이 받는 샹파뉴는 파리에서 북동쪽으로 145㎞ 떨어진, 작은 언덕들이 모인 백악질 평원을 마른Marne강이 둘로 가르는 곳에 있다. p.82 지도는 샹파뉴의 중심부를 보여주는데, 이 지역 전체는 훨씬 광범위하다. 마른Marne 데파르트망에서 전체 샴페인의 2/3를 생산하며, 남쪽 오브Aube 데파르트망에서도 활기차고 과일향이 풍부하며 개성 강한 피노 누아를 중점적으로 재배한다(전체 생산량의 약 23%), 마른강변에서 서쪽으로 엔Aisne 데파르트망까지는 피노 뫼니에를 재배한다(전체 포도밭의 약 10%).

샹파뉴는 백악기에 형성된 깊은 백악질 토양으로 유명한데 코트 데 블랑Côte des Blancs과 몽타뉴 드 랭스Montagne de Reims 지역이 두드러진다. 하지만 34,000ha에 달하는 포도밭의 토양은 매우 다양하다. 마른 밸리를 따라 서쪽으로 갈수록 백악질 위로 두꺼운 점토, 석회암, 이회토 층이 있다. 북쪽 몽타뉴 드 랭스의 서부도 다양한 유형의 석회암과 점토질 토양이

다. 샹파뉴 지방 남쪽 끝 오브 데파르트망의 코트 데 바르Côte des Bar는 심지어 백악질이 아니고, 거기서 남서쪽에 있는 샤블리와 마찬가지로 키메리지세 이회토이다. 이러한 다양성에서 놀랄 만큼 다양한 스타일과 성격을 가진 와인이 나온다. 실제로 최근 샹파뉴의 주요 생산자들은 다양한 토양을 적극적으로 연구하고 테루아에 집중해 포도밭 구획별로 양조한다. 일부는 싱글 빈야드나 단일 테루아 샹파뉴로 병입하기도 한다.

새로운 트렌드

총 320개 마을에서 샴페인을 생산한다. 샹파뉴 포도밭은 세계에서 가장 비싼 포도밭 중 하나다. 하지만 전체 포도밭의 10%만이 샴페인을 수출하고 세계적 명성을 책임지는 대형 샴페인 회사의 소유다. 이들은 샹파뉴 전역에서 생산된 재료를 블렌딩해서 자신들의 샴페인을 만든다. 나머지 포도밭은 15,000명 이상의 개인 재배자들이 소유하고 있다. 대부분 다른 작물과 함께 포도나무를 재배한다.

최근 조사에서 자신이 재배한 포도로 샴페인을 만들어 판매하는 개인 재배자가 4,000명을 넘었다(2010년의 2배가 넘는다). 메종maison이라 불리는 샹파뉴의 샴페인회사에 포도를 파는 경우도 있지만, 직접 와인을 만드는 재배자가 점차 늘고 있다.

재배자들이 만든 샴페인 중에는 매우 높은 평가를 받는 것도 있으며, 샴페인 총판매량의 25% 가까이 차지한다. 그리고 샴페인이 침체를 겪던 20세기 초에 설립된 개인 생산자 협동조합을 통해 개인 생산자 물량 중 1/10이 유통된다. 그래도 샴페인 시장은 여전히 랭스Reims와 에페르네Epernay에 있는 유명 샴페인 회사들이 주도하고 있다. 두 샴페인 도시의 바깥쪽, 즉 아이Aÿ에 있는 볼랭제Bollinger와 투르-쉬르-마른Tours-sur-Marne의 로랑-페리에Laurent-Perrier 같은 예외도 있지만 말이다.

샴페인 레시피

샴페인이 놀라운 성공을 거두자 전 세계적으로 샴페인 생산방식을 모방한 와인이 늘어나고 있다. 피노 누아, 피노 뫼니에, 샤르도네를 사용하고, '전통방식'이라고 불리는 양조과정을 거쳐 매우 조심스럽게 스파클링와인을 만든다.

포도는 4t 단위로 압착하는데, 아주 부드럽게 눌러 짜기 때문에 껍질색이 진한 피노 누아나 피노 뫼니에조차 매우 옅은 색의 포도즙이 나온다. 압착한 포도즙은 정확하게 정해진 양만 샴페인으로 양조된다. (인기가 점점 높아가는 로제샴페인은 화이트와인에 스틸 레드와인을 섞어서 만든다.)

샹파뉴처럼 북쪽에 위치한 곳에서는 발효 후 베이스와인의 알코올 도수가 10%에 불과하다. 하지만 이 드라이와인에 설탕과 효모를 첨가하면 병 안에서 2차발효가 일어나 알코올 도수는 12%까지 올라간다. 그리고 발효 중에 생긴 이산화탄소가 와인 속에 녹아든다. 샴페인 브랜드 사이의 가장 큰 차이점은 퀴베(블렌딩한 드라이 베이스와인)를 어떻게 만드느냐에 달려있다. 양조자들은 전적으로 경험에 의존해 어린 와인을 블렌딩하는데, 보통 블렌딩한 어린 와인에 오래된 리저브 와인reserve wine을 섞어 깊이를 더한다. 또한 원료(포도) 구매에 회사가 얼마나 투자하는가도 중요하다. 앞서

라벨로 배우는 와인 용어

Blanc de blancs (블랑 드 블랑) 샤르도네 단일품종으로 만든 샴페인
Blanc de noirs (블랑 드 누아) 레드와인 품종으로만 만든 샴페인
Cuvée (퀴베) 블렌딩와인. 대부분의 샴페인은 블렌딩을 통해 만든다
Non-vintage, NV (논-빈티지) 1년 이상 된 와인을 블렌딩한 샴페인
Réserve (레제르브) 많이 사용하지만 특별한 뜻은 없다
Vintage (빈티지) 한 해의 와인만으로 만든 샴페인

당 도 (g/l 잔류 당도)
Brut nature (브륏 나튀르) 또는 **Zero dosage (제로 도자주)** ＜3g/l, 어떤 종류의 당분도 추가하지 않은 것
Extra brut (엑스트라 브륏) 매우 드라이, 0~6g/l
Brut (브륏) 드라이, ＜12g/l
Extra (엑스트라) 드라이, 12~17g/l
Sec (섹) 약간 드라이, 17~32g/l
Demi-sec (드미-섹) 미디엄스위트(의미는 미디엄 드라이지만 맛은 미디엄스위트), 32~50g/l
Doux (두) 확실한 스위트, ＞50g/l

병입자 코드
NM négociant-manipulant 포도를 구매해 양조하는 샴페인 회사
RM récoltant-manipulant 자신의 샴페인을 만드는 개인 재배자
CM coopérative de manipulation 조합이 양조하고 판매
RC récoltant-coopérateur 조합이 만든 샴페인을 판매하는 재배자
MA marque d'acheteur 구매자의 자체 브랜드

설명했듯이 샹파뉴 중심부에서도 포도의 품질과 개성은 매우 다르다.

샴페인의 품질을 결정하는 또 다른 핵심요소는 병 속 2차발효를 할 때 앙금을 얼마나 오래 두는지이다. 답은 오래 둘수록 좋다. 논-빈티지 샴페인의 경우 최소 의무기간은 12개월이고, 빈티지 샴페인의 경우는 3년이다. 이보다 오래 둘수록 더 좋은데, 침전물과 접촉함으로써 샴페인에 독특하고 미묘한 풍미가 생기기 때문이다. 샴페인 명가들의 명성은 논-빈티지 블렌딩 샴페인에 달려있으며, 매년 달라지는 샴페인의 특징을 내세우는 것이 새로운 트렌드이다.

샴페인의 산업화는 19세기 초 뵈브 클리코Veuve Clicquot 여사로부터 시작되었다(뵈브Veuve는 미망인을 뜻한다). 그녀는 기포를 잃지 않으면서 와인의 앙금을 제거하는 방법을 고안해 큰 공로를 세웠다. 리들링Riddling 또는 르뮈아주Remuage라고 불리는 이 작업은 퓌피트르pupitre라 불리는 구멍 뚫린 나무판에 병을 거꾸로 꽂아 넣고 손으로 돌려서, 앙금이 코르크 위에 모이게 하는 것이다. 지금은 자동화된 커다란 팔레트가 이 일을 대신한다. 앙금이 모여있는 병목을 얼린 후 마개를 열면, 탁한 얼음덩이가 압력에 의해 튕겨져 나오고 아주 맑은 와인만 남는다. 여기에 줄어든 양만큼 당도를 다양하게 조절한 다른 와인을 채우는 것을 도자주dosage라고 한다. 지금은 도자주를 줄이는 추세로, 아예 하지 않는 경우도 있다.

재배자들의 전성시대

샹파뉴 지역에는 오래전부터 샴페인을 직접 양조해 판매하는 재배자들이 있었다. 프랑스 사람들이 와이너리에서 직접 와인을 구매하는 것을 좋아하기 때문이다. 최근에는 개인 재배자들이 품질 좋은 샴페인을 직접 만들어 수출까지 하는 경우가 많아졌다. 많은 이들이 여러 개의 재배자 모임 중 하나에 가입해 영업과 마케팅을 하고, 규정에서 벗어난 새로운 스타일의 샴페인을 만들고 있다. 각각의 테루아를 표현하고, 특이한 품종으로 만들거나, 빈티지를 독특하게 블렌딩한다. 그리고 도자주를 최소화하며, 라벨에는 제품 정보를 최대한 제공한다. 일반적으로 오크 통 숙성을 선호한다. 아비즈(Avize) 마을의 앙셀름 셀로스(Anselme Selosse)가 개인 재배자들의 전성시대를 이끈 인물이다. 이들이 만든 샴페인은 옛날의 저렴한 와인에서 벗어나 샴페인 산업을 헤아릴 수 없을 정도로 중요롭게 만들었다. 물론 필요 이상으로 깔끔한 샴페인을 추구하거나, 소량의 도자주는 숙성에 도움이 된다고 주장하는 사람도 있다.

– – –	경계선(département)
———	샹파뉴 아펠라시옹 경계선
▨	샴페인산지
83	상세지도 페이지

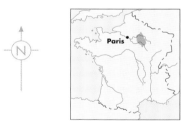

몽그(Montgueux) 마을의 포도밭은 따로 떨어져 있지만, 독특하면서도 가장 빨리 익는 포도로 블렌딩한 샴페인을 생산한다. 백악질 비탈에 자리한 남향 포도밭에서 햇살을 머금은 샤르도네가 자란다.

오브 데파르트망의 코트 데 바르에서는 나긋나긋한 피노 누아가 재배된다. 키메리지세 이회토 토양의 목가적인 풍경은 백악질인 북쪽과 많이 다르다. 수많은 야심찬 젊은 이들이 이곳에서 와인을 만들고 있다.

1:1,000,000

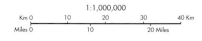

크라망 서쪽에 있는 망시(Mancy) 외곽의 포도밭. 샹파뉴 지방의 단일작물 재배를 잘 보여준다. 누가 이곳에 감자를 심고 싶겠는가?

샹파뉴의 중심부 The Heart of Champagne

포도나무 아래 숨어있는 땅이 바로 샹파뉴가 지닌 비장의 카드다. 부드러운 석회질 암석인 백악은 쉽게 파져서 셀러를 만들 수 있다. 또한 습기가 잘 유지되어, 포도밭의 가습기 역할을 톡톡히 하면서 땅도 따뜻하게 유지시킨다. 백악질 토양에서 자란 포도에는 질소가 풍부한데, 질소는 효모의 활동을 촉진하는 역할을 한다. 현재 샹파뉴에서는 주로 3가지 품종을 재배한다. 과육이 많은 피노 누아를 가장 많이 심고(전체의 38%), 그 다음이 피노 누아의 시골사촌인 피노 뫼니에인데 잘 자라고 잘 익는다. 과일향이 풍부하지만 섬세한 맛은 없다. 상쾌한 크림향이 나는 샤르도네는 최근 전체의 30%까지 늘어났다.

경사도와 방향이 조금만 달라도 포도밭은 큰 차이가 난다. 몽타뉴 드 랭스Montagne de Reims는 프랑스 왕들

샹파뉴 랭스	▼
북위 / 고도(WS)	49.31°/91m
생장기 평균 기온(WS)	14.7℃
연평균 강우량(WS)	628㎜
수확기 강우량(WS)	9월 : 49㎜
주요 재해	봄서리, 진균병

의 대관식이 치러진 도시 랭스에 있는 숲이 우거진 울창한 '산'으로, 피노 누아를 주로 재배하고 작은 면적에서 피노 뫼니에도 조금 재배한다. 베르즈네Verzenay와 베르지Verzy 같은 북향 비탈에서 자란 피노 품종으로 만든 베이스와인은 더 따뜻하고 재배조건이 좋은 (기후변화 이전) 아이Aÿ의 남쪽 비탈에서 만든 것보다 산미가 훨씬 강하고 힘은 부족하다. 하지만 블렌딩하면 칼날처럼 날카롭게 정제된 섬세함을 보여준다. 몽타뉴 와인들을 샴페인에 블렌딩하면 부케와 알코올, 단단한 산미가 더해져 와인의 골격이 갖춰진다.

술을 뜻하는 영단어 '부즈booze'의 어원이라고도 하는 부지Bouzy 마을은 소량 생산되는 스틸 레드와인이 유명하다. 레드와인은 로제샴페인의 색을 내는 데 매우 중요하다(마법처럼 가치가 올라간다). 샹파뉴 지방에서 생산되는 귀하고 비교적 신맛이 강한 스틸와인은 가벼운 레드이고, 가끔 화이트도 나온다. 둘 다 코토 샹프누아Coteaux Champenois AOC로 판매된다.

샹파뉴 서쪽의 발레 드 라 마른Vallée de la Marne은 남향 비탈이 계속 이어져 해가 잘 들며, 풀바디의 둥글둥글하며 잘 익고 향이 풍부한 와인이 생산된다. 이곳 역시 껍질색이 진한 품종이 주를 이룬다. 햇볕이 가장 좋은 곳에 피노 누아를 심고, 다른 곳에는 피노 뫼니에와 샤르도네도 점점 많이 심고 있다.

코트 드 본의 지형과 비슷한 에페르네 남쪽의 동향 언덕은 코트 데 블랑Côte des Blancs이라고 부른다. 이곳의 샤르도네는 블렌딩할 때 상쾌함과 피네스를 더해준

다. 크라망Cramant, 아비즈Aviz, 르 메닐Le Mesnil은 오래전부터 와인으로 유명한 마을이다. p.81 지도에 나오는 코트 드 세잔Côte de Sézanne은 사실상 코트 데 블랑의 연장선상에 있지만 덜 알려진 곳이다.

마을 순위

샹파뉴 AOC의 모든 포도밭들은 '에셸 데 크뤼échelle des crus'라고 불리는 순위가 매겨져있다(에셸은 사다리를 뜻한다). 모든 코뮌의 포도에 백분율로 등급을 매기는 시스템이다. 얼마 전까지도 수확한 모든 포도에 기준이 되는 참고가격이 정해지면 그랑 크뤼 코뮌의 재배자는 참고가격의 100%를 받고, 프르미에 크뤼는 에셸 위치에 따라 99%에서 90%까지 받았다. 외곽지역의 포도밭은 80%까지 내려가기도 한다. 지금은 포도 가격이 재배자와 샴페인 생산자 사이에서 개별적으로 정해진다. 하지만 포도밭의 순위도 여전히 적용되는데, 각 포도밭의 잠재력이 보다 정확하게 평가받도록 순위 재조정을 요구하는 목소리도 있다.

샹파뉴 전 지역에서 수확한 포도를 블렌딩하는 최상의 명품 브랜드인 돔 페리뇽Dom Pérignon, 로드레Roederer의 크리스탈Cristal, 크뤼그Krug, 살롱Salon, 폴 로제Pol Roger의 윈스턴 처칠Winston Churchill, 테탕제Taittinger의 콩트 드 샹파뉴Comte de Champagne는 당연

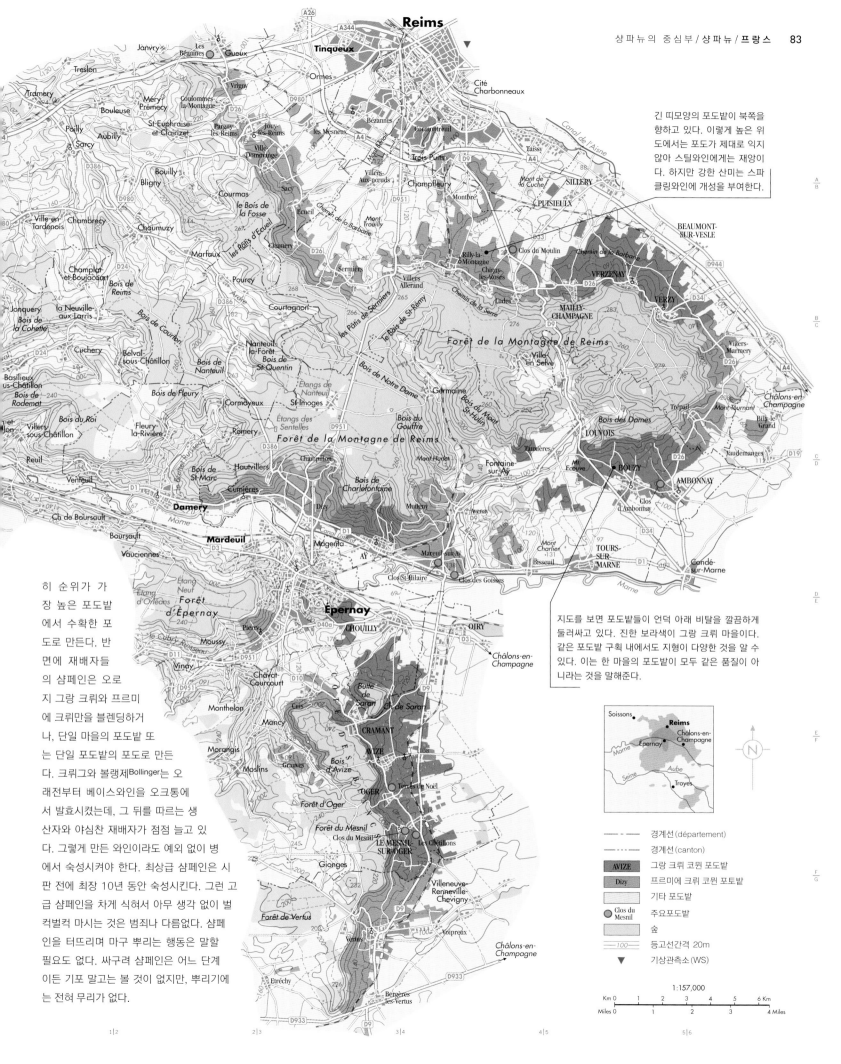

긴 띠모양의 포도밭이 북쪽을 향하고 있다. 이렇게 높은 위도에서는 포도가 제대로 익지 않아 스틸와인에게는 재앙이다. 하지만 강한 산미는 스파클링와인에 개성을 부여한다.

지도를 보면 포도밭들이 언덕 아래 비탈을 깔끔하게 둘러싸고 있다. 진한 보라색이 그랑 크뤼 마을이다. 같은 포도밭 구획 내에서도 지형이 다양한 것을 알 수 있다. 이는 한 마을의 포도밭이 모두 같은 품질이 아니라는 것을 말해준다.

히 순위가 가장 높은 포도밭에서 수확한 포도로 만든다. 반면에 재배자들의 샴페인은 오로지 그랑 크뤼와 프르미에 크뤼만을 블렌딩하거나, 단일 마을의 포도밭 또는 단일 포도밭의 포도로 만든다. 크뤼그와 볼랭제Bollinger는 오래전부터 베이스와인을 오크통에서 발효시켰는데, 그 뒤를 따르는 생산자와 야심찬 재배자가 점점 늘고 있다. 그렇게 만든 와인이라도 예외 없이 병에서 숙성시켜야 한다. 최상급 샴페인은 시판 전에 최장 10년 동안 숙성시킨다. 그런 고급 샴페인을 차게 식혀서 아무 생각 없이 벌컥벌컥 마시는 것은 범죄나 다름없다. 샴페인을 터뜨리며 마구 뿌리는 행동은 말할 필요도 없다. 싸구려 샴페인은 어느 단계이든 기포 말고는 볼 것이 없지만, 뿌리기에는 전혀 무리가 없다.

AVIZE	그랑 크뤼 코뮌 포도밭
Dizy	프르미에 크뤼 코뮌 포도밭
	기타 포도밭
○ Clos du Mesnil	주요포도밭
	숲
——100——	등고선간격 20m
▼	기상관측소(WS)

경계선 (département)

경계선 (canton)

1:157,000

Km 0   1   2   3   4   5   6 Km

Miles 0   1   2   3   4 Miles

보르도 Bordeaux

오크통 숙성 덕분에 장기숙성 잠재력이 큰 레드, 스위트 화이트, 드라이 화이트와인이 생산되는 광대한 와인산지다. 세계에서 가장 웅장한 샤토가 있으며, 재정적으로 가장 위태로운 샤토도 있다.

테루아 좌안의 가장 좋은 위치는 배수가 잘 되는 자갈 토양이다. 바다의 영향을 덜 받는 우안은 점토, 석회암, 모래가 섞여있다.

기 후 해양성 기후로 계속 더워지고 있고, 여름에는 습하다. 수확기에 비가 오기도 한다. 우박과 봄서리의 위험이 도사리고 있다.

품 종 레드 메를로, 카베르네 소비뇽, 카베르네 프랑 / **화이트** 세미용, 소비뇽 블랑

부르고뉴 와인이 뻔뻔할 정도로 관능적이라면, 보르도 와인은 매우 지적이다. 그리고 갈수록 재산이 늘고 있다. 보르도 와인은 와인 본성에 충실해 정점에 달했을 때(완전히 숙성되었을 때) 말할 수 없이 미묘한 뉘앙스와 복합미를 풍긴다. 반면, 훌륭한 보르도 와인은 안타깝지만 어쩔 수 없이 상품으로 거래되어, 수많은 지역과 하위지역에서 수많은 와이너리 즉 샤토(보르도에서는 와이너리를 샤토라 부른다)가 서로 머리싸움을 하게 만든다. 보르도 와인은 원래 지위를 상징했다. 그런데 갑자기 지위를 나타내줄 상품을 찾는 전혀 새로운 시장이 나타났고, 그 결과 유명 샤토의 프리미엄이 위험할 정도로 높아지고 있다. 앞으로 나올 지도에 표시된 가장 인기 많은 지역들이다. 전 세계 어느 산지도 보르도만큼 지리와 금융이 밀접하게 연관된 곳은 없다(p.46~47 참조).

보르도는 전 세계에서 고급와인을 가장 많이 생산하는 지역이다. 지롱드Gironde강에서 이름을 딴 지롱드 데파르트망 전체가 와인생산에 관여하며, 이곳의 모든 와인에 보르도라는 이름을 붙일 수 있다. 연간 생산량은 600만hl로, 광대한 랑그독-루시용Languedoc-Roussillon 지역을 제외하면 다른 프랑스 와인산지의 생산량과 비교가 안 될 정도로 많다. 레드와 화이트의 비율은 9:1 정도로 레드의 생산량이 압도적이다.

최고의 레드와인 생산지는 메독Médoc으로 보르도시 북쪽에 위치하고, 남쪽으로 가론강 서안에 그라브Graves와 페삭-레오냥Pessac-Léognan이 있다. 이 3곳을 일반적으로 '좌안'이라고 한다. '우안'은 생테밀리옹St-Émilion, 포므롤Pomerol, 그리고 도르도뉴Dordogne강 북쪽 강가를 끼고 있는 지역이다. 가론강과 도르도뉴강 사이의 지역은 앙트르-되-메르Entre-Deux-Mers로,

여기서 생산되는 드라이 화이트와인에만 앙트르-되-메르 AOC를 붙일 수 있다. 또한 이 지역에서는 AC 보르도AC Bordeaux와 보르도 쉬페리외르Bordeaux Supérieur AOC로 판매되는 레드와인의 3/4이 생산된다. 지도 최남단에는 보르도의 스위트 화이트와인 중심지가 있다.

보르도 와인의 최고봉은 고급 레드와인(카베르네 소비뇽과 메를로의 블렌딩은 블렌딩의 전형으로, 전 세계가 따라한다)과, 소량생산되며 레드와인보다 더 오래 숙성할 수 있는 황금색 스위트와인 소테른Sauternes, 그라브의 독특한 드라이 화이트와인이다. 그렇다고 모든 보르도 와인이 고급인 것은 아니다. 포도밭 면적이 여전히 넓어서 2016년에 110,713ha까지 늘어났다. 낙관적인 분위기 속에서 21세기가 시작되고 재배자들은 포도나무를 뽑아냈지만 충분하지 않다. 가장 사랑받는 지역(이유는 다음 장에서 설명한다)에서 세계적으로 가장 훌륭하고 가장 비싼 와인이 생산되고 있다. 하지만 유명하지 않은 지역도 많다. 이곳에는 재정능력이 안 되고, 보조금도 지원받지 못하며, 아예 의지가 없는 생산자들이 많다. 또 좋은 와인을 생산할 기술을 갖추지 못한 생산자들도 있다. 그 결과 와이너리들의 인수합병이 활발히 이루어졌고, 2016년 보르도의 와이너리 수는 6,568개로 20년 전에 비해 반으로 줄었다. 와이너리의 2/3 이상이 20ha가 넘는 포도밭을 소유한다.

보르도의 기후는 변동성이 너무 크다. 과거에 비해 많이 줄었지만, 일반 보르도 레드와인이 안정적으로 잘 익는 대부분의 신대륙 카베르네 소비뇽에 비해 보잘 것 없는 해도 있다. 일반 보르도 AOC 와인은 남아공 전체나 독일의 빈티지 와인보다 많이 생산되는데, 보르도의 명성에 걸맞는 품질은 포도가 잘 익은 해에만 가능하다. 품질 낮은 와인이 보르도의 명성을 해치도록 놔둬야 하는가? 상태가 좋지 않은 포도나무를 뽑아내는 것을 포함해 문제 해결을 위한 열띤 논의가 벌어졌고, 해결책으로 2006년에 레드, 화이트, 로제의 뱅 드 페이 드 라틀랑티크(지금의 IGP)가 만들어졌다. 하지만 더 일반적인 해결책은 뱅 드 프랑스 와인으로 강등시키는 것이었다.

보르도의 아펠라시옹

부르고뉴에 비해 보르도의 아펠라시옹 체계는 훨씬 단순하다. p.85 지도에는 코트 드 보르도-생마케르Côtes de Bordeaux-St-Macaire처럼 생소한 아펠라시옹을 포함해 보르도의 모든 아펠라시옹이 나온다. 수많은 아펠라시옹 사이에서 고유의 정체성을 만들어가는 것은 와인 샤토들(성이라는 이름에 어울리는 거대한 와이너리도 있고, 셀러가 딸린 소규모 포도밭도 있다)에 달려있다. 한편, 포도밭 품질로 등급을 분류하는 부르고뉴의 등급 시스템이 보르도에는 없다. 보르도에서는 지역별로 샤토의 등급을 분류하는데, 문제는 공통된 기준이 없다는 점이다.

보르도 메리냑	▼
북위 / 고도(WS)	44.83° / 47m
생장기 평균 기온(WS)	17.7℃
연평균 강우량(WS)	944㎜
수확기 강우량(WS)	9월 : 84㎜
주요 재해	가을비, 진균병

지금까지 가장 유명한 등급 체계는 1855년에 완성된 것이다. 당시 보르도의 중개상들이 평가한 가치를 기준으로 소테른과 메독의 샤토에 등급을 매겼는데, 그라브에 있던 샤토 오-브리옹Château Haut-Brion이 예외적으로 포함되었다. 농산물을 1~5등급까지 순위를 매기는 역사상 가장 야심찬 시도였다. 이를 통해 가장 큰 잠재력을 가진 샤토들을 가려냈다.

다시 지도를 그리며

현재 1855년의 등급에서 제외된 경우는 보통 이유가 있다(당시 샤토 소유주는 부지런했지만 지금은 게으르다거나 또는 그 반대인데, 지금은 후자인 경우가 많다). 중요한 것은 대부분 포도밭이 늘어나거나 교환되었다는 점이다. 예전 그대로인 포도밭은 거의 없다. 포도밭이 샤토를 중심으로 깔끔하게 펼쳐져있는 경우 또한 드물다. 지금 대부분의 포도밭은 여기저기 흩어져있거나, 이웃 샤토의 포도밭과 섞여있다. 포도밭마다 연간 10~1,000배럴을 생산하는데, 배럴당 300병 또는 25상자의 와인이 나온다. 최고의 와이너리들은 1ha당 최고 5,000l까지 생산하고, 그보다 못한 와이너리는 훨씬 많은 양의 와인을 양조한다(p.87 참조).

최상의 명품 1등급 샤토의 최고 와인인 그랑 뱅grand vin은 많으면 15만 병까지 아무 문제 없이 생산될 수 있다(그랑 뱅으로 선택되지 않은 와인으로 세컨드 와인, 서드 와인을 만든다). 1등급 와인의 가격은 보통 2등급보다 최소 2배 이상이지만, 5등급이라도 잘 만든 것은 2등급보다 더 비싸게 팔리기도 한다.

보르도 지역에서 장기적으로 가장 의미 있는 변화는 1990년대 중반부터 시작된 재배방식의 개선이다. 지금은 예전보다 훨씬 많은 생산자들이 더 잘 익은 포도를 수확할 수 있게 되었는데, 단순히 기후변화 덕분이 아니라 1년 내내 가지치기를 철저히 하고, 트렐리스를 더 높이 올리고, 캐노피 관리에 신경 쓰고, 농약 사용을 줄였기 때문이다. 비록 보르도의 습도가 비교적 높고 또 계속 높아지고 있어서, 농약을 줄이는 속도가 다른 지역보다 느리지만 말이다.

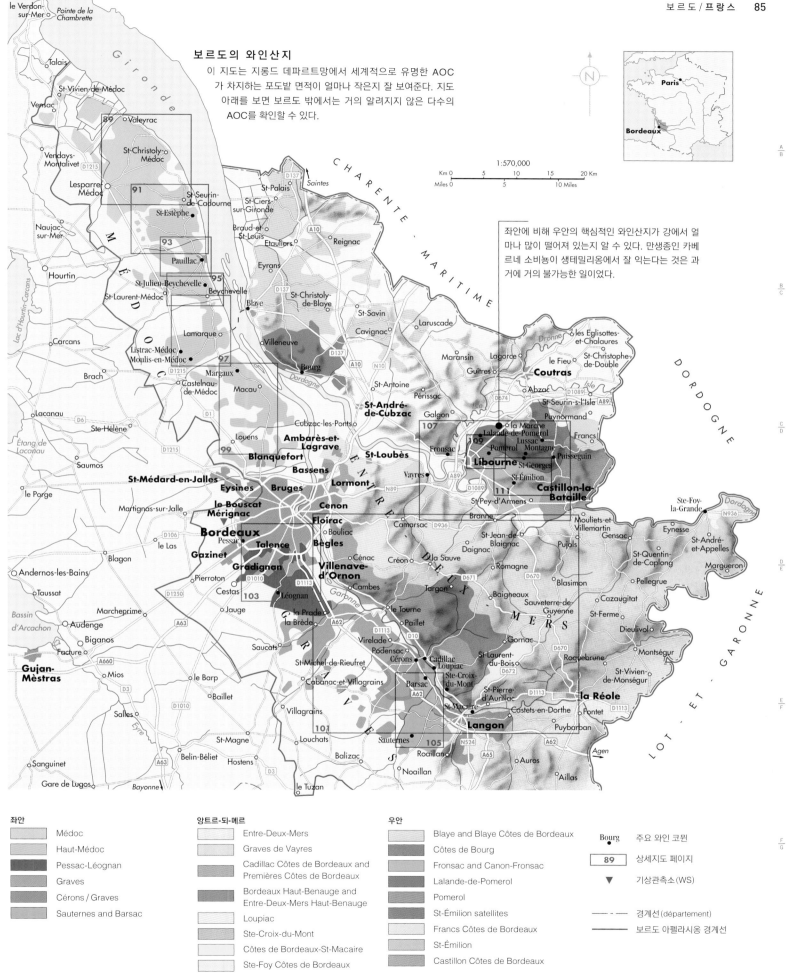

보르도의 와인산지

이 지도는 지롱드 데파르트망에서 세계적으로 유명한 AOC
가 차지하는 포도밭 면적이 얼마나 작은지 잘 보여준다. 지도
아래를 보면 보르도 밖에서는 거의 알려지지 않은 다수의
AOC를 확인할 수 있다.

좌안에 비해 우안의 핵심적인 와인산지가 강에서 얼
마나 많이 떨어져 있는지 알 수 있다. 만생종인 카베
르네 소비뇽이 생테밀리옹에서 잘 익는다는 것은 과
거에 거의 불가능한 일이었다.

좌안	앙트르-되-메르	우안	
Médoc	Entre-Deux-Mers	Blaye and Blaye Côtes de Bordeaux	Bourg 주요 와인 코뮌
Haut-Médoc	Graves de Vayres	Côtes de Bourg	89 상세지도 페이지
Pessac-Léognan	Cadillac Côtes de Bordeaux and Premières Côtes de Bordeaux	Fronsac and Canon-Fronsac	▼ 기상관측소(WS)
Graves	Bordeaux Haut-Benauge and Entre-Deux-Mers Haut-Benauge	Lalande-de-Pomerol	
Cérons / Graves	Loupiac	Pomerol	— - — 경계선 (département)
Sauternes and Barsac	Ste-Croix-du-Mont	St-Émilion satellites	—— 보르도 아펠라시옹 경계선
	Côtes de Bordeaux-St-Macaire	Francs Côtes de Bordeaux	
	Ste-Foy Côtes de Bordeaux	St-Émilion	
		Castillon Côtes de Bordeaux	

보르도 와인의 품질과 가격

보르도 지역에서 생산되는 와인은 품질과 양이 매년 다르지만, 좋은 와인을 세계에서 가장 많이 생산하는 지역으로서 지리적 이점을 분명히 갖고 있다. 아래 지도에서는 그러한 지리적 이점에 대해 대략적으로 설명했다. 개화기인 6월의 날씨는 불안정해서 날씨에 따라 수확량이 크게 달라진다. 하지만 여름, 그리고 특히 가

을은 보통 날씨가 안정적이며 따뜻하고 해가 잘 든다. 평균 기온이 부르고뉴보다 높고, 강우량 역시 p.84와 p.55에 나온 수치를 비교해보면 차이가 많이 나는 것을 알 수 있다.

포도품종마다 개화기가 조금씩 다르기 때문에 샤토 소유주들은 보험 차원에서 여러 품종을 심는다. 6월의

중요한 시기에 며칠 동안 날씨가 나쁘거나 예년과 달리 가을에 기온이 많이 떨어지면, 카베르네 소비뇽이 완전히 익지 못할 수도 있다. 이를 대비해 일종의 보험을 드는 셈이다. 최근까지도 대서양의 온난한 영향에서 벗어나 있는 생테밀리옹St-Émilion과 포므롤Pomerol에서는 카베르네 소비뇽이 안정적으로 익기 어려웠다.

무엇이 와인을 만드는가

보르도 와인의 다양한 품질과 개성에 영향을 미치는 여러 요소를 지롱드강 유역의 지도와 함께 정리했다.

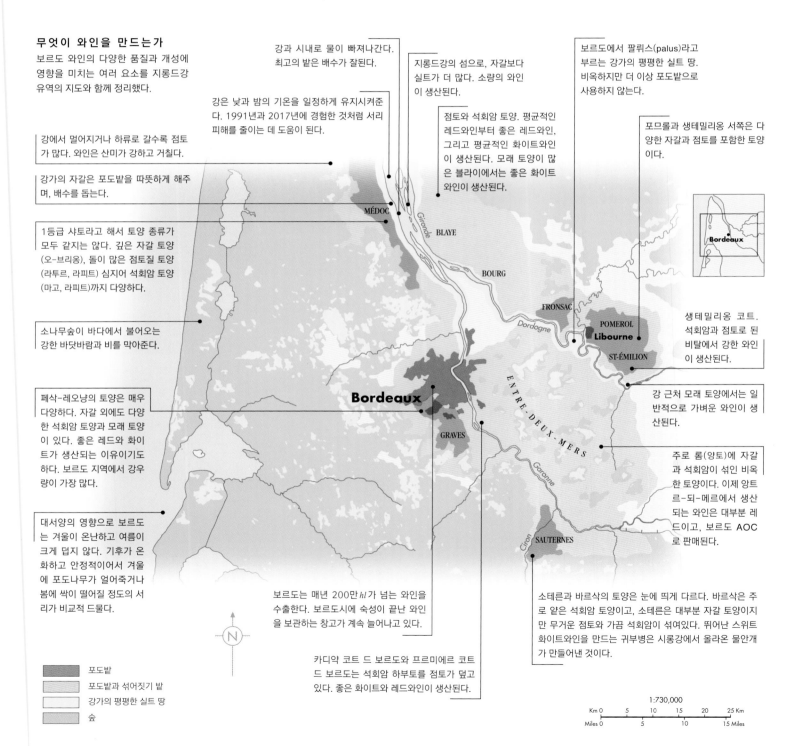

강과 시내로 물이 빠져나간다. 최고의 밭은 배수가 잘된다.

강은 낮과 밤의 기온을 일정하게 유지시켜준다. 1991년과 2017년에 경험한 것처럼 서리 피해를 줄이는 데 도움이 된다.

강에서 멀어지거나 하류로 갈수록 점토가 많다. 와인은 산미가 강하고 거칠다.

강가의 자갈은 포도밭을 따뜻하게 해주며, 배수를 돕는다.

1등급 샤토라고 해서 토양 종류가 모두 같지는 않다. 깊은 자갈 토양 (오-브리옹), 돌이 많은 점토질 토양 (라투르, 라피트) 심지어 석회암 토양 (마고, 라피트)까지 다양하다.

소나무숲이 바다에서 불어오는 강한 바닷바람과 비를 막아준다.

페삭-레오냥의 토양은 매우 다양하다. 자갈 외에도 다양한 석회암 토양과 모래 토양이 있다. 좋은 레드와 화이트가 생산되는 이유이기도 하다. 보르도 지역에서 강우량이 가장 많다.

대서양의 영향으로 보르도는 겨울이 온난하고 여름이 크게 덥지 않다. 기후가 온화하고 안정적이어서 겨울에 포도나무가 얼어죽거나 봄에 싹이 떨어질 정도의 서리가 비교적 드물다.

지롱드강의 섬으로, 자갈보다 실트가 더 많다. 소량의 와인이 생산된다.

점토와 석회암 토양. 평균적인 레드와인부터 좋은 레드와인, 그리고 평균적인 화이트와인이 생산된다. 모래 토양이 많은 블라이에서는 좋은 화이트와인이 생산된다.

보르도에서 팔뤼스(palus)라고 부르는 강가의 평평한 실트 땅. 비옥하지만 더 이상 포도밭으로 사용하지 않는다.

포므롤과 생테밀리옹 서쪽은 다양한 자갈과 점토를 포함한 토양이다.

생테밀리옹 코트. 석회암과 점토로 된 비탈에서 강한 와인이 생산된다.

강 근처 모래 토양에서는 일반적으로 가벼운 와인이 생산된다.

주로 롬(양토)에 자갈과 석회암이 섞인 비옥한 토양이다. 이제 앙트르-되-메르에서 생산되는 와인은 대부분 레드이고, 보르도 AOC로 판매된다.

보르도는 매년 200만 *hl* 가 넘는 와인을 수출한다. 보르도시에 숙성이 끝난 와인을 보관하는 창고가 계속 늘어나고 있다.

카디악 코트 드 보르도와 프르미에르 코트 드 보르도는 석회암 하부토를 점토가 덮고 있다. 좋은 화이트와 레드와인이 생산된다.

소테른과 바르삭의 토양은 눈에 띄게 다르다. 바르삭은 주로 얕은 석회암 토양이고, 소테른은 대부분 자갈 토양이지만 무거운 점토와 가끔 석회암이 섞여있다. 뛰어난 스위트 화이트와인을 만드는 귀부병은 시롱강에서 올라온 물안개가 만들어낸 것이다.

MÉDOC
Gironde
BLAYE
BOURG
FRONSAC
Dordogne
POMEROL
Libourne
ST-ÉMILION
Bordeaux
ENTRE-DEUX-MERS
GRAVES
Garonne
Ciron
SAUTERNES

Bordeaux

포도밭
포도밭과 섞어짓기 밭
강가의 평평한 실트 땅
숲

N

1:730,000

Km 0   5   10   15   20   25 Km
Miles 0   5   10   15 Miles

전통적으로 이 지역에서는 조생종인 메를로와 카베르네 프랑을 심었는데, 이것이 좌안과 우안이 매우 다른 스타일의 와인을 생산하게 된 여러 이유 중 하나다.

하지만 보르도의 토양 구조와 토양 종류는 지역별로 분명한 차이가 있다. 그래서 1등급 샤토의 정확한 토양 종류를 규정하기란 불가능하다(p.86 지도 왼쪽 설명 참조). 보르도에서도 메독의 예가 가장 흥미롭다. '발걸음을 옮길 때마다 토양이 바뀐다'는 말이 있을 정도로 메독의 토양은 변화무쌍하다. p.97 지도를 보면 최상급 와인이 계속 이어지는 오-메독에서도 생쥘리앙St-Julien과 마고Margaux 사이는 예외다. p.85 지도 역시 포므롤과 생테밀리옹 고원이 특별한 곳이라는 것을 짐작케 한다.

보르도의 토양은 일반적으로 제3기 또는 제4기 지질시대 퇴적층이 발전한 것이다. 전자는 시간이 지나면서 점토나 석회암 토양으로 변했고, 후자는 수십만 년 전에 빙하가 녹으면서 프랑스 중부 산악지대 마시프 상트랄Massif Central과 피레네산맥에서 쓸려내려온 모래와 자갈 충적토가 되었다. 이 자갈들은 프랑스 남서부의 다른 지방과는 달리 여전히 지표면에 완전히 드러나 있으며, 자갈땅이라는 뜻의 그라브와 그 밑에 있는 소테른, 그리고 메독에 많다.

보르도대학교의 제라르 스갱Gérard Seguin 박사는 처음으로 보르도의 토양과 와인 품질의 연관성을 연구했다. 그는 깊게 뿌리내린 포도나무로 좋은 와인을 생산하는 메독의 자갈 토양을 연구하고, 자갈이 매우 효과적으로 수분공급을 조절한다는 것을 밝혀냈다. 스갱 박사의 가장 놀라운 발견은, 포도나무에 중요한 것은 토양의 정확한 구성보다 적절한 수분공급이라는 점이다. 즉, 배수가 비결인 것이다.

스갱 박사의 후계자 코르넬리스 반 루벤Cornelis van Leeuwen 박사는 더 나아가, 뿌리의 깊이와 와인 품질은 절대적 상관관계가 없다는 사실을 밝혀냈다. 수령이 오래된 포도나무와 깊은 자갈 토양이 메독 일부 지역에서는 훌륭한 와인을 만드는 요건이다. 예를 들어 마고에는 뿌리가 7m나 내려간 포도나무도 있다. 하지만 포므롤의 페트뤼스Petrus에서는 두꺼운 점토 밑으로 1.5m가 안 되게 내려간 포도나무로도 충분히 훌륭한 와인을 만든다. 와인 품질의 주요인은 수분공급의 조절이다. 즉, 포도나무가 원하는 것보다 수분을 조금 적게 공급해서 나무가 어느 정도 스트레스를 느끼게 하는 것이 핵심이다.

토양과 와인 품질의 연관성과 관련해 특히 보르도에서 관찰할 수 있는 것은, 최고의 밭은 날씨가 나쁜 빈티지에 가장 빛을 발한다는 사실이다. 2017년 봄서리로 보르도 와인 생산량이 거의 반토막 났지만, 가장 훌륭한 샤토들은 큰 피해를 입지 않았다.

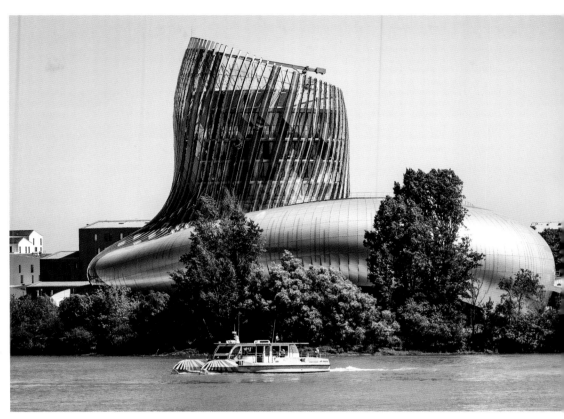

보르도시는 와인관광 중심의 관광지로 변모하고 있다. 사진은 전 세계 와인을 소개하는 박물관 시테 뒤 뱅(Cité du Vin)이다.

보르도 와인의 생산비용

아래 표는 2017년 자료로 일반 보르도 AOC 생산자(A), 일반 메독 샤토(B), 최상위 2등급 샤토(C)의 생산비용(유로화 기준)을 조사한 것이다. B보다 C가 새 오크통을 많이 사용하고, A는 아예 사용하지 않는다. A와 B는 기계수확을 하지만(오늘날 보르도에서는 거의 90%가 기계수확을 한다), C는 손으로 수확하고 이 외에도 1년 내내 포도밭과 양조장에서 수작업이 이루어진다. 2018년 보르도대학교 양조학과 코르넬리스 반 루벤 교수는 ha당 15,000유로 이하로 고품질 포도를 생산하는 것이 가능하며, 심지어 ha당 10,000그루로도 가능하다고 추산했다. 하지만 등급이 높고 판매가가 높을수록 디테일에 신경쓸 재정적 여유

가 생긴다. 1등급 샤토는 이른바 '슈퍼 세컨드(C)'보다 지출이 많지만 보상은 훨씬 크다. 은행대출로 운영하는 와이너리라면 고정금리 약 4.5%를 비용에 추가해야 한다. 아마 15년 만기 분할상환일 확률이 높다. 프랑스 포도밭은 모두 크레디 아그리콜(Crédit Agricole) 은행 소유라는 말이 있는데, 우스갯소리는 아닌 것 같다. 표에는 와인 병입, 마케팅, 운송 비용이 빠져있다. 그럼에도 불구하고 그랑 뱅의 판매가를 생각하면 생산비용이 너무 낮아 보인다. 하지만 이제 많은 샤토에서 세컨드와 서드 와인을 생산하고 있어, 그랑 뱅은 샤토에서 판매하는 와인의 일부일 뿐이다 (그마저도 점점 줄고 있다).

	A	B	C
ha당 포도나무 수	3,330	5,000	10,000
ha당 수확비용	468	754	1,900
ha당 총 재배비용	4,401	6,536	50,000
ha당 평균수확량(hl)	58	58	38
hl당 총 재배비용	76	116	1,300
오크통 숙성 비용	–	200	400
hl당 총비용	76	313	2,100
와인 1병당 총비용	0.57	2.35	16

메독 북부
Northern Médoc

지리적으로 메독은 대서양과 흙빛을 띤 넓은 지롱드 강 하구 사이에 위치하며, 커다란 혀처럼 생긴 굴곡이 거의 없는 평평한 땅이다. 메독이라는 이름은 보통 세상에서 가장 좋은 와인에 붙는다. 마고Margaux, 생쥘리앵St-Julien, 포이약Pauillac, 생테스테프St-Estèphe, 그리고 그 주변 마을들은 지리적으로나 와인 스타일 면에서 모두 '메독' 와인이다. 하지만 메독 AOC는 옛날에 바-메독Bas-Médoc으로 불렸던 메독 북부 지역에서만 쓰인다. 메독 AOC는 메독 남부인 오-메독Haut-Médoc AOC보다 확실히 덜 매력적이다.

오-메독의 배수가 잘되는 자갈언덕은 생테스테프 북쪽, 즉 오-메독의 최북단 코뮌인 생쇠랭St-Seurin을 지나면서 진흙이 많은 더 낮고 무거우며 차가운 토양으로 바뀐다. 생쇠랭은 수로가 있는 습지 사이의 언덕에 자리잡고 있다. 생쇠랭의 북부와 서부는 오래 전부터 사람들이 정착해 살았던 비옥한 땅이다. 사람들로 북적이는 시장이 있는 레스파르Lesparre는 영국이 지배했던 6세기 전부터 바-메독의 주도였다.

최근까지 이곳 포도밭은 목초지, 과수원, 삼림지대와 섞여있었다. 하지만 포도재배 열풍이 불면서, 자갈이 점토를 가볍게 해주는 고지대의 대부분이 포도나무로 뒤덮였다. 지롱드강 하구를 따라 이어지는 생티장St-Yzans, 생크리스톨리St-Christoly, 쿠케크Couquèques, 비By, 발레락Valeyrac을 중심으로 생제르맹-데스퇴유

St-Germain-d'Esteuil, 오르도낙Ordonnac, 블레냥Blaignan의 코상Caussan, 마지막으로 가장 넓은 베가당Bégadan 마을의 안쪽 상당 부분까지 이곳에 포함된다. 이곳 포도밭의 전체 면적은 2016년에 약 5,570ha였다. 위에 언급한 마을과 그 주변 마을은 1990년대 말 와인시장이 활기를 띠었을 때 포도밭과 양조장에 투자했지만, 시장은 남쪽의 유명 샤토에만 관심이 있었고 결국 매우 힘든 시기를 보내야 했다.

이곳에는 등급을 받은 샤토는 없지만, 나머지 중에서 뛰어난 샤토가 많이 모여있다. 포도가 잘 익은 빈티지는 보르도에서 가격 대비 품질이 가장 좋은 와인으로 꼽힌다. 이 중에서 많은 샤토가 크뤼 부르주아Cru Bourgeois이다(오른쪽 아래 참조). 샤토 포탕삭Potensac의 소유주는 대단한 완벽주의자로서 생쥘리앵에 있는 샤토 레오빌 라스 카즈Léoville Las Cases도 운영하는데, 라 카르돈La Cardonne과 잘 운영되고 있는 투르 오-코상Tour Haut-Caussan과 함께 조금 높은 지대에 자리잡고 있다. 생제르맹St-Germain의 샤토 카스테라Castéra, 생티장-드-메독St-Yzans-de-Médoc 마을 가까이에서 지롱드강을 내려다보는 샤토 루덴Loudenne, 널리 유통되고 있는 그레삭Greysac, 그레삭의 자매 샤토로 통통한 메를로가 주요 품종인 롤랑 드 비Rollan de By, 가볍지만 믿을 만한 와인을 만드는 파타슈 도Patache d'Aux, 매력적이고 한결같은 라 투르 드 비La Tour de By, 베가당의 활기찬 비외 로뱅Vieux Robin, 부르낙Bournac, 시브락 앙 메독Civrac en Médoc에 있는 데스퀴락d'Escurac, 쿠케크의 레 조름 소르베Les Ormes Sorbet, 생크리스톨리-메독St-Christoly-Médoc의 레 그랑 셴Les Grands Chênes과 클로 마누Clos Manou도 주목할 만한 크뤼 부르주아 샤토이다.

하지만 이들이 전부가 아니다. 샤토 프뢰약Preuillac, 오-콩디사Haut-Condissas, 중국인이 소유한 첫 메독 샤토 중 한 곳인 롤랑 뒤코Laulan Ducos, 그리고 생테스테프의 샤토 코스 데스투르넬Cos d'Estournel 팀이 발전시킨 굴레Goulée를 눈여겨봐야 한다.

메독 북부와 남부의 차이를 느낄 수 있는 확실한 방법은 여기에 소개된 크뤼 부르주아 와인 하나와, 뒤에 나올 AOC 와인 중 하나를 골라 비교하는 것이다. 어릴 때는 큰 차이를 느끼지 못한다. 둘 다 북부 메독의 비옥한 토양에서 자라는 포도나무처럼 혈기왕성하고, 타닌이 강하며, 드라이하고 매우 보르도적이다. 하지만 5년이 지나면 오-메독 와인은 맑고 투명한 풍미를 갖게 되고 계속 성장한다. 메독 북부 와인이 부드러워지기 시작했지만, 여전히 억세고 조금 거칠다. 주로 색과 풍미가 깊고, 영감을 줄 정도는 아니지만 유쾌하게 즐길 수 있는 풍미를 지닌다. 10년이 되면 더 부드러워지면서 '구조'가 흔들린다. 하지만 남쪽 와인들이 가진 섬세함에는 좀처럼 도달하지 못한다.

메독 북부에는 크뤼 아르티장Cru Artisan 등급에 속하는 작은 샤토가 많다. 크뤼 아르티장은 크뤼 부르주아 아래 등급으로 2018년에 다시 선보였다.

크뤼 부르주아

부르주아 계급은 정치를 좋아하는 것 같다. 크뤼 클라세(Crus Classés) 바로 아래 등급인 크뤼 부르주아(Cru Bourgeois) 선정 규정은 2000년대 들어서 3번이나 바뀌었다. 2003년에는 490개 후보 중에서 247개 와인이 공식적으로 다시 등급을 받았다. 247개 와인은 다시 크뤼 부르주아 엑셉시오넬(Exceptionnel), 크뤼 부르주아 쉬페리외르(Supérieur), 크뤼 부르주아의 3개 등급으로 분류되었다. 크뤼 부르주아 엑셉시오넬에는 9개, 크뤼 부르주아 쉬페리외르에는 87개, 크뤼 부르주아에는 151개 와인이 포함되었다. 하지만 등급에서 탈락한 샤토들이 이 결정(10년 동안 유효하다)에 이의를 제기했다. 오랜 법정 공방 끝에 2003년 등급 분류는 결국 무효화되었고, 대신 2008년 빈티지부터 2017년 빈티지까지 매년 시음심사를 거쳐 와인에 크뤼 부르주아 지위를 부여했다. 하지만 유명 샤토 몇 곳이 등급을 구분하지 않는 이 시스템에 반대하고 시음심사를 거부했다.

2018년 빈티지부터 크뤼 부르주아 엑셉시오넬, 크뤼 부르주아 쉬페리외르, 크뤼 부르주아 3개 등급이 다시 도입되었고, 불공정한 선정과정에 대한 우려로 와인이 아니라 샤토에 등급을 주기로 결정했다. 결과를 받아들이지 않는 후보들의 소송 제기를 막기 위해 새로운 등급 시스템은 5년에 1번씩 재심사를 한다. 그렇다면 소비자는 어떻게 해야 할까? 등급은 잊어버리고 샤토를 기억하면 된다.

대부분의 크뤼 부르주아가 메독과 오-메독 AOC이지만, 오-메독의 특정 코뮌 아펠라시옹도 있다.

메독 북부의 지롱드강 하구, 나무로 만든 낚시 오두막에 그물이 걸려있다.

메독 북쪽 끝은 등고선이
전혀 보이지 않는다.
이곳은 오-메독보다
더 평평하다.

경계선 (canton)
경계선 [commune (parish)]
Ch Preuillac　주요 샤토 또는 생산자
포도밭
숲
20　등고선간격 10m

Lesparre-Médoc

MÉDOC

Gironde

Blaye

Bordeaux

이 지도는 17세기에 네덜란
드인들이 메독에 건설한 배
수시설이 얼마나 중요한지
잘 보여준다. 포도밭과 목초
지가 붙어있다.

JAU-DIGNAC-ET-LOIRAC

St-Vivien-de-Médoc

la Matte de Valeyrac

Janton
Cantelaude
le Pointon
Ch Bellevue
Valeyrac
Villeneuve
la Rivière

Sipian
Ch Sipian
l'Ardiley
VALEYRAC
la Verdasse
Troussas
la Lagune

le Moulin de la Verdasse
Ch Louisseauneuf
l'Oustau Neuf
Ch le Bourdieu
Ch le Temple
Bois de Troussas
Ch Greysac
Ch la Tour de By
Port de By
By
Ch Rollan de By

la Clède
Courbian
le Peyrat
Ch la Clare
Lassus
les Berrins
Condissas
Ch Haut-Condissas
Petite Palu de By

St-Vivien-de-Médoc
la Caussade
D103 D201
Ch Vieux Robin
Grande Palu de By

Laujac
Canissac
BÉGADAN
Ch Bégadanet
Bégadanet
Grand Chenal de By

Ch Laujac
les Cabans
St-Jean Cave Co-op
les Ecoles
Ch Patache d'Aux

la Lande
Meillan
Mallourat
Nouret
le Bourdieu
Bégadan
le Breuil
Ch la Tour St-Bonnet

St-Vivien-de-Médoc
le Sablona
Bois de Gombeau
les Bernedes
Vieux Château Landon

Basse Terre
Esqurac (Haras)
Cazol
Trembleaux
Biars
la Lande
Ch Leboscq
le Fourneau
St-Christoly-Médoc
Clos Manou

la Pouyade
CIVRAC
la Metairie
Déguenon
ST-CHRISTOLY
Ch les Grands Chênes
Ch Tour Blanche
le Sablonat
Castillon

Montignac
Andron
Civrac-en-Médoc
Ch Bournac
Ch la Chandellière
les Petites Granges
Ch les Ormes Sorbet
Couquèques

Badet
Ch d'Escurac
le Fourneau
Canterane
COUQUÈQUES
Mazails

Prignac-en-Médoc
Co-op Agricole
Queyzans

Bessan
Ch la Gorce
la Pigotte
la Landette
BLAIGNAN
Cantemerle
St-Brice Cave Co-op
le Moulin
ST-YZANS

St-Vivien-de-Médoc
Ch Tour Haut-Caussan
Ch Grivière
Caussan
Moulin de Courrian
Ch Blaignan
la Colonne
Ch Lestruelle
la Hourqueyre
Taillanet

Uch
Ch la Tour Prignac
PRIGNAC
Les Vieux Colombiers Cave Co-op
l'Inclassable
Romefort
St-Yzans-de-Médoc
Ch Loudenne

Gelade
le Moulin d'Uch
Lafon
la Gravette
Coulon
Gautheys
Ch Chantelys
Ch la Cardonne
Ch Fontis
Hontané
Ch Potensac
Peyressan
ORDONNAC

Centre Comm.
Lesparre-Médoc
Ch Preuillac
D203
Potensac
l'Abbaye de l'Île
Ordonnac
St-Seurin-de-Cadourne

Gare
Hosp.
St-Trélody
Ch Vernous
Pavillon de Bellevue Cave Co-op
Plautignan
Lussan
Palus de Tussac

Hourtin
Petit Bosq
LESPARRE
les Marceaux
l'Hôpital
le Gay
Barbehère
Boyentran
Hourbit
Loquey
St-Seurin-de-Cadourne

Raynaud
Ste-Marie
Ch d'Escot
Coulumey
Fangrouse
Ch Castéra
Marque
Sénillac

Planque
Caillou
Canguillac
Roque
Garraméy
St-Germain-d'Esteuil
Barbannes
Cassan
Doyac
ST-SEURIN

Bénet
Bayron
Laguneaussan
Ch Livran
ST-GERMAIN-D'ESTEUIL
Brion
le Trale

Plassan
Conneau
Lucbeit
Miqueu
Brie
Palus de Doyac

Liard
Pillet
Lagunas
Artiguillon
Peyres
Chenal de la Calupeyre
Estey d'Un

St-Laurent-Médoc
VERTHEUIL

Chenal de la Maréchale

la Banche

1:65,000

Km 0　1　2　3　4 Km
Miles 0　1　2 Miles

생테스테프
St-Estèphe

자갈 토양은 오-메독의 상징으로 오-메독 와인의 개성과 품질을 결정짓는다. 서쪽에서 불어오는 바닷바람을 숲의 보호로 막으면서 지롱드강을 따라 이어지다가, 생테스테프에서 줄어들기 시작한다. 생테스테프는 메독의 핵심지역인 4개의 유명 코뮌 중 가장 북쪽에 있는데, 마을은 인적이 끊긴 것처럼 느껴진다. 메독 지방어로 작은 개울을 뜻하는 잘jalle이 생테스테프와 포이약을 가른다. 이 개울은 포이약에 있는 샤토 라피트 로쉴드Lafite Rothschild의 포도밭과, 생테스테프에 있는 등급 샤토 5곳 중 3곳인 샤토 코스 데스투르넬Cos d'Estournel, 샤토 코스 라보리Cos Labory, 샤토 라퐁-로셰Lafon-Rochet의 포도밭에서 배수된 물이 모이는 곳이다.

생테스테프와 그보다 남쪽인 포이약의 토양은 분명한 차이가 있다. 지롱드강에서 쓸려 내려오는 자갈은 줄고, 석회암이 드러나 있지만 점토가 늘어난다. 이것은 토양이 더 무겁고 배수가 느려진다는 뜻이고, 그래서 이곳의 포도나무는 특히 덥고 건조한 여름을 잘 견딘다. 그 예로 유난히 더웠던 2003년과 2010년 빈티지는 물이 잘 빠지는 자갈 토양인 남쪽 와인보다 더 좋았다. 날씨가 그다지 나쁘지 않은 해에도 생테스테프 와인은 산미가 더 강하고 바디가 풍부하며 뼈대가 단단한 편이다. 때로 향이 덜한 경우도 있지만, 입안 가득 풍미가 느껴진다. 생테스테프 와인은 전통적으로 견고하고, 시간이 지나면 힘을 잃지 않으면서 현명해진다. 최근 몇 년 동안 이 지역 와인메이커들은 더 강하고 대담한 스타일을 시험하다가, 지금은 생테스테프 특유의 상쾌하고 돌냄새가 특징인 와인을 강조하고 있다.

강하고, 진하고, 생명력이 길다

포이약과의 경계선에서 시작되는 오르막 꼭대기에서 샤토 라피트의 목초지를 내려다보는 코스 데스투르넬은 등급 샤토 중 가장 화려하다. 중국의 탑을 닮은 이국적인 건물에는 이제 최첨단 하이테크 와이너리 시설과, 아시아의 화려한 호텔 로비가 연상되는 테이스팅룸이 있다. 코스 데스투르넬은 샤토 몽로즈Montrose와 더불어 생테스테프에서 가장 강하고 진한 색의 장기숙성용 와인을 만든다. 보르도에서는 대부분 '코스'로 불리는 코스 데스투르넬의 특별한 힘과 입안에 풍부한 과즙은 무엇보다도 와인메이커 의지의 산물이다. 지롱드강이 내려다보이는 나지막한 자갈 언덕에 자리잡은 샤토 몽로즈는 더 남쪽인 포이약의 라투르Latour를 미리 만나는 느낌이다. 강렬하고 타닌이 강하며 풍미가 깊은 점이 비슷하다. 전형적인 몽로즈는 숙성에 20년이 걸리지만, 2006년 소유주와 경영진이 바뀌고 샤토의 지속적 발전과 포도밭 확장을 추구하면서 더 빨리 마실 수

있게 만들고 있다. 몽로즈의 포도밭은 메독에서는 흔히 볼 수 없는, 하나의 블록으로 되어 있다.

코스 데스투르넬 근처의 등급 샤토 2곳 중 샤토 코스 라보리는 꽤 어릴 때부터 풍부한 과일향을 자랑한다. 라퐁-로셰는 20세기에 많은 메독 샤토들이 리모델링할 때 선두에 섰으며, 매력적이고 믿을 만한 와인을 만들고 있다. 2013년 양조장을 리디자인할 때 콘크리트 발효조로 되돌아갔다.

생테스테프 북쪽의 칼롱 세귀르Calon Ségur는 메독의 등급 샤토 중 최북단에 위치한다. 다른 생테스테프 와인처럼 단단하며, 21세기 들어서는 순수성, 농도, 피네스가 더해졌다. 약 250년 전 세귀르 후작은 라피트와 라투르를 소유했지만 자신의 마음은 언제나 칼롱에 있다고 말했다.

무엇보다 생테스테프는 높은 품질을 자랑하는 크뤼 부르주아가 유명하다(p.88 오른쪽 아래 참조). 샤토 펠랑 세귀르Phélan Ségur와 샤토 드 페즈de Pez는 아주 훌륭한 와인을 만든다. 현재 샤토 드 페즈는 포이약의 피숑-랄랑드Pichon-Lalande와 함께 루이 로드레Louis Roederer의 소유로, 매우 흥미로운 역사를 갖고 있다. 17세기에 샤토 오-브리옹Haut-Brion의 퐁탁Pontac 가문 소유일 때 샤토 드 페즈는 '퐁탁'이라는 이름으로 런던에 수출되었는데, 아마도 메독의 등급 샤토 중 최초일 것이다. 이웃한 샤토 레 조름 드 페즈Les Ormes de Pez는 작은 샤토 호텔을 겸하는데(보르도에서는 쉽게 볼 수 있다), 포이약의 샤토 랭슈-바주Lynch-Bages의 유능한 경영진이 운영하고 있다. 남동쪽으로 몽로즈와 코스 데스투르넬 사이의 샤토 오-마르뷔제Haut-Marbuzet는 매력 넘치고 오크향이 풍부한 와인으로 유명하다.

샤토 메네Meyney는 메독에서 흔히 볼 수 없는 수도원 소유의 샤토로, 샤토 몽로즈처럼 지롱드강이 내려다보인다. 더 높은 등급을 받아야 한다는 여론이 많은 샤토다. 샤토 보-시트Beau-site, 르 보스크Le Boscq, 캅베른Capbern, 샹베르-마르뷔제Chambert-Marbuzet와 투

르 드 마르뷔제Tour de Marbuzet(오-마르뷔제와 소유주가 같다), 클로제Clauzet, 르 크로크Le Crock, 라 에유La Haye, 릴리앙 라두이Lilian Ladouys, 프티 보크Petit Bocq, 세리앙Sérilhan, 트롱쿠아-랄랑드Tronquoy-Lalande(현재 몽로즈와 소유주가 같다) 모두 생테스테프 와인의 전형적인 특징을 지녔으며, 등급 와인보다 훨씬 빨리 마실 수 있다. 보통 5~8년 숙성 후 마시는 것이 좋다.

생테스테프 북쪽은 자갈 토양이 점차 줄어들면서 강하구의 실트가 쌓인 평지 '팔뤼스palus'가 나오는데, 이곳에서는 품질 좋은 와인이 생산되지 않는다. 거기서 북쪽의 생쇠랭-드-카두른St-Seurin-de-Cadourne이라는 작은 마을에는 주목할 만한 와인을 만드는 와이너리들

2등급인 샤토 코스 데스투르넬의 독특한 외관은 보르도의 고전적인 샤토 사이에서 가장 눈에 띈다. 루이 가스파르 데스투르넬(Louis Gaspard d'Estournel)이 아시아 시장에서 거둔 큰 성공을 자랑하는 듯하다.

소유주가 바뀐 샤토

21세기에 들어서 생테스테프 최고 샤토 3곳의 주인이 바뀌었다. (보르도 지역의 특별한 현상으로, 매입과 매각을 통해 영리하게 샤토의 가치와 명성을 높이고 있다.) 프라트(Prats) 가문이 홀딩컴퍼니를 통해 코스 데스투르넬을 소유했지만, 2000년에 스위스 호텔과 식품회사 소유주인 미셸 레비에(Michel Reybier)에게 넘갔다. 그는 코스 데스투르넬뿐 아니라 생테스테프의 포도밭과 고급 호텔을 사들여 사업을 확장하고 있다. 2006년에는 3대째 몽로즈를 소유해 온 샤르몰뤼(Charmolües) 가문이 통신과 건설 대기업 부이그(Bouygues)의 마르탱, 올리비에 부이그 형제에게 몽로즈를 매각했다. 부이그 형제는 좋은 포도밭을 계속 사들이고 있다. 2011년 드니즈 가스크통(Denise Gasqueton) 여사가 세상을 떠난 후 딸이 칼롱 세귀르를 보험회사에 매각했다. 현재 보르도 샤토 대다수가 보험회사 소유다.

이 모여있다. 부드러운 메를로가 주요 품종인 샤토 쿠프랑Courfran, 타닌이 강한 샤토 베르디냥Verdignan, 때에 따라 훌륭한 와인을 만드는 샤토 벨 오름 트롱쿠아드 랄랑드Bel Orme Tronquoy de Lalande가 대표적이다. 하지만 가장 눈에 띄는 샤토는 강 가까이 야트막한 언덕에 위치한 샤토 소시앙도-말레Sociando-Mallet다. 화려하고 야심찬 소시앙도-말레는 블라인드 테이스팅에서 1등급 와인을 이긴 것으로 유명하다. 이곳의 소유주는 크뤼 부르주아 등급 시스템을 따르지 않는다.

쎙스랭 북쪽이 오-메독의 끝이다. 이곳 너머에서 생산되는 와인은 간단하게 메독 AOC가 된다(p.88 참조). 생테스테프 서쪽, 강에서 멀리 떨어진 시삭Cissac과 베르퇴유Vertheuil는 숲 가장자리에 위치하며, 자갈이 적고 무거운 토양이다.

범례

- ─·─·─·─ 경계선(canton)
- ─ ─ ─ ─ 경계선 [commune (parish)]
- CH COS LABORY — 크뤼 클라세
- Ch Sociando-Mallet — 주요 샤토 또는 생산자
- 프르미에 크뤼 클라세 포도밭
- 크뤼 클라세 포도밭
- 기타 포도밭
- 숲
- ─20─ 등고선간격 10m

1:42,000

Km 0   1   2 Km

Miles 0   1 Mile

샤토 몽로즈가 위치한 보라색 부분과 도랑이 흐르는 남쪽의 숲을 비교하면, 샤토 몽로즈의 높은 품질은 자갈 토양과 몇 걸음만 가면 나오는 지롱드강 덕분이라는 것을 잘 알 수 있다.

포이약 Pauillac

보르도 코뮌 중 최고를 꼽으라면 누구나 포이약을 선택할 것이다. 1등급 샤토 5개 중 3개인 라피트Lafite, 라투르Latour, 무통 로쉴드Mouton Rothschild가 여기에 있다. 큰 성공을 거둔 이들은 지속적인 확장, 개선, 혁신, 발전에 투자를 아끼지 않는다. 포이약 와인이야말로 보르도 레드 애호가들이 찾는 최고의 풍미를 지녔다. 신선한 과일향과 오크향, 단단함과 섬세함이 조화를 이루고, 시가향과 단맛이 은은하게 맴돌며, 무엇보다 힘이 있고 수명이 길다. 포이약 전체 포도밭 중 등급이 없는 곳은 5%도 안 되며, 등급이 낮은 와인도 부족함이 없다.

'크루프croupe'라고 불리는 메독의 자갈 둔덕도 포이약에서는 언덕에 가깝다. 언덕 정상 근처의 무통 로쉴드와 퐁테-카네Pontet-Canet가 해발 30m인데, 조금만 높아도 망루가 되는 연안지역에서는 굉장한 높이다.

포이약은 메독에서 가장 큰 와인마을이다. 다행히 오래된 정유공장이 문을 닫아 거대한 창고로 쓰이고, 옛 부두는 레저용으로 변신했으며, 몇몇 레스토랑이 새로 들어섰다. 샤토 랭슈-바주Lynch-Bages의 카즈Cazes 가문이 조용한 바주 마을에 샤토 코르데양-바주Cordeillan-Bages라는 호텔레스토랑을 열었고, 하루 종일 영업을 하는 카페와 2, 3개의 세련된 상점도 있다. 하지만 아직까지는 그것이 전부다. 포이약은 활기 넘치는 곳은 아니지만, 9월의 어느 주말만은 예외다. 메독 마라톤 대회에 참가한 수천 명의 마라토너들로 마을이 북적이기 때문이다(p.96 참조).

포이약의 포도밭은 메독의 다른 지역보다 덜 쪼개져 있다. 예를 들어 마고Margaux에서는 샤토들이 마을에 모여있고, 주변의 밭들도 서로 붙어있다. 반면 포이약에서는 한 샤토가 비탈이나 둔덕 전체를 소유한다. 덕분에 서로 다른 테루아가 표현하는 여러 스타일의 와인을 기대할 수 있다. 모두가 만족할 만한 와인이다.

포이약의 1등급 삼총사

포이약의 1등급 샤토 3개는 극적일 정도로 스타일이 다르다. 라피트 로쉴드(줄여서 라피트)와 라투르는 포이약 AOC의 최북단과 최남단에 있는데, 라피트는 거의 생테스테프에 붙어있고, 라투르는 생쥘리앙에 가깝다. 그런데 와인 스타일은 반대여서 라피트는 생쥘리앙의 부드러움과 피네스를 지녔고, 라투르는 생테스테프처럼 견고하다.

라피트는 112ha로 메독에서 가장 넓은 포도밭의 하나다. 평년에는 샤토의 대표와인, 즉 그랑 뱅이 약 640배럴 생산된다. 향이 풍부하고 세련되며 아주 우아한 와인으로, 독특한 원형 지하저장고에서 익어간다. 세컨드 와인인 카뤼아드Carruades는 그보다 많은 약 800배럴이 생산된다.

라투르 와인은 더 단단하고 튼튼하며, 수많은 빈티지가 아름답게 개축한 지하저장고에서 익어간다. 우아함을 거부하고, 강과 아주 가까운 언덕이라는 최고의 입지를 강건하고 깊이 있는 와인으로 표현한다. 샤토 라투르의 복합미가 제대로 표현되려면 수십 년이 걸린다. 빈티지의 기복이 덜해 풍미가 늘 일정한 것이 라투르의 장점이다. 샤토에서 서쪽과 북서쪽의 외떨어진 포도밭(지도의 크뤼 클라세)에서 생산되는 세컨드 와인 레 포르 드 라투르Les Forts de Latour도 2등급 와인 대접을 받고 그에 맞는 가격을 받는다. 어린 나무로 만든(맛에서 느껴진다) 와인은 일반 포이약 AOC로 판매된다.

무통 로쉴드는 포이약의 세 번째 스타일이다. 힘차고 진하며 잘 익은 블랙커런트의 풍미가 가득하고 이국적이다. 포이약을 방문하게 된다면 무통 로쉴드 박물관에 가보자. 오래된 글라스, 그림, 태피스트리 등 와인 관련 예술품이 전시되어있고, 매년 라벨에 들어가는 그림 원본을 전시하는 갤러리도 있다. 여기에 새로 개축한 저장고까지 무통 로쉴드는 그야말로 포이약의 명소다. 세컨드 와인 르 프티 무통Le Petit Mouton은 1997년에 처음 생산되었고, 무통-카데Mouton-Cadet는 보르도 전역에서 생산된 와인을 병입(연간 1,200만 병)하는 거대 브랜드이다.

포이약의 1등급 삼총사 와인에 녹아있는 카베르네 소비뇽의 풍부한 향과 힘을 경험하면, 카베르네 소비뇽이 메독 토양에 가장 적합한 품종으로 인정받은 지 150년밖에 지나지 않았다는 사실이 이상하게 느껴진다. 그전까지는 1등급 샤토도 말벡처럼 카베르네 소비뇽보다 못한 품종과의 블렌딩을 거쳐 자신들의 테루아의 명성을 쌓아왔다. 하지만 카베르네 소비뇽은 숙성

1등급 샤토 라투르와 샤토 라투르 소유의 부르고뉴, 론, 캘리포니아 포도밭에서는 상상할 수 있는 모든 방법을 동원해서 전통방식으로 포도를 재배한다.

에 많은 시간이 필요한 것으로 유명하다. 10~20년(빈티지에 따라 다르다) 정도 충분한 시간을 주면 아무나 따라할 수 없는 완벽에 도달할 수 있다. 하지만 백만장자들은 참을성이 없다. 너무 어릴 때 다 마셔버린다.

2등급 경쟁자들

남쪽에서 포이약으로 가는 D2 지방도로 옆쪽에는 라이벌 관계인 유서 깊은 2등급 샤토 2곳이 있다. 수년 동안 샤토 피숑 롱그빌 콩테스 드 랄랑드Pichon Longueville Comtesse de Lalande, 줄여서 피숑-랄랑드Pichon-Lalande가 더 유명했다. 하지만 이제 샤토 피숑 바롱Pichon Baron(또는 피숑-롱그빌 바롱Pichon-Longueville Balon)도 1등급 샤토에 도전하고 있다. 소유주인 보험회사 악사AXA의 대대적인 투자 덕분으로, 핵심 포도밭에서도 철저하게 좋은 구획만 선정해 와인을 만든다. 이에 질세라 2007년 길 건너 피숑-랄랑드를 매입한 샴페인회사 루이 로드레도 포도밭을 재정비하며 셀러를 새로 짓고 샤토를 개축했다.

샤토 랭슈-바주는 '겨우' 5등급이지만, 특히 영국에서 오래전부터 사랑받았다. 무통 로쉴드처럼 향신료향이 풍부하지만 그만큼 비싸지 않은 것이 장점이다. 이곳 역시 셀러를 신축했다. 북쪽으로는 바이오다이나믹 농법의 선구자 샤토 퐁테-카네가 무통 로쉴드 옆에 자리잡고 있는데 맛은 매우 다르다. 무통 로쉴드는 개방적이고 화려하지만, 퐁테-카네는 구조가 단단하다. 르 푸얄레Le Pouyalet 마을 북쪽, 강 근처 샤토 페데스클로

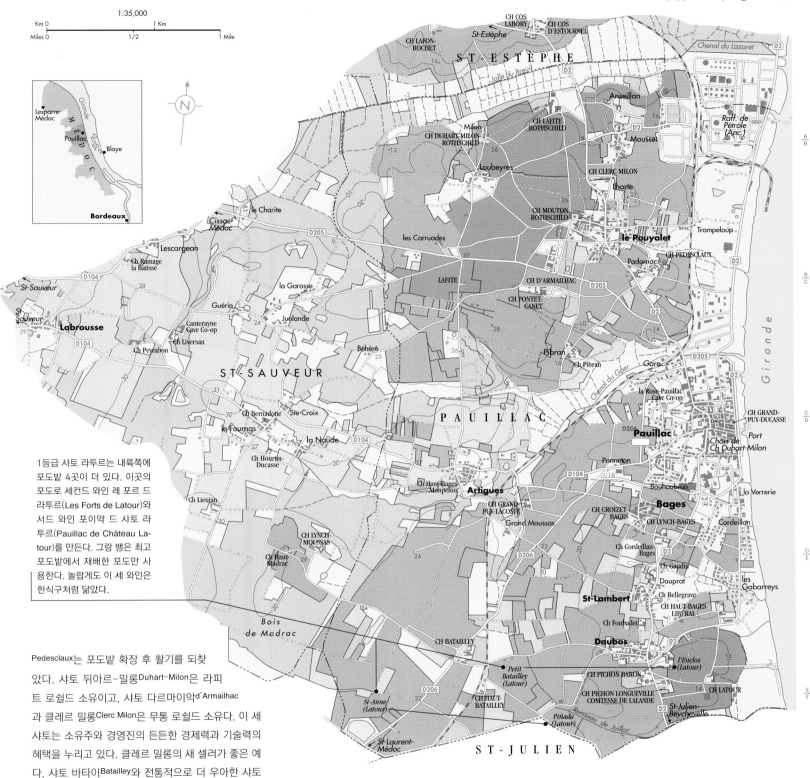

1:35,000

Km 0 · · · · · · 1 Km
Miles 0 · · · 1/2 · · · 1 Mile

1등급 샤토 라투르는 내륙쪽에 포도밭 4곳이 더 있다. 이곳의 포도로 세컨드 와인 레 포르 드 라투르(Les Forts de Latour)와 서드 와인 포이약 드 샤토 라투르(Pauillac de Château Latour)를 만든다. 그랑 뱅은 최고 포도밭에서 재배한 포도만 사용한다. 놀랍게도 이 세 와인은 한식구처럼 닮았다.

Pedesclaux는 포도밭 확장 후 활기를 되찾았다. 샤토 뒤아르-밀롱Duhart-Milon은 라피트 로쉴드 소유이고, 샤토 다르마이악d'Armailhac과 클레르 밀롱Clerc Milon은 무통 로쉴드 소유다. 이 세 샤토는 소유주와 경영진의 든든한 경제력과 기술력의 혜택을 누리고 있다. 클레르 밀롱의 새 셀러가 좋은 예다. 샤토 바타이Batailley와 전통적으로 더 우아한 샤토 오-바타이Haut-Batailley(현재 랭슈-바주 소유)는 전형적인 포이약 와인을 만들며, 강가에서 멀리 떨어진 숲 근처에 있다.

세련되고 너무 비싸지 않은 샤토 그랑-퓌-라코스트Grand-Puy-Lacoste는 프랑수아-자비에 보리가 운영하며, 그의 형제 브뤼노는 생쥘리앵에 샤토 뒤크뤼-보카유Ducru-Beaucaillou를 갖고 있다. 샤토 그랑-퓌-뒤카스Grand-Puy-Ducasse도 좋은 포이약 와인의 단단하고 활기찬 에너지를 표현한다. 라코스트의 포도밭이 샤토를 중심으로 포이약의 고지대로 계속 이어진다면, 뒤카스의 포도밭은 포이약 북부와 서부 3곳에 나뉘어 있고, 오래된 샤토는 포이약 마을 부둣가에 있다.

생랑베르St-Lambert에 입지가 좋은 포도밭을 소유한 샤토 오-바주 리베랄Haut-Bages Libéral은 새 밭을 구입해 바이오다이나믹 농업으로 새 삶을 살고 있고, 샤토 크루아제-바주Croizet-Bages는 뒤처지지 않으려 애쓰는 중이다. 샤토 랭슈-무사Lynch-Moussas는 샤토 바타이와 소유주가 같으며, 일관된 품질의 와인을 합리적 가격에 제공한다.

───── 경계선(canton)
─ ─ ─ ─ 경계선[commune (parish)]
CH LATOUR 크뤼 클라세
Ch Pibran 주요 샤토 또는 생산자
l'Enclos 리외-디
　 프르미에 크뤼 클라세 포도밭
　 크뤼 클라세 포도밭
　 기타 포도밭
　 숲
══20══ 등고선간격 10m

생쥘리앵
St-Julien

생쥘리앵 와인이 메독에서 가장 일관적이라는 것에는 이견이 없다. 작은 마을이고, 메독의 유명한 코뮌 4개 중 생산량도 가장 적고 1등급 샤토도 없지만, 뛰어난 정통 보르도 와인(클라레)으로 평가받는다. 거의 90%의 포도밭을 등급 샤토들이 소유하고 있다. 등급이 없는 샤토도 여기에 포함되는데, 샤토 랄랑드-보리Lalande-Borie는 2등급 샤토 뒤크뤼-보카유Ducru-Beaucaillou의 소유이고, 샤토 물랭 리슈Moulin Riche는 샤토 레오빌-푸아페레Léoville-Poyferré의 퀴블리에Cuvelier 가문 소유다. 성과가 뛰어난 샤토 글로리아Gloria는 샤토 생피에르St-Pierre와 같이 운영되고 있다.

생쥘리앵은 거의 전 지역이 최고의 포도밭이다. 전형적인 자갈 둔덕이고, 포이약처럼 깊지는 않지만 모두 지롱드강과 가깝거나 꽤 깊은 계곡의(메독 기준으로) 남향 비탈에 위치하고, 마을 남쪽 끝 잘 뒤 노르Jalle du Nord 개울이나 셰날 뒤 밀리유Chenal du Milieu 수로를 통해 배수된다.

생쥘리앵의 위대한 샤토는 두 그룹으로 나뉜다. 하나는 레오빌Léoville 삼형제처럼 생쥘리앵 마을 주변 지롱드 강변에 있고, 다른 하나는 남쪽 베슈벨Beychevelle 마을에 모여 있다. 샤토 베슈벨, 브라네르-뒤크뤼Branaire-Ducru, 뒤크뤼-보카유가 대표적이며, 거기서 뒤로 돌아가면 샤토 그뤼오 라로즈Gruaud Larose, 내륙으로 더 들어가면 샤토 라그랑주Lagrange가 나온다. 포이약이 경이롭고 찬란하다면, 마고는 세련되고 우아하며, 생쥘리앵은 포이약과 마고의 중간으로 거의 예외

없이 부드럽고 순하다. 순하다는 것은 와인이 숙성됐을 때의 이야기로, 날씨가 좋은 해에도 시작은 거칠고 타닌은 강하다.

레오빌 삼형제

생쥘리앵 코뮌의 빛나는 보석 레오빌 영지는 포이약의 경계선에 위치한다. 한때 메독에서 가장 넓은 곳이었지만, 지금은 3개의 샤토로 분할되었다. 이 중 샤토 레오빌 라스 카즈Léoville Las Cases가 거의 100ha로 가장 넓지만, 영지의 핵심은 53ha의 그랑 앙클로Grand Enclos이다. 레오빌 라스 카즈는 밀도 있고 단단하며 수명이 긴 전형적인 '고전' 와인이다. 들롱Delon 가문이 수완 좋게 경영하고 있어 종종 1등급 수준으로 판매된다. 레오빌 바르통Léoville Barton 역시 막상막하다. 18세기에 보르도로 이주한 아일랜드 상인 가문인 바르통의 소유다. 현 소유주 앤서니 바르통은 바로 옆의 아름다운 18세기 샤토 랑고아 바르통Langoa Barton에 살면서 두 와인을 동일한 저장고에서 같이 양조한다. 랑고아가 레오빌보다 조금 떨어진다고 평가받지만, 둘 다 전통방식으로 최고의 클라레 와인을 만들고, 어려운 해에도 절대 가치가 떨어지지 않는다. 레오빌-푸아페레는 삼형제 중 가장 풍성하고 화려한 와인으로, 지금은 2등급 이상의 가치가 있다고 평가받는다.

레오빌 삼형제 남쪽에는 브뤼노 보리Bruno Borie의 이탈리아풍 샤토 뒤크뤼-보카유가 있다. 높은 수준의 풍부함과 피네스를 강조하며 자신만의 스타일을 만든다. 이웃인 브라네르-뒤크뤼 역시 생쥘리앵의 부드러움을 잘 표현한다. 중국 와인 바이어들에게 인기 있는 샤토 베슈벨의 18세기 저택은 길모퉁이에 진지처럼 우뚝 서 있다. 앞면 전체가 유리로 된 저장고, 세련된 호텔과 레스토랑이 눈길을 사로잡는다. 근처에는 자매 샤토

2017년 베슈벨은 대대적으로 샤토를 개축했다. 바다를 테마로 한 새로운 저장고가 와인 라벨의 배 그림과 잘 어울린다. 구릿빛 파도소리를 들으며 와인이 익어간다.

인 샤토 생피에르와 샤토 글로리아가 있는데, 두 샤토 역시 재능 있는 건축가가 야심차게 개축했다. 둘 다 피네스와 우아함을 갖추었고, 부드러운 살집의 바디감이 아주 매력적인 와인을 만든다.

샤토 그뤼오 라로즈부터 생쥘리앵의 내륙쪽 샤토가 시작된다. 풍부하고 역동적인 이곳 와인들은 최상급 와인으로 손색이 없다. 샤토 탈보Talbot는 생쥘리앵 한가운데에 있는 고지대에 위치한다. 섬세함이 살짝 떨어질 수 있지만, 한결같이 밀도 있고 부드러우며 맛이 좋다. 포도밭 입지도 좋지만, 무엇보다 뛰어난 양조기술 덕분이다.

샤토 라그랑주는 마지막 등급 샤토로 메독에서 가장 규모가 크다. 과거에 풍부한 풍미와 알찬 와인으로 유명했고, 1983년 일본 산토리에 인수되어 다시 관심을 모으고 있다. 조용한 내륙지역에 있는 생로랑St-Laurent 마을과의 경계선에 위치한다. 생로랑은 오-메독 AOC에 속하며, 광활하고 품질이 많이 개선된 샤토 라로즈-트랭토동Larose-Trintaudon 역시 오-메독 AOC다. 등급 분류된 다음 세 곳의 샤토는 정도는 다르지만 모두 재도약을 위해 달리고 있다. 라 투르 카르네La Tour Carnet가 선두로 매력적인 와인을 만드는 데 성공했다. 카망삭Camensac은 그뤼오 라로즈의 메를로Merlaut 가문이 매입한 후 수년 뒤에 포도나무를 새로 심었다. 샤토 벨그라브Belgrave 역시 네고시앙 두르트Dourthe의 투자로 부활 중이다. 하지만 이 지역은 지롱드강 인근 샤토들의 우아함에는 미치지 못한다.

메독 화이트의 급성장

1980년대 들어 메독에서 화이트와인이 부활했다(우안에서도 화이트와인이 유행하기 시작했다). 1920년대부터 화이트와인을 생산한 샤토 마고(Margaux)는 현대에서 가장 오래된 화이트와인 역사를 갖고 있으며, 이곳의 19세기 문서에 화이트와인에 대한 기록이 남아있다. 멘첼로풀로스(Mentzelopoulos) 가문이 샤토 마고를 매입하고 처음 내놓은 것이 파비용 블랑 뒤 샤토 마고(Pavillon Blanc du Château Margaux)이다. 세계에서 가장 풍부하고, 때로는 오크향이 가장 강한 화이트와인이다. 레드품종에 적합하지 않은 땅에서 재배한 소비뇽 블랑 100%로 만든다. 이것이 보르도에서 화이트와인 품종을 심는 주된 이유이기도 하다. 두 번째 이유는 메독 샤토의 소유주들이 첫 식사 코스에 마실 와인으로 적합하기 때문이다.

생쥘리앵의 샤토 탈보는 소비뇽 블랑과 세미용을 블렌딩한 카유 블랑(Caillou Blanc)을 오래전부터 생산해왔다. 샤토 랭슈-바주는 포이약에 있는 작은 포도밭이 레드와인을 만들기에는 충분하지 않다고 판단하고, 거기서 블랑 드

랭슈-바주(Blanc de Lynch-Bages)를 1990년 빈티지부터 생산하고 있다. 다음해에 샤토 무통 로쉴드 역시 파비용 블랑 뒤 샤토 마고처럼 명품시장을 겨냥해 엘 다르장(Aile d'Argent)을 시판했다. 생쥘리앵의 샤토 라그랑주는 1996년부터 포도밭 구석의 모래 토양에서 소비뇽 그리를 포함한 드라이 화이트를 만들고 있다.

눈길을 끌 만한 드라이 화이트와인이 메독에서 계속 나오고 있다. 특히 리스트락(Listrac) 코뮌의 많은 샤토들이 눈길을 끈다. 퐁레오(Fonréaud), 사랑소-뒤프레(Saransot-Dupré), 클라르크(Clarke), 최근 등장한 푸르카스 오스탕(Fourcas Hosten)과 푸르카스 뒤프레(Fourcas Dupré)가 대표적이다. 메독에서 생산되는 화이트와인은 1등급 샤토에서 만든 것까지 모두 보르도 AOC로 판매된다. 소비뇽 블랑, 세미용, 뮈스카델, 소비뇽 그리와 같이 허용된 보르도 화이트품종으로 만들지 않은 것은 뱅 드 프랑스로 판매된다. 뱅 드 프랑스도 생산자들은 좋은 가격을 받을 수 있다(p.104 참조).

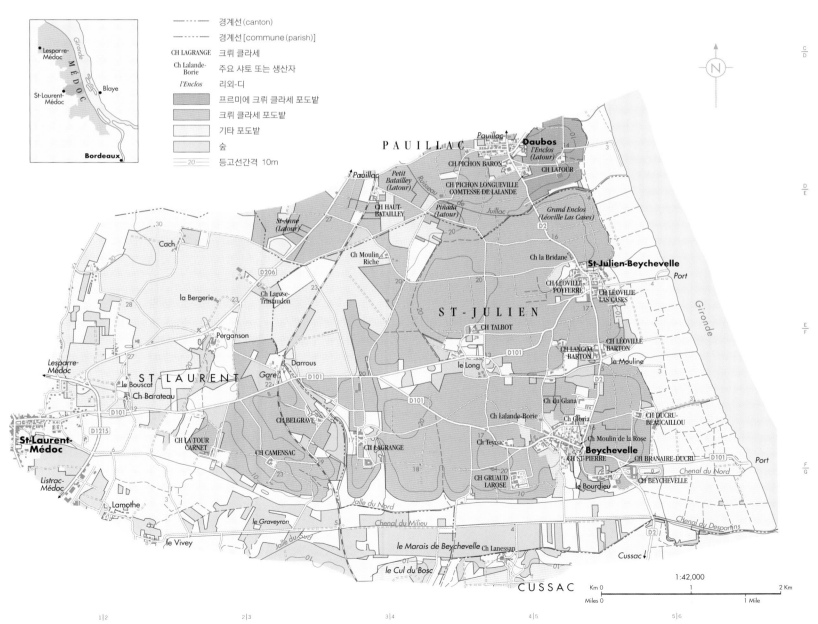

범례:
- 경계선(canton)
- 경계선 [commune (parish)]
- CH LAGRANGE　크뤼 클라세
- Ch Lalande-Borie　주요 샤토 또는 생산자
- l'Enclos　리외-디
- 프르미에 크뤼 클라세 포도밭
- 크뤼 클라세 포도밭
- 기타 포도밭
- 숲
- 20　등고선간격 10m

1:42,000

Km 0　　1　　2 Km
Miles 0　　　　1 Mile

메독 중부
Central Médoc

오-메독을 따라 길게 드라이브할 수 있는 구간으로, 운전하지 않고 차를 타고 간다면 여기서 잠깐 눈을 붙여도 좋다. 등급 샤토가 없는 마을이 4개나 이어지며, 아펠라시옹은 오-메독이다. 이곳의 자갈 둔덕은 강 위로 많이 올라오지 않고, 지하수면도 높아 포도나무가 쉽게 물에 닿을 수 있다. 비가 많이 오면 물에 잠기기도 한다. 그래서 와인이 전반적으로 섬세하지 못하다. 퀴삭Cussac 코뮌은 아직 생쥘리앵의 영향 아래 있고, 지역민들은 일부 포도밭이 생쥘리앵 AOC로 분류되기를 희망하지만 가능성은 크지 않다. 메독 중부는 크뤼 부르주아의 땅이라 할 수 있다(생테스테프보다 더 많다). 최상급 크뤼 부르주아와 등급을 받지 못한 다수의 샤토를 이곳에서 찾을 수 있다. 물리Moulis의 샤토 샤스-스플린Chasse-Spleen과 샤토 푸조Poujeaux는 보르도 최고의 밸류와인이다. 두 샤토는 이름과 달리 아주 작은 마을인 그랑 푸조Grand Poujeaux 외곽에 있는데, 자갈 능선이 그랑 푸조 오른쪽의 아르생Arcins 마을에서 솟아올라, 그랑 푸조와 리스트락에서 최고조에 이르면서 내륙쪽으로 펼쳐진다. 물리와 리스트락은 지역이 넓은 오-메독 AOC가 아니라 자신들만의 AOC, 즉 물리-앙-메독Moulis-en-Médoc과 리스트락-메독Listrac-Médoc을 인정받았으며, 최근 몇 년 동안 명성이 높아지고 있다.

자갈 토양과 자갈의 배수 효과로 품질 역시 높다. 샤스-스플린은 명예 생쥘리앵 와인이나 마찬가지다. 부드럽고 마시기 어렵지 않지만, 구조는 단단하다. 샤토 푸조는 보통 강건하고 섬세함이 부족한데 최근에는 많이 세련되어지고 인상적이다. 두 샤토 사이에는 '그랑 푸조'라는 이름이 붙은 한 무리의 샤토가 모여있다. 그레시에Gressier, 뒤트뤼쉬Dutruch, 라 클로즈리La Closerie, 브라나Branas, 모두 메독 와인의 독특한 풍미를 가진 강건한 장기숙성용 레드를 만든다. 여기서 조금 북쪽에 있는 샤토 모카유Maucaillou에서는 가격 대비 품질이 매우 훌륭한 와인을 만든다. 예약 없이 방문한 일반인에게도 샤토를 개방하는데, 오-메독에서도 등급 샤토가 없는 이 지역에서는 흔한 일이 아니다. 샤토 모브장 바르통Mauvesin Barton은 레오빌 바르통Léoville Barton의 릴리언 바르통Lilian Barton이 2011년에 매입했다. 물리-앙-메독 남서쪽에 있어서 지도에는 나오지 않는다. 2017년 악명 높은 봄서리로 그해 예상 수확량에 못 미쳤지만, 앞으로 관심 있게 지켜볼 만하다.

리스트락은 내륙 안쪽의 높은 고지대에 있으며, 자갈 아래 석회암 하부토가 있다. 거칠고 타닌이 강한 와인이라는 이미지를 바꾸기 위해 메를로를 더 많이 재배한다. 여기서 인기 있는 이름은 푸르카스Fourcas로,

이 이름을 가진 4개의 샤토 중 오스탕Hosten, 뒤프레Dupré, 특히 보리Borie가 흥미롭다.

리스트락 코뮌 내의 샤토 클라르크Clarke는 이제 완전히 현대화되었고 포도밭도 55ha로 늘어났다. 에드몽 드 로쉴드 남작의 작품으로 막대한 설비투자를 했지만, 포이약의 로쉴드 가문이 소유한 1등급 샤토 2곳과 비교하면 아무리 큰 돈을 들여도 테루아를 이기지 못한다는 것을 극명하게 보여준다. 리스트락 남쪽의 쌍둥이 샤토 퐁레오Fonréaud와 레스타주Lestage 사이에는 이들의 74ha 포도밭이 있다. 리모델링을 마친 두 샤토는 리스트락 특유의 단단함을 줄이고 좀 더 부드러운 와인을 만들어, 리스트락 AOC를 알리는 데 큰 역할을 하고 있다.

강에 더 가까이

지도 북쪽의 오-메독 AOC인 샤토 라느상Lanessan은 수로 너머로 생쥘리앵과 마주본다. 라느상과 카론 생트젬Caronne Ste-Gemme(대부분 생로랑 코뮌에 위치)은 소유주들이 높은 기준으로 잘 운영하고 있다. 반면 퀴삭에는 와인 품질에 큰 영향을 미치는 자갈이 많지 않고(숲이 강 가까이에 있다), 샤토 보몽Beaumont이 가장 좋은 땅을 차지하고 있다. 보몽 와인은 마시기 쉽고 향이 풍부하며 숙성도 빨라 인기가 많다. 비유 퀴삭Vieux Cussac 마을의 샤토 투르 뒤 오-물랭Tour du Haut-Moulin은 정반대다. 진한 올드 스타일로 마시려면 수년을 기다려야 하는데, 물론 그럴 가치가 있다.

강으로 나가면 17세기에 지은 메독 요새의 총안 흉벽이 볼 만하다. 영국군의 공격에 대비한 군사시설로, 지금은 평화롭게 쓰인다. 초기 요새인 라마르크Lamarque에는 아름다운 샤토 드 라마르크가 있다. 신중하게 양조된 만족스러운 풀바디의 진정한 메독 와인을 생산한다. 라마르크는 지롱드강 건너 블라이Blaye와 메독을 연결하는 통로로, 이곳 부두에서 카페리가 왕래

메독 마라톤 대회. 코스프레 의상을 입고 42.2km의 아름다운 포도밭을 달리면서 23잔의 와인을 마셔야 한다. 메독의 특산물인 굴, 푸아그라, 치즈, 스테이크, 아이스크림도 준비되어 있다. 원한다면 물을 마셔도 된다.

한다. 메독에서 가장 권위 있는 와인메이커인 에릭 부아스노Eric Boissenot의 본거지로 유명하다.

최근 몇 년 동안 꽤 많은 포도나무를 다시 심은 것에서, 새 모습을 보이려는 이 지역의 결의를 느낄 수 있다. 샤토 말레스카스Malescasse는 새 주인을 맞은 뒤 많이 개선되었다. 라마르크 남쪽의 아르생Arcins 코뮌에 있는 오래되고 거대한 샤토 바레르Barreyres와 샤토 다르생d'Arcins은 카스텔Castel 가문의 지휘 아래 대대적으로 포도나무를 새로 심었다. 카스텔 제국은 저 멀리 에티오피아까지 뻗어있다. 바레르와 다르생, 잘 운영되고 있는 이웃 샤토 아르노Arnauld가 아르생을 꾸준히 알리고 있지만, 이 마을에서 가장 유명한 것은 메독 와인메이커들의 구내식당이나 다름없는, 작은 레스토랑 르 리옹 도르Le Lion d'Or이다.

동남쪽 모퉁이의 배수로 에스테 드 타약Estey de Tayac을 지나면 마고의 영향력이 느껴진다. 메를로Merlaut 가문 소유의 광대한 샤토 시트랑Citran과, 그보다 작은 빌조르주Villegeorge(더 아래에 있어 지도에는 나오지 않지만, 눈여겨볼 만하다)는 아방상Avensan 코뮌에 있다. 둘 다 잘 알려진 샤토이며 마고 스타일 와인을 만든다.

수상Soussans은 오-메독 AOC가 아니라 마고 AOC에 속한다. 수상 바로 북쪽의 샤토들은 마고라는 이름을 몰래라도 사용하고 싶을 것이다. 샤토 라 투르 드 몽La Tour de Mons과 샤토 파베이 드 뤼즈Paveil de Luze는 크뤼 부르주아 등급을 유지하고 있다. 파베이 드 뤼즈는 보르도의 유명 상인 가문 소유로 100년 동안 고급 시골휴양지이기도 했으며, 이들 일가가 좋아하는 마시기 쉽고 우아한 와인을 만든다.

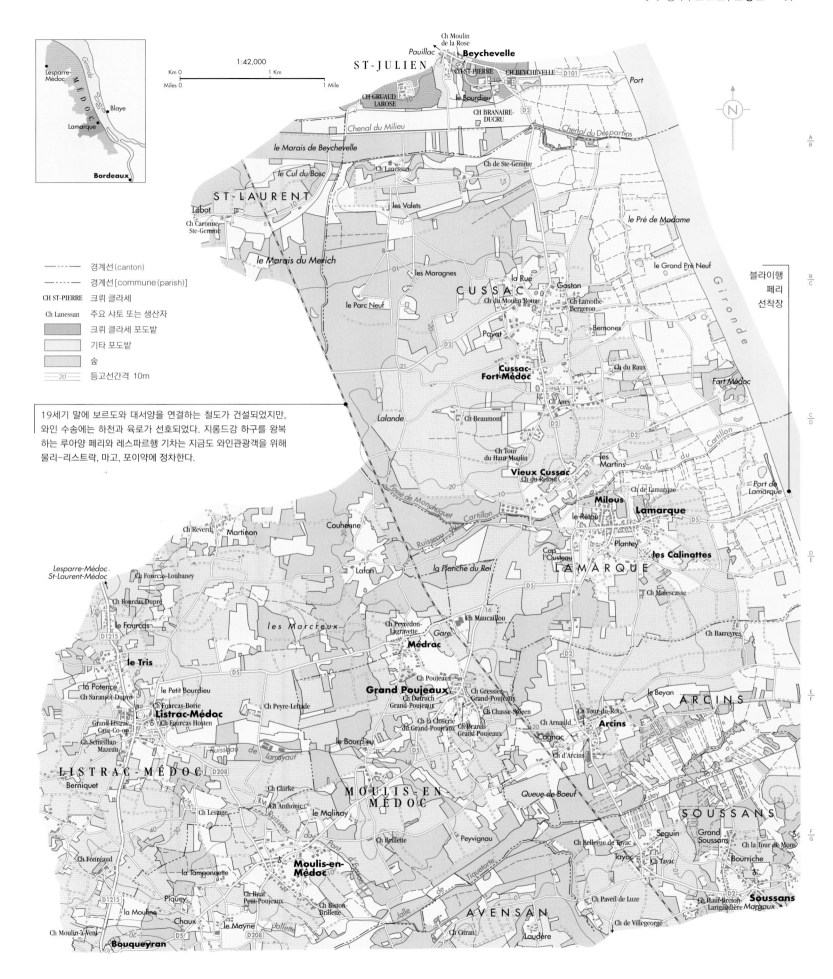

Ch Moulin
de la Rose
Pauillac
Beychevelle
ST-JULIEN
CH ST-PIERRE
CH BEYCHEVELLE
D101
Port
CH GRUAUD
LAROSE
le Bourdieu
CH BRANAIRE-
DUCRU
D2
Chenal du Milieu
Chenal du Despartins

le Marais de Beychevelle

le Cul du Bosc
Ch Lanessan
Ch de Ste-Gemme
le Pré de Madame

ST-LAURENT
les Valets

Labat
Ch Caronne-
Ste-Gemme

le Grand Pré Neuf

le Marais du Merich

les Maragnes
la Rue
Gaston
CUSSAC
Ch Lamothe
Bergeron

le Parc Neuf
Ch du Moulin Rouge
Bernones

Payat

경계선(canton)
경계선[commune (parish)]
CH ST-PIERRE　크뤼 클라세
Ch Lanessan　주요 샤토 또는 생산자
　크뤼 클라세 포도밭
　기타 포도밭
　숲
20　등고선간격 10m

Ch du Raux
**Cussac-
Fort-Médoc**
Fort Médoc
Ch Aney

19세기 말에 보르도와 대서양을 연결하는 철도가 건설되었지만,
와인 수송에는 하천과 육로가 선호되었다. 지롱드강 하구를 왕복
하는 루아양 페리와 레스파르행 기차는 지금도 와인관광객을 위해
물리-리스트락, 마고, 포이약에 정차한다.

Lalande
Ch Beaumont
D2

Ch Tour
du Haut-Moulin
les
Martins
Ch de Lamarque
Port de
Lamarque

Vieux Cussac
Ch du Retour
Milous
le Rétou
Lamarque
D5

Fossé de Monchuquet
Cartillon

Ch Reverdi
Martinon
Couhenne
Cap
l'Ousteau
les Calinattes
LAMARQUE

Lesparre-Médoc
St-Laurent-Médoc
Ch Fourcas-Loubaney
Lafon
la Planche du Roi
D5
Ch Malescasse

Ch Fourcas Dupré
les Marcreux
Ch Maucaillou
Ch Barreyres

le Fourcas
D1215
Ch Peyredon-
Lagravette
Gare
ARCINS

le Tris
Médrac
le Beyan

la Potence
Ch Saransot-Dupré
le Petit Bourdieu
Ch Poujeaux
Grand Poujeaux
Ch Gressier
Grand-Poujeaux
Ch Tour-du-Roc
Ch Fourcas-Borie
Ch Datruch
Grand-Poujeaux
Arcins
Listrac-Médoc
Ch Fourcas Hosten
Ch Peyre-Lehade
Ch la Closerie
du Grand-Poujeaux
Ch Chasse-Spleen
Grand Listrac
Cave-Co-op
le Bourdieu
Ch Branas
Grand Poujeaux
Cagnac
Ch Arnauld
Ch Sémeillan-
Mazeau
Ch d'Arcins

LISTRAC-MÉDOC
Berniquet
Ch Clarke
**MOULIS-EN-
MÉDOC**
Queue de Boeuf
SOUSSANS
Ch Anthonic
D208
le Malinay
Ch Lestage
le Bellevue de Tayac
Seguin
Grand
Soussans
Ch la Tour de Mons
Ch Fonréaud
Ruisseau
du
Pont
de
Peyvignau
Jayac
Bourriche
Ch Brillette
Tayac
Ch Tayac
**Moulis-en-
Médoc**
la Tamponnette
Piquey
Ch Ruat
Petit-Poujeaux
Ch Biston-
Brillette
Ch Paveil de Luze
Ch Haut-Breton-
Larigaudière
Soussans
Chaux
le Mayne
AVENSAN
Ch de Villegeorge
Margaux
Ch Moulin-à-Vent
D5
D208
Bouqueyran
la Mouline
Lauzere
Ch Citran

블라이행
페리
선착장

Gironde

MÉDOC
Lesparre-
Médoc
Blaye
Lamarque
Bordeaux

마고, 메독 남부 Margaux and the Southern Médoc

마고와 그 남쪽 캉트낙Cantenac은 메독에서 가장 우아하고 세련되며 향이 풍부한 와인이 생산되는 곳이다. 역사에도 기록되어있으며, 한동안 강한 알코올과 오크 향에 구애를 보내다가 지금은 다시 옛 스타일로 돌아왔다. 그 어느 곳보다 2등급과 3등급 와인이 많은 메독 남부에 새 바람이 일고 있다.

지도를 보면 마고와 캉트낙이 포이약, 생쥘리앵과 많이 다른 것을 알 수 있다. 샤토가 고르게 흩어지지 않고 마을에 옹기종기 모여있다.

마고의 토양은 메독에서 가장 얇고 자갈이 가장 많다. 그래서 물이 충분하지 않아, 뿌리가 물을 찾아 땅속 7m까지 내려간 곳도 있다. 그 땅에서 나온 와인은 처음부터 상당히 부드럽지만, 날씨가 나쁜 해에는 묽게 느껴진다. 그러나 날씨가 좋거나 아주 좋은 해에는 자갈 토양에 대한 지금까지의 모든 찬양이 정당화된다. 전형적인 마고 와인은 섬세하다. 달콤하고 잊을 수 없는 향으로 보르도 와인 중에서 가장 우아한 클라레claret라는 명성을 얻었다.

샤토 마고와 샤토 팔메Palmer는 그러한 경지를 늘 보여주는 와인이다. 샤토 마고는 메독 남부에서 유일한 1등급 샤토이며, 또 가장 1등급답게 보인다. 울창한 가로수길 끝에 서 있는 그리스 신전이 진짜 궁전 같다. 저장고도 그에 걸맞다(유명한 영국 건축가 노먼 포스터가 리디자인했다). 1978년 멘첼로풀로스 가문이 샤토 마고를 인수한 뒤 최고의 와인을 만들고 있다. 오크통 숙성을 거친 선구적인 화이트와인 파비용 블랑 뒤 샤토 마고Pavillon Blanc du Château Margaux는 p.99 지도의 서쪽 끝에서 재배하며, p.95에 설명이 나온다. 비슷하게 개축된 3등급 샤토 팔메는 메를로를 더 많이 사용하고, 때때로 1등급에 도전장을 내밀기도 한다. 하

지만 바이오다이나믹 농법을 일찍 시작해서 생장기에 비가 많이 오면 어려움을 겪기도 한다. 샤토 라스콩브Lascombes는 러시아 와인비평가 알렉시스 리신, 영국 맥주회사 바스Bass, 미국 투자회사를 거쳐 현재 프랑스 보험회사의 소유인데, 70~80년대에 포도밭을 계속 매입한 후 2등급의 품질이 나빠진 대표적 예이다. 오늘날은 메를로에 힘입어 과감하고 잘 익은 와인을 생산한다. 이곳에서 멀지 않은 곳에 최근 부활한 3등급의 작은 샤토 페리에르Ferrière가 있다. 마고의 특징인 피네스가 있는 와인을 생산한다.

마고 지역의 콤비 플레이

18세기 생쥘리앵의 레오빌Léoville처럼 명성이 높았던 로장Rauzan은 2개의 샤토로 분리되었다. 먼저 로장-세글라Rauzan(Rausan)-Ségla는 현재 메독의 슈퍼스타다. 1980년대에 혁신을 거듭했고, 1994년부터 패션하우스 샤넬을 소유한 가문이 확고한 철학을 갖고 운영 중이다. 그보다 작은 로장-가시Rauzan-Gassies는 2등급 기준에 많이 못 미치지만 개선되고 있다.

마고에는 이렇게 짝을 이루는 샤토가 여러 곳 있다. 2등급 브란-캉트낙Brane-Cantenac과 뒤르포르-비방Durfort-Vivens은 손을 뻗치지 않은 곳이 없는 뤼르통Lurton 가문에서 소유하며, 와인 스타일도 각각 매우 다르다. 브란-캉트낙은 향이 풍부하고 거의 입에서 녹는다. 뒤르포르-비방은 바이오다이나믹 농법 인증을 받으며 품질이 많이 개선되었지만, 여전히 거의 샤토 마고만큼 카베르네 소비뇽을 높은 비율로 블렌딩하는 것이 특징이다. 지금은 흔적만 남은 3등급 샤토 데미라이Desmirail는 뤼르통의 세 번째 형제로 합류했다.

4등급 샤토 푸제Pouget와 3등급 샤토 부아드-캉트

낙Boyd-Cantenac은 사이가 별로 안 좋은 형제다. 샤토 말레스코 생텍쥐페리Malescot St-Exupéry는 쥐게Zuger 가문의 지휘로 좋은 와인을 만들지만 기복이 있다. 페로도Perrodo 가문은 3등급의 작은 샤토 마르키 달렘Marquis d'Alesme을 대대적으로 복원해 관광객에게 우호적인 샤토로 탈바꿈시켰고, 등급이 없는 샤토 라베고르스Labégorce를 매입해 라베고르스-제데Labégorce-Zédé에 합병시켰다.

마고 마을의 4등급 샤토 마르키 드 테름Marquis de Terme은 해외에서는 찾기 힘들지만, 지금은 꽤 훌륭한 와인을 만든다. 3등급의 아름다운 샤토 디상d'Issan은 강이 내려다보이는 완만한 비탈에 밭이 있어서 마고에서 최고의 입지로 꼽힌다. 풍미는 샤토 마고를 닮았다.

캉트낙의 샤토 프리외레-리신Prieuré-Lichine은 알렉시 리신의 소유일 때 마고 AOC에서 가장 일관된 클라레로 명성을 얻었다. 또한 처음으로 사전예약 없이 방문객을 맞이했는데, 당시에는 파격적인 행보였다. 샤토 키르완Kirwan은 한때 침체되었다가 마고 특유의 피네스를 다시 선보이고 있다. 내륙의 아르삭언덕에 홀로 떨어져 있는 샤토 테르트르Tertre 역시 재기에 성공했는데, 샤토 지스쿠르Giscours의 열정적인 네덜란드 소유주가 운영한다. 샤토 캉트낙-브라운Cantenac-Brown의 외관은 메독에서 최악이라 할 만하다(빅토리아 시대 기숙학교처럼 생겼다). 이웃인 샤토 브란-캉트낙은 마고에서 가장 강건한 와인을 만든다.

오-메독 포도밭과 보르도시 북부 교외 사이에는 중요한 등급 샤토 3곳이 더 있다. 샤토 지스쿠르는 반목조 농가 건물들 앞에 펼쳐진 포도밭이 인상적인데, 매우 수려한 스타일의 와인을 생산한다. 샤토 캉트메를Cantemerle은 '잠자는 숲 속의 공주'에 나오는 완벽한 성으로, 거대한 숲 깊숙한 곳에 조용한 연못이 있다. 와인은 우아하고, 밸류와인으로 유명하다. 최고 샤토의 잠재력을 가진 라 라귄La Lagune은 바이오다이나믹에 가까운 유기농법으로 포도를 재배하며, 18세기 샤토 주위로 포도밭이 펼쳐진다. 론의 폴 자불레 에네Paul Jaboulet Aîné의 소유다.

2018년 보험회사에 인수된 4등급 샤토 도작Dauzac은 남부에 있는데, 평가가 높아지고 이웃인 샤토 시랑Siran은 동화에 나오는 숲 속의 성처럼 아름답다. 시랑과 샤토 당글뤼데d'Angludet는 소유주 시셀Sichel 가문이 실제로 거주하며, 등급 샤토에 맞먹는 와인을 만든다.

샤토 마르키 달렘의 새 프랑스계 중국인 소유주는 아시아풍의 새 저장고와 와인바 '르 아모(Le Hameau)'의 신축에 대대적인 투자를 했다. 르 아모는 메독에서 흔히 볼 수 없는, 관광객에게 친화적인 시설이다.

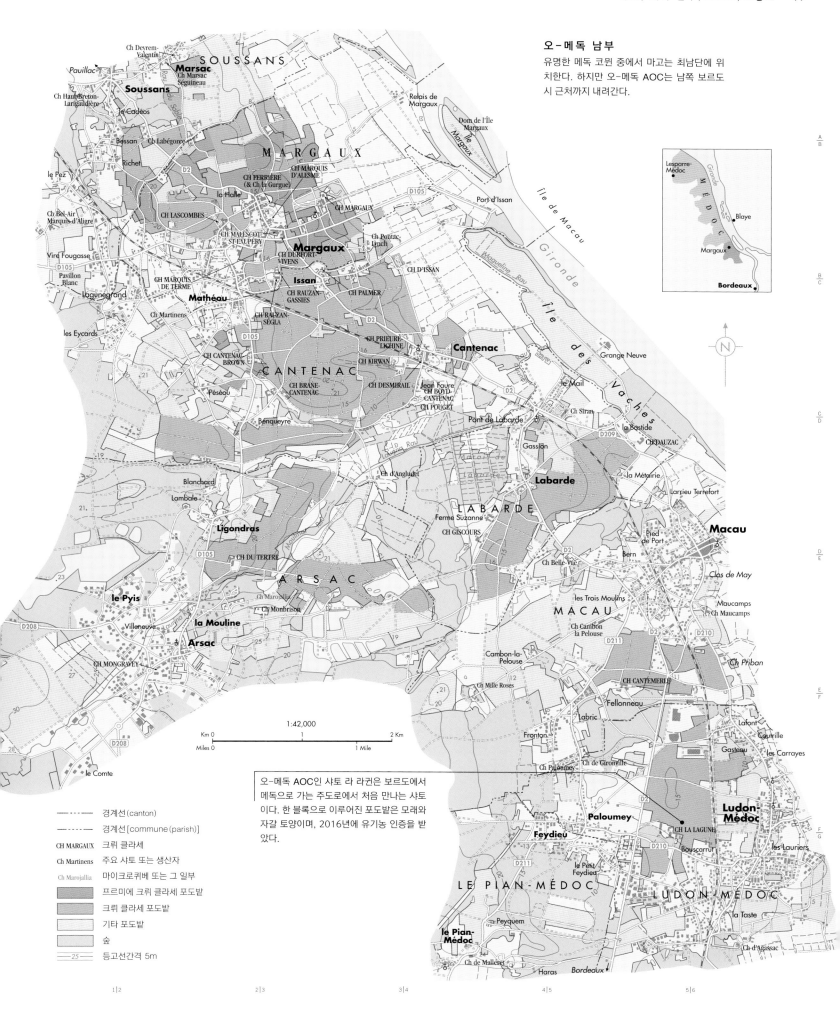

Ch Devrem-Valentin
Pauillac
Marsac
Ch Marsac Séguineau
Soussans
Ch Haut-Breton-Larigaudière
le Cadéos
SOUSSANS
Relais de Margaux
Dom de l'Île Margaux
Île de Margaux
Île de Macau
Bessan
Ch Labégorce
Richet
MARGAUX
le Pez
CH FERRIÈRE
(& Ch la Gurgue)
CH MARQUIS
D'ALESME
la Halle
CH MARGAUX
Port d'Issan
Ch Bel-Air Marquis-d'Aligre
CH LASCOMBES
CH MALESCOT-ST-EXUPÉRY
Ch Pontac-Lynch
Gironde
Vire Fougasse
Pavillon Blanc
CH DURFORT-VIVENS
Margaux
CH MARQUIS DE TERME
Lagunegrand
CH D'ISSAN
Issan
Mathéau
CH RAUZAN-GASSIES
CH PALMER
Ch Martinens
CH RAUZAN-SÉGLA
les Eycards
CH PRIEURÉ-LICHINE
Grange Neuve
Cantenac
CH CANTENAC-BROWN
CANTENAC
CH KIRWAN
le Mail
Péséou
CH BRANE-CANTENAC
CH DESMIRAIL
Jean Faure
CH BOYD-CANTENAC
CH POUGET
Ch Siran
Bénqueyre
Pont de Labarde
la Bastide
CH DAUZAC
Blanchard
Gassian
Marais de Labarde
Ch d'Angludet
la Métairie
Lambale
Labarde
Larrieu Terrefort
LABARDE
Ligondras
Ferme Suzanne
CH GISCOURS
Macau
CH DU TERTRE
Bern
Pied de Port
les Trois Moulins
ARSAC
Ch Belle-Vue
Maucamps
Ch Maucamps
le Pyis
Ch Marojallia
MACAU
Clos de May
Ch Monbrison
Ch Cambon la Pelouse
la Mouline
Villeneuve
Cambon-la-Pelouse
Arsac
CH MONGRAVEY
Ch Mille Roses
Ch Priban
CH CANTEMERLE
Fellonneau
le Comte
Labric
Lafont
Coutrille
Gasteau
Fronton
les Carrayes

오-메독 AOC인 샤토 라 라귄은 보르도에서
메독으로 가는 주도로에서 처음 만나는 샤토
이다. 한 블록으로 이루어진 포도밭은 모래와
자갈 토양이며, 2016년에 유기농 인증을 받
았다.

Ch Palumey
Ch de Gironville
Ludon-Médoc
Paloumey
LUDON-MÉDOC
CH LA LAGUNE
Feydieu
Bouscarrut
les Lauriers
D210
le Petit Feydieu
LE PIAN-MÉDOC
le Pian-Médoc
Peyquem
la Taste
Haras
Bordeaux
Ch de Malleret
Ch d'Agassac

경계선(canton)
경계선[commune (parish)]
CH MARGAUX   크뤼 클라세
Ch Martinens   주요 샤토 또는 생산자
Ch Marojallia   마이크로퀴베 또는 그 일부
프르미에 크뤼 클라세 포도밭
크뤼 클라세 포도밭
기타 포도밭
숲
25   등고선간격 5m

Lesparre-Médoc
MÉDOC
Blaye
Margaux
Bordeaux

그라브, 앙트르-되-메르 Graves and Entre-Deux-Mers

그라브 지역은 가장 유명한 북쪽의 페삭Pessac과 레오냥Léognan 말고도 뛰어난 곳이 많다(이 두 코뮌은 단일 아펠라시옹으로 묶인다. p.101 지도 참조). 그라브 와인은 과거에는 중간 가격대의 대량판매용 화이트와인을 의미했다. 하지만 최남단에 흩어져있는 포도밭이 생명력을 되찾고 있다. 특히 생동감 있는 과일향과 잘 익은 타닌, 깊은 풍미를 가진 합리적인 가격의 레드와인 덕분이다.

그라브 중부와 남부의 오래된 여러 샤토들도 새 주인을 맞이하고 새로운 철학으로 와인을 만들고 있다. 한때 유명했던 포르테Portes, 랑디라Landiras, 생피에르-드-몽스St-Pierre-de-Mons 마을이 대표적이다.

그라브의 토양은 레드와 화이트에 모두 적합하다. 포당삭Podensac의 샤토 드 샹트그리브de Chantegrive, 포르테의 샤토 라울Rahoul과 샤토 크라비테Crabitey, 아르바나Arbanats와 카스트르-지롱드Castres-Gironde 주위에 있는 와이너리들이 이를 증명한다. 퓌졸-쉬르-시롱Pujols-sur-Ciron에 있는 클로 플로리덴Clos Floridène과 샤토 뒤 쇠유du Seuil 같은 가론강 인근의 성공적인 와이너리들은 소비뇽 블랑과 세미용으로 절제된 오크통 숙성 드라이 화이트를 생산한다. 그라브 와인 4병 중 화이트는 1병에 불과하지만, 소비뇽 블랑과 세미용은 이 조용한 연안 지역에 매우 적합하다. 편하게 마시는 와인 같지만, 몇 년 지나면 진지한 와인으로 변모할 때도 많다.

지도에서 북쪽과 동쪽의 광활한 지역은 보르도의 잘 알려지지 않은 곳에서도 많은 노력을 기울이고 있다는 것을 보여준다. 저가의 보르도 AOC로 판매되는 대부분의 레드와인은 앙트르-되-메르에서 생산된다. 가론강과 도르도뉴강 사이에 쐐기처럼 박혀있는 이 아름다운 농지에는, 자신의 보르도 샤토에서 중국으로 직접 와인을 보내고 싶어하는 수많은 중국 투자자들이 몰려들고 있다. 앙트르-되-메르 AOC 자체는 훨씬 적은 양의 고만고만한 드라이 화이트와인에만 붙는다.

일반 보르도 AOC나 그보다 강한 보르도 쉬페리외르 AOC 레드와인 생산자들은, 밭을 더 신중하게 관리하고 생산량을 줄여 매력적인 와인을 만들기 위해 노력하고 있다. 하지만 보르도의 등급 체계에서 그 같은 노력이 경제적으로 충분히 보상받기는 쉽지 않다. 주목할 만한 생산자들과 앙트르-되-메르에서 가장 흥미로운 지역을 지도에 표시했다.

잠재력 있는 일부 샤토들과 능력 있는 협동조합이 앙트르-되-메르의 모습을 바꿔놓았다. 지도 북쪽 도르도뉴강과 생테밀리옹 쪽에 있는 마을은 밭농사와 과수원을 하다가 지금은 포도재배만 한다. 가장 성공적인 주자들로 그레지약Grézillac 남쪽 뤼르통Lurton

가문의 샤토 보네Bonnet, 브란Branne 남쪽 데스파뉴Despagne 가문의 재능 있는 샤토 투르 드 미랑보Tour de Mirambeau, 크레옹Créon 근처 쿠르셀Courselle 가문의 샤토 티윌레Thieuley, 지도 북쪽 살뵈프Salleboeuf에 있는 샤토 페 라 투르Pey La Tour 등이 있다. 이들 샤토는 크레옹 외곽의 샤토 보뒤Bauduc처럼 세미용과 소비뇽 블랑으로 레드와인보다 잘 팔리는 드라이 화이트와인을 만든다. 생캉탱-드-바롱St-Quentin-de-Baron에 있는 샤토 드 수르de Sours는 중국 최대 전자상거래업체 알리바바의 소유주가 2016년 매입했는데, 보르도 로제를 와인 선물시장에서 판매하기도 한다.

그런데 이보다 더 흥미로운 일이 앙트르-되-메르와 먼 북쪽에서 일어나고 있다. 북쪽의 석회암 토양은 생테밀리옹 일부 지역과 놀랄 만큼 유사하다. 지도 북서쪽 생루베스St-Loubès 인근의 샤토 레냑Reignac은 소유주 이브 바틀로Yves Vatelot의 집념 덕분에 놀랄 만큼 비싼 값에 팔리고 있다. 그리고 샤토 슈발 블랑Cheval Blanc과 샤토 디켐d'Yquem의 총괄책임자 피에르 뤼통Pierre Lurton이 그레지약 근처의 샤토 마르조스Marjosse를 소유하고 있다. 그 사실만으로도 이 지역이 고급스럽게 느껴진다.

보르도 코트

2008년부터 프르미에르 코트 드 보르도Premières Côte de Bordeaux AOC는 가론강 우안을 감싸는 좁은 언덕에서 생산된 세미스위트 화이트와인에만 사용되었다. 이 지역의 맛있는 레드와인은 카디약Cadillac 코트 드 보르도 AOC로 판매된다. 카스티용Castillon 코트 드 보르도 AOC는 생테밀리옹 바로 동쪽에서 생산되는 레드와인으로, 품질 역시 생테밀리옹 못지않다. 도르도뉴강 우안에서 멀리 내려가면 블라이Blaye 코트 드 보르도(레드)와 프랑Francs 코트 드 보르도(화이트와 레드)가 나온다. 생트푸아Ste-Foy 코트 드 보르도는 레드와 화이트, 세미스위트와 스위트 화이트에 모두 사용된다. 상위 아펠라시옹인 코트 드 보르도는 5개 코트 드 보르도의 교차 블렌딩이 가능하다(p.85 지도 참조).

프르미에르 코트 드 보르도는 스위트화이트 아펠라시옹인 카디약, 루피악Loupiac, 생트크루아-뒤-몽Ste-Croix-du-Mont을 둘러싸고 있기 때문에 여기서 좋은 스위트와인이 생산되는 것이 놀랍지 않다. 남쪽에서 만드는 스위트 화이트는 카디약으로, 드라이 화이트는 일반 보르도 AOC로 판매된다. 생트크루아-뒤-몽 스위트 화이트가 예전만큼 잘 팔리지는 않지만 샤토 루벤스Loubens, 뒤 몽du Mont, 라 람La Rame은 나름대로 노력하고 있고, 바로 옆 루피악에서도 샤토 도피네-롱

보르도에서 가장 넓은 땅을 가진 사람들이 앙트르-되-메르에 있다. 여기서 질병에 강한 포도품종을 실험하고 있다.

디옹Dauphiné-Rondillon, 루피악-고디에Loupiac-Gaudiet, 드 리코de Ricaud가 세미스위트뿐 아니라 위험을 무릅쓰고 스위트와인에 도전하고 있다(p.104 참조).

가론강 건너편 바르삭의 북쪽은 세롱스Cérons 아펠라시옹으로, 일라Illats와 포당삭Podensac 마을이 포함된다. 오랜 시간 잊혀졌지만, 그라브 AOC로 대중적인 화이트와 레드와인을 생산하면서 새롭게 번창하고 있다. 샤토 다르샹보d'Archambeau가 대표적 예다. 세롱스는 원래 그라브 쉬페리외르(세미스위트 그라브 화이트)와 바르삭(스위트 화이트)의 중간 스타일, 즉 끈적한 스위트가 아닌 부드러운 스위트를 만들었고 현지에서 아페리티프용으로 인기가 많았다. 지금은 스위트와인을 거의 포기했지만, 샤토 드 세롱스de Cérons와 그랑 앙클로 뒤 샤토 드 세롱스Grand Enclos du Château de Cérons는 여전히 전통 스타일의 와인을 만든다.

지도 지명

Bonnetan
Loupe
CH SEGUIN
Lignan-de-Bordeaux
CH LE GRAND VERD
Cénac
Sadirac
Latresne
Camblanes-et-Meynac
Pimpine
Bordeaux
Cadaujac
Quinsac
Madirac
St-Caprais-de-Bordeaux
CH LE DOYENNÉ
CH PUY BARDENS
Cambes
Isle-St-Georges
Baurech
Tabanac
St-Médard-d'Eyrans
Martillac
Ayguemorte-les-Graves
G
Langoiran
103
Beautiran
Portets
la Prade
CH DE PORTETS
VIEUX CHÂTEAU GAUBERT
CH DE CRUZEAU
Castres-Gironde
CH FERRANDE
CH RAHOUL
CH LE TUQUET
CH CRABITEY
la Brède
CH DES FOUGÈRES
St-Selve
CH DU GRAND-BOS
CH DE L'HOSPITAL
CH MAGNEAU
Arbanats
CH HAUT-SELVE
St-Morillon
G
Jeansotte
Barbouse
VILLA BEL AIR
GRAVE
A62
St-Michel-de-Rieufret
Artigues
CH D'ARDENNES
Landiras

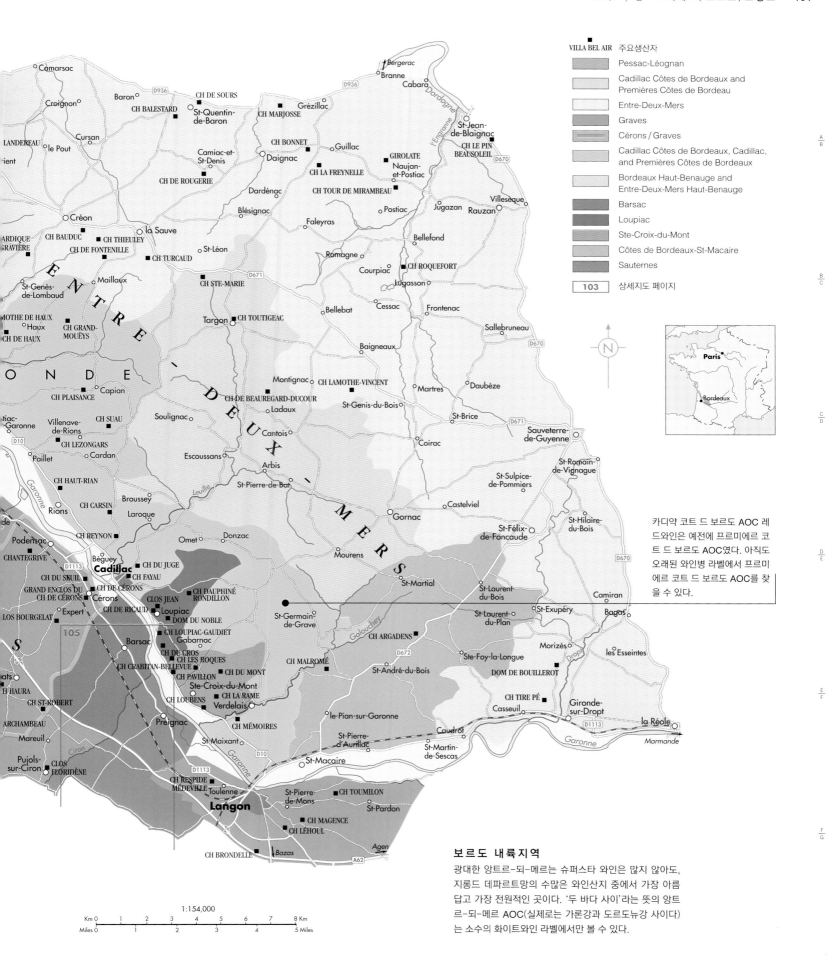

VILLA BEL AIR　주요생산자

Pessac-Léognan

Cadillac Côtes de Bordeaux and Premières Côtes de Bordeau

Entre-Deux-Mers

Graves

Cérons / Graves

Cadillac Côtes de Bordeaux, Cadillac, and Premières Côtes de Bordeaux

Bordeaux Haut-Benauge and Entre-Deux-Mers Haut-Benauge

Barsac

Loupiac

Ste-Croix-du-Mont

Côtes de Bordeaux-St-Macaire

Sauternes

103　상세지도 페이지

카디약 코트 드 보르도 AOC 레드와인은 예전에 프르미에르 코트 드 보르도 AOC였다. 아직도 오래된 와인병 라벨에서 프르미에르 코트 드 보르도 AOC를 찾을 수 있다.

보르도 내륙지역

광대한 앙트르-되-메르는 슈퍼스타 와인은 많지 않아도, 지롱드 데파르트망의 수많은 와인산지 중에서 가장 아름답고 가장 전원적인 곳이다. '두 바다 사이'라는 뜻의 앙트르-되-메르 AOC(실제로는 가론강과 도르도뉴강 사이다)는 소수의 화이트와인 라벨에서만 볼 수 있다.

1:154,000

Km 0　1　2　3　4　5　6　7　8 Km
Miles 0　1　2　3　4　5 Miles

페삭-레오냥 Pessac-Léognan

1660년대 샤토 오-브리옹Haut-Brion의 소유주가 고급 보르도 레드와인의 개념을 도입한 곳이 바로 보르도시 남쪽 근교에 있는 페삭-레오냥이다.

이곳의 거친 모래와 자갈 토양 덕분에 이미 1300년부터 보르도나 해외에 최고의 레드와인을 공급할 수 있었다. 훗날 아비뇽에서 교황이 된 클레멘스 5세는 보르도 대주교 시절, 현재의 샤토 파프 클레망Pape Clément에 포도나무를 심었다.

페삭-레오냥은 중요한 두 와인 코뮌인 페삭과 레오냥의 이름을 합친 현대의 아펠라시옹으로, 그라브 AOC 북쪽에 있는 똑똑한 하위지역 AOC이다(p.101~102 그라브 전체 지도 참조). 이곳의 모래 토양에서는 언제나 소나무가 주요 작물이었다. 포도나무는 개간지나 소나무가 없는 곳에 심었기 때문에, 얕은 강과 계곡으로 연결되는 울창한 삼림지대 곳곳에 흩어져 있었다. p.103 지도는 도시와 그곳의 오래된 포도밭이 어떻게 숲으로 뻗어나가는지 보여준다. 도시가 확장되면서 유서 깊은 포도밭이 계속 잠식되고 있다.

보르도시 외곽을 도는 매우 중요한(와인관광객에게) 순환도로가 포도밭을 전부 집어삼켜버렸지만, 페삭의 깊은 자갈 토양에 자리잡은 최고 포도밭들은 예외였다. 바로 오-브리옹과 그 옆의 라 미시옹 오-브리옹La Mission Haut-Brion, 레 카름 오-브리옹Les Carmes Haut-Brion, 피크 카유Picque Caillou, 페삭 마을에서 조금 떨어진 베르나르 마그레Bernard Magrez 와인제국의 얼굴인 보르도 대주교의 파프 클레망 포도밭이다.

샤토 오-브리옹과 라 미시옹 오-브리옹은 보르도시 근교 보르도대학교 가까이, 페삭을 가로지르는 오래된 아르카숑Arcachon 도로의 맞은편에 있어서 찾기 어렵다. 오-브리옹은 뼛속까지 1등급 와인으로 힘과 피네스가 기분 좋게 균형을 이루고, 그라브 고급와인

의 특징인 흙과 이끼, 담배와 캐러멜 향이 난다. 라 미시옹 오-브리옹은 더 농밀하고 더 잘 익으며 더 거칠고, 종종 환상적인 맛을 선사한다. 1983년 오-브리옹의 미국인 소유주는 샤토 라 투르 오-브리옹La Tour Haut-Brion을 포함해 오랜 라이벌인 라 미시옹 오-브리옹을 사들였고, 둘을 하나로 만들기 위해서가 아니라 계속 경쟁시키기 위해 지금은 라 미시옹 오-브리옹으로 합병하였다. 매년 두 샤토는 경쟁을 한다. 유명한 레드와인뿐 아니라 비교불가의 풍부한 화이트와인도 대결한다. 바로 샤토 오-브리옹 블랑Haut-Brion Blanc과 라빌 오-브리옹Laville Haut-Brion으로, 라빌 오-브리옹은 2009년부터 깔끔하게 라 미시옹 오-브리옹 블랑으로 이름을 바꾸었다. 보르도에서 포도밭 각 구획의 특징인 테루아를 이들보다 잘 표현하는 예는 드물다.

이에 영감을 받았는지, 최근 몇 년 동안 투지에 찬 와이너리들이 지도에 표시된 포도밭에서 생산하는 와인의 품질과 양을 극적으로 향상시켰다. 주로 레드와인으로 메독과 유사한 비율로 블렌딩하는데, 메독처럼 숙성 잠재력이 높다. 또한 숲이 가까워서인지 메독 와인보다 상쾌하다. 페삭-레오냥의 포도밭 면적은 20년 동안 거의 0.5배 증가해 2016년에는 1,800ha에 달했다. 하지만 페삭-레오냥의 소비뇽 블랑과 세미용을 오크통 숙성한, 독특한 장기숙성용 화이트와인 포도밭은 275ha로 일정하게 유지되고 있다.

도시와 숲 사이

숲으로 둘러싸인 레오냥 코뮌은 p.103 지도의 핵심이다. 도멘 드 슈발리에de Chevalier는 수수한 외양에도 불구하고 걸출한 와이너리다. 이 도멘에는 한 번도 샤토 건물이 없었다. 저장고와 양조장을 완벽하게 재건축하고 1980년대 말과 90년대 초에 포도밭을 크게 확장

했지만, 소나무숲 사이에 자리잡은 농가 분위기를 여전히 간직하고 있다. 이곳의 레드와인과 특히 화이트와인은 어릴 때 과소평가될 수 있다. 고급 페삭-레오냥 와인 생산자들이 그렇듯, 이곳의 소유주 올리비에 베르나르Olivier Bernard 역시 도멘 드 라 솔리튀드de la Solitude와 샤토 레스포-마르티약Lespault-Martillac을 매입하며 세력을 넓히고 있다. 또 다른 등급 샤토인 샤토 오-바이Haut-Bailly는 특이하게 레드와인만 생산하는데, 맛이 깊고 설득력이 있다. 메를로가 주요 품종인 샤토 르 파프Le Pape(역시 부티크호텔이다)와 한가족이다. 샤토 말라르틱-라그라비에르Malartic-Lagravière를 완전히 현대화한 벨기에 출신 보니Bonnie 가문은 근처의 샤토 가쟁 로캉쿠르Gazin Roquencourt도 소유하고 있다.

1990년 이후 그라브에서 샤토 스미스 오 라피트Smith Haut Lafitte만큼 대대적으로 새 단장을 한 곳은 없다. 페삭-레오냥 AOC의 최남단 마르티약 코뮌에 있는 이 샤토는 빼어난 레드와 화이트를 생산할 뿐 아니라, 호텔과 레스토랑 그리고 포도를 활용한 선구적인 스파인 레 수르스 드 코달리Les Sources de Caudalie도 운영한다. 카티아르Cathiard 가문은 샤토 캉틀리Cantelys와 메를로가 주요 품종인 르 틸Le Thil도 매입하며, 점차 커가는 제국의 지속가능한 발전을 도모하고 있다.

더 남쪽에 있는 샤토 라투르-마르티약Latour-Martillac은 더 작은 규모로 리모델링을 했지만, 레드는 매우 훌륭한 밸류와인이다. 남쪽 끝에 있는 샤토 드 피유잘de Fieuzal의 소유주는 아일랜드인이고, 강건한 레드와인과 특히 진한 화이트와인을 화려한 신축 셀러에서 만들고 있다.

베네딕트 수도원의 분위기가 물씬 풍기는 샤토 카르보니유Carbonnieux는 가볍지만 점점 깊어지는 레드와인보다 안정된 화이트와인으로 오래전부터 유명했다. 샤토 올리비에Olivier는 보르도에서 가장 오래되고 으스스한 샤토다. 레드와 화이트 와인을 모두 생산하며, 장기 개보수를 논의 중이다. 레오냥 전역에 훌륭한 레드와 화이트를 생산하는 건실한 와이너리들이 있다. 샤토 바레Baret, 브라농Branon, 브라운Brown, 드 프랑스de France, 오-베르제Haut-Bergey, 라리베 오-브리옹Larrivet Haut-Brion이 눈에 띈다.

페삭-레오냥의 선구자이자 개척자는 90대인 앙드레 뤼르통André Lurton이다. 페삭-레오냥 와인생산자협회 창설자로 페삭-레오냥 AOC를 만들었다. 샤토 라 루비에르La Louvière, 샤토 드 로슈모랭de Rochemorin, 등급 샤토인 샤토 쿠앵-뤼르통Couhins-Lurton(위에 언급한 거의 모든 샤토가 1959년 그라브 등급으로 분류되었다), 샤토 드 크뤼조de Cruzeau(샤토 라투르-마르티약 남쪽에 위치한다. p.100 지도 참조)의 소유주이며, 최근의 등급 재조정에서도 주도적 역할을 했다. 역시 등급 샤토인 샤토 부스코Bouscaut는 레드와 화이트와인 모두 주목할 만하고, 앙드레의 조카 소피 뤼르통이 소유주다.

1776년 판화. 샤르트롱(Chartrons) 강변에 있는 셀러에서 와인이 담긴 오크통을 굴려 영국으로 가는 배에 싣고 있다. 새뮤얼 패피(Samuel Pepy)는 런던의 술집에서 보르도 와인이 백년 넘게 인기가 많았다고 일기에 적었다.

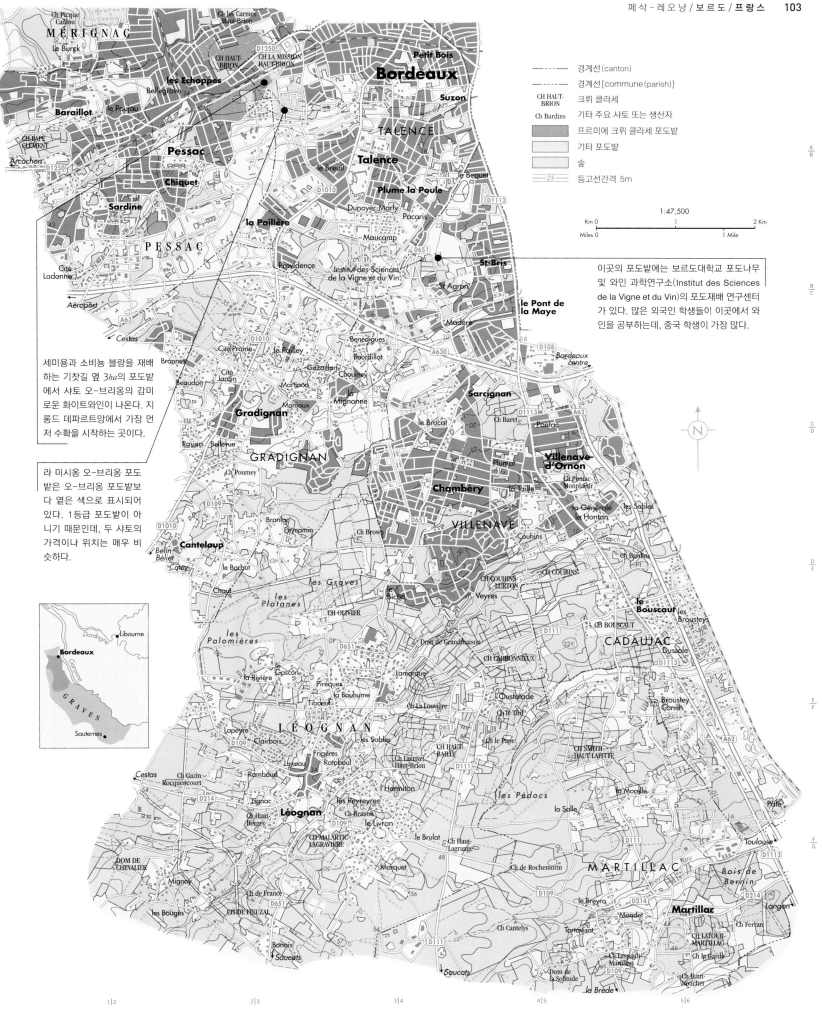

경계선(canton)
경계선 [commune (parish)]

CH HAUT-
BRION   크뤼 클라세

Ch Bardins   기타 주요 샤토 또는 생산자

프르미에 크뤼 클라세 포도밭

기타 포도밭

숲

— 25   등고선간격 5m

1:47,500

Km 0   1   2 Km
Miles 0   1 Mile

이곳의 포도밭에는 보르도대학교 포도나무
및 와인 과학연구소(Institut des Sciences
de la Vigne et du Vin)의 포도재배 연구센터
가 있다. 많은 외국인 학생들이 이곳에서 와
인을 공부하는데, 중국 학생이 가장 많다.

세미용과 소비뇽 블랑을 재배
하는 기찻길 옆 3ha의 포도밭
에서 샤토 오-브리옹의 감미
로운 화이트와인이 나온다. 지
롱드 데파르트망에서 가장 먼
저 수확을 시작하는 곳이다.

라 미시옹 오-브리옹 포도
밭은 오-브리옹 포도밭보
다 옅은 색으로 표시되어
있다. 1등급 포도밭이 아
니기 때문인데, 두 샤토의
가격이나 위치는 매우 비
슷하다.

소테른, 바르삭 Sauternes and Barsac

보르도의 다른 지역에서는 비슷한 스타일의 와인을 서로 비교할 수 있지만, 소테른은 다르다. 소테른 와인은 안타까울 정도로 과소평가되고 있지만, 경쟁자를 찾을 수 없을 만큼 독보적이다. 세계에서 가장 수명이 긴데, 이는 극도로 까다로운 지역 환경, 매우 특이한 곰팡이(아래 참조), 그리고 양조기술에 달려있다. 훌륭한 빈티지의 소테른은 말 그대로 숭고하다. 매우 달콤하고, 입 안에서의 느낌이 풍부하며, 꽃향기가 나고, 황금색으로 빛난다. 세미용에 소비뇽 블랑을 다양한 비율로 블렌딩하는데 생산량이 극히 적다. 포도를 따고 와인을 만들고 블렌딩하는 과정은 몇몇 생산자들에게 감당할 수 없을 정도로 경제적 희생을 요구한다. 2000년대 들어서 야심찬 와인메이커들이 많이 늘고 기술이 크게 발전했음에도, 그리고 2001, 2005, 2007, 2009, 2011, 2013, 2015, 2016에 좋은 빈티지가 계속되었음에도 불구하고, 와인에 들이는 노력에 비해 안타깝게도 수요가 너무 적다.

그래서 소테른 지역의 드라이 화이트와인의 비율이 계속 높아지고 있다. 매우 무겁고 알코올 도수가 높은 드라이 화이트와인인 샤토 디켐d'Yquem의 Y, 즉 이그렉Ygrec은 오래전인 1959년에 나왔다. 오늘날 샤토 디켐은 더 상쾌하고 현대적인 느낌의 드라이 화이트와인을 만들려고 시도 중인데, 소테른 지역의 다른 와이너리도 영향을 받고 있다. 샤토 기로Guiraud의 G, 샤토 드 쉬뒤로de Suduiraut의 S가 좋은 예다. 또 다른 전략은 빨리 익는 포도로 세컨드 스위트 와인을 만드는 것인데, 그랑 뱅의 품질과 위엄을 더 높이는 효과도 있다.

1855년의 등급 분류

19세기 선구자들은 위대한 스위트와인이 얼마나 경이로운지 잘 알고 있었다. 소테른은 1855년 등급 분류에서 메독 외에 포함된 유일한 지역이었다(p.84 참조). 샤토 디켐은 프르미에 크뤼 쉬페리외르Premier Cru Supérieur(특등급)로 분류되었는데, 보르도에서 샤토 디켐만을 위해 만든 등급이다. 11개 샤토가 1등급으로, 12개 샤토가 2등급으로 분류되었다. 소테른 코뮌을 포함해 5개 코뮌이 소테른 AOC를 사용할 수 있다. 5개 코뮌 중 가장 큰 **바르삭**은 소테른이나 바르삭 AOC를 모두 사용할 수 있다.

소테른 와인은 수준이 다양한 만큼 스타일도 다양한데, 가장 훌륭한 와이너리는 샤토 디켐 주위에 모여 있다. 샤토 라포리-페라게Lafaurie-Peyraguey는 그 이름처럼 꽃향기가 특징으로, 2018년 고급 호텔-레스토랑의 문을 열었다. 프레냑Preignac에 있는 보험회사 악사 소유의 샤토 쉬뒤로는 전통적으로 화려하고 호화로운 와인으로, 세컨드 와인과 서드 와인이 추가되면서 품질이 훨씬 더 좋아졌다. 샤토 라피트의 로쉴드 가문 소유인 샤토 리유섹Rieussec은 색이 깊고 풍미가 풍부하다. 또 다른 최상급 생산자로는 클로 오-페라게Clos Haut-Peyraguey, 수백 년 동안 샤토 뒤켐을 소유한 뤼르-살뤼스Lur-Saluces 일가가 운영하는 샤토 드 파르그de Fargues, 샤토 레몽-라퐁Raymond-Lafon, 그리고 와인 양조학교도 겸하는 샤토 라 투르 블랑슈La Tour Blanche가 있다. 유기농 인증을 받은 샤토 기로는 자신의 고급 스위트 와인에 걸맞은 고급 레스토랑을 열었다. 샤토 질레트Gilette는 오크통 숙성은 하지 않지만 장기보관이 가능한 색다른 스타일의 와인을 만들고 있다. 오래 숙성시킨 후 출시한다.

소테른 못지않은

바르삭의 샤토 클리망Climens, 쿠테Coutet, 두아지-덴Doisy-Daëne, 그리고 2014년에 다시 두아지-덴 가족에 합류한 두아지-뒤브로카Doisy-Dubroca가 바르삭 AOC를 이끌고 있다. 바르삭 와인은 이론상 소테른 와인보다 조금 더 상쾌해야 하지만, 실제로 항상 그런 것은 아니다. 클리망은 이켐만큼 풍미가 풍부하다. 소유주 베레니스 뤼르통Bérénice Lurton의 끝없는 노력 덕분인데, 선별한 포도를 따로 양조하고 신중히 관찰하며 상상할 수 없을 정도로 복잡한 블렌딩 과정을 거친다. 가까운 곳에 있는 샤토 쿠테의 소유주는 소셜미디어를 통해 잠재적인 스위트와인 애호가들에게 적극적으로 다가서는 데 열심이다. 클리망과 쿠테 사이에는 경이로운 두아지-덴이 있다. 두아지-덴이 최고의 실력을 발휘하는 데는 뒤부르디유Dubourdieu 가문의 공이 크다. 날씨가 좋은 빈티지에는 스페셜 퀴베 렉스트라바강L'extravagant을 소량 만든다. 바르삭에서 가장 감미롭고 가장 비싼 와인이다.

귀부병(NOBLE ROT)

작은 강 시롱(Ciron)의 차가운 물이 더 넓고 온도가 높은 가론강을 만나면, 가을날 새벽까지 아키텐(Aquitaine) 지방의 따뜻하고 비옥한 포도밭 위로 안개가 올라온다. 보슬비도 안개를 만드는 데 일조한다. 경제력이 뒷받침되는 샤토만 가능한 특별한 기술이 있는데, 많게는 8~9번에 걸쳐 포도를 따는 것이다. 이 작업은 보통 9월에 시작해서 늦으면 11월까지 계속된다. 특별한 종류의 곰팡이를 최대한 활용하기 위해서인데, 생물학자는 이 곰팡이를 보트리티스 시네레아(Botrytis cinerea)라고 부르고, 시인은 귀부병이라고 부른다. 밤이 따뜻하고 안개로 습도가 높으면 세미용과 소비뇽 블랑, 그리고 일부 뮈스카델의 껍질에 곰팡이가 핀다. 낮에 기온이 오르면 곰팡이는 더 퍼진다. 이 과정에서 포도껍질에 아주 미세한 구멍이 생기고, 그 구멍으로 수분이 빠져나가 포도껍질이 쪼그라든다. 가끔은 털 같은 것으로 뒤덮이기도 한다.

곰팡이가 피면 수분이 증발되고 포도에 당분, 산, 풍미를 주는 성분이 농축된다. 하지만 이 과즙을 발효시키는 일은 결코 쉽지 않다. 발효가 끝나면 작은 오크통에서 신중하게 숙성시킨다. 몇몇 샤토에서는 오크통을 선별해서 블렌딩한다. 그렇게 해서 얻은 와인은 풍미가 강렬하고, 질감이 부드럽고 매끈하며, 경이로운 장기숙성 잠재력을 지닌다.

포도는 쪼그라들었을 때 수확해야 이상적이다. 종종 포도알을 하나씩 따기도 한다. 이를 선별수확 또는 '트리(trie)'라고 한다. 매년 어떻게 충분한 경험과 전문성을 가진 수확 인원을 구할 수 있는지 놀라지 않을 수 없다. 수확 인원은 여러 주 동안 대기하면서 하루에도 몇 번씩 포도밭에 나가 포도를 확인하고 어떤 포도송이를 따야 하는지, 심지어 어떤 포도알을 따야 하는지 판단해야 한다.

결국 생산비는 매우 많이 드는 반면, 포도의 수분이 증발하기 때문에 생산량은 터무니없이 작다. 1999년에 재정, 마케팅 능력이 뛰어난 LVMH 그룹의 일원이 된 소테른의 위대한 샤토 디켐은 대략 100ha의 포도밭에서 ha당 평균 8hl를 생산한다. 메독의 1등급 샤토는 그보다 5~6배 더 많이 생산한다. 가격이 점차 오르고 있지만, 보르도 레드에 비해 보르도의 위대한 스위트 화이트가 얼마나 평가절하되고 있는지를 아는 와인애호가는 많지 않다.

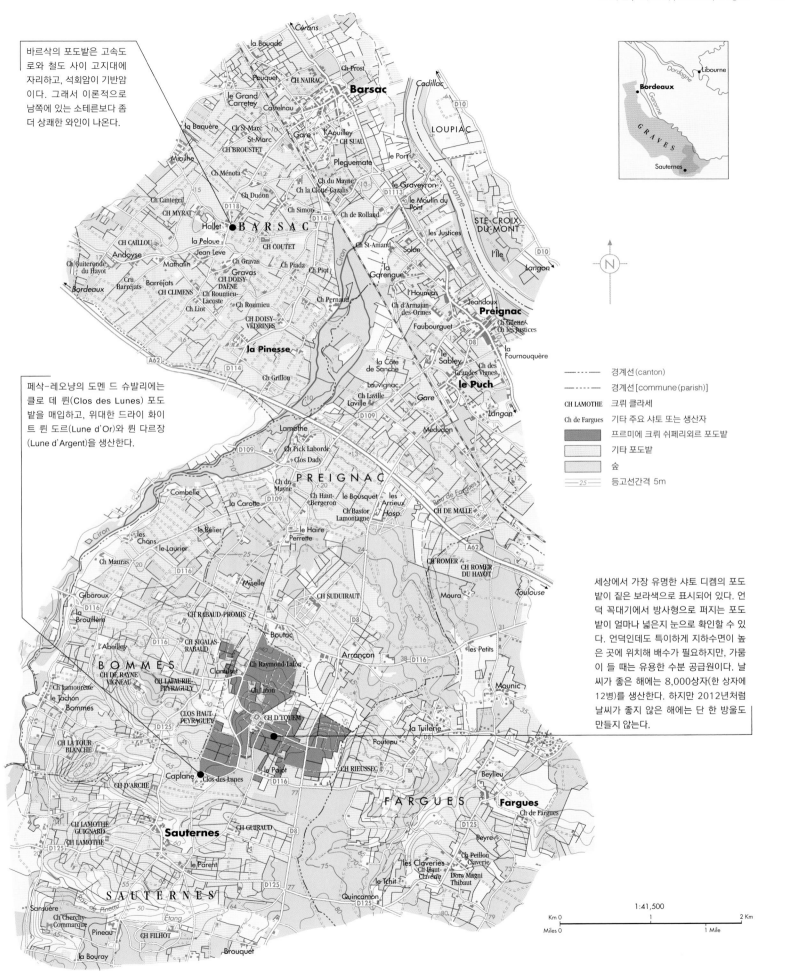

바르삭의 포도밭은 고속도로와 철도 사이 고지대에 자리하고, 석회암이 기반암이다. 그래서 이론적으로 남쪽에 있는 소테른보다 좀 더 상쾌한 와인이 나온다.

페삭-레오냥의 도멘 드 슈발리에는 클로 데 륀(Clos des Lunes) 포도밭을 매입하고, 위대한 드라이 화이트 륀 도르(Lune d'Or)와 륀 다르장(Lune d'Argent)을 생산한다.

세상에서 가장 유명한 샤토 디켐의 포도밭이 짙은 보라색으로 표시되어 있다. 언덕 꼭대기에서 방사형으로 퍼지는 포도밭이 얼마나 넓은지 눈으로 확인할 수 있다. 언덕인데도 특이하게 지하수면이 높은 곳에 위치해 배수가 필요하지만, 가뭄이 들 때는 유용한 수분 공급원이다. 날씨가 좋은 해에는 8,000상자(한 상자에 12병)를 생산한다. 하지만 2012년처럼 날씨가 좋지 않은 해에는 단 한 방울도 만들지 않는다.

경계선 (canton)
경계선 [commune (parish)]
CH LAMOTHE　크뤼 클라세
Ch de Fargues　기타 주요 샤토 또는 생산자
프르미에 크뤼 쉬페리외르 포도밭
기타 포도밭
숲
등고선간격 5m

1:41,500

우안 The Right Bank

오른쪽 지도는 현재 보르도에서 가장 역동적인 지역인 지롱드강 우안을 보여준다. 우안은 영국인들이 붙인 이름으로, 지롱드강 왼쪽의 메독과 그라브는 좌안left bank이라고 한다. 프랑스인들은 보르도 와인산업의 제2중심지인 이 지역을 리부르네Libournais라고 부르는데, 고대에 이곳 수도였던 리부른Libourne에서 따온 이름이다. 역사적으로 리부른은 주위에 있는 프롱삭Fronsac, 생테밀리옹, 포므롤에서 생산된 간결하고 맛있는 와인을 북유럽에 수출했다. 벨기에가 리부른의 가장 큰 시장이었다.

지금은 포므롤과 생테밀리옹이 가장 유명하고 가격도 매우 비싸다. 두 지역에 대해서는 뒤(p.108~112)에서 자세히 다루고, 여기서는 두 지역을 둘러싼 와인산지가 얼마나 역동적으로 변하고 있는지 알아보기로 한다.

좋은 와인이 나오지만 제대로 평가받지 못하는 아펠라시옹이 리부른 서쪽의 **프롱삭**과 **카농-프롱삭**Canon-Fronsac이다. 숲이 우거진 완만한 언덕들이 갑자기 나타나는 이 지역은 역사적인 땅으로 이미 유명했다. 이곳에서 생산된 최고의 와인은 우안 특유의 근사한 과일향이 있을 뿐 아니라, 어릴 때는 독특한 활기가 있고 타닌이 강하다. 반짝반짝 빛나는 최상급 포므롤과 비교하면 조금 거칠 수 있지만, 보르도 최고의 밸류와인을 이곳에서 찾을 수 있다. 도르도뉴강을 따라 이어지는 석회암 비탈이 카농-프롱삭인데, 현지인조차도 프롱삭과 카농-프롱삭 AOC의 차이를 설명하지 못할 때가 있다.

프롱삭과 카농-프롱삭의 잠재력은 너무도 명백해서 투자 행렬이 놀랍지 않다. 리부른의 네고시앙 JP 무엑스JP Moueix를 비롯해 최근에는 돈 많은 외부 투자자들이 몰려들고 있다. 특히 중국 투자자들이 매우 적극적인데, 중국 자본이 샤토 드 라 리비에르de la Rivière, 리슐리유Richelieu 등 이 지역 포도밭의 약 15%를 소유하고 있다.

포므롤 외곽의 네악Néac과 랄랑드-드-포므롤Lalande-de-Pomerol 마을 주변에 모여있는 포도밭은 **랄랑드-드-포므롤** AOC에 해당한다. 이곳의 와인은 고지에 있는 포므롤 와인보다 생동감이 덜하지만, 품질의 돌파구는 지도에 표시된 지역의 와인과 마찬가지로 대규모 와이너리의 투자이다. 예를 들어 랄랑드-드-포므롤에 있는 샤토 라 플뢰르 드 부아르La Fleur de Boüard는 생테밀리옹에 있는 샤토 앙젤뤼스Angélus의 소유주로부터 시설과 전문지식의 도움을 받고 있다. 샤토 레 크뤼젤Les Cruzelles과 자매 샤토인 라 슈나드La Chenade 또한 포므롤에 있는 샤토 레글리즈-클리네L'Eglise-Clinet의 투자를 받았다. 샤토 시오락Siaurac은 다음 아

닌 포이약의 1등급 샤토 라투르Latour와 한식구이며, 라 세르그La Sergue라는 특별한 와인을 생산하는 샤토 오-셰노Haut-Chaigneau는 양조 컨설턴트인 파스칼 샤토네Pascal Chatonnet가 경영한다.

이러한 현상이 더욱 두드러지는 AOC는 우안 동쪽 끝의 **카스티용 코트 드 보르도**Castillon Côtes de Bordeaux(지도에는 나오지 않는 북동쪽)와 **프랑 코트 드 보르도**Francs Côtes de Bordeaux다. 프랑 코트 드 보르도 AOC의 샤토 레 샤름 고다르Les Charmes Godard와 샤토 퓌게로Puygueraud는 모두 벨기에의 티앙퐁Thienpont 가문이 소유한 와이너리들이다. 비유 샤토 세르탕Vieux Château Certan과 샤토 르 팽Le Pin도 그들 소유이다.

하지만 카스티용(지도에는 서쪽만 나온다)에서는 더 많은 투자가 이루어지고 있다. 카스티용은 지질학적으로 생테밀리옹의 연장선상에 있다. 강 양쪽의 충적토 위쪽이 가장 좋은 땅이며, 언덕 쪽의 석회암과 점토의 다양한 조합이 생테밀리옹의 일부 토양과 놀라울 정도로 유사하다. 전체적으로 더 선선한 기후인 내륙쪽도 예전처럼 꼭 불리한 지역은 아니다. 바로 이런 시골에 티앙퐁이 와이너리를 매입하고 레트르L'Hêtre라는 이름을 붙였다. 서쪽은 훨씬 전부터 투자가 이뤄졌다. 샤토 데길d'Aiguilhe는 생테밀리옹에 있는 샤토 카농-라-가플리에르Canon-la-Gaffelière와, 샤토 조아냉 베코Joanin Bécot 역시 생테밀리옹의 샤토 보-세주르 베코Beau-Séjour Bécot와 소유주가 같다. 그리고 도멘 드 라de l'A는 국제적인 와인컨설턴트 스테판 드르농쿠르Stéphane Derenoncourt의 본거지이다. 최근에는 샤토 파비Pavie의 제라르 페르스Gérard Perse가 클로 뤼넬Clos Lunelles을, 그리고 테르트르 로트뵈프Tertre Roteboeuf의 소유

주 프랑수아의 아들인 루이 미차빌이 로라주L'Aurage를 세웠다. 그랑 코르뱅-데스파뉴Grand Corbin-Despagne는 샤토 앙펠리아Ampélia를, 레글리즈-클리네의 드니 뒤랑투Denis Durantou는 샤토 몽랑드리Montlandrie를 소유하고 있다. 올드 바인 전문 와이너리 클로 루이Clos Louie, 샤토 캅 드 포제르Cap de Faugères, 티에리 발레트Thierry Valette의 클로 퓌 아르노Clos Puy Arnaud와 샤토 베리Veyry 역시 눈여겨볼 만한 생산자들이다.

생테밀리옹 북쪽에 있는 이른바 4개의 위성 마을인 **몽타뉴**Montagne, **뤼삭**Lussac, **퓌스갱**Puisseguin, **생조르주**St-Georges는 마을 이름 뒤에 생테밀리옹을 붙일 수 있다. 이들 와인은 생테밀리옹과 인근 동쪽에 있는 베르주락Bergerac(p.113 참조)의 레드와인을 섞어놓은 듯한 조금 거친 느낌이 난다. 하지만 점토질 석회암 토양 지역이 있어 잠재력을 인정받고 있다. 투자와 개발

1 : 80,000

Km 0　　1　　2　　3 Km

Miles 0　　　1 Mile

Coutras

N

주요 샤토　CH DE SELLE

생테밀리옹 그랑 크뤼 클라세　Ch Laroque

Fronsac

Canon-Fronsac

Lalande-de-Pomerol

Pomerol

St-Émilion

St-Georges-St-Émilion

Montagne-St-Émilion

Lussac-St-Émilion

Puisseguin-St-Émilion

Castillon Côtes de Bordeaux

109　상세지도 페이지

CH DE LA GRENIÈRE

CH BEL-AIR

D17

CH MAYNE-BLANC

Malidure

CH LA TOUR DE SÉGUR

St-Médard-de-Guizières

CH DE BARBE BLANCHE

Pichon

CH TOUR DE GRENET

D122

Périgueux

Goujon

Font Bernard

CH DU COURLAT

CH PERRUCHON

Pourteau

CH LUCAS

CH LYONNAT

le Veille de Landes

CH GARRAUD

CH DE BELLEVUE

Lussac

D21

CH LA FLEUR DE BOÜARD

CH ROCHER-CORBIN

Chéreau

Bertineau

D17

la Plagne

CH BERTINEAU ST-VINCENT

CH FAIZEAU

Baudron

CH DE ROQUES

Blanchon

CH GUIBOT-LE-FOURVIEILLE

CH SIAURAC

CH CALON

D122

Néac

CH HAUT-CHAIGNEAU

CH MOULINS DE CALON

CH DU ROC DE BOISSAC

CH DURAND-LAPLAGNE

CH LA CROIX ST-ANDRÉ

CH DE CHAMBRUN

Mirande

CH DE MONBADON

CH LA BASTIENNE

CH NÉGRIT

Bertin

CH TEYSSIER

Durand

CH HAUT-BERNAT

Bayens

CH FONGABAN

CH LES HAUTS-CONSEILLANTS

CH MAISON BLANCHE

CH CORBIN

Arriail

CH CANTEGRIVE

Maillet

VIEUX CHÂTEAU ST-ANDRÉ

CH LA CROIX-BEAUSÉJOUR

CH BEL-AIR

Terrasson

CH LA PAPETERIE

Montagne

Fayant

Tuillac

Maillet

CH PLAISANCE

CH ST-ANDRÉ CORBIN

Troquard

St-Georges

CH DES TOURS

CH SOLEIL

Joanin

CH JOANIN BÉCOT

orbin-Michotte

CH MONTAIGUILLON

D122

CH ST-GEORGES

CH LE MAYNE

Puisseguin

VIEUX CH CHAMPS DE MARS

CH MACQUIN-ST-GEORGES

CH BONNEAU

CH COUCY

roix

Jean-Voisin

LA VIEUX BONNEAU

CH RIGAUD

CH DES LAURETS

Maufourat

St-Philippe d'Aiguille

eac

D243

Vachon

CH LANGLADE

Bouzy

CH MUSSET

CH LESTAGE

CH AMPÉLIA

Vernon

CH D'AIGUILHE

CH LA PLAGNOTTE-BELLEVUE

CH TOUR MUSSET

Balau

CH LE PUY

L'HÊTRE

Peyraud

CH MALANGIN

D243

Parsac

Bord

CH DU CAUZE

CH DE PITRAY

St-Martin

Ch Haut-Sarpe

Ch Fombrauge

St-Genès de-Castillon

CLOS LOUIE

D122

Mazerat

CH LA BIENFAISANCE

SANCTUS

CH CANTIN

le Grand Mayne

CH VEYRAC

Beney

CH CROIX DE LABRIE

Gouillard

Sarpe

St-Christophe-des-Bardes

L'AURAGE

D17

St-Martin

Ch Barde-Haut

CLOS DUBREUIL

Thibaud

Ch Fleur-Cardinale

St-Émilion

Ch Laroque

Ch Valandraud

la Gasparde

Daugay

Ch de Ferrand

St-Georges

CH GRAVET

CH PETIT GRAVET

St-Laurent-des-Combes

CH DESTIEUX

Ch de Pressac

CH MANGOT

Lardit

DOM DE LA

Puy Arnaud

CH LE CASTELOT

St-Hippolyte

Ch Faugères

CH PÉBY FAUGÈRES

CLOS PUY ARNAUD

Belvès-de-Castillon

SCOURS

Gueyrot

CH DE LISSE

CH TRAPAUD

CH CAP DE FAUGÈRES

Fillol

St-Sulpice-de-Faleyrens

CH CHANTGRIVE

CH MAURENS

St-Étienne-de-Lisse

Ste-Colombe

CLOS POUPILLE

Lartique

CH LA BRANDE

CH FERRAND-LARTIGUE

CH JACQUES-BLANC

CH BRÉHAT

Barbey

CH LA CLARIÈRE LAITHWAITE

CLOS LUNELLES

CH CÔTE MONTPEZAT

D670

CH PIPEAU

Parent

St-Magne-de-Castillon

CH LUSSEAU

CH LUCIA

CH GAILLARD

Parre

CH PEYROU

D17

CH BLANZAC

D670

CH LAUSSAC

D122

Ch la Fleur Morange

CH MONTLANDRIE

CH VEYRY

Ste-Foy-la-Grande

D936

St-Pey-d'Armens

Guilliemanson

Castillon-la-Bataille

OLENCE

CH TEYSSIER

CH JEAN-BLANC

la Besse

CH PEYROUTAS

Peyroutas

CH DU PARADIS

Parcole

D936

Vignonet

Micouleau

Cafol

CH DU VAL D'OR

D122

Sauveterre-de-Guyenne

Branne

카스티용 코트 드 보르도 AOC의 서쪽 지역만 지도에 표시되었다(p.85 참조).

1453년에 있었던 카스티용 전투로 100년 전쟁과 아키텐 지방의 영국 통치가 막을 내렸다.

이 이루어질 만한 곳이다.

　하지만 가장 흥미로운 점은 생테밀리옹의 전통적인 중심부(p.110~111 지도 참조)에서 많이 떨어진 연보라색 지역에 유명한 샤토가 많다는 것이다. 최근 보르도에서 우안만큼 지리적으로 그리고 와인 스타일에서, 위대한 보르도 와인의 경계를 확장하려고 노력하는 곳은 없다. p.110~112에서 더 자세한 내용을 확인할 수 있다.

Isle

Dordogne

Libourne

Bordeaux

Garonne

포므롤 Pomerol

포므롤은 벨벳처럼 부드러운 레드와인의 대명사이지만, 때로는 가장 비싼 와인의 대명사이기도 하다. 그런데 포므롤은 실제로는 존재하지 않는 곳 같다. 마을에 번화가라고 할 곳도 없고 작은 길이 교차하는, 아무 것도 없는 곳에 큰 성당 하나가 덩그러니 서있다. 거의 똑같이 생긴 평범한 집들도 길을 따라 군데군데 있을 뿐이다. 그런데 이런 집들 모두 샤토라는 간판이 붙어있다. 포므롤은 이렇게 번잡한 세상과 동떨어진 신기한 곳이다. 지질학적으로 이곳은 큰 자갈 언덕이다. 오르막과 내리막이 살짝 있지만 전반적으로 매우 평평한 지역이다. 리부른 쪽은 모래땅이고, 생테밀리옹과 인접한 동쪽과 북쪽은 종종 점토가 섞여있다. 이곳 와인은 가장 부드럽고 풍부하며 순식간에 마음을 사로잡는 보르도 레드와인이다. 최고의 포므롤 와인은 12년 정도면 자신의 모든 향을 발산하며 화려한 피네스가 생긴다. 5년만 지나도 충분히 매력적인 와인이 많으며, 나이가 들수록 고기향과 심지어 야생조류향이 더해진다.

포므롤의 왕은 이웃인 생테밀리옹보다도 살집이 있고 까다롭지 않으며 빨리 익는 메를로이다. 그 다음 품종은 카베르네 프랑이지만, 블렌딩할 때 1/5 정도를 차지하는 보조적인 역할에 불과하다. 전통적으로 리부른의 북동쪽 고원은 따뜻한 대서양의 영향에서 너무 멀리 떨어져있어서 만생종인 카베르네 소비뇽은 익기 어렵다고 여겨졌다.

복잡한 포므롤에 압도당하지 말고 이곳의 평균적인 기준이 매우 높다는 것만 알아두면 된다. 품질이 좋지 않은 포므롤 와인이 극히 드물지만, 가격이 싼 포므롤 와인도 드물다.

포므롤은 유명한 보르도 와인치고 매우 민주적이다. 등급이 없다. 사실 등급을 나누는 것도 쉽지 않은데, 가장 유명한 샤토들도 최근까지 보르도 바깥 지역에서는 낯선 이름이었다. 로마 시대부터 이곳에서 와인을 만들었지만, 20세기 중반이 되어서야 좋은 평가를 받기 시작했다. 이렇게 되기까지 장-피에르 무엑스Jean-Pierre Moueix라는 능력 있는 네고시앙의 노력이 있었다. 그는 내륙의 거친 코레즈Corrèze 지방 출신으로 1930년대에 리부른에 정착했고, 와이너리를 하나씩 매입하며 무시할 수 없는 품질의 와인을 만들었다(처음에는 벨기에 와인애호가들의 사랑을 받았다).

등급 분류가 어려운 또 다른 이유는 대부분의 샤토가 소규모 가족경영이고, 주인이 바뀔 때마다 포도밭에 변화가 생긴다는 점이다. 막강한 무엑스 가문의 경우 가지고 있는 많은 포도밭 구획을 계속 사고 팔았다. 토양은 자갈에서 자갈성 점토, 자갈이 섞인 점토, 또는 모래 자갈에서 자갈성 모래로 바뀌어 매우 복합적이다. 하지만 포도밭의 경계가 계속 변해서 그 복합성이 제대로 반영되지 못하고 있다.

포므롤의 생산자 대부분은 1가지 와인만 만든다. 더해 봐야 어린 포도나무나 덜 좋은 구획에서 나온 포도로 만든 세컨드 와인이 전부다. 포므롤에서 가장 뛰어난 포도밭이 페트뤼스Petrus라는 것에 모든 사람이 오랫동안 동의해왔다. 11.5ha에서 거의 메를로를 재배하고, 배수가 잘 되는 자갈 하부토 위의 푸르스름한 점토가 풍부한 땅에서 매우 세련되고 수명이 긴 와인이 생산된다. 페트뤼스는 장-피에르 무엑스의 장남이자 보르도에서 가장 막강한 네고시앙인 장-프랑수아의 소유다. 페트뤼스에서는 부자 세습을 선호하는 모양이다. 양조책임자였던 장-클로드 베루에Jean-Claude Berrouet의 아들인 올리비에도 아버지의 뒤를 이었다.

계속되는 변화

그러다가 1980년대에 르 팽Le Pin이 나타났다. 가까운 비유 샤토 세르탕Vieux Château Certan(VCC)과 우안에 꽤 많은 와이너리를 소유한 벨기에 출신 자크 티앙퐁Jacques Thienpont이 원래 채소밭이었던 곳에 포도나무를 심으면서 전설은 시작되었다. 르 팽은 포므롤 기준으로도 아주 작으며(3ha가 안 된다), 그 정도면 손으로 직접 재배하여 양조한 초특급 와인이 나올 수 있다. 이런 와인은 모든 것이 과하고 매력도 과하다(물론 희소성까지). 또한 이 모든 것은 가격에 반영된다. 페트뤼스보다 비쌀 때도 있고, 좌안의 1등급 와인보다는 언제나 더 비싸다(물론 생산량이 훨씬 적다). 르 팽과 페트뤼스 모두 건물과 셀러를 훌륭하게 신축했다. 최고급와인이 얼마나 잘 팔리는지 알 수 있다.

p.109 지도에서는 현재 가장 높은 가격을 받는 와이너리들을 대문자로 구분했다. 클로 레글리즈Clos l'Eglise와 샤토 클리네Clinet, 레글리즈-클리네L'Eglise-Clinet(샤토 이름들이 비슷해서 정말 혼란스럽다!), 라 플뢰르 드 게La Fleur de Gay, 라 비올레트La Violette는 비교적 최근에 포므롤 왕관에 추가된 보석들이다. 샤토 라 콩세양트La Conseillante, 레방질L'Evangile(라피트의

마을 크기와 어울리지 않게 거대한 성당을 p.109 지도에서 찾으려면 돋보기가 있어야 한다. 이름에 성당을 뜻하는 에글리즈(Eglise)가 들어간 샤토들이 모여있는 곳이다.

로쉴드 가문 소유), 라플뢰르Lafleur, 라투르 아 포므롤Latour à Pomerol, 트로타누아Trotanoy, 그리고 특이하게 카베르네 소비뇽이 주요 품종인 VCC는 모두 오래전부터 명품와인을 만들고 있다. 샤토 라 플뢰르-페트뤼스La Fleur-Pétrus 역시 페트뤼스 근처, 무엑스 포도재배자들의 숙소를 둘러싼 8ha의 포도밭에서 와인을 만들었을 때부터 명성이 높았다. 최근 장-프랑수아의 동생인 크리스티앙 무엑스와 에두아르 부자가 포도밭을 재정비해서 총 18.7ha를 3개 구획으로 나누었다. 크리스티앙 무엑스는 페트뤼스 건너편의 샤토 세르탕 지로Certan Giraud를 개축한 후 이름을 오자나Hosanna로 바꾸었다. 아버지가 포므롤의 와인 지도를 새로 그렸기 때문에 자신도 다시 그릴 자격이 있다고 생각하는 듯 하다.

위에서 언급한 샤토들은 포므롤 동쪽 점토질 토양에 빽빽하게 모여있는데, 와인의 개성과 품질을 쉽게 짐작할 수 있다. 여기서 생산된 와인은 아주 농밀하고 과즙이 느껴지며 화려하다. 도르도뉴강 우안, 네고시앙들이 자리한 리부른 마을 주위의 모래가 많고 가벼운 토양에서 생산된 와인은 농축미가 눈에 띄게 떨어지고, 덜 인상적이다.

최근에 있었던 주목할 만한 변화는, 포므롤 아펠라시옹 바로 북쪽에 있는 랄랑드-드-포므롤Lalande-de-Pomerol(p.106 참조) 마을에서 가격대비 품질이 훌륭한 와인을 생산하면서 작은 포므롤로 떠오르고 있는 것이다. 샤토 레글리즈-클리네의 소유주는 포므롤에 있는 자신의 포도밭에서도 보이는 곳에 라 슈나드La Chenade와 레 크뤼젤Les Cruzelles을 소유하고 있다. 랄랑드-드-포므롤 최고의 와인은 포므롤보다 더 빨리 숙성되고 가격도 훨씬 저렴하다.

랄랑드-드-포므롤과 포므롤

샤토 슈발 블랑(Cheval Blanc)과 피작
(Figeac)이 있는 생테밀리옹 서쪽의 자
갈 토양과 포므롤이 어떻게 연결되는지
지도가 잘 보여준다. 포므롤의 유명 샤
토들이 한 지역에 집중되어있는 것을
알 수 있다. 방문객은 샤토들의 작은 규
모에 놀란다.

포므롤에서 가장 유명한
페트뤼스는 찾기도 쉽지
않고 방문하기도 어렵다.

St-Denis-de-Pile
Ch des Annereaux
les Annereaux

Lalande-de-Pomerol
Ch Jean Gué
les Sables
le Perron
Ch Perron
le Sablot
Viaud
Ch de Viaud

D245

Ch Grand Ormeau
St-Médard-de-Guizières
la Pignière

L A L A N D E - D E - P O M E R O L
le Moulin de Sales
Ch de Bel-Air
Canton des-Chats
Bel-Air
Ch les Cruzelles

N É A C

D245
D1089

Chevrol

Ch de Sales
le Petit Moulinet
D121
Marchesseau
le Moulin de Lavaud
le Moulin
Lavaud
Ch Belles Graves
la Forêt

Ch Moulinet
Barbanne Ruisseau
le Moulin de Cazelis
Ch Tournefeuille

Néac

le Grand Garrouil
la Patache
CH LA GRAVE À POMEROL
CH ROUGET

D910
Ch l'Enclos
Ch Rêve d'Or
D245
CH LATOUR À POMEROL
Pignon
CH LE GAY
D121 la Chichonne

Clos du Beau Père
le Grand Moulinet
Pont de Cloquet
CLOS L'ÉGLISE
CH LA CROIX de Gay
La Fleur de Gay
CH LA FLEUR PÉTRUS 1

Clos René
Ch Montviel
Ch Feytit-Clinet
CH CLINET
Dom de l'Église
Ch Lafleur Gazin

Ch Bellegrave
les Ormeaux
CH L'ÉGLISE CLINET
Pomerol
Ch Vray Croix de Gay
CH LAFLEUR
CH GAZIN

Ch Mazeyres
les Barrières
Ch de Grange-Neuve
Ch la Cabanne
Ch Gombaude-Guillot
Ch Lagrange
PÉTRUS
Ch Franc-Maillet

Ch Bourgneuf
Trochau
Ch Vieux Maillet
Maillet

P O M E R O L
CH LA FLEUR PÉTRUS 2
Ch Hosanna
Ch Haut Maillet

Béquille
CH TROTANOY
CH LA VIOLETTE
CH LE BON PASTEUR

Beauséjour
Ch Guillot Clauzel
CH LA FLEUR PÉTRUS 3
Ch Haut-Tropchaud
CH CERTAN
VIEUX CHÂTEAU CERTAN
CH L'ÉVANGILE
Ch Croque Michotte

D1089
Ch Bonalgue
D121
LE PIN
CH LA CONSEILLANTE
D244

Bonalgue
Ch la Pointe
Ruisseau Mauvais Temps
la Gravette
CH PETIT VILLAGE
Montagne

Catusseau
Ch la Croix St-Georges
Ch la Tour du Pin Figeac
Ch la Dominique

CH NÉNIN
Ch Lafleur du Roy
Ch la Croix
Clos du Clocher
CH BEAUREGARD
Ch la Grave Figeac
D245

Ch Plince
Ch la Tour du Pin
CH CHEVAL BLANC

la Brandaude
Ch la Croix-du-Casse
Ch Ferrand
les Grands Sillons
Toulifaut
ST-ÉMILION
Ch la Tour Figeac

Libourne
Gare
Ch la Commanderie
Ch la Croix Taillefer
Rouilledinat
Ch la Clémence

la Borclette
la Lamberte
Ch Taillefer
la Grange Neuve

D1089
D243
Ch du Tailhas
Taillas

St-Émilion
D243

경계선 (canton)
경계선 [commune (parish)]
CH LAFLEUR 주요 샤토
Ch Bourgneuf 기타 주요 샤토
생테밀리옹 프르미에 그랑 크뤼
클라세(A) 포도밭
기타 포도밭
숲
50 등고선간격 5m

Isle
Dordogne
Libourne
Bordeaux
Garonne

1:25,000
Km 0   1 Km
Miles 0   1/2 Mile

A|B
B|C
C|D
D|E
E|F
F|G

1|2   2|3   3|4   4|5   5|6

생테밀리옹
St-Émilion

아름다운 중세마을 생테밀리옹은 보르도 와인 현대화의 중심지로, 도르도뉴 위쪽의 가파른 언덕 모퉁이에 자리잡고 있다. 생테밀리옹 마을 뒤 모래와 자갈 고원에서 서쪽으로 도르도뉴강이 휘어지는 곳 위로 포므롤까지 포도밭이 계속 이어진다. 거기서 남쪽으로 등고선 간격이 가장 좁은 곳에서 가파른 석회암 비탈, 즉 코트Côtes를 따라 평지로 급강하한다. 생테밀리옹 AOC는 쭉 내려가서 도르도뉴강변까지 이어진다 (p.106~107 참조). 모래가 점점 많아지는 토양으로 다른 지역과 다르며, 그다지 좋은 땅은 아니다.

생테밀리옹은 작지만 관광객이 많은 보르도의 보석 같은 시골 마을로, 1999년 유네스코 세계문화유산으로 등재되었다. 생테밀리옹의 기질은 내륙 고지대이고, 기원은 로마제국이다. 셀러는 지하에 있고, 사람들은 와인에 취해 있으며, 와인전문점이 집만큼 많다. 성당조차도 셀러가 있다. 모두 단단한 바위를 파내서 만든 것이다. 마을 광장에 있는 미슐랭 스타 호텔 오스텔르리 드 플레장스Hostellerie de Plaisance가 성당 지붕 위에 있어서, 종탑 옆에 앉아 푸아그라와 송아지 내장요리 리 드 보ris de veau를 즐길 수 있다.

생테밀리옹의 레드와인은 매우 풍부하다. 메독 와인의 드라이하고 떫은맛에 익숙해지기 전에 많은 사람들이 생테밀리옹의 단단하고 풍부한 맛을 좋아했다. 최상급 와인은 해가 잘 드는 계절에 잘 익은 포도로 만들며, 시간이 지날수록 단맛이 난다. 생테밀리옹은 보통 메독 와인보다 알코올이 강하다. 지금은 알코올 도수가 거의 14%가 넘으며, 아주 좋은 와인은 그만큼 오래 간다.

생테밀리옹 와인은 카베르네 프랑이 뼈대이고, 메를로가 살이다. 카베르네 소비뇽은 이 지역에서 제대

우안의 컨설턴트

1990년대부터 외부 투자자들이 생테밀리옹에 대대적으로 투자를 했다. 이들은 포도밭을 매입하고, 셀러와 양조 장비를 개보수하고, 이 분야의 전문가인 양조 컨설턴트들을 고용했다. 미셸 롤랑(Michel Rolland), 스테판 드르농쿠르(Stéphane Derenoncourt), 스테판 투툰지(Stéphane Toutoundji), 위베르 드 부아르(Hubert de Boüard), 알랭 레노(Alain Reynaud)가 대표적이다. 결과는 생테밀리옹이 캘리포니아의 나파 밸리(Napa Valley)를 흉내낸 것처럼 보였다. 의도적으로 현대적인 스타일을 추구했다고 한 와인도 나파밸리 와인 같았다. 하지만 2010년대 들어서 고전적인 생테밀리옹 와인으로 돌아가려는 움직임이 나타나고 있다.

로 익기 힘든데, 바다의 영향이 적어 날씨가 서늘하고 땅에 습기가 많아 차갑기 때문이다. 하지만 여름이 더워 예외적으로 카베르네 소비뇽을 심는 생산자도 있다. 1등급인 샤토 슈발 블랑Cheval Blanc처럼 레드와인 품종이 적합하지 않은 포도밭에 화이트와인 품종을 심는 생산자도 있다.

생테밀리옹의 등급분류

생테밀리옹의 등급 체계는 1855년의 등급 체계와 완전히 다르다. 철저하게 시사적이다. 10년마다 프르미에 그랑 크뤼 클라세(1등급)와 그랑 크뤼 클라세(2등급)가 재조정된다(가장 최근에 재조정된 것은 2012년이다). 클라세 없이 그랑 크뤼만 쓰는 생테밀리옹 와인도 있어서 라벨을 세심하게 살펴야 한다. 현재 1등급은 18개인데, 그중에 샤토 슈발 블랑, 오존Ausone, 새로 합류한 앙젤뤼스Angélus와 파비Pavie, 이렇게 4개의 샤토는 특등급(프르미에 그랑 크뤼 클라세 A)이다. 2등급은 64개이며, 일반 그랑 크뤼는 수백 개나 된다. 가장 최근에 샤토 라르시 뒤카스Larcis Ducasse, 라 몽도트La Mondotte, 발랑드로Valandraud가 1등급으로 승급했다. 그리고 심지어 유명한 샤토도 강등당할 수 있다.

하지만 등급분류 체계 밖에서 활동하는 와이너리가 많고, 그중 몇몇은 큰 성공을 거두었다. 최근 수년 동안 생테밀리옹의 800여 개 샤토 중 수십 개 아니 수백 개의 샤토가 시설을 현대화하고, 전반적으로 부드럽고 덜 거칠며 농도가 진한 와인을 생산하고 있다. 몇몇의 경우에는 정도가 심했다(왼쪽 아래 참조).

합병을 통한 세력 확장은 최근 보르도 전역에서 나타나는 추세로, 성공한 와이너리일수록 더 거대해졌다. (수익도 확대되었지만 그렇다고 와인이 꼭 좋아지는 것은 아니다.) 이러한 현상은 좌안에 비해 전통적으로 와이너리 규모가 현저하게 작은 우안에서 두드러졌다. 예를 들어, 유명한 1등급 샤토 오존 옆 언덕 비탈에 있는 샤토 벨레르Belair와 마그들렌Magdelaine, 그리고 클로 라 마들렌Clos La Madeleine이 합병하여 샤토 벨레르-모낭주Bélair-Monange가 되었다. 부유한 좌안 샤토들도 우안에 투자하고 있다. 페삭-레오냥의 1등급 샤토 오-브리옹Haut-Brion의 소유주인 딜런Dillon 가문은 샤토 테르트르 도게Tertre Daugay와 샤토 라로제l'Arrosée를 합병해, 남향 언덕 비탈의 좋은 자리에 28ha의 넓은 샤토 퀸터스Quintus를 만들었다. 마고에 있는 샤토 로장-세글라Rauzan-Ségla(그리고 샤넬)의 소유주는 샤토 마트라Matras와 베를리케Berliquet를 매입해 이미 가지고 있던 샤토 카농Canon을 확장했다. 중국인과 러시아인도 이 대열에 합류했다.

당연히 포도밭 가격이 폭등했다. 이제 와이너리 소유주는 가라지스트garagiste, 즉 1990년대에 헐값에 포도나무 몇 그루를 사서 자신의 차고garage에서 평점 100점짜리 고가와인을 만든 아마추어 양조가보다는 보험회사일 확률이 높다. 오늘날의 키워드는 축소가

아닌 확장이다. 장-뤽 튀느뱅Jean-Luc Thunevin은 가라지스트가 샤토 발랑드로Valandrau를 소유하면서 어떻게 보르도 샤토 소유주의 일원으로 성장했는지 잘 보여준다.

생테밀리옹 포도밭은 크게 세 지역으로 나뉜다. 생테밀리옹 AOC를 사용할 수 있지만 품질이 떨어지는 강가 평지, 동쪽과 북동쪽 마을 포도밭은 제외했다 (p.106~107 지도와 설명 참조). 생테밀리옹 AOC 전체의 다양한 토양 종류에 대해서는 p.112에서 자세히 설명한다.

최상급 샤토들은 포므롤에 인접한 생테밀리옹 서쪽 끝에 모여있다. 가장 유명한 곳은 슈발 블랑인데, 새로 지은 친환경 와이너리(p.2~3 참조)가 아름답게 균형 잡힌 와인만큼 인상적이다. 슈발 블랑의 향은 높은 비율의 카베르네 프랑에서 나온다. 이웃 샤토 중에서는 드넓은 샤토 피작Figeac이 슈발 블랑의 수준에 가장 근접해 있다. 자갈이 많은 이 지역에서는 독특하게 카베르네 소비뇽의 비율이 상당히 높다. 유기농법을 확대하고 있고, 보르도에서는 특이하게 구획으로 나누지 않은 포도밭에서 메를로, 카베르네 소비뇽과 프랑을 비슷한 비율로 재배한다. 두 가지 카베르네는 배수가 잘 되는 피작의 자갈 토양과 잘 맞는다.

규모가 더 큰 두 번째 그룹은 코트 생테밀리옹Côtes St-Émilion으로, 생로랑-데-콩브St-Laurent-des-Combes

생테밀리옹의 중심부

지도에 프르미에 그랑 크뤼 클라세 샤토 18개와
그랑 크뤼 클라세 샤토 대부분이 표시되어 있다.
그 외의 샤토는 p.106~107의 생테밀리옹 AOC
전체 지도에 있다.

Dordogne

Isle

Libourne

Bordeaux

Garonne

MONTAGNE-ST-ÉMILION

ST-GEORGES-ST-ÉMILION

ST-ÉMILION

ST-CHRISTOPHE

ST-LAURENT

Ch Franc-Maillet
Maillet
Ch Vieux Maillet
Ch Haut-Maillet
Ch le Bon Pasteur
angile
la Croix Chante-Caille
Ch Croque Michotte
Guadeleyrat
Montagne
le Jura
Barbanne
Ch Grand-Corbin-Despagne
D244
Ch Corbin Michotte
Ch Corbin
Ch Grand Corbin
Ro
Maison Neuve
Montagne
Ch la Dominique
Ch Jean Faure
CH CHEVAL BLANC
Ch Jean Voisin
Chasteau
D245
Ch Ripeau
Ch la Commandérie
Ch Chauvin
Vachon
FIGEAC
Clos Grand Faurie
Ch Trimoulet
Sarrensot
Petit Montlabert
Bézineau
le Fougueyrat
la Rose
Merissac
Ch la Fleur
Petit-Figeac
la Croix Figeac
Ch Rol Valentin
Ch Moulin du Cadet
Ch Cap de Mourlin
Ch Dassault
Ch Grand Barrail Lamarzelle Figeac
Ch Haut-Segottes
Balau
Ch Larmande
Clos de l'Oratoire
Peyraud
Ch la Marzelle
Ch Côte de Baleau
Ch Laniote
CH LA GRACE DIEU DES PRIEURS
Ch Faurie de Souchard
Ch Yon-Figeac
Ch Fonroque
Ch Petit Faurie de Soutard
St-Christophe-des-Bardes
Magnan
Ch Laroze
le Cadet
Clos des Jacobins
Ch Soutard
Jacquemeau
Ch Cadet-Boit
Ch Franc Mayne
Ch Grand Mayne
St-Christophe-des-Bardes
Bord
Ch Grand-Pontet
Ch Baleстard la Tonnelle
Sarpe
Ch Clos de Sarpe
Ch le Chatelet
Ch les Grandes Murailles
Ch la Couspaude
Ch Sansonnet
Ch Bellevue
CH BEAU-SÉJOUR BECOT
Clos St-Julien
CH TROTTEVIEILLE
Clos Fourtet
Ch Guadet
Ch Villemaurine
St-Christophe
Gaubert
CH ANGÉLUS
CH BEAUSÉJOUR HÉRITIERS DUFFAU-LAGARROSSE
Clos St-Martin
Couvent des Jacobins
le Barrail
Mazerat
CH CANON
Ch la Serre
St-Émilion
Ch la Clotte
Ch le Prieuré
Fonrazade
Ch Bardel Haut
Ch Roylland
L'If
Ch Berliquet
CH PAVIE MACQUIN
Pin de Fleur
Libourne
CH AUSONE
CH TROPLONG MONDOT
CH BÉLAIR-MONANGE
Ch Moulin St-Georges
les Carrières
St-Laurent-des-Combs
Ch Carteau Côtes Daugay
Ch Fonplégade
CH LA GAFFELIÈRE
Ch Pavie-Decesse
LA MONDOTTE
Ch Quintus
St-Georges
Godeau
Tertre Rôteboeuf
Castillon-la-Bataille
Ch St-Georges Côte Pavie
CH PAVIE
Ch Bellevue Mondotte
St-Émilion Cave Co-op
CH PAVIE
Ch Rochebelle
CH LARCIN DUCASSE
Ch Bellefont-Belcier
Ch Tassegue
CH CANON-LA-GAFFELIÈRE
vers D670
l'Arsis
Gueyrot

범례

- — · — · — 경계선 (canton)
- — — — — 경계선 [commune (parish)]
- **CH AUSONE** 프르미에 그랑 크뤼 클라세 (2012년)
- Ch Laroze 그랑 크뤼 클라세
- *Ch la Fleur* 기타 주요 샤토
- 프르미에 그랑 크뤼 클라세(A) 포도밭
- 기타 포도밭
- 숲
- —25— 등고선간격 5m

1:26,400

Km 0   1 Km
Miles 0   1/2 Mile

1980년대 초반 열정적인 새 경영진을 맞아들여 와인 품질을
개선하고 매력을 만들기 위해 끝까지 밀어붙인 샤토들 중 첫
주자가 테르트르 로트뵈프다. 부르고뉴 장인의 방식으로 와인
을 만들고, 논란이 많은 공식 등급에 연연하지 않는다.

마을 동쪽의 비탈에 위치한다. 이상적인 남향 비탈이 마을 남쪽 끝 샤토 퀸터스에서 파비를 거쳐 테르트르 로트뵈프로 이어진다. 코트 지역은 언덕이 북쪽과 서쪽을 막아주어 서리 피해가 비교적 적고 해가 잘 든다. 이곳에서 재배하는 포도가 아주 잘 익는 것도 놀라운 일이 아니다. 고원의 끝이 급경사를 이루고 있어서 얇게 깔린 토양 아래로 부드럽지만 단단한 석회암을 볼

수 있으며, 그 석회암을 파서 셀러를 만든다. 새단장을 마친 코트의 보석 샤토 오존은 도르도뉴 밸리를 내려다보고 있으며, 보르도에서도 가장 입지가 좋은 곳 중 하나로 꼽힌다. 오존의 셀러에 가면 머리 위로 포도나무 뿌리가 자라는 모습을 볼 수 있다.

세 번째 그룹은 샤토 그랑 멘Grand Mayne과 샤토 프랑 멘Franc Mayne으로, 코트와 서쪽의 자갈 토양 사이에

석회암, 점토, 모래 토양이 띠처럼 펼쳐지는 지역이다. 그래서 이곳 와인은 코트 와인에 비해 강렬함은 덜하지만 세련되고 피네스가 있다. 지리적 한계 또한 양조 기술로 극복하기 위해 노력하고 있다.

생테밀리옹은 놀라울 정도로 빠르게 조용한 시골마을에서 열정과 야망이 넘치는 곳으로 변모했다.

생테밀리옹의 테루아

아래 지도는 보르도대학교의 코르넬리스 반 루벤 교수가 생테밀리옹 와인협회의 의뢰로 진행한 광범위한 연구에 근거했다. 생테밀리옹 아펠라시옹의 테루아가 얼마나 다양한지 바로 알 수 있다. 베르주락으로 가는 주도로 남쪽은 최근 도르도뉴강이 범해 충적토가 쌓여 적합하지 않은 땅이라는 것을 알 수 있다. 범람원 근처는 자갈이 많고, 먼 곳은 모래가 많다. 생테밀리옹 쪽으로 언덕을 오르다 보면 모래 토양이 나오는데, 여기서는 가벼운 와인이 나온다(예외도 있다). 하지만 곧 석회암 기반암으로 변해 관광객들도 쉽게 석회암을 볼 수 있다. 언덕 하단은 부드러운 몰라스(몰라세) 뒤 프롱사데(molasses du Fronsadais), 즉 자갈, 모래, 점토 퇴적층으로 프롱삭과 동일한 토양 종류이다. 고원은 칼케르 아 아스테리(calcaire à Astéries), 즉 단단한 올리고세 석회암을 점토가 많은 상부토가 덮고 있다. 코트에서 자란 포

도로 만든 와인이 좋은 이유이다. 생테밀리옹 마을 주위의 언덕 비탈은 도르도뉴강, 일(Isle)강, 제4기에 축적된 제3기 충적토가 있는 바르반(Barbanne)강의 합작품이다. 점토보다 롬(양토)이 많은 지역, 특히 생티폴리트(St-Hippolyte) 마을 북쪽도 주목할 만하다.

하지만 마을 북서쪽은 많이 달라서 얕은 모래 토양이 띠처럼 펼쳐져있고, 포므롤과 가까워지면서 갑자기 자갈 둔덕이 나타난다. 이곳에 샤토 피작과 슈발 블랑이 있다.

이 지도는 왜 피작과 슈발 블랑의 맛이 비슷한지, 왜 슈발 블랑이 다른 3개의 프르미에 그랑 크뤼 클라세(A)와 스타일이 다른지 잘 보여준다.

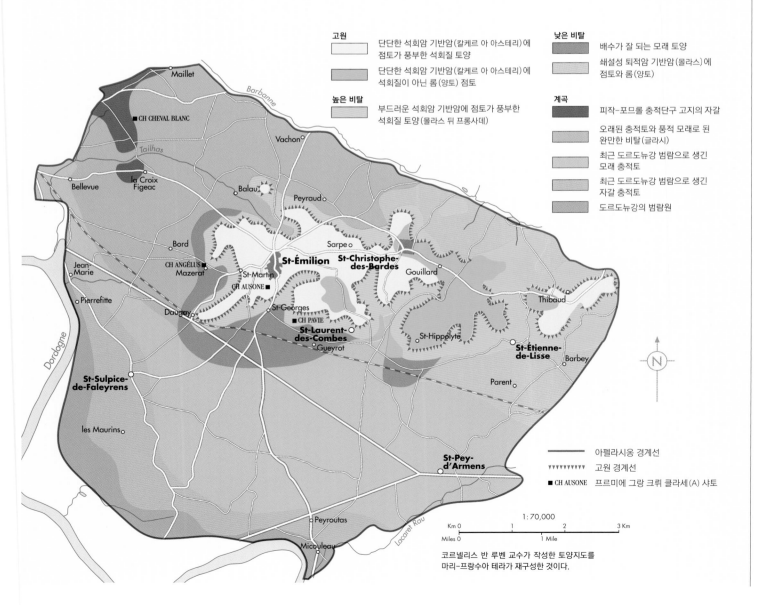

코르넬리스 반 루벤 교수가 작성한 토양지도를 마리-프랑수아 테라가 재구성한 것이다.

남서부 와인 Wines of the Southwest

위대한 보르도의 남쪽과 서쪽에 유서 깊은 포도밭들이 흩어져있다. 그 사이를 지나는 강이 남서부 와인을 먼 곳으로 실어날랐다.

테루아 너무 다양해 일반화하기 힘들다.

기후 대서양의 영향을 주로 받지만, 내륙쪽은 대륙성 기후를 띤다.

품종 레드 말벡, 타나, 카베르네 종류, 메를로, 페르 세르바두Fer Servadou / **화이트** 소비뇽 블랑, 뮈스카델, 세미용, 그로 & 프티 망상, 프티 쿠르뷔Petit Courbu

남서부는 보르도의 상인들이 질투한, 품질 좋은 '고지대 와인'이 생산되던 곳이다. 그들은 자신들의 와인이 다 팔릴 때까지 남서부 와인이 보르도항에 들어오는 것을 막았고, 가끔은 보르도 와인에 알코올이 더 강한 남서부 와인을 섞어 강하게 만들기도 했다. 지롱드 데파르트망 근처에서는 보르도 품종을 주로 재배하지만, 나머지 지역은 프랑스에서 가장 다양한 토착품종이 모인 곳으로 최근에 재발견된 품종도 있다. 보르도 우안의 아름다운 배후지로, 도르도뉴 강가의 성채와 울창한 계곡, 돌집이 많은 고산마을 페리괴Périgueux는 오래전부터 관광객에게 큰 사랑을 받았다.

작은 **코트 드 뒤라스**Côtes de Duras AOC는 앙트르-되-메르Entre-Deux- Mers(p.85 지도 참조)와 베르주락 Bergerac을 잇는 다리다. 레드와 화이트 모두 나오지만, 풍미가 강하고 드라이한 소비뇽 블랑이 주력 품종이다.

베르주락 와인은 보통 세련된 보르도 와인에 비해 촌스럽다고 여기지만, 의외로 만만찮은 와인이 많다. 레드, 화이트, 로제 모두 생산하고, 화이트는 모든 당도로 나온다. 여기에는 샤토 투르 데 장드르Tour des Gendres의 소유주로 바이오다이나믹 농법을 주창한 뤽 드 콩티Luc de Conti의 역할이 컸다. 보르도 품종을 사용하고, 온난한 해양성 기후인 지롱드보다 추운 곳으로, 높은 지역은 석회암으로 되어있다. 더 넓은 베르주락 지역에는 수많은 고유 AOC가 있는데, 너무 많아 일부는 무시당하기도 한다. **페샤르망**Pécharmant은 철분이 풍부한 토양이 특징이다. 가끔 오크통 숙성을 하는 풀 바디의 페샤르망 레드와인은 지역에서 명성이 높다. 베르주락 레드는 보르도 레드의 대체품으로 여길 때가 많다.

카스티용Castillon(p.106~107 참조)에서 데파르트망 경계선을 넘으면 **몽라벨**Montravel이 나온다. 드라이와 스위트 화이트, 레드와인은 베르주락보다 한 수 위로 인정받는다. 하지만 도르도뉴 데파르트망에서 가장 독특하고 화려한 와인은, 베르주락 남서쪽 2개 지역에서 생산되는 극소량의 화려한 스위트 화이트와인이다. 놀랄 만큼 굳은 의지로 와인을 만드는 **소시냑**Saussignac에서는 몇천 상자밖에 생산하지 않는다.

베르주락에서 가장 유명한 **몽바지약**Monbazillac 와인의 생산량은 소시냑의 30배나 된다. 1993년부터 기계 수확을 포기하고, 여러 차례 선별 수확해야 하는 손수확으로 바꾸면서 품질이 전체적으로 크게 향상되었다. 이산화황 첨가는 최소화되었고, 보당이 금지되었다. 소테른처럼 몽바지약 포도밭 역시 가르도네트Gardonette 지류가 본류(도르도뉴강)에 합류하는 곳 바로 동쪽에 위치해 귀부병이 잘 생긴다. 하지만 이곳은 언덕이 훨씬 많다. 뮈스카델 품종은 소테른에서는 단역이지만, 여기서는 주연이다. 어린 몽바지약은 최고의 소테른이 어릴 때보다 활기차고 생기가 넘친다. 샤토 티르퀼 라 그라비에르Tirecul La Gravière가 좋은 예로, 성숙하면 특유의 호박색과 견과류향이 난다. 50명의 조합원을 가진 협동조합이 생산을 담당한다.

블랙와인

카오르Cahors는 중세시대에 색이 진하고 수명이 긴 와인으로 지금보다 더 유명했다. 지금은 메를로로 만들어 더 부드러운 와인도 있지만, 카오르의 혼과 맛은 아르헨티나와 보르도에서 말벡으로 불리는 코Côt 품종에서 나온다. 이 품종과 보르도보다 따뜻한 여름 날씨 덕분에, 카오르는 전형적인 보르도 레드보다 입에 더 가득 차고 거칠지만 힘이 있다. 로트Lot강 위쪽 3곳의 충적단구에서 포도나무를 재배한다. 고지대일수록 좋은 와인이 생산되고, 강변쪽은 품질이 조금 떨어진다. 아르헨티나가 말벡을 세계적인 와인으로 만들자, 두 지역은 협력과 경쟁을 하는 사이가 되었다. 몇몇 와인메이커들은 잘 익은 포도를 선호했으며, 전통을 따르지

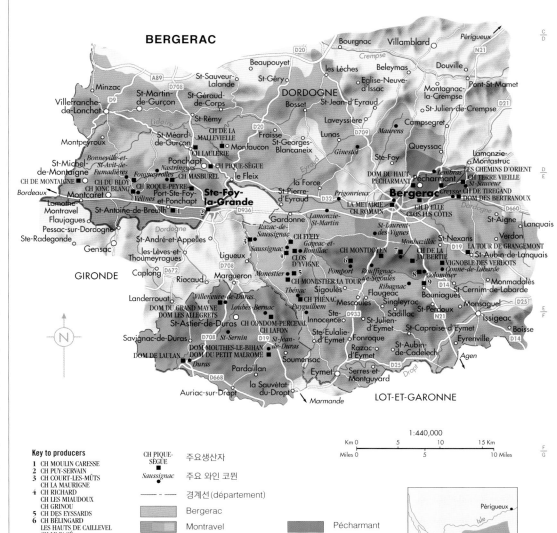

Key to producers
1 CH MOULIN CARESSE
2 CH PUY-SERVAIN
3 CH COURT-LES-MÛTS
  CH LA MAURIGNE
4 CH RICHARD
  CH LES MIAUDOUX
  CH GRINOU
5 CH DES EYSSARDS
6 CH BÉLINGARD
  LES HAUTS DE CAILLEVEL
  CH LE FAGÉ
7 CH TIRECUL LA GRAVIÈRE
  CH LA GRANDE MAISON
  CH THEULET
  CAVE DE MONBAZILLAC
8 DOM DE L'ANCIENNE CURE
9 CH TOUR DES GENDRES

CH PIQUE-SÉGUE 주요생산자
Saussignac 주요 와인 코뮌
–·– 경계선 (département)
Bergerac
Montravel
Haut-Montravel
Côtes de Montravel
Rosette
Pécharmant
Saussignac
Monbazillac
Côtes de Duras

1:440,000
Km 0   5   10   15 Km
Miles 0   5   10 Miles

브라나(Brana) 와인 앤 스피릿 본사가 보여주듯, 피레네 산기슭에 있는 이룰레기 지역의 건축물과 지형은 매우 독특하다.

않고 과감하게 오크통 숙성을 했다.

카오르에서 위로 올라가면(p.53 지도 참조), 황량한 아베롱Aveyron 데파르트망에 한때 번성했던 마시프 상트랄Massif Central 포도밭의 마지막 흔적이 남아 있다. 가장 중요한 와인은 **마르시약Marcillac**이다. 후추향이 나는 가벼운 레드로, 강철처럼 단단하지만 익으면 부드러워지는 페르 사르바두로 만든다. **앙트레그 르 펠Entraygues Le Fel**과 **에스탱Estaing**은 작은 아펠라시옹이지만 솜씨 좋은 와인메이커들이 제법 있다.

알비Albi 서쪽 타른Tarn강 주변과, 세벤Cévennes산맥으로 이어지는 아름다운 협곡 하류의 고산지대는 위의 지역과 비교하면 문명사회처럼 느껴진다. 낮은 구릉으로 된 목초지 풍경이 정겹고 기후도 온화하다. 군데군데 크고 작은 아름다운 마을이 보석처럼 박혀 있다. 73개 마을 모두 **가이약Gaillac** 아펠라시옹을 사용한다. 보르도 하류쪽에서 포도를 재배하기 훨씬 전부터 와인을 만든 것으로 보인다. 하지만 카오르처럼 가이약도 필록세라로 와인 교역에 큰 타격을 받았다. 가이약의 다양한 테루아와 품종들을 연결하려는 노력이 더해졌다. 가장 대표적인 레드품종은 이곳에서 브로콜Braucol로 불리는 후추향이 강한 페르 사르바두와, 그보다 훨씬 가볍고 향신료향이 나는 뒤라스Duras이다. 시라는 외지에서 왔지만 환영받고 있고, 시라만큼 환영받지 못하는 가메로 빨리 마실 수 있는 가이약 프리뫼르Gaillac Primeur를 만든다. 보르도 레드와인 품종도 용인된다. 껍질색이 진한 품종이 이제 대다수이고, 타른강 남쪽의 자갈 점토 토양과도 잘 맞는다. 남동향의 타른강 우안은 가을이 길고 건조한 가이약의 특산품이었던 스위트와 세미스위트 화이트와인에 적합하다. 모작Mauzac, 렌 드 렐Len de l'El, 그리고 더 드문 옹당Ondenc 같은 화이트 토착품종을 소비뇽 블랑과 블렌딩한다.

가이약 바로 서쪽의 타른강과 가론강 사이에 **프롱통Fronton**이 있다. 프롱통 와인은 대도시 툴루즈Toulouse가 가까워 툴루즈 와인이라고도 하며, 꽃향기가 특징인 토착품종 네그레트Négrette로 레드와 로제와인을 만든다. 가론강 좌안 하류에는 **뷔제Buzet**가 있다. 포도밭이 과수원, 농가와 함께 27개 코뮌에 흩어져있다. 잘 조직된 협동조합에서 만든 레드와인을 '시골 보르도 와인country claret'이라고도 한다. 더 북쪽에 있는 **코트 뒤 마르망데Côtes du Marmandais**는 컬트 와인메이커 엘리앙 다 로스Elian da Ros로 유명하다. 아부리우Abouriou 품종을 보르도 와인에 블렌딩하면 향신료향이 더해져, 이곳의 특징인 매력적인 가벼운 레드가 나온다.

또 다른 대서양 항구

지도 남부의 나머지 와인산지들은 역사적으로 보르도 항보다 바욘Bayonne항을 더 의지했다. **마디랑Madiran**은 가스코뉴Gascogne의 훌륭한 레드와인으로, 아두르Adour강 좌안을 따라 점토와 석회암 언덕에 포도밭이 있다. 레드 토착품종인 타나Tannat는 색이 짙고 타닌이 많아 강인하고 활기찬 와인이 된다. 가끔 카베르네 소비뇽, 피낭Pinenc(페르 사르바두의 또 다른 이름)과 블렌딩한다. 마디랑의 야심찬 와인메이커들은 이 괴물 같은 품종들을 길들이는 데 고민이 많았다. 새 오크통을 다양한 비율로 사용하거나 일부러 (극소량의) 산소를 주입하기까지 한다. 하지만 숙성된 마디랑(10년 정도 걸린다)은 굽힘이 없다.

쥐랑송Jurançon은 프랑스에서 가장 독특한 화이트와인의 하나다. 톡 쏘는 초록빛 와인이며, 당도가 다양하고, 베아른Béarn의 가파른 피레네산맥 기슭에서 생산된다. 그로 망상 품종은 때로 활기찬 프티 쿠르뷔를 소량 블렌딩해, 일찍 수확해서 드라이한 쥐랑송 섹Sec을 만든다. 반면 알이 작고 껍질이 두꺼운 프티 망상은 11~12월까지 기다렸다가 포도알이 쪼그라들면 수확한다. 쥐랑송 무알뢰Moelleux도 달콤하지만, 방당주 타르디브Vendange Tardive는 그보다 더 달콤하고 맛이 풍부하다. 최소 2번 정도 선별수확을 해야 한다. 일반적인 **베아른** 아펠라시옹은 마디랑과 쥐랑송 바깥에서 생산되는 레드, 화이트, 로제와인에 붙는다.

마디랑 아래 **튀르상Tursan**에서는 토착품종 바로크Baroque로 만든 귀한 화이트와인이 나오지만, 카베르네 프랑과 타나로 만든 레드와인이 더 유명하다. **이룰레기Irouléguy**는 작지만 성장 중인 아펠라시옹으로, 프랑스 유일의 바스크Basque 와인이다. 레드는 타나로, 화이트는 토착품종인 프티 쿠르뷔와 망상 종류로 만든다. 로제와인은 단단하고 상쾌하다. 대부분 포도나무는 대서양에서 해발 400m 이상의 계단식 남향 포도밭에서 재배된다. 라벨에 알파벳 'X'가 많이 나오면 이룰레기 와인이라고 생각하면 된다.

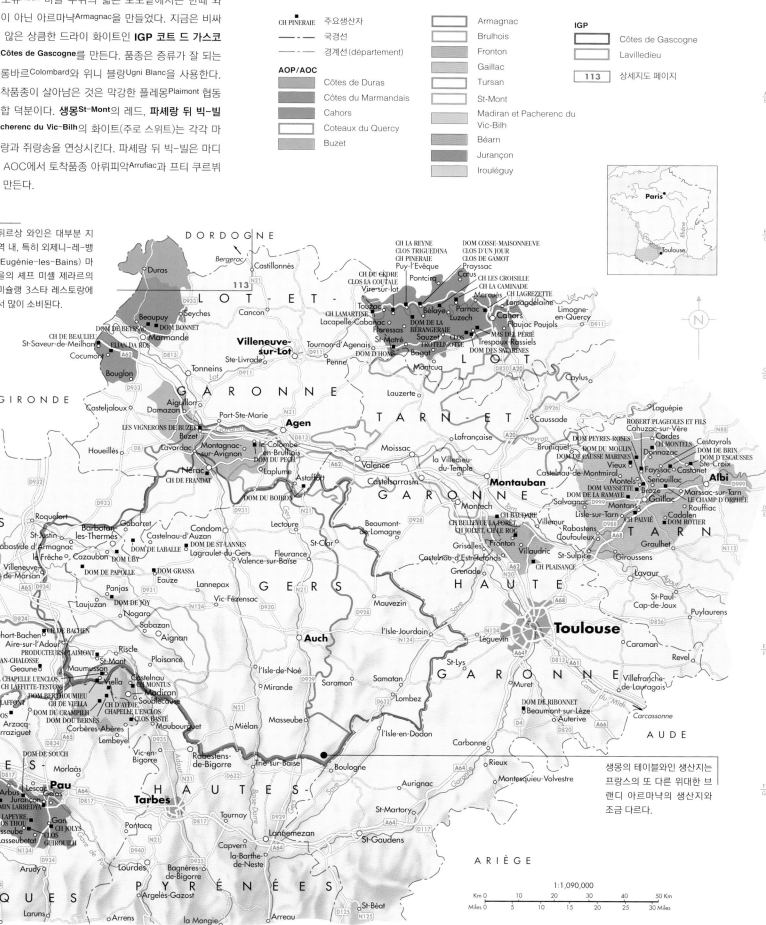

오슈^{Auch} 마을 주위의 넓은 포도밭에서는 한때 와인이 아닌 아르마냑^{Armagnac}을 만들었다. 지금은 비싸지 않은 상큼한 드라이 화이트인 **IGP 코트 드 가스코뉴**^{Côtes de Gascogne}를 만든다. 품종은 증류가 잘 되는 콜롱바르^{Colombard}와 위니 블랑^{Ugni Blanc}을 사용한다. 토착품종이 살아남은 것은 막강한 플레몽^{Plaimont} 협동조합 덕분이다. **생몽**^{St-Mont}의 레드, **파셰랑 뒤 빅-빌**^{Pacherenc du Vic-Bilh}의 화이트(주로 스위트)는 각각 마디랑과 쥐랑송을 연상시킨다. 파셰랑 뒤 빅-빌은 마디랑 AOC에서 토착품종 아뤼피악^{Arrufiac}과 프티 쿠르뷔로 만든다.

CH PINERAIE 주요생산자
─ · ─ · ─ 국경선
─ · · ─ · · ─ 경계선(département)

AOP/AOC
Côtes de Duras
Côtes du Marmandais
Cahors
Coteaux du Quercy
Buzet

Armagnac
Brulhois
Fronton
Gaillac
Tursan
St-Mont
Madiran et Pacherenc du Vic-Bilh
Béarn
Jurançon
Irouléguy

IGP
Côtes de Gascogne
Lavilledieu

113 상세지도 페이지

튀르상 와인은 대부분 지역 내, 특히 외제니-레-뱅(Eugénie-les-Bains) 마을의 셰프 미셸 제라르의 미슐랭 3스타 레스토랑에서 많이 소비된다.

생몽의 테이블와인 생산지는 프랑스의 또 다른 위대한 브랜디 아르마냑의 생산지와 조금 다르다.

1:1,090,000
Km 0   10   20   30   40   50 Km
Miles 0   5   10   15   20   25   30 Miles

루아르 밸리 The Loire Valley

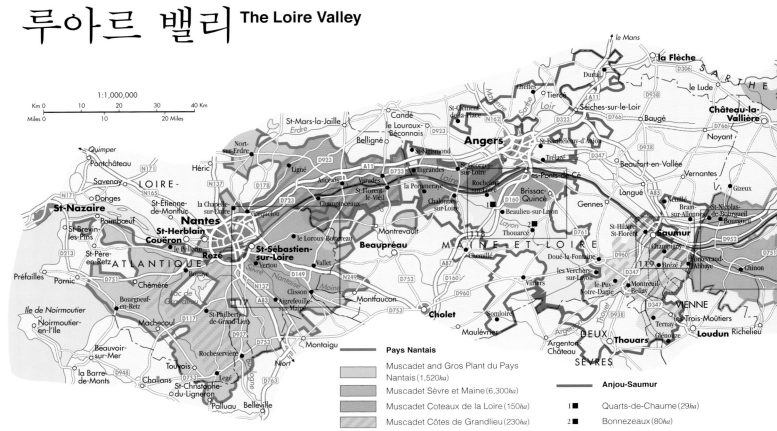

Pays Nantais

Muscadet and Gros Plant du Pays Nantais (1,520*ha*)

Muscadet Sèvre et Maine (6,300*ha*)

Muscadet Coteaux de la Loire (150*ha*)

Muscadet Côtes de Grandlieu (230*ha*)

Coteaux d'Ancenis (156*ha*)

Anjou-Saumur

1 ■ Quarts-de-Chaume (29*ha*)

2 ■ Bonnezeaux (80*ha*)

Anjou Coteaux de la Loire (23*ha*)

Anjou-Villages (159*ha*)

Savennières (with Roche aux Moines, Coulée de Serrant) (158*ha*)

Coteaux de l'Aubance and Anjou-Villages-Brissac (342*ha*)

Coteaux du Layon (with Coteaux du Layon Chaume) (1,660*ha*)

Saumur (2,418*ha*)

Saumur-Champigny (1,600*ha*)

Saumur-Puy-Notre-Dame (71*ha*)

Coteaux de Saumur (10*ha*)

OISLY 소뮈르 AOC에 추가될 가능성이 있는 이름

루아르 와인은 가족처럼 서로 닮았다. 다양하고 복합적이어서 루아르 지역의 전체 지도를 봐둘 필요가 있다.

루아르강은 프랑스에서 가장 긴 강이다. 수원에서 강어귀까지 1,012km로 기후와 토양, 전통이 다양하고 4~5개의 주요 품종이 있다. 루아르 와인은 모두 상쾌하고 활기차며, 대량생산되지 않고, 비싸지 않다. 절반 이상이 화이트이고, 대부분 단일품종을 사용한다.

대서양에서 강을 따라 올라가면 맨 처음 만나는 품종이 이곳에서 뮈스카데로 불리는 믈롱 드 부르고뉴Melon de Bourgogne이다. 앙주Anjou에는 루아르를 대표하는 고품질의 슈냉 블랑이 있고, 더 올라가면 투렌Touraine 동쪽부터 점차 소비뇽 블랑에게 자리를 내준다. 소비뇽 블랑은 강 상류의 상세르Sancerre와 푸이-쉬르-루아르Pouilly-sur-Loire의 주요 품종이다. 소뮈르Saumur 부근의 투렌 서부는 향이 풍부한 카베르네 프랑이 주요 품종이며 루아르 레드와인의 중심지다.

루아르강 하류는 바다의 신 넵튠의 포도밭이자 **뮈스카데**의 고향인 페이 낭테Pays Nantais이다. 믈롱 드 부르고뉴는 샤르도네의 먼 친척이다. 매우 드라이하고 짠맛이 조금 느껴지는, 시큼하지 않고 단단한 화이트와인 뮈스카데와 새우, 굴, 홍합 요리는 미식가들이 좋아하는 조합이다. 하지만 뮈스카데는 바닷가 근처에서 생산되는 와인으로서는 완벽하지만, 너무 수수해서 가격까지 손해를 보고 있다. 판매부진과 포도가격 하락으로 1990년대 13,300*ha*였던 포도밭이 2017년에는 8,200*ha*로 줄었다. **세브르 에 멘**Sèvre et Maine이

가장 유명한 지역으로, p.117 지도에 자세히 표시했다. 전체 포도밭의 77%가 뮈스카데로, 주로 편마암, 화강암, 편암으로 이루어진 다양한 토양의 낮은 언덕에서 빽빽하게 자란다. 세브르 에 멘의 중심지는 베르투Vertou, 발레Vallet, 생피아크르St-Fiacre, 라 샤펠-을렝La Chapelle-Heulin으로, 이곳 와인은 잘 익고 활기차며 가장 향이 풍부하다. 내륙의 앙세니Ancenis 부근 가파른 편암이나 화강암 비탈의 **뮈스카데 코토 드 라 루아르**Muscadet Coteaux de la Loire 와인은 군살 없이 날씬한 반면, 대서양에서 가장 가까운 **뮈스카데 코트 드 그랑디유**Muscadet Côtes de Grandlieu는 모래와 돌이 많은 토양에서 생산되는 더 부드럽고 잘 익은 와인이다.

전통적으로 뮈스카데는 발효 후에 통을 바꾸지 않고 바로 숙성하는, 쉬르 리 상태에서 병입한다(다른 지역에서도 관행이 되고 있다). 앙금이 와인의 풍미와 질감을 깊게 하고 상쾌하게 톡 쏘는 느낌을 만든다. 단순한 와인의 이미지를 벗기 위해, 선구적인 생산자들은 건강하고 잘 익은 포도를 수확해 쉬르 리 숙성기간을 늘리고, 다양한 토양을 선별하며 고급와인은 오크통 또는 암포라에서 숙성한다. 2011년에는 처음으로 클리송Clisson, 조르주Georges, 르 팔레Le Pallet가 마을 이름을 붙일 수 있는 크뤼로 승인받았다. '빨리 마시는 와인'의 이미지를 개선해줄 와인들이다. 5년, 아니 10년까지도 버터로 구운 가자미 요리와 어울리는 복합미가 뛰어

난 와인이 된다. 상세지도 바깥, 투르 북쪽 루아르강 지류의 **자니에르**Jasnières에서는 보통 단단하고 좋은 드라이 슈냉 블랑이 생산되고, **코토 뒤 루아르**Coteaux du Loir에서는 가벼운 레드와인이 생산된다. 바로 동쪽의 **코토 뒤 방도무아**Coteaux du Vendômois는 가벼운 레드와, 피노 도니Pineau d'Aunis로 로제와인을 만든다. 다시 루아르강으로 돌아와 **슈베르니**Cheverny에서는 꽤 날카로운 소비뇽 블랑과, 양은 적지만 샤르도네가 가장 좋다. 강렬하고 때론 날카로운 로모랑탱Romorantin으로 만든 장기숙성용 드라이 화이트와인에는 **쿠르-슈베르니**Cour-Cheverny라는 이름이 붙는다. 와인식초로 유명한 **오를레앙**Orléans과 **오를레앙-클레리**Orléans-Cléry는 한때 파리에 와인을 공급했는데, 지금은 포도밭이 많이 줄었다. 남쪽 셰르강 근처 **발랑세**Valençay에서는 빨리 익는 소비뇽 블랑과 가메로 와인을 만든다.

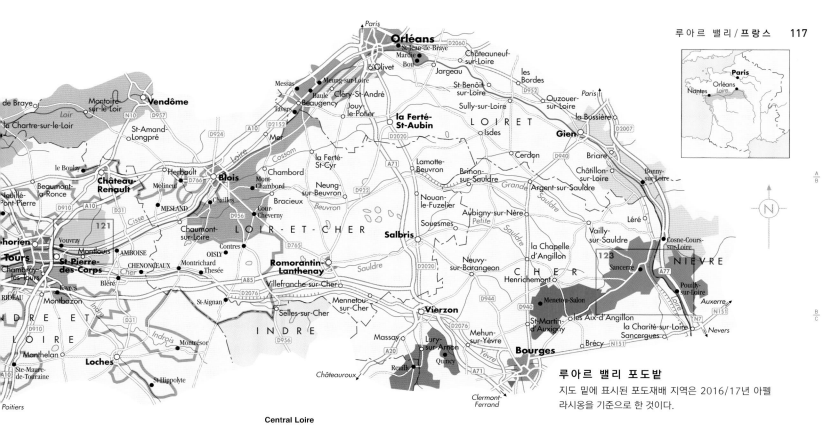

루아르 밸리 포도밭

지도 밑에 표시된 포도재배 지역은 2016/17년 아펠라시옹을 기준으로 한 것이다.

Touraine

- Bourgueil, St-Nicolas-de-Bourgueil, and Chinon (4,680ha)
- Touraine Noble Joué (37ha)
- Vouvray and Montlouissur-Loire (2,622ha)
- Valençay (173ha)

AMBOISE 투렌 AOC에 추가될 가능성이 있는 이름

━━━ 경계선 (département)

● Brézé 주요 와인 생산 코뮌

117 상세지도 페이지

▼ 기상관측소 (WS)

Central Loire

- Coteaux du Loir and Jasnières (143ha)
- Coteaux du Vendômois (106ha)
- Cheverny and Cour-Cheverny (719ha)
- Orléans-Cléry (28ha)
- Orléans (103ha)
- Coteaux du Giennois (194ha)
- Sancerre, Pouilly-sur-Loire, and Pouilly-Fumé (4,342ha)
- Menetou-Salon (576ha)
- Reuilly and Quincy (562ha)

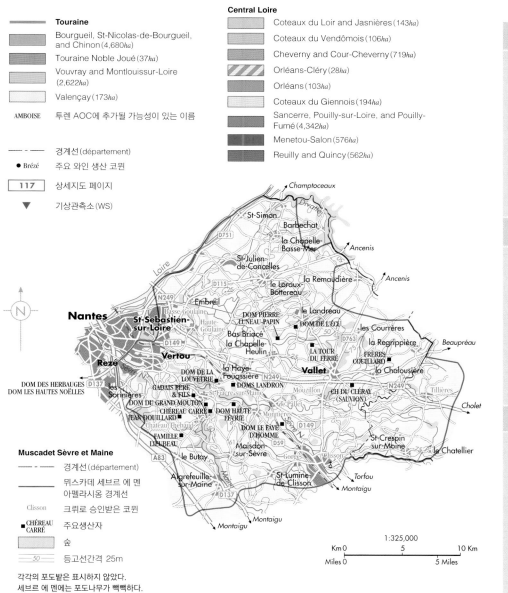

Muscadet Sèvre et Maine

━━━ 경계선 (département)

━━━ 뮈스카데 세브르 에 멘 아펠라시옹 경계선

Clisson 크뤼로 승인받은 코뮌

■ CHÉREAU CARRÉ 주요생산자

숲

〜50〜 등고선간격 25m

각각의 포도밭은 표시하지 않았다.
세브르 에 멘에는 포도나무가 빽빽하다.

1 : 325,000

Km 0 ____ 5 ____ 10 Km
Miles 0 ____ 5 Miles

루아르 낭트 ▼

북위 / 고도 (WS)	47.15° / 26m
생장기 평균 기온 (WS)	16.1℃
연평균 강우량 (WS)	820㎜
수확기 강우량 (WS)	9월 : 63㎜
주요 재해	봄서리, 초가을 비, 노균병
주요 품종	화이트 믈롱 드 부르고뉴, 그로 플랑 낭테 (폴 블랑슈)

루아르 투르 ▼

북위 / 고도 (WS)	47.44° / 108m
생장기 평균 기온 (WS)	15.8℃
연평균 강우량 (WS)	696㎜
수확기 강우량 (WS)	10월 : 71㎜
주요 재해	서리, 우박, 진균병
주요 품종	레드 카베르네 프랑 화이트 슈냉 블랑

루아르 부르주 ▼

북위 / 고도 (WS)	47.06° / 161m
생장기 평균 기온 (WS)	16.0℃
연평균 강우량 (WS)	748㎜
수확기 강우량 (WS)	9월 : 60㎜
주요 재해	봄서리, 우박, 진균병
주요 품종	레드 피노 누아 화이트 소비뇽 블랑

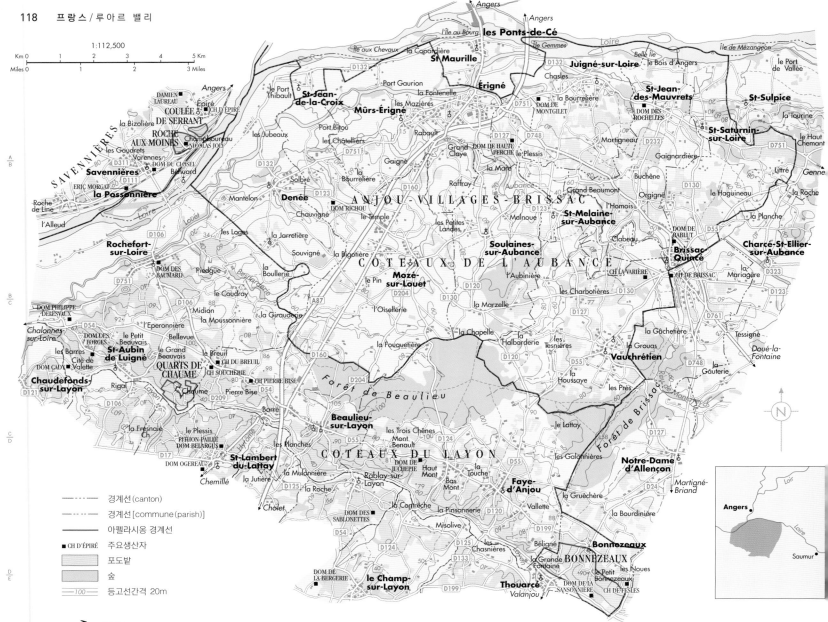

앙주 Anjou

앙주는 훌륭한 스위트 화이트와 평범한 로제로 유명하다. 하지만 더워진 여름과 개선된 재배법 덕분에 이제 좋은 드라이 화이트와 향이 풍부한 레드도 생산된다.

테루아   브르타뉴의 아르모리카Armorica 산악지대 편암과 점판암이 파리 분지의 점토, 석회암과 앙제Angers 남쪽에서 만난다. 언덕 비탈이 남향과 남서향이고, 대서양에서 곧바로 불어오는 바람을 건조시킨다.

기 후   프랑스 포도재배 북방한계선에 가까워 포도가 잘 익지 않는다. 그래서 소뮈르Saumur 부근에서는 스파클링와인 산업이 매우 중요하다.

품 종   화이트 슈냉 블랑 / 레드 카베르네 프랑

슈냉 블랑의 고향이다. 가을 햇빛과 레용Layon강에서 올라오는 새벽안개가 일으키는 귀부병이, 완벽에 가깝게 잘 익고 균형잡힌 산미를 가진 스위트 화이트와인을 만든다. 지도 남쪽의 드넓은 아펠라시옹 **코토 뒤 레용**Coteaux du Layon에는 루아르의 첫 공식 그랑 크뤼인 **카르 드 숌**Quarts de Chaume이 포함되는데 29ha에 불과하며, 현재 20개의 생산자가 와인을 만든다. **본조**Bonnezeaux 역시 독자적인 AOC를 가질 정도로 뛰어나다(포도밭 면적은 카르 드 숌보다 2.5배 넓다).

찾기 힘든 오방스강은 남쪽의 레용강과 나란히 흐르는데, 날씨가 도와주면 훌륭한 스위트와인이 나온다. **코토 드 로방스**Coteaux de l'Aubance는 재능 있는 생산자들로 북적거린다. **사브니에르**Savennières 역시 최근 앙주 곳곳에서 평판 좋은 생산자들이 유입되었다. 드물게 남향의 가파른 강가 비탈에 포도밭이 있다. 이곳도 슈냉 블랑을 심으며, 와인은 드라이하다. 농밀하고 알차며, 어릴 때는 구조가 단단하다. 사브니에르 AOC 내에 2개의 독자적인 AOC가 있다. 33ha의 **로슈 오 무안**Roche aux Moines과 7ha의 **쿨레 드 세랑**Coulée de Serrant 인데, 철저한 바이오다이나믹 농법으로 유명하다.

이 두 AOC 와인은 오래전부터 앙주의 최고 와인으로 인정받았지만, 앙주의 기본 AOC도 긍정적으로 바뀌고 있다. 드라이(섹) **앙주 블랑**Anjou Blanc은 이제 정말 좋은 와인이고, 최고급 스위트와인과 달리 매년 생산된다. 손으로 선별수확하고(흔한 수확기계로 수확하지 않는다) 오크통을 신중하게 이용해 품질기준을 높였다. 일반 **로제 당주**Rosé d'Anjou는 밋밋했던 옛날보다 조금 상쾌해졌지만, 드라이 **로제 드 루아르**Rosé de Loire와 향이 섬세하고 약간 달콤한(off-dry) 로제 **카베르네 당주**Cabernet d'Anjou에 훨씬 못 미친다.

여기 편암질 토양은 대개 화이트에 적합하지만, **앙주 루즈**Anjou Rouge AOC의 카베르네 프랑은 투렌에서보다 강하고 타닌이 많으므로 포도가 잘 익어야 하고 조심히 다뤄야 한다. 가장 좋은 와인은 **앙주-빌라주**Anjou-Villages 아펠라시옹을 가진다. 날씨가 가장 따뜻한 해에는 잘 익은 카베르네 소비뇽과 블렌딩해 와인에 힘을 주기도 한다. 이곳의 중심은 **앙주-빌라주-브리삭**Anjou-Villages-Brissac이다. 좋은 빈티지는 매우 섬세하고 훌륭한 투렌의 레드와인과 경쟁하기도 한다.

소뮈르 Saumur

소뮈르 마을은 앙제에서 루아르강 상류 48㎞에 위치하며, 루아르의 랭스와 에페르네가 합쳐지는 곳이다. 튀포tuffeau라 부르는 부드러운 다공성 석회암을 깎아 만든 스파클링와인 셀러가 몇 ㎞나 이어진다. 소뮈르-샹피니Saumur-Champigny가 루아르 최고의 레드와인이다.

테루아 앙주-소뮈르Anjou-Saumur의 일부인 소뮈르의 기반암은 부드러운 튀포이다. 강가의 하얀 튀포는 다공성 석회암인 반면, 소뮈르의 레드와인은 모래가 많은 황토에서 나온다.

루아르는 프랑스에서 샹파뉴 다음으로 스파클링와인을 많이 생산한다. 소뮈르는 루아르 스파클링와인의 중심지로, 슈냉 블랑, 샤르도네, 카베르네 프랑, 그리고 소뮈르와 앙주 전역에서 재배되며 스틸와인용으로는 신맛이 너무 강한 8가지 품종을 재배한다. **소뮈르 브륏 Saumur Brut**은 샴페인처럼 전통방식으로 양조되고, 오크통 숙성이 활발하게 시도되고 있다. 샴페인처럼 화이트와 로제가 있는데, 샴페인보다 복합미는 덜하지만 더 부드럽고 감미롭다. 가격도 샴페인보다 싸다. 가장 급이 낮은 것은 병에서 단 9개월만 숙성시킨다.

크레망 드 루아르 Crémant de Loire는 소뮈르 브륏보다 풍미가 섬세하고 짜임새가 있는데, 생산량이 적고 손수확을 하며, 1년 이상 병에서 쉬르 리 숙성을 하는 등 생산과정이 더 까다롭기 때문이다. 대부분 소뮈르에서 양조하지만, 포도는 앙주, 소뮈르, 투렌 어디에서 재배하든 상관없다. 허용된 11개 품종 중 슈냉 블랑을 가장 많이 사용한다. 프레스티주 드 루아르Prestige de Loire는 비공식 프리미엄 등급으로 빈티지가 표시된다.

기포가 없는 **소뮈르** 스틸와인은 3가지 색 모두 생산되며, 앙주-소뮈르의 대표품종인 슈냉 블랑과 카베르네 프랑을 주로 사용한다. 소뮈르의 스틸와인은 대부분 예전보다 훨씬 잘 익은 포도로 만든다. 오른쪽 지도에 나온 작은 AOC **소뮈르-샹피니**의 레드는 주목할 만하다. 카베르네 프랑의 상쾌하고 풍부한 향이 가장 잘 표현된 와인의 하나로, 바로 동쪽인 최고급 레드의 고장 투렌의 연장선인 튀포 토양에서 나온다. 루아르 남쪽 강가 근처의 가파른 절벽 위 비탈에서는 포도나무가 빽빽하게 자란다. 반면 내륙쪽은 생시르-앙-부르St-Cyr-en-Bourg 주위의 믿을 만한 협동조합에서 와인을 만드는데, 이곳의 튀포는 더 노랗고 모래가 많아 와인이 좀 더 가볍다. 물론 생산자, 포도나무의 수령, 생산자의 취향에 따라 스타일이 달라진다. 이곳에서 가장 유명한 생산자는 열광적인 인기의 클로 루자르Clos

Rougeard로, 2017년 생테스테프의 샤토 몽로즈 소유주인 억만장자 부이그 형제에게 매우 비싼 값에 매각되었다. 루아르에서 컬트 와인이란 당연히 바이오다이나믹 농법으로 만든 것이다.

소뮈르에서 남서쪽으로 약 30㎞ 떨어진 **소뮈르 퓌-노트르-담**Saumur Puy-Notre-Dame은 비교적 새로운 하위 아펠라시옹으로, 향이 뛰어난 와인이 생산된다. 주로 카베르네 프랑으로 만든 레드는 르 퓌-노트르-담이

소뮈르 지하의 튀포를 깎아 만든 아케르만(Ackerman) 와이너리의 셀러. 냉기가 일정해 와인 숙성과 보관에 유용하다. 깊이가 120m나 되는 저장고도 있다. 관광객의 방문을 환영한다.

라는 특정 마을이 아니라 넓은 소뮈르 곳곳에서 생산된다. 루아르 전역에서 그렇듯 레드와인이 더 강해지고 진해지고 있다. 포도재배방식의 개선과, 피부로 느껴지는 기후변화 덕분이다.

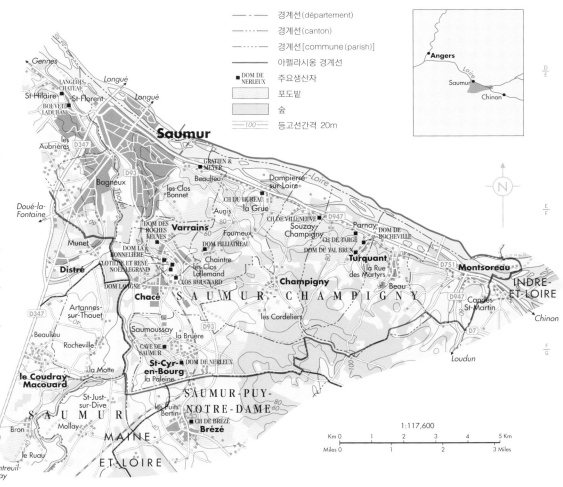

	범례
— · — · —	경계선 (département)
— — —	경계선 (canton)
- - - - -	경계선 [commune (parish)]
——	아펠라시옹 경계선
■ DOM DE NERLEUX	주요생산자
	포도밭
	숲
—100—	등고선간격 20m

1:117,600

Km 0   1   2   3   4   5 Km
Miles 0   1   2   3 Miles

시농, 부르괴이 Chinon and Bourgueil

시농, 부르괴이, 생니콜라-드-부르괴이 St-Nicolas-de-Bourgueil **레드와인은 투렌의 보석이다.** 여전히 대서양의 영향을 받는 투렌 서쪽 끝에서는, 라즈베리와 날카롭게 깎은 연필심 향이 나는 힘찬 와인을 만든다. 서늘한 해에는 풋내가 조금 나지만 2010, 2014, 2015, 2018년처럼 포도가 잘 익은 해에는 알차고 구조가 탄탄해 10~20년 숙성시킬 수 있는 훌륭한 와인이 나온다. 하지만 품질에 비해 제대로 평가받지 못한다.

세 아펠라시옹은 비율만 다를 뿐 모두 모래, 자갈, 석회암 토양이다. 강변의 모래와 자갈 토양 포도밭에서는 가볍고 빨리 마시는 와인, 자갈뿐인 토양에서는 구조가 잘 잡힌 와인, 언덕 상단의 점토-석회암 비탈에서는 농도가 진하고 타닌이 강한 장기숙성용 와인이 나온다. 전반적으로 **시농**은 루아르 레드 중 가장 매력적이고, **부르괴이**는 구조가 가장 잘 잡혀있다. **생니콜라-드-부르괴이**는 대개 부르괴이보다 모래가 많아 셋 중 가장 가볍지만, 계곡 비탈은 점토질 석회암이다.

와인메이커의 스타일과 생산방식 역시 토양의 종류만큼 다양하다. 그들의 야심작인 고급 퀴베는 보통 특정 포도밭에서 재배하고 다양한 크기의 오크통에서 숙성되지만, 생산자들은 대부분 빨리 마실 수 있고 여름에 편하게 마시기 좋은 와인을 만든다.

시농 화이트와인은 비교적 드물지만 매우 훌륭하며, 슈냉 블랑을 색다르게 해석한 것이어서 흥미롭다. 2016년, 시농 아펠라시옹의 경계가 비엔강 남쪽 강변을 따라 남서쪽으로 확대되면서 8개의 코뮌이 추가되었다. 더 넓은 투렌 지역에서는(p.116~117 지도 참조) 부담 없이 마실 수 있는 레드, 로제, 화이트가 생산된다. 모두 **투렌**Touraine AOC지만, 가끔 **양부아즈**Amboise, **아제-르-리도**Azay-le-Rideau, **멜랑**Mesland 같은 마을 이름이 뒤에 붙는다. 최근 **슈농소**Chenonceaux와 **우알리**Oisly(소비뇽 블랑만 해당)가 마을 이름을 붙일 수 있게 되었다. 슈농소는 셰르 밸리의 광대한 지역으로, 강에 아치모양 다리가 있는 유명한 슈농소 성에서 이름을 땄다. **투렌 노블 주에**Touraine Noble Joué는 특이하게도 드라이하면서 개성적인 로제, 즉 뱅 그리vin gris이다. 투르시 남쪽 외곽에서 피노 뫼니에, 피노 누아, 피노 그리로 만든다. 뒤에 마을 이름이 없는 투렌 화이트와인은 소비뇽 블랑이 베이스인 훌륭한 밸류와인이다. 레드와인은 가메 또는 코Côt(말벡) 단일품종으로 만들거나, 카베르네 프랑과 블렌딩해 만든다.

1:127,500

Km 0　1　2　3　4　5 Km
Miles 0　　1　　2　　3 Miles

COULY-DUTHEIL ■	주요생산자	
la Grille	포도밭 이름 / 리외-디	
	포도밭	
	숲	
—100—	등고선간격 20m	

경계선(canton)
경계선[commune (parish)]
아펠라시옹 경계선

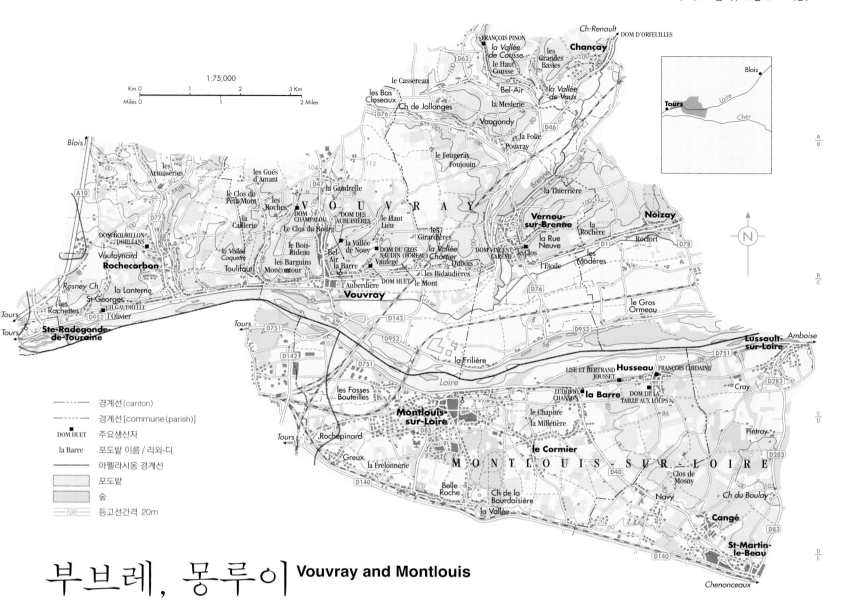

부브레, 몽루이 Vouvray and Montlouis

투르Tours**를 통과하는 거대한 강의 중류는 프랑스 하면 떠오르는 낭만적인 궁정이 모두 모여있는 곳이다. 르네상스 시대의 성과 옛 마을들, 묘한 매력을 지닌 화이트와인의 땅이다.** 이곳의 가장 우수한 화이트와인은 당도가 다양하고 장기숙성력이 매우 뛰어나다. 루아르 강변 낮은 언덕의 부드러운 다공성 석회암(튀포)에서 자란 슈냉 블랑으로 만든다. 몇백 년 동안 이 석회암을 깎아 만든 동굴은 셀러를 제공했을 뿐 아니라, 주민들에게 독특한 주거지 역할도 했다.

부브레Vouvray 와인은 드라이(섹sec), 오프드라이(섹-탕드르sec-tendre, 공식용어는 아니지만 인기가 높아지고 있다), 미디엄드라이(드미-섹demi-sec), 스위트(무알뢰moelleux)가 있다. 부브레는 해양성 기후와 대륙성 기후의 영향을 동시에 받는다. 그래서 매년 날씨가 다르고 포도의 숙성도와 건강상태 역시 매년 다르다. 부브레가 빈티지에 따라 스타일이 매우 다른 것도 이 때문이다. 어떤 해에는 드라이하고 뻣뻣해서 병 안에서 여러 해 숙성해야 하고, 또 어떤 해에는 화려한 풍미를 제

공하는 귀부병이 창궐해, 밭마다 여러 차례 선별수확해서 풍미가 화려한 스위트와인을 만든다. 품질에 특히 신경쓰는 생산자들은 보통 섹과 드미-섹 역시 선별수확한다.

이제는 스틸와인도 라벨에 포도밭 이름을 표시하는 것이 일반화되었다. 고급와인의 경우 특히 그렇다. 부브레에서 가장 좋은 포도밭은 강이 내려다보이는 절벽 위에 있으며, 석회암 위에 얇은 점토층이나 자갈이 깔려있다. 부브레에서 가장 유명한 생산자인 위에Huet는 르 몽Le Mont, 클로 뒤 부르Clos du Bourg를 소유하고 있다. 르 몽 와인은 농도가 매우 진하고, 클로 뒤 부르는 1980년대 말 처음으로 바이오다이나믹 농법으로 전환한 포도밭이다. 세 번째 포도밭 르 오-리외Le Haut-Lieu는 강에서 멀고 점토층이 훨씬 깊다.

부브레의 강 건너편인 **몽루이**Montlouis는 1990년대부터 자키 블로Jacky Blot, 프랑수아 시덴François Chidaine 같은 열정적인 와인메이커 덕분에 매우 활기찬 아펠라시옹이 되었다. 부브레의 테루아와 매우 유사하지만

(지역민들조차도 두 AOC 와인의 맛을 쉽게 구별하지 못한다), 몽루이에는 루아르강을 따라 펼쳐진 부브레의 1등급 포도밭처럼 완벽하게 보호받는 남향 포도밭이 없다. 몽루이 와인은 부브레 와인보다 산미가 좀 더 강하고 활기차다. 강과 가까운 포도밭은 점토질 석회암 토양이고, 남쪽의 세르 밸리로 갈수록 모래가 많은 토양이다(p.117 지도 참조).

부브레와 몽루이의 자랑은 스틸와인이지만, 이제는 거의 3병 중 2병이 전통방식으로 양조한 스파클링와인이다. 스파클링와인은 수요가 높고, 허용생산량이 더 많으며, 날씨가 좋지 않은 해에는 잘 익지 않은 포도를 사용할 수 있어 와인메이커들이 위험 부담을 줄일 수 있다. 품질의 편차가 크지만, 최고의 스파클링와인은 기포가 폭발적이지 않고 부드럽게 올라온다. 소뮈르Saumur 스파클링보다 잘 만든 몽루이와 부브레 스파클링은 병 숙성에 정성을 들인 사람들에게 품질로 보답하고 있다.

상세르, 푸이 Sancerre and Pouilly

향이 풍부한 소비뇽 블랑으로 만든 상세르와 푸이는 프랑스에서 가장 잘 알려진 와인 중 하나다.

테루아 상세르의 토양은 석회암(카이요트caillottes) 40%, 점토질 석회암(테르 블랑슈terres blanches) 40%, 부싯돌(규석) 20%가 섞여있다. 부싯돌 토양은 특히 푸이 북쪽에 많이 분포한다.

기 후 겨울에 추운 대륙성 기후로, 가끔 봄서리의 위험이 있다.

품 종 화이트 소비뇽 블랑 / 레드 피노 누아

루아르강 양쪽의 석회암과 점토질 언덕에서 자라는 소비뇽 블랑은, 대서양에 가까운 곳보다 극한의 기후를 견디며 세계 어디서도 찾아볼 수 없는 섬세하고 복합미가 뛰어난 와인이 된다. 하지만 그 경지에 이르기는 쉽지 않다. 능력 있는 생산자는 테루아가 제공하는 풍미와 긴 수명을 가진 와인을 만들지만, 상세르와 강 건

너에서 만드는 푸이-퓌메Pouilly-Fumé의 인기가 많아지면서 와인숍 진열장과 와인리스트에 그다지 흥미롭지 않은 와인이 올라오게 되었다. (**푸이-쉬르-루아르**는 마을 이름인 동시에 가벼운 샤슬라로 만든, 지금은 거의 사라진 와인의 AOC명이다. 샤슬라는 스위스에서는 좋지만, 이곳에서는 존재감이 거의 없다.)

푸이-퓌메와 상세르를 구별할 수 있다고 말하는 사람은 용감하다고 하지 않을 수 없다. 두 AOC의 최고 와인은 비슷한 수준인데, 상세르가 조금 더 입에 가득차며 풍미가 확실하고, 푸이-퓌메는 향이 더 풍부하다. 푸이 포도밭은 상세르 포도밭보다 낮은 해발고도 200~350m의 언덕배기 마을에 많으며, 가장 좋은 포도밭은 대부분 푸이 북쪽에 위치한다. 이곳 토양은 점토와 부싯돌(규석)의 비율이 매우 높아 장기숙성 잠재력이 뛰어나고, 매캐한 부싯돌향이 난다. 규석은 상세르와 푸이를 거쳐 북서쪽에서 남동쪽으로, 긴 띠모양으로 발견된다. 반면 상세르 아펠라시옹의 서쪽 포도밭은 테르 블랑슈, 즉 점토 비율이 높은 하얀 석회암 토양으로 더 억센 와인이 나온다. 두 지역 사이의 석회암

세계적으로 유명한 푸이-퓌메의 이름은 푸이-쉬르-루아르 (Pouilly-sur-Loire)에서 왔다. 물안개가 핀 강을 배경으로 작은 집들이 옹기종기 모여있는 푸이-쉬르-루아르는 아주 작은 마을이다.

(카이요트)은 자갈이 섞여있어 어릴 때는 향이 풍부하고 표현이 강하며, 주로 수확하고 몇 달 안에 병입한다.

상세르의 토양

14개 마을이 상세르 아펠라시옹을 쓸 수 있으며, 현재는 대부분 포도밭 이름을 덧붙인다. 샤비뇰Chavignol 마을에 가장 좋은 포도밭인, 레 몽 담네Les Monts Damnés, 르 퀼 드 보주Le Cul de Beaujeu, 라 그랑드 코트La Grande Côte가 있다. 모두 키메리지세 이회암(점토질 석회암) 비탈에 위치하며, 가장 기억에 남고 가장 오래가는 상세르 와인이 나온다. 뷔에Bué 마을에는 라 푸시La Poussie와 셴 마르샹Chêne Marchand 포도밭이 있다. 라 무시에르La Moussière, 레 로맹Les Romains(부싯돌 토양), 언덕배기의 상세르와 메네트레올 사이에 위치한 벨 담Belle Dame 역시 잘 알려진 포도밭이다. 메네트레올-수-상세르Ménétréol-sous-Sancerre, 상세르, 생사튀르St-Satur의 부싯돌 토양은 품질에 심혈을 기울이는 와인메이커를 만나면 아주 날카로운 와인이 된다.

소비자들이 찾아볼 수 있게 공식 크뤼 체계를 만들

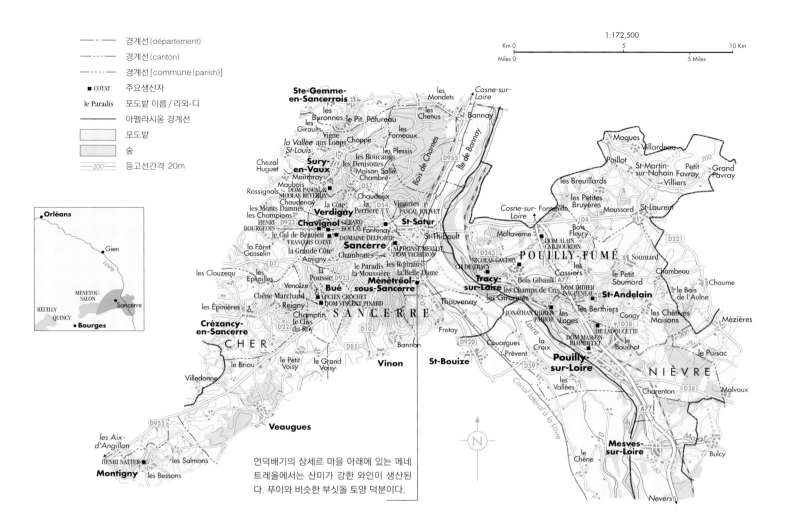

경계선(département)

경계선(canton)

경계선[commune (parish)]

■ COTAT 주요생산자

le Paradis 포도밭 이름 / 리외-디

아펠라시옹 경계선

포도밭

숲

—200— 등고선간격 20m

1:172,500

Km 0   5   10 Km
Miles 0   5 Miles

언덕배기의 상세르 마을 아래에 있는 메네트레올에서는 산미가 강한 와인이 생산된다. 푸이와 비슷한 부싯돌 토양 덕분이다.

자는 논의가 있다. 상세르의 포도밭 총면적은 20세기 말에 3배 증가해서 2017년 3,000*ha*에 이르렀다. 1,325*ha*인 푸이 퓌메의 2배가 훨씬 넘는다.

푸이에 있는 드 라두세트de Ladoucette 가문의 샤토 뒤 노제du Nozet는 디즈니랜드성을 본뜬 듯 장관이지만, 가장 인정받는 생산자는 도멘 디디에 다그노Didier Daguenau다. 창립자 디디에 다그노는 극소량만 수확해 오크통 숙성을 하는 등 선구적인 실험을 했다. 뱅상 피나르Vincent Pinard, 앙리 부르주아Henri Bourgeois, 알퐁스 멜로Alphonse Mellot, 도멘 바슈롱Vacheron, 그리고 강건너 상세르의 주요 생산자들이 영향을 받았다.

위에 나온 야심찬 와인메이커들은 자신이 만든 와인의 숙성 잠재력을 알리는 데 열심이다. 하지만 부브레의 뛰어난 화이트와인과는 달리 상세르와 푸이-퓌메의 대부분, 특히 순수한 석회암 토양에서 생산된 와인은 2~3년 안에 향과 풍미가 최고조에 이른다. 하지만 프랑수아 코타François Cotat가 만든 샤비뇰은 20년 정도 숙성할 수 있다. 와인 품질을 높이기 위해 생산자들은 생산성이 높은 새 포도나무보다 1950년 이전에 복제된 오래된 포도나무를 선호하는 편이다.

상세르의 또 다른 인기 품종은 피노 누아로 이 지역과 파리에서는 인기가 높지만, 해외에서는 보기 힘들

다. 19세기에는 주요 품종이었지만, 지금은 전체 포도밭의 1/5에 불과하다. 재배기술 향상과 줄어든 생산량 덕분에 피노 누아는 보통 색이 연하고 향기로우며 품질 좋은 레드와인이 된다. 물론 부르고뉴 피노 누아와 경쟁할 정도는 아니다. 상세르 로제 역시 품질 대비 가격이 비싼 것이 많다.

야심찬 이웃들

코토 뒤 지에누아 Coteaux du Giennois는 사실상 푸이의 북쪽 연장선상에 있는 포도밭으로(p.117 지도 참조) 레드, 화이트, 로제 와인을 모두 생산한다. 이렇게 작고 넓게 흩어져있는 아펠라시옹에서 만든 활기찬 소비뇽 블랑은 어릴 때 마시는 것이 가장 좋다. 가메와 피노 누아로 가벼운 레드와인을 만드는데, 가메 100%로 만든 와인이 공식적으로 허용된다(피노 누아는 안 된다). 이유는 불분명하다.

루아르강이 크게 휘어지는 곳의 내륙은 비뇨블 뒤 상트르Vignobles du Centre라는 지역이다. 메네투-살롱Menetou-Salon, 캥시Quincy, 뢰이Reuilly, 샤토메이양Châteaumeillant 모두 지난 30년 동안 잘해왔다. **메네투-살롱**은 포도밭이 576*ha*로 2배 커졌는데, 상파뉴에서 시작된 초승달 지대 남단의 낮은 키메리지세 언덕 동쪽

에서 서쪽으로 펼쳐진다. 최고의 생산자들은 상세르와 비슷한 인상적인 화이트와 레드와인을 생산하며, 가격 대비 품질이 뛰어나다. **캥시**와 근처 **뢰이**는 생산자들끼리 셀러와 포도밭 장비를 공유한 덕분에 고사상태에서 부활했다. 캥시는 셰르강변에 모래와 자갈이 낮게 깔려 있어 서리에 매우 취약하다. 그래서 새벽 공기를 흘어놓기 위해 윈드머신을 광범위하게 사용한다.

뢰이는 해가 잘 들고 가파른 석회암 이회토 언덕과, 계단식 자갈과 모래 포도밭에서 상큼한 소비뇽 화이트를 생산한다. 피노 누아로 만든 레드와 로제도 나쁘지 않다. 피노 그리로는 여름에 마시기 좋은 뱅 그리를 만드는데, 다른 지역에서도 따라하고 있다. 캥시의 재배자들은 바로 아래 작은 아펠라시옹인 **샤토메이양**과, 알리에Allier 데파르트망에 따로 떨어져있는, 거의 고사상태였던 프랑스 중부 **생푸르생**St-Pourçain을 살려냈다. 그들은 그곳의 포도밭을 사서 가메와 피노 누아로 레드와인을 합법적으로 만들고 있다.

오를레앙Orléans과 **오를레앙-클레리**Orléans-Cléry는 한때 파리에 와인을 공급했던 영광의 흔적이 남아있는 곳이다. 오를레앙-클레리는 그 먼 북동쪽에서도 낙관적으로 카베르네 프랑을 재배하고 있다.

알자스 Alsace

프랑스와 독일 국경에 위치한 알자스는 와인에도 이러한 지리적 환경이 반영되어있다. 재배하는 포도품종에서도 두 나라의 특성을 확인할 수 있지만, 모자이크처럼 다양한 토양과 해가 잘 드는 날씨가 알자스 와인을 더욱 특별하게 만들어준다. 품종명을 맨 앞에 표시하는 지역은 프랑스에서 알자스가 유일하다.

테루아 알자스 사람들은 이곳의 토양이 프랑스에서 지질학적으로 가장 복잡하다고 주장한다. 실제로 코트 도르보다 토양의 종류와 형태가 더 다양하다.

기 후 매우 건조하고 일조량이 많다. 밤에는 상대적으로 서늘하다.

알자스의 날씨, 아름답고 평화로운 시골과 중세마을, 강한 와인을 만들어낸 것은 보주Vosges산맥과 보주산맥으로 인한 비그늘의 지질학적 변화다. 프랑스에서 콜마르Colmar보다 건조한 지역은 스페인 국경 근처의 베지에Bézier와 페르피냥Perpignan이 유일하다. 가끔 가뭄이 문제지만, 포도는 언제나 잘 익는다.

2개의 주요 단층선이 알자스를 지나간다. 1,000년 동안 지질활동이 얼마나 활발했던지, 같은 유형의 화강암이 해발 400m의 쇼넨부르Schoenenbourg 포도밭과 라인 밸리 1,600m 아래 바닥에서 동시에 발견될 정도다. 알자스 와인메이커들은 부르고뉴의 테루아 종류가 60가지지만, 알자스는 800여 가지라고 주장한다. 이 지역의 좋은 와인은 화강암, 편암, 사암, 다양한 석회암과 이회암, 점토 또는 화산 토양에서 만들어진다. 토양에 따라 맛을 구분할 수 있는 사람은 거의 없다. 아마도 토양 자체보다 토양의 보수성과 배수성이 더 큰 차이를 만들어내는 것으로 보인다.

바-랭과 오-랭의 차이

알자스 지방은 두 데파르트망, 즉 북부 저지대에 있는 바-랭Bas-Rhin과 남부의 오-랭Haut-Rhin에 걸쳐있다. 가장 좋은 포도밭인 그랑 크뤼는 대부분 오-랭에 위치한다. 알자스의 등급분류는 계속 변하고 있다. p.125 지도에 현재의 그랑 크뤼 대부분이 표시되어있으며, 지도 밖에 위치한 다른 그랑 크뤼는 번호를 붙여 표시했다. 이들 중 대다수가 스트라스부르Strasbourg 정서쪽의 좋은 점토질 석회암 토양에 모여있다. 바-랭의 보주 산맥은 높지 않다. 즉 포도밭이 보호를 덜 받고, 와인이 가볍다는 뜻이다. 그렇다고 고품질 와인이 나오지 않는 것은 아니다. 에피그Epfig에 있는 도멘 오스테르타그 Ostertag가 좋은 예다.

1983년 알자스의 아펠라시옹이 공식 확정되었을 때 총 25개의 포도밭이 그랑 크뤼로 인정받았고, 현재 51개로 늘어났다. 코트 도르처럼 프르미에 크뤼 등급을 만들자는 논의도 있는데, 이미 특정 포도밭이나 리외-디를 가장 잘 자란 품종명과 함께 라벨에 표시하고 있다. 코뮌명이나 로데른Rodern, 코트 드 바르Côtes de Barr, 발레 노블Vallée Noble 같은 특정 지역명을 기본 알자스 AOC에 붙일 수 있다.

와인 스타일

알자스 화이트와인은 기본적으로 독일 와인처럼 오크

알자스의 품종

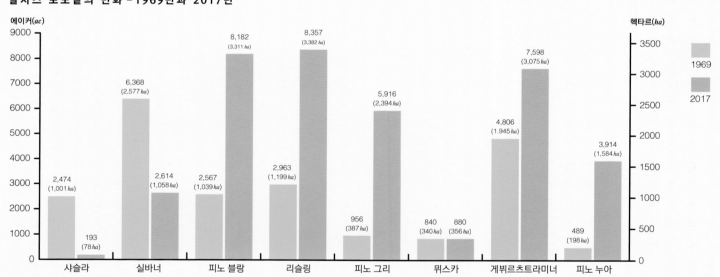

알자스 포도밭의 변화 –1969년과 2017년

에이커(ac) / 헥타르(ha)

품종	1969	2017
샤슬라	2,474 (1,001 ha)	193 (78 ha)
실바너	6,368 (2,577 ha)	2,614 (1,058 ha)
피노 블랑	2,567 (1,039 ha)	8,182 (3,311 ha)
리슬링	2,963 (1,199 ha)	8,357 (3,382 ha)
피노 그리	956 (387 ha)	5,916 (2,394 ha)
뮈스카	840 (340 ha)	880 (356 ha)
게뷔르츠트라미너	4,806 (1,945 ha)	7,598 (3,075 ha)
피노 누아	489 (198 ha)	3,914 (1,584 ha)

알자스 와인의 이름이 되고, 또 특별한 품질을 만드는 품종은 리슬링(알자스와 독일의 최고 와인이 된다), 게뷔르츠트라미너, 피노 블랑, 피노 그리, 피노 누아, 뮈스카, 실바너다. 게뷔르츠트라미너는 향이 풍부한 알자스 와인에 입문하기 좋은 품종으로, 향과 알코올이 강하다.
리슬링은 알자스 와인의 왕으로, 손에 잡히지 않는 특별함이 있다. 강인함과 부드러움, 꽃향기와 힘의 균형이 매혹적이지만 과하지 않다. 리슬링의 짝은 피노 그리다. 피노 그리는 풀바디에 가벼운 향신료향이 나고, 여러 음식과 무난하게 매칭된다. 알자스의 뮈스카는 보통 뮈스카 오토넬과 뮈스카 블랑을 블렌딩한 것이다. 잘 만들면 뮈스카의 특징인 포도향을 느낄 수 있지만, 보통 깨끗한 드라이 화이트가 된다. 상큼하고 독특한 식전주로 안성맞춤이다.
리슬링만큼 많이 재배하는 품종이 피노 블랑이다. 알자스에서 늘 마시는 와인 품종으로, 이 지역 화이트와인의 특징인 스모키한 향이 난다. 더 부드러운 오세루아와 자주 블렌딩하는

데, 이 오세루아도 피노 블랑으로 부른다. 또한 전통방식으로 양조하는 알자스의 스파클링 와인인 크레망 달자스(Crémant d'Alsace)의 베이스로, 전체 수확량의 1/4이 사용된다.
실바너는 오늘날 많이 재배하지 않는다. 하지만 좋은 곳에 심은 실바너는 단단하고 상쾌하며, 과일과 식물 향이 감도는 조금 거칠면서 조화로운 와인이 된다. '고급 블렌딩(noble blend)'이라는 뜻의 에델츠비커(Edelzwicker)는 여러 품종을 섞어 만든 와인으로 피노 블랑과 샤슬라의 블렌딩이 일반적인데, 현재 샤슬라는 1969년까지 알려지지 않았던 샤르도네로 대체되고 있다. 기후가 점점 따뜻해지고 부르고뉴 와인의 인기가 높아지면서 피노 누아는 낙오자에서 유망한 도전자로 변모하고 있는데, 독일에서도 그렇다.
현재 리슬링, 피노 그리, 게뷔르츠트라미너, 뮈스카의 4개 품종만이 알자스의 고급품종으로 알자스 그랑 크뤼 AOC가 될 수 있다. 이 부분은 p.125에서 설명한다.

슈타인클로츠(Steinklotz, 1)는 믿을 만한 품종인 피노 그리로, 알텐베르그 드 베르그비텐(Altenberg de Bergbieten, 3)은 리슬링으로 유명하다. 조첸베르그(Zotzenberg, 7)의 오래된 실바너 품종은 실바너로 만든 와인으로는 특이하게 그랑 크뤼 등급을 획득했다.

향보다는 과일향이 특징이다. 오크통을 쓸 때는 이미 오크향이 사라진, 오래된 타원형 오크통을 사용한다. 그래서 신비로운 발효과정을 거친 포도의 맛을 느낄 수 있다. 피노 누아는 예외다. 원래 알자스에서 많이 양조되지 않던 품종이었는데, 기후변화 덕분에 시큼하고 진한 로제와인에서 진홍색의 살집이 있고 오크통 숙성도 잘 견디는, 부르고뉴 와인을 연상시키는 와인으로 변모했다.

과거에 알자스 와인메이커들은 마지막 당분 1g까지도 발효시켜 매우 드라이하고 단단하며 강한 화이트와인을 만들었다. 크림, 베이컨, 달걀이 듬뿍 들어간 양파 타르트 같은 알자스의 기름진 음식과 완벽하게 어울린다(알자스 음식은 건강을 중시하는 음식은 아니다). 아마도 자극적인 맛을 선호하지 않는 소비자를 고려하여, 또 잘 익은 포도는 완전히 드라이하게 발효시키는 것이 쉽지 않아서, 많은 생산자들이 다양한 당도의 와인을 만드는 것 같다. 특히 피노 그리와 게뷔르츠트라미너의 평균 잔류당도가 계속 올라가고 있지만, 라벨에 제대로 적혀 있지 않아 원성이 높다. 와인이 스위트할 수도 있고 드라이할 수도 있으면 어떻게 음식을 매칭하겠는가?

좋은 가을 날씨도 와인메이커들에게 아주 잘 익은 포도로 만드는 방당주 타르디브Vendange Tardive를 만들지, 아니면 더 달콤한 셀렉시옹 드 그랑 노블Sélection de Grains Nobles을 만들지 선택할 기회를 주었다. 후자는 일반적으로 보트리티스 곰팡이가 핀 포도를 여러 번 수확해 만든 매우 귀한 와인이다. 독일의 트로켄베렌아우스레젠Trockenbeerenauslesen보다 바디감이 있고, 소테른보다 향이 풍부하다. 늦게 수확한 게뷔르츠트라미너는 아마도 세계에서 가장 이국적인 향을 가진 와인일 것이다. 그러면서도 놀랍도록 깔끔하고 균형이 잡혀있으며, 풍미와 피네스가 있다.

탄(Thann) 마을의 깎아지른 비탈에 자리한 유서 깊은 랑겐(Rangen, 16) 포도밭에서 쇼피트(Schoffit)와 진트-훔브레히트(Zind-Humbrecht)가 리슬링과 피노 그리로 표현력이 풍부한 와인을 생산한다. 알자스에서는 보기 드문 따뜻한 화산 토양이다.

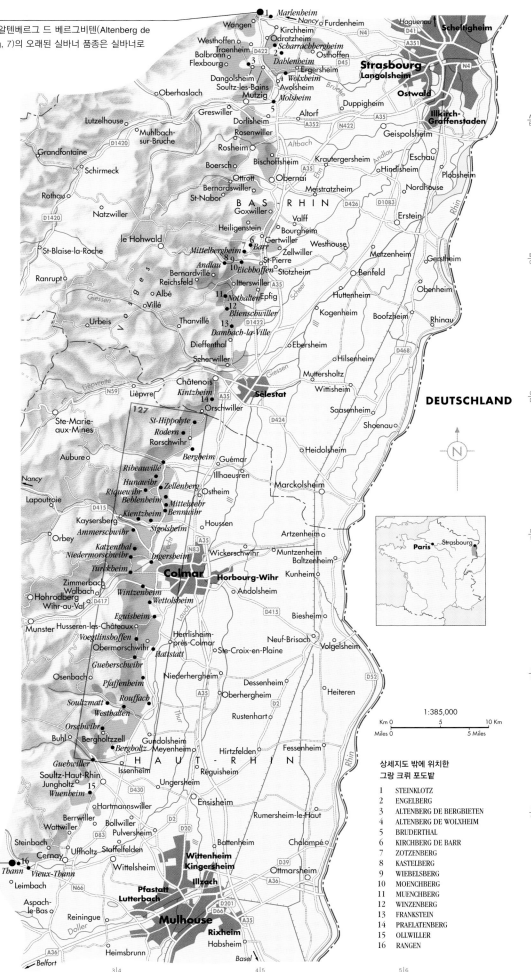

상세지도 밖에 위치한 그랑 크뤼 포도밭
1 STEINKLOTZ
2 ENGELBERG
3 ALTENBERG DE BERGBIETEN
4 ALTENBERG DE WOLXHEIM
5 BRUDERTHAL
6 KIRCHBERG DE BARR
7 ZOTZENBERG
8 KASTELBERG
9 WIEBELSBERG
10 MOENCHBERG
11 MUENCHBERG
12 WINZENBERG
13 FRANKSTEIN
14 PRAELATENBERG
15 OLLWILLER
16 RANGEN

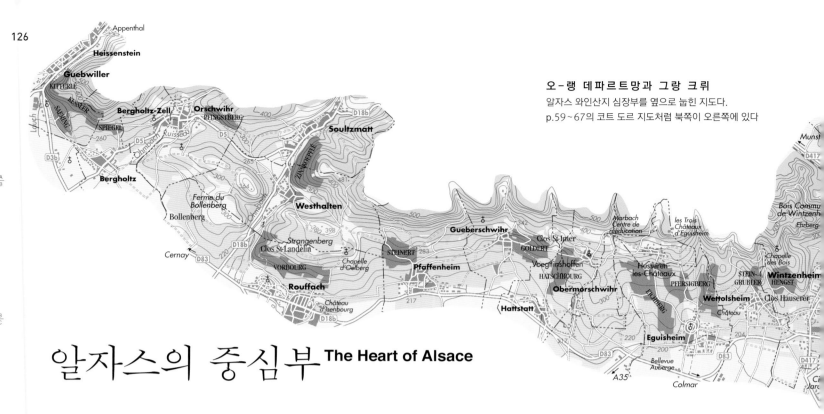

알자스의 중심부 The Heart of Alsace

알자스 포도밭은 해발 170~550m 사이, 보주산맥 동쪽 중턱을 끼고 좁은 띠모양으로 100km 이상 이어진다. 위 지도에 나온 핵심지역은 전체 와인산지의 절반도 안 된다. 중세도시 콜마르Colmar는 높은 산들이 바람을 막아주는 알자스 한가운데에 위치한다. 보주산맥은 독일 국경 너머 북쪽의 하르트산맥으로 이어지고, 팔츠Pfalz 포도밭 또한 보호해준다. 라인강 양쪽에는 지붕이 뾰족한 반목조 집들이 옹기종기 모여있는데, 대부분 17세기에 지어진 것들이다. 두 지역의 기후와 음식, 전체적인 분위기는 구분이 불가능할 정도로 똑같다. 절벽에서 돌출된 바위, 작은 계곡, 가까운 숲까지도 언덕 비탈에서 만드는 와인에 영향을 미친다. 근처의

울창한 소나무숲이 어린 참나무숲 옆에 있는 포도밭에 비해 포도밭의 평균 기온을 1℃나 낮춘다.

알자스 지방은 해가 잘 든다. 하지만 대형트럭들이 힘들게 서쪽 보주산맥을 넘으면, 언제나 눈앞에서 두터운 구름을 만나게 된다. 산이 서풍이 실어 오는 수분을 막아주기 때문에 산이 높을수록 땅이 건조하다. 위 지도는 오-랭 데파르트망 포도밭의 중심부를 보여준다. 이곳은 산들이 구름을 막아, 맑은 하늘이 여러 주 계속된다. 이렇게 보호받는 기후에서 향이 풍부하지만 힘 있는, 고전적인 리슬링이 잘 자란다.

아이러니하게도, 와인생산이 상대적으로 너무나 쉬웠던 알자스는 어려운 역사적 시기에 프랑스 남부처럼

블렌딩에 들어가는 베이스와인의 공급처가 되었다. 그래서 1983년 알자스 그랑 크뤼 AOC가 도입되기 전까지, 알자스에는 코트 도르처럼 더 좋은 와인과 최고 와인을 구분하는 공식등급이 없었다.

알자스 네고시앙

알자스의 현대 와인산업은 진취적인 농부들 덕분에 발전했다(많은 농부들이 30년전쟁 때부터 농사를 지어왔다). 네고시앙으로 변신한 그들은 자신과 이웃의 와인을 품종만 구별해 브랜드화했고, 베예Beyer, 도프Dopff, 휘겔Hugel, 움브레히트Humbrecht, 퀸츠-바Kuentz-Bas, 뮈레Muré, 트림바흐Trimbach 같은 유명한 이름이 탄생했다. 뿐만 아니라 1895년에는 프랑스 최초로 조합 소유의 셀러를 만들었다. 베블렌하임Beblenheim, 에기스하임Eguisheim, 킨츠하임Kientzheim, 튀르크하임Turckheim, 베스트할텐Westhalten 등의 협동조합은 오늘날 알자스 최고의 생산자들로 인정받는다.

하지만 알자스는 토양과 하부토가 매우 다양하기 때문에 재배자들은 테루아에 신경을 많이 쓴다. 최고의 재배자들은 자신의 포도밭 이름이 적힌 와인을 자랑스러워한다.

이곳의 포도밭 아래에 있는 평지는 비옥한 충적토여서 좋은 와인을 만들기에 적합한 땅은 아니다. 하지만 완만한 비탈 하단은 석회암, 뮤셀칼크Muschelkalk(해성층)로 알려진 화석 석회암, 이회토, 점토, 그리고 알자스인들이 성당을 지을 때 쓰는 보주산맥의 유명한 사암 하부토로 이루어져 있고, 그 위로 흙이 두텁게 깔려

가파른 쇼넨부르(Schoenenbourg) 그랑 크뤼 포도밭에서 내려다본 리크비르(Riquewihr) 마을. 세계적으로 유명한 알자스 와인 생산자 휘겔이 이곳에 있다. 휘겔은 1639년 처음 문을 연 후로 거의 변한 점이 없다.

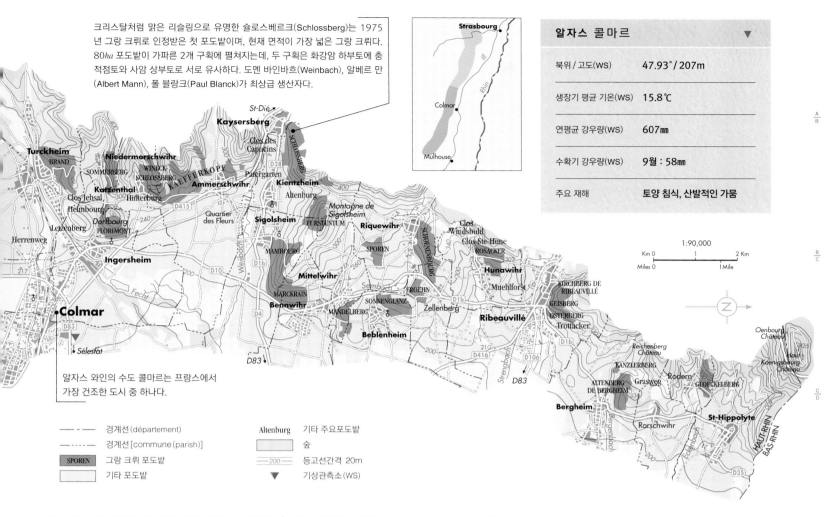

크리스탈처럼 맑은 리슬링으로 유명한 슐로스베르크(Schlossberg)는 1975년 그랑 크뤼로 인정받은 첫 포도밭이며, 현재 면적이 가장 넓은 그랑 크뤼다. 80ha 포도밭이 가파른 2개 구획에 펼쳐지는데, 두 구획은 화강암 하부토에 충적점토와 사암 상부토로 서로 유사하다. 도멘 바인바흐(Weinbach), 알베르 만(Albert Mann), 폴 블랑크(Paul Blanck)가 최상급 생산자다.

알자스 와인의 수도 콜마르는 프랑스에서 가장 건조한 도시 중 하나다.

알자스 콜마르 ▼

북위 / 고도(WS)	47.93°/207m
생장기 평균 기온(WS)	15.8℃
연평균 강우량(WS)	607㎜
수확기 강우량(WS)	9월 : 58㎜
주요 재해	토양 침식, 산발적인 가뭄

1:90,000

	경계선 (département)
	경계선 [commune (parish)]
SPOREN	그랑 크뤼 포도밭
	기타 포도밭
Altenburg	기타 주요포도밭
	숲
—200—	등고선간격 20m
▼	기상관측소(WS)

있어 코트 도르 토양과 많이 비슷하다. 가장 가파른 언덕 상부 경사면은 화강암, 풍화된 편마암, 편암, 사암 아니면 화산 침전토 위에 상부토가 얇게 깔려있다.

그랑 크뤼와 클로

그랑 크뤼 아펠라시옹이 만들어지면서 어느 포도밭이 그랑 크뤼의 영예를 차지할지 다툼이 끊이지 않고 있다. 거의 모든 알자스 최고의 와인은 지도에 보라색으로 표시된 그랑 크뤼 포도밭에서 생산된다. 그랑 크뤼마다 독자적인 AOC가 있지만, 알자스 총생산량의 5%가 안 된다. 생산량을 제한하고 잘 익은 포도를 사용하면서 (이론적으로는) 품질이 향상되고 있다. 알자스의 그랑 크뤼 와인은 단순한 품종와인이 아니다. 토양, 입지, 심지어 전통까지 고려하여 테루아에 적합한 품종으로 만든 와인으로 특별한 지위를 누리고 있다. 마르셀 다이스Marcel Deiss를 위시한 몇몇 생산자들은 라벨에 품종을 표시하지 않는다. 품종이 아닌 테루아를 우선하기 때문이며, 테루아에 따라 여러 품종을 섞어서 재배한다.

그랑 크뤼법은 각 그랑 크뤼에 심어야 할 품종을 규정하고 있다. 보통 리슬링, 게뷔르츠트라미너, 피노 그리, 뮈스카의 4가지 품종이다. 각 그랑 크뤼 위원회는 블렌딩을 금지하고 있다. 베르그하임Bergheim에서

매우 인기 있는 알텐베르크Altenberg 그랑 크뤼는 여러 품종을 함께 재배하는 것으로 유명하다. 포도밭 구획과 품종을 연관짓는 것은 축적된 재배경험과 시음경험에서 나온다. 지질학적 연결고리가 밝혀지는 경우도 있다. 지도 남쪽 끝 게브빌러Guebwiller에 있는 키테를레Kitterlé 그랑 크뤼는 사암 토양의 다양한 품종으로 만든 감미로운 와인으로 유명한데, 도멘 슐룸베르거Schlumberger의 와인이 대표적이다. 그 북쪽으로 베스트할텐Westhalten의 진쾨플레Zinnkoepflé가 정남향 석회암 비탈에 위치하는데, 게뷔르츠트라미너와 리슬링으로 새롭고 진한 농축미를 보여준다. 반면 루파흐Rouffach에 있는 보르부르Vorbourg의 이회토와 사암 토양은 향이 풍부한 뮈스카에 적합하다.

뵈그틀링스호펜Voegtlinshoffen의 하치부르Hatschbourg는 이회토와 석회암 토양의 훌륭한 포도밭으로, 질감이 농후한 게뷔르츠트라미너와 피노 그리가 잘 익는다. 그 옆 골데르트Goldert도 마찬가지다. 에기스하임의 아이히베르크Eichberg는 이회토와 사암 토양에서 게뷔르츠트라미너와 리슬링을 재배한다. 빈첸하임Wintzenheim의 헹스트Hengst 역시 게뷔르츠트라미너와 리슬링으로 유명하다. 보주산맥의 화강암에서는 산미가 뛰어난 리슬링 와인이 나온다. 투르크하임의 브란트Brand 그랑 크뤼나 킨츠하임의 슐로스베르크가 대표

적이다. 리크비르의 쇼넨부르도 점토질 이회토와 약간의 뮈셸칼크 토양에서 황홀한 리슬링을 만든다. 마을 남쪽의 스포렌Sporen 그랑 크뤼는 점토질 토양으로 풍미가 더욱 풍부한 게뷔르츠트라미너와 잘 맞는다.

하지만 자신들의 명성에 자부심을 가진 몇몇 생산자들은 그랑 크뤼 시스템을 거부하기도 한다. 알자스 최고의 드라이 리슬링으로 인정받는(세계 최고라는 평가도 있다) 트림바흐의 클로 생튄Clos Ste-Hune 포도밭은 위나비르Hunawihr 위쪽 로자케르Rosacker 그랑 크뤼에 속하지만, 라벨에 로자케르가 등장하지 않는다. 주로 석회암 토양인 나머지 포도밭을 품질 면에서 클로 생튄과 비교할 수 없다고 생각하기 때문이다(실제로 '클로clos'라는 말은 더 높은 품질의 와인을 만드는, 한 포도밭 안의 독립된 구획을 의미한다). 킨츠하임의 슐로스베르크 언덕 밑에 있는 도멘 바인바흐의 포도밭 클로 데 카퓌생Clos des Capucins, 뮈레의 보르부르 포도밭에 있는 클로 생랑들랭St-Landelin, 헹스트 그랑 크뤼 인근에 있는 진트-움브레히트Zind-Humbrecht의 클로 하우제레Clos Hauserer, 투르크하임 근처 클로 젭살Jebsal, 탄Thann의 랑겐Rangen(p.125 지도 참조) 그랑 크뤼에 있는 클로 생튀르뱅St-Urbain, 위나비르 근처에 있는 클로 빈츠불Windsbuhl 등이 좋은 예다.

론 북부 Northern Rhône

스위스 국경에서 시작해 프랑스에서 400km를 달려 지중해로 흘러가는 론강은 와인산지를 둘로 나눈다. 규모가 더 작은 북쪽 산지를 여기서 설명한다.

테루아 대부분 가파르고 좁은 강변에 포도밭이 있다. 기반암은 주로 화강암으로, 특히 시라에 적합하다.

기 후 특히 겨울에 론 남부보다 서늘하고 습하다.

품 종 **레드** 시라 / **화이트** 비오니에, 마르산, 루산

론강과 손Sâone강(부르고뉴에 있는 강)이 리옹에서 합류한 후 코트-로티에서 처음 와인산지가 시작된다. 하지만 론 밸리에서 생산되는 와인의 95%는 160km에 이르는 남부에서 나온다. 론 남부는 프로방스Provence로 이어지는데, 두 지역을 합하면 거의 70,820ha의 포도밭에서 약 30억 병의 와인이 생산된다. 비교적 날씨가 쌀쌀한 론 북부에서는 고급와인이 생산된다.

발랑스Valence의 연간 강우량은 915mm이고, 아비뇽Avignon은 660mm이다. 두 도시의 강우량은 왜 북부는 푸른 초목이 많고 남부는 지중해의 풍경이 나타나는지 잘 설명해준다. 몽텔리마르Montélimar에는 남북이 단절되는 짧은 구간이 있는데, 여기에는 포도밭이 없고 계곡이 삼각주 쪽을 향하면서 포도밭이 다시 나타난다. 북부는 화강암이 굴러떨어지는 절벽의, 해가 비치는 곳이라면 어디든 포도밭이 있다. 대표 품종은 시라(쉬라즈)이지만 매우 독특하면서 인기가 늘고 있는 3개의 화이트품종인 마르산, 루산, 비오니에도 있다. p.129 지도에 북부와 남부의 최고 포도밭이 자세히 나온다. 가장 위엄 있는 론 와인인 코트-로티, 콩드리유Condrieu, 에르미타주Hermitage가 모두 북부에 있다. 그 주위로 지방색이 강하고 오랜 전통을 가진, 명성이 높아지고 있는 AOC들이 있다.

코르나스Cornas는 투르농Tournon 바로 위 론강의 서안에 위치하는데, 고귀한 에르미타주의 고집스러운 시골친척이다. 이곳도 화강암 토양의 시라로 와인을 만든다. 권위와 힘은 비슷하지만, 코르나스가 피네스는 조금 부족하다. 가장 유명한 생산자는 티에리 알망Thiérry Allemand, 클라프Clape 부자다. 하지만 세계적 명성을 얻은 생산자들이 이제 그들만이 아니다.

쿠르비스Courbis 형제, 에릭Eric과 조엘 뒤랑Joël Durand, 기욤 질Guillaume Gilles, 뱅상 파리Vincent Paris, 도멘 뒤 튀넬du Tunnel의 스테판 로베르Stéphane Robert가 새 바람을 불러일으키고 있다. 기존의 원형극장 형태의 동향 포도밭뿐 아니라, 날씨가 추워 포도가 익는 데 2주 정도 더 걸리는 북쪽 목초지에도 새로 포도나무를 심었다.

코르나스 바로 북쪽 론강 서안의 **생조셉St-Joseph** AOC는 오래전부터 명성 높은 이곳의 재배면적을 확장하기 위해 노력했고, 현재 생페레St-Péray부터 북쪽 콩드리유까지 포도밭이 60km에 달한다.

생조셉 AOC는 자연의 특혜를 받은 글렁Glun, 모브Mauves, 투르농, 생장-드-뮈졸St-Jean-de-Muzols, 랑Lemps, 비옹Vion의 6개 코뮌과 북쪽 콩드리유의 샤바네Chavanay에서 출발했다. 포도밭은 강 건너 에르미타주의 언덕과 유사한 가파른 화강암 비탈에 자리한다. 오늘날 상쾌하고 연기향이 나며 테루아가 잘 표현된 레드와인과, 에르미타주 화이트품종인 마르산과 루산으로 만든 몇몇 활기찬 와인이 론 북부에서 가장 가격이 좋은 와인으로 꼽힌다.

하지만 1969년 생조셉은 총 26개 코뮌으로 확대되었고, 포도밭 면적도 97ha에서 2017년 1,296ha로 늘어났다. 훨씬 서늘한 점토질 고원에서 재배되어 가볍고 밋밋한 생조셉 와인은, 몽텔리마르 북부의 47개 코뮌(남부는 124개)을 포함하는 **코트 뒤 론Côtes du Rhône** AOC 북부 와인과 큰 차이가 없다.

이 지역에서 눈에 띄는 생산자는 샤푸티에Chapoutier, 장-루이 샤브Jean-Louis Chave, 고농Gonon, 기갈Guigal이며, 꾸준하게 좋은 와인을 만드는 와이너리로 쿠르비스, 쿠르소동Coursodon, 들라스Delas, 그리파Gripa, 모니에-페레올Monier-Perréol, 스테판 몽테Stéphane Montez, 앙드레 페레André Perret가 있다.

마르산과 루산은 이 지역, 특히 발랑스에서 강 건너 코르나스 남쪽에 있는 **생페레**에서 둥글둥글하고 개성이 강한 화이트가 된다. 생페레 와인은 오래전부터 황금색 스파클링와인으로 유명한데, 이제 섬세하고 산미가 강한 스틸 화이트와인도 각광받고 있다. 드롬Drôme강의 동쪽, 지도에 나오지 않는 비교적 고지대 포도밭에서는 완전히 다른 품종인 클레레트와 뮈스카로 각각 묵직한 **크레망 드 디Crémant de Die**, 깃털처럼 가볍고 포도향 짙은 **클레레트 드 디 트라디시옹Clairette de Die Tradition**을 만든다. 프랑스에는 이런 숨은 보석이 많다.

론 발랑스	▼
북위 / 고도(WS)	44.91° / 160m
생장기 평균 기온(WS)	17.9 ℃
연평균 강우량(WS)	923mm
수확기 강우량(WS)	9월 : 118mm
주요 재해	개화기의 나쁜 날씨, 진균병, 우박

위에서 본 코르나스의 구불구불한 계단식 포도밭. (드론시대에 이러한 포도밭 사진이 훨씬 많아질 것이다.) 이곳은 서늘한 론강의 영향이 미치지 않아서 에르미타주보다 포도가 훨씬 빨리 익는다.

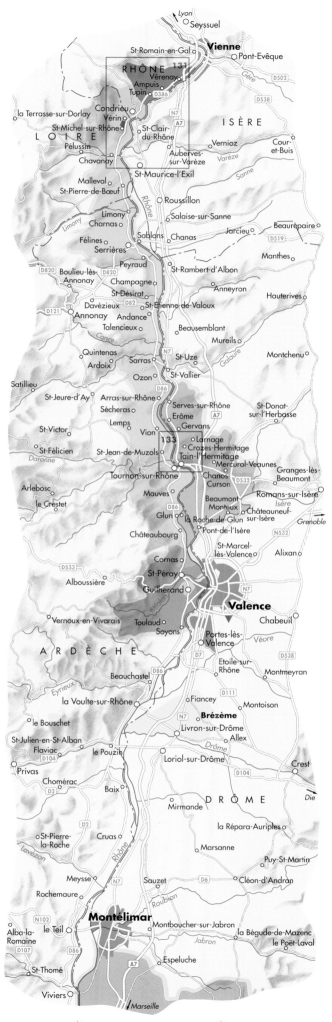

아펠라시옹 시스템 밖에서

론 밸리 북부는 계곡이 좁아서 이름 있는 AOC들이 확장하는 데 한계가 있다. 그래서 몇몇 생산자들은 아직 AOC가 아닌 곳에서 와인을 만드는 시도를 하고 있다.

1990년대부터 코트-로티와 콩드리유(p.130 참조)의 정열적인 생산자들은 론강 서안의 리옹과 비엔(Vienne) 사이에 있는 세슈엘(Seyssuel, 위 사진)같이 잠재력이 큰 운모편암 비탈에 포도밭을 복원했다. 여기서 생산되는 와인은 IGP 콜린 로다니엔(Collines Rhodaniennes, p.53 지도 참조)으로 시판된다. 하지만 18개 생산자는 우선 코트 뒤 론 AOC를 획득하기 위해 노력하고 있다. 약 50*ha*의 포도밭에서 재배한 시라로 좋은 장기숙성용 레드와인을 만들고, 비오니에와 때로는 소량의 루산을 블렌딩해 나쁘지 않은 화이트와인을 만든다.

코트 뒤 론 AOC와 함께 와인 라벨에서 볼 수 있는 또 다른 론 북부의 마을은 리브롱-쉬르-드롬(Livron-sur-Drôme) 북쪽에 있는 브레젬(Brézème)이다. 시라를 베이스로 소량의 마르산과 비오니에를 블렌딩해 강건하고 흙향이 나는 와인을 만든다. 론 북부의 최남단으로 점토가 많은 토양이며, 일부는 남향이라서 이 지역에 많이 부는 북풍의 영향이 미치지 않는 곳이다.

강 건너 아르데슈(Ardèche) 데파르트망의 부르고뉴 네고시앙 루이 라투르(Louis Latour)는 오래전부터 지도 밖 남서쪽에 있는 협동조합이 재배하는 비싸지 않고 풍미가 풍부한 샤르도네의 잠재력을 실험했다. 생산비용의 상승으로 부르고뉴에서 밀려난 마크 하이스마(Mark Haisma) 같은 생산자들은 발랑스와 몽텔리마르 사이 론강 우안에 있는 플라비악(Flaviac)의 편암 토양에서 잠재력을 발견했다. 아펠라시옹으로 지정되지 않은 곳이다.

경계선 (département)

Côte-Rôtie
Château-Grillet
Condrieu
Condrieu / St-Joseph
St-Joseph
Hermitage
Crozes-Hermitage
Cornas
St-Péray
Côtes du Rhône
Grignan-les-Adhémar

131　상세지도 페이지

▼　기상관측소 (WS)

1:450,000

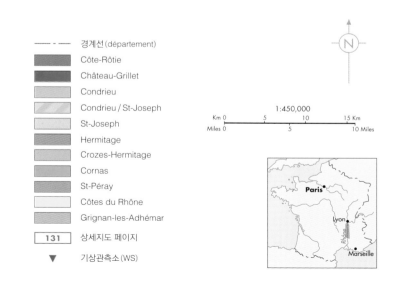

코트-로티, 콩드리유
Côte-Rôtie and Condrieu

보기에도 위태로운 코트-로티의 계단식 포도밭은 계곡의 서쪽 앙퓌Ampuis의 화강암 비탈에 좁고 길게 펼쳐지며, 최근 들어 세계적 명성을 누리고 있다. 고집스럽게 외길을 걸어온 마르셀 기갈Marcel Guigal과 그가 만든 뛰어난 와인이 1980년대에 조명을 받기 전까지, 코트-로티는 아는 사람만 아는 와인이었다. 마법같이 부드러운 꽃과 과일향의 피네스, 남쪽의 따스함이 느껴지는 와인이다. 론 북부의 대명사인 에르미타주의 강건함과는 달리, 단단한 타닌이 섬세한 풍미를 받쳐주는 위대한 부르고뉴 레드에 가깝다.

에르미타주처럼 코트-로티의 기원은 로마시대 또는 그 이전으로 올라간다. 19세기까지 76ℓ 단위로 팔렸는데, 이는 암포라 2개의 용량이다. 코트-로티는 프랑스 최고 와인의 하나라는 지위를 오랫동안 비밀리에 유지해왔다. 이 책이 1971년 처음 발간되었을 때 코트-로티의 면적은 70ha에 불과했으며 줄어들고 있다. 가격 역시 매우 가파른 계단식 포도밭에서 힘들게 일하는 것에 비하면 지나치게 낮았다. 하지만 세계가 이곳을 발견한 후 가격이 치솟았고, 2017년 포도밭 면적은 4배 이상 증가해서 308ha에 이르렀다. 와인생산량은 에르미타주를 앞질렀고, 선택하기 힘들 정도로 생산자들도 많아졌다.

이름이 말해주듯, 이 남동향 비탈(Côte)의 어떤 곳은 경사도가 60°나 될 정도로 가팔라서 도르래나 모노레일로 포도를 옮긴다. 또 여름에는 햇빛에 구워질(rôtie) 정도로 뜨겁다. 띠처럼 좁은(겨우 500m인 곳도 있다) 포도밭은 하루 종일 햇빛에 노출되고, 단단한 바위(북쪽은 편암)가 부서져 이루어진 강변의 밭들은 한 줌의 열기도 잃지 않는다. 그 위 고원에 새로 심은 포도나무는 서늘한 여름에 잘 익지 못해서 코트-로티의 명성을 떨어뜨려왔다.

코트-로티의 경계는 분명하다. 북서쪽 경계는 뜨겁기로 유명한 비탈 꼭대기이고, 남동쪽 경계는 리옹 남쪽 론강 우안을 따라 내려가는 D386 지방도로다.

코트 블롱드와 코트 브륀

하지만 진짜 코트-로티의 테루아가 북동쪽과 남서쪽으로 어디까지인지 수세기 동안 논란이 있었다. 어쨌든 최초의 포도밭은 작고 조용한 앙퓌 마을 위쪽의 눈에 가장 잘 띄는 2개의 비탈이었다는 데 다들 동의한다. 바로 마을 남쪽의 남향으로 돌출된 코트 블롱드Côte Blonde와, 마을 북쪽의 남서향 강변인 코트 브륀Côte Brune이다. 마시프 상트랄 산악지대의 일부인 코트 블롱드는 화강암이 많아 가끔 부드러운 상부토 사이로 드러나 보이기도 한다. 모래와 점판암 토양에 엷은색 석회암이 섞인 밭들도 있다. 이곳 와인은 토양이 더 다양한 코트 브륀 와인보다 부드럽고 더 매력적이며 빨리 숙성된다. 코트 브륀은 편암과 무거운 점토질 토양인데 철분이 많아 땅 색깔이 어둡고, 와인은 대개 더 뻣뻣하며 때로는 연기향이 난다.

라 라 랜드

와인 라벨에 나올 확률이 높은 포도밭 이름을 p.131 지도에 표시했다(현지 지도에는 더 많이 나와있다). 품질은 동일하지만 스타일이 다른 코트 블롱드와 코트 브륀 와인은 과거에는 네고시앙이 블렌딩을 하여 하나의 코트-로티로 출시했었다. 그런데 1980년대 주요 생산자인 기갈Guigal이 포도밭별로 병입하는 트렌드를 만들었다. 42개월 동안 새 오크통에서 숙성한 뒤 따로 병입하고, 라벨에 라 랑돈La Landonne, 라 물린La Mouline, 라 튀르크La Turque라고 포도밭 이름을 표시했다. 이렇게 해서 기갈은 가장 먼저 새로운 로마네-콩티를 창조할 수 있었다. 이 와인들은 힘있고 자극적인 것을 좋아하는 백만장자들의 와인이지, 묵은 오크통에서 숙성하여 부드럽고 전통적인 코트-로티를 사랑하는 사람들의 와인은 아니다. 전통주의자들은 바르주Barge, 강글로프Gangloff, 자메Jamet, 자스맹Jasmin, 르베Levet, 로스탕Rostaing의 코트 블롱드를 선호한다.

기갈의 '라 라La Las 시리즈' 중 가장 수명이 긴 와인은 라 랑돈이라 불리는 포도밭에서 나온다(장-미셸 게랭Jean-Michel Gérin과 르네 로스탕René Rostaing도 라 랑돈을 만든다). '라 라 시리즈' 중 밭이름이 공식적으로 인정받은 곳도 라 랑돈이 유일하다. 라 물린은 1966년부터 기갈에서 생산하는 브랜드로, 지도에 표시된 코트 블롱드의 60년 된 포도밭에서 생산된 화려하고 벨벳처럼 부드러운 굉장한 와인이다. 1985년에 나온 기갈의 또 다른 브랜드, 라 튀르크 역시 지도에 표시된 앙퓌 한가운데 가장 높은 포도밭에서 생산된다. 기갈이 1995년 인수한 샤토 당퓌d'Ampuis에서 병입한 코트-로티는 좀 더 전통적인 와인으로, 코트 브륀과 코트 블롱드에 있는 7곳의 포도밭에서 가져온 포도로 와인을 블렌딩한다. 마르셀 기갈이 강변의 낡은 샤토 당퓌를 매입해 보수한 것은 너무나 당연했다. 그의 부모가 젊은 시절 바로 그곳에서 일했다.

하지만 코트-로티 AOC에 마르셀 기갈만 있는 것은 아니다. 질 바르주Gilles Barge, 비옹Billon, 베르나르 뷔르고Bernard Burgaud, 본퐁Bonnefond 가문, 클뤼젤-로슈Clusel-Roch, 뒤클로Duclaux, 장-미셸 게랭, 가롱Garon, 자메, 스테판 오지에Stéphane Ogier, 도멘 드 로지에de Rosiers, 장-미셸 스테판Jean-Michel Stéphan 등의 생산자들이 있고, 콩드리유나 생조셉에 기반을 둔 생산자들도 훌륭한 와인을 만든다. 주요 네고시앙은 샤푸티

앙퓌의 높은 비탈을 힘들게 깎아 만든 계단식 포도밭에서 포도를 운반하려면 독일의 모젤(Mosel)처럼 기계장치가 필요하다. 이런 노력에 비해 코트-로티의 가격은 너무 낮지 않은가?

리외-디인 레 그랑드 플라스(Les Grandes Places)는 강한 코트-로티 와인 라벨에 점점 더 자주 등장한다. 향기로운 꽃향이 특징인 라 비아이에르(La Viallière)도 마찬가지다.

아주 작은 아펠라시옹인 샤토-그리예의 계단식 포도밭은 남동향으로, 하단과 꼭대기의 고도차가 80m나 된다. AOC 내 유일한 와이너리인 샤토 그리예는 1827년부터 2011년까지 네레-가셰(Neyret-Gachet) 가문의 소유였다. 새 인수자 프랑수아 피노의 아르테미스 도멘은 특유의 갈색병과 심플한 디자인의 라벨을 유지하고, 세컨드 와인을 새로 도입했다.

샤바네 남쪽의 비오니에를 재배하는 포도밭은 콩드리유 AOC다. 반면 시라, 마르산, 루산을 재배하는 포도밭은 생조셉 AOC다.

1:61,540
Km 0   1   2 Km
Miles 0   1 Mile

에Chapoutier, 들라스Delas, 자불레Jaboulet, 비달-플로리Vidal-Fleury(기갈 소유), 그리고 기갈이다.

코트-로티와 에르미타주가 지리만으로 구분되는 것은 아니다. 코트-로티 법률상 주로 사용하는 품종인 시라의 향과 안정화를 위해 비오니에와의 블렌딩을 20%까지 허용한다. 기갈의 라 물린은 비오니에가 10% 이상일 때 활기를 띠는데, 보통 0~5% 정도 블렌딩한다.

화려한 화이트

알코올이 강하고 살구와 산사나무 꽃향기를 가진 비오니에는 아주 작은 **콩드리유** AOC의 특산품이다. 코트-로티 포도밭은 자연스럽게 남쪽에 있는 이곳 포도밭으로 이어지고, 토양 역시 편암과 운모에서 잘게 부서진 모래 같은 화강암으로 변한다. 많은 재배자들이 고급 코트-로티와 콩드리유 와인을 모두 만드는데, 그들의 와인이나 포도밭을 매입하고 싶어하는 대규모 네고시앙에게는 아쉬운 일이다. 한때 콩드리유는 달콤하지만 잘 알려지지 않은 화이트와인이었다. 콩드리유 마을의 가파른 언덕에서 병에 취약하고 수확량이 많지 않아 불안정한 비오니에를 힘들게 재배하는 것은, 재배가 쉽고 당시 이익이 더 많이 나던 작물과 비교하면 불리할 수밖에 없었다. 1940년에 만들어진 콩드리유 AOC의 포도밭 면적은 1960년대 들어 12ha로 줄었다. 다행히 비오니에의 매력과 특히 콩드리유에 대한 관심이 높아져 세계적인 팬클럽이 형성되었고, 현재 비오니에는 전 세계에서 재배되고 있다. 이러한 관심은 비오니에의 새로운 클론을 찾는 것으로 이어졌고(모두 와인을 만들 수 있는 품질은 아니다), 콩드리유에 새로운 창조의 힘을 불어넣고 있다.

콩드리유 와인은 고전적이고 향이 풍부하며 대부분 드라이다. 주요 생산자는 다음과 같다. 코토 뒤 베르농Coteau du Vernon에서 수명이 가장 긴 콩드리유를 생산하는 조르주 베르네Georges Vernay, 코트 샤티용Côte Châtillon과 콜롱비에Colombier 포도밭의 포도를 블렌딩해 고급와인 라 도리안La Doriane을 병입하는 기갈이다. 이브 퀴롱Yves Cuilleron, 이브 강글로프Yves Gangloff, 레미Rémi와 로베르 니에로Robert Niero 역시 열정적이다. 이 모든 독창적인 생산자들에게는 포도밭이 필요하다. 콩드리유 포도밭은 2017년 197ha로 늘어났다. 콩드리유 AOC는 생조셉도 생산하는 샤바네Chavanay에서 북쪽 콩드리유 언덕까지다. 생조셉St-Joseph 와인은 화강암 비율이 높아 광물향이 많이 나며, 콩드리유 언덕에서 자란 비오니에는 맛과 향이 매우 풍부하다.

경제성 있는 수확량을 확보하려면 개화기에 차가운 북풍에서 비오니에를 보호해야 한다. 콩드리유에서 가장 선호하는 포도밭은 현지에서 '아르젤arzelle'이라고 부르는, 운모가 풍부한 가루 같은 상부토가 있다. 셰리Chéry, 샹송Chanson, 코트 보네트Côte Bonnette, 레 제게Les Eyguets(모두 지도에 나온다)가 대표적인 포도밭이다. 콩드리유는 알코올의 힘과 잊히지 않지만 매우 연약한 아로마가 잘 어우러져있다. 보통 어릴 때 마셔야 좋은, 명품 가격이 매겨진 몇 안 되는 화이트와인의 하나이다.

가장 독특한 비오니에 와인은 **샤토-그리예**Château-Grillet다. 3.5ha 면적의 입지가 좋은 원형극장형 포도밭으로, 1936년부터 콩드리유 AOC 내에 독자적인 AOC를 갖고 있다. 최근의 높은 가격은 품질도 이유지만 희소성이 크다. 포이약의 샤토 라투르Latour를 소유한 프랑수아 피노의 와인회사 아르테미스 도멘Artémis Domaines이 샤토 그리예를 대대적으로 개선했다. 콩드리유와 달리 병입 후 수년 동안 숙성해야 하고, 마시기 전 디캔팅을 해야 한다.

지도 라벨 (Map labels)

Condrieu Vienne
Rhône
Valence

Givors Grand Plomb
le Grand Bois
le Valin
RHÔNE
le Lacat
MONTMAIN
Lyon
le Giraud LE CHAMPIN
LES GRANDES PLACES
LA VIALLIÈRE
Vérenay
TARTARAS LA BROSSE
FONGEANT
LES MOUTONNES
ROZIER CÔTE ROZIER
CÔTE-ROTIE
CÔTE-BRUNE
LES ROCHAINS
la Gauthier
les Braches
la Jeannette
BOUCHAREY
LA TURQUE
LANCEMENT
LA LANDONNE
Givors
le Crêt
le Chipie LE COLOMBARD
CÔTE BLONDE
la Roche
Rive-de-Gier
le Villard PIMONTINS
LA MOULINE
Arbuel Grayisse
les Olivières LA TAQUIÈRE
le Vagnot
Ampuis
les Chaudières
Beton
le Port
Chaudigue BUT DE MONT
Tupin
la Plaine
MAISON ROUGE
île de la Chèvre
Rhône
Château du Rozay COTEAUX DE SEMONS
île du Beurre
la Celle
CÔTE BONNETTE
CÔTE CHATILLON
les Murettes
les Apprêts
STE-AGATHE
LA CAILLE
VERNON
les Agnettes
l'Olivière CHÉRY
Condrieu
le Coin
MALADIÈRE
CLOS BOUCHE
le Rafour
Symperieux Vérin
les Roches-de-Condrieu
l'Olagnières CHÂTEAU-GRILLET
Château-Grillet
CHÂTEAU-GRILLET
St-Michel-sur-Rhône
Roussillon
les Cavettes JEANRAUDE
la Faverge
Montjoux LA CROIX ROUGE
LE PIATON
la Priverie COLOMBIER
la Resoly
LA BOURDONNERIE
le Treuil
Jassoux
les Arts
VERLIEUX
Verlieux
Triolet
MÈVE
Chantelouve Voturery
LOIRE
Montelier
chagneux Pecher CHANSON
LA CÔTE
IZÉRAS
LES EYGUETS
Pelussin Malpas
Ventabrin Mantelin
Chavanay
Roussillon
la Chorery
ST-JOSEPH
Port Vieux
LA PETITE GORGE
LA RIBAUDY
BOISSEY
la Grande Gorge
Limony

범례 (Legend)

경계선 (département)
경계선 [commune (parish)]
LE CLOS 포도밭 이름
아펠라시옹 경계선
포도밭
숲
200 등고선간격 20m

에르미타주 Hermitage

코트-로티에서는 시라가 북쪽을 등지고 익는다. 거기서 남쪽으로 50㎞ 내려가면, 강 건너에 에르미타주 언덕이 당당하게 서 있다. 여기서도 시라가 북쪽을 등진 채 익는다. 높은 명성에 비해 에르미타주는 면적이 너무 작다. 총면적 136ha로 샤토 라피트Lafite보다 그리 크지 않다. 강 건너 생조셉 같은 AOC와 달리 이곳은 오래된 법 때문에 포도밭 확장이 제한된다.

에르미타주는 전통적으로 프랑스의 명성 높은 와인 중 하나다. 보르도 생산자들이 자신들의 와인에 힘을 더하기 위해 에르미타주 와인을 배에 실었다는 18세기 기록이 있다. 앙드레 쥘리앵이 전 세계의 우수한 포도밭을 조사해 1816년에 처음으로 출간한 『전 세계 유명포도밭 지형도Topographie de Tous les Vignobles Connus』에는 에르미타주의 개별 클리마가 샤토 라피트, 로마네-콩티와 함께 세계 최고의 레드와인으로 소개되었다. 또한 그는 에르미타주의 화이트와인도 세계 최고로 꼽았다. 에르미타주 언덕 아래, 좁은 강변에 끼여있는 탱 레르미타주Tain l'Hermitage 마을은 로마시대에 테냐Tegna로 불렸는데, 테냐 와인은 박물학자 플리니우스와 시인 마르티알리스의 찬사를 받았다.

프랑스 남북을 잇는 대동맥인 론강을 따라, 좁은 계단식 포도밭 아래로 도로와 철도가 굽이도는 탱 마을의 아름다운 언덕은 많은 사람들에게 친근한 광경이다.

에르미타주 비탈은 론 북부에서는 특이하게 강 좌안에 있다. 서쪽에서 정남향을 보고 있어 차가운 북풍으로부터 보호를 받는다. 이 화강암 돌출부는 한때 마시프 상트랄 산악지대의 일부였는데, 론강이 동안에서 서안으로 흐르면서 350m 높이의 비탈이 만들어졌다. 코트-로티만큼 급경사는 아니지만, 일부는 계단식 포도밭을 만들 정도로 가파르다. 기계 작업을 금지할 정도로 가파르고, 침식된 밭을 보수하기 위해 매년 허리가 휘도록 힘들게 일해야 한다. 거센 비바람 때문에 언덕에서 쓸려 내려온 상부토는 주로 산화된 부싯돌 토양과 석회암으로 이루어져있고, 동쪽 끝은 알프스에서 내려온 빙하 퇴적물이다.

여러 조각으로 이루어진 테루아

에르미타주 레드와인은 시라가 주요 품종이지만, 각 클리마의 토양, 방향, 고도가 조금씩 다르다. 자연적으로 형성된 계단식 지형이 바람을 막아주는 포도밭도 있다. 1816년 앙드레 쥘리앵은 에르미타주의 클리마를 가치가 높은 순서로 자신있게 나열했다. 메알Méal, 그레피유Gréfieux, 봄Beaume, 로쿨Raucoule, 뮈레Muret, 구오니에르Guoignière, 베사스Bessas, 뷔르주Burges, 로Lauds이다. 철자는 달라졌지만, 이들 클리마는 그대로 남아있다. 에르미타주는 몇몇 클리마를 블렌딩하는 것

투르농에서 탱으로 가는 현수교는 교통체증 때문에 언제나 거북이걸음이다. 한편으로는 에르미타주 언덕의 아름다운 경치를 감상할 수 있는 기회이기도 하다.

이 일반적이며 또 이상적이지만, 생산자와 소비자가 각 클리마의 특징을 알 수 있도록 와인 라벨에 포도밭 이름을 점점 더 많이 표시하고 있다.

일반적으로 가장 가볍고 향이 풍부한 레드와인은 언덕배기 작은 예배당 옆의 봄과 레르미트L'Hermite 클리마에서 나온다. 자불레Jaboulet의 대표와인 라 샤펠La Chapelle의 이름이 여기서 유래했다. 비교적 살집이 좋은 와인은 펠레아Péléat에서 나온다. 샤푸티에Chapoutier가 가장 많은 땅을 소유한 레 그레피유에서는 우아하고 향이 풍부하며 실크처럼 부드러운 와인이 나오는 반면, 르 메알에서는 농도가 매우 진하고 강한 와인이 생산된다. 특히 화강암이 많은 베사르Bessards 클리마는 서쪽 끝에서 남남서로 휘어지는데, 가장 타닌이 강하고 오래가는 와인을 만든다. 그래서 블렌딩와인에 뼈대를 제공하기도 한다.

1920년대 영국의 학자이며 와인애호가인 조지 세인츠버리 교수가 처음 사용한 이후, 에르미타주 와인에는 '남성적'이라는 형용사가 늘 붙어다녔다. 실제로 활기 없는 보르도 와인에 힘을 더해 독특한 스타일을 만든 것은 잘 알려진 사실로, 브랜디를 첨가하지 않은 포트와인 같다. 빈티지 포트와인처럼 에르미타주도 병 속에 침전물이 많아 마시기 전에 디캔팅이 필요하다. 좋은 빈티지 와인은 여러 해 숙성할수록 향과 풍미가

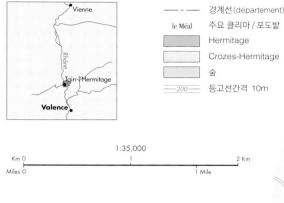

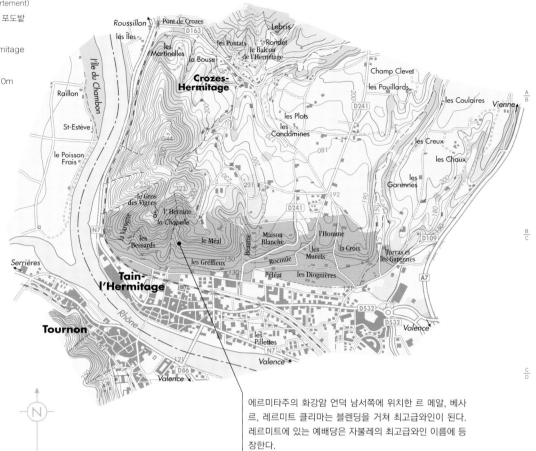

에르미타주의 화강암 언덕 남서쪽에 위치한 르 메알, 베사르, 레르미트 클리마는 블렌딩을 거쳐 최고급와인이 된다. 레르미트에 있는 예배당은 자불레의 최고급와인 이름에 등장한다.

더해져 감동적이고, 거의 압도당할 정도가 된다.

날씨가 좋은 빈티지의 어린 에르미타주는 훌륭한 레드와인이 그렇듯 풍미가 닫혀있고 타닌이 강하지만, 매우 풍부한 향과 과일맛이 잔을 가득 채운다. 시간이 지나도 그 강렬한 느낌은 줄지 않으면서 청춘의 넘쳐나는 힘이 성숙한 모습에 자리를 내준다. 에르미타주를 마시고도 감동받지 않는 것은 상상할 수 없다.

제한된 생산량

북쪽의 콩드리유, 코트-로티 아펠라시옹과 달리, 오래전부터 사랑받아온 에르미타주는 거의 모든 땅에서 포도나무를 재배한다. 나무를 새로 심을 공간도 없고, 새로운 생산자가 들어갈 자리도 없다.

에르미타주 AOC의 주요 생산자는 도멘 장-루이 샤브Jean-Louis Chave(탱의 쌍둥이마을 투르농의 남쪽, 강 건너 모브 마을에 있다), 규모가 훨씬 큰 네고시앙인 샤푸티에, 폴 자불레 에네Paul Jaboulet Aîné, 들라스Delas, 마지막은 활발하게 활동하는 막강한 협동조합 카브 드 탱Cave de Tain(에르미타주 전체 포도밭의 28ha 이상이 조합원들 소유다)으로 5곳에 불과하다.

에르미타주의 언덕은 마르산과 루산으로 만든 수명이 긴 화이트와인으로 오래전부터 유명했다. 앙드레 쥘리앙은 몽라셰와 함께 프랑스의 위대한 와인으로 평가하기도 했다. 현재도 에르미타주 포도밭의 약 1/4이 화이트품종이다. 쥘리앙은 '로쿨' 클리마를 최고 에르미타주 화이트로 꼽았다(로쿨은 여전히 풍부한 아로마로 유명하다).

에르미타주 화이트와인은 수십 년을 견디며 아름답게 숙성된다. 시작은 빽빽하고 광물향이 나며 꿀맛이 약하게 느껴지지만, 비교적 닫힌 상태다. 하지만 이런 음울한 시기(지금은 과거보다 훨씬 상쾌해졌다)를 거치면서 점차 황홀한 견과류향이 나타난다. 샤푸티에와 장-루이 샤브의 화이트와인이 특히 훌륭하다. 개별 클리마에서 양조하는 마이크로퀴베가 새로운 트렌드로 자리잡았는데(레드도 마찬가지다), 샤푸티에의 레르미트L'Ermite와 르 메알, 기갈의 엑스-보토Ex-Voto, 페라통Ferraton의 르 레베르디Le Reverdy, 마르크 소렐Marc Sorrel의 레 로쿨Les Rocoules이 좋은 예이다.

그리고 전설적인 뱅 드 파유vin de paille가 있다. 경이로울 만큼 수명이 긴 스위트와인으로, 포도가 아주 잘 익은 해에 전통방식으로 밀짚(파유)을 깔고 그 위에서 포도가 쪼그라들 때까지 건조시켜서 만드는데, 극소량만 생산된다. 제라르 샤브Gérard Chave는 고대, 아마도 로마시대 특산품이었을 뱅 드 파유를 1970년대에 부활시켰다. 지금은 카브 드 탱에서 저렴한 가격으로 훌륭한 뱅 드 파유를 생산하고 있다.

크로즈-에르미타주의 향기

에르미타주 언덕 뒤로 돌아가면 에르미타주의 그림자인 크로즈Crozes 마을이 나온다. 탱과 에르미타주의 남북으로 거의 16km에 달하는 포도밭에서 저렴한 와인이 생산된다. 위의 지도에는 크로즈-에르미타주Crozes-Hermitage AOC의 극히 일부만 나온다. 2017년의 포도밭 면적은 약 1,700ha로 사이사이에 체리와 살구 과수원이 있다. 에르미타주와 달리 크로즈-에르미타주는 땅값이 비교적 싸고 자리도 많다. 크로즈-에르미타주 AOC 와인의 40%를 생산하는 카브 드 탱에 자신이 재배한 포도를 팔지 않고, 직접 양조하고 싶어하는 열정적인 신참 재배자들과 기존의 지역 재배자들에게는 좋은 기회다. 전체적으로 마을 북쪽은 바위가 많은 뢰스(황토)에서 활기차고 붉은 과일류의 향이 풍

부한 레드와인을 생산하고, 남쪽에서는 타닌이 강하지 않아 둥글둥글하고 검은 과일류의 향이 풍부한 레드와인을 생산한다. 대표 도멘 드 탈라베르de Thalabert(폴 자불레 에네 소유)의 1990년 빈티지는 크로즈-에르미타주 AOC에서 가장 성공한 보몽-몽퇴Beaumont-Monteux(p.129 지도 D3 참조)의 바로 북쪽 지역에서 나왔으며, 30년이 지난 지금도 에르미타주와 비교될 정도로 명성을 유지하고 있다. 그라요Graillot와 자불레에서도 소량의 크로즈-에르미타주 화이트가 나온다.

과거의 크로즈-에르미타주 화이트는 창백하고 힘이 없었는데, 지금은 2가지 기본 스타일을 생산한다. 하나는 풋풋하고 부드러운 과일향으로 일찍 마실 수 있고, 다른 하나는 더 진지하고 맛이 진해 10년까지 장기숙성할 수 있다. 벨Belle, 파욜Fayolle, 알랭 그라요 Alain Graillot, 도멘 뒤 콜롱비에du Colombier, 도멘 포숑 Pochon, 도멘 마르크 소렐이 대표주자다. 타르디유-로랑Tardieu-Laurent 같은 새로운 네고시앙과 카브 드 탱도 주목할 만하다. 도멘 레 브뤼에르Les Bruyères, 얀 샤브 Yann Chave, 콩비에Combier, 엠마뉘엘 다르노Emmanuel Darnaud, 데 장트르포des Entrefaux, 데 리즈des Lises, 데 레미지에르des Remizières, 질 로뱅Gilles Robin 역시 점점 더 믿을 만한 크로즈-에르미타주를 만들고 있다(이 중 일부는 에르미타주도 만든다).

론 남부
Southern Rhône

론 남부는 따뜻하고 잘 익은, 그리고 비싸지 않은 와인으로 유명하다. 레드, 화이트, 로제를 모두 생산하지만 레드가 압도적이다.

테루아 모래, 석회암, 점토, 충적토, 큰 자갈(갈레galet)

기 후 지중해성 기후. 덥고 건조하며, 악명 높은 강한 북서풍 미스트랄이 분다.

품 종 **레드** 그르나슈 누아, 시라, 무르베드르 / **화이트** 그르나슈 블랑, 마르산, 클레레트

좁은 론 밸리가 끝나면 지중해로 가는 길들이 넓게 펼쳐진다. 휴가객들의 특별한 추억이 어려있는 곳이다. 이 지역은 풍부한 역사와 자연사가 어우러진, 여러 방면으로 프랑스에서 가장 흥미로운 곳이다. 고대 로마인이 남긴 거대한 건축물, 조용한 바위 위에서 주위를 경계하는 도마뱀, 미스트랄을 막기 위해 차폐막을 쳐놓은 채소밭, 소나무숲과 아몬드나무, 남쪽으로 내려가면 나오는 올리브숲, 그리고 언덕과 평지, 모래와 점토 어디에나 십자수처럼 서 있는 포도나무를 떠올리지 않는 사람이 있을까?

이 지역의 기본 아펠라시옹은 **코트 뒤 론**Côtes du Rhône이다. 론 밸리에서 생산되는 레드, 화이트, 로제를 모두 아우르며, 포도밭 면적은 30,200ha에 달한다. 물론 그 안에서도 다양한 품질과 스타일이 존재한다. 모래 토양이 알프스에서 내려온 석회암이나 지중해 충적토와 섞여있고, 해가 잘 드는 곳도 군데군데 서늘하다. 몇몇 코트 뒤 론 와인은 지극히 평범하지만, 론 밸리 전역을 아우르는 넓은 아펠라시옹에도 숨은 보석 같은 와인들이 있다. 항상 그런 것은 아니지만 고급 아펠라시옹 생산자들이 만든 기본적인 와인들이 보통 그렇다. 유명한 샤토 라야스Rayas와 소유주가 같은 샤토 드 퐁살레트de Fonsalette가 좋은 예다.

그르나슈 누아가 론 남부 와인의 주요 품종이지만, 보통 시라나 만생종 무르베드르와 블렌딩한다. 물론 다른 품종들도 있다. 화이트와 로제 와인은 각각 전체 생산량의 6, 7%를 차지한다.

9,200ha의 **코트 뒤 론-빌라주**Cotes du Rhone-Villages는 코트 뒤 론보다 1단계 위인 AOC로, 프랑스에서 가장 훌륭한 밸류와인으로 꼽힌다. '-빌라주'라는 접미사를 붙일 수 있는 95개 코뮌 중에서(모두 론 남부에 있다) 최고인 21개 코뮌이 '코트 뒤 론-빌라주'라는 긴 이름에 자기 코뮌 이름을 덧붙일 수 있다. 이 21개 코뮌은 p.135~137 지도에 자주색으로 표시되어 있다. p.135에 나오는 명성 높은 마을 발레아Valréas, 비장Visan, 그리고 론강 우안에 있는 슈스클랑Chusclan, 그 인근의 로딩Laudun에서는 레드뿐 아니라 훌륭한 로제도 생산된다.

론 남부의 최북단 아펠라시옹은 한때 코토 뒤 트리카스탱Coteaux du Tricastin으로 불렸던 **그리냥-레-자데마르**Grignan-les-Adhémar이다. 매우 건조한 미스트랄이 휘몰아치는 이곳은 와인보다 송로버섯이 더 유명하다. 그래도 레드와인은 향신료향이 풍부하고 다부지며, 화이트와인도 점점 좋아지고 있다. 무르베드르는 지중해와 가깝지 않으면 잘 익지 않는다. 그래서 과일 맛이 나는 그르나슈와 뻣뻣한 시라(고지대 포도밭에서 잘 자란다)에 생소Cinsault를 섞어 힘을 보탠다. 유기농법의 선구자인 도멘 그라므농Gramenon은 순수한 와인도 잘 만들면 일반적인 숙성기간인 2~3년보다 더 오래 숙성시킬 수 있음을 보여주었다.

하얀 모자를 쓴 것 같은 몽 방투Mont Ventoux 산은 불빛에 달려드는 나방처럼 사이클리스트들이 몰려드는 곳으로, 론 남부 어디에서나 보인다. 뿔뿔이 흩어져있는 **방투**Ventoux 아펠라시옹(5,810ha)은 대부분의 코트 뒤 론 AOC보다 고지대이고 밤이 춥기 때문에 실질적으로 포도나무의 생장기가 길다.

몽 방투 산 남서쪽 비탈의 거대한 원형극장식 서향 포도밭에서 퐁드레슈Fondrèche, 페스키에Pesquié, 도멘 뒤 틱스du Tix 같은 생산자들은 산에서 내려오는 차가운 밤공기를 최대한 이용해 장기보관 가능한 레드, 화이트, 로제 와인을 생산한다. 이곳의 시라가 론 남부의 따뜻한 아펠라시옹보다 낫다. 샤토뇌프-뒤-파프Châteauneuf-du-Pape에 있는 샤토 드 보카스텔de Beaucastel의 소유주 페랭 가문이 만든 유명 브랜드와인 라 비에유 페름 La Vieille Ferme은 방투 와인을 베이스로 한다. 이곳 포도밭이 서쪽 랑그독Languedoc의 인기 많은 땅보다 싸다. 남쪽으로 더 내려가면 뒤랑스Durance강 바로 위에 세련된 휴가지 **뤼브롱**Luberon이 나온다. 3,400ha의 포도밭에서 생산되는 와인보다 풍경이 더 개성적인 것 같지만, 롤(베르멘티노)로 만든 화이트와인은 세련되고, 레드도 많이 가벼워졌다.

론강 우안의 **코트 뒤 비바레**Côtes du Vivarais에서 카브 드 뤼옹스Cave de Ruoms 협동조합이 만드는 와인은 깃털처럼 가벼운 코트 뒤 론이라고 생각하면 된다. 프랑스의 매우 건조하고 더운 이 지역에서 예외적으로 서늘한 곳인 덕분이다. 도멘 갈레티Gallety의 와인을 마셔보면 알 수 있다.

맨몸을 드러낸 몽 방투 산의 석회암 정상과 그 아래로 포도밭과 올리브나무가 보이는 초봄의 풍경이다. 기온이 약 10℃까지 오르면 구불구불한 올드 바인에서 잠들어있던 싹이 트고 초록빛이 보이기 시작한다.

Lussan

Vallérargues

Alès

La Bruguière

Belvézet

Aigaliers

St-Qu...
la-A...

Servières-et-
Labaume

Mont
St-M...

Arpaillargues-et-
Aureillac

Blauzac

Ste-Anastasie

Alès

Nîmes

CH DE LA TUILERIE

Ca...

CH DE N...

Milhaud

Montpellier

Uchaud

Génerac

Beauvoisin

DOM DES
PIERRES PLANTÉES

Vauvert

CH GRANDE CASSA...
CH ST-CYR...
CH GI...
CH MAS NEUF...

CH DE BECK

CH ROUBAUD

Étang du
Charnier

Étang de
Scar...

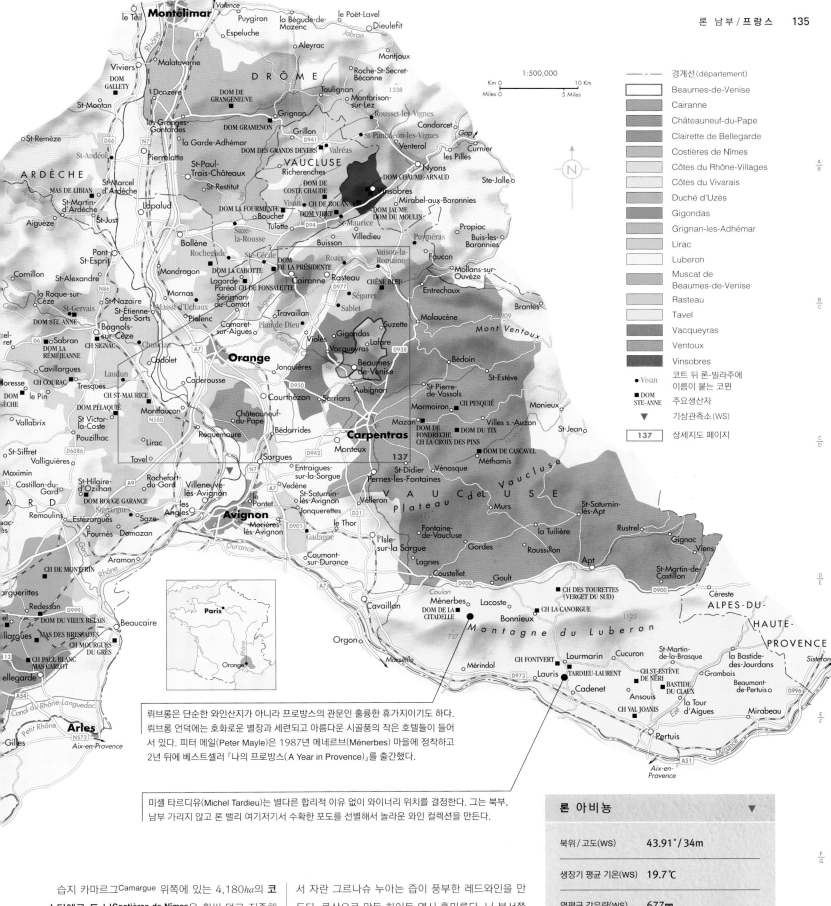

1:500,000

Km 0 .... 10 Km
Miles 0 ..... 5 Miles

경계선(département)
Beaumes-de-Venise
Cairanne
Châteauneuf-du-Pape
Clairette de Bellegarde
Costières de Nîmes
Côtes du Rhône-Villages
Côtes du Vivarais
Duché d'Uzès
Gigondas
Grignan-les-Adhémar
Lirac
Luberon
Muscat de Beaumes-de-Venise
Rasteau
Tavel
Vacqueyras
Ventoux
Vinsobres

● Visan   코트 뒤 론-빌라주에 이름이 붙는 코뮌
■ DOM STE-ANNE   주요생산자
▼   기상관측소(WS)
137   상세지도 페이지

뤼브롱은 단순한 와인산지가 아니라 프로방스의 관문인 훌륭한 휴가지이기도 하다. 뤼브롱 언덕에는 호화로운 별장과 세련되고 아름다운 시골풍의 작은 호텔들이 들어서 있다. 피터 메일(Peter Mayle)은 1987년 메네르브(Ménerbes) 마을에 정착하고 2년 뒤에 베스트셀러 『나의 프로방스(A Year in Provence)』를 출간했다.

미셸 타르디유(Michel Tardieu)는 별다른 합리적 이유 없이 와이너리 위치를 결정한다. 그는 북부, 남부 가리지 않고 론 밸리 여기저기서 수확한 포도를 선별해서 놀라운 와인 컬렉션을 만든다.

론 아비뇽 ▼

북위 / 고도(WS)	43.91°/34m
생장기 평균 기온(WS)	19.7℃
연평균 강우량(WS)	677㎜
수확기 강우량(WS)	9월 : 117㎜
주요 재해	가뭄, 그르나슈의 낮은 착과율

습지 카마르그Camargue 위쪽에 있는 4,180ha의 **코스티에르 드 님**Costières de Nîmes은 훨씬 덥고 지중해성 기후의 영향을 더 많이 받는다. 이제 이곳은 랑그독이 아니라 서쪽으로 확장된 론으로 여겨진다. 이곳에서 생산하는 와인은 강건하고 햇살을 품은 흥미로운 와인이다. 특히 샤토뇌프-뒤-파프처럼 큰 자갈 토양에서 자란 그르나슈 누아는 즙이 풍부한 레드와인을 만든다. 루산으로 만든 화이트 역시 흥미롭다. 님 북쪽의 **뒤셰 뒤제스**Duché d'Uzès는 포도밭 면적이 317ha로 코트 뒤 비바레보다 넓다. 유사한 포도품종을 쓰기 때문에 넓게 보아 론 남부에 속한다. 하지만 화이트와 로제의 비중은 다른 론 남부의 아펠라시옹보다 크다.

론 남부의 중심부 The Heart of the Southern Rhône

샤토뇌프-뒤-파프Châteauneuf-du-Pape 주위에 모여있는 마을에서는(p.137에 상세지도 수록) 한 무리의 야심찬 와인메이커들이 달콤하고 향신료향 나는 이야기를 들려준다. 샤토뇌프에서처럼 이곳의 포도나무는 매미의 나른한 노랫소리를 듣고, 포도밭을 둘러싼 황무지의 풀내음을 맡으며 프로방스의 뜨거운 여름 태양 아래 익어가고 있다.

레드와인의 주요 품종은 다재다능한 그르나슈이고, 서늘한 고지대에서는 시라, 더 따뜻한 일부 지역에서는 무르베드르가 보조품종 역할을 한다. 소량이지만 점점 늘고 있는 개성 강한 풀바디 화이트와인은 그르나슈 블랑, 클레레트, 부르블랑, 루산, 마르산, 비오니에로 만든다.

론 남부 와인마을의 등급이 올라가는 방식은 분명하다. 먼저 코트 뒤 론 AOC에서 출발해 1단계 올라가면, 지도 북쪽에 자주색으로 표시된 유명 코트 뒤 론-빌라주 코뮌이 된다. 그러다가 명성이 쌓이면, 신청을 통해 라벨의 코트 뒤 론-빌라주 뒤에 마을 이름을 덧붙일 수 있다. 그리고 마지막으로 현지에서 크뤼라고 부르는, 마을 고유의 아펠라시옹을 갖게 된다.

지공다스Gigondas는 1971년 론 남부에서 처음으로 고유의 아펠라시옹을 획득했다. 촘촘하게 짜여진 지공다스 레드는 샤토뇌프-뒤-파프와 겨룰 수 있을 만큼 품질이 우수하다. 늦게 익는 포도밭은 우베즈Ouvèze강 동쪽 평지에서 지공다스 마을 언덕의 명소인 뾰족뾰족한 석회암 바위 당텔 드 몽미라이Dentelles de Montmirail까지 펼쳐진다. 높은 고도와 석회질 토양 덕분에 지공다스 와인은 향이 더 풍부한 편이고, 샤토뇌프보다 더 상쾌하다. 하지만 와인양조기술은 론 남부 전체만큼 매우 다양하다. 도멘 산타 뒥Santa Duc, 샤토 드 생콤de St-Cosme 같은 진취적인 생산자들은 양조기술을 개선해 거의 부르고뉴 와인에 가까운 와인을 만든다. 한편 도멘 라스파이-아이Raspail-Ay, 생가양St-Gayan 같은 전통주의자들은 깊이 있고 풍미가 오래 간직되며, 좋은 빈티지의 경우 25년 넘게 보관할 수 있는 중후한 와인을 만든다.

필요에 따라 포도밭 구획마다 따로 양조하는 것이 현재의 트렌드인데 지공다스는 비교적 일찍 시작했고, 일부 생산자들도 다양한 퀴베를 만들고 있다. 시라에 대한 사랑은 점점 식어가고 있으며, 2009년부터 100% 그르나슈 와인도 허용되고 있다. 지공다스 중 소량을 일부러 로제로 만들고 있는데, 현지에서 선택한 품종은 껍질색이 옅은 클레레트이다. 클레레트가 미래의 지공다스 화이트품종이 될 가능성이 높다.

바케라스Vacqueyras는 1990년에 AOC를 획득했다. 포도가 빨리 익는 모래와 돌이 많은 토양이며, 지공다스보다 알코올이 강하고 풍미가 더 즉각적이며 좀 더 거친 와인을 생산한다. 평지인 바케라스는 언덕 상부에 자리한 지공다스보다 우수한 와이너리 수가 적지만, 많은 생산자들이 지공다스와 바케라스 양쪽에서 와인을 만들고 있다. 새 오크통을 사용한 숙성은 흔하지 않는데, 주로 과일향이 강한 그르나슈(새 오크통과 잘 반응하지 못하는 편이다)와 약간의 시라를 사용하기 때문이다. 바케라스는 론 남부의 향신료향과 허브향을 합리적인 가격에 제공하며, 론강 좌안에서 유일하게 레드, 화이트, 로제 모두 아펠라시옹을 획득했다. 드라이 화이트는 그르나슈 블랑으로 만들며, 섬세하고 연기향이 나는 풀바디 와인이다.

봄-드-브니즈 Beaumes-de-Venise는 쥐라기 점토에서 생산되는 힘이 센 레드와인으로, 2004년에 AOC를 획득했다. 뮈스카 품종으로 만든 강하고 달콤하며 특유의 향을 가진 뱅 두 나튀렐인 뮈스카 드 봄-드-브니즈Muscat de Beaumes-de-Venise AOC는 1945년부터 있었으며, 랑그독의 뮈스카를 떠올리게 하는 이 지역 특산와인이다. 같은 방식으로 **라스토**Rasteau 역시 2009년에 더 거칠고 강한 스위트 레드와인 뱅 두 나튀렐로 AOC를 획득했다. 이때 이웃인 뱅소브르Vinsobres(p.135 지도 북쪽)도 드라이 레드로 독자적인 AOC를 획득했다. 라스토 와인은 세련미가 떨어질지 모르지만, 도멘 구르 드 모탕Gourt de Mautens(지금은 AOC 체계 밖에서 활동한다. 소유주인 제롬 브레시는 AOC법이 금지하는 옛 토착품종을 사용해서 열성적으로 와인을 만든다) 같은 와이너리는 충성스러운 팬들을 확보하고 있다.

뱅소브르 포도밭은 일부가 해발 400m에 위치하는데, 시라에 매우 적합하다. 샤토 드 보카스텔de Beaucastel의 페랭Perrin 가문은 성공적인 2개의 뱅소브르 와인인 레 코르뉘Les Cornuds와 레 오 드 쥘리앵Les Hauts du Julien을 만들고 있다. **케란**Cairanne은 론 남부에서 가장 흥미로운 AOC이다. 알라리Alary 가문, 브뤼세Brusset 가문, 마르셀 리쇼Marcel Richaud 같은 훌륭한 와인농부들이 레드와 화이트를 빚고 있다.

로제는 론강을 사이에 두고 샤토뇌프와 마주보고 있는 타벨Tavel과 리락Lirac의 전통 특산와인이다. **타벨** 로제는 오랫동안 프랑스에서 가장 강하고 색이 진한 로제와인이었다. 불 같은 풍미가 맛이 강한 지중해 음식과 잘 어울렸다. 하지만 2000년대에 들어 프로방스 로제 스타일이 유행하면서 여러 도멘에서 색이 더 연하고 더 가볍고 덜 전통적인 로제를 만들고 있다. **리락** 역시 로제로 유명한 AOC였다. 가격면에서 타벨 로제보다 경쟁력이 있다. 그런데 지금은 생산량 제한 규정 때문에 부드럽고 과일향이 풍부한 레드와인 생산에 치중하고 있다. 타벨만큼 그르나슈 사용이 압도적이지 않다. 샤토뇌프-뒤-파프의 여러 유명 와이너리들이 리락에도 포도밭을 가지고 있어서, 최근에는 리락 와인의 품질이 많이 향상되었다. 음식과 곁들이기 좋은 화이트 리락은 클레레트 품종을 최소 1/3 사용해야 하는 법 덕분에 더 활기찬 와인이 되었다.

———·—	경계선 (département)
———	경계선 (canton)
———	경계선 [commune (parish)]
■ CH DE SÉGRIÈS	주요생산자
Sablet	코트 뒤 론-빌라주에 이름이 붙는 코뮌
———	AOC 경계선
	포도밭
	숲
—100—	등고선간격 : 해발 120m 아래는 20m 해발 120m 위는 40m
139	상세지도 페이지

지도에 표시된 코트 뒤 론-빌라주 코뮌 중 아직 코뮌 AOC를
획득하지 못한 사블레(Sablet)와 세귀레(Séguret)는 비교적
빨리 숙성된다. 반면 강건하고 힘이 있는 플랑 드 디유(Plan
de Dieu)는 2~3년의 숙성기간이 필요하다.

진한 핑크빛 와인 타벨은 구시대 와인 같은 느낌을 준다. 프랑스 아펠라시옹
에 꼭 하나씩 있듯이, 이곳에도 컬트적인 인기의 괴짜 생산자가 있다. 그 주인
공은 도멘 랑글로르(l'Anglore)로 파리의 와인바에서 큰 사랑을 받고 있다.

샤토뇌프-뒤-파프 Châteauneuf-du-Pape

샤토뇌프-뒤-파프는 메마르고 좋은 향기가 흩날리는 프로방스의 돌투성이 시골마을로, 폐허가 된 교황의 여름 궁전이 우뚝 서있다. '교황의 새로운 성'이란 의미를 지닌 샤토뇌프-뒤-파프 와인은 활기찬 론 남부 지역이 자랑하는 대표와인으로, 프랑스에서 가장 강하고 독특한 레드와 화이트 와인이다.

샤토뇌프-뒤-파프는 프랑스 와인 중에서 최소 알코올 도수 기준이 가장 높은 것으로 유명하다. 즉, 최소 12.5%를 넘어야 한다. 하지만 요즘 같은 지구온난화 시대에, 잘 익어야 하는 그르나슈를 베이스로 하는 와인은 14.5% 이하로 거의 내려가지 않고 16%까지 올라갈 때도 있어 재배자와 와인메이커, 그리고 소비자까지 곤란해질 때가 있다. 또한 샤토뇌프-뒤-파프는 프랑스 AOC 체계의 탄생지이기도 하다. 1923년 이곳의 가장 유명한 재배자인 샤토 포르티아Fortia의 르루아Le Roy 후작이 라벤더와 타임을 키울 정도의 메마른 땅의 경계를 정했는데, 이것이 AOC 체계의 주춧돌이 되었다.

샤토뇌프-뒤-파프 와인은 90% 이상이 레드지만, 스타일은 매우 다양하다. 쉽게 좋아할 수 있는 풍미가 강하고 풍부하며 향신료향이 나는 와인이 대부분이다. 큰 와인회사나 협동조합은 빨리 마실 수 있는 가볍고 달콤한 와인을 블렌딩하지만, 가족경영의 야심찬 와이너리에서는 개성 강하고 테루아와 품종의 특별한 조합을 보여주는 장기숙성용 와인을 만드는데, 이것이 지금의 샤토뇌프-뒤-파프다. 샤토뇌프-뒤-파프는 허용된 18개 품종을 블렌딩해 만드는 매우 특이한 와인이다(예전에는 13개 품종이었으나, 지금은 품종이 같아도 색깔이 다르면 별개의 품종으로 친다).

샤토뇌프-뒤-파프의 중추 역할을 하는 품종은 그르나슈다. 주로 무르베드르와 시라, 생소, 토착품종인 쿠누아즈Counoise, 소량의 바카레즈Vaccarèse, 뮈스카르댕 Muscardin, 픽풀 누아Picpoul Noir, 테레 누아Terret Noir, 껍질색이 밝은 클레레트 블랑쉬, 부르불랑, 루산(론 북부보다 남부에서 훨씬 재배하기 쉽다), 그리고 별 특징이 없는 피카르당Picardan과 블렌딩한다. 샤토 드 보카스텔de Beaucastel과 클로 데 파프Clos des Papes는 특이하게 13개 품종 모두를 고집스럽게 블렌딩한다. AOC가 허용하는 나머지 5개 품종은 클레레트 로즈, 그리고 그르나슈와 픽풀의 화이트, 로즈이다.

여름이 갈수록 더워지면서 이곳 남쪽 끝에서 재배하면 상쾌함이 떨어질 수 있는 시라가 만생종 무르베드르로 대체되고 있다. 무더운 해의 경우 블렌딩에 무르베드르를 포함시키면 그르나슈의 높은 알코올 함량을 조절할 수 있다. 샤토뇌프-뒤-파프 레드와인은 어릴 때는 건조한 여름 때문에 매우 단단하지만, 시간이 지나면서 때로는 야생조류향도 나는 깊은 풍미의 화려한 와인으로 성장한다. 놀라울 정도로 많은 샤토뇌프-뒤-파프가 굉장한 피네스를 갖게 된다. 훨씬 귀한 화이트 와인은 좋은 와인일 경우 처음 몇 해 동안은 바디감이 있고 둔한 중년기를 거쳐, 10~15년이 지나 완전히 성숙하면 매우 이국적인 향을 갖게 된다. 많은 생산자들이 부르고뉴 병 모양의 무거운 병을 사용하는데, 어깨에 자신이 속한 생산자협회에 따라 서로 다른 교황 문장이 양각되어 있다.

모래, 점토, 돌

샤토뇌프-뒤-파프는 갈레galet라는 크고 둥근 자갈이 유명하다. 하지만 열을 잘 흡수하는 이 돌이 있는 포도밭은 몇 안 된다. 비교적 작은 지역임에도 이곳은 토양이 매우 다양하다. 예를 들어, 샤토 드 보디유de Vaudieu 뒤편의 고원에 있는 전통주의 샤토 라야스Rayas는 자갈이 거의 없는 대신 가장 좋은 구획에는 모래가 많고, 그 외 구획에는 점토와 부스러기 자갈이 있다. p.139 지도에는 샤토뇌프-뒤-파프의 어느 곳에서 어떤 토양이 주를 이루는지 매우 정확히 표시되어있다.

대부분의 생산자들은 토양 종류가 다양한 포도밭을 여럿 소유하고 있다. 이러한 포도들을 블렌딩해 한 퀴베를 만드는 것이 일반적이지만, 지금은 특정 테루아나 수령이 가장 오래된 포도나무, 또는 단일품종으로 스페셜 프리미엄 퀴베를 만들어 비싸게 판매하는 경우가 점점 늘어나고 있다. 다른 변수는 새 오크통의 사용 비율이다(그르나슈는 새 오크통과 친하지 않다). 통의 사용연수, 재료와 크기, 블렌딩하는 품종의 정확한 비율이 와인 스타일을 결정한다.

샤토뇌프 - 뒤 - 파프의 토양

기반암 위 얇은 토양
단단한 백악기 석회암

조금 풍화된 바위 위 얇은 토양
쟁기질로 변형된 백악기 석회암
중신세 사암과 몰라세

계곡 충적토 위 미성숙 토양
굵게 부서진 모래 점토
잘게 부서진 모래 점토
자갈이 많이 섞인 모래 점토

미성숙 토양으로 덮인 비탈
백악질 석회암 조각이 풍부한 다듬어지지 않은 자갈
중신세 몰라세 위에 모래가 풍부한 붕적토
계곡 바닥 모래와 점토가 풍부한 붕적토

석회암이 많은 (적당히 풍화된) 갈색토
백악기 이회암 위 점토질 토양
중신세 몰라세 위 모래 토양

석회암이 많은 토양
고대 자갈 충적토
고대 충적토와 변형된 몰라세 모래

고원의 철이 많은 적색토
고대 자갈 충적토 위 적색토
백악질 석회암 위 적색토와 석회암 토양
고대 충적토 위 깊은 적색토와 규암 자갈(갈레)

계곡 바닥의 점토가 많은 토양
얇고 고운 토양(점토와 고운 모래)
두껍고 고운 토양부터 중간 질감의 토양 (점토, 모래, 작은 자갈)

아펠라시옹 경계선
경계선 [commune(parish)]

샤토뇌프-뒤-파프의 토양은 매우 다양하다. 이곳의 유명한 갈레는 아무데서나 볼 수 있는 것이 아니다. 과거에는 열을 간직하는 자갈이 매우 유용했지만, 지금은 예전만큼 유용하진 않다.

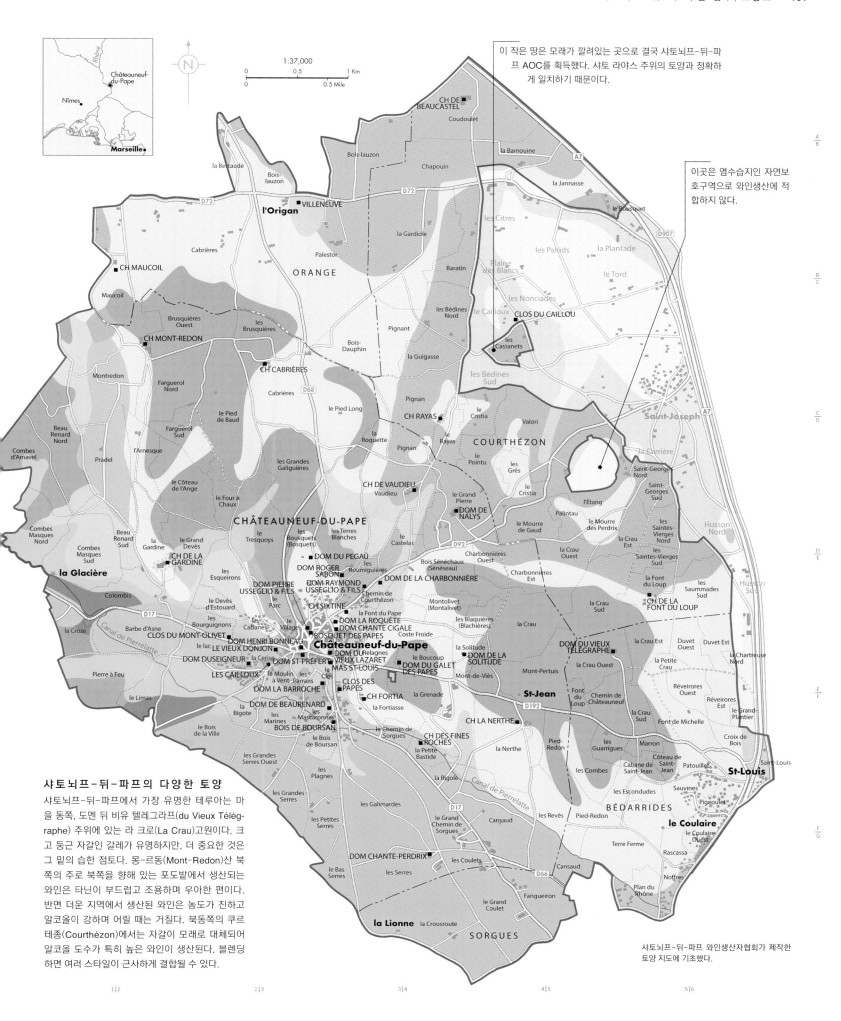

이 작은 땅은 모래가 깔려있는 곳으로 결국 샤토뇌프-뒤-파프 AOC를 획득했다. 샤토 라야스 주위의 토양과 정확하게 일치하기 때문이다.

이곳은 염수습지인 자연보호구역으로 와인생산에 적합하지 않다.

샤토뇌프-뒤-파프의 다양한 토양

샤토뇌프-뒤-파프에서 가장 유명한 테루아는 마을 동쪽, 도멘 뒤 비유 텔레그라프(du Vieux Télégraphe) 주위에 있는 라 크로(La Crau)고원이다. 크고 둥근 자갈인 갈레가 유명하지만, 더 중요한 것은 그 밑의 습한 점토다. 몽-르동(Mont-Redon)산 북쪽의 주로 북쪽을 향해 있는 포도밭에서 생산되는 와인은 타닌이 부드럽고 조용하며 우아한 편이다. 반면 더운 지역에서 생산된 와인은 농도가 진하고 알코올이 강하며 어릴 때는 거칠다. 북동쪽의 쿠르테종(Courthézon)에서는 자갈이 모래로 대체되어 알코올 도수가 특히 높은 와인이 생산된다. 블렌딩하면 여러 스타일이 근사하게 결합될 수 있다.

샤토뇌프-뒤-파프 와인생산자협회가 제작한 토양 지도에 기초했다.

랑그독 서부 Western Languedoc

랑그독은 와인애호가들에게 전형적인 프랑스 테루아와 작은 와이너리들을 발견하는 즐거움을 선사한다. 그리고 잘 익은 포도로 만든 좋은 와인을 좋은 가격에 살 수 있는 뜻밖의 기회도 제공한다.

테루아 북쪽의 몽타뉴 누아르Montagne Noire산맥 기슭은 돌이 많은 점토와 단단한 석회암, 일부 편암과 바위 위의 얇은 토양으로 이루어져 있고, 코르비에르Corbières산맥은 석회암, 이회토, 사암의 돌이 많은 계단식 밭이다. 특히 생시니앙St-Chinian과 포제르Faugères(p.142 참조)는 편암과 자갈 충적토가 많다.

기 후 주로 뚜렷한 지중해성 기후. 여름이 덥고 건조하다. 서쪽 끝은 대서양의 영향으로 조금 시원하다.

품 종 레드 시라, 무르베드르, 그르나슈(특히 랑그독 동부), 카리냥 / 화이트 부르불랑, 그르나슈 블랑, 클레레트, 마카베우, 마르산, 루산, 베르멘티노, 픽풀. 뿐만 아니라 모든 품종을 실험하는 중이다.

지난 50년 동안 랑그독은 프랑스의 어느 와인산지보다도 큰 변화를 겪었다. 과거에 랑그독은 엄청난 양의 싸구려 와인을 쏟아내던 곳이었다. 한때는 저렴한 와인이 유용했지만 곤혹스러울 정도로 과잉생산되었고, 결국 재배자들에게 보조금을 주며 입지가 좋지 않은 곳의 포도나무를 뽑아내야 했다. 하지만 언덕 비탈의 유망한 포도밭은 땅값이 그리 높지 않아 야심찬 와인메이커들이 모여들기 시작했다. 이들은 다양한 테루아와 허용된(때로는 금지된) 품종들을 실험하면서 흥미로운 결과를 이끌어냈다. 평지도 잘만 관리하면 페이 독Pays d'Oc IGP의 저렴한 품종 와인을 생산할 수 있다. 눈여겨볼 만한 생산자들을 지도에서 찾을 수 있다.

랑그독 서부의 가장 중요한 3개 아펠라시옹 중에서 **미네르부아Minervois**가 좀 더 문명화되고 세련된 지역이다. 생시니앙이나 코르비에르만큼 돌투성이 땅은 아니지만 미네르부아 북쪽 경계에 있는 포도밭은 웅장한 몽타뉴 누아르 산기슭까지 뻗어있고, 세벤Cévennes 산기슭의 바위와 가시덤불 사이에 심은 포도나무들은 피레네 산기슭에 있는 코르비에르의 구불구불한 포도나무들만큼 위태롭게 서있다. 미네르부아 마을 위에 매달려있는 포도밭이 마네르부아 AOC에서 가장 고지대로 가장 늦게 익는다. 라 리비니에르 주위에서 고지대 포도밭의 돌내음과 저지대의 부드러움이 조화를 이룬 와인이 많이 생산되어, **미네르부아–라 리비니에르Minervois-La Livinière**는 별개의 AOC로 인정받고 있다. AOC 재조정 가능성도 있는데, 로르-미네르부아

Laure-Minervois와 북동쪽 끝 바위지대인 카젤Cazelles 주위 코뮌들을 하위 아펠라시옹으로 지정하는 논의가 진행 중이다.

미네르부아 와인의 85% 이상이 레드와인이며, 최고의 미네르부아 레드는 잘 만들어진 달콤한 와인이다. 10%는 로제와인으로 시라, 무르베드르, 그르나슈를 다양한 비율로 블렌딩해서 만드는데, 카리냥의 비율이 점점 줄어들고 있다. 이웃한 **뮈스카 드 생장 드 미네르부아Muscat de St-Jean de Minervois**에서는 달콤하고 향이 풍부한 뱅 두 나튀렐을 만든다(p.144 참조).

바로 동쪽의 **생시니앙**은 랑그독의 레드, 화이트, 로제를 통틀어 가장 독특한 와인의 하나로 평가받는다. 특히 생시니앙 북쪽과 서쪽, 경치가 장관인 편암 바위산의 해발 600m에서 생산되는 와인은 매우 훌륭하다. 좋은 화이트와인도 있다. 생시니앙-베를루St-Chinian-Berlou 레드는 카리냥으로 만들고, 생시니앙-로크브링St-Chinian-Roquebrun 레드는 론 품종, 특히 같은 편암 토양에서 자란 시라의 영향을 크게 받았다. 생시니앙 마을 주위 저지대의 희귀한 보라색 점토와 석회암 토양에서 재배한 포도는 더 부드럽고 순한 편이다.

코르비에르의 풍광은 정말 극적이다. 산과 계곡은 지질학적 카오스를 보여주고 있으며, 해안가에서 시작해 64km 안쪽의 오드Aude 데파르트망까지 이어지는 포도밭은 서쪽에 있는 산을 넘어 오드 밸리로 불어오는 거센 바람을 주기적으로 견뎌내고 있다.

미네르부아처럼 남쪽의 여러 품종으로 만들지만 카리냥과 그르나슈가 조금 더 보편적인 코르비에르 레드 와인의 맛은, 잘 길들여지지 않고 더 농축되어 있다. 어릴 때는 더 거칠지만 더 흥미롭다. 가뭄과 여름 산불은 코르비에르 아펠라시옹의 여러 지역에서 계속되는 위협이다. **부트낙Boutenac** 근처 낮고 거친 사암 언덕은 북부 코르비에르에서 하위 아펠라시옹을 획득했다. 생산성이 낮은 카리냥 포도나무 중에는 수령이 100년을 넘는 것도 있다.

오래된 화이트품종인 부르불랑은 랑그독에서 외떨어진 낯선 해안지역 **라 클라프La Clape** AOC에서 진가를 발휘하고 있다. 나르본Narbonne 남쪽의 기이하게 생긴 거대한 석회암 절벽(로마시대에는 섬이었다)은 2015년에 AOC를 획득했다. 화이트와인에서 요오드 향 바다내음이 난다. 혹독하고 메마르고 바람이 지독하게 부는 땅에서 뛰어난 개성을 지닌 레드와인도 생산된다.

피투Fitou는 1948년 랑그독에서 최초로 AOC를 획득했다. 전통적으로 리브잘트Rivesaltes AOC의 뱅 두 나튀렐 생산지였으며, 코르비에르 AOC 내에 서로 떨어진 두 지역으로 이루어진다. 하나는 염수 석호 주위

랑그독 서부의 와인산지
이 지도는 AOC 와인을 생산하는 유망한 포도밭만 강조하여, 베지에(Béziers) 주위의 평지가 좋은 와인을 생산하기에 적합하지 않다는 것을 생생하게 보여준다. 사실 이 지역은 싸구려 와인을 생산하는 술공장이었는데, EU의 보조금 덕분에 지금은 포도나무가 드문드문 자라고 있다. p.53의 프랑스 지도에서 랑그독과 루시용의 여러 IGP를 확인할 수 있다.

로 점토질 석회암이 띠처럼 둘러진 피투 마리팀Fitou Maritime이고, 다른 하나는 내륙으로 약 24km 안쪽의 편암바위산 지역인 피투 오Fitou Haut이다. 두 지역 사이에 코르비에르 AOC 일부가 쐐기처럼 끼여있다. 1980~90년대 내내 피투는 북쪽에 있는 AOC들에 뒤쳐졌지만, 지금은 도멘 베르트랑-베르제Bertrand-Bergé, 마리아 피타Maria Fita, 혁신적인 도멘 존스Jones 같은 생산자들이 막강한 몽 토슈Mont Tauch 협동조합과 경쟁하고 있다. 오래된 카리냥과 그르나슈가 주요 품종이다.

대서양의 영향

서늘한 대서양의 영향은 카르카손Carcassonne 남부의 서쪽 언덕지대 **리무Limoux**를 보면 잘 알 수 있다. 리무

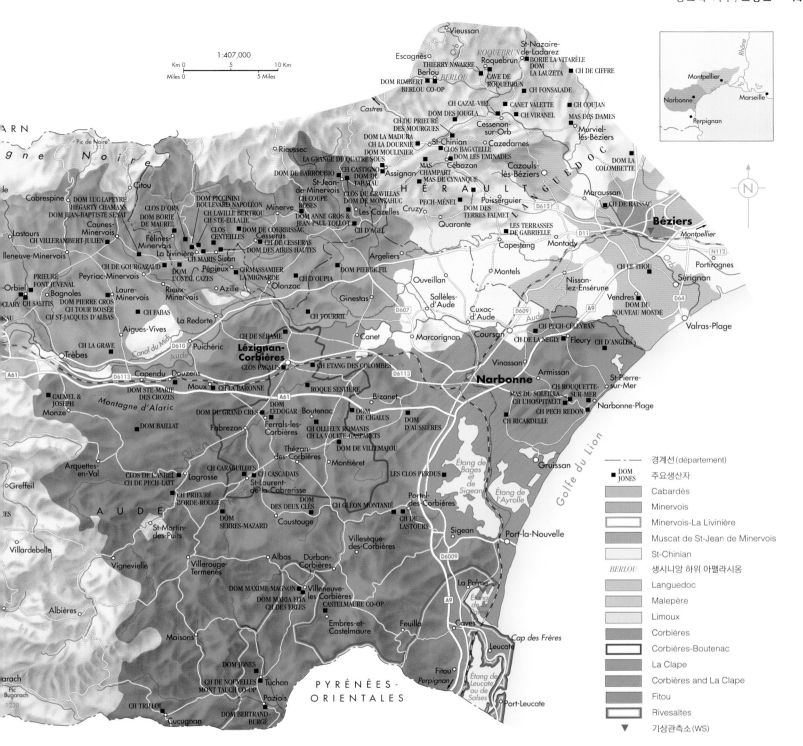

1:407,000
Km 0 — 5 — 10 Km
Miles 0 — 5 Miles

범례

경계선 (département)

■ DOM JONES 주요생산자

Cabardès
Minervois
Minervois-La Livinière
Muscat de St-Jean de Minervois
St-Chinian
BERLOU 생시니앙 하위 아펠라시옹
Languedoc
Malepère
Limoux
Corbières
Corbières-Boutenac
La Clape
Corbières and La Clape
Fitou
Rivesaltes
▼ 기상관측소 (WS)

는 적어도 프랑스에서는 오래전부터 전통방식으로 만든 우수한 스파클링와인으로 유명하다. 토착품종인 모작Mauzac으로 만든 블랑케트Blanquette 또는 그보다 더 섬세한 샤르도네, 슈냉 블랑, 피노 누아로 만든 크레망드 리무Crémant de Limoux가 유명하다. 리무 스틸 화이트와인은 오크통 숙성을 하고(AOC 화이트와인 중 유일하게 오크통 숙성이 의무다), 이곳의 남쪽 끝에서 기대하는 것보다 훨씬 서늘한 환경에서 재배하며, 샤르도네로 만든다. 비교적 최근에 AOC를 획득한 리무 레드는 오크통에서 블렌딩하는데 절반은 메를로이고, 나머지는 다른 보르도 품종이나 그르나슈, 시라를 섞는다. 여

기에 피노 누아가 포함될 필요가 있는데, 피레네산맥이 보이는 푸른 언덕이 랑그독에서 가장 유망한 피노 누아의 땅이기 때문이다. 피노 누아는 현재 IGP로 판매된다.

리무 와인은 더 따뜻한 랑그독 동부(p. 142 참조)와 인보다 산미가 뛰어나다. 바로 북쪽의 **말페르**Malepère 역시 산미가 뛰어난데 메를로와 말벡(코Côt)이 주요 품종이며, 큰 관심은 받지 못하고 있다. 카르카손 바로 북쪽의 **카바르데스**Cabardès AOC는 지중해 품종과 대서양(보르도) 품종을 의무적으로 블렌딩해야 하는 지역이다. 품질 좋은 와인이 계속 생산되는 것은 그 때문이다.

랑그독 베지에	▼
북위 / 고도(WS)	43.32° / 15m
생장기 평균 기온(WS)	19.3℃
연평균 강우량(WS)	579㎜
수확기 강우량(WS)	9월 : 70㎜
주요 재해	가뭄

랑그독 동부 Eastern Languedoc

랑그독 동부는 서부보다 더 덥고 건조하다. 비교적 역사가 긴 몇몇 개별 아펠라시옹을 제외하면 랑그독 AOC가 지배적이다. 랑그독 AOC는 2007년에 만들어졌고, 스페인 국경에서부터 님Nîmes까지 지도에 연보라색으로 표시된 드넓은 포도밭에서 생산된 와인을 포함한다. 물론 AOC에 맞게 생산해야 하며, 특히 허용품종에 대한 법을 반드시 지켜야 한다(가장 논란이 되고 있는 법이다).

랑그독의 방대한 와인생산량의 80%가 레드이고, 주로 시라, 무르베드르, 그르나슈를 블렌딩해서 만든다. 카리냥(보통 탄소침용으로 부드럽게 한다)과 생소는 보조품종으로 사용된다. 오늘날 랑그독 동부 와인은 이름 있는 프랑스 와인들과 점차 어깨를 나란히 하고 있다. 화이트와인 역시 랑그독 와인메이커들의 손에서 고급스러운 와인으로 탄생한다. 그르나슈 블랑, 클레레트, 부르불랑, 픽풀, 루산, 마르산, 베르멘티노(롤Rolle), 비오니에와 같은 품종의 매력적인 블렌딩와인이다.

지도에서 가장 서쪽에 있는 **포제르**Faugères는 편암에 모래와 석회암이 섞여있는 독특한 토양이다. 1982년 레드, 로제, 그리고 최근에는 화이트까지 AOC로 지정되었다. 이곳 토양은 거칠고, 포도밭이 해발 350m 고지대에 있어 경제성이 없을 정도로 수확량이 낮다. 하지만 와인은 한결같이 강한 개성을 지녔고 생산자들의 개성 역시 만만치 않다. 포제르에서는 랑그독의 다른 지역보다 협동조합의 중요도가 낮다. 주로

개인생산자들이 유기농법이나 바이오다이나믹 농법으로 포도를 재배한다.

해안 가까이에 있는, 달콤한 뮈스카 뱅 두 나튀렐의 3개 아펠라시옹은 오랜 역사 때문에 관심을 끄는 반면, 최근 AOC를 획득한 해안가의 **픽풀 드 피네**Picpoul de Pinet는 유행의 최첨단에 있다. 픽풀 또는 피크풀Piquepoul은 오래된 프랑스 남부 토착품종으로, 껍질색이 옅은 것은 오래된 와인 교역항인 세트Sète 근처 석호쪽 내륙의 모래 토양에서 잘 자란다. 레몬향이 향긋한 픽풀은 랑그독 화이트와인 중에서 유일하게 성공한 품종이며, '남쪽의 뮈스카데'라는 별명도 갖고 있다.

대다수 랑그독 생산자들이 안고 있는 문제는 와인을 만드는 것이 아니라 판매하는 것이다. 마 드 도마 가삭(Mas de Daumas Gassac)과 그랑주 드 페르(Grange des Pères)는 세계시장에 이름을 알린 몇 안 되는 랑그독 생산자로, 모두 아니안(Aniane) 코뮌에 있다.

1:385,000
Km 0   5   10   15 Km
Miles 0   5   10 Miles

클레레트 뒤 랑그독Clairette du Languedoc 역시 토착 화이트품종이다. 하지만 픽풀에 비해 매우 소량이고, 페제나스Pézenas 남쪽보다는 북쪽에서 재배한다.

최근에 2개의 하위 아펠라시옹이 AOC로 인정받았다. 먼저 **테라스 뒤 라르작**Terrasses du Larzac은 클레르몽 레로Clermont l'Hérault에서 세벤산맥을 지나 더 북쪽인 코스-드-라-셀Causse-de-la-Selle까지 아우르는 드넓은 지역으로, 바람에 실려온 석회암, 자갈, 잔돌, 점토가 섞여있는 토양에 위치한다. 수확량은 포제르처럼

	경계선(département)
DOM CLAVEL	주요생산자
	Languedoc
PÉZENAS	랑그독 하위 아펠라시옹
	Clairette du Languedoc
	Terrasses du Larzac
	Pic St-Loup
	Faugères
	Picpoul de Pinot
	Muscat de Lunel
	Muscat de Mireval
	Muscat de Frontignan

적은 편이다. 하지만 라르작고원의 밤 기온은 20℃로 여름날보다 서늘하므로, 포도가 잘 익을 수 있게 관리가 필요할 때도 있다.

두 번째 AOC는 **픽 생루**Pic St-Loup이다. 몽펠리에Montpellier 외곽에서 북쪽으로 보이는 피라미드 형태의 신기한 바위 봉우리(픽)에서 이름을 따왔다. 픽 생루 봉우리의 비탈과 근처 로르튀스l'Hortus산에서 생산되는 와인은 랑그독에서 가장 우아하고 만족스러운 와인이다. 카리냥은 한때 랑그독 전역에서 재배했지만, 지금은 픽 생루 와인을 블렌딩할 때 10% 이하로 들어가야 한다. 토양은 다양하고 배수가 잘 되며 바람이 건조하지만, 필요할 때 비가 내려 이웃 지역보다 기후의 혜택을 보고 있다. 심하게 건조한 환경을 못 견디는 시라가 이곳에서는 잘 자란다.

베지에Béziers 북동쪽에 있는 중세 무역도시 **페제나스**는 유망한 하위 아펠라시옹이다. 편암 토양에서 자라는 포도나무는 따뜻하고 건조한 여름 날씨의 혜택을 누리고 있다. 더 북쪽에 있는 **카브리에르**Cabrières까지 페제나스 AOC에 포함되는데, 이곳은 현무암 그리고 바로 서쪽의 포제르와 생시니앙(p.142에서 설명)에서 발견되는 것과 비슷한 종류의 편암이 많다. 카브리에르는 재배조건이 더 혹독한 테라스 뒤 라르작으로 가는 중간 지점이다.

생사튀르냉St-Saturnin의 남향 포도밭은 라르작고원 옆면의 **몽페루**Montpeyroux 포도밭을 거쳐서 오는 북풍 덕분에 병충해에서 자유롭다. 이러한 지역 조건은 중요한 영향을 끼친다.

광대한 **그레 드 몽펠리에**Grés de Montpellier는 자주 간과되는 AOC로, 역사 깊은 대학도시 몽펠리에 주변에 자리한다. 이름에서 볼 수 있듯이 토양에 사암(그레grés)이 포함되어있지만, 이런 종류의 토양만 말하기에는 지역이 너무 넓다. **생조르주 도르크**St-Georges d' Orques와 **라 메자넬**La Méjanelle이 그레 드 몽펠리에의 독주를 저지하고 있다. 몽펠리에 외곽에 위치하며, 우

생드레제리에 있는 샤토 퓌에슈-오(Puech-Haut)의 양조장. 한 세대 전, 아니 얼마 전까지만 해도 상상도 못 했을 정도로 효율적인 최신 시설이다.

연히도 프랑스에서 최고로 손꼽히는 와인양조학교가 가까이에 있다. **생드레제리**St-Drézéry, **생크리스톨**St-Christol, **소미에르**Sommières는 랑그독에서 멀리 떨어진 하위 아펠라시옹이다.

아펠라시옹 체계 밖에서

지금까지 랑그독 동부의 주요 아펠라시옹을 살펴보았다. 현재 수많은 생산자들이 AOC 지역 내, 그리고 AOC와 AOC 사이의 평지에서 법적으로 훨씬 유연한 IGP 와인을 만들고 있다(p.53 참조). IGP 와인은 지역보다 품종이 더 잘 알려진 품종와인(또는 2가지 품종으로 만든 와인)의 생산에 더 적합하다. 여름이 더워서 다양한 품종이 안정적으로 익으며, 특히 샤르도네를 많이 재배한다. 라벨에 작게 IGP명을 표기하기도 하지만, 대부분 세계시장에 더 잘 알려진 랑그독과 루시용(p.144) 전역을 포함하는 '페이 독Pays d'Oc'을 사용한다.

점점 더 많은 랑그독과 루시용 와인이 뱅 드 프랑스Vin de France라는 단순한 명칭으로 판매되고 있다. 뱅 드 프랑스는 AOC와 IGP에 구애받지 않고(또 관련 서류작업에 방해받지 않고) 일하고 싶어하는 생산자들을 위한 유연한 분류다.

랑그독 와인은 진지한 테루아 와인이고, 장인정신과 프랑스 남부의 정수가 녹아있는 와인임을 증명해왔다. 하지만 너무 광대하고 다양한 지역이라 소비자로서는 이해하기 힘들고 구매도 쉽지 않다. 부르고뉴 와인처럼 랑그독 와인도 생산자가 와인 품질을 설명해줘야 한다. 하지만 이곳의 와인은 절대 제값보다 비싸다는 소리는 듣지 않을 것이다.

루시용 Roussillon

과거에 루시용은 랑그독 뒤에 항상 붙어다녔지만, 지금은 지리, 문화, 와인 산업에서 정체성을 구축하기 위해 애쓰고 있다. 뜨거운 태양이 내리쬐는 계곡에서 풍미가 풍부한 레드와인과, 프랑스에서 가장 독특하고 빼어난 화이트와인이 생산된다. 한때 유명했던 루시용의 강한 스위트와인은 점점 설 자리가 좁아지고 있다.

테루아 원형극장식 동향 포도밭이 지중해 옆에 위치하며, 코르비에르언덕과 피레네산맥 사이의 자갈충적토 평지에는 3개의 강이 지나간다. 단단한 석회암, 편암, 편마암과 아주 얇은 흙이 북쪽 언덕 비탈의 포도밭을 구성하는 주요 토양이다.

기 후 덥고 건조하며 해가 잘 드는 지중해성 기후. 때때로 여름에 태풍이 분다.

품 종 레드 그르나슈 누아, 라도네 플뤼Lladoner Pelut, 카리냥, 무르베드르, 시라, 생소 / **화이트** 그르나슈 그리, 그르나슈 블랑, 마카베우, 베르멘티노, 투르바Tourbat(말부아지 뒤 루시용), 마르산, 루산

루시용은 1659년부터 프랑스왕국에 귀속되었지만, 루시용 주민들은 아직도 자신들을 프랑스에 살고 있는 카탈루냐 사람이라고 생각한다. 루시용 지방을 상징하는 노란색과 빨간색 줄무늬 깃발이 곳곳에 걸려있고, L을 겹쳐 쓰는 지방어는 프랑스어보다 스페인어에 더 가깝다.

루시용의 풍경은 더 극적이다. 피레네산맥 동쪽 끝, 거의 1년 내내 눈으로 덮여있는 카니구Canigou산 정상은 2,285m 밑에 있는 지중해를 향해 수직으로 떨어진다. 하지만 전체적으로 루시용은 북쪽에 있는 랑그독 서부의 코르비에르 바위산보다 덜 거칠고 부드럽다. 해 뜨는 날이 1년에 325일이나 될 정도로 일조량이 풍부한 덕분에 페르피냥Perpignan평원, 아글리Agly, 테트Têt, 그리고 테크Tech 계곡 바닥에는 들판과 과수원, 채소밭, 포도밭이 많다. 코르비에르산맥, 카니구산, 프랑스와 스페인을 가르는 알베레스산맥이 만들어낸 동향의 원형극장식 포도밭에도 햇살이 쏟아진다.

하지만 현재 루시용에서 가장 흥미로운 와인을 만드는 곳은 내륙지역인 아글리 밸리 위쪽의 모리Maury 부근이다. 검은 편암 포도밭에서 생산되는 드라이 레드와인은 풍미가 깊고 개성이 강하다. 하지만 전 세계 와인메이커들을 이곳으로 끌어들이는 일등공신은 바로 단단하고 장기보관 가능하며 광물향이 나는 드라이 화이트와인이다.

이곳에서 생산되는 와인은 대부분 테이블와인으로

많은 양이 유기농법이나 바이오다이나믹 농법으로 재배되며, 와인 스타일이나 블렌딩 비율이 매년 개선되고 있다. 그리고 내추럴와인을 추종하는 생산자들도 많다(p.35 참조). 하지만 일조량이 기록적으로 많고 부시바인의 생산량이 낮아 타닌이 거칠다는 잠재적 문제가 있다. 포도를 송이째 넣어 발효하고 파쇄기를 사용하지 않는 것으로 문제를 해결하고 있다.

기본 수준의 AOC인 **코트 뒤 루시용**Côtes du Roussillon은 여전히 대부분 올드 바인 카리냥으로 만들고 있다. 그르나슈, 생소, 시라, 무르베드르의 사용 역시 점점 늘어나는 추세다.

지도에 연두색으로 표시된 **코트 뒤 루시용-빌라주** Côtes du Roussillon-Villages(레드와인만 해당한다)는 더 적은 수확량과 강한 힘 덕분에 대담하고 긍정적이다. 레스케르드Lesquerde, 카라마니Caramany, 라투르-드-프랑스Latour-de-France, 토타벨Tautavel 마을에 루시용의 대표적인 와이너리가 있고, 코트 뒤 루시용-빌라주 AOC 뒤에 마을 이름을 붙일 수 있다. 레 자스프르Les Aspres는 다른 곳에 있는 마을이지만 눈여겨볼 만하다. 2017년 들어 아글리 밸리에서 생산되는 테이블와인에 **모리**라는 AOC가 부여되었다. 원래 모리는 오랫동안 뱅 두 나튀렐(아래 참조)과 관련된 아펠라시옹이었

뱅 두 나튀렐(Vins Doux Naturels, VDN)

프랑스의 포도 수확은 가장 먼저 루시용에서 시작된다. 프랑스에서 가장 건조하고 더운 평지 포도밭으로, 수확량이 적은 키 작은 부시바인에서 완전히 무르익은 그르나슈는 빠르면 8월 중순에 수확한다. 전통적으로 이 포도는 루시용의 유명한 뱅 두 나튀렐을 만드는 가장 기본적인 재료로 사용된다. 한때 식전주로 사랑받았던 뱅 두 나튀렐은 이름이 암시하는 것과는 달리 자연적인 스위트와인이 아니며, 다 발효되지 않은 포도즙에 알코올을 첨가해 와인이 되는 것을 막고 당도를 유지시킨 것이다. 원하는 당도와 강도에 따라 알코올 첨가시기를 정하는데, 양조과정에서 보통 포트와인보다 늦게 첨가한다.

오늘날 뱅 두 나튀렐은 루시용 와인 전체 생산량의 20%, 프랑스 전체 VDN의 90%를 차지한다. 루시용의 방대한 지역(랑그독 서부 일부 지역을 포함한다. p.141 참조)에서 생산되는 **리브잘트**(Rivesaltes)가 가장 인기가 많다. 주로 그르나슈 누아, 그르나슈 블랑, 그르나슈 그리로 만들며, 한때 노동자들이 술집에서 마시는 기본 음료였다. 20세기 중반 전성기에는 연간 7천만 병이 판매되었지만, 현재는 3천만 병도 안 된다. **뮈스카 드 리브잘트**(Muscat de Rivesaltes)는 최근 지정된 AOC로, 피레네-오리엔탈(Pyrénées-Orientales) 데파르트망의 고지대와 오드(Aude) 데파르트망 피투(Fitou)의 2개 지역(p.141 지도 참조)을 제외한 리브잘트 AOC와 동일한 지역에서 생산된다. **모리** AOC에서도 좋은 레드 뱅 두 나튀렐이 나온다. 하지만 유명 생산자 마 아미엘(Mas Amiel)마저 테이블와인에 관심을 기울이고 있다.

바뉼스(Banyuls)는 프랑스의 최상급 VDN이다. 프랑스 최남단 포도밭에서 나오는데, 생산량이 ha당 20hl 미만일 때도 있다. 갈색 편암 토양의 가파른 계단식 포도밭이 바다를 마주보며 거센 바닷바람을 맞고 있고, 그 아래로 스페인 북쪽 국경을 알리는 푯말이 있다. 주로 오래된 그르나슈 누아 부시바인으로 만드는데, 항상 나무 위에서 건포도처럼 쪼그라든다. 숙성기술과 그에 따른 와인의 색과 스타일이 포트와인보다 다양하다(p.214 참조). 봉본(bonbonne) 유리병에 담아 야외 햇볕 아래서 숙성시키기도 한다. 강한 랑시오(rancio)의 풍미를 가진 옅은색 와인은 다양한 크기의 오래된 나무통에서 비교적 따뜻한 상태로 오랜 시간 숙성해 만든다. 라벨에 리마주(Rimage)라고 표기된 와인은 빈티지 포트와인처럼 병 안에서 훨씬 느린 속도로 숙성한 것이다.

다. 꽤 많은 양의 레드와 화이트 와인이 **IGP 코트 카탈란**Côtes Catalanes으로 판매된다. 하지만 이국적인 맛을 가진 껍질색이 옅은 여러 품종으로 만든 드라이 화이트는 잊을 수 없는 매력을 자랑한다. 고비Gauby, 도멘 드 로리종de l'Horizon, 마타사Matassa, 록 데 장주Roc des Anges, 르 술라Le Soula, 도멘 트렐로아Treloar는 이곳에서도 퓔리니Puligny 못지않은 수려한 장기숙성용 와인을 만들 수 있다는 것을 보여준다. 이들은 세계시장의 유행을 따르기보다 자신들의 토양에서 나온, 향이 살아있는 와인을 만들어 비싸지 않은 가격으로 제공한다.

바뉼스Banyuls VDN과 같은 지역에서 생산되는 드라이 테이블와인의 이름은 아름다운 어촌 마을 **콜리우르**Collioure에서 왔다. 콜리우르는 전통적으로 예술가공동체와 안초비로 유명하다. 짙은 진홍색의 이 와인은 프랑스 와인이라기보다 스페인 와인에 가깝고, 알코올 함량이 높다. 주로 그르나슈를 사용하지만, 보조품종인 시라와 무르베드르도 점점 더 많이 사용하고 있다. 강한 콜리우르 화이트 역시 일반적으로 그르나슈 그리와 약간의 그르나슈 블랑으로 만든다.

루시용 페르피냥	▼
북위 / 고도(WS)	42.74° / 42m
생장기 평균 기온(WS)	19.8℃
연평균 강우량(WS)	558㎜
수확기 강우량(WS)	9월 : 38㎜
주요 재해	가뭄

검은색과 갈색의 가파른 편암 비탈은 상부토가 너무 얇아 침식이 계속되고 있다. 그래서 오래된 부시바인은 대부분 계단식으로 심었다.

프로방스 Provence

론강과 알프스산맥 사이에 있는 프로방스의 야생 언덕에서는 로제가 유행하기 전까지 와인이 그리 중요하지 않았다.

테루아 내륙은 지면 위아래가 모두 석회암이다. 해안가 근처는 편암이고, 프로방스 특유의 향기가 나는 가리그garrigue 지역은 토양이 특히 척박하다.

기 후 철저한 지중해성 기후. 일조량이 많고(연간 2,800시간) 가끔 가뭄이 든다. 내륙의 산들은 특히 저녁에 훨씬 서늘하다. 북쪽에서 불어오는 강풍 미스트랄이 포도밭의 열기를 식히고 습기를 없애준다.

품 종 레드 그르나슈 누아, 생소, 시라, 무르베드르, 티부랭Tibouren, 카리냥, 카베르네 소비뇽 / **화이트** 롤(베르멘티노), 위니 블랑, 클레레트, 세미용, 그르나슈 블랑, 부르불랑

프로방스에는 산업화된 대규모 포도밭이 없다. 하지만 와인양조의 역사는 그리스 시대에 시작되었고, 로마인은 놀라운 흔적들을 남겼다. 해안과 고지대 숲은 얇은 토양과 혹독한 기후로 벌크와인 생산에 부적절하다. 론강 서쪽의 랑그독이 프랑스인들이 매일 마시는 벌크와인을 공급할 때, 부슈-뒤-론Bouches-du-Rhône, 바르Var, 알프-마리팀Alpes-Maritimes 데파르트망은 들러리 신세였다. 거친 레드, 몇몇 촌스러운 화이트, 감동 없고 때로는 끈적거리는 로제와인이 전부였다.

하지만 관광객이 모든 것을 바꾸어 놓았다. 해변을 찾는 사람들, 요트를 타는 사람들, 유명인사들이 프로방스를 찾았다. 특히 유명인사들은 프로방스를 자신의 놀이터로 여겨 투자했고, 포도밭과 상쾌하고 맛있는 하우스와인도 잊지 않았다. 또 아름다운 시골 풍경과 라벤더, 타임, 소나무, 숲과 기후에 반해 정착한 야심차고 부유한 외지인들이 이곳의 와인문화를 바꾸었다. 흥미로운 레드와 화이트가 프로방스 전역에서 생산되지만, 오늘날 이곳의 와인산업을 주도하는 것은 색이 옅고 드라이한 로제와인이다. 특히 프로방스 로제가 유행하면서 2007년 수출량은 10년 전보다 6배나 증가했다. 이 연한 핑크빛 로제와인은 포장이 감각적이고 부드러우며 향이 잔잔하고 매우 드라이해 마늘과 올리브오일을 많이 사용하는 프로방스 요리에 잘 어울린다.

다행히 새로 정착한 외지인들 중 와인을 만들어본 경험자들이 있었다. 사샤 리신은 마고에 있는 부친의 와이너리를 처분하고, 세상에서 가장 비싼 로제와인을 만들겠다며 샤토 데스클랑d'Esclans을 인수했다. 비록 성공은 거뒀지만, 이제 사샤 리신의 가뤼스Garrus에게도 경쟁자들이 생겼다. 와인애호가들보다는 돈 있는 사람들을 위한 와인들이다. 하지만 사샤 리신의 위스퍼링 엔젤Whispering Angel과 비교하면 이들 와인의 판매는 아무것도 아니다. 위스퍼링 엔젤은 영리한 마케팅과 돈 많은 미국인들 덕분에 '햄튼즈 워터Hamptons water'라는 별명을 얻으며 큰 성공을 거뒀다.

지도를 보면 프로방스 와인이 왜 다양한 개성을 가졌는지 알 수 있다. 전통의 **코트 드 프로방스**Côtes de Provence AOC는 프랑스에서 가장 넓다. 마르세유 북부 외곽, 몽타뉴 생트빅투아르Montagne Ste-Victoire의 남쪽 석회암 비탈, 지중해 섬들, 그리고 예르Hyères, 르 라방두Le Lavandou, 생트로페St-Tropez 같은 편암 토양의 따뜻한 해안 휴양지, 북쪽의 서늘한 알프스 산기슭

샤토 시몬(Simone)의 루지에 가문은 **팔레트**(Palette) 마을에서 팔레트 위의 물감처럼 다양한 색을 가진(그래서 마을 이름이 팔레트일까?) 품종으로 놀라울 만큼 농도 짙은 레드, 화이트, 로제 와인을 200년 넘게 생산하고 있다. 샤토 크레마드(Crémade) 역시 유서 깊은 다양한 품종을 재배한다.

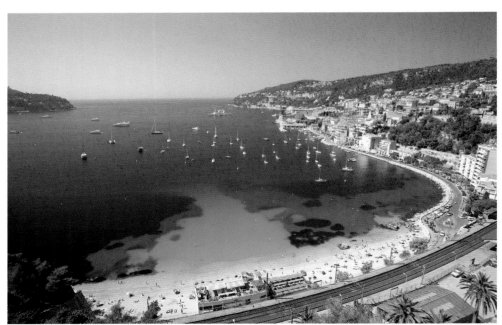

아름다운 니스 해변 뒤로 보이는 벨레(Bellet) 지역의 산에서 몇몇 와인농부들이 도시개발 물결에 맞서며, 폴 누아르(푸엘라)와 인기 있는 롤(베르멘티노) 등의 이탈리아 품종을 재배한다.

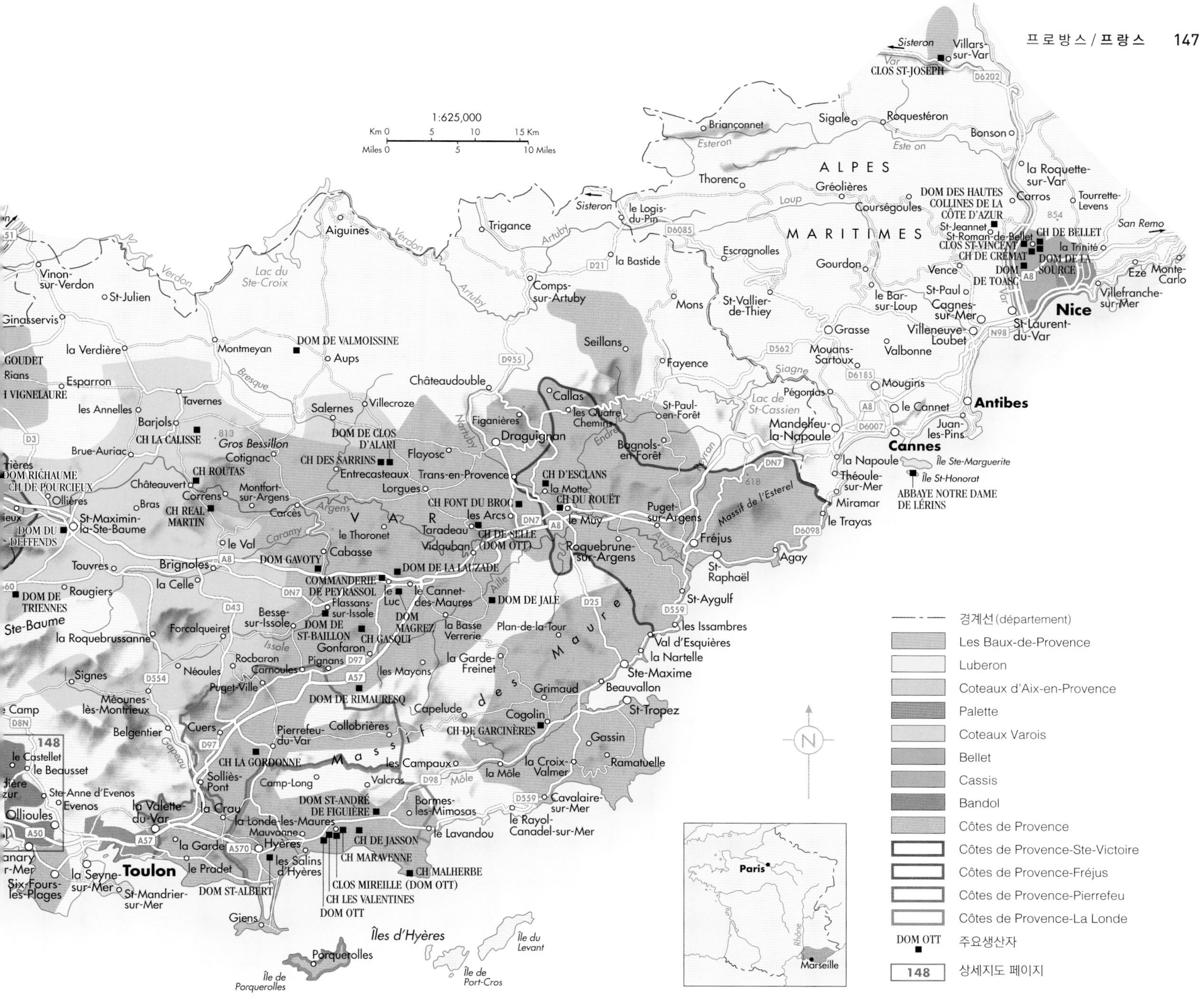

경계선(département)

- Les Baux-de-Provence
- Luberon
- Coteaux d'Aix-en-Provence
- Palette
- Coteaux Varois
- Bellet
- Cassis
- Bandol
- Côtes de Provence
- Côtes de Provence-Ste-Victoire
- Côtes de Provence-Fréjus
- Côtes de Provence-Pierrefeu
- Côtes de Provence-La Londe

DOM OTT   주요생산자

148   상세지도 페이지

휴양지 드라기냥Draguignan, 니스 북쪽의 빌라르Villars 주위 포도밭은 모두 코트 드 프로방스 AOC에 속한다.

서늘한 고지대인 **코토 바루아**Coteaux Varois의 외떨어진 석회암 지역은 남쪽에는 마시프 드 라 생트봄 Massifs de la Ste-Baume산맥이, 북쪽에는 베시용Bessillon 산이 있어 온화한 해양성 기후의 영향을 받지 않는다. 브리뇰Brignoles 북쪽의 숲이 우거진 언덕의 포도밭은 11월 초에야 수확이 가능하다. 하지만 해안쪽은 9월 초에 수확하며, 더 이를 때도 있다.

지도에서 포도밭이 없는 곳은 너무 고지대이거나 너무 추워 포도가 익지 않는 곳이다. 부르고뉴 네고시앙 루이 라투르가 옵스Aups 근처에 소유한 도멘 드 발무아신de Valmoissine은 코토 뒤 베르동Coteaux du Verdon IGP로 판매된다. 피노 누아로 와인을 만드는데, 얼마나 서늘한 곳인지 짐작할 수 있다.

서쪽의 **코토 덱상-프로방스**Coteaux d'Aix-en-Provence의 풍경은 평범한데, 와인도 그렇다. 단, 쿠누아즈와 카베르네 소비뇽으로 흥미로운 로제와인을 만든다. 이곳과 론강 사이는 **레 보드-프로방스**Les Baux-de-Provence AOC로, 산꼭대기의 유명 관광지에서 이름을 따왔다. 남쪽 비탈은 바다 덕에 따뜻하지만, 악명 높은 북풍 미스트랄의 공격도 받는다. 레 보드-프로방스는 특별히 유기농법이 원칙이다(이미 프로방스 포도밭의 1/5이 유기농법으로 재배된다). 맛 좋은 화이트와인은 주로 클레레트와 그르나슈 블랑으로 만들며, 롤(베르멘티노)도 인기를 얻고 있다.

프로방스는 오랫동안 이탈리아의 지배를 받았고(니스Nice는 1860년까지 이탈리아의 니차Nizza였다), 이탈리아와 프랑스 품종의 풍부한 유산을 물려받았다. 프로방스 북부 고지대와 비교적 서늘한 코토 바루아에서는 비오니에와 북부 론 품종인 시라가 잘 자란다. 카베르네 소비뇽은 한때 큰 사랑을 받았지만 과숙될 수 있어서, 지금은 코토 덱상-프로방스 북쪽에서만 환영받는다. 오래된 카리냥은 산미가 강해 더운 지역에서 블렌딩할 때 유용하지만, 현재 프로방스의 와인 관련기관은 카리냥 사용을 줄이고 이후 완전히 금지할 계획이다. 무르베드르는 남쪽에서만 제대로 익는데 그르나슈와 생소는(로제와인을 만드는 데 매우 유용하다) 어디서든 괜찮다. 풀내음이 특징인 티부랭은 국경 너머 이탈리아 리구리아에서 로세제 디 돌체아쿠아Rossese di Dolceacqua라 불리며, 해안에 심은 것이 특산품이다.

훌륭한 프로방스 레드와 화이트는 IGP로 판매된다. 레 보드-프로방스의 도멘 드 트레발롱de Trévallon은 이 지역에서 가장 훌륭한 레드와인 생산자다. 코트 드 프로방스 안에 외떨어진 생트빅투아르 AOC의 도멘 리솜Richeaume도 주목할 만하다. 마르세유 동쪽의 작은 항구 카시스Cassis에서는 펜넬향 나는 화이트와인에 주력하고 있다. 굴 요리나 부야베스에 곁들이기 좋다.

방돌 Bandol

소나무숲 사이로 계단식 포도밭이 남쪽을 보고 있다. 포도밭은 관광객이 많은 항구에서 멀리 떨어진 내륙에 있지만, 지중해의 시원한 바람은 잊지 않고 찾아온다. 방돌 와인에는 고립된 포도밭의 독특한 상황이 매우 잘 표현되어있다. 태양의 나라 지중해가 바다처럼 쏟아내는 코트 드 프로방스Côtes de Provence 와인에 비하면 방돌 와인의 생산량은 비교가 안 될 정도로 작지만, 프랑스 최고의 지중해 와인으로 인정받는다.

현재 방돌 와인의 70%가 로제이지만, 방돌은 지중해 풍미를 가득 담은 무르베드르로 만든 레드와인이 유명하다. 프랑스 AOC 중 무르베드르로 만드는 유일한 와인이고, 가끔 그르나슈와 생소를 블렌딩하기도 한다. 어느 품종이든 잘 익는 좋은 날씨와 가장 긴 생장기 덕분에 방돌 레드와인은 대부분 야생초향이 나고, 관능적일 정도로 잘 익은 풍미가 있다. 활기차고 힘이 넘쳐 비교적 어릴 때 즐길 수 있다. 현재 생산자들은 거의 시라처럼 상쾌한 스타일의 와인을 만들고 있지만, 최고의 생산자들은 여전히 타닌이 강하고 오래 보관할 수 있는 스타일을 선호하고 그런 스타일의 퀴베를 최소 하나 정도 만든다. 도멘 탕피에Tempier의 카바사우Cabassaou 퀴베가 대표적인데 르 카스틀레Le Castellet 마을 근처 원형극장식 포도밭에서 미스트랄로부터 보호를 받으며 자란, 1960년대에 심은 포도나무로만 만든다. 법적으로는 블렌딩할 때 방돌 와인의 대표 품종인 무르베드르가 최소 50% 들어가야 하지만, 날씨가 더 따뜻한 해에 몇몇 부지런한 생산자들은 100% 무르베드르로 만든 퀴베를 선보이기도 한다.

방돌 화이트와인

따뜻한 포도밭에서 자란 그르나슈는 알코올 도수가 지나치게 올라가지만, 북향 포도밭에서는 보통 그르나슈를 선택한다. 주로 생소를 사용한 드라이 로제는 지역 내에서 많이 소비되고, 무르베드르가 더 많이 들어간 로제는 오래 숙성시킬 수 있다(비교 불가인 도멘 탕피에의 로제와인은 수십 년 숙성시킬 수 있다). 소량 생산되는 방돌 화이트와인은 풀바디이며 꽃향이 싱그러운 클레레트, 부르불랑, 위니 블랑으로 만드는데, 안타깝게

도 제대로 평가받지 못하고 있다.

방돌은 작은 아펠라시옹이지만 테루아가 매우 다양하다. 라 카디에르 다쥐르La Cadière d'Azur(지도 중앙) 남쪽에 많은 적점토에서 생산되는 와인은 매우 풍부하고, 때로는 무겁게 느껴질 정도다. 생시르St-Cyr 북동쪽 백악질 평지와 거기서 동쪽에 있는 르 브릴라Le Brûlat 마을은 토양이 매우 중성적이어서 와인이 부드럽고 순하다. 가장 산미가 강한 방돌 와인은 석회암과 돌이 많은 최북동 지역에서 나온다. 반면 방돌에서 가장 오래된 토양인 르 보세Le Beausset 남쪽에서는 다양한 스타일의 와인이 생산된다. 고지대는 토양이 다른 곳보다 거칠고, 수확이 10월 중순까지 늦어진다. 샤토 드 피바르농de Pibarnon 근처 포도밭은 해발 300m이고, 그 위

해발 400m에는 도멘 드 라 베귀드de la Bégude 포도밭이 있다.

방돌은 강우량이 적어 프랑스에서 포도 수확량이 가장 적은 지역에 속한다(가뭄에 강한 클론 품종을 연구 중이다). 다행히 비가 오면 거의 언제나 매서운 미스트랄이 불어 곰팡이가 필 가능성도 날려 보낸다. 산미가 약한 무르베드르는 양조가 쉽지 않은 품종으로, 공기에 충분히 노출시키지 않으면 퇴비냄새가 난다. 하지만 방돌의 양조기술은 점차 정교해지고 있다. 무르베드르는 원래 오크통과 전혀 친하지 않지만, 방돌에서는 대부분 커다란 오크통에서 숙성시킨다.

경계선(département)
경계선(canton)
경계선[commune (parish)]
CH PRADEAUX 주요생산자
아펠라시옹 경계선
포도밭
숲
100 등고선간격 50m

1:100,000
Km 0   1   2   3 Km
Miles 0   1   2 Miles

코르시카 Corsica

야생의 섬 코르시카는 과거 이탈리아 땅이었고 현재는 프랑스 땅이다. 고유의 혼합문화가 곳곳에 살아있다.

테루아　섬 최북단과 동쪽은 편암 토양이며, 충적토와 모래도 있다. 파트리모니오Patrimonio와 최남단은 석회암 토양이고, 서쪽과 남쪽은 화강암 토양이다.

기 후　대륙성 기후인 프랑스 본토의 어느 곳보다 건조하고 일조량이 많다. 특히 여름이 건조해 섬에서 자라는 모든 것들이 농축된 풍미를 자랑한다.

품 종　레드 니엘루치우Niellucciu(산조베제), 시아카렐루Sciaccarellu(마몰로), 엘레간테Elegante(그르나슈) / **화이트** 베르멘티누Vermentinu, 비앙쿠 젠틸레Biancu Gentile, 뮈스카 블랑 아 프티 그랭

1960년대에 알제리가 프랑스에서 독립하자, 숙련된 포도재배자들(알제리 출신 프랑스인)은 말라리아가 창궐하던 코르시카섬 동쪽 해변에 정착했다. 1976년 코르시카 포도밭은 4배로 커졌고, 생산되는 와인은 거의 벌크와인이었다. 그 이후로 유럽에 와인을 쏟아붓던 코르시카의 역할이 줄고, EU와 프랑스 정부의 대대적인 지원으로 와이너리들은 최신 설비를 갖추고, 많은 생산자들이 프랑스 본토의 와인양조대학에서 교육을 받고 있다. 또 포도밭 면적이 많이 줄고, 품질 좋은 포도나무와 토착품종을 더 많이 심게 되었다. 코르시카에서 생산하는 가장 흥미로운 와인은 대부분 관광객들에게 비싼 값에 팔린다. 해외로 수출되는 코르시카 와인은 매력적인 이름의 기본적인 일 드 보테Ile de Beauté IGP로 제와인으로, 생산량의 절반이 섬 밖으로 나간다.

　가장 적합한 환경인 바위산에서 강건한 토착품종으로 만든, 훌륭한 와인으로 재탄생한 코르시카 와인이 점점 더 많이 생산되고 있다. 하지만 대부분의 포도밭이 바다가 보이는 곳에 있다. 섬 안쪽 산악지대는 바위가 너무 많아 포도를 재배하기 힘들기 때문이다.

　토스카나에서 산조베제라고 불리는 니엘루치우가 전체 포도밭의 1/3을 차지한다. 북쪽 **파트리모니오**Patrimonio 아펠라시옹의 주요 품종으로, 코르시카에서 수명이 가장 긴 최고의 와인을 만든다. 론 와인 느낌의 레드는 단단하고, 화이트는 균형이 잘 잡혀있다. 향이 풍부하고 품질 좋은 뮈스카 뱅 두 나튀렐(p.144 참조)도 만든다. 훨씬 부드러운 시아카렐루 품종은 토스카나에서는 마몰로라고 한다. 전체 포도밭의 약 15%를 차지하며, 가장 오래된 산지에서 주로 재배하는데 주도인 아작시오Ajaccio 부근 서쪽 해안의 화강암 토양, 프로프리아노Propriano 부근 칼비Calvi, 사르텐Sartène 지

역이다. 레드는 향신료향이 강하지만 부드러워 편하게 마실 수 있고, 로제는 알코올 도수가 높고 활기차다.

달거나 상큼하거나 짜거나

섬 북쪽에서는 베르멘티누를 '말부아지 드 코르스Malvoisie de Corse(코르시카의 말부아지)'라고 부르는데, 이 품종이나 뮈스카로 만든 스위트와인 역시 섬의 최북단에 길게 돌출된 캅 코르스의 특산품으로 매우 훌륭하다. 라푸Rappu는 강한 스위트 레드와인인데 로글리아노Rogliano 근처에서 알레아티쿠Aleaticu 품종으로 만든다. 코르시카 북단에서 생산되는 와인은 **코토 뒤 캅 코르스**Coteaux du Cap Corse AOC로 판매된다. 베르멘티누는 코르시카의 모든 AOC 화이트와인의 주요 품종으로, 상큼하고 드라이한 와인이 된다. 향이 강렬한 것부터 레몬향이 강하고 산미가 강한 것, 시간이 지나면서 짭조름해지는 것까지 풍미가 다양하다. 북서쪽의 **칼비**는 시아카렐루, 니엘루치우, 베르멘티누와 국제품종 몇 가지를 사용해 풀바디 테이블와인을 만든다. 남쪽의 **피가리**Figari와 **포르토-베키오**Porto-Vecchio

도 마찬가지다. 칼비는 건조한 지역이며 갈증해소에 도움이 안 되는 와인을 만들지만, 피가리와 사르텐에서는 과일향이 강하고 상큼한, 세련된 와인을 만든다. 평범한 **뱅 드 코르스**Vins de Corse는 보통 알레리아Aléria와 기조나차Ghisonaccia 동쪽 해안 평지에서 생산된다. 토착품종과 국제품종을 블렌딩한 저렴한 와인이다.

　재발견된 토착품종인 모레스코네Morescone, 카르카졸루Carcaghjolu, 카르카졸루 비앙쿠Carcaghjolu Biancu, 제노베제Genovese, 로술라 비앙카Rossula Bianca, 빈타주Vintaghju, 쿠알타치우Cualtacciu, 브루스티아누Brustianu, 그라차노Graciano라고도 하는 미누스텔루Minustellu 등은 훨씬 흥미롭다. 대부분 AOC에서 블렌딩은 소량만 허용되며, 토착품종으로 만든 최고급와인은 뱅 드 프랑스(p.52 참조)로 판매된다. 지금까지는 주로 해안 근처 포도밭에서 재배했지만 곧 고지대에서도 재배해서, 매우 흥미로운 와인으로 거듭날 것이다. 새로운 세대의 생산자들이 테루아의 장점을 최대한 끌어내려 애쓰고 있다. 매력적인 현지시장에서도 코르시카섬의 강한 향을 머금은 와인을 만나게 될 것이다.

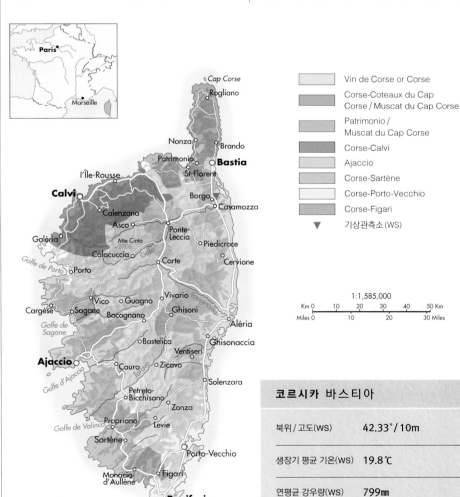

	Vin de Corse or Corse
	Corse-Coteaux du Cap Corse / Muscat du Cap Corse
	Patrimonio / Muscat du Cap Corse
	Corse-Calvi
	Ajaccio
	Corse-Sartène
	Corse-Porto-Vecchio
	Corse-Figari
▼	기상관측소(WS)

1:1,585,000

Km 0　10　20　30　40　50 Km
Miles 0　　10　　20　　30 Miles

코르시카 바스티아　▼

북위 / 고도(WS)	42.33°/10m
생장기 평균 기온(WS)	19.8℃
연평균 강우량(WS)	799㎜
수확기 강우량(WS)	9월 : 81㎜
주요 재해	가뭄

쥐라, 사부아, 뷔제 Jura, Savoie, and Bugey

부르고뉴 동쪽, 프랑스에서 알프스산맥이 시작되는 지역인 쥐라, 사부아, 뷔제는 전혀 다른 와인을 생산한다. 가장 먼저 세계적 명성을 얻은 와인은 쥐라다.

쥐라

테루아 당연히 쥐라기 석회암이 기반암이다. 무거운 점토와 다양한 비율의 이회토(점토질 석회암)가 남향과 남동향 비탈을 덮고 있다.

기 후 부르고뉴와 비슷하지만 더 서늘하고 습하다.

품 종 **화이트** 샤르도네, 사바냥Savagnin / **레드** 풀사르Poulsard, 피노 누아, 트루소Trousseau

쥐라의 포도밭은 프랑스에서 가장 외떨어진 언덕의 작은 숲과 초원에 흩어져있다. 19세기 말에 노균병과 필록세라 등 2가지 재앙이 발생하여 포도밭이 많이 줄었지만, 매우 독창적인 쥐라 와인은 최근 유기농와인과 내추럴와인으로 인정받으며 주목받고 있다. 쥐라의 AOC 아르부아Arbois, 샤토-샬롱Château-Chalon, 레투알l'Etoile, 그리고 전 지역을 포괄하는 **코트 뒤 쥐라Côtes du Jura**는 요리와 와인 매칭을 공부하는 학생들을 열광시키고 있다. 쥐라 지방은 초록이 무성하고, 바로 서쪽인 식도락의 고장 부르고뉴의 영향으로 식사 시간이 길다. 토양과 날씨도 부르고뉴와 비슷하다. 물론 쥐라는 다양한 지형이 섞여있고, 겨울 날씨는 훨씬 혹독하다. 코트 도르와 마찬가지로 쥐라의 좋은 포도밭들은 해가 잘 드는 남서향이나 남동향의 가파른 비탈에 있다. 쥐라기 석회암은 쥐라에서 처음 발견되었으며, 이름도 여기서 유래했다. 부르고뉴처럼 쥐라도 이 석회암의 혜택을 받지만, 무거운 점토와 여러 색깔의 이회토(점토질 석회암)가 더 흔하다. 파란색과 회색의 이회토는, 쥐라에서 가장 독특하며 결코 흔하지 않은 유명 와인 **뱅 존Vin Jaune**을 만드는 사바냥(트라미너)과 궁합이 잘 맞는다. 쥐라는 일부러 산화시킨 와인이 유명 특산품인 몇 안 되는 와인산지다. 뱅 존을 만들기 위해서는 최대한 익힌 사바냥을 수확해서 발효시킨 후, 오래된 부르고뉴 배럴에 와인을 다 채우지 않고 최소 6년 보관한다. 와인이 증발하면서 표면에 효모막이 생기는데, 스페인 헤레스 지방의 유명한 플로르flor보다는 얇다. 헤레스에서는 보데가의 기온이 높아 막이 더 두껍지만(p.203 참조), 맛은 피노fino 셰리와 비슷하다. 그 맛을 즐기기 위해서는 훈련된 미각이 필요하다는 사람도 있다. 뱅 존은 수십 년 보관할 수 있고, 마개를 열고 몇 시간 지나야 풍미가 열린다. 잘 숙성된 콩테 치즈나 토착 요리인 브레스 닭요리와 잘 어울린다.

샤토-샬롱 아펠라시옹은 매우 독특하고 잠재력이 뛰어난 뱅 존만 생산한다. 하지만 쥐라 전역에서 생산되는 뱅 존은 품질이 매우 다양하다. 샤토-샬롱에서는 더 어린 사바냥으로 양조하고, 효모막의 보호를 받으며 공기에 노출된 상태로 숙성되는데, 이곳에서는 수-부알sous-voile, 즉 베일 아래에서 숙성시킨다고 말한다. 그렇게 만든 와인은 사바냥 100%로 판매되거나, 보통 샤르도네와 블렌딩한다. 가끔 라벨에서 '수-부알' 혹은 '티페typé(전통방식)'라는 용어를 볼 수 있다. 하지만 더 자주 볼 수 있는 것은 수-부알의 반대인 '우예ouillé(채워지다)'이다. 산화를 막기 위해 와인을 배럴에 채우는 것을 말하는데, 다시 말해 현대적인 와인, 부르고뉴 스타일 와인이라는 뜻이다.

샤르도네는 가장 많이 재배하는 화이트품종이며, 특히 남쪽에서 흔히 볼 수 있다. 몇몇 와인시장에서는 부르고뉴 화이트의 대체 와인으로 자리매김했다.

가장 흔한 레드품종은 향이 좋은 풀사르다. 플루사르Ploussard라고도 하는데, 아르부아의 하위 아펠라시옹인 퓌피양Pupillin에서 많이 심는다. 가볍고 장미향이 나는 연한 토마토주스 색깔의 와인이다. 풀사르는 자연적으로 환원력이 강한 품종이라, 산화방지를 위한 이산화황 첨가를 반대하는 와인메이커들에게 인기가 높다. 트루소는 색이 더 짙고 드문 품종으로, 주로 **아르부아** 근처에서 볼 수 있다. 후추향과 바이올렛 꽃향이 특징인 쥐라 토착품종이다. 쥐라 와인이 유행하면서 캘리포니아와 오리건 주처럼 먼 곳에서도 재배된다. 피노 누아 역시 풀사르만큼 많이 재배하는데, 스틸 레드뿐 아니라 크레망과 식전주 막뱅Macvin을 만드는 데도 쓰인다. 샤토-샬롱 정서쪽인 아를레Arlay 주변과 롱-르-소니에Lons-le-Saunier 남쪽에서(p.151 지도 참조) 가장 잘 자란다. 코트 뒤 쥐라 남부에서는 뱅 존을 포함해 주로 화이트와인을 생산한다. 작은 아펠라시옹

산과 산 사이

프랑스 중부에서 가장 동쪽에 있는 와인산지 3곳은 알프스산맥 또는 쥐라기 언덕들과 인접해있다. 코트 도르 바로 동쪽인 쥐라에서는 포도나무와 소떼, 과일나무가 높낮이가 심한 목초지를 함께 쓰고 있다.

사부아의 포도나무는 구릉지 언덕과 산 아래 비탈에 매달려 자란다. 언덕과 산 사이에 뷔제라는 또 다른 와인산지가 있다. 포도밭이 여기저기 흩어져있고, 론강과 북쪽의 앵(Ain)강이 경계를 짓고 있다.

- —·— 국경선
- —— Burgundy
- —— Jura
- —— Bugey
- —— Savoie

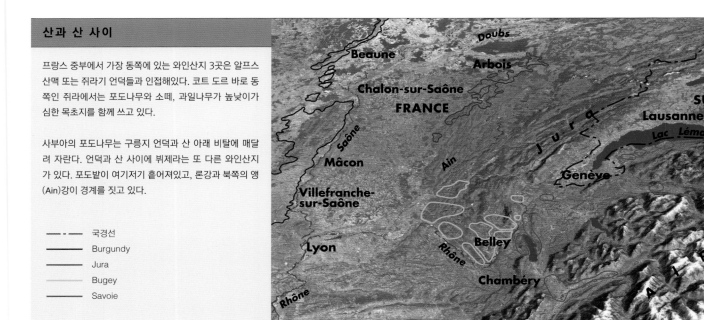

Data source : PlanetObserver

샹베리(Chambéry) 바로 남쪽에서 아빔(Abymes)까지 이어지는 사부아 지방의 와인로드는 여행객의 눈은 물론 입까지 만족시켜준다. 남향 포도밭은 몽 그라니에 산기슭에서 생탕드레 호수를 끼고 있다.

인 **레투알**은 별모양의 해양화석 때문에 붙여진 이름으로, 화이트와인만 레투알 AOC에 해당한다.

쥐라에서는 늘 좋은 스파클링와인이 나온다. 주로 샤르도네를 전통방식으로 양조한 **크레망 뒤 쥐라**Crémant du Jura는 쥐라 전체 와인 생산량의 1/4 이상인데, 가격 대비 품질이 좋다. 최근에는 펫-낫Pét-Nat, 즉 페티양 나튀렐pétillant naturel이 인기다. 가볍고 달콤하며 기포가 많지 않은, 이른바 '옛 방식'으로 양조한 세미스파클링 와인이다. 매끈한 뱅 드 파유vin de paille 역시 쥐라 전역에서 생산된다. 샤르도네, 사바냥, 풀사르를 일찍 수확해 통풍이 잘 되는 창고에서 1월까지 밀짚 위에 널어 말린다. 이 건포도를 발효시켜(알코올 함량이 최소 14%여야 한다) 오래된 배럴에서 2~3년 숙성시킨다. 귀한 뱅 드 파유도 뱅 존처럼 오래 보관할 수 있다. 마지막으로 소개할 쥐라의 특산와인은 **막뱅 뒤 쥐라**Macvin du Jura이다. 향이 독특한 포도즙과 포도 증류주를 섞은 것으로, 쥐라에서는 식전주로 마신다.

사부아

프랑스 산악지방 사부아의 상쾌한 와인이 농가에서 만든 가벼운 프랑스 와인을 좋아하는 사람들의 관심을 끌고 있다. 포도밭의 면적은 작지만 늘고 있다. 와인산지는 서로 떨어져있으며, 개별 포도밭도 넓게 흩어져있다. 높은 산 때문이기도 하지만 필록세라, 노균병, 제1차세계대전 등으로 원래의 포도밭은 대부분 버려지거나 교배종으로 대체되었다. 사부아 와인은 여러 하위 아펠라시옹과 토착품종이 섞여서 매우 다양하지만, 대부분 기본 AOC인 **사부아**나 **뱅 드 사부아**로 시판되고 있어 외지인들은 의아해한다.

사부아 와인 한 병을 집으면 화이트와인일 확률이 레드나 로제보다 2배 정도 높다. 그리고 풍미는 사부아 지방의 공기, 호수, 개울처럼 가볍고 깔끔하며 상쾌할 확률이 깊고 무거울 확률보다 10배 정도 높다. 재배기술 개선과 낮은 수확량, 기후변화로 인해 다른 곳에는 없는, 토착품종으로 만든 광물성의 화이트와인과 우울한 레드와인이 조금씩 강렬해지고 있다. 사부아에서 가장 중요한 포도품종은 껍질색이 진한 몽되즈Mondeuse로, 후추향이 나며 때로 오크통 숙성을 한다. 알코올 함량은 낮은 편이지만(하지만 밋밋하지 않다), 풍미가 좋고 상쾌하며 즙이 많다. 몽되즈는 과거에 이스트리아Istria 반도에서 자라는 레포스코Refosco 품종과 혼동되기도 했다(풍미와 공격적이지 않은 타닌이 유사하다). 멸종 직전의 페르상Persan이 최근 부활했는데, 서양자두즙의 풍미와 타닌이 강한 활기찬 와인이 된다.

화이트와인은 거의 대부분 사부아 AOC로 판매된

쥐라의 중심부
일반 코트 뒤 쥐라 아펠라시옹은 보포르(Beaufort) 남쪽 아래까지 해당하지만, 그곳에는 포도밭이 거의 없다.

아르부아 주위에 포도밭이 집중되어있다. 남쪽으로 내려갈수록 완만한 초록빛 언덕들과 아름다운 마을들 사이에서 포도밭을 만나기 어려워진다.

DOM MACLE ■ 주요생산자
— Arbois
— Château-Chalon
— l'Étoile
— Côtes du Jura
포도밭
숲
400 등고선간격 50m

Key to producers
1 DOM A & M TISSOT
 DOM JEAN-LOUIS TISSOT
 FRÉDÉRIC LORNET
 DOM DU PÉLICAN
 MICHEL GAHIER
2 DOM DE LA TOURNELLE
 DOM DE L'OCTAVIN
 DOM ROLET
 DOM RATTE
 FRUITIÈRE VINICOLE D'ARBOIS
3 DOM BERTHET-BONDET
 DOM MACLE

1:310,000
Km 0   5   10 Km
Miles 0   5   10 Miles

다. 자케르Jacquère 품종을 많이 심고, 가볍고 드라이한 고산지대 특유의 와인을 만든다. 스파클링인 **크레망 드 사부아**Crémant de Savoie AOC는 2014년에 지정되었고, 역시 대부분 자케르로 만든다.

사부아의 16개 하위 아펠라시옹은 사부아 뒤에 자신의 이름을 붙일 수 있다(크뤼라는 용어는 공식적으로 금지되어있다). 물론 기본 사부아 AOC보다 엄격한 각 하위 아펠라시옹의 규정을 만족시켜야 한다. 예를 들어 레만호 남쪽 호숫가의 리파유Ripaille, 마랭Marin, 마리냥Marignan, 크레피Crépy는 마을 이름을 라벨에 넣으려면 이웃나라 스위스가 사랑하는 샤슬라 품종만 써야 한다. 여기서 남쪽으로 아르브Arve 밸리의 에즈Ayze에서는 희귀한 그랭제Gringet 품종으로 스틸과 스파클링 화이트와인을 만든다. 단 두 생산자가 만드는데, 그중 하나가 인기 높은 도멘 벨뤼아르Belluard이다.

벨가르드Bellegarde 남동쪽 외딴 마을 프랑지Frangy는 루세트Roussette라고도 불리는 토착품종 알테스Altesse로 개성 강한 장기숙성용 화이트와인을 만든다. 루세트는 우수성을 인정받아 **루세트 드 사부아**Roussette de Savoie라는 특별한 AOC를 부여받았다. 특정 조건들이 만족되면, 루세트로 만든 사부아 와인은 무엇이든 루세트 드 사부아 AOC로 표기할 수 있다(루세트 드 사부아만 생산할 수 있는 4개 하위 아펠라시옹이 지도에 자주색으로 표시되어있다).

프랑지 남쪽의 **세셀**Seyssel은 독자적인 아펠라시옹을 가진다. 과거에는 토착품종 몰레트Molette로 만든 깃털처럼 가벼운 스파클링와인으로 유명했지만, 지금은 알테스가 기본인 스틸와인이 주를 이룬다. 세셀 남쪽의 쇼타뉴Chautagne는 알이 작은 가메로 만든 레드와인이 유명한데, 안타깝게도 현재 포도밭이 많이 줄었다. 부르제Bourget호수 서쪽 종지유Jongieux에서는 레드와인을 생산하지만, 라벨에 단순히 '종지유'라고 표기된 와인은 자케르만으로 만든 화이트와인이다. 하지만 종지유에서 가장 존중받는 품종은, 이곳에서 유래했다고 추정되는 알테스이다. 마레스텔Marestel 비탈의 포도밭에서 특히 잘 자라는데, 루세트 드 사부아를 붙일 수 있다.

사부아에서 포도밭이 가장 넓은 곳은 샹베리 남쪽이다. 샤르트뢰즈산맥의 끝자락 그라니에산 하단 비탈에 남향과 남동향 포도밭이 있다. 이곳은 인기 있는 하위 아펠라시옹 아프르몽Apremont과 아빔Abymes이 있는데, 둘 다 자케르 품종의 본거지다. 이제르강을 따라 올라가면 콩브 드 사부아Combe de Savoie에 마을 이름이 붙은 하위 아펠라시옹이 모여있는데, 이곳에는 레드품종을 비롯해 자케르와 약간의 알테스 등 사부아 지방의 모든 품종이 있다.

이 하위 아펠라시옹 중 시냥Chignin에서 사부아 대표 와인 중 하나를 만든다. 시냥-베르주롱Chignin-Bergeron 인데, 오로지 론의 화이트품종인 루산으로만 만든다 (루산과 루세트는 서로 관련은 없지만 둘 다 포도껍질이 적갈색이다). 가장 가파른 비탈에서 만드는 시냥-베르

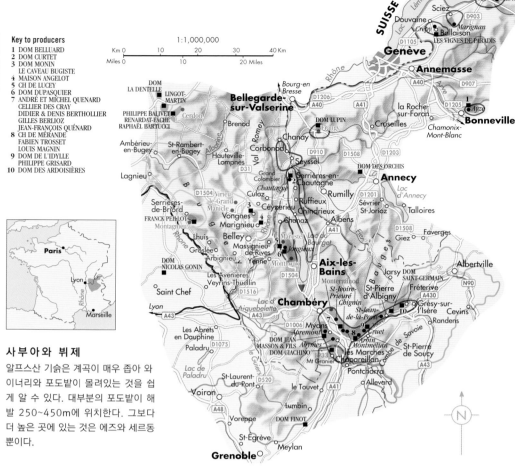

Key to producers
1 DOM BELLUARD
2 DOM CURTET
3 DOM MONIN
  LE CAVEAU BUGISTE
4 MAISON ANGELOT
5 CH DE LUCEY
6 DOM DUPASQUIER
7 ANDRÉ ET MICHEL QUENARD
  CELLIER DES CRAY
  DIDIER & DENIS BERTHOLLIER
  GILLES BERLIOZ
  JEAN-FRANÇOIS QUÉNARD
8 CH DE MÉRANDE
  FABIEN TROSSET
  LOUIS MAGNIN
9 DOM DE L'IDYLLE
  PHILIPPE GRISARD
10 DOM DES ARDOISIÈRES

1:1,000,000
Km 0   10   20   30   40 Km
Miles 0   10   20 Miles

사부아와 뷔제

알프스산 기슭은 계곡이 매우 좁아 와이너리와 포도밭이 몰려있는 것을 쉽게 알 수 있다. 대부분의 포도밭이 해발 250~450m에 위치한다. 그보다 더 높은 곳에 있는 것은 에즈와 세르동 뿐이다.

범례

기호	설명
— · —	국경선
— · —	경계선 (département)
AOP / AOC	
———	Vin de Savoie / Savoie
———	Seyssel
———	Bugey
IGP / 뱅 드 페이	
———	Vin des Allobroges
———	Isère Balmes Dauphinoises
———	Isère Coteaux du Grésivaudan
● *Arbin*	사부아 하위 아펠라시옹
● *Frangy*	루세트 드 사부아 하위 아펠라시옹
● *Manicle*	뷔제 하위 아펠라시옹
■ LOUIS MAGNIN	주요생산자
▨	와인산지
▼	기상관측소(WS)

사부아 샹베리 ▼

항목	값
북위 / 고도(WS)	45.64° / 235m
생장기 평균 기온(WS)	16.4℃
연평균 강우량(WS)	1,221mm
수확기 강우량(WS)	9월 : 112mm
주요 재해	우박 및 생장기의 높은 습도
주요 품종	레드 가메, 몽되즈, 페르상 화이트 자케르, 알테스(루세트), 루산, 샤슬라

주롱은 힘 있고 향이 강하며, 허브향이 나는 화이트와인이다. 콩브 드 사부아 지역, 특히 샹베리 남동쪽 아르뱅Arbin 마을은 아주 잘 익은 몽되즈로 만든 레드가 좋다. 페르상 역시 여기서 잠재력이 뛰어나다.

이제르Isère 데파르트망의 그레지보당Gresivaudan은 샤르트뢰즈산맥 기슭 사부아의 남쪽 연장선상에 있고, 샤르트뢰즈산맥 너머 밤 도피누아즈Balmes Dauphinoises는 론강 남쪽에 있는 뷔제의 연장선상에 있다.

뷔제

뷔제와 **루세트 뒤 뷔제**Roussette du Bugey는 2009년 AOC를 획득했다. 『미각의 생리학(The Physiology of taste)』을 쓴 브리야-사바랭Brillat-Savarin의 고향이 뷔제다(그도 자신의 고향이 인정받은 것에 기뻐했을 것이다). 이 지역은 스파클링와인이 주를 이룬다. 세르동Cerdon이 가장 유명한데, '옛 방식'으로 만든, 가볍고 하얀 거품이 나는 미디엄스위트 로제와인이다. 가메로 만들며, 해발 488m의 매우 가파른 남향 비탈에서 재배된다. 샤르도네는 전통방식의 스파클링와인과 스틸 화이트와인에 쓰인다. 루세트 뒤 뷔제에 들어가는 알테스가 특히 유망하다. 레드와인의 베이스는 가메지만, 몽되즈와 피노 누아도 많이 쓰인다. 여러 작은 하위 아펠라시옹은 사부아처럼 지역(레지오날) 아펠라시옹에 마을 이름을 붙일 수 있다.

이탈리아 ITALY

코넬리아노 마을 근처 포도밭은 작지만 경치가 매우 아름답다. 드넓은 이탈리아 북동부 지역에서는 이제 공식적으로 프로세코를 생산할 수 있다.

이탈리아 ITALY

이탈리아처럼 세련되게 창조적인 나라가 있을까? 또 이탈리아처럼 통치하기 어려운 나라가 있을까? 이탈리아는 세계에서 가장 개성 강한 와인 스타일, 독특한 테루아와 토착품종을 갖고 있다. 최고급 이탈리아 와인은 모두 활기차고, 독창적이며, 맛있고, 고유의 분위기가 있다.

식민지시대에 그리스인들은 이탈리아를 오이노트리아Oenotria, 즉 '와인의 땅'이라고 불렀다(정확하게는 말뚝을 세워 고정한 포도나무를 뜻한다. 본격적인 포도농사를 했다는 증거다). 지도를 보면 이탈리아에는 크든 작든 와인산지가 아닌 지역이 거의 없다는 것을 알 수 있다. 이탈리아보다 와인을 많이 생산하는 나라는 프랑스밖에 없으며, 그것도 항상 그런 것은 아니다. 하지만 프랑스와 달리 이탈리아는 한 번도 중앙 정부를 제대로 받아들인 적이 없다. 지도에 표시된 20개 지역은 각각 고유의 문화와 전통, 그리고 와인 개성(wine personality)을 갖고 있다.

이탈리아는 지리적으로 좋은 와인을 다양하게 생산할 수 있는 필수 조건, 즉 비탈, 일조량, 온화한 기후를 모두 갖췄다. 이탈리아의 지형은 매우 독특한데, 보호막이 되어주는 알프스에서 시작된 산맥이 이탈리아의 등줄기를 타고 거의 북아프리카까지 내려간다. 이는 고도, 위도, 방향이 바람직하게 어우러지는 거의 모든 조합이 존재한다는 의미다(기후변화에 잘 대응할 수 있는 이점이기도 하다). 토양은 상당 부분이 화산 토양이며, 석회암도 많고 자갈 섞인 점토도 풍부하다. 그래서 이렇게 다양한 이탈리아를 일반화하는 것은 무의미하다. 이탈리아에 없는 것이 있다면 단 하나, 질서이다. 이탈리아 와인의 라벨은 여전히 수수께끼로 남아 있다. 이탈리아는 와인천국이며 이미 우리에게 많은 것을 선물하고 있지만, 이에 그치지 않고 다른 어떤 곳과도 비교할 수 없는 풍부한 토착품종 유산을 열정적으로 끊임없이 연구하며 진화하고 있다. 20세기 말에 국제품종을 추종하던 경향은 급속히 사라졌다.

이탈리아의 와인 관련 규정

1960년대부터 이탈리아 정부는 프랑스의 원산지통제명칭법(AOC)에 대응하는 법을 제정하는 기념비적 작업에 착수했다. DOC(통제원산지명칭법)은 지리적 경계(너무 넓게 정한 곳이 많다), 허용 최대수확량(역시 너무 후하다), 허용 포도품종, 양조방식을 규정했다. DOC의 상위 형태로 규정이 더 까다로운 DOCG(원산지 통제를 넘어 보증하는 분류체계)가 제정되었고, 1980년대부터 점진적으로 적용되었다. 2015년 통계자료에 따르면(이탈리아에서는 통계가 빨리 나오지 않는다), 이탈리아에는 332개 DOC와 73개 DOCG가 있다. 이 책의 지도제작 전문가들은 수수께끼 같은 DOC와 DOCG의 경계선을 추적하기 위해 전력을 다했다.

1992년 등급 전체를 더 엄격하게 재편하는 법이 통과됐다. 허용 최대수확량 등은 DOCG부터 DOC, 그리고 IGT(지역특성표시)까지 점차 줄어들었다. IGP처럼 IGT(둘이 너무 비슷해 혼란스럽다)는 지역명과 품종명, 그리고 결정적으로 빈티지를 표시할 수 있다. 빈티지는 비노 다 타볼라Vino da Tavola 같은 기본 등급에서는 표시가 금지되었다. 비노 다 타볼라는 현재 비노 디 탈리아Vino d'Italia라 불리며 공식 시음위원들에게는 너무 이단적인 와인을 만드는, 실험정신 강한 와인메이커들은 이 비노 디탈리아 등급을 자주 이용한다.

120개의 IGT는 이탈리아의 지역명을 가장 많이 쓰는데, IGT가 라벨에 점점 더 크게 표시되면서 많은 지역명(예를 들어 움브리아, 토스카나) DOC명보다 시장에서 반향이 더 크기 때문이다. 그 후 지역 IGT 중 시칠리아를 비롯해 몇몇이 DOC로 승급했다.

카베르네 소비뇽은 19세기 초 이탈리아에 처음 들어왔고, 샤르도네는 20세기 말 메를로나 시라 같은 인기 있는 국제품종이 이탈리아를 공략할 때 선두에 섰

이탈리아 와인산지

이 지도는 이탈리아의 각 지역이 어디에 있는지 이해하고 앞으로 나올 상세지도를 보기 위한 열쇠가 되어줄 것이다. 이탈리아를 북서부, 북동부, 중부 그리고 남부로 분할해서, 현재 가장 중요한 DOC와 DOCG를 4페이지에 걸쳐 소개했다. 이 밖에 높은 품질의 와인을 생산하는 중요한 지역들은 따로 상세지도를 실었다.

—·—·—	국경선
—·—·—	경계선(regione)
▨	와인산지
▨	해발 600m 이상 지역
157	상세지도 페이지

마네티 가문은 원래 테라코타 항아리 사업을 했는데, 1968년 키안티 클라시코의 판자노 마을에 있는 폰토디(Fontodi) 와이너리를 매입하면서 사업을 다각화했다. 와인메이커들의 요청에 따라 현재 테라코타 항아리 사업을 재개했다.

다. 하지만 세계 시장은 이미 국제품종으로 포화 상태였고, 무수히 많은 이탈리아 토착품종들이 늦은 감은 있지만 재평가받기 시작했다. 화이트와인은 피아노Fiano, 그레코Greco, 말바지아Malvasia, 노지올라Nosiola, 페코리노Pecorino, 리볼라 지알라Ribolla Gialla, 특히 베르멘티노Vermentino, 레드와인은 알리아니코Aglianico, 체사네제Cesanese, 갈리오포Gaglioppo, 라그레인Lagrein, 마르체미노Marzemino, 네그로아마로Negroamaro, 네렐로 마스칼레제Nerello Mascalese, 네로 다볼라Nero d'Avola, 페리코네Perricone, 프리미티보Primitivo, 테롤데고Teroldego가 이미 원산지 밖에서 명성을 쌓고 있다. 다른 품종도 뒤따를 것이다.

화이트와인도 좋다!

이탈리아 최고의 와인이 모두 레드였던 시절도 있었지만 그 시절은 끝났다. 1960년대에 이탈리아는 '현대적인'(상쾌하고 상큼한) 화이트와인을 양조하는 방법을 익혔다. 1980년대에는 현대화로 잃어버린 개성을 되찾기 시작했고, 1990년대 말 마침내 성공했다. 소아베Soave, 베르디키오Verdicchio, 트렌티노-알토 아디제Trentino-Alto Adige, 그리고 프리울리Friuli 지역의 다양한 화이트 품종와인 외에도 이제 복합적인 풍미의 다양한 이탈리아 화이트와인을 만날 수 있다. 또한 프리울리의 와인메이커 그라브너Gravner가 시작해서 지금은 다른 곳에서도 따르는, 복고적이고 '내추럴'한 이탈리아 화이트와인 양조 붐의 영향으로, 화이트와인을 만들 때도 발효조에 껍질을 그대로 두는 와이너리가 점점 늘고 있다.

지난 40년 동안 이탈리아에서 높이 평가받는 와인들은 진화를 거듭했다. 지난 세기말 몇몇 와인가이드는 너무 막강한 힘을 가지고 있었고, 국제적 스타일의 힘 있는 와인이 높게 평가받았다. 세계를 누비며 활동하는 일부 소수의 양조 컨설턴트들이 선호했던 와인 스타일이었다. 하지만 와인가이드와 컨설턴트의 뻔한 영향력은 이제 힘을 잃었고 개성, 고유한 테루아의 표현, 전형적인 이탈리아 와인의 강한 산미와 타닌, 오래된 품종과 기술이 중요시되고 있다.

요즘은 다른 종류의 컨설턴트들이 각광받고 있다. 유기농법과 바이오다이나믹 농법을 이해하는 농학자들이 그들이다. 대표적인 농학자 루게로 마칠리는 바롤로 지방의 카누비Cannubi 크뤼 전체를 유기농 포도밭으로 변모시켰다. 포도밭과 셀러에서 아버지보다 할아버지가 일하던 방식을 따르는 경향이 일반화되면서, 텐도네tendone나 퍼걸러pergola 방식 같은 전통적인 재배기술로 점점 뜨거워지는 이탈리아의 여름 햇빛에서 포도나무를 보호하고 있다. 알베렐로Alberello 부시바인 역시 재평가되고 있다.

이탈리아 포도나무와 와인은 다시 한 번 이탈리아라는 사실로 환영받고 있다.

라벨로 배우는 와인 용어

BRUNELLO di MONTALCINO
DENOMINAZIONE DI ORIGINE CONTROLLATA E GARANTITA
2012

LA MAGIA
Prodotto integralmente e imbottigliato all'origine da
Az. Agr. La Magia di Fabian Schwarz - Montalcino - Italia
PRODOTTO IN ITALIA

750 ml ℮   14,5% vol

CONTIENE SOLFITI · CONTAINS SULPHITES · ENTHÄLT SULFITE
BEVAT SULFIETEN · INNEHÅLLER SULFITER · SISÄLTÄÄ SULFIITTEJA

품질 표시

Denominazione di Origine Controllata e Garantita (DOCG) 이탈리아 최고 와인 등급(또는 유능한 로비스트들의 후원을 받은 와인)

Denominazione di Origine Controllata (DOC) 프랑스의 AOP / AOC에 해당하는 이탈리아의 이전 원산지 통제명칭법(p.52 참조). DOCG가 포함된 EU의 DOP(Denominazione di Origine Protetta)와 같다

Indicazione Geografica Protetta (IGP) EU 명칭. **IGT (Indicazione Geografica Tipica)**를 대체 중이다

Vino / Vino d'Italia / Vino Rosso · Bianco · Rosato (색에 따라 다르다) 기본 EU 명칭. 비노 다 타볼라를 대체 중이다

기타 용어

Abboccato(아보카토) 살짝 달콤한 와인
Alberello(알베렐로) 부시바인
Amabile(아마빌레) 세미스위트
Annata(안나타) 수확연도
Appassimento(아파시멘토) 말린 포도를 발효시켜 스위트 또는 드라이 와인을 만드는 방식. 발폴리첼라(Valpolicella)의 아마로네, 발텔리나(Valtellina)의 스푸르차트(Sfurzat)가 대표적이다
Azienda agricola(아치엔다 아그리콜라) 아치엔다 비니콜라와는 달리 포도나 와인을 구매하지 않는 와이너리
Bianco(비앙코) 화이트와인
Cantina(칸티나) 셀러 또는 와이너리
Cantina sociale(칸티나 소치알레), **cantina cooperativa**(칸티나 코페라티바) 와인생산자 협동조합
Casa vinicola(카사 비니콜라) 와인회사, 병입자
Chiaretto(키아레토) 색이 연한 레드 또는 로제 와인
Classico(클라시코) 확장된 지역이 아닌 원래 와인지역
Colle(콜레) / **Colli**(콜리) 언덕
Consorzio(콘소르치오) 생산자협회
Dolce(돌체) 스위트 / **Fattoria**(파토리아) 와인 농가
Frizzante(프리잔테) 약발포성 와인, 세미스파클링와인

Gradi alcool(그라디 알콜) 백분율로 표시한 알코올 도수
Imbottigliato all'origine(임보틸리아토 알로리진) 와이너리에서 병입
Liquoroso(리쿠오로소) 주정강화와인
Metodo classico(메토도 클라시코), **metodo tradizionale**(메토도 트라디치오날레) 병입 발효한 스파클링와인
Passito(파시토) 말린 포도로 만든 강한 스위트와인.
Podere(포데레) 소규모 농장. 파토리아보다 작다.
Recioto(레치오토) 반건조 포도로 만든 베네토 특산품
Riserva(리제르바) 오래 숙성시킨 특별한 와인
Rosato(로자토) 로제 / **Rosso**(로소) 레드
Secco(세코) 드라이 / **Spumante**(스푸만테) 스파클링
Superiore(수페리오레) 일반 DOC 와인보다 더 오래 숙성하고 알코올 도수가 0.5~1% 더 높은 와인
Tenuta(테누타) 싱글 와이너리
Vendemmia(벤뎀미아) 빈티지
Vendemmia tardiva(벤뎀미아 타르디바) 늦수확
Vigna(비냐), **vigneto**(비녜토) 포도밭
Vignaiolo(비냐이올로), **viticoltore**(비티콜토레) 포도재배자
Vino(비노) 와인

이탈리아 북서부 Northwest Italy

해외 와인애호가들에게 북서부 이탈리아는 곧 피에몬테를 의미한다. 하지만 알바와 아스티(p.157의 랑게와 몬페라토 상세지도 참조) 주위의 언덕 외에도 이 알프스 산기슭에는 훌륭한 포도밭이 많다.

테루아 경사면, 때로는 깎아지른 듯 가파른 곳에 포도밭이 있다. 지도상 북쪽으로 갈수록 포도를 많이 재배하고, 포도밭이 남쪽을 향한다.

기후 내륙, 특히 고지대. 꽃이 늦게 피는 품종은 가을 전에 잘 익지 않는다. 여름은 매우 덥다.

품종 레드 바르베라Barbera, 네비올로Nebbiolo, 돌체토, 로세제Rossese / 화이트 모스카토 비앙코, 코르테제Cortese, 아르네이스Arneis, 베르멘티노

북서부에서 가장 중요하며 바롤로와 바르바레스코의 대표 품종인 네비올로는 여러 곳, 특히 노바라와 베르첼리(쌀로 유명하다)의 언덕에서 좋은 결과를 내고 있다. 이곳에서는 스판나Spanna라고 불리며 알토 피에몬테의 10개 이상 DOC의 각기 다른 토양에서 재배되는데, 모든 지역이 알프스 산기슭의 기후와 남향의 혜택을 받고 있다. 또한 화산 폭발로 생긴 반암과 빙하토는 배수가 빠르고 랑게의 토양보다 산성이어서, 사실상 모든 것은 재배자와 보나르다Bonarda, 크로아티나Croatina, 베스폴리나Vespolina 포도를 섞는 양에 달려있다.

보통 **가티나라**Gattinara DOCG를 최고로 꼽는데, 스판나가 주요 품종(최소 90%)이다. 안토니올로Antoniolo,

네르비Nervi(2018년 바롤로의 자코모 콘테르노가 인수), 트라발리니Travaglini가 대표적인 재배자이다. **겜메**Ghemme(역시 DOCG)는 조금 뒤처졌지만, 작은 **레소나**Lessona는 잠재력이 크다. 반암이 풍부한 **브라마테라**Bramaterra의 안토니오티Antoniotti는 알토 피에몬테 최고의 생산자이다. 모두 품종이 조금씩 다르고 숙성조건도 다르다. **콜리네 노바레지**Colline Novaresi는 겜메, 보카Boca, **시차노**Sizzano, **파라**Fara를 포괄하는 상위 DOC로, 스판나를 50~100% 사용할 수 있고 오크통 숙성을 오래 안 해도 된다. 오래 숙성하면, 섬세하고 의외로 오래가는 레드를 압도한다. **코스테 델라 세지아**Coste della Sesia는 가티나라나 레소나와 같은 작업을 한다. 안토니오 발라나가 증명하듯, 오크통 대신 병 안에서 수십 년 동안 숙성시킬 수 있다. 150년 전 알토 피에몬테 와인은 당시 부상하던 바롤로보다 더 인정받았다.

p.157 지도의 북동쪽 끝, 롬바르디아와 스위스가 만나는 곳에서도 네비올로가 주요 품종이다. 발텔리나Valtellina 밸리의 동서로 뻗은 가파른 협곡에 있는, 아다강 북쪽의 해가 잘 드는 남향 포도밭에서는 키아벤나스카Chiavennasca라 불리는 네비올로로 산악지대 특유의 날씬한 레드와인을 만든다. 일반 **발텔리나** 로소는 기본 와인이고, 그루멜로Grumello, 인페르노Inferno, 사셀라Sassella, 발젤라Valgella 하위지역을 포함한 **발텔리나 수페리오레** DOCG에서 훨씬 좋은 와인을 생산한다. 반건조 포도로 만든 일부 드라이 스푸르차트Sfurzat(스포르차토Sforzato)는 숙성될수록 더 좋다. 주요 생산자로 아르페페ARPEPE, 디루피Dirupi, 파이Fay, 니노 네그리Nino Negri, 라이놀디Rainoldi가 있다.

토리노 북쪽 발레 다오스타에서 프랑스로 연결되는 몽 블랑 터널로 가는 길에 네비올로 산지가 2곳 더 있는데, 유명하지만 생산량은 적다. 작은 **카레마**Carema가 더 유명한데, 피에몬테주에 속하지만 이곳에서는 네비올로를 피쿠테네르Picutener라고 부른다. 페란도Ferrando와 지역 협동조합이 뛰어나다. **돈나스**Donnas는 이탈리아에서 가장 작은 와인산지인 **발레 다오스타**Valle d'Aosta 내의 프로빈차 경계선에 걸쳐있다. 고산지대인 이곳의 네비올로는 고도가 낮은 곳보다 색이 연하고 그리 강하지 않은 와인이 되지만, 고유의 피네스는 잃지 않는다. 발레 다오스타의 레드와인 품종은 프티 루주Petit Rouge로, 사부아의 몽되즈처럼 진하고 상쾌하며 베리향이 나고 산미가 강하다. 앙페르 다르비에Enfer d'Arvier와 토레테Torrette 등 발레 다오스타 DOC 하위지역의 기본 품종이다. 푸민Fumin은 더 오래 보관 가능한 레드와인이 된다. 이곳에서도 수입품종으로 화이트와인을 만드는데, 매우 가벼운 블랑 드 모르제 에 드 라 살레Blanc de Morgex et de la Salle와 두툼한 말부아지, 스위스산 프티트 아르빈, 활기찬 샤르도네가 있다.

피에몬테의 험준한 산과 동쪽의 롬바르디아평야가 만나는 곳은 고산지대가 아니고 완만한 지형이다. 롬바르디아 와인산업의 중심은 **올트레포 파베제**Oltrepò Pavese DOCG로 포강 너머까지 뻗어있는 파비아Pavia 프로빈차에 속한다. 이탈리아에서 가장 좋은 피노 네로, 피노 비앙코와 샤르도네 스파클링와인을 생산한다(p.164 프란차코르타 참조). **구투르니오**Gutturnio는 바르베라와 보나르다로 만든 인상적인 스틸 레드와인 생산을 늘리고 있으며, 피아첸차 남쪽 **콜리 피아첸티니**Colli Piacentini는 보다 가벼운 레드 때로는 프리잔테를 만든다.

피에몬테 남쪽 알프스산맥 끝자락에는 리구리아 아펜니노라는 지중해 연안지역이 있는데, 산과 바다 사이 좁은 곳에서 포도를 재배한다. 생산량은 많지 않지만 개성

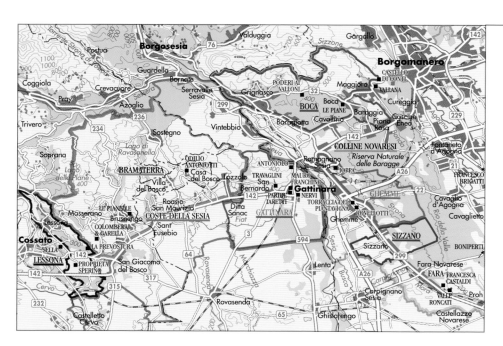

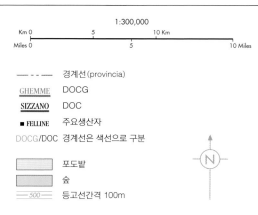

경계선 (provincia)

GHEMME   DOCG

SIZZANO   DOC

■ FELLINE   주요생산자

DOCG/DOC 경계선은 색선으로 구분

포도밭

숲

—500— 등고선간격 100m

알토 피에몬테

알토 피에몬테로 알려진 DOC 그룹 중 가장 중요한 일부만 표시했다. 알토 피에몬테는 네비올로를 베이스로 하는 매우 우아한 레드와인으로, 바롤로와 바르바레스코보다 훨씬 이전부터 유명했던 와인이다. 필록세라 때문에 쇠퇴했다가 지금 다시 부활하고 있다.

이 강하다. 이곳 품종 중 베르멘티노(피가토Pigato)와 말바지아만이 다른 곳에서도 널리 재배된다. 가파른 계단식 포도밭에서 재배되는 **친퀘 테레**Cinque Terre는 라 스페치아 마을 해변에서 생선요리와 함께 나오는 화이트와인으로 스위트 버전은 샤케트라Sciacchetrà인데, 깎아지른 듯한 해안 절벽에서 자란 포도를 말려서 만든다. 정말 좋아하지 않으면 할 수 없는 일이다. 가장 인상적인 리구리아 와인은 매력적이고, 숙성 잠재력이 있으며, 부르고뉴 레드를 연상시키는 **로세제 디 돌체아쿠아** Rossese di Dolceacqua인데, 태양을 찾아 가파른 해안 절벽까지 올라온 채소농부들 때문에 설 자리를 잃고 있다.

이탈리아 북서부 토리노 ▼	
북위 / 고도(WS)	45.2° / 302m
생장기 평균 기온(WS)	17.7°C
연평균 강우량(WS)	741mm
수확기 강우량(WS)	10월 : 75mm
주요 재해	노균병, 우박, 포도 미성숙

1:1,485,000

Km 0　20　40　60　80 Km
Miles 0　10　20　30　40　50 Miles

국경선
경계선 (regione)
CAREMA　레드와인
LANGHE　레드와 화이트 와인
Cinque Terre　화이트와인
DOCG/DOC 경계선은 색선으로 구분

해발 600m 이상 지역
156　상세지도 페이지
▼　기상관측소(WS)

주요 아펠라시옹

이탈리아에는 아펠라시옹이 수백 개나 되어서, 지도에는 주요 아펠라시옹만 표시했다. 경사면에 주요 아펠라시옹이 모여있는 것을 확인할 수 있다. 포(Po)의 평지에서는 고급와인이 생산되지 않는다.

바롤로의 유명한 엘리오 알타레는 지역 재배자와 함께 이곳에 조인트 벤처 캄포그란데를 설립했다. 바다로 이어지는 가파른 포도밭에서 자란 보스코와 알바롤라 품종으로 화이트와인을 만든다. 복합적인 풍미가 뛰어나고 요오드향이 난다.

피에몬테 Piemonte

피에몬테 와인과 부르고뉴 와인은 공통점이 많다. 둘 다 크게 유행하고 있고, 가격이 오르고 있으며, 입지가 매우 좋고 신중하게 구획을 나눈 가족경영 포도밭에서 생산된다. 그리고 두 지방 모두 와인만큼 음식도 중요하다. 가을에 수확하는 화이트 트러플은 피에몬테주의 특산품이다. 피에몬테는 산기슭이라는 뜻으로, 여기서 산은 알프스를 말한다. 언덕과 산이 알프스산맥에 둘러싸여 있어, 피에몬테의 아스티 근처 몬페라토 언덕들은 어두운 지평선을 만든다(봄, 겨울에는 눈부시게 하얀 지평선이다). 피에몬테 포도밭 중 평지로 공식 분류되는 곳은 5% 이하다. 방향, 입지조건, 고도가 조금씩 다르기 때문에 그에 맞는 품종을 골라야 한다. 각 포도밭에 독자적인 중기후가 있는 것처럼 피에몬테 지방도 독자적인 대기후가 있어서, 생장기에 매우 덥고 가을에 안개가 많이 끼며 겨울에 춥고 짙은 안개가 낀다.

피에몬테의 유명한 레드와인 바롤로와 바르바레스코는 마을 이름에서 따온 것이다(p.159 상세지도 참조). 바롤로와 바르바레스코 외의 피에몬테 와인은 대부분 네비올로, 바르베라, 브라케토, 돌체토, 그리뇰리노, 프레이자, 모스카토 등 품종명을 이름으로 사용한다. 바르베라 다스티Barbera d'Asti처럼 품종명에 마을이름이 붙어있으면, 한정된 지역에서 생산되고 품질이 더 우수하다는 뜻이다. 이 규칙에 예외가 있는데, 최근 DOC로 지정된 랑게, 로에로, 몬페라토, 그리고 IGT 와인으로 여겨지는 불명예를 피하기 위해 만든 포괄적인 피에몬테이다.

매력적인 네비올로는 이탈리아 북부의 고급 레드와인 품종으로 경쟁자가 없을 정도다. 바롤로나 바르바레스코에서 재배해야만 구조가 잘 잡히고 향이 풍부한 와인이 되는 것도 아니며, 색이 진하지 않고 시간이 지나면 벽돌색을 띤다. 지금은 네비올로 달바Nebbiolo d'Alba, 랑게 네비올로, 그리고 로에로Roero 레드처럼 매우 흥미로운 와인이 된다. 로에로 레드는 알바 북서쪽의 로에로 마을 언덕, 타나로강 좌안의 가벼운 모래 토양에서 자란다. 향이 풍부하고 배향이 나는 오래된 화이트 토착품종 아르네이스Arneis와 현지에서 파보리타Favorita라고 부르는 베르멘티노도 잘 자란다.

반면 랑게 DOC는 강 건너 알바 남쪽에 위치하며, 네비올로, 돌체토, 프레이자, 아르네이스, 파보리타, 샤르도네 같은 품종이 타나로강 우안의 점토질 이회토에서 자란다. 바롤로와 바르바레스코를 비롯해 랑게 언덕에서 생산되는 특정 지역명의 수많은 와인은 랑게 DOC로 등급을 낮춰, 지역명 뒤에 품종명이나 로소 또는 비앙코를 붙여서 판매할 수 있다.

몬페라토는 네비올로 몬페라토로 표기할 수 있지만 북쪽(p.157 지도 참조)에 독자적인 광대한 DOC도 갖고 있다. **피에몬테 DOC**는 바르베라, 브라케토, 샤르도네, 코르테제, 그리뇰리노, 모스카토, 우바 라라Uva Rara 그리고 3개의 피노를 위해 만들어진 것으로, 소수 품종만을 위한 것이 아니다.

놀랄 만큼 풍요로운

과거 바르베라는 너무 흔해서 귀하게 여기지 않았지만, 지금은 피에몬테에서 두 번째로 매력적인 레드와인 품종으로 자리잡았다. 네비올로가 색이 연하고 타닌이 강해 시간과 관심이 필요한 와인이 된다면, 새로운 프랑스 오크통에서 숙성시킨 바르베라는 반대로 강하고 대담한 진보라색 와인이 된다. 바르베라는 전통적으로 네비올로보다 일찍 수확하지만, 좋은 산미를 위해서는 아스티와 알바처럼 따뜻한 포도밭에서 늦게 수확해야 한다. 바르베라의 정수 **바르베라 다스티**는 공식적으로 2개의 하위지역인 티넬라Tinella와 아스티아노Astiano(또는 콜리 아스티아니Colli Astiani)가 있다. **니차**Nizza는 바르베라를 100% 사용하는 DOCG를 획득했다. **바르베라 델 몬페라토**는 바르베라 다스티와 거의 같은 지역에서 만들며, **바르베라 달바**는 약간 더 무겁다. 하지만 와인스타일은 시대와 유행에 따라 변한다.

피에몬테의 세 번째 레드와인 품종은 **돌체토**이다. 춥고 높은 곳에서도 익는 품종으로, 바르베라가 주로 톡 쏜다면 돌체토는 부드럽다. 살집과 밀도 있는 타닌 그리고 약간 쓰고 드라이한 맛 사이에서 매우 균형이 잘 잡혀 있어, 기름기 많은 지역 음식과 완벽하게 어울린다. 알바와 해안 사이 언덕의 포도밭에 많고 알바, 디아노 달바, 오바다, 돌리아니(가장 강한 스타일)의 돌체토가 품질이 좋다. 오바다와 돌리아니의 돌체토가 가장 좋지만, 잘 익힐 자신만 있다면 랑게 네비올로가 생산자에게는 더 좋은 선택이 될 것이다. 토착품종인 루케는 서서히 자리를 잡아가고 있는데, 몬탈베라Montalbera 와이너리의 라켄토 **루케 디 카스타뇰레 디 몬페라토**Ruchè di Castagnole di Monferrato 덕분이다.

체레토(Ceretto) 와이너리에서는 유리 방울 모양의 테이스팅룸을 새로 지었는데, 그곳에서 훨씬 전통적인 몽소르도 – 베르나르디나 저택을 감상할 수 있다. 번화한 도시 알바의 외곽에 위치한다.

그리뇰리노는 보통 가벼운 체리향의 레드와인이 되지만, 톡 쏘는 맛의 좋은 와인이 될 수도 있다. (아스티 또는 몬페라토 카잘레제에서 나온) 최고의 그리뇰리노는 깔끔하고 활기차며 비교적 어릴 때 마신다.

모스카토는 피에몬테를 상징하는 화이트품종으로, 스파클링와인 **아스티**와 같은 지역에서 품질이 더 좋은 약발포성 **모스카토 다스티**를 만든다. 모스카토 다스티는 스위트 뮈스카로 만들 수 있는 최고의 와인으로, 다른 와인보다 알코올 함량이 적다(약 5%)는 장점도 있다. 만찬을 즐긴 뒤 손님들에게 놀람과 즐거움을 선사할 수 있다.

화이트 코르테제Cortese 품종은 알레산드리아 남쪽에서 재배되며, 여전히 사랑받는 드라이 화이트와인 **가비**Gavi(p.157 참조)가 된다. 나셰타Nascetta는 복합적인 풍미의 화이트와인으로, 병입 후에도 계속 숙성시킬 수 있어 재배량이 늘고 있다. 피에몬테의 또 다른 특산품으로 흰 거품이 나는 스위트 레드와인 **브라케토 다퀴**Barchetto d'Acqui, 펠라베르가Pelaverga 품종으로 만든 가벼운 레드 **베르두노**Verduno, 스위트 로제 또는 레드 **말바시아 디 카조르초 다스티**Malvasia di Casorzo d'Asti, 흥미로운 옐로와인 **에르발루체 디 칼루조**Erbaluce di Caluso DOCG(스위트 버전인 칼루조 파시토는 반건조 포도로 만든다. 스파클링 버전은 쉬르리 숙성을 오래한다)가 있다. 그리고 아스티에서 많이 재배하는 **프레이자**로 스파클링과 스위트 레드와인을 만든다. 호불호가 갈리는 람브루스코의 더 시큼하고 과일향이 덜한 버전이다. **알타 랑가**Alta Langa **DOC**는 2002년에 지정되었고 전통방식으로 스파클링와인을 만든다. 피에몬테에 품종이나 풍미 또는 아펠라시옹이 적다고 불평하는 사람은 없을 것이다.

나셰타 품종은 독자적인 아펠
라시옹인 랑게 하위지역 노
벨로를 갖고 있다. 20여 곳
의 와이너리 중 엘비오 코뇨
(Elvio Cogno), 레 스트레테
(Le Strette), 비에티(Vietti)가
눈에 띈다.

- – – – – Asti and Moscato d'Asti DOCG
- ──── Barbaresco DOCG
- ──── Barbera d'Alba DOC
- – – – – Barbera d'Asti DOCG
- ──── Barolo DOCG
- – – – – Brachetto d'Acqui DOCG
- ──── Collina Torinese DOC
- ──── Dolcetto d'Alba DOC
- ──── Dolcetto d'Asti DOC
- ──── Dolcetto di Diano d'Alba DOCG
- – – – – Dogliani DOCG
- – – – – Grignolino d'Asti DOC
- ──── Grignolino del Monferrato Casalese DOC
- ──── Langhe DOC
- – – – – Nebbiolo d'Alba DOC
- ──── Nizza DOCG
- ──── Roero DOCG
- ──── Ruchè di Castagnole Monferrato DOCG

1:365,000

Km 0   5   10 Km
Miles 0   5   10 Miles

- – · – · – 경계선(provincia)
- 포도밭
- 숲
- ─500─ 등고선간격 100m
- **161** 상세지도 페이지

피에몬테의 심장부

이 지도는 우리가 '스파게티 정션(spaghetti junction)'이라
고 부르는 곳이다. DOC와 DOCG가 겹치는 곳이 많고 스
파게티 가닥처럼 얽혀있어 지도에 모두 표시하지 못했다.
알바와 아스티를 연결하는 축이 중요한 산지다.

바르바레스코 Barbaresco

네비올로는 알바 북동쪽 타나로강 우안에 있는 바르바레스코 지역부터 알바 남서쪽 바롤로 마을(p.162 참조) 주변에 이르는, 석회암이 섞인 점토 토양의 랑게 언덕에서 가장 경이롭게 표현된다. 랑게언덕에는 평지 포도밭이 없지만, 정확한 위치, 방향, 고도는 바르베라, 돌체토, 만생종 네비올로를 어느 비탈에 심을지 결정하는 열쇠가 된다. 과거에는 남쪽으로 기운 비탈의, 너무 높지 않은 해발 150~350m 포도밭에서 가장 좋은 네비올로 와인이 나왔다. 최대 허용 고도는 해발 500m이다. 여름이 계속 더워지고 있지만 재배기술이 좋아져 앞으로는 더 높은 곳에서도 포도나무를 재배할 수 있게 될 것이다.

오늘날에는 재배자의 역량과 포도밭(최고의 포도밭을 브릭bric 또는 브리코bricco라고 한다)이 바롤로와 바르바레스코 와인 품질의 핵심이다. 시음해보면 2가지 와인의 개성, 품질, 아로마, 강도, 피네스가 드러난다. 이 위대한 와인들은 1980년대가 되어서야 전설에서 벗어나, 평단의 환호를 받으며 등장했다. 하지만 마케팅의 귀재이자 바르바레스코 출신인 안젤로 가야Angelo

바르바레스코 마을 언덕에 솟아있는 11세기의 탑은 봄과 여름에는 초록빛으로, 가을에는 황금빛으로 붉게 물드는 포도밭과 알프스산의 온갖 풍경을 보여준다.

Gaja의 노력에도 불구하고, 바르바레스코는 여전히 바롤로의 그늘에 가려져있다.

특히 1990년대 일부 소비자들이 타닌을 피하고 진한 색과 과일향을 지나치게 선호할 때, 일부 바르바레스코 생산자들(바롤로 생산자들 역시)은 장시간 추출과 낡고 거대한 오크통에서 길게 숙성시키는 지역 전통에서 잠시 벗어나있었다. 그들은 스테인리스스틸 발효조에서 발효시켜 침용시간을 줄이고, 새로운 프랑스 오크통에서 짧게 숙성하는 실험을 감행했다. 한동안 바롤로의 두 파벌 사이에 힘겨루기가 계속되었지만, 이번 세기에 들어서면서 전통방식으로 돌아가는 분위기가 형성되었다. 이제 대부분의 생산자들은 껍질층이 포도즙에 잠긴 상태로 30~40일 동안 침용해서, 거칠고 과일향이 없는 와인은 옛것이라는 사실을 증명하고 있다.

세월이 주는 선물

어떤 방식으로 만들든 바르바레스코는 언제나 시간이 필요한, 타닌이 강한 와인이다. 바르바레스코의 타닌은 놀라울 정도로 매력적인 수많은 향을 단지 가둬두고 있을 뿐이다. 뛰어난 바롤로와 바르바레스코는 깊고 달콤한 향기를 스모키한 숲향으로, 가죽과 향신료향을 라즈베리향으로, 진한 베이스를 나뭇잎 같은 가벼움으로 덮어준다. 오래되면 동물향이나 타르향으로

발전하고, 때로는 왁스나 향불, 때로는 장미 향, 때로는 버섯이나 트러플, 그리고 말린 체리 향이 느껴진다. 이 모든 향을 하나로 묶어 우리의 미각을 압도하지 않고 신선하게 일깨우는 것은 날카로운 타닌과 산미이다.

포도나무를 새로 많이 심었지만, 2014년 바르바레스코의 포도밭 면적은 733ha로 바롤로의 절반도 안 된다. 주민 수가 650명밖에 안 되는 바르바레스코이지만, 서쪽의 알바로 가는 구불구불한 산등성이에 유명한 포도밭이 펼쳐진다. 아질리Asili, 마르티넨가Martinenga, 라바야Rabajà는 훌륭한 레드와인의 대명사이다. 동쪽으로 조금 내려가면 네이베가 나오는데, 카부르 백작(p.162~163 참조) 소유의 카스텔로Castello는 네비올로보다 바르베라, 돌체토, 그리고 특히 모스카토를 더 많이 재배한다. 바르베라는 1990년대까지 바르바레스코의 주품종이었다. 네이베의 가장 좋은 포도밭 일부에서 뛰어난 네비올로가 나왔다.

남쪽의 높은 비탈은 네비올로가 익기에 너무 추워서 돌체토 품종이 적합한 곳도 있으며, 트레이조 코무네에서 자라는 네비올로는 특히 우아하고 향이 풍부하다. 전통적으로 파요레Pajorè는 가장 중요한 크뤼였다. 론칼리에테Roncagliette는 북쪽 바르바레스코 와인의 특징인 균형 잡힌 와인을 생산한다. 이탈리아의 와인 관련기관은 바르바레스코 전역을 인접한 여러 하위지역으로 나누었는데, 지역 간 품질에 편차가 있다. p.161의 지도에는 최고의 바르바레스코 포도밭만 표시했으며, 포도밭 이름은 라벨에 나온 대로 적었다(피에몬테 사투리라서 철자가 다를 수 있다).

A／B

B／C

C／D

D／E

E／F

F／G

브루노 자코자가 알베사니 크뤼에서 만든 산토 스테파노는 바르바레스코 역시 모든 면에서 바롤로만큼 훌륭하다는 것을 증명한다. 오늘날 산토 스테파노 알베사니는 카스텔로 디 네이베에서만 만든다.

바르바레스코의 주요 포도밭

바르바레스코는 바롤로의 그늘에 오랫동안 가려져 있었지만, 매년 새로운 빈티지와 함께 위상과 명성을 높이고 있다. 아질리와 산토 스테파노는 바르바레스코 최고의 포도밭이다. 하지만 바르바레스코 마을의 제왕 안젤로 가야는 아마 다른 포도밭을 꼽을 것이다.

경계선 (commune)
Barbaresco DOCG
NEIVE　코무네
Faset　주요포도밭
　　　포도밭
　　　숲
200　등고선간격 25m

1:46,000
Km 0　　　　1 Km
Miles 0　　　　1 Mile

주요 생산자

1960년대에 브루노 자코자Bruno Giacosa는 바르바레스코도 바롤로 같은 무게감을 가질 수 있다는 것을 보여줬다(단순히 물리적인 무게만이 아니다). 하지만 바르바레스코를 전 세계에 알린 사람은 안젤로 가야Angelo Gaja이다.

잘생긴 외모의 안젤로 가야는 근사한 미소니 스웨터를 입고 전 세계를 쉬지 않고 누비며 이탈리아 와인을 전파한 선지자였다. 안젤로 가야는 전통적이지 않은

자신의 와인, 그리고 그 와인을 맛보기 위해 사람들이 지불해야 하는 가격에 대한 확신이 있었다. 그는 매우 비싼 싱글빈야드 와인 소리 산 로렌초Sori San Lorenzo, 소리 틸딘Sori Tildin, 코스타 루시Costa Russi를 만들어 명성을 쌓았다. 그러다가 2000년에 자신이 유명하게 만든 명칭인 바르바레스코를 포기하고 랑게 네비올로 DOC로 판매하겠다고 발표했다, 랑게 네비올로는 바롤로와 바르바레스코가 강등되면 얻는 명칭으로 카베르네, 메를로, 시라 같은 '외국' 품종을 15%까지 쓸 수 있다. 그런데 2013년 빈티지부터 안젤로 가야의 최고 와인들은 다시 바르바레스코 명칭으로 시판되고 있다. 회사 내에서 안젤로 가야의 딸 가이아 가야의 영향력이 커지면서, 브랜드명보다는 크뤼명을 앞세우기로 방침이 바뀐 것으로 보인다. 이제 셀러에는 옛날식 커다란 오크통과 함께 유명한 프랑스 오크통이 어깨를 나란히 하고 있다.

오늘날 바르바레스코에는 자코자, 마르케시 디 그레시, 프로두토리 델 바르바레스코 협동조합뿐 아니라 뛰어난 생산자들이 많다. 브리코 아질리Bricco Asili로 유명한 체레토Ceretto, 칠리우티Cigliuti, 주제페 코르테제Giuseppe Cortese, 모카가타Moccagatta, 피오렌초 나다Fiorenzo Nada, 리치Rizzi, 알비노 로카Albino Rocca, 브루노 로카Bruno Rocca, 소티마노Sottimano가 그들이다. 하지만 전통적으로 바롤로와 달리 대부분의 포도가 지역 내의 거대 네고시앙과 협동조합에 판매되었다.

타나로강이 가까이 있어 바르바레스코의 날씨는 온화하고, 수확도 바롤로보다 빠를 때가 많다. 또 바르바레스코 와인은 3년 동안 숙성하는 바롤로 와인과는 달리 2년 동안 숙성하고 병입해서 어릴 때 좀 더 쉽게 접근할 수 있기 때문에, 지금처럼 와인을 빨리 마시는 시대에는 장점이 될 수 있다. 바르바레스코가 바롤로보다 덜 훌륭하다고 말할 수는 없다.

바롤로 Barolo

수확기 바롤로의 언덕은 종종 안개로 반쯤 가려진다. 언덕 아래로 갈색과 황금색 포도밭과, 누텔라를 만들 때 쓰려고 남겨둔 헤이즐넛나무가 보인다. 이 시기의 바롤로에선 송로버섯 수확과, 검게 익은 포도나무가 안개를 뚫고 나오는 마법 같은 경험을 할 수 있다.

바롤로 DOCG는 바르바레스코에서 남서쪽으로 3.2km 떨어진 곳에서 시작된다. 돌체토가 자라는 디아노 달바 포도밭이 바르바레스코와 바롤로 사이로 펼쳐지고, p.160에서 설명한 영향과 특징을 확인할 수 있다. 타나로강의 구불구불한 2개의 작은 지류가 p.163 지도에서처럼 바롤로 지역을 셋으로 나눈다. 고도가 바르바레스코보다 거의 50m나 높다. 겨우 몇 km²에 수많은 포도밭이 있어 이상해 보일지 모르지만 등고선만 봐도 납득이 된다. 포도밭마다 품질 차이가 크다.

바롤로는 얼마 지나지 않아 보르도, 부르고뉴와 함께 고급와인 컬렉터의 쇼핑목록에 합류했다. 당연히 와인과 포도밭 가격이 올라갔다. 2013년 바롤로 전체 포도밭 면적은 1,984ha로 1999년과 비교해 50%나 늘었다. 새 포도밭은 승인받기 전에 네비올로가 잘 익는다는 것을 증명해야 하는데, 기후변화가 도움이 된다. 바롤로의 모든 포도밭은 비교적 인구가 많은 랑게언덕의 11개 코무네 주위에 모여있다. 포도밭의 방향, 고도, 중기후가 다양하고 주요 토양도 2종류여서 하위지역 신설을 논의하고 있다. 특히 몇몇 코무네가, 2011년에 공식 포도밭 면적을 신고하면서 자신들의 최고 크뤼를 확장하기로 결정하자 논의가 더욱 활발해졌다. 그래서 몬포르테 달바의 최고 포도밭 부시아 Bussia는 꽤 넓은 298ha가 되었다. 그런데 포도밭을 확장하면 가치가 떨어진다는 것은 생각했을까?

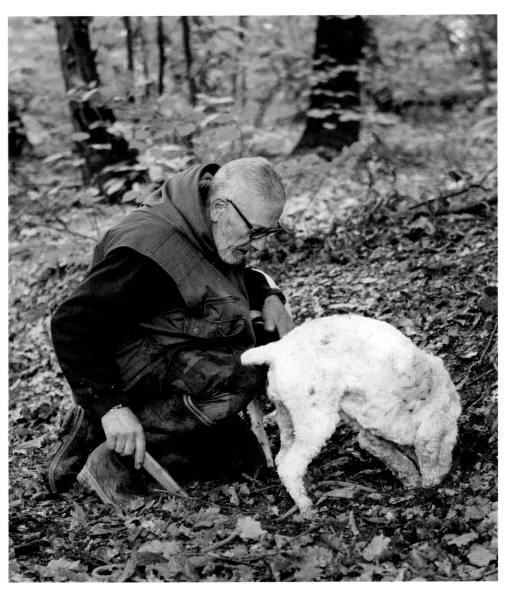

동과 서

바롤로가 투명성과 상쾌함을 추구하면서 **베르두노** Verduno 코무네와 그곳의 경이로운 몬빌리에로 크뤼, 그리고 야심찬 와이너리인 GB 부를로토 Burlotto, 프라텔리 알레산드리아 Frattelli Alessandria, 카스텔로 디 베르두노 Castello di Verduno의 3곳이 특히 고급 바롤로 와인의 새로운 원천으로 떠올랐다.

거기서 남쪽, 그리고 알바로 가는 도로의 서쪽 **라 모라** La Morra 주위의 토양은 지질시대 토르토니아절 석회질 이회토로, 바르바레스코와 유사하다. 라 모라는 바롤로에서 가장 큰 코무네다. 고도는 200~500m로 다양하여 라 모라의 와인을 일반화하기는 어렵지만, 로케 델라눈치아타 Rocche dell'Annunziata가 가장 좋은 포도밭으로 인정받고 있다. **바롤로** 코무네 와인은 대부분의 와인보다 조금 덜 날카롭고 향이 훨씬 강하다. 브루나테 Brunate, 체레퀴오 Cerequio, 좀 더 아래의 유명한 카

누비 Cannubi가 좋은 포도밭이다.

동쪽에 있는 카스틸리오네 팔레토, 세라룬가 달바, 몬포르테 달바 포도밭의 토양은 사암이 기본이고 매우 거칠다. 여기서 생산되는 와인은 농축이 잘 돼서 매우 오래 숙성시켜야 한다. **카스틸리오네 팔레토**의 몇몇 포도밭에서는 빼어나게 우아한 와인이 생산되는 반면, 세라룬가에서는 종종 매우 단단한 와인이 만들어진다. 세라룬가계곡과 바롤로계곡을 가르는 돌출된 땅에서는 세라룬가의 힘과, 카스틸리오네 팔레토와 북부 **몬포르테**의 향이 섞인 개성 강한 와인을 생산한다. 좋은 예로 몬포르테는 부시아 Bussia와 지네스트라 Ginestra, 카스틸리오네 팔레토는 비에티 Vietti와 브로비아 Brovia의 빌레로 Villero, 마스카렐로 Mascarello의 몬프리바토 Monprivato, 카발로토 소유의 브리코 보스키스 Bricco Boschis 포도밭 내 원형극장식 포도밭에서 자란 비냐 산지우제페 Vigna San Giuseppe를 들 수 있다. **세라룬가 달바**는 인정받는 프란차 크뤼가 있는 곳으로, 자코모 콘

가을 송로버섯 수확기에 알바 국제 흰송로버섯 박람회가 개최되면, 랑게언덕에 있는 근사한 레스토랑은 사람들로 북적인다. 숲에서는 사람과 개가 냄새를 맡으며 조용히 송로버섯을 채취한다.

테르노의 단독 소유다. 이전 왕가 소유의 폰타나프레다 Fontanafredda 와이너리는 바롤로 와인을 '왕의 와인, 와인의 왕'으로 격상시켰다. 세라룬가 알바의 포도밭은 바롤로에서 가장 높은 곳에 있는데, 세라룬가와 몬포르테 달바를 가르는 좁은 계곡에 온기가 충분히 형성되어 높은 고도를 상쇄한다. 덕분에 입지가 좋은 곳에 심은 네비올로는 항상 잘 익는다. 코무네의 가장 북동쪽에 위치한 **그린차네 카부르** Grinzane Cavour는 두말할 것 없이 카스텔로로 유명하다. 통일 이탈리아(1861년)의 첫 수상을 지냈던 카부르 백작 카밀로 벤소가 소유한 와이너리다. 그는 1836~1841년 파올로 프란체스코 스탈리에노를 양조책임자로 고용해서 장기숙성 가능한 고급 네비올로 와인을 만드는 임무를 맡겼

바롤로의 주요 포도밭

네비올로는 이탈리아 북서부 전역에서 잘 자라지만, 네비올로의 성지는 바롤로다. 구획으로 나뉜 포도밭이 부르고뉴의 포도밭과 유사하고, 변덕스러운 네비올로는 포도밭 구획 사이의 미세한 차이도 표현해낸다.

1:54,000

Km 0 ─── 1 ─── 2 Km
Miles 0 ─── 1 Mile

	경계선 (commune)
	Barolo DOCG
LA MORRA	코무네
Briccolina	주요포도밭
	포도밭
	숲
─400─	등고선간격 25m

해외투자자들이 바롤로를 점령하면서 땅값이 치솟았다. 자코모 콘테르노 와이너리는 미국 구매자들로부터 아리오네 크뤼를 빼앗아오는 데 성공했다.

다. 스탈리에노는 드라이와인이 되도록 발효시켰다(당시 바롤로 와인은 대부분의 이탈리아 와인처럼 달고 종종 기포가 있었다).

현재 바롤로에는 포도를 재배, 양조하고 직접 병입하는 와이너리가 12개나 있다(이탈리아 와인산지 중 가장 부르고뉴적인 이곳의 와이너리는 '샤토'보다 '도멘'에 가깝다). 이곳은 전통적으로 부르고뉴처럼 가족경영 와이너리가 많고, 직접 포도를 재배해서 와인을 만드는 경향이 있다. 실제로 활기차고 표현력이 강한 부르고뉴 와인을 추구하는 것이 새로운 규칙으로 자리잡았다. 옛 방식대로 큰 나무통에서 천천히 숙성시키든, 아니면 엘리오 알타레와 로베르토 보에르치오처럼 현대적인 양조법으로 만들든 마찬가지다. 정답은 없다. 네비올로라는 품종과 바롤로라는 지역의 독특한 장점을 무시하지만 않는다면 말이다. 좋은 바롤로 와인은 병입하고 수십 년을 기다려야 본래의 매력과 천상의 향을 보여주는, 세계에서 자기주장이 가장 강한 와인이다.

이탈리아 북동부 Northeast Italy

p.165 지도에 나온 세계적인 지역은 현재 이탈리아에서 와인이 가장 많이 생산되는 곳이다. 대부분 화이트 와인으로, 대중들에게 인기 있는 프로세코Prosecco와 피노 그리조Pinot Grigio를 포함한다.

테루아 대부분의 포도밭은 비교적 고도가 낮은 평지에 있지만, 최고급와인은 고지대에서 생산된다.

기 후 일반적으로 겨울은 춥지 않고, 여름은 더우며, 강우량은 보통이다. 가르다호수 주위 포도밭은 거의 지중해성 기후이다.

품 종 화이트 글레라Glera, 가르가네가Garganega, 프리울라노 / 타이 비앙코Tai Bianco, 베르두초Verduzzo, 다양한 국제품종 / **레드** 람브루스코, 코르비나Corvina, 카베르네 프랑, 메를로, 라보조Raboso, 산조베제

이탈리아에서 가장 인기 있고 전 세계 젊은 여성들이 선호하는 와인은 베네치아의 윤활유 프로세코이다. 샴페인과 달리 병이 아니라 거대한 탱크에서 만든다. 쉽게 마실 수 있는 이 스파클링와인은 세계적으로 수요가 매우 커서, 2008년에는 포도밭 면적이 임시방편으로 9개 프로빈차 전체를 포함할 정도로 확대되었다(지도에서 핑크색으로 둘러싸인 방대한 지역). 그리고 소중한 프로세코를 모조품에서 보호하기 위해 품종명을 프로세코에서 '글레라'로 변경하고, '프로세코'는 지역명칭으로 등록해서 자신들만 쓸 수 있게 했다.

프로세코가 모두 저렴하지는 않다. 최고급 프로세코는 이 거대한 지역의 중심지인 코넬리아노 발도비아데네Conegliano Valdobbiadene DOCG(라벨에 프로세코 수페리오레로 표기할 수도 있다)의 매우 이름높은 카르티체언덕에서 생산된다. 바로 남쪽 아졸로 프로세코Asolo Prosecco DOCG 역시 훌륭하다. 콜 폰도col fondo(쉬르 리) 방식으로 만든 매우 드라이한 프로세코도 큰 관심을 받고 있으며, 병 안에 앙금이 든 채로 판매한다.

프로세코보다 덜 유명하지만 화이트 스파클링와인을 생산하는 또 다른 지역은 지도의 서쪽 끝 프란차코르타Franciacorta로, 이제오호수 남쪽에 있고 메토도 클라시코 방식으로 스파클링와인을 만든다. 1970년대에 베를루키 가문이 샴페인 양조 방식을 모방해 만들기 시작했다. 주요 생산자인 카 델 보스코Ca'del Bosco가 만든 퀴베 안나마리아 클레멘티Cuvée Annamaria Clementi는 여전히 이탈리아 최고의 스파클링와인 중 하나다. 하지만 오늘날 더 흥분되는 것은 테루아를 표현하고 싶은 젊은 세대가 만든 새로운 RM 샴페인으로, 완전히 익은 포도로 만들고 도자주를 하지 않는다.

강렬한 베네토 와인 벨트는 p.168~169에서 자세히 다루었다. 가장 서쪽에서는 가르다호수 남쪽 끝에서 베르디키오Verdicchio의 친척 품종인 루가나Lugana로 매력적인 드라이 화이트와인을 생산한다. 이탈리아 와인의 역사와 지리적 조건을 보면 호수 주위 석회질 토양에서 최고급와인이 생산되어 왔는데, 여기서 호수지역은 토양이 더 무거운 남쪽의 평지와 언덕까지 이어져 있어서 매우 다양한 맛의 루가나를 재배할 수 있다. 카 데이 프라티Ca'dei Frati와 칼로예라Ca'Lojera는 루가나가 장기숙성할 수 있는 품종이고, 이 지역에서 잘 익은 레드와인이 될 수 있다는 것을 보여준다. 관광객들이 단숨에 마시는 레드 바르돌리노Bardolino와 로제 키아레토Chiaretto도 마찬가지다. 이 두 와인은 발폴리첼라와 같은 품종으로 만들고, 어릴 때 마신다. 포도넝쿨 아래 테라스에서 마시면 더 좋을 것이다.

가르다Garda는 소아베, 발폴리첼라, 비앙코 디 쿠스토자 등 베네토의 주요 와인산지에서 토착품종과 국제품종의 블렌딩을 허용한 포괄적인 DOC다. 남쪽에서 생산한 드라이 화이트와인 비앙코 디 쿠스토자는 기본 소아베보다 믿을 수 있다. 동쪽의 감벨라라Gambellara

최고급 프로세코는 코넬리아노 발도비아데네에서 생산된다. 이곳의 포도밭은 너무 가파르기 때문에 수확한 포도를 도르래로 옮긴다.

에서는 와인메이커 안졸리노 마울레와 조반니 멘티가 가르가네가 품종을 가장 순수하게 표현한 와인을 만들고 대부분 IGT로 판매한다.

이곳에서 동쪽은 와인이 훨씬 다양하다. 베르두초의 경우 프리울리에서는 프리울라노, 베네토에서는 타이 비앙코로 알려진 베네치아 내륙지역의 화이트와인 품종이다. 가벼운 카베르네(주로 카베르네 프랑)와 메를로는 토착품종인 라보조의 도움으로 **피아베**와 리손-프라마조레Lison-Pramaggiore의 평원을 점령하고 있다.

빈첸차와 파도바 근처 평원 속 푸른 화산섬 콜리 베리치와 콜리 에우가네이는 점점 더 성공을 거두고 있다. 콜리 에우가네이는 발전 가능성이 더 많은 오래된 포도밭과 콜리 에우가네이 피오르 다란초Colli Euganei Fior d'Arancio DOCG라 불리는 달콤한 스파클링와인 모스카토 지알로가 있다. 레드와인 품종은 보르도 품종인 카베르네와 메를로 그리고 그르나슈가 있다. 그르나슈는 지역에서 타이 로소로 불리고, 전형적인 베리치 레드와인이 된다. 화이트와인 품종은 토착품종과 국제품종이 섞여있으며, 소아베의 가르가네가, 글레라, 가볍고 날카로운 베르디조 그리고 단단한 프리울라노가 있다. 프리울라노는 이제 독자적인 **리손** DOCG에서 타이 비앙코로 불린다(p.171 참조).

빈첸차 북쪽에 있는 브레간제Breganze는 한 사람의 열정으로 DOC 와인이 명성을 얻은(프란차코르타처럼) 좋은 예다. 파우스토 마쿨란은 샤토 디켐에서 영감을 받아, 드라이한 토착품종 베스파이올라Vespaiola로 황금빛 토르콜라토Torcolato를 만들어서 스위트와인을 선호하는 베네치아의 전통을 되살렸다.

지도에 나오듯, 밀라노 남동쪽 평원을 지나 아드리아해로 흘러가는 포강 계곡은 넓고 평평해서 고급와인 산지는 아니다. 여기서 유일하게 유명한(또는 악명 높은) 와인은 모데나 근처에서 소르바라Sorbara 품종으로 만든 레드 스파클링와인 람브루스코이다. 이 활기찬 와인에는 입맛을 돋우는 뭔가가 있다. 폭발적인 레드베리향과 밝은 핑크빛 거품은 볼로냐 음식의 기름지고 무거운 맛을 아주 가볍게 해준다. 프란체스코 벨레이 같은 생산자들은 전통 와인을 여러 방식으로 생산하면서 람브루스코 디 소르바라의 경계를 무너뜨렸다. 약발포성 프리잔테 양조와 '메토도 클라시코' 양조(병에서 발효시킨 와인을 앙금째 판매한다) 등이 좋은 예다. 메토도 클라시코는 1970년대에 산업용 탱크에서 발효시키는 방식으로 대체되었다. 새로운 세대는 현재 전통적인 드라이 스타일로의 회귀를 주도하고 있다. 팔트리니에리Paltrinieri에서는 싱글빈야드 람브루스코를 만들고, 벨레이와 칸티나 델라 볼타Cantina della Volta에서는 정통 '메토도 클라시코'로 만드는 와인이 늘고 있

는데, 가장 좋은 것은 로제와인이다.

에밀리아 로마냐(지도 남쪽)는 지배적인 협동조합의 따분한 와인도 있지만, 와인산지로서 명성을 얻고 있다. 볼로냐 주위의 언덕지대인 **콜리 볼로녜지**Colli Bolognesi에서는 꽤 좋은 카베르네, 메를로, 샤르도네 와인을 만들고, 토착 화이트품종인 피뇰레토로 흐릿하고 달콤하며 기포가 약한 펫낫Pét-Nat 스파클링을 만든다. 볼로냐와 라벤나 남쪽 지역에서는 로마냐 품종와인을 대량생산하는데, **트레비아노 디 로마냐**가 가장 평가가 낮다. 1986년 **알바나 디 로마냐**Albana di

Romagna는 DOCG로 승격된 이탈리아의 첫 화이트와인이었다(승격과 관련해 논란이 많았다). 대다수 이탈리아 화이트와인처럼 당도가 다양하며, 그중 말린 포도로 만든 스카코 마토의 '파시토Passito'를 비롯해 최고의 와인 중 일부는 체르비나Zerbina 와이너리에서 만든다. 껍질과 함께 발효시키는 전통방식이 유망하다.

방대한 이 지역의 레드와인 **산조베제 디 로마냐**는 묽고 생산량이 많은 것부터 강렬하고 세련된 것까지 더 다양하다. 산조베제의 복제품종 일부는 실제로 로마냐 품종에서 왔다. 지역 생산자 단체인 콘비토 디 로마냐의 회원은 적어도 하나의 싱글빈야드 산조베제를 만들어야 한다.

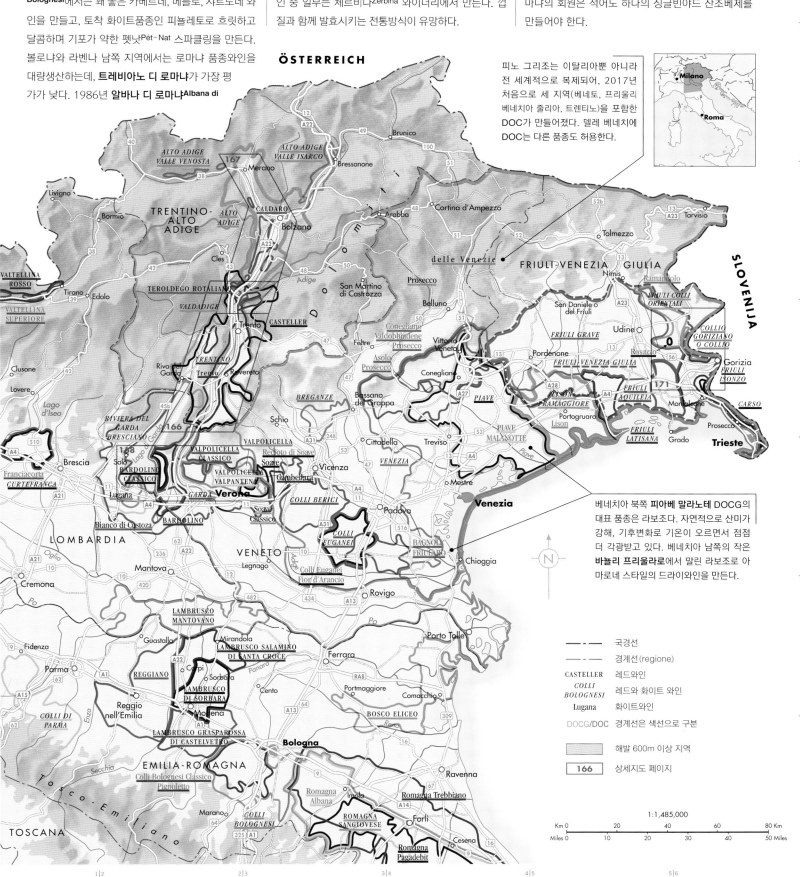

피노 그리조는 이탈리아뿐 아니라 전 세계적으로 복제되어, 2017년 처음으로 세 지역(베네토, 프리울리 베네치아 줄리아, 트렌티노)을 포함한 DOC가 만들어졌다. 델레 베네치에 DOC는 다른 품종도 허용한다.

베네치아 북쪽 **피아베 말라노테** DOCG의 대표 품종은 라보조다. 자연적으로 산미가 강해, 기후변화로 기온이 오르면서 점점 더 각광받고 있다. 베네치아 남쪽의 작은 **바뇰리 프리울라로**에서 말린 라보조로 아마로네 스타일의 드라이와인을 만든다.

국경선
경계선(regione)
CASTELLER 레드와인
COLLI BOLOGNESI 레드와 화이트 와인
Lugana 화이트와인
DOCG/DOC 경계선은 색선으로 구분
해발 600m 이상 지역
166 상세지도 페이지

1:1,485,000

트렌티노, 알토 아디제
Trentino and Alto Adige

아디제 밸리는 알프스산맥으로 가는 놀라운 통로로, 이탈리아와 오스트리아를 연결하는 브레너고개로 이어진다. 참호같이 늘어선 바위 절벽 사이로 멀리 산봉우리들이 보인다. 남북을 연결하는 도로는 론 밸리처럼 수많은 자동차와 화물차로 조용한 날이 없다. 가장 좋은 포도밭은 계곡 바닥의 번잡한 풍경과 대조를 이룬다. 강에서 바위 절벽까지 비탈 곳곳에 퍼걸러 방식으로 만든 포도밭이 있는데, 여름에 위에서 보면 나뭇잎 계단 같다.

계곡 전체를 포괄하는 DOC는 **트렌티노**이다. 수요가 많아 대량으로 심은 피노 그리조와 샤르도네로 '메토도 클라시코' 스파클링와인(활기찬 트렌토 DOC)을 만들며, 충분한 산미를 자연적으로 얻기 위해 높은 곳에 심었다. 페라리Ferrari가 주요 생산자이며, 줄리오 페라리 리제르바 델 폰다토레Giulio Ferrari Riserva del Fondatore라는 장기숙성 스파클링와인이 대표적이다.

더 남쪽에 조금 외따로 떨어진 산 레오나르도San Leonardo는 메독과 유사한 충적토에서 메독 와인을 닮은, 세계에서 가장 섬세한 보르도 블렌딩와인을 만든다. 더 북쪽으로 가면 계곡 각 구역에 고유의 토착품종이 있다. 예를 들어, 트렌토로 가는 길에 있는 구불구불한 협곡 발라가리나Vallagarina는 풍부한 향과 가벼운 바디의 전통적인 레드품종 마르체미노Marzemino의 고향이다. 와인메이커 에우제니오 로지Eugenio Rosi가 반건조 포도로 훌륭한 와인을 만든다.

트렌티노 북쪽 끝 메촐롬바르도와 메초코로나 사이의 절벽으로 둘러싸인 캄포 로탈리아노Campo Rotaliano평원은, 자갈이 많은 토양의 넓은 포도밭에서 퍼걸러 방식으로 보라색 테롤데고Teroldego를 재배한다. **테롤데고 로탈리아노**는 개성이 강한 이탈리아 와인으로, 활기찬 산미와 조금 쓴맛이 이 토착품종의 특징이다. 가장 우아하고 완전히 성숙한 테롤데고 로탈리아노는 엘리자베타 포라도리의 작품이다. 그녀는 클론의 품질을 개선하고, 암포라 발효를 시도해서 고객들에게 깊은 인상을 주었다. 하지만 관련기관까지 설득하는 데는 실패했는지 비녜티 델레 돌로미티 IGT로 판매한다.

아디제 동부의 산 미켈레 마을 주위 비탈은 화이트 품종과 국제적인 레드품종에 특히 적합하다.

주 계곡 서쪽의 발레 데이 라기 주위로 3개의 작은 호수가 있는데, 이곳에서도 여러 품종을 재배한다(모두 좋은 스파클링와인의 베이스가 된다). 사라질 뻔한 토착품종 노지올라Nosiola로 만든 고품질의 스위트 비노 산토Vino Santo가 특산품이다. 노지올라는 인기 상승 중이며, 향이 풍부하고 드라이한 노지올라 와인의 팬이 늘

트렌티노

트렌티노의 가장 유명한 와인은 병 안에서 발효시킨 드라이 스파클링와인이다. 샤르도네를 베이스로 피노 비앙코와 피노 누아를 조금 블렌딩해서 만들며, 트렌토 DOC로 판매된다.

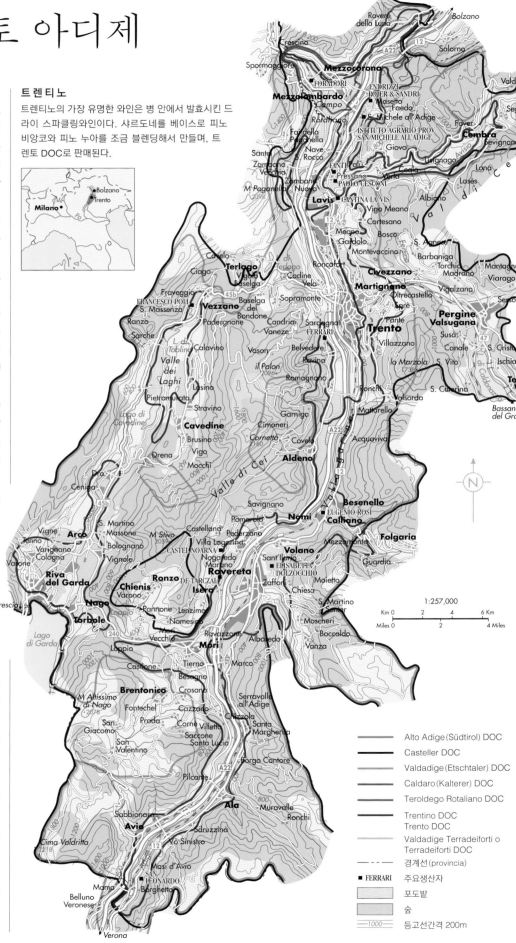

Alto Adige (Südtirol) DOC
Casteller DOC
Valdadige (Etschtaler) DOC
Caldaro (Kalterer) DOC
Teroldego Rotaliano DOC
Trentino DOC
Trento DOC
Valdadige Terradeiforti o Terradeiforti DOC
경계선 (provincia)
FERRARI 주요생산자
포도밭
숲
1000 등고선간격 200m

1:257,000
Km 0   2   4   6 Km
Miles 0   2   4 Miles

고 있다. 이곳의 포도밭은 매우 잘게 쪼개져서, 협동조합이 활성화될 수밖에 없다. 이 돌로미티치i Dolomitici는 혁신을 추구하는 생산자 그룹으로, 아주 오래된 포도나무로 양조를 하는 등 색다른 대안을 찾고 있다.

알토 아디제

알토 아디제는 오스트리아 티롤 지방의 남쪽 끝, 이탈리아 최북단의 와인산지다. 고산 봉우리가 내려다보는 이곳은 문화도 와인도 뒤섞여있다. 독일어를 이탈리아어보다 많이 쓰지만, 포도는 독일 품종보다 프랑스 품종이 더 많다. 이곳에서는 알토 아디제에 명성을 안겨준 상쾌하고 과일향 풍부한 화이트 품종와인과, 더 따뜻한 지역에서는 꽤 좋은 레드와인을 생산한다. 볼차노는 지역에서 중시하는 복잡한 크뤼 시스템이 있으며, 여름에 매우 덥지만 비탈 포도밭은 밤에 서늘하고 오후에는 호수에서 바람이 불어온다. 전체적으로 관개가 중요하며, 와인은 대부분 넓은 알토 아디제(쥐티롤) DOC에 품종명을 붙인 명칭으로 판매된다. 협동조합이 이곳 와인의 70%를 담당한다.

포도밭은 아디제 밸리 벤치랜드와 낮은 비탈에 넓게 펼쳐진 사과밭 위에 모여있다. 고도는 해발 200~1,000m로 다양한데, 350~550m에서 서리를 피할 수 있고 포도가 잘 익는다. 더 높은 곳은 대개 가파른 계단식이다. 북서쪽 **발레 베노스타**Valle Venosta(핀슈가우Vinschgau)와 볼차노 북동쪽 **발레 이자르코**(아이자크탈Eisacktal)의 포도밭(모두 p.165 참조) 역시 가파른 계단식으로 리슬링, 실바너, 케르너와 여러 펠트리너 품종이 잘 자라며, 기후변화로 포도가 익는 데도 문제없다.

그보다 조금 낮은 비탈에서 샤르도네, 피노 그리조, 그리고 알토 아디제를 상징하는 품종인 피노 비앙코가 자란다. 과일향이 풍부하고 활기찬 와인을 만드는데, 칸티나 테를라노Cantina Terlano 와이너리의 싱글빈야드 피노 비앙코 와인인 포르베르크Vorberg는 어릴 때나 셀러에 보관한 뒤에나 제대로 평가받는 좋은 와인이다. 테를라노 코무네는 높은 산에서 재배하는 소비뇽 블랑

으로 유명한데, 소비뇽 블랑은 알토 아디제에서 잘 자라는 또 다른 품종이다. 이곳은 고대 빙하에 의해 쓸려 내려온 하얀 석회질 토양이 아니라 단단한 화강반암으로, 라벨에서 이에 대해 열렬히 홍보한다. 당연한 얘기지만 트라미너 품종은 볼차노 남쪽 트라민(이탈리아어로는 테르메노) 마을과 관련이 있다. 특히 호프슈테터Hofstätter 와이너리의 트라미너가 훌륭하다. 티펜브루너Tiefenbrunner는 특이하게 뮐러-투르가우를 생산하고 펠트마샬Feldmarschall을 병입한다.

가장 많이 심는 레드품종은 스키아바Schiava(페어나치Vernatsch라고도 하며, 트렌티노에서도 재배한다)인데, 대량생산하는 독일에서는 인기 있지만, 색이 너무 연하며 부드럽고 단순해서 평가가 좋진 않다. 그러나 젊은 생산자들은 퍼걸러 방식으로 재배한 오래된 스키아바로 장기숙성 가능한 흥미로운 와인을 만든다.

원래 볼차노 근처에서 재배하던 라그레인Lagrein 품종은 과일향이 진한 로제와인 라그레인-크레처 Lagrein-Kretzer, 그보다 진한 라그레인-둔켈Lagrein-Dunkel 등 색이 진한 와인이 되는데, 숙성 잠재력이 있지만 조금 거칠다. 누세르호프Nusserhof 와이너리에서 최고의 라그레인을 생산하는데, 블라테를레Blaterle 등 다른 토착품종도 되살리고 있다. 19세기에 도입된 레드품종 메를로, 카베르네, 그리고 특히 피노 누아가 잘 자란다. 프란츠 하스Franz Haas 와이너리가 우아하고 숙성 잠재력이 있는 피노 누아로 명성이 높다. 까다로운 피노 누아를 매우 높은 곳에 심었는데 해발 900m나 되는 곳도 있다.

알토 아디제

알토 아디제는 광대한 이탈리아 북동부의 북쪽에 위치하며, 비녜티 델레 돌로미티(돌로미티의 포도밭)라는 낭만적인 IGT 와인명이 있다. 하지만 허용 수확량은 전혀 낭만적이지 않다.

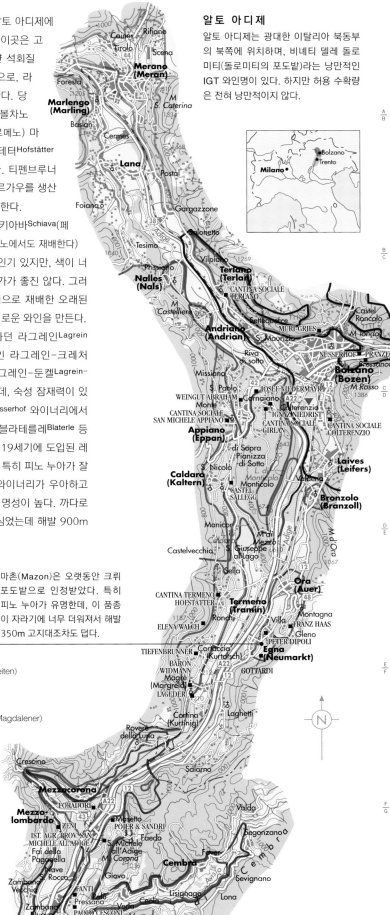

마촌(Mazon)은 오랫동안 크뤼 포도밭으로 인정받았다. 특히 피노 누아가 유명한데, 이 품종이 자라기에 너무 더워져서 해발 350m 고지대조차도 덥다.

알토 아디제 DOC 하위지역

— Meranese (Meraner)
— Colli di Bolzano (Bozner Leiten)
— Terlano (Terlaner)
— Caldaro (Kalterer)
— Santa Maddalena (Sankt Magdalener)

— Teroldego Rotaliano DOC
— Trentino DOC
— 경계선 (provincia)
■ FRANZ HAAS   주요생산자
    포도밭
    숲
—1000— 등고선간격 200m
▼ 기상관측소(WS)

1:235,000
Km 0   2   4   6 Km
Miles 0   2   4 Miles

알토 아디제 볼차노

북위 / 고도(WS)	46.46° / 241m
생장기 평균 기온(WS)	17.8℃
연평균 강우량(WS)	596mm
수확기 강우량(WS)	10월 : 54mm
주요 재해	봄서리
주요 품종	화이트 피노 그리조, 피노 비앙코, 샤르도네, 게뷔르츠트라미너 레드 스키아바, 라그레인, 피노 누아

베로나 Verona

소아베에서 서쪽 가르다호수까지 이어지는 베로나언덕은 비옥한 화산성 토양을 자랑한다. 얼마나 비옥한지 풀과 나무가 통제 불가능할 정도로 우거져 있다. 이탈리아의 우아함을 느낄 수 있는 빌라와 사이프러스 나무 사이로 보이는 계단식 포도밭마다, 포도나무가 퍼걸러 시렁을 따라 무성하게 뻗어있다. 하지만 안타깝게도 여기서 생산되는 와인은 그렇게 우아하지 않다. 베네토는 이탈리아에서 와인을 가장 많이 생산하는 지역이다. ha당 105hl가 공식 허용 생산량인데, 높은 수확량이 와인 품질 유지에 방해가 되고 있다. 특히 베네토에서 가장 중요한 지역인 소아베Soave DOC가 그렇다. 약 80%의 포도밭에서, 품질로는 이름이 없는 재배자들이 재배하고 수확한 포도를 현지의 협동조합에 바로 제공하기 때문이다. 소아베는 이탈리아아 와인산지 중에서도 새로운 양조방식을 실험하거나 전통방식으로 돌아가려는 움직임이 거의 없는 지역 중 하나다. 하지만 올드바인을 퍼걸러로 재배하는 방식은 점점 더 사랑받고 있다. 지니Gini 와이너리의 콘트라다 살바렌차 베키 비뉴Contrada Salvarenza Vecchie Vigne는 100년 된 포도나무로 만든다.

그러나 아몬드향과 레몬향이 어우러진 진정한 소아베의 맛은 비할 데 없이 훌륭하다. 피에로판이나 안셀미의 와인은 어떤 의구심도 남겨두지 않는다. 소아베의 명성에 흠집을 내는 많은 와인과 진짜를 구별하기 위해 관련기관은 2개의 상급명칭을 지정했다. 원래의 전통적인 생산지역은 소아베 클라시코Soave Classico DOC, 덜 비옥한 비탈은 소아베 수페리오레Soave Superiore DOCG로 지정하고, 최대 수확량을 ha당 각각 98hl와 70hl로 제한했다. 품질 보증을 위한 최소한의 장치다.

실제로 최고 생산자들은 이러한 관대한 생산규정보다 훨씬 적게 생산하고 있다. 피에로판과 안셀미를 비롯해 칸티나 디 카스텔로, 라 카푸치나, 코펠레, 필리피, 지니, 이나마, 프라, 모던한 수아비아, 타멜리니 등이 이런 흐름에 합류했다. 소아베 콜리 스칼리제리 Soave Colli Scaligeri DOC에서 가장 높은 곳인 필리피만

베네토의 겨울은 매우 춥다. 사진은 발폴리첼라 클라시코 지역의 남동쪽 끝, 아르비차노에 있는 포도밭이다. 발폴리첼라 클라시코의 원래 중심부로 지금은 훨씬 확장되었다.

베로나 베로나

북위 / 고도(WS)	45.38˚ / 73m
생장기 평균 기온(WS)	19.1℃
연평균 강우량(WS)	783mm
수확기 강우량(WS)	9월 : 81mm
주요 재해	우박, 진균병
주요 품종	화이트 가르가네가, 피노 그리조 레드 코르비나, 메를로

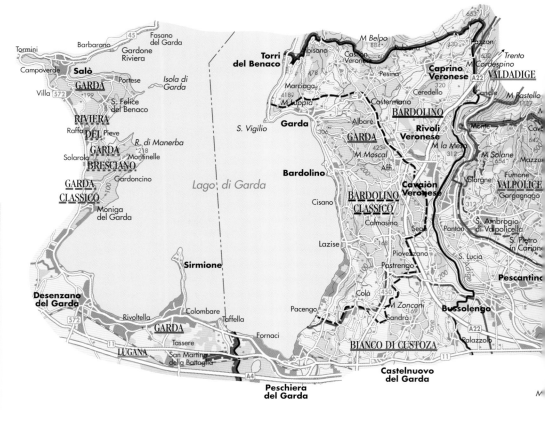

제외하면, 모두 소아베 클라시코의 원래 지역에 위치한다. 소아베 마을 북동쪽, 레시니언덕의 동쪽 끝이 중심부다.

주요 품종은 가르가네가와 베르디키오(소아베에서는 트레비아노 디 소아베라고 한다)로, 소아베(부드러운)라는 이름에 걸맞게 강렬하고 입에 꽉 차는 느낌의 와인이 된다. 과잉생산되는 가르가네가에 무게감을 주기 위해 피노 블랑, 샤르도네와의 블렌딩이 허용된다. 가르가네가를 최소 70%만 사용하면 괜찮다.

주요 생산자들은 포도밭의 개성을 표현하는 다양한 싱글빈야드 와인이나 크뤼를 선보이고 있다. 비녜토라 로카와 카피텔 포스카리노가 대표적이다. 프라를 비롯한 몇몇 생산자들은 오크통에서 숙성한 섬세한 소아베를 만든다. 레초토 디 소아베는 말린 포도로 만든 전통적이고 활기찬 DOCG 스위트와인이다.

소아베와 **발폴리첼라**는 공존하고 있는데, 발폴리첼라의 DOC가 원래 클라시코 지역을 넘어 소아베 경계까지 확장됐다. 품질이 좋아지고 있는 **발판테나** **Valpantena**는 공식 하위지역으로 베르타니와 지역 협동조합이 점유하고 있다. 일반 발폴리첼라는 사랑스러운 체리 색깔과 풍미, 활기찬 산미, 잘 익은 과일의 부드러운 향, 아몬드의 쌉쌀한 느낌이 있지만, 대량생산되는 발폴리첼라는 그런 향이 잘 나지 않는다. 하지만 이제 소아베에도 상업적인 와인과 반대되는 개성 강한 와인의 필요성을 인식한 생산자가 많아졌다. 그래서 1990년대에 작업은 힘들지만 품질이 좋은 포도를 수확할 수 있는, 상당히 높은 경사면에 있는 포도밭으로 돌아갔다. 점점 더 중요해지는, 가르다호수에서 불어오는 시원한 바람의 혜택을 받는 곳이다.

몬테 달로라Monte dall'Ora, 몬테 데이 라니Monte dei Ragni, 코르테 산탈다Corte Sant'Alda, 무젤라Musella, 그리고 시작한 지 얼마 안 된 엘레바Eleva와 몬테 산토초

Monte Santoccio(몬테 산토초의 소유주 니콜라 페라리는 존경받는 주제페 퀸타렐리 밑에서 일했다) 등 새로운 세대의 와이너리들은 모두 유기농법이나 바이오다이나믹 농법을 따른다. 여기서도 퍼걸러로 그늘을 만들어 뜨거운 햇빛에서 포도나무를 보호하는 방식이 재평가되고 있다. 특히 '마로녜'라고 불리는, 돌담을 쌓아 만든 하얀 자갈 토양의 계단식 포도밭이 대표적이다.

가장 우수한 발폴리첼라 와인은 **클라시코** 지역에서 나온다. 클라시코 지역은 4개의 손가락처럼 생긴 비탈의 푸마네, 산 암브로조, 네그라르 마을을 말한다. 다른 지역에도 달 포르노와 트라부키 같은 놀라운 생산자가 있다. 중성적인 맛의 론디넬라Rondinella나 비교적 산미가 강한 몰리나라Molinara도 허용되지만, 만생종 코르비나가 고급 발폴리첼라 와인의 열쇠이다. 마시 같은 생산자는 그중에서도 매우 희귀한 토착품종인 오셀레타Oseleta, 코르비노네Corvinone를 시험하고 있다.

말린 포도로 만든 와인

발폴리첼라의 가장 강한 형태는 **레초토**나 **아마로네**다. 각각 스위트(스파클링도 있다)와 드라이(씁쓸한 맛도 있다)에 해당되며, 포도나무에서 건강한 포도를 선별하고 말려서 잘 농축된 강한 와인을 만든다. 중세에 베네치아인들이 가져온 그리스 와인의 직계 후손이지만 이제 귀한 와인은 아니다. 베르타니 와이너리가 1960년대에 널리 유행시킨 뒤로 대량판매가 가능해진 아마로네는 알코올과 약간의 당분을 좋아하는 사람들에게 큰 호응을 얻었다. 싱글빈야드 발폴리첼라가 더 늘어나면서 싱글빈야드 아마로네 역시 늘고 있다.

포도를 말릴 때는 위생이 중요하다. 그래서 온도와 습도가 자동으로 조절되는 현대식 창고를 갖추는 것은 기본이다. 하지만 메로니는 지금도 전통대로 들판에 깔린 안개를 피해, 경사면에 있는 창고에서 포도를 말린다. 아주 오래된 양조법인 리파소(ripasso)는 아마로네를 만들고 남은, 주로 코르비나 품종을 압착한 포도껍질과 발폴리첼라를 섞고 다시 발효시켜 발폴리첼라보다 강한 와인을 만든다. 이렇게 만든 와인에 **발폴리첼라 수페리오레** 또는 **리파소**라는 명칭을 붙이는데, 일종의 '아마로네 라이트'라고 생각하면 된다.

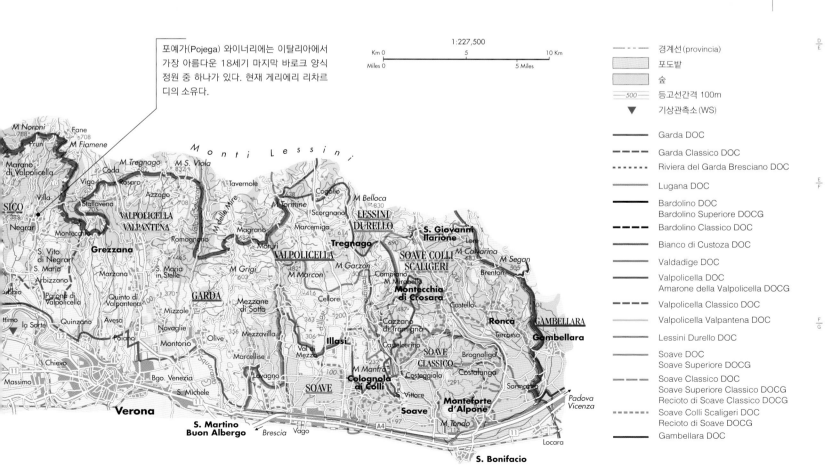

포예가(Pojega) 와이너리에는 이탈리아에서 가장 아름다운 18세기 마지막 바로크 양식 정원 중 하나가 있다. 현재 게리에리 리차르디의 소유다.

1:227,500

Km 0 — 5 — 10 Km
Miles 0 — 5 Miles

경계선 (provincia)
포도밭
숲
—500— 등고선간격 100m
▼ 기상관측소 (WS)

Garda DOC
Garda Classico DOC
Riviera del Garda Bresciano DOC
Lugana DOC
Bardolino DOC
Bardolino Superiore DOCG
Bardolino Classico DOC
Bianco di Custoza DOC
Valdadige DOC
Valpolicella DOC
Amarone della Valpolicella DOCG
Valpolicella Classico DOC
Valpolicella Valpantena DOC
Lessini Durello DOC
Soave DOC
Soave Superiore DOCG
Soave Classico DOC
Soave Superiore Classico DOCG
Recioto di Soave Classico DOCG
Soave Colli Scaligeri DOC
Recioto di Soave DOCG
Gambellara DOC

프리울리 Friuli

1970년대 초, 이탈리아 북동쪽 끝은 우수한 화이트와 인 생산지로 유명했다. 전형적인 국제품종으로 상쾌하 고 현대적인 화이트와인을 처음 만든 지역이다. 기술 적으로 완벽하고 아로마가 풍부하며 날카로운 이 화이 트와인의 스타일은 훌륭했지만, 이제 유행이 지났다. 젊은 프리울리 와인생산자들은 이제 다른 모델을 따 르고 있다. 특히 포도껍질과 함께 발효해서 암포라 항 아리에서 숙성시킨 와인을 만든 요스코 그라브너Josko Gravner가 이 지역을 이끌고 있다.

프리울리는 이 책의 지도에 나온 것보다 훨씬 넓은 지역이다(p.165 참조). 여기서는 p.171 지도 북부의 주요 DOC인 콜리 오리엔탈리 델 프리울리Colli Orientali del Friuli와, 고리차 프로빈차에서 이름을 딴 지도 남부 의 콜리오 고리차노Collio Goriziano(보통 그냥 '콜리오'라 고 부른다)에 집중했다. 프리모르스카 서부 포도밭은 정치적으로는 슬로베니아의 땅이지만(p.268에서 자 세히 설명했다), 지리적으로는 프리울리에 속한다. 국 경 양쪽에 포도밭을 소유한 생산자도 있다. 이탈리아 의 다른 지역처럼 프리울리에도 와인협동조합이 있지

만, 상쾌한 드라이 화이트와인의 유명 생산지인 트렌 티노-알토 아디제와 달리 프리울리는 가족경영 와이 너리가 주를 이룬다.

콜리 오리엔탈리 포도밭은 이탈리아 북동부에서 슬 로베니아까지 뻗어있는 율리안 알프스 덕분에 차가운 북풍에서 보호받지만, 콜리오보다 서늘하고 확실히 더 대륙성 기후에 가깝다. 콜리오는 아드리아해에 가까이 있어 온화하다. 콜리 오리엔탈리('동쪽 언덕'이라는 의 미)는 해발 100~350m의 고지대이지만, 한때는 바 닷속에 있었기 때문에 토양에는 아직도 이회토와 사암 퇴적물의 흔적이 남아있다. 이 토양은 지도 중앙의 마 을 코르몬스에서 이름을 따 '코르몬스 플리시Cormons flysch'라고 불리는데, 층을 이루는 것이 특징이다.

주요 품종은 이곳에서 프리울라노로 불리고 베네 토에서는 타이 비앙코로 불리는 것으로, 소비뇨나스 Sauvignonasse 또는 소비뇽 베르sauvignon vert와 동일한 품종이다. 다른 곳에서는 거칠 수 있지만 이곳 언덕에 서는 잘 자란다. 어느 곳에서나 피노 그리조, 피노 비 앙코, 소비뇽 블랑을 쉽게 볼 수 있고, 지역 특산품종 인 베르두초Verduzzo 역시 널리 재배된다. 콜리 오리엔 탈리 포도밭의 1/3에서 레드와인을 만들고 있으며, 품질도 점점 개선되고 있다. '카베르네'와 특히 메를로 가 지배적이고, 토착품종인 레포스코Refosco, 피뇰로

Pignolo, 그리고 무엇보다 스키오페티노Schioppettino(론 키 디 치알라Ronchi di Cialla 와이너리 덕분에 기사회생했 다)가 점점 더 인기를 얻고 있다. 프리울리에 심은 카베 르네는 대부분 오랫동안 카베르네 프랑으로 알려졌지 만, 그중에는 오래된 보르도 품종인 카르메네르도 있 다. 콜리 오리엔탈리의 일부는 해양성보다는 고산 기 후로 느껴지지만, 남서부 끝 부트리오와 만차노 사이 는 카베르네 소비뇽도 익을 정도로 날씨가 따뜻하다. 기후변화와 양조기술 발달로 이곳의 레드와인은 전반 적으로 품질이 높아졌다. 생산자들은 토양과 상관없이 여러 레드와 화이트 품종을 재배하고 있으며 수확량도 많다.

스위트와인

콜리 오리엔탈리의 북부, 지도상(p.165 참조) 북서쪽 니미스 마을 근처 **라만돌로**Ramandolo DOCG에 있는 언덕 비탈은 더 가파르고, 서늘하고, 축축하다. 달콤한

꼼꼼하게 가지치기한 유명한 요스코 그라브너의 룬크(Runk) 포도밭. 이곳에서 그는 리볼라 잘라 품종과 사랑에 빠졌는데, 이 포도밭은 슬로베니아 국경선에 있다. 이렇게 국경선에 걸쳐 있는 포도밭을 위해 초국가적인 DOC 콜리오 / 브르다가 최초 로 만들어질 예정이다.

호박색 베르두초가 이 지역 특산품이다. 프리울리의
자부심인 강한 화이트 디저트 와인 **피콜리트**Picolit는
콜리 오리엔탈리 전역에서 생산된다. 건초향과 꽃향이
풍부하고, 꿀향은 소테른보다 덜 자극적이다.

콜리 오리엔탈리 남쪽의 작은 **콜리오** DOC에서는
프리울리 최고의 화이트와인 대부분을 포함해 콜리 오
리엔탈리와 매우 비슷한 와인을 생산한다. 그러나 레
드는 생산량이 소량이며, 가볍고 때로는 설익은 맛이
난다. 특히 가을비가 일찍 내리면 그렇다.

피노 그리조는 전 세계적으로 수요가 많아서 오래전
에 프리울라노와 소비뇽 블랑을 앞질렀다. 콜리 오리엔
탈리에서처럼 샤르도네와 피노 비앙코는 다른 화이트
품종에 비해 가벼운 오크향이 나는 경향이 있다. 다른
화이트 토착품종으로는 트라미너 아로마티코Traminer
Aromatico, 말바지아 이스트리아나Malvasia Istriana, 리
슬링 이탈리코Riesling Italico(웰치리슬링Welschriesling)
가 있으며, 모두 슬로베니아에서도 재배하는 품종이다.

하지만 콜리 오리엔탈리와 달리, 콜리오는 고유의
정체성을 구축하는 중이다. 콜리오 비앙코는 지역 품
종인 프리울라노, 리볼라 잘라, 말바지아 이스트리아
나 품종을 섞은 고전적인 블렌딩와인이다. 이 세 품종
의 가격에 따라 콜리오 포도밭을 분류한 17세기 지도
가 있는데, 콜리오 클라시코의 도입을 위한 기본 자료
로 활용할 수 있을 것으로 기대된다. 포도껍질을 침용
시키고 전체 또는 일부를 발효해서 진한 노란색 와인
을 만드는, 전통적인 리볼라 잘라는 콜리오의 특산 품
종이다. 고리치아와 슬로베니아 국경 사이 오슬라비아
마을을 기점으로 요스코 그라브너는 콜리오 와인 발전
에 지대한 영향력을 미치고 있다. 콜리오 와인은 내추
럴와인으로 인정받고 있다. 콜리오에서는 암포라 회사
가 번창하는 반면, 농약 회사는 그렇지 못하다.

전반적으로, 프리울리–베네치아 줄리아의 '카
베르네'는 서쪽 지역 특히 **리손–프라마초레**Lison–
Pramaggiore(p.165 참조)에서 중요한 품종이다. 반면
조생종 메를로는 **그라베 델 프리울리**Grave del Friuli와
프리울리 이존초 Fruiuli Isonzo DOC의 넓은 포도밭과
서늘한 기후에 더 적합하다. 해안지역의 평지 포도밭
에서 생산되는 와인은 콜리 오리엔탈리 언덕에서 생산
되는 와인보다 농축미가 약하다. 이존초강 북쪽, 배수
가 잘되는 이존초 포도밭에서도 역시 농축이 잘된 좋
은 와인을 생산한다. 또한 프리울라노와 피노 그리조
로 우수한 화이트와인도 만든다. 비에 디 로만스Vie di
Romans가 가장 눈에 띄는 생산자다.

트리에스테 해안을 따라 자라는 레드 레포스코는 **카
르소**의 특산품으로, 이곳에서는 테라노Terrano라고 불
린다. 국경 너머 슬로베니아에서도 널리 재배된다. 카
르소에서조차도 다양한 국제품종이 DOC법으로 허용
된다.

프리울리와 서부 슬로베니아

슬로베니아 북서쪽 끝에 있는 와인산지 브르다도 이 지도에 포함되
는데, 콜리오와 지리적으로 거의 구분할 수 없기 때문이다. 작은 언
덕과 가파른 비탈에 포도밭이 자리하고, 국경선에 포도밭이 걸쳐있
는 경우도 있다. p.268의 지도를 보면 이 지역이 슬로베니아 전체에
서 어디에 위치하는지 알 수 있다.

국경선	
경계선(provincia)	
Friuli-Venezia Giulia DOC	
Colli Orientali del Friuli DOC	
Colli Orientali del Friuli Picolit DOCG	
Collio Goriziano o Collio DOC	
Friuli Isonzo o Isonzo del Friuli DOC	
프리모르스카 와인산지, 이름을 가진 하위지역	
RONCUS　주요생산자	
숲	
등고선간격 100m	
기상관측소(WS)	

프리울리 – 베네치아 줄리아 우디네

북위 / 고도(WS)	46.06° / 113m
생장기 평균 기온(WS)	18.0℃
연평균 강우량(WS)	1,248mm
수확기 강우량(WS)	9월 : 99mm
주요 재해	포도 미성숙(카베르네), 노균병
주요 품종	화이트 피노 그리조, 프리울라노, 소비뇽 블랑, 샤르도네 레드 메를로, 카베르네 프랑

이탈리아 중부 Central Italy

이탈리아 중부는 이탈리아의 심장이며 영혼이다. 서쪽으로 살짝 기울어진 반도, 이곳은 외국인들에게 피렌체와 로마, 키안티 지방의 유명한 시골 풍경, 에트루리아인들의 무덤으로 잘 알려져 있다. 너무 뻔하다고 생각하는 사람도 있겠지만 절대 그렇지 않다.

테루아 아펜니노산맥 기슭의 가장 특징적인 토양은 갈레스트로galestro와 알바레제albarese이다. 갈레스토로는 잘 부서지는 점토질 석회암이고, 알바레제는 이보다 더 단단하고 무겁다. 호수와 강뿐만 아니라 양쪽에 바다가 있어 기후가 온화하다.

기 후 아펜니노 산맥은 매우 추우며, 밤에만 추운 것도 아니다. 여름 가뭄이 갈수록 문제가 되고 있다.

품 종 레드 산조베제, 몬테풀치아노Monte-pulciano / 화이트 트레비아노, 베르디키오Verdiccio

고도, 지형, 그리고 무엇보다도 다양한 발상이 존재하는 곳이다. 왼쪽에서는 티레니아해가, 오른쪽에서는 아드리아해가 성격이 매우 다른 해안 와인산지를 적시고, 산악지역이라고도 할 수 있는 이탈리아의 등줄기 아펜니노산맥 기슭의 산지는 해안보다 춥다. 고대의 유산과 창조력이 만난 이탈리아 중부에 상당한 내부투자까지 더해지고 있다. 기후변화의 시대에 만생종 산조베제가 해발 600m나 되는 높이에서도 잘 자란다.

지도 중앙부와 북동부는 산조베제의 땅이다. 산조베제는 이탈리아에서 가장 많이 심는 품종으로, 색이 연하며 묽고 입안을 깔끔하게 해주는 시큼한 와인부터 이탈리아 미식의 세계를 화려하게 표현하는 와인까지 매우 다양하다. 높은 고도에서 포도가 잘 익으려면 생장기 동안 따뜻한 날씨가 필요하고, 낮은 고도에서 자란 산조베제보다 일반적으로 훨씬 섬세한 와인이 된다. 품질은 무시하고 수확량만 생각해서 고른 1970년대 클론품종들에게서 이런 현상이 두드러진다. 이 품종들 대부분은 1990년대에 더 좋은 클론으로 대체되었다(하지만 대체되지 않고 남아있는 것은 여름이 아주 더운 해에 상쾌함을 더해준다). 산조베제 와인은 장기숙성이 가능하지만 색은 진하지 않다. 그래서 20세기 말 카베르네, 메를로와 블렌딩하면서 옅은 색을 보완했다. 지금은 산조베제 100%가 트렌드이다.

껍질색이 연한 포도는 높은 곳이나 입지가 좋지 않은 땅에 심는 경향이 있다. 트레비아노 토스카노가 주요 품종으로, 산조베제의 땅에서 100년 넘게 재배된 터줏대감 화이트품종이다. 하지만 와인이 밋밋해서 베르멘티노가 트레비아노를 빠르게 대체하고 있다. 샤르도네와 소량의 소비뇽 블랑이 보조적으로 사용된다.

동해안 지역

마르케의 완만하고 푸른 언덕 지형인 **베르디키오 데이 카스텔리 디 예지**Verdicchio dei Castelli di Jesi 지역은 방대하다. 이른바 클라시코라고 하는 중심부가 전체 지역의 90%나 차지한다. 빌라 부치와 우마니 론키 같은 생산자들은 상쾌함과 숙성 잠재력을 갖춘 고급와인을 만들기 위해 노력하고 있다. 베르디키오는 이곳에서 조금 짠맛이 느껴진다. 브루노리, 콜레 스테파노, 라 마르카 디 산 미켈레, 피에발타가 만든 베르디키오는 훌륭한 밸류와인이다. 더 작은 **베르디키오 디 마텔리카**는 높고, 다소 기복이 있는 지형이다. 바로 남쪽의 **팔레리오** Falerio DOC, **오피다**Offida DOCG, 페스카라 내륙쪽의 **테레 디 키에티**Terre di Chieti IGT에서 소규모 생산자들이 파세리나Passerina의 페코리노Pecorino 품종으로 빼어난 드라이 화이트와인을 만들어 관심을 끌고 있다.

마르케의 레드와인은 정체성을 빨리 확립하지 못했지만, 즙이 많은 몬테풀치아노 품종으로 만든 **로소 코네로**Rosso Conero DOC는 어느 정도 개성을 보여준다. 산조베제와 몬테풀치아노로 만든 **로소 피체노**Ross Piceno는 일반적으로 생산량이 적고 신중하게 오크통 숙성을 해서 가치가 있다.

몬테풀치아노는 아드리아해안에서 재배하는 레드품종이고, **몬테풀치아노 다브루초**는 와인마다 차이는 있지만 가격이 비싸지 않다. **체라수올로 다브루초** Cerasuolo d'Abruzzo는 풀바디 드라이 로제 버전이다. 페티넬라의 체라수올로 다브루초는 개성이 너무 강해 그냥 비노 로자토Vino Rosato(로제와인)로 판매된다. 야생적인 아브루치언덕에서 몬테풀치아노가 가장 잘 자라는 지역은 테라모 마을 주위 언덕으로, **몬테풀치아노 다브루초 콜리네 테라마네**Montepulciano d'Abruzzo Colline Teramane DOCG를 획득했다. 에미디오 페페와 프레시디움이 뛰어난 생산자들이다. 트레비아노 다브루초(트레비아노 토스카나와 다르다) 품종 역시 매우 기복이 크지만, 좋은 것은 정말 좋다. 정확히 어떤 포도를 사용하는지가 매우 중요하다. 로레토 아프루티노의 돈키호테 같은 인물, 에두아르도 발렌티니는 까다롭게 선별해 뛰어난 숙성 잠재력이 있는 풀바디 트레비아노를 만들어 세계적 명성을 얻었다. 지금은 티베리오와 에미디오 페페에게 영향을 주고 있다.

서해안 지역

로마가 있는 서해안의 라치오는 특이하게 와인산업이 발달하지 않았다. 몇 안 되는 생산자들이 국제품종과 레드품종인 체사네제Cesanese 같은 토착품종으로 분투하고 있다. 체사네제는 2개의 DOC와 1개의 DOCG, **필리오**Piglio를 가진다. 필리오에서는 타닌이 강한 와인을 만든다. 다미아노 촐리와 코스타 그라이아의 싱글빈야드가 선두에 서있다.

로마는 기본적으로 화이트와인의 도시다. 점점 더 복잡해지는 카스텔리 로마니의 **마리노**Marino와 **프라스카티**Frascati의 구릉지대에서 많은 양의 와인이 생산되지만 큰 관심은 받지 못하고 있다.

북쪽의 체르베테리는 지도상에서 실제보다 훨씬 중요해 보인다. 이곳에서 북쪽 토스카나 해안의 내륙지역은 지난 20~30년 동안 가장 극적인 변화가 있었다(토스카나 해안은 p.173, 라치오 북서쪽은 p.181 참조).

에밀리아-로마냐Emilia-Romagna 와인에 대한 개요는 p.156에 소개했다. **코르토나**Cortona는 몬테풀치아노 바로 동쪽의 DOC로 많은 국제품종을 재배하고 있으며, 시라가 가장 눈에 띈다. 테니멘티 루이지 달레산드로와 스테파노 아메리기가 가장 뛰어난 생산자이다.

마체라타 서쪽, 카메리노 근처 로소 피체노 포도밭은 마르케의 전형적인 구릉지대로 친환경 농업 지역이다. 포도밭이 토스카나보다 훨씬 저렴하고, 아드리아해 덕분에 기후가 온화하다.

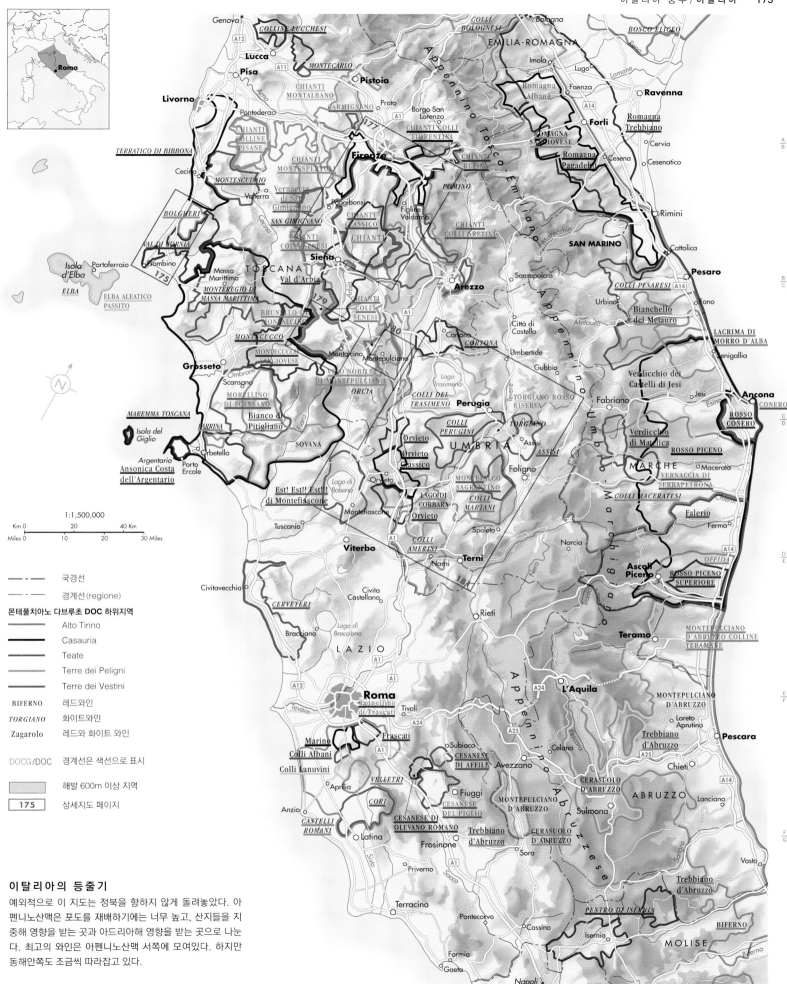

Genova

COLLINE LUCCHESI

A12

Lucca
Pisa
MONTECARLO
A11
Pistoia
Prato
CHIANTI
MONTALBANO
CARMIGNANO
177
Livorno
Pontedera
Arno
CHIANTI COLLI
FIORENTINI
Borgo San
Lorenzo

COLLI
BOLOGNESI
Bologna
Imola
BOSCO ELICEO
Lugo
Faenza
EMILIA-ROMAGNA
Romagna
Albana
ROMAGNA
SANGIOVESE
Ravenna
Forli
Romagna
Trebbiano
Cervia
Cesenatico

CHIANTI
COLLINE
PISANE
Cecina
TERRATICO DI BIBBONA
MONTESCUDAIO
Volterra
Vernaccia di San
Gimignano
CHIANZI
MONTESPERTOLI
Firenze
CHIANTI
RUFINA
POMINO
Poggibonsi
Figline
Valdarno

Appennino Tosco-Emiliano
Romagna
Pagadebit
Sansepolcro
Cesena
Forli
Rimini

SAN GIMIGNANO
CHIANTI
CLASSICO
CHIANTI
COLLI SENESI
CHIANTI
Siena
CHIANTI
COLLI ARETIN

SAN MARINO
Cattolica
Pesaro

BOLGHERI
175
Piombino
Massa
Marittima
TOSCANA
Val d'Arbia
Arezzo
COLLI PESARESI
A14
Fano
Urbino
Bianchello
del Metauro
Senigallia

VAL DI CORNIA
ELBA
Portoferraio
Isola
d'Elba
ELBA ALEATICO
PASSITO
MONTEREGIO DI
MASSA MARITTIMA
BRUNELLO DI
MONTALCINO
179
CHIANTI
COLLI
SENESI
Cortona
CORTONA
Umbertide
Gubbio
LACRIMA DI
MORRO D'ALBA
Verdicchio dei
Castelli di Jesi
Jesi
Ancona
CONERO

Grosseto
MONTECUCCO
MONTECUCCO
SANGIOVESE
Montalcino
Montepulciano
VINO NOBILE
DI MONTEPULCIANO
ORCIA
Lago
Trasimeno
Assisi
ASSISI
TORGIANO ROSSO
RISERVA
Fabriano
ROSSO
CONERO
Verdicchio
di Matelica
ROSSO PICENO
MARCHE
Macerata

Scansano
Ombrone
MORELLINO
DI SCANSANO
Bianco di
Pitigliano
Fiora
SOVANA
COLLI DEL
TRASIMENO
Perugia
COLLI
PERUGINI
TORGIANO
UMBRIA
Assisi
Foligno
VERNACCIA DI
SERRAPETRONA
COLLI MACERATESI

MAREMMA TOSCANA
TAFRINA
Isola del
Giglio
Argentario
Ansonica Costa
dell'Argentario
Porto
Ercole
Orbetello
Orvieto
Orvieto
Classico
Lago di
Bolsena
Orvieto
MONTEFALCO
SAGRANTINO
LAGO DI
CORBARA
COLLI
MARTANI
Orvieto
Spoleto
Falerio
Fermo
OFFIDA
Ascoli
Piceno
ROSSO PICENO
SUPERIORE

Est! Est!! Est!!!
di Montefiascone
Montefiascone
Tuscania
COLLI
AMERINI
Narni
Terni
Norcia
Nera

Civitavecchia
CERVETERI
Civita
Castellana
Rieti
MONTEPULCIANO
D'ABRUZZO COLLINE
TERAMANE
Teramo

Bracciano
Lago di
Bracciano
LAZIO
A12
A1
Tevere
Viterbo
Teramo

Roma
Cannellino
di Frascati
Tivoli
A24
L'Aquila
MONTEPULCIANO
D'ABRUZZO
Loreto
Aprutino
Trebbiano
d'Abruzzo
Pescara

Marino
Colli Albani
Colli Lanuvini
Frascati
Subiaco
CESANESE
DI AFFILE
Avezzano
Celano
A25
Chieti
A14

Aprilia
VELLETRI
CORI
Fiuggi
CESANESE
DEL PIGLIO
MONTEPULCIANO
D'ABRUZZO
CERASUOLO
D'ABRUZZO
CERASUOLO
D'ABRUZZO
Sulmona
ABRUZZO
Lanciano

Anzio
CASTELLI
ROMANI
CESANESE DI
OLEVANO ROMANO
Latina
Frosinone
Trebbiano
d'Abruzzo
Sora
Vasto

Terracina
Priverno
Pontecorvo
Cassino
Trebbiano
d'Abruzzo
BIFERNO

Gaeta
Formia
Napoli
PENTRO DI ISERNIA
Isernia
MOLISE
Biferno

1:1,500,000
Km 0　20　40 Km
Miles 0　10　20　30 Miles

국경선

경계선(regione)

몬테풀치아노 다브루초 DOC 하위지역

Alto Tirino

Casauria

Teate

Terre dei Peligni

Terre dei Vestini

BIFERNO　　레드와인

TORGIANO　　화이트와인

Zagarolo　　레드와 화이트 와인

DOCG/DOC　경계선은 색선으로 표시

해발 600m 이상 지역

175　상세지도 페이지

이탈리아의 등줄기

예외적으로 이 지도는 정북을 향하지 않게 돌려놓았다. 아
펜니노산맥은 포도를 재배하기에는 너무 높고, 산지들을 지
중해 영향을 받는 곳과 아드리아해 영향을 받는 곳으로 나눈
다. 최고의 와인은 아펜니노산맥 서쪽에 모여있다. 하지만
동해안쪽도 조금씩 따라잡고 있다.

마렘마 **Maremma**

p.175의 지도는 토스카나의 코트 도르라고 불릴 만한 마렘마 토스카나Maremma Toscana의 원래 지역만 보여준다. 리보르노에서 아르젠타리오반도까지 뻗어있는 마렘마 토스카나 DOC는 뜨거운 관심을 받으며 외부 투자자들을 모으고 있다.

과거 말라리아가 창궐했던 토스카나 해안은 와인 전통이 그리 길지 않다. 1940년대 인치자 델라 로케타 후작이 볼게리에 있는 아내 소유의 광대한 산 귀도 저택의 돌밭에(원래 종마 사육장이었던 곳이다) 카베르네를 심은 것이 시작이었다. 그는 메독을 꿈꿨다. 가장 가까운 포도밭이 몇 km나 떨어져 있었고, 그가 심은 어린 포도나무는 버려진 복숭아 과수원과 딸기밭에 둘러싸여 있었다. 하지만 하우스와인 사시카이야Sassicaia가 그의 마음에 들었고, 양조가 자코모 타키스의 지도 아래 더 많은 나무를 심었다. 후작이 처음 만든 와인은 시간이 지나 타닌이 없어지면서 이탈리아에서 보지 못한 새로운 풍미를 보여주었다.

후작의 조카 피에로와 로도비코 안티노리가 와인을 시음했다. 피에로는 보르도의 에밀 페노 교수에게 연락했고, 안티노리는 사시카이야를 병입해서 1968년 빈티지를 시장에 내놓았다. 1970년대 중반 사시카이야는 세계적인 와인이 되었다. 그리고 1980년대에 로도비코 안티노리는 당시 자신이 소유한 근처의 오르넬라이아Ornellaia에 카베르네 소비뇽과 메를로, 소비뇽 블랑을 심었다. 소비뇽 블랑은 별로 성공적이지 못했다. 1990년에는 그의 형인 피에로가 카베르네 소비뇽과 메를로를 블렌딩하여, 남서쪽의 더 높은 곳에 있는 벨베데레Belvedere 와이너리에서 구아도 알 타소Guado al Tasso를 생산했다. 토양은 모래가 더 많았고, 와인은 더 가벼웠다. 위대한 토스카나 레드와인을 만들기에 이곳은 너무 서쪽일지 모르지만, 어쨌든 지난 20년 동안 마렘마 전역에서 포도밭 쟁탈전이 일어났고 투자가 쏟아져 들어왔다. 안티노리, 프레스코발디Frescobaldi, 루피노Ruffino 같은 피렌체의 큰 와이너리뿐 아니라, 내륙의 키안티언덕에 자리한 수많은 소규모 생산자들도 잘 익은 포도를 찾아 해안으로 내려왔다(내륙 품종에 해안 품종을 15%까지 섞을 수 있다). 얼마 지나지 않아 그레이프-러시grape-rush 행렬이 이어졌고, 볼라Bolla, 가야Gaja, 로아케르Loacker, 조닌Zonin 같은 북부 생산자들도 내려왔다. 심지어 캘리포니아에서도 찾아왔다.

볼게리Bolgheri DOC가 발전하면서 사시카이야는 볼게리 DOC에 독자적인 DOC를 갖게 되었고, 로마로 가는 해안도로인 비아 아우렐리아에 새로운 와이너리가 생겨났다. 신참들은 대부분 카베르네와 메를로를 선택했는데, 어렵게 손에 넣은 포도밭(넓은 포도밭도 있다)은 개성 있는 와인을 생산하기에 너무 평지이고 비옥한 것으로 드러났다. 그래서 좋은 포도밭이 될 땅이 많은 남쪽으로 관심이 옮겨갔다. 이제는 언덕 위 더 높은 곳에 있는 **발 디 코르니아**Val di Cornia와 **수베레토**Suvereto도 희망에 찬 투자자들을 모으고 있다.

마렘마 토스카나 DOC는 p.175 지도와 p.173 지도에 표시된 라치오 북부와 몬탈치노 서부에 있는 모든 DOC와 DOCG를 포괄한다.

대부분 지정된 지 얼마 안 된, 복잡한 DOC와 DOCG의 미로 속에서 토스카나를 상징하는 산조베제가 살아숨쉬고 있다. 실제로 마렘마 중부와 남부는 대개 보르도 품종보다 산조베제가 훨씬 적합하다. 좋은 와인은 고도가 높은 척박한 포도밭에서 생산된다. 산조베제를 최소 90% 사용해야 하는 **몬테쿠코 산조베제**Montecucco Sangiovese(몬테쿠코 DOC는 최소 70%)는 유망한 DOCG다. 또 완만한 구릉지대여서 **몬테레조 디 마사 마리티마**Monteregio di Massa Marittima처럼 높고 험한 지역보다 포도나무를 심기 쉽다. 몬테레조는 미네랄이 풍부한 해안 능선 콜리 메탈리페레까지 뻗어있다. 포도밭을 조성하려면 대대적인 구조조정이 필요한데, 몬탈치노와 비슷한 토양이 해발 600m에 있다면 매우 우아한 산조베제가 나올 수 있을 것이다.

오르넬라이아는 보르도 그랑 크뤼 가격에 팔린다. 그래서 모든 작업에 정성을 쏟는다. 꼼꼼한 선별을 거친 완벽한 포도알만 최신 고급 발효조 속으로 들어간다.

그로세토 바로 남쪽에는 1978년에 지정된 **모렐리노 디 스칸사노**Morellino di Scansano DOC가 있다. 모렐리노는 이곳에서 산조베제를 부르는 이름이고, 스칸사노는 언덕 꼭대기에 있는 마을 이름이다. 이곳은 마렘마의 전통적인 산조베제 산지이지만, 가장 유명한 와인은 소량의 알리칸테를 섞은 보르도 블렌딩이다. 사프레디Saffredi는 원래 안티노리의 유명한 양조가 자코모 타키스의 도움으로 레 퓨필레Le Pupille에서 만들었다. 해수면 가까이는 기후가 온화해 포도가 익는 데 문제가 없다. 유일하게 해안가에 있는 **파리나**Parrina DOC는 와인에 살집이 있고 부드러워, 키안티 클라시코 내륙 언덕에서 만든 어느 것보다 '국제적'이다.

옆 지도의 북쪽은 최근 몇 년 동안 계속 확장되고 있다. 루도비코 안티노리가 비제르노Biserno 와이너리를 소유하고 있고, 가야도 몇 ha의 포도밭에서 레드와 화이트를 생산한다. 이 둘은 더 높고 바람이 많이 불며 따뜻한 **테라티코 디 비보나**Terratico di Bibbona에 투자했다. 이곳에서는 볼게리보다 더 강한 와인을 생산한다. 비보나 마을 북쪽 **몬테스쿠다이오**Montescudaio DOC(p.173 참조)에는 문을 연 지 얼마 안 됐지만 놀라운 실력을 가진 두 와이너리가 있으며, 이곳의 와인은 2010년에 지정된 **코스타 토스카나**Costa Toscana IGT로 시판된다. 두에마니Duemani는 토스카나 카베르네 프랑을 재배하는 데 뛰어난 기량을 보여줬고, 카이아로사Caiarossa는 매우 상쾌하고 우아한 와인을 만든다.

마렘마 지방 전체가 눈 깜빡할 사이에 습지에서 이탈리아의 나파 밸리로 변모했다.

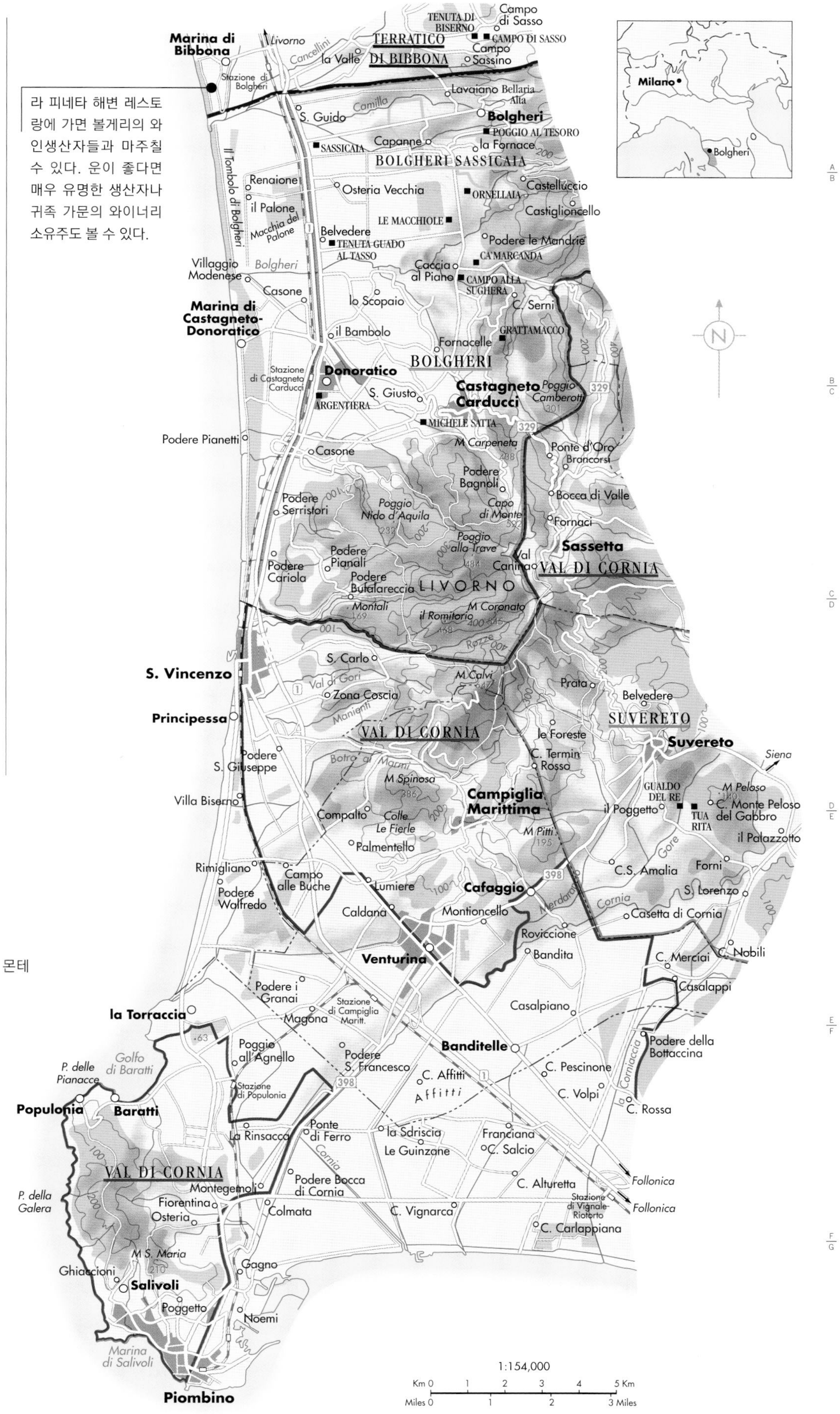

라 피네타 해변 레스토랑에 가면 볼게리의 와인생산자들과 마주칠 수 있다. 운이 좋다면 매우 유명한 생산자나 귀족 가문의 와이너리 소유주도 볼 수 있다.

토스카나 북부 해안

지도 남쪽의 모렐리노 디 스칸사노, 파리나, 내륙쪽의 몬테쿠코(p.173 참조)에서 매우 흥미로운 와인을 만든다.

- 경계선(provincia)
- 경계선(commune)
- Terratico di Bibbona DOC
- Bolgheri DOC
- Bolgheri Sassicaia DOC
- Val di Cornia DOC
  Val di Cornia Rosso DOCG
- Suvereto DOCG
- ■ORNELLAIA 주요생산자
- Bellaria Alta 주요포도밭
- 숲
- 500 등고선간격 100m

1:154,000

Km 0　1　2　3　4　5 Km
Miles 0　　1　　2　　3 Miles

키안티 클라시코 Chianti Classico

피렌체와 시에나 사이의 언덕은 풍경, 건축, 농업이 오래전부터 깊이 얽혀있다. 저택, 사이프러스, 올리브나무, 포도밭, 바위, 숲이 만들어내는 풍경은 지금이 로마시대인지 르네상스 시대인지 아니면 리소르지멘토(19세기 이탈리아 통일 운동) 시대인지 헷갈릴 정도다(수많은 관광객들이 차가 안 보이는 곳에 주차한다면 말이다).

이 변함없는 풍경을 배경으로 과거의 토스카나 농촌마을은 여러 작물을 마구 섞어 재배해야 했지만, 지금은 계곡 위부터 아래까지 우거진 숲 사이 입지가 좋은 곳에 포도밭이 산뜻하게 자리하고 있다. 그중 다수는 부유한 외지인 소유이다.

원래 키안티 지역은 세계 어느 곳보다 먼저 경계선이 생겼다. 1716년 라다, 가이올레, 카스텔리나, 그리고 나중에 추가된 그레베(파차노 포함) 마을 주위의 땅이 이 지역을 형성했다. p.177 지도에 붉은 선으로 표시한, 확장된 전통 지역이 현재 이탈리아 최고의 와인 중 하나를 생산하는 키안티 클라시코이다(항상 최고였던 것은 아니다).

1872년 리카졸리 남작(이탈리아 수상도 역임했다)은 자신의 브롤리오 성에서 키안티 와인을 2가지로 구분했다. 하나는 어릴 때 마시는 단순한 와인, 다른 하나는 셀러에서 숙성시켜야 할 야심찬 와인이었다. 남작은 어릴 때 마시는 키안티의 경우 당시 일반적인 화이트품종이었던 말바지아와 레드품종인 산조베제, 카나이올로Canaiolo의 블렌딩을 허용했다. 하지만 안타깝게도 생산량이 많은 화이트품종의 블렌딩 비율이 높아지고, 밋밋한 트레비아노 토스카노가 조금씩 끼어들기 시작했다.

1963년 키안티 DOC가 지정되었을 때, 법은 키안티 클라시코를 포함해 모든 키안티에 화이트품종을 10% 넣을 것을 요구했고 30%(너무 많다)까지 허용했다. 그래서 흐릿한 키안티가 당연해졌고(뿐만 아니라 키안티의 전통품종인 껍질색이 진한 산조베제의 질 낮은 클론을 사용해서 힘이 떨어지고, 남부 이탈리아에서 벌크로 가져온 레드와인을 혼합해 농도가 진해졌다), 그 결과 법을 고치거나 아니면 생산자들이 자신의 방식대로 최고급와인을 만들어 새로운 명칭을 붙일 수밖에 없었다.

1975년 유서 깊은 안티노리 가문은 피렌체 북서쪽의 카르미냐노Carmignano DOC 와인처럼, 산조베제에 소량의 카베르네를 블렌딩한 반항아 티냐넬로Tignanello를 출시했다. 뒤이어 카베르네와 산조베제의 비율을 반대로 블렌딩한 솔라이아Solaia를 출시하며 반항정신을 분명히 보여주었다. 몇 년 안 되어 키안티의 거의 모든 와이너리는 안티노리 가문을 따라 독자적인 '슈퍼 토스카나Super Toscana'를 만들었다. 거의 대부분 국제품종으로 와인을 만들었고, 처음에는 도전적으로 비노 다 타볼라로 판매했다.

하지만 수많은 반항적인 와인의 개성이 점점 진정한 토스카나 와인에서 멀어지고, 더 좋은 품질의 새로운 산조베제 클론이 개발되고, 좋은 입지의 포도밭에 대한 이해가 쌓이고, 재배기술이 좋아져서 정말 훌륭한 와인인 키안티 클라시코(그리고 리제르바 버전)가 등장했다. 현재 리제르바는 전체 생산량의 25%를 차지한다.

부활한 산조베제

이제 키안티 클라시코는 상당한 양(블렌딩의 80~100%)을 수확량이 적은 고품질 산조베제로 만들며, 오크통 숙성을 거쳐 10년 이상 보관할 수 있는 매우 만만찮은 와인이 되었다. 키안티 클라시코에는 전통적인 카나이올로, 진한 색의 콜로리노Colorino, 국제품종 중에서도 카베르네 소비뇽과 메를로 등 다른 품종을 총 20%까지 허용하고 있다. 하지만 100% 토스카나 와인을 만들기 위해 국제품종은 사용량이 점점 줄고 있다.

키안티 클라시코의 포도밭은 적어도 해발 250~500m의 비교적 고지대에 위치한다. 몇 년 동안은 높은 포도밭 일부에서 산조베제가 익지 않아 어려움을 겪었다. 토양은 현지에서 갈레스트로라 불리는 잘 부서지는 이회토이며, 알바레제라고 불리는 석회암이 끼여있기도 하다. 키안티 전원 지역의 복잡한 언덕 지형과 숲 사이로 흩어져있는 포도나무(그리고 올리브나무)를 보여주는 지도에 표시된 생산자들은, 비교적 색이 옅고 산미가 강한 산조베제를 복합적이고 타닌이 풍부한 맛 좋은 와인으로 변모시키는 데 성공했다. 산조베제에 관능적인 면은 없다. 오늘날 키안티 클라시코는 대부분 세심하게 만들어지며, 작은 프랑스 오크통에서 전통적인 슬로베니아의 커다란 오크통(보테botte라고 부른다)으로 돌아가고 있다.

전체 생산량의 25%를 차지하는 리제르바 키안티 클라시코는 병에서 오래 숙성시킨 뒤 마셔야 하고, 최근 만들어진 그란 셀레치오네Gran Selezione 등급보다 더 강한 인상을 줄 때가 많다. 그란 셀레치오네는 시음을 통해 선정되는 키안티 와인의 최고 등급이다.

토스카나 피렌체	▼
북위 / 고도(WS)	43.80° / 44m
생장기 평균 기온(WS)	20.1℃
연평균 강우량(WS)	767mm
수확기 강우량(WS)	10월 : 85mm
주요 재해	포도 미성숙, 노균병, 에스카병
주요 품종	레드 산조베제, 카나이올로 네로(Canaiolo Nero)

거대한 키안티

20세기 초 키안티 와인은 질 낮은 모조품이 넘쳐날 정도로 이탈리아뿐 아니라 해외에서도 인기가 많았다. 1932년 이탈리아 정부는 클라시코 지역의 경계를 지정하는 위원회를 조직했는데, 위원회는 클라시코를 정하는 대신 6개 하위지역을 추가하고 단순히 '키안티' 명칭을 사용할 수 있는 거대한 지역(p.173 지도에 연두색 선으로 표시된 부분)을 지정했다. 북쪽에서 남쪽까지 거의 160km에 달하는 지역으로, 보르도보다 더 넓다. 키안티 클라시코와 비교해서 키안티 외곽에 자리한 하위지역이 수확량은 더 많고, 최소 알코올 도수는 더 낮으며, 포도나무를 덜 빽빽하게 심는다. 그리고 화이트와인 품종을 여전히 상당한 비율로 블렌딩할 수 있다. 그렇게 해서 만들어진 레드는 키안티 클라시코보다 훨씬 가볍고 많이 부족하다.

6개 키안티 하위지역 중 피렌체 동쪽에 있는 **키안티 루피나**(Chianti Rufina, p.177 지도에 진보라색 선으로 표시되어 있다. p.173 지도 참조)가 가장 독특하고 훌륭하게 숙성되는 우아한 와인을 만든다. 북쪽의 아펜니노산맥을 넘어온 해풍이 포도밭의 기온을 낮춰줘서 키안티 루피나 와인의 섬세함이 완성되고, 셀바피아나(Selvapiana) 같은 최고의 와이너리들이 수십 년 숙성 가능한 와인을 만들 수 있다.

또 다른 유명 와이너리는 **키안티 콜리 세네시**(Chianti Colli Senesi, 파란선 남쪽) 하위지역의 산 지미냐노 근처 시에나의 언덕에 위치한다. **베르나차 디 산 지미냐노**(Vernaccia di San Gimignano) 화이트와인은 한때 관광객들을 대상으로 한 저렴한 와인이었지만, 이제는 오래 보관할 수 있는 진정한 와인이 되었다. 암포라에서 포도껍질과 함께 발효시킨 것도 있다.

키안티 콜리 피오렌티니(Chianti Colli Fiorentini), **콜리네 피자네**(Colline Pisane), **콜리 아레티니**(Colli Aretini) 하위지역인 피렌체, 피사, 아레초의 언덕에서 만든 키안티는 섬세함이 조금 떨어진다. 피렌체 북서쪽의 하위지역 **키안티 몬탈바노**(Chianti Montalbano) 역시 마찬가지다. 하지만 키안티 몬탈바노에는 유서 깊은 **카르미냐노**(p.173 지도 참조)가 있다. 클라시코 지역보다 약간 낮은 곳에서 와인이 좀 더 부드럽다. 카르미냐노는 토스카나에서 처음으로 카베르네 소비뇽을 블렌딩해서 강한 골격을 만든 와인이다.

키안티의 심장부

피렌체 남쪽 키안티언덕은 수많은 사람들의 여름휴가를 장식한 곳이다. 몇몇 지역은 너무 높아 포도가 충분히 익지 않는다. 지금은 와인과 올리브오일이 주요 작물이며, 혼작은 과거의 일이다.

1:230,000

Km 0 — 4 — 8 Km
Miles 0 — 2 — 4 Miles

범례

— Chianti Classico DOCG
Vin Santo del Chianti Classico DOC

키안티 DOCG 하위지역

— Rufina
— Colli Fiorentini
— Montespertoli
— Colli Senesi
— Colli Aretini

— Pomino DOC
--- 경계선 (provincia)

■ FONTODI　주요생산자
　　　　　포도밭
　　　　　숲
—250— 등고선간격 50m
▼ 기상관측소 (WS)

많은 키안티 클라시코 와이너리에서 올리브 오일도 생산하고 있다. 주로 베르멘티노로 만드는 특별할 것 없는 드라이화이트, 생산이 늘고 있는 로자토(로제), 빈 산토Vin Santo(말린 포도로 장기숙성시킨 이탈리아 중부의 유명한 스위트 화이트와인. 황갈색에 가깝다. p.180 참조), 한두 가지의 슈퍼 토스카나(지금은 토스카나 IGT로 판매된다)도 생산한다. 하지만 키안티 클라시코 생산량이 많아지면서 이들은 줄고 있다.

매우 개성적인 키안티 클라시코 와인을 일반 키안티 와인(p.176 아래 참조)과 구분하려면 각 코무네의 정체성을 구축해야 한다. 한 예로 가이올레 와인은 포도밭이 높은 곳에 있어 전반적으로 산미가 강하다. 반대로 낮은 곳에 있는 카스텔리나 인 키안티는 보통 더 풍부하고 조금 더 기름지다. 키안티 클라시코 지역의 남쪽 카스텔누오보 베라르덴가Castelnuovo Berardenga는 빡빡하고 거친 타닌이 특징이다. 판차노는 행정구역상 훨씬 다채로운 그레베Greve 코무네에 속하는데, 콘카 도로Conca d'Oro(황금조개)라고 불리는 원형극장식 포도밭에서 생산되는 와인이 꽤 독특하다. 하루 종일 햇빛을 받아 과일향이 풍부하고 타닌이 부드럽다. 판차노는 유기농법을 대대적으로 채택한 이탈리아 최초의 와인 코무네로, 2018년 키안티 클라시코의 35%가 유기농법으로 재배되었다.

외부인 입장에서는 라벨에서 키안티의 복잡한 지리적 차이를 명료하게 나타내는 것이 필요해 보인다(이미 키안티의 많은 레스토랑에서 와인리스트를 간단하게 표시한다).

이 사진은 토스카나 와인메이커가 되고 싶은 이들이 분명 꿈꾸는 풍경일 것이다. 가이올레-인-키안티 마을 근처의 바디아 아 콜티부오노(Badia a Coltibuono) 와이너리로, 수도원 소유의 와이너리로 출발한 수많은 이탈리아 와이너리 중 하나다.

몬탈치노 Montalcino

1970년대에 몬탈치노는 남부 토스카나에서 가장 가난한 언덕배기 마을로, 이탈리아 내에서도 거의 알려진 바가 없었다. 이곳 기후가 북쪽이나 남쪽보다 안정적이라는 것은 현지인들만 아는 사실이었다. 몬탈치노 바로 남쪽에 있는 해발 1,700m의 몬테 아미아타 화산은 남쪽에서 오는 여름 폭풍우를 막아준다. 몬탈치노는 토스카나 해안(p.174 참조)의 따뜻하고 건조한 기후를 보이며, 최고의 포도밭은 더 서늘한 키안티 클라시코 지역의 토양보다 암석이 많고 덜 비옥하다. 여기서 만든 와인은 전형적인 토스카나 레드와인의 톡 쏘는 맛과 풍미에, 깊이와 숙성 잠재력이 더해진다.

리카촐리가 키안티의 성공 공식을 발견하던 시기에 클레멘테 산티와 그의 친척은(지금은 가문 이름이 비온디 산티로 바뀌었다) **브루넬로 디 몬탈치노**Brunello di Montalcino 와인으로 성공모델을 구축하고 있었다(브루넬로는 몬탈치노에서 선택한 산조베제 클론이다). 그때 나온 브루넬로 디 몬탈치노 빈티지 같은 오래되고 특별한 와인은 희소성뿐만 아니라, 인상적인 힘을 가지고 있어 모방할 만한 가치가 있었다. 실제로 많은 와이너리에서 따라 했다.

1970년대에 미국에서 람브루스코로 성공을 거둔 거대 와인수입사 반피Banfi가 **모스카델로 디 몬탈치노**Moscadello di Montalcino(모스카델로를 위해 만들어진 DOC. 브루넬로와 경계선이 같다)에 모스카델로를 대량으로 심어 람브루스코의 성공을 재현하려고 했지만 실패했다. 반피는 즉시 브루넬로로 바꿔서 심었고, 1980년대부터 반피의 강력한 영향력과 유통망 덕분에 몬탈치노 와인은 미국을 사로잡고 세계시장을 공략했다. 몬탈치노는 토스카나의 바롤로로 떠올랐지만, 바롤로의 복잡하고 세밀한 지리적 분류는 갖지 못했다.

오래된 브루넬로 디 몬탈치노는 영웅들의 와인이었지만 지금은 현대인의 입맛에 상당히 맞춰졌다. 최소 4년이던 오크통 숙성 규정은 2년으로 줄었고, 브루넬로 디 몬탈치노는 산조베제 100%여야 함에도 불구하고 20세기 말 몇몇 생산자들이 국제품종을 섞어 와인에 더 깊은 맛을 내기 시작했다. 이 문제가 2008년 크게 불거져, 생산자들은 결국 투표를 통해 블렌딩할 때 외국품종을 허용하지 않기로 결정했다. 그래서 최근 빈티지는 토스카나 느낌이 더 강하다. **산탄티모**Sant' Antimo DOC는 브루넬로와 경계선이 같지만 산조베제가 아닌 다른 품종으로 만든 와인에 사용하는 DOC인데, 많이 사용되지는 않는다.

몬탈치노는 DOCG 중 **로소 디 몬탈치노**Rosso di Montalcino라는 (비교적) 더 가벼운 산조베제로 '주니어 DOC'를 최초로 부여받는 영광을 얻었다. 4년이 아니라 1년 숙성시킨 뒤에 시판하고, 숙성기간은 짧지만

경계선 (provincia)

Chianti Colli Senesi DOCG

Brunello di Montalcino DOCG
Rosso di Montalcino DOC
Moscadello di Montalcino DOC
Sant'Antimo DOC

■ LISINI   주요생산자

□ 포도밭

□ 숲

─500─ 등고선간격 100m

1:135,000

Km 0   1   2   3   4   5 Km
Miles 0   1   2   3 Miles

저렴한 가격으로 브루넬로의 품질을 경험할 수 있게 해준다.

브루넬로의 높은 가격에 힘입어 산조베제의 재배면적이 크게 확대되었다. 1960년에 60*ha*였던 것이 현재는 2,610*ha*가 넘는다. 포도밭의 고도도 다양해서 무거운 점토질 토양에서 강한 와인을 만드는 남쪽의 발 도르차Val d'Orcia는 해발고도가 150m이고, 몬탈치노 마을 언덕 꼭대기 바로 남쪽은 해발 500m의 갈레스트로 이회토에서 더 우아하고 향이 풍부한 와인을 생산한다. 이것이 '진짜 맛'이라고 평가하는 이들도 있다. 마을 바로 아래의 높고 가파른 비탈 포도밭은 몬탈치노 와인의 출발지로, 생장기간이 매우 길어 포도가

잘 익지 않는 서늘한 해에도 다양한 뉘앙스의 와인이 나온다. 산탄젤로 스칼로 언덕에서 콜레의 산탄젤로까지 길게 펼쳐진 포도밭은 몬탈치노에서 가장 덥고 건조한 지역으로, 대부분의 와인이 이 영향을 받는다. 타베르넬레 마을 주위의 생산자들은(카제 바세의 잔프랑코 솔데라Gianfranco Soldera 등) 이 지역이 서늘한 바람이 계속 불면서 서리와 안개가 없어, 언덕 아래와 위의 장점을 모두 가졌다고 믿는다.

다른 포도밭보다 좋은 포도밭은 분명 있다. 하지만 포도밭 등급을 분류하고 하위지역을 지정하는 일은 아직 정치적으로 너무 민감한 사항이다. 점점 늘어나는 브루넬로 애호가들은 희망을 버리지 않고 있다.

몬테풀치아노 Montepulciano

몬탈치노에서 동쪽으로 살짝 끼여있는 일반 키안티 지역을 지나면 몬테풀치아노가 나온다. 몬테풀치아노는 옛날부터 콧대가 높았다. 매우 귀족적인 이름을 가진 **DOCG 비노 노빌레 디 몬테풀치아노**Vino Nobile di Montepulciano가 이를 증명한다. 매우 아름다운 언덕 마을인 몬테풀치아노는 포도밭으로 둘러싸여있다. 이 포도밭에는 프루뇰로 젠틸레Prugnolo Gentile라 불리는 산조베제가 자라고, 몇몇 토착품종과 메를로, 시라 같은 프랑스 품종도 찾아볼 수 있다. 비노 노빌레Vino Nobile는 산조베제가 최소한 70%는 들어가야 한다. 100% 산조베제를 선호하는 생산자도 있고, 블렌딩하는 생산자도 있어, 와인마다 개성이 뚜렷하고 다양하다. 쉽게 느껴질 정도로 대부분 농도가 매우 짙고 어릴 때는 타닌이 강하다. 오크통 숙성을 너무 오래한 와인도 아직 있다. 보스카렐리Boscarelli, 그라차노 델라 세타Gracciano della Seta, 콘투치Contucci와 발디피아타Valdipiatta의 오래된 빈티지는 눈여겨볼 만하다.

몬테풀치아노도 몬탈치노처럼 오크통 숙성 최소기간을 줄였다(일반과 리제르바 모두 1년). 하지만 비노 노빌레 디 몬테풀치아노는 2년, 리제르바는 3년 동안 오크통 숙성을 해야 한다. 어린 비노 노빌레가 씹는 느낌이 난다면, 빨리 숙성한 주니어 버전인 **로소 디 몬테풀치아노**Rosso di Montepulciano는 정말 부드럽다.

몬테풀치아노의 포도밭은 발 디 키아나 평원을 사이에 두고 두 지역으로 나뉘며, 해발 250~600m 고지대에 위치한다. 연평균 강우량은 740mm로 몬탈치노보다 조금 높지만, 남부 토스카나의 태양이 포도가 잘 익게 도와준다. 비노 노빌레의 단단함은 석회암이 포함된 풍부한 점토질 토양이 만들어낸 것이다.

포도밭마다 다른 스타일의 와인이 나오는데, 가장 중요한 것은 고도이다. 가장 높은 고도의 포도밭 일부는 몬테풀치아노 마을 북쪽의 가파른 비탈에 위치한다. 하지만 지역 내의 토양은 점토부터 튜퍼tufa(다공질의 탄산석회 침전물)까지 매우 다양하다. 암석 함량이 높고 해양 화석이 있는 곳도 있다.

몬테풀치아노 와인 생산자들이 프루뇰로와 다양한 국제품종을 블렌딩하는 슈퍼 토스카나의 비법을 놓고 씨름하고 있을 때, 아비뇨네지Avignonesi 와이너리(지금은 벨기에인 소유)는 그들에게 등대 같은 존재였다. 2017년 더욱 개성이 강하고 분명한 토스카나의 정체성을 가진, 몬테풀치아노의 '노블 와인'을 창조하고자 여섯 생산자가 뭉쳐 얼라이언스 비눔Alliance Vinum을 결성했다. 아비뇨네지, 보스카렐리, 데이Dei, 라 브라케스카La Braccesca(안티노리), 폴리치아노Poliziano, 살케토Salchetto가 100% 산조베제로 비노 노빌레를 만드는데, 세련되면서 지역적 개성이 살아있는 와인이다.

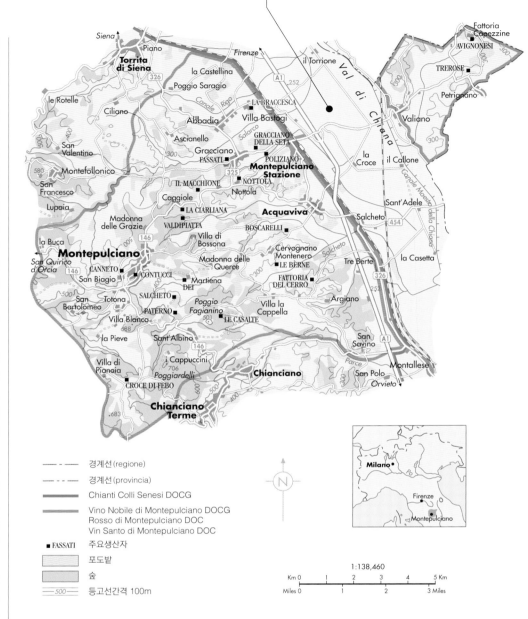

몬테풀치아노 DOCG 포도밭 사이에 자리한 이 땅은, 너무 낮고 비옥해서 고급와인을 생산하기에는 적합하지 않다.

경계선 (regione)
경계선 (provincia)
Chianti Colli Senesi DOCG
Vino Nobile di Montepulciano DOCG
Rosso di Montepulciano DOC
Vin Santo di Montepulciano DOC
■ FASSATI 주요생산자
포도밭
숲
500 등고선간격 100m

1:138,460
Km 0   1   2   3   4   5 Km
Miles 0   1   2   3 Miles

빈 산토

빈 산토(Vin Santo)는 몬테풀치아노의 유명한 와인 중 하나다. 토스카나를 선두로 이탈리아 여러 지방에서 빈 산토를 만들었지만 지금은 잊혀진 명품이 되었다. 빈 산토는 오렌지빛에 연기향이 나는, 매우 달콤하고 강렬하며 오래가는 와인이다. 보통 말바지아 비앙카, 그레케토 비앙코, 트레비아노 토스카노로 만든다. 바람이 잘 통하는 곳에서 적어도 12월까지 포도를 조심스럽게 말린 다음 발효시켜서, 카라텔리라는 작고 납작한 오크통에 넣고 3년 동안 숙성시킨다. **빈 산토 디 몬테풀치아노** 리제르바는 말린 포도를 사용해서 더 오래 숙성시킨 와인이다. 아비뇨네지 와이너리의 특산품인 화려한 빈 산토 디 몬테풀치아노 오키오 디 페르니체(Occhio di Pernice, '자고새의 눈')는 프루뇰로 젠틸레로 만들고, 병입하기 전에 보통 오크통에서 8년 동안 숙성시킨다.

움브리아 Umbria

육지로 둘러싸인 움브리아의 기후는 매우 다양하다. 북쪽 트라시메노 호수 근처는 키안티 고산지대보다 더 서늘하고, 남쪽은 지중해성 기후로 매우 온화하다. 이곳의 포도는 뚜렷한 움브리아 품종이다. 트레비아노 스폴레티노Trebbiano Spoletino는 강한 힘과 개성이 있고, 아마도 수수께끼 같은 트레비아노 다브루초(p.172 참조)와 관계가 있을 것으로 추측한다. 그레케토 디 오르비에토Grechetto di Orvieto는 강렬한 견과 풍미가 있는 풀바디 화이트와인이 된다. 몬테팔코 마을과 관련 있는 대표적인 레드품종인 사그란티노Sagrantino는 껍질이 두껍고 풍미가 가득하며 장기숙성이 가능하다. 1990년대 초 와인메이커 마르코 카프라이가 사그란티노로 전 세계의 관심을 모았지만, 아단티가 만든 사그란티노도 대단히 우아하고, 스카키아디아볼리의 역사는 더 길다. 사그란티노는 타닌이 너무 강해서 생산자들은 수확을 늦춰 타닌을 순화하려 했고, 그 결과 알코올 함량이 매우 높은 와인이 만들어졌다. 오늘날 몬테팔코 사그란티노는 600ha 이상의 DOCG이며, 추가로 400ha 정도가 로소 디 몬테팔코Rosso di Montefalco로 산조베제가 주요 품종이다.

1970년대 말 조르조 룽가로티 박사는 페루자 근처, 토르자노Torgiano에 있는 자신의 와이너리에서 움브리아도 토스카나처럼 산조베제로 좋은 레드와인을 만들 수 있다는 것을 현대에 들어 처음 증명했고, 슈퍼 움브리아라 불릴 와인을 연구하기도 했다. 자녀인 테레자와 키아라는 토르자노를 지켜나가면서(토르자노 리제르바는 이제 DOCG가 되었다) 몬테팔코까지 진출했다.

움브리아 와인의 전통 역시 아주 깊다. 오르비에토Orvieto는 에트루리아의 중요한 도시였다. 화산암 언덕 꼭대기의 3,000년 된 놀라운 동굴 셀러는 선사시대의 특별한 기술을 보여주는 예이다. 이 셀러에서 장시간 저온 발효로 스위트(아마빌레) 화이트와인을 만들었다. 1960~70년대 소비자들이 드라이 화이트와인에 열광하면서, 오르비에토 와인은 트레비아노 토스카노(여기서는 프로카니코Procanico로 불린다)를 베이스로 한 이탈리아 중부의 여러 블렌딩와인 중 하나로 전락했다. 블렌딩와인의 개성을 살려주는 수확량이 적은 그레케토 역시 인기가 떨어져, 이른바 움브리아 와인의 대표주자 오르비에토의 운도 다하고 말았다. 하지만 다행히 오르비에토 클라시코 세코에 대한 관심이 살아나고 있는데, 이탈리아에서 가장 훌륭한 몇몇 화이트와인을 만드는 바르베라니Barberani 와이너리 덕분이다. 코르바라호수 근처의 안개로 피는 보트리티스 곰팡이를 이용한 귀부와인과, 늦게 수확하는 드라이 화이트 오르비에토 수페리오레를 만든다.

안티노리는 움브리아주 남서쪽 카스텔로 델라 살라 Castello della Sala 와이너리에서 전통적이지 않은 화이트와인을 만든다. 샤르도네와 소량의 그레케토를 오크통 숙성한 체르바로 델라 살라Cervaro della Sala가 좋은 예다. 그리고 여러 국제품종과 그레케토로 만든 귀부와인 무파토Muffato 역시 또 다른 가능성을 보여준다. 오늘날 움브리아는 진정한 이탈리안 레드와 화이트의 각축장이 되었다.

경계선(regione)	
경계선(provincia)	
MONTEFALCO SAGRANTINO	DOCG
ORVIETO	DOC
■ FALESCO	주요생산자
DOCG/DOC	경계는 색선으로 구분
▼	기상관측소(WS)

움브리아 페루자

북위 / 고도(WS)	43.10°/ 208m
생장기 평균 기온(WS)	18.1℃
연평균 강우량(WS)	778mm
수확기 강우량(WS)	9월 : 89mm
주요 재해	오래된 포도밭의 에스카병
주요 품종	레드 산조베제, 칠리에졸로 (Ciliegiolo), 사그란티노 화이트 트레비아노, 그레케토

라치오 북동부 외곽은 사실상 움브리아 포도재배의 연장선상에 있다. 볼세나호수는 오르비에토의 날씨를 온화하게 만든다. 팔레스코(Falesco)는 라치오 최고의 와이너리 중 하나다. 에스트 에스트 에스트 디 몬테피아스코네 DOC는 수백 년 동안 홀로 이름에 걸맞은 명성을 유지하고 있다.

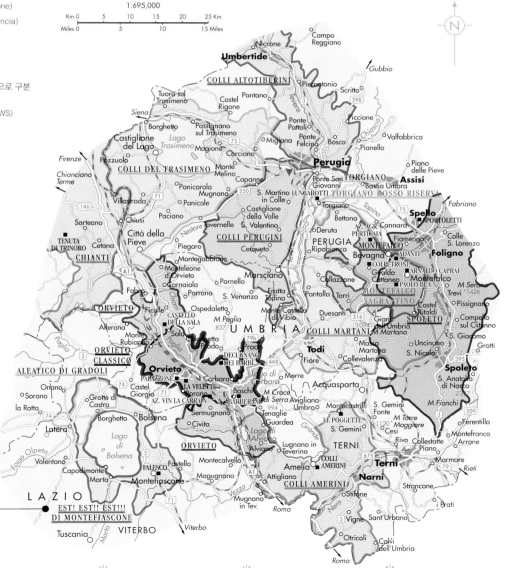

이탈리아 남부
Southern Italy

로마인들이 가장 소중하게 여겼던 와인은 그들이 '캄파니아 펠릭스Campania felix, 즉 비옥한 땅이라고 부르던 프로빈차에서 왔다.

테루아 북쪽은 화산 토양이다. 이탈리아반도의 뒤축 부분인 풀리아주를 제외하면 언덕 지형이다.

기후 여름은 덥고 건조하지만, 아펜니노산맥은 서늘하다. 겨울은 습기가 많다.

품종 북쪽에서 남쪽으로 **레드** 알리아니코, 피에디로소Piedirosso, 네그로아마로Negroamaro, 네로 디 트로이아Nero di Troia, 프리미티보Primitivo, 말바지아 네라, 갈리오포Gaglioppo, 말리오코 돌체Magliocco Dolce / **화이트** 피아노, 팔랑기나Falanghina, 봄비노Bombino

캄파니아의 와인산지는 화산성 토양이다. 폼페이 유물은 베수비오화산 폭발로 용암에 뒤덮이던 AD 79년 이전부터 와인이 얼마나 중요했는지 말해준다. 초기 그리스 정착민의 것으로 보이는 품종을 비롯해 고대 문명의 유물은 차고 넘친다. 1970년대에 안토니오 마스트로베라디노는 그 품종들을 되살리기 위해 노력했다. 알리아니코가 그리스에서 왔든 아니든(아마 아닐 것이다), 어디서든 최고급 레드품종으로 꼽힌다. 지금까지 이 품종이 가장 잘 표현된 곳은 지도의 **타우라지**Taurasi DOCG 지역 화산 언덕이다. 강하고 세련되고 강건해서 '남쪽의 바롤로'라는 별명이 있다.

칼로레강은 타우라지 DOCG 한가운데를 지난다. 북쪽 좌안의 포도밭은 대부분 점토질로 해발 300~400m에 위치한다. 남향이라 남쪽 우안보다 2주 먼저 익는다. 남쪽 포도밭은 화산성 토양이며 해발 700m에

위치한다. 이곳의 알리아니코는 보통 11월까지 기다려야 익는데, 그 결과 와인은 자연적으로 산미가 매우 강해져 말로락틱 발효가 쉽지 않다.

피아노 디 아벨리노 Fiano di Avellino는 이르피니아Irpinia DOC의 세 DOCG 지역 중 하나이며, 타우라지 지역 서쪽의 아벨리노 마을을 중심으로 26개 산골 마을에 걸쳐있다. 광물성으로 단단함과 약간의 꽃향, 잘 익은 과일맛이 느껴지는 피아노 디 아벨리노 드라이 화이트와인은 10~20년 보관할 수 있다. 시칠리아에서 호주 남부의 맥라렌 베일까지, 영감을 얻은 재배자들은 피아노 품종의 꺾꽂이 나무를 수입했다. **그레코 디 투포**Greco di Tufo는 피아노 디 아벨리노 바로 위

에 있는 작은 DOCG다. 사과껍질향과 화산응회암 덕분에 역시 광물향이 깊은 화이트와인을 생산한다. 이 와인들은 이미 명성을 얻은 현대적인 캄파니아 와인인데, 의외의 지역에서도 꽤 좋은 와인이 나온다. 나폴리의 독자적 DOC **캄피 플레그레이**Campi Flegrei는 팔랑기나로 우아한 와인을 만든다. 팔랑기나는 카프리Capri, 이스키아Ischia, **코스타 다말피**Costa d'Amalfi(모두 DOC)에서도 중요한 화이트와인 품종이며, 매우 가파른 포도밭에서 자란다. 이스키아섬의 일부 포도밭은 배로만 갈 수 있다. 마리사 쿠오모는 아말피 하위지역 푸로레에서 몇몇 이탈리아에서 가장 유명한 화이트와인을 생산한다.

라크리마 크리스티 Lacryma Christi 화이트와 레드는 베수비오산 비탈에서 자라는데, '그리스도의 눈물'이라는 이름뿐 아니라 품질로도 점차 명성을 얻고 있다.

인적이 드문 나폴리 북쪽, 카제르타의 검은 화산모래 토양에서 자라던 오래된 토착품종들이 세상에 알려지기 시작했다. 화이트 팔라그렐로와 레드 카사베키아(독자적 DOC **카사베키아 디 폰텔라토네**Casavecchia di Pontelatone가 있다)로 만든 좋은 와인이 **테레 델 볼투르노**Terre del Volturno IGT로 시판된다. 알로이스, 테레 델

이탈리아 남부 브린디시 ▼	
북위 / 고도(WS)	40.65° / 10m
생장기 평균 기온(WS)	21.0℃
연평균 강우량(WS)	572㎜
수확기 강우량(WS)	8월 : 19㎜
주요 재해	포도의 너무 이른 성숙, 물 부족, 햇볕에 의한 화상

캄파니아의 중심부
캄파니아의 중요한 고급와인생산지는 타우라지, 피아노 디 아벨리노, 그리고 작은 그레코 디 투포 지역이다.

- - - 　경계선 (provincia)
TAURASI　레드와인
IRPINIA　레드와 화이트 와인
Greco di Tufo　화이트와인
■ PERILLO　주요생산자
DOCG/DOC 경계는 색선으로 구분

프렌치페, 베스티니 캄파냐노(이 품종들의 선구자), 새로 등장한 난니 코페가 대표 생산자이다.

남쪽의 바실리카타 지역은 눈에 띄는 DOC가 **알리아니코 델 불투레**뿐이다(험한 지형에서 재배하는 특별한 기술이 있다). 고도 760m의 비교적 서늘한 사화산 비탈에서 재배하며, 타우라지보다 덜 유명하지만 가격대비 품질이 좋다. 하지만 양조기술과 포도밭의 잠재력이 크게 달라진다. 특히 고지대 화산성 토양 비탈에서 자란 포도는 평지에서 자란 것보다 품질이 좋다. 평지의 포도는 타우라지보다 빨리 익는다. 알리아니코 델 불투레의 수페리오레 버전만 DOCG 등급이다.

알리아니코는 아드리아해의 **몰리제**Molise의 잘 알려지지 않은 지역에서도 재배된다. 디 마요 노란테Di Majo Norante가 좋은 알리아니코를 생산하는데, 유기농법으로 몬테풀치아노와 팔랑기나도 재배한다.

치로Cirò는 칼라브리아 남부의 황무지에서 생산되는 몇 안 되는 유명한 와인 중 하나다. 섬세하고 매력적인 향의 갈리오포로 레드와인을 만들고, 그레코로 화이트를 만든다. 가족경영을 하는 리브란디Librandi 와이너리가 가장 유명한데, 말리오코 카니노Magliocco Canino 같은 토착품종을 되살리기 위해 노력하고 있다. 말리오코 카니노로 벨벳처럼 부드러운 마뇨 메고니오Magno Megonio를 만든다. 칼라브리아에서 가장 독창적인 와인은 강하고 톡 쏘며 달콤한 향이 나는 **그레코 디 비앙코**이다. 이탈리아반도의 발가락 끝부분인 비앙코 마을 주변에서 나온다.

칼라브리아에서도 여러 작은 DOC를 통합하여 하나의 큰 DOC를 만들었다. 폴리노Pollino, 콜리네 델 크라티Colline del Crati, 콘돌레오Condoleo, 돈니치Donnici, 에사로Esaro, 산 비토 디 루치Ｓan Vito di Luzzi, 베르비카로Verbicaro DOC가 **테레 디 콘센차**Terre di Consenza DOC로 통합되고 각각 하위지역이 되었다.

포도나무는 이곳의 복숭아와 키위의 공격에 잘 맞서고 있으며, 다수의 새로운 생산자들이 말리오코 돌체의 섬세한 타닌과 상쾌함을 살려 와인을 만들고 있다. 주제페 칼라브레제Giuseppe Calabrese, 페로친토Ferrocinto, 세라카발로Serracavallo가 대표적이다.

풀리아의 변신

칼라브리아와 바실리카타의 와인은 계속 변신을 꾀하고 있지만, 풀리아 와인은 빠르게 악화되고 있다. EU의 대규모 보조금을 받은 재배자들은 수확량은 낮지만 흥미로운 와인을 만드는 부시바인을 뽑아냈다. 생산성 높은, 트렐리스를 댄 포도나무로 교체할 돈을 받은 셈이다. 풀리아 와인의 3/4은 여전히 북쪽(프랑스 포함)으로 가는 블렌딩와인이거나, 포도농축액 또는 베르무트 생산에 쓰인다. 북부 포자 주변의 평지에서는 평범한 트레비아노, 몬테풀치아노, 산조베제 와인이 대량 생산된다. 하지만 **산 세베로**San Severo에서 야심찬 몇몇 생산자들이 만든 흥미로운 와인도 나온다.

이탈리아반도 '뒤축'의 북쪽, **카스텔 델 몬테** DOC는 완만한 언덕에서 만생종 네로 디 트로이아Nero di Troia 품종으로 검은색에 가까운 레드와인을 만든다.

풀리아의 흥미로운 와인은 대개 살렌토반도 평지에서 나온다. 포도밭 방향과 중기후는 큰 차이가 없지만, 아드리아해와 이오니아해에서 불어오는 서늘한 바람의 혜택을 받는다. 재배기술이 개선되어 질 좋은 포도를 9월 말 이전에 수확하는 일은 거의 없다.

이번 세기에 살렌토반도가 세계시장의 관심을 끈 것은 샤르도네 델 살렌토 IGT 와인을 전 세계에 충분히 공급할 수 있는 능력 덕분이었다. 하지만 살렌토에는 흥미로운 토착품종도 많다. '검고 쓴' 네그로아마로는 살렌토 동부의 주요 레드품종으로, 침용을 오래하거나 병입해서 오래 두지 않으면 매력적인 로제나 일찍 마시기 좋은 과일향 풍부한 레드와인이 된다. **스퀸차노**Squinzano와 **코페르티노**Copertino DOC에서는 이 포도로 포트와인에 가까운 진한 레드와인을 만든다. 레체와 브린디시에서 각각 다른 변종이 확인된 말바지아 네라는, 네그로아마로의 블렌딩 파트너로 벨벳 같은 부드러운 질감을 더해준다. **브린디시**와 **살리체 살렌티노**Salice Salentino에서도 꽤 흥미로운 와인이 나온다.

풀리아 토착품종 중 가장 유명한 것은 프리미티보이다. 캘리포니아의 진판델과 동일한 품종으로, 그 뿌리는 아드리아해를 건너왔다. 프리미티보는 살렌토 서부 특산품으로, 특히 석회암 하부토와 적색토 상부토를 가진 **만두리아**Manduria와 지대가 높은(그러나 해발 150m를 넘지 않는) **조이아 델 콜레**Gioia del Colle에서 잘 자란다. 알코올 도수가 지나치게 높아서, 관능적인 느낌을 살리려면 숙련된 양조기술이 필요하다. 겨울에 비가 많이 와서 관개는 거의 필요 없다. 화이트와인 품종으로 피아노, 그레코, 향이 독특한 미누톨로Minutolo가 있다.

시칠리아 Sicily

지중해에서 가장 큰 섬으로 흥미로운 역사를 자랑하는 시칠리아는, 오랜 정체에서 벗어나 지금은 이탈리아에서 가장 역동적이고 발전된 와인산지가 되었다.

테루아 복합적이고 매우 다양하다. 에트나는 화산성 토양이고, 마르살라는 모래, 노토는 백악질 토양이다.

기 후 여름은 덥고 건조하며, 아프리카에서 불어오는 열풍 시로코로 더 심해지기도 한다. 에트나는 고산 기후이다.

품 종 레드 네로 다볼라, 네렐로 마스칼레제, 프라파토Frappato, 네렐로 카푸치오Nerello Cappuccio / **화이트** 카타라토Catarratto, 그릴로Grillo, 카리칸테Carricante

시칠리아는 아그리젠토의 옛 모습 거의 그대로인 그리스 신전부터 피아차 아르메리나의 로마시대 모자이크, 십자군 성채, 팔레르모의 아랍양식 성당, 노토와 라구사의 화려한 바로크양식 유적까지, 다른 어떤 와인산지보다 문명의 흔적이 많이 남아있다. 그리고 좀 더 최근에는 대다수가 1990년대에 EU 보조금을 타기 위해 일시적으로 생겨난 거대 협동조합들이 있다. 시칠리아

의 토착품종은 다양한 역사와 문화만큼 매우 풍부하다 (역사와 문화가 다양하기 때문에 품종이 다양한 것일 수도 있다). 섬 남동쪽 끝은 튀니지의 수도 튀니스보다 더 아래에 있다. 시칠리아의 날씨는 매우 덥고, 특히 내륙쪽은 아프리카에서 불어오는 열풍으로 포도가 끓는점까지 뜨거워지는 경우가 많다.

시칠리아 포도밭의 거의 절반이 관개를 필요로 한다. 특히 국제품종을 심은 포도밭과, 북서쪽 알카모 주위의 트렐리스를 댄 포도나무가 있는 포도밭은 물이 많이 필요하다. 실제로 너무 건조해서, 진균병 방지를 위해 농약을 쓸 필요가 없으므로 유기농재배에 적합하다. 하지만 내륙의 풍경이 푸르며, 북동쪽 산악지대는 겨울이면 봉우리가 하얗게 눈으로 덮인다.

변화의 바람

시칠리아의 지형은 변함없지만, 와인산업의 정치적 양상은 크게 달라졌다. 1990년대 중반 시칠리아는 와인생산량에서 풀리아와 경쟁할 수 있는 유일한 지역이었지만, 지금은 베네토조차 시칠리아보다 생산량이 많다. 21세기 경제를 염두에 두고 양 대신 질을 선택해, 온건한 수입품종보다 시칠리아 전통품종에 집중한 것이다.

해외에서 시칠리아 와인의 명성을 높인 토착품종은 네로 다볼라(아볼라Avola 마을은 섬 남동쪽 끝에 있으며, 독자적인 크뤼와 DOC **엘로로**Eloro가 있다)로, 보통 풍성하고 밝으며 과일향이 풍부한 레드와인이 된다. 특히 남중부해안 근처 아그리젠토 주위나 서쪽 끝에서 생산

되는 레드가 그렇다. 이 품종은 섬 전역에서 심을 만큼 인기가 높은데, 하얀 석회질 토양의 노토와 엘로로에서 만드는 레드는 매우 우아하고 숙성 잠재력이 있다. 다른 토착품종 프라파토는 시칠리아의 유일한 DOCG **체라수올로 디 비토리아**Cerasuolo di Vittoria를 만들 때 네로 다볼라에 활기를 더한다. 프라파토는 상쾌하며 활력과 섬세한 과일향이 있어 일찍 마시면 진가를 발휘하지만, 오키핀티Occipinti 같은 생산자는 프라파토를 암포라에서 발효시켜 톡 쏘는 맛을 강조한다.

네렐로 마스칼레제는 전통적으로, 에트나산의 해발 1,000m 비탈에서 도전적인 재배자들이 화산 폭발의 위험을 무릅쓰고 재배한다. 에트나산은 다양한 고도와 방향의 포도밭에 100년 된 포도나무들이 빽빽이 자라고 있다. 굳은 마그마가 섞인 토양이 테루아를 중시하는 와인생산자들을 매료시키는데, **에트나**를 새로운 코트 도르로 여기는 사람도 있다. 포도밭을 구획으로 나누는 것도 닮았다. 에트나 와인의 대부 살보 포티는 유서 깊은 베나티 가문과 일하면서 에트나 와인의 명성을 되찾았는데, 에트나산 동쪽 비탈의 오래된 포도나무로 만든 여러 와인을 병입(이 비녜리I Vigneri)한다. 비교적 최근의 열정적인 투자자로 쿠수마노 형제의 알타 모라Alta Mora 와이너리, 바롤로의 조반니 로소, 시칠리아 최초의 현대적 레드와인으로 인정받는 로소 델 콘테Rosso del Conte를 만든 타스카 달메리타가 있다.

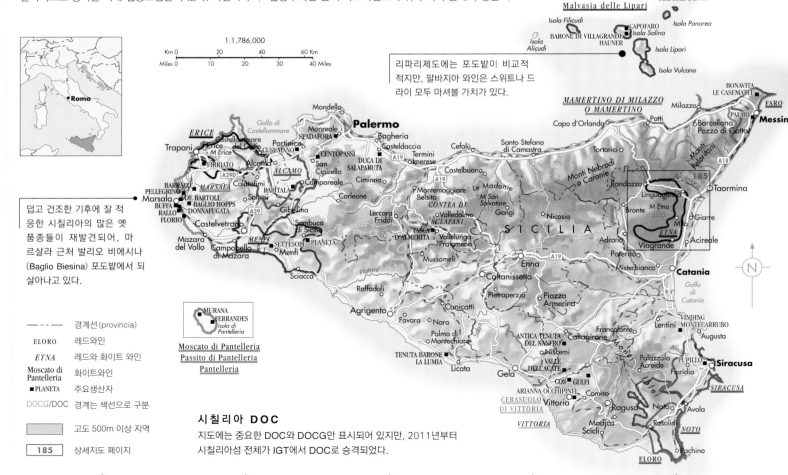

> 리파리제도에는 포도밭이 비교적 적지만, 말바지아 와인은 스위트나 드라이 모두 마셔볼 가치가 있다.

> 덥고 건조한 기후에 잘 적응한 시칠리아의 많은 옛 품종들이 재발견되어, 마르살라 근처 발리오 비에시나(Baglio Biesina) 포도밭에서 되살아나고 있다.

범례

- ─ ─ · ─ · 경계선 (provincia)
- ELORO 레드와인
- *ETNA* 레드와 화이트 와인
- Moscato di Pantelleria 화이트와인
- ■ PLANETA 주요생산자
- DOCG/DOC 경계는 색선으로 구분
- 고도 500m 이상 지역
- 185 상세지도 페이지

1:1,786,000

Km 0 — 20 — 40 — 60 Km
Miles 0 — 10 — 20 — 30 — 40 Miles

Moscato di Pantelleria
Passito di Pantelleria
Pantelleria

시칠리아 DOC

지도에는 중요한 DOC와 DOCG만 표시되어 있지만, 2011년부터 시칠리아섬 전체가 IGT에서 DOC로 승격되었다.

오래전 에트나에 정착한 생산자로는 벨기에 출신 프랑크 코르넬리센, 미국 와인 수입상이었던 테레 네레의 마르크 데 그라치아, 남부 토스카나 트리노로에서 온 안드레아 프란케티가 있다. 프란케티는 자신의 와이너리를 근처 코무네 이름을 따서 파소피시아로 Passopisciaro라고 지었다. 그는 에트나 와인을 콘트라다 (하위지역)에 따라 지리적으로 묶고, 지속적인 테이스팅으로 에트나 와인 전체를 국제적으로 알리는 데 성공했다. 그 결과 싱글 콘트라다 와인 붐이 일어났다. 바르바레스코의 안젤로 가야는 파소피시아로와 솔키아타에서 만든 레드와인으로 이미 잘 알려진 알베르토 그라치와 조인트 벤처를 결성하고, 복잡하고 땅값이 치솟는 에트나산 남동쪽을 피해 덜 알려진 남서쪽 비앙카빌라 근처에 투자하기로 결정했다.

부드러운 와인이 되는 네렐로 카푸치오 역시 에트나에서 재배되며, 네렐로 마스칼레제와 블렌딩한다. 또 다른 레드와인 품종인 노체라 Nocera는 북동쪽 끝에 있는 오래된 **파로** Faro DOC에서 재배하고, 위의 2가지 네렐로와 블렌딩한다. 등대라는 뜻의 파로 DOC를 되살린 인물은 건축가 살바토레 제라치로, 팔라리에서 메시나해협이 내려다보이는 계단식 비탈에 포도나무를 심었다. 최고의 파로 와인은 에트나 와인처럼 정확성과 강한 산미를 자랑하며, 남쪽 끝에서 그런 산미를 가진 와인을 만든다는 것이 놀라울 정도다. 파로 바로 옆 **마메르티노** Mamertino는 로마시대부터 이미 크뤼 포도밭으로 인정받았고, 훨씬 다양하고 넓은 DOC이다. 영향력 있는 플라네타 가문은 북동쪽 포도밭으로 마메르티노를 선택했다(플라네타 가문은 섬 남서쪽에서 와인을 만들기 시작했고, 1990년대 중반 일련의 국제품종으로 새로운 시칠리아 와인을 세계에 알렸다).

시칠리아의 화이트와인

에트나의 대표적 화이트품종은 상큼한 카리칸테이다. 에트나 비앙코 수페리오레는 카리칸테를 최소 80% 이상 사용하고, 봉우리 동쪽 밀로 코무네에서만 생산한다. 베난티 가문은 100% 카리칸테 와인(피에트라 마리나 Pietra Marina 와이너리)이 10년이나 숙성 가능하다는 것을 보여줬다. 살보 포티와 캘리포니아 산타 크루즈 산맥의 라이스 빈야드는 조인트 벤처 아에리스 Aeris를 만들고, 밀로 마을 가장 높은 곳의 최고 포도밭에 카리칸테를 심었다. 조인트 벤처로 인해 소노마 북부 아에리스 빈야드에서도 시칠리아 품종을 재배한다.

서부지역의 대표적 화이트품종인 카타라토는 매우 다르다. 1990년대에 유입된 플라잉 와인메이커들은 종종 카타라토로 흥미로운 와인을 만들었지만, 파트너 품종인 인촐리아 Inzolia(토스카나의 안소니카 Ansonica)나 **마르살라** Marsala의 주요 재료인 다재다능한 그릴로를 더 자주 이용했다. 시칠리아의 전통 주정강화와인 마르살라는 섬 서쪽 끝 트라파니 주위에서 생산되며, 바닷바람과 에리체산이 포도밭의 열기를 식혀준다. 마르

에트나 콘트라데

세계적으로 유일한, 거미줄처럼 생긴 와인 지도가 아닐까? 에트나가 매우 흥미진진한 와인산지라는 점은 틀림없다. 포도밭이 활화산 비탈에 있기 때문만은 아니다. 에트나의 코무네는 하위지역 콘트라데로 나뉜다.

살라는 크림 셰리의 먼 친척으로, 영국 정착민들이 나폴리에 주둔한 넬슨 제독과 해군을 위해 만들었다. 하지만 20세기의 대부분을 침체에 빠져 부엌에만 머물러 있었다. 그래도 불꽃은 아직 살아있으며, 데 바르톨리 De Bartoli, 니노 바라코 Nino Baracco, 랄로 그루알리 Gruali of Rallo가 그릴로로 섬세한 와인을 만들고 있는데, 주정강화가 아니어서 마르살라 DOC는 아니다. 그릴로는 가혹한 더위에서도 산미를 잘 유지하며, 짭짤한 광물향 드라이 화이트의 인기는 계속 올라가고 있다.

시칠리아의 유명한 모스카토는 강하고 달콤하다. 플라네타 가문은 **모스카토 디 노토** Moscato di Noto를 망각에서 구해냈고, 니노 푸필로는 전혀 다른 **모스카토 디 시라쿠사** Moscato di Siracusa를 구해냈다. 둘 다 모스카토 비앙코 / 뮈스카 블랑으로 만들지만 환경은 매우 다르다. 시칠리아 와인 중 외부에 가장 많이 알려진 모스

카토는, 여기서 치비보 Zibbibo로 불리는 알렉산드리아 뮈스카로 만든다. 튀니지에 가까운 화산섬 판텔레리아에서 생산되는 달콤한 **모스카토 디 판텔레리아** Moscato di Pantelleria는 열성 팬덤을 보유하고 있다.

시칠리아섬 북쪽 리파리제도의 화려한 말바지아는 그리 잘 알려지지 않았다. 어디에서 재배되든 **말바지아 델레 리파리**로 불린다. 카를로 하우너가 되살린 이 오렌지향의 묘주 중 최고는 살리나섬의 바로네 디 빌라그란데 Barone di Villagrande가 만든 것이다. 지금은 드라이 말바지아도 생산하는데, 어디에서 재배하든 살리나 IGT로 쉽게 판매할 수 있기 때문이다.

영향이 없진 않지만 시칠리아는 이탈리아의 유명 와이너리들을 다니며 조언해주는 양조 컨설턴트의 영향을 가장 적게 받는다. 미래는 분명 많은 독립 양조자에게 달려있다.

사르데냐 Sardinia

사르데냐는 고대 로마에 와인을 공급했던 유서 깊은 와인산지이지만, 최근까지 와인은 사르데냐 문화에서 중요한 위치를 차지하지 못했다. 1950년대에는 거액의 정부 보조금을 지원받아 포도나무를 많이 심었는데, 본토(특히 키안티)와 멀리 프랑스, 독일에서 블렌딩에 사용할, 알코올 함량이 매우 높아 단맛이 나는 레드와인을 만들기 위해서였다.

하지만 1980년대가 되자 포도나무를 심기 위한 보조금은 포도나무를 뽑아내기 위한 뇌물로 바뀌었다. 포도밭 면적이 거의 3/4로 줄었는데, 대부분 포도밭은 섬 남부의 캄피다노평원에 모여있었다.

사르데냐는 400년 동안(1708년까지) 아라곤왕국의 통치를 받았기 때문에 스페인에서 온 품종이 많다. 칸노나우Cannonau는 사르데냐의 스타 품종으로 사르데냐 와인의 최소 20%를 차지한다. 스페인의 가르나차(그르나슈)가 토착화된 것으로, 스위트든 드라이든 고품질 와인이 될 잠재력을 가진 카멜레온 같은 품종이다. 최고급 칸노나우는 내륙쪽에서 재배된다. 마모이아다 마을 근처 세딜레수Sedilesu와 파데우Paddeu 와이너리가 좋은 예로, 흥미진진한 와인을 만든다.

보발레 사르도Bovale Sardo와 보발레 그란데Bovale Grande는 DNA 분석으로 각각 스페인 품종인 그라치아노와 마수엘로(카리냥)라는 것이 밝혀졌다. 광범위하게 심은 모니카Monica 품종은 현재 사르데냐 특산이지만 평범한 레드와인을 만든다. 귀한 지로Girò는 드라이와 스위트 레드 모두 체리향이 나는 유망한 품종이다.

누라구스Nuragus는 모니카의 화이트 버전으로 조금 거친 와인이 된다. 또 다른 옛 사르데냐 품종으로 추정되는 나스코Nasco는 부드럽고 보통 달콤한 파시토 화이트와인이 된다. 드라이 화이트는 토착품종 세미다노Semidano로 만든다. 모고로 마을 화산성 토양에서 자란 세미다노는 매우 독특하다.

북서쪽 알게로 마을 근처에서 번창하고 있는 셀라 & 모스카Sella & Mosca는 귀한 토착품종 토르바토Torbato(루시옹에서는 투르바 또는 말부아지로 알려져 있다)로 독특한 화이트와인 테레 비앙케Terre Bianche를 만든다.

사르데냐의 선물

레몬향 나는 상쾌한 베르멘티노는 사르데냐가 세상에 선사하는 위대한 선물이다. 리구리아해안에서는 피카토, 피에몬테에서는 파보리타, 프랑스 남부에서는 롤이라고 불리는 사르데냐는 와인애호가들 사이에서 인기가 계속 올라가고 있다. 거친 바위지형인 사르데냐 북동쪽은 세련된 코스타 스메랄다의 내륙으로, 갈루라 마을의 열기와 바닷바람의 조합이 베르멘티노를 완벽하게 농축시킨다. 덕분에 사르데냐섬에서는 처음으로

베르멘티노 디 갈루라가 DOCG 등급을 획득했다. 베르멘티노 디 사르데냐 DOC의 허용 생산지역은 섬 전체다(칸노나우 디 사르데냐 DOC도 마찬가지다).

섬 남서쪽 카리냐노 델 술치스Carignano del Sulcis DOC는 매우 오래되고 대부분 접붙이지 않은 카리냥(보발레 그란데) 부시바인으로 와인을 만든다. 카리냐노 델 술치스는 프리오라트와 함께 스페인 품종 카리냥으로 만든 가장 성공한 와인 중 하나로 꼽힌다. 안티노리의 유명한 양조책임자 자코모 타키스는 일찍이 사르데냐의 잠재력을 높이 평가하고, 토스카나해안의 사시카이야와 사르데냐섬 산타디의 조인트 벤처가 카리냥으로 만든 바루아Barrua를 세상에 내놓는 데 일조했다. 술치스 메리디오날레 지역은 1년 내내 1일 일조량이 평균 7시간에 달하고, 아프리카에서 불어오는 열풍 시로코가 모든 걱정을 날려버린다. 산타디는 바루아를 만들기 전에 이미 잘 농축되고 벨벳처럼 부드러운 카리냥 와인을 만들었다. 테레 브루네Terre Brune와 로코

루비아Rocco Rubia가 대표적이다.

안토니오 아르졸라스는 사르데냐섬의 주도 칼리아리 북쪽과 섬 남쪽 평지에서 투리가Turriga 품종으로 현대적인 사르데냐 와인의 명성을 쌓았다. 또 다른 타키스 프로젝트로 올드 바인 칸노나우, 카리냐노 / 보발레 그란데, 그라치아노 / 보발레 사르도를 블렌딩하고 오크통에서 숙성시켜 고도로 농축된 와인도 만들었다.

하지만 사르데냐 최고의 보물은 완벽한 베르나차 디 오리스타노Vernaccia di Oristano와 우아하고 매력적인 말바지아 디 보사Malvasia di Bosa이다. 모두 주정강화하지 않고 오크통의 효모막 아래서 산소와 접촉시켜 만든다. 이 멋진 와인들은 사르데냐에서 기쁜 날을 축하하거나 좋은 사람들을 대접할 때 절대 빠지지 않는다.

사르데냐는 매우 다양한 재료가 숨겨진 보물창고다. 그리고 현대 세계가 요구하는, 세련되고 흥미로운 품종의 수많은 오래된 부시바인이 완벽한 기후에서 자라고 있다. 잠재력이 어마어마하며 평가도 높아지고 있다.

1:1,693,000
Km 0   20   40   60 Km
Miles 0   20   40 Miles

─ · ─ · ─ 경계선 (provincia)

CARIGNANO DEL SULCIS   레드와인

CAGLIARI   레드와 화이트와인

Malvasia di Bosa   화이트와인

■ CHERCHI   주요생산자

DOCG/DOC   경계는 색선으로 구분

고도 500m 이상 지역

스페인 SPAIN

스페인은 전통적으로 높게 쌓은 오크통에 수년 동안 와인을 보관한다. 리오하 하로의 유서 깊은 로페스 데 에레디아 보데가의 모습이다.

스페인 SPAIN

스페인은 다른 어느 곳보다 포도나무가 많이 자라지만, 와인은 그리 흥미롭지 못하다. 스페인의 현대와인 르네상스는 늦게 시작됐고, 잃어버린 시간을 되찾기 위해 노력하고 있다. 새로운 생산자, 새로운 스타일, 토착품종, 그리고 재발견된 와인산지가 스페인 전역에서 등장하고 있다. 하지만 아직 시작에 불과하다.

스페인은 위도상 더운 기후에 속하지만, 포도밭의 거의 90%가 프랑스의 주요 와인산지보다 높은 고도에 위치해서 와인이 비교적 상쾌하다. 겨울은 춥고 여름은 더운데, 최근에는 일조량도 늘어나서 따가운 햇볕에서 포도를 지켜주는 북향 포도밭과 부시바인을 선호한다. 스페인 남부와 동부, 그리고 북부 일부 지역은 오래전부터 여름 가뭄이 문제여서 수확량이 전반적으로 적다. 1995년부터 관개가 허용되었지만, 자본에 여유가 있는 생산자만 지하수를 찾아 배분하는 관개시설을 갖출 수 있다. 건조한 땅에서는 포도나무를 많이 재배할 수 없기 때문에 대부분 지역에서 나무를 띄엄띄엄 심고, 전통방식으로 지면 바로 위에서 덤불모양

으로 가지치기한다. 결국 스페인은 오랫동안 다른 어느 나라보다 포도밭 면적이 넓었지만, 와인 생산량은 프랑스와 이탈리아가 훨씬 많았다.

스페인의 데노미나시온Denominacione(원산지명칭) 수는 계속 늘고 있어서 정확한 숫자는 알기 힘들지만, 2018년 기준으로 68개의 DO와 2개의 DOC가 있다. 2개의 DOC는 리오하와 프리오라트로, 그 안에 17개 싱글빈야드 아펠라시옹(비노스 데 파고Vinos de Pago)과 7개 비노스 데 칼리다드Vinos de Calidad가 있다. 또한 비노스 데 라 티에라Vinos de la Tierra라고 부르는 IGP가 40개가 넘는데, 카스티야 이 레온Castilla y León과 아라

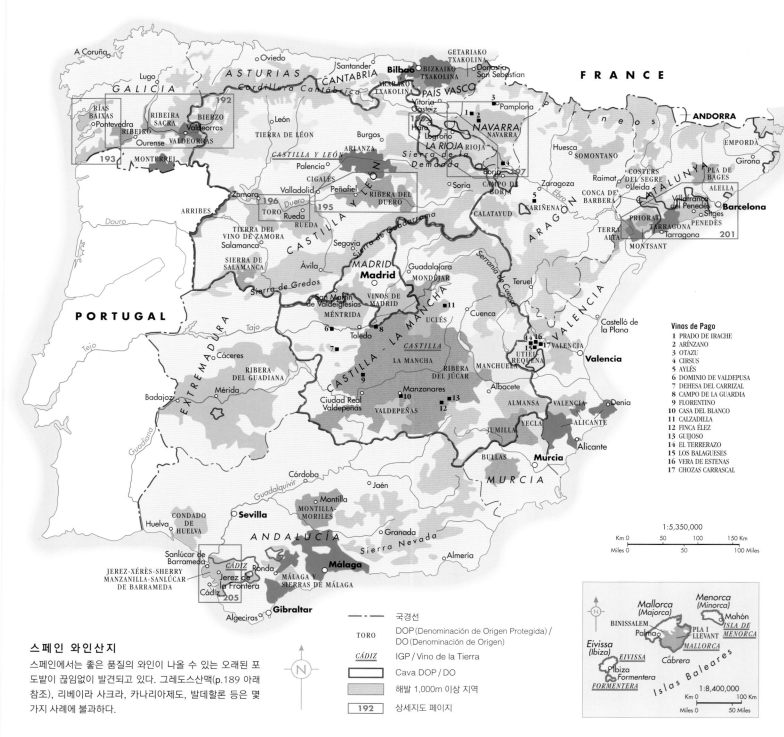

Vinos de Pago
1 PRADO DE IRACHE
2 ARÍNZANO
3 OTAZU
4 CIRSUS
5 AYLÉS
6 DOMINIO DE VALDEPUSA
7 DEHESA DEL CARRIZAL
8 CAMPO DE LA GUARDIA
9 FLORENTINO
10 CASA DEL BLANCO
11 CALZADILLA
12 FINCA ÉLEZ
13 GUIJOSO
14 EL TERRERAZO
15 LOS BALAGUESES
16 VERA DE ESTENAS
17 CHOZAS CARRASCAL

1:5,350,000
Km 0   50   100   150 Km
Miles 0   50   100 Miles

국경선

TORO DOP (Denominación de Origen Protegida) / DO (Denominación de Origen)

CÁDIZ IGP / Vino de la Tierra

Cava DOP / DO

해발 1,000m 이상 지역

192 상세지도 페이지

스페인 와인산지
스페인에서는 좋은 품질의 와인이 나올 수 있는 오래된 포도밭이 끊임없이 발견되고 있다. 그레도스산맥(p.189 아래 참조), 리베이라 사크라, 카나리아제도, 발데할론 등은 몇 가지 사례에 불과하다.

Islas Baleares
1:8,400,000
Km 0   100 Km
Miles 0   50 Miles

곤의 발데할론Valdejalón 와인이 가장 유명하다.

스페인의 DO 체계는 프랑스의 AOC, 이탈리아의 DOC보다 덜 복잡하다. 대부분의 DO가 매우 광대해 다양한 지형과 환경조건을 모두 포함한다. DO에 대한 스페인 사람들의 태도는 라틴민족 특유의 무질서한 성격 때문만은 아닌데, 특히 규정상 허용된 품종과 실제 재배하는 품종이 다른 경우도 있다. 대부분의 경우 생산자가 더 좋은 와인을 만들기 위해 노력했을 뿐이기 때문에 크게 문제 되지 않는다. 다만 근본적인 문제는 포도나 와인을 구매해서 병입하는 관행이다. 와이너리에서 직접 병입하는 것을 선호하는 젊은 생산자가 늘고 있지만 관행은 쉽게 사라지지 않고 있다.

스페인어로 보데가bodega는 와인을 숙성시키는 저장고다. 스페인에서는 관행보다, 때로는 권장기간보다 훨씬 오래 와인을 숙성시키는데, 판매적기가 아니라 시음적기에 맞춰서 와인을 출고하는 스페인의 관습은 매우 놀랍다. 그런 보데가에도 변화의 바람이 일고 있다. 수백 년 동안 미국산 오크로 나무통을 만들었는데, 어느 정도는 대서양 횡단선 덕분이었다. 하지만 1980년대부터 야심찬 스페인 와인메이커들이 프랑스 오크통을 사용하기 시작했다.

숙성기간 또한 프랑스를 따라가고 있다. 레세르바와 그란 레세르바는 오크통에서 오래 숙성한 와인에 주어지는 등급인데, 점점 더 많은 생산자들이 연륜보다는 강렬함을 추구하면서 그란 레세르바 생산을 포기하거나 크게 가치를 두지 않고, 고급와인도 훨씬 어릴 때 병입한다. 또 오크통뿐 아니라 다른 숙성 용기를 찾기 시작했다. 티나하스(토기 항아리)가 부활했고, 다른 곳처럼 암포라나 콘크리트 에그 등도 시험하고 있다.

스페인은 특이하게 몇 가지 품종에 의존적이다. 전체 포도밭의 거의 45%가 아이렌Airén(라 만차에서 브

랜디용으로 재배되는 화이트품종)과 템프라니요이다. 보발, 가르나차(그르나슈), 비우라(마카베오)도 널리 재배되는데, 지금은 오랫동안 관심을 끌지 못했던 토착품종을 재발견하고 되찾는 데 뜻을 모으고 있다.

북부

바스크 지방 와인은 비스케이만의 빌바오와 산 세바스티안 주위에서 나온다. 프랑스의 국경 마을 온다리비아에서 이름을 딴 포도로 만든 **비즈카이코 차콜리나Bizkaiko Txakolina / 차콜리 데 비즈카야Chacolí de Vizcaya**와 **게타리아코 차콜리나Getariako Txakolina / 차콜리 데 게타리아Chacolí de Guetaria**는 산미가 날카롭고 가벼우며 사과맛이 나는 화이트와인이다(스페인은 정치상황 때문에 스페인어를 중심으로 갈리시아어, 바스크어, 카탈루냐어의 4가지 언어를 쓴다). 바스크 와인과 와인명에 익숙해지려면 연습이 조금 필요하다.

티에라 데 레온Tierra de León의 토착품종 프리에토 피쿠도Prieto Picudo는 향이 풍부한 풀바디 레드로 인기가 많고, **아리베스Arribes**의 특산품은 포르투갈의 강 하류에서 알프로세이로Alfrocheiro라 불리는 브루냘Bruñal이다. 아리베스 동쪽의 습하고 따뜻한 **시에라 데 살라망카Sierra de Salamanca**에서는 포르투갈에서 더 유명한 루페테Rufete로 상큼하고 가벼운 레드와인을 만든다.

하지만 카스티야 이 레온의 포도밭은 대부분 육지에 둘러싸인 두에로협곡의 높은 곳에 있다. 토로Toro, 루에다Rueda, 리베라 델 두에로Ribera del Duero는 p.195~196의 지도에 상세히 나와있다. 두에로협곡 바로 북쪽 **시갈레스Cigales**는 바위가 많은 토양에서 자란 오래된 템프라니요로 훌륭한 레드를(저렴하고 전통적인 레드, 로제도 함께) 만든다. 건조하고 추우며, 해발 650~800m로 비교적 강우량이 적어 살균제가 거

의 필요 없다. 이곳을 위협하는 주요 재해는 가뭄과 서리지 전염병이 아니다. 시갈레스는 남서쪽의 토로보다 더 높고 서늘해서, 와인도 산미가 더 강하고 구조가 잘 잡혀있다. 북동쪽의 **아를란사Arlanza**에서도 흥미로운 화이트와 레드와인을 생산한다.

에브로강은 북쪽 해안의 칸타브리아산맥에서 동남쪽으로 카탈루냐(p.200~201 참조)의 지중해까지 흐른다. 에브로강 상류는 가르나차와 템프라니요가 만나는 나바라, 리오하를 아우른다(p.197~199 참조). 바로 동쪽의 아라곤 역시 고급와인 생산지로 떠오르고 있다. 동쪽은 모네그로스사막이지만, 남서쪽의 **칼라타유드Calatayud, 캄포 데 보르하Campo de Borja, 카리녜나Cariñena** DO는 가성비 높은 와인산지이고 때로 훌륭한 와인도 나온다. 세 DO 중 칼라타유드가 가장 높은 1,000m에 포도밭이 있고, 스페인에서 가장 성공한 협동조합 수출업체 산 그레고리오San Gregorio가 있다. 길 가문과 노렐 로버트슨(MW)이 1등급 와인을 만든, 오래된 가르나차 부시바인은 스페인에서 오랫동안 과소평가된 자원 중 하나다. EU의 잘못된 판단으로 2013년까지 이 포도나무들을 너무 많이 뽑았지만, 이 나무들의 비틀린 그루터기가 캄포 데 보르하의 명성을 지탱하고 있다. 몬카요산은 달콤하게 과즙이 느껴지는 지역 와인에 상쾌함을 제공한다. 여러 협동조합이 모여 결성한 보르사오 보데가는 캄포 데 보르하 DO의 발전에 큰 공을 세웠다. 대륙성 기후와 차고 건조한 북서풍 시에르소cierzo 역시 도움이 된다.

카리녜나도 비슷한 기후이지만, 지역명(프랑스의 카리냥)에서 이름을 딴 토착품종이 가르나차에 도전하고 있다. 카리녜나 품종은 이곳에서 부활하고 있으며 가장 적합한 클론을 골라내는 작업이 진행되고 있다.

작지만 유망한 **발데할론** IGP는 캄포 데 보르하와 칼

시에라 데 그레도스

그레도스산맥의 해발 500~1,200m에 위치한, 화강암과 점판암 토양의 포도밭에서는 독특한 와인이 나온다. 하지만 정치적인 이유로, 독자적인 아펠라시옹 대신 비노스 데 마드리드(Vinos de Madrid), 멘트리다 인 카스티야-라 만차(Méntrida in Castilla-La Mancha), 비노 데 라 티에라 데 카스티야 이 레온(Vino de la Tierra de Castilla y León) 중 하나를 사용해야 하는 것은 안타까운 일이다.

이곳에서 수도사들이 포도를 재배해 만든 와인은 한때 마드리드 궁중에서 큰 사랑을 받았다. 하지만 훨씬 저렴한 와인을 생산하는 라 만차에 철도가 연결되고 필록세라가 닥치자, 그레도스의 와인생산량은 지속적으로 줄었고 야심찬 신세대 와인메이커들이 들어왔다.

그들은 가르나차 부시바인의 나이, 그리고 근사하게 투명하고, 테루아를 표현하며, 상쾌하고, 거의 피노 누아 같은 레드와인에 열광했다. 알비요 레알(Albillo Real)로 꽤 괜찮은 드라이 화이트도 만든다. 강우량도 부족하지 않지만(p.190 아래 참조), 여름이 매우 덥다.

가까운 세브레로스 마을이 소유한 파라헤 갈라요 포도밭의 점판암 토양에서 가르나차가 잘 자라고 있다.

엘 티엠블로 마을은 시에라 데 그레도스산맥의 북동쪽 비탈 아래에 자리한다.

테네리페에 있는 화산섬 보데가스 몬헤의 포도밭 위로 엘 테이데 봉우리가 보인다. 이곳에서 생산되는 와인은 셰익스피어 시대의 영국에서 매우 인기가 많았던 카나리아제도 와인보다 훨씬 상쾌하다.

라타유드, 카리녜나 사이에 자리한다. 현재 보데가스 프론토니오Bodegas Frontonio의 페르난도 모라 MW가 해발 400~1,000m의 거친 땅에서 오래된 가르나차와 몇몇 화이트 품종의 장점을 최대한 살린 와인을 만들고 있다. 발데할론 IGP는 재발견되고 있다.

'산기슭'이라는 뜻의 **소몬타노**Somontano는 1984년 DO가 되었다. 20세기 초, 특이하게도 이웃 프랑스에서 들여온 카베르네와 메를로가 보데가스 랄란Lalanne에서 재배되었다. 보데가 피리네오스Pirineos가 재배하는 로건베리향의 모리스텔Moristel과 단단한 광물향의 파랄레타Parraleta 역시 비교적 온화한 기후의 바스크 지방이 자랑하는 독특한 품종이다.

동부

스페인 중부 지중해 해안 내륙쪽의 와이너리는 북부의 와이너리보다 세계시장에서 먼저 두각을 나타냈다. 만추엘라Manchuela, 발렌시아Valencia, 우티엘-레케나Utiel-Requena, 알만사Almansa, 예클라Yecla, 후미야Jumilla, 알리칸테Alicante, 부야스Bullas 지역은 줄어드는 수출시장에 강한 벌크와인을 제공하는 공급원으로만 여겨졌다. 하지만 이 지역에 새로운 자본과 아이디어가 유입되면서 과일향의 세련된 레드와인이 탄생했다. 여전히 강하고 달콤한 와인을 만들지만, 최고급와인은 캘리포니아나 호주의 잘 숙성된 레드와인과 견줄 만큼 경쟁력이 있다. 토착품종과 국제품종을 블렌딩하는 경우도 많지만, **후미야**의 카사 카스티요Casa Castillo 같은 생산자들과 수출시장의 오르도네즈Ordóñez 가문은 모나스트렐(무르베드르)을 어떻게 길들이는지 잘 보여줬다. **알리칸테**에서는 엔리케 멘도사가 강도는 같지만 당도가 다양한 와인을 생산하며 활발히 활동하고 있다. 멘도사는 1999년 유명한 리오하의 아르타디가 세운 엘 세케El Sequé 와이너리에 합류했다. 모나스트렐로 만든 알리칸테의 폰디욘Fondillón은 헤레스의 올로로소oloroso와 견줄 만한 와인으로 관심을 끌고 있다. **만추엘라** DO에서는 석회암 퇴적물 토양의 고원에 위치한 폰체Ponce와 핑카 산도발Finca Sandoval 와이너리가 대표적이다. 핑카 산도발은 론 밸리와 도루 밸리에서 들여온 품종에 애정을 보이고 있으며, 모라비아 아그리아Moravia Agria 품종이 유망하다. 우람한 보발은 스페인에서 템프라니요 다음으로 가장 많이 심은 레드품종이고, 만추엘라의 이웃으로 해발 600m 이상에 위치한 **우티엘-레케나**의 주요 품종이다. 이곳의 몇몇 최고급와인은 비노 데 파고 또는 심지어 비노 데 에스파뇰로 팔린다. 보데가 무스티기오Mustiguillo가 토착품종으로 독특한 화이트와인을 만들며, 더 높은 곳의 **알만사**에서도 뛰어난 와인이 나온다. 보데가스 아탈라야Atalaya, 산타 키테리아Santa Quiteria, 그리고 와인메이커 그룹인 엔비나테Envinate도 해발 700m에서 가르나차 틴토레라를 재배한다. **예클라**와 **부야스** DO 역시 기대할 만하다.

극한의 땅에서 비가 가장 많이 오는 곳과 가장 더운 곳은?

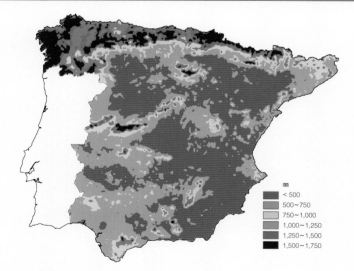

mm
< 500
500~750
750~1,000
1,000~1,250
1,250~1,500
1,500~1,750

연평균 강수량
스페인은 극한의 나라다. 건조한 남부와 내륙부터(연강수량이 500㎜ 이하인 곳도 많다) 중간 정도로 습한 북서쪽 갈리시아 지방까지(연강수량이 1,000㎜ 이상인 곳도 있다) 다양하다.

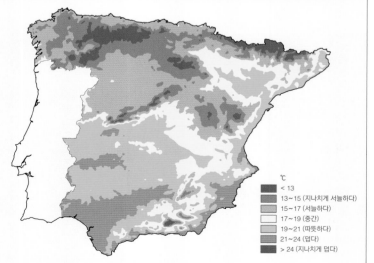

℃
< 13
13~15 (지나치게 서늘하다)
15~17 (서늘하다)
17~19 (중간)
19~21 (따뜻하다)
21~24 (덥다)
> 24 (지나치게 덥다)

생장기 평균 기온
북부와 북서부는 포도재배에 적합한 정도로 서늘하고, 남부는 생장기 동안 덥거나 매우 덥다(자료 출처 : 스페인 사라고사 대학교, 1950~2012).

마드리드 남쪽

스페인의 중심은 마드리드 남쪽의 메세타 대고원으로, 눈이 피로할 정도로 포도밭이 끝없이 펼쳐져 있다. 가장 큰 DO인 **라 만차**의 크기는 지도를 보면 짐작할 수 있다. 전체 포도밭의 절반이 채 안 되는 DO급 포도밭도 호주 전체의 포도밭보다 넓다. 라 만차의 대부분을 차지하는 **발데페냐스**Valdepeñas DO는 마을 이름에서 따왔으며, 수출에 앞장선 펠릭스 솔리스Félix Solís 와이너리가 이 지역에 상당한 투자를 하고 있다. 1990년대 말 라 만차 역시 다른 스페인 와인산지처럼 급격한 변화를 겪었고, 부진한 화이트와인에서 다양한 품종의 레드와인으로 계속 바뀌었다. 이곳에서 센시벨Cencibel이라 불리는 템프라니요로 만든 레드와인은 대부분 저렴했다. 일부 가르나차 역시 오래전부터 재배되었고, 카베르네, 메를로, 시라, 심지어 샤르도네와 소비뇽 블랑도 찾을 수 있다. 하지만 8월 초에 수확을 시작해야 해서 품종의 특징이 제대로 표현되지 못하는 것이 문제다. 라 만차에는 불필요하게 많은 8개의 비노스 데 파고(p.188 참조)가 있는데, 라 만차의 북쪽 경계선에 있는 **우클레스**Uclés DO는 현재 보데가스 폰타나 Fontana 덕분에 활기를 띠고 있다.

우클레스와 마드리드 사이의 **멘트리다**Méntrida, **비노스 데 마드리드**, **몬데하르**Mondéjar DO에 변화의 바람이 불고 있다. 가장 혁신적인 와이너리는 톨레도 근처의 마르케스 데 그리뇬Marqués de Griñon이다. 여기서는 시라나 프티 베르도 같은 폭넓은 풍미를 가진 수입품종을 새로운 방식으로 재배하고, 획기적인 물 공급 방식을 도입해 스페인의 첫 DO 파고Pago인 도미니오 데 발데푸사Dominio de Valdepusa를 획득하는 데 성공했다. **그레도스** 와인(p.189 참조)은 가르나차 같은 옛 토착품종으로 만든다. 라 만차 정서쪽, 포르투갈 국경과 접한 이스트레마두라에는 비교적 최근 지정된 광대한 **리**

베라 델 과디아나 Ribera del Guadiana DO가 있다. 이곳에서 생산되는 강건하고 잘 익은 와인은, 포르투갈 국경 너머 알렌테주 와인과 비슷한 놀라운 잠재력이 있다. 보데가스 아블라Habla의 와인처럼 가장 흥미로운 와인들은 라벨에 비노 데 라 티에라 데 이스트레마두라Vino de la Tierra de Extremadura라고 표시된다.

섬들

카나리아제도는 한때 스페인에서 가장 유명한 스위트 와인산지였다. 대서양에서 남서쪽으로 멀리, 아프리카에서는 겨우 100km 떨어져있다. 이곳은 열정적으로 DO를 획득했고, 유행에 민감한 전 세계 소믈리에들의 눈에 띄었다. 광범위한 이슬라스 카나리아스Islas Canarias DO에 그란 카나리아, 라 팔마La Palma, 엘 이에로El Hierro, 화산섬 란사로테Lazarote와 라 고메라La Gomera DO가 추가되었다. 테네리페섬은 5개 이상의 DO(아래 지도 참조)가 있으며, 공식 포도밭 면적은 최소 6,500ha이고 12개의 토착품종을 재배한다. 바다 내음과 귤껍질향이 나는 톡 쏘는 화이트는 토착품종인 마르마후엘로Marmajuelo(베르메후엘라Bermejuela), 구알Gual(마데이라의 보아우), 리스탄 블랑코Listán Blanco(팔로미노 피노)로 만들고, 흥미로운 레드와인은 바보소 네그로Baboso Negro(알프로셰이로), 비하리에고 네그로Vijariego Negro(수몰Sumoll), 그리고 주요 품종인 리스탄 네그로Listán Negro로 만든다.

지중해 마요르카섬의 오래된 포도밭에서는 지난 20년 동안 멸종 위기였던 토착품종과 외래품종을 되살리고 있다. 만토 네그로는 가벼운 레드와인이 되며, 희귀한 카예트Callet로 만든 레드는 좀 더 진중하다. 섬 동쪽의 **플라 이 예반트**Pla i Llevant와 중앙의 **비니살렘**Binissalem, 이렇게 2개의 DO가 있다. 이비자와 포르멘테라 섬도 와인애호가들의 관심을 끌고 있다.

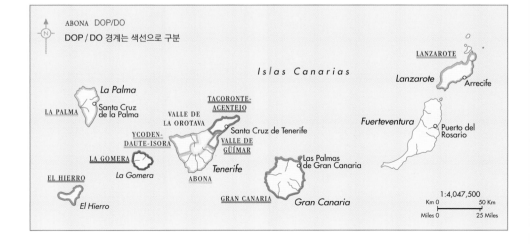

카나리아제도

모로코 해안에서 떨어져 나온 화산섬인 카나리아제도는 특별한 와인양조의 유산을 갖고 있다. 이곳의 포도나무는 필록세라를 경험하지 않았고, 강한 바람을 맞으며 자라는 키 작은 부시바인으로 독특한 와인을 만든다.

라벨로 배우는 와인 용어

품질 표시

Denominaciòn de Origen Calificada(DOCa) 스페인 최고의 와인등급. 지금까지는 리오하와 프리오라트에만 부여되었다. 이 두 지방에서는 DOQ로 불린다

Denominaciòn de Origen(DO) 프랑스의 AOP / AOC(p.52 참조), EU의 원산지보호명칭법(DOP)에 해당하며, DOCa와 DO 파고(아래 참조)를 포함한다

Denominaciòn de Origen Pago(DO Pago) 매우 좋은 와인을 생산하는 싱글 와이너리에 부여하는 등급

Vino de Pueblo, Vi de Vila 리오하, 비에르소, 프리오라트 등 일부 DO는 부르고뉴의 마을 아펠라시옹에서 영감을 받아 만들어진 등급이다. 단일 마을에서 생산된 와인에만 붙는다

Vino de Calidad con indicaciòn Geogràfica(VC) DO로 가는 징검다리

Indicaciòn Geogràfica Protegida(IGP) 새로운 EU 명칭. 비노 데 라 티에라(VdlT)를 대체한다. 카탈루냐어로 비 데 라 테라(Vi de la Terra)라고 한다

Vino 또는 **Vino de España** EU 기본 명칭으로 기존의 비노 데 메사(Vino de Mesa)를 대체한다. 카탈루냐어로는 비 데 타울라(Vi de Taula)라고 한다

기타 용어

Año(아뇨) 해(年)

Blanco(블랑코) 화이트

Bodega(보데가) 와이너리

Cava(카바) 전통 방식으로 만든 스파클링와인

Cosecha(코세차) 빈티지

Crianza(크리안사) 수확 후 최소 2년 숙성시킨 와인. 그 기간 중 적어도 6개월은 오크통에서 숙성시켜야 한다 (리오하와 리베라 델 두에로에서는 12개월)

Dulce(둘세) 스위트

Embotellado de origen(엠보테야도 데 오리헨) 와이너리에서 병입

Espumoso(에스푸모소) 스파클링

Gran Reserva(그란 레세르바) 최소 18~24개월 오크통 숙성하고, 병입 후 36~42개월 숙성시킨 엄선된 와인.

Joven(호벤) 수확 다음 해에 시판하는 와인. 오크통 숙성은 아주 짧게 하거나 아예 하지 않는다

Reserva(레세르바) 아펠라시옹에 규정된 기간에 따라 오래 숙성시킨 와인. 화이트와인의 숙성기간은 일반적으로 더 짧다

Rosado(로사도) 로제. 클라레테(Clarete)는 선홍색

Seco(세코) 드라이 / **Tinto(틴토)** 레드

Vendimia(벤디미아) 수확(빈티지) / **Vino(비노)** 와인

Vino generoso(비노 헤네로소) 주정강화와인

스페인 북서부 Northwest Spain

최근 몇 년 동안 스페인 동부와 남부가 계속 더워지면서, 깊은 인상을 주는 와인에서 상쾌한 와인으로 유행이 돌아왔다. 습하고 서늘한 스페인 북서부와 거기서 나는 와인에 좋은 신호다. 스페인 북서부 와인이 애호가들의 관심을 끌고 있다. p.193에 나오는 상큼한 드라이 화이트와인 리아스 바익사스Rías Baixas만 그런 것이 아니다. 대부분의 스페인 화이트와인이 산미를 더해 활기를 높여야 하지만, 갈리시아 와인은 아니다.

갈리시아라는 이름이 말해주듯 이곳은 켈트족의 전통이 강하다. 대서양, 언덕, 바람, 꽤 많은 양의 비(p.190 참조)가 중요한 물리적 요소라면, 매우 작게 나뉜 갈리시아의 전형적인 포도밭은 인간적 요소다. 와인은 대체로 가볍고 드라이하며 상쾌하다. 필록세라 창궐 이후 어쩔 수 없이 심었던 팔로미노Palomino와 붉은색 과육의 알리칸테 부셰Alicante Bouschet는 이제 더 적합한 토착품종으로 거의 대체되었다.

화이트와인 산지인 **리베이로Ribeiro**는 리아스 바익사스에서 미뇨강 상류쪽에 있지만, 시에라 델 수이도 산맥이 대서양으로부터 보호해준다. 남쪽의 도루 밸리보다 훨씬 먼저 중세 영국에 와인을 수출했는데, 교역은 사라지고 포도밭은 잊혀졌다. 이제 생산자는 보다 희망적이고, 소비자들은 수용적이다. 드라이 화이트와인 품종은 트레익사두라Treixadura(주로 100%), 알바리뇨Albariño, 로우레이라Loureira, 토론테스Torrontés이며, 발데오라스Valdeorras의 고데요Godello도 늘고 있다. 색이 진한 알리칸테로 소량의 레드와인도 만든다.

더 내륙쪽인 **리베이라 사크라Ribeira Sacra**는 실강과 미뇨강 위 매우 가파른 계단식 점판암 포도밭에서, 갈리시아에서 가장 유명한 레드와인을 옛날 방식으로 생산한다(고데요로 만든 훌륭한 화이트도 있다). '위험을 무릅쓰고 포도를 재배한다(heroic viticulture)'는 말이 떠오를 정도다. 과일향이 풍부한 멘시아Mencía는 최고의 레드와인 품종이고, 작지만 다시 활력을 찾고 있는 **몬테레이Monterrei**(지도 밖 남쪽에 있다. 템프라니오가 익을 만큼 따뜻하다)에서는 고데요로 화이트와인을 만든다. 퀸타 다 무라델라Quinta da Muradella 와이너리가 1991년부터 몬테레이의 와인생산을 주도하고 있다.

발데오라스는 단단하고 광물향이 나는 고데요로 명성을 쌓았다. 고데요는 매우 섬세하고 숙성 잠재력이 있는 품종와인이 된다. 보데가스 라파엘 팔라시오스Rafael Palacios의 고데요는 풀리니-몽라셰만큼 흥분을 자아내는 잠재력이 있다. 레드와인 또한 명성을 얻고 있으며, 멘시아가 주요 품종이다.

멘시아는 유행하는 **비에르소Bierzo**의 베이스이기도 한데, 스페인에서 과일 풍미와 향이 가장 풍부하고 상쾌한 레드와인이다. 대서양의 영향이 강한 실강 강변에서 재배하는데, 환경은 갈리시아와 유사하지만 경계선 너머 카스티야 이 레온에 위치한다. 프리오라트의 알바로 팔라시오스와 그의 조카 리카르도 페레스가 비에르소와 멘시아를 세계에 알렸는데, 이들은 비에르소의 계단식 포도밭에서 주요 토양인 점토보다 점판암과 규암에 주목했고, 포도밭의 80%인 3,000ha에 달하는 나무의 수령이 최소 60년이고 대부분 100년이 넘는다는 점에 희망을 가졌다. 데센디엔테스 데 J 팔라시오스는 농축되고 오크향이 강한 와인 세대에서는 볼 수 없는 우아하고 섬세한 와인을 만들었다. 현재 비에르소에는 80여 개의 보데가가 있으며, 모두 같은 수준의 섬세한 와인을 만들지는 못하지만 노력하고 있다.

라울 페레스Raúl Pérez는 와인양조 컨설팅의 귀재다. 초록이 우거진 스페인 북서부에는 갈리시아의 레드 품종이 많지 않지만 점점 늘고 있다. 블렌딩와인뿐 아니라 품종와인을 만들 때도 사용되며, 대부분 다른 이름으로 포르투갈에서도 재배된다. 국경을 넘으면 메렌사오Merenzao은 바스타르두Bastardo, 카라부녜이라Carabuñeira는 토리가 나시오나우Touriga Nacional가 되고, 수손Sousón과 카이뇨 틴토Caíño Tinto는 비냥Vinhão과 보하사우Borraçal라 불린다. 이 외에도 특산품종은 많다.

경계선 (province)
Ribeiro DOP / DO
Ribeira Sacra DOP / DO
Valdeorras DOP / DO
Bierzo DOP / DO
• Villafranca del Bierzo 와인중심지
VALDESIL 주요생산자
1200 등고선간격 300m

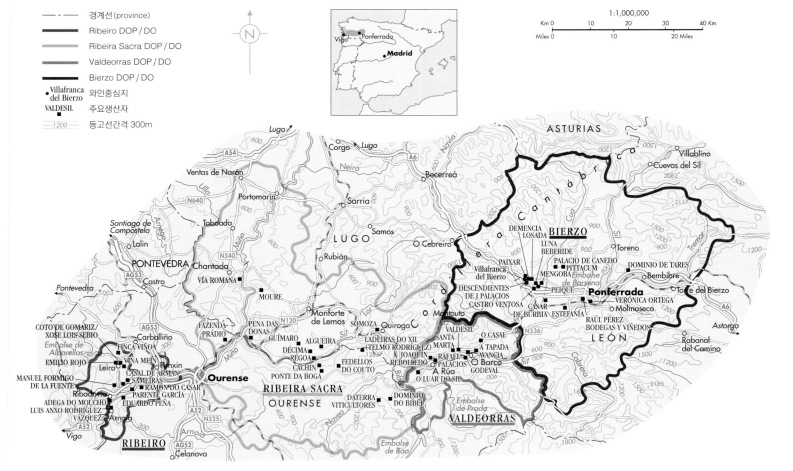

리아스
바익사스
Rías Baixas

갈리시아 최고의 와인은 전형적인 스페인 와인과 매우 다르다. 섬세하고 활기차며 향이 풍부한 화이트와인은 갈리시아인들이 즐기는 조개류 요리와 완벽하게 어울린다. 리아스 바익사스에서는 마르틴 코닥스Martin Codax, 콘데스 데 알바레이Condes de Albarei, 아루사나Arousana 협동조합(파코 & 롤라 브랜드 소유)이 와인을 만들고 있지만, 모두 규모가 작다. 200개의 보데가 중 최고의 와이너리도 1년에 겨우 수백 상자만 생산한다. 대부분의 재배자는 겨우 몇 ha의 포도밭밖에 소유하고 있지 않다. 스페인에서도 습도가 높고 숲이 울창한 이 지역은(비고Vigo의 연간강우량과 다른 스페인 기상관측소의 연간강우량을 비교하면 금방 알 수 있다) 최근까지만 해도 가난하고 아무도 거들떠보지 않는 오지였다. 진취적인 갈리시아인은 다른 곳으로 떠났지만, 물려받은 손바닥만 한 땅에 대한 애착도 버리지 않았다. 이러한 갈리시아인의 성향과 지리적 고립 때문에, 1980년대가 돼서야 이 독특한 와인은, 받아들일 준비가 된 바깥 시장으로 나오기 시작했다.

와인처럼 풍경 역시 전형적인 스페인과 다르다. 리하스라고 불리는 작은 피오르처럼 불규칙한 대서양의 해안선을 따라, 소나무와 1950년대에 들여온 번식력 강한 유칼립투스가 우거진 언덕이 펼쳐진다. 이곳에서는 포도나무조차 다르게 생겼다.

미뇨강 건너 포르투갈의 비뉴베르데 지방처럼 여기서도 전통적으로 퍼걸러 방식과 유사한 '파라스parras'로 포도나무를 재배한다. 사람 어깨보다 높게 세워진 수평 트렐리스 위로 햇빛이 어른거린다. 포도나무를 넓찍한 간격으로 심고, 가늘고 긴 줄기는 이 지역에서 흔히 사용하는 건축 자재인 화강암 기둥으로 받쳐주기도 한다. 자신들이 마실 와인을 만들기 위해 포도나무를 심은 수많은 작은 농가들은, 소중한 땅을 한 뼘이라도 더 활용하기 위해 포도나무의 캐노피를 높게 만들고 그 아래에 채소를 심는다. 여름에도 바다 안개가 포도밭까지 자주 올라오기 때문에, 캐노피가 높으면 포도밭에 공기가 잘 통해서 매우 유용하다.

주요 품종은 껍질이 두꺼운 알바리뇨로, 포도품종 중에서 노균병에 가장 잘 견딘다. 어린 알바리뇨를 좋아하는 마니아도 있다. 블렌딩, 오크통 숙성, 일부러 와인을 오래 숙성시키는 등 다양한 시도가 늘고 있다.

리아스 바익사스 하위지역

발 도 살네스(Val do Salnés)가 가장 중요한 하위지역이고, 습도가 가장 높다. 언덕이 많은 남쪽의 오 로살(O Rosal)은 최고의 포도밭이 남향 비탈에 위치하고, 산미가 매우 약한 와인을 생산한다. 바위가 많은 콘다도 도 테아(Condado do Tea)는 가장 높고 서늘한 하위지역이며, 해안에서 가장 멀다. 계단식 포도밭에서 힘은 강하지만 좀 거친 와인을 생산한다.

리아스 바익사스 비고	▼
북위 / 고도(WS)	42.24° / 261m
생장기 평균 기온(WS)	16.8℃
연평균 강우량(WS)	1,786mm
수확기 강우량(WS)	9월 : 102mm
주요 재해	진균병, 거센 바람
주요 품종	화이트 알바리뇨, 트레익사두라, 로우레이라 블랑카

범례:

- — · — 국경선
- — · — 경계선 (province)
- ▬▬▬ Rias Baixas DOP / DO

리아스 바익사스 하위지역
- Ribeira do Ulla
- Val do Salnés
- Soutomaior
- Condado do Tea
- O Rosal

FILLABOA　주요생산자
━400━　등고선간격 200m
▼　기상관측소 (WS)

리베라 델 두에로 Ribera del Duero

두에로강은 1970년대에 출간된 이 책의 초판에 한 번 언급된 적 있다. 도루강(포트와인의 고향)의 스페인식 이름이라는 것과, 별나지만 근사한 베가 시실리아Vega Sicilia 와인이 있다는 설명이었다. 그 후 열정적인 농학자 알레한드로 페르난데스가 나타나, 페스케라Pesquera를 만들어 전 세계적으로 성공을 거두었다. 덕분에 새로운 투자자들이 들어오기 시작했고, 이제 두에로 강변(리베라)은 스페인 최고 레드와인의 자리를 두고 리오하와 경쟁하고 있다.

카스티야 라 비에하 평원은 북부 세고비아와 아빌라에서 옛 레온 왕국까지 이어지는 황갈색 땅이다. 그곳을 거친 두에로강이 가로지르고 있다. 평균 해발고도 850m인 높은 고원은 밤에 매우 춥다. 9월 정오에 기온이 30℃까지 올랐다가 밤에는 4℃까지 떨어진다. 봄서리가 포도밭에 자주 피해를 입히는데, 2017년 4월 말에는 기온이 −7℃까지 떨어진 적도 있다. 포도는 보통 10월 말에 수확하지만, 11월 말에 하는 경우도 있다. 햇빛과 공기는 고지대인 만큼 건조하고 눈부시며, 서늘한 밤 덕분에 이곳의 와인도 산미가 강해 매우 활기차다. 놀랍도록 강렬한 색, 과일향, 풍미를 가진 잘 농축된 레드와인은, 북동쪽으로 100km 가까이 떨어진 전형적인 리오하 와인과 상당히 다른 스타일이다. 흥미로운 점은 2곳 모두 주요 품종이 템프라니요라는 사실이다.

베가 시실리아는 포도밭이 250ha에 이르는 거대한 와이너리로, 이곳에서도 빼어난 와인이 만들어질 수 있다는 것을 일찍이 증명했다. 1860년대에 포도나무를 처음 심었는데, 리오하가 보르도 네고시앙과 그 영향력에 점령당했던 시기다. 베가 시실리아의 우니코Unico는 날씨가 좋은 빈티지에만 생산되고, 사실상 다른 테이블와인보다 오크통 숙성을 더 오래 해서 10년이 지나야 시판한다(지금은 병입하고 몇 년 후에 시판한다). 놀랍도록 파고드는 개성을 가진 와인이다. 이 기념비적인 와인에는 특이하게도 보르도 품종이 들어가, 토착품종인 템프라니요(이 지역에 적응한 버전은 틴토 피노Fino 또는 틴타 델 파이스Tinta del País라고 불린다)에 국제적인 매력을 더한다. 발부에나Valbuena는 시판 전에 단 5년 숙성시킨다. 자매 보데가인 알리온Alión은 새로운 프랑스 오크통에서 더 짧게 숙성시킨 와인을 만드는, 리베라 델 두에로의 현대적인 간판이다.

빠른 확장

리베라 델 두에로 와인은 1990년대에 크게 유행했는데, 알레한드로 페르난데스의 페스케라가 시발점이었다. 1982년 DO가 만들어졌을 때 이 지역에는 보데가가 24개밖에 없었다. 2018년에는 300개가 넘었고, 그중 100개는 10년 동안 설립된 것이다(대부분의 보데가가 포도밭을 소유하고 있지 않다). 넓고 높은 고원의 포도밭은 원래 곡물과 사탕무를 재배했지만 놀랍게 변모했고, 현재 포도밭 면적은 22,500ha에 이른다. 한창 인기가 치솟았을 때는 수요를 맞추기 위해 리오하에서 생산성이 가장 높은 템프라니요의 클론을 심었는데, 현재 지방정부가 품질이 더 우수하며 특히 테루아

1970년대와 1980년대 초, 베가 시실리아를 제외하고 리베라 델 두에로에서 유일하게 와인을 수출한 와이너리는 페냐피엘에 본거지를 둔 협동조합 프로토스였다. 언덕 꼭대기의 성채는 프로토스 레세르바스(Protos Reservas)의 라벨에도 나온다.

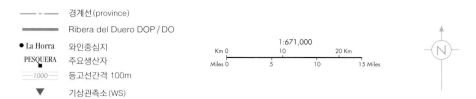

지리적 이유가 아니라 지역 간의 정치적 이유로, 이 지역은
리베라 델 두에로 DO에 공식적으로 포함되지 못했다.

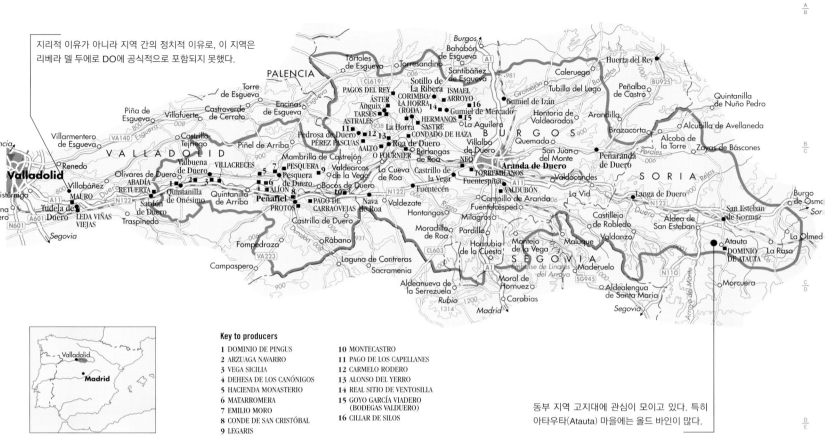

Key to producers

1 DOMINIO DE PINGUS
2 ARZUAGA NAVARRO
3 VEGA SICILIA
4 DEHESA DE LOS CANÓNIGOS
5 HACIENDA MONASTERIO
6 MATARROMERA
7 EMILIO MORO
8 CONDE DE SAN CRISTÓBAL
9 LEGARIS
10 MONTECASTRO
11 PAGO DE LOS CAPELLANES
12 CARMELO RODERO
13 ALONSO DEL YERRO
14 REAL SITIO DE VENTOSILLA
15 GOYO GARCÍA VIADERO (BODEGAS VALDUERO)
16 CILLAR DE SILOS

동부 지역 고지대에 관심이 모이고 있다. 특히
아타우타(Atauta) 마을에는 올드 바인이 많다.

에 적합한 클론을 개발하기 위해 노력하고 있다.

포도재배자들은 리베라의 토양이 너무 다양해 헷갈리기 쉽다. 싱글빈야드에서도 당황스러울 만큼 포도가 서로 다른 속도로 익는다.

두에로강 북쪽의 석회암 상부토는 강우량이 부족한 이 지역에서 비가 내린 뒤 물을 잘 보존해준다. 하지만 모래질 롬(양토)과 점토질 롬이 더 일반적이다.

8,000명이 넘는 재배자들이 평균 3ha 미만의 포도밭을 소유하고 있다. 따라서 리오하처럼 포도를 구매하는 것이 일반적인 전통이며, 새로 문을 연 보데가들끼리 포도를 구하기 위한 경쟁이 치열하다. 몇몇 가장 좋은 포도는 로아 데 두에로, 라 오라, 페드로사 데 두에로, 이 세 마을이 만드는 삼각형 안에서 재배된다. 스페인에서 가장 귀하고 가장 비싼 와인 도미니오 데 핀구스Dominio de Pingus를 만드는 덴마크인 페테르 시섹은 라 오라 주위에서 수령이 가장 오래된, 뒤틀리고 웅크린 모양의 진정한 틴토 피노 부시바인을 찾았다.

성공을 거둔 또 다른 두 생산자가 있는데, 이들은 심지어 DO로 지정된 지역 밖에서 와인을 만들어 덜 엄격

한 카스티야 이 레온 IGP로 판매한다. 아바디아 레투에르타Abadía Retuerta는 1996년 스위스 제약회사 노바티스가 설립한 광대한 와이너리로, 공식 DO 경계의 바로 서쪽 사르돈 데 두에로에 위치한다(1982년 DO 규정이 생겼을 때는 이곳에 포도밭이 없었지만, 17세기부터 거의 쉬지 않고 포도를 재배했다. 수도원은 1970년대 초까지 바야돌리드의 주요 와인 공급자였다). 서쪽으로 더 가면 투델라 마을의 마우로Mauro 보데가가 나오는데, 현재 근사한 옛 석조건물에 자리한 마우로는 베가 시실리아의 와인메이커였던 마리아노 가르시아가 설립했다. 가르시아는 알토Aalto를 만드는 데도 관여하고 있다. 알토 역시 리베라 델 두에로에 새로 등장한 많은 와인들 중 하나다. 이곳에서는 하나의 빈티지 와인만으로도 명성을 얻을 수 있다.

다른 투자자로는 펠릭스 솔리스Felix Solis(파고스 델 레이Pagos del Rey), 알론소 델 예로Alonso del Yerro, 마르케스 데 바르가스Marques de Vargas(콘데 데 산 크리스토발Conde de San Cristobal), 토레스Torres(셀레스테Cleleste), 파우스티노Faustino가 있다. 이들 중 대부분은 이미 다

른 와인산지, 특히 이웃 리오하에 자리를 잡았다. 비교적 최근에 들어온 투자자는 카바Cava를 생산하는 프레시넷Freixenet이다. 발두본에 와이너리가 있다. 라 리오하 알타La Rioja Alta는 보데가 아스테르Aster를, 리오하의 쿠네(CVNE)는 **앙기스**Anguix에 와이너리를 열었다.

리베라 델 두에로 바야돌리드	▼
북위 / 고도(WS)	41.70°/846m
생장기 평균 기온(WS)	15.7 ℃
연평균 강우량(WS)	435mm
수확기 강우량(WS)	10월 : 52mm
주요 재해	봄서리, 가을비
주요 품종	레드 **틴토 피노** / **틴토 델 파이스**(템프라니요)

토로, 루에다 Toro and Rueda

1990년대에는 영향력 있는 와인 비평가들이 와인의 강도에 평점을 매겼다. 카스티야 이 레온의 서쪽 끝 토로에는 보데가가 8개밖에 없다. 토로의 와인은 거칠다고 평가받는데 틀린 평가는 아니다. 단, 템프라니요의 지역 변종인 틴타 데 토로Tinta de Toro는 무시할 수 없는 활기찬 와인이다. 2006년경에 40개였던 보데가는 2018년에 62개로 늘어났다. 리베라 델 두에로의 화려한 베가 시실리아와 마우로의 소유주, 플라잉 와인메이커 텔모 로드리게즈 등 유명한 스페인 투자자들이 토로를 찾았다. 보르도의 프랑수아 뤼르통과 유명한 양조 컨설턴트인 포므롤의 미셸과 다니 롤랑 등 프랑스 사람도 들어왔다. 롤랑 부부는 틴타 데 토로가 이곳에서 잘 익는 것에 깊은 인상을 받고, 캄포 엘리세오와 조인트 벤처를 설립했다. LVMH는 2008년, 호평받던 누만티아Numanthia 보데가를 리오하의 소유주들로부터 최고가에 매입했다. 미국에 집중하는 오르도녜즈 가문도 토로의 성공을 못 본 척할 수 없었다.

다른 스페인 와인처럼 토로에서도 고도가 중요하다. 뜨거운 여름 동안, 해발 620~840m의 다양한 토양에서 익은 포도의 색과 풍미를 서늘한 밤이 '개선'해 준다. 적점토도 있지만, 모래가 많아 필록세라에 강해서 포도나무의 60%가 접붙이기를 하지 않는다. 토로의 포도밭 5,500ha 중 80%가 부시바인이다. 수령이 50년 이상인 나무가 1,200ha이고, 100년이 넘은 나무도 125ha나 된다. 거의 사막에 가까운 환경 때문에 (연간 강우량이 400mm 미만) 남부에서는 ha당 650그루만 심은 곳도 있다. 토로 포도밭의 85%를 차지하는 틴타 데 토로는 탄산 침용으로 빨리 양조해서 어리고 과일맛이 살아있을 때 판매하기도 하지만, 오크통 숙성이 늘고 있다. 최소 12개월 동안 오크통에서 숙성시키는 레세르바스는 강하고 대담한 레드와인이다.

루에다

토로의 이웃 루에다에서는 전통적으로 토착품종 베르데호Verdejo로 화이트와인을 만들었지만 오래전부터 내리막을 걷고 있었는데, 리오하의 유력자 마르케스 데 리스칼이 상쾌한 드라이 화이트와인을 성공시키면서 이 지역에 행운이 깃들기 시작했다.

리스칼이 1970년대부터 루에다에서 화이트와인을 생산하면서 다시 빛을 보게 되었다. 베르데호는 최근에 심은 소비뇽 블랑만큼 신선한 와인이 된다. 산미를 유지하고 광물향을 끌어내려면 단순한 소비뇽 블랑보다 훨씬 늦게 수확해야 한다. 17,000ha 포도밭 중 레드품종은 500ha이며, 대부분 비노 데 라 티에라 카스티야 이 레온으로 판매된다.

베르데호는 루에다의 대표적인 품종이다. 루에다에서는 베르데호로 수년 동안 셰리와 비슷한 와인을 만들었다. 하지만 마르케스 데 리스칼이 상쾌한 드라이 화이트와인을 성공시키면서 이 지역에 행운이 깃들기 시작했다.

토로, 루에다 북서부

아래 지도는 토로 전 지역과 루에다 북서부 지역의 주요 와인산지만 표시한 것이다. 이 지역은 바야돌리드주를 지나 세고비아주(아벨리노 베가스, 블랑코 니에바, 오시안의 고향)와 알리바(p.188 지도 참조)까지 포함한다. 많은 생산자들이 두 지역에서 와인을 만든다.

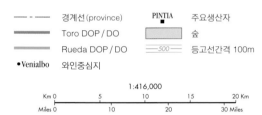

- - - - 경계선 (province)	PINTIA 주요생산자
━━━ Toro DOP / DO	▨ 숲
━━━ Rueda DOP / DO	⎯500⎯ 등고선간격 100m
• Venialbo 와인중심지	

1:416,000

Km 0 5 10 15 20 Km
Miles 0 10 20 30 Miles

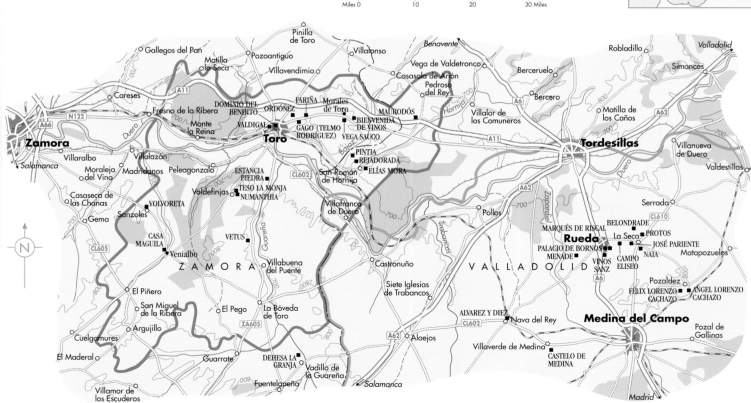

나바라 Navarra

리오하 북동쪽의 와인산지 나바라는 리오하의 오랜 경쟁자였다(실제로 일부는 프랑스 땅이었다). 하지만 보르도의 네고시앙들이 필록세라 재앙이 지나간 뒤에 선택한 교역 파트너는, 아스파라거스와 묘목장이 있는 푸르른 땅 나바라가 아니라 아로Haro에서 철도로 연결되는 리오하였다. 20세기의 대부분 기간 동안, 흩어져 있는 나바라 포도밭에서는 주로 가르나차를 심어 로사도나 강하고 깊은 블렌딩 레드와인을 만들었다. 그러다가 카베르네, 메를로, 템프라니요, 샤르도네가 혁명을 가져왔다. 지금도 포도나무 3그루 중 1그루 이상이 이 품종들이다. 전체 면적으로 보면 템프라니요가 가르나차를 앞질렀고, 카베르네 소비뇽은 세 번째로 많이 심은 품종이다. 그런데 이상하게도 새로운 품종으로 만든 나바라 와인은 상업적으로 성공을 거두지 못했다. 아마도 특별한 개성이 없었기 때문일 것이다.

하지만 지금 가르나차는 르네상스를 구가하고 있다. 올드 바인의 풍부한 과일향과 대서양의 상쾌함이 조화를 이룬 와인이, 북부의 발디사르베Valdizarbe와 바하 몬타냐 같은 고지대에서 생산된다. 아르타디Artadi 와이너리의 산타 크루스 데 아르타수Santa cruz de Artazu가 처음으로 길을 열었다. 반면, 막강한 협동조합은 이 지역에서 재배되는 평범한 가르나차의 대부분을 소화하고 있다. 산 마르틴 협동조합은 한발 더 나아가 조합원 포도밭의 제일 좋은 구획에서 수확한 포도로, 세계 최고의 밸류와인을 만들고 있다. 도멘 루피에르Domaines Lupier와 에밀리오 발레리오Emilio Valerio가 이런 방식으로 성공을 거두고 있는 대표적인 새로운 생산자이다. 아직 규모는 작지만 풍미가 강한 리오하의 그라시아노Graciano 품종이 자리를 잡아가고 있다. 특히 비냐 소르살Viña Zorzal과 오초아Ochoa 와이너리에서 좋은 그라시아노를 만든다.

대부분의 나바라 와인은 리오하와 소몬타노를 섞은 듯한 풍미를 가진다. 물론 오크통 숙성을 하지만, 스페인 품종과 국제품종의 풍미를 모두 최대한 활용하고 있다. 나바라에서는 프랑스 오크통이 리오하에서보다 더 흔하게 사용되는데, 아마도 오크통 숙성 방식이 나바라에 늦게 도입되었고 프랑스 품종을 더 많이 심었기 때문일 것이다. 라벨에 '크리안사Crianza'나 '레세르바'라고 적혀있다면 리오하 와인에 더 가깝다고 보면 된다.

남부와 북부

나바라도 리오하만큼 다양하다. 남쪽 시에라 델 몬카요 산맥의 비그늘에 자리한 **리베라 바하**Ribera Baja 하위지역은 덥고 건조한 평지여서 관개시설(로마시대에 건축된 수로)이 필요한 반면, 북쪽은 전혀 다르다. 날씨

1:800,000
Km 0　　　10　　　20 Km
Miles 0　　5　　10　　15 Miles

나바라 하위지역

나바라는 3가지 기후로 나뉜다. 북서부는 대서양 기후에 연평균 강우량이 800mm이고, 북동부는 뚜렷한 대륙성 기후이며, 남부는 바로 서쪽의 리오하 바하처럼 지중해성 기후를 띤다. 오늘날 연평균 강우량은 300mm로 줄었다.

—　·　— 경계선(province)

———— Navarra DOP / DO

나바라 하위지역

Tierra Estella

Valdizarbe

Ribera Alta

Baja Montaña

Ribera Baja

OCHOA 주요생산자

—400— 등고선간격 200m

가 서늘하며 포도나무를 적게 심고 토양의 종류는 더 다양하다. 리베라 바하 최고의 가르나차는 피테로에서 자란다. 거칠고, 샤토뇌프와 비슷한 토양이며, 바르데나스 레알레스 사막과 가깝기 때문이다. 피테로 바로 북쪽에 있는 코레야Corella 보데가는 귀부와인인 모스카텔 데 그라노 메누도Moscatel de Grano Menudo(뮈스카 블랑 아 프티 그랭)로 명성을 쌓고 있다. 반면 카밀로 카스티야Camilo Castilla 보데가는 다양한 품종을 추구하고, 오래된 오크통에서 수년 동안 숙성시키는 전통적인 랑시오 뮈스카의 대표적인 스페인 생산자이다.

나바라 포도밭의 약 1/3이 자라는 **리베라 알타** **Ribera Alta**는 북부와 남부를 연결하는 하위지역이다.

나바라 남부가 아주 뜨거운 날에도, 대서양에 가까운 북부의 산은 상당히 서늘할 때가 있다. 끊임없이 불어오는 편서풍은 포도밭 위 바위절벽에 풍력발전기를 설치한 것이나 다름없다. 나바라 북부는 고도가 높고 피레네산맥 가까이에 있어, 리오하처럼 보르도 품종

을 보르도보다 훨씬 늦게 수확한다. 가장 높은 곳에 있는 포도밭은 11월에 수확하는 곳도 있다. **바하 몬타냐** **Baja Montaña**(석회암이 포함된 점토질 토양)에서는 주로 로사도를 생산한다. 북부 하위지역 **티에라 에스텔라** **Tierra Estella**(바로 아래에 있는 리오하 알라베사의 지질과 유사하다)와 **발디사르베**는 포도밭의 방향과 고도가 매우 다양해서, 이곳을 개척하는 생산자들은 포도밭 입지를 매우 신중하게 결정해야 한다. 봄서리와 추운 겨울이 큰 위협이다. 그럼에도 이제 그루포 페렐라다의 소유가 된 치비테Chivite 와이너리는 티에라 에스텔라의 유서 깊은 아린사노Arínzano 와이너리에 야심차게 대규모 투자를 하기로 결정했다. 기후변화를 염두에 두고 내린 결정일 것이다. 템프라니요를 카베르네, 메를로와 블렌딩한 와인은 단독 와이너리에 부여하는 스페인의 최고 등급인 파고를 받을 정도로 놀랍다. 현재 아린사노는 러시아인 소유이고, 나바라에는 비노 데 파고가 3개 더 있다(p.188 지도 참조).

리오하 Rioja

150년 넘게 스페인 와인을 대표하고 있는 리오하 와인은, 최근 다양한 압박에 적응해야 했다. 하지만 오래된 빈티지에서 볼 수 있듯, 고급와인 생산에 이상적인 조건을 갖춘 산지임에는 의심의 여지가 없다.

테루아 높은 고도에 석회암이 다양한 비율로 섞여있는 점토질 토양.

기 후 서부는 서늘한 대륙성 기후이고, 지중해쪽은 따뜻하다.

품 종 **레드** 템프라니요, 가르나차(그르나슈) / **화이트** 비우라(마카베오), 말바지아

총면적이 61,500ha에 이르는 리오하 포도밭은 광대한 만큼 다양하다. 멀리 북서부 라바스티다 위 가장 높은 포도밭 일부는 포도가 익기에 어려움이 있지만, 동부는 서쪽 엘시에고에서도 느낄 수 있는 지중해의 영향으로 해발 800m에서도 잘 익는다. 동부 알파로의 재배자들은 아로 근처의 재배자들보다 4주 먼저 수확한다. 아로에는 생장기가 너무 길어 10월 말이 되어도 수확을 못하는 포도밭이 있다. 리오하의 수확시기는 보통 스페인에서 가장 늦다.

리오하는 3개 지역으로 나뉜다. **리오하 알타Rioja Alta**에는 최고의 전통적인 생산자들이 모여있으며, 서쪽 경계선에서 대서양까지 70km밖에 떨어져있지 않고, 연평균 강우량이 650mm이다. 훨씬 따뜻하고 고도가 낮은(300~350m) **리오하 오리엔탈Rioja Oriental**(전에는 리오하 바하로 불렸다)은 연평균 강우량이 400mm에 불과하다. 바스크 지방인 알라바의 **리오하 알라베사Rioja Alavesa**는 세 지역 중 대서양의 영향을 가장 많이 받는 곳이지만, 바위산인 시에라 데 칸타브리아 산맥이 벽처럼 보호해준다. 리오하 알타의 시에라 데 라 데만다 산맥처럼 이곳도 포도밭이 해발 700m의 높은 곳에 있다.

리오하 알라베사는 전체 땅의 약 3/4이 포도밭이다(리오하 알타는 거의 절반이 그렇다). 강물로 침식된 땅에 키 작은 부시바인을 심은, 계단식 포도밭이 군데군데 흩어져있는 것이 이곳의 풍경이다(작업은 고되지만 높이 위치할수록 좋다). 아로, 브리오네스, 세니세로 주위 리오하 알라베사와 리오하 알타는 점토질 석회암 토양이 주를 이루고, 나헤라와 나바레테 주위 리오하 알타의 고지대는 철분이 많은 점토질 토양이다. 리오하 오리엔탈은 일반적으로 철이 많이 포함된 점토 충적토이며, 리오하 알타의 토양보다도 훨씬 다양하고 포도나무는 훨씬 더 넓은 간격으로 재배된다.

2017년에 지역와인위원회 콘세호Consejo는 리오하의 DOCa가 너무 광범위하며 소비자에게 품질에 대한 정보를 주지 못한다는 비판을 수용해서, 새로운 명칭법을 도입했다. 싱글빈야드 와인은 이제 라벨에 비녜도 싱글라르Viñedo Singular라 표시하고, 단일 마을이나 지역은 각각 비노 데 무니시피오Vino de Municipio 또는 비노 데 소나Zona로 표시한다. 수많은 리오하 생산자들이 문을 닫을 수밖에 없었던 2007~2008년 금융위기 후에 일어난 일이다. 하지만 보데가의 수는 다시 늘어나서 2018년에는 600개가 넘었다(1990년과 비교하면 2배다). 리오하를 빼고 스페인 와인을 말하는 것은 상상할 수 없다.

템프라니요가 가장 중요한 품종으로 2018년에는 포도밭의 84%를 차지했다(2012년에는 61%였다). 가르나차와 블렌딩해도 좋지만, 템프라니요는 가르나차를 대체했고, 가르나차의 재배 비율은 같은 시기에 반으로 줄어 9%가 되었다. 하지만 100% 가르나차로 만든 리오하 와인이 등장하면서 품질을 인정받기 시작했다. 가르나차는 나헤라강의 상류 리오하 알타와 리오하 오리엔탈 투델리야의 고지대 포도밭에서 가장 잘 자란다. 그라시아노Graciano(랑그독에서는 모라스텔, 포르투갈에서는 틴타 미우다Miúda)는 훌륭하지만 까다로운 리오하의 특산품종으로, 이제 멸종 위기를 걱정하지 않아도 된다. 콘티노Contino 또는 아벨 멘도사Abel Mendoza는 품종와인으로 생산되어 좋은 가격에 판매된다. 마수엘로(카리냥)가 허용되며, 카베르네 소비뇽과의 블렌딩 시도도 어느 정도 용인된다.

리오하의 실제 모습

스페인에서 가장 유명하고 중요한 와인은 이상하게도, 자신의 본모습을 찾는 것으로 21세기를 시작했다. 지역의 명성은 19세기 말에 형성되었다. 보르도 네고시앙이, 필록세라 때문에 텅 빈 블렌딩 탱크를 채우려고 피레네산맥 북쪽에서 왔다. 대서양 해안과 철도로 연결되면서, 아로는 멀리 리오하 오리엔탈에서 가죽부대에 담은 와인을 손수레로 실어와 블렌딩하는 이상적인 중심지가 되었다. 보르도 네고시앙은 와인을 작은 오크통에서 숙성시키는 방법을 알려줬고, 그렇게 아로에서 가장 중요한 다수의 보데가는 1890년경 바리오 데 라 에스타시온 기차역 주위에 모두 세워졌다. 자신만의 플랫폼을 가진 보데가도 있었다.

1970년대까지 대부분의 리오하 와인은 소규모 농가가 만든 포도주스나 다름없었다(지금도 산 빈센테 같은 마을에 가면 포도를 발로 밟아 즙을 짰던 돌통 라가르lagar를 반쯤 열린 문틈으로 볼 수 있다. 문에 '리오하 와인 판매'라고 손으로 쓴 안내문이 걸려있다). 리오하 와인 품질의 핵심은 지리적 조건이나 양조가 아니고, 블렌딩과 숙성이다. 리오하 와인은 신속하게 발효되고, 미국 오크통에서 수년 동안 숙성된다. 오크통에서 와인을 얼마나 오래 숙성했느냐에 따라 백라벨에 크리안사,

레세르바, 그란 레세르바로 표시한다. 결과적으로, 포도의 품질이 흠잡을 데 없다면 연한 색깔의 바닐라향 나는 달콤하고 매력적인 와인이 완성된다.

20세기 말 수많은 보데가에서 양조기술을 개선했다(이제 대부분의 보데가가 포도를 재배하진 않더라도 와인은 직접 양조한다). 껍질이 얇고 부드러운 템프라니요를 더 오래 침용시켜, 미국 오크통이 아닌 프랑스 오크통에서 숙성시키고 병입을 일찍 했다. 와인은 더 깊고 과일향이 풍부한, 더 현대적인 스타일이 되었다. 그리고 백라벨에 전통적 기준인 숙성기간보다 빈티지를 표시해서 판매했다. 오늘날 좀 더 전통적인 방식으로 돌아가려는 움직임이 보이지만 보편적이지는 않다.

1970년, 새로운 프랑스 오크통이 리오하에 처음 도입되었다. 기후가 극단적이지 않은 리오하의 한가운데, 세니세로의 마르케스 데 카세레스Marqués de Cáceres 보데가에 의해서였다. 이곳 서부에서 재배되는 포도는 동부보다 산미는 더 강하고 타닌은 약하다. 또 다른 환영할 만한 움직임은 단일 와이너리 생산자들의 활약이다. 아옌데Allende, 콘티노, 마칸Macán, 레메유리Remelluri, 발피에드라Valpiedra, 그리고 테루아를 중요시하는 젊은 세대 생산자인 아르투케Artuke, 아벨 멘도사, 올리비에 리비에르Olivier Rivière, 다비드 삼페드로David Sampedro,

리오하 로그로뇨	▼
북위 / 고도(WS)	42.45° / 353m
생장기 평균 기온(WS)	18.2℃
연평균 강우량(WS)	405mm
수확기 강우량(WS)	10월 : 37mm
주요 재해	서리, 진균병, 가뭄

1:500,000
Km 0   5   10   15   20 Km
Miles 0   5   10 Miles

Bilbao
Haro
Logroño
Zaragoza
Ebro

A124
A12
AP68
N232
N111
LR113
AP68
N232
LR123
AP68
N232
LR115
AP15
N113
LR123
LR283
LR284
LR123

Bernedo
Marañón
Lagran
ÁLAVA
Krípan
Labraza
Estella
Torres del Río
Pamplona
Elvillar
Yécora
Correbusto
Lanciego
Moreda de Álava
Leza
EXOPTO
LANZAGA (TELMO RODRÍGUEZ)
Samaniego
Villabuena de Álava
Navaridas
Laguardia
Linares
Lazagurria
MARTÍNEZ BUJANDA
VALDEMAR
Olón
Viana
Sesma
Baños de Ebro
Elciego
Lapuebla de Labarca
CONTINO
BARÓN DE LEY
Torremontalbo
VALPIEDRA
Laserna
EL COTO DE RIOJA
MARQUÉS DE MURRIETA
Mendavia
Agoncillo
Lodosa
NAVARRA
AMÉZOLA DE LA MORA
FINCA
LAN
MARQUÉS DE CÁCERES
Logroño
VIÑA IJALBA
MARQUÉS DE VARGAS
Cárcar
Andosilla
Peralta
BODEGAS RIOJANAS
Cenicero
ALTANZA
MONTECILLO
Fuenmayor
Villamediana de Iregua
Murillo de Río Leza
Alcanadre
Sartaguda
San Adrián
Pamplona
Hormilleja
Navarrete
Alberite
PACO GARCÍA
Lardero
Uruñuela
Huércanos
LA RIOJA
Galilea
Ausejo
Pradejón
Calahorra
Azagra
Villafranca
DSG
Nájera
Sotés
Hornos de Moncalvillo
Entrena
Ribafrecha
Corera
El Redal
El Villar de Arnedo
VALSACRO
Milagro
PEDRO GIL
Alesanco
Tricio
Alesón
Ventosa
Medrano
Sojuela
Lagunilla del Jubera
Santa Engracia del Jubera
Sta Engracia del Jubera
Ocón
Tudelilla
Autol
Rincón de Soto
Cadreita
Arenzana de Arriba
Bezares
Santa Coloma
Daroca de Rioja
Sorzano
Alberda de Iregua
Clavijo
Zenzano
Bergasa
Quel
LACUS
OLIVIER RIVIÈRE
Aldeanueva de Ebro
VIÑEDOS DE ALDEANUEVA
Alfaro
Castejón
Cardenas
Badarán
Camprovín
Nalda
Viguera
Bergasillas Bajera
Arnedo
PALACIOS REMONDO
Baños de Río Tobía
Bobadilla
SORIA
Santa Eulalia Bajera
Sierra la Hez
Corella
Tudela
Matute
Zaragoza
Anguiano
Soria
Grávalos
Cintruénigo
Cornago
Igea
Fitero
Valdemadera
Cervera del Río Alhama
Aguilar del Río Alhama
Valverde
San Felices
Gutur
Ágreda
Alhama

범례
― ― ― 경계선(province)
━━━ Rioja DOP / DOCa
리오하 하위지역
Rioja Alavesa
Rioja Alta
Rioja Oriental
CONTINO ■ 주요생산자
600 등고선간격 150m
□ 상세지도 페이지
▼ 기상관측소(WS)
집약경작 포도밭
분산경작 포도밭
숲

N (나침반)

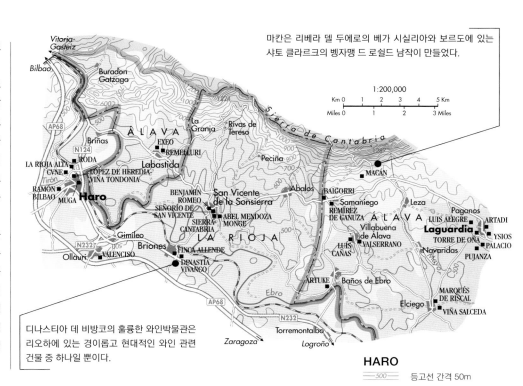

톰 퓌요베르Tom Puyaubert(보데가스 엑솝토Exopto)는 보르도보다 부르고뉴를 모델로 삼고 있다.

리오하 와인 20병 중 화이트와인은 겨우 1병 정도다. 가장 많이 심는 품종은 비우라(마카베오)이고, 말바지아 리오하나와 가르나차 블랑카가 제한된 양만 보조적으로 사용된다. 2007년부터 샤르도네, 소비뇽 블랑, 베르데호가 허용되고, 이후 몇 안 되는 스페인 화이트와인 품종이 허용 목록에 추가되었지만 일반적으로 사용되지 않는다. 지역 밖의 유행에 민감한 콘세호는 리오하 로사도도 권장하고 있다.

대부분의 리오하 화이트와인은 쉽게 마실 수 있는 스타일을 추구하는 것처럼 보인다. 안타깝지 않을 수 없다. 오크통과 병에서 10년, 20년 숙성시켜 맛을 풍부하게 하고 정제시킨 리오하 화이트와인은 보르도의 위대한 화이트에 도전장을 내밀 수 있다. 로페스 데 에레디아López de Heredia는 기억해야 할 이름이다. 그의 비냐 톤도니아Viña Tondonia(화이트, 레드, 로제)는 위대하고 독창적인 와인 중 하나다.

마칸은 리베라 델 두에로의 베가 시실리아와 보르도에 있는 샤토 클라르크의 벵자맹 드 로쉴드 남작이 만들었다.

1:200,000
Km 0   1   2   3   4   5 Km
Miles 0   1   2   3 Miles

Vitoria-Gasteiz
Bilbao
Buradón Gatzaga
La Granja
Rivas de Tereso
Sierra de Cantabria
AP68
N124
Brínas
EXEO
REMELLURI
LA RIOJA ALTA
RODA
Labastida
Pecíña
CVNE
LÓPEZ DE HEREDIA VIÑA TONDONIA
MACÁN
RAMÓN BILBAO
MUGA
Haro
Tirón
BENJAMÍN ROMEO
SEÑORÍO DE SAN VICENTE
San Vicente de la Sonsierra
Abalos
BAIGORRI
Samaniego
Leza
SIERRA CANTABRIA
ABEL MENDOZA MONGE
REMÍREZ DE GANUZA
LUIS ALEGRE
PAGANOS
ARTADI
N232
Gimileo
Briones
Villabuena de Álava
ÁLAVA
Laguardia
YSIOS
Ollauri
VALENCISO
FINCA ALLENDE
LA RIOJA
LUIS CAÑAS
VALSERRANO
TORRE DE OÑA
PALACIO
PUJANZA
DINASTÍA VIVANCO
Navaridas
ARTUKE
Baños de Ebro
MARQUÉS DE RISCAL
AP68
N232
Torremontalbo
Elciego
VIÑA SALCEDA
Zaragoza
Logroño
Ebro

디나스티아 데 비방코의 훌륭한 와인박물관은 리오하에 있는 경이롭고 현대적인 와인 관련 건물 중 하나일 뿐이다.

HARO
500 등고선 간격 50m

카탈루냐 Catalunya

카탈루냐 지방은 스페인과 문화적으로 매우 다르다. 바르셀로나와 그 해안에 와보면 이를 느낄 수 있다. 이곳은 독립운동으로도 유명하다. 건축에서 요리까지 바르셀로나는 유럽에서 가장 역동적인 도시 중 하나다. 프랑스와 가깝고 카스티야와도 가깝다. 해안은 지중해성 기후이고 북쪽 언덕은 훨씬 서늘한 알프스 산기슭 기후여서, 카탈루냐는 다양한 와인을 생산할 기회를 갖고 있다. 그리고 그 기회를 놓치지 않았다.

스페인 전역의 와인숍 진열장이나 레스토랑 와인리스트에서 가장 흔히 볼 수 있는 것은 샴페인에 대한 스페인의 대항마 **카바**cava이다. 카바의 95%가 카탈루냐, 그중에서도 와인수도인 페네데스Penedès 지방의 산트 사두르니 다노이아 마을 주위, 해발 200m의 비옥한 고원에서 주로 생산된다(p.188 지도에서 카바 생산 허용지역을 확인할 수 있다). 카바 산업은 두 경쟁자인 코도르니우와 프레시넷(현재 각각 미국 사모펀드 그룹과 독일 기업 헨켈이 소유)이 지배하고 있다. 샴페인 만드는 방식으로 카바를 만들지만, 품종은 매우 다르다. 마카베오는 대부분의 카바 블렌딩에서 주로 사용되는 품종인데, 늦게 싹트기 때문에 봄서리를 피하기 좋다. 카바에 토착적인 풍미를 제공하는 것은 토착품종인 사렐-로Xarel-lo로, 저지대에서 자란 것이 가장 좋고, 현재 스틸와인으로 인기가 높다. 비교적 밋밋한 파레야다Parellada는 생산량이 과도하지 않다면, 적어도 페네데스 북부에서는 상큼한 사과맛 와인이 된다. 샤르도네는 전체 포도밭의 5% 정도이고, 피노 누아는 점점 인기를 더해가는 로제 카바에 사용할 수 있다. 낮은 생산량과 긴 병 숙성으로 최고급 카바 와인의 품질은 꾸준히 향상하고 있다.

현재 특정 싱글빈야드 와인에 공식적으로 카바 데 파르헤 칼리피카도Cava de Parje Calificado 등급을 사용할 수 있다. 카바 DO 대신 지리적으로 독특한 페네데스를 선호하는, 콜레트Colet와 AT 로카AT Roca 같은 야심찬 생산자들에 대한 응답이었다. 이제 많은 카탈루냐 생산자들은 너무 광범위한 카바 DO의 스파클링와인과 거리를 두고, 라벨에 페네데스, 클라식Clàssic 페네데스, 콩카 델 리우 아노이아Conca del Riu Anoia라고 표시한다. 아예 지리적 명칭이 없는 경우도 있다.

페네데스는 오랫동안 카탈루냐의 대표 스틸와인 DO였고, 풍미가 매우 직접적이다. 페네데스에서는 스페인 어느 지역보다 국제품종이 보편적이다. 1960년대에 장 레온과 카탈루냐 와인의 거장 미구엘 토레스 같은 선구자들이 국제품종을 재배하기 시작한 곳이 바로 페네데스이다(지속가능성에도 신경을 썼다). 토레스 가문은 마스 라 플라나 카베르네Mas La Plana Cabernet와 밀만다 샤르도네Milmanda Chardonnay(밀만다는 타라고나

DO 위쪽의 독특한 내륙지역인 콩카 데 바르베라Conca de Barberà DO의 석회암 언덕에 위치한다) 와인으로 성공을 거둔 뒤, 카탈루냐 토착품종으로 시험을 거듭했다. 그렇게 첫 레드 싱글빈야드 블렌딩인 유명한 그란스 무라예스Grans Muralles가 탄생했다. 껍질이 붉은 트레파Trepat 품종은 스틸과 스파클링 모두 인기가 있다. 12세기 시토회 수도원 내 유명 와이너리였던 아바디아 데 포블레트Abadía de Poblet의 트레파 와인이 대표적이다.

카탈루냐 전 지역을 포괄하는(지역 간 블렌딩도 허용), 더 보편적인 **카탈루냐** DO는 1999년에 도입되었다. 페네데스 아펠라시옹이 제한적으로 느껴질 정도로 토레스의 사업이 확장된 이유가 컸다. 해안쪽 바이스-페네데스의 가장 덥고 가장 낮은 포도밭에서는 가루트Garrut(모나스트렐), 가르나차, 카리녜나를 블렌딩해서 드라이 레드와인을 만든다. 중간 고도에서는 주로 카바를 생산한다. 야심찬 재배자들은 지중해 관목과 소나무 사이 해발 800m에 포도밭을 만들어, 토착품종뿐 아니라 수입품종까지 수확량이 비교적 낮은 품종으로 최선을 다해 와인을 만든다. 포도밭이 점점 높아지는 것은 기후변화에 대한 두려움 때문이기도 하다.

타라고나시(강렬한 스위트와인으로 한때 유명했다) 주위, 페네데스 DO 바로 서쪽 **타라고나** DO의 언덕에서는 카바를 만들기 위한 원료를 생산하고, 아래에서는 꽤 무거운 와인을 생산한다. 서쪽의 더 높은 포도밭은 독자적인 **몬산트** DO로, p.202의 프리오라트 DOCa를 둘러싸고 있다. 프리오라트의 관문이지만 프리오라트 밖에 있는, 작은 마을 팔세트 주위에 유명 보데가들이 모여있다. 여기에서도 다양한 품종으로 잘 농축된 좋은 드라이 레드와인을 생산하지만, 프리오라트의 좋은 토양은 없다. 캅사네스Capçanes와 호안 당게라Joan d'Anguera 와이너리가 선두주자다. 르네 바르비에와 크

리스토퍼 카난 소유의 에스펙타클레Espectacle 포도밭에서는 세계적 품질의 가르나차를 재배한다.

몬산트의 남서쪽, 덥고 해가 잘 드는 고지대 **테라 알타** Terra Alta DO는 가르나차 블랑카가 주요 품종이다. 인기를 더해가는 가르나차 블랑카는 실제 전 세계 수확량의 1/3을 이곳에서 생산하며, 다른 형태의 가르나차와 마카베오, 파레야다, 삼소(카리녜나)도 재배한다. 점차 섬세해지는 테라 알타 화이트와인은 알코올 도수를 줄여 바디를 가볍게 하고 있다. 에데타리아Edetària와 아바달Abadal(라포우LaFou)이 대표 생산자다.

내륙으로 더 들어가면

7개의 넓게 흩어진 하위지역으로 구성된 **코스테르스 델 세그레**Costers del Segre DO는 아래 지도에서 일부만 볼 수 있다(p.188 지도에 전체가 나온다). 가리게스Garrigues는 바로 밑의 몬산트산맥 너머, 인기 있는 프리오라트보다 조금 덜 야생적이지만 비슷한 지형이다. 토마스 쿠시네Tomàs Cusiné가 오래전부터 이곳의 와인 산업을 이끌고 있다. 해발 750m에서 자라는 오래된 가르나차와 마카베오 부시바인이 뛰어난 잠재력을 가지고 있지만, 현재 아몬드나무와 올리브나무 사이에서 트렐리스로 재배하는 것은 템프라니요와 국제품종이다. 지중해에서 불어오는 산들바람이 서리의 위험을 줄여준다. 카스텔 덴쿠스Castell d'Encús는 또 다른 우수한 하위지역인 고지대 파야르스Pallars의 선구자다.

가볍지만 향신료향이 있는 국제품종으로 만든 품종와인이, 지대가 더 낮은 북동쪽 발 델 리우코르브Vall del Riucorb 하위지역에서 생산된다. 북쪽의 아르테사 데 세그레Artesa de Segre는 서쪽 아라곤의 소몬타노Somontano와 공통점이 더 많다. 광대한 라이마트Raimat 와이너리는 예이다Lleida 북서쪽 반사막 지역의 오아시스다. 코도르니우의 라벤토스Raventós 가문이 개발한 관개시설 덕분으로, 이곳의 와인은 카탈루냐보다는 신대륙 와인에 더 가깝다.

바르셀로나 바로 북쪽 해안 **알레야**Alella의 재배자들

카탈루냐 레우스	▼
북위 / 고도(WS)	41.15°/71m
생장기 평균 기온(WS)	20℃
연평균 강우량(WS)	497mm
수확기 강우량(WS)	9월 : 75mm
주요 재해	가뭄, 진균병
주요 품종	레드 **템프라니요**, **가르나차 틴타**, **카베르네 소비뇽, 카리녜나** 화이트 **파레야다, 마카베오, 사렐-로**

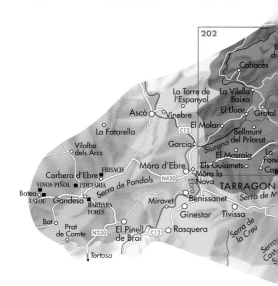

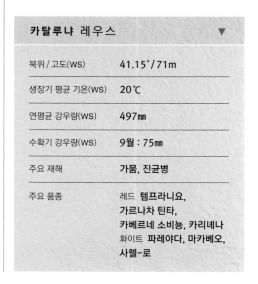

라벤토스 이 블랑 와이너리의 비냐 델스 포실스(Vinya dels Fòssils) 포도밭이다. 이곳 땅속에 있는 화석에서 포도밭 이름을 따왔다. 라벤토스는 카바 DO에서 탈출한 생산자 중 가장 탁월하며, 자신의 고급 정통 카탈루냐 스파클링와인을 콩카 델 리우 아노이아(Conca del Riu Anoia) 라벨로 시판한다.

은 부동산업자들과 싸우는 한편, 지역 특유의 화강암 토양 사울로sauló에서 잘 자라는 토착품종 판사 블랑카 Pansa Blanca(사렐 – 로)로 국제품종을 대체하고 있다.

플라 데 바헤스Pla de Bages DO는 아래 상세지도에 포함되지 않았지만 p.188 지도에서 확인할 수 있다. 바르셀로나 정북쪽 만레사 마을의 중심에 위치하며, 오래된 피카폴Picapoll(랑그독에서는 클레레트) 품종이 흥미롭고, 카베르네와 샤르도네도 재배한다. 카탈루냐 DO의 최북단, 코스타 브라바Costa Brava 해안의 엠포르다Empordà는 매우 다양하고 잘 만든 레드와 화이트 블렌딩와인을 생산한다. 몇몇 와인은 피레네산맥 너머 루시용의 최고 와인을 연상시킨다. 비 데 핑카Vi de Finca는 독자적인 DO를 가진 카스티야의 비노 데 파고에 해당하는, 카탈루냐의 공식 등급으로 개발되었다. 어찌 됐든 카탈루냐 와인은 한창 끓어오르고 있다.

토레스는 카탈루냐의 정신적 중심지인 포블레트 시토회 수도원이 소유한 그란스 무라예스 포도밭에서, 최근 재발견된 카탈루냐 토착품종의 비율을 점점 더 늘리고 있다.

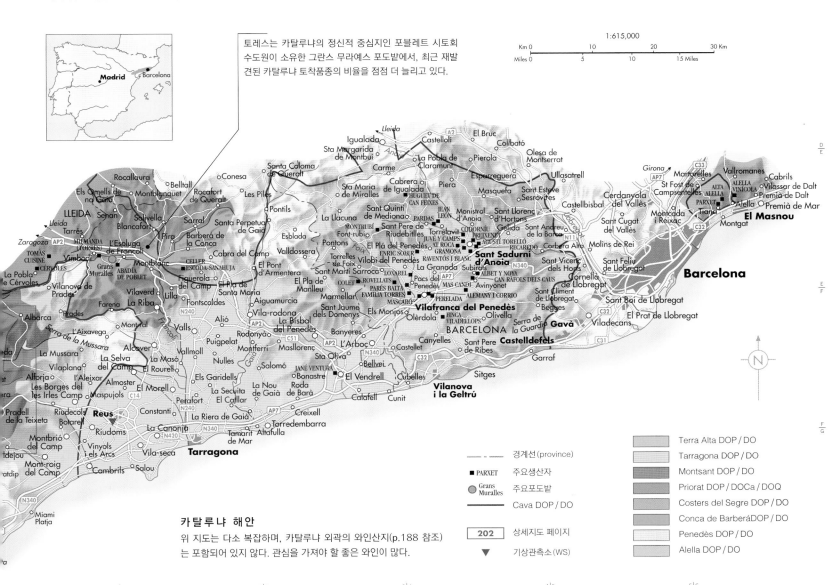

1:615,000
Km 0   10   20   30 Km
Miles 0   5   10   15 Miles

카탈루냐 해안
위 지도는 다소 복잡하며, 카탈루냐 외곽의 와인산지(p.188 참조)는 포함되어 있지 않다. 관심을 가져야 할 좋은 와인이 많다.

경계선 (province)
■ PARXET 주요생산자
◉ Grans Muralles 주요포도밭
Cava DOP / DO

202 상세지도 페이지
▼ 기상관측소 (WS)

Terra Alta DOP / DO
Tarragona DOP / DO
Montsant DOP / DO
Priorat DOP / DOCa / DOQ
Costers del Segre DOP / DO
Conca de BarberáDOP / DO
Penedès DOP / DO
Alella DOP / DO

프리오라트
Priorat

필록세라가 닥치기 전, 언덕이 겹쳐진 아찔한 이곳(겁 많은 운전자가 갈 곳은 못된다)에 5,000*ha*의 포도밭이 있었다. 12세기에 카르투지오 수도회에서 이곳에 프리오라트(수도원)를 세우고, 물론 포도나무도 심었다.

1979년경 클로 모가도르Mogador의 르네 바르비에René Barbier가 유서 깊은 이곳의 잠재성을 처음 발견했을 때, 포도밭은 1,500*ha*밖에 없었다. 주로 카리녜나였고 와인은 꽤 거칠었다. 1989년 그는 그라탈롭스 마을에서 포도를 공동구매하고 양조장을 함께 쓰자고 4명의 친구를 설득했다. 이들이 만든 와인은 거칠고 말린 포도를 발효시킨 것 같은 당시 일반적인 프리오라트 와인과 너무 달랐다. 또 농축되고 광물향 풍부한 와인은 오크향 강한 스페인의 표준과도 달라서, 첫 빈티지는 프리오라트 DO 승인을 받지 못했다.

이에 자극받은 선구자들이 자신의 보데가를 만들기 시작했다. 호세 루이스 페레스José Luis Pérez(마스 마르티네트), 다프네 글로리안Daphne Glorian(클로 에라스무스), 알바로 팔라시오스Alvaro Palacios(핑카 도피와 레르미타), 카를레스 파스트라나Carles Pastrana(클로 드 로박)가 그들이다. 이들의 와인은 고가임에도 세계시장에서 환영받았다(생산량이 소량인 점도 한몫했다). 덕분에 프리오라트에 가까이는 페네데스에서, 멀리는 남아프리카공화국에서 외지의 와인메이커들이 몰려와 지역 와인산업이 새롭게 개편될 정도였다. 2018년 포도밭 총면적은 1,900*ha*까지 늘었고 그중 1 / 3 이상이 경사각 30° 이상 비탈에 위치했다. 보데가는 100개가 넘었다. 최근까지 목동과 당나귀가 끄는 수레를 흔히 볼 수 있었던 지역에서 일어난 일이다.

그런데 이곳 와인이 왜 특별할까. 프리오라트는 북서쪽으로 긴 바위투성이 능선, 시에라 데 몬산트 산맥의 보호를 받는다. 하지만 무엇보다 매우 특이한 토양인 '이코레야licorella'의 영향이 크다. 진한 갈색의 점판암에 박힌 규석(p.26 참조)이 햇빛에 반짝인다. 최고급 프리오라트의 씹는 느낌은 바로 이 토양에서 나온다. 연간강우량이 500mm 아래로 떨어질 때가 많으며, 이 정도면 다른 와인산지에서는 관개가 필요한 수준이지만 프리오라트의 토양은 특이하게도 서늘하고 습하다. 그래서 포도나무 뿌리가 도루에서처럼 이코레야 속 단층을 뚫고 물을 찾는다. 그 결과 최고의 포도밭에서는 매우 농축된 와인이 우스울 정도로 적게 생산된다.

카리녜나는 여전히 가장 많이 심는 품종이다. 특히 북부 토로하와 포볼레다 주위가 그렇다. 포도나무는 오래되어 고품질의 포도를 생산한다. 그 포도는 테루아 알 리미트Terroir al Limit, 마스 도이스Mas Doix, 마스 마르티네트Mas Martinet, 칼 바트예트Cal Batllet 와이너리의

마르크 리폴Marc Ripoll, 페리네트Perinet, 심스 데 포레라 Cims de Porrera가 양조한다. 알바로 팔라시오스의 유명한 레르미타L'Ermita 포도밭처럼, 오래된 가르나차가 서늘하고 천천히 익는 포도밭에서 재배되며 매우 가치가 높다. 나중에 심은 수입품종 중에는 시라만이 성공을 거두었다. 가르나차와 카리녜나는 2009년 도입된 비 데 빌라Vi de Vila 와인의 규정에 잘 맞는 품종이다. 비 데 빌라 와인은 지정된 12개 마을에서 나와야 한다.

프리오라트 빌라주와인

비 데 빌라(빌라주와인)를 생산하는 12개 마을을 위 지도에 표시했다. 몬산트는 프리오라트의 남쪽 관문이지만 특별한 토양인 이코레야가 없다. 이코레야는 다양한 지형을 가진 프리오라트에서 생산되는 대다수 와인에서 맛볼 수 있다.

1:146,000

Km 0   1   2   3   4   5 Km
Miles 0   1   2   3 Miles

------- 경계선 (municipio)
━━━ Priorat DOP / DOCa / DOQ
━━━ Montsant DOP / DO
EL LLOAR   Vi de Vila / Vin de Vila
MAS ALTA   주요생산자
Gran Clos   이름을 가진 포도밭
  포도밭
  숲
—500— 등고선간격 100m

안달루시아 - 셰리의 고장 Andalucía – Sherry Country

수백 년 동안 안달루시아 와인은 비노 헤네로소(주정강화와인)를 의미했다. 셰리가 가장 대표적이고, 셰리와 비슷하면서 다른 몬티야-모릴레스Montilla-Moriles와 말라가Málaga 와인 역시 훌륭하다. 셰리는 틀림없이 스페인에서 가장 위대하고 독특한 와인이지만, 이곳의 현대사는 와인과 다른 방향으로 흘러왔다. 코스타 델 솔 지역의 무분별한 개발에 따라, 주정강화되지 않은 드라이와 스위트 와인을 위한 포도밭이 급속히 확산되었다.

상쾌하고 잘 익은 와인을 만드는 비결은 역시 고도다. 저택, 골프코스, 해안을 따라 늘어선 건물들 위로 산들이 보인다. 지중해에서 단 몇 km 떨어진 포도밭은 반짝이는 바다 위 800m 높이에 위치한다. 낮이 매우 덥고, 밤은 그만큼 서늘하다.

코스타 델 솔

19세기 말 **말라가**는 말린 포도로 만들거나 발효 중에 포도 증류주를 첨가한, 당밀처럼 달콤하고 강한 와인으로 세계적인 인기를 얻었다. 하지만 21세기 들어서 이런 스타일의 말라가 와인은 사라졌고, DO도 개정되어 색이 연하고 향이 풍부한 자연적으로 달콤한 와인까지 포함되었다. 대부분 모스카텔로 만들고, 당도와 알코올 도수는 안달루시아의 태양에 전부 맡긴다.

말라가 와인을 모스카텔로 부활시킨 인물은, 스페인 여러 지역에서 와인산업을 발전시킨 리오하 출신 텔모 로드리게스Telmo Rodríguez이다. 그가 되살린 모스카텔은 상쾌하고 향이 강하지만 섬세하다. 균형의 톡 쏘는 몰리노 레알Molino Real이 좋은 예다. 미국에서 스페인 와인을 수입하는 독창적인 호르헤 오르도녜즈Jorge Ordóñez(말라가 출신이다) 역시 높은 언덕에서 자란 오래된 모스카텔로 넥타르를 만들었다. 알미하라Almijara 보데가가 만든 하렐Jarel도 훌륭하다. 말라가 비르헨Virgen과 고마라Gomara 보데가는 놀라운 전통와인 비노 헤네로소를 계속 생산하고 있다. 벤토미스Bentomiz나 카푸치나Capuchina 같은 다른 생산자들 역시 매력적인 말라가 스위트와인을 만든다.

같은 시기 포트와인산지에 도루의 테이블와인이 등장하면서 말라가도 **시에라스 데 말라가**Sierras de Málaga DO를 만들었고, 포도나무를 새로 심으면서 레드와 화이트 드라이 테이블 와인의 생산량이 급증했다. 1980년대 안달루시아에는 와인생산자가 9명밖에 없었다. 지금은 45개가 넘는 와이너리가 토착품종으로 만든 특산 레드와인 틴티야 데 로타Tintilla de Rota(그라시아노)와 귀한 로메Romé를 비롯해, 다양한 품종을 재배해서 와인을 만든다.

스페인에서 가장 산이 많은 이곳의 5개 하위지역 중에 악사르키아가 가장 건조하다. 동부 지역, 점판암 토양의 해안 지역에서 햇볕에 말린 모스카텔은 가장 흔한 와인이다. 말린 포도는 **파사스 데 말라가**Pasas de Malaga라는 독자적인 DO를 갖고 있다. 세데야Sedella 보데가는 이 하위지역에서도 좋은 레드와인이 생산될 수 있다는 것을 보여준다. 말라가시를 둘러싼 몬테스 하위지역은 말라가시와 질 게 뻔한 싸움을 하고 있다. 마닐바의 모스카텔 포도밭은 대서양과 지중해의 영향을 받으며, 해안을 따라 서쪽 끝 셰리의 고장까지 뻗어있다. 헤레스의 백악질 토양 알바리사Albariza를 일부 공유하지만, 매우 밀집되어 있다. 노르테Norte 하위지역 고원의 포도나무는 대부분 기계로 작업 가능하며 전통적으로 몬테스의 보데가들에 포도를 보냈지만, 이곳도 좋은 와인을 만들 수 있는 잠재력이 있다. 현재 가장 역동적인 하위지역은 관광객들이 몰려드는 론다의 산꼭대기 주위로, 국제품종과 스페인 품종 모두 잘 자란다. 위도를 생각하면 다양한 와인이 생산된다는 사

셰리의 여러 스타일

베이스와인의 발효가 끝나면, 와인은 가볍고 섬세한 피노(fino) 또는 더 풍부한 올로로소(oloroso)로 분류된다. 상쾌하고 활기찬 향이 나며 알코올 도수가 낮은 피노에 포도 증류주를 첨가해서 15%로 만든 다음, 플로르(flor)라고 불리는 흰 빵 같은 헤레스 효모막 아래서 숙성시킨다(와인의 맛과 향에 영향을 미치는 플로르는 기후변화의 영향을 받는다). 올로로소는 반대로 공기와 접촉하면서 숙성시킨다. 플로르가 형성되는 것을 막기 위해, 일부러 알코올 도수가 최소 17%까지 올라가도록 주정강화한다.

피노로 병입되는 셰리는 가장 섬세하고 색이 연하다. 독특하고 매우 드라이하며 블렌딩은 최소한만 요구된다. 산루카르 데 바라메다에서 만드는 **만사니야**(manzanilla)는 피노보다 더 가볍고 더 드라이한 셰리다. 피노처럼 만드는데 바다의 영향 때문인지 조금 자극적인 짠맛이 느껴진다. 기후가 온화할수록 플로르는 훨씬 더 활성화된다. 오래 숙성시킨 만사니야, 정확한 용어로 **파사다**(pasada)는 해산물에 곁들이면 완벽하다. 인기가 많은 비교적 새로운 셰리는 **엔 라마**(en rama, '날것'이라는 뜻)이다. 피노와 만사니야는 여과작업을 최소화해서, 오크통에서 바로 받아낸 샘플와인에 가까운 맛이 난다.

아몬티야도(Amontillado)는 색이 더 진하고 복합적인 풍미를 가진 셰리인데, 최고의 아몬티야도는 플로르가 더 이상 보호막 역할을 못하는 오래된 피노이다. 하지만 아몬티야도라는 명칭은 수출하는 블렌딩 셰리에 더 자주 사용된다. 잔류당분이 일반적으로 40g/l 인 미디엄 드라이다. 오래 숙성시킨 진정한 클래식 **올로로소**는 진하고 오싹할 정도로 드라이하며 얼얼할 정도로 알코올 함량이 높아, 흔하지 않지만 헤레스 사람들은 매우 좋아한다. 올로로소 또는 **크림**(cream)으로 시판되는 상업 브랜드 셰리는 더 어리고 더 거칠며 당도가 130g/l 로, PX 품종으로 만든다 (p.205 몬티야 참조). **페일 크림**(pale cream)은 일부러 색을 연하게 만든 것이다. 이 기본적인 블렌딩은 셰리의 전성기 때 특히 영국과 네덜란드에서 인기가 매우 높았다. 한편 **팔로 코르타도**(Palo cortado)는 진정한 클래식으로, 풍부하지만 드라이한 매우 드문 셰리이다. 아몬티야도와 올로로소의 중간쯤으로 생각하면 된다.

셰리 생산자들은 고급와인애호가들이 이 소외된 와인에 관심을 갖도록 숙성햇수와 품질을 알려주고 보증해주는 방식을 생각해냈다. **VOS와 VORS** 셰리는 각각 20년, 30년 이상 된 것이다. 12년산과 15년산도 표시할 수 있도록 명칭이 마련되었다. 셰리는 최고급 부르고뉴 도멘의 와인처럼 와인 수집가들의 수집 대상이다. 그리고 세계에서 가장 비싸지 않은 고급와인이다.

실이 정말 놀랍다. 피노 누아가 먼 남쪽에서도 이렇게 잘 자랄 것이라고 누가 생각했겠는가.

코스타 델 솔의 내륙지역은 포도밭이 계속 확장되면서 새로운 라 만차로 불린다. 그라나다 부근 해발 1,368m의 바랑코 오스쿠로Barranco Oscuro 포도밭(유럽 대륙에서 가장 높은 곳에 있다)에서 생산되는 몇몇 비노스 데 라 티에라는 심지어 스페인에서 가장 흥미로운 비주정강화와인이 될 것이라는 기대를 모으고 있다.

백악질 토양과 포도

그렇다면 2,000년 넘게 안달루시아 와인산업의 중심이던 헤레스-세레스-셰리와 몬티야-모릴레스는 어떨까? 상황이 좋지 않다. 포도가 남아돌고, 독특한 와인을 높이 평가하는 이들에게는 놀라운 일이지만 소비자가 줄고 있다. 안달루시아 밖의 사람들은 이상할 정도로 셰리에 무관심해서 셰리 포도밭의 면적은 1990년대 초 23,000ha에서 지금은 6,500ha로 줄었다. 군데군데 텅 빈 황량한 공간에 흰 지평선만 남아있다.

포도밭은 줄었지만, **헤레스**의 유명 와이너리에 뛰어난 새 보데가들이 더해졌다. 페르난도 데 카스티야Fernando de Castilla와 보데가스 트라디시온Bodegas Tradición이 그들이다. 에키포 나바소스Equipo Navazos는 매우 꼼꼼한 소규모 네고시앙으로 발데스피노Valdespino의 와인메이커 에두아르도 오헤다와 형법 교수 헤수스 바르킨이 운영하며, 고급 셰리 양조에 새로운 바람을 불러일으켰다. 이들은 헤레스, 산루카르, 몬티야에 있는 거대한 보데가에서 500ℓ 통(보타bota)으로 셰리를 개별 숙성하고 병입했다. 또 다른 발전은 셰리 포도밭에서 자란 포도로 만들며 주정강화시키지 않

몬티야-모릴레스의 기후가 얼마나 건조한지 알 수 있다. 페드로 시메네스(PX) 품종을 일일이 펼쳐서 햇볕에 말리고 있다.

은, 전반적으로 부드럽고 개성 있는 테이블와인이 늘고 있다는 점이다. 보통 **카디스**Cádiz IGP로 시판된다.

셰리의 가장 특별한 점은 섬세함이다. 섬세함은 백악질 토양과 팔로미노 피노Palomino Fino 품종, 대규모 투자, 대대로 내려온 기술 덕분이다. 모든 셰리가 그런 섬세함을 갖춘 것은 결코 아니다. 실제로 셰리와인의 귀족주의는 1970년대와 1980년대 헤레스에서 실려나간 막대한 양의 저품질 셰리로 무너졌다. 하지만 마차르누도Macharnudo나 산루카르 데 바라메다Sanlúcar de Barrameda의 벌거벗은 백악질 언덕에서 정교하게 만들어진 진정한 피노 또는 만사니야는 와인과 오크의 만남을 그 무엇보다도 아름답고 생생하게 표현한다.

낭만적인 이름의 도시 카디스와 세비야 사이에 있는 셰리의 고장은 스페인 귀족들의 향연을 단적으로 보여준다. 파티오(뒤뜰)에서 기타 연주에 맞춰 플라멩코 댄서들이 춤을 추며 날이 밝을 때까지 계속되는 향연 말이다. 셰리(무어인들은 셰리시Sherish라고 불렀다)라는 이름의 기원이 된 헤레스 데 라 프론테라는 부르고뉴 와인의 본이나 샴페인의 에페르네처럼, 셰리로 살고 셰리로 죽는 도시다. 하지만 합병과 폐업, 인수로 셰리 수출 회사가 10년 전보다 훨씬 줄었다는 것 또한 현실이다.

셰리와 샴페인은 더 많은 공통점이 있다. 둘 다 백악질 토양이 부여하는 특성을 가진 화이트와인이고, 또 둘 다 이 특징을 얻기 위해 전통적인 장시간 작업이 필요하다. 셰리와 샴페인 모두 입맛을 돋우는 식전주이고, 산지에서는 마시면 마실수록 더욱 생기 있는 느낌을 받는다. 화이트품종과 백색 토양이라는 같은 재료를 유럽의 최북단과 최남단에서 각자의 방식으로 표현한 셈이다. 현재 남아있는 거의 모든 셰리 포도밭은 보수성이 뛰어난 백악질 토양(알바리사)이다. 카라스칼Carrascal, 마차르누도, 아니냐Añina, 발바이나Balbaína의 파고(마을)가 가장 유명하다. 예외적으로 해안가 모래

토양도 모스카텔과 잘 맞는다.

보데가와 향연

셰리를 수출하는 본사와 보데가는 셰리의 도시인 산루카르, 엘 푸에르토 데 산타 마리아, 그리고 특히 헤레스에 위치한다. 이들 도시의 작은 술집에서는 안줏거리인 타파스만 있으면 향연이 벌어진다(안달루시아 사람들에게 타파스 없이 술을 입에 대는 것은 상상할 수 없는 일이다). 코피타copita라고 부르는 튤립모양의 작은 잔에 셰리를 마시는 것이 이곳의 전통이다. 하지만 셰리 애호가들은 고급 화이트와인 잔만큼 큰 잔이 필요하다고 입을 모은다.

헤레스에서 가장 인상적인 것은 유서 깊은 보데가들이다. 높은 천장과 하얀 통로, 십자로 엇갈려서 들어오는 햇빛은 성당 같은 장엄한 분위기를 자아낸다. 안으로 들어가면 보통 3단으로 쌓여있는 오크통에서 새 와인이 익고 있다. 이 와인들은 정교한 숙성과 블렌딩 과정인 솔레라solera 시스템을 거치지 않고는 밖으로 나갈 수 없다. 고급와인은 블렌딩하지 않고 싱글빈티지 와인으로 시판하기도 하는데, 최근 셰리 애호가 시장을 겨냥해 다시 만들기 시작했다. '알마세니스타almacenista가 만든 셰리'로 광고해서 판매하기도 한다

헤레스와 산루카르에서 가장 유명한 파고
아래 지도를 보면 『The World Atlas of Wine』 4판(1971)
에 비해 포도밭이 많이 줄어든 것을 알 수 있다. 이 책의 저
자들과 셰리 애호가들에게는 가슴 아픈 일이 아닐 수 없다.

경계선(municipio)
Atalaya   파고
■ LUSTAU   흥미로운 보데가
포도밭
숲
60   등고선간격 20m
▼   기상관측소(WS)

1:90,860

(알마세니스타는 셰리를 숙성
시켜 셰리회사에 팔고, 셰리회사는
블렌딩, 병입해서 자신의 상표를 붙여 시
장에 내놓는다).

솔레라 시스템은 오래된 오크통을 같은
스타일의 새 와인으로 꾸준히 채워주는 것
이다. 그렇게 하면 와인이 지속적으로 블렌
딩되면서 맛의 차이를 없앨 수 있다. 새 와인
은 빈티지에 맞는 오크통에 담아 숙성시키고, 등
급에 따라 특정 크리아데라criadera로 옮긴다(크리아
데라는 '탁아소', '묘목장'이라는 뜻으로 아이나 식물을 키
우듯 와인을 '키운다'는 의미). 매년 솔레라 시스템의
마지막 단계에 있는 가장 오래된 와인 일부를 병입하
고, 어린 와인은 다음 단계의 크리아데라로 옮겨 숙성
을 계속한다. 일반적으로 단계가 많을수록 더 오래되
고 섬세한 와인이 된다.

몬티야

셰리 지역처럼, 코르도바 바로 남쪽 **몬티야-모릴레스**
의 모래 토양 포도밭 역시 줄고 있다. 몬티야-모릴레
스 DO의 이름은 가장 좋은 포도밭(알바리사 토양)이
있는 도시 2곳의 이름을 붙인 것이다. 이곳에서 만든
와인은 두 지역이 하나인 것처럼, 오랫동안 헤레스에
서 블렌딩되었다. 하지만 몬티야는 다르다. 몬티야의
품종은 팔로미노가 아니라 페드로 시메네스(PX)이며
아직도 헤레스로 보내져 그곳에서 스위트와인을 만든
다. 몬티야는 고도가 훨씬 높고 기후도 극단적이어서,
자연적으로 알코올이 강한 포도즙을 얻을 수 있기 때

문에 셰리와는 달리 주정강화하지 않고 헤레스로 보내
는 것이 일반적이다. 달콤한 PX의 특징은 숙성시킬수
록 알코올 도수가 낮아진다는 것이다. 오크통에 있는
아주 오래된 것은 10%를 조금 넘는다. 최소 2년의 의
무 숙성 기간이 지나면 와인을 마실 일만 남는다. 셰리
보다 무겁지만 더 부드럽고, 테이블와인처럼 잘 넘어
간다. 최근 새까맣고 끈적거리며 충치를 만들 것 같은
시럽 스타일의 몬티야가, 적어도 스페인에서는 각광받
고 있다. 가격 역시 적절하다. 알베아르Alvear, 토로 알
발라Toro Albalá, 페레스 바르케로Pérez Barquero가 기준
이 되는 보데가들이다.

헤레스 헤레스 데 라 프론테라	▼
북위 / 고도(WS)	36.45° / 55m
생장기 평균 기온(WS)	21.9℃
연평균 강우량(WS)	600mm
수확기 강우량(WS)	8월 : 5mm
주요 재해	가뭄
주요 품종	화이트 **팔로미노 피노**, 페드로 시메네스, 모스카텔

포르투갈 PORTUGAL

포르투갈에서 매우 중요한, 코르크 나무 껍질을 벗겨내는 작업을 묘사한 아줄레주 타일.

포르투갈
PORTUGAL

최근 대부분 지역이 인기 있는 관광지로 각광받게 된 일은, 수백 년 동안 사람들이 그랬듯이 와인과 포도나무도 대서양의 지배를 받는 항해의 나라 포르투갈에서는 새로운 경험이다. 오늘날까지 내려오는 깊은 전통이 있는 토착품종은 최근에야 정당한 평가를 받으며 소비되고 있다(지금도 다른 지역에서 다른 이름으로 자라고 있을 것이다). 국제품종은 한 번도 제대로 뿌리내린 적이 없었다. 포르투갈 와인이 가진 잘 알려진 비밀 병기는 바다의 상쾌함, 그리고 독특한 풍미다.

도루와 당Dão에서 재배하는 토리가 나시오나우Touriga Nacional가 해외에 가장 잘 알려진 품종이다. 토리가 프랑카Franca는 적어도 포트와인이나 도루 테이블와인을 만드는 사람들에게는 높은 평가를 받고 있다. 틴타 호리스Tinta Roriz(스페인의 템프라니요)는 포르투갈 전역에서 잘 자란다. 품종와인보다는 블렌딩와인이 더 늘고 있는데, 예외도 있다. 바가Baga와 비카우Bical로 바이하다의 레드와 화이트를 만들고, 당에서는 껍질색이 옅은 엔크루자두Encruzado, 먼 북부 산지 비뉴 베르드의 중심부인 몬상과 멜가수에서는 알바리뉴Alvarinho로 품종와인을 만든다.

수입품종도 있다. 시라와 알리칸테 부셰(포르투갈에서 영예를 누리고 있다)는 알렌테주에서 레드와인 블렌딩을 돕는다. 재배자들은 아무리 적은 양이라도 토착품종이 와인을 어떻게 변화시키는지 잘 알고 있다. 더워지는 날씨에 상쾌함과 향이 위협받을 때, 그것을 살려주는 토착품종이라면 더욱 그렇다. 가벼운 와인이 선호되면서 셀러에서의 힘든 작업이 간소화되고 있다.

21세기 들어 포르투갈 역시 본격적인 화이트와인 산지로 부상하고 있다. 비뉴 베르드의 품질이 상당히 개선되었다(p.209 참조). 부셀라스 지역의 주요 품종인 아린투Arinto는 블렌딩할 때 산미를 더하기 때문에 다른 곳, 특히 알렌테주에서 점점 더 사랑을 받고 있다. 바이하다의 비카우 역시 숙성이 잘 된다. 복합미가 뛰어난 당의 엔크루자두도 마찬가지다. 부르고뉴 화이트처럼 풀바디 와인도 있지만, 신세대 와인메이커들

아소레스제도의 피쿠(Pico)섬에서 포도나무가 가장 집중적으로 재배된다. 아소레스 와인 컴퍼니의 성공으로 섬의 특징인, 검은 현무암으로 만든 체스판 같은 돌담 포도밭(쿠하이스, currais)이 부활했다.

의 짜임새 좋고 깔끔한 와인도 있다. 그중에서 가장 놀라운 사실은 뜨거운 도루에서 인상적인 풀바디 화이트와인을 생산한다는 것이다. 대개 비오지뉴Viosinho, 하비가투Rabigato, 코데가 드 라리뉴Côdega de Larinho, 고베이우Gouveio(스페인의 고데요)와 블렌딩해서 만든다. 마데이라의 위대한 화이트와인 품종(p.221 참조)이나 최근에 새로운 와인산지로 각광받고 있는 **아소레스Azores제도** 역시 언급하지 않을 수 없다. 『The World Atlas of Wine』 7판에서는 아소레스가 겨우 이름만 언급되는 것에 그쳤다. 하지만 지금은 베르델류Verdelho, 아린투 두스 아소레스Arinto dos Açores, 테한테스 두 피쿠Terrantez do Pico 품종으로 좋은 와인을 만들고 있다. 전통적으로 스위트와인을 만들던 아소레스 화산섬들이, 지금은 광물향과 때로는 짭짤한 맛이 나는 화이트와인으로 이름을 알리고 있다.

포르투갈의 테이블와인은 현대의 와인양조기술을 빠르게 따라잡고 있다. 교육을 받은 새로운 세대의 와인메이커들은 토착품종에서 과일 풍미를 잘 모아 병에 담는 법을 배웠다. 마실 때까지 10년이나 기다릴 필요가 없는 와인이다. 다른 지역처럼 많은 생산자들이 오렌지와인, 펫낫, 여러 전통 양조기술을 실험하고 농약과 제초제 사용도 줄이고 있다. 또 다른 최근의 경향은 마이크로 네고시앙의 출현이다. 포도를 구매, 양조하고 자신의 라벨을 붙여 판매하는 소규모 생산자인데, 이들은 포도밭을 소유할 재정적 능력은 없다.

고유의 개성을 가진 포르투갈 와인이 드디어 더 넓은 와인세계에 등장했다. 오늘날 도루, 알렌테주, 당, 바이하다, 비뉴 베르드 와인산지는 세계시장에서 명성을 쌓아가고 있다. 다른 지역은 아직 시간이 필요하지

라벨로 배우는 와인 용어

품질 표시

Denominação de Origem Controlada (DOC) 프랑스의 AOC / AOP(p.40 참조), 그리고 EU의 DOP에 해당
Indicação Geográfica Protegida (IGP) 비뉴 헤지오나우(**Vinho Regional, VR**)를 점점 대체하고 있는 EU의 명칭
Vinho 또는 **Vinho de Portugal** 오래된 비뉴 드 메자(Vinho des Mesa)를 대체하고 있는 EU의 명칭

기타 용어

Adega(아데가) 와이너리
Amarzém(아마르젱) 또는 **Cave**(카브) 셀러
Branco(브랑코) 화이트
Colheita(콜레이타) 빈티지
Doce(도세) 스위트
Engarrafado na origem(엥가하파두 나 오리젱) 와이너리 병입
Garrafeira(가하페이라) 숙성기간이 긴 와인. 글자 그대로의 뜻은 와인 스토어
Maduro(마두루) 오래된, 숙성된
Palhete(팔레트) 레드와 화이트를 블렌딩해서 만든 전통 로제와인
Quinta(킨타) 와인농가, 와이너리. 남부에서는 **에르다드**(**Herdade**)라고 한다
Rosado(호자두) 로제, 핑크
Seco(세쿠) 드라이
Tinto(틴투) 레드
Vinha(비냐) 포도밭
Vinhas Velhas(비냐스 벨랴스) 올드 바인

만, 포르투갈 와인이 다른 어느 나라 와인보다 다양한 스타일과 훌륭한 가치를 가졌다는 사실에는 의심의 여지가 없다. 와인은 포르투갈 경제에서도 중요한 자리를 차지한다. 와인생산이 포르투갈 농업의 35%를 차지하는데, 그 어느 나라보다 높은 수준이다. 포르투갈은 면적이 광대한 나라는 아니지만 대서양, 지중해, 그리고 대륙성 기후까지 다양한 영향을 받는다. 토양 역시 북부 내륙의 화강암, 점판암, 편암부터 해안의 석회암, 점토, 모래까지 다채롭다. 품질에 집중하는 남부 생산자들은 편암 토양을 선호한다.

세계 최초

도루는 세계 최초로 경계를 정하고 규제한(1756년) 와인산지 중 하나다. 포르투갈은 1986년 EU에 가입하기 오래전부터 와인산지의 경계를 정하고 와인생산을 관리했는데, 항상 긍정적으로 작용한 것은 아니다. 몇몇 DOC, 특히 리스본과 알렌테주는 철저한 품질 관리보다 지역 협동조합의 요구에 더 좌우되는 것처럼 보였다.

포르투갈의 와인지도는 스페인의 와인지도처럼 와인산지들의 경계가 연달아 생겨났다. 프랑스의 원산지통제명칭법(AOC / AOP)을 모방한 포르투갈의 DOC(DOP)는 토착품종을 허용한다. 하지만 지역도 더 넓고 규정도 더 유연한 비뉴 헤지오나우Vinho Regional(VR / IGP) 등급이 점점 더 중요해지고 있다. 지도에 승인받은 지역명이 나오고, 와인 등급을 확인할 수 있다. 비뉴 헤지오나우인 **두리엔스**Duriense는 보통 시라, 리슬링, 소비뇽 블랑처럼 국제품종 또는 적어도 토착품종이 아닌 품종으로 만든 와인, 일반적으로 도루 DOC 등급을 받지 못한 와인에 붙는 명칭이다.

생산량이 많은 **테주**Tejo 지역은 스페인 국경에서 남서쪽 리스본으로 흐르는 테주강에서 이름을 따왔다. 강변의 비옥한 땅에서 매우 가벼운 와인이 대량생산되었는데, 지난 세기말 EU가 보조금으로 수백여 명의 부진한 재배자들을 설득해 포도나무를 뽑아내도록 했다. 덕분에 전체 생산량이 줄었고, 테주 와인생산의 중심은 강변에서 북쪽의 점토질 토양과 남쪽의 관목지대 모래 토양으로 이동했다. 포도품종 역시 토리가 나시오나우와 아라고네스Aragonês 같은 고급 토착품종으로 바뀌었다. 카베르네 소비뇽, 메를로, 그리고 최근에는 시라 같은 수입품종도 많이 심는다. 비교적 단순하지만 과일향이 풍부한 카스텔랑Castelão이 가장 중요한 레드와인 토착품종이다. 트링카데이라Trincadeira도 일부 재배한다. 화이트와인은 향이 매력적인 페르낭 피레스Fernão Pires를 베이스로 쓴다. 샤르도네, 소비뇽 블랑, 아린투, 그리고 최근에는 알바리뉴와 비오니에 역시 미래가 밝다.

포르투갈 남부에서는 비뉴 헤지오나우가 DOC보다 더 중요하다. 알가르브Algarve 와인은 4개의 DOC 명칭 대신 대부분 비뉴 헤지오나우 **알가르브**로 판매된다. 알가르브 와인의 품질은 협동조합의 영향력이 확대되고, 와인생산량이 줄고, 외부투자가 늘어나면서 대폭 향상되었다. 품질 혁명은 외딴 북부 산악지대 DOC **베이라 인테리오르**Beira Interior와 **트라스-우스-몬테스**Trás-os-Montes를 비켜간 듯하다. 하지만 이곳의 화강암, 편암 토양과 대륙성 기후에는 큰 잠재력이 있다.

와인애호가들이 포르투갈에서 흥미를 갖는 나무는 포도나무만이 아니다. 포르투갈 남부는 세계적으로 유명한 코르크참나무 산지로(p.206 사진 참조), 세계 최대의 코르크마개 공급처다. 포르투갈에서 스크루캡을 쓰는 와인생산자는 매우 용감하다 하지 않을 수 없다.

포르투갈 와인산지

포르투갈은 와인명을 합리적으로 분류하는 작업을 하고 있다. 붉은색 명칭은 가장 규제가 엄격하며 전통적인 지역에서 생산되는 와인이고, 검은색 명칭은 규정이 보다 느슨한 IGP 또는 비뉴 헤지오나우이다.

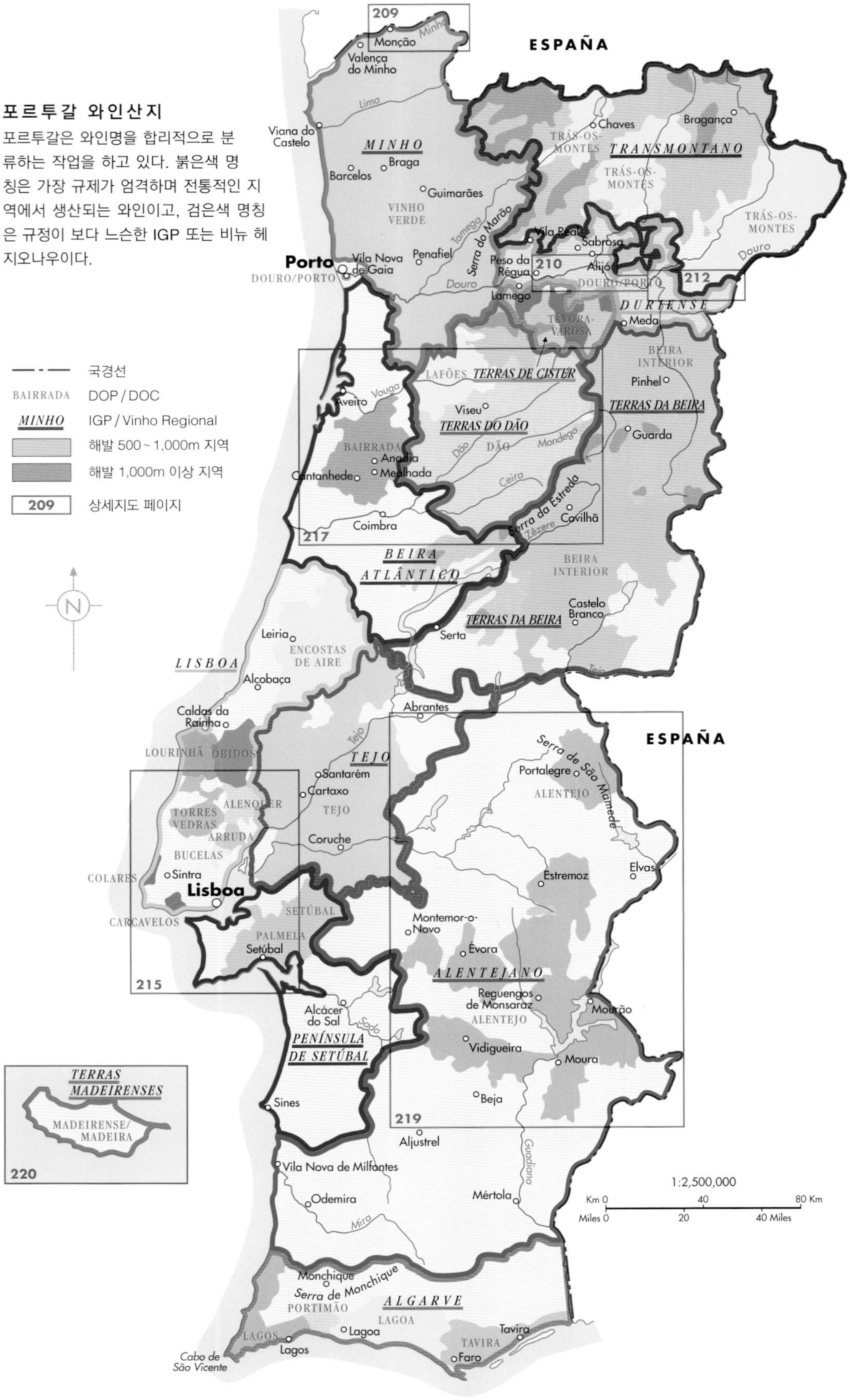

—·—·—	국경선
BAIRRADA	DOP / DOC
MINHO	IGP / Vinho Regional
▨	해발 500~1,000m 지역
▨	해발 1,000m 이상 지역
209	상세지도 페이지

1:2,500,000

Km 0   40   80 Km
Miles 0   20   40 Miles

비뉴 베르드 Vinho Verde

다양한 포르투갈 와인 중에서도 비뉴 베르드는 가장 독특한 스타일을 자랑한다. 포르투갈의 가장 북쪽, 미뉴Minho주의 젊은 '녹색' 와인이다(베르드는 '녹색', '젊다'는 뜻이다).

테루아 포도밭은 비교적 낮은 고도에 위치한다. 상부토는 얇고 모래가 많으며 산성이고, 하부토는 편암이 부분적으로 섞인 화강암이다. 특히 남동부 토양이 그렇다. 숲이 우거진 지역도 있다.

기 후 강우량이 많다(연평균 최대 1,600mm, 주로 겨울과 봄에 많은 비가 내린다). 기온은 겨울 8℃, 여름 20℃ 사이이다. 태평양 북서부와 마찬가지로 해안지역은 내륙보다 해양성 기후이고, 더 서늘하다.

품 종 화이트 로레이루Loureiro, 아린투Arinto / 페데르냐Pederñã 알바리뉴Alvarinho, 트라자두라Trajadura / 트레익사두라Treixadura, 아잘Azal / **레드** 비냥Vinão / 소장Sousão

미뉴강이 포르투갈의 북쪽 국경과 스페인 갈리시아를 가르며 흐른다. 미뉴주는 포르투갈 와인생산량의 약 14%를 담당한다. 대서양의 파도와 푸르른 풍경을 보면 '베르드'는 매우 적절한 이름이다. 또 이곳에서는 '완전히 익지 않은' 포도로 시큼한 와인을 생산하고 있어, 역시 적절한 이름인 셈이다.

하지만 모든 것이 급변하고 있다. 포르투갈 내수시장에서 특별할 것 없는 묽은 비뉴 베르드 와인의 판매가 급감했고, 신세대 포도재배자와 양조가들은 양보다 질을 우선시하기 때문이다. 미뉴는 포르투갈에서 가장 습한 지역인데, 물이 많은 포도밭은 잘 관리하지 않으면 과실이 익지 않고 포도잎만 무성해지는 경향이 있다. 다행히 지금은 트렐리스를 설치해서 가지가 화강암 말뚝이나 나무를 타고 함부로 올라가는 것을 막고, 포도가 최대한 익게 한다. 이곳의 포도밭은 세계에서 가장 아름다운 포도밭 중 하나로 꼽힌다. 토스카나의 유명한 '쿨투라 프로미스쿠아cultura promiscua(혼작)'를 생각나게 하는데, 비가 많이 오는 버전으로 볼 수 있다. 야심찬 농부들은 종종 시냇가 가장 비옥한 땅에 다른 작물과 함께 포도나무를 심지만, 와인메이커들은 과일 풍미와 향을 발전시키고 보존하기 위해 노력한다.

과거 비뉴 베르드 와인의 알코올 도수는 9~10% 정도였다. 그리고 판매용 와인은 입안이 화끈거릴 정도로 강한 산미를 감추기 위해 당분과 스프리츠spritz를 추가해야 했다. 지금 몇몇은 완전히 스파클링와인이 되었지만, 대부분 자연적으로 알코올 도수가 14%에 이르는 균형이 잘 잡힌 와인을 생산한다. 짧은 시간 동안 놀랍게 변모한 것이다.

비뉴 베르드 생산자들이 수출시장에 점점 더 집중하게 되면서, 한때 지역에서 많이 마셨던 시큼하고 진한 보랏빛 레드와인보다 화이트와인이 훨씬 더 중요해졌다. 토착품종인 비냥은 비뉴 베르드 레드와인의 주요 품종으로 최고의 비냥은 과일 풍미가 상쾌한 레드와인이 되지만, 지역에서 인기가 높은 로제를 만드는 데 더

많이 쓰이고 있다. 화이트 비뉴 베르드는 대부분 블렌딩이며, 일반적으로 로레이루(스페인 북서부에서는 로우레이라Loureira), 아린투(이곳에서는 파데르냐), 알바리뉴, 트라자두라(드레익사두라), 아잘, 아베수Avesso가 블렌딩에 쓰인다. 1가지 예외는 지역의 유명 품종인 알바리뉴만으로 만든, 매우 섬세한 비뉴 베르드의 생산량이 늘고 있다는 것이다. 알바리뉴는 최북단의 하위지역 몬상Monção과 멜가수Melgaço에서도 재배되고, 미뉴강 건너 스페인의 리아스 바익사스에서도 알바리뇨라는 이름으로 재배되고 있다. 잘 익고 밀도가 높아 오크통 숙성에 적합해 보이지만 그렇지 않다. 몬상과 멜가수는 산이 바다의 영향을 막아서, 하위지역은 비교적 건조하고 따뜻하지만 고도가 높아 밤에는 서늘하다.

고도가 높고 바다와 가까운지가 품종 선정의 가장 중요한 요소이며, 또 방대한 비뉴 베르드 하위지역의 와인 스타일에 영향을 미친다. 몬상과 멜가수의 연평균 강우량은 약 1,200mm이지만 바로 아래 리마 하위지역은 비가 훨씬 많이 온다(1,400~1,600mm). 그래서 특히 내륙에 있는 리마 포도밭에서는 로레이루 100%로 꽃향이 풍성한 매우 매력적인 와인이 나온다. 리마의 내륙 바스투Basto, 아마란트Amarante, 바이앙Baião, 남쪽 끝 파이바Paiva, 아베수와 아잘 역시 화이트품종으로 충분한 개성을 가진 품종와인을 생산하는 유망한 지역이다. 귤향 나는 아린투 역시 비뉴 베르데 전역에서 품종와인으로 인기를 끌고 있다.

몬상과 멜가수

왼쪽 아래 위치지도와 p.208 포르투갈 지도에 표시된 비뉴 베르드를 보면, 아래 지도에는 극히 일부 지역만 표시되었음을 알 수 있다. 하지만 몬상과 멜가수 하위지역은 빠른 속도로 발전하고 있는 이 지역에서도 최고급와인의 생산비율이 높은 곳이다.

도루 밸리 Douro Valley

포트와인의 고향 도루 밸리는 세계에서 가장 놀라운 와인산지다. 이제는 새로운 부름에 답하고 있다.

테루아 부서지기 쉬우며 대부분 노란색이고 (거의) 수직에 가까운, 물이 잘 빠지는 편암층을 뿌리가 뚫고 지나간다. 화강암이 땅 밖으로 노출된 지역도 있다. 유기물이 적고, 포도밭의 고도와 방향이 매우 다양하다. 남쪽보다 북쪽 강변에 해가 더 잘 든다.

기 후 다양하고 혹독하다. 겨울은 춥고 습하며, 여름은 매우 덥고 건조하다. 서쪽 끝은 바다의 영향을 조금 받고, 동쪽으로 갈수록 하루의 기온변화가 커진다.

품 종 레드 토리가 프랑카Touriga Franca, 틴타 호리스Tinta Roriz(템프라니요), 토리가 나시오나우, 틴타 바호카Tinta Barroca, 소장Sousão / **화이트** 시리아Siria(호페이루Roupeiro, 코데가Códega), 하비가투Rabigato, 말바지아 피나Malvasia Fina(보아우Boal)

도루계곡에서 생산하는 와인의 절반 정도가 라벨에 비주정강화 도루 DOC(또는 더 유연한 두리엔스 비뉴 헤지오나우Duriense Vinho Regional)로 표기되는 와인이다. 도루계곡에서 가장 유명한 와인인데, 와인애호가들의 기쁨인 포트와인과 구별하기 위해 여기서는 테이블와인이라고 부른다.

세계은행과 EU 기금 덕분에 도루계곡은 삶의 질과 소득이 많이 개선되었고, 생산비용 역시 수직 상승했다. 생산비용은 이미 비교적 높았는데, 매우 건조한 여름과 험준한 지형으로 인해 수확량이 적었기 때문이다. 비탈에 있는 43,000ha의 포도밭은 140,000개 구획으로 나뉘고, 경사도가 30° 심지어 60°에 육박한 곳도 있다. 대부분 접근이 쉽지 않다.

생존의 문제

예전처럼 싸구려 포트와인을 대량으로 만드는 것은 의미가 없어졌다. 도루에서는 소규모 포도밭을 가진 대부분의 농가가 매년 정해진 양의 포트와인만 생산할 수 있는데, 이 지역의 경제상황은 그 어느 때보다 취약

하다. 포도매수 가격을 보장받는 포트와인과 테이블와인의 가격을 올리고, 관광산업을 발전시키는 것이 부분적이나마 해결책이 되기를 기대한다. 오포르투는 관광객, 호텔, 레스토랑, 그리고 와이너리 방문센터로 넘쳐난다. 지금은 계곡 상류쪽도 북적이고 있다.

사람이 만든 포도밭 중에서 도루계곡만큼 이상한 포도밭은 없을 것이다. 일단 흙이 거의 없고, 어지러울 정도로 가파른 비탈에 잘 떨어지고 불안정한 편암만 있다. 그리고 38℃까지 올라가는 여름 태양이 내리쬔다. 그야말로 아무것도 없는 땅이라서 계곡 사람들은 뜨거운 열기를 피할 수 있는 곳으로 올라갔다. 1870년대에 철도가 개통되면서 사람들은 강 아래로 내려오기 시작했다. 하지만 21세기 EU의 지원으로 도로가 건설되자, 포트와인 네고시앙은 도로로 연결되는 높은 곳에 와이너리와 셀러를 짓기 시작했다.

포도나무는 이런 극한 환경에 큰 제약을 받지 않는 몇 안 되는 식물이다. 대서양의 영향을 받는 서부와 해안에서 멀어질수록 대륙성 기후가 되는 가혹한 조건이 포도재배에는 문제가 되지 않았다. 필요한 일은 포도

도루강은 동쪽에서 서쪽으로 흐른다. 하지만 지류인 피냥은 북쪽에서 남쪽으로 흘러, 좁은 계곡에 조성된 포도밭이 매력적인 일조량과 점점 유용해지는 그늘의 혜택을 보고 있다.

강을 따라 달리는 작은 철도는 1887년에 개통된 이래 크게 변한 것이 없다.

– – – 경계선 (district)	숲
·–·–· 경계선 (parish)	500 등고선간격 100m
QTA DA FOZ 킨타	212 상세지도 페이지
포도밭	▼ 기상관측소 (WS)

나무를 심을 수 있는 땅(흙은 거의 없다)을 지탱하기 위해, 그냥 산비탈을 따라 등고선처럼 수천여 개의 담을 쌓는 것뿐이었다. 화약이 사용되었고 폭발소리가 계곡 전체에 울려퍼지는 것은 흔한 풍경이 되었다. 일단 땅이 고정되고 빗물이 더 이상 그대로 흘러내리지 않게 되자, 포도나무는 도루에서 재배할 수 있는 (18세기부터 이어져 온) 유일한 작물이 되었다.

필록세라가 휩쓸고 지나간 뒤 포도밭은 오랫동안 방치되었는데, 1970년대부터 기계화를 염두에 두고 계단식 포도밭과 중요한 돌담을 다시 설계하며, 포도나무를 다시 심었다. 더 넓어진 테라스(파타마레스 patamares)는 돌담이라기보다 편암으로 쌓은 둑으로, 특별히 제작된 작은 트랙터가 다닐 수 있을 만큼 넓다. 단점은 포도나무를 빽빽하게 심지 못한다는 것인데, 얼마 없는 흙이 침식되는 문제도 있어서 포도나무를 1줄만 심는 좁은 테라스가 다시 유행하기 시작했다. 경사도와 지형만 허락한다면 이제 재배자들은 포도나무를 가로방향보다는 세로방향으로 심는다. 그렇게 하면 더 빽빽하게 심을 수 있고 포도가 잘 익는다. 경사도가 30° 이하면 트랙터 사용도 가능하다.

헤구아의 산에 남아있는 17세기 계단식 포도밭은 원래의 포트와인 지역으로 1756년에 경계선이 생겼

고, 그 뒤에 아래 지도에 나온 투아Tua 지류까지 확장되었다. 오늘날 시마 코르구Cima Corgo가 된 이 지역은 생산량은 적지만 최고의 포도밭이 모여있는 포트와인 생산의 중심지이다. 하지만 교통이 개선되면서, 작업이 덜 힘든 더 평평한 곳을 찾아 재배자들은 상류쪽으로 올라갔다.

강은 서쪽으로, 포도나무는 동쪽으로

도루강은 스페인에서 출발해 황무지를 거쳐서 포르투갈에 도착한다. 이 황무지는 EU 기금이 포르투갈에 들어오기 시작한 1980년대 말, 도로가 건설된 후에야 접근이 가능해진 지역이다. 도루강은 고지대에 있는 여러 층의 암석이 거대한 협곡을 만들고, 도루 상류 지역 또는 도루 수페리오르Douro Superior 지역은 도루에서(아래 지역 지도 참조) 가장 건조하고 개발이 뒤쳐진 지역이다. 가혹한 대륙성 기후에도 불구하고 매우 좋은 품질의 포도가 생산되는데, 킨타 두 베주비오Quinta do Vesuvio 와이너리의 포트와인과 도루 테이블와인의 상징적인 인물 바르카 벨라Barca Velha를 보면 잘 알 수 있다. 계곡의 가장 동쪽 지역에서는 지난 10년 동안 열광적으로 포도나무를 심었는데, 특히 코아강과 스페인 국경(p.212 상세지도 참조) 사이, 도루강 좌안의 서늘

하고 고도가 높은 곳에 많이 심었다. 강물을 쉽게 끌어올 수 있고, 오후에는 그늘이 생겨 장점이 많다. 가파른 편암 비탈은 시마 코르구를 생각나게 하지만, 도루 수페리오르의 비교적 완만한 다른 지역보다 작업이 훨씬 힘들다.

서쪽에는 해발 1,415m의 세하 두 마랑 산맥이 있다. 산맥은 여름에 대서양에서 오는 비구름이 포트와인의 심장부 시마 코르구 지역(p.210~211 상세지도 참조)의 편암이 식지 않도록 막아준다. 연평균 강우량은 지역별로 편차가 커서, 도루 수페리오르는 500mm,

도루 피냥	▼
북위 / 고도(WS)	41.11° / 120m
생장기 평균 기온(WS)	20℃
연평균 강우량(WS)	642mm
수확기 강우량(WS)	9월 : 37mm
주요 재해	착과기의 비, 가뭄, 토양 침식

바이슈와 시마 코르구

지도의 등고선은 도루의 편암 포도밭의 방향, 일조량, 고도, 환경(강, 비탈 중앙, 고원)이 얼마나 다양한지 보여준다. 바이슈(하류) 코르구보다 훨씬 덥고 건조한 시마 코르구에 최고의 포트 포도밭이 자리한다.

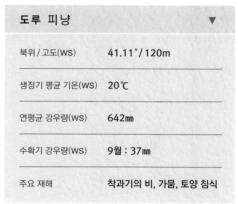

포트 회사의 로지에서 막대한 양의 포트와인이 숙성되는 빌라 노바 드 가이아(Vila Nova de Gaia)는 도루 DOC의 명예 하위 아펠라시옹이다.

공식 경계가 있지만 주민들은 발레이라(Valeira)협곡을 시마 코르구와, 훨씬 더 대륙성 기후를 보이는 도루 수페리오르의 경계로 여긴다.

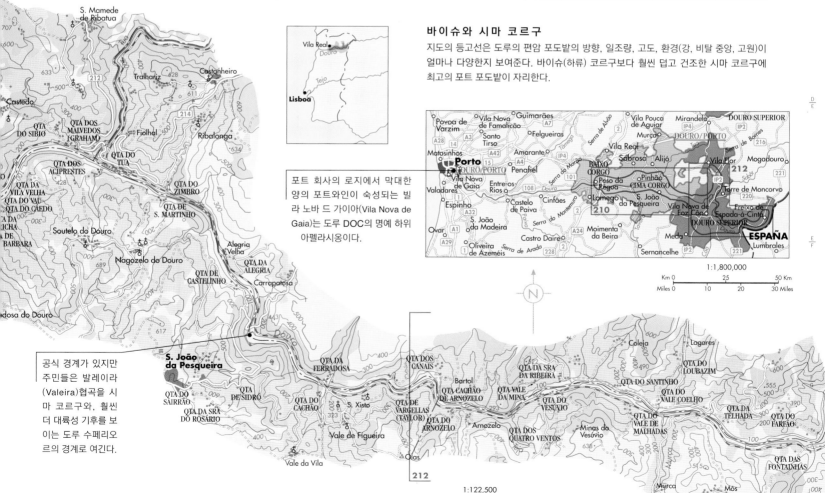

시마 코르구는 650mm, 그리고 포도나무를 빽빽이 심은 바이샤 코르구는 900mm이다. 가장 습도가 높고 서늘한 지역은 코르구강 하류와 중심 지도에서 서쪽 너머에 있는 지역으로, 협동조합이 기본적인 저렴한 포트와인을 만드는(또는 만들었던) 지역이다.

바이슈 코르구는 고품질 포트와인을 만들기에는 너무 습하다. 좋은 포트와인을 만들려면 포도나무 뿌리가 편암을 뚫고 최대한 아래로 내려가 물을 찾게 해야 한다. p.211(그리고 아래) 지도에서 동쪽의 킨타 두 베주비우에는 뿌리가 8m까지 내려간 곳도 있다. 이처럼 건조한 지역의 생산량은 세계에서 가장 낮다.

기차가 지나가는 마을인 피냥 주위의 포도밭은 전통적으로 최고급 포트와인을 생산하는 곳으로, 테두, 타보라, 토르투, 피냥, 투아, 홍캉, 그리고 곤텔류 지류의 계곡이 포함된다. 이곳이 포트와인 생산의 중심지로 거의 모든 셰리회사의 주요 킨타, 그러니까 포도를 재배해서 양조하는 와인농가가 있다.

포도밭의 방향과 고도가 천차만별이라, 바로 옆에 붙어있는 포도밭이라도 와인의 성격이 상당히 다를 수 있다. 한 예로 테두계곡의 와인은 타닌이 강한 반면, 강 바로 건너 도루 테이블와인으로 유명한 킨타 두 크라스투do Crasto 근처에서는 비교적 가볍고 과일향이 풍부한 와인을 생산한다. 토르투 지류는 날씨가 온화해 좋은 도루 테이블와인 산지가 되었다. 도루계곡 중심부보다 천천히 성숙하고 당도도 더 낮다. 고지대에 있는 포도밭은 어느 지역이든 더 늦게 익고 와인도 더 가벼워서 화이트 테이블와인 생산에 적합하다. 반면 남쪽이나 서쪽을 향해있는 포도밭은 햇빛을 많이 받아 아주 강한 포도즙을 만든다.

포도밭과 포도나무 등급

모든 포트와인 포도밭은 고도, 위치, 생산량, 토양, 경사도, 방향 등 자연적 조건과 포도나무 수령, 밀도, 재배방식, 품종에 따라 A등급부터 F등급까지 분류된다.

포도재배자와 포트생산자(점점 포도재배를 겸하고 있다) 사이의 관계를 좌우하는 매우 엄격한 시장에서, 등급이 높을수록 포도가격도 더 높다.

1970년대 조제 하무스 핀투 호자스와 조앙 니콜라우 드 알메이다가 개척하기 전까지, 도루계곡에서 아무렇게나 자라고 있는 부시바인에 대해서는 알려진 것이 없었다. 호자스와 드 알메이다는 토리가 나시오나우, 토리가 프랑카, 틴타 호리스(스페인의 템프라니요), 틴투 캉Tinto Cão, 그리고 틴타 바호카가 최고의 포트와인 품종인 것을 밝혀냈다. 이 품종들이 지금은 많이 정리된 도루 포도밭의 대부분을 차지한다. 소장은 산미가 강해 인기가 많고, 말바지아 프레타Preta, 바스타르두, 코르니페스투Cornifesto, 알리칸테 부셰 같은 전통 품종 역시 복원되었다. 이 품종들은 전통적인 방식으로 모두 섞여서 재배되고 있다. 이 같은 필드 블렌드field blend는 개화기 때 날씨가 안 좋을 것에 대비해 보험을 드는 장점이 있다.

도루 수페리오르

오랫동안 도루 수페리오르는 외떨어진 곳이었지만, 최근 포르투갈의 도로망이 크게 개선되면서 현지 생산자들이 혜택을 보고 있다. 스페인 국경지역의 기후는 시마 코르구보다 더 극단적이다.

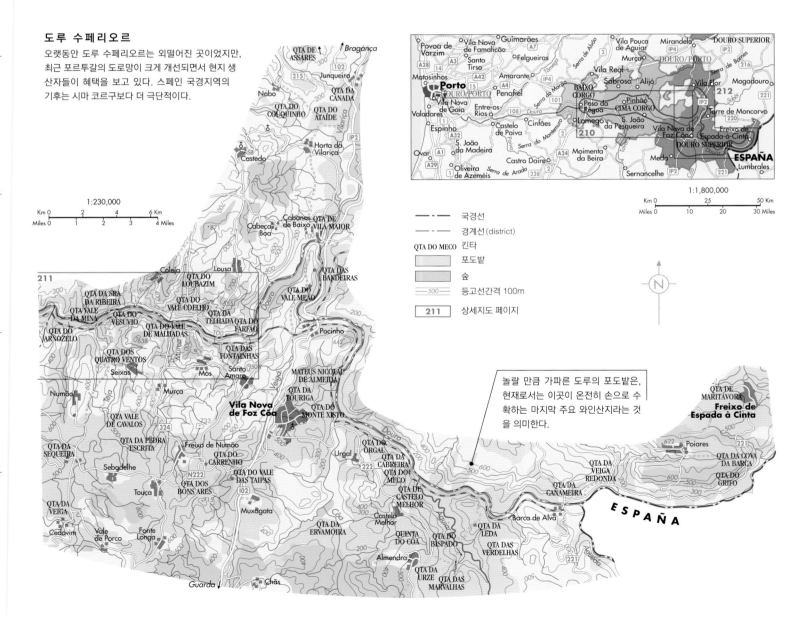

놀랄 만큼 가파른 도루의 포도밭은, 현재로서는 이곳이 온전히 손으로 수확하는 마지막 주요 와인산지라는 것을 의미한다.

1:230,000

Km 0   2   4   6 Km
Miles 0   1   2   3   4 Miles

1:1,800,000

Km 0   25   50 Km
Miles 0   10   20   30 Miles

— · — 국경선

— · · — 경계선(district)

QTA DO MECO 킨타

포도밭

숲

500 등고선간격 100m

211 상세지도 페이지

식전주로 마시는 화이트 포트와인은 비오지뉴, 고베이우, 말바지아, 하비가투가 가장 좋은 화이트품종으로, 해마다 도루의 뜨거운 여름, 매서운 겨울 추위와 싸우고 있다. 코데가 드 라리뉴, 모스카텔뿐 아니라 더 많은 이러한 품종이 평가가 높아지는 도루 화이트와인에 사용되고 있다. 더크 니포트가 만든 선구적인 헤도마Redoma가 기준을 제시했다.

수확은 어디서나 1년 농사의 정점이다. 도루에서 포도를 따는 작업은 가파른 비탈에서 하는 힘든 노동이어서 그런지, 그리스신화에 나오는 술의 신 디오니소스의 축제에 가까웠다. 지금은 사티로스와 디오니소스의 여사제 마에나드도, 피리와 북소리에 맞춰 포도를 밟아 즙을 짜는 모습을 더 이상 볼 수 없게 되어 안타까워할 것이다. 저녁에 포도즙을 짜는 의식은 이제 단순하게 컴퓨터와 기계로 대체되었다. 전형적인 킨타는 어수선한 하얀색 건물로 벽에는 포도덩굴이 올라오고 바닥에는 타일이 깔려있는, 빛과 먼지뿐인 서늘한 곳이다. 지도에 표시된 유명한 포트 킨타는 대부분 1980년대 말 싱글킨타 포트와인이 인기를 얻으면서 이름을 알렸다. 피냥의 킨타 두 노바우do Noval(보험회사 악사가 재정비했다)는 수년 동안 세계적인 명성을

떨치고 있다. 지금은 여러 단일 와이너리에서 그해에 수확한 포도로만 만든 '싱글킨타 포트와인'을 생산하고 있다. 빈티지 포트라고 일반적으로 불릴 만한 품질이 나오지 않은 해에는 싱글킨타 포트와인으로 출시된다. 예를 들어 테일러Taylor는 수확이 좋지 않은 해에 자신의 킨타 드 바르젤라스de Vargellas에서 만든 싱글킨타 포트와인을 판매한다. 그레이엄즈Graham's의 킨타 두스 말베두스dos Malvedos도 마찬가지다.

포도나무에서 와인으로

포트와인을 양조하기 위한 포도와 와인은 지금도 대부분 소규모 농가에서 가져온다. 하지만 자신의 이름으로 판매하기를 원하는 농가들이 늘고 있다.

특히 테이블와인의 경우 더욱 그렇다. 대부분 레드이지만 화이트도 늘고 있으며 로제도 있다. 모두 도루 DOC로 판매된다. 해외투자가 들어오면서 이 놀라운 계곡에 테이블와인이 등장하고 있다. 온도조절 같은 세심한 양조기술은 점점 늘어나는 훈련된 포르투갈 양조가들의 작업에 혁명을 가져왔다. 도루 테이블와인은 포트와인을 만들고 남은 포도로 만들었지만, 가벼운 와인의 판매가 늘면서 생산자들은 테이블와인만을 위

그레이엄즈의 스톤 테라시즈(Stone Terraces) 포도밭은 날씨가 좋은 해에는 싱글빈야드 포트를 생산한다. 18세기 말 킨타 두스 말베두스 포도밭에 돌담을 쌓은 사람들을 기리기 위해 지어진 이름이다.

한 포도나무나 포도밭을 선택했다. 고지대의 북향 포도밭이 이 와인에 특히 적합하다. 도루 테이블와인은 포도가 어디에서 오는지, 생산자가 어떤 스타일을 추구하는지에 따라 크게 달라진다. 거의 부르고뉴 와인에 가까운 매력을 가진 니포트Niepoort부터 우아하고 강렬한 핀타스Pintas를 거쳐 편암처럼 단단한 킨타 다 가이보자da Gaivosa까지 다양하다. 도루의 공기에서 흥분이 느껴진다. 경이로운 이 땅은 포트와 테이블와인으로 자신의 진가를 드러내고 있다.

빌라 노바 드 가이아 항구에 있는 포트와인 로지와 전통적인 와인 운송선을 보면 변한 것이 없어 보인다. 하지만 오른쪽 위로 보이는, 2010년에 문을 연 테일러스 소유의 이트맨 호텔은 오포르투가 초호화 관광지로 변모했다는 것을 의미한다.

포트와인 로지 The Port Lodges

포트와인을 만드는 포도는 도루 밸리의 야생에서 자라지만, 포트와인의 거의 2/3는 최근 활력을 되찾은 도시 오포르투의 강 건너, 빌라 노바 드 가이아에 모여있는 네고시앙의 저장고에서 아직 숙성중이다. 옛날에는 바이킹 스타일의 배가 강 하류로 포도를 싣고 내려왔다면, 지금은 엔진소리 요란한 트럭이 이송을 담당한다. 이 포도들은 매우 강하고 달콤한 포트와인으로 변모할 것이다. 다른 와인은 포트라는 이름을 쓸 수 없다.

포트와인은 발효가 일부 진행된 레드와인으로 만드는데, 당분이 아직 반 정도 남아있을 때 (주로 차갑게 냉장한) 증류주를 1/4 정도 채운 스테인리스 스틸 탱크나 오크통에 붓는다. 오늘날에는 품질이 좋은 증류주를 사용하는데 과거에는 항상 그렇지는 않았다. 증류주가 발효를 중단시키고, 그 결과 강하고 달콤한 와인이 만들어진다. 하지만 와인은 색을 내기 위해서 포도껍질이 필요하고, 오래 보존하기 위해서는 포도껍질에 있는 타닌이 필요하다. 일반 와인을 양조할 때는 발효과정에서 색과 타닌을 추출하지만, 포트의 경우 발효시간이 짧아 색소와 타닌을 빠르고 완벽하게 추출해야 한다. 그래서 옛날에는 밤늦게까지 사각형 돌통인 '라가르Lagar'에서 포도를 발로 으깼다. 지금은 캡(포도껍질, 과육 등)을 컴퓨터 장치로 눌러서 색과 타닌을 추출한다. 테일러스나 킨타 두 노바우 같은 유서 깊은 회사에서는 빈티지 포트로 만들 소량의 와인을 발로 으깨거나, 아니면 보다 현대적인 방식인 컴퓨터로 제어되는 '로봇 라가르'로 인간의 발을 대신한다. 도루의 삶은 예전보다 많이 나아졌다.

포트와인은 전통적으로 봄에 빌라 노바 드 가이아로 보내는데, 숨막히는 여름 더위로 어린 와인이 '도루의 열기로 구워져(Douro bake)' 빨리 숙성되는 것을 막기 위해서다. 하지만 이 역시 변하고 있다. 빌라 노바 드 가이아의 좁은 길은 교통체증이 심하고, 에어컨 가동을 위한 전기공급은 도루강 상류쪽이 더 안정적이어서, 포트와인을 양조한 곳에서 숙성, 보관하는 경우가 늘고 있다.

오포르투와 강 건너 빌라 노바 드 가이아는 영국의 영향을 크게 받았는데, 영국인과 영국-포르투갈 가문이 포트와인 무역을 지배했기 때문이다. 오포르투의 근사한 조지안 팩토리 하우스는 200년 동안 영국인 포트와인 네고시앙들이 매주 모였던 장소다. 하지만 도루 DOC 테이블와인이 점점 중요해지면서 포르투갈 사람들이 와인산업에 미치는 영향도 커졌다.

포트와인의 종류

도루강 건너 포트와인 로지에는 검게 변한 오래된 오크통이 먼지와 함께 쌓여있다. 셰리 보데가와 많이 닮은 모습이다. 수페리오르 토니(Superior tawny)와 콜례이타(Colheita) 포트와인은 전통적으로 550~600ℓ의 파이프(pipe)라 불리는 작은 오크통에서 2~50년 동안 숙성한다(상업에서 개념적인 측정 단위로 파이프 하나가 534ℓ이다). 빈티지 포트와 LBV 포트와인은 더 큰 통에서 숙성한다. 이 스타일의 포트는 가까이 있는 대서양의 영향이 매우 중요하다. 대략 10년 중 3년은 포트와인을 만드는 완벽한 조건이 되며, 그런 해에는 블렌딩이 필요 없고 필요한 것은 시간뿐이다. 보르도 레드처럼 2년 숙성시키고 병입한다. 그리고 간단하게 양조장과 빈티지가 와인명이 된다. 이것이 **빈티지 포트**로, 소량만 생산되지만 모르는 사람이 없다. 아마도 병 속에서 20년, 30년, 40년 혹은 더 많은 시간이 지난 후 그 무엇과도 비교할 수 없는, 기름지고 향기롭고 풍부하고 섬세한 와인으로 변모할 것이다. 최근 몇십 년 동안 도루에서는 포도재배와 와인양조의 기준이 높아져서, 이제 빈티지 포트와인을 4년이나 5년 숙성시킨 후에도 마실 수 있게 되었다. 하지만 권장하는 방식은 아니다.

p.213에서 설명한 **싱글킨타** 와인을 제외하고, 빈티지 포트 기준에 거의 부합하는 와인부터 중간 수준의 와인까지 포트와인은 대부분 블렌딩을 거쳐 특정 개성을 가진 브랜드 포트와인이 된다. 브랜드 포트와인은 오크통에서 숙성되면 훨씬 빨리 부드러워진다. 오래된 오크통에서 숙성한 포트는 비교적 색이 연하고('토니'라는 용어를 쓴다), 특히 부드럽다. 10년, 20년, 때로는 30년, 40년 넘게 숙성한 최고의 토니 포트는 가격이 빈티지 포트에 버금간다. 수십 년 동안 숙성한 빈티지 포트의 불꽃같은 강렬함보다 오크통 숙성으로 부드러워진 포트를 선호하는 사람들이 많다. 차갑게 마시는 토니 포트는 포트 와인메이커들의 기본 음료다. 라벨에 **콜례이타**(포르투갈어로 '수확'이라는 뜻)라고 표기된 포트와인은 싱글 빈티지 와인을 오크통에서 최소 7년 동안 숙성시켜 만든다. 풍미가 풍부해진 토니는 병입하고 나면 언제라도 마

실 수 있으며, 병입한 해를 라벨에 표기한다. 도루의 상징적인 인물 더크 니포트는 매우 희귀한 **가라페이라**(Garrafeira) 스타일의 포트를 만든다. 가라페이라는 콜례이타처럼 오크통에서 숙성시키다가 3~6년이 지나면, 드미존(demijohn)이라는 커다란 유리병에 옮겨 몇 년 동안 숙성시킨다. 그러면 매우 우아한 와인이 된다.

루비(ruby)라고 표기된 평범한 '우드(wood)' 포트는 오래 숙성한 것이 아니며, 오래 숙성한다고 해도 품질이 더 좋아지지 않는다. 숙성햇수가 표시되지 않은 저렴한 토니 포트는 힘없고 어린 루비 포트를 블렌딩한 것이다. **화이트 포트**도 화이트품종을 사용하는 것만 제외하면 정확히 같은 방식으로 생산된다(이제 몇몇 최고급 화이트 포트는 숙성햇수를 표시하거나 콜례이타로 판매된다). 로제나 핑크 포트와인은 지난 세기말에 등장했는데 현재는 아주 작은 틈새시장에 불과하다. 기본 포트와인보다 한 단계 높은 것이 **리저브**이다. 힘 있는 어린 루비나 병입한 지 10년이 안 된 괜찮은 토니가 여기에 해당된다.

빈티지 포트를 아주 어릴 때 여과 없이 병입하면, 크러스트(침전물)가 생긴다. **크러스티드**(crusted) 또는 크러스팅(crusting) 포트로 시판되는 와인은 여러 빈티지의 와인을 블렌딩한 것으로, 일찍 병입해서 병에 크러스트를 만든 것이다. 빈티지 포트처럼 디캔팅해야 한다. 빈티지 포트와 우드 포트의 장점과 단점을 보완한 것이 매우 다양한 **레이트-보틀드 빈티지**(late-bottled vintage, LBV)이다. 오크통에서 4~6년 숙성하다가 크러스트가 가라앉으면 병입한다. 그렇게 해서 빨리 숙성되고 맑아진 포트는 그야말로 현대인의 빈티지 포트가 된다. 대부분의 잘 팔리는 LBV는 빈티지 포트의 특징과 상관이 없다. 단, 웨어(Warre)와 스미스 우드 하우스(Smith Woodhouse)는 빈티지 포트와 같은데 2년이 아닌 4년 뒤에 여과 없이 병입해서 뛰어난 LBV를 만든다. 역시 디캔팅을 해야 한다.

리스보아, 세투발반도 Lisboa and Península de Setúbal

수도 리스본의 내륙지역인 리스보아는 한때 이스트레마두라 또는 간단하게 오에스트('서부')라고 불렸다. 포르투갈에서 와인을 가장 많이 생산하는 지역 중 하나이고, 대부분의 생산자들은 토헤스 베드라스Torres Vedras, 아후다Arruda, 알렝케르Alenquer DOC보다 비뉴 헤지오나우 리스보아로 판매하는 것을 선호한다.

협동조합이 와인을 만들고 질보다 양을 중시했을 때, 리스보아 와인의 미래는 불안했다. 세아라 노바Seara Nova, 칼라독Caladoc, 마르슬랑Marselan 품종은 주로 브랜디용 와인에 사용되었다. 산미가 강하고 타닌이 잘 익지 않은, 성공적이지 못한 테이블와인은 잔류당분으로 단점을 가렸다. 하지만 리스보아는 넓고 언덕이 많은 지역이어서 다양성이 있다. 1990년대부터 킨타 두 몬테 도이루Quinta do Monte d'Oiro와 킨타 드 쇼카팔라de Chocapalha 같은 야심찬 와이너리는, 잘 보호받는 포도밭(특히 알렝케르)에서는 대서양 덕분에 생장기가 더 길어져 잘 자란다는 것을 더 좋은 품질의 레드품종 시라와 토리가 나시오나우로 증명했다. 최근에는 널리 재배되는 카스텔랑이 '따뜻한 기후의 피노 누아'라 불릴 만큼 가볍고 상쾌한 스타일로 부활했다.

리스보아의 강점은 화이트와인에 있다. 현재 시원한 바닷바람과 쥐라기 석회암 토양의 혜택을 받는 포도밭에서 여러 시도가 이루어지고 있다. 아린투, 페르낭, 피레스, 그리고 그동안 무시당했던 비타우Vital 같은 토착품종이 성공을 거두고 있다.

해안을 따라 도시가 커지면서 유서 깊은 콜라레스Colares와 카르카벨루스Carcavelos의 포도밭이 각각 67ha와 19ha로 감소했다. 하지만 바다의 영향을 받은 이 독특한 전통와인은 서서히 자존심을 되찾고 있다. 타닌이 매우 강한 콜라레스는 전통적으로 접붙이지 않고 해변의 모래에 바로 심는다. 레드는 하미스쿠Ramisco, 화이트는 말바지아 드 콜라레스Malvasia de Colares가 주요 품종이다. 부드럽고 순한 카르카벨루스는 아린투, 갈레구 도라두Galego Dourado, 하티뉴Ratinho를 블렌딩한 주정강화와인이다. 몇몇 생산자들이 새롭게 관심을 갖고 되살려낸, 사라질 뻔한 와인이다. 리스본시 북쪽 내륙의 부셀라스Bucelas에서는 아린투로 풍부한 과일향의 상쾌한 와인을 만든다.

p.208 지도에서 리스보아와 세투발반도 비뉴 헤지오나우 전체를 볼 수 있다. 위에서 설명한 3개의 DOC보다 더 중요한 지역이 테주강을 사이에 둔 세투발반도의 포도밭이다. 아제이탕 주위, 테주강과 리스본 남동쪽의 사두강 하구 사이에는 점토질 석회암 언덕이 있다. 대서양 바람이 이곳의 비탈을 식혀준다. 팔멜라Palmela 동쪽 사두강 내륙의 모래 평지는 더 비옥하고

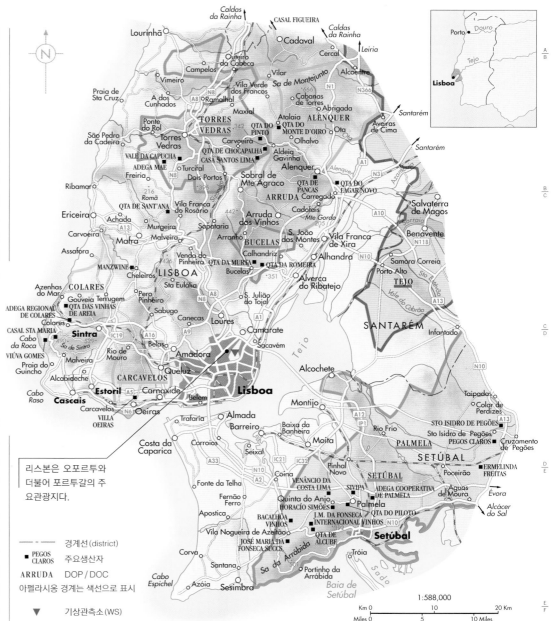

리스본은 오포르투와 더불어 포르투갈의 주요관광지다.

	경계선(district)
■ PEGOS CLAROS	주요생산자
ARRUDA	DOP / DOC

아펠라시옹 경계는 색선으로 표시

▼ 기상관측소(WS)

1:588,000
Km 0 ... 10 ... 20 Km
Miles 0 ... 5 ... 10 Miles

더 더우며, 포르투갈 최고의 협동조합 중 하나인 산투 이지드루 드 페공이스Santo Isidro de Pegões가 있다.

세투발에서 가장 막강한 생산자 조제 마리아 다 폰세카와 바칼로아 비뉴스는 포르투갈에서 떠오르는, 까다롭지 않은 품종와인의 선구자들이다. 카스텔랑이 팔멜라 바로 동쪽의 모래 토양에 적합한 것 같지만, 아직 지배적인 품종은 아니다.

세투발의 전통와인 모스카텔 드 세투발은 옅은 오렌지색의 진한 뮈스카(귀한 모스카텔 호슈Roxo로 만들면 핑크빛이 난다)를 약하게 주정강화한 것이다. 자극적인 향의 알렉산드리아 뮈스카 껍질을 장기침용해서 향이 매우 풍부하다. 숙성되면 놀라운 맛을 선사하지만, 어릴 때는 포르투갈의 커스터드 타르트와 똑같다.

리스보아 리스본 ▼

북위 / 고도(WS)	38.72° / 77m
생장기 평균 기온(WS)	20.4℃
연평균 강우량(WS)	774㎜
수확기 강우량(WS)	9월 : 32.9㎜
주요 재해	착과기의 비, 가을비
주요 품종	레드 칼라독, 카스텔랑, 시라, 아라고네스 화이트 페르낭 피레스

바이하다, 당 Bairrada and Dão

바이하다와 당은 한때 포르투갈에서 가장 비타협적인 와인으로 정평이 났지만, 현대적인 버전은 원래의 상쾌함과 매력적인 광물향을 강조해서 포르투갈에서 가장 각광받는 와인 중 하나로 떠오르고 있다.

바이하다는 리스본과 오포르투를 잇는 고속도로가 한가운데를 지나는 특별히 볼 것 없는 시골로, 당의 화강암 언덕과 대서양 해안 사이의 지역 대부분을 차지하고 있다. 대서양과 가까워서 와인은 자연적으로 상쾌하고 포도밭은 비교적 습한데, 낮은 언덕에 매우 다양한 테루아가 존재한다. 최고급와인은 점토질 석회암 토양에서 나오는데, 이 토양은 레드와인과 인기 상승 중인 화이트와인에 바디감과 포르투갈 와인 특유의 톡 쏘는 풍미를 제공한다.

레드와인의 중요한 품종은 바이하다의 토착품종인 바가Baga인데, 일반적인 포르투갈 와인과는 달리 블렌딩을 하지 않는다. 바가의 문제는 너무 무성하게 자라고, 늦게 익으며 수확 직전에 비가 자주 온다는 것이다. 바이하다의 가장 열정적인 선구자 중 한 명인 루이스 파투Luís Pato는 타협 불가능할 정도로 강한 산미와 타닌을 가진 바가를 피에몬테의 네비올로에 비유하는데, 전통방식으로 양조한 일부 바가는 20년이나 숙성시켜야 할 정도로 강하다. 그는 덜 익은 포도송이를 먼저 제거하는 그린 하비스트, 줄기 제거, 프랑스 오크통 숙성 같은 선구적인 접근법을 통해 바가를 부활시킬 길을 닦았다. 최근에 이름을 알리고 있는 생산자인 루이

스 파투의 딸 필리파와 더크 니포트(2012년 킨타 드 바이슈Quinta de Baixo를 인수했다)는 수확을 일찍 하고, 색과 타닌을 부드럽게 추출하고, 포도줄기를 일부만 제거해서 바가로 더 멋진 와인을 만들고 있다. 아로마, 상쾌함, 타닌의 구조가 부르고뉴 와인을 연상시킨다. 옛날 방식으로 와인을 만드는 생산자들도 아직까지 자신들의 선택에 만족하고 있다.

그리고 킨타 다스 바제이라스das Bàgeiras, 시도니아 드 소자Sidonia de Sousa 같은 생산자들은 레드와인을 쉽게 마실 수 있도록 와인을 프랑스 오크통에 숙성시키고 다른 품종과 블렌딩도 하지만, 가라페이라로 양조해 전통 스타일의 무거운 와인도 만들고 있다. 과일 풍미가 농축이 잘 되어 강한 타닌을 상쇄하지만, 그래도 무거운 와인이다. 2003년에 개정된 규정은 바이하다 레드에 바가 외에 다른 품종도 허용해서, 바이하다는 전통의 근간이 흔들리는 위협을 받았다. 하지만 새로운 피가 수혈되고 와인을 부드럽게 하는 새로운 기술이 도입되면서, 수령이 많은 바가를 뽑아내지 않게 되었다. 바가 품종만 고집하는 생산자들의 모임인 바가 프렌즈는 바가와 바이하다의 전통에 대한 믿음을 회복하고 있다. 바이하다의 현대화를 주창하는 위대한 캄폴라르구조차 토착품종의 중요성을 강조하고 있다.

바이하다 화이트와인 역시 순항 중이다. 토착 화이트 품종인 비카우, 마리아 고메스Maria Gomes(페르낭 피레스), 세르세아우Cerceal는 한때 레드와인에 적합하지

세하 다 에스트렐라 산맥과 그 아래로 킨타 두 아라우(Quinta do Aral) 포도밭이 보인다. 이 지역은 쫄깃한 치즈로 유명한데, 이제 당 와인이 유명해질 차례다.

않은 모래 토양에만 심었는데, 지금은 점토질 석회암에서도 잘 자란다는 증거가 많다. 놀라울 정도로 장기 숙성이 가능한 이 와인들은 단단한 광물향부터 바디와 질감이 느껴지는 것까지 다양하다.

전통방식으로 만든 화이트 스파클링와인(지금은 로제도 있다)은 19세기 말부터 바이하다 특산품이다. 현재는 개인재배자들이나 규모가 큰 네고시앙들이 만들고 있다. 부활한 지 얼마 안 된 주정강화 레드와인 리코로주 바가Licoroso Baga는 이제 독자적인 DOC가 있다.

스타일 혁명

바이하다와는 달리 **당** DOC는 허용된 포도품종들이 철저하게 포르투갈적이다. 1990년대까지 당이라는 이름은 자극적인 타닌, 밋밋한 레드, 거의 모든 와인을 양조하는 협동조합을 연상시켰다. 그러나 그 이후로 와이너리이든 소규모 네고시앙이든 독립생산자 수가 상당히 늘어났고, 결과는 즙이 풍부하고 마시기 편하며 더 우아한 와인으로 나타났다. 대형회사 소그레이프Sogrape(킨타 두스 카르발라이스dos Carvalhais)와 글로벌 와인즈Global Wines(킨타 두스 카브리스dos Cabriz)가 생산한 좋은 가격의 와인부터 테루아가 잘 표현된 가장 섬세한 포르투갈 와인까지 매우 다양한 와인이 나온다. 알바루 카스트루와 더 최근 등장한 안토니우 마데이라라는 2명의 재능 있는 와인메이커는, 싱글킨타에 얽매이지 않고 좋은 땅에서 부시바인을 찾는 새로

1:588,000

Km 0   10   20 Km
Miles 0   5   10 Miles

도루 최고의 와인메이커들은 킨타 두 코루장(do Corujão) 포도밭의 고도와 시원한 기후에 이끌려 MOB 브랜드 와인을 출시했다.

이란성 쌍둥이

바이하다 와인은 대서양의 영향을 강하게 받고, 내륙의 당 와인은 2개의 산맥에 둘러싸여 포도밭 고도에 따라 와인 스타일이 다양하다.

운 세대의 대표주자들이다.

당은 지역을 가로지르는 강에서 이름을 따왔으며, 이 지역의 중심인 비제우Viseu는 포르투갈에서 가장 아름다운 도시이다. 당은 사실상 화강암 분지로, 모래 토양이 돌을 덮고 있으며 바위가 흩어져있다. 좀 더 평평한 남부와 서부 일부는 편암 토양으로 전형적인 와인 산지의 풍경은 아니다. 이곳의 주인공은 포도밭이 아니라 달콤한 향의 소나무와 유칼립투스 숲이며, 포도밭은 숲 군데군데 빈터에 위치한다. 해발 400~500m가 이상적이지만 800m 높이의 포도밭도 있다. 포도밭이 높은 곳에 있을수록 일교차가 두드러진다. 포르투갈 본토에서 가장 높은 산맥인 세하 다 에스트렐라의 기슭은 생장기간이 길다. 그 결과 당에서 가장 성공적인 레드와 구조가 잘 잡힌 화이트가 생산된다. 세하 두 카라물루 산맥은 대서양을, 세하 다 에스트렐라 산맥은 남동쪽을 가로막아서, 당은 겨울에 춥고 습하며(연평균 강우량 1,100mm) 여름에는 따뜻하고 건조하다. 바이하다보다 훨씬 더 건조하지만, 두 지역의 와인 모두 구조가 단단하고 상쾌한 것이 특징이다.

도루에서 온 와인메이커들이 만든 와인에서 이 특징은 더 두드러진다. 이들이 만든 와인은 매우 색다르고 상쾌하다. MOB는 조르즈 모레이라, 프란시스쿠 올라자발, 조르즈 세로디우 보르제스가 만든 프로젝트 그룹으로, 세하 다 에스트렐라에서 싱글킨타 와인을 만들고 있다. 더크 니포트 역시 킨타 다 롬바da Lomba를 매입했다.

포르투갈의 다른 지역과 마찬가지로 이 지역에서도 어지러울 정도로 수많은 품종이 자라는데, 과일향이 강조된 레드와인(화강암 유래 성분도 포함)을 만들며, 화이트와인 역시 단단하고 향이 풍부하며 장기숙성에 적당하다. 당 와인은 레드든 화이트든 숙성에 적합하다. 한마디로 오랜 기다림을 보상해주는 와인이다.

최고급 와이너리인 킨타 두스 로케스dos Roques / 킨타 다스 마이아스das Maias(루이스 로렌수 소유), 킨타 다 펠라다da Pellada / 킨타 드 사에스de Saes(알바루 카스트루 소유), 카사 다 파사렐라Casa da Passarella가 품종와인을 시도하고 있지만, 전통적인 블렌딩와인이 여전히 주를 이룬다. 오래되고 좋은 포도밭에 여러 품종을 섞어서 심기 때문이다. 두 번째로 많이 심는 품종인 토리가 나시오나우는 당에서 가장 훌륭하게 표현되며,

장기숙성도 가능하다. 자엥Jaen(갈리시아에서 멘시아Mencia로 불리는, 당에서 가장 많이 심는 품종)은 빨리 마시는 레드와인에 과일향을 제공하고, 세 번째로 많이 심는 틴타 호리스(템프라니요)는 바디감을 제공한다. 풀바디이지만 산미가 강한 화이트품종 엔크루자두(부르고뉴에서 빌려온 기술이 좋은 결과를 내고 있다)는 포르투갈에서 가장 빼어난 화이트 품종와인 중 하나라는 것을 이미 보여주었다.

바이하다와 당에서 뛰어난 테이블와인이 나올 가능성은 옛날부터 분명했는데, 이를 증명하는 기이하고 매우 유별난 예가 있다. 바이하다의 동쪽 경계선에 있는 화려한 건축물을 자랑하는 팰리스 호텔 부사쿠는 원래 지역 홍보를 위한 '와인 대성당cathedral of wine'으로 설계된 곳인데, 수세대 동안 부사쿠Buçaco 레드와 화이트와인을 매우 독특한 방식으로 골라서 숙성시켰다. 최근에 와인컬렉션을 새단장했지만, 오래된 와인은 다른 시대의 유물처럼 보이고 맛도 그렇다. 아주 매력적이라는 의미다. 호텔 와인 리스트에는 1940년대 빈티지도 있다.

알렌테주 Alentejo

태양에 그을린 갈색의 땅 알렌테주는 역사는 깊지 않지만 포르투갈에서 가장 광대한 산지다. 검은 코르크 참나무와 은빛 올리브나무 사이로 염소들이 풀을 뜯고 있다. 가끔은 포도나무의 초록빛도 보인다.

테루아 다양하고 비옥한 롬(양토)에 화강암과 편암 그리고 가끔 석회암도 섞여있다. 포도밭과 올리브나무는 거친 땅에서만 자라고, 나머지 땅에서 곡물이나 풀이 자란다.

기 후 연간 일조량이 3,000시간에 이르는 지중해성 기후이다. 내륙은 여름에 견디기 힘들 정도로 덥고 건조하지만, 대서양 해안은 바다의 영향으로 더위가 덜하다. 북동부는 더 대륙성 기후를 보인다.

품 종 **레드** 아라고네스Aragonês(템프라니요), 트링카데이라Trincadeira, 알리칸테 부셰Alicante Bouschet, 시라, 토리가 나시오나우, 카스텔랑 / **화이트** 안탕 바스Antão Vaz, 아린투Arinto, 호페이루Roupeiro

북부 포르탈레그르를 제외하면 알렌테주에 소규모 포도밭은 드물다. 인구 밀도가 높은 포르투갈 북부에서는 볼 수 없는, 목장처럼 넓은 와이너리가 알렌테주에서는 흔하다. 지역 북부와 남부는 각각 리스본과 알가르브에서 접근이 쉬워, 생산자들은 와인투어리즘을 활용할 가능성을 엿보고 있다. 알렌테주의 대규모 와이너리는 대부분 여러 세대를 거쳐 내려온 것으로, 주로 담배농사를 지었다가 와인은 최근에 만들기 시작했다. 반면 잘 조직된 도로망, 수많은 숙소, 와인로드와 맑은 하늘로 돈을 벌고 싶어하는, 리스본 기업가들의 투자를 받아 생겨난 와이너리도 있다.

한겨울에도 이곳은 태양과 탁 트인 풍경을 자랑한다. 와인메이커들은 바로 옆 스페인에 가서 쇼핑을 한다. 강우량이 낮고 기온은 항상 높아서 포도 수확은 8월 셋째 주부터 시작된다.

빈틈없이 깔린 북부의 포도밭과 달리 광대하고 다양한 알렌테주 지방의 포도밭은 60%가 4개의 주요 하위지역 DOC **보르바Borba**, **헤돈두Redondo**, **헤겐구스Reguengos**, **비디게이라Vidigueira**에 집중되어 있으며, 4개 DOC 모두 역사적으로 몬사라스에서 포르투갈의 베스트셀러 와인을 생산하는 헤겐구스 협동조합(카르밈CARMIM으로 불린다)이 본거지였다.

알렌테주 와인의 대부분은 DOC 자격이 있음에도 **비뉴 헤지오나우 알렌테자누**Vinho Regional Alentejano로 시판되며, 라벨에는 주로 품종이 표시된다. 리스본의 프로축구팀 CEO를 역임했던 조제 호케트는 1980년대 말 헤겐구스에 있는 자신의 와이너리 에르다드 두 이스포랑Herdade do Esporão을 호주의 와인메이커 데이비드 베이버스톡에게 맡겨서 나파 밸리 느낌의 아름다운 와이너리를 창조했고, 새로운 유행을 이끌었다. 1995년 알렌테주에는 45개의 와이너리가 있었는데, 2015년에는 약 300개의 와이너리와 1,800명의 포도재배자로 늘어났다.

옛 방식으로의 귀환

알렌테주의 눈에 띄는 특산품은 바로 탈랴Talha 와인이다. 탈랴라는 거대한 토기에서 발효·숙성시켜서 만든 와인으로, 이 전통적인 양조방식은 20세기 중반 막강한 협동조합들이 효율적인 시멘트 발효조와 저장고를 선택하면서 버려졌다. 하지만 작은 농가나 가정에서는 탈랴에 적은 양의 와인을 만들어 보관하며 전통을 이어갔다. 발효가 끝나면 포도껍질과 줄기를 제거하고 토기를 밀봉하며, 와인은 올리브오일막 아래서 숙성된다. 와인이 다 익으면 토기 하단의 꼭지를 열어 와인을 마시는데, 이 와인은 보통 병입하지 않기 때문에 탈랴에 오래 둘수록 더 산화된다.

아직도 전통 그대로의 탈랴를 현지 술집에서 볼 수 에르다드 오테이루스 아우투스(Herdade Outeiros Altos) 와이너리는 거대한 토기 탈랴에서 와인을 발효, 숙성시킨다. 탈랴로 만든 와인은 독자적인 비뉴 데 탈랴 DOC 명칭을 따로 갖고 있다. 알렌테주 특산 와인이다.

있는데, 많은 주요 와이너리에서 사용하는 탈랴는 더 세련된 것으로 알렌테주 와인이 다른 와인과 구별되는 부분이다. 이스포랑, 상 미겔São Miguel, 에르다드 두 호싱Herdade do Rocim, 그리고 알렌테주를 세상에 알린 양조 컨설턴트 조앙 포르투갈 하무스João Portugal Ramos 모두 탈랴 와인을 만든다.

비뉴 드 탈랴 Vinho de Talha DOC는 2010년에 공식적으로 만들어졌다. 포도는 줄기를 제거해야 하고, 방수가 되는 토기 탈랴에서 발효해야 하며, 와인은 껍질과 함께 11월 11일 성마틴의 날까지 침용해야 한다. 그리고 포도는 알렌테주의 8개 하위지역 DOC에서 재배되어야 한다(보르바, **에보라Evora**, **그란자-아마렐레자Granja-Amareleja**, **모라Moura**, 포르탈레그르, 헤돈두, 헤겐구스, 비디게이라).

매우 건조한 이 지역에서 관광객의 목을 시원하게 적셔주는 화이트와인은 전통적으로 열대 과일향이 특징인 안탕 바스, 꽃향이 풍부한 호페이루, 상쾌한 아린투로 만들고, 베르델류와 알바리뉴 역시 사용이 늘고 있다. 알렌테주의 화이트와인은 전반적으로 품질이 많이 개선되고 있으며, 특히 포르탈레그르(아래 참조)는 눈여겨볼 만하다. 그래도 알렌테주는 아직 레드와인의 땅이다. 아라고네스(템프라니요)와 지역 특산품종인 트링카데이라는 알렌테주에서 긴 역사를 자랑하고, 과육이 붉은 알리칸테 부셰는 좋은 포도밭에서 자라면 흔하지 않은 고급스러운 맛을 갖는다. 영국-포르투갈 혈통의 레이놀즈 가문이 소유한 에르다드 두 모샹Herdade do Mouchão과 도나 마리아Dona Maria 와이너리에서 훌륭한 알리칸테 부셰를 생산한다. 토리가 나시오나우, 토리가 프랑카, 카베르네 소비뇽, 프티 베르도, 그리고 최근 수입한 시라가 큰 성공을 거두고 있다. 특히 몬트 다 하바스케이라Monte da Ravasqueira가 시라로 빼어난 와인을 만든다. 시라를 비오니에와 함께 발효시킨 뒤 토리가 프랑카와 블렌딩한다. 모레투Moreto를 비롯한 토착품종 역시 점점 더 인기를 끌고 있다.

건조한 여름 덕분에 용이해진 유기농법은 알렌테주 와인이 발전하고 있다는 또 다른 증거다. 비디게이라 DOC의 코르테스 드 시마Cortes de Cima는 알바리뉴, 샤르도네, 소비뇽 블랑 같은 서늘한 기후가 필요한 품종을 재배하고 있다. 해안에서 3km밖에 떨어지지 않은 빌라 노바 드 밀폰테스 근처에서는 피노 누아도 재배한다(p.208 지도 참조).

북부의 전초기지

알렌테주 중부가 와인산지도 생산자도 빠르게 발전한 것이 사실이지만, 최근에는 더 서늘하고 습한 하위지역인 북쪽의 **포르탈레그르**도 발전하고 있다. 이곳은 해발 1,000m의 화강암과 편암 고산지대로, 높이 750m인 포도밭도 있다. 연평균 강우량은 약 600mm로 남부보다 훨씬 높고 밤에는 기온이 많이 내려간다. 작은 포도밭이 대부분이기 때문에 비교적 오래된 나무도 있다. 수입품종이 아닌 포르투갈 북부와 남부에서 온 토착품종들이 많다. 특히 타파다 두 샤베스Tapada do Chaves를 비롯한 몇몇 와이너리에서는 오래된 품종과 필드 블렌드를 한다. 북부지역은 헤겐구스보다 최대

2주 늦게 수확하기 때문에, 와인의 맛이 약간 짭짤하며 남쪽 와인 특유의 태양이 주는 달콤함은 없다. 와인 메이커 후이 헤긴가Rui Reguinga는 2000년대에 포르탈레그르의 와인산업을 발전시키는 데 큰 역할을 했다. 포트와인과 도루 테이블와인의 중요한 생산자 시밍턴 가문은 2017년 세하 드 상 마메드에 있는 킨타 다 폰트 소투da Fonte Souto를 매입했고, 다음해에는 소그레이프가 킨타 두 센트루do Centro를 매입했다. 오늘날 다른 지역의 많은 생산자들이 블렌딩와인에 상쾌함을 더하기 위해, 포르탈레그르 포도를 구매하고 있다.

알렌테주는 계속 발전하고 있다.

알렌테주 에보라	
북위 / 고도(WS)	38.57° / 309m
생장기 평균 기온(WS)	20.1℃
연평균 강우량(WS)	585mm
수확기 강우량(WS)	8월 : 8mm
주요 재해	가뭄, 국지적 봄서리

한적한 이곳에서 와인과 패션, 관광이 결합된 산업이 발전하고 있다. 스파 호텔 와이너리인 말랴디냐 노바(Malhadinha Nova)와 에르다드 두스 그로스(Herdade dos Grous)가 좋은 예다.

— ‧ —	국경선
— ‧‧ —	경계선(district)
▬▬	Alentejo DOP / DOC
ALENTEJANO	IGP / Vinho Regional
BORBA	알렌테주 하위지역
■ CORTES DE CIMA	주요생산자
▨	포도밭
▨	숲
400	등고선간격 200m
▼	기상관측소(WS)

후이 헤긴가 최고의 포도밭인 테헤누스 비냐 드 세하는 해발 762m로, 포르탈레그르에서 가장 높은 곳에 있는 포도밭이다.

알렌테주 북부, 포르탈레그르 주위의 화강암 언덕은 습도가 높고 와이너리는 소규모이다. 일반적으로 포도나무 수령이 많고 국제품종보다 토착품종이 많다.

마데이라 Madeira

옛 사람들은 화산 폭발로 생긴 화산섬을 마법의 섬으로 여겼다. 이 섬들은 모로코에서 서쪽 640km, 대서양을 항해하는 배들이 지나는 길목에 모여있다. 오늘날이 섬들은 마데이라, 포르투 산투Porto Santo, 셀바젱스Selvagens, 디제르타스Desertas라고 불린다.

마데이라는 작은 마데이라제도에서 가장 큰 섬이고, 세계에서 가장 아름다운 섬 중 하나로 꼽힌다. 빙하처럼 가파르고 숲처럼 푸르다. 포르투갈 사람들이 마데이라에 처음 상륙(15세기 초 섬 동쪽 마시쿠Machico를 통해)했을 때 섬의 이름이 된, 나무(마데이라는 포르투갈어로 '나무'라는 뜻이다)로 빽빽한 숲에 불을 질렀다. 불은 몇 년 동안 계속됐고, 이미 비옥한 땅은 숲 전체가 재로 변한 뒤 더 비옥해졌다.

물론 지금도 여전히 풍요로운 땅이다. 해안가부터 해발 1,800m 산 중턱까지 계단식 밭에서는 포도나무, 사탕수수, 옥수수, 콩, 감자, 바나나나무가 자라고, 꽃밭도 있다. 포르투갈 북부처럼 이곳도 포도나무를 퍼걸러 방식으로 올려서 재배하고, 아래에는 다른 작물을 심었다. 이곳을 방문하는 사람들은 포도밭을 찾느라 헤매게 되는데, 눈에 띌 만한 넓은 포도밭이 보이지 않기 때문이다. 수백km의 작은 수로인 레바다levada가다양한 작물에 물을 공급한다.

와인은 수백 년 동안 마데이라제도의 주산물이었다. 포르투 산투도 같은 시기에 포르투갈 식민지가 되었는데, 원래는 지대가 낮고, 모래 토양이고, 북아프리카 기후를 가진 포르투 산투가 높고, 초록이 무성하며, 비가많이 오는 마데이라보다 잠재력이 더 커보였을 것이다. 하지만 포도나무는 마데이라섬에 빠르게 성공적으로자리를 잡았고 15세기 중반에 이미 말바지아를 재배하고 와인까지 수출했다. 태양 아래서 당분이 잘 농축된

파이아우와 포르투 다 크루스 사이에 있는, 섬의 북쪽 해안에서 볼 수 있는 전형적인 마데이라의 풍경. 사람도 숲도 많고, 땅이 비옥하며, 지속적으로 내리는 소나기 덕분에 눈부시도록 푸르다.

포도로 만든 세련된 스위트와인은 빠르게 팔려나갔고, 프랑스 프랑수아 1세의 궁전에서도 와인을 사갔다.

아메리카 식민지 개척은 항해와 교역의 증가를 의미했다. 마데이라의 항구 푼샬Funchal은 서쪽으로 향하는 배들의 식품 보급기지가 되었다. 마데이라의 환경은 포르투 산투와 매우 다르다. 비가 많이 오는데, 특히 대서양에서 불어오는 바람을 막아줄 보호막이 없는 북쪽 해안이 그렇다. 말바지아, 보아우Boal, 베르델류Verdelho, 그리고 처음 섬에 들여온 비니페라 품종 중 가장 중요한 세르시아우Sercial는 익는 데 어려움이 많았다. 잘 익지 않아 산미가 강하고 톡 쏘는 맛의 와인과 당분의 만남은 손쉬운 해결책이었다.

와인 데우기

달콤하고 시큼한 와인은 범선의 적절한 밸러스트ballast 역할을 넘어 효과적인 괴혈병 치료제 역할까지 했다. 이렇게 밸러스트로서 바다를 건너면서 만들어진 것이 바로 마데이라다. 긴 항해 동안 브랜디(또는 사탕수수 증류주) 한두 동이로 와인을 주정강화했다. 일반 와인은 적도를 한 번 지나면 못쓰게 되는데 마데이라는 놀랍게도 매우 부드러워졌고, 한 번 더 지나면 더 부드러워졌다.

이제 마데이라는 뜨거운 바다를 오랫동안 항해하는 대신, 섬을 떠나기 전에 데워진다. 프랑스로 대량 수출되는 요리용 싸구려 와인 종류는 가열실(에스투파estufa)에서 거의 50℃로 최소 3개월 동안 데운다. 이과정을 에스투파젱estufagem이라고 한다. 하지만 5년이상 숙성시킨 뒤 시판되는 대부분의 마데이라는, 칸테이루canteiro라고 불리는 훨씬 섬세한 과정을 거쳐 특유의 따뜻하면서 상쾌한 복합적인 풍미를 얻은 것이

다. 칸테이루는 전통적인 방식으로 쌓은 오크통 속 와인을 섬의 자연스러운 날씨에서 서서히 숙성시키는 것을 말한다.

최고 품질의 마데이라는 포트와인처럼 오크통에서 최소 20년 숙성시킨 단일 빈티지 리저브이다. 오늘날 프라스케이라Frasqueira(빈티지)라는 명칭을 붙이기 위해서는 단일품종, 단일빈티지 와인을 오크통에서 최소 20년 숙성시켜야 한다. 실제로 최고급 마데이라는 오크통에서 100년 동안 매우 느린 속도로 산화시키고, 드미존 유리병에 옮긴 다음(또는 바로) 병입한 것이다. 그렇게 와인세계에서 가장 매혹적이고 빼어난 골동품이 만들어진다. 따라서 가격도 높다. 가장 많이 팔리는 것은 단일빈티지로 오크통에서 최소 5년 숙성시키고 병입하는 콜례이타Colheita 마데이라이다.

1850년대에 흰가룻병에 포도밭이 큰 피해를 입고 1870년대에 필록세라로 초토화되자, 주로 질 낮은 품종들이 섬의 포도밭을 점령했다. 하지만 이후 생산성이 높고 병충해에 강한 틴타 네그라Tinta Negra로 서서히 대체되었다. 틴타 네그라는 현재 마데이라섬에서 재배되는 포도품종의 90%를 차지한다. 접붙이지 않고 자신의 뿌리로 심는 교배종은 법으로 금지했다.

1986년 포르투갈이 EU에 가입하기 전까지는 라벨에 마데이라의 전통품종(단맛이 강한 것부터 말바지아, 보알, 베르델류, 세르시아우)을 표시하는 것이 관행이었다. 실제로 그 품종들로 와인을 만들었는지 아닌지(만들지 않았을 확률이 높다)는 상관없었다. 지금은 최소 85% 이상 사용한 품종의 이름을 라벨에 표시한다. 하

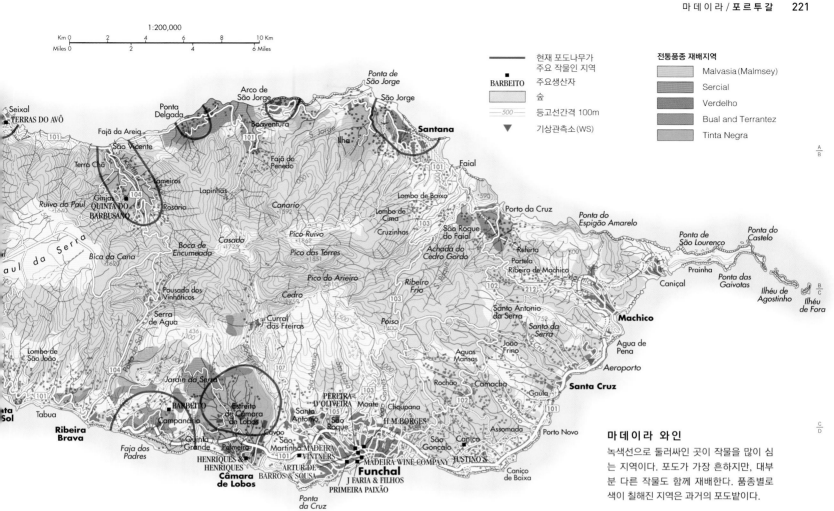

현재 포도나무가
주요 작물인 지역

BARBEITO 주요생산자

숲

500 등고선간격 100m

▼ 기상관측소(WS)

전통품종 재배지역
- Malvasia (Malmsey)
- Sercial
- Verdelho
- Bual and Terrantez
- Tinta Negra

마데이라 와인

녹색선으로 둘러싸인 곳이 작물을 많이 심는 지역이다. 포도가 가장 흔하지만, 대부분 다른 작물도 함께 재배한다. 품종별로 색이 칠해진 지역은 과거의 포도밭이다.

지만 대부분 마데이라는 블랜디즈 듀크 오브 클라렌스Blandy's Duke of Clarence 같은 브랜드명이나, 블렌딩의 평균 숙성햇수(5년, 10년, 15년, 20년, 30년, 40년, 50년, 그리고 50년 이상)를 표시한다. 수확한 다음해 10월 말까지 병입이 금지되어 있어서, 시판되는 마데이라는 대부분 2~3년산이다. 현재 마데이라 병의 용량은 전통적인 750㎖가 아니라 500㎖이다.

당도

마데이라의 전통품종은 특정한 당도와 관련이 있다. 4개 품종 가운데 가장 달고 가장 빨리 익는 것은 한때 맘지Malmsey라고 불렸던 말바지아의 변형 품종이다. 몇몇 말바지아 변형 품종은 소량이지만 아직 섬에서 재배된다. 말바지아 브랑카 드 상 조르즈Malvasia Branca de São Jorge는 가장 달콤한 전통 스타일의 마데이라가 된다. 진한 갈색이고 향이 풍성하며, 입안에서 거의 기름처럼 부드러운 질감을 느낄 수 있다. 마데이라 특유의 톡 쏘는 풍미도 있다. 보알(말바지아 피나Fina) 품종에서 이름을 따온 부알Bual 마데이라는 더 가볍고 맘지보다 조금 덜 달다. 그래도 여전히 좋은 디저트와인이고, 살짝 녹아든 연기향이 풍성함을 완화시켜준다. 마데이라섬에서 가장 많이 자라고, 지금은 아소레스제도와 오스트레일리아에서도 자라는 베르델류는 부알보

다 덜 달고 더 부드러운 와인이 된다. 꿀향이 살짝 나고 연기향이 진해서, 식사 전후에 마시기 좋다. 재배량이 적은 세르시아우(본토에서는 이스가나 캉Esgana Cão으로 불린다)는 마데이라 중 가장 드라이하고 가장 활기찬 와인이 된다. 섬의 가장 높은 곳에 포도밭이 있고 늦게 수확한다. 4개 품종 중 세르시아우 와인의 숙성이 가장 느리고, 가벼우며, 향이 풍부하고, 매우 날카롭다. 실제로 어렸을 때는 불쾌할 정도로 떫은맛이 강하지만 나이들수록 입맛을 돋우는 장점이 있다. 피노 셰리보다 무게감이 있지만 그래도 완벽한 식전주다. 유서 깊은 테한테스Terrantez와 바스타르두Bastardo 품종 역시 조금이지만 부활의 징조를 보이고 있다(마데이라섬과 포르투 산투 섬에서 마데이렌스Madeirense DOC나 테하스Terras 마데이렌스 IGP로 생산되는 테이블와인이 인기를 끌고 있다). 레드와인은 틴타 네그라가 주요 품종이고, 화이트와인은 품질이 많이 개선된 베르델류가 주요 품종이다).

오늘날 마데이라는 허용된 스타일(엑스트라드라이, 드라이, 미디엄드라이, 미디엄스위트 또는 미디엄리치, 스위트 또는 리치) 중 하나를 라벨에 표시해야 한다. 이 스타일은 포트와인처럼 포도 증류주(알코올 도수 96%. 포트와인의 경우 77%)를 첨가해 발효가 멈췄을 때, 또는 발효가 끝나고 설탕을 추가했을 때 측정한 당도로

결정된다.

마데이라는 병입 후 거북이처럼 천천히 숙성하며, 오래될수록 품질이 좋다. 좋은 품질의 마데이라는 어느 것이든 병을 열어놓아도 몇 달, 심지어 몇 년 후에도 상쾌함을 유지한다. 세계에서 가장 수명이 긴 와인이라 해도 과언이 아니다.

마데이라 푼샬	▼
북위 / 고도(WS)	32.63˚ / 58m
생장기 평균 기온(WS)	21.0℃
연평균 강우량(WS)	627㎜
수확기 강우량(WS)	9월 : 2㎜
주요 재해	진균병
주요 품종	레드 틴타 네그라 화이트 베르델류, 말바지아 피나, 세르시아우, 말바지아 브랑카 드 상 조르즈

독일 GERMANY

팔츠 지방의 바트 뒤르크하임에서는 매년 9월에 세계 최대의 와인축제 부르스트마르크트가 열린다.

독일 GERMANY

독일 와인은 20세기 말에 힘든 시기를 보낸 후 새롭게 거듭났다. 기후변화는 독일 편이었고, 새로운 취향을 가진 소비자가 나타났다. 화이트와인은 여전히 상쾌하고 활기차며 향이 풍부하지만, 당도가 높은 와인은 많이 사라졌다. 레드도 품질이 많이 개선되었다.

테루아 매우 다양하다. 모젤 밸리의 최고 포도밭은 점판암이 많고, 남부는 뢰스(황토)와 현무암 토양이다.

기 후 북쪽으로 갈수록 춥고, 동쪽은 대륙성 기후다. 하지만 지금은 여름이 상당히 덥다.

품 종 화이트 리슬링, 뮐러-트루가우, 그라우부르군더Grauburgunder(피노 그리), 실바너Silvaner, 바이스부르군더Weissburgunder(피노 블랑) / **레드** 슈페트부르군더Spätburgunder(피노 누아), 도른펠더Dornfelder, 포르투기저Portugieser

독일의 진지한 신세대 재배자들은 먼 나라 동료들의 영향을 받는 것은 물론, 자국 포도밭의 역사적인 영광과 뛰어난 잠재력에서 영감을 얻는다.

독일 최고의 포도밭은 대부분 포도가 익을 수 있는 최북단에 위치한다. 농사가 불가능한 땅에 자리잡은 경우도 있는데, 포도나무를 심지 않았다면 숲이나 헐벗은 산이 되었을 것이다. 어쨌든 독일에서 세계 최고의 화이트와인이 나오기는 어려워 보인다. 하지만 독일은 다른 어느 곳에서도 흉내낼 수 없는 화려하고 우아한 와인을 생산할 수 있다는 것을 보여주고 있다.

활력 넘치는 독일 와인의 비밀은 바로 리슬링이다. 10월 말 심지어 11월에 포도가 익는, 서늘한 기후조건에서도 잘 자라는 품종이다. 칼날처럼 날카로운 리슬링은 다른 어떤 화이트품종에서도 볼 수 없는 자극적인 산미와 아로마틱한 향의 매혹적인 결합을 보여준다.

과거에는 상쾌한 산미와 투명한 과일맛의 섬세한 조화가 독일 와인애호가들을 열광시켰는데, 기후변화로 독일 리슬링은 또 다른 업적을 이루어냈다. 바로 드라이하면서 놀라운 과일향과 빛나는 투명함, 관심을 끌기 위해 오크통 숙성을 할 필요가 없는 뛰어난 활력이 있으며, 포도밭의 지리적 환경이 잘 표현된 와인이다. 와인에 와이너리의 개성이 표현되도록 천연효모를 사용하는 생산자들이 점점 늘고 있다.

트로켄의 부상

리슬링뿐 아니라 이제 독일 와인의 2/3를 트로켄trocken(드라이) 또는 할프트로켄halbtrocken과 파인헤르프feinherb(미디엄드라이)로 만든다. 하지만 과일향이 특징인 카비네트Kabinett, 짜릿하게 달콤한 슈페트레제Spätlese, 풍미가 풍부한 아우스레제Auslese, 가차없이 달콤한 베렌아우스레제Beerenauslese, 아이스바인Eiswein, 트로켄베렌아우스레제Trockenbeerenauslese가 바로 독일 와인의 정수라 할 수 있다.

지금의 트로켄은 1980년대 초에 만들어진 시큼하고 힘이 없던 트로켄과는 완전히 다르다. 지금은 포도가 대부분 슈페트레제 수준으로 잘 익었을 때 수확한다. 또한 정확한 당도보다 포도 전체가 잘 익는 것에 중점을 둔다. 독일 우수와인 생산자협회 VDP(Verband Deutscher Prädikatsweingüter)에서는 가장 좋은 포도밭에서 생산되는 드라이와인 라벨에 그로세스 게벡스Grosses Gewächs라고 표시한다. 모젤의 우수생산자협

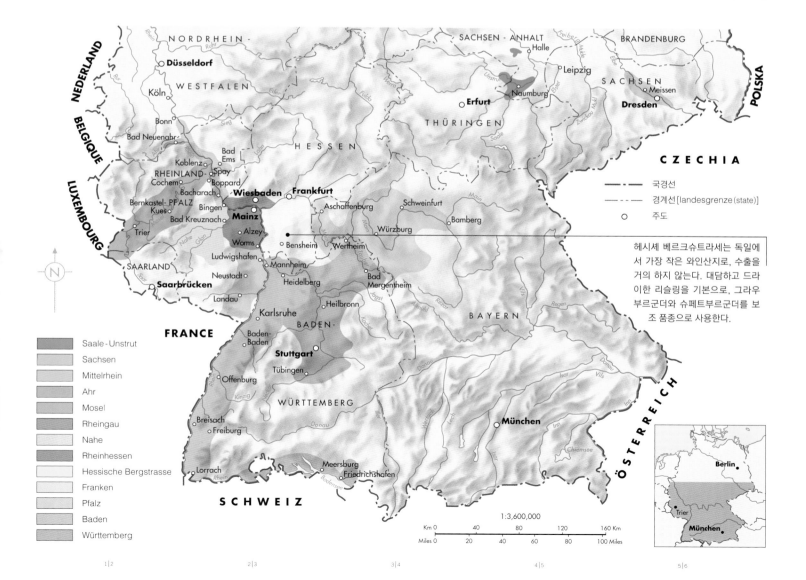

헤시셰 베르크슈트라세는 독일에서 가장 작은 와인산지로, 수출을 거의 하지 않는다. 대담하고 드라이한 리슬링을 기본으로, 그라우부르군더와 슈페트부르군더를 보조 품종으로 사용한다.

회인 베른카스텔러 링Bernkasteler Ring에 소속된 생산자들도 마찬가지다. 두 협회에 속하지 않는 생산자들은 여전히 슈페트레제 트로켄이라는 원래의 법적 명칭을 사용한다. 특히 생장기에 날씨가 좋은 해(갈수록 많아지고 있다)에는 실바너, 바이스부르군더, 그라우부르군더의 알코올 도수가 14%까지 올라가서 균형이 깨지고 기름진 와인이 될 수 있다. 만생종 리슬링은 이런 일이 잘 생기지 않는다.

20세기 말 너무 많이 재배된 밋밋한 뮐러-투르가우를 포도농축액으로 달게 한 '설탕물'이 리프프라우밀히Liebfraumilch와 니어슈타이너 구테스 돔탈Niersteiner Gutes Domtal이라는 이름으로 대량수출되면서, 해외에서 독일 와인의 이미지는 심각하게 손상되었다. 다행히 이제 이러한 벌크와인은 많이 줄었다.

독일의 와인 라벨은 세계에서 가장 명확하지만 한편으로는 혼란의 여지가 있어 문제가 되기도 한다. 가장 실망스러운 것은 1971년 그로스라게Grosslage라는 명칭을 법으로 도입한 것이다. 넓은 지역을 포괄하는 그로스라게가 판매에는 도움이 될지 몰라도, 대부분의 와인소비자들은 개별 포도밭인 아인첼라게Einzellage와 잘 구분하지 못한다. 다행히 오늘날 역동적인 독일 와인산업에서 그로스라게의 역할은 점점 줄어들고 있다.

몇몇 생산자들이 세계시장에서 쉽게 알아볼 수 있는 라벨 표기방식을 찾고 있는데, 구매자의 혼란을 줄여줄 수 있을지 기대해본다.

주요 품종

리슬링은 독일의 대표적인 포도품종이다. 독일 와인의 약 1/4을 리슬링으로 만든다. 모젤Mosel, 라인가우Rheingau, 나헤Nahe, 팔츠Pfalz의 최고 포도밭에서 거의 대부분 리슬링만 재배하며, 라인헤센Rheinhessen, 미텔라인Mittelrhein, 아주 작은 헤시셰 베르크슈트라세 Hessische Bergstrasse의 주요 품종이다. 단점은 늦게 익는다는 것이다.

안정적인 생산량을 위해(품질이 아니라), 독일은 20세기 중반 일찍 익고 생산성이 좋은 1882년 교배종 뮐러-투르가우로 눈길을 돌렸다. 뮐러-투르가우의 생산량은 프랑켄과 먼 남쪽 보덴호수 주변 지역에서 잠시 부활했지만, 1995년 이후 20년 동안 절반 수준인 12.4%로 줄었다. 하지만 라벨에 적혀있지 않아도, 생산성이 높아 독일의 저렴한 기본와인에서는 여전히 자리를 지키고 있다. 잘 익는 것이 독일 와인을 평가하는 척도였던 때에는 그런 포도를 얻기 위해 많은 품종을 교배했다. 그중에서 부드러운 케르너Kerner, 화려한 바쿠스Bacchus, 자몽향이 나는 쇼이레베Scheurebe는 점점 줄어들고 있다. 오랜 전통을 가진 실바너는 설 자리를 잃고 있는 안타까운 품종의 하나인데, 그래도 프랑켄에서는 가장 많이 재배하는 품종이다.

지난 20년 동안 독일 포도밭을 지배해온 화이트와인 품종은 피노 종류, 바이스부르군더, 그라우부르군더(오크통 숙성을 하기도 한다)가 있고, 레드와인 품종으로는 슈페트부르군더(피노 누아)가 있다. 오랫동안 피노와 바이스부르군더는 바덴과 팔츠의 특산품종이었지만, 이제 북쪽의 나헤와 심지어 모젤에서도 재배

바하라흐 마을 볼프쇨레의 가파른 비탈에 자리한 포도밭. 미텔라인 최고의 포도밭 중 하나다. 독일 와인산지에서 강(여기서는 라인강)은 보온을 담당하는 매우 중요한 역할을 한다.

한다. 부분적으로 독일 내 수요가 늘면서 슈페트부르군더는 더 넓은 지역에서 재배하게 되어 2016년 무렵엔 뮐러-투르가우만큼 많이 재배하고, 품질은 훨씬 좋은 품종이 되었다.

독일에서 네 번째로 많이 심는 품종은 1956년 교배종인 도른펠더다. 최상급은 즙이 많고 과일향이 풍부하며 색이 진한 레드와인이 되는데, 어떤 포르투기저보다도 개성이 뚜렷하다. 독일의 시라는 어느 정도 알려져 있으며, 메를로와 카베르네는 상당히 흔하다. 곰팡이에 강한 교배종 리전트Regent 같은 새로운 레드와인 품종도 심었는데, 2016년 재배면적이 거의 2,000ha에 달했다. 이제 독일 포도밭의 1/3이 레드와인 품종을 재배한다. 정말 혁명적이라 하지 않을 수 없다.

작센, 잘레-운스트루트, 미텔라인

p.223 지도의 동쪽 끝에 작은 와인산지인 작센Sachsen과 잘레-운스트루트Saale-Unstrut가 있다. 2곳은 런던과 위도는 비슷하지만, 런던보다 대륙성 기후여서 여름 날씨가 훨씬 좋다. 물론 봄서리의 위험이 높다. 1990년 독일 통일 이후 대대적으로 포도나무를 다시 심은 결과, 전체 포도밭 면적이 잘레-운스트루트는 765ha, 작센은 500ha로 늘어났다. 두 지역에서 남향 비탈의 포도밭은 필수다.

공산주의가 붕괴하고 25년 후 다수의 와인생산자들

이 두각을 나타내기 시작했다. 잘레-운스트루트에서는 프라이부르크Freyburg의 파비스Pawis와 나움부르크Naumburg의 구세크Gussek가, 작센에서는 마이센Meissen 근처 슐로스 프로슈비츠Schloss Proschwitz와 드레스덴Dresden의 짐머링Zimmerling이 선발주자다. 라데보일Radebeul의 슐로스 바커바르트Schloss Wackerbarth와 마이센의 마르틴 슈바르츠Martin Schwarz는 후발주자인데, 특히 마르틴 슈바르츠는 슈페트부르군더와 리슬링뿐 아니라 샤르도네와 네비올로Nebbiolo까지 다양한 와인을 생산한다.

여기서도 뮐러-투르가우는 쇠퇴하고 있다. 리슬링과 3가지의 피노 품종이 빈 자리를 채우고 있는데, 오크통 숙성을 관리할 수 있는 와인메이커들이 늘어났기 때문이다. 대부분 드라이와인이지만 슈페트레제도 드물지 않으며, 아주 좋은 해에는 고급 스위트와인을 만들기도 한다. 안타깝지만 너무 늦게 익는 리슬링으로는 만들지 않는다.

이 책에서는 자세히 다루지 않았지만 독일 서부 라인란트Rhineland 지방의 유명 관광지 미텔라인(p.223 지도 참조)도 새롭게 각광받고 있다. 가장 중요한 포도밭은 보파르트Boppard와 바하라흐Bacharach 사이의 코블렌츠Koblenz 남동부다. 여기서는 리슬링이 왕이다. 스파이Spay에 있는 바인가르트Weingart와 마티아스 뮐러Matthias Müller는 보파르더 함Bopparder Hamm에 있는 엥겔슈타인Engelstein, 만델슈타인Mandelstein, 포이어라이Feuerlay 포도밭에서 슈페트레제와 아우스레제를 생산한다. 유명한 토니 요스트Toni Jost와 라첸베르거Ratzenberger 역시 바하라흐에 있는 한Hahn과 볼프쇨레Wolfshöhle(p.224 참조)의 가파른 포도밭에서 좋은 와인을 만들고 있다.

젝트

독일인들은 1인당 연간 4l의 스파클링와인을 마신다. 세계에서 가장 높은 수치다. 하지만 대부분이 벌크로 수입해서 병입한, 저렴한 독일 브랜드와인이다. 독일의 독립생산자가 만든 스파클링와인은 2%도 안 된다. 이렇게 얼마 안 되는 도이처 젝트Deutscher Sekt(독일에서 재배한 포도로 만든 스파클링와인) 중에서 지난 10년 동안 정말 좋은 와인이 등장했다. 라인헤센의 라움란트Raumland가 가장 우수한 생산자이지만, 폰 불von Buhl(팔츠), 그리젤 & 콤파니Griesel & Compagnie(헤시셰 베르크슈트라세), 젝트하우스 죌터Sekthaus Solter와 슐로스 보Schloss Vaux(2곳 모두 라인가우)도 큰 성과를 내고 있다.

포도밭 등급 분류

오랫동안 독일의 와인법은 포도 수확량을 제한하거나(독일의 포도 수확량은 세계 최고 수준이다) 프랑스처럼 포도밭에 등급을 매기지 않았지만, 변화가 찾아왔다. 약 200개의 독일 최고 와인생산자가 회원으로 있는

라벨로 배우는 와인 용어

Erzeugerabfüllung
Weingut
Joh.Jos.Prüm
D-54470 Wehlen/Mosel
V D P
PRODUCT OF GERMANY
CONTAINS SULPHITES
ENTHÄLT SULFITE
alc. 9.0 % vol.
A.P. Nr. 2 576 511 22 17
750 ml
Mosel
Riesling
Prädikatswein

Joh.Jos.Prüm
2016
Wehlener Sonnenuhr
Kabinett

품질 표시

Deutscher Prädikatswein(도이처 프레디카츠바인) 또는 짧게 **Prädikatswein**(프레디카츠바인) 가장 잘 익은 포도로 만든 와인. 독일 최고의 스위트와인이 프레디카츠바인이다. 하지만 빈티지에 따라 생산량의 편차가 크다. 보당은 금지. 프레디카트(Prädikat), 즉 등급 분류는 포도의 숙성도에 따라 정해진다

Kabinett(카비네트) 가볍고 상쾌한 와인. 어린 카비네트는 식전주나 가벼운 점심에 곁들인다. 10년까지 숙성 가능

Spätlese(슈페트레제) '늦수확'이라는 뜻. 카비네트보다 잘 익은 포도로 만든다. 드라이하고(슈페트레제 트로켄) 풍성한 와인부터 달콤하고 바디가 가벼운 와인까지 다양하다. 장기숙성력이 있고 15년 이상 숙성시킬 수 있다

Auslese(아우스레제) 슈페트레제보다 잘 익은 포도로 만든다. 귀부포도로 만들기도 한다. 보통 잔류당분이 있다. 숙성이 필요하며, 나중에 당분이 거의 없어진다

Beerenauslese(BA, 베렌아우스레제) 베렌(beeren), 즉 귀부포도로 만든 스위트와인. 생산량이 적다

Eiswein(아이스바인) 농축된 언 포도로 만들어 당도와 산미가 높다. TBA보다는 생산량이 좀 더 많다

Trockenbeerenauslese(TBA, 트로켄베렌아우스레제) 매우 귀하고 매우 달콤하며 매우 비싼 와인. 포도나무에서 완전히 농축된 귀부포도를 손으로 따서 만든다

Deutscher Qualitätswein(도이처 크발리테츠바인) '고품질 독일 와인'을 뜻하며, 와인생산지로 지정된 곳에서 생산되는 와인. 프레디카츠바인보다 아래 등급으로 보며 보당이 가능하지만, 독일에서 가장 중요하며 다양한 와인이 있는 등급. 몇몇 와인은 정말 훌륭하다

Grosses Gewächs(그로세스 게벡스) 최고급 드라이와인 등급. VDP 회원의 최고 포도밭 특정 구획에서 재배된 포도로, 성숙도가 최소 슈페트레제여야 한다. 독일 공식 와인법으로는 크발리테츠바인 트로켄 등급에 해당(세부 등급 분류는 없다)

Classic(클라시크) 단일품종으로 만든 드라이와인(잔류당분이 l당 15g 이하)

Landwein(란트바인) 독일의 IGP/뱅 드 페이. 크발리테츠바인이 널리 사용되고 있어 인기 있는 명칭은 아니며, 프랑스에서처럼 색다른 와인에 사용된다. 란트바인 중에서도 좋은 와인이 있는데 특히 바덴(Baden) 와인이 좋다.

Deutscher Wein(도이처 바인) 가장 기본적이고 가벼운 와인을 위한, 아주 작은 카테고리

기타 용어

Amtliche Prüfungsnummer(AP, 암틀리헤 프뤼풍스누머) 프레디카츠바인과 크발리테츠바인 와인은 의무적으로 와인 로트마다 공식적으로 검사를 받고, 검사번호를 부여받는다. 첫 번째 숫자는 테스트 장소번호이고, 마지막 숫자 2개는 검사 연도이다

Erzeugerabfüllung(에르초이거압퓔룽) 또는 **Gutsabfüllung**(구츠압퓔룽) 와이너리 병입

halbtrocken(할프트로켄) 미디엄드라이. 잔류당분이 l당 18g 이하

feinherb(파인헤르프) 미디엄드라이. 많이 쓰이지만 공식용어는 아니다. 하지만 독일 와인법에서 용인하고 있다. 할프트로켄 대신 사용하기도 하고, 할프트로켄보다 잔류당분이 조금 더 많은 와인에 쓰기도 한다

trocken(트로켄) 드라이와인. 잔류당분이 l당 9g 이하

Weingut(바인구트) 와이너리

Weinkellerei(바인켈러라이) 와인회사. 보통 대형 병입회사를 말한다

Winzergenossenschaft(빈처게노센샤프트)/ **Winzerverein**(빈처페어라인) 와인생산자 협동조합

독일어를 모르는 사람은 긴 이름과 고풍스런 활자체로 된 전통적인 독일 와인 라벨이 두려울 수도 있다. 그러나 일관성이 있으므로 조금만 참을성을 가지면 쉽게 해독할 수 있다. 안타깝게도 지금은 일관성이 사라지고 앞라벨에 있던 정보를 뒷라벨에서 찾을 수 있다. 단순함을 위해서인지 아니면 부르고뉴 와인을 닮고 싶어서인지 일부 생산자들은 프론트라벨에 포도밭 이름, 예를 들어 슐로스베르크(Schlossberg)만 표시하고 중요한 마을 이름은 뒷라벨로 넘긴다. 'Blankheimer Schlossberg Spätlese' 같은 전통 라벨에는 생산자 이름을 제외한 우리가 알아야 할 모든 정보가 담겨있다.

막강한 민간협회 VDP에서 협회 내에서만이라도 등급을 매기게 한 것이다. VDP는 회원들의 허용 수확량을 강력하게 제한하고, 2000년에는 지역별, 품종별로 에르스테 라게Erste Lage(최고 등급)를 분류하는 정치적으로 매우 민감한 작업에 착수했다. 그렇게 해서 2012년 품질에 따라 구츠바인Gutswein(와이너리 와인), 오르츠바인Ortswein(마을 와인), 에르스테 라게Erste Lage(프르미에 크뤼), 그로세 라게Grosse Lage(그랑 크뤼)의 4가지 등급이 생겼다. 그로세 라게의 드라이와인은 그로세스 게벡스라고 불린다. 물론 이 등급 시스템은 VDP

회원의 포도밭에만 적용된다. 여느 등급 시스템처럼 VDP 등급 시스템도 우수 포도밭과 품종의 조합에 대해 논란이 많다. 하지만 3년의 작업 끝에, 2018년에 발표한 온라인 지도가 매우 상세해 이의를 제기하는 사람은 없었다.

이 책에서는 좋은 와인이 꾸준히 생산되는 포도밭은 연보라색, 최고의 포도밭은 보라색으로 표시했다. 이러한 과감한 분류는 독일 최고 생산자들, 지역와인협회, 그리고 부분적으로는 VDP 협회의 협력하에 이루어졌지만 VDP의 등급 분류와 동일하지는 않다.

아르 밸리의 포도밭 수확. 돌이 많고 아찔하게 가파른 포도밭은 아니지만, 많은 인력과 긴 노동시간이 필요하다. 욕심 많은 새들을 막기 위해 쳐놓은 그물 아래에서 작업한다.

아르 Ahr

아르강은 아이펠산맥에서 발원해, 코블렌츠Koblenz와 본Bonn 사이 좁고 아름다운 계곡과 협곡을 거쳐 라인강에 합류하는 작은 강이다. 이곳의 포도밭은 먼 북쪽에 있지만 오래전부터 슈페트부르군더로 와인을 만들어왔다. 하지만 1990년대가 되어서야 피노 누아 애호가들의 눈에 띄기 시작했다. 그 전까지 아르 밸리는 매년 많으면 2백만 명이 넘는 관광객들이 찾아와 저렴하고 색이 연하며 달콤한 레드와인을 마시던 곳이었다.

한마디로 수지타산이 맞지 않는 장사였다. 포도밭이 대부분 가파른 돌투성이 비탈에 있어서 장시간 힘든 노동을 해야 하기 때문이다. 하지만 독일 사람들의 입맛이 세련되어지고 1980년대에 드라이와인의 인기가 올라가면서 몇몇 선구자들은 대량생산을 포기하고 부르고뉴 클론을 심고, 수확량을 줄이고, 슈페트부르군더를 오크통 숙성하는 등 변화를 시도했다. 마이어-네켈Meyer-Näkel, 도이처호프Deutzerhof, 얀 스토든Jean Stodden 와이너리는 개선작업을 시작하고 몇 년 만에 각자 데르나우어 파르빙게르트Dernauer Pfarrwingert, 마이쇼서 묀히베르크Mayschosser Mönchberg, 레허 헤렌베르크Recher Herrenberg 와인을 내놓으면서 독일 레드와인의 선두로 나섰다. 이들의 성공은 많은 생산자들을 고무시켰고, 아데노이어Adeneuer, 크로이츠베르크Kreuzberg, 넬레스Nelles가 뒤를 이었다. 현재는 해핑겐Heppingen의 부르가르텐Burggarten, 마리엔탈Marienthal의 파울 슈마허Paul Schumacher, 알텐아르Altenahr의 제르만Sermann, 발포르츠하임Walporzheim의 페터 크리헬Peter Kriechel(27ha로 아르계곡의 개인 포도밭 중 가장 넓다)과 선의의 경쟁을 하고 있다.

아르바일러 질버베르크Ahrweiler Silberberg 포도밭 아래 잘 보존된 로마시대의 장원은 아르계곡에 처음 포도나무를 가져온 이들이 로마인이라고 말해주지만, 포도밭에 대한 가장 오래된 기록은 770년까지 거슬러 올라간다. 계곡에 아찔할 만큼 가파른 곳이 많아 포도밭은 계단식이다. 19세기 전반기에 와인 세금이 오르고 포도 가격이 떨어지면서 아르의 많은 포도재배자들이 미국으로 떠났다. 남은 18명의 재배자들은 1868년 독일 최초의 와인협동조합 마이쇼서 빈처페어라인Mayschosser Winzerverein을 결성해 큰 성공을 거두었고, 1892년에 조합원 수는 180명으로 늘었다.

그때부터 아르에서는 재배자 협동조합이 중요한 역할을 했고, 오늘날까지 수확한 포도를 가장 많이 수매한다. 2016년 아르의 포도밭 총면적은 563ha로, 레드품종이 83%였다. 슈페트부르군더가 전체의 65%이고, 조생종인 피노 누아의 변종 프뤼부르군더Frühburgunder가 6.2%로 그 다음이다. 주목할 만한 화이트품종은 8%인 리슬링이 유일했다.

지질학적으로 25km에 이르는 아르의 포도밭은 알텐아르에서 발포르츠하임(게르카머Gärkammer와 크로이터베르크Kräuterberg가 유명)까지는 미텔아르(아르강 중류), 아르바일러에서 하이머샤임까지는 운터아르(아르강 하류)로 나뉜다. 좁은 아르 밸리 중류의 암석 비탈은 대부분 풍화된 점판암과 경사암으로, 여름의 열기를 잘 보존해 북부치고는 기온이 높다. 거의 지중해성 중기후와 돌이 많은 땅이 결합해 광물성이 강하며 구조가 단단한 와인이 나온다. 중류보다 넓은 아르 밸리 하류는 뢰스(황토)와 롬(양토)의 비율이 높아, 좀 더 풍부하고 즙이 많으며 부드러운 와인이 나온다. 아르바일러의 로젠탈Rosenthal, 바트 노이엔아르 북쪽의 조넨베르크Sonnenberg, 헤핑겐 동쪽의 부르가르텐Burggarten이 가장 좋은 포도밭이다.

아르강 중류와 하류

아르 밸리는 서쪽으로 좀 더 치우쳐 좌우로 수십 km 뻗어 있다. 가장 진한 보라색으로 표시된 최고의 포도밭은 한 줄로 길게 늘어서 있는데, 모두 아르강 좌안에 위치하며 남향이다.

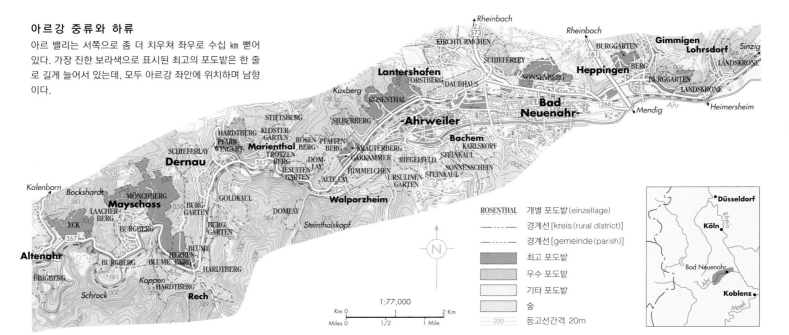

ROSENTHAL 개별 포도밭 (einzellage)

경계선 [kreis (rural district)]

경계선 [gemeinde (parish)]

최고 포도밭

우수 포도밭

기타 포도밭

숲

등고선간격 20m

1:77,000

Km 0   1   2 Km

Miles 0   1/2   1 Mile

모젤 Mosel

발원지인 프랑스의 보주산맥에서 라인강과 합류하는 코블렌츠까지, 굽이치는 모젤강(프랑스에서는 Moselle)을 따라 포도밭이 펼쳐진다. 모든 위대한 모젤 와인은 리슬링으로 만들지만, 이렇게 먼 북부의 리슬링은 입지조건이 거의 완벽한 곳에서만 익는다. 강이 굽이칠 때마다 포도밭의 잠재력이 극적으로 달라진다. 보통 좋은 포도밭은 남향이고, 햇빛을 반사하는 강을 향해 가파르게 경사져있다. 모젤 와인이 세계 최고가 된 것은 가파른 비탈 덕분이지만, 그 때문에 작업은 불가능할 정도로 힘들다. 입지조건이 덜 좋은 평지에 심었던, 품질이 떨어지는 뮐러-투르가우는 현재 뽑아내고 그 자리를 다른 목적으로 사용하고 있다. 그 결과 모젤의 포도밭 총면적은 1980년대 말에서 2009년 사이에 약 1/3이 줄었다.

그리고 포도밭이 싼값에 매물로 나왔다. 마르쿠스 몰리토어Markus Molitor와 반 폭셈van Volxem 와이너리의 로만 니보드니찬스키Roman Niewodniczanski 같은 선견지명 있는 생산자들이 버려진 포도밭을 사들였고, 반 폭셈은 완전히 익은 포도로 드라이와인을 만드는 데 집중했다(기후변화가 있기 전 일부 모젤 와인은 너무 약하고 산미가 강해 잔류당분으로 보완했다).

그러나 지금은 중력을 거스르는 포도밭에서 일할 사람들을 계속 찾을 수 있다면 모젤계곡은 평정을 되찾을 수 있을 것으로 보인다. 안정적인 재배면적이 8,800ha이고, 섬세하고 상쾌하며 놀랍게도 오래 보관할 수 있는 와인을 위한 시장이 준비되어있기 때문이다. 신세대 생산자들은 매년 성령강림절 후 주말에 강을 따라 늘어선 와이너리에서 일반인을 위한 '미토스Mythos 모젤 와인시음회'를 개최하는데, 이 지역에 새로운 바람을 불러일으키고 있다. 어떤 와인산지에서도 찾을 수 없는 독특한 개성에 대한 새로운 자신감의 표출이다.

2000년 무렵 독일 와인소비자들은 정말 드라이한 와인이 아니면 쳐다보지도 않았다. 하지만 지금은 매우 상쾌하고 과일향이 풍부한 카비네트와 맛있게 짜릿한 슈페트레제가 다시 유행하기 시작했고, 미디엄드라이인 파인헤르프 스타일은 독일 어느 곳보다 모젤에서 인기가 높다.

여름이 더워진다는 것은, 모젤 리슬링이 강한 산미를 완화시키기 위해 더 이상 잔류당분에 의존할 필요가 없다는 뜻이다. 그리고 반 폭셈뿐 아니라 미텔모젤 하류의 주요 생산자들도 뛰어난 드라이 리슬링을 만든다(다음에 나올 지도에 자세히 표시되어있다). 헤이만-뢰벤슈타인Heymann-Löwenstein 와이너리는 코블렌츠 근처 뷔닝겐에 돌이 많은 가파른 계단식 포도밭이 있다. 라일의 토어스텐 멜스하이머Thorsten Melsheimer와

모젤의 토양

오버모젤 지역의 석회암 토양에서는 엘블링, 그라우부르군더, 바이스부르군더를 재배하고, 점판암 토양의 미텔모젤에서는 리슬링을 재배한다. 뮐러-투르가우는 지역을 가리지 않고 잘 익는 편이어서 다른 토양에 심는다. 모젤강 하류에 있는 테라센모젤(Terrassenmosel)의 단단한 토양(주로 규암)에서는 강건한 리슬링이 자란다. 아주 작은 모젤토어(Moseltor)는 지질학적으로 오버모젤의 연장선상에 있다고 할 수 있지만, 정치적으로는 자르란트(Saarland)주에 속한다.

1:680,000

| 주요 와인 코뮤네 |
| Terrassenmosel |
| Mittelmosel |
| Ruwer |
| Saar |
| Obermosel |
| Moseltor |

229 상세지도 페이지

핀더리히의 클레멘스 부슈Clemens Busch는 모두 첼 마을 상류에 위치하며, 포도밭과 양조장에서 인간의 손길을 최소화해야 한다고 주장한다. 어린 와인이 자연발효되면서 나는 냄새는 고약하지만 영광의 배지이다.

위대한 루버강

모젤강에는 2개의 위대한 지류가 있다. 자르Saar강(p.228 참조)과 루버Ruwer강으로, 둘 다 회색 점판암 토양에서 자라는 리슬링으로 유명하다. 루버강은 개울에 가깝고 160ha에 불과한 포도밭은 코트 도르의 한 마을 포도밭의 절반밖에 안 되지만, 독일에서 가장 오래되고 가장 유명한 와이너리의 하나인 막시민 그륀하우스Maximin Grünhaus의 본거지다. 메어테스도르프에 있는 폰 슈베르트 가문의 소유로 포도밭이 강 좌안에 비스듬히 위치하며, 강기슭에는 수도원 소유였던 영주의 저택이 있다. 아직도 걸어서 지나갈 수 있는 로마시대 지하수로가 그륀하우스 와이너리와 8km 위쪽의 로마시대(지금도) 주도인 트리어Trier를 이어준다. 막시민 그륀

하우스는 압츠베르크Abtsberg, 헤렌베르크Herrenberg, 브루더베르크Bruderberg 포도밭에서 굉장히 뛰어나고 섬세함이 가득한 리슬링과 조금 상쾌한 피노 누아를 만든다. 이 작은 와인산지의 또 다른 유명 생산자로 아이텔스바흐의 카트호이저호프Karthäuserhof, 메어테스도르프의 폰 보일비츠von Beulwitz, 모르샤이트의 라이히스그라프 폰 케셀슈타트Reichsgraf von Kesselstatt가 있다.

자르강 상류의 구릉지대인 경작지는 늘 봄서리의 위험에 노출되어있다. 재배되는 품종은 거칠지만 추위에 강한 전통품종인 엘블링Elbling이 거의 전부다. 작은 석회암 토양 오버모젤Obermosel과 강 건너 룩셈부르크에서 엘블링으로 가볍고 시큼한 와인이나 때로는 가벼운 스파클링와인을 만든다. 룩셈부르크 재배자들은 늘 보당을 하며, 리바너(뮐러-투르가우)와 오세루아처럼 산미가 약한 품종을 주로 쓴다. 그들의 장기는 스파클링와인이다. 나머지 좋은 모젤 와인은 제리히와 첼 사이에서 나오는데, 이 지역은 다음에 나올 지도에 자세히 표시되어있다.

자르 Saar

자르 밸리의 와인은 독일이 세계에 선사하는, 세상에 둘도 없는 위대한 선물이다. 와인은 강하지 않지만, 황홀할 만큼 여러 겹의 뉘앙스를 가졌다. 모두 리슬링으로 만들며, 흉내낼 수 없는 섬세함과 과일향, 농축미가 뛰어나고, 시간이 지날수록 맛이 깊어진다.

지금의 자르 밸리를 보면 몇 년 전만 해도 와인산지로서 심각한 위기에 직면했었다는 사실을 믿기 힘들다. 모젤강 옆의 이 계곡은 너무 추워서 10년에 서너 번은 포도가 익지 않았다. 전후 독일이 경제 기적의 혜택을 누렸던 1960~70년대에 이곳은 힘든 시절을 보내야 했다. 하지만 20세기 초 들어 자르의 최고급와인은 보르도 1등급 와인보다 비싼 가격에 판매되었다.

2번의 세계대전 후 자르의 포도밭은 절반으로 줄어 현재 약 800ha이고, 포도밭 사이에는 과수원과 목초지가 있다. 자르는 조용하고 탁 트인 농촌마을로, 모젤에서 가장 좋은 땅이 그렇듯 주로 데본기(Devonian) 점판암 토양이다.

p.229의 지도는 남향 비탈의 포도밭에서만(대부분 가파른 경사면에 있는데, 강에서 반사되는 햇빛이 잘 드는 각도이다) 햇볕을 충분히 받아 리슬링이 제대로 익을 수 있다는 것을 어떤 지도보다도 분명하게 보여준다. 그래서 포도밭이 작고, 다른 농사를 함께 짓는 재배자들은 포도밭의 노동강도가 경제적으로 수지타산이 맞지 않아 그냥 버려두는 경우가 많았다. 조생종인 뮐러-투르가우와 케르너로 저렴한 와인을 만들어 경제적 어려움을 해결하는 재배자들도 있었다. 리슬링을 쉬스레제르베Süssreserve(멸균한 포도즙)로 달게 만드는 것도 20세기 말 독일의 와인메이커들이 즐겨 사용한 방식이다.

그렇게 해서 극소수의 생산자를 제외하고, 독특한 테루아에서 나오는 활기차고 섬세한 리슬링을 만드는 마법 같은 공식은 사라지고 말았다. 하지만 작은 불씨를 되살린 생산자들이 있었는데, 바로 빌팅겐 바로 동쪽 샤츠호프Scharzhof 와이너리의 에곤 뮐러Egon Müller, 오버렘멜의 폰 회벨von Hövel, 칸쳄의 폰 오테그라벤von Othegraven 와이너리다.

1985년 오스트리아에서 단맛을 내려고 와인에 디에틸렌 글리콜 '부동액'을 첨가하는 사건이 벌어져, 싸구려 스위트와인 시장이 큰 타격을 받았다. 이때 나머지 재배자들이 할 수 있는 유일한 대처방법은 옛 전통으로 돌아가는 것뿐이었다. 고급 자르 리슬링의 부활을 굳게 믿은 선구적인 생산자들로 자르부르크의 한스-요아힘 (하노) 칠리켄Hans-Joachim (Hanno) Zilliken, 아일의 페터 라우어Peter Lauer, 제리히에 있는 슐로스 자르슈타인Schloss Saarstein 와이너리의 크리스티안 에베르트Christian Ebert가 있었다. 이들은 생장기 기후가

이상적인 것과는 거리가 멀었던 1980년대에도 전력을 다해 흥미로운 와인을 만들었다.

점점 더워지는 날씨

1990년대부터 독일 북부 포도밭이 기후변화의 혜택을 보기 시작했다. 자르 리슬링은 거의 매년 잘 익었다. 덕분에 자르 재배자들은 이제 경제적으로 살얼음판을 걷지 않아도 되었고, 독일에서 가장 화려하고 가장 투명한 리슬링을 만들 수 있었다. 톡 쏘는 산미는 신선한 사과의 풍미와 자극적인 맛을 살려주고, 꿀향이 코를 간질이며, 피니시에서 금속성이 느껴지는 와인이다.

누가 뭐래도 모젤계곡의 황제는 에곤 뮐러다(현재 에곤 뮐러 4세가 와이너리 책임자다). 이를 증명이라도 하듯 2015년 9월 경매에서 샤츠호프베르거Scharzhofberger 트로켄베렌아우스레제 2003 한 병이 최고가 기록을 갱신하며 12,000유로에 낙찰되었다. (에곤 뮐러는 빌팅겐의 다른 한쪽 끝인 르 갈레Le Gallais 와이너리에서 브라우네 쿱Braune Kupp 와인도 만든다.) 하노 칠리켄과 그의 딸 도로티는 가격은 아니어도 품질 면에서 자르부르거 라우슈Saarburger Rausch 포도밭의 와인을 에곤 뮐러 수준으로 올려놓았다. 두 와이너리는 포도즙이 많은 카비네트부터 매우 귀부화된 포도로 만든 트로켄베렌아우스레제(에곤 뮐러만 생산한다)까지, 특히 과일향이 풍부한 와인을 생산한다.

자르에서는 드라이와인도 생산한다. 빌팅겐에 있는 반 폭셈 와이너리의 로만 니보드니찬스키Roman Niewodniczanski는 거의 컬트와인의 경지에 올라있는 경이로운 그로세스 게벡스 드라이 리슬링을 만드는데, 그 자신은 유서 깊은 전통을 잇고 있을 뿐이라고 말한

자르강이 이곳 칠리켄 포도밭에서 훈스뤼크(Hunsrüuck) 언덕을 지나 굽이쳐 가는 것이 보인다. 포도밭이 안개층 위 고지대에 있어 강 가까이에 있는 단점이 보완된다.

다. 아일에 있는 페터 라우어 와이너리의 플로리안 라우어Florian Lauer 역시 파인헤르프(미디엄드라이) 리슬링으로 니보드니찬스키 못지않은 명성을 얻고 있다. 이 책의 공저자 휴 존슨도 라우어의 와인호텔 아일러 쿱Ayler Kupp을 여러 번 방문했다.

생산자들에게서 자르 와인의 미래에 대한 새로운 자신감이 느껴진다. 자르뿐 아니라 독일 전역에서 가장 열정적인 완벽주의자로 꼽히는, 2명의 와인메이커가 주도하는 여러 주요 프로젝트에서 이를 확인할 수 있다. 모젤강 중류에서 유명한 벨렌의 마르쿠스 몰리토어Markus Molitor는 p.229 지도 아래쪽에 나오는 제리히에 있는 22ha 규모의 주정부 소유 포도밭을 매입해 완전히 재정비했고, 반 폭셈은 유명한 샤츠호프베르크Scharzhofberg 포도밭이 내려다보이는 와이너리를 새로 짓고 있다.

자르에는 극단적인 전통주의자들을 위한 공간 역시 존재한다. 리슬링 카비네트와, 콘츠-니더메니히에 있는 호프구트 팔켄슈타인Hofgut Falkenstein 와이너리의 슈페트레제가 인기 급상승 중이다. 두 와인의 직선적인 구조와 수정처럼 투명한 과일 풍미는, 프랑스 와인을 좋아하는 사람이 차갑고 날카로운 샤블리를 마시면서 느끼는 전율을 불러일으킨다. 신선한 민물송어를 버터로 요리한 포렐레 블라우Forelle blau에 곁들이면 최고이다.

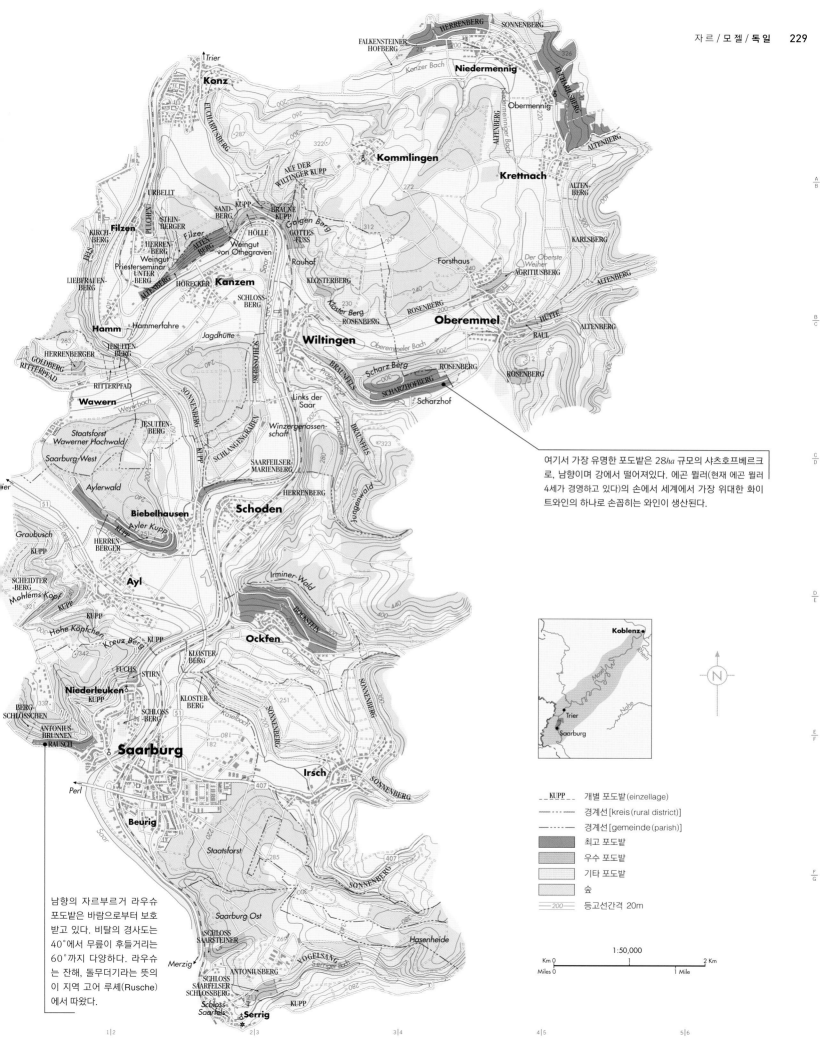

Trier

Konz

URBELLT

EUCHARIUSBERG

KIRCH-BERG

Filzen

HERREN-BERG

STEIN-BERGER

PULCHEN

SAND-BERG

KUPP

Filzer

ALTENBERG

HÖLLE

BRAUNE KUPP

Weingut von Othegraven

Galgen Berg

GOTTES-FUSS

LIEBFRAUEN-BERG

Weingut Priesterseminar UNTER-BERG

ALTENBERG

HÖRECKER

Kanzem

SCHLOSS-BERG

Hamm

Hammerfahre

Jagdhütte

HERRENBERGER

GOLDBERG

RITTERPFAD

JESUITEN-BERG

RITTERPFAD

SONNENBERG

SCHLOSSBERG

Klöster Berg ROSENBERG

ROSENBERG

Wiltingen

Obereremmeler Bach

SCHLANGENGRABEN

Wawern

JESUITEN-BERG

Weyerbach

Staatsforst Wawerner Hochwald

Saarburg-West

Aylerwald

KUPP

SAARFEILSER-MARIENBERG

Links der Saar

Winzergenossen-schaft

HERRENBERG

BRAUNELS

Praelat

BRAUNELS

Scharz Berg

SCHARZHOFBERG

Scharzhof

ROSENBERG

FALKENSTEINER HOFBERG

HERRENBERG

SONNENBERG

ILTZBACHSBERG

326

216

200

Konzer Bach

Niedermennig

Obermennig

ALTENBERG

ALTENBERG

AUF DER WILTINGER KUPP

287

322

Kommlingen

272

Krettnach

KARLSBERG

Der Oberste Weiher

Forsthaus

AGRITIUSBERG

ROSENBERG

Oberemmel

HÜTTE

RAUL

ALTENBERG

ROSENBERG

312

323

여기서 가장 유명한 포도밭은 28*ha* 규모의 샤츠호프베르크로, 남향이며 강에서 떨어져있다. 에곤 뮐러(현재 에곤 뮐러 4세가 경영하고 있다)의 손에서 세계에서 가장 위대한 화이트와인의 하나로 손꼽히는 와인이 생산된다.

Biebelhausen

Ayler Kupp

HERREN-BERGER

KUPP

Schoden

HERRENBERG

Irminer-Wald

HOCHSTEIN

Jagersgrund

Graubusch

KUPP

SCHEIDTER-BERG

Mohlems Kopf

321

KUPP

KUPP

Hohe Köpfchen

KUPP

Kreuz Berg

342

Ayl

KUPP

Ockfen

KLOSTER-BERG

SONNENBERG

440

400

Ockfener Bach

Niederleuken

KUPP

BERG SCHLÖSSCHEN

337

ANTONIUS-BRUNNEN

RAUSCH

Saarburg

FUCHS

STIRN

KLOSTER-BERG

SCHLOSS-BERG

51

Kaselbach

251

SONNENBERG

SONNENBERG

Irsch

407

Perl

Beurig

Saar

Staatsforst

285

VOGELSANG

Serriger Bach

Saarburg Ost

SCHLOSS SAARSTEINER

Merzig

ANTONIUSBERG

SCHLOSS SAARFELSER SCHLOSSBERG

217

KUPP

Schloss Saarfels

Serrig

280

269

Hasenheide

407

남향의 자르부르거 라우슈 포도밭은 바람으로부터 보호받고 있다. 비탈의 경사도는 40°에서 무릎이 후들거리는 60°까지 다양하다. 라우슈는 잔해, 돌무더기라는 뜻의 이 지역 고어 루셰(Rusche)에서 따왔다.

Koblenz

Rhein

Mosel

Nahe

Trier

Saarburg

N

KUPP   개별 포도밭 (einzellage)

경계선 [kreis (rural district)]

경계선 [gemeinde (parish)]

최고 포도밭

우수 포도밭

기타 포도밭

숲

200   등고선간격 20m

1:50,000

Km 0 ——— 1 ——— 2 Km

Miles 0 ——— 1 Mile

1|2   3|4   4|5   5|6

모젤 중부 : 피스포르트 Piesport

피스포르터 골트트뢰프헨(Piesporter Goldtröpfchen) 포도밭의 겨울 풍경. 원형극장식 포도밭이 정남쪽을 향하고 있다. 교회와 포도밭을 가로지르는 구불구불한 길이 p.231 지도에 잘 표시되어 있다.

강가의 점판암 절벽이 장관을 이룬다. 높이가 200m를 넘는 곳도 있는 이 절벽에 4세기 로마인들이 처음으로 포도나무를 심었다. 이곳은 리슬링을 재배하기에 완벽한 조건을 갖췄다. 리슬링은 15세기에 이곳에 들어와, 18세기 들어 가장 좋은 포도밭에 단단하게 뿌리를 내렸다.

모젤강에서 생산되는 와인은 강변에 따라 스타일이 매우 다르다. 코트 도르 언덕의 부르고뉴 와인보다도 다양하다. 하지만 좋은 포도밭은 모두 남향이나 남서향으로, 구운 토스트처럼 태양빛을 견뎌내며 자란다. 한여름에는 너무 뜨거워서 오후에는 작업이 거의 불가능하다. 또한 이곳의 포도밭은 민하임Minheim 북쪽에 언덕이 있어 차가운 동풍으로부터 보호를 받으며, 밤이면 포도밭 위쪽의 숲에서 시원한 바람이 불어와 낮과 밤의 기온차가 매우 크다. 덕분에 산미와 향이 풍부한 와인이 나온다.

미텔모젤(중부 모젤) 지역은 남서쪽 트리어에서 북동쪽 퓐더리히와 라일(p.227 참조)까지, 베라이히 베른카스텔Bereich Bernkastel의 행정경계와 거의 일치한다. 미텔모젤에는 지도에 진한 보라색으로 표시된 최고 포도밭들이 쭉 이어져있다. 거기서 강 건너편은 평지로, 포도보다 다른 작물을 심는 것이 나을 듯하다. p.231,

p.233 지도에는 미텔모젤 중심부와 가장 유명한 와인마을 말고도, 과소평가된 와인을 생산하는 마을도 나온다.

가장 확실한 후보는 지도 남쪽 끝에 있는 퇴르니히Thörnich로, 칼 뢰벤Carl Loewen이 리치Ritsch 포도밭을 유명하게 만들었다. 하류로 조금 내려가면 클뤼서라트Klüsserath 마을이 나온다. 키르스텐Kirsten, 요제프 로슈Josef Rosch, F. J. 레그너리Regnery가 남쪽에서 남서쪽으로 돌아가는 모젤 특유의 가파른 강기슭인 브루더샤프트Bruderschaft 포도밭에서 놀라운 와인을 만든다. 섬세함과 밋밋함 사이에는 큰 차이가 있으며, 이곳의 와인은 섬세하다.

트리텐하임Trittenheim에서 끝나는 긴 혀모양의 땅은 거의 절벽이다. 마치 라이벤Leiwen 마을이 강으로 뛰어들어 라우렌티우슬라이Laurentiuslay 포도밭이 자기 땅이라고 주장하는 듯하다. 여기서 좋은 와인이 많이 나오는데, 장크트 우르반스-호프St Urbans-Hof 와이너리의 닉 바이스Nik Weis나 칼 뢰-벤이 만든 와인이 최고로 꼽힌다.

트리텐하임에서 가장 입지가 좋은 포도밭은 아포테케Apotheke로, 강 건너 마을 북동쪽에 있다. 안스가 클뤼서라트Ansgar Clüsserath, 프란츠-요제프 아이펠Franz-Josef Eifel, 그란스-파시안Grans-Fassian이 대표 생산자다. 모젤에서는 다 그렇지만, 포도밭이 너무 가팔라 모노레일을 이용하지 않으면 작업이 불가능하다. 여기서 강을 따라 더 내려가면 노이마겐-드론Neumagen-Dhron이라는 큰 마을이 나온다. 로마시대 요새와 선착장이 유명하고, 녹음이 우거진 작은 광장에는 오크통을 실은 갤리선을 노예들이 힘들게 젓고 있는, 로마시대의 모젤 와인 수송선 조각상이 있다. 굽이치는 드론 개울이 모젤강에 합류하기 직전, 그 위에 위치한 호프베르크Hofberg 포도밭은 피노 누아가 자라기에 적당하지 않은 곳처럼 보인다. 하지만 이곳에 새로 온 다니엘 트바르도브스키Daniel Twardowski는 산화철이 풍부한 파란 점판암 비탈에서 놀라운 결과를 이끌어냈다.

3km 더 내려가면 모젤강은 다시 한 번 크게 굽이친다. 좌안 가까이에 세계적으로 유명

한, 오목하게 들어간 작은 포도밭 피스포르터 골트트 뢰프헨이 있다. 이 인상적인 원형극장식 남향 포도밭 은 이웃 포도밭들보다 피스포르트에 훨씬 큰 영광을 안겨주었다. 점토 같은 깊은 점판암 토양에서 생산된, 꿀처럼 달콤한 마법의 향을 가진 와인이 아주 진한 아로마를 발산한다. 라인홀트 하르트Reinhold Haart, 율리안 하르트Julian Haart, 장크트 우르반스–호프, 하인Hain 이 빼어난 생산자로 평가받는다.

미헬스베르크Michelsberg는 트리텐하임에서 민하임 까지의 강변 포도밭을 일컫는 그로스라게Grosslage(개별 포도밭들의 집합체)의 이름이다. 그래서 '피스포르터 미헬스베르크'는 실질적으로 피스포르트 마을의 와인 이 아니다. 그로스라게라는 명칭이 소비자들을 얼마나 혼란스럽게 하는지 잘 보여주는 예인데, 다행히 그로 스라게는 현재 줄고 있다.

피스포르트와 브라우네베르크 사이에 는 완벽하게 나란히 늘어선 비탈이 없 다. 단, 빈트리히Wintrich 마을 남쪽 의 올릭스베르크Ohligsberg는 예 외로, 20세기 초반에 베른카 스텔러 독토어Bernkasteler Doctor와 샤츠호프베르

거Scharzhofberger만큼 높은 평가를 받았다. 라인홀트 하 르트에서는 깃털처럼 가벼운 카비네트와 우아한 슈페 트레제가 생산된다. 오랫동안 버려졌던 회색 점판암과 석영 토양 비탈에서 놀라운 품질의 와인이 나올 수 있 다는 믿음을 회복했다.

가장 절묘한 모젤 리슬링 와인 중 일부가 브라우네 베르크 마을 건너편 오르막의 가파른 포도밭에서 생산 된다. 유퍼Juffer와 유퍼 조넨우어Juffer Sonnenuhr(해시계 가 있는 유퍼) 포도밭이 여기에 포함되며, 프리츠 하그

Fritz Haag와 막스 페르트 리히터Max Ferd. Richter가 대표 적인 생산자다. 이들은 2곳의 유퍼 포도밭에서 화려 한 황금색 와인을 모든 당도로 생산한다. 유퍼 조넨우 어에 있는 슐로스 리저Schloss Lieser(p.232 참조) 와이 너리 역시 훌륭하다.

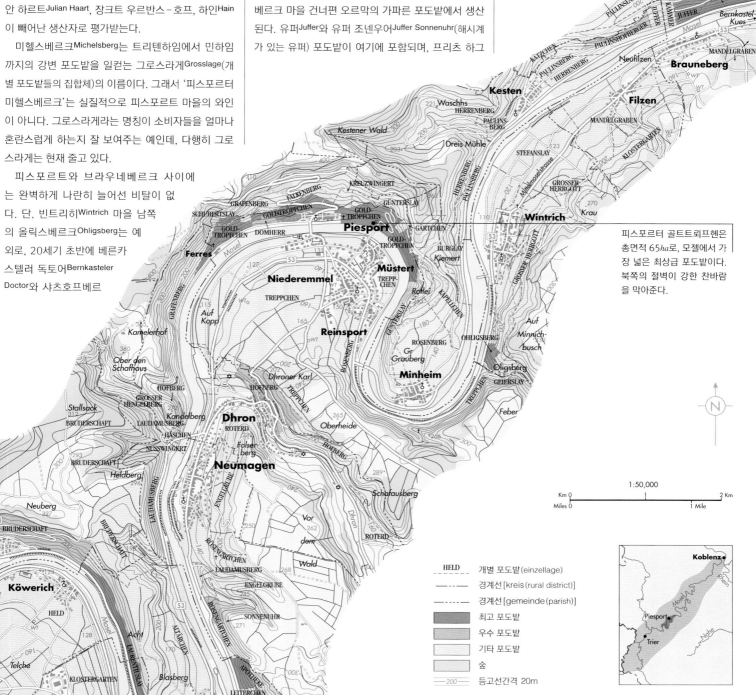

피스포르터 골트트뢰프헨은 총면적 65ha로, 모젤에서 가 장 넓은 최상급 포도밭이다. 북쪽의 절벽이 강한 찬바람 을 막아준다.

이런 평지에 포도 나무를 재배하는 것은 시간 낭비다.

퇴르니히에서 브라우네베르크까지

그야말로 위대한 포도밭들이 끝없이 이어진다! 진한 보 라색 포도밭이 남쪽이나 서쪽을 향해있는 것을 확인할 수 있다. 그리고 등고선 간격을 살펴보면 일부 강가에 평지가 있는데, 이런 곳에서는 뮐러–투르가우만 재배 한다.

범례

HELD	개별 포도밭(einzellage)
	경계선[kreis (rural district)]
	경계선[gemeinde (parish)]
	최고 포도밭
	우수 포도밭
	기타 포도밭
	숲
200	등고선간격 20m

1:50,000
Km 0 ... 2 Km
Miles 0 ... 1 Mile

모젤 중부 : 베른카스텔 Bernkastel

여름날 베른카스텔 마을 언덕의 폐허가 된 성에서 내려다보면 높이 200m, 길이 8㎞의 초록빛 장벽 같은 포도밭이 눈에 들어온다. 포르투갈의 도루강을 빼고 이렇게 놀라운 장관을 가진 강변 포도밭은 없다. 또한 모젤 중부만큼 관광객들에게 이상적인 와인 시음을 선사하는 와인산지도 없다. 여름에는 야외 테라스에서, 겨울에는 벽난로 앞에서, 그리고 12곳의 작은 가족경영 셀러에서 와인잔을 들고 시음할 수 있다.

브라우네베르크에서 쿠스 교외의 베른카스텔까지는 비교적 완만한 언덕이 계속되며, 와인 역시 평범하다. 이 구간의 유명한 와인은 뮐하임 위쪽의 헬레넨클로스터Helenencloster 포도밭에서 막스 페르트 리히터Max Ferd. Richter가 정기적으로 생산하는 아이스바인이다. 하지만 최고의 포도밭은 리저 마을의 가파른 언덕에 있다. 이 마을은 로젠라이Rosenlay 포도밭 아래, 이제 고급호텔이 된 거대한 19세기 신고딕 양식의 성으로 유명하다(아래 사진). 그 옆에는 토마스 하그가 어려움 속에서도 잘 운영해온 슐로스 리저Schloss Lieser 와이너리가 있다. 이곳의 주요 자산 중에는 완벽한 남향 비탈의 니더베르크－헬덴Niederberg-Helden 포도밭이 있다.

모젤에서 가장 유명한 포도밭은 관광의 메카 베른카스텔 마을의 박공지붕들 위로 절벽처럼 솟은 언덕에서 갑자기 시작된다. 점판암으로 뒤덮인 정남향 포도밭이 독토어Doctor다. 독토어부터 모젤의 자랑스러운 포도밭이 계속 나온다. 베른카스텔의 1등급 포도밭을 그라흐와 벨렌의 1등급 포도밭과 비교하거나, 각각의 포도밭에서 같은 생산자가 만든 와인을 비교하는 일은 정말 흥미롭다. 베른카스텔의 트레이드마크는 부싯돌향이다. 얕고 돌이 많은 점판암 토양의 벨렌 와인은 풍미가 풍성하고 섬세한 반면, 깊고 더 무거운 점판암 토양의 그라흐 와인은 흙내음이 강하다. 이곳은 품질이 떨어지는 와인도 확실한 개성이 있다. 옅은 황금색의 최고 와인은 장기보관할 수 있고, 톡 쏘며, 변덕스러운 동시에 매우 깊은데, 음악과 시에 비유할 만하다.

세계적으로 유명한 생산자들이 이곳에 모여있지만, 포도밭을 걷다 보면(산책을 하기에는 너무 가파르다) 재배자가 모두 다 성실하지는 않다는 것을 금방 알 수 있다. JJ 프륌Prüm은 예전부터 벨렌의 대표 재배자였다. 역시 벨렌의 마르쿠스 몰리토어Markus Molitor는 최근 명성을 얻었는데, 훌륭한 리슬링뿐만 아니라 특이하게도 슈페트부르군더 덕분이었다. 베른카스텔의 에르니 (Dr.) 루젠Erni (Dr.) Loosen, 젤바흐－오스터

Selbach－Oster, 빌리 셰퍼Willi Schaefer도 세계적 명성을 얻었고, 더 아래쪽의 폰 케셀슈타트von Kesselstatt 역시 늘 훌륭하다. 하지만 최고의 리슬링 포도밭의 풍경이 바뀌게 됐다. 설계, 건설 상의 문제와 격렬한 시위에도 우어치히Urzig 마을에 거대한 다리가 놓였고, 고속도로가 포도밭의 민감한 배수지역을 지나게 된 것이다.

젤팅겐Zeltingen에서 포도나무 장벽은 끝난다. 젤팅겐은 모젤에서 가장 큰 최고의 와인 코무네(마을)이다. 우어치히 마을에 있는 뷔르츠가르텐Würzgarten 포도밭의 바위가 많은 붉은 점판암 토양에서는, 작은 요스 크리스토펠 주니어Jos Christoffel Jr. 와이너리의 한없이 가벼운 와인에서 독특한 향신료향이 난다. 에르덴Erden 마을의 강 너머 프렐라트Prälat 포도밭은 깎아지른 듯한 붉은 점판암 절벽과 강 사이에 끼어있어 모젤계곡에서 가장 덥다. 여기서 Dr. 헤르만Hermann이 최고의 리슬링 와인을 만든다. 청색, 붉은색, 회색 점판암이 섞여있는 트레프헨Treppchen 포도밭은 토양이 차가워 확실히 상쾌한 와인이 나온다. 보통 모젤 와인의 대하드라마가 킨하임Kinheim에서 끝난다고 생각하지만, 지난 20년 동안 여러 생산자가 그 생각이 틀렸음을 증명했다. 볼프Wolf 마을의 스위스 출신 다니엘 폴렌바이더Daniel Vollenweider,

화려한 빅토리아 양식의 슐로스 리저성 뒤로 니더베르크－힐덴 포도밭이 보인다. 포도밭을 병풍처럼 둘러싼 숲이 북풍을 막아준다.

트라벤 – 트라바흐Traben – Trarbach 마을의 마르틴 뮐렌 Martin Müllen, 바이저-퀸스틀러Weiser – Künstler 와이너리의 엔키르허 엘러그룹Enkircher Ellergrub 포도밭, 라일Reil 마을의 토어스텐 멜샤이머Thorsten Melsheimer, 바이오다이나믹 농법으로 재배하는 퓐더리히 마을의 클레멘스 부슈Clemens Busch는 맛있고 극적인 와인을 생산한다(마지막 둘은 아래 지도에서 북쪽에 있어 나오지 않는다). 더 내려가 첼Zell 마을에 이르면(p.227 참조) 풍경이 확 바뀐다. 대부분 폭이 좁은 계단식 포도밭이어서, 모젤 밸

리 하류인 이곳의 이름이 테라센모젤Terrassenmosel이라는 게 놀랍지 않다. 여러 좋은 포도밭 중 현재 가장 평가가 좋은 것은 브렘Bremm의 칼몬트Calmont, 곤도르프 Gondorf의 겐스Gäns, 비닝겐Winningen의 울렌Uhlen(최고 포도밭)과 로트겐Röttgen으로, 유럽에서 가장 가파르다. 비닝겐의 하이만 – 뢰벤슈타인Heymann – Löwenstein과 크네벨Knebel, 브렘의 프란첸Franzen, 니더펠Niederfell의 루벤티우스호프Lubentiushof 같은 흥미로운 생산자들은 스위트와 드라이 리슬링을 모두 만든다.

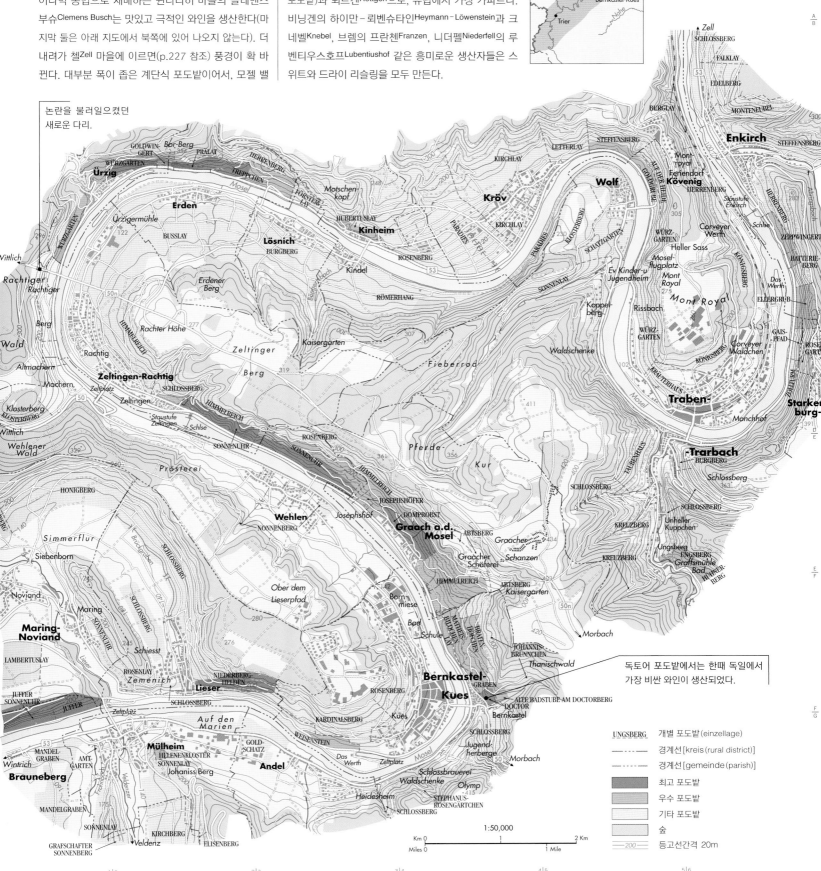

논란을 불러일으켰던 새로운 다리.

독토어 포도밭에서는 한때 독일에서 가장 비싼 와인이 생산되었다.

UNGSBERG 개별 포도밭(einzellage)

경계선[kreis(rural district)]

경계선[gemeinde(parish)]

최고 포도밭

우수 포도밭

기타 포도밭

숲

200 등고선간격 20m

1 : 50,000

Km 0   2 Km
Miles 0   1 Mile

나헤 Nahe

모젤, 라인헤센, 라인가우 사이에 가지런히 끼여있는 나헤에서는 어떤 와인을 만날 수 있을까? 나헤 와인은 모젤 와인처럼 포도밭을 정확하게 표현하고, 장기보관이 가능하며, 라인 와인의 바디와 진한 포도향을 갖고 있다. 그렇다고 나헤가 다른 지역의 와인을 모방한다는 뜻은 아니다. 나헤는 1971년 독자적인 와인산지로 정해지고 드라이와인이 유행하기 시작하면서 남부럽지 않은 명성을 쌓아왔다. 독일에서 가장 눈부신 드라이 리슬링이 나헤에서 생산된다.

나헤는 순식간에 독일 최고의 와인산지로 올라섰다. 1980년대까지는 우수한 와인으로 인정받는 재배자가 몇 되지 않았다. 그때 오버하우젠에 있는 헤르만 된호프Hermann Dönnhoff 와이너리의 헬무트 된호프Helmut Dönnhoff라는 새로운 생산자가 놀랄 만큼 순수하고 활기찬 와인으로 다른 지역에까지 이름을 알리기 시작했

다. 과일향이 풍부한 전통적인 스위트와인으로 시작했다가 드라이와인으로 바꾸었는데, 당시에는 혁명적인 전환이었다. 그리고 몬칭겐Monzingen 마을의 베르너 쇤레버Werner Schönleber, 트라이젠Traisen의 Dr. 페터 크루지우스Peter Crusius, 부르크 라이엔의 아르민 디엘Armin Diel, 뮌스터-자름스하임의 슈테판 룸프Stefan Rumpf 같은 그를 따르는 젊은 후계자들이 있었다. 지금은 다음 세대가 선두에 서있지만, 이들도 여전히 품질 좋은 와인을 만들고 있다. 셰퍼-프뢸리히Schäfer-Fröhlich, 야코브 슈나이더Jakob Schneider, 구트 헤르만스베르크Gut Hermannsberg 같은 새로운 와이너리 역시 품질경쟁을 하고 있다.

드라이든 과일향이 강하든 달콤하든, 고급와인의 공통점은 모두 리슬링으로 만든다는 것이다. 하지만 포도밭 토양은 사암과 롬(양토)부터 반암과 규암, 점판암부터 자갈과 뢰스(황토)까지 매우 다양하다. 전통적으로 나헤에서는 다양한 품종을 재배했지만, 주요 재배자들은 모두 리슬링을 최고로 친다. 그중 몇몇이 피노를 사용해 레드, 화이트, 로제를 시도하기 시작했다. 레

드품종은 슈페트부르군더(피노 누아)보다 도른펠더를 더 광범위하게 재배하며, 나헤 전체 포도밭의 약 20%를 차지한다.

흩어져있는 포도밭

나헤의 최상급 포도밭은 모젤이나 라인가우처럼 한데 모여있지 않고 여기저기 흩어져있다. 가장 중요한 지역을 지도에 표시하려고 노력했지만 쉽지 않았다. 나헤강은 훈스뤼크산맥에서 발원해, 모젤강과 평행선을 그리며 북동쪽으로 흐르다가 빙겐에서 라인강과 합류한다. 모젤강이 강을 따라 펼쳐진 포도밭의 척추 역할을 하는 반면, 나헤강은 강의 양안에 포도밭이 흩어져 있다. 나헤강뿐 아니라 지류인 알젠츠, 엘러바흐, 가울스바흐, 글란, 그레펜바흐, 굴덴바흐, 트롤바흐에서도 포도밭은 남쪽을 향한다(하지만 좋은 포도밭은 모젤강만큼 작업이 어려우며, 재배자 수도 점점 줄어들고 있다).

최고 와인이 생산되는 지역 중 가장 서쪽의 몬칭겐은 아래 오른쪽 지도에 상세히 나온다. 이곳에는 2개의 1등급 포도밭이 있다. 돌과 점판암이 많은 할렌베

나헤의 와인 중심지

지도에 나와있는 와인 도시와 마을이 보여주듯이, 나헤의 포도밭은 넓게 흩어져있다. 나헤 강변뿐 아니라 알젠츠(Alsenz), 엘러바흐(Ellerbach), 그레펜바흐(Gräfenbach), 굴덴바흐(Guldenbach) 지류에도 포도밭이 모여있다.

보케나우(Bockenau)는 몬칭겐 못지않게 지도에 자세히 나와야 할 와인마을이다. 셰퍼-프뢸리히는 펠세네크(Felseneck)와 스트롬베르크(Stromberg) 포도밭에서 한결같이 최고 수준의 드라이 리슬링과 훌륭한 귀부와인을 생산하고 있다.

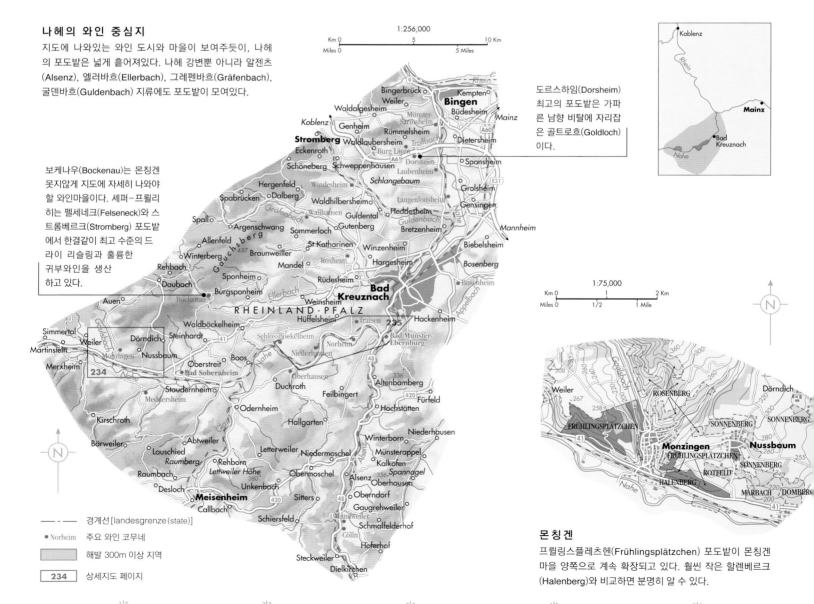

도르스하임(Dorsheim) 최고의 포도밭은 가파른 남향 비탈에 자리잡은 골트로흐(Goldloch)이다.

몬칭겐

프륄링스플레츠헨(Frühlingsplätzchen) 포도밭이 몬칭겐 마을 양쪽으로 계속 확장되고 있다. 훨씬 작은 할렌베르크(Halenberg)와 비교하면 분명히 알 수 있다.

경계선 [landesgrenze (state)]

• Norheim 주요 와인 코무네

해발 300m 이상 지역

234 상세지도 페이지

된호프 와이너리의 강변에 있는 오버호이저 브뤼케 포도밭은 1.1*ha*로 나헤에서 가장 작은 포도밭 중 하나다. 아이스바인 생산에 특히 적합하다.

르크, 더 넓고 변화가 많으며 습한 프륄링스플레츠헨이다. 후자가 토양도 더 붉고 부드럽다. 엠리히-쇤레버Emrich-Schönleber와 셰퍼-프뢸리히는 넓게 트인 이 계곡의 대표 생산자들이다. 여기서 하류로 몇 km 더 내려가면, 계곡이 좁아지면서 나헤의 훌륭한 포도밭이 가장 밀집된 구역이 나온다. 아래 상세지도를 보면, 강을 따라 슐로스뵈켈하임Schlossböckelheim, 오버하우젠Oberhausen, 니더하우젠Niederhausen, 노르하임Norheim 마을의 강 좌안에 훌륭한 남향 포도밭들이 자리하고 있다. 1901년 프러시아 왕립감정원이 이 포도밭들을 등급분류했다(VDP 협회가 1990년대에 포도밭 등급을 정할 때 이 등급을 모델로 삼았다).

니더하우저 헤르만쇨레Niederhäuser Hermannshöhle가 1등급을 받자 프러시아 정부는 다음해에 슈타츠바인구트Staatsweingut(주정부 와이너리)를 새로 짓고, 죄수들을 시켜 잡목이 많은 메마른 경사면과 오래된 구리광산을 정리하고 여러 곳에 포도밭을 만들었다. 이곳의 와인들은 슐로스뵈켈하임 하류쪽에 있던 오랜 명성을 자랑하는 펠센베르크Felsenberg 와인에 도전장을 내밀기도 했다. 현재 셰퍼-프뢸리히 와이너리가 펠센베르크 포도밭을 풍부하게 표현하고 있다. 비슷한 이름의 가파른 펠세네크 포도밭도 셰퍼-프뢸리히 소유로, 나헤강 북쪽 보케나우에 있다.

흥망성쇠 그리고 재탄생

1920년대부터 니더하우젠의 나헤 슈타츠바인구트를 포함해, 바트 크로이츠나흐에 터를 잡은 라이히스그라프 폰 플레텐베르크Reichsgraf von Plettenberg, 카를 핀케나우어Carl Finkenauer, 그리고 유서 깊은 안호이저Anheuser는 상류쪽 포도밭에서 바위로 가득한 풍경처럼 반짝반짝 빛나고 강한 광물성을 자랑하는 극적인 와인을 생산했다. 그때는 최상급 재배자들의 명성이 지역 이름보다도 높았다. 1980년대 후반부터 슈타츠바인구트는 주도적인 역할을 하지 못하고 힘을 잃었다. 이후 주인이 2번 바뀌고, 대규모 구조조정을 거친 후 과거의 영광을 되찾는 데 성공했다. 새 주인은 근처의 헤르만쇨레와 혼동되지 않게 자신의 가장 좋은 포도밭 이름을 따서 구트 헤르만스베르크Gut Hermannsberg라고 이름을 붙였다. 모노폴인 오버호이저 브뤼케Oberhäuser Brücke, 노르하이머 델헨Norheimer Dellchen 포도밭과 함께 헤르만쇨레는 계속 뛰어난 성과를 거두며 확장하는 된호프 와이너리의 보석 같은 여러 포도밭 중 가장 반짝이는 최고의 보석이다.

강이 굽이도는 바트 뮌스터에서 위로 조금 올라가면 바트 크로이츠나흐 마을이 나온다. 남쪽의 붉은 절벽 로텐펠스Rotenfels는 알프스산맥 북쪽에서 가장 높은 절벽으로, 여기서 떨어진 자갈로 형성된 산기슭의 포도밭에서 풍미가 풍부한 와인이 나온다. Dr. 크루지우스Crusius 와이너리가 해가 잘 드는 좁고 비탈진 붉은 땅, 위대한 트라이저 바스타이Traiser Bastei의 주인이다.

이곳부터 하류, 즉 아래 지도의 북쪽도 역동적인 와인산지다. 도로스하임에서는 아르민 디엘의 딸 카롤리네가 슐로스구트 디엘Schlossgut Diel 와이너리에서 다양하고 흥미로운 와인을 만든다. 슐로스구트 디엘 피노 누아는 나헤의 최고 레드와인으로 평가받는다. 뮌스터-자름스하임의 크루거-룸프Kruger-Rumpf 와이너리는 나헤강이 라인가우강과 합류하는 빙겐 외곽에 있는데, 슈테판 룸프가 다우텐플렌처Dautenpflänzer와 피터스베르크Pittersberg 포도밭에서 흥미로운 리슬링을 생산한다.

슐로스뵈켈하임에서 바트 뮌스터까지

바트 뮌스터를 비롯하여 여러 마을이 오래된 남향 포도밭을 잠식하고 있다. 강이 내려다보이는 포도밭 건너편에는 곳곳에 오토캠핑장이 있다. 헤르만쇨레가 최고의 포도밭으로, 석회암과 반암이 섞인 검은 점판암 토양의 가파른 비탈에 위치한다.

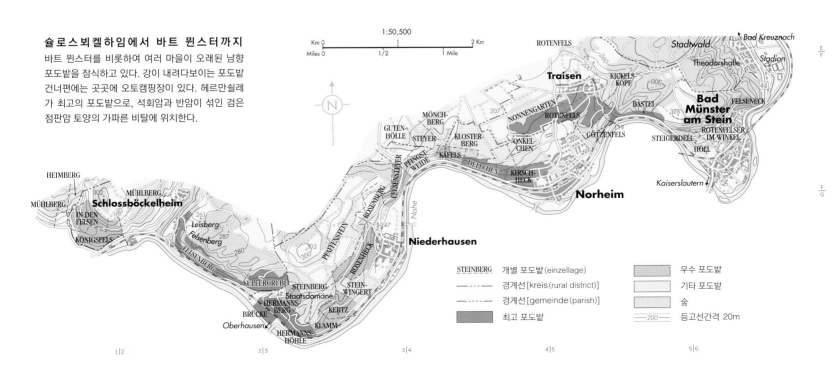

STEINBERG	개별 포도밭 (einzellage)		우수 포도밭
– – –	경계선 [kreis (rural district)]		기타 포도밭
– · – · –	경계선 [gemeinde (parish)]		숲
	최고 포도밭	200	등고선간격 20m

1:50,500

Km 0   2 Km
Miles 0   1/2   1 Mile

ROTENFELS · Stadtwald · Bad Kreuznach · Theodorshalle · Stadion · Traisen · KICKELS-KÖPFE · NONNENGARTEN · ROTENFELS · BASTEI · GÖTZENFELS · Bad Münster am Stein · FELSENECK · ROTENFELSER IM WINKEL · STEIGERDELL · HÖLL · MÖNCH-BERG · GUTEN-HÖLLE · STEYER · KLOSTER-BERG · ONKEL-CHEN · PFINGST-WEIDE · KAFELS · DELLCHEN · KIRSCH-HECK · Norheim · Kaiserslautern · HEIMBERG · MÜHLBERG · MÜHLBERG · Schlossböckelheim · IN DEN FELSEN · KÖNIGSFELS · Leisberg · Felsenberg · FELSENBERG · PEFFENSTEIN · ROSENBERG · FELSENTEYER · ROSENHECK · Nahe · Niederhausen · KUPFERGRUBE · STEINBERG · STEIN-WINGERT · Staatsdomäne · HERMANNS-BERG · KERTZ · BRÜCKE · Oberhausen · HERMANNS-HÖHLE · KLAMM

1|2   2|3   3|4   4|5   5|6

라인가우 Rheingau

라인가우는 오랫동안 독일 와인의 정신적인 수도였다. 리슬링이 태어난 곳이고, 클로 드 부조Clos de Vougeot의 경쟁자인 부르고뉴 시토회 수도사들이 심은 유서 깊은 포도밭도 있다. 하지만 이제 재배면적이 나헤보다 적어 독일에서 소규모 산지에 속한다. 라인가우 와인은 명성을 되찾을 시간이 필요하다.

2000년대 전후 제자리걸음을 하던 라인가우에, 참신한 생각과 열정을 가진 새로운 피가 수혈되기 시작했다. 신세대 와이너리뿐 아니라 유서 깊은 와이너리도 새로 태어나기 위해 노력했다. 드라이 리슬링과 슈페트부르군더가 가장 큰 발전을 보였는데, 두 품종을 독점적으로 재배하는 곳이 라인가우다. 이 지역의 많은 VDP 회원들뿐 아니라 뤼데스하임의 게오르크 브로이어Georg Breuer와 카를 에어하르트Carl Ehrhardt, 로르히의 에바 프리케Eva Fricke 같은 생산자들도 매우 정확

하고 순수한 와인을 생산한다.

남향 경사면에 넓게 펼쳐진 포도밭은 북쪽에서 타우누스산맥의 보호를 받고, 남쪽에서는 동에서 서로 흐르는 라인강이 햇빛을 반사하여 따뜻하다. 확실히 포도재배에 장점이 많은 지역이다. 폭이 1.5km가 넘는 넓은 강은 한 줄로 천천히 움직이는 거대한 바지선의 고속도로 역할을 하고, 날씨가 좋은 해에는 강에서 안개가 피어올라 포도가 익는 동안 보트리티스 곰팡이가 잘 피도록 돕는다. 다양한 점판암과 규암, 이회토가 섞여있는 토양 역시 큰 장점이다.

라인가우 서쪽 끝의 남향 포도밭 뤼데스하이머 베르크 슐로스베르크Rüdesheimer Berg Schlossberg는 라인가우에서 가장 가파른 비탈로, 강을 향해 거의 수직으로 떨어진다. 전에는 가파른 계단식 포도밭이었지만, 지금은 불도저로 밀어서 완만하게 만들었다. 좋은 해에는(꼭 더웠던 해는 아니다. 배수가 유난히 잘 되는 해가 있다) 과일향이 풍부하고 힘이 있으면서도 섬세한 뉘앙스를 가진 와인이 나온다. 게오르크 브로이어, 라이츠Leitz, 베겔러Wegeler가 뛰어난 생산자들이다. 뤼데스하

임에서 나헤강 어귀의 빙겐까지는 페리호가 운행한다.

라인가우 화이트와인은 모젤에 비해 리슬링이 더 많지만, 현재 라인가우 포도밭의 12%가 슈페트부르군더(피노 누아)를 재배한다. 역사적으로 헤시셰 슈타츠바인귀터 아스만스하우젠Hessische Staatsweingüter Assmannshausen(주정부 와이너리)이 만든 아스만스호이저 슈페트부르군더Assmannshäuser Spätburgunder가 세계적 명성을 얻은 유일한 독일 레드와인이다. 오늘날 챗 소바주Chat Sauvage, 아우구스트 케슬러August Kesseler, 바인구트 크로네Weingut Krone, 로베르트 쾨니히Robert König가 점판암에서 재배한 슈페트부르군더로 구조가 잘 잡히고, 종종 오크통 숙성을 한 레드와인을 만들어 명성을 얻고 있다.

더 드라이하게

달콤한 베렌아우스레제와 트로켄베렌아우스레제가 가장 비싸지만, 현재 이곳에서 만드는 와인의 80% 이상은 20세기 초처럼 드라이하다. 외스트리히의 슈반Schwan, 엘트빌레의 춤 크루크Zum Krug 등 강변의 유서

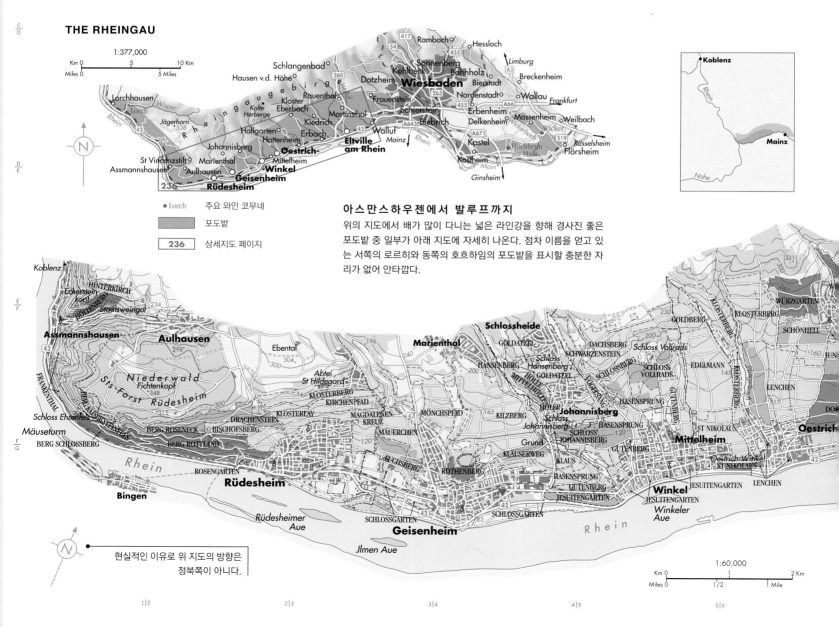

THE RHEINGAU

1:377,000

주요 와인 코무네
포도밭
236 상세지도 페이지

아스만스하우젠에서 발루프까지
위의 지도에서 배가 많이 다니는 넓은 라인강을 향해 경사진 좋은 포도밭 중 일부가 아래 지도에 자세히 나온다. 점차 이름을 얻고 있는 서쪽의 로르히와 동쪽의 호흐하임의 포도밭을 표시할 충분한 자리가 없어 안타깝다.

현실적인 이유로 위 지도의 방향은 정북쪽이 아니다.

1:60,000

깊은 호텔 레스토랑에서 드라이와인을 제공한다.

뤼데스하임에서 상류로 조금 올라가면, 세계적인 유명 양조학교와 포도재배 연구센터가 있는 가이젠하임이 나온다. 더 올라가면 언덕 위로 슐로스 요하니스베르크Schloss Johannisberg 와이너리가 카펫처럼 펼쳐진 포도밭 위에 서있는데, 가이젠하임과 빈켈 사이에서 가장 압도적인 풍경이다. 이곳에서 18세기에 귀부 포도로 귀한 스위트와인을 만드는 늦수확 방식을 도입했다고 알려져있다. 빈켈 마을 언덕의 웅장한 슐로스 폴라즈Schloss Vollrads 와이너리는 800년의 역사를 갖고 있다. 동쪽으로 강을 따라 올라가면 작은 마을이 계속된다. 관광지로서 뤼데스하임과 비교할 수는 없겠지만 매우 훌륭한 포도밭을 자랑하는 마을들이다. 미텔하임의 장크트 니콜라우스St Nikolaus, 외스트리히의 렌헨Lenchen과 도스베르크Doosberg, 하텐하임의 비셀브루넨Wisselbrunnen, 에르바흐의 마르코부룬Marcobrunn 포도밭은 이회토가 많은 토양에서 가장 유명한 와인들을 만든다. 슈프라이처Spreitzer 형제와 바이오다이나믹 농법의 페터 야콥 퀸Peter Jakob Kühn이 그 주인공들이다.

하텐하임 경계선은 슈타인베르크산 정상과 언덕들까지 포함한다. 32ha의 이 포도밭은 12세기에 시토회 수도사들이 만들고 담을 쌓았다. 근처 숲속 분지에는 놀랍도록 잘 보존된 클로스터 에버바흐Kloster Eberbach 수도원이 있다(p.11 참조). 독일 와인 역사의 상징인 이곳은 음악축제, 호텔, 레스토랑은 물론 1706년 빈티지를 포함한 훌륭한 와인 컬렉션까지 갖췄다. 오늘날 슈타인베르크 와이너리는 매우 현대적인 시설에서 와인을 생산한다. 이곳은 고급 독일 와인에 처음으로 스크루캡을 사용한 선구자다. 아름다운 고딕 양식의 키트리히 교회는 라인가우에서 두 번째로 유서 깊은 건축물이다. 라인강에서 내륙쪽의 해발 120m에 위치한다. 산토리Suntory가 대주주인 로베르트 바일Robert Weil 와이너리는 로베르트의 아들 빌헬름이 경영하며, 마을에서 가장 큰 와이너리로 라인가우에서 가장 인상적인 스위트와인을 만든다. 이곳의 트로켄베렌아우스레제는 평이 좋고 가격도 그만큼 비싸다. 라우엔탈은 언덕의 마지막 마을로 강에서 가장 멀다. 꽃과 향신료의 복합적인 향을 자랑하는 리슬링 덕에 라인가우 최고의 마을로 평가받는다. 게오르크 브로이어가 대표 와이너리다.

호흐하임

라인가우 동쪽 끝, 포도밭 밀집지역에서 떨어진 곳에 가이젠하임에 있는 슐로스 쇤보른(Schloss Schönborn) 와이너리. 폰 쇤보른 가문의 저택으로, 14세기부터 27대째 와인을 만들고 있다.

호흐하임Hochheim이 있다(라인의 화이트와인을 뜻하는 호크hock가 여기서 유래했다). 팽창하는 비스바덴 마을의 남쪽 외곽에 있고, 너무 동쪽이라 아래 지도에는 나오지 않는다. 라인가우의 오지 호흐하임의 포도밭은 기온을 높여주는 마인강 바로 북쪽의 완만한 비탈에 있으며, 주위에 다른 포도밭은 없다. 가장 좋은 포도밭은 돔데카나이Domdechaney, 키르헨스튀크Kirchenstück, 횔레Hölle로, 토양이 깊고 특이하게도 온화한 중기후다. 돔데칸트 베르너Domdechant Werner와 퀸스틀러Künstler가 풀바디에 흙냄새 강한 흥미로운 와인을 만든다.

KLOSTERBERG 개별 포도밭(einzellage)

‒‒‒‒ 경계선(gemeinde(parish))

최고 포도밭

우수 포도밭

기타 포도밭

숲

200 등고선간격 20m

▼ 기상관측소(WS)

하텐하임과 에르바흐 사이의 좁은 섬에도 포도나무가 자란다. 대부분의 포도밭이 강물과 숲 사이의 비탈에 자리잡고 있다.

라인가우 가이젠하임	▼
북위/고도(WS)	49.59°/115m
생장기 평균 기온(WS)	15℃
연평균 강우량(WS)	537mm
수확기 강우량(WS)	10월 : 48mm
주요 재해	진균병
주요 품종	화이트 **리슬링** 레드 **슈페트부르군더**

라인헤센
Rheinhessen

오늘날 라인헤센은 독일에서 가장 진보적이고 혁신적인 와인산지로 팔츠와 경쟁하고 있다. 포도밭 총면적은 26,600*ha*이고, 150여 개 마을에서 와인을 생산한다. 라인헤센은 독일에서 가장 큰 와인산지지만, 그것이 전부는 아니다. 한때 수확량이 많은 뮐러-투르가우로 만든 부드럽고 흔해빠진 리프프라우밀히Liebfraumilch와 니어슈타이너 구테스 돔탈Niersteiner Gutes Domtal 와인으로 유명했지만, 지난 20년 동안의 발전으로 그 기억은 사라진지 오래다.

20년 전만 해도 라인헤센의 포도밭은 여전히 독일 포도나무 육종가들이 열매가 많이 맺히고 당도가 높게 교배시킨 뮐러-트루가우가 대부분이었다. 고전적이고 상큼한 리슬링에 관심을 가진 생산자는 소수였다.

유명한 라인프론트Rheinfront(보름스와 마인츠 사이, 라인강 좌안인 니어슈타인 북쪽과 남쪽 지역을 말한다. p.240 상세지도 참조)의 군더로흐Gunderloch와 헤일 추 헤른스하임Heyl zu Herrnsheim, 플뢰르스하임-달스하임(p.239 상세지도 참조)의 클라우스Klaus와 헤드비히 켈러Hedwig Keller가 바로 그들이다. 이들은 고급 귀부와인으로 관심을 끌었지만, 재배자들의 모임에서 독일인의 입맛이 트로켄(드라이)와인을 선호하기 시작했다는 것을 알아차렸다.

라인헤센은 미디엄드라이부터 미디엄스위트 와인의 생산비율이, 모젤과 나헤를 제외한 대부분의 다른 독일 지역보다 여전히 높다. 하지만 새 바람을 일으키고 있는 최고의 라인헤센 와인은 대부분 드라이 화이트다. 이제 주요 품종이 된 리슬링으로 정교하고 묵직한 와인을 만든다.

뮐러-투르가우와 도른펠더는 각각 두 번째와 세 번째로 많이 재배하는 품종으로, 부드럽고 순해서 대중시장과 보수적인 입맛을 가진 소비자들을 겨냥한 와인

을 만든다. 하지만 드라이와인이 유행하면서 리슬링뿐만 아니라 또 다른 전통품종인 실바너의 인기도 올라가고 있다. 실바너는 라인헤센에서 특히 오래전부터 재배했으며 많은 사랑을 받았다. 현재는 서로 다른 2가지 스타일로 생산된다. 대부분의 실바너는 가볍고 상쾌하며 과일향이 풍부한 와인으로, 어릴 때 마시기 좋다. 특히 초여름에 이 지방 특산인 화이트 아스파라거스에 곁들이면 훌륭하다. 다른 스타일의 실바너는 반대로 힘있고 드라이하며, 잘 추출되고 장기보관할 수 있는 와인이다. 가우-알게스하임의 미하엘 테슈케Michael Teschke가 실바너의 최고 수호자로 실바너에 거의 100% 헌신하고 있다면, 켈러Keller와 바그너-스템펠Wagner-Stempel 역시 자신들의 스타일로 실바너 와인을 만든다. 그라우부르군더(피노 그리), 바이스부르군더(피노 블랑), 슈페트부르군더(피노 누아), 이 3가지 피노로 만든 트로켄와인도 인기 있다. 이 와인들은 줄고 있는 케르너와 포르투기저로 만든 와인보다 발전된 지역요리와 더 잘 어울린다고 평가받는다.

야망과 투지

라인헤센 와인이 입가심하기 좋은 부드러운 와인에서 독일 와인혁명의 선구자로 빠르게 우뚝 선 것은, 단순히 더 좋은 품종으로 와인을 만들어서가 아니다. 여기에는 2000년대 초에 등장한 야망과 투지로 무장한 젊은 와인메이커들의 역할이 컸다. 이들은 잘 교육받았고, 의욕적이었으며, 부러울 정도로 많은 곳을 여행했고, 라인강 우안의 가파른 비탈뿐 아니라 별다른 특징이 없는 낮은 언덕과 혼합농업을 하는 비옥한 내륙지역에서도 품질 좋고 매력적인 와인을 생산할 수 있다는 것을 보여줬다. 젊은 와인메이커들은 옆의 지도 남쪽에 있는 보네가우Wonnegau라고 알려진 지역에 모여있다. 이들 대다수가 메시지 인 어 보틀Message in a Bottle, 라인헤센 파이브Rheinhessen Five, 비노베이션Vinovation, 막시메 헤어쿤프트 라인헤센Maxime Herkunft Rheinhessen 같은 단체에 속해있다. 마지막 단체는 2017년 70명의 재배자가 모여 결성했는데, 라인헤센 와인의 품질 구조를 소비자에게 명확하게 알리는 것이 목적이다. 이들 모두가 VDP 협회의 회원은 아니지만, VDP의 등급 체계를 따라 자신들의 와인을 구츠바인Gutswein(와이너리 와인), 오르츠바인Ortswein(포도가 재배된 마을 와인), 랑겐바인Langenwein(최고의 개별 포도밭)으로 나눈다.

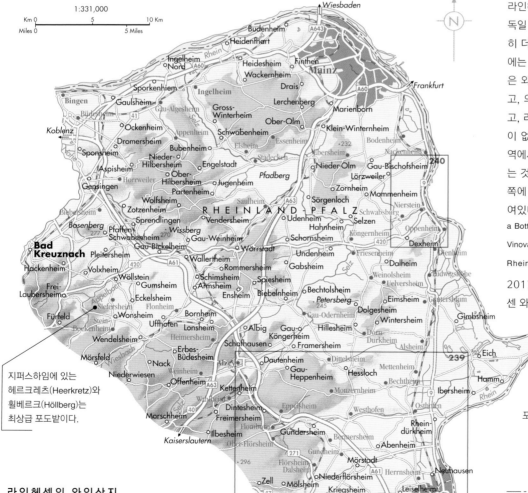

1:331,000

Km 0 — 5 — 10 Km
Miles 0 — 5 Miles

지퍼스하임에 있는 헤르크레츠(Heerkretz)와 휠베르크(Höllberg)는 최상급 포도밭이다.

라인헤센의 와인산지

독일에서 와인을 가장 많이 생산하는 라인헤센에는 이름이 있는 싱글빈야드가 400개가 넘는다. 붉은색 이름이 주요 와인 코무네(마을)이다.

— ‧ — ‧ —	경계선 [landesgrenze (state)]
● Nierstein	주요 와인 코무네
	해발 200m 이상 지역
239	상세지도 페이지

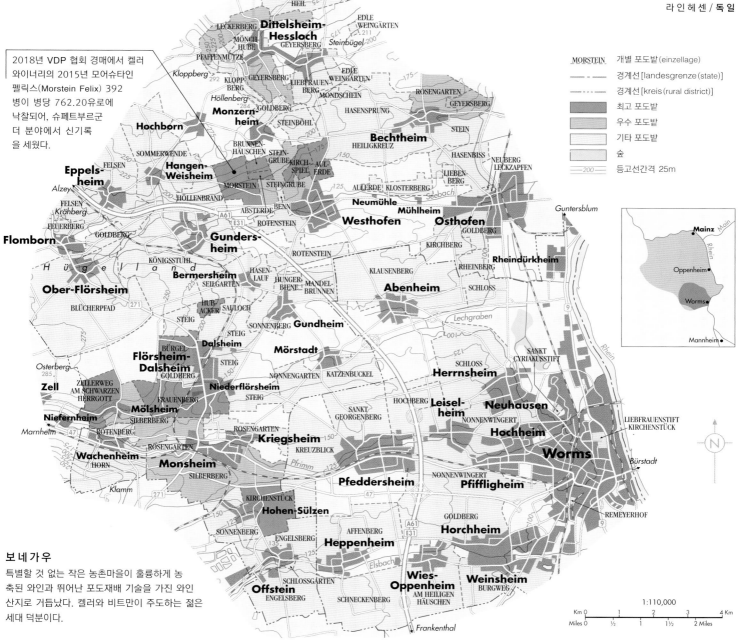

2018년 VDP 협회 경매에서 켈러 와이너리의 2015년 모어슈타인 펠릭스(Morstein Felix) 392병이 병당 762.20유로에 낙찰되어, 슈페트부르군더 분야에서 신기록을 세웠다.

MORSTEIN 개별 포도밭(einzellage)
───── 경계선[landesgrenze (state)]
- - - - 경계선[kreis (rural district)]
최고 포도밭
우수 포도밭
기타 포도밭
숲
──200── 등고선간격 25m

1:110,000

보네가우

특별할 것 없는 작은 농촌마을이 훌륭하게 농축된 와인과 뛰어난 포도재배 기술을 가진 와인산지로 거듭났다. 켈러와 비트만이 주도하는 젊은 세대 덕분이다.

보네가우 와인의 놀라운 성공은 가족경영 와이너리들이 필립 비트만Philipp Wittmann과 클라우스 페터 켈러Klaus Peter Keller에게 넘어갔기 때문이라고 해도 틀리지 않다. 하지만 품질 좋은 와인을 추구하는 것은 그들만이 아니다. 비트만과 켈러가 베스트호펜과 플뢰르스하임-달스하임같이 알려지지 않았던 마을들을 세상에 알린 장본인이지만, 동료 생산자들도 보네가우의 다른 마을에서 일어나는 혁명에 참여하고 있다. 여러 마을의 이름이 그저 '집'을 뜻하는 '~하임'인 데서 이 마을의 소박함이 잘 드러난다.

디텔스하임이 세상에 나온 것은 슈테판 빈터Stefan Winter 덕분이다. 서쪽 끝에 있는 지퍼스하임은 다니엘 바그너-스템펠Daniel Wagner-Stempel이, 호헨-쥘첸은 바텐펠트슈파니어Battenfeld Spanier 와이너리의 올리버 스파니어Oliver Spanier가, 베흐트하임은 요헨 드라이시가커Jochen Dreissigacker가 세상에 알렸다. 많은 경우 포도밭을 개척했다기보다 오랜 역사를 가진 포도밭을 회복시킨 것이다. 라인헤센은 로마시대부터 포도를 재배했고, 샤를마뉴 대제의 숙부는 742년 니어슈타인에 있는 포도밭을 뷔르츠부르크 교구에 선물했다. 이 신세대 와인메이커들은 대부분 전통방식으로 와인을 만든다. 먼저 수확량을 줄이고, 배양효모보다는 천연효모를 사용한다. 그 결과로 더 강렬하지만 일반 독일 와인보다 아로마가 천천히 드러나는 와인이 나온다.

그들의 노력은 리슬링, 실바너, 쇼이레베(켈러의 와인이 훌륭하다), 슈페트부르군더에 국한되지 않는다. 아펜하임의 크네비츠Knewitz는 샤르도네로 이름을 알렸고, 몬체른하임의 베덴보른Weedenborn은 다양한 소비뇽 블랑 와인에 힘쓰고 있다. 플뢰르스하임-달스하임은 평범한 마을이지만, 클라우스 페터 켈러 덕분에 유명해졌다. 지금은 독일에서 가장 높이 평가받는 스파클링와인 생산자, 젝트하우스 라움란트Sekthaus Raumland의 고향으로도 알려져있다.

수백 년 동안 라인란트주의 위대한 도시였던 보름스는 성경을 독일어로 번역한 마르틴 루터를 파문한 1521년 칙령이 발표되었던 곳이다. 리프프라우엔키르헤Liebfrauenkirche 교회 근처, 담이 둘러진 리프프라우엔슈티프트-키르헨슈튁Liebfrauenstift-Kirchenstück 포도밭의 와인을 리프프라우밀히Liebfraumilch(성모의 젖)라고 하는데, 독일 와인을 거의 좌초시킨 동명의 싸구려 와인들과 혼동하기 쉽다. 지금은 3곳의 재배자가 이 포도밭에서 꽤 괜찮은 와인을 만든다. 그중에서도 구츨러Gutzler의 그로세스 게벡스가 가장 진지한 와인으로 평가받는다.

부활하는 라인프론트

먼 옛날 니어슈타인 마을은 히핑Hipping, 브루더스베르크Brudersberg, 페텐탈Pettenthal 같은 걸출한 포도밭에

나켄하임에 있는 로터 항 비탈의 유명한 붉은 흙이다. 가장 좋은 로텐베르크(Rothenberg) 포도밭의 중간 부분은 20세기 중후반 독일에서 진행된 포도밭 재정비사업으로 2배 이상 확장되었다.

서 생산된, 매우 달콤하고 향이 풍부한 와인으로 유명했다. 하지만 1970년대에 니어슈타인을 제외한 지역의 와인을 묶은 그로스라게 니어슈타이너 구테스 돔탈Grosslage Niersteiner Gutes Domtal이 나오면서 이미지가 추락했다.

라인프론트는 그렇게 오랫동안 평범한 와인을 생산하다가, 몇몇 완벽주의 재배자들이 나타나면서 과거의 영광을 되찾았다. 그들은 귀부와인의 유산을 되살렸을 뿐 아니라 독일에서 가장 경이로운, 그로세스 게벡스(최상급 포도밭에서 생산한 드라이와인)라는 무기도 장착했다. 어디서든 빼놓을 수 없는 클라우스 피터 켈러, 퀼링-길로트Kühling-Gillot, 장크트 안토니St Antony, 셰첼Schätzel은 모두 니어슈타인의 페텐탈과 히핑 포도밭의 가장 좋은 구획에서 빼어난 와인을 만들고 있다.

마인츠 남쪽에서 멀지 않은 곳에 나켄하임 마을이 있다. 나켄하임과 니어슈타인 사이의 가장 유명한 포도밭을 로터 항Roter Hang(붉은 비탈)이라고 한다. 독특한 테루아를 가진 이곳에서는 향신료향이 강하고 섬세한 과일향이 나는 리슬링을 생산한다. 모래와 이암층에 석회암이 끼여있는 상부토는 2억 8천만 년 전, 이 지역이 아열대 환경일 때 형성된 철 성분(적철석)이 있어 붉은색을 띤다.

이곳 토양의 보온력은 점판암과 비슷하고, 가파른 남향 비탈의 경사도와 함께 로터 항의 놀라운 소기후를 만들어낸다.

바인 폼 로텐 항Wein vom Roten Hang은 이 지역의 독특한 테루아를 알리기 위해 결성된 재배자들의 연합이다. 군더로흐와 퀼링-길로트의 와인에 테루아의 특징이 잘 표현되어 있다.

라인헤센 북쪽 끝에 있는 도시 빙겐은 라인가우의 뤼데스하임(p.236 지도 참조)과 강을 사이에 두고 마주본다. 빙겐의 가파른 비탈에 있는 1등급 샤를라흐베르크Charlachberg 포도밭에서는 뛰어난 리슬링을 재배한다.

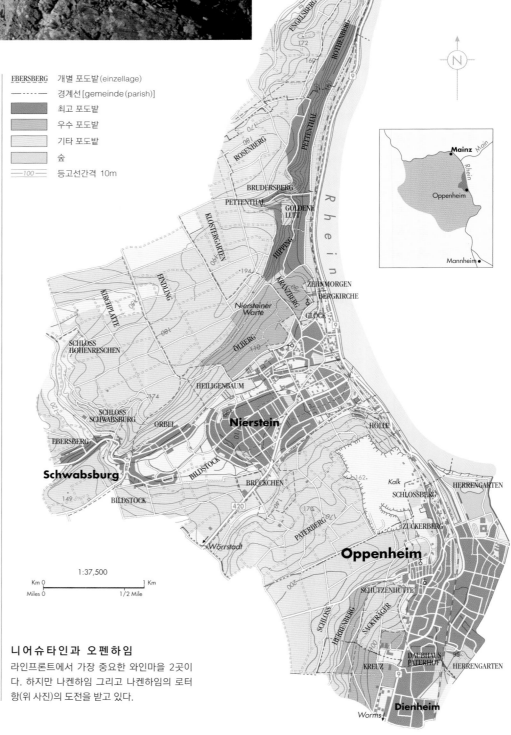

니어슈타인과 오펜하임
라인프론트에서 가장 중요한 와인마을 2곳이다. 하지만 나켄하임 그리고 나켄하임의 로터 항(위 사진)의 도전을 받고 있다.

팔츠 Pfalz

팔츠는 독일에서 두 번째로 큰 와인산지다. 알자스 북쪽 보주산맥과 연결되는 독일의 하르트산맥 아래에 포도밭이 길게 펼쳐져있다. 알자스처럼 팔츠도 독일에서 가장 일조량이 많고 건조한 지역이다. 3월 초에 아몬드 꽃이 피고 감귤류의 과수원이 있는 것으로 거의 지중해성 기후임을 알 수 있다.

독일 와인로드 중 가장 유명한 도이체 바인슈트라세 Deutsche Weinstrasse는 프랑스 국경에서 가까운 바인토어 성문에서 시작되어 수많은 포도밭과 동화 같은 마을, 그리고 도시를 지나간다. 자갈길과 꽃으로 장식된 마을들에서는 세계 어느 와인산지보다 와인축제가 자주 열린다. 매년 8월 마지막 일요일에는 남쪽 슈바이겐부터 북쪽 보켄하임까지 85km 전 구간(팔츠 지도의 거의 전체)의 교통이 통제되고, 음식과 와인을 즐기는 사람들로 북적인다.

1960~70년대의 팔츠 와인은 값싸고 따분한 와인을 연상시켰다. 협동조합에서 만든 이 와인들은 대부분 안정적이지만 전혀 감동적이지 않았다. 팔츠 와인의 전통적인 중심부(p.242 지도 참조) 미텔하르트에서 높이 평가받는 몇 안 되는 와이너리들은 이런 평범함의 시대에 예외적인 성과를 거두었다. 하지만 그들만 고품질 와인을 만들던 시기도 오래전에 지나갔다. 이제 팔츠는 혁신적인 와인산지로 자리매김했고, 큰 성과를 내고 있다.

2017년 팔츠에서는 와인생산에 120개 이상의 품종이 허용되었지만, 역시 리슬링이 왕이다. 팔츠 전체 포도밭의 1/4인 5,900ha에서 리슬링을 재배하는데, 세계 어느 지역보다도 큰 규모다. 와인 생산의 1/3 이상은 레드와인으로, 3,000ha를 차지하는 도른펠더는 두 번째로 많이 심는 품종이지만 예전만큼 인기가 높지는 않다. 뮐러-투르가우와 포르투기저는 각각 품질보다 양에서 선호되는 레드와 화이트 품종으로, 여전히 중요하지만 점차 설 자리를 잃고 있다. 3가지 피노종류(바이스부르군더, 그라우부르군더, 슈페트부르군더)는 오크통 숙성 여부와 상관없이 모두 드라이와인이고, 음식과 매칭하기 좋아 더 인기를 얻고 있다. 또 여름이 계속 더워지면서 샤르도네, 심지어 카베르네 소비뇽도 팔츠 포도밭에서 잘 익는다.

팔츠 와인 3병 중 2병이 드라이와인, 즉 트로켄, 할프트로켄 또는 파인헤르프이다. 과일향이 풍부한 흥미로운 와인은 미텔하르트의 전유물이었지만, 지금은 팔츠 전역에서 생산된다. 이런 변화는 1980년대 중반에는 별 볼 일 없던 팔츠의 북단과 남단에서 주도했다.

남부의 활기

팔츠 남부, 즉 쥐트팔츠Südpfalz의 비르크바일러, 지벨딩겐, 슈바이겐 마을은 믿을 수 있고 부담없이 매일 즐기는 와인으로 유명했다. 하지만 한스외르크 레브홀츠Hansjörg Rebholz나 카를-하인츠 베어하임Karl-Heinz Wehrheim 같은 젊은 재배자들은 이에 만족할 수 없었다. 그들은 노이슈타트의 통찰력 있는 양조가이자 '비개입' 와인양조란 획기적인 발상으로 수십 년 동안 독일의 와인양조에 가장 중요한 영향을 끼친 한스-귄터 슈바르츠Hans-Günter Schwarz로부터 영감을 받았다. 1991년 레브홀츠와 베어하임은 '퓐프 프로인데Fünf Freunde(다섯 친구들)'라는 비공식적인 생산자 모임을 결성해, 진취적인 생산자들끼리 서로 소통하고 경험을 공유할 수 있게 했다. 이러한 움직임은 팔츠 남부를 활기 없는 시골 와인마을에서 독일 와인문화의 진보적인 허브로 변모시켰고, 쥐트팔츠 커넥션Südpfalz Connexion, 와인체인지스Winechanges, 그리고 최근의 제너레이션

팔츠Generation Pfalz 같은 재배자 그룹이 결성되는 데 영감을 주었다.

프랑스 국경의 바로 북쪽인 남부 팔츠에서 리슬링이 확고히 뿌리내리고 있지만, 정말 인상적인 것은 피노 종류를 능숙하게 다루는 생산자들의 솜씨다. 이웃 알자스에서 피노 블랑으로 불리는 바이스부르군더는 쓰임새가 많은 품종으로, 쥐트팔츠의 최고 재배자들도 매우 중요하게 다룬다. 보리스 크란츠Boris Kranz는 일베스하이머 칼미트Ilbesheimer Kalmit를, Dr. 베어하임Wehrheim은 비르크바일러 만델베르크Birkweiler Mandelberg를 통해 풍부하고 개성적인 와인을 계속 제시하고 있다. 그라우부르군더 역시 귀한 대접을 받으며, 가끔 오크통 숙성을 더 오래 하기도 한다. 피노의 친척, 샤르도네 역시 빛을 발한다. 베른하르트 코흐Bernhard Koch의 하인펠더 레텐 그랑드 레제르브

1:448,000

Km 0 · · · 10 · · · 20 Km
Miles 0 · · · 5 · · · 10 Miles

팔츠의 와인산지

p.242 지도에 나온 미텔하르트는 급속하게 확장되고 있는 팔츠 와인산지의 극히 일부분이다. 팔츠의 최근 여름날씨는 계속 더워지고 있다.

범례:
- 국경선
- 경계선 [landesgrenze (state)]
- ● Forst 주요 와인 코무네
- 해발 300m 이상 지역
- 242 상세지도 페이지

1:48,250

Km 0   2 Km
Miles 0   1/2   1 Mile

BELZ — 개별 포도밭 (einzellage)

— 경계선 [gemeinde(parish)]

최고 포도밭

우수 포도밭

기타 포도밭

숲

200 — 등고선간격 20m

미텔하르트

팔츠의 전통적인 와인 중심지다. 가장 좋은 포도밭은 바헨하임과 다이데스하임 사이에 있다.

Hainfelder Letten Grande Réserve와 레브홀츠의 샤르도네 'R'이 수년 동안 이를 입증하고 있다.

슈바이겐에 있는 프리드리히 베커Friedrich Becker, 베른하르트Bernhart, 욀크Jülg 와이너리는 슈페트부르군더(피노 누아)로 좋은 와인을 만든다. 하지만 최고 포도밭인 하이덴라이히Heydenreich, 장크트 파울St Paul, 카머베르크Kammerberg, 레들링Rädling, 조넨베르크Sonnenberg가 프랑스 국경 너머 알자스 지방의 비상부르 북쪽까지 펼쳐져있다. 게뷔르츠트라미너는 이곳에서 매우 드물지만, 찾아서 마셔볼 만하다.

미텔하르트

미텔하르트에서 테루아를 잘 표현하는 주요 품종은 여전히 리슬링이다. 리슬링은 이곳에서 즙이 많고 꿀향이 풍부하고 바디감이 있으며 산미가 멋지게 균형을 이룬 와인이 된다(드라이와인조차도 그렇다). 역사적으로 유명한 생산자 뷔르클린－볼프Bürklin－Wolf, 폰 바서만－요르단von Bassermann－Jordan, 폰 불von Buhl(이들을 3Bs라고 한다)이 팔츠 와인 중심부를 지배하고 있다. 폰 바서만－요르단과 폰 불은 1990년대를 힘들게 보냈지만, 현지 사업가가 이 2곳을 매입하여 혁신기술을 도입하고 재능 있는 와인메이커를 고용하는 데 대대적으로 투자했다. 또 새 소유주는 유서 깊은 Dr. 다인하르트Deinhard 와이너리도 매입하여, 세 와이너리 모두 유명한 요르단 와인왕조의 소유였을 때(1848년 유산문제로 분리되기 이전에) 부르던 폰 비닝von Winning으로 이름을 바꾸었다. 세 와이너리는 소유주가 같지만 완전히 독립적으로 활동하며 목표도 다르다. 폰 불은 샹파뉴 볼링거의 양조책임자였던 마티유 코프만Mathieu Kauffmann을 영입해 매우 드라이한 리슬링과 최고급 스파클링와인에 집중하고 있다. 바서만－요르단이 순수한 리슬링의 전통을 따른다면, 폰 비닝은 슈테판 아트만Stephan Attmann이 부르고뉴에서 일한 경험을 살려 2008년부터 오크통에서 숙성한 리슬링을 만들면서 논란의 여지가 있는 길을 선택했다. 세 와이너리 모두 팔츠에서 가장 아름다운 마을이며 훌륭한 레스토랑이 많은 다이데스하임에 셀러가 있다.

다이데스하임의 포도밭은 대부분 독일 우수와인 생산자협회 VDP(p.225 참조)의 최고 등급인 그로세 라게Grosse Lage로, 즙이 많은 독특한 와인이 나온다. 최고 포도밭은 호헨모르겐Hohenmorgen, 모이스휠레Mäushöhle, 라인휠레Leinhöhle, 칼코펜Kalkofen, 키젤베르크Kieselberg, 그라인휘벨Grainhübel이다. 바로 남쪽의 루퍼츠베르크Ruppertsberg는 미텔하르트를 대표하는 마을 중 하나다. 이곳 최고 포도밭인 가이스뵐Gaisböhl, 린젠부슈Linsenbusch, 라이터파트Reiterpfad, 슈피스Spiess 모두 완만한 비탈에 있으며 해가 잘 든다. 토양구조가 복합적이어서 섬세한 광물향의 리슬링이 생산된다.

다이데스하임 바로 북쪽의 포르스트는 1828년 바바리아 주정부가 팔츠에서 가장 높은 등급으로 분류한

Bad Dürkheim   **Mannheim**

Rhein

Map labels:

Grünstadt, STEINACKER, SAUMAGEN, STEINACKER, Kallstadt, KALKOFEN, Leistadt, Appental, HERREN-MORGEN, KRONENBERG, OSTERBERG, ANNA-BERG, STEINACKER, Weilberg, WEILBERG, NUSSRIEGEL, Anneberg, BETTELHAUS, Schlammberg, Ungstein, Spielberg, SPIELBERG, HERRENBERG, NUSSRIEGEL, STEINBERG, HOCHBENN, RITTER-GARTEN, Michelsberg, NONNEN-GARTEN, STEIN-BERG, MICHELSBERG, NONNENGARTEN, Bad Dürkheim, ABTSFRONHOF, Neuberg, Ludwigshafen, FRONHOF, Kaiserslautern, FUCHSMANTEL, MANDELGARTEN, Seebach, KÖNIGSWINGERT, Weisen Bächel, Kemmersberg, BISCHOFSGARTEN, Wachenheim an der Weinstrasse, LUGINSLAND, RECHBÄCHEL, BISCHOFSGARTEN, SCHLOSSBERG, BÖHLIG, GOLDBÄCHEL, BELZ, GERÜMPEL, STIFT, LETTEN, ALTEN-BURG, PECHSTEIN, KIRCHEN-STÜCK, Im Marsch, ODINSTAL, MUSENHANG, JESUITEN-GARTEN, UNGEHEUER, Forst an der Weinstrasse, Margarethental, STIFT, NONNENSTÜCK, FREUNDSTÜCK, Stech Gr, Hahnen Bühl, ELSTER, HERRGOTTSACKER, Niederkirchen, Haus Mayer, MÄUSHÖHLE, KALKOFEN, KIESELBERG, GRAINHÜBEL, HOHEN-MORGEN, LEINHÖHLE, LANGEN-MORGEN, PARADIESGARTEN, Deidesheim, In der Marlach, REITERPFAD, LINSENBUSCH, SPIESS, HOHEBURG, Ruppertsberg, NUSSBIEN, GAISBÖHL, LINSENBUSCH, ÖLBERG, Neustadt an der Weinstrasse

N

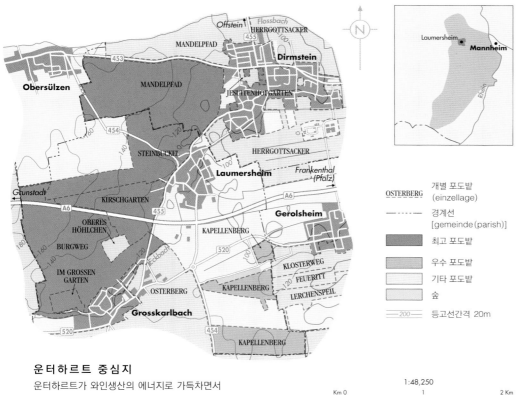

사람들이 많이 다니는 다이데스하임의 바인슈트라세 거리에 뷔르클린–볼프 와인바와 와인샵이 있다. 전통적인 외관이 바이오다이나믹 농법의 선구자로 알려진 뷔르클린 볼프와 묘한 대비를 이룬다.

마을로, 팔츠에서 가장 우아한 와인으로 손꼽힌다. 주민들은 포르스트 와인을 마을의 높고 우아한 교회 첨탑과 비교하곤 한다. 이곳 최고의 포도밭은 수분을 머금은 점토질 토양이며, 마을 위쪽의 검은 현무암은 따뜻하고 칼슘이 풍부한 검은 토양을 제공한다. 종종 다른 포도밭, 특히 다이데스하임 포도밭에서 현무암을 파내서 뿌리는 경우도 있다. 포르스트에서 가장 유명한 포도밭인 예주이텐가르텐Jesuitengarten과, 그에 못지 않은 키르헨스튀크Kirchenstück는 교회 바로 뒤에 있다. 프로인트스튀크Freundstück(대부분 폰 불 소유), 페흐슈타인Pechstein, 웅게호이어Ungeheuer는 같은 등급이다. 게오르크 모스바허Georg Mosbacher가 대표적인 재배자다.

작고 유명한 포도밭들이 모여있는 바헨하임 마을에서 미텔하르트의 역사적인 중심지는 끝난다. 이곳에는 독일 바이오다이나믹 농법의 가장 헌신적인 선구자인 뷔르클린–볼프가 있다. 빌리히Böhlig, 레흐베헬Rechbächel, 게륌펠Gerümpel이 1등급 포도밭이다. 바헨하임 와인의 특징은 풍부한 맛과 향이 아니다. 이 와인의 가장 큰 장점은 우아함과 순수한 풍미다.

바트 뒤르크하임의 포도밭 면적은 800ha로 독일에서 가장 큰 와인마을이다. 리슬링은 최고 포도밭인 미헬스베르크Michelsberg와 슈피엘베르크Spielberg의 계단식 포도밭을 제외하면 많이 심지 않는다. 고급 리슬링과 훌륭한 쇼이레베를 만드는 페핑겐Pfeffingen 와이너

리는 바트 뒤르크하임에 기반한 뛰어난 재배자이지만, 포도밭은 대부분 웅슈타인에 있다. 독일에서 가장 안정적인 협동조합 피어 야레스차이텐Vier Jahreszeiten은 바트 뒤르크하임에서 수십 년 동안 와인을 좋은 가격에 제공해온 믿을 수 있는 생산자였다. 뮌헨에 옥토버페스트가 있다면, 바트 뒤르크하임에는 세계에서 가장 큰 와인축제인 부르스트마르크트가 있다. 9월 중순 두 번째와 세 번째 주말에 열리고, 50만 명이 넘는 관광객이 찾아온다. 또 다른 관광명소는 세계에서 가장 크다고 알려진 오크통인데, 그 안에 레스토랑이 있고 두 층에서 400명이 식사할 수 있다.

운터하르트

바트 뒤르크하임 북쪽은 운터하르트로, 수년 동안 남쪽에 외떨어진 웅슈타인 마을만 최상급 포도밭 바일베르크Weilberg와 헤렌베르크Herrenberg에서 품질 좋은 와인을 만들며 명성을 쌓아왔다. 하지만 1970년대 말 라인헤센의 경계선 바로 남쪽 라우머스하임 마을의 크닙저Knipser 형제, 칼슈타트 마을의 쾰러–루프레히트Koehler–Ruprecht 와이너리의 베른트 필리피Bernd Philippi가 흥미로운 드라이 리슬링과 오크통 숙성한 슈페트부르군더를 생산하기 시작했다. 다른 생산자들은 이 선구자들을 조심스럽게 지켜보았고, 1990년대에 그륀슈타트의 가울Gaul, 라우머스하임의 필립 쿤Philipp Kuhn, 킨덴하임의 나이스Neiss 같은 젊은 재배자들이 흥미로운 현대 독일 와인의 길에 동참했다.

최근에는 프라인스하임의 링스Rings, 라우머스하임의 첼트Zelt 와이너리가 운터하르트에 합류해서 이 평범한 마을을 와인애호가들의 메카로 변모시켰다. 최고의 포도밭인 라우머스하임의 키르슈가르텐Kirschgarten과 슈타인부켈Steinbuckel, 그로스카를바흐의 부르크베크Burgweg, 디름슈타인의 만델파트Mandelpfad, 프라인스하임의 슈바르체스 크로이츠Schwarzes Kreuz, 칼슈타트의 자우마겐Saumagen과 슈타이나커Steinacker에서 만드는 리슬링과 슈페트부르군더가 팔츠 북부에서 가장 빛나는 스타 와인이다. 하지만 기후변화로 소비뇽 블랑, 샤르도네, 카베르네 소비뇽, 시라까지 틈새시장 이상의 좋은 성과를 보이고 있다.

명망 있는 생산자들이 화이트와인 양조에 스킨 콘택트 시간을 늘리면서 심지어 오렌지와인도 시도하고 있다. 격식에 얽매이지 않는 것이 이 지역의 특징이다.

운터하르트 중심지

운터하르트가 와인생산의 에너지로 가득차면서 라우머스하임 주위에서 나오는 와인이 미텔하르트 와인과 경쟁하고 있다.

OSTERBERG 개별 포도밭 (einzellage)

— · — · 경계선 [gemeinde (parish)]

최고 포도밭

우수 포도밭

기타 포도밭

숲

200 등고선간격 20m

1:48,250

Km 0   2 Km
Miles 0   1/2   1 Mile

바덴, 뷔르템베르크 Baden and Württemberg

독일은 다른 어느 와인산지보다 기후변화의 혜택을 크게 받고 있다. 특히 독일 최남단에 위치한 바덴이 가장 큰 수혜자다. 바덴 포도밭의 2/3가 '검은 숲'을 뜻하는 슈바르츠발트 삼림지대 외곽에 위치하며, 숲과 라인강 사이로 130km의 좁고 긴 포도밭이 이어진다. 최고의 포도밭은 슈바르츠발트 고지대의 남향 비탈이나 카이저스툴Kaiserstuhl에 있다. 카이저스툴(p.245 상세지도 참조)은 '황제의 의자'라는 뜻으로, 라인 밸리 한가운데에 사화산의 잔해가 섬처럼 남아있는 고지대이다. 이 지역 주변은 독일에서 연평균 기온이 가장 높다는 장점이 있다. 다양한 색상의 피노 종류를 재배하기에 적합한 기후로, 주로 오크통 숙성을 통해 짠맛 나는 요리와 잘 어울리는 풀바디 드라이와인을 생산한다.

떠오르는 레드와인

독일에서 바덴과 뷔르템베르크보다 레드와인의 비율이 높은 곳은 아르밖에 없다. 바덴과 뷔르템베르크에서 레드품종의 비율은 각각 41%, 69%이다. 독일에서 재배되는 슈페트부르군더의 거의 절반이 바덴에서 자란다. 35%는 뮐러-투르가우, 그라우부르군더, 바이스부르군더가 각각 차지한다.

20세기 후반 바덴의 와인산업은 대대적으로 재정비되었다. 일하기 힘든 가파른 비탈 포도밭뿐 아니라, 뛰어난 효율성을 자랑하는 협동조합의 지배력 역시 구조조정 대상이었다. 한때 협동조합은 지역에서 수확한 포도의 90%를 처리했지만 현재 그 비율은 70%로 감소했다. 하지만 프라이부르크와 알자스 사이, 라인강변의 국경 도시 브라이자흐에 위치한 초대형 협동조합 바디셔 빈처켈러Badischer Winzerkeller는 여전히 바덴 와인의 주요 마케터이고, 대형할인매장과 슈퍼마켓의 주요 공급자이다.

1980년대 독일의 드라이와인 수요가 빠르게 증가하면서, 독립생산자들은 영감을 얻기 위해 이웃 프랑스로 눈길을 돌렸다. 처음에는 경험부족으로 너무 익은 포도로 만든 투박하고, 과다추출되고, 오크통 숙성을 너무 오래해서 매우 무거운 와인이 나왔다. 하지만 카이저스툴의 프리츠 켈러Fritz Keller, Dr. 헤거Heger, 베르허Bercher, 브라이스가우의 베른하르트 후버Bernhard Huber, 두르바흐의 안드레아스 라이블레Andreas Laible, 오버로트바일의 잘바이Salwey같이 기술혁신을 이끄는 와이너리들은 다른 곳보다 빨리 부르고뉴의 양조기술과 클론을 이용해, 오리지널 부르고뉴 품종 못지않은 우아한 피노 누아와 샤르도네를 재배하는 데 성공했다.

카이저스툴과 남쪽의 또 다른 언덕 투니베르크가 바덴 와인 전체의 1/3을 공급한다. 토양은 주로 뢰스(황

헤시셰 베르크슈트라세는 독일에서 가장 작은 와인산지다 (p.223 독일 전체 지도 참조). 바덴과 뷔르템베르크의 포도밭 면적은 헤시셰 베르크슈트라세의 60배가 넘는다.

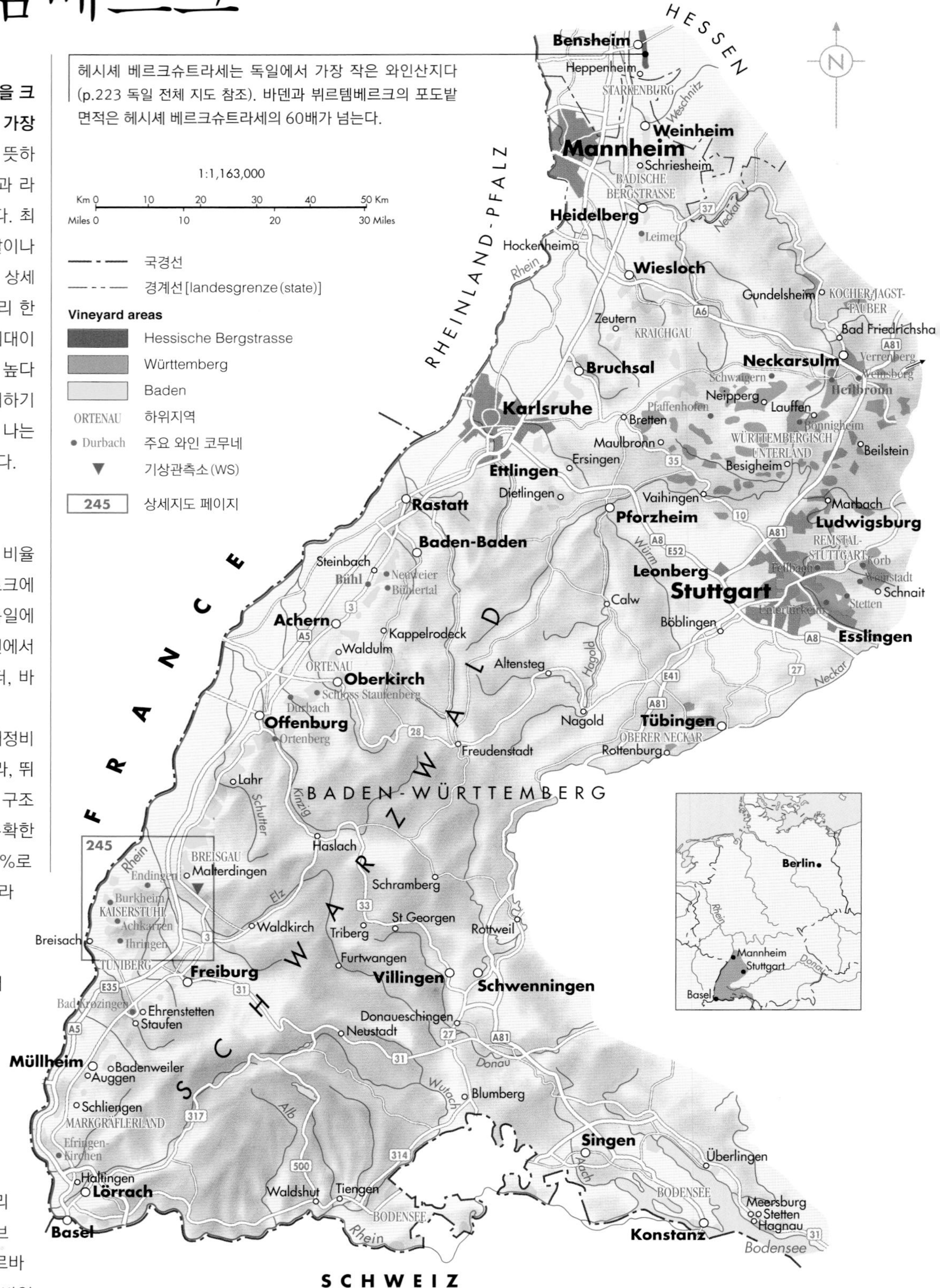

1:1,163,000

Km 0 10 20 30 40 50 Km
Miles 0   10   20   30 Miles

── 국경선
─·─ 경계선 [landesgrenze (state)]

Vineyard areas
■ Hessische Bergstrasse
■ Württemberg
■ Baden
ORTENAU 하위지역
● Durbach 주요 와인 코뮤네
▼ 기상관측소(WS)
245 상세지도 페이지

토)지만, 가장 섬세한 레드 슈페트부르군더와 풀바디 화이트 그라우부르군더는 화산 토양에서 자라고, 풍미가 풍부한 힘있는 와인이 된다. 작은 마을 엔딩겐의 슈나이더 가문은 순수한 샤르도네와 세련된 피노 누아를 만든다. 가격도 적당하다. 여기서 바로 동쪽, 브라이스가우에 있는 말터딩겐의 율리안 후버는 아버지 베른하

르트가 만든 슈페트부르군더의 유산을 이어간다. 아들의 와인이 아버지의 것보다 좀 더 상쾌하다.

북쪽으로 가면 바덴-바덴 슈바르츠발트 온천휴양지 바로 남쪽에 오르테나우 마을이 있다. 바덴에서 두 번째로 중요한 포도밭 밀집지역이다. 리슬링이 이곳의 대표적인 화이트품종으로, 화강암 토양에서 자란 것

카이저스툴과 브라이스가우

바덴 고급와인의 중심지에서 생산되는 피노 누아, 그리고 블랑은 독일에서 가장 복합적이고, 가장 풀바디하게 표현된 피노 와인이다. 라인강을 건너면 바로 프랑스 알자스다.

을 증명하듯 우아하고 수정처럼 맑은 와인이 된다. 안드레아스 라이블레와 슐로스 노이바이어Schloss Neuweier가 그 주인공이며, 엔데를레 & 몰Enderle & Moll의 컬트와인 피노 누아는 공급이 제한적이어서 수요를 따라가지 못한다. 더 북쪽의 크라이흐가우는 다양한 토양에서 여러 품종을 재배한다. 리슬링이 가장 인기

가 많고, 오세루아가 특산품종이다. 유서 깊은 대학도시 하이델베르크에서 멀지 않은 바디셰 베르크슈트라세에서는 제거Seeger 와이너리의 피노 종류가 유명하다.

남쪽 끝으로 내려오면 프라이부르크와 바젤 사이, 독일의 왼쪽 귀퉁이에 마르크그레플러란트가 있다. 이곳에서는 오래전부터 구테델Gutedel 품종이 사랑받고 있는데, 국경 너머 스위스에서 많이 재배하는 샤슬라를 가리킨다. 구테델 와인은 닫혀있지만 상쾌하다. 에프링겐-키르헨에 있는 활기찬 와이너리 한스페터 치어아이젠Hanspeter Ziereisen의 야스피스 10⁴ 구테델Jaspis 10⁴ Guteldel은 열정적인 팬이 많다. 샤르도네도 잘 적응했지만, 슈페트부르군더가 더 큰 성공을 거두었다. 치어아이젠과 라이벌인, 바트 크로칭겐-슐라트의 마르틴과 프리츠 바스머 형제가 훌륭한 슈페트부르군더 와인을 생산한다.

보덴호수(콘스탄스호수라고도 한다)를 끼고 있는 메르스부르크 근처에서 생산하는 제바인Seewein(호수 와인)은 가장 남쪽의 와인이다. 슈페트부르군더로 만든 오프드라이의 핑크빛 바이스헤르프스트Weissherbst는 복잡하지 않은 지역 특산 와인이다. 메르스부르크-슈테텐의 아우프리히트Aufricht는 매우 섬세한 피노 와인

으로 이 지역의 대표 와이너리가 되었다. 마르크그라프 폰 바덴Markgraf von Baden 와이너리는 독일에서는 드물게 뮐러-투르가우를 예찬하며, 보덴호숫가의 거대한 슐로스 잘렘Schloss Salem성에서 와인을 만든다.

뷔르템베르크

뷔르템베르크는 광대한 포도밭이지만(독일에서 네 번째로 큰 와인산지다) 해외로 명성을 떨치지 못하고 있다. 하지만 최근 몇 년 동안 최고 생산자들이 이곳의 대표품종인 렘베르거Lemberger로 눈부신 발전을 이루었고, 국제적인 관심을 끌어냈다. 와인 품질만 보면, 렘베르거 전문가인 알딩거Aldinger와 라이너 슈나이트만Rainer Schnaitmann 와이너리의 펠바허 레믈러Fellbacher Lämmler는 독일 최고의 슈페트부르군더와 겨룰 만하고, 도텔Dautel, 하이들레Haidle, 그라프 나이페르크Graf Neipperg, 바흐트슈테터Wachtstetter 와이너리의 최고급 크뤼도 전혀 뒤지지 않는다. 뷔르템베르크 포도밭의 20%는 껍질색이 진한 트롤링거(스키아바) 품종이다. 대부분 주민들이 마시는 소박한 레드와인이 되며 가장 많이 재배하지만, 훨씬 흥미로운 와인이 되는 리슬링이 거의 따라잡았다. 베른하르트 엘방거Bernhard Ellwanger와 위르겐 엘방거Jürgen Ellwanger가 증명했듯, 뷔르템베르크에서는 매우 훌륭한 슈페트부르군더도 생산한다. 이곳은 바덴보다 더 뚜렷한 대륙성 기후여서 포도밭을 고를 때 주의해야 한다.

바덴 문딩겐	
북위 / 고도(WS)	48° / 201m
생장기 평균 기온(WS)	15.6℃
연평균 강우량(WS)	884mm
수확기 강우량(WS)	9월 : 79mm
주요 재해	봄서리, 우박
주요 품종	레드 슈페트부르군더 화이트 뮐러-투르가우, 그라우부르군더, 바이스부르군더, 구테델

바바리아 주정부 셀러는 크게 확장 중인 뷔르츠부르크 주교관 지하에 있다. 주교관은 티에폴로(Tiepolo)가 그린 바로크 양식 천장화로 유명하다. 왼쪽의 사진은 가든룸의 천장화로, 바바리아 출신 화가 요하네스 치크(Johannes Zick)의 작품이다.

페트부르군더와 리슬링은 총생산량의 약 5%지만, 최고 와인은 매우 인상적이다.

프랑켄의 중심부

프랑켄 와인산지의 중심은 마인드라이에크 지역이다. 크게 3번 굽이치는 마인강을 따라 포도밭이 펼쳐지는데, 뷔르츠부르크 상류에 있는 에셰른도르프와 노르트하임에서 시작해 남쪽으로 프리켄하우젠까지 내려갔다가, 다시 북쪽으로 뷔르츠부르크를 지나 함멜부르크 근처 외곽지역까지 올라간다. 이 중에서 에셰른도르프가 가장 눈에 띈다. 유명한 룸프Lump 포도밭과 호르스트 자우어Horst Sauer, 이웃인 라이너 자우어Rainer Sauer 같은 재능 있는 생산자들 덕분이다. 여기저기 흩어져 있는 남향 경사면이 특별한 이유는 독일어로 무셸칼크Muschelkalk라고 부르는, 조개껍질 화석에 들어있는 풍부한 석회암 때문이다. 그 기원은 샤블리의 키메리지세 점토나 상세르의 토양과 크게 다르지 않으며, 대단히 활기차고 우아한 와인을 만든다.

상부토가 다양해 포도밭마다 와인 스타일이 조금씩 다르다. 유명한 뷔르츠부르거 슈타인Würzburger Stein 포도밭은 화석의 비율이 높은 것이 특징이다. 반면 인네레 라이스테Innere Leiste는 비교적 깊은 부식토로 덮여있다. 이웃 마을 란더자커의 유명한 토이펠스켈러Teufelskeller 포도밭의 상부토는 철, 구리, 아연 입자가 섞여있다. 그 옆의 퓔벤Pfülben 포도밭은 트라이아스기 점토와 이회토의 조합 아래에 석회암이 있다. 이곳의 포도는 뷔르거슈피탈Bürgerspital, 율리우스슈피탈Juliusspital, 슈미츠 킨더Schmitt's Kinder, 바인구트 암 슈타인Weingut am Stein, 루드비히 크놀Ludwig Knoll 같은 와이너리의 손에서 가장 섬세한 와인으로 태어난다. 루드비히 크놀은 뷔르츠부르크 하류, 카를슈타트 근처 슈테텐 마을에 있는 같은 이름의 포도밭에서 다른 스타일의 또 다른 슈타인 와인을 생산한다.

프랑켄을 방문하는 와인애호가라면 위대한 와인도시 뷔르츠부르크에 꼭 들러야 한다. 뷔르츠부르크 중심지에는 훌륭한 와이너리 셀러 3곳이 있는데, 바바리아 주정부 소유의 슈타틀리헤 호프켈러Staatliche Hofkeller, 교회 구빈원 소유로 최근 회생한 율리우스슈피탈, 시립요양원 뷔르거슈피탈이다. 또한 위의 크놀 일가가 소유한 27ha의 놀라운 바인구트 암 슈타인 와이너리도 있다. 슈타틀리헤 호프켈러는 화려한 옛 주교관 지하에 있는데, 주교관의 아름다운 천장화(위 사진)는 주교관을 방문해야 할 또 다른 이유다. 포도밭 언덕에는 웅장한 마리엔부르크성이 있고, 위대한 바로크 양식의 다리와 사람들로 북적이는 와인바가 있다. 와인바에서는 모든 와인을 맛있는 음식과 함께 즐길 수 있다.

프랑켄 Franken

프랑켄은 지리적으로나 그 독특한 전통으로나 독일 와인의 주류에서 벗어나 있다. 정치적으로 맥주를 중시한 옛 바바리아 왕국에 위치하지만, 독일 어디에서도 찾을 수 없는 웅장한 주립 셀러가 있다. 프랑켄은 특이하게도 리슬링이 아닌 실바너로 좋은 와인을 만들고, 오랫동안 드라이와인을 전문적으로 만들어왔다.

슈타인바인Steinwein('돌 와인'이라는 뜻)은 한때 프랑켄에서 생산되는 모든 와인을 가리키는 명칭이었다. 사실 슈타인은 프랑켄의 와인 중심지인 마인강변의 뷔르츠부르크시에 있는 가장 유명한 포도밭 이름이다.

슈타인바인은 믿기 어려울 만큼 장기보관이 가능한 와인으로 이름이 높았다. 소위 밀레니엄 빈티지라고 부르는 1540년 슈타인 와인은 1960년대에도 여전히(아니 겨우) 마실 만했다. 마지막 1병은 뷔르츠부르크 시립요양원 뷔르거슈피탈Bürgerspital의 보물보관실에서 두꺼운 유리 너머로 볼 수 있다. 이 와인은 최소 베렌아우스레제, 즉 엄청나게 달콤한 와인이었다. 현재 프랑켄에서는 그처럼 귀한 와인은 거의 만들지 않는다. 트로켄이나 할프트로켄이 아닌 와인은 총생산량의 10%가 안 된다. 대부분의 프랑켄 와인은 바로 알아볼 수 있는데, 일반적인 와인랙에 보관하기 힘든, 보크스보이텔Bocksbeutel이라는 키가 작고 모양이 독특한 유리병에 담겨있기 때문이다.

프랑켄은 뚜렷한 대륙성 기후지만, 기후변화로 프랑켄 와인의 골칫거리였던 짧은 생장기가 거의 해결되었다. 실제로 1996년이 덜 익은 리슬링으로 만든 마지막 빈티지다. 이제는 실바너로도 묵직한 오스트리아의 바하우Wachau 와인만큼 잘 농축되고 알코올 도수가 높은 와인을 만든다.

안타깝지만 프랑켄에서도 뮐러-투르가우를 가장 많이 재배한다(2017년 기준). 하지만 뮐러-투르가우가 목을 축이기에 안성맞춤인, 드라이하고 상쾌한 와인이라는 것을 알리기 위해 결성된 재배자연합 프랑크&프라이Frank & Frei의 노력에도 불구하고 재배면적은 계속 줄어들고 있다.

프랑켄 전통의 핵심인 실바너는 재배자들에게 인기가 높아지고 있다. 이들은 점토질 석회암에서 자란 실바너의 높은 잠재력을 믿고 있다. 기후변화 이전에는 싹이 일찍 트는 편이라 특별히 좋은 장소에 심어야 하는 제약이 있었지만 지금은 광범위하게 재배할 수 있게 되었고, 음식과 잘 어울리며 산미가 지나치지 않은, 테루아를 잘 표현하고 장기숙성이 가능한 좋은 와인을 만들 수 있다.

향기로운 바쿠스Bacchus는 프랑켄의 소비뇽 블랑이라 할 수 있다. 실바너와 리슬링을 교배한 만생종 리슬라너Rieslaner는 프랑켄에서 좋은 스위트와인이 된다. 도미나Domina와 도른펠더를 교배한 레드품종은 한때 재배자들에게 큰 사랑을 받았지만, 지금은 아니다. 슈

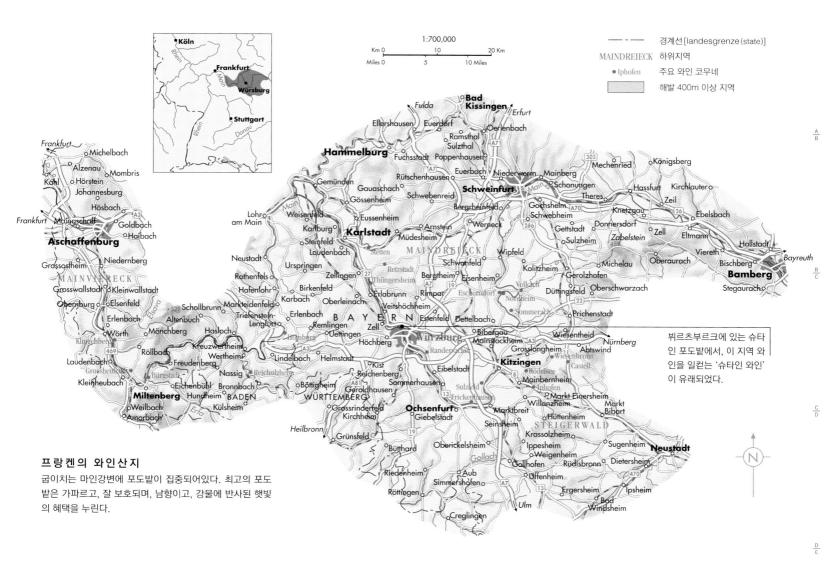

프랑켄 / 독일   247

1:700,000

Km 0   10   20 Km
Miles 0   5   10 Miles

—·—·— 경계선 [landesgrenze (state)]

MAINDREIECK 하위지역

● Iphofen 주요 와인 코무네

해발 400m 이상 지역

뷔르츠부르크에 있는 슈타인 포도밭에서, 이 지역 와인을 일컫는 '슈타인 와인'이 유래되었다.

프랑켄의 와인산지

굽이치는 마인강변에 포도밭이 집중되어있다. 최고의 포도밭은 가파르고, 잘 보호되며, 남향이고, 강물에 반사된 햇빛의 혜택을 누린다.

강을 따라 서쪽 하류에 있는 소규모의 마인피어레크는 사암이 기반인 가벼운 롬(양토)이다. 홈부르거 칼무트Homburger Kallmuth처럼 가파른 비탈에 있는 오래된 포도밭은 지중해성 식물이 자랄 정도로 따뜻, 장기 보관이 가능한 놀라운 와인이 생산된다.

붉은 사암과 레드와인

마인피어레크 역시 프랑켄의 레드와인 생산지다. 매우 건조한 붉은 사암 토양의 계단식 포도밭에서 정말 흥미로운 슈페트부르군더와 프뤼부르군더Frühburgunder(조생종으로 피노 누아의 변종)가 생산된다. 독일 레드와인의 마법사 루돌프 퓌르스트Rudolf Fürst와 떠오르는 샛별 베네딕트 발테스Benedikt Baltes의 본거지다.

동쪽의 슈타이거발트는 불쑥 솟은 언덕 꼭대기를 왕관처럼 뒤덮은 멋진 참나무숲과 경작지 사이에 포도밭이 있다. 너무나 가파른 비탈은 석고와 이회토 토양으

로, 향이 강렬한 와인이 생산된다. 입호펜 마을의 한스 비르싱Hans Wirsching과 요한 루크Johann Ruck, 뢰델제 마을의 파울 벨트너Paul Weltner, 슐츠펠트 마을의 젠트

호프 루커트Zehnthof Luckert, 그리고 인형의 집처럼 생긴 성과 카스텔Castell 와이너리가 있는 카스텔 마을에서 몇몇 최고 와인이 나온다.

뷔르츠부르크 주교관 지하 깊숙한 곳에 있는 바바리아 주정부 셀러 슈타틀리헤 호프켈러는 최근 현대적으로 개보수되었다. 분위기 있는 진열장에서 프랑켄 와인병 보크스보이텔이 독특한 모습을 뽐낸다.

기타 유럽
THE REST OF EUROPE

영국 최대의 단일 포도밭을 가진 서리의 덴비즈 와이너리. 와인관광이 유행하기 훨씬 전부터 와인관광객을 대상으로 마케팅을 해오고 있다.

잉글랜드, 웨일스 ENGLAND AND WALES

기후변화가 영국의 포도재배자들에게는 도움이 되고 있다. 재배자뿐 아니라 점점 늘고 있는 냉철한 투자자들 역시 남부에 광범위하게 흩어진, 2019년 들어 거의 2,900ha인 포도밭에 굳은 믿음을 갖고 있다. 포도밭은 주로 남동부의 켄트, 이스트와 웨스트 서식스, 햄프셔, 서리에 모여있다. 남부에서 서부로 가다보면 작은 포도밭이 많은데(총 600개가 넘고 모두 전문적으로 운영된다), 템스강, 세번 밸리즈, 잉글랜드에서 가장 건조한 이스트 앵글리아, 그리고 웨일스 남부와 비가 많이 오는 아일랜드에서도 와인을 생산한다.

영국 와이너리의 평균 포도밭 면적은 3.75ha이고, 규모가 큰 와이너리도 매출을 관광산업에 크게 의존하고 있다. 현재 145개가 넘는 와이너리에서 와인을 양조하는데, 변덕스러운 날씨로 수확량이 심하게 요동치지만, 평균적으로 1년에 600만 병 이상 생산한다. 최대 생산자는 채플 다운Chapel Down으로, 직접 재배한 포도와 다른 포도밭에서 구매한 포도로 와인을 만든다. 반면, 영국 스파클링와인의 개척자 나이팀버Nyetimber는 웨스트서식스, 켄트, 그리고 백악질의 햄프셔에 가장 넓은 포도밭(총 257ha)을 갖고 있다. 영국의 와인 투자자 중에는 적어도 2곳의 거대 샴페인 회사가 포함된다.

영국 와인의 80%가 화이트와인이고는, 나머지는 대부분 로제와인이다. 샴페인 품종인 샤르도네, 피노 누아, 피노 뫼니에가 이미 61%를 차지하는데, 오래된 포도나무를 뽑아내고 새로 심으면서 이 비율은 75%에 달할 것으로 예상된다. 가장 최근(2018년) 조사에 따르면 가장 많이 심은 품종은 샤르도네이고, 그 뒤를 피노 누아, 바커스, 피노 뫼니에, 세이블 블랑Seyval Blanc, 라이헨슈타이너Reichensteiner, 론도Rondo, 솔라리스Solaris, 뮐러–투르가우가 따르고 있다. 소량의 가벼운 레드와, 생산량이 늘고 있는 좋은 로제(특히 스파클링와인)는 피노 누아와 피노 뫼니에로 만든다. 피노와 과육이 붉은 론도로 만든 레드와 로제도 있다.

영국해협 너머

병에서 발효시킨 스파클링와인은 잉글랜드의 강점인데, 고품질 스파클링은 대부분 샴페인 품종으로 만들어서 샴페인 못지않은 가격에 판매한다. 프랑스 샹파뉴의 백악질 토양과, 최상급 영국 스파클링와인을 생산하는 다운즈Downs의 백악질 토양은 거의 차이가 없으며 그린샌드나 다른 토양에서도 같은 품질의 스파클링을 생산한다. 보당이 일반적이었는데, 여름 기온이 높아지면서 천연 당분의 농도가 올라가 이제 포도가 잘 익은 해에는 설탕을 추가할 필요가 없는 와인이 많다. 따뜻해진 생장기 날씨, 포도 재배와 양조 기술 및 양조 설비의 개선, 그리고 축적된 경험으로 많은 와이너리들이 상쾌한 산미가 특징인 훌륭한 와인을 거의 매년 생산하고 있다. 물론 수입와인이 훨씬 저렴하지만 현재 잉글랜드와 웨일스에서 만드는 와인, 특히 스파클링와인은 상큼하며 과일향이 살아있고 활기찬 고유의 스타일이 있다. 병에서 숙성시키면 더 나아질 수 있고, 또 그래야 하는 와인들이다.

잉글랜드 이스트 몰링	▼
북위 / 고도(WS)	51.29° / 32m
생장기 평균 기온(WS)	14.1 ℃
연평균 강우량(WS)	648mm
수확기 강우량(WS)	10월 : 74mm
주요 재해	낮은 착과율, 서늘한 해의 강한 산미, 낮은 수확량
주요 품종	화이트 **샤르도네, 바커스, 세이블 블랑, 라이헨슈타이너** 레드 **피노 누아, 피노 뫼니에, 론도**

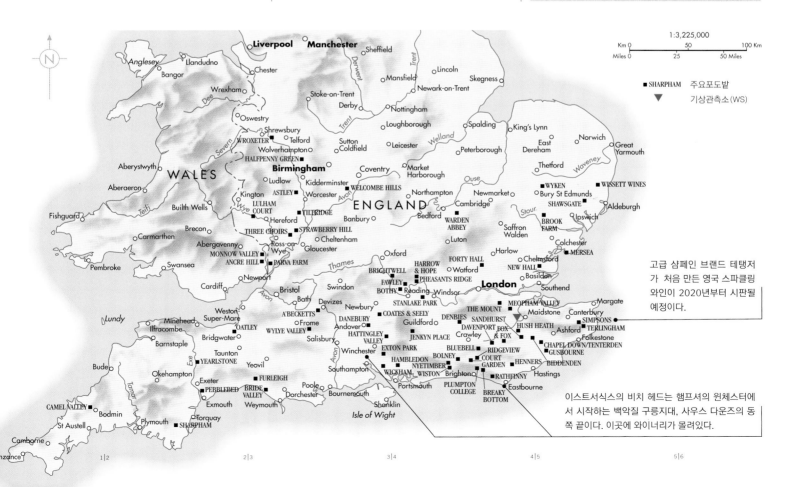

■ SHARPHAM 주요포도밭

▼ 기상관측소(WS)

고급 샴페인 브랜드 테탱저가 처음 만든 영국 스파클링와인이 2020년부터 시판될 예정이다.

이스트서식스의 비치 헤드는 햄프셔의 윈체스터에서 시작하는 백악질 구릉지대, 사우스 다운즈의 동쪽 끝이다. 이곳에 와이너리가 몰려있다.

스위스 SWITZERLAND

그 어느 때보다 와인세계가 열려있고 관심도 받고 있지만, 스위스 와인은 아직 국경을 넘어서지 못하고 있다. 생산량의 약 1%만 수출하고, 관광객은 최고 품질의 와인이 아닌 기본적인 와인 몇 가지만 마신다. 스위스처럼 작은 나라에서 250가지가 넘는 품종을 재배한다는 사실을 아는 사람은 많지 않다.

스위스에서는 와인을 많이 마신다. 와인 소비량의 65%가 고급 부르고뉴를 비롯한 수입와인이다. 스위스처럼 물가가 높은 나라에서 만들면 어떤 와인이든 비쌀 수밖에 없다. 젖과 돈이 흐르는 땅, 스위스에서 대량판매용의 저렴한 와인은 나올 수 없다. 생산자들도 이를 잘 알고 그래서 이야기가 있는 와인을 만드는 데 집중하고 있다. 스위스 전체의 포도밭 면적은 14,748ha이고(스위스답게 통계가 매우 정교하다), 수천 명의 재배자들이 풀타임 또는 파트타임으로 일하고 있다. 스위스의 포도밭을 보면 포도농사라기보다, 완벽하고 근사하게 관리된 정원 같은 느낌을 받는다.

포도밭을 꼼꼼하게 관리하고 관개시설을 갖춘(특히 발레의 건조한 지역) 덕분에 과거에는 독일과 비슷한 양을 수확했다. 이렇게 많은 양을 수확하고 필요에 따라 설탕을 추가하면서, 가파른 비탈과 그만큼 가파른 비용에도 불구하고 와인농사는 재정적으로 성공할 수 있었다. 와이너리에서는 산미를 완화하기 위해 와인을 부드럽게 만드는 젖산발효가 (독일이나 오스트리아와는 다르게) 일반적이었다. 하지만 AOC(원산지 통제명칭법, p.251 아래 참조)가 도입되면서 생산량이 제한되었고, 화이트와인의 젖산발효는 일반적인 양조과정에서 사라졌다.

스위스의 포도품종

가장 많이 심는 품종은 샤슬라Chasselas이다. 색이 연하고 맛이 밋밋한 품종으로 다른 곳에서는 보통 과일로 먹는다. 하지만 프랑스어를 쓰는 서부(p.252 참조)의 입지가 좋은 포도밭에서는 진정한 개성을 가진, 조금이라도 테루아를 표현하는 와인을 생산한다. 독일어를 쓰는 동부에서는, Dr. 뮐러가 투르가우 캉통(주)의 리슬링과 마들렌 루아얄Madeleine Royale을 교배해서 만든 뮐러 - 투르가우가 가장 중요한 화이트품종이다. 다른 지역에서는 뮐러 투르가우를 리슬링 - 실바너 또는 리슬링×실바너로 다르게 표시하는데, 라벨에 투르가우라는 다른 캉통의 이름을 적길 꺼리기 때문이다.

스위스에서 가장 흥미롭고 독특한 와인은 전통적인 수많은 토착품종으로 만든다. 발레에서는 화이트품종으로 아르빈Arvine(또는 프티트 아르빈Petite Arvine), 아미뉴Amigne, 위마뉴 블랑Humagne Blanc, 파이엥Païen(또는 하이다Heida), 레즈Rèze를, 레드품종으로 코르날랭Cornalin(또는 루주 뒤 페이Rouge du Pays)과 위마뉴 루주Humagne Rouge를 재배한다. 스위스 동부에서는 콩플레테Completer와 오래된 독일 품종 로이슐링Räuschling과 엘블링Elbling을, 남부 티치노에서는 레드 본돌라Red Bondola를 심는데, 이들 중 아르빈, 콩플레테, 그리고 레드 코르날랭은 매우 품질 좋은 와인이 되므로 기회가 된다면 꼭 맛보기를 권한다.

유명한 비니페라 품종과 교배시킨 새로운 스위스 품종도 있다. 좋은 예로 레드와인 품종인 가마레Gamaret, 가라누아Garanoir, 디올리누아Diolinoir, 카르미누아Carminoir가 있다. 동부의 재배자들은 리전트Regent와 솔라리스Solaris 같은 병충해에 강한 교배종을 심는다.

하늘과 맞닿은 포도밭

스위스의 포도밭은 유럽에서 가장 고도가 높고, 위대한 와인의 강인 라인강과 론강의 첫 포도밭이 스위스에 있다. 두 강은 생고타르 마시프의 놀라울 정도로 가까운 거리에서 발원한다(위 사진).

스위스 와인의 4/5가 프랑스어를 쓰는 지역에서 생산된다. 발레가 가장 생산량이 많고, 다음은 보, 그리고 제네바가 한참 뒤를 따르고 있다(p.252에 지역별로 자세히 다루었다). 스위스의 와인 마케팅과 홍보를 담당하는 스위스와인협회는 스위스 와인산지를 공식적으로 6개 지역으로 나눈다. 중요한 순서로 발레, 보, 도이치슈바이츠, 제네바, 티치노, 그리고 트루아 라크이다. 이 지역들의 주요 포도밭이 지도에 나와있다.

유럽의 위대한 와인의 강 2개가 생고타르 마시프에서 발원한다. 라인강은 북쪽으로 흘러 독일로 들어가고, 론강은 서쪽으로 흘러 프랑스로 들어간다.

지도 범례

- —·— 국경선
- VULLY 와인 하위지역
- Deutschschweiz
- Trois Lacs
- Vaud
- Valais
- Genève
- Ticino
- 해발 2,000m 이상 지역
- 252 상세지도 페이지

도이치슈바이츠는 17개 캉통을 아우르며 스위스 와인 생산의 약 17%를 책임지고 있다. 대부분 포도밭이 외떨어져 있고, 피노 누아(블라우부르군더Blauburgunder)가 잘 익을 수 있도록 해가 잘 드는 곳에 위치한다. 이 피노 누아는 17세기에 프랑스에서 들여온 이래 계속 개선되었다. 피노 누아가 가장 잘 자라는 곳으로는 아르가우, 취리히, 샤프하우젠, 투르가우, 그리고 따뜻한 가을바람(푄Föhn)이 포도를 잘 익게 해주는 그라우뷘덴(또는 그리종)의 뷘드너 헤어샤프트가 있다.

야심찬 젊은 스위스 와인메이커들의 하나뿐인 협회, 융게 슈바이츠 노이에 빈처Junge Schweiz Neue Winzer가 아르가우, 취리히, 투르가우, 그라우뷘덴 캉통에 창설되었고, 이들 캉통에서는 스위스 최고의 피노 그리, 피노 블랑, 샤르도네를 발견할 수 있다. 간텐바인Gantenbein, 도나치Donatsch, 슈투다흐Studach 와이너리는 매우 인상적인 와인을 만든다. 오래된 품종인 로이슐링은 고향인 라인가우에서는 더 이상 찾아볼 수 없고, 지금은 취리히 호수 주위에서만 재배된다. 인기가 많은 그라우뷘덴의 특산 화이트품종 콩플레테는 귀한 옛 품종이며, 산미가 강하고 알코올 도수가 높으며 복합적이고 구조가 잘 잡힌 와인이 된다.

이탈리아어를 쓰는 **티치노**에서는 거의 레드와인만 생산한다. 메를로가 주품종으로, 필록세라로 보르도 포도밭이 초토화된 뒤 1906년 보르도에서 들여왔다.

해가 잘 드는 비탈에서, 온화한 지중해성 기후와 스위스에서 가장 높은 강우량의 혜택을 받으며 자란 최고급 메를로는 포므롤 와인 같은 풍부함을 가진다. 메를로가 오래된 토착품종 레드 본돌라를 완전히 대체했다. 티치노에 화이트와인 품종이 없는 것을 보완하기 위해, 멘드리지오의 지알디Gialdi 와이너리가 레드 메를로로 메를로 비앙코를 만들었다. 현재 티치노의 메를로는 거의 1/4이 화이트와인으로 양조된다.

스위스 북서부 **트루아 라크**(뇌샤텔, 비엘, 무르텐 호수) 주위의 남향 비탈 포도밭에서는 섬세한 샤슬라를 재배하며, 종종 약간의 스프리츠spritz로 활력을 더한다. 피노 누아는 뇌샤텔의 유명한 로제와인 외이 드 페르드릭스Oeil de Perdrix('자고새의 눈'이라는 뜻)를 만들고, 전통방식으로 스파클링와인도 만든다. 필터링 없이 샤슬라를 만드는 뇌샤텔 생산자도 있다. 1월 세 번째 수요일에 시판되는데, 평범한 샤슬라를 훌륭하게 변주한 와인이다. 뇌샤텔 와인과 매우 유사한 와인이 뇌샤텔 북동쪽에 있는 비엘호수 북쪽에서 생산된다. 샤피스, 리게르츠, 트완 마을 언덕의 작은 포도밭에서 몇몇 괜찮은 피노 누아를 생산한다. 무르텐호수 북쪽에서 생산하는 와인은 남쪽에 있는 보 캉통의 와인과 더 유사한데, 훌륭한 샤슬라로 다양한 테루아를 표현한다. 특히 뷜리Vully AOC의 몰라세(자갈, 모래, 점토 퇴적층)가 흥미로운 와인을 만든다. 뷜리는 현지에서 트라미너Traminer라고 부르는 게뷔르츠트라미너와 프라이자머Freisamer 품종으로도 유명하다. 프라이자머는 주도인 프라이부르크Freiburg / 프리부르크Fribourg를 연상시키는 이름인 프라이부르거Freiburger라고도 부른다.

많아도 너무 많은 AOC

스위스는 26개 캉통에 모두 포도밭이 있다. AOC는 1988년 제네바 캉통에 처음 도입되었고, 2018년에는 스위스에 총 62개의 AOC가 존재했다. 아주 작은 아펜첼 이너로덴을 제외하면 모든 캉통에 적어도 1개의 AOC가 있으며, 캉통, 지방, 지역 AOC로 나뉜다. 한 예로 제네바는 포도밭이 1,409ha에 불과한데 AOC는 23개나 된다. 연방법은 각 캉통에서 고유의 AOC 규정을 마련하도록 정하고 있다. 세부조항도 꽤 복잡하다. 2017년에 AOC 와인을 만들 수 있는 품종은 168개나 되었다. 취리히는 85개, 보는 66개, 발레는 57개를 허용한다. 다양한 것도 좋지만 지방과 국가의 정체성이 모호해질 수밖에 없다. 2022년부터는 이러한 복잡한 상황이 개선될 것으로 보인다. 스위스의 AOC 시스템이 EU의 AOP와 IGP 시스템에 맞게 재조정될 예정이다. 심지어 스위스에서는 와인병도 700㎖와 750㎖의 2종류가 유통되고 있다.

발레, 보, 제네바 Valais, Vaud, and Geneva

론강이 알프스산맥을 흐르며 깎아낸 가파른 계곡(발레)은 보에서 완만해지고, 강물은 레만호수(제네바호수)로 흘러간다. 띠처럼 좁고 긴 남향 포도밭이 강의 북쪽을 따라 이어지다가 호수와 만난다.

발레는 와인의 뜨거운(글자 그대로) 실험장이다. 오-발레Haut-Valais는 햇빛이 눈부시고 여름에 가뭄이 발생하는 뚜렷한 고산지대여서, 잘 농축되고 매우 잘 익은 와인을 생산한다. 발레 와인의 중심부인 시옹시의 평균 강우량은 보르도의 2/3도 안 된다. 재배자들은 중세 때부터, 산에서 내려오는 물을 받는 가파른 수로인 비스bisses를 이용해 포도밭에 물을 댔다.

론의 첫 번째 포도밭은 브리그 마을 근처에서 시작된다. 라프네차Lafnetscha, 힘베르차Himbertscha, 그베스Gwäss(구에Gouais 블랑), 하이다(사바냥Savagnin 블랑 또는 파이엥) 같은 유서 깊은 품종이 자란다. 생플롱 터널이 뚫리고 철도가 발레의 경제를 변모시키기 전인 20세기 초를 연상시킨다. 여기서 바로 남서쪽, 유럽에서 가장 높은 피스퍼테르미넨 마을의 포도밭은 해발 1,100m로 마터호른의 그림자 가까이에 자리한다. 하이다가 특히 놀라운 농도와 풍부함을 자랑한다.

본격적인 포도재배는 시에르(스위스에서 가장 건조한 지역 중 하나) 바로 전에 시작해서, 쭉 내려가 마르티니까지 계속된다.

발레는 4,825ha의 포도밭에 22,000명의 재배자가 있고 그중 500명만 와인을 양조한다. 발레에서 수확한 포도의 약 1/5을 협동조합 프로뱅Provins에서 양조한다. 팡당Fendant(현지에서는 샤슬레)은 발레 화이트와인의 주요 품종인데, 보통 부드럽지만 매우 강한 것도 있다. 레드와인은 돌Dôle이 유명하다. 피노 누아를 베이스로 가메와 블렌딩한 미디엄바디 와인이다. 체리 향이 특징인 코르날랭(또는 루주 뒤 페이)과 거친 위마뉴 루주 같은 전통적인 품종은 피노 누아와 가메뿐 아니라 향신료향이 있는 시라에게도 위협을 받고 있다. 시라는 고향인 프랑스의 론 밸리를 떠나, 강을 거슬러 올라와서 놀랍도록 잘 정착했다.

토착품종의 활약

발레에서 재배하는 토착품종 14개 중에 가장 성공적인 것은 아르빈(프티트 아르빈)이다. 산미가 강하고 추출을 많이 하는 와인은 시에르와 마르티니 사이의 건조한 기후가 알맞다. 발레의 화이트와인은 품종과 상관없이 일반적으로 매우 강하며, 요하니스베르크(실바너), 에르미타주(마르산), 말부아지(피노 그리, 때로 말린 포도로 강하고 달콤한 전통 와인 플레트리flétri를 만든다), 샤르도네, 아미뉴(베트로즈 마을의 특산 품종), 위마뉴 블랑(위마뉴 루주와 관계없다), 하이다를 사용한다. 레즈는 시에르에서 재배하고, 알프스산 높은 곳인 발다니비에의 그리멘츠 마을에서 낙엽송으로 만든 오래된 통에 숙성시킨다. 그렇게 강렬하고 날카롭고 송진 향이 나는 귀한 뱅 뒤 글라시에Vin du Glacier(빙하 와인)가 완성된다. 셰리나 쥐라의 뱅 존과 비슷하다.

보는 유서 깊은 스위스 와인의 본고장이다. 900년 이상 전에 시토회 수도사들이 부르고뉴에서 포도나무를 들여왔다.

보의 포도밭은 발레의 포도밭과 많이 다르다. 보의 포도는 고산의 햇빛으로 농축되는 것이 아니라, 호수 주위의 온화한 기온으로 서서히 익는다. 레드와인도 자리잡고 있지만 화이트품종 하나가 포도밭의 60%를 차지한다. 샤슬라가 그 주인공이다. 하지만 보 와인의 라벨에는 샤슬라를 표시하지 않는데, 지역명 표기를 선호하기 때문이다. 샤슬라는 레만호수 근처에서 기원했고, 발레가 팡당이라는 또 다른 품종명을 독점적으로 사용할 권리를 얻기 전까지는 보에서 팡당이라 불렸다. 수확량은 일반적으로 많은 편이며, 호수 근처 최고의 와이너리들이 이 순한 샤슬라로 세계에서 가장 개성 있는 와인을 만들어낸다.

그랑 크뤼 데잘레 AOC와 칼라맹 AOC는 샤슬라도 미묘하게 다른 테루아를 표현할 수 있다는 것을 오래전부터 증명했다.

───·──	국경선
───────	경계선 (canton)
CHABLAIS	와인 하위지역
AIGLE	주요 와인 코뮌
	포도밭
	숲
—1000—	등고선간격 200m
▼	기상관측소(WS)

스위스 시옹 ▼	
북위 / 고도(WS)	46.22°/482m
생장기 평균 기온(WS)	14.9℃
연평균 강우량(WS)	599㎜
수확기 강우량(WS)	9월 : 38㎜
주요 재해	봄서리
주요 품종	레드 피노 누아 화이트 샤슬라

샤블레는 보의 와인산지 중에서 동쪽 끝에 있고, 샤슬라는 에글, 올롱, 이보른 마을에서 가장 잘 익는다. 라보Lavaux(제네바호수 동쪽 끝 몽트뢰와 로잔 사이 지역까지 포함한다)의 계단식 포도밭은 11세기에 시토회 수도사들이 호수 북쪽에 만든 것으로, 매우 아름다워 2007년에 세계문화유산으로 등재되었다. 햇빛을 직접 받아 무성하게 자란 포도나무가 호수에 비치고, 돌담에서는 열기가 뿜어져 나온다. 특별히 그랑 크뤼로 지정된 칼라맹Calamin과 데잘레Dézaley는 높은 명성을 누리고 있다. 칼라맹은 16ha의 포도밭 전체가 에페스 마을에 위치하고 점토질 토양이다. 데잘레는 옆마을 퓌두에 있고 석회암 토양이다. 칼라맹은 부싯돌향이 나고 데잘레는 연기향이 나는데, 이는 매우 미세한 차이다. 호숫가 레스토랑에서 튀긴 농어와 함께 마시는 이 두 와인은 그야말로 꿀맛이다.

라 코트La Côte 포도밭은 로잔의 서쪽에서 제네바시까지 호를 그리며 호수를 따라 띠처럼 둘러져 있다. 포도밭 풍경이 장관은 아니지만, 라 코트 최고의 샤슬라가 페시, 몽-쉬르-롤, 모르주 마을에서 생산된다. 전통적인 라 코트 레드는 살바냉Salvagnin AOC 와인이다. 세르바냥Servagnin(피노의 토착 복제 품종) 같은 다른 레드품종과 가메를 블렌딩한 와인으로, 피노 누아와 가메를 블렌딩한 발레의 돌과 비슷하다. 메를로와 가마레도 일부 각광을 받고 있다. 플랑 로베르Plant Robert는 현지의 오래된 가메 복제품종으로 라보에 남아있다.

호수 남서쪽 끝에 있는 **제네바** 포도밭은 최근 몇 년 동안 스위스 어느 지역보다 많은 변화를 겪었다. 현재 샤슬라를 누르고 가메가 주요 품종이 되었고, 그 뒤를

피노 누아, 가마레, 샤르도네가 뒤쫓고 있다. 제네바 포도밭은 크게 세 지역으로 나눌 수 있는데, 가장 큰 지역은 망드망Mandement으로(스위스에서 가장 큰 와인 코뮌은 사티니Satigny이다), 가장 잘 익고 맛있는 샤슬라가 자란다. 아르브와 론강 사이 포도밭에서는 부드러운 와인을 만드는 반면, 아르브와 호수 사이 포도밭에서는 꽤 드라이하고 색이 연한 와인을 만든다. 제네바의 협동조합인 카브 드 즈네브Cave de Genève는 최근 데일리 와인 생산자에서 제네바의 와인 르네상스를 이끄는 대표주자로 변모했다.

발레처럼 제네바에서도 야심찬 소규모 독립 재배자

포도밭 사진을 찍을 때는 드론이 유용하게 쓰인다. 특히 발레처럼 지형이 극단적인 포도밭을 찍을 때 그렇다. 오후의 그늘이 알프스 산기슭의 풍경에서 중요한 역할을 한다.

들이 활약하고 있다. 메를로와 소비뇽 블랑 같은 품종을 재배하면서, 관례를 따르기보다 혁신을 추구해야 더 많은 수익이 난다는 것을 보여준다. 한 예로 그림책에 나올 것 같은 아름다운 마을 다르다니Dardagny에서는 과감하게 쇼이레베, 케르너, 핀들링Findling, 그리고 유난히 활기찬 피노 그리를 재배한다.

1:450,000

Km 0 · · · 10 Km
Miles 0 · · 3 · · 6 Miles

중세의 마을 사이용에는 공식적으로 세계에서 가장 작은 포도밭이 있다. 비뉴 아 파리네(Vigne à Farinet) 포도밭으로 0.0001618ha이다. 사이용은 저명한 식물학자이며 포도유전학자인 조제 부이야모즈의 고향이기도 하다.

제네바 호수와 론강

p.53의 지도는 론강이 발레와 제네바호수(레만호수)를 거쳐 지중해로 방향을 트는 흐름을 잘 보여준다. 포도밭은 론강을 따라 위치한다. 스위스에서 남향 비탈이 얼마나 중요한지 알 수 있는데, 단 피스프(Visp)는 예외다.

오스트리아 AUSTRIA

매우 순수한 오스트리아 와인은 섬세하게 아로새겨진 독특한 개성이 있다. 오스트리아 와인에는 라인강의 상쾌함 같은 것이 있다. 아니 어쩌면 다뉴브강(독일어로는 도나우강)의 열정일지도 모른다. 와인혁명이 일어났던(급진적인 혁명은 아니었다) 1980년대 말 이전의 오스트리아 와인과는 전혀 다르다.

좀 더 최근에 일어난 혁명은 라벨에서 찾을 수 있다. 오스트리아 와인 관련기관은 생산자들과 긴밀한 논의 끝에 새로운 법을 만들었다. 이 법의 주요 내용은 지역과 품종의 성공적인 조합을 찾아내 DAC(Districtus Austriae Controllatus)를 부여하는 것이다(아래 참조). DAC 시스템에 들어올 수 없는 와인은 니더외스터라이히Niederösterreich, 슈타이어마르크Steiermark 또는 빈Wien이라는 지역 명칭을 사용한다.

오스트리아 와인은 대부분 동쪽 끝 빈 주위에서 생산된다. 알프스산맥이 이곳에서 판노니아대평원과 만나고, 대평원은 헝가리까지 이어진다. 점판암, 모래, 점토, 편마암, 롬(양토), 그리고 비옥한 뢰스(황토), 메마른 들판, 항상 푸른 들판, 다뉴브강변의 바위절벽, 고요하고 깊지 않은 노이지들러호수 등, 이렇게 매우 다양한 환경에서 포도가 자란다.

오스트리아는 극단적인 대륙성 기후이고 평균적으로 수확량이 많지 않아 독일 와인보다 더 강한 편이다. 오스트리아 와인의 2/3가 화이트와인이고, 대표 품종은 그뤼너 벨트리너Grüner Veltliner로 오스트리아 전체 포도밭(46,750*ha*)의 30%를 차지한다. 웰치리슬링Welschriesling과 리슬링 역시 중요한 품종이다. 레드 품종 중 현지에서 중요한 것은 과즙이 강렬한 츠바이겔트Zweigelt, 표현력이 강하고 상쾌한 블라우프렌키슈Blaufränkisch, 벨벳처럼 부드러운 장크트 라우렌트Sankt Laurent이다. 하지만 이것들은 점점 설 자리를 잃고 있다. 그뤼너 벨트리너(그뤼너 또는 그뤼베GrüVe)는 상쾌하

고 과일향이 강하며 산도가 높아 목을 축이기 좋은 와인이 된다. 자몽과 딜(향이 독특한 미나리과 풀로 보통 광활한 바인피어텔에서 자란다)의 중간 풍미를 발산한다. 유능한 생산자와 적합한 지역(특히 빈 다뉴브강 상류)이 만나면 후추향 같은 향신료향이 강하고 장기숙성 가능한 풀바디 화이트와인을 만들 수 있다.

오스트리아 북동부

앞으로 4p.에 걸쳐 그뤼너 벨트리너와 리슬링을 재배하는 최고의 지역을 자세히 다루고, 지리적으로 전혀 다른 부르겐란트를 살펴볼 것이다. 새로운 세대의 생산자들은 오스트리아의 모든 와인산지에서 좋은 와인이 나올 수 있다는 것을 보여준다. 빈의 북쪽, 가장 넓고 생산량이 많은 **바인피어텔**도 여기에 해당된다.

나무가 울창한 산들 사이에 있는 바로크 양식의 교회와 예쁜 마을은 전형적인 중부 유럽의 모습이다. 슬로바키아의 산은 바인피어텔과 남동쪽 판노니아대평원 사이에서 장벽 역할을 해, 대평원에서 오는 열기를 막아준다. 덕분에 바인피어텔의 와인은 오스트리아에서 가장 상쾌하고 가볍다. 몇몇 최고의 레드와인이 뢰스(황토)와 모래의 조합이 훌륭한 마일베르크의 계곡과, 거기서 서쪽의 롬(양토), 뢰스, 만하르츠베르크Manhartsberg 화강암, 석회암 등 바인피어텔 특유의 토양을 모두 볼 수 있는 있는 뢰시츠 마을 주위에서 생산된다. 바인피어텔은 현재 새 삶을 살고 있다. 포이즈도르프의 에브너-에베나우어Ebner-Ebenauer, 에벤탈의 헤르베르트 칠링거Herbert Zillinger, 뢰시츠의 그루버Gruber 가문 같은 야심찬 젊은 와인메이커들 덕분이다.

트라이젠탈Traisental**과 바그람**Wagram에서는 혼작을 많이 하지만, 그뤼너 벨트리너와 껍질이 붉은 로터 벨트리너(서로 관련은 없다)로 좋은 와인도 생산한다. 트라이젠탈의 마르쿠스 후버, 포이어스브룬Feuersbrunn의

베른하르트 오트, 바그람 오버슈톡슈탈Oberstockstall 와이너리의 칼 프리치Karl Fritsch는 오스트리아에서 가장 인정받는 와인생산자들이다. 수도원의 셀러와 클로스터노이부르크Klosterneuburg의 영향력 있는 국립와인학교는 빈 근교, 행정적으로 바그람에 있다.

다뉴브강 남쪽 **카르눈툼**의 특산품은 가볍게 즐길 수 있는 레드와인이이다. 여기도 주요 품종은 그뤼너 벨트리너이다. 괴틀레스브룬, 슈틱스노이지들, 회플라인이 카르눈툼에서 최고 입지를 자랑하는 마을이고, 프렐렌키르헨과 슈피처베르크 마을은 품질 개선된 새로운 블라우프렌키슈로 뜨거운 관심을 받고 있다. 하지만 카르눈툼에서는 여전히 츠바이겔트와 츠바이겔트를 베이스로 한 블렌딩을 주로 생산한다. 다른 곳은 츠바이겔트가 자라기에는 겨울이 치명적으로 춥고 여름은 위험할 정도로 건조할 수 있다. 무어-판 데어 니포트Muhr-van der Niepoort 와이너리는 서쪽의 요하네스 트라플Johannes Trapl과 함께 카르눈툼의 스타 와인메이커 게르하르트 마르코비치에게 도전하고 있다.

빈만큼 와인과 밀접한 관계를 가진 수도는 세계 어디에도 없다. 637*ha*의 포도밭은 주택가 중심부의 전차노선과 비너발트로 들어가는 언덕들 사이에서 굳건히 자리를 지키고 있다. 수년 동안 155명의 재배자들은 자신들이 운영하는 와인레스토랑 호이리게Heurige에 공급할 어리고 소박한 와인을 만들었다(마이어 암 파르플라츠 호이리게는 베토벤이 살았던 하숙집으로 유명하다). 하지만 새로운 세기를 맞이할 즈음 더 진지한(그리고 매력적인) 와인을 만들려는 움직임이 나타났다. 빈의 포도밭에서 재배한 최소 세 종류의 품종을 함께 양조하고, 오크향이 나지 않게 숙성시킨 게미슈터 자츠가 좋은 예다. 이런 전통와인이 새롭게 조명되면서 다른 곳에서도 유사한 블렌딩와인을 만들기 시작했다.

빈 최고의 포도밭은 다뉴브강변 강변의 누스베르크Nussberg, 북쪽 강변의 비잠베르크Bisamberg, 온천으로 유명한 테르멘레기온Thermenregion과의 경계에 있는 마우어Mauer와 마우러 베르크Maurer Berg에 있다. 니더외스터라이히에서 가장 남쪽에 있는 테르멘레기온

DACS - 오스트리아의 원산지 통제명칭

오스트리아는 프랑스의 AOC와 유사한 원산지통제명칭법을 도입하기 위해 오래전부터 많은 노력을 기울였고, 2020년 5월 와인산지를 15개 DAC(Districtus Austriae Controllatus) 지역으로 나누는 데 성공했다. 15개 DAC는 p.255 지도에 표시되어 있다. 여기에 나온 것처럼 각 DAC별로 지역이나 하위지역을 가장 잘 표현하는 품종을 정하는 등 엄격한 규정이 마련되었다. 이 책이 인쇄되는 동안에도 바그람, 테르멘레기온, 그리고 루스트 지방의 DAC에 대한 논의가 여전히 진행 중이었다.

Kremstal (크렘스탈) 그뤼너 벨트리너, 리슬링
Kamptal (캄프탈) 그뤼너 벨트리너, 리슬링

Traisental (트라이젠탈) 그뤼너 벨트리너, 리슬링
Weinviertel (바인피어텔) 그뤼너 벨트리너
Wiener Gemischter Satz (비너 게미슈터 자츠) 화이트 필드 블렌드
Carnuntum (카르눈툼) 레드는 블라우프렌키슈와 츠바이겔트, 화이트는 샤르도네, 그뤼너 벨트리너, 피노 블랑
Neusiedlersee (노이지들러제) 츠바이겔트 또는 츠바이겔트를 베이스로 한 블렌딩
Leithaberg (라이타베르크) 피노 블랑, 샤르도네, 노이부르거, 그뤼너 벨트리너(또는 이들 품종의 블렌딩), 블라우프렌키슈

Rosalia (로잘리아) 레드는 블라우프렌키슈 또는 츠바이겔트. 로제는 여러 레드와인 품종
Mittelburgenland (미텔부르겐란트) 블라우프렌키슈
Eisenberg (아이젠베르크) 블라우프렌키슈
Vulkanland Steiermark (불칸란트 슈타이어마르크) p.255 본문 참조
Weststeiermark (베스트슈타이어마르크) p.255 본문 참조
Südsteiermark (쥐트슈타이어마르크) p.255 본문 참조
Wachau (바하우) 등급 분류에 따라 최대 17개의 레드와 화이트 품종

은 가장 뜨거운 관심을 받고 있으며, 북쪽과 서쪽 산, 비너발트의 보호를 받지만 남동쪽의 부르겐란트처럼 판노니아대평원을 향해 활짝 열려있어서 대평원의 영향도 받는다. 호이리게 전통이 있지만 관광객은 많지 않다. 레드와인산지인 남부는 피노 누아와 장크트 라우렌트를 주로 재배하며, 북부는 굼폴즈키르헨 마을에서 자라는 토착 화이트품종인 가벼운 치어판들러Zierfandler와 무거운 로트기플러Rotgipfler, 그리고 노이부르거Neuburger를 개선하는 연구를 새롭게 진행 중이다.

오스트리아 남부

최남단의 슈타이어마르크는 북부 와인과 공통점은 거의 없지만, 오늘날 오스트리아에서 가장 역동적인 와인산지다. 슈타이어마르크는 국경을 맞댄 슬로베니아 동부처럼 수십 년 동안 드라이와인만 생산하고 있다 (현재 알로이스 그로스Alois Gross와 테멘트Tement를 비롯한 일부 오스트리아 생산자들 또한 슬로베니아 동부에 포도밭을 갖고 있다). 오스트리아 전체 포도밭의 7%에 불과하며 포도밭도 흩어져있지만, 강렬하고 날카로운 소비뇽 블랑(종종 오크통 숙성을 하지만 매우 약하게 한다), 샤르도네, 웰치리슬링 와인은 오스트리아에서 따라올 곳이 없다. 샤르도네는 슈타이어마르크에서 특이하게 모리용Morillon이라 불리며 단단히 뿌리를 내렸다.

쥐트슈타이어마르크는 웰치리슬링보다 소비뇽 블랑을 더 많이 심고, 최고의 와이너리가 많이 모여있다. 그로스, 라크너-티나허Lackner-Tinnacher, 폴츠Polz, 자틀러호프Sattlerhof, 테멘트, 그리고 에너지 넘치는 신참 하네스 사바티Hannes Sabathi가 대표 품종이다. 자우잘산맥 편암 고지대의 볼무트Wohlmuth와 하르캄프Harkamp 와이너리는 이곳에서 가장 우아한 와인을 만든다. 트라미너는 **불칸란트 슈타이어마르크**(2016년까지는 쥐트오스트슈타이어마르크로 통했다) 지역 클뢰흐의 화산성 토양에서 재배되는 특산 품종이다. 귀한 블라우어 빌트바허Blauer Wildbacher는 **베스트슈타이어마르크**Weststeiermark가 와인애호가들에게 주는 선물이다.

젊은 생산자가 많은 슈타이어마르크는 피라미드 같은 부르고뉴 AOC 시스템을 도입하기로 결정했다. 그래서 DAC 와인은 지역, 마을, 포도밭 단위로 등급이 분류된다. 오르츠바인 등급은 주로 편암인 자우잘-키첵Sausal-Kitzeck이나 석회암이 없는 감리츠-에크베르크Gamlitz-Eckberg처럼 토양 종류가 비슷한 하나 또는 여러 마을에 부여된다. 피라미드 꼭대기의 리덴바인Riedenwein은 싱글빈야드에 부여되는 등급이다. 싱글빈야드 와인 개념이 널리 퍼져있어서, 감리처 소비뇽 블랑이나 자우잘 리슬링이라는 표기가 이미 라벨에 사용되고 있다. 허용 품종의 범위는 DAC보다 훨씬 넓다.

오스트리아에서는 이름이 있는 모든 포도밭(리트Ried)의 경계를 정하고 등급을 분류하려는 야심찬 계획에 대한 논의가 오래전부터 진행되었다. 하지만 다음 페이지들의 지도를 보면 포도밭의 경계는 여전히 없다.

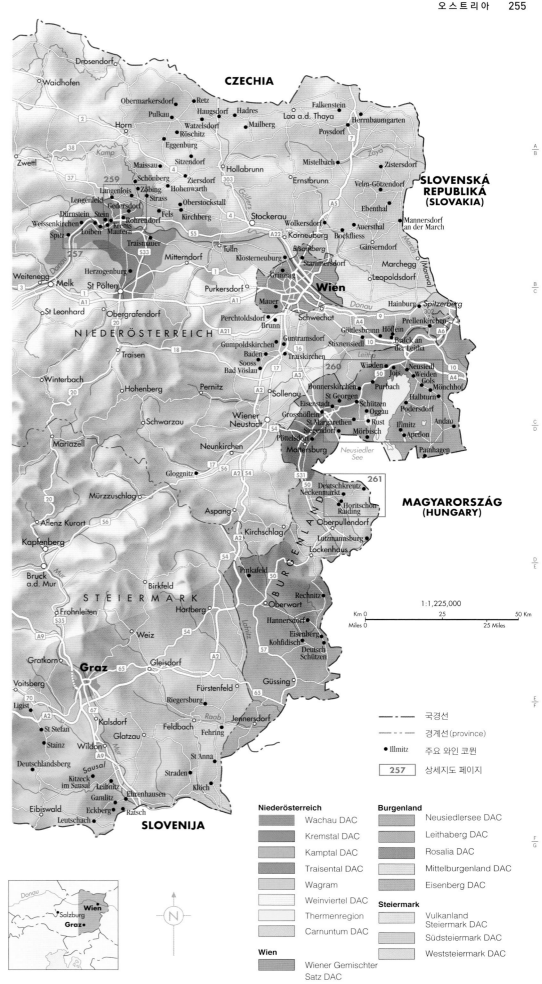

Niederösterreich	Burgenland
Wachau DAC	Neusiedlersee DAC
Kremstal DAC	Leithaberg DAC
Kamptal DAC	Rosalia DAC
Traisental DAC	Mittelburgenland DAC
Wagram	Eisenberg DAC
Weinviertel DAC	**Steiermark**
Thermenregion	Vulkanland Steiermark DAC
Carnuntum DAC	Südsteiermark DAC
Wien	Weststeiermark DAC
Wiener Gemischter Satz DAC	

바하우 Wachau

바하우는 지도가 있어야만 이해할 수 있는 지역이다. 북부와 남부 기후가 복합적으로 만나고 서로 다른 토양과 바위가 모자이크처럼 얽혀있다. 넓은 잿빛 다뉴브강이 빈에 진입하기 65km 전, 해발 490m에 이르는 여러 언덕에서 포도나무가 자란다. 다뉴브강 북쪽 강변의 짧은 구간은 모젤강변이나 코트-로티처럼 가파른 바위 비탈인데, 강변부터 꼭대기 숲까지 이어지는 좁은 길을 따라 툭 튀어나온 바위와, 암석이 드러난 지표면 위에 조각보처럼 나뉜 포도밭이 펼쳐져있다. 토양이 깊은 곳도 있고 조금만 긁어내도 바위가 보이는 얕은 곳도 있으며, 종일 해가 드는 곳도 있고 항상 그늘인 곳도 있다. 이곳이 바하우다. 바하우의 포도밭은 1,350ha로 오스트리아 전체의 3%에 불과하지만 오스트리아에서 가장 유명한 와인산지다.

바하우 와인(거의 변함없이 드라이 화이트와인)의 독특한 개성은 지리적 특징에서 나온다. 판노니아대평원의 여름 열기가 오스트리아 서쪽까지 오면서 다뉴브밸리와 바하우 동부까지 데운다. 수확량은 적고 알코올 도수는 15% 이상 올라가서, 생산자들은 와인 도수를 낮추려고 애를 쓴다. 그렇지만 바하우 와인은 산미가 부족해 축 처지는 와인과는 거리가 멀다. 밤이 되면 위쪽의 숲에서 상쾌한 북풍이 내려와 포도밭을 식혀준다. 가파른 계단식 포도밭은 고도, 방향, 일조량, 숲 또는 마을과의 거리, 수원의 위치 등에 따라 다양한 미기후가 있으며, 한여름에는 관개가 필요할 수도 있다(포도재배에 필요한 최소 강우량인 500mm 이하로 떨어질 때도 많다). 하지만 밤에는 서늘하고 다뉴브강이 자연적인 열기조절장치 역할을 한다. 또 건조하기 때문에 바하우에서는 살진균제가 거의 필요 없다.

그뤼너 벨트리너는 전통적인 바하우 품종이었고, 매우 생기 넘치는 와인이 된다. 잘 만든 그뤼너 벨트리너는 연둣빛을 띠며 활기차고 후추향이 조금 난다. 최고의 바하우 와인은 좋은 부르고뉴 화이트와인 못지않게 오래 숙성 가능하고 매우 매력적이다. 그뤼너 벨트리너는 뢰스(황토)와 모래 토양인 낮은 강변에서도 잘 자라기 때문에, 재배자들은 높고 가파르고 척박하고 거친 편마암 비탈 꼭대기에는 리슬링을 심었다. 결과는 좋았다. 최고급 바하우 리슬링은 자르 와인의 면도날 같은 날카로움과 알자스 그랑 크뤼처럼 입안에서 꽉 차는 구조감이 있다. 슈피츠Spitz의 히르츠베르거 Hirtzberger, 바이센키르헨Weissenkirchen의 프라거Prager, 오버로이벤Oberloiben의 FX 피흘러FX Pichler, 에머리히 크놀Emmerich Knoll, 그리고 테겐제어호프Tegernseerhof 와이너리의 미텔바흐Mittelbach 가문, 운터로이벤 Unterloiben의 레오 알칭거Leo Alzinger, 요힝Joching의 요한 슈멜츠Johann Schmelz, 뵈센도르프Wösendorf의 루디 피흘러Rudi Pichler, 뒤른슈타인Dürnstein의 이름높은 도메네 바하우Domäne Wachau 거대 협동조합이 오랫동안 그뤼너 벨트리너와 리슬링으로 최고급와인을 만들었다. 바하우에서는 새 오크통을 사용하지 않지만 귀부와인을 만들려는 시도는 하고 있다.

서늘한 북쪽의 영향은 슈피츠 서쪽의 슈피처 그라벤 계곡이 가장 강하게 받는다. 페터 베이더-말베르크Peter Veyder-Malberg, 마르틴 무텐탈러Martin Muthenthaler, 요한 도나바움Johann Donabaum 같은 생산자들은 운모편암과 낮은 기온을 활용해 매우 우아한 와인을 만든다. 운터로이벤스와 오버로이벤스는 바이센키르헨보다도 뚜렷하게 좋은 날씨를 즐기고 있다. 사자왕 리처드가 억류되었던 뒤른슈타인성과 아름다운 계곡이 있는 뒤른슈타인이 바하우의 주도이다. 바로크 양식의 첨탑, 파괴된 성, 반짝이는 강물, 마을 언덕의 기울어진 포도밭은 너무나 낭만적이다.

오랫동안 바하우 최고의 와인은 대부분 다뉴브강 좌안에서 나왔다. 하지만 니콜라이호프Nikolaihof 와이너리는 마우테른 마을 부근에서 바이오다이나믹 농법으로 우안에서도 얼마나 좋은 와인을 만드는지 보여줬다. 뤼르스도르프Rührsdorf의 게오르크 프리센그루버 Georg Frischengruber, 로사츠Rossatz의 요제프 피셔Josef Fischer, 그리고 카르눈툼의 요하네스 트라플이 중심인 PUR 프로젝트 같은 생산자들이 니콜라이호프의 노력에 힘을 보태고 있다.

20km 길이의 포도밭에, 150여 개의 서로 다른 이름을 가진 포도밭(또는 리트Ried)이 모자이크처럼 붙어있다. 이게 다가 아니다. 하나의 리트 내에 주민들이 비공식적으로 이름을 붙인 900여 개의 하위지역이 있다. 지도에 리트의 경계를 정확하게 표시하기에는 여전히 논란이 많지만, 바이센키르헨 마을 북동쪽의 아흐라이텐Achleiten 포도밭은 따로 언급하지 않을 수 없다. 편마암과 각섬암이 아흐라이텐 와인 특유의 광물향을 만든다. 블라인드 테이스팅에서도 놓치기 힘들 정도로 개성적인 풍미다.

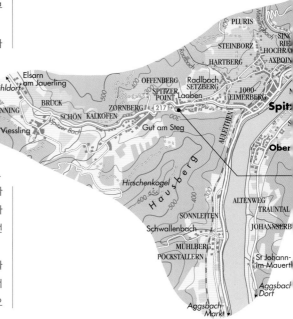

명예 규범

민간 생산자협회인 비네아 바하우(Vinea Wachau)의 회원이 되려면 바하우 규범(Codex Wachau)을 준수하겠다는 서명을 해야 한다. 바하우 규범은 다른 지역에서 포도를 매입하지 않고 가장 순수하고 개성 있는 와인을 추구하겠다는 약속이다. 비네아 바하우 협회는 고유의 와인명칭체계도 갖고 있다. 지역에서 통용되는 풍미를 체계화한 것으로, 슈타인페더(Steinfeder)는 11.5% 이하의 어릴 때 마시는 가벼운 와인을 말하고, 페더슈필(Federspiel)은 조금 더 익은 포도로 만들어 11.5~12.5%이며 5년 내로 마셔야 한다. 스마라크트(바하우 지방의 녹색 도마뱀) 라벨 와인은 풀바디로 도수가 높으며(보통 12.5% 이상), 스마라크트는 6년 이상 숙성시켜야 한다. 이 분류는 슈타이어마르크의 3단 시스템(p.255 참조)을 따르는 바하우 DAC의 등장(p.254 아래 참조)에도 영향받지 않았다. 몇몇 생산자들, 특히 이미 파란을 일으키고 있는 피흘러-크루츨러(Pichler-Krutzler), 페터 베이더-말베르크 같은 신생 와이너리는 품종, 포도밭, 빈티지의 조합을 완벽하게 표현하는 하나의 와인을 만든다. 이들에게 포도의 성숙도는 그리 중요하지 않다. 피흘러-크루츨러는 비네아 바하우의 제한적 규정 중 회원의 포도밭이 다른 지역에 10% 이상 있어서는 안 되고, 그 10%도 바하우와 경계선을 맞대고 있는 지역이어야 한다는 규정의 예를 보여준다. 피흘러-크루츨러는 비네아 바하우의 회원이 되지 못하고 있는데, 소유주인 에리히 크루츨러가 고향인 부르겐란트의 아이젠베르크 마을에 포도밭을 갖고 있기 때문이다.

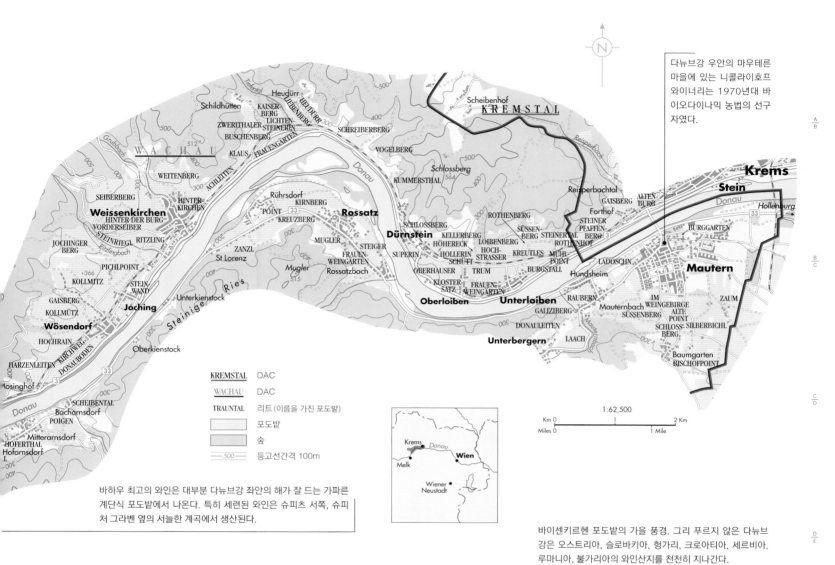

다뉴브강 우안의 마우테른 마을에 있는 니콜라이호프 와이너리는 1970년대 바이오다이나믹 농법의 선구자였다.

KREMSTAL DAC

WACHAU DAC

TRAUNTAL 리트 (이름을 가진 포도밭)

포도밭

숲

_500_ 등고선간격 100m

1:62,500

Km 0   1   2 Km
Miles 0   1 Mile

바하우 최고의 와인은 대부분 다뉴브강 좌안의 해가 잘 드는 가파른 계단식 포도밭에서 나온다. 특히 세련된 와인은 슈피츠 서쪽, 슈피처 그라벤 옆의 서늘한 계곡에서 생산된다.

바이센키르헨 포도밭의 가을 풍경. 그리 푸르지 않은 다뉴브강은 오스트리아, 슬로바키아, 헝가리, 크로아티아, 세르비아, 루마니아, 불가리아의 와인산지를 천천히 지나간다.

크렘스탈, 캄프탈 Kremstal and Kamptal

20세기 말, 오스트리아가 전 세계 드라이 화이트와인 애호가들의 마음을 사로잡았을 때 바하우가 최전선에 있었다. 얼마 지나지 않아 애호가들은 바하우의 이웃 크렘스탈과 캄프탈이 바하우 와인과 비슷한 품질과 스타일의 와인을 더 싼 가격에 제공한다는 것을 알게 되었다. 쌍둥이 도시 슈타인과 크렘스는 바하우의 동쪽 끝이자 **크렘스탈**의 시작이다. 바하우와 매우 비슷한 지형이면서 덜 극적인 크렘스탈은 점토와 석회암 토양이고 여기서 자란 리슬링과 그뤼너 벨트리너는 특히 밀도가 높다. 거의 바하우에 위치한 골드베르크Goldberg와 파펜베르크Pfaffenberg의 남향 포도밭에서는 화강암과 편마암 덕분에 특히 섬세한 와인이 나온다.

크렘스탈 지역은 다뉴브강 북쪽과 남쪽에 포도밭이

오스트리아 젝트

이제 오스트리아도 주요 스파클링와인 생산국 대열에 올라섰다. 2016년에 마련된 오스트리아 젝트 원산지보호명칭 3단계 품질 규정에 따르면, 1단계 기본 등급은 '클라시크(Klassik)'로 생산방식에 상관없이 오스트리아의 한 주(州)에서 생산되고 최소 9개월 동안 쉬르 리 숙성을 시켜야 한다. 2단계 '레제르브(Reserve)'는 전통방식으로 양조해서 최소 18개월 동안 숙성시켜야 하고, 마지막 3단계 '그랑 레제르브(Grand Reserve)'는 단일 마을이나 단일 포도밭에서 수확한 포도로 양조해야 하며 최소 30개월 동안 숙성시켜야 한다. 캄프탈은 오스트리아에서 가장 중요한 젝트 생산지이다. 선구자인 브륀들마이어 와이너리를 필두로 능력 있는 로이머, 슐로스 고벨스부르크가 뒤따르고 있다. 말라트와 크렘스탈의 젭 모저 역시 눈여겨볼 만하다.

있다. 토양은 대부분 놀랄 정도로 부드러운 뢰스(흙과 돌이 반반)이고, 유명한 그뤼너 벨트리너 와인뿐 아니라 풀바디 레드와인도 생산한다. 크렘스탈은 집중적인 바하우와 폭넓은 캄프탈을 이어주는 중간지대다. 일부 지역은 높고 가팔라서 바하우처럼 계단식 포도밭이 필수다.

재능있는 생산자 중 말라트Malat와 니글Nigl은 바하우 와인만큼 잘 농축된 화려한 와인을 만든다. 호주 남부에도 와이너리가 있는 잘로몬-운트호프Salomon-Undhof 역시 주요 생산자이다. 젭 모저Sepp Moser는 바이오다이나믹 와인의 주창자이고, 다뉴브강 남쪽 강변에 있는 가이어호프Geyerhof 와이너리의 대표 일제 마이어는 30년 넘게 유기농법을 고수하고 있다. 참고로 일제 마이어와 자매인 바하우 니콜라이호프 와이너리의 크리스틴 자아스는 훨씬 더 철저한 유기농법 추종자이다. 슈타트 크렘스Stadt Krems 와이너리와 포도밭(시 소유)은 프리츠 미스바우어가 운영을 맡고 있다. 미스바우어는 거대한 바로크 양식 수도원인 슈티프트 괴트바이크Stift Göttweig의 와인도 만든다. 12세기에 설립된 바흐트베르크Wachtberg 와이너리 역시 시 소유다.

캄프탈은 생산량에 있어 크렘스탈과 바인피어텔의 완충지대로, 오스트리아의 K2(에베레스트는 바하우이다)라고 불릴 만큼 빼어난 와인을 생산하고 있다. 대부분 뢰스(황토)인 남향 포도밭은 산이 있어 북쪽에서 오는 찬바람을 막아주고, 서쪽의 크렘스탈, 바하우와 비슷한 기후, 방향의 혜택을 받는다. 캄프탈의 기온은 남쪽에 있는 바하우보다 1℃ 정도 더 높고, 비슷한 밀도의 리슬링과 그뤼너 벨트리너를 생산하며 다른 다양한 품종으로도 와인을 만든다. 캄프탈 포도밭에 영향을 주는 강은 동쪽으로 넓게 흐르는 다뉴브강이 아니라 남쪽 지류인 캄프강이다. 캄프강이 밤에 기온을 낮

춰주기 때문에 와인이 활기차다.

캄프탈의 와인 중심지는 수 세기 동안 와인 마을로 명성을 떨쳤던 랑겐로이스Langenlois, 하일리겐슈타인Heiligenstein 포도밭이 있는 최빙Zöbing, 미하엘 모스브루거가 근사하게 복원한 바로크 양식의 고벨스부르크Gobelsburg성이 있는 고벨스부르크이다. 모스브루거의 파트너인 빌리 브륀들마이어 역시 랑겐로이스를 대표하는 생산자다. 2009년부터 알빈 유르치치Alwin Jurtschitsch가 운영하고 있는 유르치치 와이너리는 그 어느 때보다도 좋은 와인을 만들고 있으며, 바인구트 히르슈Weingut Hirsch는 앞장서서 더 가볍고 정교한 와인을 추구하고 있다.

또 다른 중요한 인사는 프레드 로이머Fred Loimer이다. 인상적인 건축물 '와이너리의 블랙박스'로 유명할 뿐 아니라, 지하 셀러에서 여러 가지 실험을 하고 있다. 거대한 오크통 발효 등 전통 방식을 차용하며 젊은 세대 생산자 모두에게 영감을 주고 있다. 빌리 브륀들마이어, 요하네스 히르슈, 알빈 유르치치, 프레드 로이머를 비롯하여 상당히 많은 최고의 와인생산자들이 유기농이나 바이오다이나믹 인증을 받았다.

캄프탈, 크렘스탈, 트라이젠탈, 바그람, 빈, 그리고 카르눈툼에서 늘어나고 있는 다수의 생산자들은 독일의 우수와인 생산자협회 VDP(p.225 참조)에 해당하는 오스트리아 전통와인 생산자협회(Österreichischen Traditionsweingüter, OTW) 소속이다. OTW는 다뉴브 지역의 뛰어난 포도밭을 분류할 목적으로 1992년 창립되었고, 2017년까지 61개 포도밭이 에어스테 라게(1등급)로 분류되었다.

캄프탈 와인관광의 중심은 랑겐로이스에 있는 로이지움(Loisium) 호텔이다. 호텔에는 와인 박물관과 '와인 스파', 그리고 훌륭한 와인리스트를 자랑하는 레스토랑이 있다. 와인리스트에는 잘 보관된 1930년대 빈티지의 그뤼너 벨트리너도 포함되어 있다.

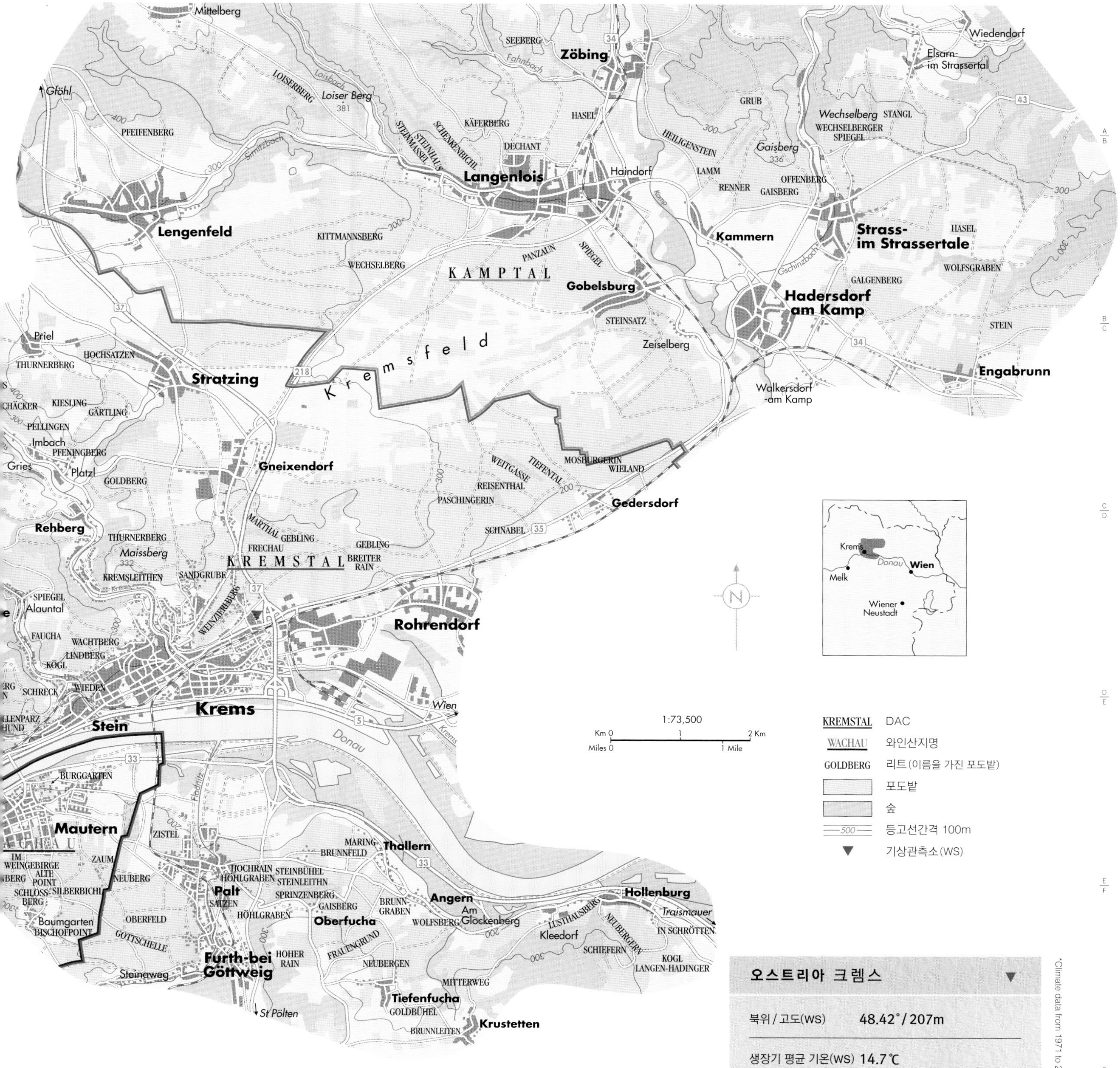

Mittelberg

Gföhl
SEEBERG
Zöbing
Wiedendorf
LOISERBERG
Fahnbach
Loiser Berg
Elsarn-
im Strassertal
381
Smitzbach
34
PFEIFENBERG
KÄFERBERG
HASEL
GRUB
43
STEINHAUS
SCHENKENBICHL
DECHANT
HEILIGENSTEIN
Wechselberg STANGL
STEINMASSELN
WECHSELBERGER
SPIEGEL
Gaisberg
Lengenfeld
KITTMANNSBERG
Langenlois
Haindorf
LAMM
RENNER
336
OFFENBERG
GAISBERG
HASEL
WECHSELBERG
PANZAUN
Kammern
Strass-
im Strassertale
KAMPTAL
SPIEGEL
Kamp
WOLFSGRABEN
Gobelsburg
GALGENBERG
Priel
Kremsfeld
STEINSATZ
Hadersdorf
am Kamp
STEIN
THURNERBERG
HOCHSATZEN
Stratzing
218
Zeiselberg
34
Engabrunn
KIESLING
GÄRTLING
Gschinzbach
PELLINGEN
Walkersdorf
-am Kamp
Imbach
PFENINGBERG
TIEFENTAL
MOSBURGERIN
Gries
Platzl
Gneixendorf
WEITGASSE
WIELAND
GOLDBERG
REISENTHAL
Gedersdorf
Rehberg
PASCHINGERIN
THURNERBERG GEBLING
35
Maissberg
FRECHAU
GEBLING
SCHNABEL
332
KREMSTAL
BREITER
RAIN
KREMSLEITHEN
SANDGRUBE
SPIEGEL
WEINZIERLBERG
Alauntal
37
FAUCHA
Rohrendorf
WACHTBERG
LINDBERG
KÖGL
Wien
SCHRECK
WIEDEN
Krems
Stein
Donau
Krems
5
Mautern
BURGGARTEN
33
ZISTEL
IM
WEINGEBIRGE
MARING
ALTE
POINT
BRUNNFELD
Thallern
NEUBERG
HOCHRAIN
STEINBÜHEL
SILBERBICHL
HÖHLGRABEN
STEINLEITHN
SCHLOSS
BERG
Palt
SPRINZENBERG
Angern
Hollenburg
SATZEN
GAISBERG
BRUNN
Am
Traismauer
Baumgarten
HÖHLGRABEN
GRABEN
LUSTHAUSBERG
IN SCHRÖTTEN
BISCHOFPOINT
WOLFSBERG Glockenberg
NEUBERGEN
GOTTSCHELLE
Oberfucha
Kleedorf
SCHIEFERN
Steinaweg
HOHER
FRAUENGRUND
KOGL
Furth-bei
RAIN
NEUBERGEN
LANGEN-HADINGER
Göttweig
St Pölten
MITTERWEG
Tiefenfucha
GOLDBÜHEL
Krustetten
BRUNNLEITEN

Krems
Melk
Donau
Wien

Wiener
Neustadt

↑N

1:73,500

Km 0   1   2 Km
Miles 0   1 Mile

크렘스탈 북부와 캄프탈 남부

p.255의 지도는 크렘스와 캄프 계곡에서 가장 흥미로운 지역만 표시한 것이다.
계단식 포도밭과 토양은 바하우와 매우 유사하지만, 포도밭이 다뉴브강에서 멀리
떨어져 있다. 최고의 포도밭은 대부분 랑겐로이스 주위에 모여있다.

오스트리아 크렘스	▼
북위 / 고도(WS)	48.42° / 207m
생장기 평균 기온(WS)	14.7 ℃
연평균 강우량(WS)	516mm
수확기 강우량(WS)	9월 : 46mm
주요 재해	봄서리, 가뭄
주요 품종	화이트 그뤼너 벨트리너, 리슬링 레드 츠바이겔트

*Climatic data from 1971 to 2000

부르겐란트 Burgenland

부르겐란트는 오스트리아에서 매우 사랑받고 있는, 지극히 관료주의적인 DAC법을 처음으로 받아들인 주이다. 2018년 오스트리아에는 논의 중인 한두 지역 말고도 DAC가 5개 있었고, 대부분 레드와인을 생산한다(p.254 아래 참조). 하지만 부르겐란트의 가장 유명한 스위트 화이트와인(대부분 귀부와인이며 드물게 규칙적으로 생산된다) 생산자들은, DAC 시스템에 들어가지 않고 부르겐란트 지역 아펠라시옹을 쓰기로 결정했다. 일반 부르겐란트 아펠라시옹은 부르겐란트의 5개 DAC로 인정받지 못한 지역 와인에 쓰이기도 한다.

노이지들러 호숫가는 대부분 모래 평지이고, 호수는 길이 36km에 평균 깊이가 1m밖에 안 되는 거대한 습지다. 이런 곳에서 오스트리아 최고의 스위트 화이트와인과 인상적인 레드와인이 나온다는 것이 믿기 힘들다. 오랫동안 부르겐란트는 오스트리아와 헝가리가 하나의 제국이었고, 합스부르크 가문과 에스테르하지 가문의 지배를 받던 시절의 중부 유럽 같았다. 실제로 부르겐란트와 4,800*ha*의 포도밭은 1921년 오스트리아 공화국에 합병되었다.

1945년경 노이지들러호수 동쪽 제빙켈의 습지들

사이, 일미츠나 아페틀론 같은 마을 주위에는 포도밭이 거의 없었다. 포장도로도 없고 전기도 들어오지 않는 지역이었다. 하지만 1995년 오스트리아가 EU에 가입하면서, 개발보조금의 혜택을 가장 많이 누린 지역이 바로 부르겐란트다. 지금은 잘 관리된 포도밭이 13,100*ha*에 달하고(그중 2,000*ha*는 제빙켈에 있다), 시설을 잘 갖춘 깨끗한 셀러가 수백 개나 된다.

노이지들러제 DAC의 북부와 서부는 완전한 평지이고, 호수 주위를 허리까지 올라오는 갈대가 둘러싸고 있어 물이 잘 보이지 않는다. 그래서 해발 25m의 작은 오르막도 언덕으로 인정받는다. 훌륭한 와인산지의 모습은 아닌데, 비밀은 잘 보이지 않고 깊이가 얕은 호수에 있다. 길고 따뜻한 가을에는 포도밭이 호수의 안개에 둘러싸여, 포도송이가 재를 뒤집어쓴 것처럼 보트리티스 곰팡이로 뒤덮인다. 일미츠 마을을 거의 혼자 세계와인지도에 올려놓은 사람은 알로이스 크라허이다. 그의 화이트와인은 달콤하고 풍성하며 극적인 강렬함을 지녔다(샤르도네와 웰치리슬링이 베이스이며 매우 신중하게 블렌딩한 와인이 대부분이다). 지금은 아들 게르하르트가 명성을 잇고 있다. 앙거호프 – 치다Angerhof-

Tshida 와이너리는 일미츠의 또 다른 슈퍼스타다.

부르겐란트에서는 오스트리아의 어느 지역보다도 다양한 품종을 재배한다. 바이스부르군더(피노 블랑), 노이부르거Neuburger, 무스카텔러Muskateller(알이 작은 뮈스카), 뮈스카 오토넬, 제믈링Sämling 88(쇼이레베)은 모두 화이트와인메이커의 관심을 끌고 있다.

뜨거워지는 레드

부르겐란트는 오스트리아의 중요한 레드와인산지다. 미텔부르겐란트가 뜨거운 판노니아대평원을 향해 열려있어, 부르겐란트는 오스트리아에서 가장 덥다. 그래서 레드품종(메독과 크게 다르지 않은 풍경에서 재배)은 매년 잘 익고, 아침 안개는 균형 잡힌 산미를 제공한다. 골스의 판노빌레Pannobile 그룹(한스와 아니타 니트나우스가 주도), 미텔부르겐란트 모릭 마을의 롤란트 벨리흐Roland Velich, 우베 시퍼Uwe Schiefer, 헤르만 크루츨러Hermann Krutzler(그리고 아들 라인홀트), 남부의 바흐터 – 비즐러Wachter–Wiesler와 같은 생산자들을 중심으로, 레드와인은 더 섬세하며 알코올 도수가 낮고 초기의 와인보다 오크향이 덜한 스타일로 변모했다.

2009년에는 전체 포도밭에서 레드품종이 화이트품종을 앞섰다. 활기차고 과즙이 풍부한 블라우프렌키슈가 가장 인기가 많고 표현이 잘 되는 품종이다. 하지만 그 밖에도 츠바이겔트, 장크트 라우렌트, 피노 누아, 심

노이지들러제, 라이타베르크

깊지 않은 노이지들러호수 주위에서 만든 최고 와인은 대부분 호수 북쪽에서 나온 것이다. 풀바디 레드는 호수 북동쪽과 라이타베르크(Leithaberg) DAC에서, 빼어난 스위트 화이트와인은 호수 동쪽과 DAC를 거부한 루스트(Rust)에서 생산된다.

지어 메를로와 카베르네 소비뇽까지 재배한다.

최고의 노이지들러제 레드는 북동쪽 골스 마을 주위, 그리고 호수 건너 서쪽 근처에 있는 라이타베르크(해발 484m)산의 석회암과 편암 토양에서 생산된다. 이곳은 호수에서 멀리 떨어진, 조금 더 높은 지대이다. **라이타베르크 DAC**는 오스트리아에서 가장 철저하고 테루아를 중시하는 지역이다. 경쟁자라면 쥐트부르겐란트에 있는 아이젠베르크 DAC 정도이다. 섬세하고 테루아를 잘 표현하며 독특한 레드인 비르기트 브라운슈타인Birgit Braunstein, 프릴러Prieler, 클로스터 암 슈피츠Kloster am Spitz를 만든다. 마르쿠스 알텐부르거Markus Altenburger, 오스트리아-스페인 부부인 리흐텐베르거-곤잘레스Lichtenberger-González, 레오 좀머Leo Sommer, 프란츠 파슬러Franz Pasler(지금은 아들 마이클이 운영), 그리고 바이오다이나믹 농법을 추구하는 쇤베르거Schönberger가 뒤따르고 있다. 파울 악스Paul Achs, 게르노트 하인리히Gernot Heinrich, 한스와 아니타 니트나우스, 유리스Juris, 그리고 우마툼Umathum은 오랫동안 노이지들러제 레드의 기준을 제시해온 와인메이커들이다.

아우스브루흐의 고향

부르겐란트에서 역사적으로 가장 유명한 와인은 노이지들러제 휘겔란트에 있는 아름다운 마을 **루스트**에서 만들며, 선구적인 생산자로 파일러-아르팅거Feiler-Artinger, 에른스트 트리바우머Ernst Triebaumer, 하이디 슈뢰크Heidi Schröck가 있다. 루스트는 지질학적으로 유사한 라이타베르크 DAC에 속하지 않고, 그냥 루스트라는 명칭으로 판매하는 것을 선택했다. 루스트의 트로켄베렌아우스레제는 루스터 아우스브루흐Ruster Ausbruch라는 유서 깊은 명칭을 공식적으로 계속 사용한다. 루스트에서는 푸르민트를 많이 사용하는데 스위트와인 블렌딩의 보조 품종으로 인기가 많다. 드라이 푸르민트 와인도 만들며, 특히 미하엘 벤첼Michael Wenzel은 드라이와 스위트 푸르민트의 탁월한 생산자이다.

푸르바흐, 도너스키르헨, 루스트, 뫼르비슈 마을을 내려다보는 동쪽 비탈의 포도밭은, 호수 동쪽의 포도밭보다 물과의 거리가 멀어서 보트리티스가 조금 덜 생긴다. 이곳 말고도 서쪽으로는 비너 노이슈타트, 남쪽으로는 마터스부르크(p.255 지도 참조)까지 펼쳐진 포도밭에서도 상당한 양의 레드와인을 생산한다. 그로스회플라인에 있는 뢰머호프Römerhof 와이너리의 대표 앤디 콜벤츠는 오스트리아 최고의 만능 양조책임자다. **로잘리아 DAC**는 2018년 라이타베르크와 미텔부르겐란트 DAC 사이의 간극을 메우기 위해 만들어졌다. 로잘리아 DAC는 레드뿐 아니라 로제도 포함된 첫 DAC이다. 레드는 블라우프렌키슈나 츠바이겔트로 만든다. 노이지들러호수 바로 남쪽의 미텔부르겐란트는 포도나무 2그루 중 1그루가 블라우프렌키슈다. 블라우프렌키슈는 **미텔부르겐란트 DAC**의 주요 품종이며 어떤 곳보다 잘 표현된다. 매우 세련되고 활기

미텔부르겐란트 북동부

헝가리와의 국경 근처에 가장 좋은 레드와인 포도밭이 있다. 이곳에서 블라우프렌키슈가 잘 자라 성공을 거둔 덕분에, 이 오스트리아(그리고 헝가리) 품종이 새롭게 인정받고 있다. 산도가 비교적 높아 판노니아대평원의 더위를 상쇄시킨다.

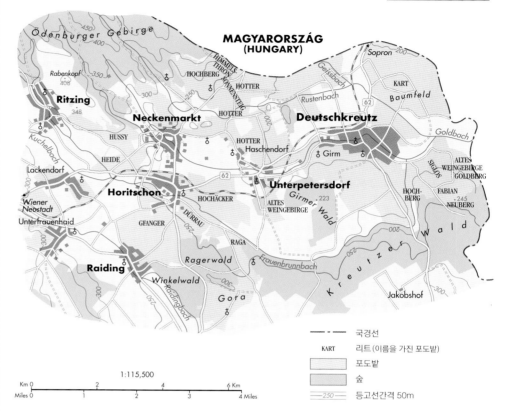

국경선
KART 리트(이름을 가진 포도밭)
포도밭
숲
250 등고선간격 50m

1:115,500
Km 0 2 4 6 Km
Miles 0 1 2 3 4 Miles

찬 레드와인이 되며 싱글빈야드 느낌이 날 때도 많다. 모릭Moric뿐 아니라 알베르트 게젤만Albert Gesellmann, 한스 이글러Hans Igler, 케르슈바움Kerschbaum, 베닝거Weninger 와이너리의 새로운 팀이 대표 생산자다. 가장 중요한 미텔부르겐란트 북동부가 위 지도에 나온다.

블라우프렌키슈는 쥐트부르겐란트에서도 주요 품종이다. 포도밭은 흩어져 있고 호수 남쪽 멀리 **아이젠베르크 DAC**를 아우른다. 미텔부르겐란트 와인보다 가볍고, 토양에 철분이 풍부해 광물향과 향신료향이 난다. 특히 도이치 쉬첸아이젠베르크 주위의 토양에 철분이 많다. 크루츨러Krutzler 가문의 페르볼프Perwolff, 우베 시퍼의 싱글빈야드 라이부르크Reihburg 블라우프렌키슈가 가장 뛰어나다. 바흐터-비슬러, 코펜슈타이너Kopfensteiner도 눈여겨볼 이름이다. 화이트와인의 새바람을 일으키고 있는 젊은 생산자들도 있다. 피노 블랑도 흥미롭고, 매우 오래된 품종으로 만든 레흐니츠Rechnitz의 드라이 웰치리슬링도 눈길을 끈다.

황새 둥지는 중부 유럽에서 흔히 볼 수 있다. 스위트와인 아우스브루흐로 유명한 아름다운 마을 루스트에서도 마찬가지다. 그들은 DAC 시스템을 수용하지 않기로 결정했다.

헝가리 HUNGARY

헝가리는 수세기 동안 독특한 음식과 와인문화를 형성해왔으며, 독일 동쪽의 어떤 나라보다도 다양한 토착품종과 정교한 와인 관련 규정 및 관습을 자랑한다. 한동안 국제품종이 사랑받고 나서 화이트와인 토착품종(푸르민트를 위시해서)이 훌륭한 자산으로 인정받고 있다. 그럼에도 포도밭은 10년 동안 절반으로 줄어서 2018년에는 60,000ha까지 축소되었다. 국가의 자랑인 헝가리 와인도 가격이 높아 수출시장을 찾기 힘들었다.

헝가리 전통와인은 향신료향이 강한 화이트와인이다(따뜻한 느낌의 황금색에 가깝다). 좋은 와인은 맛이 풍부하고, 꼭 달지는 않지만 불처럼 화끈하며 살짝 독하기까지 하다. 향신료와 후추, 기름을 많이 사용한 음식에 어울리는 와인이다. 가벼운 와인은 추운 겨울을 나기 위한 헝가리 음식을 상대하지 못한다. 포도는 다른 유럽 지역보다 따뜻한 가을에 익는데, 헝가리의 기후는 비교적 춥고 생장기도 지중해 지역보다 짧다.

연평균 기온은 남쪽이 가장 높아서 페치시는 11.4℃, 북쪽에서 가장 추운 쇼프론시는 9.5℃이다. 헝가리는 카르파티아분지 중앙에 위치하며, 거의 모든 유서 깊은 와인산지(p.264 토카이 참조)는 고지대의 안전한 곳에서 발전했다. 지형이 다양해 중기후 역시 다양하며, 결과적으로 지역마다 개성 있는 와인이 나온다.

헝가리의 좋은 품종으로 구조가 단단하며 산도가 높고 장기숙성 가능한 푸르민트와, 부드럽고 향이 풍부한 하르슐레벨뤼Hárslevelű가 있다. 하르슐레벨뤼가 바로 토카이를 만드는 품종이지만 토카이만 만드는 것은 아니다. 레아니커Leányka는 앞의 두 품종과 달리 가볍고 향이 풍부하며 활기차다. 키라일레아니커Királyleányka는 포도 풍미가 강하다. 벌러톤호수의 케크

넬뤼Kéknyelű('파란 줄기'라는 뜻), 상큼하고 시큼하기까지 한 모르Mór의 에제리오Ezerjó, 그리고 숌로Somló의 단단한 유흐퍼르크Juhfark('양의 꼬리'라는 뜻)는 매우 헝가리적인 품종이다. 기후변화로 유흐퍼르크는 훨씬 부드러워졌다. 메제시 페헤르Mézes Fehér, 버커토르Bakator, 부더이 죌드Budai Zöld, 핀테시Pintes, 사르페헤르Sárfehér, 쾨비딘커Kövidinka는 많이 심지 않고 미래도 밝지 않다. 이 품종들과 소비뇽 블랑, 인기 있는 교배종 이르사이 올리베르Irsai Olivér(과일로 먹을 수 있다)를 블렌딩해 데일리 와인을 만든다. 반면 올러스리즐링Olaszrizling(웰치리즐링), 샤르도네, 쉬르케바라트Szürkebarát(피노 그리)의 블렌딩은 풀바디 오크통 숙성 와인이다.

껍질이 검은 포도와 레드와인이 헝가리에 들어온 것은 비교적 늦은 15세기 초였다. 18세기에 오스만제국이 헝가리에서 물러난 뒤 슈바벤과 독일 포도재배자들이 헝가리에 정착하면서 제2의 물결이 시작되었다. 커더르커Kadarka를 제외하면 대부분 가볍고 상쾌한, 빨리 마시기 좋은 와인이 되는 품종이다. 최근에는 카베르네와 메를로도 들어왔다. 레드와인 품종은 여전히 소수이고 주로 에게르, 쇼프론, 섹사르드, 빌라니에서 재배한다. 켑프런코시Kékfrankos(오스트리아의 블라우프렌키슈)가 가장 많이 심는 레드품종으로, 잠재력이 뛰어나며 타고난 상쾌함은 판노니아대평원의 더위와 맞서는 큰 자산이 된다. 대부분의 지역에서 재배되지만 섹사르드, 쇼프론, 에게르, 마트라에서 잘 자란다. 향신료향이 있고 조금 시큼한 와인이 되는 커더르커는 섹사르드에서 잘 자라며, 섹사르드와 에게르의 비커베르Bikavér 블렌딩에서 양념 역할을 한다.

헝가리 전체 포도밭의 절반은 중남부 티서강과 두나강(도나우강) 사이, 기계작업이 쉬운 대평원에 자리한다. 현재 **쿤사그**Kunság, **촌그라드**Csongrád, **하요시-바야**Hajós-Baja로 알려진 지역이다. 모래 토양이라 포도

벌러톤호수는 헝가리의 인기 휴양지로, 호숫가를 따라 별장과 호텔이 즐비하다. 포도밭 역시 유럽에서 가장 큰 호수의 영향을 가까이에서 받는다.

나무 말고는 자랄 수 없다. 대평원의 와인은 화이트는 올러스리즐링과 에제리오, 레드는 켑프런코시와 커더르커로 도시의 데일리 와인이지만, 프리트만 체스트베레크Frittmann Testvérek 같은 생산자들은 그 이상의 가능성을 보여주고 있다. 헝가리의 좋은 포도밭은 남서쪽에서 북동쪽으로 이어지는 언덕과 산 사이에 흩어져있으며, 북동쪽 끝에는 토카이 지역(p.264 참조)이 있다.

남쪽지방의 향

따뜻한 남쪽의 섹사르드, 빌라니, 페치, 톨나는 레드와 화이트 모두 생산한다. 커더르커는 역사가 오래된 품종이고 켑프런코시는 뿌리를 잘 내렸다. 가장 남쪽의 **빌라니**는 헝가리에서 가장 더운 지역으로, 점점 더 흥미롭고 복합적인 풀바디 레드와인을 만든다. 빌라니와 함께 북쪽 에게르의 와인이 외국인들의 눈에 들면서, 부다페스트의 고급 레스토랑 와인리스트에 올라왔다. 아틸라 게레Attila Gere, 말라틴스키Malatinszky, 에데 티판Ede Tiffán, 요제프 보크József Bock, 서우슈카Sauska, 빌런Vylyan은 각 지역에서 인정받는 재배자들로, 카베르네 소비뇽, 카베르네 프랑(특히), 메를로에 때로는 켑프런코시나 츠바이겔트, 심지어 포르투기에제르Portugieser(케코포르토Kekoporto라고도 한다)까지 블렌딩해 헝가리 느낌을 만들어낸다. 초기에 잘 익은 포도와 오크통 숙성에 과도하게 열광한 결과 몇몇 와인은 즐기기 불편할 정도로 무거웠지만, 경험을 통해 빠르게 개선되었다. **섹사르드** 비탈 포도밭의 두터운 뢰스(황토)는 구조가 잘 잡힌 켑프런코시, 커더르커, 메를로, 카베르네를 만든다. 이곳에서 눈여겨볼 이름은 하이만Heimann, 셰베슈첸Sebestyén, 터클레르Takler, 베스테르곰비Vesztergombi, 비다Vida이다. 섹사르드는 켑프런코시, 커더르커와 (보통) 보르도의 레드품종을 블렌딩한 비커베르도 생산한다.

비커베르는 섹사르드에서 그 이름이 기원했지만, **에게르**에서도 켑프런코시가 베이스인 블렌딩 레드와인에 사용된다. 에그리 비커베르는 '황소의 피'라는 이름으로 팔린, 한때 서양에서 유명했던 거친 헝가리 와인이다. 헝가리 북동쪽 마트라산의 동쪽 끝에 있는 에게르는 헝가리에서 가장 중요한 와인산지 중 하나로, 부드럽고 검은 응회암을 깎아서 만든 놀랍고 거대한 동굴 셀러가 있고, 바로크 양식의 건축물도 많은 고색창연한 도시다. 거대한 동굴 저장고에는 선홍색 쇠테를 두른 지름 3m의 오크통 수백 개가 13km나 늘어서 있다. 오랜 세월로 오크통은 검게 변했다. 오랜 세월과 위생적이지 못한 환경이 이 역사적인 와인의 피를 묽게 하는 데 한몫했지만, 21세기에 이곳의 레드와인 양조는 르네상스를 맞았다. 세인트 안드레아, 코바치 님로

지도 (Map)

1:2,650,000
Km 0 — 50 — 100 Km
Miles 0 — 50 Miles

UKRAINA
SLOVENSKÁ REPUBLIKA (SLOVAKIA)
ÖSTERREICH
SLOVENIJA
ROMÂNIA
HRVATSKA (CROATIA)
REPUBLIKA SRBIJA

Budapest, Miskolc, Tokaj, TOKAJ, Zempléni hegység, Sátoraljaújhely, Sárospatak, Tállya, Nyíregyháza, Debrecen, BÜKK, EGER, Eger, Noszvaj, Bogács, Verpelét, Domoszló, Feldebrő, MÁTRA, Gyöngyös, Salgótarján, Hatvan, Heves, Vác, Esztergom, Üröm, Tök, Tatabánya, Császár, NESZMÉLY, Neszmély, Tata, Nyúl, Pannonhalma, PANNONHALMA, Kapuvár, Győr, Moson-magyaróvár, Sopron, SOPRON, Fertőszentmiklós, Szombathely, Celldömölk, Kissomlyó, NAGY-SOMLÓ, Somlóvásárhely, Pápa, Mór, MÓR, Kajárpéc, Veszprém, Székesfehérvár, Etyek, ETYEK-BUDA, Ráckeve, Jászberény, Karcag, Kajárpéc, BALATONFÜRED-CSOPAK, Csopak, Balatonfüred, BALATON-FELVIDÉK, Csáford, Monostorapáti, BADACSONY, Badacsonytomaj, Balatonboglár, ZALA, Zalaegerszeg, Keszthely, Szentgyörgyvár, Zalakaros, Marcali, Nagykanizsa, Kaposvár, BALATONBOGLÁR, Tamási, Hőgyész, TOLNA, Bonyhád, SZEKSZÁRD, Szekszárd, Pécsvárad, PÉCS, Pécs, Mohács, VILLÁNY, Siklós, Villány, Baja, HAJÓS-BAJA, Hajós, Kalocsa, Paks, Dunaújváros, Dunaújváros, Izsák, Kiskőrös, Csengőd, Helvécia, Kecskemét, KUNSÁG, Soltvadkert, Kiskunfélegyháza, Kiskunhalas, Kistelek, Csongrád, Puszta-mérges, CSONGRÁD, Mórahalom, Szeged, Hódmezővásárhely, Békéscsaba, Szarvas, Szolnok, Tiszaföldvár, Cegléd, Alföld

국경선 / SOPRON 와인산지명 / Tokaj 와인 도시/마을 / 고도 400m 이상 지역 / 265 상세지도 페이지

본문

드Kovács Nimród, 투메레르Thummerer, 티보르 갈Tibor Gál의 와이너리(가족이 물려받았다)가 에게르 와인의 현주소이며, 비커베르는 유망한 피노 누아를 비롯 레드와 화이트와인 포트폴리오의 일부에 불과하다.

에게르의 서쪽 마트라산맥의 남향 비탈 포도밭은 헝가리에서 두 번째로 큰 와인산지 **마트라**로, 중심 도시는 죈죄시이다. 화이트와인이 전체 생산량의 80%를 차지하지만, 수공업으로 만든 켁프런코시와 커더르커가 상당한 성공을 거두면서 이미 자리를 잡은 올러스리즐링, 트라미니, 샤르도네와 어깨를 나란히하고 있다.

오스트리아 국경에 가까운 서쪽 끝에는 **쇼프론**이 있다. 헝가리 레드와인의 전초기지로, 켁프런코시를 주로 재배한다. 오스트리아 부르겐란트에서 국경을 넘어온 프란츠 베닝거Franz Weninger 같은 생산자들이 쇼프론에 활력을 불어넣었다. 프란츠 베닝거는 최고의 포도밭을 다시 정비하기 위해 헝가리 생산자 루카Luka, 프네이슬Pfneiszl, 라스피Ráspi와 힘을 모으고 있다.

쇼프론 동쪽의 **네스메이**Neszmély는 전통품종으로 만든 드라이 화이트로 유명했지만, 지금은 철저하게 수출 시장을 겨냥해 최신 와이너리에서 국제품종을 생산하고 있다. 언덕 꼭대기의 포도밭이 가장 유명하다. 부다페스트 바로 서쪽의 **에체크-부더**Etyek-Buda도 국제적인 스타일의 화이트와인을 생산하며, 부다페스트 바로 남쪽 부더포크의 셀러에서 상당량의 스파클링

도 만든다. 가람바리Garamvári가 최고의 브랜드이다. 요제프 센테시는 헝가리 전역의 소규모 생산자들과 함께 장인적인 전통방식으로 스파클링와인을 만든다.

크라인바허Kreinbacher, 콜로니치Kolonics, 슈피겔베르크Spiegelberg, 토르나이Tornai, 숌로이 어파트샤기 핀체Somlói Apátsági Pince, 숌로이 반도르Somlói Vándor는 벌러톤호수 북쪽의 고립되어 있는 **숌로**Somló 화산 언덕에서 최고의 생산자들이다. 크라인바허는 특히 클래식한 스파클링와인을 생산한다. 이곳에서 푸르민트, 하르슐레벨뤼, 올러스리즐링, 그리고 귀하고 경이로운 유흐퍼르크로 만든 와인은 구조가 단단하며 광물향이 특징이다. 숌로 북동쪽 **모르**Mór의 점토질 석회암 토양에서 재배되는 에제리오는 산도가 매우 높고 풍미가 풍부해 고급 스위트와인이 되기도 한다. 숌로와 모르 모두 헝가리의 '유서 깊은 와인산지'다.

벌러톤호수는 유럽에서 가장 큰 호수라는 것 외에도 헝가리인에게 특별한 의미가 있는 곳이다. 해안이 없는 헝가리에서 벌러톤 호수는 '바다'이며 아름다운 관광지다. 호숫가는 여름 별장과 리조트, 그리고 음식 냄새로 가득하며, 날씨도 좋고 즐길 거리도 많다. 호수 북쪽은 남향으로 찬바람에서 보호를 받고, 호수라는 커다란 에어컨도 있다. 포도밭 입지로 완벽한 조건이다.

벌러톤호수의 와인이 특별한 것은 좋은 기후, 그리고 모래 토양과 평지에 솟아있는 사화산(버더초니산이

가장 유명하다)의 조합 덕분이다. 가파른 현무암 비탈은 물이 잘 빠지며, 열기를 잘 흡수·보존한다. 예외적으로 날씨가 좋은 해에는 쉬르케버라트(피노 그리)로 귀부와인을 만들기도 하지만, 이곳의 와인은 대부분 드라이와인이다. 광물향이 강하기 때문에 마시기 전에 브리딩을 하면 좋다. 올러스리즐링이 가장 많이 쓰는 화이트품종이며, 라인 리슬링과 케크넬뤼가 훌륭하다.

벌러톤호수 지역은 4개의 아펠라시옹으로 나뉜다. 북쪽 호숫가의 **버더초니**에서는 벤체 러포셔Bence Laposa, 세렘레이Szeremley, 엔드레 사시Endre Szászi, 페테르 발리Péter Váli, 셔버르Sabar, 2HA, 빌러 툴나이Villa Tolnay, 빌러 선덜Villa Sandahl이 가장 유명한 생산자들이다. **벌러톤퓌레드-초퍽**에서는 미하이 피굴러Mihály Figula, 이스트반 야스디István Jásdi, 센트 도나트Szent Donát, 페트라니Petrányi, 구덴 비르토크Guden Birtok가 유명하다. 최고급 올러스리즐링 와인은 라벨에 품질 기반의 아펠라시옹 체계인 초퍽 코덱스Csopak Kodex로 표시된다. 호수 남쪽은 **벌러톤보글라르** 지역으로 채플 힐 브랜드가 수출시장에서 가장 유명하고, 야노시 코냐리János Konyári, 오토 레글리Ottó Légli, 게저 레글리Géza Légli, 이콘IKON, 스틸과 스파클링 와인 모두 생산하는 벤첼 거럼바리Vencel Garamvári가 최고의 재배자다. 서쪽은 다양한 포도밭이 군데군데 흩어져 있는 **절러**로, 눈에 띄는 생산자는 부사이Bussay 가문이다.

토카이 Tokaj

토카이Tokaji처럼 '전설'이라는 단어가 잘 어울리는 와인이 있을까?('Tokay'는 옛 영어와 프랑스어식 철자다. p.265 지도 아래쪽에 나오는 토카이 와인의 고향은 헝가리어로 'Tokaj'라고 쓴다) 공산정권 하에서 일시적으로 생산기준이 완전히 사라지는 어려움도 있었지만, 토카이 와인은 400년 동안 그야말로 전설이었다.

귀부포도로 만든 화려한 토카이 아수가 헝가리에서 어떻게 처음 만들어졌는지 역사에 잘 기록되어 있다. 라코치 가문의 목사가 오레무스Oremus라는 포도밭에 적용한 것은 우연이 아니라 체계적인 방법이었다(목사의 이름은 셉쉬 러코 마테이고, 1630년에 일어난 일이었다). 1703년 애국자였던 트란실바니아의 라코치 왕자는 합스부르크의 지배자들에게 맞서기 위해 토카이로 루이 14세를 설득했다. 표트르 대제와 예카테리나 대제는 코사크 민병대를 토카이에 주둔시켜, 상트페테르부르크에 공급하는 토카이 와인을 호위하는 임무를 맡겼다. 권력자들은 원기를 돋우기 위해 항상 토카이를 머리맡에 두고 마셨다.

토카이는 보트리티스 곰팡이가 핀 귀부포도를 일부러 사용해서 만든 최초의 와인이다. 라인강 와인보다 100년 전, 소테른보다는 대략 200년 전에 등장했다. 곰팡이가 피고 포도가 쪼그라들어 당분, 산미, 풍미가 강하게 농축되는 것은 토카이 지역의 환경 때문이다.

젬플렌산맥은 화산성으로, 대평원 북쪽 끝에 불쑥 솟아난 전형적인 원뿔모양 산들로 이루어졌다. 산맥 남쪽 끝에서 보드로그강과 티서강이 만나며, 토카이 힐로도 불리는 코파스산이 있다. 산 아래로 토카이와 터르철 마을이 보인다. 여름에는 대평원에서 따뜻한 바람이 불어오고, 가을에는 산과 강에서 안개가 올라와 보트리티스 곰팡이를 유발한다. 10월에도 보통 해가 잘 들지만, 2008년부터 2013년까지는 곰팡이가 생기지 않아 어려움을 겪기도 했다.

오늘날 토카이의 3가지 포도품종 중에 70%를 차지하는 것은 늦게 익고 톡 쏘는 맛이 있으며 껍질이 얇은 푸르민트로, 곰팡이가 매우 잘 핀다. 20~25%를 차지하는 품종은 하르슐레벨뤼(유럽피나무 잎)로, 푸르민트만큼 곰팡이가 잘 피는 것은 아니지만 당도가 높고 향이 진하다. 대부분의 포도밭이 여러 품종을 함께 재배하기 때문에 전통적으로 푸르민트와 하르슐레벨뤼는 같이 수확하고, 압착하고, 발효했다. 남은 5~10%는

뮈스카 블랑 아 프티 그렝이다(토카이에서는 샤르거 무슈코타이Sárga Muskotály라고 부른다). 소테른의 뮈스카델처럼 양념 역할도 하지만, 그 자체만으로 특별한 스위트와인이 된다. 가벼운 드라이와인도 만들 수 있다.

토카이 포도밭(공식 명칭은 토카이-헤저여Tokaj-Hegyalja)은 1700년대 초반에 처음으로 분류되어 1등급, 2등급, 3등급, 그리고 미등급으로 나뉘었다. 그리고 1737년 칙령을 받아 세계 최초로 와인산지의 경계가 생겨났다(p.40 참조). 지도에 토카이의 주요 마을이 표시되어 있는데(총 27개 마을이고, 머코쇼치커 마을이 지도에 나온 지역의 북쪽에 위치한다), 비탈이 넓은 V자 형태라서 포도밭은 남쪽, 남동쪽 또는 남서쪽을 향한다. 최북단에서는 화산 토양과 뢰스(황토)에서 섬세한 아수 와인을 생산한다. 라코치 가문의 오레무스 포도밭이 원래 이곳에 있었고, 이곳에서 처음으로 아수 와인을 만들었다. 스페인의 베가 시실리아가 소유한 새로운 오레무스 셀러는 남쪽 톨츠버로 이전했다.

강변에 웅장한 라코치성이 우뚝 서있는 샤로슈퍼터크에 메제르Megyer와 퍼이조시Pajzos 와이너리가 있는데, 처음으로 민영화된 와이너리다. 킨쳄Kincsem은 톨츠버에서 가장 좋은 포도밭으로, 헝가리의 위대한 경주마 킨쳄에서 이름을 따왔다. 국가 소유의 그랜드 토

토카이의 다양한 스타일

균형 잡힌 당도와 산미, 그리고 미묘하게 살구맛이 나는 **토카이 아수**(Tokaji Aszú)는 독특한 2단계 과정을 거쳐 만들어진다. 수확은 10월 말부터 시작하는데, 말라서 쪼글쪼글해진 아수 포도와 과즙이 많은 잘 익은 포도를 동시에 수확하지만 보관은 따로 한다. 잘 익은 포도는 압착하고 발효시켜 드라이나 세미드라이 와인, 강한 베이스 와인을 만든다. 아수 포도는 거의 말린 포도 더미 상태로 보관하면서 황홀할 정도로 달콤한 에센치아(Eszencia, 당도가 850g/l에 달한다)가 흘러나오게 하는데, 이것이 바로 토카이의 소중한 보물이다(아래 사진 참조).

수확이 끝나면 아수 포도알(터졌어도 상관없다)을 상큼한 포도즙이나 일부 또는 전부 발효된 베이스 와인에 1~5일 담가둔다. 둘의 비율은 압착하기 전 대략 1kg당 1l이다. 발효는 당도와 셀러 온도의 조합으로 제어된다(당도가 높을수록 그리고 온도가 낮을수록 느리게 발효한다). 가장 풍부하고 섬세한 와인은 가장 높은 천연 당도를 유지하기 때문에 알코올 도수는 빈티지에 따라 9~10% 정도이다.

당도 측정은 전통적으로 136l(권치 배럴 1통 분량)의 베이스 와인에 아수 포도를 담은 20kg 용량의 푸토뇨시(puttonyos, 수확한 포도를 담는 나무통)를 몇 통 넣느냐로 계산한다. 하지만 지금은 리터당 잔류 당도(g/l)로 표시하고, 와인은 다양한 크기의 나무통이나 때로는 스테인리스 스틸 통에서 발효시킨다. 오늘날 토카이는 5 또는 6푸토뇨시 아수, 즉 150g/l 정도에서 200g/l 이상의(훨씬 높은 것도 있다) 당도를 갖고, 당도만큼 중요한 복합적인 풍미와 산미를 가진다. 전통적으로 토카이는 더 오래 숙성시켰지만, 일찍 병입하는 것이 갈수록 일반화되어 어릴 때 매우 상큼하면서도 뛰어난 숙성 잠재력을 갖게 되었다. 아수 와인을 추가하지 않으면 **사모로드니**(Szamorodni, 폴란드어로 '있는 그대로'라는 뜻)라고 부르는데, 일반 포도와 귀부 포도를 함께 수확해서 파쇄했다는 뜻이다. **사라즈**(Száraz, 드라이)는 가벼운 셰리가 되고, **에데스**(Edes, 꽤 달콤한)는 또 다른 스타일의 와인이 된다. 라벨에 **늦수확**(Késői szüretelésű, 케쇠이 쉬레텔레쉬)이라는 용어를 추가하는(지금은 규제하에 사용된다) 것은 이미 복잡한 라벨을 더 복잡하게 만든다. 자연적으로 달콤한 토카이는 과숙된 포도로 만들기

도 하지만 보통 귀부포도로 만든다. 아수 와인과 달리 짧게 숙성시킨다. **에센치아**는 가장 화려한 토카이로, 당도가 너무 높아 거의 발효되지 않는다. 포도즙 중에서 가장 벨벳처럼 부드럽고 기름처럼 매끈하며 복숭아 맛이 나고 날카롭다. 에센치아의 향은 향료처럼 입안에 오래 맴돈다. 에센치아는 와인 중에서 도수가 가장 낮은데, 와인이라고 부를 수 없을 정도다. 아무리 오래 숙성을 시켜도 끄떡없다.

토카이에서 또 하나 중요한 것은 **드라이와인** 품질의 재발견이다. 특히 드라이 푸르민트가 흥미롭고 독특하며 천천히 강렬하게 자신을 보여주는 중부 유럽 귀족의 중후함을 지녔다. 과거에는 그 같은 와인으로 사모로드니를 만들었다. 앞으로 헝가리 특산 와인으로 드라이 토카이를 더 자주 접하게 될 것이다. 아수 와인의 양조기술이 크게 개선되고 판매가 그리 쉽지 않기 때문에, 이제 대부분의 생산자들은 3~400년 전에 토카이에서 중요한 역할을 했던 드라이와인을 양조한다. 흥분을 자아낼 정도로 훌륭한 싱글빈야드 와인이 점점 늘고 있어서, 18세기에 분류된 등급이 얼마나 현명한 것이었는지 다시 한 번 보여준다.

카이Grand Tokaj는 지역의 작은 농가에서 포도를 대량 매입해(전부 고품질이라고 할 수 없지만) 토카이를 만드는 최대 생산자이다.

올러슬리스커Olaszliszka(올러스는 이탈리아를 뜻한다)는 13세기 이탈리아인들의 정착지로, 전해 내려오는 말에 따르면 이 정착민들이 와인양조를 전해줬다고 한다. 이곳 토양은 점토와 돌이 섞여있어 강한 와인을 만든다. 에르되베네 마을은 오크통 재료인 참나무 숲 근처에 있다. 세길롱에는 등급 포도밭이 많이 있으며 활력을 되찾고 있다. 강변의 보드로그케레스투르와 토카이 마을은 매년 가장 안정적으로 보트리티스 곰팡이가 핀다.

토카이에서 코파스산 남쪽을 지나, 터르철까지 이어지는 가파른 비탈 포도밭은 토카이 지역의 코트 도르이다. 한때 유명했던 포도밭(최고는 서르버시Szarvas이다)들이 터르철을 지나 마드로 가는 길까지 계속 펼쳐진

다. 테레지아와 특등급 메제쉬 마이Mézes Mály도 보인다. 메죄좀보르의 디스노코Disznókő 포도밭은 1990년대 초 공산정권이 무너지고 처음으로 민영화된 포도밭이다. 이후 프랑스 보험회사 악사가 인수해 멋지게 복구시켰다. 과거 와인교역의 중심지였던 마드는 유명한 1등급 포도밭인 뉼라소Nyulászó, 센트 터마시Szt Tamás, 키라이Király, 우라자Úrágya, 베체크Betsek, 그리고 가파르고 버려진 쾨바고Kővágó가 있다. 마드 근처 라트커와 탈려 마을 포도밭 역시 잠재력이 뛰어나다. 거의 같은 화산지형이며 조금 더 서늘한 위치에 있다.

이제 많은 와이너리들이 수확량을 낮추고, 개성 있는 테루아를 표현하는 싱글빈야드 와인에 주력하고 있다. 1등급 포도밭의 이름이 다시 알려지기 시작했다. 토카이 지역은 와인양조의 영광을 정확하게 재현한 것을 인정받아 2002년 유네스코 세계유산에 등재되었다. 최근 이 위대한 스위트와인의 판매가 부진하자, 샤토 데

레슬라의 새 와이너리를 비롯 여러 생산자들이 스파클링와인에 집중하기 시작했다. 토카이 지역의 젊은이들을 유도하기 위해 정부도 스파클링와인 양조를 지원하고 있다. 프랑스인 사뮈엘 티뇽이 플로르 아래서 숙성시켜 만든 드라이 사모로드니 역시 관심을 끈다.

토카이 부활의 상징적인 인물이 있다면 바로 완벽주의자 이스트반 셉쉬이며, 세계시장의 리더가 있다면 로열 토카이Royal Tokaji이다. 마드에 있는 로열 토카이는 1990년에 휴 존슨(이 책의 첫 기획자이며 공저자)과 여러 사람이 모여 설립했다. 공산정권이 물러난 후 처음으로 설립된 민간 회사이며, 처음으로 포도밭 이름을 라벨에 다시 표기하기 시작했다.

토카이 최고의 포도밭

토카이 생산이 국가에서 개인으로 되돌아가면서 포도밭 이름이 갈수록 중요해지고 있다. 와인메이커들은 이 지역의 독특한 지형을 와인에 담아내기 위해 노력한다.

토카이 토카이	
북위 / 고도(WS)	48.10° / 133m
생장기 평균 기온(WS)	15.8℃
연평균 강우량(WS)	620㎜
수확기 강우량(WS)	10월 : 41㎜
주요 재해	가을비, 회색 곰팡이
주요 품종	화이트 푸르민트, 하르슐레벨뤼, 샤르거 무슈코타이

*Climate data from 1971 to 2000

체코, 슬로바키아
CZECHIA AND SLOVAKIA

체코의 와인산업은 규모가 작아 내수도 만족시키기 힘들지만, 공산정권이 무너지고 품질 면에서 큰 발전을 이루었다. 슬로바키아는 더 따뜻하고 포도도 잘 익고 와인도 강한데, 포도밭은 체코와 같은 지역에 있다.

체코

체코 와인은 라벨에 품종을 표시할 수 있고, 항상 독일과 같은 방식으로 당도를 표시한다. 2017년에 7개의 지리적 명칭(VOC)이 도입되었다.

보헤미아는 프라하의 내륙지역으로 650*ha*의 포도밭이 주로 엘베강 우안에 있다. 현무암과 석회암 토양이 개성 있는 와인을 만드는데, 특히 멜니크Mělník의 피노 누아, 로우드니체Roudnice의 스바토바브르지네츠케Svatovavřinecké(오스트리아의 장크트 라우렌트), 벨케 제르노세키|Velké Žernoseky의 리즐링크 린스키Ryzlink Rýnský(리슬링)가 훌륭하다. 모스트Most에서는 코셔 와인Kosher wine(유대교 율법에 따라 생산한 와인)을 생산한다.

체코 와인은 대부분 **모라비아**(포도밭 면적 16,530*ha*)에서 생산되는데, 다양한 식물이 자라는 팔라바언덕의 따뜻한 석회암 비탈은 미쿨로브스코Mikulovsko 하위지역의 대표품종인 웰치리슬링(리즐링크 블라스키Ryzlink Vlašský)과 샤르도네로 유명하다. 즈노옘스코Znojemsko 하위지역 최고의 와인은 풍미가 강한 소비뇽 블랑인데, 특히 크라바크Kravák 와이너리에서 나오는 것이 인상적이다. 리슬링은 스테이플턴-스프링어Stapleton-Springer

에서 재배하는 벨틀린스케 젤레네|Veltlínské Zelené(그뤼너 벨트리너)가 특히 훌륭하지만, 피노 누아의 장래가 더 유망해 보인다.

슬로바츠코Slovácko 하위지역의 전형적인 화이트와인은 리슬링과 피노 화이트품종의 블렌딩으로 블라트니체Blatnice VOC로 판매된다. 레드품종을 더 많이 심는데, 츠바이겔트, 프란코브카Frankovka(오스트리아의 블라우프렌키슈), 최근 츠바이겔트와 카베르네 프랑을 교배해서 만든 토착품종 카베르네 모라비아가 있다. 벨코파블로비츠코Velkopavlovicko 하위지역도 레드품종이 특산품이며, 그중 최고는 모드레 호리Modré Hory 아펠라시옹의 모드리 포르투갈Modrý Portugal(포르투기에제르), 프란코브카, 스바토바브르지네츠케이다.

모든 하위지역이 향이 풍부한 화이트 모라비아 팔라바(트라미너와 뮐러-투르가우를 교배)와 모라비아 뮈스카Moravian Muscat(뮈스카 오토넬과 프라흐트라우베를 교배)로 모든 당도의 화이트와인을 생산한다.

슬로바키아

19세기 초 슬로바키아는 57,000*ha*의 포도밭에서 생산된 고급와인을 유럽 왕실에 공급했지만, 필록세라로 거의 모든 포도밭이 초토화되었다. 20세기 들어 와인산업이 부활했지만 도시와 마을이 확장되고 땅값이 상승해 포도밭이 16,000*ha*로 줄었다. 저렴한 수입 와인도 포도밭이 줄어드는 데 한몫했다.

대부분 화이트로, 벨틀린스케 젤레네(그뤼너 벨트리너)와 리즐링 블라스키(웰치리슬링)를 많이 심는다. 프란코브카 모드라(블라우프렌키슈)와 스바토바브르지네츠케(장크트 라우렌트)는 상큼한 로제와 과일향이 풍부한 레드와인이 된다. 빨리 익고 당도가 높으며 풍미가 풍부한 포도를 찾아 새로운 슬로바키아 교배종에 대한 관심이 높아지고 있다. 가장 중요한 교배종은 데빈Děvín(로터 트라미너×로터 벨트리너)과 두나이Dunaj(뮈스카 부셰×포르투기에제르×장크트 라우렌트)다. 아이스바인, 스트로 와인, 귀부와인(슬로바키아의 토카이도 포함. 지도에 갈색으로 표시되었다) 등 전통와인도 부활하고 있다(브라티슬라바 옆 산지는 오스트리아 부르겐란트 북부의 연장선상에 있다). 또 조지아 와인의 영향으로 크베브리로 오렌지 와인도 시도하고 있다.

슬로바키아 남부는 보통 더 따뜻하고, 대륙성 기후가 뚜렷하며, 토양이 깊고 비옥해서 레드와인에 더 적합하지만, 브라티슬라바에서 북동쪽으로 뻗어있는 리틀 카르파티아 산맥의 덜 비옥하고 돌이 많은 토양은 화이트(특히 리슬링)와 레드 프란코브카에 적합하다.

대부분 좋은 와인은 전용 포도밭을 가진 중간 규모 와이너리에서 나온다. 카르파츠카 페를라Karpatská Perla, 파벨카Pavelka, 비노 니흐타Vino Nichta, 오스트로조비치Ostrožovič, 토카이 마치크Tokaj Macik가 대표적이다. 상쾌하고 드라이한 샤토 벨라Belá 리슬링은 해외에 수출하는 많지 않은 슬로바키아 와인 중 하나로, 가족 관계가 있는 독일의 에곤 뮐러가 만든다.

체코처럼 슬로바키아 와인 라벨도 독일의 포도 당도 체계와 프랑스 AOC 체계를 따른다. 슬로바키아 AOC 체계는 아직 공식적으로 만들어지지 않았다.

보헤미아, 모라비아, 슬로바키아
3곳의 와인산지는 각각 국경을 맞대고 있는 독일의 작센, 오스트리아의 바인피어텔, (토카이를 포함한) 헝가리 북부와 관련이 있다.

발칸반도 서부 WESTERN BALKANS

오늘날 아래 지도에 표시된 지역에서 좋은 와인이 드문 것은 지리적인 이유가 아니라 정치적인 이유 때문이다. 발칸반도 서부는 이탈리아와 비슷한 위도이고, 또 이탈리아처럼 지형이 다양한 산악지대라서 포도나무 재배에 유리한 조건을 모두 갖췄다. 이곳은 오랜 와인양조 전통이 있고 당연히 토착품종도 매우 많다. 이제 오랜 정치적 혼란에서 벗어나 와인양조의 풍부한 잠재력을 증명하고 있다.

산악지대인 **보스니아와 헤르체코비나**는 한때 오스트리아－헝가리 제국의 중요한 와인산지였다. 지금은 포도밭 면적이 3,500ha에 불과하고, 대부분 모스타르 남쪽의 헤르체고비나에 있다. 질라브카Zilavka는 인상적인 풍성한 풍미와 살구향이 특징인 드라이 화이트와인 품종으로, 전체 품종의 절반 정도를 차지한다. 질라브카보다 훨씬 평범하고 껍질이 검은 블라티나Blatina는 30% 정도도.

세르비아의 와인생산 역사는 파란만장하다. 오스만 제국은 포도밭을 파괴했고, 합스부르크 왕가는 와인양조를 장려했다. 오늘날 세르비아는 크로아티아보다 자국의 포도밭이 더 많다고 주장한다(등록된 포도밭이 22,300ha이고 미등록 포도밭이 3,000ha다). 기본적인 와인은 여전히 2개의 큰 공장형 와이너리에서 생산한다. 현재 소규모 가족경영 와이너리가 400개나 되는데, 정말 흥미로운 와인을 생산하는 곳도 있다.

북부의 보이보디나자치주는 헝가리 북부처럼 판노니아대평원의 극단적인 기후를 띤다. 웰치리슬링(그라샥Grašac)이 주요 품종이지만, 현재 3가지 색 피노가 가장 유망하다. 가장 잠재력이 큰 (그리고 역사가 긴) 포도밭은 베오그라드 북부의 다뉴브강을 따라, 보이보디나의 평지에 우뚝 솟은 프루슈카 고라 언덕에 있다. 수많은 젊은 와인메이커들이 내추럴 와인, 바이오다이나믹 와인, 유기농 와인, 암포라 와인을 시도하면서 이 지역을 세르비아에서 가장 역동적인 와인산지로 만들었다. 북쪽 끝 수보티차Subotica와 티사Tisa 와인산지는 지리적, 문화적으로 세르비아보다는 헝가리에 가깝다.

베오그라드 남쪽의 도시 스메데레보는 자신의 이름을 딴 화이트와인 품종 스메데레브카Smederevka(불가리아의 디미아트Dimiat)로 별 특징이 없는 오프드라이 화이트와인을 생산하지만, 리슬링, 샤르도네, 카베르네 소비뇽으로 더 흥미로운 와인을 만드는 생산자도 있다. 프로쿠파츠Prokupac가 세르비아의 대표적인 레드와인 토착품종이다. 토착품종에 대한 관심은 소비뇽과 비슷한 세르비아 교배종인 훌륭한 모라바Morava와 발칸 프로부스Balkan Probus, 네오플란타Neoplanta, 바그리나Bagrina, 자시나크Začinak, 세두샤Seduša로 이어졌다.

해가 잘 드는 다뉴브강 우안의 네고틴스카 크라이나 지역은 블랙 뮈스카(세르비아에서는 탐야니카Tamjanika)와 카베르네 소비뇽으로 이름을 알리고 있다.

유고슬라비아 연방이 해체되기 전까지 **코소보**의 와인 산업은 스위트 블렌딩 레드와인 암젤펠더Amselfelder를 독일에 수출하는 것이 전부였다. 하지만 세르비아의 봉쇄 조치로 코소보의 와인수출은 수년 동안 막혀 있었다. 오늘날 코소보에는 약 3,200ha의 포도밭과, 가족이 운영하는 작은 와이너리부터 600ha의 국가 소유 와이너리였던 스톤 캐슬까지 약 15개의 와이너리가 있다. 스톤 캐슬은 2006년 민영화되어 알바니아 출신 미국인 형제에 팔렸다. 두 번째로 큰 와이너리는 수하레카 베라리Suhareka Verari로, 다른 와이너리들처럼 현재 이탈리아 와이너리의 도움을 받고 있다. 브라나츠Vranac, 프로쿠파츠, 스메데레브카, 가메, 웰치리슬링, 피노 누아가 주요 품종이다. 주요 산지는 알바니아어로 두카기니Dukagjini, 세르비아어로 메토히야Metohija라고 불리는 곳이다. 이곳은 모든 것이 복잡하다!

오랜 역사를 자랑하는 **알바니아**의 와인산업은 오스만 치하에서도 살아남았고, 공산정권의 집요한 증산정책에도 살아남아 오늘날 포도밭이 10,500ha에 이른다. 와인은 맑고 상쾌하지만, 지중해 기후와 토착품종의 독특한 결합은 더 좋은 와인으로 발전할 가능성이 있다. 화이트품종은 셰슈 이 바르더Shesh i Bardhë, 풀레스Pules, 데비네Debine, 레드품종은 셰슈 이 지Shesh i Zi, 칼멧Kallmet, 블로슈Vlosh, 세리나Serina가 대표적이다. 알바니아 와인의 미래는 귀향한 알바니아 이민자들에게 달려있다. 특히 이탈리아에서 온 알바니아 사람들이 소규모 와이너리에 투자하고 있다.

몬테네그로의 와인산업은 소규모로 전체 포도밭 면적이 3,000ha 정도에 불과하며 13 줄－플란타제13 Jul－Plantaže가 유일한 생산자이다. 13 줄－플란타제의 싱글빈야드 면적은 유럽에서 두 번째로 큰 2,310ha다. 색이 진하고 타닌이 강한 브라나츠가 70%를 차지하는데, 숙성 잠재력이 큰 품종이다. 또 다른 토착품종은 크라토시야Kratošija(진판델)인데, 몬테네그로와 크로아티아 모두 자기네 품종이라고 주장하고 있다.

더 남쪽으로 내려가면 그리스와 국경을 맞댄 **북마케도니아**가 나온다. 와이너리가 민영화되면서 훨씬 나은 와인을 생산하고 있는, 떠오르는 와인산지다. 3개의 와인산지에 75개의 와이너리가 있다. 포바르다리에Povardarie(바르다르 밸리)가 가장 중요한 산지다. 와인용 포도밭 면적은 19,087ha로, 그리스쪽 언덕에 있는 포도밭이 평지에 있는 것보다 잠재력이 더 크다. 재배 품종의 1/3이 브라나츠다. 알이 작은 뮈스카(테먀니카Temjanika)는 드라이와인으로 양조되며, 가장 흔한 화이트와인 품종이다. 와인 생산량의 거의 85%를 수출하며, 티크베시Tikveš가 주요 생산자다.

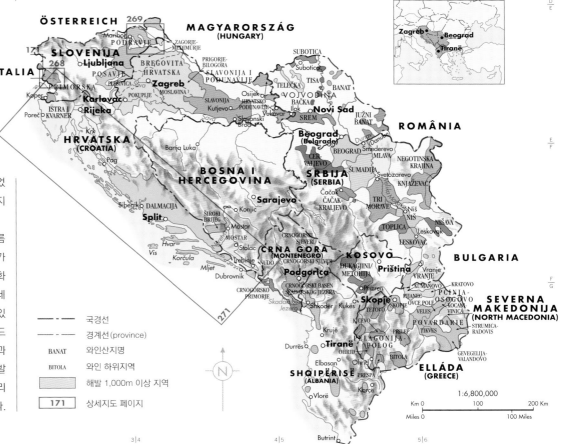

ÖSTERREICH · MAGYARORSZÁG (HUNGARY) · SLOVENIJA · ITALIA · HRVATSKA (CROATIA) · BOSNA I HERCEGOVINA · SRBIJA (SERBIA) · ROMÂNIA · CRNA GORA (MONTENEGRO) · KOSOVO · BULGARIA · SEVERNA MAKEDONIJA (NORTH MACEDONIA) · SHQIPËRISË (ALBANIA) · ELLÁDA (GREECE)

국경선
경계선(province)
BANAT 와인산지명
BITOLA 와인 하위지역
해발 1,000m 이상 지역
171 상세지도 페이지

1:6,800,000
Km 0 · 100 · 200 Km
Miles 0 · 100 Miles

슬로베니아 SLOVENIA

냉전시대에도 이탈리아의 프리울리가 어디서 끝나고 슬로베니아가 어디서 시작되는지 분명히 하기 힘들었다. 슬로베니아는 유고연방에서 처음 독립을 선언한 (1991년) 나라이며, 오래전부터 서유럽으로 와인을 수출해온 유일한 나라다. 1970년대에 슬로베니아 동부에서 만든 '루토머 리슬링Lutomer Riesling'이 철의 장막 뒤로 수출이 이루어진 유일한 와인이다.

슬로베니아는 온화한 아드리아해에서 대륙성 기후인 판노니아대평원까지 동쪽으로 뻗어있다. 숲이 우거진 언덕들은 훌륭한 포도밭 입지를 제공한다. 주요 산지는 3곳으로 나뉘는데, 프리모르스카Primorska(해안), 포사베Posavje(사바강 유역. 아래 지도에 없다), 그리고 전통산지인 마리보르Maribor, 프투이Ptuj, 라드고나Radgona, 류토메르–오르모주Ljutomer-Ormož를 포함한 포드라베Podravje(드라바강 유역)이다.

1822년 오스트리아의 요한 대공이 '세상의 모든 고귀한 품종'을 자신의 영지에 심으라는 명령을 내린 곳이 마리보르이다. 그렇게 샤르도네, 소비뇽 블랑, 피노 그리, 피노 블랑, 트라미너, 뮈스카, 리슬링, 피노 누아 등 많은 품종이 슬로베니아 내륙에 들어왔다.

다른 작물과 포도를 함께 재배하던 농가가 줄어들면서, 슬로베니아의 전체 포도밭 면적은 계속 줄고 있다.

현재 15,405*ha*의 포도밭이 공식등록되어있고, 미등록 포도밭은 더 많다. 농가당 평균 포도밭 면적이 매우 작다. 슬로베니아 와인산업은 전문화, 조직화되고 있지만 지금도 거의 3만 명이 포도를 재배한다.

프리모르스카

슬로베니아 서쪽 끝의 프리모르스카는 국경 너머 이탈리아의 프리울리와 역사적으로 연결된, 슬로베니아에서 가장 역동적인 와인산지다. 여름은 덥고 겨울은 온화하지만 가을에 비가 일찍 내리기도 한다. 6,408*ha*의 포도밭은 대부분 아드리아해와 알프스산맥의 영향을 받아 향이 풍부하고 강한 와인을 만든다. 쉽게 예상되듯이 지리적으로 가까운 프리울리 와인과 비슷한 스타일이다. 화이트는 향이 풍부한 드라이와인이고, 품종명을 와인명으로 쓴다. 레드와인은 단단하며, 슬로베니아에서는 드물게 생산량의 절반을 차지한다. 북부 **브르다** 지역은 국경 너머 프리울리에 있는 콜리오시의 연장선상에 있다(p.171 프리울리 지도 참조).

레불라Rebula(리불라 지알라) 품종이 브르다의 여왕이며, 샤르도네와 메를로가 바로 뒤를 따른다. 레불라로 상상할 수 있는 모든 스타일의 와인을 만든다. 스테인리스 스틸 탱크에서 숙성시킨 면도날처럼 날카로운 와인부터, 스킨 콘택트 시간을 길게 늘리고 조지아의 점토 항아리 크베리에 긴 시간 침용시켜 만든 깊은 맛의 오렌지 와인까지 다양하다(전통 양조방식을 현대화시킨 장본인 요스코 그라브너가 바로 국경 너머 피울리에 있다). 토착 스파클링와인을 상쾌하게 만들기 위해 첨가할 때도 있고, 훌륭한 스위트와인도 된다. 레불라는 발칸반도에서 흔한 다품종 블렌딩 화이트와인의 재료로도 많이 사용된다. 메를로 / 카베르네 소비뇽 블렌딩과 피노 누아가 브르다에서 크게 성공을 거둔 레드와인이다. 프리울리처럼 브르다에서도 다양한 토착품종과 국제품종을 함께 재배하는데, 향이 풍부한 소비뇽 나스Sauvignonasse(프리울리에서는 프리울라노Friulano), 베네토의 피노 그리조보다 구조와 개성이 더 강한 피노 그리조, 그리고 소비뇽 블랑이 좋은 예다.

비파바 밸리 Vipava Valley(또는 비파브스카 돌리나 Vipavska Dolina) 지역은 확실히 더 서늘해서(특히 상류쪽), 브르다보다 더 활기차고 우아하며 알코올 도수가 낮은 와인이 나온다. 메를로, 카베르네 소비뇽, 소비뇽 블랑이 중요한 품종이지만 지역 특산인 리볼라 지알라, 토착품종인 젤렌Zelen과 피넬라Pinela 역시 늘고 있다. 이들 품종으로 만든 화이트 블렌딩와인과 비파바 피노 누아로 만든 와인은 마셔볼 가치가 있다.

크라스Kras 지역은 트리에스테에서 시작되는 거친 카르스트 석회암 고지대로, 얇고 철분이 많으며 적점토 토양이다. 이곳의 레포스코로 만든 와인이 진하고 시큼하지만 맛이 좋은, 유명한 테란Teran이다.

레포스코는 **슬로벤스카 이스트라**에서도 중요한 품종이다. 트리에스테 남쪽은 슬로베니아에서 가장 더운

슬로베니아 와인산지

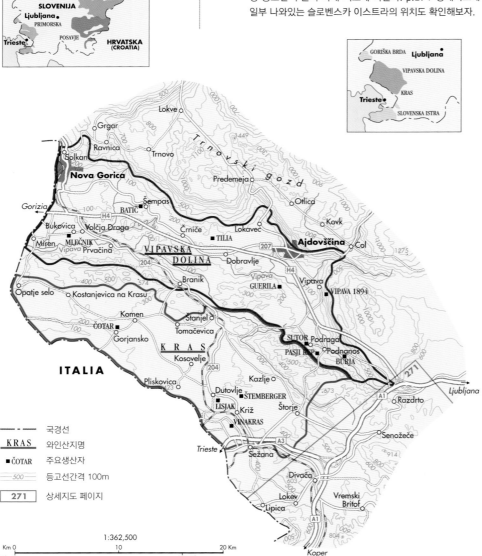

프리모르스카

슬로베니아 북서부, 고리슈카 브르다의 일부가 p.171 지도에 자세히 나와있다. 바로 남동쪽 프리모르스카 지방의 가장 중요한 부분이 아래 지도에 나온다. p.271 상세지도에 일부 나와있는 슬로벤스카 이스트라의 위치도 확인해보자.

국경선	
KRAS	와인산지명
■ČOTAR	주요생산자
500	등고선간격 100m
271	상세지도 페이지

1:362,500

Km 0 ... 10 ... 20 Km

Miles 0 ... 10 Miles

곳으로, 향신료향이 나고 거친 풀바디 레드와인을 만든다. 복숭아향의 말바지아 이스타르스카Malvazija Istarska는 아드리아해에서 잡은 생선과 궁합이 좋은, 이 지역 최고의 화이트품종이다(국경 너머 이스트리아에서도 그렇다. p.271 참조). 프리모르스카의 다른 세 지역에서도 점점 중요해지고 있다.

포드라베

포드라베의 포도밭(6,408*ha*)은 슬로베니아에서 가장 넓고 대륙적인 중요한 지역으로, 점점 커지는 **슈타예르스카 슬로베니아**Šajerska Slovenija와 상대적으로 작은 프레크무레Prekmurje로 나뉜다(아래 위치 지도 참조). 전체 와인 중 레드는 10% 미만이다.

주요 품종은 라슈키 리즐링Laški Rizling(웰치리슬링)이며, '루토머'라는 브랜드로 영국에 알려진 적 있다. 다른 곳처럼 슈폰Šipon(푸르민트)에 대한 관심이 커지고 있는데, 단단하고 장기숙성 가능한 슈폰은 이곳의 서늘한 기후와 잘 맞는다. 다른 와인은 보통 오크통 숙성하지 않고 스크루캡을 사용한다. 렌스키 리즐링(리슬링), 시비 피노Sivi Pinot(피노 그리), 디셰치 트라미네츠Dišeči Traminec(게뷔르츠트라미너), 소비뇽 블랑, 루메니Rumeni 뮈스카(뮈스카 블랑 아 프티 그렝)가 대표적이다. 산미가 약한 토착품종 라니나Ranina(오스트리아의 부비에Bouvier)는 1852년부터 슬로베니아 스파클링와인의 수도인 라드고나의 특산품종이다. 오크통 숙성한 샤르

도네와 피노 누아는 비교적 새롭고 품질이 좋다.

조금 더 따뜻한 **프레크무레** 지역은 남쪽의 이웃처럼 더 풍부하고 부드러운 와인을 생산한다. 모드라 프란키냐Modra Frankinja(블라우프렌키슈)는 이곳이 고향이나 마찬가지인데, 2016년 슬로베니아에서 유래했다는 것을 인정받은 뒤 많은 관심을 받고 있다.

포드라베에서는 작황이 좋은 해에는 매우 달콤한 귀부와인과 아이스바인을 생산한다. 마리보르의 유명한 자메토브카Žametovka는 지구상에서 가장 오래된(400살 이상) 포도나무로 기네스 세계기록에 등재되었는데, 지금도 매년 35~55kg의 포도를 수확한다.

포사베

포사베는 생산량이 가장 적고 2,688*ha*에서 포드라베와 비슷한 품종을 재배한다. 보통 블렌딩으로 지역 특산인 메틀리슈카 츠르나Metliška črnina, 비젤리찬Bizeljčan, 가볍고 시큼한 핑크색 츠비체크Cviček를 만든다. 포사베 와인은 포드라베보다 가볍고 덜 우아하다. 오크통 숙성으로 향신료향이 강한 모드라 프란키냐는 지역 인기품종이다. 귀하고 시큼한 화이트품종 루메니 플라베츠로 토착 스파클링와인 비젤리스코 스레미치Bizeljsko Sremič를, 돌렌스카에서는 자메토브카로 멋진 스파클링을 만든다. 비교적 따뜻한 벨라 크라이나 지역은 모드라 프란키냐, 옐로 뮈스카, 그리고 포드라베 와인 못지않은 스위트가 유명하다.

슬로베니아, 체코, 슬로바키아에는 오랜 공예의 전통이 있다. 입으로 불어서 만드는 매우 섬세한 와인잔은 전 세계 와인애호가들로부터 큰 사랑을 받고 있다.

범례

- ─ · ─ 국경선
- ─── 오콜리슈(아펠라시옹) 경계선(okoliš)
- ■ VERUS 주요생산자
- ▨ 포도밭
- ～600～ 등고선간격 150m

포드라베 중부

해안에서 가장 멀리 떨어진 슬로베니아 와인산지는 오스트리아의 슈타이어마르크 바로 밑에 있으며, 와인 역시 비슷하게 섬세하고 향이 풍부한 (주로 화이트) 와인을 생산한다. 슈타이어마르크의 일부 재배자들은 국경 너머 스타예르스카 슬로베니아(슬로베니아의 슈타이어마르크라는 뜻)에 포도밭을 갖고 있다.

1:540,000

크로아티아 CROATIA

이스트리아와 달마티아는 언제나 크로아티아의 얼굴이었다. 크로아티아는 아름다운 베네치아 항구와 수백여 개의 섬으로 수많은 관광객을 유혹한다. 로마 황제, 십자군, 베네치아 총독이 크로아티아 해안을 오르내렸지만 와인을 맛보지는 않았다. 오히려 오늘날 요트를 가진 사람들이 크로아티아 와인이 개성 있고 완성도가 높으며 가격도 비싸지 않다는 것을 잘 안다.

현재 크로아티아라 불리는 이 지역에서는 수백 년 동안 와인을 만들었다. 19세기 말 필록세라가 유럽의 다른 포도밭을 초토화시켰을 때 크로아티아 와인이 잠시 인기를 누렸지만, 필록세라가 크로아티아에 도착하는 것 또한 시간문제였다. 수많은 포도밭이 황폐화되고, 수많은 토착품종이 사라졌다. 약 250개의 토착품종 중 지금은 겨우 130개 정도만 재배되고 있다.

크로아티아 포도밭의 총면적은 공식적으로 20,000ha가 조금 넘는다. 하지만 많은 사람들이 집에서 마시기 위해 포도나무를 몇 이랑씩 재배한다. 공식적인 재배자당 평균 면적은 0.5ha이고, 41,000곳에 달하는 재배자의 93%가 1ha 미만의 포도밭을 소유하고 있다. 이 중 1,600곳이 와인을 생산, 판매한다.

크로아티아 와인 관련기관은 2018년에 4개의 와인산지를 정했다. 슬라보니아와 다뉴브강(Slavoniji i Podunavlje), 크로아티아 고지대(Bregovita Hrvatska), 이스트리아와 크바르네르(Istra i Kvarner), 달마티아(Dalmacija)인데, 여기서 또 12개의 하위지역으로 나뉜다(p.267 지도 참조). 크로아티아 와인 4병 중 3병이 공식 지리적 명칭을 갖고 있다.

크로아티아는 해안을 따라 이어지는 디나르알프스산맥에 의해 둘로 나뉜다. p.271 지도에서는 산맥 남서쪽의 크로아티아 해안만 자세하게 표시했다. 이 지역은 북에서 남으로 크로아티아 이스트리아(Hrvatska Istra), 크로아티아 연안(Hrvatsko Primorje), 달마티아 북부(Sjeverna Dalmacija), 달마티아 중남부와 부속 섬들(Srednja i Južna Dalmacija), 달마티아 내륙(Dalmatinska Zagora)으로 나뉜다.

북부의 이스트리아, 크바르네르 와인은 대부분 화이트이다. 반면 남부(달마티아)에서는 레드를 주로 생산한다. 달마티아 내륙은 서늘한 지중해성 기후에서 쿠윤주샤Kujundžuša, 데비트Debit, 마라슈티나Maraština, 블라티나Blatina, 즐라타리차Zlatarica 같은 다양한 토착품종이 자라며, 국제품종은 주로 비교적 넓은 포도밭(특히 자다르의 내륙쪽)에서 재배한다.

크로아티아 내륙 지역

크로아티아 내륙에는 2곳의 와인산지가 있다. 슬로베니아와 헝가리 국경 쪽 디나르알프스산맥의 북쪽과 동쪽 산지다(p.267 지도 참조). 동쪽 산지인 슬라보니아와 다뉴브강은 가장 넓으며, 판노니아대평원의 강한 영향으로 기온이 가장 높다. 이곳의 특산품종은 그라셰비나Graševina로 다른 지역에서는 웰치리슬링, 리슬링 이탈리코, 라슈키 리즐링 등 다양하게 불리는데, 크로아티아에서 가장 많이 재배되며 이곳 특히 다뉴브강 유역에서 기원한 것으로 추정된다. 크로아티아의 와인생산자들이 그라셰비나의 소유권을 주장하는 마음은 이해되지만, 아쉽게도 이 상큼한 화이트와인은 1년 이상 숙성될 수 없다. 전체적으로 조금 밋밋하지만 귀부포도로 만든 꽤 좋은 스위트와인도 있는데, 특히 슬라보니아 쿠테보 부근의 스위트와인이 빼어나다. 하지만 다뉴브강과 접한 바라나Baranja와 일로크Ilok 부근의 드라이와인은 최근에 심은 샤르도네, 트라미나츠Traminac, 그리고 진짜 리슬링과 경쟁할 정도로 흥미롭다. 완만한 언덕에 자리한 슬라보니아 포도밭은 크로아티아에서 가장 크고 와인생산자 수도 가장 많다. 와인을 숙성시킬 때 쓰는 이탈리아의 전통적인 대형 오크통 '보티botti'의 재료, 참나무의 공급처로도 유명하다.

산악지형인 크로아티아 고지대에서는 모든 것이 소규모이다. 크로아티아 수도인 자그레브의 북쪽과 서쪽, 특히 플레시비차Plešivica와 자고레Zagorje도 기온이 낮은데, 자고레에서는 괜찮은 스위트와인을 만든다. 특히 보드렌Bodren 와이너리의 와인이 훌륭하다. 리슬링과 소비뇽 블랑 같은 향이 풍부한 화이트품종은 이곳에서 진정한 가능성을 보여준다. 크로아티아 최북단에 위치하며 슬로베니아 동부, 헝가리 남서부와 국경을 맞댄 메디무레Medimurje는 크로아티아에서 가장 서늘한 지역으로, 가장 인기 있는 와인은 푸시펠Pušipel(크로아티아에서 푸르민트를 부르는 여러 이름 중 하나)로 만든 드라이와 스위트이다. 드라이하고 은은한 향이 특징인 슈크를레트Škrlet도 인기를 얻고 있다. 크로아티아 내륙에서 드물게 살아남은 토착품종이다.

크로아티아 해안지역

크로아티아 토착품종의 풍요로운 유산은 크로아티아 해안, 특히 해안 남쪽에 잘 보존되어있지만 해안 가장 북쪽의 이스트리아는 지역을 상징하는 강력한 품종을 갖고 있다. 바로 이스트리아의 말바지아인 말바지아 이스타르스카로, 다른 대부분의 말바지아와는 거의 연관성이 없지만 쉽게 구별될 만큼 단단하고 깊은 화

포도밭, 모래 해변, 에메랄드빛 바다. 스플리트 바로 옆에 있는 브라치섬은 그야말로 지상 낙원이다. 스티나(Stina)가 이곳의 대표적인 와인 생산자다.

SLOVENIJA

SLOVENSKA ISTRA
Trieste
Koper
DEGRASSI
CORONICA
CATTUNAR
Novigrad
ROXANICH
AGROLAGUNA
MATOŠEVIĆ
Rovinj
Pula
HRVATSKA ISTRA
HRVATSKO PRIMORJE
KOZLOVIĆ
CLAI
ARMAN FRANC
BENVENUTI
SAINTS HILLS
Poreč
Istra
Rupa
Matulji
Rijeka
Delnice
Zagreb
Crikvenica
Krk
Krk
Baška
Cres
Cres
Mali Lošinj
Lošinj
Rab
Rab
Senj
Žuta Lokva
Sertić Poljana
Otočac
Sarajevo
Korenica
Donji Lapac
ISTRA I KVARNER
BOŠKINAC
Karlobag
Pag
Pag
Gospić
Gornja Ploča
Gračac
KRALJEVSKI VINOGRADI
Poličnik
KORLAT (BADEL 1862)
Novigradsko more
Zadar
Preko
SKAULJ
JOKIĆ
Sukošan
Benkovac
Kovačić
Knin
Dugi Otok
Zaglav
Ugljan
Pirovac
BIBICH
SJEVERNA DALMACIJA
GRACIN (SUHA PUNTA)
Šibenik
Žirje
Primošten
Trogir
Kaštela
Solin
Split
DALMACIJA
SREDNJA I JUŽNA DALMACIJA
Šolta
Omiš
Brač
Bol
STINA
Stari Grad
PLANČIĆ
Jelsa
PZ SVIRČE (BADEL 1862)
Vrbanj
TOMIĆ
Hvar
Vis
ZLATAN OTOK
KORTA KATARINA
Vela Luka
BURA-MRGUDIĆ
Orebić
BIRE
Korčula
MADIRAZZA
PZ POŠIP ČARA
KRAJANČIĆ
Lastovo
Mljet
Mokarska
Pelješac
Potomje
GRGIĆ
MILOŠ FRANO
Ston
Slano
Dubrovnik
Cavtat
Podgorica
BOSNA I HERCEGOVINA
DALMATINSKA ZAGORA
Cista Provo
GRABOVAC
Imotski
Metković
Mostar
Ploče

1 VINAKOPER
2 SANTOMAS
3 PUCER

크로아티아 해변과
슬로베니아의 이스트리아
지도에 나온 총 길이 6,176km에 달하는 크로아티아 해안
에는 1,000여 개의 섬이 있으며, 많은 섬에 고유의 포도
품종이 있다. 트리비드라그(진판델)는 이미 기원이 밝혀
졌고, 다른 품종에 대한 정보도 곧 밝혀질 것이다.

SLOVENIJA
Zagreb
HRVATSKA
BOSNA I HERCEGOVINA
Split
CRNA GORA

1:2,175,000
Km 0   25   50   75 Km
Miles 0   25   50 Miles

— · — 국경선
DALMACIJA 와인산지명
HRVATSKA ISTRA 와인 하위지역
■ CLAI 주요생산자
500 등고선간격 500m
추가 등고선간격 100m

작은 마을 카슈텔라는 츠를레나크 카슈텔란스키 품종이 진판델과 같은 품종이라는 것을 DNA 분석으로 밝혀내, 와인세계에서 유명해졌다.

이트와인이 된다. 꿀향, 사과 껍질향, 그리고 주로 씹는 느낌이 난다. 이스트리아에서는 품종의 60%를 차지하는 말바지아 이스타르스카를 전통적으로 껍질과 함께 발효시켰다(스킨 콘택트는 이제 유행이다). 하지만 온도 조절이 되지 않아서 결과가 항상 좋지만은 않았다. 지금도 독특한 과일향을 보존하기 위해 저온에서 스킨 콘택트를 거친다.

이스트리아에서는 슬라보니아 참나무보다 아카시아 나무로 만든 통을 사용한다. 덕분에 풀바디의 활기차고 복합적인 와인이 되며, 일부는 장기숙성시키면 풍미가 더 좋아진다. 이스트리아의 대표적인 레드와인 품종은 레포슈크Refošk라고도 부르는 테란이다. 프리울리의 레포스코 달 페둔콜로 로소와는 별개이며, 메를로를 조금 블렌딩해도 버틸 정도로 강건하다. 잘 익으려면 입지가 좋은 곳에 심어야 하고 신중한 가지치기가 필요하다. 지중해성 기후이지만 남쪽보다 서늘하고 토양은 선홍색에서 회색, 검은색까지 매우 다양하다.

이스트리아 바로 남쪽이 크바르네르이다. 포도밭은 대부분 크르크섬에 있고, 전통적으로 크로아티아의 즐라티나Žlahtina를 주로 재배하며 가볍고 상쾌한 화이트 와인을 만든다. 국제품종도 일부 심는다. 남쪽으로 내려가면 아름다운 달마티아 해안이 나온다. 에메랄드빛 바다, 수백여 개의 섬, 그리고 베네치아 공화국의 지배를 받은 흔적이 방문객을 반긴다. 달마티아의 말바지아는 이스트리아의 것에 못 미치지만, 다른 토착품종도 많아 최근 적극적으로 사용되고 있다. 온화한 지중해성 기후, 바닷바람, 좋은 위치, 다양한 방향이 여러 토착품종의 유산과 결합해 전 세계 와인애호가들을 흥분시키고 있다. 수출할 몫까지 관광객들이 다 마셔버리지 않기를 바랄 뿐이다(크로아티아어는 모음에 인색한 편이라, 라벨을 읽는 것도 난관이 될 수 있다).

주로 레드와인을 생산하며, 플라바츠 말리Plavac Mali

가 달마티아 해안에서 가장 많이 심는 품종이다. 딩가치에서는 보통 맛이 풍부하고 밀도가 높으며 힘있는 와인이 되고, 두브로브니크 북쪽 펠예사츠반도 해안가의 가파른 계단식 포도밭에서는 톡 쏘는 맛의 포스트업Postup 와인이 된다. 츠를레나크 카슈텔란스키Crljenak Kaštelanski는 플라바츠 말리의 가까운 친척일 뿐 아니라 진판델(또한 풀리아의 프리미티보)과 같은 품종이라는 것이 밝혀지면서 많이 심기 시작했다. 츠를레나크 카슈텔란스키는 스플리트 근처 작은 마을 '카슈텔라의 붉은 포도'라는 뜻이며, 트리비드라그Tribidrag라고도 한다(몬테네그로에서는 크라토시아로 부른다). 더 세련되고 향이 강한 바비치Babić는 옛날부터 시베니크와 스플리트 사이, 프리모슈텐 항구와 마리나 주변의 돌이 많은 해변에서만 재배되었다. 이곳은 큰 잠재력이 있다.

현재 말바지아 두브로바츠카Dubrovacka 품종의 부활이 서서히 진행되고 있다. 크로아티아에서는 1383년에 처음 언급되었고, 두브로브니크가 라구사 공화국이었던 시절 매우 중요했던 품종이다. 시칠리아섬에서 조금 떨어진 리파리섬의 주요 품종 말바지아와 연관된 것으로 보이며, 말려서 스위트와인을 만들기 좋다.

중부와 남부 해안, 그리고 섬에서 흔한 화이트품종 마라슈티나Maraština는 밋밋한 토스카나 말바지아의 다른 이름일 뿐이다. 섬에서 재배하는 개성 강한 화이트품종으로 향이 강한 비스섬의 부가바Vugava, 포도밭 외에는 모두 라벤더로 덮인 흐바르섬의 상쾌한 보그다누샤Bogdanuša, 코르출라섬의 유망한 포십Pošip과 유명하고 강렬한 그르크Grk가 있다. 나파 밸리 그르기치 힐스의 창립자로 성공한 마이크 그르기치가 1996년 고향으로 돌아오자, 섬의 와인재배자들은 새로운 에너지와 희망을 가졌다. 그르기치는 미국인들에게 크로아티아 와인을 소개했고, 크로아티아에서 진판델의 뿌리를 찾는 '진퀘스트Zinquest'에 참여했다. 이제 관광객들은 달마티아 음식(작은 굴, 햄, 생선구이, 양파를 곁들인 숯불구이 고기, 산더미같이 쌓인 포도와 무화과)에 불처럼 강하고 풍미가 풍부한 해안의 와인을 곁들이면 신들의 향연이 된다는 것을 알고 있다.

루마니아
ROMANIA

루마니아는 이웃 국가들보다 프랑스와 문화적으로 더 가까운, 슬라브 민족 사이에 낀 라틴 민족 국가이다. 와인 역시 프랑스와 유사한 입장을 취한다. 하지만 프랑스와 같은 위도에 위치한 루마니아의 와인산지에 주로 투자하는 나라는 이탈리아, 그다음 오스트리아이다.

루마니아 한가운데에 큰 고둥처럼 자리한 카르파티아산맥이 대륙성 기후의 덥고 건조한 여름을 완화해준다. 산맥의 최고봉은 2,600m로 트란실바니아고원을 에워싸고 있다. 다뉴브강은 모래 평지인 루마니아 남쪽을 지나, 삼각주를 향해 북쪽으로 방향을 틀어 도브로제아Dobrogea 해안지역을 갈라놓는다. 도브로제아는 흑해의 영향으로 기온이 좀 더 높다.

옛 소비에트연방처럼 루마니아도 1960년대에 대대적인 포도나무 식재정책을 실시해, 대단위 경작지가 포도밭으로 변했다. 하지만 1990년대와 2000년대 초에 상당히 줄었고, 2017년경 180,000ha로 안정되었다. 루마니아는 국토가 넓거나 인구가 많은 나라는 아니지만 포도밭 면적은 유럽에서 다섯 번째로 크다. 특히 화이트품종이 많고, 옛 동구권 국가 중에서는 가장 중요한 와인생산국이다. 하지만 모든 와인이 훌륭하거나 수출할 만한 것은 아니다. 1/3은 교배종으로 만들고, 홈메이드 와인을 길에서 불법 판매하는 경우도 많다. 루마니아인은 와인을 좋아하며 특히 조금 단 와인이 인기가 많다. 2006년부터는 실질적인 와인수입국이 되었는데, 주로 스페인과 이탈리아에서 벌크로 수출하는 저렴한 와인이다. EU 가입으로 포도밭과 비교적 잘 운영되는 와이너리에 대한 투자가 이루어졌다.

이웃 국가들과 달리 루마니아는 여러 토착품종들을 중심으로 재배를 계속해왔다. 페테아스커 레갈러

Fetească Regală(조상에 대해서는 아직 밝혀지지 않았다)와 좀 더 섬세한 페테아스커 알버Fetească Albă가 가장 흔하고, 그 다음은 메를로, 그리고 라벨에 리슬링으로 표기되는 웰치리슬링이 있다. 소비뇽 블랑도 인기가 많지만, 다른 루마니아 와인처럼 너무 달콤해서 해외에서는 사랑받기 힘들다. 알리고테는 동부에서 자라는데, 유명 생산자가 병입하는 경우는 드물다. 카베르네 소비뇽, 피노 그리, 뮈스카 오토넬도 좋은 반응을 얻고 있으며, 특히 피노 그리는 수출시장에서 큰 성공을 거뒀다. 이탈리아에서 수확량이 모자랄 때 수출하기도 한다.

터므이오아서 로므네아스커Tămâioasă Românească는 향이 풍부한 루마니아의 뮈스카 블랑 아 프티 그렝으로 드라이와 스위트가 있다. 부수이오아커 데 보호틴Busuioacă de Bohotin은 분홍빛 껍질의 뮈스카로 보통 로제와인이 된다. 눈여겨볼 만한 화이트와인 토착품종은 크름포시에 셀렉치오나터Crâmpoșie Selecționată, 무스토아서 데 머데라트Mustoasă de Măderat, 그라서Grasă, 프런쿠셔Frâncușă, 그리고 교배종인 샤르버Șarbă가 있다.

루마니아의 피노 누아는 1980~1990년대에 해외에서 유명했으며, 풍미가 불가리아 피노 누아와 달랐다. 2017년 재배면적이 2,000ha를 넘겼지만, 강하고 진한 레드를 좋아하는 루마니아인들에게 인기가 없었다. 루마니아 고유의 레드품종인 버베아스커 네아그루Băbească Neagră는 가볍고 과일향이 풍부한 와인이 되고, 이제 루마니아 전역에서 심는 페테아스커 네아그러Fetească Neagră는 더 중후한 와인이 된다. 점점 인기를 끌고 있는 블렌딩 레드와인에도 잘 어울리며, 메를로, 카베르네뿐 아니라 네그루 데 드러거샤니Negru de Drăgășani, 노바크Novac 같은 특산품종과도 잘 섞인다.

헝가리의 토카이처럼 루마니아에도 한때 유럽 전역에서 유명했던 와인이 있다. 토카이는 공산정권을 견뎌내고 부활했지만, 코트나리Cotnari는 외부에 거의 알려지지 않았다. 원래 북동쪽의 화이트 귀부와인이었는데, 지금은 대부분 민영화된 농장에서 만드는 평범한

슈티르베이는 노바크 품종와인의 유일한 생산자다. 노바크는 최근 토착품종인 네그루 비르토스(Negru Virtos)와 조지아의 사페라비를 교배해서 만들었다.

미디엄 드라이나 미디엄 스위트 화이트이다. 하지만 카사 데 비누리 코트나리Casa de Vinuri Cotnari에서 훨씬 흥미로운 새 드라이와인을 만들고 있다.

와인산지

루마니아의 와인산지는 8개로 나뉘며, 12개의 PGI(지리적표시 와인, Vin cu Indicaţie Geografică)와 수많은 DOC(통제원산지명칭 와인, Denumire de Origine Controlată)가 있다.

카르파티아산맥 동쪽의 **몰도바언덕**은 헝가리 와인의 40%를 생산하는 가장 큰 산지다. 언덕 최북단은 화이트와인산지로 토착품종이 대부분이다. 상업적으로 가장 성공한 DOC는 코트나리와 코테슈티Coteşti이다.

카르파티아산맥의 굴곡을 따라가면 몰도바언덕을 지나 언덕이 많은 **올테니아**Oltenia와 **문테니아**Muntenia가 나오는데, 루마니아에서 두 번째로 큰 산지로 일조량이 많다. 유명한 포도밭은 데알루 마레Dealu Mare(글자 그대로 '큰 산') DOC에 있는데, 해발 200~350m 남향 언덕에 위치하며 온건한 대륙성 기후이고 루마니아에서 가장 자극적인 레드와인을 생산한다. 현재 카베르네, 메를로, 피노 누아, 풀바디의 페테아스커 네아그러, 그리고 유망한 쉬라즈도 재배한다. 다비노Davino, 세르베SERVE, 안티노리의 빌레 메타모르포시스Viile Metamorfosis, 라체르타LacertA, 아우렐리아 비시네스쿠Aurelia Vişinescu, 로텐베르그Rotenberg, 리코르나 와인하우스Licorna Winehouse, 비나르테Vinarte가 델라우 마레의 뛰어난 생산자들이다. 피에트로아사Pietroasa DOC(델라우 마레 북동쪽)의 향이 강하고 기름진 터므이오아서는 이 지역 특산 화이트와인이다.

올테니아의 작지만 역동적인 DOC 드러거샤니

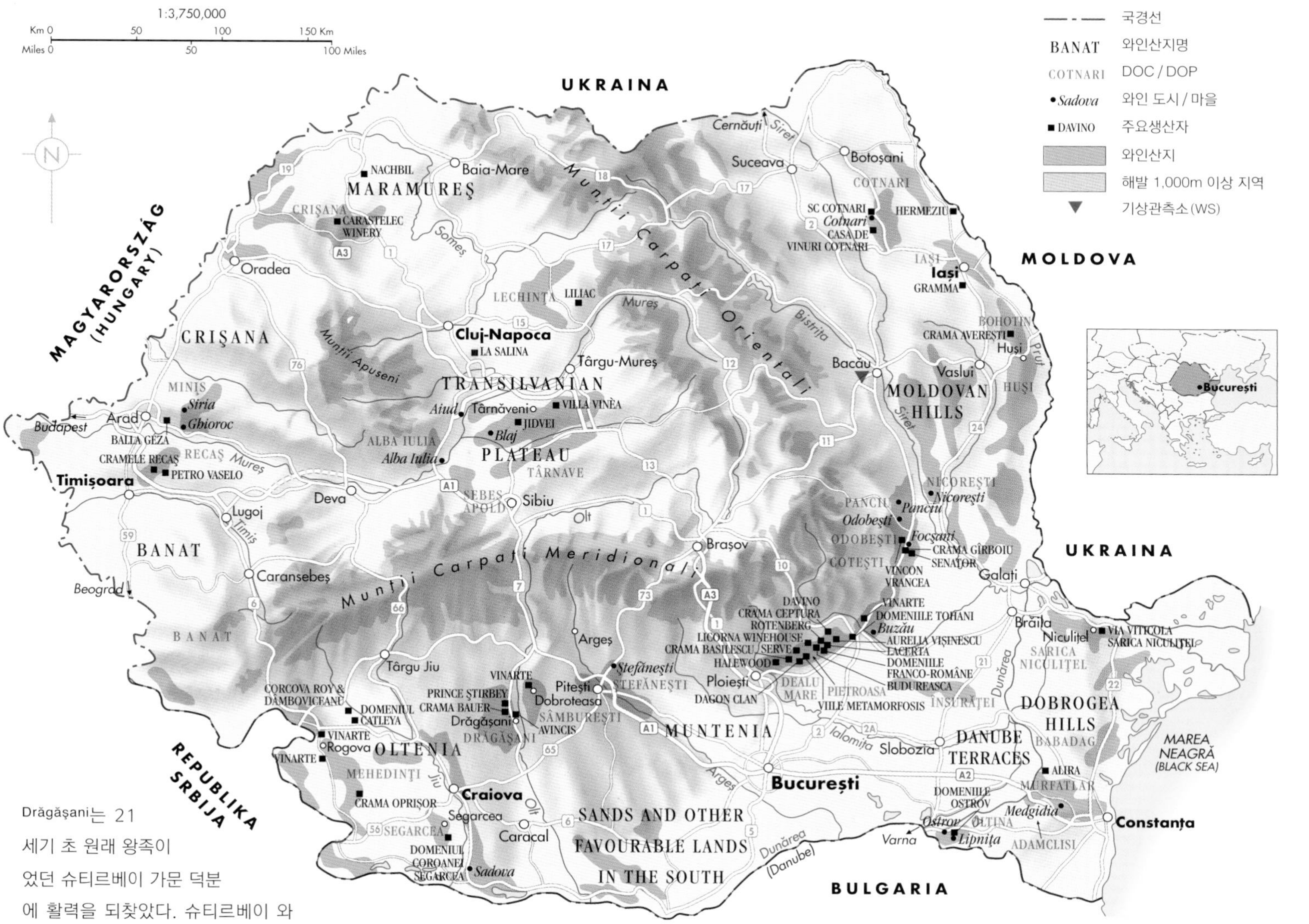

지도 범례:
- 국경선
- BANAT 와인산지명
- COTNARI DOC / DOP
- • Sadova 와인 도시 / 마을
- ■ DAVINO 주요생산자
- 와인산지
- 해발 1,000m 이상 지역
- ▼ 기상관측소 (WS)

1:3,750,000

Km 0 50 100 150 Km
Miles 0 50 100 Miles

Drăgăşani는 21
세기 초 원래 왕족이
었던 슈티르베이 가문 덕분
에 활력을 되찾았다. 슈티르베이 와
이너리는 현재 크름포시에 셀렉치오너터, 노바크, 네
그루 데 드러거샤니 같은 토착품종과 상큼한 페테아스
커 레갈러, 뮈스카, 소비뇽 블랑으로 상쾌하고 활기찬
와인을 만든다. 아빈치스Avincis 와이너리와 훨씬 작은
크라마 바우어Crama Bauer가 가장 흥미로운 이웃이다.

올테니아와 문테니아 사이의 카르파티아산맥 기
슭에는 각각 특징적인 와인이 있다. 슈테퍼네슈티
Ştefăneşti DOC는 향이 풍부한 화이트와인이 유명하
고, 슴부레슈티Sâmbureşti DOC는 카베르네 소비뇽이
대표적이다. 더 남서쪽으로 내려가 크라마 오프리쇼
르Crama Oprişor는 독일의 칼 레 소유다. 크라이오바 남
쪽, 왕실 영지였던 도메니울 코로아네이 세가르체아
Domeniul Coroanei Segarcea는 복원되어 포도나무도 새로
심었다. 코로코바의 또 다른 왕실 영지도 와이너리를
복원하고 프랑스의 기술 디렉터를 영입했다.

흑해 연안의 도브로제아언덕은 일조량이 가장 많고
강우량은 가장 적다. 무르파틀라르Murfatlar DOC는 부
드러운 레드와인과 감미로운 화이트와인으로 유명하
다. 내륙으로 부는 미풍 덕에 온화한 석회암 토양에서
재배되는, 매우 잘 익은 포도로 만든 스위트 샤르도네
도 있다. 다뉴브 테라스 지역의 주요 생산자 알리라Alira

는 남쪽 불가리아의 베사 벨리와 함께 투자를 받는다.
루마니아 서부는 헝가리의 영향이 강하다. 바나트
Banat에서는 피노 누아, 메를로, 카베르네 소비뇽으로
많은 레드와인을 만들지만, 페테아스커 네아그러와 쉬
라즈도 기대를 받고 있다. 주요 생산자는 크라멜레 레
카슈Cramele Recaş(루마니아에서 가장 성공한 와인 수출
회사. 주로 피노 그리를 수출)인데, 최근 유기농 와인을
만드는 페트로 바셀로의 도전을 받고 있다. 페테아스
커 레갈러, 피노 그리, 소비뇽 블랑이 주요 화이트품종
이다. 북쪽의 크리샤나Crişana와 마라무레슈Maramureş
에 있는 미니슈Miniş DOC의 언덕들은 루마니아 태생
의 헝가리인 발라 게자가 거의 혼자서 되살렸다. 카라
스텔렉Carastelec 와이너리에도 헝가리 투자자들이 있
고, 스파클링와인에 집중하고 있다. 가이젠하임에서
훈련받은 에드가 브루틀러는 나흐빌Nachbil에서 로-인
터벤션low-intervention 와인에 주력하고 있다.

트랜실바니아Transylvanian고원은 루마니아 한가운
데 있는 섬 같은 곳이다. 해발 460m의 서늘하고 비교
적 비가 많은 지역으로, 다른 곳보다 훨씬 상쾌하고 상
큼한 화이트와인을 만든다. 대기업 지드베이Jidvei가 유

럽 최대의 싱글빈야드(2,400ha)를 갖고 있다. 최근 레
킨차Lechinţa DOC의 릴리악Liliac과 트르나베Târnave
DOC의 빌라 비네아Villa Vinèa도 투자를 받았다. 이 지
역의 높은 잠재력을 보여준다.

루마니아 바커우 ▼

북위 / 고도(WS)	46.53°/184m
생장기 평균 기온(WS)	16℃
연평균 강우량(WS)	587㎜
수확기 강우량(WS)	8월 : 52㎜
주요 재해	봄서리, 가뭄, 9월 비, 겨울 냉해
주요 품종	화이트 페테아스커 레갈러, 페테아스커 알버, 웰치리슬링, 소비뇽 블랑, 알리고테 레드 메를로, 카베르네 소비뇽, 페테아스커 네아그러

불가리아 BULGARIA

오늘날 불가리아는 와인 지리를 공부하는 학생들에게 쉬운 상대가 아니다. 와인 라벨에 대부분 트라키아저지대 아니면 다뉴브평원으로 표기되는데, 불가리아를 둘로 나누는 스타라 플라니나 산맥의 남쪽인지 또는 북쪽인지에 따라 달라진다. EU 가입을 준비하면서 불가리아 정부는 52개의 지리적 명칭을 지정했지만, 지금은 거의 사용되지 않는다. 덕분에 큰 회사들은 블렌딩이 훨씬 용이해졌지만, 외국의 와인애호가들에게 불가리아 와인에 대한 관심을 다시 불러일으키는 것은 작은 회사들이다.

1970년대와 1980년대에 불가리아의 카베르네 소비뇽은 밸류 와인의 대명사였다. 데일리 와인을 다량 공급하기 위해 1950년대 비옥한 땅에 국제품종을 대량으로 심었는데, 불가리아 양조학자들의 능력은 예상을 뛰어넘었다. 1970년대 말 그들은 프랑스, 스페인, 이탈리아를 여행한 뒤 연구소와 포도시험장을 만들었

고, 실현 가능한 아펠라시옹 체계의 구축을 위한 튼튼한 기초를 마련했다. 펩시코PesiCo가 불가리아에 들어오면서 캘리포니아의 와인양조 기술도 함께 들어왔다. 불가리아의 부담 없고 완성도 높은 카베르네는, 싼 가격에 즐길 수 있는 맛있는 와인으로서 서구에서 한동안 각광을 받았다.

하지만 1980년대 고르바초프 서기장의 금주운동이 불가리아의 와인 수출에 심각한 타격을 입혔다. 불가리아의 경제는 침체되고, 와인 수출시장은 축소되었으며, 포도밭은 버려졌다. 공산정권 시절 포도재배자들은 국가가 운영하는 협동조합에 속해 있어야 했다. 철의 장막이 걷히자 포도밭은 2차 세계대전 이전에 소유

장미계곡은 향유나 에센셜 오일을 만들기 위해 재배되는 다마스크 장미로 유명하다. 이곳을 찾는 관광객들은 레드 미스켓, 뮈스카 오토넬, 카베르네 소비뇽 같은 향이 좋은 와인도 경험할 수 있다.

불가리아의 와인산지

산악지대와 수도 소피아 주위를 제외하면 불가리아 거의 전역에서 포도를 재배한다. 하위지역마다 흥미로운 차이가 있지만, 아직 공식적으로 구분되지는 않는다.

—·—·—	국경선
DANUBIAN PLAIN	주요 와인산지
• Varna	와인 도시 / 마을
■ TERRA TANGRA	주요생산자
(음영)	우수한 와인산지
(음영)	해발 1,000m 이상 지역
▼	기상관측소(WS)

불가리아 플로브디프 ▼

북위 / 고도(WS)	42.13° / 179m
생장기 평균 기온(WS)	18.3℃
연평균 강우량(WS)	541mm
수확기 강우량(WS)	9월 : 33mm
주요 재해	진균병, 겨울 추위, 우박
주요 품종	레드 메를로, 카베르네 소비뇽, 파미드(Pamid) 화이트 르카치텔리, 레드 미스켓, 뮈스카 오토넬

*Climate data from 1971 to 2000

했던 사람에게 되돌아갔는데, 그 과정이 너무 길고 복잡해서 결국에는 오랫동안 방치된, 수익을 내기 힘든 작은 포도밭만 남았다.

1990년대 말 민영화된 와이너리와 병입공장은 대부분 자금이 충분치 않은 지역 경영진에게 인수되었다. 그리고 몇 년 동안 작황이 좋지 않았다. 와이너리들은 공급량을 확보하기 위해 일찍 수확했고, 포도가 잘 익지 않은 것을 숨기기 위해 오크칩을 넣기도 했다. 결과는 와인 품질의 급격한 저하로 이어졌다. 신대륙 와인도 경쟁자로 떠올랐다.

하지만 2007년 불가리아가 EU 가입을 준비하면서 상황이 달라졌다. 대규모 EU 보조금이 와인산업으로 쏟아져 들어왔다. 와이너리들은 수백여 개의 소규모 농가를 찾아냈고 매입을 통해 자신들의 포도밭을 확장했다. 현재 대부분 와이너리는 독자적인 포도밭을 갖고 있고, 소규모 개인 와이너리도 생겨나 2018년 불가리아의 와인생산자 수는 250곳 이상으로 집계되었다. 2016년 전체 포도밭의 공식 면적은 62,910*ha*이고 그중 80%는 개인적인 소비보다 판매를 목적으로 포도를 재배했다. 하지만 실제 수확이 이루어지는 것은 58%뿐이다. 21세기 초에 포도나무를 많이 심었고, 이제 그 포도나무가 자라서 균형 잡힌 와인이 되어 수출시장과 내수시장에서 팔리고 있다. 불가리아 내수시장은 점점 성장하고 있으며, 새로운 소규모 와이너리 와인도 인기가 많다.

새로운 생산자들은 와인의 품질을 (그리고 가격 역시) 개선하려는 야심을 갖고 있다. 이탈리아의 대형주류회사 에도아르도 미롤리오는 노바 자고라 근처 언덕 엘레노보Elenovo의 광대한 영지에 피노 누아를 새로 심었다. 프랑스의 유통회사 벨베데르Belvedere(2015년에 회사명을 마리 브리자르Marie Brizard로 변경)는 터키 국경 근처 카타르지나Katarzyna 와이너리에 투자했고 이어 개인에게 매매했지만, 아직 스타라 자고라 근처의 도멘 메나다Domain Menada를 소유하고 있다. 대부분의 와이너리가 불가리아인 소유이고 와인메이커들도 불가리아인이지만, 프랑스 와인 컨설턴트들의 도움을 많이 받는다. 마르크 드보르킨는 처음에는 다미아니차, 그 다음은 남서부 베사 밸리에 영향을 주었다. 포므롤의 미셸 롤랑은 류비메츠 북부 텔리쉬즈 카스트라 루브라 Telish's Castra Rubra 와이너리의 컨설팅에 참여했다. 이들 와인의 품질은 크게 향상되었다.

레드와인 산지

불가리아의 여름은 덥지만, 동부와 남서부는 흑해와 에게해의 영향으로 조금 서늘하다. 다뉴브(두나브)강 바로 남쪽의 평야와 루마니아 국경 지역은 강한 대륙성 기후다. 불가리아에는 해발 300m 이상의 포도밭이 거의 없는데, 불가리아의 다른 지역보다 훨씬 온화한 남서쪽 끝은 예외다. 다뉴브평원은 겨울 날씨가 혹독한 반면, 남쪽의 트라키아저지대는 대체로 덜 춥다.

불가리아에서 가장 많이 심는 레드와인 품종은 메를로로 10,500*ha* 이상을 차지하며, 바로 뒤가 카베르네 소비뇽, 품질이 떨어지는 토착품종 파미드는 한참 뒤를 따른다. 토양과 잘 맞고 보르도를 넘어서는 품종을 찾기 위한 노력이 진행되고 있다. 실제로 1970년대 불가리아 와인 수출의 대명사였던 카베르네 소비뇽 품종 와인은 이제 비교적 드물고, 블렌딩와인이 훨씬 인기가 많다(매우 독특한 블렌딩와인도 있다). 인상적인 시라, 피노 누아(특히 서늘한 북서부), 카베르네 프랑을 발견할 수 있으며, 화이트와인의 경우 샤르도네, 트라미너가 좋고 소비뇽 블랑과 비오니에도 가끔 좋은 것들이 있다. 토착품종 외에 인기 있는 화이트품종으로 르카치텔리와 뮈스카 오토넬이 있다. 날씨가 온화한 흑해 연안과 스타라 플라니나 산맥 남쪽 기슭을 제외하면, 불가리아는 그야말로 레드와인의 나라라고 할 수 있다.

가장 주목받는 토착품종은 마브루드Mavrud (1,362*ha*)이다. 만생종 마브루드는 강건하고 농축된, 장기숙성 가능한 레드와인이 된다(마브루드 와인은 손수건에 싸서 들고 다닌다는 옛말도 있다). 최고의 마브루드는 지역의 개성이 듬뿍 가미된 최고급 블렌딩와인이 된다(산타 사라 프리바트Santa Sarah Privat와 루멜리아 Rumelia 와이너리의 에렐리아Erelia 와인이 좋은 예다).

시로카 멜니슈카 로자Shiroka Melnishka Loza('멜니크의 넓은 잎사귀'라는 뜻) 역시 남부 특산 품종으로, 로도페와 피린 산맥 너머 그리스 국경지역인 더운 스트루마 밸리Struma Valley에서만 재배된다. 향과 타닌이 강한 와인이 되며, 로제와인이나 스파클링와인을 만들기도 한다. 멜니크 55로 알려진 란나 멜니슈카 로자Ranna

불가리아 와인의 라벨 규정은 지리적 요소보다는 품종에 근거한다. 하지만 오르벨리아(Orbelia) 와이너리 소유의 멜니크 품종(사진)은 멜니크 마을에서 이름을 따왔다.

Melnishka Loza 같은 조생종 중에는 더 부드러운 와인이 되는 것도 있다.

네비올로와 시라의 불가리아 교배종 루빈Rubin 역시 잘 자란다. 북부는 가무자Gamza 품종이 여전히 855*ha*를 차지한다. 단순하고 과일향이 풍부하며 빨리 마시기 좋은 와인이 된다. 보로비차Borovitza처럼 가무자 품종을 지키기 위해 노력하는 생산자도 있지만, 다양한 가무자 클론을 연구하는 생산자도 있다.

화이트와인의 경우 분홍빛 껍질의 토착품종 레드 미스켓(불가리아어로는 미스켓 체르벤Misket Cherven)은 가볍고 부드러운, 포도맛이 조금 강해 일찍 마시기 좋은 와인이 된다. 디미아트Dimiat 또는 디먀트Dimyat(다른 곳에서는 스메데레브카Smederevka)는 불가리아에서 기원했다고 추정되며, 대체로 밋밋하고 산미가 강한 와인이 된다. 얄로보Yalovo, 마랸Maryan, 카라부나르 Karabunar 같은 생산자들은 스킨 콘택트 시간을 늘려서, 레드 미스켓과 디미아트 두 품종으로 본격적인 오렌지 와인을 만든다. 다른 화이트품종들은 잠재력이 크지 않다. 그래도 미스켓 산단스키|Misket Sandanski, 미스켓 브라찬스키|Misket Vrachanski, 게르가나|Gergana, 미스켓 바르넨스키|Misket Varnenski는 빨리 마실 수 있는 소박한 화이트와인이 된다.

흑해, 코카서스 BLACK SEA AND CAUCASUS

p.277 지도의 왼쪽 절반은 19세기에 고급와인 생산지로 유명했지만, 지금은 정치적, 민족적 갈등의 중심지가 된 곳이다. 오른쪽은 신기할 정도로 다양한 포도 품종을 가진 포도재배의 발상지다.

몰도바

루마니아 동부와 국경을 맞댄 몰도바는 구소비에트 공화국 중 포도나무가 가장 많은 나라이며, 인구 1명당 포도나무 수가 세계에서 가장 많은 나라다. 몰도바는 국토의 거의 4%가 포도밭이고, 경제활동 인구의 10%가 와인 관련 일을 한다. 이곳의 와인산지 지도를 보면 알 수 있듯 고르바초프의 금주운동과 민영화의 후유증으로 전체 포도밭 면적이 많이 감소했다. 몰도바의 포도밭은 소비에트 시대에 240,000ha로 최고조에 달했다. 2017년에는 간신히 81,000ha를 넘었고, 그중 9,600ha가 넘게 교배종 이사벨라를 재배한다.

역사적으로 차르의 크렘린 셀러는 당시 몰다비아(그리고 한때 베사라비아)였던 곳에서 좋은 테이블와인을 공급받았다. 몰도바의 역사는 러시아와 루마니아 사이에서 수난의 연속이었다. 어느 쪽에도 굴복하지 않은 몰도바인들(대부분 루마니아인들)은 1991년 독립이라는 큰 상을 얻었다. 불가리아나 루마니아와는 다르게, 소련에 공급할 와인을 만든 집단농장의 땅을 노동자들에게 똑같이 분배했다. 1999년 몰도바 땅의 소유주는 100만 명에 달했다. 거의 인구의 1 / 4이 포도밭을 포함해서 평균 1.4ha의 땅을 소유했다.

러시아가 달고 저렴한 몰도바 와인의 최대 고객이었지만 일련의 충격적인 수입금지 조치 뒤에 해외 지원이 들어오자, 몰도바 생산자들은 러시아에 대한 의존에서 벗어나기 위해 3개의 아펠라시옹을 만들었다(지도 참조). 2018년 몰도바의 와인생산자는 100곳이 넘었고 대부분 가족경영이었다.

몰도바는 포도재배에 유리한 점이 많다. 부르고뉴와 같은 위도에 완만한 언덕들이 있고, 지형이 다양하며 포도나무가 자라기 좋다. 그리고 기후는 흑해 덕분에 온화하다. 겨울은 기온이 많이 내려갈 때도 있어서 보호하지 않으면 포도나무가 동사하기도 하지만, 오래전부터 포도를 재배한 입지가 좋은 포도밭은 거의 이상적인 조건을 누리고 있다. 몰도바의 와인산지는 대부분 수도 키시너우 주위, 몰도바 남부와 중부에 위치한다. 네그루 데 푸르카리Negru de Purcari는 예나 지금이나 최고급 레드와인이다. 카베르네 소비뇽, 사페라비, 라라 네아그러Rară Neagră(루마니아의 버베아스커 네아그러)를 블렌딩한 놀랍도록 인상적인 와인으로, 남동쪽 슈테판 보더 지역의 푸르카리 와이너리가 독점 생산한다. 슈테판 보더는 발룰 루이 트라이안Valul Lui Traian의 남서쪽과 함께 뛰어난 잠재력을 가진 와인산지다.

가장 많이 심는 품종은 메를로, 카베르네 소비뇽, 샤르도네, 소비뇽 블랑이다. 토착종은 아직 중요도가 떨어진다. 오래전부터 스파클링와인을 생산했으며, 세계에서 가장 크고 가장 와인이 많은 몇몇 셀러에서 숙성된다.

우크라이나

구소비에트 공화국 중 두 번째로 중요한 포도재배 국가는 몰도바 북동쪽에 이웃한 우크라이나이다. 우크라이나(그리고 러시아) 대부분 지역이 포도가 익기에 너무 춥지만, 페니키아인과 고대 그리스인까지도 흑해와 아조프해 덕분에 해안지역은 포도를 재배할 만큼 따뜻하다는 것을 알고 있었다. 흑해의 항구도시 오데사와 헤르손 주위, 그리고 헝가리의 토카이에서 60km밖에 떨어지지 않은 자카르파트주(고도가 위도를 보완해주는 곳이다)에 우크라이나의 주요 포도밭들이 자리한다. 전통적으로 소비뇽 블랑, 리슬링, 웰치리슬링, 푸르민트, 레아니카 등 비니페라종이 중요했는데, 20세기 말 들

마산드라(Massandra) 와이너리의 중앙탑. 1894년에 설립한 와이너리로 크림반도 고급 디저트와인의 산실이다. 마산드라 와인은 러시아 황제(차르)가 즐겨마시던 술이다.

어 어디서나 잘 자라는 미국 교배종 이사벨라로 대체되었다. 최근 다시 활성화된 우크라이나 와인산업 관련자들은 샤르도네, 리슬링, 알리코테, 피노 누아, 메를로, 카베르네 소비뇽, 르카치텔리를 선호한다.

크림반도

크림반도는 복잡한 역사를 가진 흑해의 와인산지로, 18세기 말 에카테리나 대제 치하에서 러시아 제국에 병합되었다. 지중해성 기후인 크림반도 남쪽 해안은 곧 모험을 즐기는 러시아 귀족들의 휴양지가 되었다. 1820년대에 크림반도를 개발한 사람은 부유하고 교양있는 친영주의자였던 미하일 보론트소프 백작이다. 백작은 이후 알룹카에 와이너리와 궁전을 건축했으며, 멀지 않은 마가라치에 와인연구소도 설립했다. 이 와인연구소는 지금도 구소비에트 공화국 사이에서 가장 중요한 와인 연구센터로 인정받으며, 추위에 잘 견디는 품종을 주로 연구하고 있다. 대부분 교배종이다.

정확히 같은 시기의 호주와 마찬가지로, 보론트소프 백작도 프랑스의 위대한 와인을 최대한 비슷하게 흉내내려고 노력했다. 하지만 남쪽 해안은 너무 덥고, 10km만 내륙으로 들어가도 너무 추워서 성공하지 못했다. 그러던 19세기 말 레오 골리친 왕자가 리바디아에 있는 차르 니콜라이 2세의 여름 궁전에서 해안을 따라 50km 떨어진, 노비 스베트Novy Svet('새로운 세상'이라는 뜻) 와이너리에서 러시아인들이 두 번째로 좋아하는 음료인 스파클링와인 '샴판스코예Shampanskoye'를 만드는 데 성공했다.

그러나 크림반도의 운명은 디저트와인에 달려있었다. 1894년 차르는 마산드라에 '세계 최고의 와이너리'를 설립하고, 골리친 왕자에게 산맥과 바다 사이 130km의 긴 남쪽 해안을 개발하라는 임무를 맡겼다. 마산드라에서 생산된 모든 종류의 강한 스위트와인은 혁명 전 러시아에서 엄청난 인기를 얻었다. 이 와인들은 '포트', '마데이라', '셰리', '토카이', '카고르Kagor'(프랑스 카오르 와인에서 이름을 따왔다. 카오르 와인은 러시아 정교회에서 역사적으로 중요한 지위를 가진다), 심지어 '이켐Yquem'으로도 불렸다. 뮈스카, 화이트, 로제, 블랙 와인도 있었다. 마산드라에서 100년 전에 병입한 와인이 지금도 가끔 눈에 띈다. 여전히 맛있다.

러시아

러시아의 포도밭은 대부분 p.277 지도 어딘가, 흑해와 카스피해가 혹독한 대륙성 기후를 누그러뜨릴 수 있는 멀지 않은 곳에 있다. 절반 이상이 서쪽 **쿠반**Kuban(크라스노다르 크라이Krasnodar Krai)에서 자란다. 해양성 기후여서 보호조치 없이도 대부분의 겨울을 날 수 있기

279 상세지도 페이지

몰도바에서 아제르바이잔까지

이 지도를 통해, 흑해와 카스피해 연안 포도밭에서 바다의 영향이 얼마나 결정적인지 확실히 알 수 있다. 겨울에 동사를 막기 위해, 러시아 돈강 내륙지역에서 포도나무를 매년 흙으로 덮는 것도 놀랍지 않다.

크림반도 심페로폴

북위 / 고도(WS)	44.95˚/205m
생장기 평균 기온(WS)	16.5℃
연평균 강우량(WS)	501mm
수확기 강우량(WS)	9월 : 36mm
주요 재해	겨울 냉해
주요 품종	화이트 르카치텔리, 알리코테 레드 카베르네 소비뇽

*Climate data from 1971 to 2000

범례
- 국경선
- 분쟁 중인 국경선
- KARTLI 와인산지명
- 와인산지 경계선(조지아)
- •Alushta 주요 와인 도시 / 마을
- 와인산지
- 해발 1,500m 이상 지역
- 279 상세지도 페이지
- ▼ 기상관측소(WS)

때문이다. 하지만 **돈 밸리, 스타브로폴**Starvropol, **다게스탄**Dagestan에서는 포도나무를 땅에 묻어야 겨울을 날 수 있다. 수확한 포도는 대부분 브랜디를 만든다.

소비에트 체제에서 지은 공장형 와이너리가 너무 오래돼서, 양조는 말할 것도 없고 병입 시설마저 믿을 수 없을 정도로 낡았다. 하지만 쿠반 비노Kuban Vino와 파나고리아Fanagoria 같은 오래된 회사와, 레프카디아Lefkadia와 가이-코드조르Gai-Kodzor 같은 외국의 영향을 받은 몇몇 새로운 회사들이 현대적인 와인생산에 점점 더 관심을 보이고 있다.

새로 심은 포도나무는 대부분 프랑스에서 수입한 것이다. 몇몇 재배자들은 묘목장을 갖고 있어, 국제품종과 돈 밸리 특산 토착품종 치믈랸스키 체르니Tsimlyansky Cherny('검은 치믈랸스키'), 크라스노스토프Krasnostop('붉은 발'이라는 뜻), 시비르코비Sibirkovy, 그리고 한파에 강한 교배종 도스토이니Dostoiny와 시트로니 마가라차Citronny Magaracha의 잠재력을 살피고 있다. 조지아의 사페라비 역시 러시아 남부에서 잘 자라고 카베르네 소비뇽, 메를로와 함께 러시아의 대표적인 레드품종이다. 가장 많이 심는 화이트품종은 샤르도네, 소비뇽 블랑, 알리고테, 르카치텔리다.

소비에트의 오랜 전통은, 대도시 가까이에 있는 공장형 와이너리에서 주로 노보로시스크 항구를 통해 전 세계에서 벌크로 수입한 와인과 포도 농축액을 가공하는 것이다. 그런데 이런 수입 블렌딩와인과 러시아에서 재배한 포도로 만든 와인(러시아에서 병입하는 와인의 약 40%)을 모두 'Produced in Russia'라고 표기할 수 있어 문제가 되고 있다. 결국 EU의 원산지 통제와 유사한 시스템을 마련 중이다.

벌크로 수입된 와인 대부분은 러시아인이 옛날부터 좋아하는 스파클링와인과 스위트와인을 만드는 데 사용된다. 하지만 19세기에 노보로시스크 항구 근처 크라스노다르에 세워진 아브라우 두르소Abrau Durso 와이너리는 여전히 전통방식으로 스파클링와인을 만들어, 지금은 많은 관광객이 찾는 관광명소가 되었다.

과거에는 레드와 화이트 모두 당도가 높아 양조의 기술적 문제들을 감출 수 있었다. 하지만 러시아인들이 서양문화와 입맛에 노출되고, 특히 모스크바와 상트페테르부르크에서 레스토랑 산업이 발전하면서 드라이와인이 각광받기 시작했다.

아르메니아, 아제르바이잔

구소비에트 공화국이었던 **아르메니아**는 산악지대로 조지아, 터키, 이란, 아제르바이잔 사이에 끼여있다. 인구는 300만 명에 불과하지만, 아르메니아 후손이라고 주장하는 전 세계 800만 명이 아르메니아 와인의 국제적인 수요를 창출하고 있다. 17,300ha에 달하는 포도밭의 80% 이상이, 소비에트 시대에 큰 인기를 누렸던 국민 음료인 브랜디를 만드는 데 여전히 사용된다. 그러나 21세기 들어서 세계에서 가장 오래된, 아르메니아의 유서 깊은 와인문화가 되살아나고 있다. 2018년 아르메니아에는 50개의 와이너리가 있었고, 그중 30개는 지난 10년 사이에 문을 열었다. 세계 시장에서 이름을 알리고 있는 와이너리 중 하나로 아르메니아 남동부, 산이 많은 바요츠 조르 지역에 있는 이탈리아계 아르메니아인 소유의 조라Zorah가 있다. 조라는 아르메니아에서 그것도 주요 토착품종인 아레니 누아Areni Noir로 좋은 와인을 만들 수 있다는 것을 처음으로 증명한 와이너리다. 아레니 누아 와인은 아르메니아의 전통적인 점토단지 카라스karase를 이용해 만든다. 외국 투자자들은 잘 알려지지 않은 아르메니아의 전통품종보다 국제품종을 선호하는 경향이 있다. 지형은 매우 다양하며 해발 1,600m 높이의 포도밭도 있다. 일반적으로 관개는 필수이고, 겨울철 동해를 막기 위해 포도나무를 땅에 묻는다.

아제르바이잔의 와인생산은 과거에도 그랬고 지금도 여전히 중요하다. 아제르바이잔은 아르메니아에서 와인 관련 신석기 유물이 발견된 곳과 매우 가깝다. 그래서 코카서스 남부에 위치한 산악국가 아제르바이잔에 수백 가지 토착품종이 있다는 사실 또한 놀랍지 않다. 대부분의 품종이 지금도 약 10,000ha의 포도밭에서 널리 재배되고 있으며 매년 늘고 있다. 바얀시라Bayanshira, 마드라사Madrasa, 시르반샤히Shirvanshahy, 킨도그니Khindogni, 멜레이Meleyi, 가라 이케니Gara Ikeni, 아그 시레이Ag Shireyi가 대표적이다.

조지아 GEORGIA

200년 동안 러시아의 간섭을 받아온 나라들은 러시아에 순응적인 태도를 취할 수밖에 없었다. 하지만 조지아는 달랐다. 북코카서스산맥 아래에 위치하고, 흑해와 카스피해, 이란 사이에서 유럽과 아시아의 다리 역할을 해온 카르트벨리Kartveli 사람들은 한 번도 평화로운 삶을 누려본 적이 없다(조지아 사람들은 자신들을 카르트벨리라고 부른다. 현재 사카르트벨로Sakartvelo로 국명을 바꿀 것을 논의하고 있다). 이러한 배경 때문에 조지아는 강력한 국가정체성을 만들어냈고, 산 너머의 거대한 곰(러시아)에게 끊임없이 도전할 수 있었다. 이 정체성을 구성하는 강력한 요소 중 하나가, 와인을 조지아에서 발명했다는 주장이다.

와인양조에 관한 가장 오래된 고고학적 증거가 조지아(가장 최근의 발견이 언제인지, 당시 조지아의 국경이 어디까지인지에 따라 아르메니아일 수도 있다)에서 발견되었다. BC 6,000년경으로 추정된다. 그때 사람들이 와인을 마셨다는 것을 어떻게 알 수 있을까? 유적에서 발견된 신석기 항아리에 포도와 포도를 수확하는 모습이 그려져 있고, 또 항아리에 남아있는 타타르산이나 와인과 관련된 다른 산의 흔적은 비니페라를 베이스로 만든 와인에서 볼 수 있는 것들이다(게다가 노아의 포도밭이 있는 아라라트Ararat산도 그리 멀지 않은 곳에 있다). 점토 항아리는 지금도 조지아 사람들이 발효에 쓰는 크베브리의 원형이다(아래 참조).

조지아 사람들은 와인을 즐기고 또 많이 마시는 것으로 유명하다. 조지아는 장수국이기도 한데, 토착 레드와인 품종인 사페라비Saperavi가 약효 성분이 있고 영양분이 많다는 것을 감안하면 놀랍지 않은 일이다. 조지아를 방문하면 누구나 조지아 사람들의 잔치에 놀란다. 정과 음식이 넘쳐나고 의식도 많으며 식사시간이 매우 길다. 타마다tamada(건배 제의자)가 잔치를 주도하며, 와인과 노래가 중요한 부분을 차지한다.

조지아에서 현대적 의미의 와인양조가 시작된 것은 러시아인들이 정착한 19세기 초다. 푸시킨은 부르고뉴 와인보다 조지아 와인을 더 높게 평가했고, 그때부터 조지아 와인은 러시아에서 프리미엄 와인으로 자리잡았다. 치난달리Tsinandali 등 많은 와이너리들이 유명해졌다. 소비에트 정권 하에서 와인산업은 쇠퇴할 수밖에 없었고 1991년 독립한 후에도 회복은 느렸지만, 아이러니하게도 러시아가 2006년부터 2013년까지 조지아 와인의 수입을 금지하자 상황이 달라졌다.

전통 항아리 크베브리

크베브리(qvevri)는 땅에 묻는 암포라처럼 생긴, 배가 불룩한 큰 항아리다. 수확할 때 모든 것을 이 항아리 안에 넣는데, 발로 밟아 껍질을 터뜨린 포도, 포도껍질, 열매 자루 등이 모두 섞인 이 포도즙을 차차(chacha)라고 한다. 카헤티에서는 차차를 오래 숙성시키는 것이 관례이고, 카르틀리와 서부에서는 더 짧게 한다. 축하할 일이 생겨서 개봉할 때까지는 크베브리(서부에서는 추리라고 부른다)에 계속 보관하는 것이 전통이다. 완전히 발효되어 드라이한 것이나 덜 발효돼서 스위트한 것 모두 타닌이 정말 강해서, 그 맛에 익숙하지 않으면 제대로 즐기기 힘들지만 잘 만들면 놀라울 정도로 훌륭하다. 차차(이탈리아에서는 '그라파', 프랑스에서는 '마르'를 증류해서 만든 풍미가 강한 증류주는 조지아 사람들의 잔치에 빠지지 않는 술이다.

크베브리 와인은 스킨 콘택트 시간을 늘리고(화이트와 레드 모두) 오크나 스테인리스 스틸이 아니라 점토 용기에서 발효 및 숙성하는, 현재 전 세계적으로 유행하는 와인들의 먼 친척쯤 된다. 하지만 크베브리가 암포라나 티나자와 다른 점은 첫째, 크베브리는 영원히 땅속에 묻혀있고, 둘째, 조지아에서는 크베브리에 모든 재료를 집어넣고 알코올 발효와 젖산 발효가 끝나면 입구를 봉한다(때로는 점토로 막는다)는 점이다. 따라서 온도조절이 필요 없고, 앙금이 가라앉아 와인은 저절로 맑아진다.

가정 소비용인 50l부터 조지아 최대의 와이너리에서 사용하는 4,000l까지 다양한 용량이 있는데, 대형은 발효보다 숙성에 사용된다. 한때 크베브리로 와인을 만드는 것을 옛날 방식이라고 우습게 여겼지만, 크베브리를 이용하는 생산자가 늘면서 조지아 와인 문화의 정수로 인정받고 있다. 조지아 와인은 대부분 전통방식으로 만드는데, 그 독특함이 인정되어 2013년에 유네스코 '인류무형유산'으로 등재되었다. 아래 사진은 카헤티의 텔라비 근처에 있는 크베브리다.

해외 시장

주요 수출시장이 닫히면서, 차별적인 면도 없지 않지만 조지아 와인산업은 본의 아니게 품질 수준을 높여야 할 처지가 되었다. 생산기준을 전반적으로 높이고, 크베브리를 이용한 독특한 와인양조와 조지아 고유품종인 사페라비와 화이트품종 므츠바네 카후리Mtsvane Kakhuri, 개성이 강하고 매우 상쾌한 르카치텔리, 꽃향이 특징인 화이트품종 키시Kisi 등에 더 주력했다. 조지아에는 좋은 드라이와 스위트 화이트와인을 만드는 카헤티kakheti의 귀한 히크히비Khikhvi, 그리고 잠재력 있는 레드품종으로 최근 재발견된 샤브카피토Shavkapito를 포함해, 확인된 것만 525개의 토착품종이 있다. 수출시장에서 조지아 와인은 독특한 개성을 인정받고 있다. 또한 전 세계에서 화이트와인 양조의 스킨 콘택트 시간을 늘려 조지아에서는 호박색 와인, 다른 곳에서는 오렌지 와인이라고 부르는 와인을 생산하고, 종류에 상관없이 와인을 점토 항아리(티나자tinaja)나 암포라에서 숙성시키는 시도가 이루어지는 데 크게 기여했다.

세계 시장의 규정에 맞게 조지아는 지역과 하위지역으로 와인산지를 구분하고, 18개의 원산지명칭을 EU에 등록했다(p.277 지도 참조). 10개의 주요 와인산지 중 가장 중요한 산지는 동쪽 절반에 속한 카르틀리Kartli와 카헤티이다. **카헤티**(p.279 지도 참조)는 전체 포도밭의 약 70%를 차지하며, 오늘날 조지아 와인생산에서 거의 80%를 차지한다. 코카서스산맥 동쪽 끝 산기슭에 걸쳐있는 카헤티는 지형이 다양하며 크베브리 와인양조의 발상지로, 3개의 주요 하위지역과 13개의 아펠라시옹으로 나뉜다.

알라베르디Alaverdi는 매우 유명하고 오래된 수도원인데, 2005년에 복원되어 수도사들이 전통방식으로 크베브리 와인을 만든다. 텔라비는 카헤티의 주도로 옛 성벽이 남아있고, 같은 이름의 주요 셀러가 있다.

수도 트빌리시 부근 **카르틀리**(옛날에는 이베리아 Iberia로 불렸다)는 평지로 카헤티보다 지대가 더 높고, 좁고, 바람이 많이 불며, 와인도 더 가볍다. 천연 스프리츠도 일부 생산하며, 스파클링와인도 계획적으로 생산한다. 신석기 점토 항아리가 발굴된 곳이 이 지역이며, 카르틀리에는 특히 토착품종이 많다.

조지아 서부에서는 크베브리를 전통적으로 추리 churi라고 부른다. 기후가 덜 극단적이고 강우량이 높아 흑해의 영향을 느낄 수 있다. 저지대 **이메레티**Imereti에는 고유 품종이 있는데 치츠카Tsitska와 촐리코우리 Tsolikouri가 가장 흔하다(보통 두 품종을 블렌딩해 독특한 화이트와인을 만든다). 이메레티 와인은 산미가 강해 활기차고 발랄한 개성이 있으며, 일반적으로 카헤티보다 스킨 콘택트 시간이 짧다.

이메레티 북쪽 고지대인 **라차**Racha와 **레치후미** Lechkhumi 지역은 생장기가 길고 종종 수확을 늦게 한다. 그래서 자연스럽게 오프드라이와 세미스위트 와인을 만들며, 대표적인 토착품종은 무주레툴리 Mujuretuli와 알렉산드로울리Aleksandrouli이다. **메스헤티**

Meskheti(지도에는 삼츠헤–자바헤티Samtskhe-Javakheti로 표기)는 이메레티 남쪽에 위치하며 일부 포도밭은 해발 900~1,700m에 위치한다. 습하고 아열대 기후인 흑해 연안지역 **아드자라**Adjara, **구리아**Guria, **사메그렐로** Samegrelo, **압하제티**Apkhazeti는 역사적으로 유명한 와인생산자들로 토착품종을 재배한다. 이들은 다시 중요한 생산자로 떠오르고 있다.

사페라비는 아주 훌륭한 레드와인이 된다. 지금은 대부분 드라이이며 타닌과 산미가 강해, 크베브리에서 숙성시켰든 아니든 마시면 입안이 상쾌하다. 자신들의 강점을 잘 아는 조지아의 와인메이커들은 더 좋은 와인을 만들기 위해, 옛 방식과 새 방식을 모두 활용하며 경쟁하고 있다. 조지아의 품종, 기후, 자연이 특별한 잠재력을 가졌다는 사실에는 의심의 여지가 없다. 실크 로드 그룹이 최근 차브차바드제 왕가의 18세기 와이너리 치난달리Tsinandali를 복원했는데 매우 중요한 진전이었다. 치난달리에서 해마다 개최되는 음악축제와 고급 호텔은 조지아가 나아갈 새로운 방향을 상징한다.

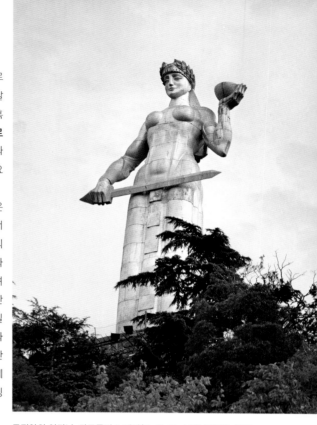

조지아의 어머니, 카르틀리스 데다(Kartlis Deda)의 기념비. 건국 1,500주년을 기념하기 위해 세워졌다. 한 손에는 친구를 맞이하기 위한 와인 사발을, 다른 한 손에는 적에게 맞서기 위한 검을 들고 있다.

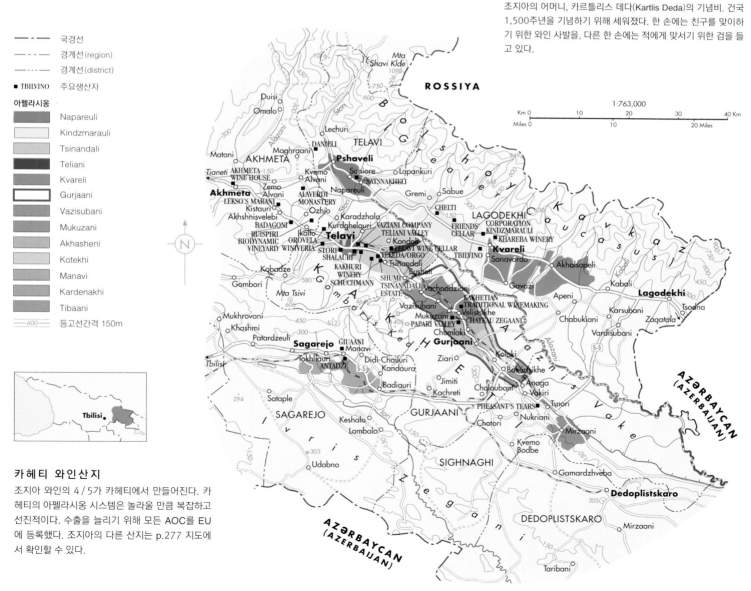

─··─	국경선
─·─	경계선 (region)
─ ─ ─	경계선 (district)
■ TBILVINO	주요생산자

아펠라시옹
- Napareuli
- Kindzmarauli
- Tsinandali
- Teliani
- Kvareli
- Gurjaani
- Vazisubani
- Mukuzani
- Akhasheni
- Kotekhi
- Manavi
- Kardenakhi
- Tibaani

─600─ 등고선간격 150m

Tbilisi

카헤티 와인산지

조지아 와인의 4/5가 카헤티에서 만들어진다. 카헤티의 아펠라시옹 시스템은 놀라울 만큼 복잡하고 선진적이다. 수출을 늘리기 위해 모든 AOC를 EU에 등록했다. 조지아의 다른 산지는 p.277 지도에서 확인할 수 있다.

그리스 GREECE

그리스가 최근에 겪었던 금융위기, 산불, 정치적 혼란은 적어도 와인 산업에는 장기적으로 유리하게 작용했다. 그리스 와인의 주요 시장이며 때로는 유일한 시장이었던 내수시장이 축소되자, 생산자들은 철저히 수출시장을 겨냥한 와인을 만들기 시작했다. 그리스어로 적힌 라벨을 로마자로 바꾸거나 추가 표기하고, 그리스 포도밭과 셀러만의 개성을 어떻게 구현할 것인가에 대한 고민이 널리 공유되고 있다.

다행히 그리스는 현재 전 세계 와인애호가들이 찾고 있는 것을 충족시킬 요소들을 두루 갖췄다. 흥미로운 토착품종, 다양한 테루아, 역사와 이야기가 있는 상쾌한 와인, 장인적인 양조방식 등, 그리스는 이 모든 것을 고대시대부터 유지해왔다.

하지만 그리스 와인은 아직도 많은 이들에게 오해를 받고 있다. 그리스가 고품질 와인을 생산하기에 너무 덥고 건조하다고 생각하지만, 대부분의 지역은 (이탈리아처럼) 불모의 산악지대이다. 얼마 안 되는 비옥한 저지대 평지에는 보통 수익성 높은 작물을 심는다. 그리스 와인산지는 높은 고도, 가파른 비탈, 다양한 지형, 예상하기 어려운 강우량이 결합한 매우 흥미로운(때로는 까다로운) 자연적 조건을 보여준다. 그리스 북부에 있는 마케도니아의 나우사Náoussa는 수확기에 비가 많이 오고 곰팡이도 필 때가 있으며, 일부 북향 포도밭은 포도가 잘 익지 않는 어려움이 있다. 펠로폰네소스반도 내륙 만티니아고원(p.283 참조)의 몇몇 와인의 경우 서늘한 해에는 산미를 낮추는 작업을 해야 한다. 그리스 와인산지는 대부분 서늘한 기후로 분류된다.

1980년대 중반 프랑스에서 교육을 받은 농학자와 양조학자들이 귀국하면서 그리스 와인의 새 시대가 열렸다. 이들은 EU 보조금과 야심찬 개인 투자가들의 도움으로 부타리Boutari나 쿠르타키스Kourtakis 같은 대형 네고시앙에 들어가 양조기술을 개선하거나, 땅이 비교적 싼 서늘한 지역에 규모가 작은 와이너리를 열고 와인을 만들었다. 이들의 후계자들은 보르도나 캘리포니아, 아테네에서 교육을 받고, 매우 현대적인 와이너리에서 한때 그리스 와인의 전형이었던 산화된 발효주와 전혀 다른 와인을 만들고 있다. 벌크와인처럼 대량생산하지 않은 것이 그리스 와인에 지역적 특성이 매우 뚜렷한 와인이라는 명성을 안겨주었다.

활기를 되찾은 그리스 와인산업은 처음에는 당시 경기가 좋았던 내수시장에 집중했다. 그리스 시장은 수입품종에 더 매력을 느끼고 한때 카베르네 소비뇽을 열정적으로 심었지만 이제 그런 유행은 지났다. 토착품종의 인기가 올라가고 있어 그리스 시장은 '제2의 말라구지아Malagousia'를 찾고 있다. 스페인, 프랑스, 이탈리아 같은 거대 와인생산국에서만 그리스보다 더 많은 토착품종으로 와인을 생산한다.

그리스 본토

북부 그리스는 잠재력이 가장 큰 지역이다. 그리스 와인혁명은 1960년대 샤토 카라스Carras(지금은 도멘 포르토 카라스로 불린다)에서 예언처럼 예고되었다. 그리스를 신체로 봤을 때 마케도니아 지역(p.267에 나오는 북마케도니아 남쪽)은 팔다리인 에게해보다 몸통인 발칸반도와 더 연관이 깊다. 마케도니아는 레드와인의 나라다. 주요 품종은 단 하나 시노마브로Xinomavro로 '시고 검다'라는 뜻인데, 이름만으로도 얼마나 산미가 강한지 알 수 있다. 하지만 천천히 숙성된 시노마브

로는 그리스에서 가장 인상적인 와인이라 해도 손색이 없다. 나우사는 마케도니아에서 가장 중요한 아펠라시옹이다. 가장 완성도 높은 나우사 와인은 시간이 지날수록 최고의 바롤로처럼 잊을 수 없는 부케가 생긴다. 빛깔 역시 바롤로처럼 비교적 옅다. 겨울이 되면 베르미오산 비탈에 눈이 쌓이지만, 여름은 너무 건조해 관개가 필수다. 이 지역은 포도밭 각각의 크뤼를 인증받아야 할 정도로 넓고 토양이 다양하다.

파이코산 비탈 하단 구메니사Gouménissa에서 조금 더 풍성한 버전의 나우사 와인을 생산한다. 베르미오산 북서향 비탈 아민데오Amindeo는 매우 서늘하여 향이 풍부한 화이트, 아펠라시옹을 가진 시노마브로 로제, 그리고 좋은 스파클링와인을 생산한다. 바람이 많이 불고 호수의 영향을 받는, 북마케도니아 국경에서 멀지 않은 알파 에스테이트Alpha Estate는 섬세하며 안정되고 밀도 있는, 서늘한 기후의 시노마브로와 시라, 메를로를 블렌딩한 와인을 만든다. 매우 성공적인 레드와인이다. 향이 훌륭한 화이트와인도 만든다.

카발라 근처는 국제품종 재배가 점점 늘고 있다. 비블리아 초라Biblia Chora 와이너리는 과즙이 매우 풍부한 와인(주로 화이트 블렌딩)을 만든다. 그리스 북동쪽 끝 드라마에 있는 라자리디Lazaridi(코스타Costa와 니코Nico 모두), 파블리디스Pavlidis, 와인 아트Wine Art는 현대 그리스 와인의 자신감을 보여주는 와이너리들이다. 테살로니키 바로 남쪽 에파노미의 게로바실리우Gerovassiliou 와이너리는 현재 그리스 전역에서 유행하는 향이 강한 화이트 말라구지아를 처음 만든 곳이고, 최근에는 마브로트라가노Mavrotragano와 림니오Limnio 품종으로 진한 색의 단단한 레드와인을 시도하고 있다.

지차Zítsa는 에피루스 북서쪽의 유일한 아펠라시옹이다. 주요 품종은 데비나Debina로, 스틸과 스파클링 드라이 화이트와인을 만든다. 에피루스의 메트소보Métsovo에는 그리스에서 가장 높은 포도밭(해발 약 1,200m)이 있고, 1963년 카토기 아베로프Katogi Averoff에 심은 가장 오래된 카베르네 소비뇽이 있다.

테살리아의 큰 잠재력이 아직 충분히 발휘되지 않았다. 최근 빛을 본 껍질색이 진한 림니오나Limniona는 테살리아의 흥미롭고 귀한 토착품종 중 하나다. 랍사니Rapsáni는 이곳의 대표적 아펠라시옹으로, 시노마브로가 주요 품종이며 더 서늘한 나우사보다 잘 익는다.

중부 그리스는 네고시앙과 협동조합이 지배하고 있다. 그리스 수도 아테네의 뒷마당인 아티카Attica(아티키Attiki)의 전통와인은 레치나retsina이다. 레치나는 송진이 첨가된 발효주로 오랫동안 그리스 와인의 명성에 먹칠을 했다. 하지만 상쾌하고 완성도 높은 레치나는

바람이 많은 화산섬이며 유명한 관광지인 산토리니의 포도나무. 새둥지처럼 가지치기를 했다. 주요 품종인 아시르티코(Assyrtiko)는 고급 품종이지만, 지역 특산 품종인 아티리(Athiri)와 아이다니(Aïdani)도 개성이 뚜렷하다.

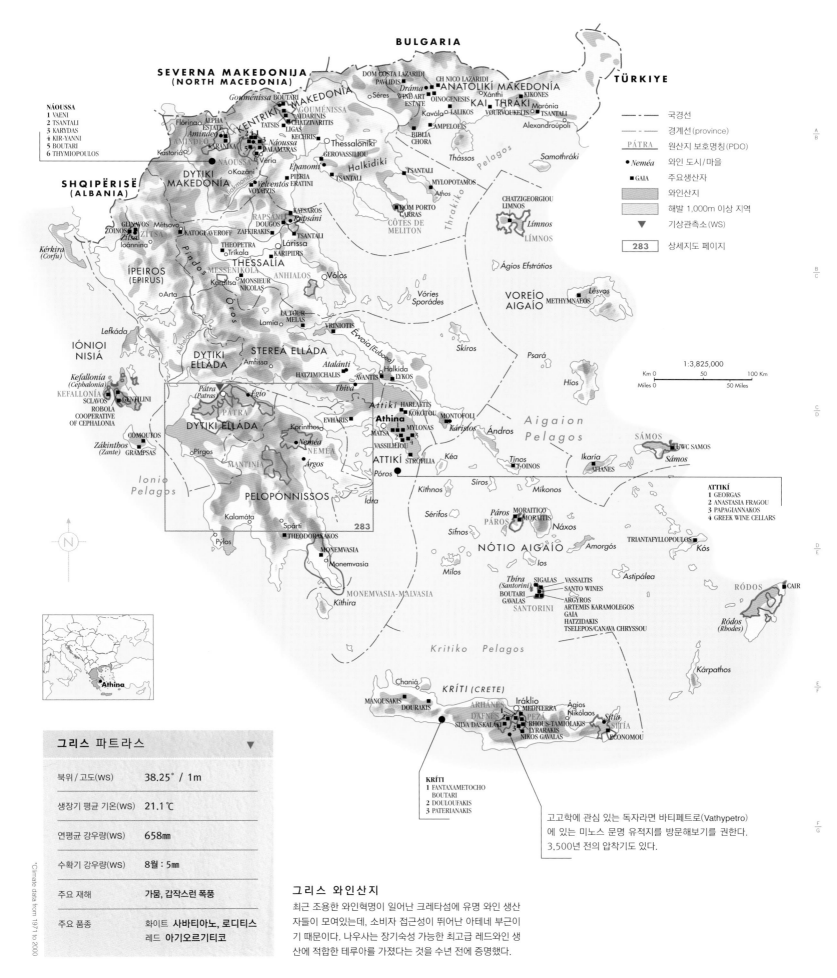

BULGARIA

SEVERNA MAKEDONIJA
(NORTH MACEDONIA)

TÜRKIYE

NÁOUSSA
1 VAENI
2 TSANTALI
3 KARYDAS
4 KIR-YANNI
5 BOUTARI
6 THYMIOPOULOS

DOM COSTA LAZARIDI
PAVLIDIS
CH NICO LAZARIDI
Dráma
WINE ART ESTATE
ANATOLIKÍ MAKEDONÍA
KAI THRAKI
OINOGENESIS
Xánthi
KIKONES
Séres
KENTRIKÍ MAKEDONÍA
Kavála
LALIKOS
AMPELOEIS
Marónia
VOURVOUKELIS
TSANTALI
Alexandroúpoli

Flórina
ALPHA ESTATE
AIDARINIS
Gouménissa BOUTARI
GOUMÉNISSA
CHATZIVARITIS
LIGAS
KECURIS
Thessaloníki
GEROVASSILIOU
BIBLÍA CHORA

Amindeo
KARANIKA
Náoussa
DALAMARAS
NÁOUSSA
Véria
Epanomi
Halkidikí
TSANTALI

Kastoria
Kozáni
PIERIA
Velventós ERATINI
VOYATZIS
TSANTALI
MYLOPOTAMOS
Athos
DOM PORTO CARRAS
CÔTES DE MELITON

DYTIKÍ MAKEDONÍA

SHQIPËRISË
(ALBANIA)

Thássos
Thrakikó Pelagos
Samothráki

CHATZIGEORGIOU LIMNOS

GLINAVOS
Métsovo
ZOINOS
ZITSA
KATOGI AVEROFF
RAPSÁNI
ZAFEIRAKIS
KATSAROS
Rapsáni
Límnos
LÍMNOS

Kérkira
(Corfu)
Ioánnina
THEOPETRA
DOUGOS
TSANTALI

ÍPEIROS
(EPIRUS)
Trikala
Lárissa
KARIPIDIS

PINDOS OROS
THESSALÍA
MESSENIKOLA
MONSIEUR NICOLAS
ANHIALOS

Ágios Efstrátios

Kalabaka
Vólos

Arta
Akheloos Oros

Lefkáda
LA TOUR MELAS
Lamia

VORÉIO AIGAÍO
Lésvos
METHYMNAEOS

IÓNIOI NISIÁ

VRINIOTIS
Évvoia (Euboea)
Skíros

Vóries Sporádes

DYTIKÍ ELLÁDA
STEREÁ ELLÁDA
Amfissa
Atalánti
HATZIMICHALIS
Halkida
AVANTIS
LYKOS
Thíva
HARLAFTIS
KOKOTOU
MONTOFOLI

Kefallonía
(Cephalonia)
KEFALONÍA
SCLAVOS
ROBOLA COOPERATIVE OF CEPHALONIA
PÁTRA
Pátra
(Patras)
Égio
DYTIKÍ ELLÁDA
Korinthos
EVHARIS
MATSA
Athina
MYLONAS
VASSILIÉOU
ATTIKÍ
STROFILIA
Káristos
Ándros

Zákinthos
(Zante)
COMOUTOS
GRAMPSAS
Nemea
NEMÉA
MANTINÍA
Árgos
Póros

SÁMOS
UWC SAMOS
Sámos

Aigaion Pelagos
Híos
Psará
Híos

Attikí
Kéa

Tínos
T-OINOS
Ikaría
AFIANES

ATTIKÍ
1 GEORGAS
2 ANASTASIA FRAGOU
3 PAPAGIANNAKOS
4 GREEK WINE CELLARS

PELOPÓNNISSOS
Pírgos

Kalamáta
Spárti
THEODORAKAKOS

283

Iónio Pelagos

Kíthnos
Síros
Mikonos

Sérifos
Sífnos
Íos
MORAITICO MORAITIS
PÁROS
Páros
Náxos
Amorgós
TRIANTAFYLLOPOULOS
Kós

NÓTIO AIGAÍO

RÓDOS
CAIR

MONEMVASIA
Monemvasia
Milos

Thíra (Santorini)
SIGALAS
VASSALTIS
SANTO WINES
BOUTARI
GAVALAS
ARGYROS
ARTEMIS KARAMOLEGOS
GAIA
HATZIDAKIS
TSELEPOS/CANAVA CHRYSSOU
SANTORINI

Rhodos
(Rhodes)

MONEMVASIA-MALVASIA
Kíthira

Astipálea

Kárpathos

Kritiko Pelagos

Chaniá
KRÍTI (CRETE)
Iráklio
MEDITERRA
ARHANES
DAFNES
PEZA
RHOUS-TAMIOLAKIS
LYRARAKIS
NIKOS GAVALAS
Ágios Nikólaos
Sitía
SITIÁ
ECONOMOU

MANOUSAKIS
DOURAKIS
SILVA DASKALAKI

KRÍTI
1 FANTAXAMETOCHO BOUTARI
2 DOULOUFAKIS
3 PATERIANAKIS

Athina

범례 (Legend)

- ·—·—· 국경선
- - — - — 경계선(province)
- PÁTRA 원산지 보호명칭(PDO)
- ● Neméa 와인 도시/마을
- ■ GAIA 주요생산자
- 와인산지
- 해발 1,000m 이상 지역
- ▼ 기상관측소(WS)
- 283 상세지도 페이지

1:3,825,000
Km 0 — 50 — 100 Km
Miles 0 — 50 Miles

N

고고학에 관심 있는 독자라면 바티페트로(Vathypetro)에 있는 미노스 문명 유적지를 방문해보기를 권한다. 3,500년 전의 압착기도 있다.

그리스 파트라스 ▼

북위/고도(WS)	38.25˚ / 1m
생장기 평균 기온(WS)	21.1℃
연평균 강우량(WS)	658㎜
수확기 강우량(WS)	8월 : 5㎜
주요 재해	가뭄, 갑작스런 폭풍
주요 품종	화이트 **사바티아노, 로디티스** 레드 **아기오르기티코**

*Climate data from 1971 to 2000

그리스 와인산지

최근 조용한 와인혁명이 일어난 크레타섬에 유명 와인 생산자들이 모여있는데, 소비자 접근성이 뛰어난 아테네 부근이기 때문이다. 나우사는 장기숙성 가능한 최고급 레드와인 생산에 적합한 테루아를 가졌다는 것을 수년 전에 증명했다.

좋은 피노 셰리처럼 입맛을 돋우는 특이한 와인이 될 수 있고, 기름진 타라마살라타, 작은 오징어구이, 포도 잎쌈, 차지키 같은 그리스 요리의 강렬한 풍미나 질감과 완벽하게 어울린다. 아티카는 그리스에서 가장 큰 단일 와인산지로, 6,000*ha*의 포도밭 대부분이 메소기아의 메마르고 거친 평원에 모여있다. 이제 아티카에서도 송진을 추가하지 않은 좋은 와인이 늘고 있지만, 레치나의 베이스인 사바티아노Savatiano가 여전히 가장 많이 재배되며 전체 포도나무의 90%를 차지한다. 오래된 사바티아노는 놀랍게도 최소 5년 이상 숙성시킬 수 있는 좋은 화이트와인이 된다. 하지만 어린 사바티아노로 만든 와인은 그리 흥미롭지 않다.

그리스의 여러 섬

그리스의 섬들 가운데 가장 남쪽에 있는 **크레타**Crete(크리티Kriti)섬에서 가장 많은 와인을 생산한다. 크레타섬의 와인산업은 한때 빈사상태에 빠졌지만, 이제 매우 필요했던 자금과 관심을 얻었다. 최고의 포도밭은 비교적 높은 곳에 위치하고, 많은 재배자들이 거의 멸종 위기에 처한 품종에 투자하기 시작했다. 특히 리라라키스Lyrarakis 와이너리는 훌륭한 비디아노Vidiano, 플리토Plyto, 다프니Dafni로 와인을 만든다. 그리스 본토의 북서쪽 이오니아해의 **케팔로니아**Cephalonia(Kefallonía)섬과 그 다음으로 중요한 이웃의 **잔테**Zante(자킨토스Zákinthos)섬은 활기찬 아브구스티아티스Avgoustiatis로 레

드와인을 만들고, 로볼라Robola와 차우시Tsaoussi, 그리고 수입품종으로 상쾌한 화이트와인을 만든다. 하지만 코르푸는 와인애호가들의 섬이 아니다.

에게해의 여러 섬에서는 뮈스카 스위트와인을 만든다. **사모스**Sámos섬이 가장 좋은 와인으로 유명하며 수출량도 가장 많다. 매우 맑고 어린 와인과 매혹적인 오크통 숙성 와인을 수출하는데, 대부분 알이 작은 뮈스카 블랑으로 만든다. **렘노스**Lemnos(림노스Límnos)섬에서는 뮈스카로 드라이와 스위트를 만들고, **파로스**Páros섬에서는 모넴바지아Monemvasia를 재배한다. 만딜라리아Mandilaria 역시 파로스, 크레타, 로도스 섬에서 재배하는 강인한 레드와인 품종인데 와인은 농축미가 떨어진다. **로도스**Rhodes(Ródos)섬에서는 레드와인보다 화이트와인이 더 중요하며, 스파클링 화이트도 명성을 얻고 있다. 최근에는 높은 곳에서 재배한 미디엄 바디 화이트품종인 아티리로 놀라울 만큼 우아한 스틸과 스파클링 화이트와인을 만들고 있다. 20세기 말까지만 해도 와인 한 병 생산하지 않던 **티노스**Tinos섬에, 2018년 들어 와이너리가 6곳이나 생겼다. 모두 흥미로운 와인을 생산하고 있으며, 그중에서도 T-오이노스T-Oinos가 최고다.

그리스의 수많은 섬들 중 **산토리니**Santorini섬이 그래도 가장 독특하고 흥미로우며, 해외에도 가장 잘 알려진 섬이다. 와인은 힘 있고 강렬하며 레몬향과 광물향이 나는 매우 드라이한 화이트이다. 주로 오래된 아

민데오에 있는 알파 에스테이트의 겨울 포도밭. 가지치기가 잘 되어있다. 그리스가 따뜻한 기후의 와인생산국이라는 통념이 잘못되었음을 보여주는 모습이다. 와인도 그렇다.

시르티코 품종으로 만드는데, 바람이 많이 부는 휴화산 높은 곳에 새둥지처럼 가지치기한 포도나무가 웅크리고 있다. 비가 많이 온 해에도 강우량이 300mm밖에 되지 않아 포도알은 작고 껍질이 두껍다. 포도알에 농축된 모든 개성은 발효되는 동안 와인으로 우러난다. 하리디모스 하지다키스가 만든 시갈라스Sigalas와 가이아Gaia 와이너리의 탈라시티스Thalassitis는 모두 10년 이상 장기숙성시킬 수 있는 좋은 와인이다. 산토리니에서는 풍미가 매우 풍부하고 섬세한 빈산토도 만든다. 주로 아시르티코 품종으로 만들고 국제적인 관심을 받을 만큼 품질이 좋다. 빈산토는 러시아 정교회의 미사 와인으로 쓰이고 섬의 경제에 필수적이어서, 오스만 제국의 술탄들도 생산을 허가했다. 세수가 늘어나 유용했기 때문이다. 이 섬의 문제는 와인양조의 열정이 부족하거나 독창성이 없는 것이 아니라, 관광산업 발달로 땅값이 너무 올라 뛰어난 포도밭이 생존을 위협받는다는 점이다. 이들 포도밭에서 재배되는 포도는 매우 독특하고 품질이 좋아 멀리 오스트레일리아에서도 아시르티코의 꺾꽂이가 이루어지고 있다.

펠로폰네소스 Peloponnese

펠로폰네소스반도 북부(아래 지도 참조)는 마케도니아처럼 야심찬 새로운 세대의 와인생산자들로 활기차다. 아름답고, 고대 유적지로 가득하며, 아테네에서도 쉽게 찾아올 수 있는 곳이다.

동쪽의 네메아Neméa가 가장 중요한 아펠라시옹이다. 여기서 생산하는 달콤한 레드와인은 쿠치Koútsi, 아스프로캄보스Asprókambos, 김노Gimnó, 고대 네메아, 프사리Psari처럼 이미 명성이 높은 지역의 다양한 지형에서 재배하는 아기오르기티코Agiorgitiko(세인트 조지) 품종으로만 만든다. 네메아는 바다의 영향 때문에 위도로는 예측하기 힘들 정도로 겨울이 온화하고 여름은 서늘하다(수확을 위협하는 비의 영향도 있다). 이곳은 대략 3개의 지역으로 나뉘는데, 먼저 네메아의 계곡 바닥은 비옥한 적점토 토양으로 빨리 마시기 좋은 와인을 만든다. 다음은 계곡 중간 높이 지역으로 가장 현대적이고 풍부하며 극적인 스타일의 와인을 만들며, 폭넓은 개성을 자랑한다. 마지막은 해발 900m에 포도밭이 있는 가장 높은 지역으로, 예전에는 로제와인만 만들었지만 지금은 섬세하고 우아하며 상쾌한 21세기형

레드와인도 만든다. 이 모든 지역을 하나로 묶는 것은 너무 광범위하고 정확하지 않지만, 마케팅에는 좋다.

아래 지도의 중심에 있는 만티니아고원은 네메아에서 차로 30분밖에 안 걸리지만 훨씬 서늘해서, 그리스의 지형이 얼마나 극단적인지 보여준다. 만티니아는 섬세하고 향이 좋은 모스코필레로Moschofilero로 유명하며, 최고의 와인은 꽃향이 있다. 특히 첼레포스Tselepos의 스파클링은 섬세하고 믿을 만하며, 다른 야심찬 생산자들처럼 첼레포스에서도 다양한 국제품종을 재배한다.

최북단 **파트라Pátra**는 압도적인 화이트와인산지로 주요 품종인 로디티스Roditis를 최고의 품질로 재배한다. 다양한 토착품종의 보고로 희망찬 미래가 약속된 곳이다. 도멘 안토노풀로스Antonopoulos는 재발견된 라고르티Lagorthi 품종으로 흥분을 자아내는 광물향 화이트와인을 만든다. 테트라미토스Tetramythos 와이너리의 특산은 마브로 칼라브리티노Mavro Kalavritino이며, 파르파루시스Parparoussis 와이너리는 섬세한 시데리티스Sideritis 와인을 만든다. 절제되고 정교한 스타일의 드라이와인과 이 지역 전통와인인 끈적한 뮈스카, 마브로다

프네Mavrodaphne는 대조적이다. 뮈스카와 마브로다프네는 더 세심하게 만들면 사모스섬의 유명한 뮈스카와 비교해도 손색없을 만큼 잠재력이 있다. 아카이아 클라우스Achaia Clauss에서 만든 몇몇 오래된 빈티지는 정말 훌륭하며, 최근에는 파르파루시스가 최고의 파트라스 뮈스카와 마브로다프네를 안정적으로 공급하고 있다.

펠로폰네소스반도 남쪽, 비교적 최근 지정된 아펠라시옹인 **모넴바지아－말바지아Monemvasia-Malvasia**(p.281 지도 참조)는 모넴바지아 와이너리가 앞장서서 과거의 영광을 재현하려 노력하고 있다. 목표는 중세 항구도시 모넴바지아에서 선적되던 황홀하고 달콤한 옛 와인을 상기시키는 것으로, '말바지아'(맘지Malmsey가 어원)라는 이름은 모넴바지아에서 유래된 것으로 추정된다. '모과 같은'이라는 뜻의 키도니차Kydonitsa, 모넴바지아, 아시르티코가 주요 품종이다.

펠로폰네소스반도는 그동안 전통적인 산지에서 생산하는 와인에 집중했지만 서서히 변하고 있다. 새로운 생산자들은 일리아Ilía나 메시니아Messinía 같은 덜 알려진 외곽에서, 아시르티코나 말라구지아 같은 유명한 다른 지역 품종으로 인상적인 와인을 만든다. 또한 멸종 직전의 유망한 토착품종을 재발견하고 부활시키는 일도 한다. 레드품종인 마브로스티포Mavrostifo와 화이트품종인 티낙토로고스Tinaktorogos가 대표적이다.

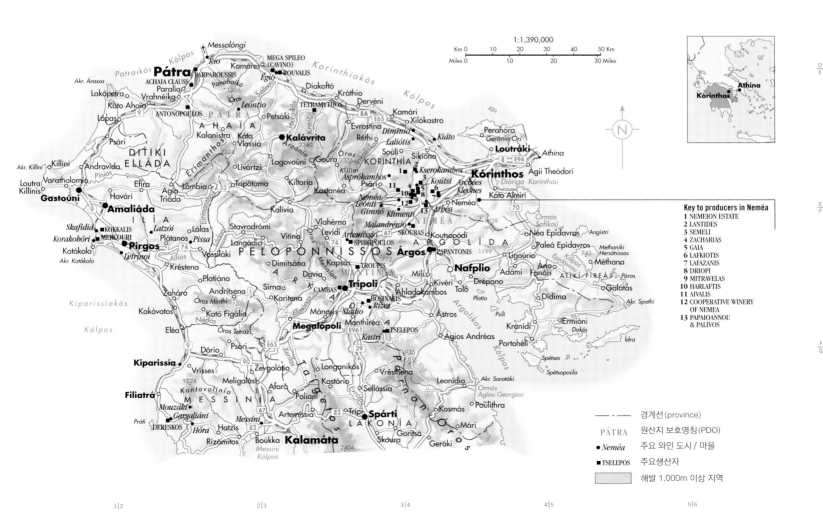

Key to producers in Neméa

1 NEMEION ESTATE
2 LANTIDES
3 SEMELI
4 ZACHARIAS
5 GAIA
6 LAFKIOTIS
7 LAFAZANIS
8 DRIOPI
9 MITRAVELAS
10 HARLAFTIS
11 AIVALIS
12 COOPERATIVE WINERY OF NEMEA
13 PAPAIOANNOU & PALIVOS

－ ・ ― ・ 경계선(province)
PÁTRA 원산지 보호명칭(PDO)
● Neméa 주요 와인 도시 / 마을
■ TSELEPOS 주요생산자
해발 1,000m 이상 지역

키프로스
CYPRUS

Arsos 와인 마을
PAFOS PGI / 지역 와인
3 PDO / 원산지 통제명칭 와인
해발 1,000m 이상 지역

Key to PDOs
1 LAONA AKAMA
2 VOUNI PANAYIA-AMPELITIS
3 PITSILIA
4 COMMANDARIA
5 KRASOCHORIA LEMESOU-AFAMES
6 KRASOCHORIA LEMESOU-LAONA
7 KRASOCHORIA LEMESOU

키프로스
EU의 요구에 따르기 위해 통제명칭 제도를 도입했지만 잘 활용되지 않고 있다. 4개의 PGI 지역인 파포스, 레메소스, 라르나카, 레프코시아를 이름으로 한 와인이 전체 생산량의 거의 절반을 차지한다.

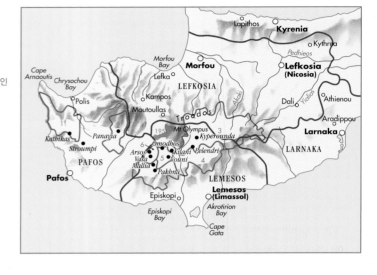

1:1,513,000
Km 0   10   20   30 Km
Miles 0   10   20 Miles

중세에 키프로스는 말린 포도로 만든 코만다리아 Commandaria의 선조격인 최고급 스위트와인 생산지로 유명했다. 키프로스인들은 코만다리아가 현재 생산되는 유명 와인 중에 가장 오래된 와인이라고 주장한다. 최근 발굴된 유적은 BC 3,500년에 키프로스섬에서 와인을 생산했다는 증거다. 십자군이 마셨던 와인이지만, 오스만제국은 와인에 우호적이지 않았다. 2004년 EU 가입은 키프로스 와인산업의 새로운 시발점이었다. 싸구려 와인 제조사에 벌크로 공급되는 특징 없는 와인의 대량 수출을 지원하는 대신, 600만 유로 이상의 EU 보조금은 최악의 포도밭을 갈아엎고 새 포도나무를 심어 내륙 산악지대에 와이너리를 설립하는 데 사용되었다. 그 결과 포도밭 면적은 8,000ha 미만으로 줄었다. 포도밭은 주로 트로도스산 남쪽 비탈에 위치하며, 높은 고도가 낮은 위도를 보완하여 밤에 서늘하기 때문에 포도를 재배하기에 안성맞춤이다. 최고의 포도밭은 해발 600~1,500m에 위치한다.

저렴한 키프로스 '셰리'를 만들던 시절, 키프로스의 와인산업은 리마솔 항구 근처 4개의 큰 와이너리가 지배했다. 하지만 지금은 상황이 달라졌다. 이제 60여 개의 중소규모 와이너리와 1개의 대기업이 와인을 생산한다. 이 대기업은 재배자 소유의 SODAP 협동조합으로, 현재 믿을 만하며 비싸지 않은 와인을 생산한다. 생산자들의 관심은 분명 양보다 질에 있다. 블라시데스 Vlassides, 잠바르타스 Zambartas, 아르기리데스 Argyrides 키페룬다 Kyperounda, 부니 파나이아 Vouni Panayia, 치아카스 Tsiakkas, 바실리콘 Vasilikon, 아에스 암벨리스 Aes Ambelis 같은 최고의 생산자들은 자신들이 직접 재배한 포도나 가까운 재배자들에게 매입한 포도로 자신 있게 드라이 테이블와인을 만들고 있다. 키프로스의 와인산업이 활기찬 것은 대부분의 와인메이커들이 해외에서 교육을 받아 생각이 열려있고, 또 대부분 젊기 때문이다. 하지만 그리스 금융위기와 그로 인한 관광산업과 땅값 하락의 여파로 힘든 시절을 보냈다. 가뭄 역시 해결되지 않은 문제로 남아있다.

접붙이지 않은 포도나무

특이하게도 키프로스는 한 번도 필록세라의 피해를 입지 않았다. 그래서 접붙이지 않은 포도나무는 지금도 철저한 검역 대상이며, 따라서 국제품종의 도입도 늦어졌지만 나쁠 것은 없었다. 덕분에 정말 오래된 포도나무들이 아직 많이 남아있으며, 그중에는 오래전에 잊혀진 품종도 있다. 이미 이아누디 Yiannoudi, 모로카넬라 Morokanella, 프로마라 Promara, 스푸르티코 Spourtiko 품종이 재발견되었다. 하지만 키프로스 포도의 거의 절반을 차지하는 것은 단순히 '검은'이라는 뜻을 가진 밋밋한 토착품종 마브로 Mavro이다. 잠바르타스 와이너리는 100년의 역사를 가진 마브로가 수확량은 낮아도 꽤 흥미로운 와인이 될 수 있다는 것을 보여줬다. 전체 포도밭의 1/4 이상을 차지하는, 가뭄에 강한 토착품종 시니스테리 Xinisteri는 적당히 상큼한 화이트와인이 된다. 대부분 병입하고 빨리 마시는 것이 좋지만, 입지가 좋거나 고지대인 포도밭에서는 보다 복합적인 와인을 만들기도 한다. 국제품종 중에는 쉬라즈가 카베르네 소비뇽(감소 중), 카베르네 프랑, 카리냥을 추월해서 가장 중요한 레드품종이 되었으며, 키프로스의 덥고 건조한 기후에 특히 적합하다는 것을 증명했다. 토착품종인 마라테프티코 Maratheftiko는 관리가 잘 된 포도밭에서 재배하면 인상적인 레드와인이 되고, 타닌이 강한 레프카다 Lefkada는 블렌딩할 때 지역 고유의 느낌을 더해준다. 레프카다 역시 떠오르고 있다.

가장 독특한 키프로스 와인은 햇볕에 말린 마브로와 시니스테리로 만든 스위트와인 **코만다리아**이다. 코만다리아는 아펠라시옹(PDO)으로 보호되며, 트로도스산 비탈 하단의 지정된 14개 마을에서 생산한다. 최소 2년 동안 오크통 숙성을 해야 하지만, 이제 PDO 지역 내에서 의무사항은 아니다. 증류주를 추가하는 것 역시 선택사항이 되었다. 치아카스, 키페룬다, 아에스 암벨리스, 아나마 콘셉트 Anama Concept 모두 더 가볍고 상큼한 현대적인 맛의 코만다리아를 생산한다. 시장에서는 다양한 숙성 햇수의 코만다리아가 유통되는데, 최고의 코만다리아는 매혹적이고 개성 넘치는, 잘 익은 포도의 풍미를 자랑한다. 옛 명성을 짐작케 하고 미래 또한 보장해준다. 가격도 경쟁력 있다.

올림푸스산 남쪽, 도로스에 있는 카르세라스(Karseras) 와이너리에서 껍질색이 진한 마브로와 껍질색이 연한 시니스테리 포도를 햇볕에 말리고 있다.

터키 TURKEY

높은 세금, 강력한 이슬람 문화, 주류 판매 규제에도 불구하고 최근 터키에서는 와인문화가 끓어오르고 있다. 터키는 전 세계에서 가장 넓은 포도밭을 소유한 나라 중 하나다. 하지만 와인양조에 쓰이는 포도는 아직 2%밖에 되지 않으며, 나머지는 과일로 먹거나 건포도를 만들기도 하고 라키raki를 만드는 것이 일반적이다. 라키는 아니스향 증류주로 터키 사람들에게 와인만큼 인기가 많다.

오늘날 터키 와인산업은 활성화되지 않은 내수시장이 큰 장애물이지만, 19세기 말에는 서유럽 와인산업의 구세주였다. 터키의 포도밭은 필록세라의 공격을 가장 늦게 받았다. 근대 터키의 아버지 케말 아타튀르크는 터키인들에게 와인의 장점을 전파하려는 희망을 품고 1920년대에 국영 와이너리를 설립했다. 덕분에 아나톨리아의 토착품종은 생존이 가능했다. 터키 와인은 오랫동안 눈에 띄지 않았지만 관광객이 늘어나고, 수입금지 정책이 폐지되고, 21세기 초 국영 와이너리가 민영화되면서(카이라Kayra로 브랜드명을 바꾸고 품질을 크게 개선했다) 새로운 시대가 열렸다. 1990년대부터 작은 와이너리들이 문을 열기 시작했다. 초반에는 국제품종으로 와인을 만들었지만, 2018년 164개로 늘어난 와이너리들이 토착품종을 재평가하고 있다.

터키는 지도에 나온 것처럼 지리적으로 7개 지역으로 나뉜다. 지역별로 문화, 기후, 지리적 차이가 크지만 대부분 포도재배에 적합하다. 전체 와이너리의 40% 이상이 이스탄불의 배후지역인 **트라케－마르마라**Thrace-Marmara에 위치한다. 하지만 포도밭의 비율

은 그보다 훨씬 적다. 이 지역은 여러 면에서 터키에서 가장 유럽적인 곳이다. 와인에 좋은 다양한 토양, 그리고 북쪽 불가리아의 흑해 연안처럼 온화한 지중해성 기후를 가졌다. 주로 국제품종을 재배하지만, 토착품종인 파파즈카라시Papazkarasi에 대한 관심도 높아지고 있다. 이곳 바로 남쪽에 고대 도시 트로이로 추정되는 도시가 시야에 들어오는 섬들이 있는데, 코르부스Corvus 같은 야심찬 생산자들이 재발견한 토착품종들이 자란다.

터키에서 와인을 가장 많이 생산하는 곳은, 그리스로마시대 유물과 유적이 많은 항구도시 이즈미르의 배후지역인 **에게해** 지역이다. 터키의 첫 와인로드는 이지미르 서쪽, 우를라 해안 휴양지 주위에 형성되었다. 화이트와인은 미스켓Misket(알이 작은 뮈스카)과 술타니예Sultaniye(술타나Sultana)로 만든다. 이 품종들은 주로 과일로 먹거나 건포도를 만들기 위해 재배되지만, 맑고 상쾌하면서 풍미와 향이 뚜렷하지 않은 와인을 양조하기도 한다. 세빌렌Sevilen 와이너리는 고지대의 소비뇽 블랑으로 훌륭한 와인을 만든다. 터키 최대의 와인회사 카바클리데레Kavaklidere는 보르도의 유명 컨설턴트 스테판 드르농쿠르Stéphane Derenoncourt의 조언에 따라, 내륙으로 더 깊이 들어가 유망한 포도밭을 개발하며 펜도레Pendore 브랜드 와인을 만들고 있다.

리크야Likya 와이너리는 와인보다는 관광으로 더 유명한, 남부해안 **지중해** 지역의 안탈야 부근에서 와인양조를 개척했다. 북동부 **흑해** 지역 토카트 부근에서는 디렌Diren이 유일하게 눈에 띄는 생산자로 화이트품종 나린제Narince가 특산이다.

또 다른 와인산지로는 전체 생산량의 약 17%를 차지하는 중부 아나톨리아의 고지대와 동부, 남동부 아나톨리아가 있다. 동부와 남동부는 터키 전체 생산량

의 12% 정도를 재배하며 대부분 소규모 포도밭이다. 몇 이랑에 불과한 포도밭도 있다. 카바클리데레 와이너리는 **아나톨리아 중부**에 있는 수도 앙카라에 오래전부터 본사가 있었고, 지금은 와이너리가 몇 곳 더 생겼다. 카바클리데레의 새로운 포도밭 코트 다바노스Côtes d'Avanos는 기이하고 황량한 화산지대인 카파도키아에 있다. 카파도키아는 히타이트 제국 시대부터 해발 1,000m에서 포도를 재배해왔으며, 단단하고 상쾌한 에미르Emir가 화이트와인 토착품종이다. 체리맛과 과일향이 특징인 칼레지크 카라시Kalecik Carasi는 터키인들이 가장 좋아하는 품종 중 하나로, 아나톨리아 중부 북쪽에 있는 칼레지크Kalecik에서 이름을 따왔다. 칼레지크는 해발 700m에 포도밭이 있고 대륙성 기후이지만, 크즐르르마크Kızılırmak강 덕분에 완화된다.

아나톨리아 **동부**와 그보다 중요도가 많이 떨어지는 **아나톨리아 남동부**에는 와이너리가 별로 없고, 겨울에 기온이 영하로 떨어지기 때문에 포도나무를 보호하려면 나무를 흙으로 덮어야 한다. 카이라의 대규모 레드와인양조장은 아나톨리아 동부의 엘라즈으Elazığ에 있다. 아나톨리아 남동부 깊은 곳에는 2003년에 문을 연 실루흐Shiluh 와이너리가 있는데, 1,000년 된 지역 전통에 따라 내추럴 와인을 만든다. 아나톨리아의 개성 강한 품종은 대부분 양조를 위해 서부로 보내진다. 터키의 여름 더위 때문이다. 터키에서 가장 인기있는 고급 레드와인 품종은 오퀴즈괴쥐Oküzgözü('황소의 눈'이라는 뜻)와 타닌이 더 강한 보아즈케레Boğazkere이다. 두 품종 모두 아나톨리아 동부의 엘라즈으에서 기원한 것으로 추정된다. 전통적으로 두 품종을 블렌딩해서 와인을 만들었지만, 지금은 오퀴즈괴쥐가 터키 전역에서 재배되며 가장 많이 심는 품종이다.

터키의 비공식 와인산지

나라는 하나지만 기후와 문화는 매우 다양하다. 이스탄불의 배후지역인 트라키아는 기후와 문화면에서 지중해에 가깝고, 포도재배의 발상지에서 멀지 않은 동부 아나톨리아는 전형적인 대륙성 기후로 뚜렷한 무슬림 문화권이다. 대륙성 기후와 무슬림 문화는 와인생산에 이상적인 조합은 아니다.

레바논 LEBANON

동부 지중해에서 생산되는 와인의 이름을 대라면, 레바논의 샤토 무사르Musar를 언급하는 와인애호가들이 많을 것이다. 전쟁에도 불구하고 레바논은 건지농법을 유지하며 카베르네 소비뇽, 생소, 카리냥을 블렌딩해, 이국적인 보르도 와인 같은 놀라운 향을 가진 레드와인을 생산하고 있다. 출시 전에 장기숙성하고, 이후에도 수십 년 동안 장기보관할 수 있다.

하지만 무사르는 매우 이례적인 와인이다. 무사르의 레드와 화이트 블렌딩은 대부분의 레바논 와인처럼 강하고(어떤 사람들에게는 지나치게 강하다), 많이 농축되어 있다. 포도나무가 거의 병해 없이 연간 300일가량 햇빛을 받고 자라는, 덥고 건조한 나라의 와인에 기대할 수 있는 맛 그대로다. 하지만 휘발성 산미가 강하고 또 매우 늦게 출시해서(1950년대 빈티지 무사르를 아직 판매한다) 숙성 능력이 거의 무한대다. 샤토 무사르는 오늘날의 와인 기준을 넘어서는 와인이다.

샤토 무사르를 제외한 레바논 와인은 매우 일반적이다. 무사르, 그리고 2014년 세상을 떠난 장난기 넘치는 무사르의 주인 세르주 오샤르Serge Hochar가 레바논 와인을 세상에 알리는 데 큰 역할을 했지만, 새로운 생산자들 역시 해외에서 인정받기 시작했다. 그럴 수밖에 없다. 아니스향의 토착 증류주인 아라크Arak가 바로 레바논인들이 즐겨마시는 술이다.

20세기 말 레바논에는 14곳의 생산자가 있었다. 2018년에는 50곳으로 늘어났고 생산량은 연간 50,000병에 가깝다. 모두 와인을 떠올리기 힘든 지역에 와인양조의 생명을 불어넣고 있다. 샤토 케프라야Kefraya와 크사라Ksara가 가장 큰 생산자다. 1857년 예수회 수도사들이 만든 샤토 크사라는 현대 레바논 와인의 출발점이다. 생소, 그르나슈, 카리냥이 알제리에서 들어왔고, 따뜻한 지역에서 재배되는 이 품종들은 이제 베카 밸리Bekaa Valley를 상징하는 품종으로 자리잡았다. 베카 밸리는 레바논 제1의 와인산지다.

1990년대 대부분의 와인산지가 그랬던 것처럼 레바논 역시 몇 가지 국제품종의 노예였고, 내수시장에서도 농축이 잘 되고 무거운 병에 담긴 카베르네 와인

이 사랑받았다. 하지만 생산자들 사이에서는 더 투명하고 상쾌하며 '레바논적'인, 오래된 생소를 베이스로 레드와인을 만들려는 움직임이 있다. 그르나슈와 카리냥 역시 재평가될 것으로 보인다.

베카 밸리는 베두인족의 고향일 뿐 아니라 바로 옆 나라 시리아에서 온 난민들의 고향이고, 여전히 현대 와인산업의 중심지이다. 베카 밸리 서쪽에 있는 도시들 깝 엘리아스Qab Elias, 아나Aana, 아미끄Amiq, 케프라야, 만수라Mansoura, 데이르 엘 아흐마르Deir El Ahmar, 키르비트 카나파르Khirbit Qanafar 주위에 대부분의 포도밭이 위치한다. 베카 밸리 동부 자흐레산의 해발 1,800m에도, 더 건조한 지역인 발베크Baalbek(복원된 유명한 바쿠스 신전이 있다)와 헤르멜Hermel에도 포도밭이 있다. 베카산은 포도밭이 보통 해발 1,000m 이상에 위치해서, 햇볕에 과도하게 익은 이곳 포도의 맛을 높은 고도가 상쇄시켜준다. 극단적으로 낮은 강우량은 대부분의 포도밭이 유기농으로 재배될 수 있다는 것을 의미한다. 노동력이 부족하지 않아서 포도는 모두 손으로 수확한다.

레바논 북부 **바트룬**Batroun 구역은 예외적으로 활발한 곳이다. 친환경 와이너리 익시르IXSIR를 중심으로, 시작한 지 얼마 안 된 소규모 와이너리까지 놀라운 단합심을 보여주고 있다. 서부의 레바논산 지역 와이너리들은 차이가 크지만 산골마을 밤둔Bhamdoun의 샤토 벨-뷔Belle-Vue가 높게 평가

받고 있다. 높은 고도에서 샤르도네, 소비뇽 블랑, 그리고 특히 비오니에가 잘 자라며, 토착품종인 오베이데Obeideh와 메르와Merwah에 대한 관심도 높아가고 있다. 샤토 무사르는 오베이데와 메르와를 블렌딩해, 색이 진하고 장기보관할 수 있는 심오한 화이트와인을 꾸준히 만들고 있다. 알렉산드리아 뮈스카, 클레레트, 세미용도 심는다.

마샤야Massaya(보르도와 론에서 온 삼총사가 설립), 도멘 와르디Domaine Wardy, 샤토 생토마St Thomas 모두 이제 2대째 운영되고 있는 훌륭한 와이너리다. 이들과 함께하는 와이너리로 부활한 도멘 데 투렐des Tourelles(1868년에 문을 연 유서 깊은 와이너리지만 전쟁 중에 쇠퇴했다), 새로 문을 연 샤토 쿠리Khoury, 도멘 드 발de Baal, 샤토 마르시아스Marsyas가 있다. 이 와이너리들이 대단한 점은 성공했기 때문이 아니라, 끝나지 않는 불확실한 환경에서도 살아남았다는 사실이다.

전쟁 중인 **시리아**에서도 와인은 생산된다. 북부 항구도시 라타키아의 자발 안-누사리야산에 도멘 드 바르길루스de Bargylus가 있다. 소유주는 사데Saade 형제로, 레바논의 샤토 마르시아스도 이들 소유이다. 사실상 전화통화로 와인을 만들면서도 놀라운 레드와 화이트와인을 생산하고 있다.

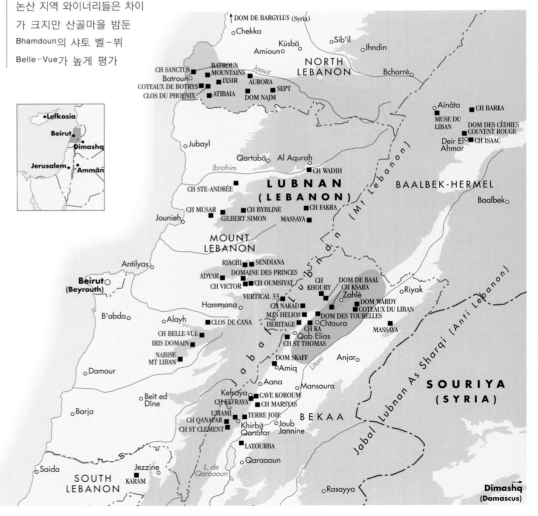

(비공식) 와인산지

▨	Batroun
▨	Bekaa valley
—·—·—	국경선
----	경계선 (muhafazah)
■ CH MUSAR	주요생산자
▨	해발 1,000m 이상 지역

1:1,100,000

Km 0   25   50 Km
Miles 0   25 Miles

이스라엘
ISRAEL

이스라엘의 식문화혁명이 와인혁명을 불러왔다는 사실은 전혀 놀랍지 않다. 하지만 오늘날 이스라엘의 수많은 와이너리에서 코셔 와인을 생산하지 않는다는 사실은 외부인에게 놀라운 일이 아닐 수 없다.

1990년 이스라엘에 와이너리는 10개뿐이었고, 가장 오래된 와이너리 카르멜Carmel(1890년에 선견지명 있는 샤토 라피트Château Lafite의 에드몽 드 로쉴드 남작이 설립)이 여전히 이스라엘의 와인산업을 주도했다. 카르멜은 원래 리숀 레지온에 있었으며, 텔 아비브 바로 남쪽 **해안 평지**의 포도밭에서 포도를 공급받아 첫 와인을 시판했다. 깊은 지하 셀러가 증명해주듯 매우 야심찬 와이너리였지만, 2010년 빈티지부터 지하 셀러를 사용하지 않고 있다.

1980년대에 최초의 현대적인 이스라엘 와이너리가 골란고원 해발 1,200m에 세워졌다. 포도밭은 더 서늘한 곳을 찾아 내륙 고지대로 옮겨졌다. 골란 하이츠Golan Heights 와이너리는 정치적으로 논쟁이 될 이름을 선택했지만(골란고원은 3차 중동전쟁 당시 이스라엘이 시리아로부터 빼앗은 영토다), 캘리포니아 전문가로부터 양조기술과 마케팅에 대한 조언을 받아 현대 이스라엘 와인산업에 불을 붙였다. 화산성 토양, 현무암, 응회암에서 자란 국제품종은 현대적이고 상쾌한 새로운 스타일의 와인을 탄생시켰다. 골란 하이츠의 야든Yarden 브랜드는 해외에서 유명하며, 그때까지 마셨던 시럽 같은 디저트와인을 대체하는 훌륭한 코셔 와인으로서 율법을 준수하는 유태인 와인애호가들에게 환영받고 있다. 골란 하이츠에 영감을 받은 소규모 와인생산자들이 많이 생겨났고, 2018년에 와이너리의 수는 300개가 넘었다. 많은 와이너리가 스스로를 '부티크' 와이너리라 부르며, 카슈루트(유대인의 음식계율)를 따르기보다 텔 아비브의 활기찬 레스토랑 고객들을 만족시키는 데 더 큰 관심을 기울이고 있다.

이스라엘에서 가장 유망한 포도재배 지역은 **북부 갈릴리**Upper Galilee와 북동쪽 끝 **골란고원**이다. 그리고 예루살렘에서 멀지 않은 **유대언덕**Judean Hills은 바닷바람과 약간의 안개가 해발 400~800m에 있는 포도밭의 열기를 식혀준다. 토양은 석회암 하부토와 얇은 테라로사 상부토로 이루어져 있다. 이 지역의 선구자는 엘리 벤 자켄Eli Ben Zaken으로, 가족경영을 하는 보르도 샤토에 영감을 받아 도멘 뒤 카스텔du Castel을 설립했다. 도멘 뒤 카스텔의 첫 빈티지는 1992년이고, 카스텔의 뒤를 이어 숲이 우거진 유대 언덕에 30개가 넘는 와이너리가 생겨났다. 중부 산악지대 북쪽의 **숌론**Shomron**언덕**에도 비교적 높은 포도밭이 있다.

고급와인과 어울리지 않는 환경인 **네게브**Negev**사막**

에서도 야티르Yatir 와이너리가 상당히 섬세한 와인을 만들어내고 있다. 이스라엘에서는 사막 포도밭뿐 아니라 모든 포도밭이 세계적으로 유명한 이스라엘의 점적관개 시설을 필요로 한다. 기후가 상당히 건조해서 유기농법이 보편화될 수 있지만, 잎말림병이 여전히 광범위하게 퍼져있어서 실현되지 못하고 있다.

1990년대에 도멘 뒤 카스텔과 마르갈리트Margalit 와이너리가 컬트적인 인기를 누렸지만, 좋은 와이너리들이 더 많이 나타나 그 뒤를 이었다. 최근까지 가장 인기가 많았던 이스라엘 와인은 캘리포니아 품종 와인(특히 카베르네 소비뇽)의 복제품이라 할 수 있는 강렬한 맛의 와인들이었다. 하지만 이스라엘의 와인 전문가들도 지역의 개성을 담은 상쾌한 와인을 선호하는 세계적 흐름에 영향을 받지 않을 수 없었다.

결국 몇몇 생산자들은 일부러 오래된 카리냥 부시바인을 찾고 시라, 무르베드르, 프티트 시라, 그르나슈 같은 품종을 심기 시작했다. 지중해 품종으로 옮겨간다는 것은 이스라엘이 화이트와인 양조에 자신 있

다는 것을 보여준다. 샤르도네와 소비뇽 블랑 와인도 기술적으로 부족함이 없다. 하지만 그르나슈 블랑, 비오니에, 루산, 마르산을 블렌딩한 와인이 훨씬 더 흥미롭다.

진정한 지역적 개성에 대한 요구에 답하기 위해, 이스라엘과 요르단강 서쪽 기슭에서 다부키Dabouki, 함다니Hamdani(마라위Marawi라고도 한다), 잔달리Jandali(화이트와인), 비투니Bittuni(레드와인)처럼 토착품종으로 와인을 만드는 생산자가 늘고 있다. 이 품종들은 팔레스타인에서 과일로 먹거나 와인과 증류주를 만들기 위해 오래전부터 재배되어왔다. 예루살렘과 요르단강 서쪽의 경계에 있는 크레미산Cremisan 수도원에서 생산하는 비슷한 와인이 상업적으로 큰 성공을 거두자, 이에 고무된 듯 현재 이스라엘 최대의 와인회사인 바르칸Barkan에서도 마라위 품종와인을 생산하고, 중규모의 명망 있는 와인회사 레칸티Recanti에서도 레드 비투니를 생산하고 있다.

1:2,380,000

Km 0　　　50　　　100 Km
Miles 0　　　　　　50 Miles

- Golan Heights
- Galilee
- Coastal Plain
- Central Mountains
- Judean Foothills
- Negev

국경선
LOWER GALILEE 와인 하위지역
■ **RECANATI** 주요생산자
해발 1,000m 이상 지역

이스라엘의 새로운 와인산지

공식적인 이스라엘 와인산지는 위도에 따라 대략적으로 구분되며, 오래전에 정해진 것이어서 실용적이지는 않다. 오른쪽 지도의 와인산지는 오늘날 이스라엘 와인을 잘 이해할 수 있도록 지리적으로 구분한 것이다. (아직) 공식적으로 인정받은 구분은 아니다.

북아메리카
NORTH AMERICA

워싱턴 하면 새로운 와인산지 같지만, 야키마 밸리 상류에는
이런 포도나무도 있다.

북아메리카 NORTH AMERICA

와인에 대한 미국인들의 관심이 매우 높아졌지만, 아직은 해안지역에 국한된 현상이다. 미국은 이제 프랑스, 스페인, 이탈리아 다음으로 중요한 와인소비국이다. 최근 캐나다가 중견 와인생산국으로 발전했고, 멕시코 와인도 통계에 잡히기 시작했다. 와인산지로 유명한 서부 해안뿐 아니라, 북아메리카 전역에 흩어져 있는 와인산지 또한 적어도 지역 와인애호가들의 관심을 받고 있다. 언젠가 북아메리카가 유럽을 따라잡을까? 아니면 중국에게 추월당할까?

북아메리카에 들어온 초기 이주민들은 숲속에서 무성한 포도덩굴과 포도송이를 보고 깊은 인상을 받았다. 포도는 익숙한 맛이 아니었지만 어쨌든 달았고, 와인이 신대륙의 귀한 물건 중 하나가 될 것이라는 생각은 당연한 것이었다. 하지만 300년 넘는 미국 역사는 와인재배를 꿈꾸던 이들의 좌절의 역사라 해도 과언이 아니다. 새로운 땅에 심은 유럽산 포도나무(비니페라)는 모두 시들어 죽었다. 그래도 이주민들은 포기하지 않았다. 포도나무가 왜 죽는지 몰랐기 때문에 자신들의 잘못이라 생각하고, 다른 품종과 방식으로 계속 재배를 시도했다.

독립혁명 시대에 워싱턴과 제퍼슨(열렬한 와인애호가이자 프랑스 와인산지의 첫 투어자 중 한 사람)도 포기하지 않고 여러 가지 시도를 했다. 심지어 토스카나에서 전문가를 초청했지만 아무런 소득이 없었다. 미국 땅에는 유럽산 포도나무의 천적인 필록세라 진딧물이 가득했다. 남부와 동부에서는 여름의 뜨겁고 습한 기후로 유럽에 없는 병이 창궐했으며, 북부에서는 혹독한 겨울 추위에 포도나무가 얼어죽었다. 하지만 미국 토착품종은 이러한 모든 위험에 저항력을 갖고 있었다.

지금까지 알려진 북미산 포도품종은 12가지가 넘는데, 대부분(특히 비티스 라브루스카) 야생의 냄새가 강한 와인을 만든다. 이 냄새를 동물의 역한 향(foxy)이라고 표현하는데, 오늘날 포도주스나 포도젤리에서 느껴지는 풍미다. 유럽산 비니페라에 익숙한 사람은 좋아하기 힘들다.

우연히 얻은 교배종

와인의 역사가 짧은 이 대륙에서 미국 포도나무와 유럽 포도나무가 공존하면서, 두 종류의 유전자가 무작위로 섞이고 자연스럽게 조합되어 알렉산더, 카토바 Catawba, 델라웨어Delaware, 이사벨라Isabella 등 동물의 역한 향이 덜한 품종들이 탄생했다. 노턴Norton은 매우 미국적인 품종으로, 지금도 매우 독특하고 동물향이 전혀 없는 레드와인을 만든다.

개척자들은 어디에 정착하든 포도를 재배하고 와인을 양조했는데, 특히 뉴욕(겨울이 매우 춥다), 버지니아

(여름이 매우 덥다), 뉴저지(뉴욕과 버지니아의 중간)에서 많은 시도가 있었다. 하지만 최초로 상업적인 성공을 거둔 미국 와인은 오하이오주 신시네티에서 나왔다. 니콜라스 롱워스Nicholas Longworth가 만든 유명한 스파클링와인 카토바가 그 주인공으로, 1850년대 중반 미국과 유럽에서 명성을 떨쳤다. 성공은 짧았지만 성공에 대한 확신을 얻었다. 남북전쟁이 일어날 때까지 포도나무 품종개량으로 미국 환경에 적응한 새로운 품종이 많이 탄생했다. 1854년에 도입된 콩코드는 추위에 매우 강하고 동물의 역한 향이 강한 품종으로, 지금도 이리호 남쪽부터 오하이오 북부, 펜실베이니아, 뉴욕에 이르는 이른바 포도벨트의 주력 상품이며, 주스와 젤리의 원료로 사용된다.

서부의 포도나무

미국 서부해안에 와인양조가 전해진 것은 전혀 다른 경로를 통해서였다. 멕시코에 정착한 초기 스페인 이주민들은 16세기에 비니페라를 들여와 어느 정도 성공을 거두었다. 미션Mission이라는 이름의 원시적인 포도나무는 아르헨티나의 크리올라 치카Criolla Chica, 칠레의 파이스Pais와 같은 품종으로, 멕시코 북서부의 바하칼리포르니아주에서 번성했다. 그로부터 200년 뒤 프란체스코회 신부들이 캘리포니아 해변을 따라 북쪽으로 이동했는데, 1769년 프란체스코회의 유니페로 세라 신부가 샌디에이고에 선교회를 설립하면서 처음으로 캘리포니아에 포도밭을 만들었다.

캘리포니아는 동부 해안에서 겪었던 문제가 전혀 없었고, 피어스병(1892년이 되어서야 알려졌다)이 유일하게 새로운 문제였다. 비티스 비니페라가 드디어 약속의 땅을 찾은 셈이다. 유명한 장-루이 비뉴는 유럽에서 미션보다 더 좋은 품종을 들여와 이름값을 했다(비뉴는 포도나무라는 뜻이다). 골드러시로 인해 캘리포니아에 이민자가 대거 유입되었고, 1850년대에 북부 캘리포니아는 포도나무에 완전히 점령되었다.

19세기 중반 미국의 와인산업은 대륙의 서부와 동부에서 각각 발전했다. 캘리포니아는 1880년대와 1890년대 초까지 황금기를 누렸으며, 유럽을 초토화시킨 노균병과 필록세라라는 재앙이 닥치기 전까지 와인산업은 급성장했다.

금주법과 폐지

하지만 그보다 더 무서운 것은 금주법이었다. 1919년부터 1933년까지 북미 전역에서 주류판매가 금지되었다. 서부와 동부의 재배자들은 큰 타격을 받았지만 성찬식용 포도주로 가장해 와인을 만들거나, 졸지에 집에서 와인을 만들게 된 사람들에게 대량의 포도

와 주스, 농축액을 공급하면서 버텨냈다. 이것들을 보낼 때는 '효모를 첨가하면 발효가 시작되니 주의하십시오'라는 당부도 잊지 않았다.

1933년 금주법 폐지 후에도 모든 주류의 전면 금지로 인한 후유증은 오랫동안 계속되었다. 쓸데없이 복잡한 유통구조와 과도한 제약이 와인산업의 발목을 잡았다. 그럼에도 불구하고 꽤 많은 미국인들이 마침내 와인에 관심을 갖기 시작했고, 젊은이들도 예외는 아니었다(법적 음주허용 연령은 21세). 그 결과 북미대륙 전역에 새로운 와인생산자가 넘쳐났고 다양한 시도가 이루어졌다. 철도가 발달하면서 포도재배에 적합한 캘리포니아주 등의 포도와 포도즙이, 블렌딩과 병입을 위해 규모가 작고 재배환경이 적합하지 않은 와이너리로 옮겨졌다. 지금은 알래스카와 하와이를 포함한 50개 주에서 모두 와인을 생산하지만, 일부는 발효를 위해 다른 과일을 사용하고, 와인, 포도, 또는 포도즙을 구매해 양조하거나 자신이 재배한 포도와 함께 양조하는 곳도 많다. 앞으로 나오는 지도를 보면 알겠지만, 와이너리는 있지만 포도밭은 없는 곳도 많다.

추위에 강한 교배종

필록세라가 지나간 뒤 유럽의 비니페라와 미국산 포도나무를 교배한 1세대 교배종 비달(Vidal), 세이블 블랑(Sayval Blanc), 비뇰(Vignoles) 등의 화이트품종과 바코 누아(Baco Noir), 샹부르생(Chambourcin) 등의 레드품종이 20세기 중반 메릴랜드주 부어디(Boordy) 빈야드의 필립 와그너(Philip Wagner)에 의해 북아메리카에 도입되었는데, 유럽보다 더 성공적이었다.

이 품종들은 비니페라가 자라기에는 겨울이 너무 추운 곳에서 지금도 인기가 많다. 최근에는 추위에 더 강한 신세대 교배종도 개발되었다. 대부분 미네소타 대학에서 개발한 것으로 미네소타주의 혹독한 겨울에도 잘 자라며, 우리에게도 익숙한 비니페라에 가까운 아로마와 풍미를 가진 와인을 생산하고 있다. 지금까지 화이트품종은 이타스카(Itasca), 라크레센트(LaCrescent), 프롱트낙 그리(Frontenac Gris), 레드는 마르케트(Marquette), 프롱트낙(Frontenac)이 출시되었다. 화이트품종인 브리아나(Brianna)와 프레리 스타(Prairie Star)는 이웃한 위스콘신에서 널리 재배되었다. 이 새로운 품종들은 현재 북부평야지대와 캐나다에서 재배되고 있으며, 그리 나쁘지 않은 와인을 만든다는 평가를 받고 있다.

BRITISH COLUMBIA 10,260 274

ALBERTA SASKATCHEWAN MANITOBA

C A N A D A

Edmonton
Calgary
Regina Winnipeg

Vancouver
Victoria
Seattle
Olympia
WASHINGTON 56,900 837
Portland
Salem
OREGON 23,000 814
Boise
IDAHO 1,200 50

Helena
MONTANA 14
Bismarck
NORTH DAKOTA 7
SOUTH DAKOTA 22
Pierre

MINNESOTA 58
St Paul
Minneapolis
WISCONSIN 80
Madison

ONTARIO 17,000 205

QUÉBEC 100
Quebec
Ottawa
Montpelier
MICHIGAN 3,050 195
Lansing
Detroit
Toronto

NEW BRUNSWICK
Fredericton
16
Halifax
NOVA SCOTIA
MAINE 29
Augusta
36
29
VT
NH
Concord
Boston 67
MA
Albany
NEW YORK 11,700 450
Hartford RI 12
CT 51

San Francisco
Sacramento
Carson City
NEVADA 11
CALIFORNIA 560,000 4,581
Los Angeles
San Diego

Salt Lake City
UTAH 11

Cheyenne
WYOMING 5

COLORADO 136

Denver

NEBRASKA 36
Lincoln
IOWA 118
Des Moines

Chicago
ILLINOIS 142
Springfield
St Louis
MISSOURI 1,700 165

INDIANA 102
Indianapolis
OHIO 223
Columbus
Cincinnati
Frankfort
KENTUCKY 75

Cleveland
PENNSYLVANIA 2,500 257
Harrisburg
Trenton NJ 66
New York
Dover DELAWARE 4
Annapolis
Washington D.C. MARYLAND 3,400 272
WEST VIRGINIA 14
VIRGINIA 83
Richmond
Charleston
Buffalo

ARIZONA 1,300 121
Phoenix
Santa Fe
NEW MEXICO 1,100 52

KANSAS 36
Topeka
Kansas City
Jefferson City

OKLAHOMA 60
Oklahoma City

ARKANSAS 19
Little Rock

TENNESSEE 67
Nashville
Memphis
MISSISSIPPI 3
ALABAMA 19
Montgomery

NORTH CAROLINA 2,000 155
Raleigh
SOUTH CAROLINA 25
Columbia
Atlanta
GEORGIA 60

ALASKA 9
Juneau

HAWAII 6
Honolulu

TEXAS 4,400 394
Dallas
Austin
Houston

LOUISIANA 20
Jackson
Baton Rouge
New Orleans

FLORIDA 88
Tallahassee
Miami

MEXICO

Km 0 400 800 Km
Miles 0 400 Miles

Km 0 200 400 Km
Miles 0 200 Miles

1:24,000,000

Km 0 200 400 600 800 Km
Miles 0 200 400 Miles

미국과 캐나다

지도에서 포도밭과 와이너리의 수를 4가지 크기의 삼각형으로 표시했는데, 캘리포니아의 경우 오해의 여지가 있다. 캘리포니아의 포도밭 면적은 2위인 워싱턴의 10배가 넘는다.

범례:
— · — 국경선
——— 경계선(state / provincial)
● Phoenix 주도
▽ 1,200 2016년 각 주의 포도밭 면적 (1,000ac 이상, 미국 품종과 교배종 포함)
△ 10 2016년 각 주의 와이너리 수

미국의 포도밭

다음 페이지부터 캐나다, 오리건, 워싱턴, 캘리포니아, 버지니아, 뉴욕, 남서부의 주와 멕시코에서 급속도로 발전하고 있는 와인산업에 대해 자세히 다루는데, 모두 비니페라 품종으로 와인을 만들며, 소개 순서는 지리적으로 큰 의미는 없고 편의상 정한 것이다. 다른 지역에서도 와이너리가 크게 늘고 있으며, 과거에는 와인산지에 포함되지 않았던 아리조나, 인디애나, 아이오와, 노스캐롤라이나 같은 지역에서도 현재 각각 100개 이상의 와이너리가 영업을 하고 있다. 켄터키, 펜실베이니아, 버몬트에서는 비록 품질은 떨어지지만 이탈리아의 바롤로와 바르바레스코 생산량을 합한 것보다 더 많은 와인을 생산한다.

록키산맥 동쪽의 여러 주에서는 미국산 포도로 주스와 젤리, 향이 진한 포도음료를 만들고, 비니페라 또는 비니페라와 미국산 포도나무의 교배종(p.289 참조)으로 더 세련된 와인을 만든다. 또한 동부해안 지역에서 기후가 적합한 곳은 전통적인 국제품종이 아니라 알바리뇨Albariño, 그뤼너 펠트리너Grüner Veltliner, 카베르네 프랑, 비오니에 같은 품종을 심는다.

미주리는 중서부에서 오랜 포도재배 역사를 가진 유일한 주로, 19세기에 록키산맥 동쪽에서 오하이오

와 경쟁할 수 있는 유일한 주였다. 그런 이유에서 미주리주의 오거스타가 처음으로 미국 포도지정 재배지역(AVA, American Viticultural Area)으로 지정되었다. 미국에는 약 240개의 AVA가 있는데 지리적 경계보다는 정치적 이유가, 소비자의 요구보다는 생산자의 입장이 강하게 반영된 것이다. 유럽의 원산지통제명칭법을 미국식으로 완화한 셈이다. 미주리주의 공식품종인 노턴은 1820년 버지니아에서 처음 발견되었는데, 중서부 지역의 무더운 여름 날씨와 극지방에 버금가는 겨울 날씨를 잘 견딘다. 하지만 이 지역에서는 프랑스-미국 교배종을 더 많이 재배한다.

오대호로 둘러싸인 **미시간주**에서 호수로 기온이 조절되는 올드 미션Old Mission 반도와 릴라노Leelanau반도는 피노 그리, 피노 블랑과 리슬링으로 만든 상쾌하고 섬세한 화이트와인과 소량의 좋은 레드와인을 생산한다. 하지만 미시간주 남서부에서는 여전히 교배종이 우세하다.

뒤에서 다루지 않은 주 중에서 **펜실베니아**가 가장 많은 와인을 생산하는데, 대부분 교배종으로 만든 저렴한 와인이다. 주목할 만한 와인을 생산하는 주 중에서는 유서 깊은 **오하이오**가 가장 중요하다. 뉴잉글랜드 지방의 주는 동부해안지역처럼 비니페라, 교배종,

그리고 구매한 포도를 섞어서 와인을 만드는데, 작은 가족경영 와이너리가 대부분이다. **뉴저지**의 와인산업은 버지니아주만큼 역사가 길지만 규모가 훨씬 작으며, **메릴랜드**에는 포도밭이 더 많다. 뉴저지와 메릴랜드에서는 손실에 대비해 비니페라와 프랑스 교배종을 모두 재배한다.

캐롤라이나와 **조지아**에서도 비니페라와 교배종으로 높은 습도와 기온에 맞서고 있다. **플로리다**에서 **아칸소**까지 남부의 크지 않은 포도밭에서는 과거에 과육이 미끌거리는 토착품종 무스카딘muscadine으로 와인을 만들었다. 하지만 지금은 교배종으로 좀 더 주류에 가까운 풍미를 내고 있다. 남부에서도 서늘하고 지대가 높은 지역은 버지니아주와 환경조건이 비슷하다.

거대한 북아메리카 대륙 전역에서 와인이 비상하고 있다. 소비뿐 아니라 생산 역시 날개를 달았다.

캐나다 Canada

볼테르가 '몇 에이커 안 되는 눈밭'이라고 무시한 캐나다는 아이스바인이라는 그럴듯한 상품을 들고 와인세계에 입성했다. 지난 30년 동안 캐나다는 와인혁명을 겪었는데, 일부는 기후변화 덕분이다. 이 거대한 나라의 주요 와인산지인 브리티시 컬럼비아와 온타리오 주는 캐나다의 보르도와 부르고뉴가 되었다.

캐나다에서는 10개 주 중 7개 주에서 와인을 생산하며, 퀘벡과 노바스코샤 주에서는 상당한 규모의 생산자가 늘고 있다. 전국적으로 적용되는 와인 관련법은 없지만(매우 어려운 문제이다), 가장 중요한 4개 주에서는 각각 고유의 법을 적용하고 있다. 이 문제가 중요한 이유는 캐나다의 와인회사가 수많은 수입와인을 병입해서 유통시키는데, 시장에서 수입와인과 캐나다 와인을 쉽게 구분할 수 없기 때문이다.

캐나다의 와인 수출량은 아직 미미하다(생산량과 거의 비슷하다). 1800년대 중반부터 와인을 생산해 판매했는데, 1970년대에는 온타리오주에서 주로 교배종과 미국 라브루스카 품종으로 만든 와인이 소량 생산되었다. 1990년대가 되어서야 비로소 현대적인 와인산업이 시작됐다. 북미자유무역협정(NAFTA) 체결로 캘리포니아 와인이 밀려들 것에 대비해야 했기 때문이다. 재배자들은 비니페라 품종을 더 많이 심기 시작했다. 온타리오에서는 포도밭이 늘어났고, 1980년대에 손에 꼽을 정도였던 와이너리가 2000년에 60개, 2018년에는 200개 이상으로 증가했다(p.293 참조). 비니페라 기반의 브리티시 컬럼비아의 와인산업도 (p.292에서 다룬다) 2018년경 와이너리가 거의 300개에 달하면서 함께 도약했다.

퀘벡

현재 퀘벡주에는 150여 개의 와이너리가 있지만, 거의 소규모이고 생산량 대부분이 주 내에서 소비된다. 겨울이 너무 추워서 포도나무가 얼지 않게 땅속에 묻어야 하며, 눈이 너무 많이 오면 포도가 눈에 파묻혀서 아이스바인용 포도에도 영향을 준다. 그래서 캐나다 다른 지역(그리고 독일)에서는 포도송이가 나무에서 얼도록 그대로 두는 것과 달리, 퀘벡에서는 포도나무 위에 그물을 치고 포도를 따서 그 위에 올려놓는 것을 법으로 허용해서 논란이 되고 있다(아래 사진 참조).

비니페라가 증가하고 있지만, 퀘벡의 포도나무는 바코 누아Baco Noir, 마레샬 포슈Maréchal Foch 등 교배종이 대부분이다. 2040년쯤 되면 기후변화로 퀘벡 남쪽에서도 조생종 비니페라를 재배할 수 있을 것으로 예상된다. 레 브롬Les Brome, 비뇨블 카롱Vignoble Caron, 레 페르방슈Les Pervenches 등 일부 생산자는 이미 훌륭한 피노 누아와 샤르도네를 만들고 있으며, 뱅 뒤 퀘벡의 지리적표시보호법(IGP)이 논의 중이다.

노바스코샤

노바스코샤의 겨울은 매섭다. 그래서 비바람을 피할 수 있고 바닷물이 기온을 어느 정도 높여주는 대서양과 펀디만 근처에서 라카디 블랑L'Acadie Blanc, 세이블 블랑Seyval Blanc, 비달Vidal처럼 내한성 있는 교배종을 주로 재배한다. 와이너리는 20개가 안 되지만 전통방식으로 만든 스파클링와인이 유명하며, 교배종인 라카디 블랑으로 만든 것이 인기가 많다. 벤자민 브릿지Benjamin Bridge가 대표적인 생산자이며, 그 밖에 라카디 빈야드, 도멘 드 그랑 프레Domaine de Grand Pré, 블로미동 에스테이트Blomidon Estate 등이 있다. 노바스코샤의 유일한 아펠라시옹인 타이달 베이Tidal Bay는 지역명이라기보다, 향이 풍부하고 산미가 강하며 상쾌한 스타일의 드라이와인을 가리키는 명칭이다. 노바스코샤에서 재배한 포도로 만든 와인만 라벨에 'Wine of Nova Scotia'라고 표기할 수 있다.

구매시 주의할 점

캐나다 주류판매점(주류는 주에서 독점판매)에서 판매하는 와인은 대부분 브리티시 컬럼비아, 온타리오, 노바스코샤의 큰 와인회사가 캐나다 와인과 수입 벌크와인을 블렌딩해 병입한 것이다. 관례지만, 소비자들은 라벨에 캐나다 와인(VQA, Vintners Quality Alliance)이라고 표시된 와인과, 아주 작게 '캐나다 와인과 수입와인을 블렌딩한 국제적 와인(international blend of imported and domestic wines)'이라고 표시된 와인의 차이를 잘 모르며, 특히 몇몇 와이너리는 두 종류의 와인을 모두 병입해서 논란이 되고 있다.

로르파이외르(L'Orpailleur) 와이너리에서는 눈이 쌓인 포도나무 위로 그물을 치고, 그 위에 수확한 포도를 올려서 얼게 놔둔다. 그렇게 해서 농축된 당분으로 아이스바인을 만드는데, 퀘벡에서만 허용된 방식이다.

브리티시 컬럼비아 British Columbia

브리티시 컬럼비아(BC)는 성공신화의 주인공이다. 20년 전에는 생산량과 명성에서 온타리오에 크게 뒤처진 2위였지만, 현재는 어깨를 나란히 할 정도로 발전했다. 1990년에는 와이너리가 겨우 17개였는데, 2018년에 거의 300개로 늘어났으며, 생산량은 빈티지에 따라 다르지만 온타리오와 거의 비슷하다. 수출도 늘어났지만 내부에서도 많은 양이 소비되며, 특히 밴쿠버에서 인기가 높다.

캐나다의 와인산지는 공식적으로 9개의 지리적표시(GI) 지역으로 나뉜다(오른쪽 지도 참조). 전체적으로 매우 추운 기후부터 매우 더운 기후까지 다양한 토양과 생장환경이 존재하기 때문에, 그에 따라 다양한 포도품종과 와인스타일이 존재한다. 테이블와인은 레드와 화이트가 거의 같은 비율로 생산되고, 특히 전통방식으로 만드는 스파클링와인이 증가하고 있다. 아이스바인의 경우 비교적 생산량이 적어서 온타리오 생산량의 1/4이 채 안 된다.

오카나간 밸리 Okanagan Valleys는 BC에서 가장 큰 와인산지이다. 주 전체의 포도밭 면적이 4,050ha인데 그중 3,500ha를 차지하며, 총 290개의 와이너리 중 182개가 이곳에 있다(2018년 데이터). 밴쿠버에서 동쪽으로 320km 떨어져 있고, 비가 내리지 않는 건조한 비그늘을 만드는 산맥의 동쪽에 위치한다. 길이 240km의 긴 계곡의 북쪽은 춥고 습하며 남쪽은 따뜻하고 건조해서, 다양한 생장환경이 존재한다. 전 지역이 바다나 호수의 영향을 받는데, 그중 가장 중요한 곳은 좁고 길고 깊은 오카나간호로 양쪽에 포도밭이 있다.

가장 많이 재배되는 화이트와인 품종은 피노 그리, 샤르도네, 게뷔르츠트라미너로, 상쾌하고 상큼한 와인이 된다. 반면 레드와인 품종은 일반적인 메를로, 피노 누아, 카베르네 소비뇽이다. 따뜻하고 건조한 오소유스Osoyoos 지역에서는 강건한 풀바디의 품종와인과 블렌딩와인(그중에서도 보르도 블렌드)이 나오는데, 캐나다와 미국에 걸쳐있는 오소유스호 근처 계곡 남쪽의 모래 토양에서 자란 포도로 와인을 만든다. 이곳은 캐나다에서 가장 따뜻하며 유일한 사막 지역으로, 유일하게 의미 있는 양의 풀바디 레드와인을 만들 수 있다. 브리티시 컬럼비아 레드와인의 40%가 오소유스에서 생산된다.

오카나간 밸리에는 공식적으로 2개의 하위지역이 있다. 계곡 남쪽의 골든 마일 벤치Golden Mile Bench는 2015년에, 계곡 동쪽의 오카나간 폴즈Okanagan Falls는 2018년에 지정되었다. 이 밖에도 계곡에는 뚜렷하게 구분되는 기후의 하위지역들이 있는데, 지역 생산자들이 의지를 갖고 추진하면 공식적인 하위지역으로 지정될 가능성이 있다.

270ha의 포도밭을 가진 **시밀카민 밸리**Similkameen Valley는 면적이 BC에서 두 번째로 크지만, 와이너리가 15개밖에 안 되고 유기농와인을 많이 생산한다. 동서로 뻗어있는 시밀카민 밸리는 대부분 자갈 토양이고 다양한 중기후가 있다. 샤르도네, 리슬링, 카베르네 프랑, 카베르네 소비뇽 등 조생종과 만생종을 모두 사용하여 와인을 만들며, 자리를 잡아가고 있다.

브리티시 컬럼비아의 다른 7개 지역은 위의 2개 지역에 비해 중요도가 떨어진다. **프레이저 밸리**Fraser Valley에는 40개의 작은 와이너리가 있는데, 와이너리당 평균 2ha의 포도밭을 갖고 있다. 밴쿠버와 가깝다는 장점도 있지만 서늘한 해양성 기후가 단점이며, 흔히 볼 수 있는 품종은 지게레베Siegerrebe, 피노 그리, 피노 누아, 바쿠스다. **밴쿠버 아일랜드**에는 30개가 넘는 와이너리가 있으며, 모두 소규모이다. 대부분 BC의 주도인 빅토리아 근처, 섬의 남쪽 끝에 있는 코위찬 밸리Cowichan Valley에 위치한다. 서늘한(종종 습한) 날씨 때문에 비니페라뿐 아니라 교배종도 많이 재배한다. 밴쿠버섬과 본토 사이 작은 섬들로 이루어진 **걸프 제도**에는 12개의 와이너리가 있으며, 피노 누아, 피노 그리, 오르테가, 마레샬 포슈를 재배한다.

나머지 4개는 2018년에 공식적으로 인정받은 북쪽의 **릴루엣**Lillooet, **톰슨 밸리**Thompson Valley, **슈스왑**Shuswap, 그리고 동쪽의 **쿠트니**Kootenays로, 모두 합해도 와이너리 수는 25개가 안 된다.

BC의 와인산지

이 지도는 매우 정확하다. 브리티시 컬럼비아 주 밖에서도 볼 수 있는 BC 와인은 오카나간이 유일하다.

오카나간 밸리

빙하로 덮인 참호라고 할 수 있는 오카나간 밸리는, 수많은 사진에서 확인할 수 있듯이 여름에는 매우 아름다운 풍광을 자랑한다. 하지만 북쪽 끝에 있어서 몇몇 품종에게는 가을이 너무 빨리 찾아온다.

오카나간 밸리 서머랜드 ▼	
북위 / 고도(WS)	49.61° / 434m
생장기 평균 기온(WS)	16.5℃
연평균 강우량(WS)	279mm
수확기 강우량(WS)	10월 : 19mm
주요 재해	겨울 한파, 봄서리
주요 품종	화이트 **피노 그리, 샤르도네** 레드 **메를로, 피노 누아**

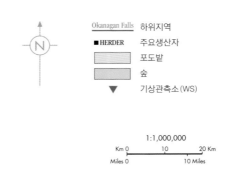

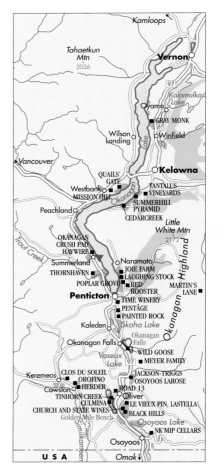

1:1,000,000

온타리오 Ontario

오대호가 기후를 온화하게 만드는 온타리오주는, 빈티지에 따라 다르기는 하지만, 대략 캐나다 전체 와인생산량의 절반을 책임지고 있다. 3개의 지정 포도재배지역(Designated Viticultural Area, DVA)에 있는 200개 이상의 와이너리에서 와인을 생산한다. 온타리오의 와인산업은 당도가 고도로 농축된 언 포도를 압착해서 만든 아이스바인의 잠재력이 알려지면서, 1970년대에 본격적으로 시작되었다. 온타리오 와인은 대부분 내부에서 소비되지만 지금은 소량의 테이블와인이 수출되고, 매년 생산되는 막대한 양의 달콤하고 시큼한 아이스바인은 오래전부터 수익이 큰 수출품목이었다. 주요 수출시장은 중국과 미국이다.

나이아가라 페닌슐라 Niagara Peninsula는 여전히 온타리오에서(그리고 캐나다에서) 가장 중요한 와인산지이다. 온타리오주 전체 포도밭 6,900*ha* 중 5,900*ha*가 나이아가라반도에 있다. 반대륙성 기후인 이곳에서는 여러 가지 지리적 특징의 조합으로 포도재배가 가능하다. 모자이크 형태의 좁은 빙하퇴적 지형은 북쪽의 온타리오, 남쪽의 이리호, 그리고 동쪽의 깊은 나이아가라강으로부터 보호를 받는다. 이 드넓은 호수와 강은 겨울이 지나면 온도가 많이 내려가 봄에는 싹이 늦게 트고, 가을에는 여름에 받은 열기를 품고 있어 포도가 천천히 익는다. 특히 온타리오호는 겨울에 북극기단의 영향을 누그러뜨리며, 여름에는 차가운 온타리오호와 남쪽에 있는 따뜻한 이리호 사이의 큰 기온차로 시원한 바람이 분다.

나이아가라에서는 생장 환경이 해마다 크게 달라진다. 하지만 최근 몇 년 동안 여름이 계속 덥고 길어져 드라이 테이블와인의 품질이 크게 개선되었다. 그래도 온타리오에서는 짜릿할 정도로 달콤한 아이스바인이 매년 평균 850,000*l* 생산된다. 대부분 당도가 높고 블랙커런트 느낌이 나는 프랑스 교배종 비달로 만드는데, 비달로 만든 아이스바인은 빨리 숙성되는 경향이 있다. 그 다음이 카베르네 프랑으로 만든 연한 붉은색 아이스바인이고, 세 번째는 두 번째와 차이가 많이 나지만 리슬링 아이스바인이다.

리슬링은 나이아가라에서 자신 있게 내놓는 매우 드라이(bone-dry)한 와인이다. 하지만 개인 생산자들은 종종 샤르도네, 피노 누아, 카베르네 프랑, 가메, 심지어 시라로도 흥미로운 와인을 만든다. 온타리오 와인의 약 60%가 화이트이고 로제도 늘고 있다. 생장기간이 비교적 짧지만 전통방식으로 스파클링와인을 만드는 데 문제가 없으며, 생산량도 점점 늘고 있다.

나이아가라의 포도밭은 대부분 온타리오호와 나이아가라 단층지대 사이 평지에 있는데, 잘 보호된 석회질 토양의 벤치랜드는 특히 섬세한 리슬링과 피노 누아에 적합하다. 나이아가라 페닌슐라는 2005년에 12개의 지역 아펠라시옹과 하위 아펠라시옹을 야심차게 지정했다(아래 지도 참조).

온타리오의 또 다른 아펠라시옹 2개는 나이아가라 반도보다 작은 레이크 이리 노스 쇼어Lake Erie North Shore와 프린스 에드워드 카운티Prince Edward County이다(작은 지도 참조). **레이크 이리 노스 쇼어**는 오직 이리호의 영향으로 날씨가 온화한데, 나이아가라 페닌슐라보다 생장기간이 길고 메를로와 카베르네 소비뇽, 카베르네 프랑이 익을 정도로 따뜻할 때도 많다. 가장 남쪽에 있어 따뜻한 펠리 아일랜드는 레이크 이리 노스 쇼어의 하위 아펠라시옹인 사우스 아일랜즈에 속한 이리호의 작은 섬들 중 하나이다.

온타리오 북쪽 호숫가에 자리한 **프린스 에드워드 카운티**는 가장 최근에 DVA로 지정되었고 현재 가장 각광받고 있으며, 현재 약 50여 개의 와이너리가 있다(2000년에는 1개도 없었다). 나이아가라 페닌슐라보다 훨씬 춥지만, 얇은 석회암 토양에서 샤르도네와 피노 누아가 잘 자란다. 하지만 샤르도네와 피노 누아는 추위에 약한 품종이라 겨울에는 흙으로 덮어줘야 한다.

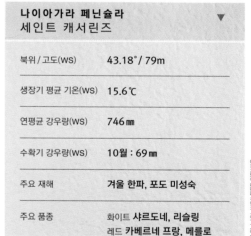

나이아가라 페닌슐라 세인트 캐서린스 ▼	
북위 / 고도(WS)	43.18° / 79m
생장기 평균 기온(WS)	15.6℃
연평균 강우량(WS)	746 mm
수확기 강우량(WS)	10월 : 69 mm
주요 재해	겨울 한파, 포도 미성숙
주요 품종	화이트 **샤르도네, 리슬링** 레드 **카베르네 프랑, 메를로**

*Climate data from 1971 to 2000

범례:
——	국경선
NIAGARA-ON-THE-LAKE	지역 아펠라시옹
Niagara River	하위 아펠라시옹
■ CAVE SPRING	주요생산자
▨	숲
=500=	등고선간격 100ft
▼	기상관측소(WS)

나이아가라 페닌슐라

나이아가라 반도(실제로는 지협)에는 10개의 하위 아펠라시옹이 있다. 그중 몇 개를 2개의 지역 아펠라시옹으로 묶을 수 있다. 대부분의 포도밭은 미국에서 시작해서 캐나다의 슈피리어호를 돌아 다시 미국으로 돌아오는 긴 절벽인 나이아가라 단층지대와 온타리오호 사이, 평지와 벤치랜드에 있다.

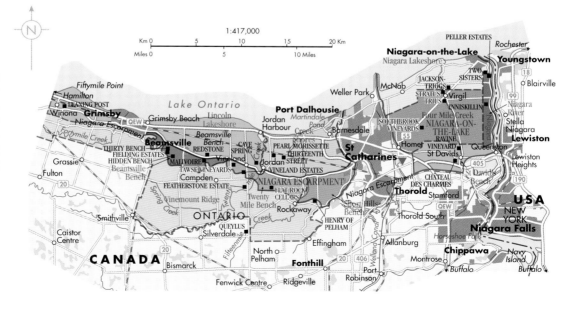

태평양 연안 북서부
Pacific Northwest

태평양 연안 북서부의 주요 산지인 오리건과 워싱턴은 매우 다르다. 오리건의 주요 산지인 윌래밋 밸리 Willamette Valley는 습하고 초록이 우거져서 놀라울 정도로 부르고뉴 느낌이 나는 곳이다. 워싱턴주의 거의 모든 포도밭은 건조한 대륙 동쪽의 넓고 개방된 지형에 속해서 관개가 필수다.

오리건주는 옛날부터 독립 와인메이커가 많은 지역으로 유명하다. 소규모 포도밭에서 직접 포도를 재배하고 수확한 포도로 양조하는 생산자들로, 대부분 유기농으로 재배한다. 하지만 최근 프랑스와 캘리포니아 투자자들의 자금이 유입되면서, 오리건의 와인 선구자들이 소중히 여겼던 거친 개성이 사라지고 있다.

코스트 Coast산맥이 캘리포니아에서처럼 바닷물을 막아주는 방파제 역할을 하지만, 차가운 북태평양 해류가 안개 대신 비를 불러온다. 그 결과 높은 위도에도 불구하고 온화한 기후가 형성된다. 캐스케이드 Cascade산맥은 습한 워싱턴 서부와 동부 사막을 분리한 것처럼, 윌래밋 밸리와 오리건 동부의 뜨거운 사막도 분리한다. 그래서 대륙성 기후인 캐스케이드산맥 동쪽의 오리건은 워싱턴과 여러모로 유사하다. 단지 오리건 동부에는 포도밭이 많이 없고, 워싱턴 동부에는 주의 거의 모든 포도밭이 모여있다. 하지만 수확한 포도는 대부분 서쪽 시애틀 근교의 와이너리로 운송된다.

서늘하고 비가 많이 오는 **퓨젯 사운드** Puget Sound AVA의 40ha 포도밭에서는 뮐러-투르가우, 마들렌 앙제빈 Madeleine Angevine, 지게레베 같은 조생종을 많이 재배하는데, 동부의 품종과 매우 다르다.

전나무와 완만한 언덕으로 유명한 윌래밋 밸리에는 오리건주 포도밭의 3/4이 모여있다. 윌래밋 밸리는 100년 전부터 포도뿐 아니라 오리건주 농업의 중심지였다. 남북으로 뻗은 2개의 산맥 사이에 있는 윌래밋 밸리는 무엇이든 잘 자라는 이상적인 환경이다. 1960년대 중반까지는 포도밭이 없었지만, 그 뒤에 바로 계곡 북쪽의 입지가 좋은 비탈에 포도밭이 생겼고, 여러 작물을 재배하며 잘 관리된 밭이 있는 포틀랜드 남쪽까지 천천히 확대되었다.

윌래밋 밸리가 부르고뉴처럼 변덕스러운 날씨로 고통받고 있다면(p.296에서 자세히 설명), **오리건 남부**는 훨씬 더 따뜻하고 건조해서 피노와 피노의 친척 품종 외에 다른 품종들도 잘 자란다. 사실 오리건의 첫 피노 누아는 1961년 **엄프콰 밸리** Umpqua Valley의 힐크레스트 빈야드 HillCrest Vineyard에서 재배되었다. 엄프콰

밸리 AVA는 오리건 남부에서 가장 춥고 가장 습한 지역이다. 하지만 로즈버그 Roseburg처럼 남쪽은 훨씬 더 따뜻한 여름과 건조한 가을의 혜택을 누리고 있다. 활력 넘치는 아바셀라 Abacela 와이너리는 스페인 품종 알바리뇨와 템프라니요가 이 지역에서도 잘 자란다는 것을 증명했다. **레드 힐 더글라스 카운티** Red Hill Douglas County는 엄프콰 밸리의 북동쪽에 있는 싱글빈야드 AVA이며, 계곡 북서쪽에 있는 **엘크톤 오리건** Elkton Oregon AVA는 2013년에 지정되었다.

좀 더 남쪽으로 내려가서 캘리포니아주 경계선 가까이에 포도나무를 빽빽이 심어놓은 **로그 밸리** Rogue Valley는 더 따뜻하고 평균 강우량이 워싱턴 동부만큼 적다(약 300mm). 윌래밋 밸리와는 달리 보르도 레드와인 품종과 시라가 이곳에서 잘 익는다. **애플게이트 밸리** Applegate Valley는 로그 밸리의 하위 AVA이다.

경계를 넘어

포도나무는 주경계선을 의식하지 않는다. 워싱턴주의 믿을 수 없을 정도로 광대한 **컬럼비아 밸리** AVA에는 오리건주의 일부 지역도 포함되어 있다. 컬럼비아 밸리 남서쪽, 절경으로 유명한 **컬럼비아 협곡**의 와인산지는 강에 걸쳐있고, 워싱턴과 오리건 주 양쪽에 있는 포도밭을 포함한다. 컬럼비아 밸리는 샤르도네를 비롯해 향이 풍부한 화이트와인 품종과 피노 누아, 진판델로 유명하다. 이곳의 땅값은 계속 오르고 있는데, 관광산업의 발달도 부분적인 이유이다. 계곡 북서쪽에는 역시 관광지인 **레이크 첼랜** Lake Chelan AVA가 있는데, 유망하고 아름다운 이 지역에서 샌디지 Sandidge 가문이 CRS 브랜드를 만들어, 지금껏 알려진 것보다 훨씬 더

오리건주에는 윌래밋 밸리만 있는 것이 아니다. 엄프콰 밸리의 하위지역인 엘크톤 오리건에 있는 브랜드보그(Brandborg) 와이너리의 가을 포도밭 풍경이다.

다양한 품종이 잘 익는다는 것을 보여주었다.

워싱턴주 최남단의 왈라 왈라 밸리 Wala Wala Valley도 오리건주 북동쪽에 걸쳐있는데, 돌이 많은 **더 락스 디스트릭트 오브 밀턴-프리워터** The Rocks District of Milton-Freewater AVA는 워싱턴의 와인산지 왈라 왈라의 남쪽 평지에 위치하며 실제로는 오리건주에 속한다(p.300 지도 참조). 미국에서 처음으로 거의 토양의 특징에 의해서만 지정된 AVA인데, 지역의 93%가 프리워터 시리즈 Freewater Series라 불리는 현무암 돌덩이로 된 충적선상지이고, 미국에서 가장 균일한 토양을 가졌다. 이곳에서 수확된 포도는 대부분 주경계선을 넘어 북쪽에 있는 왈라 왈라에서 양조된다. 그래서 라벨에 AVA 이름을 표기할 수 있는 와이너리는 카이유스 Cayuse를 비롯해 몇 개 되지 않는다. 카이유스는 락스 디스트릭트를 처음 지도에 올려놓은 대표적인 와이너리이다.

스네이크 리버 밸리 Snake River Valley는 미국의 놀라운 와인산지 중 하나이다. 대부분 아이다호주에 속하지만 오리건주 동부에도 걸쳐있다. 워싱턴 동부처럼 기후는 대륙성이지만 훨씬 남쪽에 있어서 더 극단적이고, 포도밭은 거의 해발 900m나 되는 높은 곳에 있다. 여름은 매우 덥고 밤은 상당히 서늘하지만, 겨울이 일찍 온다. **아이다호**에는 약 50여 개의 와이너리가 성업 중인데, 이곳의 포도밭도 485ha가 넘지만 워싱턴주 동부의 포도와 와인이 주경계선을 넘어오는 일이 많다.

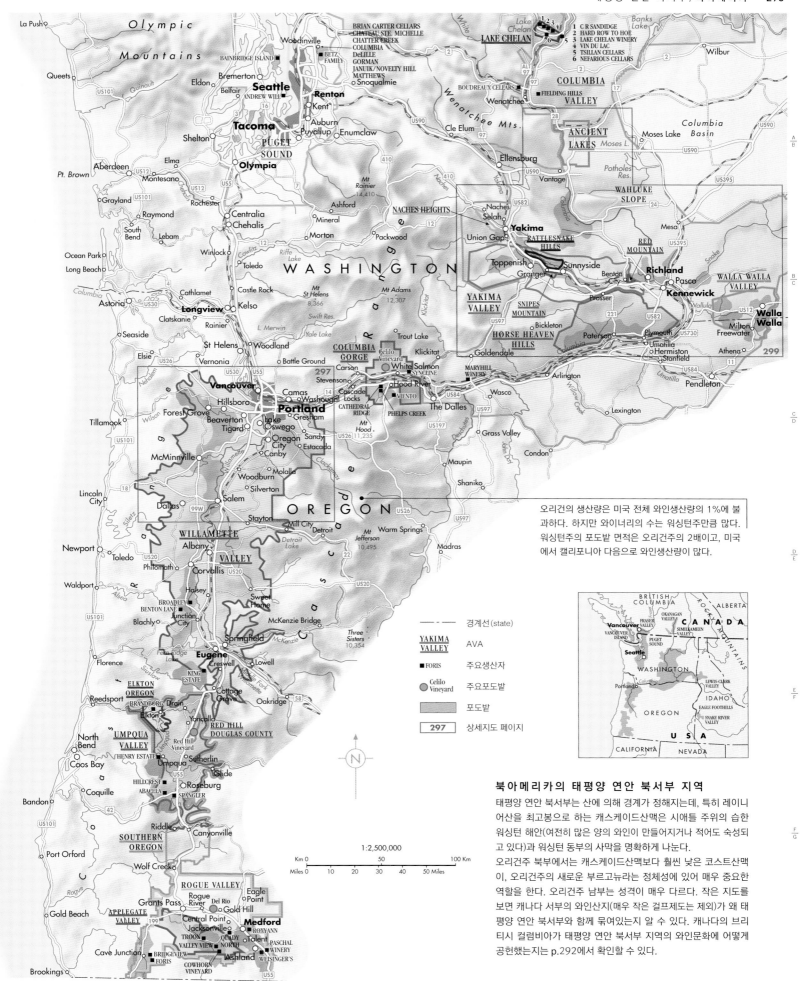

Olympic Mountains
Queets
La Push
Quinault
Quinault
Pt. Brown
Aberdeen
Grayland
Ocean Park
Long Beach
South Bend
Raymond
Astoria
Longview

BRIAN CARTER CELLARS
CHATEAU STE. MICHELLE
CHATTER CREEK
COLUMBIA
DeLILLE
GORMAN
JANUIK/NOVELTY HILL
MATTHEWS
Snoqualmie

Woodinville
BAINBRIDGE ISLAND
Bremerton
Eldon
Belfair
ANDREW WILL
Seattle
Renton
Kent
Tacoma
Auburn
PUGET SOUND
Puyallup
Enumclaw
Shelton
Olympia

LAKE CHELAN
1 C R SANDIDGE
2 HARD ROW TO HOE
3 LAKE CHELAN WINERY
4 VIN DU LAC
5 TSILLAN CELLARS
6 NEFARIOUS CELLARS
Lake Chelan
Banks Lake
Wilbur
COLUMBIA VALLEY
BOUDREAUX CELLARS
Wenatchee
FIELDING HILLS
Columbia Basin
Moses Lake
Moses L.
ANCIENT LAKES
Potholes Res.
Vantage
WAHLUKE SLOPE

Rochester
Centralia
Chehalis
Mt Rainier 14,410
Ashford
Mineral
Morton
Packwood
NACHES HEIGHTS
Naches
Selah
Yakima
Union Gap
RATTLESNAKE HILLS
RED MOUNTAIN
Richland
Pasco
Kennewick
WALLA WALLA VALLEY
Walla Walla

WASHINGTON
Mt St Helens 8,366
Mt Adams 12,307
Toppenish
Granger
Sunnyside
Benton City
Prosser
YAKIMA VALLEY
SNIPES MOUNTAIN
Bickleton
HORSE HEAVEN HILLS
Goldendale
Paterson
Plymouth
Milton Freewater
Athena

Castle Rock
Kelso
Longview
Clatskanie
Rainier
St Helens
Woodland
Battle Ground
COLUMBIA GORGE
Carson
Stevenson
White Salmon
SYNCLINE
Hood River
MARYHILL WINERY
Arlington
Pendleton

Vancouver
Camas
Washougal
Portland
Gresham
Cascade Locks
CATHEDRAL RIDGE
VIENTO
PHELPS CREEK
The Dalles
Wasco

Hillsboro
Beaverton
Tigard
Lake Oswego
Oregon City
Canby
Sandy
Estacada
Molalla
Mt Hood 11,235
Grass Valley
Condon

Forest Grove
McMinnville
Woodburn
Silverton
Salem
Stayton
Mill City
Detroit
Warm Springs
Maupin
Shaniko

Dallas
OREGON
Mt Jefferson 10,495
Madras

WILLAMETTE VALLEY
Albany
Corvallis
Philomath
Newport
Toledo
Waldport

Halsey
Sweet Home
BROADLEY
BENTON LANE
Junction City
Blachly
McKenzie Bridge
Three Sisters 10,534

Springfield
Eugene
Creswell
Lowell
Oakridge
Florence

KING ESTATE
ELKTON OREGON
BRANDBORG
Elkton
Drain
Yoncalla
RED HILL DOUGLAS COUNTY
Reedsport
North Bend
Coos Bay
UMPQUA VALLEY
Red Hill Vineyard
HENRY ESTATE
Umpqua
Sutherlin
Glide
Roseburg

HILLCREST
ABACELA
SPANGLER
Riddle
Canyonville
SOUTHERN OREGON
Bandon
Coquille
Wolf Creek
Port Orford

ROGUE VALLEY
Grants Pass
Rogue River
Del Rio
Gold Hill
Eagle Point
Gold Beach
APPLEGATE VALLEY
Central Point
Medford
Jacksonville
ROXYANN
TROON
QUADY NORTH
VALLEY VIEW
PASCHAL WINERY
Talent
Cave Junction
BRIDGEVIEW
FORIS
COWHORN VINEYARD
WEISINGER'S
Ashland
Brookings

오리건의 생산량은 미국 전체 와인생산량의 1%에 불과하다. 하지만 와이너리의 수는 워싱턴주만큼 많다. 워싱턴주의 포도밭 면적은 오리건주의 2배이고, 미국에서 캘리포니아 다음으로 와인생산량이 많다.

BRITISH COLUMBIA
CANADA
ALBERTA
Vancouver
FRASER VALLEY
OKANAGAN VALLEY
SIMILKAMEEN VALLEY
Seattle
PUGET SOUND
VANCOUVER ISLAND
WASHINGTON
Portland
IDAHO
LEWIS-CLARK VALLEY
EAGLE FOOTHILLS
SNAKE RIVER VALLEY
OREGON
USA
CALIFORNIA
NEVADA
ROCKY MOUNTAINS

경계선(state)
YAKIMA VALLEY   AVA
FORIS   주요생산자
Celilo Vineyard   주요포도밭
포도밭
297   상세지도 페이지

1:2,500,000
Km 0   50   100 Km
Miles 0   10   20   30   40   50 Miles

N

북아메리카의 태평양 연안 북서부 지역

태평양 연안 북서부는 산에 의해 경계가 정해지는데, 특히 레이니어산을 최고봉으로 하는 캐스케이드산맥은 시애틀 주위의 습한 워싱턴 해안(여전히 많은 양의 와인이 만들어지거나 적어도 숙성되고 있다)과 워싱턴 동부의 사막을 명확하게 나눈다.

오리건주 북부에서는 캐스케이드산맥보다 훨씬 낮은 코스트산맥이, 오리건주의 새로운 부르고뉴라는 정체성에 있어 매우 중요한 역할을 한다. 오리건주 남부는 성격이 매우 다르다. 작은 지도를 보면 캐나다 서부의 와인산지(매우 작은 걸프제도는 제외)가 왜 태평양 연안 북서부와 함께 묶여있는지 알 수 있다. 캐나다의 브리티시 컬럼비아가 태평양 연안 북서부 지역의 와인문화에 어떻게 공헌했는지는 p.292에서 확인할 수 있다.

안개 낀 윌래밋 밸리 위로 후드산이 보인다. 윌래밋 밸리는 농업의 천국으로 포틀랜드의 활기찬 음식문화를 지탱하고 있다.

윌래밋 밸리 Willamette Valley

오리건주에서 가장 큰 와인산지인 윌래밋 밸리가 다른 산지와 구별되는 점은 기후이다. 윌래밋 밸리의 기후는 남쪽의 캘리포니아, 북쪽의 워싱턴과도 다르다.

테루아 주로 화산성 현무암 토양. 해양퇴적 사암과 실트암, 바람에 날려온 뢰스(황토).

기 후 여름이 서늘하고 구름이 많이 끼며 습하지만, 점점 더 따뜻하고 건조한 기후로 변하고 있다. 가을 비가 내린 뒤 찾아오는 겨울은 비교적 온화하다.

품 종 레드 피노 누아 / 화이트 피노 그리, 샤르도네, 리슬링

윌래밋 밸리의 여름은 태양의 땅 캘리포니아보다 서늘하고 구름이 더 많으며(p.297 주요 정보 참조), 겨울은 대륙성 기후인 워싱턴주보다 훨씬 온화하다. 태평양의 구름과 습기가 코스트산맥의 틈새를 거쳐 오리건주의 포도밭, 특히 대부분의 와이너리가 모여있는 윌래밋 밸리 북부로 밀려와, 위협적인 겨울 한파 대신 서늘한 여름과 습한 가을을 선사한다.

현대적 와인산지로서 **윌래밋 밸리**의 발견(창조가 더 맞는 말이다)은 1960년대 중반 데이비드 레트David Lett가 얌힐Yamhill 카운티의 던디Dundee 마을에 아이리 빈야드Eyrie Vineyards를 세우면서 시작됐다. 그가 만든 피노 누아는 즉각적인 성공을 거두었고, 1970년대 중반부터 오리건과 피노 누아는 불가분의 관계가 되었다.

오리건의 피노는 유럽의 피노보다 전반적으로 더 부드럽고 과일향이 풍부하며 빨리 익지만, 다른 신대륙 와인산지의 피노보다 흙내음이 강하고 때로는 더 복합적이다.

윌래밋 밸리에서 피노 누아는 마치 고향에 온 것처럼 잘 자랐지만, 포도밭은 대부분 소규모였다. 큰돈을 벌기 위해 나파나 소노마로 간 와인메이커가 아니라 다른 부류의 와인메이커들이 윌래밋으로 왔고, 돈은 없고 아이디어만 많은 생산자들이 경이로운 것부터 심각한 문제가 있는 것까지 다양한 와인을 만들어냈다. 대부분의 초기 와인은 향이 좋았지만 지나치게 가벼웠다. 하지만 1980년대 중반이 되자 몇몇 피노 와인이 뚜렷한 장기숙성능력을 보여줬고, 최근의 새로운 빈티지가 그것을 증명하고 있다.

오리건의 초기 와인산업은 소규모 가족경영 와이너리가 주도했다. 이들은 남쪽의 캘리포니아와 달리 직접 포도를 재배하고 와인을 양조하는 데 자부심을 가졌다. 부르고뉴가 모델이지만, 이곳은 처음부터 서로 협력했다는 차이가 있다. 지금은 상황이 달라졌다. 땅값이 오르면서 와인생산자들이 포도를 매입하는 경우가 많아졌고, 윌래밋 밸리에서 자신의 땅을 소유할 여유가 있는 새로운 소규모 와이너리는 거의 없다. 최근에는 포도밭 면적이 크게 증가했는데, 2011년까지 6년 동안 50% 증가해서 8,300ha가 되었고, 2016년에는 9,300ha로 증가했다. 지금은 뉴욕주보다 포도밭이 2배나 더 많은 오리건주가 미국에서 세 번째로 큰 와인산지이다.

윌래밋 밸리의 하위 아펠라시옹

오랜 논의와 시음을 거쳐, 240km에 달하는 윌래밋 밸리의 몇몇 하위 아펠라시옹이 공식인정되었다. **던디 힐스**Dundee Hills는 포도밭이 가장 많은 곳으로. 토양은 무겁고 붉은빛을 띤 현무암 롬(양토)이다. 레드 힐스 오브 던디Red Hills of Dundee산맥은 구름이 많이 끼는 오리건에서 포도가 잘 익기 위해 매우 중요한 조건인, 좋은 배수성과 방향, 그리고 풍부한 비와 햇빛의 조합을 갖췄다. **얌힐-칼턴 디스트릭트**Yamhill-Carlton District는 조금 더 따뜻하지만 서리의 위험이 있어서 계곡 바닥을 피해 포도나무를 심는다. 계곡 서쪽 해발 60~210m의 동향 비탈이 이상적이다. 토양은 건조하며, 주로 침식된 해양퇴적물인 사암이나 실트암으로 이루어져 있다.

여름에 가장 서늘한 곳은 **에올라-아미티 힐스**Eola-Amity Hills와 **맥민빌**McMinnville이다. 새로 AVA로 지정된 **밴 두저 코리도어**Van Duzer Corridor 역시 서늘하다. 이 3곳의 AVA는 코스트산맥에서 밴 두저 코리도어라고 부르는 비탈을 통해 태평양의 영향을 가장 많이 받는다. 밴 두저 코리도어 AVA는 가장 낮은 곳에 있는데, 이곳의 피노 누아는 단순히 과일향이 좋은 와인을 넘어 흙내음과 숙성 잠재력이 있다. 맥민빌은 오리건 와인의 중심인 대학도시 맥민빌에서 따온 이름이다. 에올라-아미티 힐스와 **체할렘 마운틴스**Chehalem Mountains는 모두 2006년에 AVA로 지정되었는데, 체할렘 마운틴스 AVA는 최고의 다양성을 보여준다. 해발 497m의 볼드 피크Bald Peak를 포함하고 각 지역은 중요한 3개의 토양 타입(테루아 참조)으로 이루어진다. **리본 릿지**Ribbon Ridge는 특별한 사암과 실트암 토양이 있는 체할렘 마운틴스의 작은 하위 AVA이다.

윌래밋 밸리에서 포도재배에 성공하려면 가을비가 내리기 전에 포도가 빨리 그리고 완전히 익어야 한다. 윌래밋 밸리의 수확기는 프랑스만큼 제멋대로이고, 또 미국의 어느 와인산지보다도 변화가 심한데, 8월 말부터 습한 11월 초까지 폭넓다. 단, 2012년부터 2016년까지는 날씨가 계속 따뜻해서 일찍 수확했다. 덥고 건조한 여름은 뢰스(황토)와 침식된 사암과 실트암에서 자라는 어린 포도나무에게 스트레스를 줄 수 있다. 관개를 하기도 하지만 대부분 건지농법을 쓴다.

바탕나무와 클론

초기 개척자들은 자금이 부족해서, 적은 돈으로 포도밭을 만드느라 간격을 넓게 두고 나무를 심었다. 하지만 지금은 더 빽빽하게 심는 것이 일반적이다. 비교적 최근의 변화는 바탕나무를 이용하는 것인데, 1990년에 처음 필록세라가 발견된 이후 현명한 재배자들은

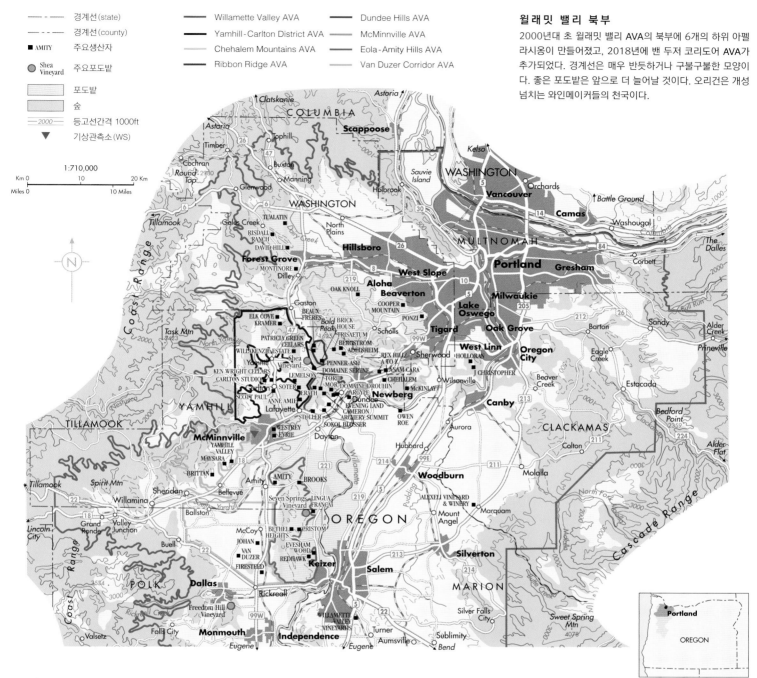

경계선(state)
경계선(county)
■ AMITY   주요생산자
⬤ Shea   주요포도밭
Vineyard
포도밭
숲
2000   등고선간격 1000ft
▼   기상관측소(WS)

1:710,000
Km 0   10   20 Km
Miles 0   10 Miles

Willamette Valley AVA
Yamhill-Carlton District AVA
Chehalem Mountains AVA
Ribbon Ridge AVA
Dundee Hills AVA
McMinnville AVA
Eola-Amity Hills AVA
Van Duzer Corridor AVA

윌래밋 밸리 북부

2000년대 초 윌래밋 밸리 AVA의 북부에 6개의 하위 아펠라시옹이 만들어졌고, 2018년에 밴 두저 코리도어 AVA가 추가되었다. 경계선은 매우 반듯하거나 구불구불한 모양이다. 좋은 포도밭은 앞으로 더 늘어날 것이다. 오리건은 개성 넘치는 와인메이커들의 천국이다.

바탕나무에 접붙이기한 포도나무를 심고 있다.

접붙인 포도나무를 심은 포도밭에서는 수확량이 안정되고 포도가 빨리 익는 경향이 있다. 하지만 오리건 피노 누아와 샤르도네의 품질이 지속적으로 개선될 수 있었던 가장 중요한 이유는, 새로운 클론 품종 2가지를 추가했기 때문이다. 스위스의 베덴스빌Wädenswil과 캘리포니아에서 인기 있는 품종 포마르Pommard이다. 1990년대에는 부르고뉴 품종의 클론이 인기가 많았지만, 지금은 블렌딩이나 여러 가지 품종을 섞어서 심고 같이 수확해서 양조하는 필드 블렌드field blend에 사용된다.

윌래밋 밸리 포도밭의 약 3/4에서 피노 누아를 재배한다. 피노 그리는 아이리 빈야드의 데이비드 레트가 북아메리카에 소개했는데, 2등이지만 피노 누아에

한참 뒤처진다. 최근에는 깔끔한 와인의 유행에 힘입어 샤르도네에 집중하는 생산자들이 나타났다. 흔하지 않지만, 날카로운 드라이부터 풍성한 스위트까지 다양한 윌래밋 밸리 리슬링도 찾아볼 만하다.

오리건의 재배자들은 습한 기후에도 불구하고 유기농법 때로는 바이오다이나믹 농법으로 지속가능한 농업을 위해 꾸준히 노력했으며, 그들의 노력은 높이 평가받아야 한다. 매년 7월 열리는 국제 피노 누아 페스티벌(International Pinot Noir Celebration)은 윌래밋 밸리를 전 세계에 알리고 오리건 와인의 탁월함을 홍보하는 데 큰 역할을 하고 있다. 축제가 열리는 3일 동안 전 세계의 피노 누아 팬과 생산자들은 맥민빌에 모여 피노를 찬양하고 카베르네의 부당함을 성토한다.

윌래밋 밸리 맥민빌	▼
북위 / 고도(WS)	45.13° / 47m
생장기 평균 기온(WS)	15.9℃
연평균 강우량(WS)	1,060㎜
수확기 강우량(WS)	10월 : 80㎜
주요 재해	진균병, 포도 미성숙

워싱턴 Washington

워싱턴주 동부, 반사막 지대의 완만한 언덕에 대부분의 포도밭이 모여있다. 언뜻 보면 포도나무가 자라기에 적합해 보이지 않지만, 점점 중요도가 높아지고 있는 좋은 와인산지다.

테루아 포도밭은 주로 완만한 언덕의 물이 잘 빠지는 모래 토양에 있다. 워싱턴의 와인산지는 오리건처럼 마지막 빙하기의 미줄라 대홍수 때, 멀리 몬타나에서 쓸려 내려온 퇴적물의 보고이다.

기 후 비는 거의 오지 않고 일조량은 하루 17시간으로 안정적이지만, 겨울이 매우 추워 생장기간이 짧다.

품 종 레드 카베르네 소비뇽, 메를로, 시라 / 화이트 샤르도네, 리슬링, 피노 그리, 소비뇽 블랑

워싱턴주 동부를 찾는 사람들은 대부분 시애틀에서 출발하는데, 시애틀 주위에는 와이너리가 많이 모여있어 해마다 가을이면 워싱턴주에서 수확한 대부분의 포도가 이곳에서 양조된다. 차를 타고 습한 더글러스소나무와 폰데로사소나무 숲을 지나 장엄한 캐스케이드산맥을 넘으면, 어느 순간 야키마 밸리의 비옥한 농경지와 왈라 왈라 밸리 주변의 완만한 밀밭을 만나게 된다. 군데군데 오아시스처럼 초록빛 포도나무, 사과나무, 체리나무, 홉, 그리고 콩코드 포도나무가 심어져있다. 대륙성 기후도 보르도와 부르고뉴 사이의 위도에서 양질의 와인용 포도가 잘 익는 데 최적이라는 것이 증명되었다. 물론 매우 중요한 조건이 있다. 강, 저수지, 매우 비싼 우물 등 관개용수가 가까이 있어야 한다. 1970년대 워싱턴의 초기 포도재배는 컬럼비아, 야키마, 스네이크 강에서 멀지 않은 특정 지역에서 이루어졌다.

워싱턴은 저비용 경작지이

다 (캘리포니아보다 훨씬 저렴하다). 점적관개(drip irrigation)의 출현으로 주 전역에 파이프로 물을 공급하게 되자, 비니페라 포도밭의 면적이 빠르게 확장되

범례

경계선(state)	
경계선(county)	
NACHES HEIGHTS	AVA
■ KESTREL	주요생산자
● Red Willow Vineyard	주요포도밭
	포도밭
	숲
2000	등고선간격 400ft
300	상세지도 페이지
▼	기상관측소(WS)

1,130*ha*의 맥킨리 스프링즈(McKinley Springs)는 미국에서 가장 넓은, 한 블록으로 연결된 포도밭이다

1:179,000

Km 0   2   4 Km

Miles 0   1   2 Miles

었고, 2017년에는 22,260*ha*를 넘어서며 새로운 와인산지로 완전히 거듭났다. 워싱턴은 오래전부터 미국에서 두 번째로 큰 포도재배지였으며, 현재 워싱턴의 와인생산량은 거대한 캘리포니아 생산량의 10% 이상이다.

여름과 가을에 비가 내리지 않아 질병이 적으며, 낮은 덥고 밤은 추운 사막 특유의 날씨로 색깔이 좋고 풍미가 뚜렷한 와인이 생산된다. 겨울은 춥고 건조하지만 덕분에 필록세라 발생이 적고(대부분의 포도나무가 바탕나무에 의존하지 않고 자신의 뿌리로 자란다), 비교적 균일한 모래 토양으로 물이 잘 빠진다. 하지만 겨울이 매우 추울 때가 있다. 이런 경우 밖으로 노출된 포도나무가 동사할 수 있으므로, 많은 생산자들이 예방을 위해 포도나무 줄기를 흙 속에 묻는다.

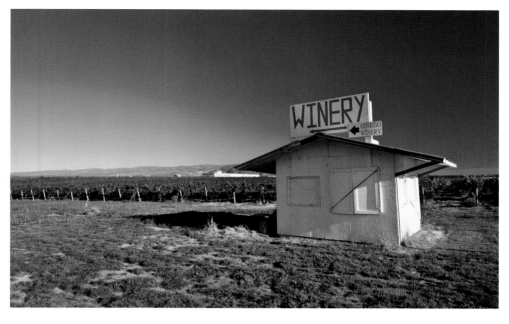

블렌딩이 트렌드

워싱턴주는 원래 다른 주에 비해 포도재배와 와인양조가 완전히 별개인 경향이 강했지만, 이제 변하고 있다. 예를 들어 샤토 생 미셸Ste. Michelle, 컬럼비아 크레스트 Columbia Crest, 스노퀄미Snoqualmie 등 여러 브랜드를 소유한 거대 와인회사가 필요한 포도의 2/3를 직접 재배 또는 관리한다. 2018년 워싱턴의 소규모 와이너리 수는 940개를 넘었는데, 포도재배자보다 3배 많은 수치이다. 그래서 대부분의 와이너리에서는 포도를 구매해 트럭에 싣고 캐스케이드산맥을 넘어 서쪽으로 운반한다. 또한 여러 재배자의 포도를 구입하여 블렌딩하는 경우도 많아서, 와이너리 주소만으로는 어디서 재배한 포도인지 알기 힘들다. 하지만 이 또한 변

하고 있다. 포도를 직접 재배하거나 적어도 더 좋은 포도를 찾아서 와인을 만드는, 장인적 생산방식을 따르는 생산자가 점점 늘고 있다. 하지만 오리건과 달리 워싱턴에서는 직접 재배한 포도만으로 와인을 만드는 와이너리가 아직 드물다.

생산자들은 다양한 지역의 포도를 블렌딩하기 위해 특정 아펠라시옹 명칭보다 **컬럼비아 밸리** AVA(아래 지도에 표시된 워싱턴 동부의 여러 AVA를 포함한다) 같은 광역 AVA명이나, 매우 유연한 '워싱턴주'라는 용어를 선호한다. 하지만 유독 왈라 왈라 밸리에서는 싱글

왈루케 슬로프(Wahluke Slope) AVA에 있는 징코(Ginko) 와이너리 안내소의 사진. 워싱턴주의 와인산지가 여름에 얼마나 인적이 드물고 해가 잘 드는지 보여준다.

빈야드 와인이 서서히 주목을 받고 있다.

야키마 밸리는 워싱턴주에서 가장 오래된 지정 와인산지이다. 야키마강은 동쪽으로 흘러, 눈 쌓인 아담스산이 내려다보는 비옥한 농경지와 목장을 지나 컬럼비아강에 합류한다. 시라는 이곳에서 워싱턴의 전통 품종과의 블렌딩으로 와인에 짠맛과 과일향을 더해 가

컬럼비아 밸리

컬럼비아 밸리 북부에는 에인션트 레이크스(Ancient Lakes, p.298 지도 참조)와 레이크 첼랜(Lake Chelan, p.295 지도 참조) 등 새로운 AVA가 생기고 있다. p.298 왼쪽 상세지도의 레드 마운틴은 사실상 리치랜드(Richland)에 위치한다.

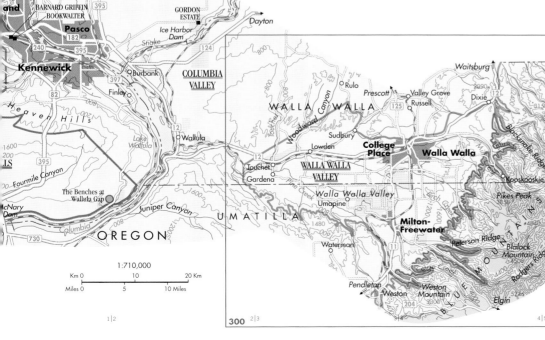

워싱턴 프로서	▼
북위 / 고도(WS)	46.2° / 253m
생장기 평균 기온(WS)	17.8℃
연평균 강우량(WS)	227mm
수확기 강우량(WS)	10월 : 19mm
주요 재해	겨울 한파

왈라 왈라 밸리

왈라 왈라 밸리에는 워싱턴주에서 가장 유명한 와이너리가 모두 모여있다. 하지만 이곳에서 양조하는 포도의 상당량이 주경계선 너머 오리건에서 온다. 왈라 왈라 밸리 AVA는 주 경계선에 걸쳐 있다.

경계선(state)

COLUMBIA VALLEY AVA

■ ABEJA 주요생산자

⦿ Seven Hills Vineyard 주요포도밭

포도밭

숲

—2000— 등고선간격 400ft

오리건 AVA에 대한 자세한 정보는 p.294의 태평양 연안 북서부 지역을 참조.

1:476,000

Km 0　　10　　20 Km
Miles 0　　5　　10 Miles

능성을 보여줬다. 계곡 북서쪽의 레드 윌로 빈야드Red Willow Vineyard에서 시라를 처음 심었고, 지금은 주 전역에서 재배한다. 야키마 밸리의 **레틀스네이크 힐스 Rattlesnake Hills**는 워싱턴주에서 보르도 와인과 가장 비슷한 레드와인을 만든다. 남쪽의 **스나입스 마운틴 Snipes Mountain**은 최근에 지정된 작은 AVA로, 주에서 가장 오래된 포도나무가 있다. 야키마 밸리에서 남동쪽으로 내려가면 프로서Prosser라는 마을이 있는데, 월터 클로어 와인 식문화 센터Walter Clore Wine and Culinary Center가 자리한 워싱턴 와인산업의 중심지이다.

　야키마 밸리와 컬럼비아강 사이 **호스 헤븐 힐스 Horse Heaven hills**에는 주에서 가장 크고 중요한 포도밭이 있다. 강 위 절벽과 샴푸Champoux 주위에 모여있는 넓은 포도밭은 특히 주목할 만하다.

　야키마 밸리의 북쪽과 동쪽에는 주에서 가장 따뜻한 포도밭이 있다. 이 중 새들산맥에서 컬럼비아강으로 이어지는 유명한 **왈루케 슬로프Wahluke Slope**는 포도밭이 남향으로 경사져서, 여름에는 해가 잘 들고 겨울에는 찬 공기가 쉽게 빠져나간다. 이곳에서는 메를로와 시라가 널리 재배된다. 작고 물 공급이 제한된 **레드 마운틴 Red Mountain** AVA는 부드럽고 장기보관할 수 있는 카베르네 소비뇽으로 이름을 알렸다. 야키마시 북서쪽에 있는 **나치스 하이츠Naches Heights** AVA는 토양이 매우 독특하며, 크지 않은 포도밭에서도 좋은 와인을 만들 수 있다는 것을 증명했다.

왈라 왈라 밸리 같은 내륙지역도 여름에는 따뜻하고 심지어 덥기까지 하며, 겨울에는 해가 잘 들지만 위험할 정도로 추울 때도 있다. 고풍스러운 대학도시 왈라 왈라 주위의 언덕은 강우량이 충분하기 때문에, 관개를 하지 않고 건지농법으로 재배할 수 있는 밭도 있다. 왈라 왈라 밸리에서는 이곳에서 재배한 포도로 만들지 않더라도, 여전히 많은 사람이 찾는 레드와인을 양조한다. 왈라 왈라 밸리 AVA는 1980년대 초에 레오네티Leonetti와 우드워드 캐년Woodward Canyon 와이너리가 개척했는데 블루산맥 북쪽에서 남쪽 오리건 방향으로 뻗어있으며, 오리지널 세븐 힐스 빈야드Seven Hills Vineyard 주위의 수백 에이커에 달하는 포도밭도 이 AVA에 포함된다.

가야 할 방향

워싱턴주의 와인산업은 급격히 발전했기 때문에 대부분의 포도나무가 아직 수령이 낮으며, 주로 싱글 클론의 어린 나무를 가벼운 토양에 심었다. 초기에는 와인메이커가 아니라 과일 농부들이 포도나무를 재배했기 때문에 포도송이가 많이 달리게 하는 것에 신경을 썼다. 하지만 지금은 주의 최고 생산자 대부분이 포도를 무게로 구매하는 것이 아니라, 특정 포도밭의 특정 구획으로 구매하고, 와인생산자와 포도재배자가 협력해서 포도나무를 관리한 결과 수확량은 줄어들고 품질은 향상되었다. 좋은 와인은 색이 진하고 상큼한 산미

가 있으며, 워싱턴 와인의 특징인 밝고 솔직한 풍미가 있고, 풍성하고 부드러운 과일향의 강도도 매우 훌륭하다.

　대륙성 기후이기 때문에 카베르네 소비뇽을 완전히 익힐 수 있는 곳은 별로 없지만, 메를로는 캘리포니아보다 이곳에서 더 확실하게 정체성을 확립했다. 다만 겨울 한파에 약하다는 것이 단점이다. 카베르네 프랑 추종자도 있는데, 추위에 강하기 때문만은 아니다. 프티 베르도Petit Verdot, 말벡, 무르베드르Mourvèdre, 템프라니요, 산조베제는 많지 않지만 잘 자라며, 대부분 블렌딩에 사용한다. 적지만 피노 누아도 재배한다.

　리슬링은 처음에 널리 재배되다가 인기를 잃었지만, 다시 샤르도네를 대신할 수 있는 상큼하고 향이 좋은 와인으로 인기를 얻고 있다. 샤토 생 미셸Ste. Michelle은 현재 세계에서 가장 큰 리슬링 와인생산자로, 독일 베른카스텔Bernkastel의 에르니 루젠Erni Loosen과 합작해 에로이카Eroica 브랜드를 만들었다.

　에인션트 레이크스(왈루케 슬로프 북쪽)는 오랫동안 피노 그리, 게뷔르츠트라미너, 리슬링 등 섬세한 아로마가 특징인 화이트와인 품종을 재배해왔으며 독자적인 AVA가 있는데, 좋은 포도밭은 많지만 와이너리는 적다. 여기서 생산하는 소비뇽 블랑은 정말 상쾌하다. **레콜 넘버 41**L'Ecole No 41 와이너리는 세미용도 기회만 주어진다면 눈부신 성과를 낼 수 있다는 것을 보여줬지만, 기회가 많지 않아 안타깝다.

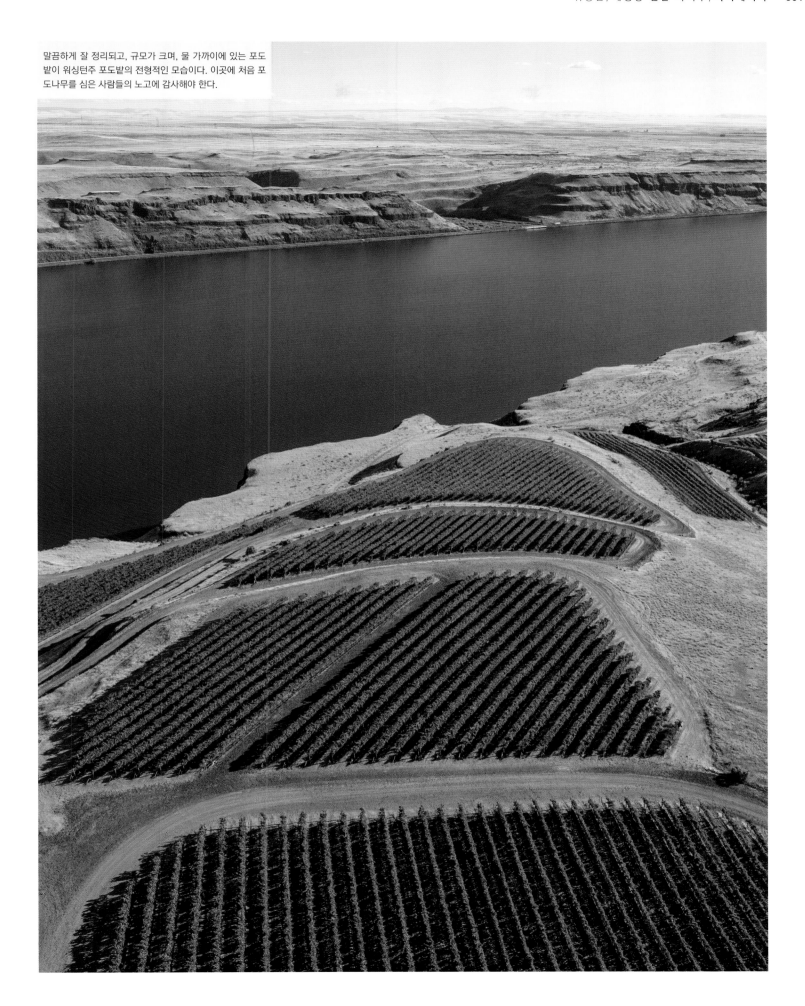

말끔하게 잘 정리되고, 규모가 크며, 물 가까이에 있는 포도
밭이 워싱턴주 포도밭의 전형적인 모습이다. 이곳에 처음 포
도나무를 심은 사람들의 노고에 감사해야 한다.

캘리포니아
California

북미 와인의 80% 이상이 캘리포니아에서 생산된다. 유럽을 제외하면 어떤 나라보다 많은 생산량이다. 그리고 태평양이 지배적인 영향력을 미치고 있다. 캘리포니아 와인산지의 지형은 많은 사람을 놀라게 하는데, 외부인들이 인정하는 것보다 훨씬 다양하다. 포도밭 입지는 위도와 크게 관련은 없고, 포도밭과 바다 사이에 무엇이 있는지가 매우 중요하다. 포도밭과 바다 사이에 산이 많을수록, 바다에서 오는 습한 공기나 안개로 기후가 온화해질 가능성은 줄어든다.

태평양 연안인 이곳은 물이 매우 차서, 해안 가까운 곳은 여름 내내 안개가 짙게 낀다. 여름이면 내륙의 기온이 32°까지 올라가는데, 상승하는 뜨거운 공기가 안개를 내륙쪽으로 끌어들여 빈 공간을 채운다. 샌프란시스코의 골든 게이트 브리지는 안개가 지나가는 그 유명한 길에 다리를 벌리고 서있다. 하지만 차가운 태평양 공기는 코스트산맥에서 해발 460m가 안 되는 곳은 어디라도 넘어가서 땅을 식혀준다. 바다로 이어지는 계곡, 특히 산타 바바라 카운티에 있는 계곡은 바닷바람이 내륙으로 120km까지 들어갈 수 있게 깔대기 역할을 한다.

샌프란시스코만은 태평양의 차가운 바람을 효과적으로 빨아들여, 내륙으로 240km나 떨어진 시에라 풋힐스의 기후에까지 영향을 미친다. 안개 낀 샌프란시스코만이 북캘리포니아의 거대한 에어컨 역할을 하기 때문에, 나파와 소노마 카운티 남쪽에 있는 카네로스 Carneros 포도밭 등 해안 가까이에 있는 포도밭은 오히려 추울 수도 있다. 서쪽의 긴 능선 덕분에 태평양의 영향이 미치지 못하는 나파 밸리에서, 카네로스는 나파 마을을 둘러싼 포도밭 중 가장 남쪽에 있고 또 가장 기온이 낮은 곳이다. 소노마 동쪽에 있는 나이츠 밸리를 통해 들어오는 태평양의 찬 공기 덕분에, 나파 밸리의 북쪽 경계선은 가장 더운 지역이 아니다. 그리 명예롭지 않은 1등은 계곡의 2/3 지점에 있는 세인트 헬레나 차지인데, 캘리포니아의 지형이 얼마나 복잡한지 잘 보여준다.

센트럴(또는 샌 와킨) 밸리는 평평한 농지로, 캘리포니아의 주요 경제활동인 농업의 중심지이며 캘리포니아 포도의 3/4을 이곳에서 재배하는데, 내륙 깊은 곳이어서 태평양의 영향을 직접 받지 않는다. 세계에서 가장 일조량이 많은 와인산지 중 하나로, 이 책에 소개된 어느 지역보다 더 뜨겁고 건조해서 비용이 많이 들어도 관개시설이 반드시 필요하다. 건지농법은 포도 재배자들의 꿈이지만, 캘리포니아에서는 거의 불가능한 꿈이다. 노스 코스트의 몇몇 지역만 비가 충분히 오고, 사용 가능한 물이 있어서 관개시설 없이 포도를 재배할 수 있다.

아래 기후지역의 관련 내용을 보면 캘리포니아의 여름은 대부분의 유럽 와인산지보다 매우 건조하다. 연간 강우량이 그렇게 적은 것은 아니지만 비가 1년 중 초반 몇 달에 집중되어 있으며, 그때 저장한 저수지의 물로 여름에 물을 공급한다. 캘리포니아의 9월 날씨는 일반적으로 따뜻한데, 이례적으로 비가 내리면 모든 것을 망칠 수 있다. 하지만 가을비는 매우 드물다. 그래서 재배자들은 자신이 원하는 만큼, 또는 포도를 구매하는 와인생산자가 원하는 만큼 나무 위에서 포도를 숙성시킬 수 있다. 캘리포니아 와인이 특별히 강한 것도 이 때문이다.

캘리포니아에서 가장 중요한 120개 이상의 AVA는 p.303에 표시한 페이지의 지도에 나온다. 너무 작아서 와이너리가 한 곳밖에 없는 AVA가 있는가 하면, 노스 코스트 AVA처럼 멘도시노, 레이크, 나파, 소노마 등 여러 카운티의 많은 지역을 포함하는 넓은 AVA도 있다.

브랜드를 넘어

능력 있는 와인메이커 중에는 AVA 시스템을 거부하고, 좋은 포도라면 어느 지역의 것이든 관계없이 사용하는 사람도 있다. 하지만 대부분의 생산자는 각각의 포도밭을 최대한 정확하게 와인으로 표현하고 싶어한다. 지금은 와인 라벨에서 수백여 개의 개인 포도밭 이름을 찾을 수 있는데, 품종과 브랜드명만 중요했던 시대가 끝났음을 확실히 보여준다. 아직도 계약 양조장(custom crush facilities)에서 와인을 양조하고 가진 것이라고는 와인 이름과 오크통 몇 개밖에 없는 생산자들이 많지만, 지리적 요소가 중요해진 것은 사실이다.

캘리포니아에서 유행은 항상 중요했다. 대략 프랑스 절반 정도의 크기인 이 땅에서는 비평가, 점수, 대중의 즉각적인 반응에 따라 생산자와 소비자가 예상보다 더 획일적으로 행동하는 경향이 있다. 최근 포도재배의 경향은 특정 포도밭 구획과 품종의 궁합, 더 다양한 복제품종을 더 촘촘하게 심는 것, 포도잎이 빽빽해지지 않는 세심한 관리, 좀 더 정확한 관개와 지속가능성 개념에 대한 인식의 증가, 그리고 무엇보다 지금은 포도를 지나치게 익히는 것보다 신선도를 유지하는 것이 중요해졌다.

캘리포니아와 태평양 연안 북서부의 기후지역

지나치게 서늘하다
Ia 지역 1,500~2,000도일(degree days)
Ib 지역 2,000~2,500도일
II 지역 2,500~3,000도일
III 지역 3,000~3,500도일
IV 지역 3,500~4,000도일
V 지역 4,000~5,000도일
지나치게 덥다

가장 잘 알려진 기후 분류도는 UC 데이비스 대학교(캘리포니아대학교 농학대학 캠퍼스)의 에머린(Amerine)과 윙클러(Winkler) 교수가 개발한 것으로, 캘리포니아주의 의뢰를 받아 1940년대에 구할 수 있는 데이터를 바탕으로 제작되었다. 와인산지를 '생장온도일수(growing degree days)' 범위에 따라 분류했는데, 4월 1일~10월 31일(북반구) 사이에 기온이 10℃ 이상 유지된 기간의 적산온도를 사용한다. 이 분류에 따라 품종 적합성(추위와 더위)과 와인 스타일(가벼운 풀바디와 주정강화와인)이 대략적으로 결정된다. 예를 들어 윙클러 기후 분류법에 따르면 Ia 지역에서는 매우 빨리 익는 조생종(대부분 교배종)만이 고품질의 라이트바디 테이블와인을 생산할 수 있다. III 지역은 고품질의 풀바디 와인을 생산하는 데 적합하며, V 지역은 전형적인 대량생산와인, 주정강화와인, 그리고 생식용 포도 생산에 적합하다. 기후분류도가 만들어진 뒤 평균 온도 상승으로 각 지역의 생장온도일수도 200~500도일 정도 증가했을 것으로 추정되며, 그에 따라 각 지역에 적합한 포도품종도 달라질 것이다. 현재 이러한 변화를 이해하기 위한 연구가 진행되고 있으며, 기후학자 Dr. 그레고리 존스(Gregory Jones)도 여기 나온 태평양 연안 북서부 지도처럼 캘리포니아 외 지역의 포도나무 생장조건을 연구하기 위해 윙클러 인덱스를 조정하여 적용했다.

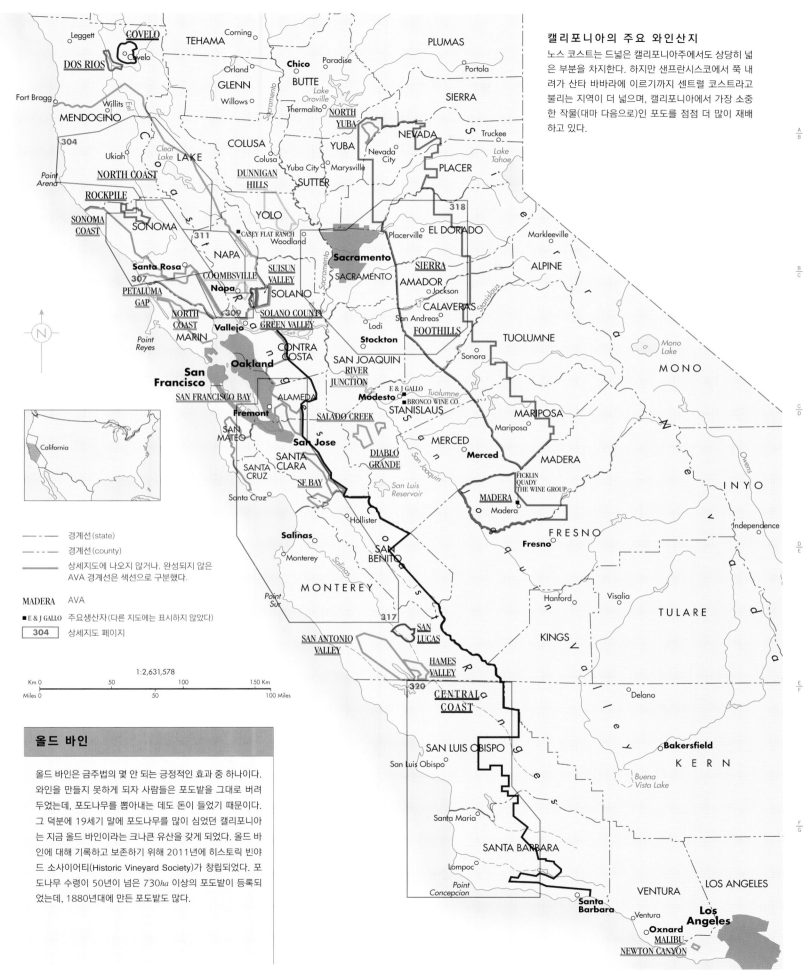

캘리포니아의 주요 와인산지

노스 코스트는 드넓은 캘리포니아주에서도 상당히 넓은 부분을 차지한다. 하지만 샌프란시스코에서 쭉 내려가 산타 바바라에 이르기까지 센트럴 코스트라고 불리는 지역이 더 넓으며, 캘리포니아에서 가장 소중한 작물(대마 다음으로)인 포도를 점점 더 많이 재배하고 있다.

Leggett
COVELO
TEHAMA
Corning
PLUMAS
Portola
Covelo
Chico
Paradise
DOS RIOS
Orland
BUTTE
Lake
Oroville
Fort Bragg
GLENN
Thermalito
SIERRA
Truckee
Willits
Willows
NORTH
YUBA
NEVADA
Lake
Tahoe
MENDOCINO
304
NEVADA
Ukiah
Clear
Lake
LAKE
COLUSA
YUBA
Nevada
City
Point
Arena
Colusa
Yuba City
Marysville
PLACER
NORTH COAST
DUNNIGAN
HILLS
SUTTER
ROCKPILE
YOLO
318
EL DORADO
Markleeville
SONOMA
COAST
311
CASEY FLAT RANCH
Woodland
Placerville
ALPINE
Santa Rosa
NAPA
Sacramento
SIERRA
307
COOMBSVILLE
SUISUN
VALLEY
SACRAMENTO
AMADOR
PETALUMA
GAP
Napa
SOLANO
Jackson
CALAVERAS
NORTH
309
SOLANO COUNTY
San Andreas
FOOTHILLS
COAST
MARIN
Vallejo
GREEN VALLEY
Lodi
TUOLUMNE
Point
Reyes
CONTRA
COSTA
Stockton
Sonora
Oakland
SAN JOAQUIN
RIVER
JUNCTION
MONO
San
Francisco
E & J GALLO
Mono
Lake
SAN FRANCISCO BAY
ALAMEDA
Modesto
BRONCO WINE CO.
MARIPOSA
Fremont
STANISLAUS
SALADO CREEK
Mariposa
SAN
MATEO
San Jose
MERCED
MADERA
SANTA
CLARA
DIABLO
GRANDE
Merced
INYO
SANTA
CRUZ
SF BAY
San Luis
Reservoir
FICKLIN
QUADY
THE WINE GROUP
Owens
Santa Cruz
MADERA
Independence
Hollister
Madera
Salinas
FRESNO
SAN
BENITO
Fresno
Monterey
Salinas
Hanford
Visalia
MONTEREY
TULARE
Point
Sur
317
KINGS
SAN
LUCAS
SAN ANTONIO
VALLEY
HAMES
VALLEY
Delano
320
CENTRAL
COAST
SAN LUIS OBISPO
Bakersfield
San Luis Obispo
KERN
Buena
Vista Lake
Santa Maria
SANTA BARBARA
VENTURA
LOS ANGELES
Lompoc
Los
Angeles
Point
Concepcion
Santa
Barbara
Ventura
Oxnard
MALIBU
NEWTON CANYON

California

---·--- 경계선(state)
-- -- -- 경계선(county)
━━━━ 상세지도에 나오지 않거나, 완성되지 않은 AVA 경계선은 색선으로 구분했다.

MADERA AVA
■ E & J GALLO 주요생산자(다른 지도에는 표시하지 않았다)
304 상세지도 페이지

1:2,631,578
Km 0   50   100   150 Km
Miles 0   50   100 Miles

A B
C
D
E F
G
1|2   2|3   3|4   4|5   5|6

올드 바인

올드 바인은 금주법의 몇 안 되는 긍정적인 효과 중 하나이다. 와인을 만들지 못하게 되자 사람들은 포도밭을 그대로 버려두었는데, 포도나무를 뽑아내는 데도 돈이 들었기 때문이다. 그 덕분에 19세기 말에 포도나무를 많이 심었던 캘리포니아는 지금 올드 바인이라는 크나큰 유산을 갖게 되었다. 올드 바인에 대해 기록하고 보존하기 위해 2011년에 히스토릭 빈야드 소사이어티(Historic Vineyard Society)가 창립되었다. 포도나무 수령이 50년이 넘는 730*ha* 이상의 포도밭이 등록되었는데, 1880년대에 만든 포도밭도 많다.

멘도시노, 레이크 Mendocino and Lake

멘도시노 카운티는 캘리포니아주 최북단에 있는 포도 재배의 전초기지다. 가장 독특한 와인은 앤더슨 밸리 Anderson Valley에서 나오는데, 바다안개가 해안 언덕 사이로 그대로 밀려와 두껍고 낮게 깔리는 곳이다.

나바로Navarro강은 송진향 나는 삼나무 숲을 지나 계곡을 따라 흐른다. 오래전 산속에서 살던 이탈리아인 일가가 안개층 위 경사면에서 잘 자라는 진판델을 발견했지만, 앤더슨 밸리의 대부분 지역, 특히 필로Philo 보다 낮은 지역은 포도가 익을 시기에 기온이 매우 서늘하다. 나바로 빈야드는 리슬링과 게뷔르츠트라미너가 이곳 날씨와 완벽하게 맞는다는 것을 증명했고, 샴페인 브랜드인 뢰더러Roederer는 1982년부터 앤더슨 밸리에서 훌륭한 스파클링와인을 만들었다. 한편 드루Drew와 핸들리Handley 같은 수많은 소규모 생산자와, 필로에 있는 좀 더 많이 알려진 덕혼Duckhorn의 골든아이Goldeneye 와이너리에서는 훌륭한 피노 누아 와인을 만들고 있다.

남동쪽에 있는 **요크빌 하이랜즈Yorkville Highlands**의 와인은 자연스러운 산미가 있다. 하지만 멘도시노 재배지의 대부분은 클로버데일Cloverdale이나 소노마 Sonoma 카운티 경계선 북쪽의 해발 900m나 되는 해안 언덕 뒤에 있어서, 태평양의 영향을 덜 받아 훨씬 덥고 건조하며, 태평양의 안개가 유키아Ukiah까지 오지 못하고 **레드우드 밸리**에도 미치지 못할 때가 많다. 그래서 이곳의 와인(깊은 충적토에서 나온다)은 카베르네와 프티 시라로 만들어 부드러울 때도 있지만 대체로 전형적인 풀바디 레드와인이다. 유키아 위쪽에서 자란 향신료향의 올드바인 진판델도 있다. 훨씬 서늘한 **포터 밸리Potter Valley**에는 아로마가 풍부한 품종이 적합하며, 훌륭한 귀부와인이 생산된다.

멘도시노에서 가장 오래된 와이너리는 현재 손힐 Thornhill 가족이 소유한 파두치Parducci로, 금주법이 맹위를 떨치던 1932년에 설립되었다. 1968년에 세워진 페처Fetzer 와이너리는 믿을 수 있는 좋은 와인을 생산하고 있으며, 적합한 캘리포니아주에서 유기농 재배를 주창한 선구적 와이너리이다. 또한 호프랜드 외의 지역에서는 코르테제Cortese와 네비올로Nebbiolo 같은 이탈리아 품종을 시험재배하고 있다.

동쪽의 **레이크 카운티**는 남쪽으로 64km 떨어진 나파 밸리 북부처럼 따뜻해서, 과일향이 풍부한 카베르네 소비뇽, 진판델, 그리고 의외로 가격이 좋은 소비뇽 블랑도 나온다. 4,000ha의 포도밭이 있지만 와이너리는 40개밖에 안 된다. 브래스필드Brassfield, 호크 앤 호스Hawk & Horse, 옵시디언 릿지Obsidian Ridge, 스틸 Steele, 와일드허스트Wildhurst 등이 성공한 와이너리다. 많은 와인이 지역 AVA인 클리어 레이크가 아니라, 나파나 더 먼 AVA로 대량 출고된다(캘리포니아는 라벨의 AVA가 아닌 다른 지역의 포도를 15%까지 사용 가능).

멘도시노 유키아	▼
북위 / 고도(WS)	39.15° / 193m
생장기 평균 기온(WS)	18.8 ℃
연평균 강우량(WS)	1,014mm
수확기 강우량(WS)	9월 : 11mm
주요 재해	겨울 가뭄, 수확기의 비
주요 품종	화이트 소비뇽 블랑, 샤르도네 레드 진판델, 카베르네 소비뇽, 메를로

1:575,000
Km 0 · 10 · 20 Km
Miles 0 · 5 · 10 Miles

경계선(county)
CLEAR LAKE AVA
■ FREY 주요생산자
● The Narrows Vineyard 주요포도밭
포도밭
숲과 관목지대
2500 등고선 간격 500ft
▼ 기상관측소(WS)

태평양에서 밀려온 안개를 배경으로, 소노마 해안의 허시(Hirsch) 와이너리에서 피노 누아를 수확하고 있다. 포도나무를 처음 심은 1980년대에는 매우 위험한 위치였다.

소노마 북부 Northern Sonoma

소노마 카운티는 나파 카운티보다 더 다양한 환경에서 훨씬 많은 포도를 재배한다. 서늘한 지역이라 앞으로 새로운 포도밭이 늘어날 가능성이 크다. 특히 해안지역이 그렇다. 또한 소노마는 19세기 초 캘리포니아에서 처음으로 고급와인을 생산했지만, 20세기 말 캘리포니아의 와인 르네상스를 주도한 나파 지역에 주도권을 빼앗겼다.

테루아　서쪽에 코스트산맥, 동쪽에 마야카마스산맥, 그 사이에 완만한 언덕이 있다. 포도밭은 해발 850m까지 위치하며, 토양과 방향이 매우 다양하다.

기 후　해안과 러시안 리버 밸리Russian River Valley, 페탈루마 갭Petaluma Gap 서쪽은 바다의 영향으로 서늘하고, 드라이 크릭Dry Creek과 알렉산더 밸리Alexander valleys 내륙지역은 덥다.

품 종　**화이트** 샤르도네, 소비뇽 블랑 / **레드** 피노 누아, 카베르네 소비뇽, 진판델, 메를로

캘리포니아의 기후는 태평양의 바람과 안개, 그리고 이로 인해 생긴 구름층이 얼마나 침투하는지에 따라 달라진다. p.307 지도의 바로 남쪽은 페탈루마 갭이라 불리는, 코스트산맥의 넓은 침하구역이다(p.306 아래 참조). 이 공간 덕분에 남쪽에 있는 포도밭이(전체 지도 바깥에 위치) 가장 서늘하며, 오후 4시부터 다음날 오전 11시까지 안개가 덮여있는 경우가 많다.

러시안 리버 밸리는 소노마의 추운 AVA 중 하나로, 2005년에 남쪽으로 경계가 확장되어 세바스토폴 남쪽과 안개구역 내의 **페탈루마 갭** AVA 북쪽 사이의 모든 포도밭을 포함한다(2011년 갈로Gallo사의 요청에 따라 AVA는 더 확장되어, 갈로 소유의 남동쪽 끝에 있는 투록 빈야드Two Rock Vineyard도 포함되었다). 세바스토폴 남부라고도 불리는 세바스토폴 힐스Sebastopol Hills 지역은 안개가 페탈루마 갭을 따라 소용돌이치며 지나가는 길 한가운데에 있다. 하지만 페탈루마 갭으로 불어오는 바람의 직접적인 영향을 받는 곳보다는 위쪽에 위치한다. 그래도 페탈루마 갭과 러시안 리버 밸리의 가장 추운 지역, 특히 마리마 에스테이트Marima Estate, 아

이언 호스Iron Horse, 조셉 펠프스Joseph Phelps의 프리스톤Freestone 와이너리(나파 밸리)가 주도하는, 러시안 리버 밸리의 하위 AVA인 **그린 밸리**에서 시판 가능한 와인이 될 만큼 포도를 잘 익히는 일은 쉽지 않다. 하지만 놀랄 만큼 활기찬 와인이 나오기도 한다. 세바스토폴 힐스와 그린 밸리의 토양은 모두 모래가 많은 골드릿지Goldridge 토양이고, 그린 밸리 바로 동쪽에 있는 라구나 릿지는 모래가 더 많고 배수가 매우 빠르다.

페탈루마 갭에서 멀어지면 러시안 리버 밸리의 기온은 점점 올라간다. 윌리엄스 셀럼Williams Selyem, 로키 올리Rochioli, 게리 패럴Gary Farrell 등은 개성 강한 이 지역에 처음 관심을 가진 생산자들로 러시안 강변에 있는 무거운 토양의 웨스트사이드 로드Westside Road에 포도밭을 만들었는데, 후발주자들의 포도밭보다 훨씬 따뜻한 위치다. 1990년대까지만 해도 오래된 참나무와 꽃이 만발한 구불구불한 계곡의 길을 따라 사과나무를 재배했지만, 지금은 포도가 사과를 대체했다.

처음에는 샤르도네가 유명했지만, 러시안 리버 밸리가 좋은 와인산지로 인식된 것은 레드베리향과 풍미가 풍부한 러시안 리버 피노 누아 때문이다. 규칙적으로 끼는 안개 장막 덕분에 포도의 산미가 상쾌할 정도로 강하게 유지된다. 다만 8월과 9월에 열기가 치솟아 포도가 빨리 익으면 산미가 약해지기도 한다. 계곡의 가장 낮은 곳, 가끔 서리가 내리는 포도밭이 가장 추운데, 안개가 가장 오래 머물기 때문이다. 마르티넬리Martinelli의 잭애스 힐Jackass Hill과 더턴Dutton의 모렐리 레인Morelli Lane 같은 안개층 위의 포도밭은, 골드러시 후 이곳에 정착한 이탈리아 사람들이 심은 진판델로 예전부터 좋은 와인을 만들었다. 고도가 높은 포도밭은 시라에게도 희망을 준다. 러시안 리버 밸리 내륙에서 가장 좋은 포도는 건포도처럼 마를 위험이 적은 동향 포도밭에서 나온다. 반면 남향 포도밭은 가장 서늘한 기후에서도 포도를 최대한 익힐 수 있다.

러시안 리버 밸리에서 북동쪽, 힐즈버그Healdsburg 남동쪽에 있는 초크 힐Chalk Hill은 독자적인 AVA를 갖고 있다. 이례적으로 러시안 리버 밸리에 포함되는데, 훨씬 따뜻하고 화산성 토양이다. 가장 중요한 생산자는 같은 이름의 초크 힐 와이너리이고, 가장 많이 재배하는 품종은 피노 누아지만, 기온이 올라가면서 카베르네 소비뇽과 메를로가 점차 늘고 있다. 힐즈버그에 가까운 러시안 리버 AVA 북쪽 지역도 서늘한 안개의 영향권에서 떨어져있어 기후학적으로도 러시안 리버 AVA 안에 포함된 것이 잘 설명되지 않는다.

서늘한 해안

소노마 코스트 AVA는 러시안 리버 밸리와 바다 사이, 멘도시노에서 산 파블로 베이까지 총 20여 만ha에 달하는 매우 광대한 지역이다. 이곳의 가장 서늘한 지역에서 매우 흥미로운 생산자들이 와인을 만들고 있는데, 지리적으로 AVA를 세분화해야 한다는 압력이 커지고 있다.

그렇게 해서 2012년에 처음 탄생한 것이 **포트 로스-시뷰**Fort Ross-Seaview AVA로, 안개층보다 더 위로 올라가 해안 산맥 가장 높은 곳까지 포함한다. 고도가 높고 바다와 가까워 낮 기온의 편차가 매우 큰데, 37.8℃까지 올라가는 곳도 있고 해안의 안개가 긴 곳은 한기가 느껴질 정도로 춥다. 가장 많이 재배하는 품종은 피노 누아이고, 시라는 많지 않지만 유망하다. 포트 로스-시뷰 AVA 동쪽에 있는 더 따뜻한 포도밭에서는 상대적으로 가볍지만 괜찮은 카베르네 소비뇽이 자란다. 산 안드레아스 단층이 AVA의 중앙을 지나가기 때문에, 러시안강의 모래 많은 골드릿지 토양부터 퇴적토, 화산토, 변성암이 섞인 토양까지 놀랍도록 다양한 종류의 토양이 섞여있다. 그리고 토양, 고도, 해양 노출, 포도밭의 방향을 폭넓게 조합할 수 있어 여러 품종에 적합한 포도밭을 찾을 수 있다.

러시안강 북쪽

러시안 리버 밸리 북쪽, 포도나무를 빽빽이 심어놓은 AVA들은 상당히 따뜻하지만, **드라이 크릭 밸리의** 바닥은 초크 힐처럼 경사면보다 더 서늘하다. 특히 계곡 남쪽 끝은 가끔 습도가 많이 올라가기도 한다. 힐즈버그의 연간 강우량과 소노마 마을 근처의 강우량(p.309 참조)을 비교해보면 알 수 있다. 그래서 19세기 이탈리아 정착민들은 잘 썩는 진판델을 러시안 리버 밸리에 서처럼 관개시설 없이 안개층 위에서 재배했다. 지금도 드라이 크릭 밸리는 힘들게 재배한 최고의 진판델로 명성이 높다. 캘리포니아 북부 계곡의 동쪽은 석양빛을 오래 받아 덥기 때문에 서쪽보다 와인이 더 풍성하다. 드라이 크릭 밸리를 에워싼 협곡에서 가장 좋은 벤치랜드에 있는 포도밭은 드라이 크릭 밸리 역암이라고 불리는, 자갈과 적점토가 섞인 물이 잘 빠지는 토양이다. 여기서는 진판델과 카베르네가 잘 자라는 반면, 계곡 바닥에서는 소비뇽 블랑을 비롯한 화이트와인 품종이 잘 자란다. 드라이 크릭 빈야드가 1972년부터 이 지역 와인산업의 기반을 닦았는데, 최근에는 일찍이 바이오다이나믹 농법으로 전환한 퀴비라Quivira 와이너리가 계곡 바닥에서는 소비뇽 블랑을, 경사면에서는 좋은 진판델을 재배하고 있다. 프레스톤 빈야드Preston Vineyards의 주도로 론 밸리 품종 역시 추가되었다. 경사면에서는 흥미로운 카베르네 소비뇽을 재배하는데, 특히 A 라파넬리A Rafanelli에서 만든 카베르네 소비뇽은 주목할 만하다.

힐즈버그 북쪽의 **알렉산더 밸리**는 드라이 크릭 밸리보다 더 넓고 탁 트여있으며 기온도 더 높다. 매우 낮은 언덕들이 바다의 영향으로부터 계곡을 보호한다. 계곡의 충적토에서 자라는 카베르네는 독특하고 초콜릿에 가까운 풍미로 항상 잘 익는다. 반면 강에 가까운 낮은 곳에서는 기름지기는 하지만 맛도 좋은 소비뇽 블랑과 샤르도네 와인이 생산되며, 오래된 진판델 포도나무도 있다. 릿지Ridge 와이너리의 게이서빌Gayserville 포도밭에서는 오래된 것으로 유명한 진판델과 다른 품종을 필드 브렌드로 재배한다.

스톤스트릿Stonestreet의 알렉산더 마운틴 에스테이트Alexander Mountain Estate는 상당히 다른 조건, 즉 140m 아래에 있는 계곡 바닥보다 더 서늘한 곳에서, 캘리포니아에서 가장 유명한 샤르도네 와인을 만든다. 고도가 높은 산에서 재배한 카베르네 소비뇽으로 만든 와인에서는 서늘한 기후에서 재배되었음을 느낄 수 있다. 캘리포니아에서는 지역 정보가 매우 중요한데, 외부인은 당황할 정도로 테루아가 복합적이고 특수하기 때문이다.

알렉산더 밸리 남동쪽에 있는 **나이츠 밸리**Knights Valley는 거의 나파 밸리 상류의 연장선상에 있다. 드라이 크릭 밸리보다 따뜻하지만 알렉산더 밸리보다는 춥다(고도가 높기 때문이다). 영국인 피터 마이클Peter Michael 소유의 피터 마이클 와이너리는 좋은 샤르도네와 카베르네를 각각 해발 600m와 450m에서 재배한다. 토양은 화산성이며, 시라 역시 잘 자란다.

소노마 북부 힐즈버그	▼
북위 / 고도(WS)	38.62°/33m
생장기 평균 기온(WS)	19.5℃
연평균 강우량(WS)	1,116mm
수확기 강우량(WS)	9월 : 8mm
주요 재해	가을비

바람이 만든 AVA

페탈루마 갭은 독자적인 AVA를 갖고 있다. 지도에서 오렌지색으로 표시된 부분으로, 2017년에 바람과 그 효과로 지정된 첫 AVA이다. AVA 전역에서 오후에 산들바람이 정기적으로 약 13km/h 이상으로 불어서, 생장기 동안 열매가 크는 속도를 늦춰준다. 그로 인해 포도알은 작아지고, 와인은 산미가 강하며, 타닌을 비롯한 여러 가지 페놀화합물을 많이 함유한다. 현재 유행하는 피노 누아를 가장 많이 재배하지만, 시라도 유망하고 샤르도네도 널리 재배하고 있다.

해안 가까이에는 점토가 주를 이루는 반면, 내륙은 자갈이 많고 점토가 섞여있다. 그 결과 AVA의 많은 지역이 메마르고 물이 부족해 포도나무를 심을 수 없다.

계곡 내륙의 공기가 따뜻해지면 해안에서 불어오는 서늘한 바람이 보데가 베이에 있는 코스트산맥의 폭이 24km나 되는 페탈루마 갭 사이로 빨려들어간다.

Data source: PlanetObserver

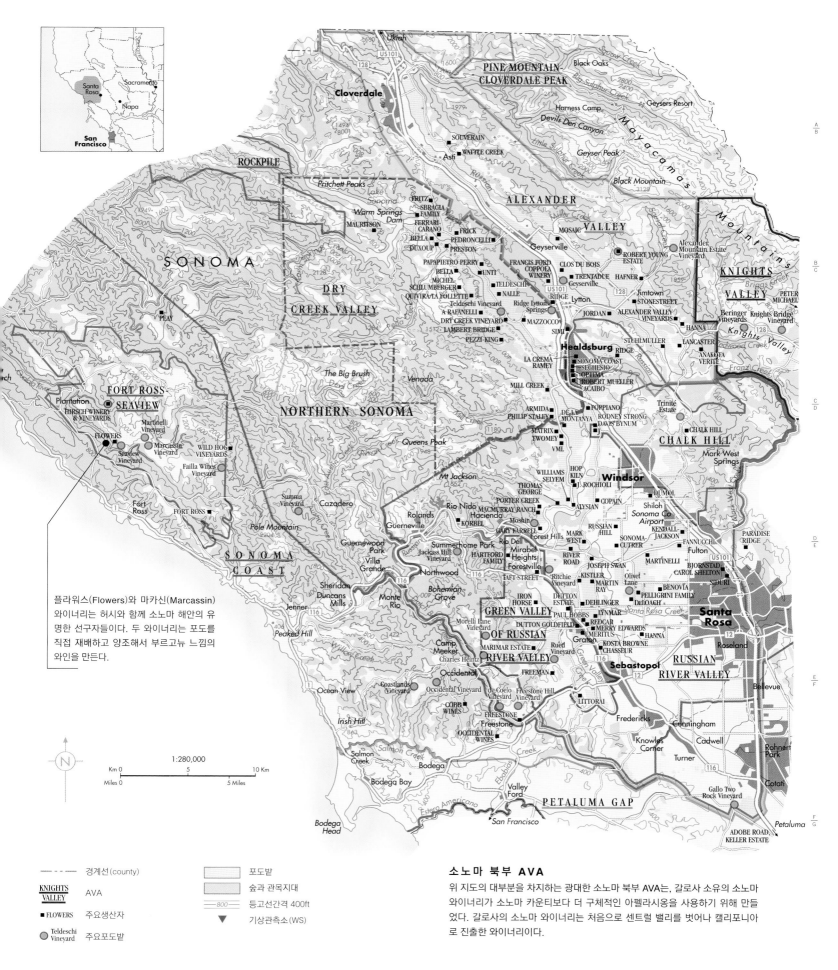

플라워스(Flowers)와 마카신(Marcassin) 와이너리는 허시와 함께 소노마 해안의 유명한 선구자들이다. 두 와이너리는 포도를 직접 재배하고 양조해서 부르고뉴 느낌의 와인을 만든다.

— · — · — 경계선(county)	포도밭
<u>KNIGHTS</u> <u>VALLEY</u>　AVA	숲과 관목지대
■ FLOWERS　주요생산자	══800══ 등고선간격 400ft
● Teldeschi 　Vineyard　주요포도밭	▼ 기상관측소(WS)

소노마 북부 AVA

위 지도의 대부분을 차지하는 광대한 소노마 북부 AVA는, 갈로사 소유의 소노마 와이너리가 소노마 카운티보다 더 구체적인 아펠라시옹을 사용하기 위해 만들었다. 갈로사의 소노마 와이너리는 처음으로 센트럴 밸리를 벗어나 캘리포니아로 진출한 와이너리이다.

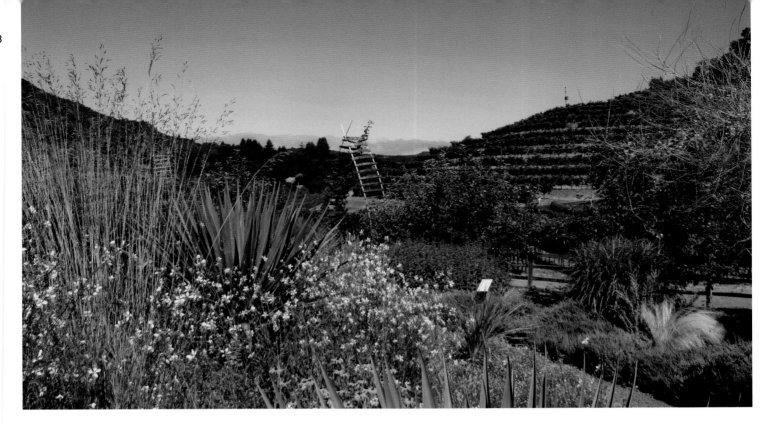

소노마 남부, 카네로스 Southern Sonoma and Carneros

소노마는 캘리포니아에서 고급와인을 처음 만든, 아니 처음 시도한 곳이다. 선교단과 수비대가 있었고, 한때 캘리포니아의 주도였다. 태평양 해안을 따라 올라가던 프란치스코회 수도사들은 1823년 이곳에 미션 샌프란시스코 데 솔라노 선교단 건물을 짓고, 가장 이상적인 환경에 마지막이자 가장 북쪽에 위치한 포도밭을 만들었다. 소노마 마을은 와인나라의 작은 수도처럼 느껴진다. 실제로 매우 짧은 역사를 가진 작은 나라, 캘리포니아 베어 플래그 공화국의 수도였다. 나무 그늘이 드리운 광장, 오래된 선교단 건축물, 병영, 석조건물 시청, 화려한 장식의 세바스티아니 극장 등에서 중후한 역사가 느껴진다. 마을이 내려다보이는 언덕에는 1850~60년대 와인의 선구자 아고스톤 하라스티의 유명한 와이너리가 있었다. 그의 부에나 비스타 셀러 일부가 동쪽의 작은 언덕에 남아있는데, 부르고뉴에서 온 새 소유주 장-샤를 부아세가 복원했다.

나파 밸리처럼 **소노마 밸리**도 작은 규모이지만 남쪽은 태평양의 안개와 바람으로 서늘하고, 북쪽으로 갈수록 기온이 올라간다. 소노마산이 있어서 서쪽에서 오는 폭풍우와 차가운 바닷바람을 막아주며, 나파 밸리 서쪽 끝에 있는 마야카마스산맥이 소노마의 동쪽 경계가 된다. 1950년대에 샤르도네를 심은 핸즐Hanzell 와이너리를 시작으로 소노마 밸리에서 좋은 샤르도네가 생산되고 있다. 랜드마크 빈야드Landmark Vineyard의 지역 와인, 키슬러Kistler 와이너리가 병입하는 듀렐Durell 포도밭의 와인, 듀렐의 소유주인 빌 프라이스Bill Price가 직접 만든 와인, 소노마-커트러Sonoma-Cutrer의 레 피에르

Les Pierres(소노마시 바로 서쪽) 포도밭이 이를 증명한다. 핸즐은 소노마 밸리가 내려다보이는 비탈에 생산자들에게 인기가 많은 피노 누아를 처음 심었다. 더 중요한 것은 거기서 그치지 않고 핸즐이 프랑스 오크통으로 와인을 숙성시켜 혁명을 일으켰다는 사실이다. 계곡 바닥의 따뜻한 낮 기온은 풍부하고 잘 익은 피노를 만들었다. 쿤데Kunde 와이너리의 쇼 빈야드Shaw Vineyard, 올드 힐 빈야드Old Hill Vineyard, 파가니 렌치Pagani Ranch의 올드 바인 진판델은 1880년대에 심은 것으로 지금도 와인을 생산한다.

소노마 밸리 동쪽에 있는 **문 마운틴**Moon Mountain은 2013년에 공식 AVA로 인정되었고, 시라, 메를로, 카베르네 소비뇽이 높은 고도에서 잘 자란다. 코투리Coturri와 카멘Kamen이 좋은 와인을 만들고 있다.

카베르네의 역사

이곳에서 좋은 카베르네 소비뇽이 재배된다는 사실을 처음 증명한 것은 1940년 루이 마티니Louis Martini의 유명한 몬테 로소Monte Rosso 포도밭(현재 미국의 와인 대기업 갈로 소유)으로, 해발 335m 동쪽 언덕에 위치한다. 최근에는 계곡 반대편 **소노마 마운틴** AVA에 있는 로렐 글렌Laurel Glen의 카베르네가 매우 뛰어나다. 이 아펠라시옹은 상당한 고지대로, 이곳 최고의 와인은 매우 얇고 돌이 많은 토양과 높은 고도, 충분한 일조량의 산물이다. 카베르네와 진판델의 높은 품질의 비결은 안개층 위에서 재배하는 것이다. 벤지거Benziger 와이너리의 바이오다이나믹 농법에 대한 열정은 소노

벤지거 와이너리는 소노마에 바이오다이나믹 농법을 유행시킨 진정한 선구자이다. 비탈진 포도밭 앞에 곤충정원이 있다.

마 마운틴에 파란을 일으켰다. 또한 가까운 리처드 디너 빈야드Richard Dinner Vineyard는 폴 홉스Paul Hobbs의 화려한 샤르도네에 원료를 제공한다.

소노마 마운틴 북서쪽 경계에 있는 **베넷 밸리**Benneett Valley AVA에서 가장 유명한 마탄자스 크릭Matanzas Creek 와이너리는, 소노마 밸리와 비슷한 토양이지만 서늘한 바닷바람의 영향을 더 많이 받는다. 그 이유는 크레인 캐년Crane Canyon(p.309 지도의 서쪽)의 풍극(wind gap) 때문이다. 카베르네 소비뇽이 익기에는 너무 서늘하고 주요 품종은 메를로이지만, 미래는 시라와 소비뇽 블랑에 달려있다.

소노마 밸리의 남쪽 끝, 서늘한 **로스 카네로스**Los Carneros(보통 카네로스라고 부른다)의 일부 지역은 같은 AVA에 포함되는데, 행정구역상 카네로스는 나파-소노마 카운티 경계선에 걸쳐있다. 소노마 카네로스와 나파 카네로스는 북쪽에 있는 각 카운티의 다른 지역보다 공통점이 많아서 이 지도에 함께 표시했다.

산 파블로 베이 북쪽의 낮고 완만한 언덕에 있는 로스 카네로스('숫양'이라는 뜻)는 원래 유제품 산업이 발달했지만 1980년대 말과 90년대 초에 빠르게 포도재배지로 바뀌었다. 루이 마티니와 안드레 첼리체프André Tchelistcheff는 1930년대부터 카네로스에서 포도를 구매했고, 마티니는 1940년대 말 카네로스에 피노 누아와 샤르도네를 처음 심었다. 얇은 점토질 롬(양토)은 나

소노마 남부, 나파, 카네로스

1980년대 말과 1990년대에 포도나무는 소노마와 나파 밸리의 남쪽 끝에 있는 낮은 언덕을 정복하여, 나파시 남쪽 발레이오시 경계까지 이어졌다. 나파라는 이름은 가치가 매우 높다.

소노마 밸리 소노마	▼
북위 / 고도(WS)	38.3° / 30m
생장기 평균 기온(WS)	18.3℃
연평균 강우량(WS)	798㎜
수확기 강우량(WS)	9월 : 6㎜
주요 재해	겨울 가뭄, 봄서리, 수확기의 비
주요 품종	화이트 샤르도네 레드 카베르네 소비뇽, 메를로

─ ─ ─   경계선(county)

SONOMA VALLEY   AVA

■ KENWOOD   주요생산자

● Shaw Vineyard   주요포도밭

    포도밭

    숲과 관목지대

─1000─   등고선간격 400ft

▼   기상관측소(WS)

파 밸리와 소노마 밸리의 바닥보다 훨씬 덜 비옥해서, 포도나무 잎과 포도열매의 성장 속도를 조절할 수 있다.

특히 오후에는 북쪽의 뜨거운 대기가 차가운 공기를 빨아들여서, 페탈루마 갭(p.306 참조)을 통해 들어오는 강한 바닷바람 때문에 포도나무 잎이 소리가 날 정도로 흔들린다. 이 바람 덕분에 포도가 천천히 익어 캘리포니아에서 가장 섬세한 와인이 만들어지고, 스파클링와인의 좋은 베이스와인이 되기도 한다. 이곳에 많은 희망과 자본이 투자되었는데, 1960년대에 르네 데 로사Rene de Rosa는 스파클링와인을 만들기 위해 자신의 와이너리 레이크 빈야드Winery Lake Vineyard에 피노 누아와 샤르도네를 심었다. 북쪽의 더 따뜻한 곳에 있는 와이너리에서는 때만 되면 이 두 품종을 쓸어가다시피 했다. 소노마 카운티의 글로리아 페러Gloria Ferrer와 나파 쪽의 도멘 카네로스Domaine Carneros는 각각 유명한 카바와 샴페인 업체의 소유로, 둘 다 직접 재배한 포도로 스파클링와인을 만든다.

재배자들은 와이너리가 들어서기 전부터 카네로스를 점령했는데, 최고 포도밭의 이름을 나파와 소노마 최고 생산자들의 라벨에서 확인할 수 있다. 현재 하이드Hyde, 허드슨Hudson, 산지아코모Sangiacomo, 트루차

드Truchard는 직접 와인을 만든다. 카네로스 최고의 스틸와인은 맛이 좋은데, 샤르도네가 상큼한 산미와 복숭아 풍미가 있고 다른 캘리포니아 와인보다 숙성 잠재력이 높은 덕분이다. 카네로스 피노 누아는 오래된 마티니, 스완 복제품종, 부르고뉴에서 들여온 복제품

종과 함께 심는데, 러시안 리버 밸리의 것보다 더 투명하고 허브향과 체리향이 강하다. 세인츠버리Saintsbury는 나파 카네로스 포도밭의 피노 누아로 명성을 얻었다. 시라, 메를로, 카베르네 프랑도 카네로스 북쪽의 더 따뜻한 곳에서 자라면 이곳에서 빛날 수 있다.

나파 밸리
Napa Valley

나파 밸리는 캘리포니아주 전체 와인생산량의 4% 정도 차지하지만, 금액으로 보면 20%나 된다. 전 세계에서 가장 화려하고, 방문객이 가장 많으며, 자본이 가장 많이 투자된 와인산지이다.

테루아 나파 밸리 재배자들은 화산성부터 해성층까지 다양한 토양에 큰 자부심을 갖고 있다. 악명 높았던 나파 밸리 지진은 토양의 구조를 완전히 흔들어놓았다. 2개의 산맥, 동향과 서향의 포도밭, 중간 높이의 산들, 비옥한 계곡 바닥 등 테루아가 다양하다.

기 후 온화한 지중해성 기후로 낮은 따뜻하고, 밤은 춥다. 밤안개가 남북 양쪽에서 들어와 계곡 바닥의 열을 식혀주므로, 결과적으로 세인트 헬레나가 계곡에서 가장 기온이 높다.

품 종 레드 카베르네 소비뇽, 메를로 / 화이트 샤르도네, 소비뇽 블랑

나파 밸리의 시작은 1830년대까지 거슬러 올라가지만, 1966년 로버트 몬다비Robert Mondavi가 와이너리를 세우면서 현대사는 시작된다. 미션양식의 아도비adobe 아치와 와이너리의 상징 셀러로 보여주는 세계시장을 향한 야망은, 호두와 자두 과수원이 있던 조용한 농촌 마을이 17,970ha의 포도 단일재배지로 변모하는 신호탄이었다. 단일재배라 해도 외지인이 생각하는 것보다 포도밭이 훨씬 다양하다. 그런데 지금은 외지인이 큰 문제가 되고 있다. 매년 약 5백만 명의 관광객이 계곡의 도로를 이용하는데(나파 밸리에는 주도로가 2개밖에 없다), 대부분의 와이너리가 수익을 위해 관광객에게 개방했기 때문이다. 눈길을 끌기 위한 기이한 건물 역시 풍경의 일부가 되었지만, 경쟁은 통제 불가능한 개발로 이어져 숨이 막힐 지경이다.

오늘날 이처럼 놀라운 결과를 만들어낸 토양은 한 걸음만 옮겨도 달라질 정도로 매우 다양하다. 대략적으로 설명하면, 나파 밸리는 서쪽의 마야카마스산맥과 동쪽의 바카산맥 사이의 나파강이 침식작용을 일으키면서 내려와 형성된 지형이다. 두 산맥의 봉우리는 서쪽의 비더Veeder산과 동쪽의 아틀라스 피크, 조지George산(나파시 동쪽으로 지도 밖에 있다)의 화산 분출로 형성되었다. 여러 시대에 걸쳐 다양한 퇴적암층이 만들어졌고, 계곡에 있는 다수의 작은 단층선들로 토양은 더욱 풍부해졌다. 계곡 옆면의 토양은 얇고 오래되고 거친 반면, 계곡 바닥 특히 마야카마스산맥 아래 서쪽 토양은 깊고 비옥한 점토와 자갈 충적토로 이루어져 있다. 이어지는 페이지에서 자세히 설명했다.

북부 캘리포니아의 다른 지역처럼 좁은 계곡의 끝(계곡 남부)은 열려있어 북쪽 끝보다 훨씬 더 서늘하며, 여름 평균 기온이 약 6.3℃이다. 카네로스 AVA(p.308 참조)는 좋은 와인을 만들 수 있는 가장 서늘한 지역인데, 나파시에서 동쪽으로 5km밖에 떨어지지 않은 2012년에 새로 지정된 **쿰스빌**Coombsville AVA도 그에 못지 않게 서늘하다. 쿰스빌에서는 포도나무(보르도와 부르고뉴 품종)를 해발 370m에서 재배하며, 오크 놀Oak Knoll 디스트릭트처럼 페탈루마 갭을 통해 태평양에서 북쪽으로 불어오는 바람이 열기를 식혀준다(p.306 참조).

계곡의 북쪽 끝 일부 지역은 고급와인 생산자라면 걱정될 정도로 덥지만, 대부분의 땅이 만생종 카베르네 소비뇽에 적합하다. 긴 여름 동안 뜨거워진 공기가 상승하면, 소노마의 러시안 리버 밸리에서 불어오는 찬 바닷바람이 다이아몬드산, 스프링산 주위와 나이츠 밸리를 통해 들어온다(p.307 참조). 밤에는 특히 계곡 남쪽에 안개가 많이 끼는데, 기온을 낮추는 또 다른 요인이다.

대개 북쪽으로 갈수록 타닌이 잘 익어 와인맛이 점점 더 풍성해지며(p.302 참조), 경사면의 와인은 계곡 바닥의 와인보다 더 구조적이고 농축된다. 그래서 척박한 경사면이 점점 포도나무로 덮여가는데, 특히 고도가 높은 곳은 침식과 토지이용에 대한 분쟁이 계속되고 있다. 계곡 동쪽과 특히 서쪽 경사면은 안개로 덮인 계곡 바닥 위로 쏟아지는 강한 오전 햇빛의 혜택을 받는다. 그리고 오후가 되면 서늘한 바람이 불어 산 정상을 식혀주고, 계곡 바닥에서는 역전층 아래 갇혀있던 열기를 방출해 포도가 가장 좋아하는 기후가 된다.

하지만 소비자는 나파 밸리 와인이 정확히 어디에서 자라는지 알기 쉽지 않다. 실제로 많은 와인을 계곡 전역의 다양한 포도밭에서 자란 포도로 만들고, 또 p.311 지도에 나온 특정 하위 아펠라시옹이 아니라 광범위하고 애매한 나파 밸리 아펠라시옹을 라벨에 표시하기 때문이다. 420개 와이너리(외부 투자가 증가하고 있지만 95%가 가족경영)와 700개의 포도밭이 있는 나파 밸리는, 다른 고급와인 생산지보다 재배자와 포도를 사서 와인을 만드는 사람이 분명하게 분리되어

나파 밸리 와인 기차가 음주문제를 해결했다. 나파와 세인트 헬레나 사이를 왕복하며, 여러 와이너리에 정차한다.

있다. 하지만 최근 들어 와이너리에서 직접 포도를 재배하고 양조하거나, 나아가 하위 아펠라시옹을 강조한 싱글빈야드 와인을 생산하려는 움직임도 있다.

나파 카베르네

나파 밸리의 풍부하고 부드럽지만 상쾌한 와인을 즐기는 애호가라면 누구나 카베르네 소비뇽이 나파 밸리의 포도라는 것을 인정한다. 1990년대까지는 여러 품종을 섞어서 재배했고, 20세기 중반에는 진판델과 프티 시라가 카베르네 소비뇽보다 더 많았다. 하지만 1980년대와 90년대에 심각한 필록세라 위기를 겪으면서, 필록세라에 강하다고 생각했던 바탕나무(AX-R1)가 진딧물에 굴복하는 바람에 엄청난 지역에서 포도나무를 뽑아내고 다시 심었다. 그 결과 나파 밸리에 카베르네 소비뇽이 크게 늘어났는데, 이는 사실 놀라운 일이 아니다. 나파 밸리 최고의 카베르네가 세계 최고의 카베르네 중 하나라는 데는 논란의 여지가 없기 때문이다. 나파 카베르네는 다른 무엇과도 비교할 수 없을 만큼 풍성하고 화려하며, 구조도 섬세하다.

보르도보다 기온이 더 높고 건조한 지역에서는 카베르네 소비뇽으로 (메를로와) 블렌딩 없이 와인을 만들 수 있고, 계곡 바닥의 잘 익은 포도로 만든 와인은 3~4년만 지나도 즐길 수 있다. 계곡의 유명한 벤치랜드 토양에 자리한 역사적인 볼리외Beaulieu, 잉글누크 Inglenook, 토 칼론To Kalon 와이너리는 카베르네 소비뇽이 50년 동안 얼마나 훌륭하게 숙성되는지를 보여준다. 마운틴 카베르네는 캘리포니아가 와인세계에 선사하는 선물이다. 세상 어디에도 이처럼 높은 고도에서 자라는 품종은 없다. 계곡 바닥의 흥미롭고 저렴한 땅은 이미 주인이 있기 때문에 1970년대의 젊은 생산자들은 산으로 올라갔다. 이 때 만들어진 샤플렛 Chappellet, 던Dunn, 스미스-마드론Smith-Madrone, 마야카마스 와인은 장기보관이 가능하고, 그중에는 셀러에서 충분히 숙성해야 하는 와인도 있다.

실버라도 트레일은 동쪽으로 난 구불구불한 길이다. 주도로인 하이웨이 29가 와인관광객을 실은 리무진으로 꽉 차있을 때, 현지인들은 계곡을 따라 오르막과 내리막을 반복하는 이 길을 이용한다. 와이너리 방문은 예약이 필수이며, 유료이다.

칼리스토가와 다이아몬드 마운틴 AVA는 소노마 북부의 나이츠 밸리에 접해있다.

나파 밸리 세인트 헬레나

북위 / 고도(WS)	38.5° / 69m
생장기 평균 기온(WS)	19.3℃
연평균 강우량(WS)	931㎜
수확기 강우량(WS)	9월 : 7㎜
주요 재해	겨울 가뭄, 봄서리, 혹서, 가을비
주요 품종	레드 카베르네 소비뇽, 메를로, 진판델 화이트 샤르도네

나파 밸리라는 라벨이 붙은 샤르도네의 대부분은 현재 서늘한 카네로스 지역에서 생산된다. 하지만 좋은 소비뇽 블랑은 욘빌Yountville 바로 북쪽에서 생산된다. 시라는 경사면에서 자라는데 특히 비더산에서 많이 재배하며, 좋은 진판델은 칼리스토가Calistoga 주위와 비더산을 비롯해 나파 밸리의 여러 포도밭에서 생산된다. 세인트 헬레나의 '진판델 거리'는 나파 밸리 진판델의 긴 역사를 기념하고 있지만, 이제 세계에서 가장 비싼 포도밭에서(p.47 참조) 진판델을 보기란 쉽지 않다. 돈이 되는 것을 심을 수밖에 없기 때문이다.

활용여부를 떠나서 나파 카운티는 캘리포니아에서 가장 선진적이고 설득력 있는 AVA 시스템을 갖고 있

범례

-------	경계선(county)
NAPA VALLEY	AVA
■ LONG	주요생산자
⬤ Hudson Vineyard	주요포도밭
	포도밭
	숲과 관목지대
—1000—	등고선간격 100ft 이하는 20ft, 100ft 이상은 200ft
313	상세지도 페이지
▼	기상관측소(WS)

1:175,000

으며, 소노마의 AVA보다 훨씬 합리적이다. 나파 밸리는 인기 많고 포괄적인 AVA로, 이곳에는 세계적으로 유명한 계곡과 수많은 세련된 레스토랑, 아트갤러리, 기프트샵, 와이너리뿐 아니라 따로 떨어진 조용한 지역도 아직 상당히 많다. 북동쪽에 있는 매우 따뜻한 포프 밸리Pope Valley는 곧 예비 와인농부들에게 점령될 것이고, **칠리스 밸리**Chiles Valley AVA와 나파시 남동쪽의 아메리칸 캐년은 이미 많은 포도밭이 자리하고 있다. 발레이오Vallejo 마을 근처 남쪽 지역도 포도나무를 재배하기에 충분히 따뜻하다는 것이 증명되었다.

계곡 바닥

계곡 중간에 위치한 세인트 헬레나, 러더포드, 오크빌, 스택스 립은 p.313부터 자세히 다룬다. 남쪽의 **오크 놀 디스트릭트**Oak Knoll District AVA는 위에 언급한 지역들보다 서늘해서, 리슬링과 숙성 잠재력이 있는 고급 카베르네 와인을 생산할 수 있는 좋은 조건이다(오래된 트레페센Trefethen 빈야드에서도 증명되었다). 거기서 바로 북쪽에 있는 **욘빌**은 조금 더 따뜻하다. 도미너스Dominus 와이너리가 카베르네 소비뇽으로 명성을 얻었지만, 메를로 역시 욘빌과 잘 맞는다. 메를로는 욘빌에서 발견된, 점토가 많은 충적선상지에서 잘 자란다. 이곳은 침식되지 않은 거대한 바위들이 매우 독특하게 완만한 언덕을 형성하고 있다.

독자적인 AVA를 가진 계곡 북쪽 끝에 있는 **칼리스토가**는 북쪽의 세인트 헬레나 산, 서쪽과 동쪽의 마야카마스산맥에 둘러싸여 있는데, 밤에는 찬 겨울공기를 품고 있어 계곡 바닥의 포도밭은 늘 봄서리의 위협을 받는다. 칼리스토가 마을 근처에 있는 화산성 토양의 포도밭은 스프링클러 시스템과 커다란 강풍기가 눈길을 끈다. 샤토 몬텔레나Montelena와 아이슬 빈야드Eisele Vineyard(전신은 바이오다이나믹 농법의 선구자인 아라우호Araujo로, 보르도의 샤토 라투르 소유주가 매입)가 가장 많이 알려져 있다. 마을 남서쪽에 있는 **다이아몬드 마운틴 디스트릭트** AVA에서는 일찍부터 여러 토양에서 만든 와인을 포도밭 별로 병입하는 방식을 채택한 다이아몬드 크릭 빈야드Diamond Creek Vineyard가 유명하다.

경사면의 포도밭

나파 밸리에서는 산에 위치한 포도밭이 점점 중요해지고 있다. 서쪽 능선을 따라 포도를 심은 고집센 재배자들은 계곡 바닥의 사람들과 달리 개성 강한 사람들이었다. **스프링 마운틴 디스트릭트**Spring Mountain District AVA는 높은 고도뿐 아니라 시원한 태평양 공기의 혜택을 받고 있다. 스토니 힐Stony Hill은 1960년대에 장기 보관할 수 있는 샤르도네와 리슬링으로 나파 밸리 컬트와인의 원형이 되었고 지금도 인기가 많다. 현재 프라이드 마운틴Pride Mountain 와이너리는 스프링 마운틴 디스트릭트에서 가장 부드러운 와인을 생산한다.

남쪽에 있는 **마운트 비더**에서는 거칠지만 매우 독특한 와인을 생산한다. 토양은 능선 넘어 소노마 밸리와 유사한(몬테 로소Monte Ross가 좋은 예), 매우 얇고 화산성이 강한 산성 토양이다. 헤스 컬렉션Hess Collection은 훌륭한 아트갤러리도 갖추고 있어 마운트 비더에서 방문객이 가장 많다. 던, 오쇼네시O'shaughnessy, 로버트 크레이그Robert Craig는 계곡 동쪽의 서늘하고 조용하며 안개가 잘 끼지 않는, 고지대의 **하웰 마운틴**Howell Mountain에서 가장 성공한 와인메이커들이다. 하웰 마운틴 AVA에서 몇 km 떨어지지 않은 델리아 비아더Delia Viader 와이너리는 나파 마운틴 카베르네(프랑과 소비뇽 모두)의 훌륭한 예를 보여준다.

콘 밸리Conn Valley는 벤치랜드 토양 덕분에 카베르네 소비뇽에 적합하다. 1967년 돈 샤플렛Donn Chappellet이 개척한 프리차드 힐Pritchard Hill은 샤플렛, 콜긴Colgin(LVMH가 일부 소유), 브라이언트Bryant, 오비드Ovid, 콘티넘Continuum이 만든 깊고 장기숙성이 가능한 카베르네의 고향이다. **아틀라스 피크**Atlas Peak AVA는 헤네시호수와 프리차드 힐을 지나 남쪽의 스택스 립Stags Leap 마을 주위 고지대에 위치한다. 산 파블로 베이에서 바로 불어오는 바람으로 날씨가 서늘하며, 1990년대에 이탈리아의 안티노리Antinori가 이곳에 도착해서 처음에는 얇은 토양에 수많은 이탈리아 품종을 심었는데, 지금은 선명한 과일향과 자연스러운 산미를 자랑하는 카베르네가 아틀라스 피크의 특산 와인이 되었다. 안티노리의 안티카Antica가 대표적인 와이너리이다. 나파 밸리 곳곳에서 카베르네 소비뇽을 만날 수 있다.

나파 밸리의 기온 변화

아래 그림은 캘리포니아의 포도재배 컨설팅회사 테라 스페이스(Terra Spase)가 제공한 자료로, 첫 번째와 두 번째 그림은 특정한 날 오전과 오후의 실제 기온을 보여준다. 나파 밸리 | 북쪽과 남쪽의 전형적인 차이를 확인할 수 있는데, 남쪽이 북쪽보다 항상 서늘하며 이른 아침에는 안개층 위가 계곡 바닥보다 따뜻하다.

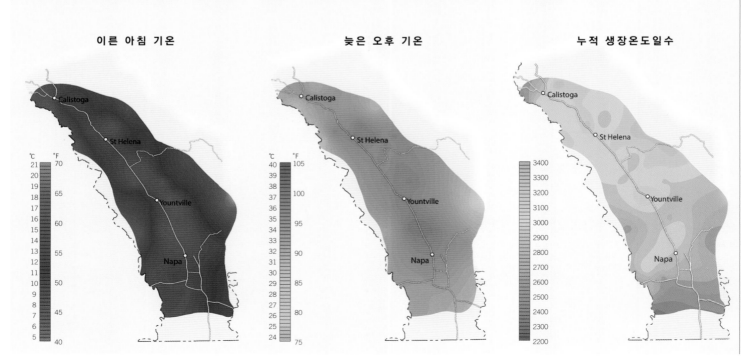

이른 아침 기온 · 늦은 오후 기온 · 누적 생장온도일수

세인트 헬레나
St Helena

나파 밸리의 유명 와이너리와 훌륭한 카베르네 소비뇽 포도밭이 좁은 세인트 헬레나 AVA에 몰려있다. 나파 마을을 제외하면, 나파 밸리에서 유일하게 마을을 중심으로 포도밭이 자리하고 있다.

1980년대까지 이곳 거리에서는 몇몇 농부와 그들의 가족밖에 볼 수 없었지만, 지금은 아트갤러리, 테이스팅룸, 고급 식료품점, 세련된 바, 인근 농장의 농산물로 요리하는 레스토랑, 그리고 반드시 있기 마련인 기념품점을 찾는 관광객으로 가득 차 있다. 캘리포니아에서 가장 독특한 포도밭 중 하나가 지금도 마을 한가운데에 남아있는데, 세인트 헬레나 공공도서관 옆에 있는 라이브러리Library 빈야드이다. 1880~1920년에 포도나무를 심었고, 26가지 품종을 섞어서 필드블렌드로 재배한다. 캘리포니아에서 사라졌다고 알려진 몇몇 품종을 꺾꽂이나무로 제공한다.

세인트 헬레나 북서쪽의 칼리스토가는 여름에 나파 밸리에서 가장 뜨거운 지역이지만, 나이츠 밸리를 통해 불어오는 태평양의 바람으로 바로 식기 때문에 평균 기온은 낮다. 나파 밸리 전역에서 가장 더운 곳은 세인트 헬레나인데, 가까운 마야카마스산맥과 바카산맥이 계곡을 모래시계모양으로 만들었기 때문이다. 낮에는 경사면에서 올라오는 열기를 효과적으로 가두고, 저녁에는 서늘한 바람이 들어오게 도와준다. 그래서 세인트 헬레나는 나파 밸리에서 일교차가 가장 큰 지역 중 하나이다. 여름에는 한낮 기온이 37.8℃까지 올라가고 밤에는 4.4℃까지 내려가기 때문에 카베르네 소비뇽은 산미가 상쾌할 정도로 강해졌고 다른 품종과 섞지 않아도 균형과 뉘앙스를 이룬다.

물론 토양 역시 와인 품질을 좌우한다. 세인트 헬레나의 포도밭은 나파의 어느 AVA보다 산기슭이나 벤치랜드에 위치한 곳이 많다. 서쪽에 있는 세인트 헬레나의 벤치랜드는 나파의 유명한 양조학자 안드레 첼리체프André Tchelistcheff가 발견한 것으로, 자갈이 많은 베일 롬Bale loam 토양으로 이루어져 있다. 자갈과 돌은 물이 잘 빠지고 열기를 잘 보존하며, 그 주위의 롬(양토)은 여름 동안 나무가 잘 자랄 수 있도록 수분을 유지하기 때문에, 관개는 상황에 따라 선택할 수 있다. 유서 깊은 포도밭으로 스파츠우드Spottswoode, 체이스 셀러스Chase Cellars의 헤인 빈야드Hayne Vineyard, 벡스토퍼Beckstoffer의 Dr. 크레인Crane, 선배스킷Sunbasket, 크로노스Kronos가 있다. 마지막 2곳은 코리슨Corison 와이너리의 특산품종을 재배한다.

29번 고속도로 동쪽, 바카산맥에 가까운 곳은 보통 기온이 더 높고 포도도 더 잘 익는다. 토양은 바카산맥에서 침식된 화산성 토양이나 나파강에서 쓸려 내려온 충적토 등 다양하다. 세인트 헬레나 AVA는 둔덕과 굽이진 길로 지형이 고르지 않지만, 찰스 크루그Charles Krug와 엘러스Ehlers 같은 상징적인 와이너리가 이곳에 있다.

세인트 헬레나는 나파 밸리에서 가장 크고 복잡한 마을일 뿐 아니라 대형 와이너리가 많은데, 이들 대형 와이너리에서는 다른 지역의 와인이나 포도를 사오기도 한다. 현재 트린체로Trinchero 소유인 셔터 홈Sutter Home의 성공은 센트럴 밸리와 시에라 풋힐스에서 들여온 연한 핑크색 '화이트' 진판델 덕분이다. V 사투이V Sattui는 관광객을 위해 설계된 초기 와이너리들 중 하나다. 세인트 헬레나에는 컬트 라벨을 가진 소규모 와이너리가 많은데, 그레이스 패밀리Grace Family, 빈야드 29, 콜긴 허브 램Colgin Herb Lamb이 대표적이다. 특히 스파츠우드와 코리슨은 더운 세인트 헬레나에서도 매우 절제되고 미묘한 와인을 만들 수 있다는 것을 증명했다.

세인트 헬레나에 있는 털리 와인 셀러스(Turley Wine Cellars)의 유명한 라이브러리 빈야드. 오래된 포도나무를 보면 와인 한 잔이 생각난다. 이렇게 역사적인 포도나무를 뽑는 일은 일어나면 안 된다.

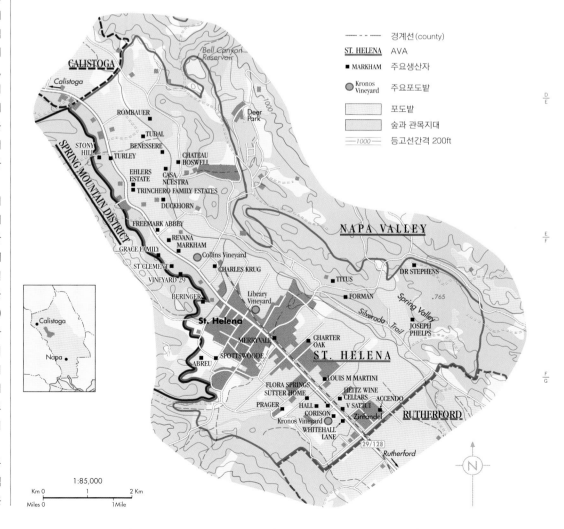

러더포드, 오크빌 Rutherford and Oakville

프랑스 와인을 아는 사람에게 러더포드를 소개하려면, 캘리포니아의 포이약Pauillac이라고 하면 간단하다. 러더포드는 본격적으로 카베르네를 만드는 산지이다. 1,428ha에 달하는 포도밭의 약 2/3에서 카베르네 소비뇽을 재배한다. 나머지도 대부분 보르도 레드품종으로 카베르네 소비뇽을 보완하는 것이다.

러더포드에서는 적어도 1940년대부터 캘리포니아에서 가장 오래 숙성시킬 수 있는 와인 몇 가지를 생산해왔다. 오리지널 볼리외 빈야드Beaulieu Vineyard와 현재 영화감독 프랜시스 코폴라가 소유한 잉글누크Inglenook 와이너리가 1940년대에 만든 와인은 캘리포니아 와인의 상징이다. 2곳 모두 계곡 서쪽의 러더포드 벤치에 위치하는데, 자갈 섞인 모래 토양의 조금 높은 평지로, 나파강에 의해 생성된 충적선상지이다. 물이 매우 잘 빠져서 수확량이 줄고 빨리 익기 때문에, 이곳의 와인은 나파 밸리 평균보다 풍미가 더 강렬하다. 많은 와인 시음자들이 이곳에서 생산되는 와인에서 '러더포드 먼지Rutherford dust'라고 불리는 특유의 미네랄향을 감지한다. 하지만 러더포드 AVA는 매우 넓은 지역이라 품질이 일정하지 않다. 계곡 바닥 중앙에 있는 신생 와이너리의 포도밭은 물이 잘 안 빠지고 와인은 훨씬 빨리 숙성된다. 수확을 늦추는 경향 역시 러더포드 와인의 개성을 흐리는 데 한몫한다.

러더포드 AVA 내에서 주목할 만한 또 다른 지역은 나파강과 콘 크릭Conn Creek 사이에 있는 포도밭이다. 다른 지역보다 오후에 햇빛이 더 잘 들고, 동쪽 산에서 쓸려 내려온 자갈이 섞인 땅은 물이 잘 빠져서 이곳에도 포도밭이 모여있다. 서늘한 바닷바람이 페탈루마 갭(p.306 참조)을 통해 북쪽 끝에 있는 러더포드에도 영향을 조금 준다. 프로그스 립Frog's Leap과 퀸테사Quintessa가 이 지역의 유명 와이너리이다.

오크빌

계곡 중간쯤에 위치한 오크빌Oakville은 서늘한 바람(지도에 욘빌 힐스로 표시된 언덕이 방향을 바꿔준다)과 서늘한 밤 기온이 장점이다. 물이 잘 빠지는 마야카마스 산맥 아래, 충적선상지의 벤치랜드 토양에서 자란 유명한 카베르네는 북쪽의 러더포드 와인보다 조금 더 상쾌하고 뼈대가 가는 경향이 있다.

바인 힐 랜치Vine Hill Ranch, 할란Harlan 그리고 할란 가문에서 최근 포도나무를 심은 프로몬토리Promontory는 모두 서쪽의 비교적 높은 고도의 혜택을 누린다. 계곡 바닥에 가까울수록 비옥한 베일 롬 토양이며, 돌이 많아서 물이 잘 빠지고 계곡 중턱의 전형적인 비옥함이 완화된다. 욘빌의 도미너스Dominus 와이너리를 소유한 크리스티앙 무엑스Christian Moueix의 새 포도밭 율

리시즈Ulysses가 바로 오크빌에 있다. 1868년에 처음 포도나무를 심은 유서 깊은 토 칼론To Kalon 포도밭도 있는데, 로버트 몬다비가 토 칼론 한쪽 끝에 그의 독창적인 와이너리를 만들어 유명해졌다. 순수하고 활기찬 토 칼론 카베르네를 차지하기 위해 포도밭의 정확한 경계, 소유권, 명칭 등을 둘러싼 분쟁이 치열했는데, 현재 나파의 여러 포도밭을 소유한 앤디 벡스토퍼와 맥도널드 가문을 비롯한 여러 소유주가 토 칼론 포도밭을 공동소유하고 있다.

토 칼론 바로 남쪽에는 현대에 처음으로 국제적 명성을 얻은 포도밭이 있다. 마타스 빈야드Martha's Vineyard의 카베르네는 1970년대에 조 하이츠 덕에 유명해졌는데, 그는 자신의 와인에서 나는 박하향이 포도밭 가장자리에 심은 유칼립투스나무 때문이라는 것을 절대 인정하지 않았다.

러더포드처럼 오크빌도 서쪽과 동쪽이 분명한 차이를 보인다. 동쪽은 바카산맥의 아래쪽 비탈에 비치는 따뜻한 오후 햇살이 포도의 신선도를 떨어뜨릴 정도로 위협적이다(AVA 경계선은 해발 180m까지 올라간다. 하지만 계곡 바닥은 대개 60m 이하다). 이곳의 토양은 무겁고 서쪽보다 화산의 영향을 더 받는다.

부르고뉴의 보노 뒤 마르트레Bonneau du Martray의 소유주가 믿기 힘든 가격에 매입한 스크리밍 이글Screaming Eagle은 오크빌에서 가장 유명한 와이너리다. 달라 발레Dalla Valle 와이너리는 신중한 캐노피 매니지먼트와 향이 좋은 카베르네 프랑의 비율을 보통보다 높여서 더운 날씨의 영향을 보완한다. 오크빌 와인의 주요 품종은 카베르네 소비뇽이며, 멋진 샤르도네와 소비뇽 블랑도 찾을 수 있다. 몬다비의 획기적인 퓌메 블랑Fumé Blanc이 바로 이곳에서 태어났다.

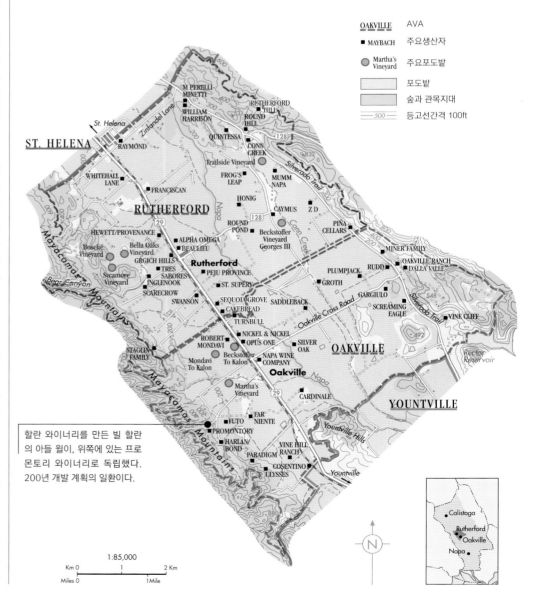

OAKVILLE	AVA
■ MAYBACH	주요생산자
⬤ Martha's Vineyard	주요포도밭
	포도밭
	숲과 관목지대
—500—	등고선간격 100ft

할란 와이너리를 만든 빌 할란의 아들 윌이, 위쪽에 있는 프로몬토리 와이너리로 독립했다. 200년 개발 계획의 일환이다.

1:85,000
Km 0   1   2 Km
Miles 0   1 Mile

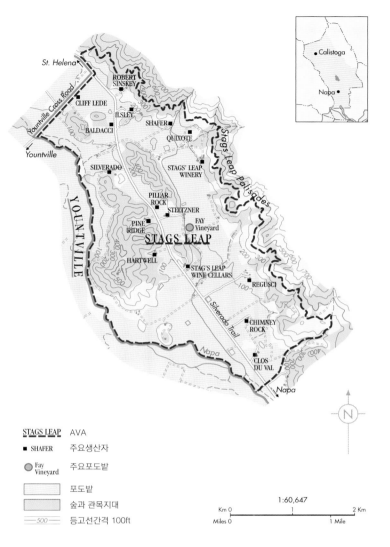

STAGS LEAP AVA
■ SHAFER 주요생산자
◉ Fay Vineyard 주요포도밭
　　　　　포도밭
　　　　　숲과 관목지대
—500— 등고선간격 100ft

1:60,647
Km 0　　　1　　　2 Km
Miles 0　　　　1 Mile

스택스 립 Stags Leap

온빌 바로 동쪽에 있는 스택스 립 디스트릭트는 독특하고 개성 강한 **AVA**이다. 서쪽은 나무가 무성한 둔덕으로 둘러싸여 있고 동쪽은 바카산맥 언덕으로 이어진다. 나파 밸리에서 가장 작은 AVA이지만, 그 명성에서 뭔가 권위 있고 광대한 분위기가 느껴진다.

스택스 립의 명성은 갑작스럽게 찾아왔다. 1976년, 이른바 파리의 심판에서 스택스 립 와인 셀러스의 워렌 위니아스키Warren Winiarski가 출품한 카베르네가 1등을 한 사건은, 40년이 지난 지금도 화제가 되고 있다. 캘리포니아의 몇몇 유명 와인과 보르도의 그랑 크뤼 와인을 놓고 비교하는 시음회였는데, 놀랍게도 정확히 30년 후에 재현된 시음회에서도 캘리포니아 와인이 좋은 성과를 거뒀다. 심사위원으로 참여했던 이 책의 저자들에게도 충격적인 사건이었다.

나파의 카베르네 중 스택스 립이 가장 개성이 뚜렷하다. 실크처럼 부드러운 질감, 바이올렛향과 체리향,

항상 부드러운 타닌이 있고, 다른 나파 카베르네보다 강하며 동시에 섬세하다.

스택스 립은 가로 5km, 세로 1.6km밖에 안 되는 작은 지역이다. 계곡 동쪽 끝에 있는 현무암 절벽에서 이름을 따왔는데, 절벽은 바위 표면에 오후의 햇빛을 저장했다가 따스한 공기를 방출하며, 그 열기는 오후에 불어오는 바닷바람에 의해 다시 식는다. 바람은 산 파블로 베이에서 골든 게이트를 통해 불어와, 버클리 해협 뒤에 있는 산을 만나고 방향을 틀어 침니 록Chimney Rock과 클로 뒤 발Clos du Val 와이너리를 향해 올라간다. 스택스 립 와인 셀러스Stag's Leap Wine Cellars(아포스트로피의 위치가 다른 스택스 립 와이너리Stags' Leap Winery와 혼동하지 말자) 위에 있는 둔덕은 찬 바닷바람으로부터 일부 포도밭을 보호해주는데, 그것이 단점이 되기도 한다. 실제로 스택스 립은 구불구불한 언덕과 능선들 때문에, 나파 밸리의 그 어느 지역보다 지형의

위에서 내려다본 페이와 SLV 포도밭. 스택스 립 와인 셀러스 성공의 핵심이다. 스택스 립 와인 셀러스는 현재 워싱턴의 샤토 생 미셸과 토스카나의 안티노리가 공동 소유하고 있다.

영향을 일반화하여 설명하기 어렵다. 이 지역은 따뜻해서 북쪽 지역보다 2주 정도 빨리 포도나무 잎이 나오지만, 포도가 천천히 익어서 결과적으로 수확은 보통 러더포드와 비슷한 시기에 한다.

계곡 바닥은 자갈이 많은 화산성 롬(양토)으로 이루어져 적당히 비옥하며, 잘 보호된 경사면은 돌이 많고 물이 잘 빠진다. 또 다른 최고 생산자 셰이퍼Shafer는 입지가 좋기로 유명한 경사면에 포도밭이 있는데, 동쪽 비탈을 원형극장식으로 깎아 만들었다. 지금은 계곡 양쪽 비탈의 개발이 제한되어 논란이 되고 있다. 셰이퍼의 와인은 매우 강하다.

근처의 조금 더 낮은 곳에 위치한 클리프 리드Cliff Lede와 로버트 신스키Robert Sinskey 와이너리도 유명하다. 스택스 립에서는 메를로가 어느 지역보다 잘 자라지만, 샤르도네를 재배하기에는 너무 덥다.

샌프란시스코만 남부 South of the Bay

p.317 지도에 나온 와인산지는 와인스타일이나 사회적인 면에서 나파나 소노마 밸리와 크게 다르다.

동쪽은 바람이 많이 부는 건조한 자갈 토양의 **리버모어**Livermore **밸리**에서 만드는 화이트와인이 유명하다. 1869년 샤토 디켐Château d'Yquem에서 꺾꽂이한 포도나무를 심은 이래, 특히 소비뇽 블랑은 캘리포니아에서 가장 개성적인 와인으로 인정받고 있다. 웬티Wente 가문은 여러 세대에 걸쳐 뛰어난 창의력으로 2,000ha의 포도밭을 가꿔왔지만, 지속적으로 도시개발의 위협을 받고 있다. 캘리포니아에서 재배하는 대부분의 샤르도네는 웬티 가문의 클론에서 유래했다.

지도에서 회색으로 표시된 도시지역은 원래 산타 클라라에서 시작된 실리콘 밸리로, 샌프란시스코만 남부로 빠르게 확장되었다. 이는 캘리포니아 와인의 수요가 지속되는 데 직접적인 영향을 미쳤다. 더 높은 곳에 있는 **산타 크루즈 마운틴즈**Santa Cruz Mountains AVA는 나파 밸리보다 먼저 와인 생산을 시작했지만 와인산지처럼 보이지 않는다. 와이너리가 서로 떨어져 있고, 수도 적으며, 포도밭은 더 적다(실리콘 밸리 억만장자들의 정원에 심어둔 약간의 포도나무는 제외). 하지만 그중에는 캘리포니아에서 가장 유명한 와이너리도 있다. 이곳은 안개층부터 해발 790m 능선까지, 처음으로 지형에 의해 경계선이 정해진 AVA이다.

1950년대 마운트 에덴Mount Eden 와이너리의 마틴 레이Martin Ray는 숲이 우거진 아름다운 산타 크루즈 산을 처음으로 세상에 알린 와인메이커이다. 또 처음으로 샤르도네 품종와인을 생산해 시판하기도 했다. 그가 만든 색다르고 비싼 와인은 함께 일했던 양조 담당자 데이비드 브루스David Bruce의 와인처럼 논란과 재미를 제공했다. 그들의 정신적 후계자인 보니 둔Bonny Doon 와이너리의 랜달 그램Randall Grahm도 프리미엄 와인에 스크루캡을 사용하면서 또 다른 논란을 일으켰다. 바닷바람이 시원한 산타 크루즈시 북서쪽 '대안' 마을에 있는 그의 포도밭은 1994년 피어스병에 굴복했는데, 현재 그램은 홀리스터Hollister 정서쪽에 있는 산 후안 바우티스타San Juan Bautista에 새로운 포도밭을 조성하고 특이하게 씨앗을 심는 방법으로 포도나무를 재배한다.

산타 크루즈 마운틴즈의 주요 생산자인 릿지Ridge 빈야즈는 안개층 위 높은 능선에서 한쪽은 바다를 내려다보고, 다른 한쪽은 샌프란시스코만(그리고 산 안드레아스 단층)을 내려다본다. 가장 높은 곳에 있는 몬테 벨로Monte Bello 와이너리의 카베르네는 세계에서 가장 뛰어난 장기숙성용 레드와인 중 하나인데, 올드 바인, 가파른 비탈의 척박한 토양, 그리고 최근에 은퇴한 와인메이커 폴 드레이퍼Paul Draper의 전통에 가치를 둔 재배방식 덕분이다. 대부분 오래된 미국산 참나무로 만든 오크통에서 숙성한 다음 병입하고, 그 뒤로도 오래 기다려야 마실 수 있기 때문에 최고급 보르도 와인 같은 풍미가 있다. 능선이 보이기는 하지만 태평양의 영향에 더 많이 노출된 리스Rhys 와이너리는 산에서 재배하고 특별히 굴을 파서 만든 저장고에서 숙성시킨, 섬세한 피노 누아의 부활을 이끌었다.

몬터레이Monterey 카운티에서는 막대한 양의 와인이 생산되는데, 대부분 계곡 바닥의 포도밭에서 나오는 것으로 1970년대 무분별한 기업형 재배의 산물이다. 세금감면을 노리던 대형 와인회사(지금은 없어진 회사도 있다)와 개인투자자들은 UC 데이비스 대학교가 분석한 도일지수에 고무되어, 훌륭하고 서늘한 기후지역으로 약속된 이 땅에 포도나무를 심었다. 샐리나스Salinas 밸리는 입구가 몬터레이만으로 열려있어서, 매우 효율적인 깔대기 효과로 오후가 되면 차가운 바닷바람이 올라온다. 샐리나스 밸리는 채소 재배의 짧은 역사와 긴 착취의 역사를 지닌 곳으로(스타인벡의 '분노의 포도'를 기억하는가?), 포도재배 열기에 휩싸여 한때 포도재배 면적이 나파 밸리보다 더 넓은 28,330ha에 달하기도 했다. 하지만 2017년경 포도밭 면적이 16,200ha로 줄었는데, 안타깝게도 깔대기 효과가 너무 강해 내륙이 더울 때도 습한 바닷바람이 계곡쪽으로 세게 불어와 포도싹이 찢어질 정도였다. 또한 계곡은 매우 건조하지만(샐리나스강 지하에 관개용수를 충분히 확보하고 있다) 매우 춥다. 포도싹이 캘리포니아 평균보다 2주 일찍 나오고 수확은 최소한 2주 뒤에 이루어져서, 샐리나스 밸리는 남쪽의 산타 마리아 밸리(p.320 참조)와 함께 생장기간이 세계에서 가장 긴 지역의 하나로 꼽힌다.

대형 와인회사가 들어오면서 생산된 풀내음이 과도한 와인, 특히 카베르네가 몬터레이의 명성을 해쳤다. 재배기술이 많이 개선되었지만, 지금도 샐리나스 밸리 와인은 벌크로 판매되고 따뜻한 지역의 와인과 블렌딩되어 일반 캘리포니아 아펠라시옹으로 판매된다.

하지만 샐리나스 밸리의 동쪽 비탈에 위치한, 24km 길이의 띠처럼 생긴 **산타 루시아 하이랜즈**Santa Lucia Highlands AVA는 훌륭한 샤르도네와 피노 누아 재배지로 떠오르고 있다. 포도밭은 계곡 바닥 위쪽에 계단식으로 자리하고, 물이 잘 빠지는 비교적 균일한 화강암질 토양이다. 매일 부는 바람은 예측 가능하여 캐노피로 관리하지만, 산미가 너무 강해 일부는 스파클링와인에 사용한다.

아로요 세코 Arroyo Seco 역시 평균 낮기온이 낮아서 생장기간이 길다. 서쪽은 바람이 잘 닿지 않고, 자갈 토양에서 자라는 리슬링과 게뷔르츠트라미너로 좋은 드라이와인과 오프드라이와인 또는 산미가 좋은 귀부와

산타 크루즈 마운틴에 있는 리스(Rhys) 와이너리의 외부와 내부 모습. 낮은 온도를 지속적으로 유지하는 방법을 찾는 수많은 캘리포니아 생산자들에게, 굴을 파서 만든 저장고가 해답이 되었다.

인을 생산한다.

독자적인 AVA를 가진 샬론 빈야드Chalone Vineyard는 솔레다드Soledad에서 출발해 피너클스Pinnacles 국립공원으로 가는 도로가의, 햇빛에 메마른 해발 600m 석회암 언덕 꼭대기에 위치한다. 샬론의 창립자는 부르고뉴의 코르통 언덕이 미국 서부로 왔다는 굳은 믿음으로 샤르도네와 피노 누아를 심었다. 부르고뉴, 더 정확히는 석회암 토양에 영감을 받은 조시 젠슨Josh Jensen은 칼레라Calera 와이너리를 설립하고(2018년 나파 밸리의 덕혼Duckhorn에게 팔렸다), 역시 웅장하며 고립되고 더 건조한 마운트

할란Mount Harlan AVA에서 피노 누아를 재배했다. 토양은 적합하고, 강우량은 매우 적었다. 칼레라 와인은 포도밭 이름을 땄는데, 남쪽 센트럴 코스트 지역 재배자들의 포도도 매입한다. 샬론은 2005년 다국적 주류기업 디아지오Diagio에 팔린 뒤로, 몬터레이의 저렴한 포도에 의존하고 있다.

거대한 포도농장은 이 페이지의 지도 하단부터 p.320의 센트럴 코스트 지도 상단까지 수 km나 이어진다. 가장 유명한 곳은 1,200ha나 되는 샌 버나브San Bernabe 밸리로 그중 800ha에서 포도나무를 재배한다. 소유주인 델리카토 패밀리Delicato Family 빈야드는 로비를 통해 샌 버나브 AVA를 획득했다. 샤이드Scheid와 락우드Lockwood도 거대한 포도밭이다.

샌 루이스 오비스포San Luis Obispo 카운티 경계선(p.303 참조) 가까이, 먼 남쪽의 더운 헤임스Hames 밸리에도 포도밭이 있다. 나파 밸리의 케이머스Caymus가 소유한 메르 솔레이 샤르도네Mer Soleil Chardonnay 포도밭이 이곳에 있지만, 양조는 하지 않고 재배만 한다.

1:710,000

1886년에 처음 만들어진 몬테벨로 포도밭은 태평양 위 산 안드레아스 단층의 해발 820m 능선에 위치하여, 바다와 실리콘 밸리를 모두 볼 수 있다.

태평양 해안을 따라 이어지는 1번 고속도로는 와이너리들을 직접 연결해주지는 않지만, 매우 아름다운 풍광을 자랑한다. 또한 기후상 캘리포니아 와인에 큰 영향을 미치는 태평양에 그대로 노출되어 있다.

경계선(county)
CHALONE　AVA
CALERA　주요생산자
Pisoni Vineyard　주요포도밭
포도밭
숲과 관목지대
4000　등고선간격 1000ft

센트럴 코스트 북부

이 지도의 남쪽 끝과 p.320에 나오는 센트럴 코스트 남부 지도의 북쪽 끝 사이에는 작은 틈이 있다. 샌 루카스(San Lucas), 샌 안토니오(San Antonio) 밸리, 헤임스 밸리는 p.303 지도에 나온다.

시에라 풋힐스, 로디, 삼각주 Sierra Foothills, Lodi, and the Delta

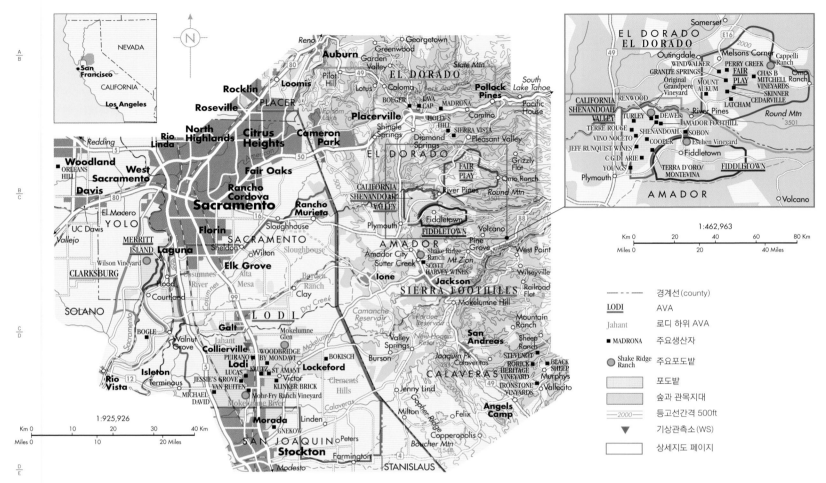

–––––	경계선(county)
LODI	AVA
Jahant	로디 하위 AVA
■ MADRONA	주요생산자
● Shake Ridge Ranch	주요포도밭
	포도밭
	숲과 관목지대
2000	등고선간격 500ft
▼	기상관측소(WS)
	상세지도 페이지

센트럴 밸리는 광활하고 평평하며 매우 비옥한 땅으로, 대단위 관개시설을 갖춘 산업용 농지이다. 북쪽 끝의 로디Lodi AVA는 새크라멘토강 삼각주 덕분에 서늘하며, 강 북서쪽의 **클락스버그**Clarksburg에서는 꿀 풍미가 있는 슈냉 블랑과 알바리뇨Albariño를 재배한다.

로디는 고지대에 위치하며 토양은 시에라산맥에서 쓸려 내려온 충적토인데, 둘 다 와인생산에 큰 도움이 된다. 100년 넘는 역사를 가진 많은 재배자들이 각 지역에 적합한 품종을 찾기 위해 노력한 결과, 2006년에는 로디 AVA 내에서 무려 7개의 하위 AVA가 승인받았다(하지만 AVA가 너무 많아 소비자들에게는 오히려 혼란을 준다). 로디의 날씨는 낮에는 나파 밸리의 세인트 헬레나만큼 덥지만, 밤에는 더 따뜻하다. 그 결과 로디의 카베르네는 풍미는 풍부하지만 장기보관에 적합하지 않다. 올드 바인 진판델이 로디의 강점이며, 재배자들은 독일, 오스트리아, 포르투갈 품종 등 여러 가지를 시험하고 있다.

날씨는 서늘하고 포도밭은 세분화되어 있으며 개성적인 **시에라 풋힐스**Sierra Foothills AVA는 센트럴 밸리와 정반대이다. 골드러시로 캘리포니아를 세상에 알린 시에라산맥 산기슭에서 광부들의 갈증을 달래주던 와

인산업은 조용히, 그리고 확실히 부활하고 있다. 이곳은 캘리포니아의 오래된 진판델 그루터기의 보고이며, 래리 털리Larry Turley 와이너리가 대표적인 진판델 후원자이다. 다른 신참 생산자들은 론 품종을 성공적으로 재배하고 있다. 포도라는 보물을 찾는 개척자들에게 어울리는 이름을 가진 **엘도라도**El Dorado 카운티의 포도는 자연스러운 산미가 뛰어나다. 점점 확장되는 포도밭은 캘리포니아에서 가장 높은 해발 730m 이상에 위치하며, 비 심지어 눈도 자주 온다. 깊지 않은 토양에서 생산된 와인은 상대적으로 (다행히 일부에게만) 가벼운 경향이 있다.

아마도르Amador 카운티의 포도밭은 해발 300~490m 고원에 있어서, 날씨가 확실히 따뜻하다. 더위를 누그러뜨릴 요인이 거의 없는 곳이다. 특히 아마도르의 또 다른 AVA인 **피들타운**Fiddletown 서쪽에 있는 **셰넌도어 밸리**Shenandoah Valley AVA가 그렇다. 아마도르 카운티에서 재배되는 포도의 3/4이 진판델인데, 그중에는 금주법 시행 이전에 심은 것도 있다. 오래되었던 어리든, 드라이하든 달콤하든, 모두 씹는 느낌이 있는 아마도르 진판델은, 이 지역을 유명하게 만든 광부들만큼 거칠지만 나쁘지 않다. 시라는 여기서도 잘

자라며, 산조베제도 마찬가지이고 가끔 소비뇽 블랑도 보인다. 남쪽 칼라베라스Calaveras 카운티의 포도밭은 고도가 높아서 기후는 엘도라도와 아마도르의 중간이다. 하지만 일부 지역은 다른 곳보다 더 비옥하다. 많지 않은 재배자 중 몇몇은 트루소 누아Trousseau Noir나 그린 헝가리안Green Hungarian 같은 품종으로 캘리포니아의 역사를 되살리고 있다.

로디 로디 ▼

북위 / 고도(WS)	38.11° / 12m
생장기 평균 기온(WS)	20.4℃
연평균 강우량(WS)	483㎜
수확기 강우량(WS)	9월 : 8㎜
주요 재해	보트리티스, 흰가룻병
주요 품종	레드 **진판델**, 카베르네 소비뇽 화이트 **샤르도네**

센트럴 코스트 Central Coast

160㎞가 넘는 태평양 해안의 방대하고 다채로운 지역에는 캘리포니아에서 가장 세련된 **AVA**들이 자리하고 있다. 이곳 역시 서늘한 바다가 강한 영향력을 발휘한다. p.320의 지도는 센트럴 코스트의 남쪽만 표시했으며, 전체 지도는 p.303에서 확인할 수 있다.

테루아　산 안드레아스 단층은 센트럴 코스트 동부 지역을 관통한다. 샌 루이스 오비스포San Luis Obispo에서는 서부 토양이 동부보다 훨씬 다양하고 척박하다. 산타 바바라의 기반암은 해저 퇴적토이고, 서쪽은 규조토층, 내륙 안쪽은 석회암과 백악질층이다.

기 후　센트럴 코스트는 전체적으로 강우량이 상당히 적다. 파소 로블레스Paso Robles 마을이 있는 샌 루이스 오비스포 내륙지역은 비교적 따뜻하다. 산타 바바라 카운티는 기본적으로 해양성 기후이며, 겨울은 온화하고(포도나무의 동면에 방해가 되기도 한다), 여름은 캘리포니아의 평균보다 훨씬 서늘하다.

품 종　**샌 루이스 오비스포**_ 레드 카베르네 소비뇽, 메를로 / **화이트** 샤르도네
산타 바바라_ **화이트** 샤르도네 / **레드** 피노 누아

p.320 지도에서 센트럴 코스트의 북쪽 경계는 p.317 지도의 남쪽 경계에서 아래로 약 30㎞ 내려간 지점이다. 포도밭은 샌프란시스코부터 거의 로스앤젤레스 경계선까지 이어진다. 포도나무는 졸참나무, 풀 뜯는 소, 과일나무, 채소들과 땅, 그리고 가장 중요한 물을 놓고 경쟁한다.

센트럴 코스트 전역은 기본적으로 사막이다. 건지농법으로 재배되는 단단하고 오래된 진판델을 제외하고, 대부분의 포도밭 특히 어린 포도나무가 많은 곳은 관개용수에 전적으로 의지한다. 인구가 많거나 관광객이 많은 일부 지역은 물 부족으로 위기를 겪고 있으며, 계속되는 가뭄으로 주정부가 물 사용을 제한해서 와인생산이 위협받고 있다.

이 현상은 덥고 건조한 샌 루이스 오비스포 카운티의 **파소 로블레스**에서 특히 두드러진다. 캘리포니아 멀리 하얗게 보이는 것이 규조토이다. 작물이 자라고 있는 밝은 녹색 밭도 보인다. 이곳 산타 리타 힐스의 벤트록(Bentrock) 포도밭은 스크리밍 이글(Screaming Eagle), 보노 뒤 마르트레(Bonneau du Martray)의 소유주인 스탠 크롱크(Stan Kronke)의 밭이다.

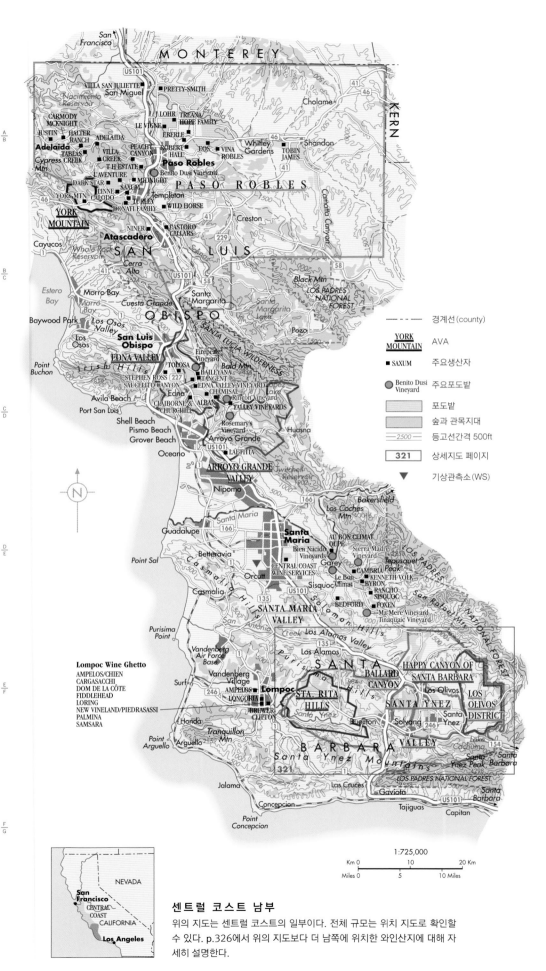

범례

– – – –	경계선 (county)
YORK MOUNTAIN	AVA
■ SAXUM	주요생산자
● Benito Dusi Vineyard	주요포도밭
	포도밭
	숲과 관목지대
—2500—	등고선간격 500ft
321	상세지도 페이지
▼	기상관측소(WS)

1:725,000

Km 0   10   20 Km
Miles 0   5   10 Miles

센트럴 코스트 남부

위의 지도는 센트럴 코스트의 일부이다. 전체 규모는 위치 지도로 확인할 수 있다. p.326에서 위의 지도보다 더 남쪽에 위치한 와인산지에 대해 자세히 설명한다.

해안을 따라 계속되는 해안 산맥이 산맥 동쪽에서 재배할 품종을 결정한다. 놀랍도록 광대한 파소 로블레스 AVA는 따뜻한 곳도 있고 더운 곳도 있는데, 협곡과 계곡이 관통하는 몇몇 지역을 제외하면 산맥이 장벽처럼 서있기 때문이다.

101번 고속도로 동쪽의 완만한 초원은 서늘한 바닷바람이 직접 닿지 않아 매우 덥다. 깊고 비옥한 토양에서 비교적 재배하기 쉬운 대중적인 품종인 카베르네와 샤르도네로 부드럽고 과일향이 풍부한 와인을 만드는데, 이 와인은 대부분 노스 코스트의 와이너리로 보내져 병입회사와 계약을 맺고 더 비싼 북부 와인과 블렌딩한다. 콘스텔레이션Constellation(몬다비Mondavi 포함)과 트레저리Treasury(베린저Beringer 포함) 같은 대형 주류회사와 지역회사인 J 로어J Lohr가 이곳의 대표적인 생산자들이다. 트레저리 소유의 머리디언Meridian 와이너리는 언덕 꼭대기에서 남동쪽으로 펼쳐진 드넓은 포도밭을 내려다본다.

2008년 금융 위기 이후, 많은 와이너리들이 점점 줄고 있는 와인유통회사를 통하지 않고 직접 소비자에게 판매하는 나파 밸리 모델을 따라가고 있다. 그래서 특히 파소 로블레스에 소규모 생산자들이 운영하는 와인 테이스팅룸이 많이 생겼는데, 관광객들에게 인기가 많다.

고속도로 서쪽 파소 로블레스의 숲이 우거진 언덕지대는 석회질 토양도 있어 더 흥미롭고, 어떻게 들어오는지 바닷바람이 불어와 서늘한 지역도 있다. 1964년 아델라이다Adelaida에 심은, 센트럴 코스트에서 가장 오래된 피노 누아는 바로 이런 지역의 산기슭에서 자라고 있다. 원래 파소 로블레스의 명성은 이탈리아 이민자들의 전통과 입맛에 따라 건지농법으로 재배한 강한 진판델에서 비롯되었는데, 아마도르 풋힐Amador Foothill 진판델과 다르지 않다(p.318 참조).

최근 론 품종이 이곳에 둥지를 틀었다. 이곳은 샤토 뇌프-뒤-파프에서 샤토 드 보카스텔을 운영하는 페랭 가문이 선택한 지역으로, 타블라스 크릭Tablas Creek 묘목장과 와이너리에서 론 품종의 다양한 클론을 재배해 상당한 성공을 거두었다. 타블라스 크릭은 미국에서

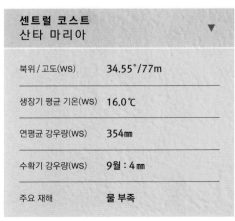

센트럴 코스트 산타 마리아	▼
북위 / 고도(WS)	34.55°/77m
생장기 평균 기온(WS)	16.0℃
연평균 강우량(WS)	354㎜
수확기 강우량(WS)	9월 : 4㎜
주요 재해	물 부족

한때 론 레인저스Rhône Rangers로 알려진 와인메이커 그룹을 이끌었고, 캘리포니아 최고의 론 품종 꺾꽂이 나무의 공급처였으며, 이름 없는 일부 론 품종의 유일한 재배자였다. 파소 로블레스는 블렌딩 레드와인과 론 스타일로 블렌딩한 화이트와인으로 높은 평가를 받았다(시라나 비오니에 같은 품종보다 높은 평가를 받았다).

미션Misson 품종이 지배적이었던 캘리포니아의 와인 개발 초기에, 샌 루이스 오비스포는 서해안 최고의 와인생산지로 유명했다. 19세기에 비니페라 포도나무가 들어왔지만 샌 루이스 오비스포는 너무 오지여서 성공하지 못했다. 하지만 1970년대에 다시 와인산업이 시작되었고 에드나 밸리Edna Valley 빈야드가 설립되었다.

케스타 패스Cuesta Pass 너머 남쪽의 **에드나 밸리**도 색다른 지역으로, 모로 베이Morro Bay에서 소용돌이치며 불어오는 바닷바람 덕분에 캘리포니아 와인산지만큼 서늘하다. 샤르도네로 매우 달콤하지만 라임의 섬세한 풍미가 있는 활기찬 와인을 만든다. 알반Alban은 센트럴 코스트에서 가장 능력 있는 레드와 화이트 론 품종의 지지자이자 이 지역의 리더로, 바닷바람에도 불구하고 론 계곡에서는 상상할 수 없을 정도로 시라를 잘 익힌다. 하지만 물이 부족하고 이 지역이 세컨드 하우스 시장으로 각광받고 있어, 포도밭을 더 이상 확장하지 못하고 있다. 안타깝게도 2곳의 주요 포도밭 중 1곳에서 에드나 밸리 빈야드 브랜드를 매각해, 이제 에드나 밸리 브랜드는 다른 지역에서 수확한 포도로 만든 와인에 사용된다.

바로 남동쪽에 있는 더 다채롭고 전체적으로 더 서늘하기까지 한 **아로요 그란데 밸리**Arroyo Grande Valley는 탤리Talley와 래티샤Laetitia 같은 와이너리에서 만든 섬세한 피노 누아와 샤르도네로 유명하다.

캘리포니아에서 가장 추운 카운티

카운티 경계선을 넘으면 캘리포니아주에서 가장 추운 와인산지인 산타 바바라가 나온다. 대륙판의 형태를 보면 해안 산맥이 여기서는 북에서 남이 아니라 동에서 서로 뻗어있음을 알 수 있다. 산타 바바라 카운티는 미대륙 서부해안에서 유일하게 산맥이 대륙의 끝까지 닿지 않는 구역이다. 그래서 산타 바바라는 바다, 차가운 오후 바람, 차가운 밤안개에 직접 노출되어 있다.

산타 바바라는 소노마의 피노 재배지와 반대로 강우량이 매우 적다(p.320 주요 정보 참조). 이는 가을비가 내리기 전에 서둘러서 수확할 필요가 없다는 뜻이다. 그래서 산타 바바라에서는 북쪽의 몬터레이와 샌 루이스 오비스포 카운티처럼 수개월 동안 천천히 포도를 익히면서 풍미와 페놀 화합물을 농축시킬 수 있다.

산타 바바라 카운티의 와인산지를 정의하는 두 계곡인 산타 마리아Santa Maria 밸리와 산타 이네즈Santa Ynez 밸리는 전형적인 남부 캘리포니아와 상당히 다르며, 야자수가 자랄 만큼 온화한 대학도시 산타 바바라와도 다르다. 산타 바바라시는 위 지도의 남동쪽에 있

p.319의 벤트록 포도밭은 북향이어서 태평양에서 불어오는 차갑고 강한 바람을 그대로 받기 때문에, 상큼한 샤르도네만 겨우 익는다.

산타 바바라 북서부

산타 리타 힐스의 잠재력은 샌포드 & 베네딕트 빈야드가 처음 와인을 생산했던 1970년대에 분명해졌다. 하지만 AVA로 지정된 것은 2001년이다. 또한 2009년에 지정된 산타 바바라의 해피 캐년을 누가 인정하지 않겠는가. 이 책의 다음 판에서 위의 지도는 서쪽으로 더 확장될 것이다.

는 중요한 산맥 아래, 바람을 피할 수 있는 위치에 있어서 산타 마리아와 산타 이네즈 계곡을 덮치는 차가운 바다안개의 영향을 덜 받는다.

산타 바바라 카운티 북부에 있는 **산타 마리아 밸리**는 태평양을 향해 있기 때문에 캘리포니아에서 가장 긴 생장기간을 자랑한다. 지속적인 바다의 영향으로 오후에는 차가운 바람이 불고, 아침 늦게까지 안개가 계속 올라온다. 서늘한 해에는 포도가 잘 익지 않는 포도밭이 있고, 따뜻한 해에도 서늘한 해의 부르고뉴 와인이 생각나는 산미를 지닌다.

산타 마리아 밸리에 있는 포도밭 대부분은 와이너리가 아니라 농부들이 소유하고 있다. 그래서 이곳은 특이하게 포도밭이 유명하다. 한 예로 수많은 와이너리 라벨에서 비엔 나시도Bien Nacido라는 포도밭 이름을 볼 수 있다. 반면 이 지역의 많은 와이너리는 센트럴 코스트의 다른 지역에서도 포도를 구입해서 사용한다. 캄브리아Cambria는 해안에서 멀리 떨어져 있어 비엔 나시도보다 훨씬 따뜻하다. 랜초 시스크Rancho Sisquoc가

가장 잘 보호된 지역에 있고, 폭슨 캐년Foxen Canyon에 있는 폭슨 와이너리는 상당히 고립되어 있다. 캠브리아는 근처의 바이런Byron과 함께 잭슨 패밀리 와인즈Jackson Family Wines의 소유이다. 갈로사는 센트럴 코스트에 광대한 포도밭을 소유하고 있는데, 남쪽의 산타 이네즈 계곡에 있는 브라이들우드Bridlewood 와이너리도 갈로사 소유이다. 센트럴 코스트에서 수확되는 포도는 대부분 머스트나 와인이 되어 북쪽으로 이동한다.

대표적인 품종은 피노 누아, 샤르도네, 시라이며 계곡 바닥보다 높은, 해발 180m 이상 안개층 위에 있는 비탈에서 재배된다. 강렬한 과일 풍미가 자연적으로 높은 산미를 상쇄시키며, 이 와인들은 아주 오래 보관할 수 있다. 산타 마리아에서 가장 흥미진진한 와이너리로는 오 봉 클리마Au Bon Climat와, 그 파트너로 같은 곳에서 와인을 만드는 린퀴스트 패밀리 와인즈Lindquist Family Wines가 있다. 부르고뉴 와인의 영향을 많이 받은 오 봉 클리마의 짐 클렌더넌Jim Clendenen은 1982년부터 다양한 종류와 스타일의 샤르도네와 피노 누아를

생산하고 있다. 뿐만 아니라 피노 블랑, 피노 그리, 비오니에, 바르베라, 네비올로 역시 클렌던넌 패밀리 라벨로 생산된다.

산타 마리아 바로 남쪽은 **로스 알라모스**Los Alamos (비공식 AVA)로 역시 서늘한 농촌 지역이다. 관광객들에게 친절한 작은 마을 주위에 있는 수천 ha의 포도밭에서 활기찬 샤르도네가 생산된다. 솔로몬 힐스를 넘어가면, 특히 101번 고속도로의 동쪽은 조금 더 따뜻하고 안정적인 기후로 바뀐다(파소 로블레스처럼).

산타 바바라 카운티의 남부는 **산타 이네즈 밸리**가 차지하고 있는데, 산맥의 방향 때문에 바다를 정면으로 바라본다. 비교적 평평하고 넓게 트인 산타 마리아 밸리와 달리 산타 이네즈 밸리는 완만한 구릉지대로, 솔뱅Solvang 마을(특이하게 마을 이름이 덴마크어에서 유래했다) 주변과 북쪽의 참나무가 군데군데 보이는 언덕들에 포도밭이 펼쳐져 있다. 생장조건의 차이로 산타 이네즈 밸리 내에 하위 AVA가 계속 늘어나고 있는데, 해안에서 동쪽으로 1마일 들어갈 때마다 기온이 1℃씩 올라가기 때문이다. 여름에는 롬폭Lompoc이 21℃이면 로스 올리보스Los Olivos는 38℃까지 올라가기도 한다.

산타 이네즈 계곡에서 공식적으로 가장 추운 아펠라시옹은 **산타 리타 힐스**Sta. Rita Hills AVA이다. 언덕이 이어져 있고 꽤 가파른 언덕도 있다. 롬폭과 뷰엘턴Buellton 사이, 산타 이네즈 밸리 서쪽 끝의 산타 이네즈 강이 휘어지면서 바다의 영향에서 벗어나는 곳이다. 산타 리타 힐스(동명의 칠레 와이너리 산타 리타Santa Rita를 존중하는 의미에서 Sta. Rita Hills라고 적는다)의 토양은 모래, 실트, 점토가 조각보처럼 붙어있다. 피노 누아

가 주요 품종이고, 보조 품종으로 샤르도네를 재배해서 부르고뉴 느낌이 나는 와인을 만든다. AVA의 경계는 피노 누아를 고려하여 정했지만, 배브콕Babcock 와이너리는 이 지역의 산성 토양이 소비뇽 블랑, 리슬링, 게뷔르츠트라미너에도 적합하다는 것을 보여준다.

1970년대 초 산타 리타 힐스 AVA에 관심을 집중시킨 것은 샌포드 & 베네딕트Sanford & Benedict 빈야드이다. 움푹 들어가서 잘 보호되는 지형이며 북향이라 피노 누아가 자라기에 완벽한 포도밭이다. 스크루캡 사용의 선구자이며 샌포드 & 베네딕트에 이름을 빌려준 리차드 샌포드는, 지금은 가까운 알마 로사Alma Rosa에서 부르고뉴 품종을 유기농법으로 재배하고 있다. 산타 리타 힐스 동부는 그르나슈와 시라가 익을 정도로 따뜻하다. 벤투라 카운티에 있는 유명한 시네 쿠아 논Sine Qua Non 와이너리는(p.326 지도 참조) 직접 재배한 포도로 꽤 건장한 론 와인을 만든다.

산타 이네즈 밸리와 산타 리타 힐스 AVA의 경계선 서쪽에서도 피노 누아와 샤르도네를 재배한다. 바다와 더 가까운 이 지역에서 생산된 와인은 일반 **산타 바바라 카운티** 아펠라시옹으로 판매하고 있다. 이 지역은 예전에 포도가 익기에 너무 춥다고 알려져 있었지만, 잠재성을 높이 평가한 지역 생산자들은 매우 고무된 상태이다. 서쪽으로 롬폭시를 내려다보고 있어 보통 롬폭 하이랜즈Lompoc Highlands라고 불린다. 롬폭시의 와인게토라는 산업단지에는 별난 와인메이커들이 모여있다.

101번 고속도로 바로 동쪽에 **발라드 캐년**Ballard Canyon AVA가 있다. 2013년에 지정되었고 론 품종을

럭키 페니(Lucky Penny)는 관광객의 에너지를 충전시키는 인기있는 곳이며 테이스팅룸도 연다. 와인산지에 와인관광이 무분별하게 확산되는 것을 막기 위해, 산타 바바라 시내에 이런 테이스팅룸을 열어 와인을 홍보하고 있다. 이것이 산타 바바라의 어반 와인 트레일(Urban Wine Trail) 사업이다.

전문적으로 재배한다. 이곳은 산타 리타 힐스보다 확실히 따뜻하다(물론 밤에는 기온이 떨어질 수 있다). 가장 더운 산타 이네즈 밸리 AVA의 동쪽 끝은 **해피 캐년 오브 산타 바바라**Happy Canyon of Santa Barbara라는 재미있는 이름을 가진 AVA로, 보르도 품종을 재배할 수 있을 정도로 기온이 높다.

발라드 캐년과 해피 캐년 사이에는, 이 지역에서 가장 최근인 2016년에 AVA로 지정된 **로스 올리보스 디스트릭트**Los Olivos District가 있다. 론과 보르도 품종을 섞어서 재배해 좋은 소비뇽 블랑을 생산하고 있다. AVA 명칭은 이 지역 한가운데에 있는 로스 올리보스라는 작은 마을에서 따왔는데, 영화 〈사이드웨이Sideways〉에서 주인공 마일즈가 메를로에 대한 증오심을 장황하게 설명했던 카페가 있는 마을이다. 산타 바바라 카운티에 있는 와이너리의 테이스팅룸이 펑크 존Funk Zone으로 알려진, 산타 바바라 시 중심가의 오래된 산업지역에 모여있다. 와인관광 개발을 철저하게 규제하고 있어서, 산타 바바라의 테이스팅룸은 포도밭에서 멀리 떨어져 있는 경우가 많다.

버지니아 Virginia

애팔래치아산맥과 체서피크만 사이, 블루 리지 산맥의 바람이 닿지 않는 곳에는 흰 울타리가 쳐진 초원에서 혈통 좋은 말들이 풀을 뜯고 있다. 남북전쟁 이전부터 정착지였던 남부의 조용한 버지니아주는 정치의 도시 워싱턴DC와는 거리가 멀다. 하지만 미국회의사당에서 차로 1시간이면 버지니아주 가장 북쪽의 포도밭에 도착할 수 있으며, 300여 개의 와이너리는 남북전쟁 전적지와 식민지 유적지에 버금가는 관광지이다.

버지니아 와인의 시작은 희망적이지 않았다. 토머스 제퍼슨은 몬티첼로에 자신의 돈을 들여 포도나무를 심었는데, 그에게 와인은 신념이었다(그는 '와인은 위스키라는 독의 유일한 해독제'라는 글을 쓰기도 했다). 미국에는 와인산업이 필요했다. 유럽산 포도나무가 필록세라에 대항하기 위해 미국산 바탕나무를 필요로 하게 될 줄 그때는 아무도 몰랐다. 또 버지니아 기후가 포도재배에 맞지 않다는 것도 몰랐다. 버지니아주 포도밭의 80%를 차지하는 비니페라는 지금도 변덕스러운 대륙성 기후와 싸우고 있다. 생장기간이 비교적 짧고, 여름은 덥고 습하며 종종 태풍이 불고, 9월 전에는 서늘한 밤이 별로 없다. 또한 겨울이 너무 추워 땅이 따뜻해지기까지 시간이 걸려서, 기후변화가 진행되고 있는 지금도 4월 말까지 싹이 트지 않는다.

버지니아주의 약 1,200ha에 달하는 포도밭 대부분이 블루 리지 산맥에서 동쪽으로 50km 떨어진 곳에 길게 자리하고 있다. 접근이 쉽지 않지만 산맥 서쪽의 셰넌도어Shenandoah 밸리 AVA도 흥미롭다.

버지니아는 주에서 소비하는 와인의 극히 일부만 생산하지만, 좋은 와인을 만들려는 열정을 가진 생산자는 빠르게 늘고 있다. 메독의 에릭 부아스노의 조언에 따라 포도밭 여름에 폭우가 쏟아진 뒤 물이 빨리 빠지고, 돌이 많으며, 더 높은 비탈로 점점 이동하고 있

다. RdV 빈야드가 좋은 예다.

버지니아의 대표 품종

이탈리아의 조닌Zonin사가 소유한 바버스빌Barboursville 와이너리에서는 1970년대 후반에 포도나무를 심었다. 예상대로 네비올로Nebbiolo와 베르멘티노Vermentino, 그리고 버지니아에서 재배되는 일반 품종들이 (성공적으로) 살아남았다. 달콤한 말바지아 파시토Malvaxia Paxxito는 진정한 오리지널 버지니아 품종이다.

카베르네 프랑은 버지니아 북부와 중부에 가장 적합한 품종으로 인정받았고, 보통 다른 보르도 품종과 다양한 비율로 블렌딩하고 있다.

의외였던 것은 1980년대에 호턴Horton 빈야드의 주도로 버지니아 재배자들이 비오니에를 대표 품종으로 결정한 것이다. 껍질이 두껍고 송이가 촘촘하지 않아 다른 품종보다 습한 여름을 잘 견딘다는 것이 여러 가지 이유 중 하나였다. 프티 베르도Petit Verdot와 프티 망상Petit Manseng은 최근 버지니아의 특산 와인으로 떠올랐는데, 특히 프티 망상이 성공적이었다. 호턴은 대단히 미국적인 노턴Norton 품종도 선구적으로 시도해서, 미국 품종 특유의 역한 동물향이 전혀 없고 매우 매력적인 과일향이 나는 레드와인을 만들었다. 지금은 크리살리스Chrysalis 와이너리의 제니퍼 맥클라우드

Jennifer McCloud가 바통을 이어받아 노턴으로 품종와인을 만들고 있다.

버지니아에는 7개의 AVA가 있는데, 북부와 중부에 있는 3곳은 아래 지도에 나와 있다. 도널드 트럼프와 AOL 창립자 스티브 케이스Steve Case가 2011년 중부의 와이너리를 매수했는데, 케이스 부부의 얼리 마운틴Early Mountain 빈야드는 모범적인 와이너리이다.

지도 밖에 있는 와이너리 중 주목할 만한 곳은 블루 리지 지역의 록키 놉Rocky Knob AVA에 있는 샤토 모리세트Morrisette로, 1980년대에 설립되었다. 체텀Chatham은 체서피크만과 대서양 사이 모래 퇴적지에 있는 17세기 농장이고, 로즈몬트Rosemont는 더 따뜻한 남부 버지니아에 있다. 안키다 릿지Ankida Ridge는 해발 550m 비탈에서 섬세하고 향이 풍부한 피노 누아를 만든다.

버지니아 샬러츠빌 ▼	
북위 / 고도(WS)	38.13°/190m
생장기 평균 기온(WS)	18.9℃
연평균 강우량(WS)	1,085mm
수확기 강우량(WS)	9월 : 114mm
주요 재해	높은 여름 강우량
주요 품종	레드 카베르네 프랑, 메를로, 프티 베르도, 카베르네 소비뇽 화이트 샤르도네, 비오니에, 프티 망상

범례	
———	경계선(state)
———	경계선(county)
MONTICELLO	AVA
■ CHRYSALIS	주요생산자
	숲
2000	등고선간격 1000ft
▼	기상관측소(WS)

1:1,163,000
Km 0   10   20 Km
Miles 0   5   10 Miles

뉴욕 New York

뉴욕주는 미국에서 네 번째로 큰 와인산지임에도 불구하고 뉴요커들이 뉴욕의 와인을 즐기게 된 지는 얼마 안 되었다. 비니페라종은 아직 적지만 좋은 와인이 나오고 있고, 앞으로 더 많이 생산될 것이다.

테루아 하부토는 빙하퇴적물이지만, 상부토는 뉴욕주 북부와 롱아일랜드가 매우 다르다.

기후 핑거 레이크스Finger Lakes는 극단적인 대륙성 기후이다. 겨울은 매우 춥지만 호수의 영향으로 추위가 다소 완화된다. 반면 롱아일랜드는 보르도와 크게 다르지 않은 온화한 해양성 기후이다.

품종 레드 콩코드, 카베르네 프랑 / **화이트** 리슬링, 샤르도네

가혹할 정도로 추운 겨울 덕분에, 뉴욕주 북부에서 재배되는 전형적인 품종은 추위에 강한 라브루스카종이다. 대표적인 품종은 콩코드이고, **이리호**Lake Erie 남쪽을 따라 조성된 '포도벨트'의 존재 이유인 포도주스와 젤리를 만드는 데 쓰인다. 기후변화로 자신감을 얻어

유럽종 비니페라를 시도하고 있지만, 아직까지 포도벨트에서 생산되는 포도는 p.289에서 설명한 일종의 프랑스-미국 교배종이 대부분이다. 뉴욕주 전체에 450개가 넘는 와이너리가 있는데, 북부에는 약 20개밖에 없다.

국경 너머 온타리오처럼 뉴욕주의 다른 지역도 진정한 와인생산자로 거듭나기 위해 노력하고 있으며, 새로 심는 포도나무는 거의 모두 비니페라 품종이다. 뉴욕주의 와이너리는 대부분 시작한 지 얼마 안 된 소규모의 야심만만한 와이너리들로, 핑거 레이크스(100여 개), 롱아일랜드(80여 개), 허드슨강 지역(50여 개)을 중심으로 계속 늘어나고 있다.

대서양의 영향을 받는 **롱아일랜드**의 기후는 뉴욕주에서도 예외적이다. 온난한 해양성 기후로 겨울 한파의 위험이 없어서, 이제 막 시작된 와인산업은 처음부터 비니페라 품종으로 출발했다(샤르도네, 메를로, 카베르네가 주요 품종이다). 생산량은 많지 않지만 스파클링 와인도 눈여겨볼 만하다. 바다의 영향으로 계절의 구분이 뚜렷하지 않고 오랫동안 온화한 날씨가 계속되어, 생장기간이 내륙보다 훨씬 길다. 토양은 물이 잘 빠지는 빙하퇴적물이어서 포도나무가 균형 있게 잘 자라고, 포도는 안정적으로 천천히 익는다. 3개의 AVA가 있는데, 롱아일랜드 와인생산의 출발점이자 농업지역이며 양적으로 가장 의미 있는 노스 포크, 더 서늘한(그리고 더 작은) 햄프턴Hamptons 또는 사우스 포크, 마지

막으로 매우 중요한 롱아일랜드이다.

호수 효과

반대로 뉴욕주 북부 **핑거 레이크스** 지역(거대한 내해인 온타리오호에서 빙하가 이동해 형성된 깊은 빙하호)은 1850년대부터 상업적인 목적으로 포도를 심었다. 숲이 우거진 낮은 언덕과 배들이 한가롭게 떠 있는 호수의 목가적인 풍경은, 빅토리아 시대의 휴양지를 떠올리게 한다. 식민지 개척자들은 이 아름다운 지역을 이로쿼이 원주민에게서 빼앗아 휴양지로 만들었다.

온타리오의 호수들과 핑거 레이크스 중에서도 특히 세니커Seneca(수심이 188m로 가장 깊다), 카유가Cayuga, 큐카Keuka 호수는 종종 겨울의 혹독한 추위를 누그러뜨리고 여름의 열기를 저장해서, 날씨를 온화하게 하는 데 매우 중요하다. 그럼에도 불구하고 날씨는 여전히 극단적이다. 대부분의 지역이 서리가 내리지 않는 날이 200일 이하다. 겨울은 길고 기온이 -20℃ 이하로 내려간다. 최근인 2015년만 해도 겨울 한파로 예년 수확량의 50%도 채우지 못한 재배자들이 많았다. 이렇게 날씨가 좋지 않기 때문에 처음부터 미국산 포도품종을 선택한 것은 당연했다. 지금도 비니페라 품종은 전체의 22%에 불과하다. 프랑스 품종과 교배한 세이블 블랑Seyval Blanc과 비뇰스Vignoles는 1940년대 말에 도입되었고, 미국의 라브루스카 품종처럼 관광객들을 겨냥한, 달콤하지만 다소 밋밋한 와인을 생산했다. 이 교배종들로 대세인 드라이와인을 생산하기 위해 많은 노력을 하고 있지만, 이 지역의 미래가 유럽종인 비니페라에 달려있는 것은 부정할 수 없다.

추위에 낯설지 않은 우크라이나 출신 포도재배학자 Dr. 콘스탄틴 프랭크Konstantin Frank는 이미 1957년에 리슬링과 샤르도네처럼 비교적 빨리 익는 비니페라 품종이 핑거 레이크스에서도 잘 자랄 수 있다는 것을 보여줬다. 하지만 여기에는 조건이 있다. 알맞은 바탕나무에 접붙여야 되고, 매년 가을이면 땅에 묻어야 하며, 기온이 떨어지면 굵은 줄기는 터질 위험이 크기 때문에 가는 줄기가 여러 개가 되도록 가지치기해야 한다. 현재 핑거 레이크스에서는 중견 와이너리인 레드 뉴트Red Newt, 스탠딩 스톤Standing Stone, 허먼 J 위머Hermann J Wiemer, Dr. 콘스탄틴 프랭크가 거의 독일의 자르Saar 와인 같은 매우 섬세하고 드라이한, 그리고 숙성 잠재력이 있는 리슬링을 생산하고 있다. 최근에는 하트 & 핸즈Heart & Hands와 라빈즈Ravines 같은 외부에서 경험을 쌓은 생산자들이 합류했고, 지공다스Gigondas의 루이 바뤼올Louis Barruol이 함께한 포지 셀러스Forge Cellars 프로젝트, 캘리포니아의 폴 홉스Paul Hobbs와 모젤Mosel의 요하네스 젤바흐Johannes Selbach가 만든 합병회사 힐릭 앤 홉스Hillick & Hobbs 등의 외부 투자도 더해졌다.

리슬링은 비교적 단단한 나무로 저온에도 잘 견뎌서 샤르도네보다 이 지역에 더 적합하다. 레드와인도 조

North Fork of Long Island AVA

The Hamptons, Long Island AVA

■ LENZ 주요생산자

채닝 도터스는 사우스 포크의 몇 안 되는 와이너리 중 하나이다. 사우스 포크는 돈 많은 맨해튼 사람들에게 인기있는, 매우 값비싼 휴양지이다.

롱아일랜드

지도를 보면 노스 포크가 포도재배와 와인양조에서 얼마나 중요한 지역인지 알 수 있다. 노스 포크는 땅값이 훨씬 싸고 (유행에 민감한 햄프턴과 다르다), 또 대서양의 공격에서 보호를 받고 있다.

핑거 레이크스 AVA

카유가 레이크 AVA는 핑거 레이크스에서 가장 오래된
하위 AVA로, 1988년에 지정되었다. 2003년에 AVA로
지정된 세니커 레이크는 최고의 휴양지이며 관광지이
다. 많은 와이너리가 생산성 높은 교배종과 여전히 번성
하고 있는 미국 품종으로 만든, 달짝지근한 와인을 셀러
도어에서 판매한 수입에 의존하고 있다.

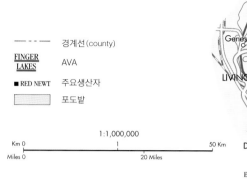

-------	경계선(county)
FINGER LAKES	AVA
■ RED NEWT	주요생산자
▨	포도밭

1:1,000,000

Km 0 ⸻ 50 Km
Miles 0 ⸻ 20 Miles

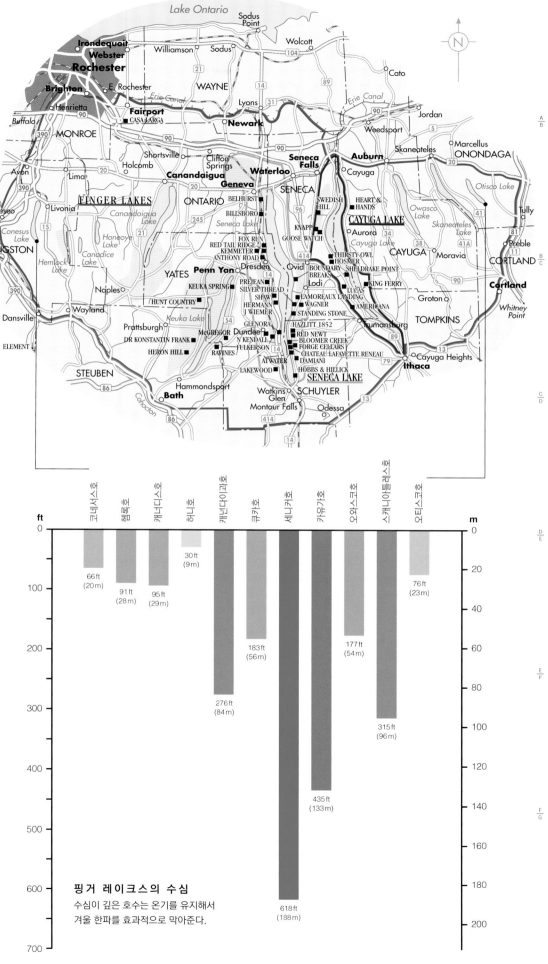

금 생산되는데, 현재로서는 카베르네 프랑이 가장 낫
다. 세네카호 북부 제네바에 있는 농업연구센터는 포
도나무 가지치기와 추위에 강한 품종 연구로 유명하
다. 핑거 레이크스는 여전히 뉴욕 와인산업의 허브 역
할을 하고 있는데, 거대 주류기업 컨스텔레이션 브랜
즈Constellation Brands의 본사가 1945년부터 그곳에 있
었기 때문이기도 하다.

허드슨Hudson강 지역은 기록상 뉴욕에서 처음으
로 시판용 와인을 만든 곳이다. 지금의 브라더후드
Brotherhood 와이너리에서 만든 1839년 빈티지이다.
허드슨강 지역 역시 작은 와이너리들이 많은데, 기온
조절을 할 수 있는 요인이 허드슨강밖에 없어서 이곳
에서는 비니페라종을 재배하기 힘들다. 최근까지도
대부분의 포도나무는 프랑스 교배종이었다. 하지만
밀브룩Millbrook 같은 와이너리는 샤르도네, 카베르네
프랑, 심지어 프리울라노Friulano가 상당히 북쪽에 위
치한 지역에서도 자랄 수 있다는 것을 보여줬다. 클린
턴Clinton 빈야드는 다른 과일로 와인을 만들어 성과를
내고 있다.

허드슨강 지역의 북쪽은 2016년 AVA로 지정된 광
대한 **챔플레인 밸리 오브 뉴욕Champlain Valley of New
York**으로, 미네소타 대학에서 개발한 추위에 강한 품종
이 지배적으로 많다(p.289 참조). 2018년 AVA를 획
득한 **어퍼 허드슨Upper Hudson**도 마찬가지다.

나이아가라 이스카프먼트Niagara Escarpment AVA
는 온타리오주 주요 와인산지의 경계 너머에 위치한
다(p.293 참조). 8개 와이너리에서 프랑스 품종과 교
배한 비달Vidal로 개성 강한 아이스바인을 생산한다.

핑거 레이크스의 수심

수심이 깊은 호수는 온기를 유지해서
겨울 한파를 효과적으로 막아준다.

코네서스호 66ft (20m)
헴록호 91ft (28m)
캐내디스호 95ft (29m)
허니오이호 30ft (9m)
캐넌다이과호 276ft (84m)
큐카호 183ft (56m)
세니커호 618ft (188m)
카유가호 435ft (133m)
오와스코호 177ft (54m)
스캐니어틀레스호 315ft (96m)
오티스코호 76ft (23m)

남서부의 주
Southwest States

미션 품종이 캘리포니아에 도착하기 100년도 전인 1650년부터 애리조나, 뉴멕시코, 텍사스의 엘패소 인근에서는 스페인 수도사들이 이미 포도즙을 발효시키고 있었다.

텍사스는 와인의 역사는 아니더라도 포도 재배의 역사에서는 특별한 곳이다. 텍사스는 미국 식물학의 중심지이며, 세계 어느 곳보다 토착 포도품종이 많다. 전 세계에 흩어져있는 65~70종의 비티스속 품종 중 15종의 고향이 텍사스이다. 덕분에 필록세라가 퍼질 때 중요한 역할을 했다. 텍사스주 데니슨의 토마스 V 먼슨은 비티스 비니페라와 텍사스 토착품종으로 수백 가지 교배종을 만들어, 필록세라에 면역력이 있는 바탕나무를 찾는 데 성공했다. 텍사스 사람이 프랑스뿐 아니라 전 세계의 와인산업을 구한 것이다.

하지만 텍사스 와인은 금주법으로 거의 사망선고를 받았다. 1970년대 초 하이 플레인스High Plains 지역 러벅Lubbock 근처의 해발 1,200m에서 비니페라종과 교배종을 실험재배하면서 새 출발을 알렸는데, 나중에 래노 에스터카도Llano Estacado와 페전트 릿지Pheasant Ridge 와이너리가 된 곳이다. 그들의 선택은 옳았다. 바람을 막아줄 곳 하나 없는 광활한 평지지만 토양이 깊고 석회질이며, 비옥하고, 해가 잘 들며, 저녁에는 서늘하다(또 겨울은 매우 춥다). 지속적인 바람은 병충해 발생을 줄이고, 밤이면 포도밭의 열기를 식혀준다. 포도나무는 서리, 우박, 고온과 싸워야 한다. 오갈라라Ogallala 대수층(지표 위의 물이 땅속으로 침투해 생긴 지하수층)은 한때 점적관개에 매우 유용했는데, 지금은 말라 없어져 재배자들은 더 신중하게 농사를 지어야 한다. 루산, 생소, 템프라니요 같은 지중해 품종이 텍사스에서 인기가 높아지고 있는데, 재배 및 양조 기술과 선명한 과일향의 와인은 워싱턴주와 매우 유사하다.

텍사스의 와인용 포도 중 80%가 하이 플레인스에서 생산되는데, 그중 3/4분이 오스틴Austin 서쪽의 텍사스 중부 힐 컨트리Hill Country에 있는 50여 개의 와이너리로 간다. 광대한 텍사스 힐 컨트리Texas Hill Country AVA는 미국에서 두 번째로 면적이 큰 AVA로, 프레데릭스버그Fredericksburg와 벨 마운틴Bell Mountain AVA를 포함한다. 세 AVA의 총생산량은 360만hl이지만, 포도밭 면적은 겨우 324ha에 불과하다.

습도와 피어스병이 텍사스의 많은 포도밭을 괴롭혀도, 새 와이너리는 계속 문을 열고 있다. 약 400개의 와이너리 중 많은 수가 도시 근처에 있고, 먼 곳에서 재배한 포도를 트럭으로 실어온다. 브레넌Brennan(비오니에 와인)과 하크Haak(텍사스의 마데이라)처럼 어떤 AVA에도 속하지 않는 흥미로운 와이너리도 있다.

뉴멕시코(그리고 애리조나와 콜로라도)에서 와인생산을 생각할 수 있었던 것은 록키산맥 덕분이다. 고도가 높아 주 북부는 프랑스 교배종만 살아남을 정도로 기온이 내려간다. 리오 그란데Rio Grande 밸리의 해발 2,000m 산타페부터 해발 1,300m 트루스 오어 컨시퀀시스Truth or Consequences까지가 경작 가능한 유일한 지역이다. 뉴멕시코는 와인으로 유명한 주가 아니지만, 놀랍게도(하지만 매우 당연하게) 그루에Gruet 와이너리에서 좋은 스파클링와인을 생산하고 있다.

애리조나주 남동쪽에는 소노이타Sonoita와 윌콕스Willcox, 2개의 AVA가 있다. 포도나무는 해발 1,520m에서 자라고 뉴멕시코주 남부와 유사한 특징을 갖고 있다. 소노이타의 유서 깊은 캘러헌Callaghan 와이너리는 보르도 레드품종으로 시작했지만, 대부분의 애리조나 재배자들처럼 스페인과 론 품종 그리고 말바지아Malvasia가 더 적합하다는 것을 깨달았다. 윌콕스도 마찬가지이며, 샌드-레커너Sand-Reckoner와 새큘럼 셀러스Saeculum Cellars가 유망한 생산자들이다. 애리조나주 중부의 피닉스 북쪽, 제롬이라는 예쁜 마을의 베르데Verde 밸리에서도 와인산업이 빠르게 발전하고 있다. 이곳의 포도밭은 더 낮은 해발 1,070m와 1,520m 사이에 있으며, 지금까지는 커듀시어스Caduceus와 머킨Merkin 와이너리가 가장 유망하다. 현재 애리조나에는 100개가 넘는 와이너리가 있다.

콜로라도에 처음 꺾꽂이 포도나무를 가져온 이들은 19세기에 주 남부에서 온 광부들이다. 포도나무는 서서히 북상했고, 그랜드 정션Grand Junction 근처 팰리세이즈Palisades 지역에 처음으로 그럴듯한 포도밭이 생겼다. 남서부의 다른 지역처럼 이곳도 필록세라로 큰 피해를 입었다. 1960년대까지 스택스 립 와인 셀러스의 설립자 워런 위니아스키가 이반시Ivancie 와이너리의 설립을 도왔다. 안타깝게도 이반시 와이너리는 1974년까지만 영업을 했는데 150여 개의 와이너리에 많은 영감을 주었다. 포도밭은 콜로라도강을 끼고 있는 그랜드 밸리 AVA의 1,220m부터, 거니슨강 지류인 노스 포크강을 끼고 있는 웨스트 엘크스West Elks AVA의 2,130m까지 다양한 고도에 위치한다. 리슬링, 카베르네 소비뇽, 시라와 같은 비니페라종이 지배적이고, 추운 겨울 덕에 교배종도 재배한다.

캘리포니아 남부는 피어스병의 위협을 받고 있는데, 남아있는 재배자들은 대부분 클론의 품질을 개량하고 포도밭을 다시 설계해 이에 대응하고 있다. 벤투라Ventura 카운티의 오하이Ojai와 시네 쿠아 논Sine Qua Non 와이너리는 차를 타고 북쪽으로 조금만 가면 나오는 산타 바바라에서 포도를 조달받는다. 가장 중요한 AVA인 테메큘라Temecula 밸리는 높은 곳이 해발 450m인 작은 언덕으로 이루어져 있고, 바다에서 겨우 32km 떨어져 있다. 바다와 이 지역은 레인보우 갭이라는 바람의 통로로 연결되어 있어서 오후가 되면 바다에서 바람이 불어와, 본질적으로 아열대 지역인 이곳이 나파 밸리 상류보다 덥지 않다. 서늘한 밤도 도움이 된다. 이곳의 와이너리는 기본적으로 로스앤젤레스에서 온 관광객들이 주요 고객이다.

남쪽으로 쭉 내려가면 나오는 베스퍼Vesper 빈야드는 샌디에이고 바로 위 여러 계곡의 오래된 포도밭을 되살리는 데 도움을 주고, 새 포도밭을 조성하여 무르베드르, 시라, 루산, 그르나슈 블랑 같은 품종을 심으면서 사막 환경에 잘 적응하고 있다.

---

303 상세지도 페이지

1:15,600,000

국경선
경계선 (state)
SONOITA AVA
■ OJAI 주요생산자

1 CIMARRON VINEYARD
2 BUHL MEMORIAL VINEYARD
3 KEELING-SCHAEFER VINEYARD
4 SAND-RECKONER
5 SAECULUM CELLARS/BODEGA PIERCE

1 GARFIELD ESTATES
2 PLUM CREEK
3 JACK RABBIT HILL FARM
4 STONE COTTAGE CELLARS
5 ALFRED EAMES CELLARS

1 HILMY CELLARS
2 LEWIS WINES
3 WILLIAM CHRIS VINEYARDS
4 SPICEWOOD VINEYARDS
5 KUHLMAN CELLARS
6 DUCHMAN FAMILY

멕시코 Mexico

멕시코는 유럽을 제외하면 와인산업의 역사가 가장 긴 나라다. 1530년대에 스페인 정복자 에르난 코르테스는 모든 농부에게, 해마다 농장의 원주민 노예 1명당 포도나무 10그루를 심으라고 명령했다. 하지만 현대적인 의미의 와인산업은 이제 막 시작되었다. 1595년 스페인 국왕이 자국의 와인산업을 보호하기 위해 멕시코에 새 포도밭 조성을 금지하고 포도나무를 대대적으로 뽑아내게 한 결과, 멕시코의 와인문화는 300년 동안 퇴보의 길을 걸었다.

처음 포도나무를 심은 곳은 오늘날의 푸에블라Puebla주였는데, 장기적으로 포도농사를 짓기에는 너무 습한 지역이었다. 나중에 시험한 많은 고지대 역시 마찬가지였다. 하지만 멕시코 북중부 **코아우일라**Coahuila주의 파라스Parras 밸리에 토착품종이 많이 자라고 있었다. 이곳에 1597년 예수회 선교회가 세운 미대륙에서 가장 오래된 와이너리 카사 마데로Casa Madero(예전에는 산 로렌조)가 있으며, 현재 매우 현대적인 보르도와 론 스타일의 레드와 상쾌한 화이트를 생산한다. 그러나 카사 마데로는 예외적인 경우이다. 멕시코에 있는 33,700ha의 포도밭 중 테이블와인용 포도는 20%가 안 된다. 대부분은 생식하거나, 건포도, 브랜디를 만드는 데 사용한다.

바하칼리포르니아Baja California에서는 멕시코 와인의 85%를 생산하며, 57개의 와이너리가 있다. 이 지역 최초의 현대적 와이너리는 1888년에 설립된 산토 토마스Santo Tomás이지만, 현대 멕시코 테이블와인의 선구자이자 오늘날의 대표 생산자는 LA 세토LA Cetto이다. 1928년 이탈리아 트렌티노에서 온 이민자들이 세운 와이너리로, 과달루페Guadalupe 밸리, 산 안토니오 데 라 미나스San Antonio de la minas, 산 비센테San Vicente 밸리에 총 1,400ha의 포도밭이 있다. 미국 국경 바로 아래 있는 테카테Tecate에서는 건지농법으로 80ha에서 진판델을 재배한다. LA 세토의 네비올로는 전 세계로 수출되고 있는데, 오랜 경력의 양조학자 카밀로 마고니Camilo Magoni가 바하칼리포르니아에 이탈리아 품종을 심는 데 중요한 역할을 했으며, 지금은 자신의 와이너리 카사 마고니Casa Magoni에서 와인을 만든다.

국경마을 티후아나 남쪽으로 100㎞ 떨어진, 엔세나다의 과달루페 밸리에는 야심찬 신세대 와인메이커와 관광객을 위한 레스토랑, 부티크호텔, 와인박물관이 모여있다. 물이 부족하고 병충해 피해가 거의 없는 계곡의 좋은 포도나무로 만든 와인은 매우 강렬하다.

바하칼리포르니아의 포도밭은 밤이면 태평양의 안개와 오호스 네그로스, 산토 토마스, 산 비센테 등 남서-북동 계곡을 통해 과달루페에서 남쪽으로 불어오는 바람으로 서늘해진다. 카베르네 소비뇽처럼 활력이

덜한 품종이 잘 자라는 계곡 바닥은, 비교적 모래가 많은 토양 덕분에 필록세라가 발생하지 못한다.

1987년에 프리미엄 와인만을 생산하는 몬테 사닉Monte Xanic 와이너리가 설립되면서 새로운 방향이 제시되었다. 몬테 사닉의 성공으로 직접 와인을 생산하는 재배자가 늘어났다. 몽펠리에에서 교육받은 농학자 우고 다코스타Hugo D'Acosta는 2004년 포르베니르에 재활용 재료로 예술적 감각을 살린 작은 교육용 와이너리 라 에스쿠엘리타La Escuelita를 세우고, 바하칼리포르니아의 젊은 생산자들을 교육시켰다. 그는 멕시코의 첫 중력 활용 와이너리인 파랄렐로Paralelo의 설계와 건설에도 참여했다.

브랜디가 주를 이루던 옛날에는 스페인 회사 도메크Domecq가 멕시코에 많은 투자를 했는데, 지금은 샤토 브란-캉트낙의 앙리 뤼르통이나 과달루페의 오래된 도메크 보데가를 인수한 곤잘레스 비아스González Byass 같은 해외투자자들이 관심을 보이고 있다. 이제 멕시코 와인산업은 다양한 품종, 바이오다이나믹 농법, 오크통 숙성 축소, 내추럴와인 등 세계적 트렌드를 따르기 시작했다. 예전부터 외지인들은 강한 바하칼리포르니아 와인에서 짠맛을 느꼈는데, 아마도 강우량이 적어 토양에 염분이 많고 나무가 스트레스를 받았기 때문일 것이다. 최근에는 더 정교하게 수확기 직전까지 포도나무에 소량의 물을 주는데, 그래선지 짠맛이 줄어든 것처럼 보인다.

텍사스 국경 너머 멕시코 북

동부의 **치와와**Chihuahua, **아과스칼리엔테스**Aguascalientes(해발 2,000m), 활기차고 가끔 비가 내리는 **과나후아토**Guanajuato, **케레타로**Querétaro(스파클링와인이 유명), **산 루이스 포토시**San Luis Potosí, **사카테카스**Zacatecas 에서도 와인이 생산된다.

1:225,000

과달루페 밸리

이 계곡은 폭이 좁고 바다로 열려 있으며, 훔볼트해류 때문에 서늘하다. 이것은 포도재배에 매우 중요한 조건으로, 계곡이 깔대기 역할을 해서 오후가 되면 바다의 찬 공기를 계곡 위로 올려보내기 때문이다. 대부분의 포도밭은 계곡 하단 200~250m에 자리하며, 더 높은 곳에서 포도나무를 시험재배하는 생산자도 있다.

이 땅의 소유주는 이곳을 상업적으로 개발하려고 한다. 땅의 가치가 얼마나 올라갔는지 보여주는 예이다.

■ PARALELO　주요생산자
El Porvenir　와인중심지
　　　　　포도밭
━500━　등고선간격 100m

남아메리카
SOUTH AMERICA

태양이 떠오르자, 높은 안데스산맥에 있는 세로 플라타의 은빛 봉우리들이 장밋빛으로 변했다. 그 아래로 아르헨티나 멘도사 지방의 투풍가토산 주변 포도밭이 보인다.

남아메리카 SOUTH AMERICA

남아메리카는 선교사들이 북쪽의 캘리포니아로 포도나무를 가져가기 훨씬 전부터 이미 포도나무를 재배하고 와인을 만들었다. 오랜 와인양조 전통을 가진 스페인, 포르투갈, 이탈리아 등지에서 온 개척자들은 포도나무가 잘 자랄 수 있는 곳에 정착했다.

그들은 최고급 포도품종을 수입해서 와인을 대량으로 생산하고, 19세기에 필록세라로 유럽의 와인생산량이 줄었을 때는 이를 보충하기 위해 수출까지 했다. 이러한 역사에도 불구하고 20세기 내내 와인 품질이 국제표준에 미치지 못했다. 그러다가 1980년대에 합리적인 수확량, 위생적인 셀러, 온도 조절, 작은 오크통 등 현대적인 양조기술이 도입되었다.

현대에는 아르헨티나가 남아메리카에서 가장 많은 와인을 생산하고 있지만, 칠레는 처음으로 상당량의 와인을 수출했으며 지금은 중국의 마음을 얻으려 애쓰고 있다. 우루과이와 브라질 역시 고유의 특산 와인이 있다.

페루, 볼리비아

16세기에 스페인 정복자들이 페루에 포도나무를 들여왔다. 페루는 한때 포도밭 면적이 40,000ha에 달한 적도 있었고, 다른 남미 국가에 와인을 수출했으며, 심지어 스페인에도 와인을 실어 보냈다. 하지만 보호무역조치로 대서양 횡단 무역이 금지되면서 모든 것이 끝났다. 그 뒤 페루의 포도밭은 피스코Pisco라고 불리는 증류주용 포도를 재배하는 데 쓰였다. 1888년에는 필록세라가 이 땅에 나타나 사실상 모든 것을 없애버렸다.

오늘날 페루에는 11,000ha의 포도밭이 주로 리마Lima, 이카Ica, 타크나Tacna 주, 그리고 모케과Moquegua 지역에 위치하고 있다. 이카는 훔볼트해류(p.336 참조)의 영향으로 밤이 서늘하고 강우량이 적어 포도재배에 적합하다. 아레키파Arequipa주에 있는 고산 계곡이 더 큰 잠재력을 가지고 있다고 평가하는 사람들도 있지만, 현재는 페루의 다른 포도밭처럼 피스코를 위한 포도를 재배하고 있다. 기분 좋은 스파클링와인을 생산하는 타카마Tacama와 인티팔카Intipalka 브랜드를 소유한 산티아고 케이롤로Santiago Queirolo는 모두 가족이 경영하는, 볼리비아에서 가장 유명한 와인회사이다.

볼리비아 역시 16세기부터 포도를 재배했다. 주로 알렉산드리아 뮈스카 품종을 재배해서, 볼리비아의 피스코라고 할 수 있는 신가니singani를 만들거나 과일로 먹었다. 최근 세계에서 가장 높은 곳에 있는 몇몇 포도밭(코타가이타Cotagaita, 해발 3,200m)에 국제품종이 도입되었는데, 이곳의 문제는 여름의 폭우이다. 볼리비아 남부 안데스산맥 계곡에 위치한 타리하Tarija에 포도밭이 모여있는데, 해발 1,600~2,500m에 위치한다. 하지만 그보다 고도가 낮은 산타 크루스Santa Cruz 주의 사마이파타Samaipata나, 바예 그란데Valle Grande에 있는 계곡도 유망하다. 또한 타리하 북쪽의 신티Cinti협곡에는 과거 식민시대에 그랬던 것처럼 후추나무 등과 같은 나무를 타고 자라는 100~200년 된 놀라운 포도나무가 있다. 현재 3,500ha의 포도밭만 와인(주로 레드) 생산에 사용되는데, 타나 품종이 잘 자란다.

331 상세지도 페이지

--·--·-- 국경선
MENDOZA 와인산지명
와인산지
해발 2,000m 이상 지역
331 상세지도 페이지

1:24,000,000
Km 0   500 Km
Miles 0   250 Miles

남아메리카 와인산지

아르헨티나는 남미의 어느 지역보다 많은 와인을 생산한다. 그 뒤를 칠레가 빠르게 추격하고 있으며, 지금은 우루과이, 브라질, 페루, 볼리비아에서도 와인산업이 본격적으로 발전하고 있다.

잘 알려진 발리 두스 비녜두스에 있는 이 와이너리는 브라질의 대표적 생산자인 미올루의 소유이다. 세하 가우샤에는 구름이 끼지 않는 날이 없다.

라질의 가장 큰 생산자인 미올루Miolo 와인그룹, 카사 발두가Casa Valduga, 사우통Salton은 본거지인 세하 가우샤에서 캄파냐로 진출했다. 캄파냐는 훨씬 더 건조하고 해가 길며, 화강암과 석회암 토양의 덜 비옥한 땅으로, 와인생산에 더 자연스러운 환경이다. 괜찮은 레드도 생산되지만 화이트, 특히 고전적인 스파클링 화이트와인은 꽤 성공적이다. 현재 생산자들은 포도품종과 토양 유형을 매치하는 작업에 관심을 쏟고 있다. 일반적인 국제품종들이 잘 자라고 있고, 몇몇 포르투갈 품종 역시 가능성이 보인다.

히우 그란지 두 술 주 바로 북쪽의 산타 카타리나Santa Catarina주에 있는 서늘하고 높은 고원 플라나우투 카타리넨시Planalto Catarinense는 해발 900~1,400m의 현무암 토양으로 소비뇽 블랑, 피노 누아, 몬테풀치아노, 산조베제에 적합하다. 산타 카타리나 북쪽과 상파울루 내륙에서도 약간의 와인이 생산되며, 구아스파리Guaspari가 대표적인 와이너리이다.

하지만 브라질에서 가장 눈에 띄는 새로운 와인산지는 적도에서 남쪽으로 10°도 떨어지지 않은, 북동쪽의 덥고 건조한 발리 두 상 프란시스쿠Vale do São Francisco이다(p.330 위치 지도 참조). 강에서 물을 끌어와야 하고 열대의 다양한 포도재배기술이 필요하지만, 1년에 최소 2번은 수확할 수 있고 섬세하지는 않지만 값싸고 양이 많은 카베르네, 쉬라즈, 모스카텔 와인을 생산한다.

브라질 Brazil

오랫동안 브라질에서는 비가 많이 오고, 땅이 너무 비옥하며, 물이 잘 빠지지 않는, 잘못된 장소에서 포도를 재배했다. 포도를 재배하는 대부분의 소규모 자작농에게 단단한 미국 품종인 이자벨Isabel이 인기가 많았던 것은 당연했다. 하지만 지금은 와인생산뿐 아니라 생산자와 소비자 모두 수준이 많이 높아졌다.

전통적으로 브라질에서는 수천 개의 소규모 농가가 포도를 재배했다. 주산지는 히우 그란지 두 술Rio Grande do Sul주 남쪽에 있는 습한 산악지대인 세하 가우샤Serra Gaúcha로, 연평균 강우량이 1,750mm나 된다. 부패와 노균병에 강한 이자벨(다른 곳에서는 이자벨라Isabella라고 부른다)이 일반적이며, 지금도 브라질 포도밭의 80%를 차지한다. 수확량이 너무 많아 포도를 완전히 익히기 어려워서, 수출 가능한 품질을 확보하기도 힘들다. 가볍고 달콤한 이탈리아 스타일의 스파클링 레드와인이 일반적이다.

하지만 1990년대 초 브라질이 수입와인시장을 개방하면서 더 좋은 와인을 생산하려는 움직임이 생겨났다. 안목이 떨어지는 소비자들조차도 대부분의 수입와인이 국산와인보다 품질이 더 우수하고 가격도 더 합리적이라는 것을 알았기 때문이다. 그 뒤로 브라질 생산자들은 새로운 포도밭과 와이너리가 될 땅을 찾았고, 외국의 전문가들을 불러들였다. 그리고 점점 더 많은 양의 이자벨이 포도주스에 사용되고 있다.

히우 그란지 두 술주는 4개 지역에서 와인을 생산한다. 캄푸스 지 시마 다 세하Campos de Cima da Serra, 세하 가우샤, 세하 두 수데스치Serra do Sudeste, 그리고 우루과이와 국경을 맞대고 있는 캄파냐Campanha(프론테이라Fronteira라고도 한다)이다. 맨 앞의 두 지역이 브라질 와인의 85%를 생산한다.

발리 두스 비녜두스Vale dos Vinhedos('포도밭 계곡'이라는 뜻)는 세하 가우샤의 하위지역으로, 보통 3월 말에 비가 내리기 전에 수확할 정도로 빨리 익는 메를로와 샤르도네로 독자적인 DO(Denominação de Origem)를 처음으로 획득했다. 이후 다른 하위지역(지도 참조)도 공식적인 IP(Indicações de Procedência)로 인정받았다. 핀투 반데이라Pinto Bandeira에서는 전통방식으로 괜찮은 스파클링와인을 만든다. 카브 가이스Cave Geisse가 대표적인 생산자이다. 덕분에 핀투 반데이라 고지대에 새로운 DO가 제안되었다. 파호필랴Farroupilha에서는 이탈리아의 아스티를 모델 삼아 지역의 모스카텔 품종으로 과즙이 많은 스파클링와인을 만든다.

남쪽으로

새로운 와인산지 중 가장 유망한 곳은 캄파냐이다. 브

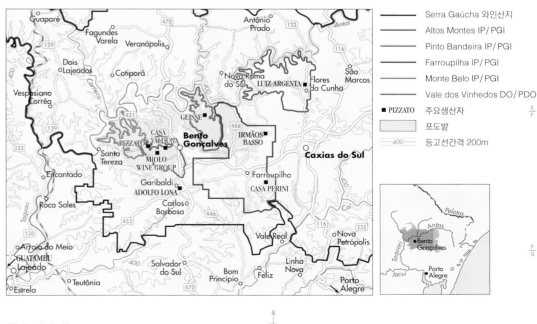

범례:
- Serra Gaúcha 와인산지
- Altos Montes IP/PGI
- Pinto Bandeira IP/PGI
- Farroupilha IP/PGI
- Monte Belo IP/PGI
- Vale dos Vinhedos DO/PDO
- ■ PIZZATO　주요생산자
- 포도밭
- 400　등고선간격 200m

1:1,011,000

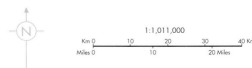

세하 가우샤

처음으로 공식적인 하위지역을 보유한 브라질의 와인산지. 포도밭 입지와 포도품종, 와인 스타일의 가장 좋은 조합을 찾아내기 위해 노력하고 있다.

우루과이 Uruguay

브라질과 달리 우루과이 사람들은 남미에서 가장 적극적인 와인소비자이다. 대서양의 영향을 받는 우루과이의 와인산업은 남미에서 네 번째로 큰 규모이다.

현대적인 의미의 와인생산은 1870년 바스크인들의 이민과, 타나 같은 우수한 유럽 포도품종의 수입으로 시작되었다. 타나 품종을 우루과이에 처음 보급한 사람의 이름을 따서 아리아게Harriague라고도 하는데(타나가 남미로 도입된 시기와 경로에 대해서는 논란이 있다), 아르헨티나의 햇살 가득한 하늘이 말벡을 변모시킨 것처럼 타나도 고향인 프랑스 남서부보다 우루과이에서 훨씬 더 살집이 있고 벨벳처럼 부드러운 와인이된다. 1~2년 안에 마실 수 있으며, 타나로 만드는 프랑스의 전형적인 마디랑Madiran 와인과는 성격이 완전히 다르다.

이는 우루과이의 기후와 지형이 아르헨티나의 와인산지와 공통점이 많기 때문이 아니다. 해는 잘 들지만 훨씬 습하고(그래서 유기농법을 적용하기 어렵다), 실제로 평균 기온과 연간 강우량(900~1,250㎜)은 비교적습한 보르도와 유사하다. 우루과이의 주요 와인산지가모여 있는 남부에서 밤이 서늘한 것은, 고도가 아니라(산악지대가 아니다) 남대서양 남극 해류의 영향 때문이다. 저녁에는 바람이 자주 불고 서늘해서 포도가 천천히 익는다. 가을비가 일찍 내리는 해를 제외하면 상쾌한 산미가 상당히 매력적이다. 이 상쾌함이야말로 균형 잡힌 우루과이 와인이 오랫동안 환영받는 이유 중하나이다.

서늘한 해안

우루과이 와인의 90%가 해양성 기후인 남부 해안의 카넬로네스Canelones와 산호세San José주(프랑스에서 2곳에 모두 투자하고 있다), 그리고 다양하고 다채로운 테루아를 자랑하는 낮은 언덕 지형의 몬테비데오Montevideo주에서 생산된다. 토양은 일반적으로 점토와 석회암이 다양한 비율로 섞여 있는 롬(양토)이다. 유명휴양지인 푼타 델 에스테Punta del Este 주위에 새로 조성된 유망한 포도밭은 대서양의 영향을 강하게 받는다. 말도나도Maldonado주의 화강암과 석영 토양 위에 위치한 보데가 가르손Bodega Garzón은 대규모 해외투자를받아, 남동쪽 지역에서 다양한 품종을 시험하고 있다.

개발이 한창인 우루과이 남서부의 콜로니아Colonia주는 라플라타la Plata강 하구를 사이에 두고 아르헨티나 부에노스아이레스와 마주하는데, 토양이 매우 비옥한 충적토여서 포도나무가 지나치게 잘 자라 포도가잘 익지 않는 문제가 있다(국제 컨설턴트가 이 문제를 해결하기 위해 노력하고 있다). 상당히 많은 우루과이 포도밭이 U자형 트렐리스 방식을 채택해서 포도송이가 나뭇잎에 파묻히지 않고 햇빛을 많이 받을 수 있게 하는데, 습한 기후에 유용한 방식이지만 막대한 시간과 노동력이 필요하다.

원래 있던 아리아게 품종이 바이러스에 굴복하면서, 거의 대부분이 아리아게와 구분하기 위해 타나라고부르는, 프랑스에서 들여온 나무로 교체되었다. 하지만 오랫동안 와인을 만들어온 피사노Pisano 가문의 후손인 가브리엘Gabriel이 살아남은 올드 바인 아리아게로, 드물게 강렬한 증류주인 타나 리큐어Licor de Tannat를 개발했다. 타나는 지금도 우루과이에서 가장 많이재배하는 품종으로, 2016년 현재 우루과이 전체 포도밭 면적 6,445ha 중 1,731ha를 차지하고 있다. 함부르크 뮈스카를 제외하면 레드와인 품종이 지배적이다. 두 번째로 많이 재배하는 품종은 메를로로, 과즙이 풍부해서 강한 타닌으로 악명 높은 타나의 좋은 블렌딩 파트너가 되고 있다. 카베르네 소비뇽, 카베르네프랑, 프티 베르도, 진판델, 그리고 지금은 마르슬랑Marselan 역시 인기가 높다. 화이트와인 품종으로는 샤르도네, 소비뇽 블랑, 비오니에, 트레비아노, 토론테스Torrontés, 그리고 최근에는 알바리뇨까지 다양하게 재배하고 있다.

북동부의 리베라Rivera주는 국경 너머 브라질의 유망한 캄파냐(프론테이라) 지방과 구분하기 힘들 정도로유사하다. 리베라주 세로 차페우Cerro Chapeu 지역의 토양은 뿌리를 깊이 내리는 데 유리하다고 확인되어, 다양한 품종이 시도되었다. 덥고 건조하고 해양성 기후의 영향을 적게 받는 북서부의 살토Salto주는 상업용으로는 처음으로 아리아게를 심은 곳으로, H 스타그나리H Stagnari 보데가는 풍부하고 부드러운 스타일의 타나로 유명하다.

이제 우루과이의 와인생산자들은 중소규모 보데가와, 신생회사부터 대형 와인기업 후아니코Juanicó에 이르기까지 품질 개선에 집중하고 있다. 5%에 불과한와인 수출 비중을 높이는 것이 목표이다.

우루과이 남부

우루과이의 와인산지는 대부분 해안가에 있다. 오른쪽 위치지도를 보면 북부에도 역사적으로 중요한 와인산지가 있는것을 알 수 있다.

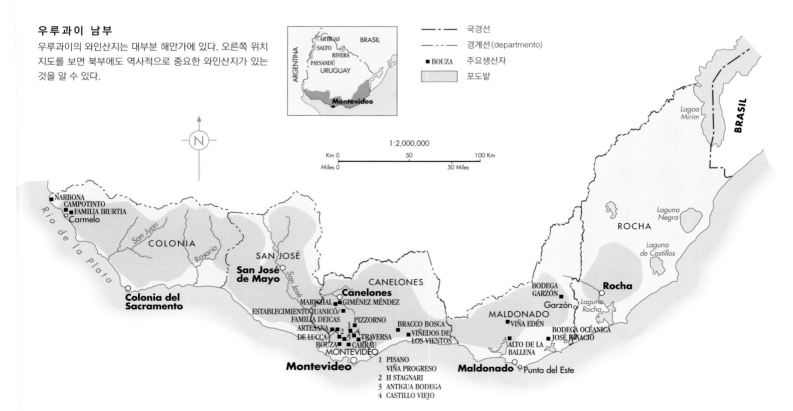

칠레 Chile

한 나라의 포도밭이 남반구의 보르도에 해당하는 위도에서 아프리카 말리의 팀북투Timbuktu까지 1,400km나 이어지는 것을 상상해보자. 그 나라가 바로 칠레이다. 덕분에 아타카마Atacama 사막부터 추운 파타고니아까지 포도재배 환경이 극단적으로 다양하다.

칠레는 남북을 축으로 한 지도를 제작하는 사람들에게 매우 불편한 지형이다. 이 책에서 칠레의 주요 와인산지 지도가 동서로 되어있고, 또 최북단과 최남단의 산지를 현재 모습 그대로 상세지도에 표시하지 못한 이유이기도 하다. 하지만 최근 포도밭 경계가 계속 이동하는 것을 보면 미래에는 달라질 것이다.

칠레는 포도의 파라다이스인 센트럴 밸리에서 부러울 만큼 쉽게 자라는 카베르네와 메를로로 만든, 저렴하지만 과일향이 좋은 와인으로 유명하다. 하지만 포도재배의 한계를 여러 방향에서 시험했고, 그 결과 칠레 와인은 더 우아하고 지역적인 개성을 갖게 되었다.

원래 공식적인 칠레의 와인지도는 서쪽의 차가운 태평양, 동쪽의 우뚝 솟은 안데스산맥 사이에 있는 길고 좁은 독특한 지형을 단순히 가로로 나눠서 표시했다. 하지만 태평양과 안데스라는 지리적 영향의 중요성(p.336 참조)을 인정해서 지금은 세로로도 나눈다. 칠레의 와인 생산자들이 라벨에 사용하는 'Costa(해안)', 'Entre Cordilleras(코스탈 산맥과 안데스산맥 사이)', 'Andes(산맥)'라는 용어는 3가지의 매우 다른 환경에서 생산된 와인이라는 표시다. 하지만 인기 있는 해안가라도 바다에 완전히 노출된 곳과 해안 산맥의 동향 비탈은 재배환경이 매우 다르다.

기후만이 아니다. 가로로 나누든 세로로 나누든, 토양과 그 밑에 있는 암석 역시 다양하다. 칠레 출신 테루아 컨설턴트 페드로 파라(p.25 사진 참조)는 칠레의 토양에 특별한 관심을 갖고 있다. 칠레의 서부지방은 매우 오래된 화강암과 곳에 따라 편암과 점판암 토양을 볼 수 있고, 해안 산맥과 안데스산맥 사이의 중부 평원에서는 깊은 점토층, 롬(양토), 실트 토양과 모래 침전물이 더 일반적이다. 이 지역은 붕적토 또는 충적토로 이루어져 있어 예비 포도재배자들에게 특별하고 유망한 테루아를 가늠하는 기반이 되고 있다.

포도재배자의 파라다이스

칠레는 포도재배에 매우 적합하다. 안정된 지중해성 기후로 구름 한 점 없는 화창한 날씨가 계속되고, 건조하며, 전반적으로 깨끗한 공기를 자랑한다(수도 산티아고 주위는 제외). 칠레의 전통 와인산지에 농업적으로 불리한 점이 있다면, 여름에 비가 거의 내리지 않는다는 점이다. 고대 잉카의 농부들도 열심히 땅을 파서 놀라운 수로망을 구축하고, 해마다 안데스산맥의 눈

이 녹아 내려오는 물을 받았다(지금은 물의 양이 점점 줄어들고 있다). 정교하다고는 할 수 없지만 감탄할 만한 이 관개시설은 새로운 포도밭에서 점적관개시설로 대체되었다. 점적관개를 통해 비료도 뿌리고(모래 토양이어서 비료가 필요하다), 각각의 이랑에 필요에 따라 효율적으로 물을 공급한다. 가볍지만 전체적으로 비옥한 토양과 완벽하게 통제된 물 공급으로 포도재배는 너무 간단하지만, 품질을 가장 우선시하는 생산자들은 최고의 와인을 생산하기 위해 더 척박한 땅을 적극적으로 찾고 있다.

남쪽의 일부 오래된 포도밭은 항상 건지농법을 사용한다. 새로운 와인산지의 경우 지하수를 끌어올리기 위해 큰돈을 들여 우물을 파야 하는 지역도 있어서, 종종 수리권을 둘러싸고 분쟁이 발생하기도 한다. 포도나무가 썩거나 노균병이 발생하지 않는 것은 아니지만, 유럽이나 심지어 안데스산맥 바로 너머의 아르헨티나보다도 훨씬 적게 발생한다.

와인생산국으로서 칠레는 독특한 특징이 하나 더 있는데, 지리적으로 고립되어 필록세라의 공격에서 자유롭다는 것이다. 포도나무는 자신의 뿌리로 안전하게 자랄 수 있고, 포도밭을 새로 만들 때는 꺾꽂이가지를 그대로 심기만 하면 된다. 그래서 저항력 있는 바탕나무에 접붙이는 데 드는 시간과 비용을 줄일 수 있다. 하지만 지금은 선별된 바탕나무에 접붙이기가 더 일반적인데, 숙성을 촉진시키고 포도품종을 특정 지역에 적

Copiapó	—·—·— 국경선
Huasco	- - - - 경계선 (region)
Elqui	[335] 상세지도 페이지
Limarí	
Choapa	
Aconcagua	
Maipo	
Casablanca	
Lo Abarca	
San Antonio	
Leyda	
Cachapoal (within Rapel)	
Colchagua (within Rapel)	
Los Lingues	
Apalta	
Curicó	
Licantén	
Maule	
Itata	
Bío Bío	
Malleco	
Cautín	
Osorno	

1:5,263,000

Km 0   50   100   150   200 Km
Miles 0   50   100 Miles

응시키며, 뿌리혹선충 같은 토착질병에 저항력을 키우기 위해서이다. 또한 최근 다른 와인산지에서 온 방문객이 늘면서, 모르는 사이에 필록세라를 옮길 가능성에 대비하기 위해서이기도 하다.

1990년대 말까지 칠레에서 가장 많이 재배된 품종은 파이스Pais(아르헨티나의 크리올라 치카Criolla Chica, 캘리포니아의 미션)였고, 칠레에서 인기 높은 테트라팩(종이팩) 와인용으로 여전히 널리 재배되고 있다. 하지만 큰 회사든 작은 와이너리든 품종을 중요시하는 생산자

가 점점 늘고 있으며, 특히 마울레Maule와 이타타Itata의 오래된 부시바인이 각광받고 있다. 칠레는 오래전부터 이 땅에 적응한 보르도 품종들의 보고이기도 한데, 이 품종들은 필록세라가 유럽을 휩쓸기 전 보르도에서 직접 들여온 꺾꽂이나무이다.

적어도 100년 동안 칠레의 포도밭은 파이스, 카베르네 소비뇽, '소비뇽 블랑'(실제로는 대부분 소비뇽 베르/소비뇨나스)과 '메를로'(대부분 오래된 보르도 품종인 카르메네르로, 잘 자라지만 풀내음이 조금 나서 품종와인

보다 블렌딩에 사용하는 것이 더 좋다)가 주를 이루었다.

하지만 20세기 말과 21세기 초에 걸쳐 우수한 품질의 클론과 새로운 품종을 많이 심어서, 이처럼 건강한 포도나무에서 얻을 수 있는 풍미의 범위가 크게 넓어졌다(새로운 와인산지가 기존 산지보다 대부분 더 서늘하기 때문이기도 하다). 지금도 카베르네가 여전히 지배적이지만 시라, 피노 누아, 말벡, 소비뇽 블랑, 소비뇽 그리, 비오니에, 샤르도네, 게뷔르츠트라미너, 심지어 리슬링으로 만든 좋은 와인도 나온다.

범례

- - - - 경계선(region)
───── Aconcagua
───── Maipo
───── Casablanca
───── San Antonio
───── Lo Abarca
───── Leyda
───── Cachapoal (within Rapel)
───── Colchagua (within Rapel)
───── Los Lingues
───── Apalta
───── Curicó
───── Licantén
───── Maule
───── Itata

Lolol   와인 하위지역
■ ANAKENA   주요생산자
~1200~   등고선간격 400m
▼   기상관측소(WS)

칠레 쿠리코 ▼

남위 / 고도(WS)	34.97°/228m
생장기 평균 기온(WS)	17.4℃
연평균 강우량(WS)	724㎜
수확기 강우량(WS)	3월 : 14㎜
주요 재해	뿌리혹선충병
주요 품종	레드 카베르네 소비뇽, 메를로, 카르메네르, 파이스, 시라 화이트 소비뇽 블랑, 샤르도네

1:1,100,000
Km 0   10   20   30   40 Km
Miles 0   10   20 Miles

칠레 중부

와인산지를 최대한 많이 보여주기 위해 지도를 옆으로 돌려서(왼쪽이 북쪽), 산티아고 근처 마이포계곡의 경사면에 있는 포도밭부터 마울레계곡의 놀라울 정도로 평평한 평원까지, 센트럴 밸리의 와인산지 4곳을 모두 지도에 표시했다. 또한 비교적 새로운 산지인 더 서늘한 해안 지역, 그리고 한때 무시당했던 강우량이 많은 이타타(일부) 지역도 포함했다.

칠레 최북단

칠레에 새로 조성된 와인산지는 바다와 남극에 가깝거나 하늘에 가까워서 대부분 센트럴 밸리보다 훨씬 서늘하다. 현재 칠레의 와인지도(p.333 지도)에서 포도밭이 가장 극적으로 확장되고 있는 지역이 최북단으로, 관개시설이 반드시 필요한데 설치가 쉽지 않다. 태평양 기준 해발 2,500m에 있는 아타카마Atacama 사막 한가운데에서도 포도나무가 자라는데, 사막 주위에 작은 포도밭이 자리한다. 가장 높은 곳은 3,500m로, 볼리비아와 거의 국경을 맞대고 있다. 이 지역에서 생산되는 와인은 '공동체'라는 뜻의 아이유Ayllu로, 시라, 말벡, 피노 누아와 파이스를 블렌딩한 와인이다. 칠레 최북단에 있는 포도밭은 아타카마사막에서 북쪽으로 350km 올라간, 남위 20° 부근 이키케Iquique 마을 남서쪽에 위치한다(p.330 참조).

최북단의 포도밭은 상세지도에 포함하지 못한 엘키Elqui와 리마리Limarí보다 더 북쪽에 있다. **엘키 밸리**의 가파른 계곡에서는 옛날부터 생

식용 포도, 피스코용 포도, 이상하게 중독성이 있는 모스카텔 증류주를 만드는 포도를 재배했다. 하지만 이탈리아 이민가족이 설립한 비냐 팔레르니아Viña Falernia 와이너리가 수많은 상을 수상할 정도로 훌륭한 와인을 생산하면서, 이곳에서도 좋은 와인을 만들 수 있다는 것을 증명했다. 특히 해발 2,000m 이상에서 자란 포도로 만든 대담한 시라가 훌륭하다. 고도가 더 높은 엘키산맥에서는 혁신적인 데 마르티노De Martino 와이너리의 양조책임자였던 마르첼로 레타말Marcelo Retamal이 해발 2,206m에서 시라와 여러 지중해 품종으로 비녜도스 데 알코우아즈Viñedos de Alcohuaz 와인을 만들었다. 이곳의 가파른 화강암 언덕 경사면에 있는 포도밭은 풍미가 충만한 론 북부 와인을 떠올리게 한다.

남쪽에 있는 **리마리**계곡은 폭이 훨씬 더 넓다. 해안 가까이에 포도밭이 있어 태평양 덕분에 시원하다. 이곳에는 칠레의 다른 여러 지역과 달리 차가운 바닷바람을 막아주는 해안 산맥이 없다. 덕분에 해안에서 내륙으로 12km 들어간 곳에 있는 타발리Tabali 와이너리는 세계 어디에 내놓아도 손색없는 소비뇽 블랑과 샤르도네, 그리고 점점 좋아지는 피노 누아를 생산한다.

엘키처럼 이곳도 원래는 피스코의 고장이었고, 수년 동안 현지의 피스코 협동조합 지부가 유일한 와이너리였다. 2005년 칠레 최대의 와인회사 콘차 이 토로Concha y Toro가 물 부족 문제에도 불구하고 조합 와이너리를 매입해서 비냐 마이카스 델 리마리Viña Maycas del Limarí라는 새 와이너리를 설립한 것은, 이 지역에 대한 국가적 신뢰를 보여주는 증거이다.

아콩카과와 태평양

아래 상세지도의 최북단(가장 왼쪽)에 있는 와인산지가 아콩카과Aconcagua이다(해발 7,000m 안데스 최고봉에서 따온 이름이다). 따뜻한 아콩카과계곡, 현저하게 추운 카사블랑카Casablanca와 산 안토니오San Antonio 계곡, 이렇게 특성이 각각 다른 3개의 하위지역으로 구성된다. 넓게 트인 아콩카과계곡은 이른 오후에는 산에서 해안쪽으로 차가운 바람이 불어 더운 공기를 식혀주고, 저녁에는 강 하구에서 올라오는 바닷바람이 안데스산맥의 서쪽 산기슭을 서늘하게 식혀준다. 19세기 말 팡케우에Panquehue의 비냐 에라수리스Viña Errázuriz는 세계 최대의 와이너리로 유명했다. 오늘날 아콩카과 밸리의 포도밭은 약 1,000ha에 달하며, 계곡 경사면 역시 점점 포도밭으로 변하고 있다. 해안 가까이에서도 갈수록 포도나무를 많이 재배한다. 콜모Colmo 서쪽, 바다에서 내륙으로 16km 들어간 곳에 있는 포도밭은 뉴질랜드의 말버러와 비슷한 서

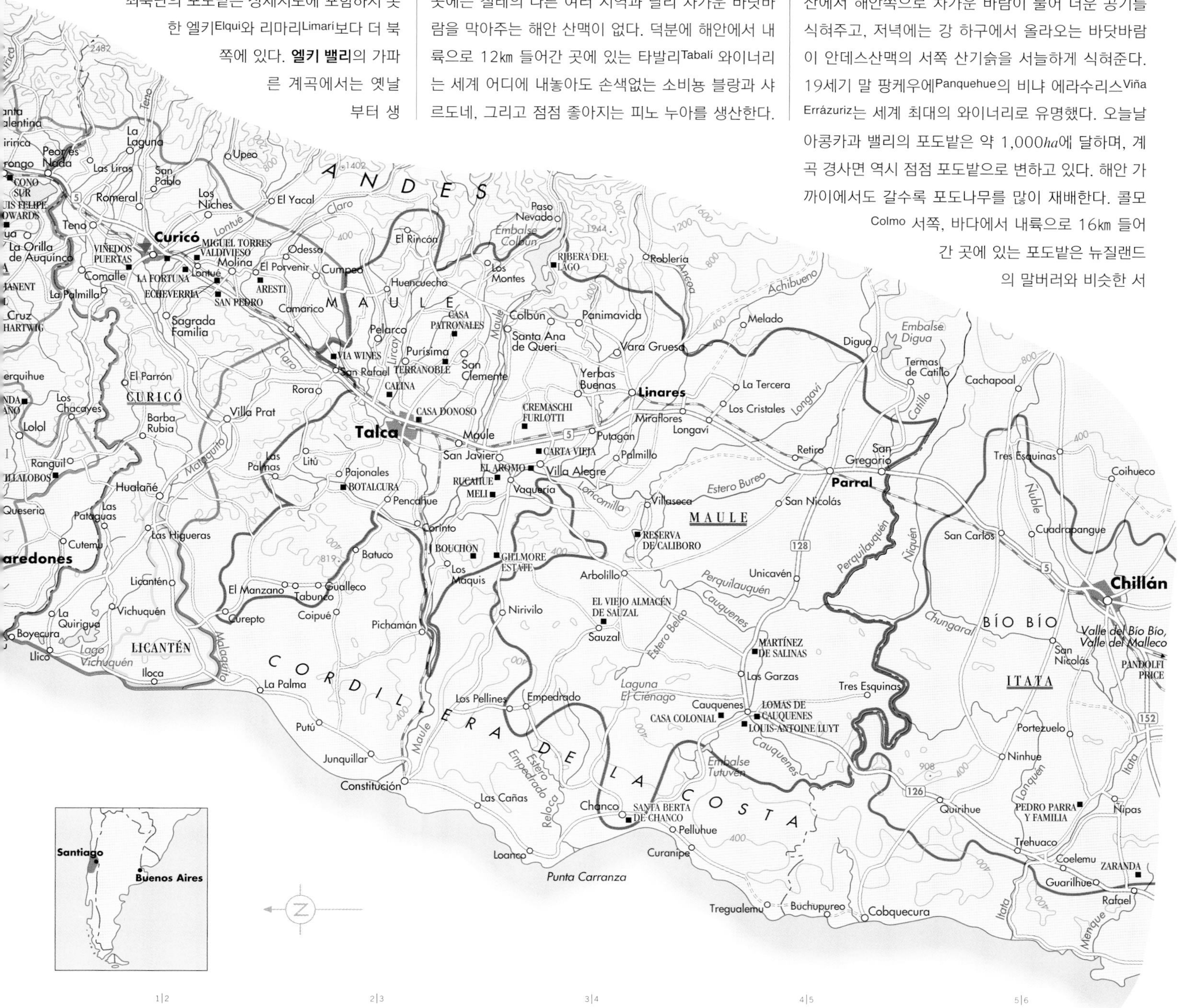

늘한 날씨의 혜택을 누리며, 에라수리스 와이너리의 와인메이커인 프란치스코 배티그Francisco Baettig는 해안에서 12㎞ 떨어진 곳에 2005년에 심은, 포도나무로 칠레에서 최고라고 평가받는 피노 누아와 샤르도네를 만들고 있다.

카사블랑카 밸리는 현대에 처음 개발된 해안지역 와인산지로 1990년대에 포도밭이 광적으로 확장되었다. 이곳에서 재배되는 상쾌한 소비뇽 블랑, 샤르도네, 피노 누아 덕분에 칠레 와인의 풍미가 더욱 풍요로워졌다. 12개 보데가를 비롯 칠레의 대형 와인회사 대부분이 이곳에서 포도를 재배하거나 매입한다. 카사블랑카 카곗곡은 안데스산맥에서 멀리 떨어져서 저녁에 산에서 차가운 바람이 불어와 내륙쪽 포도밭의 열기를 식혀준다거나, 산 위의 눈이 녹은 물을 관개용수로 쓰는 혜택은 누리지 못한다. 그러나 계곡의 동쪽 끝이 덥기는 하지만, 계곡 대부분이 바다와 가까워서 서늘한 바닷바람이 오후 기온을 10℃ 정도 낮춰준다. 그리고 겨울이 온화해 이곳의 생장기간은 센트럴 밸리의 대부분 지역보다 길게는 1달 정도 더 길다. 봄서리는 계속 위협적인 존재이고, 개방되어 있어 서리 피해가 잦은 계곡 바닥의 포도밭은 수확 일주일 전에 서리가 내려 낭패를 보는 일도 드물지 않다. 하지만 물이 부족해서 서리 방지용 스프링클러를 설치하는 것은 생각조차 할 수 없다. 원래 활력이 떨어지는 포도나무는 뿌리혹선충에 약하기 때문에 강한 바탕나무에 접붙여야 하므로, 재배비용이 다른 곳보다 많이 든다.

카사블랑카의 성공은 완만한 해안 언덕인 **산 안토니오 밸리**의 발전을 자극했다. 1997년 비냐 레이다Viña Leyda 와이너리가 처음 포도나무를 심었고, 2002년에 와인산지로 공식 인정을 받았다. 산 안토니오는 지형이 다양해서, 카사블랑카 서부보다 바다의 영향을 더 많이 받아 서늘하고 습하다. 비냐 레이다와 함께 카사 마린Casa Marin, 마테틱Matetic, 아마이나Amayna도 산 안토니오 밸리의 개척자들이다. 다른 많은 생산자들이 이곳에서 소비뇽 블랑, 샤르도네, 피노 누아를 매입하는데, 최근에는 시라가 현대 칠레 와인의 새 강자로 떠오르고 있다. 2018년에는 카사 마린이 별도의 아펠라시옹으로 인정받는 데 성공하고 **로 아바르카**Lo Abarca라는 아펠라시옹을 획득했다. 태평양에서 4㎞ 떨어진 매우 서늘한 지역이라는 특징이 주요했다. 산 안토니오의 거친 토양은 카사블랑카의 서쪽 끝처럼 화강암 위에 얕은 적점토층으로 이루어져 있는데, 로 아바르카의 토양은 석회암이 섞여있다. 이곳도 관개용수가 많이 부족하다. **레이다 밸리**Leyda Valley는 산 안토니오 밸리 남쪽에 있는 공식적으로 인정받은 와인산지이다.

센트럴 밸리

p.334~335 지도에는 4곳의 센트럴 밸리 하위지역인 쿠리코Curicó, 마이포Maipo, 라펠Rapel, 마울레Maule가 나온다. 마이포, 라펠, 마울레는 중부 평원을 지나, 낮은 해안 산맥을 뚫고 바다로 나가는 3개의 강에서 따온 이름이다.

마이포는 상당히 더우며 지금은 산티아고의 스모그로 고통받고 있다. 센트럴 밸리 지역에서는 포도밭 면적이 가장 작고, 또한 산티아고가 확장되면서 땅값이 급등해 와인산지로서 위협을 받고 있다. 마이포는 원래 수도 산티아고와 가까워서, 19세기에 취미로 시골에서 농사를 짓는 여유 있는 도시인들이 소유한 대규모 농장이 많은 곳이었다. 이들 중 일부가 콘차 이 토로, 산타 리타Santa Rita, 산타 카롤리나Santa Carolina라는 칠레의 거대 와인회사를 설립했고, 지금도 칠레 와인산업에서 중요한 위치를 차지한다(이곳에서 칠레의 진정한 1세대 와인이 만들어졌다). 마이포는 기본적으로 레드와인 산지이며, 수확량을 제한하면 보르도 품종으로 나파 밸리의 카베르네를 어렴풋이 연상시키는 세계적인 수준의 와인을 만들 수 있는데, 칠레 특유의 흙내음이 밑에 깔려있는 와인이다. 푸엔테 알토Puente Alto의 포도밭이 안데스산맥 기슭으로 조금씩 올라가고 있는데, 산의 영향이 강하게 느껴지는 곳이다. 비교적 서늘한 아침과 척박한 토양이 칠레 최고의 카베르네인 알마비바Almaviva, 도무스 아우레아Domus Aurea, 카사 레알Casa Real(산타 리타 최고의 와인)를 탄생시켰다. 아라스 데 피르케Haras de Pirque와 비녜도 채드윅Viñedo Chadwick 와이너리의 카베르네 역시 훌륭하다. 긴 센트럴 밸리 고지대 전역에 포도나무를 계속 심고 있으며, 서쪽으로는 해안 산맥을 향해, 동쪽으로는 건조하고 서늘하며 일조량이 많은 안데스의 산기슭 비탈을 향해 포도밭이 계속 확장되고 있다.

마이포 바로 남쪽에는 급성장 중인 변화무쌍한 와인산지 **라펠**이 있다. 하위지역으로 북쪽에 **카차포알**Cachapoal계곡(랑카과Rancagua, 레키노아Requinoa, 렝고Rengo 지역도 포함되었다. 라벨에서 지역명을 가끔 볼 수 있다)이 있고, 남쪽에 산 페르난도San Fernando, 낭카과Nancagua, 침바롱고Chimbarongo, 마르치우에Marchigüe / Marchihue를 포함한 세련된 **콜차과**Colchagua가 있다. 산페르난도 북쪽 안데스의 산기슭에 있는 **로스 링게스**Los Lingues는 2018년에 지정된 새로운 DO이다. 말발굽 모양의 남향 계곡인 **아팔타**Apalta 역시 새 DO이고, 이곳 비탈의 포도밭에서 몬테스Montes와 라포스톨레Lapostolle의 고급와인이 생산되고 있다. 라벨에서는 라펠보다 카차포알, 특히 콜차과와 아팔타를 더 많이 볼 수 있다. 라펠은 주로 콜차과와 아팔타를 블렌딩한 와인의 라벨에 사용된다. 루이스 펠리페 에드워즈Luis Felipe Edwards가 해발 1,000m에 포도나무를 심은 콜차과는 칠레에서 가장 과즙이 풍부한 카르메네르Carmenère 와인으로 명성을 얻었다. 정반대격인 태평양과 가까운 곳에 있는 새로운 산지 파레도네스Paredones는 여러 면에서 산 안토니오와 많이 닮았는데, 콜차과 내륙보다 훨씬 상쾌한 화이트와인을 많이 생산한다. 칠레의 토양은 매우 다양하며 작은 지역 안에서도 여러 종류의 토양이 존재하는데, 파레도네스의 토양은 메를로와 잘 맞는 점토와 칠레 특유의 실트질 롬(양토), 모래, 그리고 화산성 토양이 섞여있다.

낮은 트럭들이 다니고 예측할 수 없는 동물들이 튀

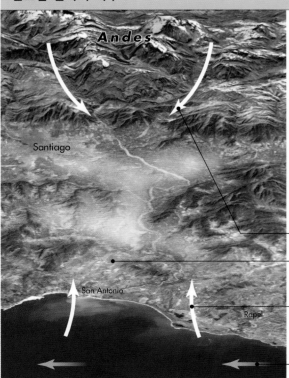

센트럴 밸리의 기후

Andes

Santiago

San Antonio

Rapel

Data source: PlanetObserver

등뼈처럼 길게 뻗어있는 1,400㎞에 달하는 센트럴 밸리의 포도밭은 남극에서 시작된 훔볼트해류의 영향으로 서늘하며, 바닷물은 같은 위도에 있는 캘리포니아의 바닷물보다 훨씬 차갑다. 칠레 포도밭의 기온을 낮춰주는 또 다른 요인은 안데스산맥에서 내려오는 차가운 밤공기로, 센트럴 밸리 동부에서 특히 뚜렷하게 나타난다. 포도는 프랑스보다 훨씬 더 안정적으로 익지만, 밤에는 쌀쌀해서 칠레의 와인메이커들은 스웨터가 필요하다.

— 안데스산맥에서 내려오는 찬 공기

— 해안에서 불어오는 바닷바람이 계곡에 낮게 깔린 구름과 안개를 만든다.

— 훔볼트해류로 인한 차갑고 습한 공기가 해안 산맥과 만난다.

— 훔볼트해류

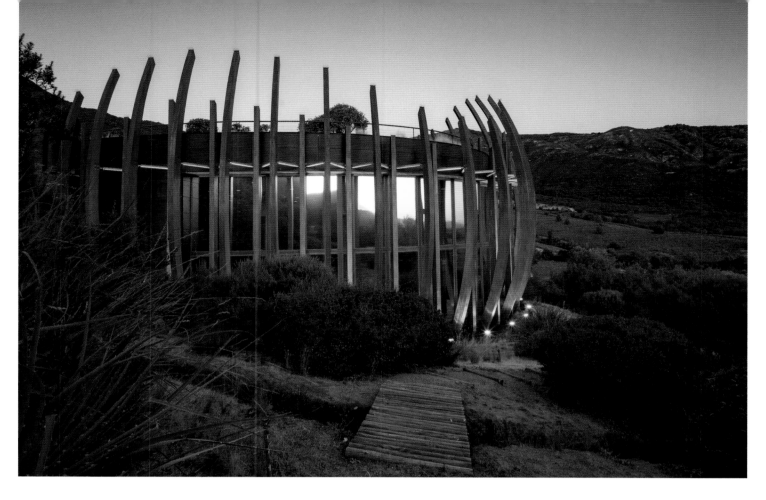

어나오는 팬-아메리칸 하이웨이Pan-American Highway를 따라 한참 내려가면 **쿠리코**의 포도밭이 나온다. 라벨에서 자주 볼 수 있는 론투에Lontué도 이곳에 있다. 이곳은 기온이 조금 더 온화하며 관개가 반드시 필요하지는 않다. 연평균 강우량이 엘키 밸리보다 10배나 많으며, 서리의 위험도 훨씬 높다. 해안 산맥은 멀리 동쪽으로 뻗어가서 태평양의 영향을 모두 차단한다. 1979년 카탈루냐의 미구엘 토레스Miguel Torres가 이곳의 와이너리에 투자를 해서 큰 화제가 되었다(같은 해에 바롱 필립 드 로쉴드Baron Philippe de Rothschild는 캘리포니아의 로버트 몬다비와 역사적 거래를 통해 오퍼스 원Opus One을 탄생시켰다). 미구엘 토레스의 투자는 한때 와인을 만들기에는 너무 남쪽에 있다고 여겨졌던 이 지역에 신뢰를 주어 많은 후발주자들이 뒤따랐다. 미구엘 토레스의 만소 데 벨라스코Manso de Velasco는 칠레에서 가장 섬세한 카베르네 중 하나로 꼽는다.

몰리나Molina의 **산 페드로**San Pedro 와이너리는 남미에서 가장 넓은 포도밭으로 둘러싸여 있으며(1,200ha), 대부분의 칠레 와이너리처럼 라틴 아메리카의 고정관념과는 거리가 먼 정교한 기술로 운영되고 있다. 리칸텐Licantén은 새로운 공식 DO로, 이곳도 가까운 태평양의 영향으로 다시 서늘해지고 있다.

마울레는 센트럴 밸리 최남단에 있는 하위지역으로, 칠레에서 가장 오래된 와인산지 중 하나이다. 강우량이 산티아고보다 2배 더 많고(두 지역 모두 여름은 건조하다), 주로 화산성 토양으로 이루어져 있으며, 생산량은 칠레에서 1, 2위를 다툰다. 기본적으로 파이스를 재배하고, 말벡이나 카르메네르 같은 품종도 있다. 카베르네 소비뇽을 널리 재배하고 있으며, 마울레 서부의 작은 포도밭에서 건지농법으로 재배하는 오래된 카리냥도 점점 높은 평가를 받고 있다. 최근까지 마울레의 포도는 센트럴 밸리 상표로 판매되는 큰 와인회사들의 블렌딩와인으로 대부분 사라져버렸지만, 비뇨Vigno라는 좋은 단체가 결성되어 새로운 길을 모색하고 있다. 비뇨는 비공식 생산자 그룹으로, 자체적으로 품질규정을 마련하고 올드 바인 마울레 카리냥을 알리고 있다. 회원은 운두라가Undurraga와 콘차 이 토로 같은 중견회사부터 길모어Gillmore와 멜리Meli 같은 작은 와이너리까지 다양하다.

미구엘 토레스는 마울레 서부, 엠페드라도Empedrado 마을의 편암이 많은 테루아에 심은 피노 누아에 대규모 투자를 했다. 첫 빈티지는 큰 가능성을 보여줬다. 그는 파이스로 스파클링와인을 시도해서 파이스의 완전히 새로운 면을 보여주기도 했다.

칠레 남부

수르Sur(스페인어로 '남쪽')의 3개 하위지역 **이타타**Itata, **비오 비오**Bío Bío, **마예코**Malleco는 해안 산맥의 보호를 받지 못해 마울레보다 더 서늘하고 습하다. 새로운 포도밭에서는 리슬링, 게뷔르츠트라미너, 소비뇽 블랑, 샤르도네, 피노 누아를 재배하지만, 기존의 포도밭은 여전히 파이스와 모스카텔이(특히 이타타에서) 주요 품종이다. 이타타는 16세기 스페인 정복자가 칠레에 도착한 직후, 처음으로 포도나무를 심은 해안

프랑스인이 소유한 카사 라포스톨레는 항상 혁신적인 와인회사이다. 콜차과에서 사랑받는 하위지역 아팔타의 클로 아팔타 와이너리를 전통에 구애받지 않고 독특하게 건축했다.

지역이다. 지금도 해안에서 16km 떨어진 과릴리우에Guarilihue에는 야생포도나무처럼 보이는 오래된 모스카텔이 잘 자라고 있다. 주로 칠레의 새로운 와인생산자들이 이곳에서 수확한 포도를 찾는다.

마예코의 비냐 아키타니아Viña Aquitania가 만든 솔 데 솔Sol de Sol 샤르도네는 처음 국제적으로 인정받은 와인이다. 그 성공에 힘입어 많은 생산자들이 남부로 진출했고 칠레 와인지도를 남쪽으로 더 확장시켰다. 당연히 빠질 수 없는 미구엘 토레스를 비롯, 많은 도전자들이 지금도 계속 와인지도를 넓혀가고 있다. 예를 들어 산티아고에서 남쪽으로 980km 떨어진 서늘하고 습한 **오소르노**Osorno 지역의 자생림, 호수, 산의 황무지에 작은 포도밭이 조금 생겼다. 칠레삼나무가 눈을 맞으며 자라는 고산지대인 이곳에서 생산되는 피노 누아나 소비뇽 블랑과 리슬링으로 만든 스틸과 스파클링와인은 일반적인 칠레 와인과 풍미가 다르다.

몬테스는 리슬링과 피노 누아를 포함해 5가지 품종을 작은 야생의 섬 메추케Mechuque에서 시험하고 있다. 더 남쪽에 있는 파타고니아의 칠레 치코Chile Chico에는 지역 포도재배 연구센터가 있다. 와인지도는 계속 남쪽으로 확장되고 있다.

아르헨티나
Argentina

아르헨티나는 현대의 와인 트렌드를 따라잡는 데 칠레보다 오래 걸렸다. 내수시장이 거대하고, 이탈리아 스타일의 구식 와인에 만족했기 때문이다. 화이트는 밋밋하며, 레드는 너무 오래 숙성시켜 갈색이고, 짚으로 만든 바구니에 담긴 피아스코fiasco 병으로 판매되었다. 아르헨티나를 얼마나 먼 나라로 생각했는지, 모엣 & 샹동Moët & Chandon은 아르헨티나에서 만든 스파클링와인을 '샴페인'으로 팔 정도였다. 아무도 눈치채지 못할 거라고 생각했을 것이다. 그 뒤 1990년대 초에 누군가가 아르헨티나의 말벡이 얼마나 과즙이 풍부하고 쉽게 구할 수 있으며 가격이 저렴한 품종인지 깨달았다. 그때부터의 이야기는 이제 다 아는 내용이다. 불안한 경제와 정치 상황마저도 아르헨티나 와인의 도약을 막지 못했다. 열망, 품질, 고도 모두 최고조였다.

오래된 셀러는 새 단장을 하고, 전 세계의 투자자들은 최첨단 셀러를 새로 지었으며, 안데스산맥의 까마득히 높은 곳에 계속 포도나무를 심었다. 정작 아르헨티나 사람들은 과일향이 많은 와인 말고는 와인을 덜 마시게 되었지만(그래도 생산량의 75%가 국내에서 소비된다), 아르헨티나의 풍미가 강한 풀바디 레드와 일부 화이트와인이 해외에 먼저 보급되었고 특히 북아메리카에서 큰 사랑을 받았다.

안데스산맥 위에서

가로수가 우거진 활기찬 도시 멘도사Mendoza는 아르헨티나 와인의 수도로, 칠레의 수도 산티아고에서 비행기로 50분밖에 걸리지 않는다. 빈 자리가 없는 객실 안에서 쇼핑백만 들고 있는 승객을 흔히 볼 수 있을 정도로 가깝지만, 비행기는 바위와 얼음이 뾰족한 칼날처럼 생긴 안데스산맥의 가장 높은 해발 6,000m 능선을 통과해야 한다. 아르헨티나와 칠레의 주요 와인산지는 서로 붙어있지만 자연환경은 정반대이다. 두 나라 모두 와인을 만들기에는 위도가 너무 낮지만, 칠레의 와인산지는 지리적으로 고립된 덕분에 이상적인 생장 환경을 갖게 되었고(추운 안데스산맥과 차가운 태평양 사이에 끼어있다), 아르헨티나의 가장 유명한 포도밭은 고도 덕분에 거칠고 메마른 반사막에 녹색의 오아시스처럼 존재한다.

아르헨티나 포도재배의 특징인 고지대에서는 밤 기온이 낮아 풍미가 풍성하며 색깔이 진한 레드와인용 포도가 자라고, 더 서늘한 지역에서는 상큼하고 향이 좋은 화이트와인용 포도가 자란다. 산악지대는 공기가 건조해서 질병이 거의 없고 물도 풍부해서 다른 곳보다 수확량이 매우 많지만, 지금은 대부분의 생산자가 양보다 질을 중시한다. 전통적인 포도밭과 관개용

수로는 안데스산맥의 눈이 녹은 물로 넘치곤 했지만, 지금은 눈이 적게 내리고 많은 포도밭이 완전히 새로운 지역에 있어서 물 공급이 훨씬 제한적이다(점적관개가 점차 일반화되고 있다). 리오 네그로Rio Negro와 후후이Jujuy 같은 산지는 가까운 강에서 물을 충분히 공급받을 수 있다. 파타고니아 남부와 부에노스아이레스주의 새로운 포도밭에서는 비가 큰 역할을 한다. 가장 최근에 포도나무를 심은 우코Uco 밸리의 고지대, 즉 로스 아르볼레스Los Arboles, 산 파블로San Pablo, 라 카레라La Carrera 역시 건지농법을 쓴다. 다른 곳처럼 물 공급이 와인산업의 경제성, 심지어 존속가능성을 결정하는 요소가 되고 있다. 샤르도네처럼 뿌리혹선충에 민감한 품종을 새로 심을 때는 바탕나무에 접붙인 나무를 심지만, 지금까지는 필록세라가 큰 문제가 되지 않았다. 담수관개(flood irrigation)가 일반화되어 있는데, 비교적 모래가 많은 토양에 적합한 방식이다. 아르헨티나 포도나무는 놀랍도록 건강하게 자라고 있다.

아르헨티나의 포도밭이 있는 고도는 겨울에 춥지만, 진정한 위험은 서리이다. 고도와 위도가 낮은 곳은 여름이 너무 더워 고급와인을 생산하기에 적합하지 않다. p.340의 주요 정보에서 볼 수 있듯이 아르헨티나의 연간 강우량은 적지만(엘리뇨가 발생한 해에도 그렇다), 비가 생장기간에 집중적으로 내린다. 몇몇 지역, 특히 아르헨티나 포도밭의 70%가 있는 멘도사주에서는 1년 농사를 망칠 수 있는 국지적인 우박의 위험이 있다. 그래서 특수한 우박방지그물을 쉽게 볼 수 있는데, 햇빛이 강한 곳에서는 타지 않게 방지하는 역할도 한다. 존다zonda라고 불리는 뜨겁고 건조한 서풍 역시 골칫거리이다.

대부분의 토양은 충적토이며 비교적 어리고, 고지대

트렐리스가 질서정연하게 줄지어 있는 산 카를로스의 포도밭. 우코 밸리 와인산지 중 가장 남쪽에 있는 지역으로 서리의 위험이 항상 도사리고 있다. 안데스산맥의 눈을 포도밭의 관개용수로 사용하고 있지만, 쌓여있는 눈의 양이 점점 줄어들고 있다.

에는 큰 돌이 많다. 최근 몇 년 동안 구덩이를 많이 파서 현무암, 화강암, 석회암, 그리고 다른 석회질 토양에 포도나무를 심었는데, 최고 와인의 강한 풍미를 갖기 위해서는 땅속뿐 아니라 땅 밖의 강렬한 햇빛, 건조한 공기, 일교차도 중요하다. 일교차가 최고 20℃로 세계 어느 곳보다 큰데, 대부분 고도 때문이지만 남쪽의 파타고니아는 높은 위도 때문이다.

추부트Chubut주에 있는 파타고니아 최남단의 포도밭이나 가장 높은 고지대를 제외하면 포도가 쉽게 잘 익는다. 아르헨티나는 기온이 높아 타닌이 약하고 알코올 도수가 높은 와인을 만드는데, 생산자들은 캐노피 매니지먼트와 관개 시간을 신중하게 설정하고, 우박방지그물을 잘 이용해 포도가 천천히 익도록 노력한다. 화이트와인의 알코올 도수 역시 수확날짜를 달리해서 낮출 수 있다. 보통 산을 첨가하지만, 몇몇 새로운 포도밭은 매우 서늘해서 자연스럽게 생긴 산미로 충분하다.

진하거나 연하거나

해외에 알려진 아르헨티나 와인의 명성은 가장 많이 재배하는 말벡 덕분이다. 말벡은 1853년에 카베르네 소비뇽, 피노 누아 등 다른 프랑스 품종과 함께 아르헨티나에 도입되었다. 오늘날 아르헨티나의 말벡은 집단 선발법(mass selection)을 통해 얻은 것으로, 고향인 프랑스 남서부 카오르 지방의 것과 맛은 물론 생김새도 다르다(송이가 더 촘촘하고 포도알은 더 작다). 말벡

의 상쾌함과 강렬함을 유지하기 위해 카베르네 소비뇽보다 조금 더 높은 곳에서 재배하는 것이 좋다.

색이 진한 보나르다Bonarda는 이탈리아의 보나르다 품종과는 관련이 없고 캘리포니아에서 샤르보노Charbono라 불리는 품종인데, 아르헨티나에서는 가장 개발이 덜 된 와인용 품종이다. 다른 레드와인 품종은 재배면적 순서로 카베르네 소비뇽, 시라, 템프라니요, 메를로, 산조베제, 피노 누아(파타고니아와 멘도사의 고지대 포도밭에서 자란 것이 최고다), 타나, 카베르네 프랑, 프티 베르도, 안첼로타, 바르베라, 크리올라 치카Criolla Chica(칠레에서는 파이스, 미국에서는 미션)가 있다. 코르디스코Cordisco(몬테풀치아노), 알리아니코Aglianico, 네비올로, 가르나차, 코르비나, 토리가 나시오날, 무르베드르, 트루소도 조금 있다. 알타 비스타Alta Vista와 아차발 페레Achával Ferrer 와이너리가 선도하고 카테나 자파타Catena Zapata, 트라피체Trapiche, 주카르디Zuccardi가 발전시킨 운동에 영향을 받아, 말벡 역시 고지대에서 재배하면 활기차고 투명하며 테루아를 잘 표현하는 와인이 될 수 있다는 것을 갈수록 많은 생산자가 보여주고 있다. 피노 누아도 마찬가지이다.

크리올라 그란데, 크리올라 치카, 세레사Cereza, 페드로 히메네스Pedro Giménez / Ximénez는 오래전부터 널리 재배되어 기본적인 와인에 쓰였는데, 그 이유로 과소평가를 받는 경향이 있다. 하지만 칠레에서 새바람을 일으킨 파이스(크리올라 치카)를 거울삼아 페드로 히메네스를 복원시키려는 노력이 진행되고 있다.

아르헨티나에서 가장 특별한 화이트와인 품종은 토론테스Torrontés이다. 토론테스라는 이름을 가진 품종은 3가지가 있는데, 그중에서 토론테스 리오하노Riojano가 가장 고급이다. 크리올라 치카와 알렉산드리아 뮈스카를 교배한 것으로, 라 리오하 지방에서 유래되었다고 추정한다. 고지대인 살타Salta주, 특히 카파야테Cafayate에서 절정의 향을 보여준다. 널리 재배되는 다른 화이트 품종으로 샤르도네(큰 성공을 거두고 있다), 슈냉 블랑, 뮈스카, 피노 그리가 있다. 소비뇽 블랑 역시 재배면적이 늘고 있는데, 이는 새로운 포도밭이 높은 곳에 위치하며 서늘하다는 의미이다. 이따금 비오니에도 보이며, 멘도사 지방의 대표적인 화이트품종인 세미용은 르네상스를 구가하고 있다.

아르헨티나 북부와 중부

아르헨티나 최북단(그리고 세계에서 가장 높은) 포도밭에서 와인메이커 클라우디오 수키노Claudio Zucchino가 포도를 재배한다. 볼리비아 국경에서 가까운 **후후이주** 추칼레스나Chucalezna의 우마우아카Humahuaca협곡에 있는 해발 3,329m의 포도밭이다. 이 지역의 포도밭은 대부분 2,400~2,700m에 위치한다. **살타**주 카파야테 휴양지 주위의 좀 더 낮은 1,600~2,100m에 있는 포도밭은 토론테스가 유명하지만, 후추향이 나는 풀바디 카베르네와 점점 늘어나는 타나도 유명하다. 산 페

1:1,900,000

칼차키 밸리

살타주의 칼차키 밸리는 아르헨티나의 대표적인 화이트와인 품종인 토론테스를 주로 재배하고 양조하지만, 좋은 레드와인도 일부 생산된다. 와인은 휴양도시 카파야테의 주요 관광자원중 하나이다.

경계선 (province)
MOLINOS 와인 하위지역 (department)
■ ETCHART 주요생산자
포도밭
숲
2000 등고선간격 400m

드로 데 야코추야San Pedro de Yacochuya와 엘 에스테코 El Esteco는 잘 관리된 포도밭, 올드 바인, 작은 수확량이 해답이라는 것을 보여준다. 지금은 살타주 경계 근처 투쿠만Tucumán에서도 고급와인을 만들고, 바로 남쪽에 있는 **카타마르카**Catamarca주 산타 마리아 지역의 차냐르 풍코Chañar Punco 마을에서도 꽤 괜찮은 와인이 생산되는데, 라벨에는 칼차키에스 계곡이라는 의미의 바예스 칼차키에스Valles Calchaquíes로 표시해서 혼란을 주기도 한다. **라 리오하**주는 당연히 토론테스 리오하노가 유명하며, 보통 퍼걸러pergola(시렁) 방식으로 재배하고, 칠레시토Chilecito에 있는 라 리오하나 지역 협동조합에서 양조한다. 건조하고 바람이 많으며 지대가 높은 파마티나Famatina계곡은 라 리오하 주에서 가장 유명한 와인산지로 말벡, 시라, 보나르다가 대표적인 레드와인 품종이다.

멘도사 와인에 필적할 만한 양의 와인을 생산하는 유일한 주가 멘도사 북쪽의 **산 후안**San Juan이다. 포도밭 대부분 낮은 곳에 있고, 그래서 더 덥고 건조하다(연평균 강우량이 100㎜가 안 된다). 아르헨티나 와인의 1/4 가까이를 이곳에서 만든다. 대부분 아르헨티나의 주요 뮈스카 품종인 모스카텔 데 알레한드리아Moscatel de Alejandría로 만든다. 시라도 재배하지만 너무 더워서 시라 고유의 풍미를 충분히 발휘하지 못한다. 비오니에, 샤르도네, 프티 베르도, 타나도 조금 유망하다. 멘도사의 경우처럼 야심찬 생산자들은 존다, 칼링가스타Calingasta, 페데르날Pedernal 계곡 등 좀 더 높은 곳으로 올라가 크리올라, 보나르다. 말벡, 시라, 타나, 피노 그리, 비오니에를 재배한다 .

멘도사주는 아르헨티나에서도 압도적으로 큰 와인산지로, 다양한 개성을 가진 여러 지역으로 이루어져

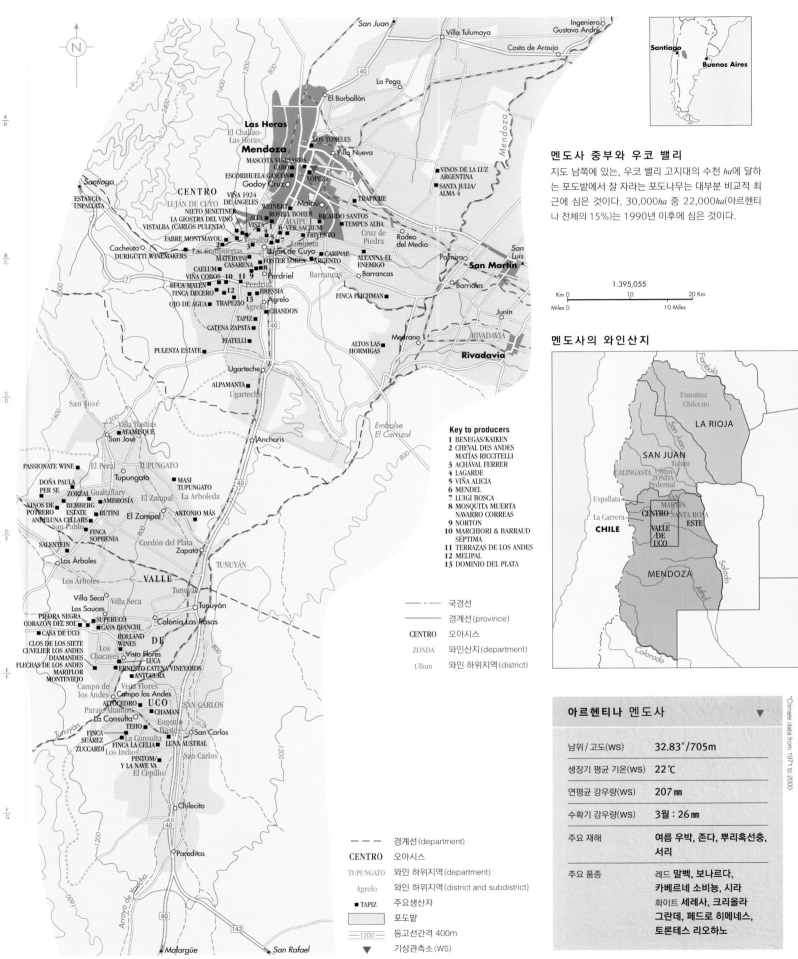

멘도사 중부와 우코 밸리

지도 남쪽에 있는, 우코 밸리 고지대의 수천 *ha*에 달하는 포도밭에서 잘 자라는 포도나무는 대부분 비교적 최근에 심은 것이다. 30,000*ha* 중 22,000*ha*(아르헨티나 전체의 15%)는 1990년 이후에 심은 것이다.

1:395,055

Km 0   10   20 Km
Miles 0   10 Miles

멘도사의 와인산지

Key to producers
1 BENEGAS/KAIKEN
2 CHEVAL DES ANDES
  MATÍAS RICCITELLI
3 ACHÁVAL FERRER
4 LAGARDE
5 VIÑA ALICIA
6 MENDEL
7 LUIGI BOSCA
8 MOSQUITA MUERTA
  NAVARRO CORREAS
9 NORTON
10 MARCHIORI & BARRAUD
  SÉPTIMA
11 TERRAZAS DE LOS ANDES
12 MELIPAL
13 DOMINIO DEL PLATA

—·—·— 국경선
———— 경계선 (province)
CENTRO 오아시스
ZONDA 와인산지 (department)
Ullum 와인 하위지역 (district)

– – – 경계선 (department)
CENTRO 오아시스
TUPUNGATO 와인 하위지역 (department)
Agrelo 와인 하위지역 (district and subdistrict)
■ TAPIZ 주요생산자
    포도밭
—1200— 등고선간격 400m
▼ 기상관측소(WS)

*Climate data from 1971 to 2000

아르헨티나 멘도사 ▼

남위 / 고도(WS)	32.83°/705m
생장기 평균 기온(WS)	22℃
연평균 강우량(WS)	207㎜
수확기 강우량(WS)	3월 : 26㎜
주요 재해	여름 우박, 존다, 뿌리혹선충, 서리
주요 품종	레드 말벡, 보나르다, 카베르네 소비뇽, 시라 화이트 세레사, 크리올라 그란데, 페드로 히메네스, 토론테스 리오하노

있다. 멘도사 중부는 가장 오래된 고급와인양조 전통이 있고, 아르헨티나의 유명한 생산자 대부분이 이곳에 거점을 두고 있다. 루한 데 쿠요Luján de Cuyo는 도시에서 남서쪽을 향해 방사형으로 뻗은 대로들 양쪽에 포도밭이 있으며, 특히 고급 말벡 와인으로 명성이 높다. 하위지역인 비스탈바Vistalba, 페르드리엘Perdriel, 아그렐로Agrelo, 라스 콤푸에르타스Las Compuertas 역시 지역 고유의 특징을 가진 말벡 와인으로 유명하며, 토양이 매우 척박하다. 이곳 포도나무의 평균 수령이 높은 것은 1970년대와 80년대에 주택 건설을 위해 많은 포도나무가 뽑혀나갈 때 이를 피했기 때문이다(덕분에 질 좋은 와인을 생산하고 있다). 비교적 따뜻한 마이푸Maipú는 말벡보다 카베르네 소비뇽, 시라가 더 적합하다.

멘도사 중부의 기후는 온화하고(비스탈바와 라스 콤푸에르타스는 추운 편이다), 토양은 아르헨티나에서는 특이하게 자갈이 많다(특히 마이푸). 멘도사의 다른 지역은 충적토이거나 자갈, 모래 토양이 대부분이다. 동쪽과 북쪽의 포도밭은 고도가 낮고 안데스산맥의 차가운 공기의 영향이 가장 약해서 수확량이 많은데, 이들로 만든 테이블와인이 바닷물처럼 쏟아진다.

멘도사시에서 남동쪽으로 약 235km 떨어진 산 라파엘San Rafael은 지대가 더 낮고, 디아만테Diamante와 아투엘Atuel 강 사이의 해발 450~800m에 포도밭이 있다. 아르헨티나에서 슈냉 블랑과 소비뇨나스(현지에서 토카이 프리울라노Tocai Friulano라 부른다)를 가장 많이 재배한다. 말벡, 카베르네 소비뇽, 보나르다, 소비뇽 블랑, 샤르도네도 상당량 재배하며, 우박 피해가 없으면 산 라파엘은 더 좋은 와인을 만들 수 있을 것이다.

고급와인 애호가 입장에서, 멘도사에서 가장 흥미로운 지역은 우코 밸리이다. 이 이름은 강에서 딴 것이 아니라 콜럼버스의 미대륙 발견 이전에 관개시설을 이곳에 도입한 인디언 추장의 이름에서 유래했다. 포도밭은 27,750ha로 해발 900~2,000m에 위치하며, 2000년보다 2배 넘게 증가했다. 멘도사에서 가장 고도가 높은 포도밭은 모두 우코 밸리에 위치하는

데, 대부분 암석과 석회암이 많은 척박한 토양이며 3개로 나뉜다. 북부의 투풍가토Tupungato, 중부의 투누얀Tunuyán, 남부의 산 카를로스San Carlos이다. 밤에는 섬세한 과일 풍미를 만들 만큼 기온이 내려가고, 자연적으로 산미가 강해 젖산발효로 부드럽게 만들기도 한다. 놀라울 정도로 훌륭한 아르헨티나의 샤르도네 대부분이 투풍가토의 석회질 토양에서 자란다. 투풍가토에서 가장 중요한 와인산지는 괄타라리Gualtallary와 라 카레라La Carrera인데, 모두 해발 2,000m에서 포도나무를 재배한다.

투누얀은 우코 밸리에서 가장 높은 곳은 아니지만 경치가 뛰어나며, 안데스산맥이 포도밭 바로 위로 솟아있다. 최고의 보르도 생산자들이 웅장한 경관을 자랑하는 이곳에 모여있다. 미셸 롤랑, 프랑수아 뤼르통, 샤토 말라르틱-라그라비에르의 보니 가문, 샤토 레오빌 푸아페레의 퀴블리에 가문, 샤토 클라르크의 뱅자멩 드 로쉴드 남작, 샤토 다소의 로랑 다소Laurent Dassault, 샤토 라 비올레트의 앙리 파랑Henri Parent이 이곳에 투자하고 있다. 투누얀의 주요 와인산지는 로스 아르볼레스와 산 파블로이고, 건지농법이 가능할 정도로 습도가 높다. 로스 차카예스Los Chacayes, 캄포 데 로스 안데스Campo de los Andes, 비스타 플로레스Vista Flores, 비야 세카Villa Seca 역시 좋은 와인산지이다.

산 카를로스에는 우코 밸리에서 가장 오래된 포도밭이 있다. 계곡의 북쪽 지역보다 서리의 위험이 조금 크지만 라 콘술타La Consulta, 엘 세피요El Cepillo, 로스 인디오스Los Indios, 에우제니오 부스토스Eugenio Bustos에서 놀랍도록 상쾌한 와인을 생산한다. 투누얀강의 충적선상지에 있는 라 콘술타의 하위 아펠라시옹인 파라헤 알타미라Paraje Altamira 역시 뛰어난 와인을 만든다.

멘도사에서는 포도재배가 가능한 한계고도가 어디인지 아직 시험 중인데, 관개용수 부족이 문제이다. 또 다른 문제는 강한 햇빛인데, 광합성이 촉진되어 색, 풍미, 타닌과 같은 페놀 화합물이 너무 빨리 익는다. 어리다고 해도 아르헨티나 와인으로는 드물게, 거북할 정도로 수렴성이 강한 와인이 된다. 멘도사 레드의 주된

아르헨티나에서 파랄(parral)이라고 부르는, 머리 위에 설치하는 트렐리스. 얼마 전까지만 해도 구식이라 여겼지만, 여름이 계속 더워지면서 다시 관심을 받고 있다.

질감은 벨벳 같은 부드러움이다.

부에노스아이레스주 동부의 새로운 와인산지 중 가장 유망한 지역은 차파드말랄Chapadmalal이다. 피노 누아, 샤르도네, 소비뇽 블랑, 리슬링, 게뷔르츠트라미너, 그리고 특히 알바리뇨가 비교적 서늘하고 습도가 높으며 바람이 많은 지역에서 잘 자란다.

파타고니아

아르헨티나 남쪽에 있는 파타고니아의 포도밭은 **네우켄**Neuquén과 **리오 네그로**Río Negro 주에 있다. 예전에는 관개용수를 이용해 사과와 배를 재배하는 과수원이 있었고, 해안으로 가는 독자적인 철도도 있었다. 이곳의 포도밭은 독특한 특징이 있다. 아르헨티나의 어떤 와인산지보다 물이 충분한데도 불구하고, 파타고니아 와인은 멘도사 와인보다 강렬함이 떨어지지 않고, 씹는 느낌이 더 강하며 더 드라이하다. 남극의 영향으로 기온은 항상 낮게 유지되며, 적은 강우량과 계속되는 바람으로 병충해가 없고 수확량이 적다. 그렇게 해서 구조와 개성이 매우 잘 짜여진 맑은 와인이 완성된다. 화이트와인, 메를로, 피노 누아는 지역 특산품이며, 오래된 피노는 놀라운 잠재력을 보여준다. 사사카이야Sassicaia로 유명한 이탈리아의 인치자 델라 로케타 가문을 비롯해 이탈리아의 주요 생산자들이 이곳에 투자했다.

추부트주에서 가장 남쪽에 있는 포도밭은 수확을 일찍 하는데, 면도날처럼 날카로운 산미와, 요새는 보기 드문 11~12%의 낮은 알코올 도수를 절묘하게 조화시킨 와인을 만든다. 추부트주 남쪽 트레벨린 주위에는 서리가 한 계절에 20~30번씩 내리기도 한다. 포도를 마구 먹어대는 파타고니아 마라(파타고니아 토끼라고도 한다) 역시 큰 골칫거리이다.

아르헨티나는 우리를 계속 놀라게 하고 있다.

오스트레일리아&뉴질랜드
AUSTRALIA AND NEW ZEALAND

평범한 셀러가 아니다. 다렌버그 큐브 와이너리는 아마도 사우스 오스트레일리아의 맥라렌 베일에서 가장 눈길을 끄는 랜드마크일 것이다.

오스트레일리아 AUSTRALIA

1788년 뉴 사우스 웨일스New South Wales의 초대 주지사가 시드니 하버의 팜 코브Farm Cove에 포도나무를 꺾꽂이로 심었다. "포도재배에 매우 좋은 기후다. 완벽한 수준의 포도가 생산될 것이다"라고 기록했고, 예상은 적중했다. 19세기 후반, 오스트레일리아는 햇빛에 잘 익은 포도로 만든 강한 와인을 영국에 대량 수출했다. 영국에서는 '토닉'으로 판매되었는데, 평가는 좋지 않았다. 그 와인들은 대부분 주정강화와인으로 '포트와인' 또는 '셰리주'라고 불렸다. 돈을 벌고 싶은 와인메이커는 대부분 알코올 도수가 높은 와인을 만들었다. 하지만 빅토리아, 사우스 오스트레일리아, 사우스웨일스 주에 흩어져있는 소수의 와인메이커들은 색다른 맛과 놀라운 숙성 잠재력으로 전설적인 명성을 얻은 테이블와인을 만들었다.

1970년대에 상황은 급변했다. 주정강화와인 판매가 급감하고 테이블와인이 도약하기 시작한 것이다. 유럽이라는 열정적인 수출시장도 찾았다. 울프 블라스

Wolf Blass라는 공격적인 세일즈맨이 달콤하고 오크향 나는 농축된 와인을 만들어 많은 금메달과 찬사를 받았다. 하지만 변화에 약한 포도재배자들(계속 늘어났다)은 수익을 못 내고 곧 거대 양조장에 잠식당했다.

1990년대부터 2000년대 초까지 와인 수출은 급증했다. 사람들은 열광적으로 포도나무를 심었고, 세금감면을 노리는 재배자도 있었다. 포도재배는 대부분 머리 달링Murray Darling 강에서 끌어온 관개용수에 의존했다. 결국 포도 과잉공급으로 내수시장에서 와인 가격이 파괴되고, 엘니뇨와 라니냐로 인한 이상기후도 타격을 줬다. 2007년부터 2010년까지는 가뭄이 와인산지를 덮쳐 예년보다 몇 주 앞서 수확할 수밖에 없었다. 또한 2011년부터는 라니냐로 인해 남동부에서는 생장기에 유례없이 비가 많이 내렸다(하지만 서부는 2006년부터 계속 경이로운 빈티지를 경험한다. 호주가 얼마나 거대한 나라인지 알 수 있다. 퍼스에서 브리스번까지는 마드리드에서 모스코바까지의 거리와 맞먹는다).

세계에서 가장 큰 이 섬은 내수시장 외의 다른 시장과는 멀리 떨어져 있다. 호주 사람들은 와인을 1960년대보다 1인당 5배나 더 마시며 최선을 다하고 있고, 안목도 높다. 하지만 그 양은 호주에서 생산되는 와인의 40%에 불과해, 생존을 위해서는 수출이 필요하다. 동시에 호주 달러의 강세로 싸게 들어온 수입와인과 경쟁을 해야 하는데, 수입와인 총액의 2/3는 태즈먼해를 건너왔고, 2000년대 중반부터는 뉴질랜드에서 가장 유명한 말버러 소비뇽 블랑이 밀려 들어왔다. 이 현상을 소비뇽 블랑과 애벌랜치avalanche(눈사태)를 조합해 '새벌랜치Savalanche'라고 부를 정도였다.

비슷한 시기에 호주의 가장 중요한 수출시장 2곳이 흔들리기 시작했다. 변덕스러운 미국시장은 싸고 달며 라벨에 동물 그림이 있는 호주 와인이 한물갔다고 판단했다. 영국의 대량판매시장을 지배하는 몇몇 슈퍼마켓 체인도 호주 브랜드 와인이 너무 비싸졌다는 결론을 내리고, 대신 벌크와인을 수입해 자신들의 브랜드를 붙여 판매하기 시작했다.

이때 호주 와인산업을 구원한 것은 중국이었다. 중국인들이 호주 와인에 열광한 덕분에 호주의 와인산업은 다시 희망을 찾았다. 중국 수출량이 급증해서, 현재

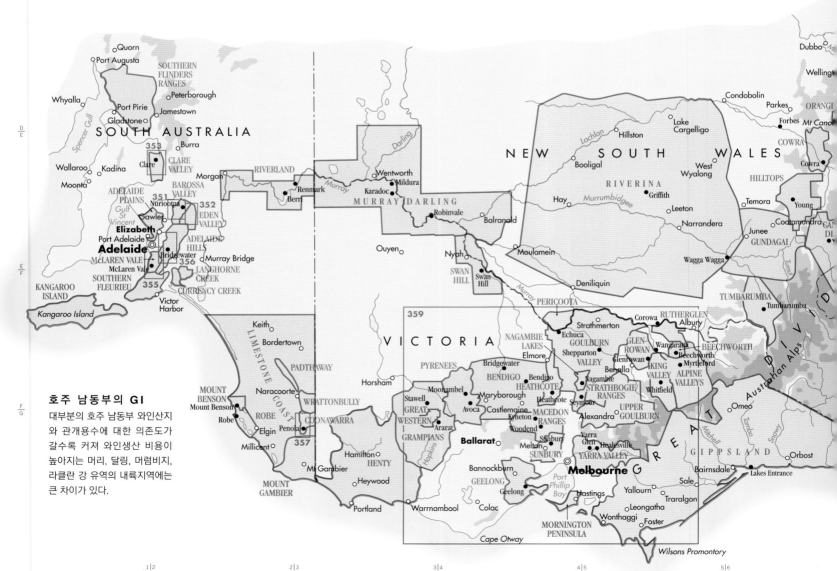

호주 남동부의 GI

대부분의 호주 남동부 와인산지와 관개용수에 대한 의존도가 갈수록 커져 와인생산 비용이 높아지는 머리, 달링, 머럼비지, 라클란 강 유역의 내륙지역에는 큰 차이가 있다.

QUEENSLAND

Toowoomba　Ipswich　◎ Brisbane

GRANITE BELT　Stanthorpe

NEW ENGLAND AUSTRALIA

New England Range

Port Macquarie
HASTINGS RIVER

Liverpool Range

UPPER HUNTER VALLEY
Denman　Muswellbrook
HUNTER 365
Pokolbin　Maitland
Cessnock
POKOLBIN
BROKE FORDWICH
Newcastle
POKOLBIN

Parramatta
◎ Sydney

Wollongong
Port Kembla
Shellharbour

SHOALHAVEN COAST

Cape Howe

Brisbane
Sydney
Adelaide
Melbourne

───── 경계선 (state)
● Penola　주요 와인 도시
HUNTER　지리적표시(GI)
　해발 500~1,000m
　해발 1,000m 이상
351　상세지도 페이지

웨스턴 오스트레일리아 지도 p.347
태즈메이니아 지도 p.366

1:5,300,000
Km 0　50　100　150 Km
Miles 0　50　100 Miles

는 영국과 미국에 수출하는 양을 합친 것보다 수익이 더 크다. 호주보다 중국에 와인을 더 많이 수출하는 국가는 프랑스밖에 없다. 중국인들은 풀바디 레드와인을 선호하며, 값비싼 포장을 좋아한다. 최근 호주 젊은이들이 선호하는 상쾌하고 가벼운 바디의 와인과는 전혀 다르지만, 다행히 호주는 둘 다 만들 수 있다.

뜨겁고 뜨거운

p.346 표면온도 지도에서 알 수 있듯이 광대한 호주의 대부분 지역은 극한조건을 잘 견디는 포도나무에게조차 너무 뜨겁거나 건조하며, 둘 다인 경우도 있다. 그래서 대부분의 와인산지가 해안에 있는데, 가장 서늘하고 인구밀도가 높은 남동부 해안에 집중되어 있고, 태즈메이니아와 남서쪽에도 있다. 서늘한 곳을 찾는 방법은 2가지이다. 남쪽으로 내려가거나 산으로 올라가는 것이다. 그레이트 디바이딩Great Dividing 산맥을 따라 양쪽에 와인산지가 조성되어 있는데, 북쪽 끝에 퀸스랜드Queensland가 있다. 그 중심에 고도가 높아서 시원한 와인산지(지리적표시, GI)인 그래닛 벨트Granite Belt와 사우스 버넷South Burnett이 있다. 퀸스랜드 와인의 2/3를 생산하는 그래닛 벨트는 거대한 화강암 바위가 흩어져있는 호주에서 가장 인상적인 풍경을 가진 지역으로, 일찍이 2007년에 일반 품종 외의 다른 품종을 재배해서 영리하게 다른 지역과 차별화를 꾀했다.

호주의 와인산업에서 가장 눈에 띄는 변화 중 하나는 호주에서 '대안 품종'이라 부르는 품종들의 부상이다. 처음으로 상업적 성공을 거둔 품종은 빅토리아주의 모닝턴Mornington반도에서 가장 먼저 재배된 '피노 그리 / 그리조'이다. 지금은 호주의 전형적인 화이트품종인 리슬링보다도 더 많이 재배되고, 호주 와인 전체의 2.4%를 차지하면서 2010년 호주 대안 품종 전시회에서 정식 배제되었다. 현재 고급 화이트와인 품종 중에서는 샤르도네와 점점 인기가 많아지는 소비뇽 블랑 다음으로 많이 판매된다.

엄격한 식물 검역으로 지체되기는 했지만 호주의 재배품종은 빠르게 증가하고 있다. 2015년 무렵에는 역사적으로 중요한 말벡보다 템프라니요를 더 많이 재배하게 되었고, 마타로mataro(무르베드르)도 그만큼 많이 재배한다. 네비올로Nebbiolo, 바르베라Barbera, 돌체토Dolcetto, 몬테풀치아노Montepulciano, 네로 다볼라Nero d' Avola는 모두 가장 많이 재배되는 20가지 레드와인 품종에 포함된다. 아르네이스Arneis, 피아노Fiano, 베르멘티노Vermentino, 사바냥Savagnin, 글레라glera(프로세코 포도)는 가장 많이 재배되는 20가지 화이트와인 품종에 포함된다(이탈리아와 관련 있는 것이 분명하다).

호주의 주요 품종으로는 여전히 쉬라즈가 선두에 있다. 포도나무 3그루당 거의 1그루가 쉬라즈이다. 쉬라즈 와인은 매우 다양하지만 일반적인 트렌드를 반영하여, 과숙 포도로 만든 진하게 농축되고 오크향이 강한 와인에서 특별한 기술보다 포도밭의 특성이 잘 표현된 와인 스타일로 변하고 있다. 쉬라즈와 비오니에를 함께 발효시키는 방식은(코트-로티 흉내내기) 이제 많이 사라졌고, 좀 더 상쾌한 와인은 프랑스 와인에 경의를 표하는 의미로 '쉬라즈Shiraz'보다는 '시라Syrah'라고 라벨에 표기하기도 한다. 와인 트렌드를 주도하는 호주의 주요 와인전시회들도 10년 전에는 생각할 수 없었던 와인 스타일을 환영하면서 변화하고 있다.

쉬라즈가 진화했다면, 샤르도네(호주에서 두 번째로 많이 재배되는 품종)는 완전한 변신을 꾀했다. 1990년대에 처음 판매한 호주 샤르도네는 달콤하고 오크향이 강했다. 하지만 주요 시장인 영국과 미국이 그런 스타일에 싫증이 났다는 것을 수출업자들이 감지한 순간, 호주 전역의 와인생산자들은 샤르도네에게 엄격한 다이어트를 시켰다. 호주 샤르도네는 2000년대의 마르고 별 볼 것 없는 단계를 거쳐, 최근에는 식욕을 돋우고, 균형이 잡혀 있으며, 잘 만들어지고, 대체로 가격도 좋은, 부르고뉴 화이트에 제대로 대응하는 와인으로 변신했다.

품종와인이든 그리고 점점 증가하는 블렌딩와인이든, 양조의 중심은 기술적 역량을 보여주는 것에서 장인적인 방식을 추구하는 쪽으로 옮겨가고 있다. 생산자들은 이제 양조기술보다는 테루아를 표현하는 데 관심을 보이고 있다.

와인공장

호주 와인의 60%가 벌크로 수출된다. 그리고 대부분이 호주의 광활한 내륙지역의 포도밭에서 나온다. 생산량 기준으로 사우스 오스트레일리아의 **리버랜드**Riverland가 가장 큰 생산지이고, 그 다음이 빅토리아와 뉴 사우스 웨일스 주 경계에 걸쳐있는 **머리 달링**, 그리고 뉴 사우스 웨일스에 있는 **리베리나**Riverina이다. 리베리나에 벌크와인만 있는 것은 아니다. 그리피스Griffith에서 세미용으로 만든 귀부와인이 생산되고 있다. 이 산지들은 머리강과 달링강 또는 머럼비지Murrumbidgee강에서 끌어오는 관개용수가 없으면 생존하기 힘든 곳으로, 물 저장량이 위험할 정도로 줄어든 상태에서도 매우 효율적으로 운용되고 있다.

이곳에서 생산하는 레드와인 일부는 서늘한 산지의 레드와인을 첨가해 활력을 보충하기도 한다. 오랜 가뭄을 다시 겪게 되면 사막의 거대한 와인공장은 분명 하나둘 문을 닫게 될 것이다(가뭄으로 얻은 몇 안 되는 이득 중 하나는, 물의 사용과 재활용에 대한 엄격한 통제이다).

호주의 포도재배 면적은 2007년 173,794ha로 최고에 도달했다가 2015년 마지막 조사에서는 겨우 135,000ha를 넘겼다. 포도 가격은 곤두박질쳤다. 특히 내륙지역의 관개용수를 쓰는 지역에서 많이 떨어졌는데, 뜨겁고 건조한 날씨에 잘 견디는 지중해 품종에 새로운 관심이 모아지면서 천천히 회복 중이다.

내륙의 강 유역에서 생산되는 와인은 라벨에 **사우스 이스턴 오스트레일리아**South Eastern Australia(GI)라고 표기한다. 이 GI는 웨스턴 오스트레일리아Western Australia 외의 지역에서 재배된 포도를 블렌딩해서 만든 여러 와인에 자유롭게 사용한다. 호주에는 다른 산지의 와인을 블렌딩하는 오랜 전통이 있다. 실제로 이 책의 저자들이 시음한 훌륭한 호주 와인 중 일부는 '산지간 블렌딩(inter-regional blends)'으로, 호주의 독특한 양조방식을 잘 보여준다. 현재는 '테루아' 와인을 찾는 지리적 순수주의자들에게 인기가 없지만, 그래도 사라지지 않고 남아있다.

호주는 주요 와인생산국 중 처음으로 스크루캡을 도입한 나라이다. 레드와인뿐 아니라 화이트와인에도 스크루캡을 사용하는데, 규모가 훨씬 작은 뉴질랜드 와인산업에 자극을 받았다. 수출회사 특히 중국으로 수출하는 회사들은 전통적인 코르크마개나 스크루캡 중에서 선택할 수 있지만, 대다수의 호주 생산자와 중요한 시음회 심사위원들은 모두 스텔빈Stelvin(가장 큰 스크루캡 브랜드)으로 완전히 전향했다. 하지만 새로 시

작한 소규모 생산자 중에는 거대기업과 차별화하기 위해 코르크마개를 선택하는 곳도 있다.

라임스톤 코스트

p.347의 지도에 나오지 않는 중요한 와인산지가 사우스 오스트레일리아의 **라임스톤 코스트**Limestone Coast이다. 경계선이 기하학적으로 그려진 라임스톤 코스트 GI 내에서 가장 중요한 공식 와인산지는 쿠나와라Coonawarra(한때 유명했던 지역으로 p.357에서 자세히 다룬다)이고, 다음은 패서웨이Padthaway, 래튼불리Wrattonbully, 마운트 밴슨Mount Benson, 로브Robe, 훨씬 작은 마운트 갬비어Mount Gambier, 그리고 개별 GI 획득을 위해 노력하는 보더타운Bordertown이다.

석회암이 풍부한 **패서웨이**는 쿠나와라의 대안으로, 사우스 오스트레일리아의 오지에서 처음 찾아낸 곳이다. 토양은 쿠나와라와 비슷하지만 기후는 따뜻하다. 대부분의 포도밭을 소유한 거대기업들도 이곳에 적합한 품종이 샤르도네와 쉬라즈라는 것을 알아내는 데 시간이 많이 걸렸다. 수확한 포도는 대부분 북쪽으로 옮겨져, 거대 와인회사의 셀러에서 양조된다.

쿠나와라 바로 북쪽에 위치한 **래튼불리**는 패서웨이

보다 더 서늘하고, 테라 로사terra rossa라는 더 균일한 토양을 갖고 있다. 그래서 포도밭 면적이 쿠나와라의 1/3로 좀 더 알려진 패서웨이의 절반밖에 안 되지만, 매우 흥미로운 곳으로 인정받고 있다. 얄룸바Yalumba, 타파나파Tapanappa, 테르 아 테르Terre à Terre, 페퍼 트리Pepper Tree 등 유명한 가족경영 와이너리들이 이곳에 투자하고 있다. **마운트 갬비어**는 호주 남부의 외떨어진 지역으로, 혼합농업을 한다. 산 주위로 포도나무를 심는데, 보르도 품종이 익기에는 너무 서늘하지만 피노 누아는 가능성이 있다.

마운트 밴슨에는 20여 곳의 개인 재배농가가 있다. 반면 마운트 밴슨과 놀랍도록 비슷한 남쪽의 **로브**는 다국적 거대기업 트레저리 와인 에스테이츠Treasury Wine Estates(TWE)에 점령당했다고 해도 과언이 아니다. 이곳 해안에서 자란 포도로 만든 와인은 쿠나와라의 알코올 함량과 산도가 높은 와인보다 과즙이 풍부하고 농도가 덜 진하다. 해풍은 포도밭 기온을 계속 낮춰주는 장점이 있지만, 포도에 염분기가 생길 수 있다. 하지만 최소한 지하수면에는 염분이 없고(호주 일부 지역에서는 흔한 문제이다), 서리가 한두 번 내릴지 모르지만 큰 위험은 없다.

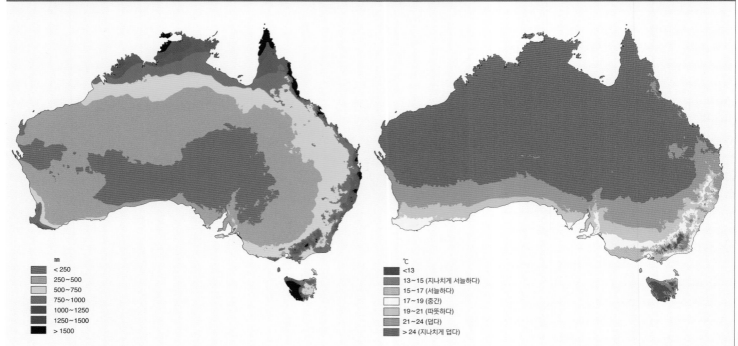

사람이 사는 가장 건조한 대륙, 호주의 강수량과 기온(1981~2010)

mm
< 250
250~500
500~750
750~1000
1000~1250
1250~1500
> 1500

℃
<13
13~15 (지나치게 서늘하다)
15~17 (서늘하다)
17~19 (중간)
19~21 (따뜻하다)
21~24 (덥다)
> 24 (지나치게 덥다)

연평균 강수량

호주 강수량의 대부분은 비가 차지한다. 열대지역인 최북단, 동부해안, 태즈메이니아의 서부해안에서는 비가 많이 내린다. 하지만 전반적으로 호주는 물 부족 국가이다. 포도재배지역은 호주 남쪽에 있는, 위 지도에서 초록색과 노란색으로 표시된 습한 지역과 일치한다. 연평균 강수량이 500mm 이상인 곳들로, 500mm는 추가적 관개용수가 필요없는 최소 강수량이다.

생장기간의 평균 기온

10월 1일부터 4월 30일까지의 평균 기온은 와인용 포도품종의 숙성 잠재력과 대략적으로 상관관계가 있다. 포도재배가 가능한 최저온도는 대부분의 태즈메이니아 지역, 빅토리아주 남부, 뉴 사우스 웨일즈 주 동부의 고지대에서 찾을 수 있다. 그래서 이 지역에서는 서늘한 기후 특유의 재배방식에 주력하고 있다. 포도재배가 가능한 최고온도는 대략 21℃여서, 호주의 대부분 지역이 포도재배에 적합하지 않다.

Data source: Australian Bureau of Meteorology

웨스턴 오스트레일리아
Western Australia

이 책은 각 대륙의 와인산지를 서쪽에서 동쪽으로, 왼쪽에서 오른쪽 순서로 다루었다. 그래서 호주에서는 웨스턴 오스트레일리아(이하 **WA**) 주가 시작이다. 생산량이 호주 전체 와인 생산량의 5%에 불과해 가장 중요한 산지라고 하기는 힘들지만, 호주 와인에서는 보기 드문 독특한 가벼움과 잘 익은 포도 풍미가 어우러져 품질면에서는 최고에 가깝다. WA에서 가장 중요한 산지인 마가렛 리버Margaret River는 p.349 지도에 표시되어 있다.

WA 최초의 정착민들은 뉴 사우스 웨일스처럼 일찍 와인양조를 시작했다. 주도인 퍼스의 상류에 있는 **스완**Swan 밸리에서 1834년에 처음 와인이 생산되었다. 이곳은 뜨거운 여름 열기와 내륙에서 불어오는 건조한 바람 때문에 38℃에 가까운 기온이 몇 주나 지속된다. 그래서 초기 생산자들은 수십 년 동안 디저트와인 외에 선택의 여지가 없었다. 하지만 WA의 와인산업을 개척한 호튼Houghton 와이너리는 수년 동안 호주에서 가장 많이 팔린 드라이 화이트와인을 만들었다. 퍼스 주위의 뜨거운 포도밭에서 슈냉 블랑을 베이스로 잘 알 수 없는 향이 나는, 오랫동안 '화이트 버건디'로 불린(지금은 화이트 클래식으로 불린다) 와인을 만들었다는 것은 이들의 뛰어난 양조기술과 창의력을 말해준다. 1960년대 후반에야 진짜 가능성은 남극 해류와 바다에서 불어오는 편서풍이 기온을 상당히 낮춰주는, 저 아래 광활하고 거의 텅 빈 남쪽에 있다는 것을 깨달았다.

남쪽을 향하여

그레이트 서던 Great Southern은 1960년대에 마운트 바커Mount Barker에서 시작해서 점점 확장된 와인산지다. 호주에서 가장 시원하고 습한 곳으로, 5월까지 가지에 매달려 있는 포도도 있다. 포레스트 힐Forest Hill과 플랜태저넷Plantagenet 와이너리가 개척자였지만, 그 뒤로 소규모 재배자들이 이 지역을 점령했다. 이들 중 일부는 와인회사와 꽤 규모가 큰 계약을 맺고 와인을 양조한다. 하지만 점점 더 많은 소규모 독립 재배자들이 자신의 와인을 만들며 다양한 품종을 재배하고 있다. 그레이트 서던은 매우 일찍 하위지역으로 분리된 와인산지로, 서쪽에서 동쪽으로 프랑크랜드 리버Frankland River, 덴마크Denmark, 마운트 바커, 올버니Albany, 포론거럽Porongurup이 있다.

마운트 바커(애들레이드 힐스Adelaide Hills의 마운트 바커와는 다르다)의 가장 분명한 강점은 현재까지는 섬세한 리슬링, 카베르네 소비뇽, 그리고 후추향이 매력적인 쉬라즈이다. 1965년에 처음 포도나무를 심었던 포레스트 힐 포도밭은 최근 되살아나 덴마크의 같은 이름을 가진 와이너리에 포도를 공급하고 있는데, WA 와인산업의 유서 깊은 랜드마크 중 하나이다. 해안에 있는 **덴마크**는 훨씬 습하지만 날씨는 주로 더 따뜻하다. 그래서 보르도 품종이 잘 익고 껍질이 얇은 쉬라즈가 건강하게 자라기에는 문제가 있지만, 빨리 익는 피노 누아와 샤르도네는 잘 자란다. 덴마크는 올버니나 마운트 바커처럼 포도밭이 넓은 지역에 흩어져 있어서 호주인들이 '셀러 도어cellar door'라고 부르는, 지역 와이너리들에게 소매 중심지로 부상했다.

올버니는 그레이트 서던 와인산지에서 인구가 가장 많고, 또 유럽인이 가장 먼저 정착한 곳이다. 쉬라즈와 피노 누아가 이곳에 가장 적합하다. 더 내륙쪽 고지대인, **포론거럽**의 화강암 언덕을 따라 이어지는 포도밭에서는 미네랄이 풍부하고 견고한 리슬링이 생산된다. 샤르도네와 피노 누아는 점점 강해지고 있다.

퍼스에서 올버니까지

웨스턴 오스트레일리아 주의 와인생산은 퍼스에서 가까운 스완 밸리에서 시작되었다. 그곳에서 호튼의 '화이트 버건디'가 태어났는데, 드라이 화이트와인으로 전국적인 히트상품이었다. 그러다가 1960년대부터 캘리포니아 와인에 영감을 받은 새로운 포도재배자들이, 멀리 남쪽으로 내려가 포도나무를 심기 시작했다.

지도 범례

PEEL	와인산지(GI)
Swan Valley	와인 하위지역(GI)
■ PICARDY	주요생산자
● Forest Hill	주요포도밭
—400—	등고선간격 200m
349	상세지도 페이지

WESTERN AUSTRALIA
Perth
Albany

1990년대 후반 **프랭크랜드 리버**는 세금 감면 혜택으로 호황기를 맞는다. 이곳은 마운트 바커의 서쪽 내륙에 위치하고 그레이트 서던에서 포도밭이 가장 많이 모여있지만(400*ha*의 올리브 농장도 있다), 와이너리는 거의 없다. 펀그로브Ferngrove 포도밭이 가장 넓고, 알쿠미Alkoomi는 소비뇽 블랑으로 (올리브오일과 함께) 명성이 높다. 프랭크랜드 와이너리는 싱글빈야드 리슬링과, 올모스 리워드Olmo's Reward라고 불리는 보르도 블렌딩와인으로 유명하다. 올모스 리워드는 1950년대에 처음 이곳에 포도나무를 심자고 제안한 해럴드 올모Harold Olmo 캘리포니아대학 와인 교수를 기리기 위해 만든 것이다. 저스틴Justin 포도밭은 1970년 무렵 웨스트필드Westfield 와이너리가 만들었고, 호튼 와이너리의 전설적인 와인메이커 잭 맨Jack Mann의 이름을 딴 최고의 레드 블렌딩와인에 오랫동안 포도를 공급해왔다.

포도재배학자인 존 글래드스턴즈John Gladstones는 20년 전, 더 따뜻하고 건조하며 완만한 이곳이 서늘한 기후 스타일의 쉬라즈에 완벽하게 어울릴 거라고 예견했다. 래리 체루비노Larry cherubino는 자신의 리버스데일Riversdale 와이너리에서 론 북부 품종 등의 클론으로 그 생각이 옳았다는 것을 증명했다.

인도양을 향하여

프랭크랜드 리버와 인도양 해안 사이의 포도밭 중 가장 중요한 포도밭이 만지업Manjimup(호주 최고의 송로버섯 산지로도 유명하다)과 펨버턴Pemberton에 있다. **만지업**은 해안에서 멀어 남극 해류의 냉각효과가 미치지 않고, 다소 대륙성 기후의 특징을 띤다. 토양은 자갈

비율이 높은 롬(양토)이다. 만지업은 바티스타 피노 누아를 통해 잠재력을 발휘하지만, **펨버턴**이 더 유명하다. 피카르디Picardy 등의 생산자가 부르고뉴 품종에 집중해서 좋은 결과를 내고 있으며, 펨버턴의 소비뇽 블랑은 주에서 최고이다. 펨벌리 팜즈Pemberley Farms는 주의 표준이 될 만한 여러 품종을 재배하고, 벨라르민Bellarmine 와이너리의 독일 출신 설립자들은 훌륭한 리슬링을 생산한다. 루윈Leeuwin 에스테이트에서 포도를 재배했던 존 브록솝John Brocksopp은 릴리안Lillian 에스테이트에서 론 품종을 성공적으로 재배하고 있다.

팸버턴 남서쪽의 마가렛 리버처럼, 1970년대에 **지오그래프**Geographe를 와인산지로 개척한 것은 의사들이었다. Dr. 피터 프래튼Peter Pratten(캐플 베일 와이너리 설립자)과 Dr. 배리 킬러비Barry Killerby는 번버리Bunbury 그리고 캐플Capel이라고도 불리는 버셀턴Busselton 사이의 남부 해안에 포도밭을 만들었다. 지오그래프의 기후는 마가렛 리버처럼 완전히 인도양 영향권에 있지

적극적으로 예술을 후원하는 루윈 에스테이트에서는 해마다 콘서트를 연다. 런던 필하모닉, 베를린 슈타츠카펠레, 키리 테 카나와, 레이 찰스, 다이애나 로스, 톰 존스가 공연을 펼쳤다. 와인 역시 나쁘지 않다(p.349 참조).

만, 토양은 다르다. 모래 해안 평지(이른바 튜어트tuart 모래 토양)부터 충적토와 해변에서 떨어진 화강암 언덕까지 다양하다. 포도나무를 특히 퍼거슨Ferguson 밸리, 도니브룩Donnybrook, 하비Harvey 등의 내륙에 많이 심었는데 다양한 품종이 잘 자라며, 오래전부터 재배한 샤르도네와 보르도 품종뿐 아니라 템프라니요 같은 스페인 품종은 특히 마차Mazza에서 유망하다. 이탈리아 품종과 론 밸리 레드품종의 블렌딩와인이 퍼거슨 밸리에서 점점 중요해지고 있다. **블랙우드**Blackwood 밸리는 지오그래프와 만지업 사이에 있는 매우 아름다운 곳이다. 21세기 들어서 많이 성장했지만, 다른 지역보다 주목받는 데 시간이 걸렸다.

마운트 바커의 길버트 와인즈(Gilbert Wines)는 WA의 전형적인 와이너리이다. 소박한 와인농가이지만 방문객에게 셀러 도어를 오픈하고, 아름다운 이곳의 와인을 선보인다.

마가렛 리버 Margaret River

바람이 세찬 아름다운 해안에 와인관광객과 서퍼들이 뒤섞여 있다. 호주에서 마가렛 리버만큼 초록이 우거진 와인산지는 없다. 하늘을 향해 뻗은 카리Karri나무와 자라Jarrah나무 숲 사이로 화려한 색깔의 새들이 날아다니고 캥거루가 뛰어다닌다. 마가렛 리버는 세계적인 서핑 명소이다. 서쪽에서 파도가 밀려와 인적이 드문 바위투성이 해안가에서 부서진다. 2차 세계대전 후 퇴역군인들이 이곳에 정착했고, 1960년대에 처음 포도나무가 눈에 띄기 시작했다. 처음 포도를 재배한 개척자들은 호주에서는 늘 그렇듯 의사들이었다. 그들은 모든 능력을 포도밭에 쏟아부었다. 오늘날 관광객은 90개나 되는 셀러 도어에서 자신의 환상을 채워줄 와인을 마음껏 고를 수 있다.

이곳에 처음 포도나무를 심은 것은 1967년이고, 최초의 와인은 1970년대 초반 바스 펠릭스Vasse Felix 와이너리에서 만들었다. 모스 우드Moss Wood와 컬렌Cullen 와이너리가 그 뒤를 이었는데, 모두 의사들이 만들었다. 와인비평가들은 이들 와인의 우수성을 바로 알아봤다. 특히 카베르네가 훌륭했다. 스완 밸리에서 호튼의 이웃이자 경쟁자인 샌달포드Sandalford는 재빨리 이곳으로 옮겨와 대규모 재배를 시작했다. 1972년 캘리포니아의 로버트 몬다비 역시 마가렛 리버에 매료되어 데니스 호건Denis Horgan에게 루윈 에스테이트를 만들 것을 권했다. 루윈 에스테이트는 얼마 지나지 않아 크림색의 최고급와인 아트시리즈 샤르도네로 큰 명성을 얻었고, 와인만큼 유명한 세계적 수준의 야외콘서트도 개최하고 있다.

다양한 토양

오늘날 마가렛 리버에서는 160개 이상의 와이너리가 매우 다양한 토양에서 포도를 재배한다. 그중에서도 물이 잘 빠지는 철광석 자갈 토양에서 놀랍도록 섬세한 레드와인이 생산된다. 봄에는 바람이 많이 불어 개화에 영향을 미쳐 수확량이 줄어든다. 특히 이곳에서 많이 재배하는 샤르도네의 진진Gingin 클론은 포도알이 매우 작고 착과불량(millerandage, p.31 참조)이 일어나기 쉽다. 하지만 덕분에 마가렛 리버의 중심지에서는 풍미가 잘 농축된 와인이 많이 나온다. 여름은 건조하고 따뜻한데 이 지역은 폭이 30km가 되지 않아 오후에 바다에서 불어오는 서늘한 바람이 더위를 식혀준다. 때로는 1월에 일찍 수확하기도 한다.

카베르네의 땅인 월야브럽Wilyabrup에 포도나무가 가장 많지만, 포도밭은 마가렛 리버 북쪽의 온화한 알링업Yallingup부터(지오그래프만의 영향으로 기후가 온화하다) 남극해 해안의 오거스타Augusta까지 길게 펼쳐진다. 남극해 해안은 인도양보다 남극의 영향을 많이 받

는다. 이곳은 고급 화이트와인 산지이지만 스텔라 벨라Stella Bella, 맥헨리 호넨McHenry Hohnen, 그리고 다른 많은 생산자들은 오른쪽 지도의 남부에서도 좋은 레드와인을 생산할 수 있다는 것을 보여줬다.

마가렛 리버의 명성은 잘 익은 타닌과 가끔 굴껍질 같은 바다내음이 나는 카베르네 소비뇽 덕분이다. 이제 마가렛 리버는 보르도, 볼게리, 나파/소노마, 라임스톤 코스트(p.346 참조) 같은 서해안에 위치한 유명 와인산지의 일원이 되어, 석양빛을 듬뿍 받은 포도를 세상에서 가장 만족스럽고 숙성 잠재력이 있는 레드와인으로 변화시키고 있다. 마가렛 리버 최고의 카베르네는 피네스가 있고 동시에 잘 익은 과일맛이 난다. 하지만 대부분의 생산자들은 카베르네/메를로로 보르도 블렌드도 생산한다(컬렌이 대표적). 말벡과 프티 베르도도 블렌딩 파트너로 재배량이 증가하고 있다.

카베르네에 대한 애정이 깊다고 해서 쉬라즈를 심지 않는 것은 아니다. 쉬라즈는 바로사의 무거움과 론이 연상되는 흰후추향 사이의, 잘 익고 맛있는 풍미를 갖고 있다. 샤르도네 역시 자몽껍질향이 나는 뛰어난 와인을 만든다. 선두주자인 루윈 에스테이트를 따라 많은 생산자들이 좋은 샤르도네를 만들고 있으며, 케이프 멘텔Cape Mentelle, 컬렌, 플레임트리Flametree, 프레이저 갤럽Fraser Gallop, 피에로Pierro, 바스 펠릭스, 보이저 에스테이트Voyager Estate, 재너두Xanadu가 대표적이다. 마가렛 리버의 소비뇽 블랑과 세미용 블렌딩와인은 활기찬 열대과일 풍미로 세계적이지는 않아도 자국 내에서 인기가 높다. 다른 곳처럼 마가렛 리버도 점점 더 다양한 품종을 재배해서 좋은 결과를 얻고 있다.

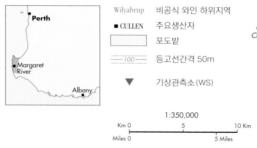

Wilyabrup	비공식 와인 하위지역
■ CULLEN	주요생산자
	포도밭
—100—	등고선간격 50m
▼	기상관측소(WS)

1 : 350,000

Km 0　　　5　　　10 Km
Miles 0　　　5 Miles

월야브럽에는 유명하고 유서 깊은 와이너리들이 많이 모여있고, 관광객들은 걸어서 와이너리들을 방문할 수 있다. 월야브럽은 마가렛 리버의 첫 공식 하위지역으로 자리잡았다.

마가렛 리버 마가렛 리버 ▼	
남위/고도(WS)	33.53°/109m
생장기 평균 기온(WS)	19.0℃
연평균 강우량(WS)	759㎜
수확기 강우량(WS)	3월 : 21㎜
주요 재해	바람, 새
주요 품종	레드 카베르네 소비뇽, 쉬라즈 화이트 소비뇽 블랑, 샤르도네, 세미용

사우스 오스트레일리아 : 바로사 밸리
South Australia : Barossa Valley

캘리포니아가 미국의 대표적 와인산지라면, 호주의 대표적 와인산지는 사우스 오스트레일리아이다. 호주 와인의 절반 이상이 이곳에서 생산되고, 와인과 포도재배에 관련된 중요한 연구소들이 자리하고 있다.

주도인 애들레이드Adelaide는 포도밭으로 둘러싸여 있다. 여기서 북동쪽으로 사우스 오스트레일리아의 나파 밸리를 향해 차를 타고 55km를 달리는 동안 보이는 것은 포도밭뿐이다. 바로사 밸리는 지금은 폴란드가 된 실레지아에서 온 독일 이민자들이 개척한 곳으로. 지금도 공동체의식이 강하고 근면하며, 부르스트 소시지와 리슬링을 좋아하는 독일의 전통이 남아있다.

바로사는 호주에서 품질 좋은 와인이 많이 생산되는 지역이다. 노스 파라North Para 강을 따라 빽빽한 포도밭이 30km 정도 계속되다가, 동쪽으로 다음 계곡인 에덴 밸리로 이어진다. 린독Lyndoch에서 해발 230m였던 고도가 바로사산맥 동부에 이르면 550m가 넘는다. 바로사 지방은 연속되는 두 곳의 와인산지를 아우르기 때문에, 라벨에 '바로사'라고만 표기된 와인은 에덴 밸리와 바로사 밸리의 포도를 블렌딩해서 만든 것이다.

밤에는 서늘하지만(맥라렌 베일McLaren Vale보다 훨씬 춥다) 바로사의 여름은 덥고 건조하다. 하지만 이곳의 풍부한 유산인, 수령이 많고 뿌리를 깊게 내려 관개를 하지 않아도 되는 부시바인은 기후에 잘 적응했다. 오래된 부시바인 중 수령이 100년 이상인 것이 80ha나 된다. 호주의 철저한 검역정책 때문에 사우스 오스트레일리아는 아직 필록세라의 피해를 입지 않았고, 그래서 대부분의 포도나무는 접붙이지 않고 바로 땅에 심는다. 주로 오래된 포도나무를 꺾꽂이한다.

그렇게 탄생한 것이 세계에서 가장 독특한 스타일의 바로사 쉬라즈로, 극도로 농축된 형태의 와인이다. 풍성한 맛에 초콜릿과 향신료 향이 느껴지고, 수줍은 구석은 찾아볼 수 없다. 기름지고 알코올 도수가 높은 것부터 좀 더 현대적인 것까지 다양한 스타일이 있다. 일찍 수확하고, 계곡의 다양한 테루아를 보여주는 현대적인 와인으로 타닌이나 산미를 추가하는 경우도 있는데, 전형적인 바로사 쉬라즈는 특히 어릴 때는 입에 꽉 찬 느낌을 주기 힘들기 때문이다. 보르도에서는 색과 타닌을 많이 추출하기 위해 발효 후에 장시간 침용하지만,

전형적인 바로사 레드는 미국 오크통에서 발효를 끝내 버번의 강한 달콤함과 부드러움이 스며들게 한다. 잘 만든 미국 오크통이나 때로는 프랑스 오크통을 점점 많이 사용하는데, 좋은 와인을 위해 노력하는 호주 와인메이커들의 끊임없는 탐구정신을 엿볼 수 있다. 론 밸리나 스페인 와인에서 영감을 받은 블렌딩와인 역시 갈수록 인기를 끌고 있다.

빅 비즈니스

생산량만 보면, 바로사는 확실히 거대 다국적기업 자회사의 지배를 받고 있다. 트레저리 와인 에스테이트는 펜폴즈Penfolds(대표와인 그랜지Grange는 사우스 오스트레일리아 전역에서 생산되는 와인을 블렌딩한다)와 울프 블라스Wolf Blass를 비롯해 수많은 브랜드를 소유하고 있다. 프랑스 식전주인 파스티스를 만드는 페르노 리카Pernod Ricard는 유서 깊은 올란도Orlando를 소유하고 있는데, 올란도에서 가장 유명한 브랜드가 롤랜드 플랫Rowland Flat 마을 근처 개울의 이름을 딴 제이콥스 크릭Jacob's Creek이다. 바로사와 에덴 밸리의 경계인 앵거스톤Angaston에 있는 대형 가족경영회사 얄룸바Yalumba도 있다. 큰 회사만 있는 것은 아니다. 카베르네가 한창 유행하던 1980년대 말 거의 혼자서 올드 바인 바로사 쉬라즈의 명성을 지킨 피터 레만Peter Lehmann(현재 피터 레만의 회사는 리베리나에 있는 유명한 '밸류' 브랜드인 옐로 테일Yellow Tail에 인수되었다)과, 이 지역의 올드 바인으로 와인을 만들고 싶어하는 야심찬 신세대 와인메이커들도 있다. 신참 와인메이커 역시 대안 품종으로 좋은 와인 만들기를 시도하고 있다. 스피니펙스Spinifex, 슈워츠 와인 컴퍼니Schwarz Wine Co, 마세나Massena는 자신들을 '바로사의 장인'이라 부르며 활발하게 활동하고 있다. 타눈다Tanunda에 이들의 테이스팅룸이 있다.

오래된 그르나슈(쉬라즈보다 알코올 도수가 더 높을 수 있다)와 오랫동안 마타로라 불린 오래된 무르베드르 역시 관심을 끌고 있다. 'GSM'은 이 2가지에, 안 들어가는 데가 없는 쉬라즈를 블렌딩한 것으로 인기가 높다. 세미용은 최근까지 샤르도네보다 더 많이 쓰였고, 놀라울 정도로 질감이 풍부한 화이트와인이 된다. 일부 세미용은 껍질이 핑크빛인데, 바로사의 독특한 돌연변이 품종이다. 카베르네 소비뇽은 진한 갈색 토양에서 자랄 때 가장 빛을 발하고, 쉬라즈는 매년 안정적으로 재배되며 특히 계곡의 점토와 석회암 토양에서

바로사 그라운즈(Barossa Grounds) 프로젝트를 통해 계곡의 다양한 하위지역의 토양을 확인할 수 있다. 너무 늦기 전에 하위지역들이 지리적표시(GI) 공식인증을 받기를 기대한다.

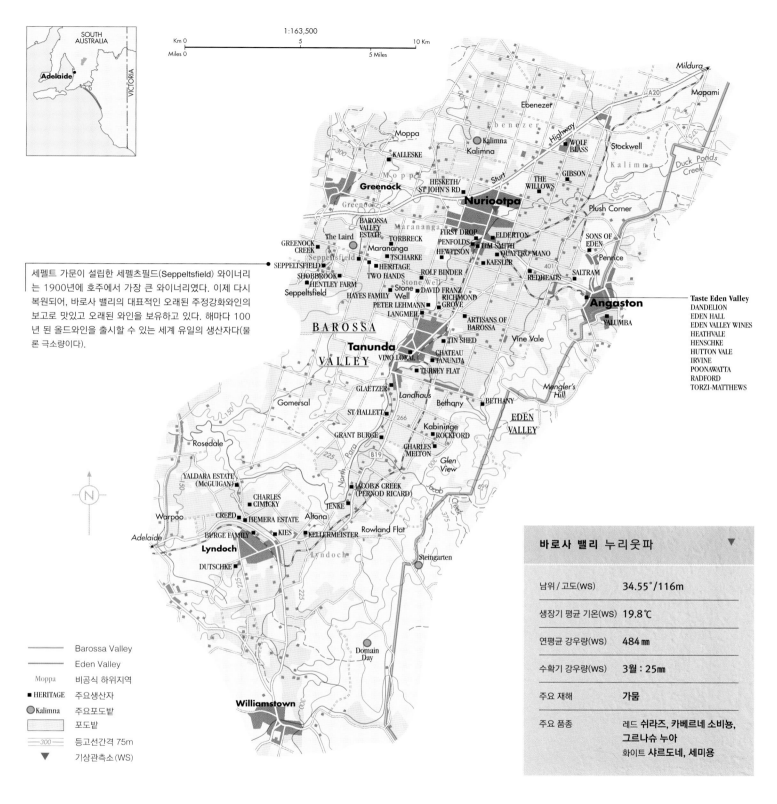

세펠트 가문이 설립한 세펠츠필드(Seppeltsfield) 와이너리는 1900년에 호주에서 가장 큰 와이너리였다. 이제 다시 복원되어, 바로사 밸리의 대표적인 오래된 주정강화와인의 보고로 맛있고 오래된 와인을 보유하고 있다. 해마다 100년 된 올드와인을 출시할 수 있는 세계 유일의 생산자다(물론 극소량이다).

Taste Eden Valley
DANDELION
EDEN HALL
EDEN VALLEY WINES
HEATHVALE
HENSCHKE
HUTTON VALE
IRVINE
POONAWATTA
RADFORD
TORZI-MATTHEWS

Barossa Valley
Eden Valley
Moppa 비공식 하위지역
■ HERITAGE 주요생산자
◉ Kalimna 주요포도밭
  포도밭
―300― 등고선간격 75m
▼ 기상관측소(WS)

바로사 밸리 누리웃파 ▼

남위 / 고도(WS)	34.55˚/116m
생장기 평균 기온(WS)	19.8℃
연평균 강우량(WS)	484㎜
수확기 강우량(WS)	3월 : 25㎜
주요 재해	가뭄
주요 품종	레드 쉬라즈, 카베르네 소비뇽, 그르나슈 누아 화이트 샤르도네, 세미용

더 좋은 결과를 보여준다.

가장 높은 평가를 받는 쉬라즈는 계곡 북서쪽 지역과 계곡 중부인 에버니저Ebenezer, 타눈다, 모파Moppa, 칼림나Kalimna, 그리녹Greenock, 마라낭가Marananga, 스톤웰Stonewell에서 생산된다. 건지농법으로 오래된 쉬라즈에서 놀라운 복합미를 가진 와인을 만들어낸다. 하지만 대부분의 포도나무를 와인메이커가 아니라 재배자가 소유하고 있어, 가격과 품질 사이에 미묘한 긴장감이 형성된다. 이곳의 오래된 포도나무는 보통 한 가문이 대대손손 재배하며, 매주 계곡을 가득 채우는 수천 명의 관광객들의 눈을 피해 감춰져 있다.

갈수록 디스트릭트(지역), 하위지역, 포도밭, 심지어 재배자 이름이 라벨에 표시되는 경우가 늘고 있다. 생산자들이 계곡 내에서도 지역별로 차별화하고, 지역의 역사와 유산을 강조하기를 원하기 때문이다. 바로사 포도 & 와인 협회(Barossa Grape and Wine Association)가 진행한 바로사 그라운즈 프로젝트에 따라 에덴 밸리의 하이 에덴High Eden이 공식 하위지역으로 지정된 것처럼(p.352 참조), 이제 곧 여러 하위지역이 공식 지정될 것이다. 계곡의 여러 지역에서 매우 다양한 와인이 생산되는데, 왜 진작에 이런 움직임이 없었는지 의문이다.

에덴 밸리
Eden Valley

에덴 밸리는 바로사 밸리보다 고지대이고, 초록에 둘러싸인 아름다운 풍광을 자랑한다. 해발 500m의 포도밭은 바위 언덕, 먼지 날리는 도로, 시골 저택, 유칼립투스 숲 사이에 드문드문 위치한다. 역사적으로 에덴 밸리는 바로사 밸리의 동쪽 연장선상에 있다. 1847년 영국 해군장교 조셉 길버트Joseph Gilbert가 퓨시 베일Pewsey Vale 와이너리를 세웠는데, 현재 그 부지는 에덴 밸리 리슬링의 발전에 기여한 앵거스톤의 가족경영 회사 얄룸바의 소유이다.

현대인들이 주정강화 디저트와인보다 테이블와인을 선호하면서, 특이하게도 리슬링이 바로사에서 가장 큰 활약을 보였다. 실레지아 이민자들은 리슬링에 대한 애정이 있었고, 또 재배자들은 동쪽 언덕으로 높이 올라갈수록 와인이 더 섬세하고 상큼해지며 과일맛이 좋아진다는 것을 알았다. 1960년대 초 콜린 그램프Colin Gramp(1971년까지 올랜도 와인즈는 그램프 가문의 소유였다)는 독일여행에서 돌아와 양 한 마리도 서있기 힘든 편암질 언덕 꼭대기에 리슬링을 심고, 슈타인가르텐Steingarten(돌의 정원)이라고 불렀다. 그렇게 해서 수명이 긴 새로운 차원의 호주 리슬링이 태어났다. 지금은 제이콥스 크릭 슈타인가르텐으로 판매되며, 헨쉬키Henschke의 줄리우스Julius, 피터 레만의 위건 리슬링Wigan Riesling, 얄룸바의 퓨시 베일과 경쟁하고 있다.

에덴 밸리 최고의 리슬링은 꽃향이 특징이며, 어릴 때는 종종 1차향으로 미네랄향이 난다. 항상 비교되는 클레어 밸리 리슬링처럼 병에서 잠시 숙성시키면 구운 향이 생긴다. 에덴 밸리 리슬링은 산미가 빨리 사라지고 말린 꽃향으로 발전하는 반면, 클레어 밸리 리슬링은 날카로운 라임향이 특징이다.

리슬링도 중요하지만, 이곳에서 가장 많이 재배하는 품종은 쉬라즈이다. 헨쉬키 가문은 언덕 위쪽의 마운트 에델스톤Mount Edelstone과 1860년에 처음 포도나무를 심은 힐 오브 그레이스Hill of Grace에서 최고의 쉬라즈를 생산한다. 유서 깊은 힐 오브 그레이스(실제로는 평지에 가깝다)의 8ha 포도밭 절반에서 재배된 싱글빈야드 쉬라즈의 첫 빈티지는 1958년이다. 현재 힐 오브 그레이스 쉬라즈의 가격은, 호주 와인의 아이콘이며 농축미가 더 뛰어난 사우스 오스트레일리아의 블렌딩와인인 펜폴즈 그랜지와 맞먹는다.

홉스Hobbs, 레드포드Radford, 쇼브룩Shobbrook, 토지매튜스Torzi Matthews, 틴 셰드Tin Shed 같은 신세대 와인메이커들 역시 고지대에서도 피네스가 있는 싱글빈야드 와인을 만들 수 있다는 것을 증명하고 있다. 라벨에 '바로사 밸리'가 아닌 '바로사'로만 표기된 많은 와인은 에덴 밸리 와인과 블렌딩하여 생동감이 넘친다.

헨쉬키 가문의 유명한 힐 오브 그레이스 포도밭에서 정성 어린 보살핌을 받고 있는, '할아버지 포도나무' 중 하나이다. 1860년대에 유럽에서 들여왔다.

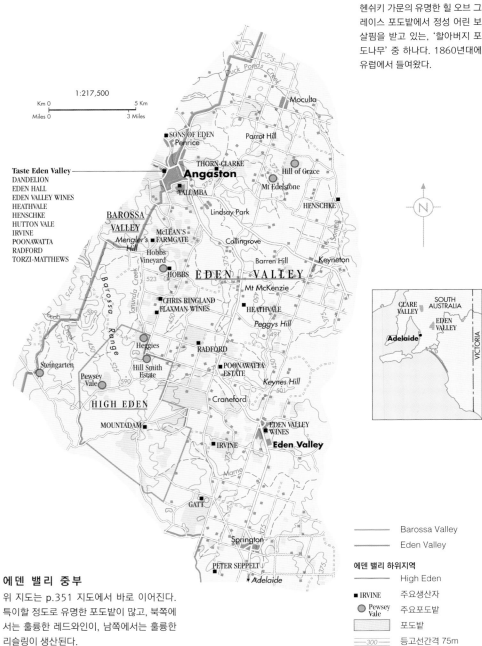

에덴 밸리 중부
위 지도는 p.351 지도에서 바로 이어진다. 특이할 정도로 유명한 포도밭이 많고, 북쪽에서는 훌륭한 레드와인이, 남쪽에서는 훌륭한 리슬링이 생산된다.

클레어 밸리
Clare Valley

리슬링은 에덴 밸리보다 매우 목가적인 클레어 밸리에 깊이 뿌리를 내렸다. 클레어 밸리는 바로사 밸리의 최북단 경계선 위쪽에 위치한다. 외딴 시골이지만 다방면으로 재능이 뛰어나서, 독특한 방식으로 훌륭한 쉬라즈와 카베르네를 만들 뿐 아니라 좋은 리슬링도 만든다.

사실 클레어 밸리는 높은 고원에 남북으로 늘어서 있는, 폭이 좁은 여러 계곡으로 이루어져 있다. 클레어

1:250,000

Km 0　　　　5　　　　10 Km
Miles 0　　　　5 Miles

■ GROSSET　　주요생산자
● Clos Clare　　주요포도밭
▭　　　　　　　포도밭
〰300　　　　등고선간격 75m

클레어 밸리 북부와 중부
위도만 보면 클레어 밸리에서 세계에서 가장 짜릿한 리슬링이 나올 것이라고 생각하기 힘들다. 하지만 해발 400~570m에 위치한 포도밭의 고도와, 서쪽과 남쪽의 만에서 불어오는 바람 덕분에 가능한 일이 되었다.

밸리의 지질학적 특성은 이를 연구하기 위해 시작된 클레어 밸리 락스Clare Valley Rocks 프로젝트를 통해 밝혀졌듯이, 토양이 매우 다양하다. 클레어 밸리 남부의 중심부인 워터베일Watervale과 오번Auburn 사이는 전통적인 리슬링의 땅으로, 석회암이 기본인 유명한 테라로사 토양이다(p.357 참조). 이곳에서 향이 풍부하고 표현력이 좋은 리슬링을 만든다. 몇 km 올라가면 폴리시 힐Polish Hill 강 근처에 제프리 그로셋Jeffrey Grosset의 유명한 폴리시 힐 포도밭이 있다. 포도나무가 단단한 점판암 토양에서 고통을 받아, 와인이 단단하고 오래 보관할 수 있다. 클레어 밸리 북쪽은 좀 더 트였고 스펜서Spencer만에서 불어오는 편서풍으로 기온이 좀 더 높게 느껴진다. 반면 워터베일 남쪽은 세인트 빈센트St Vincent 만에서 불어오는 서늘한 바람의 혜택을 누린다. 클레어 밸리는 바로사 밸리의 1/3 크기밖에 안 되지만 고도가 높아서 기후가 극단적이다. 서늘한 밤 기온은 산미를 유지하는 데 도움이 되어, 다른 지역에서는 산미를 추가하는 해가 많은데 그럴 필요가 없다. 짐 배리 Jim Barry의 플로리타Florita와 페탈루마의 한린 힐Hanlin Hill 역시 눈여겨볼 만하다.

클레어 밸리는 오지처럼 느껴진다. 생산자들은 유행과 대형회사들의 영향에서 멀리 떨어져 있는 것을 자랑스럽게 생각한다. 아콜레이드 와인즈Accolade Wines의 냅스테인Knappstein과 페탈루마, TWE의 레오 버링 Leo Buring만 대형회사와 관련이 있다. 대형회사들은 최근 몇 년 동안, 비용 절감을 위해 클레어 밸리의 와이너리를 정리하고 다른 곳에서 양조하는 추세이다.

클레어 밸리는 대개 농부들이 직접 농사를 짓는 농촌마을로, 결속력이 매우 강하다. 자신들이 만든 리슬링의 날카로운 순수함을 보존하기 위해, 이들은 호주에서 처음으로 스크루캡 사용을 결정했다.

그로셋, 킬리카눈Kilikanoon, 짐 배리와 같은 수많은 능력 있는 리슬링 생산자들의 손에서, 클레어 밸리 리슬링은 호주에서 가장 독특한 리슬링으로 자리매김했다. 단단한 드라이 리슬링으로 어릴 때는 눈물이 찔끔 날 정도로 강하지만, 병 속에서 수년이 지나면 구운 향을 갖게 된다. 이 와인에 맞춰 호주의 유명한 퓨전음식들이 개발되었다. 최근에는 자극적인 것을 좋아하지 않는 사람들을 위해 좀 더 달콤한 스타일의 리슬링도 나오기 시작했다.

풍만하고 산미와 구조가 좋은 훌륭한 레드와인도 생산된다. 클레어 밸리 레드의 진한 색과 풍미를 가장 잘 표현하는 것이 쉬라즈인지 아니면 카베르네인지에 대한 논쟁이 뜨겁다. 특히 짐 배리, 킬리카눈, 테일러스, 팀 애덤스Tim Adams가 부드러운 카베르네와 쉬라즈를 생산한다. 이곳에서 가장 높은 해발 570m에서 생산되는, 그로셋의 향기로운 가이아Gaia 보르도 블렌드는 대부분의 클레어 밸리 레드보다 조금 더 우아하다. 한편, 컬트와인의 선구자 웬도우리Wendouree 와이너리는 매년 씹는 느낌이 독특한 레드와인을 생산한다. 입안에서 절대 사라질 것 같지 않은 맛이다.

파익스 폴리시 힐(Pike's Polish Hill) 와이너리의 새벽 수확 현장. 충분한 노동력을 구하기 힘든 곳에서는 기계 수확이 합리적인 선택이다. 낮에는 너무 덥기 때문에 새벽에 수확한다.

맥라렌 베일과 그 외 지역 McLaren Vale and Beyond

애들레이드 남쪽 근교에 있는 맥라렌 베일은 대량 생산 포도재배지에서 호주의 최고급 레드와인 생산지로 변신했다.

테루아 매우 다양하며 토양지도가 잘 만들어져 있다. 바다와 가까운 평지는 검은 점토이고, 가장 높은 고지대는 모래가 많다. 그 사이의 완만한 언덕은 점토질 롬(양토)과 모래 롬이다.

기 후 덥고 건조하며, 점점 더 덥고 건조지고 있다. 바닷바람이 더위를 식혀준다.

품 종 레드 쉬라즈, 카베르네 소비뇽

플러리어Fleurieu반도에서 이름을 딴 플러리어 지방(Zone)은 애들레이드 남서쪽에서 맥라렌 베일과 서던 플러리어를 지나, 지금은 매우 근사한 휴양지가 된 캥거루 아일랜드까지 포함한다. 동쪽으로는 랑혼 크릭Langhorne Creek과 커런시 크릭Currency Creek(p.344 지도 참조)으로 이어진다. 가장 흥미로운 와인은 그 끝자락에서 나온다. 보르도의 자크 뤼르통Jacques Lurton은 플라잉 와인메이커들의 전형적인 이동 방향과는 반대로, 프랑스에서 **캥거루 아일랜드**Kangaroo Island로 와서

와인을 만든다. 페탈루마 와이너리의 설립자 브라이언 크로저Brian Croser는 **서던 플러리어**에서 가장 높은 곳인 파라와Parawa에서 인상적인 포기 힐Foggy Hill 피노 누아를 만들고 있다.

하지만 현재 플러리어에서 가장 유명하고 유서 깊은 산지는 **맥라렌 베일**이다. 유명 관광지이지만, 안타깝게도 애들레이드 도시개발의 희생양이기도 하다. 레이넬라Reynella 브랜드로 유명한 존 레이넬John Reynell 와이너리는 1838년, 스토니 힐Stony Hill 포도밭에 사우스 오스트레일리아 주에서 처음으로 포도나무를 심었다(스토니 힐은 2009년 주택개발로 매각되었다). 맥라렌 베일에는 아직도 오래된 나무들이 많으며, 100년이 넘은 것도 있다. 1876년에는 원래 소유주였던 토마스 하디Thomas Hardy사가 틴타라Tintara 와이너리를 매입했다. 틴타라는 현재 호주에서 가장 큰 와인회사 아콜레이드 와인즈의 일원이 된 하디스Hardys의 역사를 보여주는 명소이지만, 지금은 많이 현대화되었다. 포도와 머스트는 멀리 태즈메이니아에서 들어온다.

점점 더워지는 날씨

포도재배에 이곳 해안보다 더 좋은 곳은 없다. 포도밭이 셀릭스 힐Sellicks Hill 산맥과 온화한 바다 사이에 좁고 길게 위치하는데, 따뜻한 밤과 더 따뜻한 낮 덕분에

이곳의 타닌은 매우 부드럽다. 길고 따뜻한 생장기간 동안 바다와 가까이 있는 것이 이곳의 큰 자산이다. 서리의 위험이 없기 때문이다. 약 20%의 포도밭이 관개용수 없이 생존할 수 있는데, 물 부족이 심해지고 있다. 오후에 바다에서 불어오는 바람이 기온을 낮춰줘서 일교차가 크지 않지만 와인이 알맞게 상쾌하다.

맥라렌 북부에서 가장 높은 곳인 블레윗 스프링즈Blewitt Springs는 점토 위의 깊은 모래 토양에서 전체적으로 향이 풍부하며 향신료향이 강하고 우아한 그르나슈와 쉬라즈를 생산한다. 동쪽의 캉가릴라Kangarilla는 맥라렌 베일보다 일교차가 커서 더 섬세한 쉬라즈를 생산한다. 맥라렌 베일 마을의 북쪽 지역은 상부토가 매우 얇아 수확량이 적지만, 와인의 풍미가 강렬하다. 남쪽의 윌룽가Wllunga는 바다의 영향이 덜하고 포도 역시 늦게 익는다. 전체적으로 수확은 2월에 시작하는데, 고전적인 그르나슈와 무르베드르는 수확 시작일이 갈수록 빨라지는데도 불구하고 4월까지 계속되는 경우가 있다.

케이 브라더스(Kay Brothers) 와이너리의 오래된 셀레스티얼 & 코크(Celestial & Coq) 통압착기에서 네로 다볼라의 진한 보라색 즙이 흘러나오고 있다. 1912년 문을 연 압착 작업장에서 1928년 빈티지를 만들 때 처음 사용되었다.

맥라렌 베일은 처음부터 레드와인 산지였고 지금도 여전히 레드와인이 우세하지만, 피아노와 베르멘티노 같은 화이트품종도 잘 자란다. 더운 기후에도 산미가 잘 보존되는 이탈리아 품종을 시험적으로 재배하고 있고, 샤르도네와 소비뇽 블랑은 근처의 더 서늘한 애들레이드 힐스에 적합하다.

올드 바인 쉬라즈, 카베르네 소비뇽, 그리고 점점 인기를 얻고 있는 그르나슈로 만든 화려하고 매혹적인 맥라렌 베일 레드는 자신감이 넘친다. 채플 힐Chapel Hill, 다렌버그d'Arenberg, 휴 해밀턴Hugh Hamilton, 팩스턴Paxton, 사무엘스 고지Samuel's Gorge, SC 파넬SC Pannell, 율리손Ulithorne, 위라 위라Wirra Wirra, 잭슨 패밀리 와인즈Jackson Family Wines의 유기농 와이너리 양가라 에스테이트Yangarra Estate가 좋은 예이다. 코리올Coriole, 캉가릴라 로드Kangarilla Road, 프리모 에스테이트Primo Estate는 꽤 오래전부터 산조베제, 네비올로, 프리미티보(진판델)를 재배하면서 품종의 범위를 넓힐 수 있다는 것을 보여줬다. 스페인 품종 역시 희망적이다. 사무엘스 고지, 윌룽가 100, 젬트리Gemtree 에스테이트에서는 템프라니요로 좋은 와인을 만든다. 조지아의 사페라비와 이탈리아의 사그란티노는 특히 산미가 강해서 많이 찾는다. 틴린스Tinlins 와이너리의 스티븐 파넬Stephen Pannell은 상업용 와인을 큰 와인회사에 벌크로 납품하는 동시에 독자적인 와인도 조금씩 만든다. 선견지명이 있는 파넬과 같은 생산자들은 지중해성 기후에 적합하다고 인정된 품종에 미래가 있다고 믿는다.

맥라렌 베일에는 최소 80개의 와이너리가 있다. 수확한 포도의 일부는 다른 곳으로 보내(멀리 헌터 밸리까지 가기도 한다), 블렌딩와인에 풍부한 느낌을 더해준다. 과거에 호주에서 지역간 블렌딩이 지금보다 흔했을 때, 블렌딩하는 사람들은 맥라렌 베일을 '호주 와인의 평균적인 맛'이라고 불렀다. 맥라렌 쉬라즈에서 모카향과 따뜻한 흙내음을 느끼는 사람도 있고, 블랙 올리브의 짠맛과 가죽향을 느끼는 사람도 있다.

부드럽고 과즙이 많은

랑혼 크릭은 사우스 오스트레일리아 와인의 숨은 보석이다. 이곳에서는 맥라렌 베일과 비슷한 양의 와인을 생산하는데, 그중 1/5도 안 되는 양만 랑혼 크릭 이름으로 판매하고, 대부분은 랑혼 크릭 와인의 장점을 필요로 하는 큰 회사의 블렌딩와인 속으로 사라진다. 쉬라즈는 부드럽고, 순하고, 입에 꽉 차며, 카베르네 소비뇽은 과즙이 풍부하다. 랑혼 크릭의 깊고 비옥한 충적토는 원래 늦겨울에 브레머와 앵거스 강을 의도적으로 범람시킨 물로 관개를 했었다. 이렇듯 물 공급이 안정적이지 못해 확장이 제한되었는데, 1990년대 초 머리 강 하류에 있는 알렉산드리나호수의 관개용수를 사용할 수 있게 되면서 빠르게 발전했다.

오래된 포도나무는 주로 강변 가까이에 있는데, 1891년부터 브러더스 인 암스Brothers in Arms 와이너리

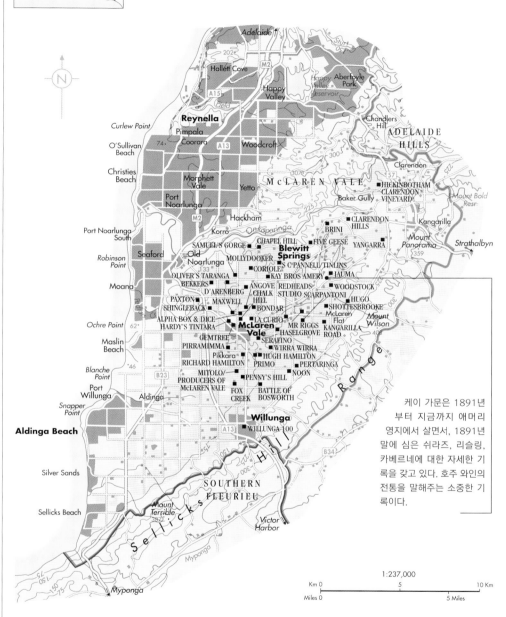

맥라렌 베일

토양 종류와 지형이 매우 다양하다. 따라서 와인의 품질과 스타일도 다양하다. 이곳 생산자들은 스케어스 어스(Scarce Earth) 프로젝트를 통해 맥라렌 베일 토양의 다양성을 탐구하며 함께 노력하고 있다. 스케어스 어스는 맥라렌 베일 쉬라즈가 토양에 따라 어떻게 달라지는지를 연구 조사하는 프로젝트이다.

케이 가문은 1891년부터 지금까지 애머리 영지에서 살면서, 1891년 말에 심은 쉬라즈, 리슬링, 카베르네에 대한 자세한 기록을 갖고 있다. 호주 와인의 전통을 말해주는 소중한 기록이다.

의 애덤스 가문이 만든 유명한 메탈라Metala 포도밭과, 블리스데일Bleasdale 와이너리의 프랭크 포츠Frank Potts가 브레머강 주위에서 자라는 거대한 유칼립투스를 베어내고 만든 포도밭이 대표적이다. 그러나 앵거스 빈야드처럼 야심찬 생산자들이 만든 새로운 포도밭에서는, 평평한 땅에 만든 복잡한 배수망을 통해 파이프로 물을 끌어오는 첨단 관개시스템을 이용한다.

이른바 '호수 의사(Lake Doctor)'라고 부르는, 오후에 알렉산드리나호수에서 불어오는 서늘한 바람이 포도를 천천히 익게 해주기 때문에 맥라렌 베일보다 2주 정도 늦게 수확한다.

바로 서쪽에 있는 **커런시 크릭**은 대부분 모래 평지이고, 알렉산드리나호수에서 끌어온 물에 의지한다. 랑혼 크릭보다 조금 덥고, 지금까지 비교적 잘 알려지지 않은 작은 와이너리들이 많다. 커런시 크릭 내의 언덕 지형에 비공식 하위지역인 피니스 리버Finniss River가 있는데, 오스트리아에 근거지가 있는 살로몬Salomon 가문이 고급 레드와인을 만들고 있다.

애들레이드 힐스 Adelaide Hills

애들레이드시 바로 동쪽에 있는 마운트 로프티 산맥은 여름에 애들레이드의 기온이 올라가도 바로 식혀준다. 서쪽에서 몰려온 구름이 푸른 산 위에 모여있다. 애들레이드 힐스 지역의 남쪽 끝은 맥라렌 베일의 북동쪽과 접해있지만, 두 지역은 완전히 다른 세계이다. **애들레이드 힐스**는 호주에서 가장 역동적인 와인산지 중 하나로, 특히 바스켓 레인지Basket Range 주위는 내추럴와인 양조의 중심지이다. 호주에서 처음으로 상쾌한 레몬향의 소비뇽 블랑으로 유명해졌다. 현재 소비뇽 블랑이 애들레이드 힐스의 주요 품종이며, 샤르도네가 뒤를 바짝 쫓고 있다. 북쪽을 제외하면 400m 등고선이 아펠라시옹 경계선 역할을 한다. 그보다 높은 곳은 회색 안개가 자주 끼고, 봄서리도 위협적이며, 여름에도 밤은 춥다. 강수량이 비교적 많고 겨울에 집중되지만, 북동쪽에서 남서쪽으로 80km나 길게 뻗은 와인산지의 기후를 일반화하기는 어렵다.

로프티산에 있는 **피카딜리**Piccadilly 밸리는 1970년대에 페탈루마 와이너리의 설립자인 브라이언 크로저가 개척했다. 서늘해서 당시 호주의 고급품종이었던 샤르도네에 적합한 곳이었다. 현재는 약 90개의 와이너리가 있고, 더 많은 재배자가 크고 작은 와이너리에 포도를 공급한다. 레드는 피노 누아가 주요 품종으로, 애슈턴 힐스Ashton Hills, 그로셋, 헨쉬키, 루시 마고Lucy Margaux, 펜폴즈, 쇼＋스미스Shaw＋Smith에서 좋은 피노 누아를 생산한다. 템프라니요와 네비올로 같은 이탈리아 품종도 유망하다.

버드 인 핸드Bird in Hand, 쇼＋스미스, 사이드우드Sidewood, 타파나파Tapanappa에서 생산하는 샤르도네는 신선한 복숭아 풍미와 정교함을 자랑한다. 헨쉬키, 파이크 & 조이스Pike & Joyce, 더 레인The Lane은 비오니에와 피노 그리로 역시 정교하고 향이 풍부한 와인을 만든다. 한도르프 힐Hahndorf Hill에서 시작된 그뤼너 펠트리너Grüner Veltliner는 이제 30여 개의 와이너리에서 생산된다. 애들레이드 힐스는 그뤼너 펠트리너에게 있어 호주의 고향이다. 리슬링 역시 잘 자란다.

현재 공식적인 하위지역은 피카딜리 밸리와 **랜즈우드**Lenswood 두 곳이다. 하지만 바스켓 레인지, 버드우드Birdwood, 찰스턴Charleston, 이청가Echunga, 한도르프, 카이포Kuitpo, 메이클즈필드Macclesfield, 마운트 바커, 파라콤브Paracombe, 우드사이드 모두 독특하고 개성이 넘치기 때문에 더 많은 하위지역이 나올 것으로 기대된다.

애들레이드 힐스 남서부

위 지도에는 애들레이드 힐스 남서부의 일부만 상세하게 표시되어 있다. 북쪽의 구머라커(Gumeracha) 주위에 있는 포도밭은 카베르네 소비뇽이 익을 정도로 따뜻하고, 특히 쉬라즈 같은 론 품종은 스털링(Stirling) 남동쪽의 마운트 바커에서 재배한다.

1:237,000

Km 0   5   10 Km
Miles 0   5 Miles

	Adelaide Hills
	McLaren Vale

Adelaide Hills 하위지역

	Piccadilly Valley
	Lenswood
■ THE LANE	주요생산자
◉ Tiers	주요포도밭
	포도밭
—300—	등고선간격 75m
▼	기상관측소(WS)

애들레이드 힐스 렌즈우드	▼
남위 / 고도(WS)	35.06°/363m
생장기 평균 기온(WS)	17.3℃
연평균 강우량(WS)	717㎜
수확기 강우량(WS)	4월 : 49㎜
주요 재해	낮은 착과율, 봄서리
주요 품종	레드 **피노 누아, 쉬라즈** 화이트 **소비뇽 블랑, 샤르도네, 피노 그리 / 그리조, 리슬링**

쿠나와라
Coonawarra

테라로사를 빼놓고 쿠나와라를 이야기할 수는 없다. 실제로 테라로사 토양은 이 와인산지에서 치열한 경계선 다툼의 기준이었다. 1860년대 초기 정착민들은 애들레이드 남쪽 400km쯤에서 매우 이상한 땅을 발견했다. 페놀라Penola 마을 바로 북쪽에 있는 15×1.5km 크기의 길고 좁은 직사각형 땅이, 만지면 부스러지는 선명한 붉은색 흙으로 덮여있었다. 그 밑으로 물이 잘 빠지는 석회암과 비교적 깨끗하고 마르지 않는 지하수면이 있었다. 과일 재배에 이보다 더 좋은 땅은 없었다. 사업가 존 리독John Riddoch이 페놀라 과일농장을 설립해, 1900년까지 쿠나와라라는 이름으로 호주에서는 낯선 종류의 와인(주로 쉬라즈)을 대량생산했다. 산미가 강하고 과일향이 풍부하며 알코올이 적당한, 보르도 와인과 크게 다르지 않은 와인이었다.

대부분의 호주 와인과 구조감이 다른 이 훌륭한 와인은 오랫동안 제대로 평가받지 못했다. 그러다가 1960년대 테이블와인 붐이 일면서 가치를 인정받았고 대형회사가 관여하기 시작했다. 윈즈Wynns가 가장 큰 단일 포도밭 소유자이고, 윈즈의 모기업인 TWE의 브랜드인 펜폴스, 린데만스Lindeman's가 나머지를 소유하고 있다. 결과적으로 쿠나와라 포도의 상당량은 다른 지역에서 블렌딩 및 병입된다. 한편 발네이브스Balnaves, 보웬Bowen, 홀릭Hollick, 카트눅Katnook, 레콘필드Leconfield, 마젤라Majella, 파커Parker, 펜리Penley, 페탈루마, 라이밀Rymill, 제마Zema 같은 생산자들은 에스테이트 와인에 가까운 와인을 선보이고 있다.

성공적인 조합

쉬라즈가 쿠나와라의 전통적인 특산품종이었지만, 1960년대 초 밀다라Mildara 와이너리는 이 지역이 카베르네 소비뇽에 이상적인 조건이라는 것을 증명했다. 이후 쿠나와라 카베르네는 호주에서 땅과 품종의 이상

적인 조합의 기준이 되었다. 쿠나와라에서는 포도나무 10그루 중 6그루가 카베르네 소비뇽이다. 그래서 쿠나와라 와인의 운명은 카베르네의 인기에 따라 상승하다가 최근에는 하락했다.

쿠나와라와 카베르네의 완벽한 조합은 토양 때문만이 아니다. 쿠나와라는 상당히 남쪽에 위치하여, 사우스 오스트레일리아의 와인산지 중 가장 서늘하다. 그리고 탁 트인 해안에서 80km밖에 떨어지지 않아 남극 해류가 지나가고, 여름 내내 편서풍이 분다. 봄서리와 수확기의 비가 문제지만 프랑스 출신 재배자에게는 고

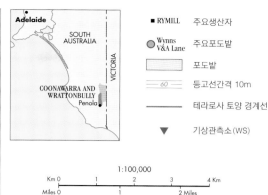

쿠나와라 쿠나와라 ▼	
남위 / 고도(WS)	37.75°/63m
생장기 평균 기온(WS)	16.6℃
연평균 강우량(WS)	576mm
수확기 강우량(WS)	4월 : 35mm
주요 재해	포도 미성숙, 봄서리, 수확기의 비
주요 품종	레드 카베르네 소비뇽, 쉬라즈, 메를로 화이트 샤르도네

향을 생각나게 하는 정도일 뿐이다. 실제로 쿠나와라는 보르도보다 더 서늘하고, 관개용수를 이용한 스프링클러로 서리의 위협에 맞서고 있다. 최근 몇 년 동안의 가뭄은 대부분의 생산자들이 추가적인 관개시설을 갖춰야 한다는 것을 의미한다. 서쪽의 습한 렌지나Rendzina 토양과는 달리, 테라로사에서는 의지만 있다면 포도나무가 무성해지는 정도를 적절하게 조절할 수 있다.

1990년대에 카베르네 인기가 절정일 때 쿠나와라의 포도밭 면적은 2배로 늘어났다. 그런데 이곳은 고립되어있고 인구가 적어, 가지치기와 수확은 기계로 해야 했다. 하지만 최근에는 포도밭 수확자들, 특히 아시아인들을 자주 보게 된다. 덕분에 와인 품질도 개선되었다. 적어도 22개의 셀러 도어가 남쪽까지 내려온 관광객을 겨냥하여 적극적으로 영업 중이다.

윈즈는 쿠나와라에서 가장 잘 알려진 와이너리이다. 쿠나와라에는 와이너리가 18개밖에 없는데, 셀러 도어는 그보다 4개가 더 많다.

빅토리아 Victoria

빅토리아주는 여러 가지 의미로 호주에서 가장 흥미롭고 가장 역동적이며 가장 다채로운 와인산지다. 19세기에는 호주에서 가장 중요한 와인공급원으로, 포도밭 면적이 뉴 사우스 웨일스와 사우스 오스트레일리아를 합친 만큼 넓었다.

1850년대와 60년대의 골드러시로 호주의 인구는 10년 만에 2배로 증가했고, 초기 와인산업도 번성하기 시작했다(캘리포니아의 골드러시와 유사하다). 그러다가 1870년대에 필록세라가 퍼져 포도밭은 초토화되었다. 현재 빅토리아주의 와인생산량은 필록세라의 피해를 입지 않은 사우스 오스트레일리아 주의 절반에도 못 미친다. 하지만 와이너리 수는 2배나 많아, 800여 개의 와이너리가 20개의 공식 산지에 흩어져있다. 대부분 소규모이고, 600개의 와이너리가 셀러 도어를 통해 대중에게 직접 판매한다.

빅토리아주는 호주 본토에서 가장 작고 서늘하지만 재배환경은 가장 다양하다. 관개가 필요한 내륙의 머리 달링부터 본토에서 가장 서늘한 곳까지 다양한 환경에서 포도를 재배하는데, 빅토리아와 뉴 사우스 웨일스의 경계에 있는, 밀두라 근처의 머리 달링에서 빅토리아주 포도 생산량의 75%를 담당한다.

빅토리아 북동부

필록세라에서 살아남은 지역 중 가장 중요한 곳은 말할 것도 없이 무더운 빅토리아 북동부 지역이다. **루터글렌**Rutherglen과 규모는 더 작지만 **글렌로완**Glenrowan에서 계속 주정강화 디저트와인(p.360 아래 참조)을 생산하고 있으며, 론 품종인 뒤리프Durif로 만든 매우 드문 레드와인은 루터글렌의 특산품이다.

빅토리아주 북동부에는 더 높고 서늘한 와인산지 3곳이 있다. 킹 밸리, 알파인 밸리, 비치워스Beechworth인데, 그레이트 디바이딩 산맥 스키어의 관심을 끌 가능성이 있다. **킹 밸리**의 대표 생산자는 밀라와의 가족경영 와이너리인 브라운 브러더스Brown Brothers다. 주력 상품인 스파클링와인 패트리시아Patricia는 서늘한 휘트랜즈 고원에서 자란 피노 누아와 샤르도네를 블렌딩한 것이다. 브라운 브러더스는 호주에서 대안 품종을 처음 실험했다. 이탈리아 품종은 킹 밸리의 특산품인데 피치니Pizzini 가문이 개척자이며, 프로세코의 선구자인 달 조토Dal Zotto도 이탈리아 유산을 물려받았다. 리베리나의 데 보톨리De Bortoli는 싱글빈야드 와인 벨라 리바Bella Riva용 포도를 이곳에서 공급받는다.

많은 생산자들이 **알파인 밸리**에서 포도를 공급받는다. 포도밭은 해발 180~600m에 위치하며, 많은 이탈리아 품종과 대안 품종을 재배하고 있다. 빅토리안 알프스 와인 컴퍼니Victorian Alps Wine Company는 갭스티드Gapsted라는 브랜드를 갖고 있는데, 알파인 밸리 바

피노와 샤르도네를 재배하는, 쌀쌀한 메이스던산맥의 빈디 와이너리에서 고깔모자를 쓴 수확자들이 작업하고 있다. 오늘날 호주의 포도밭에서 흔히 볼 수 있는 모습이다. 양철지붕 창고는 전형적인 호주의 과거 모습이다.

깥 특히 아직도 필록세라로 고통받는 다른 산지의 기업이 자주 이용하는 계약 와이너리이다.

더 낮은 곳에 위치한 역사적인 금광마을 **비치워스**에서는 지아콘다Giaconda가 유명한 샤르도네를 만드는데, 쉬라즈와 피노 누아도 유명하다. 카스타냐Castagna는 쉬라즈와 비오니에를 블렌딩하고 이탈리아 품종을 살짝 더해 이국적인 맛이 나는 와인으로 유명하다. 특이하게 가메를 비롯한 아주 강렬한 포도들이 새로운 와이너리의 첫 세대인 소렌버그Sorrenberg에서 재배되고 있다. 이곳처럼 현대적인 와이너리들은, 극히 일부지만 19세기 초에 만들어진 포도밭을 아직 갖고 있다. 주목할 만한 새로운 생산자는 브라운 브러더스에서 포도재배를 했던 마크 월폴Mark Walpole의 파이팅 걸리 로드Fighting Gully Road, 도메니카, 비뉴롱 슈몰처 앤 브라운Vignerons Schmölzer & Brown, A 로다A Rodda가 있다. A 로다는 야라 밸리의 오크릿지Oakridge에서 와인을 만들던 샤르도네 전문가 에이드리언 로다Adrian Rodda가 설립한 것이다. 헌터 밸리의 브로큰 우드와 야라 밸리에 있는 잼쉬드Jamsheed 와이너리의 게리 밀스Gary Mills도 비치워스의 매력에 빠졌다.

Scale 1:2,000,000

Km 0 — 25 — 50 — 75 — 100 Km
Miles 0 — 25 — 50 Miles

Finley
Murray
Strathmerton
Cobram
B400
B400
Swan Hill
Ouyen
A79
Wycheproof
Boort
Pyramid Hill
Nathalia
Numurkah
Yarrawonga
WARRABILLA
ALL SAINTS
CHAMBERS ROSEWOOD
Corowa
PFEIFFER
STANTON & KILLEEN
RUTHERGLEN ESTATES
CAMPBELLS
Rutherglen
Sydney
Wodonga
Albury
Charlton
Mitiamo
Echuca
Kyabram
Mooroopna
Shepparton
GOULBURN
BOOTH'S TAMINICK CELLARS
BULLER
M31
ELDORADO ROAD
Donald
Wedderburn
Rochester
Stanhope
Tatura
Murchison
GLENROWAN
Lake Mokoan
Wangaratta
CASTAGNA A RODDA
SORRENBERG
Beechworth
Marnoo
A79
Inglewood
Bridgewater
TURNER'S CROSSING
WATER WHEEL
PONDALOWIE
Elmore
B75
Chalmers Vineyard
WHISTLING EAGLE
Rushworth
HEATHCOTE II
NAGAMBIE LAKES
Nagambie
TAHBILK
Tabilk
BAILEYS
GOLDEN
Milawa
BROWN BROS
GIACONDA
SMITH'S VINEYARD
St Arnaud
BERRY'S BRIDGE
BALGOWNIE
Bendigo
CH LEAMON
BENDIGO
MITCHELTON
Mitchellstown
BOX GROVE
Benalla
Violet Town
Glenrowan
SAM MIRANDA
Moyhu
GAPSTED
SAVATERRE
Myrtleford
KING VALLEY
ALPINE VALLEYS
PYRENEES
WARRENMANG
SALLY'S PADDOCK
DALWHINNIE
TALTARNI
SUMMERFIELD
BRESS
BLACKJACK
Maldon
Red Edge
SUTTON GRANGE
Heathcote
FOWLES
Euroa
STRATHBOGIE RANGES
Merton
Whitlands
Whitfield
DAL ZOTTO
PIZZINI
The Horn 1723
Bright
CHRISMONT
Horsham
Stawell
Malakoff Estate Vineyards
Moonambel
BLUE PYRENEES
MOUNT AVOCA
BEST'S
Avoca
Maryborough
Castlemaine
Baynton
VICTORIA
Seymour
Yarck
UPPER GOULBURN
Mansfield
DELATITE
Mt Buller 1806
Great Western
SEPPELT
GRAMPIANS ESTATE
MT LANGI GHIRAN 966
Ararat
Lexton
Clunes
Daylesford
KNIGHT GRANITE HILLS
COBAW RIDGE
CURLY FLAT
HANGING ROCK
Kyneton
Virgin Hills
MACEDON RANGES
Woodend
Kilmore
Yea
Alexandra
Mt Torbreck 1513
Marysville
Australian Alps
GRAMPIANS
Maroona
Beaufort
Lake Burrumbeet
Mt Macedon 1013
Macedon
Gisborne
B75
M31
Jamieson
WESTERN 1167
A8
HORSHAM
Ballarat
Ballan
Bacchus Marsh
Melton
Sunbury
CRAIGLEE
WEDGETAIL
363
Yarra Glen
Coldstream
Lilydale
Healesville
YARRA VALLEY 1250
Warburton
Skipton
Lake Bolac
Smythesdale
Meredith
LETHBRIDGE WINES
CLYDE PARK
BY FARR/FARR RISING
Anakie
GEELONG
BANNOCKBURN
Werribee
SHADOWFAX
WANTIRNA ESTATE
Melbourne
M3
Dandenong
Pakenham
Lismore
TARRINGTON ESTATE
CRAWFORD RIVER
Cressy
Bannockburn
PARADISE IV
Waurn Ponds
CURLEWIS
SCOTCHMANS HILL
PRINCE ALBERT
Geelong
LEURA PARK
OAKDENE
Bellarine Peninsula
Morningtoo
Mornington Peninsula
BASS PHILLIP
BELLVALE
CALEDONIA AUSTRALIS
WILLIAM DOWNIE
Koo-wee-rup
Hastings
Camperdown
Terang
Cobden
Colac
Winchelsea
Barwon
Queenscliff
Torquay
Sorrento
Rye
Merricks
MORNINGTON PENINSULA
West Head
361
Portland
Warrnambool
HENTY
A1
Lake Corangamite
Gellibrand
Lorne
Anglesea
Port Campbell
Apollo Bay
Cape Otway

Key to producers
Beechworth
1 FIGHTING GULLY ROAD
2 VIGNERONS SCHMÖLZER & BROWN
Heathcote
1 MUNARI
2 PAUL OSICKA
3 JASPER HILL/OCCAM'S RAZOR
4 DOWNING ESTATE
5 M CHAPOUTIER
6 HEATHCOTE WINERY
7 HEATHCOTE ESTATE
8 WILD DUCK CREEK
9 REDESDALE ESTATE

경계선(state)
BENDIGO 지리적표시(GI)
TAHBILK 주요생산자
Mt Ida 주요포도밭
포도밭이 있는 지역
해발 600m 이상 지역
361 상세지도 페이지

Adelaide
Sydney
Melbourne
Tasmania

약 1.5km에 달하는 유명한 세펠트 셀러는 100년 전에 일자리를 잃은 광부들이 굴을 파서 만든 것이다. 하지만 안타깝게도 새로운 소유주의 결정에 따라 문을 닫았고, 지금은 셀러 도어만 남아있다.

빅토리아 중부

지도의 수많은 와인산지는 보는 것만으로도 흥미롭다. 현재 빅토리아주는 폭넓은 다양성을 자랑하는 와인산지임에 틀림없다. 하지만 와인생산의 역사 또한 찬란하다. 19세기 골드러시 때문에 한때 호주의 대표적인 와인산지로 꼽히기도 했다. 그러다가 필록세라가 덮쳤다.

빅토리아 서부

세펠트Seppelt의 '샴페인'으로 유명해진 그레이트 웨스턴 지역 역시 북위동부 지역과 마찬가지로 절대 포기를 모른다. 그레이트 웨스턴은 **그램피언스**Grampians 산지의 하위지역으로, 그레이트 디바이딩 산맥 서쪽 끝, 해발 335m의 화강암이 풍부한 토양에 포도밭이 있다. 세펠트와, 세펠트와는 비교도 안 될 정도로 작은 베스츠Best's의 향신료향이 강하고 장기숙성이 가능한 쉬라즈를 오래전부터 생산하고 있다. 세펠트는 새 소유주인 TWE에 인수된 뒤 문을 닫았기 때문에, 원래의 포도밭에서 재배한 쉬라즈로 만든 스틸와인과 스파클링와인

은 다른 곳에서 양조되고 있다. 마운트 랜기 지란Mount Langi Ghiran이 만든 후추향 쉬라즈는 왜 전통을 이어가야 하는지 잘 설명해주는 와인이다.

피레니즈Pyrenees는 그램피언스 동쪽의 완만한 구릉지대로(이름과 달리 전혀 험하지 않다), 가끔 쌀쌀한 밤도 있지만 특별히 추운 곳은 아니다. 가장 유명한 와인은 탈타르니Taltarni와 달위니Dalwhinnie의 훌륭한 레드와인이고, 달위니에서는 좋은 샤르도네도 만든다.

서부 빅토리아 지역의 세 번째 산지인 **헨티**Henty는 남쪽 바닷가의 서늘하고 외진 지역에서 생산되는 와인으로 명성을 쌓았다. 세펠트가 이곳을 드럼보그

Drumborg라고 명명하고 개척하기 시작했는데, 여러 번 포기하려고 했지만 다행히 기후변화가 유리하게 작용했다. 1975년에는 한 목축업자가 포도나무를 심고 크로포드 리버Crawford River 와인을 만들었는데, 호주에서 가장 섬세하고 숙성 잠재력이 있는 리슬링으로 세펠트의 드럼보그 리슬링과 어깨를 나란히 한다.

북쪽 내륙으로 100km 정도 더 들어가면 해밀턴Hamilton / 테링턴Tarrington 근처에 부티크 와이너리들이 모여있는데, 주로 서늘한 기후에서 자라는 쉬라즈 와인을 생산한다. 하지만 테링턴 빈야드는 부르고뉴 품종에 열정을 쏟고 있다.

빅토리아 중부

빅토리아 중부의 내륙에 있는 **벤디고**Bendigo는 더 따뜻하다. 밸가우니Balgownie의 화려한 레드와인이 1970년대에 벤디고를 세상에 알렸다. 그 후에 재스퍼 힐Jasper Hill과 여러 생산자들이 세련된 **히스코트** **Heathcote**처럼 좋은 와인을 만들 수 있다는 것을 보여 줬다. 히스코트는 재스퍼 힐 동쪽에 있고, 조금 더 서늘하고 독특한 캄브리아기 토양을 가졌다. 히스코트는 잊을 수 없을 만큼 향이 풍부하고 과즙이 많은 쉬라즈로 유명하다. 하지만 야라 밸리에 있는 그린스톤Greenstone은 토스카나 클론을 선택해서 매우 섬세한 히스코트 산조베제를 만들고 있다. 빅토리아 중부 지역에는 오래전부터 잘 알려진 광대한 **골번 밸리** **Goulburn Valley**가 있다. 박스 그로브Box Grove, 미첼튼 Mitchelton, 그리고 한때 이곳의 유일한 생존자였던 타빌크Tahbilk가 골번 밸리 최남단에 모여있다. 이 지역은 고유의 특징을 가지고 있어서 나감비 레이크스Nagambie Lakes라는 하위지역의 지위를 획득했는데, 이름과는 달리 항상 물이 부족하다. 론 품종은(특히 마르산) 미첼튼과, 문화유산으로 지정된 오래된 가족와인농가인 타빌크에서 잘 자란다. 타빌크에는 아직도 1860년에 심은 쉬라즈와, 세계에서 가장 오래된 것으로 알려진 마르산이 남아있다.

특이한 이름을 가진 **스트라스보기 레인지스** **Strathbogie Ranges**에서는 섬세하고 깔끔한 리슬링이 생산되는데, 파울즈Fowles와 야라 밸리에 있는 맥 포브스Mac Forbes 와이너리의 리슬링이 대표적이다. 해발 600m에 넓은 포도밭이 있어서 산미가 매우 강하기 때문에, 도멘 샹동Chandon은 이곳에서 스파클링와인의 베이스로 사용할 피노 누아와 샤르도네를 재배한다.

포트 필립과 깁슬랜드

포트 필립Port Phillip 지역은 미식의 도시 멜버른 주위 산지를 일컫는 이름이다. 남쪽에 모닝턴반도가 있고, 동쪽에는 야라 밸리가 있다. 이 두 곳은 뒤에서 자세히 다룬다. 멜버른 공항 북쪽 평원의 전통 와인산지 **선버리** **Sunbury**는 모닝턴반도나 야라 밸리보다 멜버른 도심에 더 가깝다. 선버리의 대표 와이너리인 크레이그리Craiglee가 만드는 과감한 드라이 쉬라즈는 수십 년 동안 안정적으로 좋은 풍미와 숙성 잠재력을 지켜왔다.

선버리 북쪽 벤디고 방면의 **메이스던**Macedon **레인지스**는 호주에서 가장 서늘한(춥지는 않다) 재배지역을 포함한다. 기즈번Gisborne 근처의 빈디Bindi와, 컬리 플랫Curly Flat 근처의 랜스필드Lancefield는 이곳이 훌륭한 샤르도네와 피노 누아 산지라는 것을 증명한다.

빅토리아주의 새로운 해안지역 산지에서도 피노 누아를 선택했다. 거칠고 바람이 많이 부는, 해양성 기후의 영향이 강한 **절롱**Geelong이 대표적인데 무라불 Moorabool 밸리에 있는 절롱 마을 북서쪽에 바이 파By Farr, 배넉번Bannockburn, 레스브리지Lethbridge, 클라이드 파크Clyde Park 와이너리가 있다. 절롱 남쪽의 벨라린 Bellarine반도는 무라불보다 더 뚜렷한 해양성 기후를 보이지만, 토양은 똑같이 석회암과 현무암이다. 류라 파

큰유황앵무가 1975년 마운트 랜기 기란에 심은 리슬링에 위협이 되고 있다. 뒤쪽에는 마운트 랜기 기란의 '올드 블록 카베르네'를 만드는 오래된 카베르네 소비뇽이 있다. 리슬링과 카베르네를 함께 재배하는 곳은 호주 외에는 찾아보기 힘들다.

크Leura Park, 오크덴Oakdene, 스카치맨스 힐Scotchmans Hill이 주도적인 와이너리이다. 멜버른 서쪽 끝에 있는 또 다른 야심찬 와이너리인 섀도팩스Shadowfax는 절롱과 메이스던산맥에서 포도를 구입한다.

마지막으로 **깁슬랜드**Gippsland는 너무 넓어서 와인 지방(zone)인 동시에 와인산지(region)이며, 지도 밖 동쪽으로 이어진다(p.344 지도 참조). 그만큼 자연환경도 다양해서 하위지역으로 구분할 필요가 있다. 레온가서Leongatha 남쪽의 배스 필립스Bass Phillips가 오래전부터 색다른 피노 누아를 생산하고 있으며, 윌리엄 다우니William Downie 역시 이곳이 피노 누아의 땅이라는 것을 확실히 증명하고 있다.

매우 끈적한 와인

놀랍도록 달콤하고 구조가 단단하며 오크향이 있는 루터글렌 와인은, 이웃한 글렌로완의 와인을 제외하면 다른 어느 지역에서도 찾아볼 수 없는 색다른 와인이다. 헌터 밸리 세미용과 함께 루터글렌과 글렌로완의 스위트와인은 호주가 세계에 선사하는 가장 독창적인 와인이라 할 수 있지만, 호주 와인애호가들에게는 큰 사랑을 받지 못했다.

일교차가 매우 크고, 가을이 길며 건조한 것이 호주의 유명한 '끈적한(stickies)' 와인의 비결이다. 이 와인은 호주에서 수확 기간이 가장 길다. 대부분의 끈적한 와인은 뜨거운 햇빛을 받으며 자란, 껍질색이 진한 말린 뮈스카로 만든다. 라벨에 토파크(Topaque)라고 표기된 것은 소테른과 베르주락의 뮈스카델 포도로 만든 것이다. 뜨거운 양철지붕 아래에 있는 오래된 오크통에서 수년 동안 숙성된 와인은 놀라

울 정도로 부드럽고 풍부하다. '클래식(Classic)' 등급의 루터글렌 뮈스카는 10년 정도 숙성시킨 것이고, '레어(Rare)'는 20년 이상 숙성시킨 것이다. 그 중간 등급이 '그랜드(Grand)'이다. 오래된 오크통에 어린 와인을 섞는 솔레라(solera) 시스템을 채택한 생산자도 있지만, 보통 해마다 새로 블렌딩한다.

이 와인들은 병입한 뒤에 조금 차게 보관해야 전체의 1/4이나 차지하는 당분을 중화시켜서 상쾌함을 유지할 수 있다. 이보다 단맛이 덜한 것도 초콜릿의 단맛에 결코 지지 않는다. 치과의사가 선호하는 와인은 아니다.

모닝턴반도 Mornington Peninsula

멜버른 남쪽에 있는 초록이 우거진 모닝턴반도에서는 2년에 1번씩(최근에는 2019년에 개최) 피노축제가 열린다. 당연히 부르고뉴의 훌륭한 와인생산자들도 자주 초대된다. 이들은 호주에서 피노 누아를 가장 많이 재배하는 모닝턴반도에 회의적인 생각을 품고 왔다가 깊은 인상을 받고 떠난다.

피노 누아 재배가 우후죽순처럼 증가하고 있는 전 세계 와인산지 중에서 모닝턴반도가 가장 뚜렷한 해양성 기후를 보인다. 포트 필립 만에서 북서풍이, 또는 남극해에서 차가운 남동풍이 지속적으로 분다. 하지만 바닷바람의 역할은 단지 열기를 식혀주는 것에 한정되며, 와인에 바다의 풍미를 더하지 않는 것으로 드러났다. 실제로 현지 생산자들은 포도의 성숙도와 수확시기를 결정하는 것은 특정 포도밭의 고도가 아니라 바람이라고 말한다.

여름은 보통 온화하다. 1월 평균 기온이 20℃ 이하이지만(부르고뉴의 7월 평균 기온보다 낮다), 가끔 기온이 올라가 섬세한 피노의 껍질이 햇빛에 타기도 한다. 모닝턴반도 역시 기후변화의 영향으로, 보통 3월 초에 시작하는 수확이 예전보다 4주 빨라졌다. 일부 현지 생산자들은 모닝턴반도마저 피노 품종을 재배하기에 너무 더운 곳이 되지 않을까 걱정한다.

좋은 음식, 좋은 예술, 좋은 와인

모닝턴반도에서는 1886년부터 포도나무를 재배했다. 과일과 채소에 대한 왕립조사위원회 기록을 보면, 1891년에는 14곳의 포도재배자가 있었다고 나온다. 현대적인 와인산업은 1970년대 초에 시작되었고, 메인 릿지Main Ridge, 무루덕Mooroduc, 파링가Paringa, 그리고 현재 어콜레이드 와인즈Accolade wines 소유인 스토니어Stonier가 선구자들이다. 또 다른 전통 있는 와이너리인 엘드리지Eldridge, 쿠용Kooyong, 텐 미니츠 바이 트랙터Ten Minutes by Tractor 역시 와인의 품질을 높이고 산지를 알리기 위해 열심히 노력했다. 재능있는 새로운 와인메이커들도 많으며, 높은 평가를 받는 톰 카슨Tom Carson의 야비 레이크Yabby Lake, 샘 커버데일Sam Coverdale의 폴페로Polperro가 대표주자이다.

돈 많은 멜버른 사람들이 지은 큰 집과 대저택이 군데군데 보이며 초록이 우거진 목가적인 풍경의 모닝턴반도에는 호주의 다른 지역과 달리 계약 와이너리가 없다. 대신 200여 곳이 넘는 재배자 중 약 60여 곳에서 부르고뉴의 와인농부들처럼 직접 포도를 재배해서 와인을 만든다. 또 와이너리의 2/3가 4ha가 안 되는 작은 포도밭을 가지고 있어서 포도재배와 양조에 처음부터 끝까지 직접 관여한다. 멜버른과 매우 가까운 덕분에 50개가 넘는 와이너리에서 셀러 도어를 운

영하며, 레스토랑과 아트갤러리를 가진 와이너리도 많다. Pt 레오Pt Leo 조각공원은 야라에 있는 타라와라TarraWarra의 빼어난 아트갤러리와 어깨를 나란히 할 정도다. 모닝턴반도 와인의 약 1/3이 셀러 도어에서 판매되며, 아주 소량만 수출한다.

모닝턴의 대표 품종

1996년과 2008년 사이에 포도밭 총면적은 2배로 늘어났지만, 멜버른과 가까운 관계로 땅값이 올라 더 이상 확장되지 못하고 있다. 이 때문에 실험정신이 강한 새로운 세대의 와인메이커들이 이곳에 들어오지 못하고, 그래서 모닝턴은 몇 가지 고전적인 품종에 주력하고 있다. 역시 피노 누아가 대표 품종이고 전체 포도밭의 절반을 차지한다. 샤르도네는 대략 25%(일부는 매우 훌륭하다)이고, 유행하는 피노 그리 / 그리조는 약 20%를 차지한다(야라 밸리에서는 피노 누아를 모닝턴보다 3배 더 많이 생산한다. 야라는 지역이 훨씬 넓고 땅값이 싸지만 피노가 주요 품종은 아니다). 토양은 매우 다양해서 레드 힐은 붉은 화산성 토양, 튜롱Tuerong은 노란색 침전토 듀플렉스duplex(질감이 이질적인 토양. 호주

에서 사용되는 용어), 메릭스Merricks는 갈색 듀플렉스, 무루덕은 모래질 점토 롬(양토)이다.

호주에서 가장 흔히 볼 수 있는 피노 누아의 클론 MV6는 제임스 버스비James Busby가 클로 드 부조에서 얻은 것을(그렇게 알려져 있다) 들여온 것이다. MV6는 모닝턴반도에서 중요한 품종이지만, 새로운 부르고뉴 품종 클론도 계속 심고 있다.

모닝턴반도 피노 누아의 가장 큰 특징은 상쾌한 산미와 순도이다. 색이 진하고 풍미가 강한 와인은 매우 드물고, 가볍지 않으면서 전반적으로 부드러운 것이 특징이다. 피노 누아와 피노 그리(호주에서는 티갤런트T'Gallant 와이너리에서 처음 시도했다), 그리고 샤르도네 모두 수정처럼 맑고, 구조가 명확하며, 바디가 날씬하다. 현재 유행하는 와인 스타일이다. 20세기 말 모닝턴반도는 사실상 자신의 손으로 와인을 만들고 싶어하는 멜버른 사람들의 놀이터였다. 하지만 포도나무가 나이를 먹고 그 포도나무를 키우는 사람들이 와인문화의 세세한 부분까지 신경을 쓰면서, 와인품질이 눈에 띄게 향상했다. 이제 모닝턴반도는 호주에서 가장 만족스러운 핸드 크래프트 와인산지의 하나로 자리매김했다.

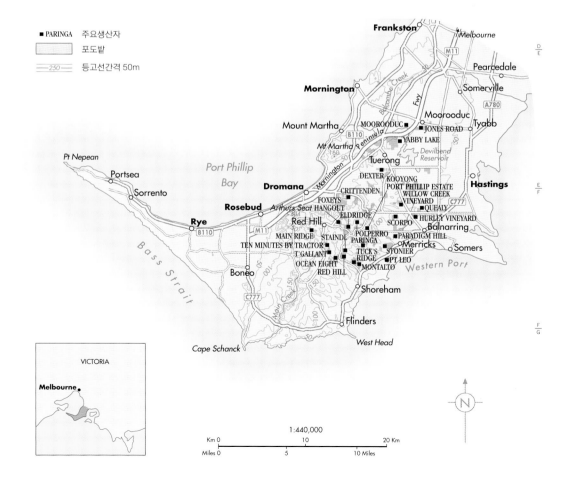

■ PARINGA 주요생산자

　포도밭

250 등고선간격 50m

VICTORIA

Melbourne

1:440,000

Km 0 ... 10 ... 20 Km
Miles 0 ... 5 ... 10 Miles

N

야라 밸리 Yarra Valley

빅토리아주에서 가장 품질 좋은 와인을 생산하는 야라 밸리는 일반화가 어렵다는 의견이 대부분이다. 해수면 가까이에도 포도밭이 있고, 해발 500m에도 포도밭이 있는데, 특히 최근 조성된 포도밭이 높은 곳에 있다. 배수로, 습곡, 경사면, 계곡 바닥이 예측 불가능할 정도로 기복이 심해 포도밭의 방향이 제각각이다.

테루아 매우 다양하다. 북쪽은 전반적으로 척박하고 배수가 잘되는 모래와 점토가 섞인 회색빛 롬(양토)이고 남쪽은 비옥한 붉은 화산토로, 방향과 고도에 따라 매우 다양하다.

기 후 기온은 부르고뉴보다 높고, 보르도와 호주 전체 표준보다 낮다. 겨울은 습하고, 여름은 꽤 건조하며 비교적 시원하다. 일교차는 별로 크지 않다.

품 종 레드 피노 누아, 쉬라즈, 카베르네 소비뇽 **화이트** 샤르도네, 피노 그리 / 그리조

빅토리아주 최초의 포도밭은 1838년에 포도나무를 심은 예링 스테이션Yering Station이다(p.363 지도 가운데). 양과 소를 키우는 목장이 함께 있는, 이웃의 분위기 있는 농가 예링버그Yeringberg의 드 퓨리de Pury 가문

은 150년 동안 5대째 와인을 만들고 있다. 하지만 필록세라가 창궐하고, 테이블와인보다 주정강화와인이 유행하면서 20세기에는 포도재배와 와인생산의 맥이 끊겼다.

야라 밸리가 와인산지로 다시 태어난 것은 1960년대에 와인에 미친 한 무리의 의사들이 계곡에 들어오면서부터다. 야라 예링의 캐로더스Carrodus, 마운트 메리Mount Mary의 미들턴Middleton, 세빌Seville 에스테이트의 맥마흔McMahon은 규모는 작지만 완벽한 기준이 되는 와인을 만들었다. 1980년대까지 야라 밸리는 실크처럼 부드럽고 장기숙성 가능한 보르도 블렌드로 명성을 쌓았다. 야라 예링의 경우 단단하고 오래가는 론 와인 느낌의 블렌드에 '드라이 레드 No2'라는 멋있는 이름을 붙였다. 보르들레Bordelais No1과 구별하기 위해서였다.

뒤를 이어 다이아몬드 밸리의 데이비드 랜스David Lance(지금은 아들인 제임스가 와이너리명을 펀치PUNCH로 바꾸어 운영하고 있다)와 콜드스트림 힐스의 와인평론가 제임스 홀리데이James Halliday(지금은 TWE 소유)는 모두 호주에서 처음으로 위대한 피노 누아를 만들겠다는 열정을 갖고 계곡에 정착했다. 오늘날 야라 밸리는 자연스럽게 피노 누아와 샤르도네를 떠올리게 한다. 콜드스트림 힐스는 야라 예링 위쪽에 있는 이웃으

가까운 멜버른에서 온 와인관광객들이 비정상적으로 습도가 높고 푸르른 야라 밸리를 하늘에서 즐기고 있다.

로, 매우 근사한 스타일의 부르고뉴 품종들을 재배한다. 야라 밸리의 다양한 환경을 잘 보여주는 예이다.

부르고뉴 품종

피노 누아는 두말할 것 없이 야라 밸리의 대표 품종이다. 전체 포도밭의 1/3에서 피노 누아를 재배한다. 하지만 야라 밸리는 샤르도네로 더 유명하다. 전체 포도밭의 1/4에서 샤르도네를 재배한다. '워비Warbie'(B380번 워버튼 고속도로. 야라 교차로를 지나 동쪽으로 향한다) 남쪽에 있는 계곡 최남단의 서늘한 고지대에서 우아하고 때로는 단단한 샤르도네를 생산한다.

루사티아 파크Lusatia Park처럼 고속도로 위의 포도밭에서는 산미가 매우 강하고 숙성 잠재력이 있는 소비뇽 블랑이 생산된다. 위쪽의 비탈은 물론 기온이 낮고 특히 밤에 서늘하며, 계곡의 대부분이 밤에 상당히 서늘하다. 가까운 남극해가 낮과 밤의 기온차를 줄여준다.

오래된 포도나무는 대부분 힐즈빌을 통과하는 B360번 고속도로 양쪽 계곡 바닥의 회색 모래와 점토질 롬(양토) 토양에서 재배된다. 여름에는 비교적 덥지만, 고도가 높은 곳은 서늘하다. 야라 글렌과 딕슨스 크릭 주위에도 포도나무가 있지만, 가장 서늘한 곳은 세빌과 호들스 크릭Hoddles Creek 주위 남부에 있는 야라 강 상류이다. 선명한 붉은색 화산토는 매우 비옥하여,

개울을 따라 잎이 파란 와틀나무 위로 거대한 유칼립투스 나무(*Eucalyptus regnans*)가 탑처럼 서있다.

연간 강우량은 비교적 많지만(아래 주요 정보 참조), 대부분 겨울과 봄에 집중적으로 내린다. 물이 빨리 빠지는 롬(양토)이기 때문에 여름에는 관개가 필수다. 최근 몇 년 동안 가뭄이 들어 공식 수치보다 훨씬 건조하다. 야리 밸리도 심각한 가뭄으로 호주의 다른 와인산지만큼 큰 타격을 입었다. 2009년 2월 계곡의 관목지대가 심각하게 메말라, 블랙 새터데이Black Saturday에 산불이 일어나 상당한 인명피해를 입었고 포도밭도 잃었다. 호주의 와인학자들은 연기가 포도와 와인에 미치는 영향에 대해 전문가가 되었다.

새로운 물결

야라 밸리는 멜버른의 북동쪽에 가깝지만, 땅값은 멜버른 남쪽에 있는 모닝턴반도보다 훨씬 싸다. 덕분에 젊은 와인메이커들이 야라 밸리로 모여들었다. '대안' 품종, 암포라, 스킨 콘택트를 한 화이트와인, 내추럴와인과 그렇게 내추럴하지 않은 와인, 그리고 부유한 유럽에 펀치를 날리는 남반구의 반격 와인 등, 젊은 와인메이커들이 다양한 와인을 만들고 있다. 이들 대부분은 포도밭이 자신의 것이든 아니든 상관없이 포도밭 고유의 특징을 표현하려고 노력한다. 야라 쉬라즈(라벨에 시라Syrah라고 표기되기도 한다)는 호주가 새로 발견한, 서늘한 기후에서 자라는 시라즈(하지만 카베르네처럼 더운 계곡 바닥에서 더 잘 자라는 경향이 있다)에 열정을 쏟은 결과물이다. 그리고 부르고뉴의 와인 양조기술을 도입해 완전히 새로운 시대를 열었다.

호주의 다른 수많은 와인산지보다 서늘한 야라 밸리의 매력에 이끌려, 21세기 들어 필록세라의 위협이 심각해졌음에도 거의 모든 대형 와인회사들은 이곳에 손바닥만한 포도밭이라도 갖고 있다. 리베리나의 가족경영 와이너리인 드 보르톨리De Bortoli는 재능있는 와인메이커들을 키워내는 곳으로 유명하다.

모엣&샹동은 호주에서 샴페인의 복제품을 만들기로 결정하고, 이곳 야라 밸리에 도멘 샹동을 설립했다. 스틸와인도 생산하지만 주력 상품은 스파클링이고, 12가지가 넘는 퀴베를 생산하고 있다. 하지만 여름이 점점 더 더워지고 건조해져서, 도멘 샹동의 스파클링와인에 들어가는 야라 밸리 포도의 비율은 70%에서 36%로 떨어졌다. 스트라스보기와 메이스던 산맥 그리고 킹 밸리와 알파인 밸리, 특히 휘트랜즈고원이 야라를 대신할 서늘한 공급처이다. 야라 밸리의 수확기는 2월 중순보다 빨라지고 있다.

야라 서부

아래 지도는 계곡의 일부만 표시한 것이다(위치지도 참조). 대부분의 와이너리가 서부에 위치한다.

■ OAKRIDGE	주요생산자	
◯ Lance's Vineyard	주요포도밭	
▢	포도밭	
～500～	등고선간격 100m	
▼	기상관측소 (WS)	

1:250,000

와인평론가 제임스와 수잔 홀리데이가 1985년에 설립한 콜드스트림 힐스 와이너리는 야라 밸리 피노 누아를 세상에 알렸다.

야라 밸리 힐즈빌 ▼

남위 / 고도(WS)	37.81° / 130m
생장기 평균 기온(WS)	18.6℃
연평균 강우량(WS)	603mm
수확기 강우량(WS)	3월 : 41mm
주요 재해	필록세라, 진균병, 개화기의 나쁜 날씨

뉴 사우스 웨일스 New South Wales

뉴 사우스 웨일스는 호주 와인의 발상지이지만, 오래 전에 사우스 오스트레일리아에 주도권을 넘겨줬다. 그러나 시드니에서 160km 북쪽의 헌터 밸리는 와인생산량이 호주 전체의 1%에 불과하지만, 여전히 유명세를 누리고 있다. 헌터 밸리의 전체 포도밭 면적은 전성기인 1980년대에 비해 30%나 감소했다. 입지가 좋지 않은 포도밭은 시드니에서 가까운 관광지로 바뀌었고, 포도밭과 포도는 맥라렌 베일보다 훨씬 비싸다.

브랜스턴Branxton과 탄광마을 세스녹Cessnock 사이에 있는 **로어 헌터**Lower Hunter 밸리는 포도재배에 적합해서가 아니라, 시드니와 가까워서 각광받은 경우이다. 헌터는 포도재배의 이상적인 조건과는 거리가 멀다. 아열대 기후이고, 호주의 전통적인 와인산지 중 최북단이다. 여름은 언제나 뜨겁고 가을은 불쾌할 정도로 습도가 높다. 하지만 태평양에서 불어오는 탁월풍인 북동풍이 극단적인 더위를 어느 정도 식혀주고, 여름에는 구름이 많이 껴서 직사광선을 막아준다. 비교적 높은 연간 강우량(750mm)의 2/3가 수확기를 포함해 중요한 시기인 연초 4개월에 집중된다. 포도농부들이 가슴 졸여야 할 일이 한두 가지가 아니다. 빈티지가 프랑스만큼이나 고르지 않다.

그럼에도 불구하고 지도를 보면 와이너리가 많다. 자연환경이 포도재배에 적합해서가 아니라 시드니에서 차로 2시간밖에 안 걸리는, 와인관광객과 투자자들의 메카이기 때문이다. 호주의 어느 지역보다 와인관광객 유치에 많은 노력을 기울이면서 헌터 밸리의 레스토랑, 게스트하우스, 골프코스, 셀러 도어가 급증하고 있다.

헌터 밸리를 유명하게 만든 토양은 브로큰백Brokenback산맥의 남쪽 산기슭에서 찾을 수 있다. 언덕 동쪽 주위에 풍화된 현무암이 있는데, 매우 오래전에 화산활동이 있었다는 증거로 포도나무의 지나친 성장을 막고 '미네랄' 풍미를 농축시키는 것이 특징이다. 더 높은 곳에 있는 포콜빈Pokolbin 하위지역의 붉은 화산토는 쉬라즈에 특히 적합하다. 헌터 밸리의 전형적인 레드와인 품종 쉬라즈는 호주에 처음 들어온 꺾꽂이 나무에서 유래한 유서 깊은 포도나무이다. 세미용은 저지대의 흰 모래와 롬(개울바닥 충적토)에서 자라는데, 재배면적으로는 샤르도네에게 추월당했다. 헌터 밸리의 쉬라즈는 자연적으로는 미디엄바디 이상 되지 않아 과거에는 남부 호주에서 강한 와인을 들여와 블렌딩했는데, 현재의 신세대 와인메이커들은 헌터 밸리의 독특한 '부르고뉴' 스타일 와인을 보여주는 데 관심이 더 많다. 날씨가 좋은 빈티지의 헌터 쉬라즈는 부드럽고 흙내음이 나지만, 피니시가 길고 향신료향이 강하게 느껴진다. 비교적 빨리 숙성되지만 장기보관할 수 있고, 시간이 흐르면서 가죽향과 복합적인 풍미가 생긴다. 젖은 가죽향(브레타노미세스brettanomyces 효모가 만드는 전형적인 불쾌한 향)이 평가받던 시절은 지나간 지 오래다.

헌터 밸리 세미용은 제대로 인정을 못 받고 있는, 전형적인 호주의 화이트와인 스타일이다. 당도가 낮을 때 수확해서 일찍 양조하고, 알코올 도수가 11% 정도 될 때 병입한다. 부드럽게 만들기 위해 젖산발효를 하거나 발효를 빨리 끝내거나 하지 않는다. 풀내음 또는 시트러스향이 나는 단단한 어린 와인은 병 안에서 숙성되면서 구운 향과 광물성 느낌이 나는, 폭발적인 풍미의 초록빛을 띤 금색 와인으로 변신한다. 요즘은 어린 와인도 접근성을 높이기 위해 조금 늦게 수확하고, 일상적인 산 첨가를 하지 않는다. 베르델료 역시 헌터 밸리에서 긴 역사를 갖고 있다.

헌터 밸리는 프랑스 품종에 대한 호주의 무한한 사랑을 앞장서서 보여주었다. 1970년대 초 머리 티렐Murray Tyrrell은 헌터 밸리뿐 아니라 현대 호주 와인의 아버지라 할 수 있는 렌 에반스Len Evans에게 깊은 영감을 받아, 맥스 레이크Max Lake가 1960년대에 카베르네를 성공시킨 것처럼 샤르도네를 성공시켰다. 배트Vat 47은 어떤 와인메이커도 무시할 수 없는 훌륭한 샤르도네다. 그 뒤로 호주에서 수천 가지 샤르도네 와인이 출시되었는데, 카베르네는 한 번도 샤르도네처럼 각광받지 못했다.

샤르도네는 **어퍼 헌터**Upper Hunter 하위지역에서도 압도적인 주요 품종이다. 유일한 품종이라고 말하는 사람도 있다. 1970년대에 샤르도네를 유명하게 만든 와이너리는 로즈마운트Rosemount로, 포도밭이 북서쪽 덴맨Denman과 머스웰브룩Muswellbrook 주위 고지대에 있다. 길이가 60km나 되며, 강우량이 적고, 관개는 자유롭게 이루어진다. p.365 지도의 서쪽에서 30분 정도 차를 타고 가면 브로크 포드위치Broke Fordwich 하위

항공사진을 보면, 헌터 밸리의 공식 하위지역인 포콜빈에 물이 풍부하다는 것을 알 수 있다. p.365 지도에 포콜빈이 상세히 나와있다. 어디에서 와인을 가장 많이 만들고, 와인관광지가 어디인지 알 수 있다.

지역이 나온다. 매우 역동적인 곳으로, 모래와 충적토에서 독특한 세미용 와인을 생산한다.

헌터 밸리 서쪽, 그레이트 디바이딩 산맥 서쪽 비탈의 해발 450m에 있는 **머지**Mudgee 역시 1970년대부터 이름을 알리기 시작했다(p.344~345에서 뉴 사우스 웨일스의 와인산지 위치를 모두 확인할 수 있다). 머지의 시작은 헌터 밸리만큼 오래됐지만, 재배자들이 좀 더 서늘한 기후를 찾기 전까지 어둠 속에 묻혀있었다. 오래전부터 재배한 강렬한 샤르도네와 카베르네(헌팅턴 Huntington 에스테이트가 유명)가 전통적으로 강하다. 좋은 리슬링(로버트 스테인Robert Stein이 유명)과 쉬라즈도 있다. 요트맨이자 로즈마운트 설립자인 로버트 오틀리 Robert Oatley의 이름을 딴 로버트 오틀리 빈야드는 유서 깊은 크레이그무어Craigmoor 와이너리를 소유하고 있으며, 현재 이곳의 가장 주도적인 와이너리이다.

뉴 사우스 웨일스의 기타 지역

뉴 사우스 웨일스는 계속해서 정력적으로 새로운 산지를 발굴해왔다. 모두 더 서늘한 고지대에 있는데, **뉴 잉글랜드**는 해발 1,320m까지 포도밭이 있는 호주에서 가장 높은 와인산지이다.

사화산인 카노볼라스Canobolas 비탈에 있는 **오렌지** Orange 역시 높은 고도가 특징이다. 해발 600~1000m 에 위치한 포도밭은 센트럴 레인지의 완만한 언덕과 대비된다. 이 높이에서는 다양한 품종을 재배할 수 있는데, 오렌지 와인의 공통점은 산미가 자연스럽고 순수하다는 것이다. 리슬링, 소비뇽 블랑, 샤르도네가 잘 자란다. 높은 고도에서 최고의 레드와인을 만들기 위한 기본 조건은 좋은 방향, 철저한 캐노피 매니지먼트, 엄격한 수확량 제한이다.

카우라Cowra에서는 오렌지보다 더 오래전부터 샤르도네를 재배했다. 더 낮은 고도에서 자란 샤르도네는 무성하고 풍성하며 활기차다. 수확량도 많고, 고도는 평균 350m 정도다. 남쪽으로 조금 내려가면 영Young 마을 주변에 카우라보다 지대가 높고 최근에 알려지기 시작한 **힐탑스**Hilltops가 있다. 잘 알려지지 않은 대부분의 뉴 사우스 웨일스 포도밭은 이 산지 밖에 있는 와이너리에 포도(샤르도네, 피노 그리 / 그리조)를 공급한다. 모두 6개의 작은 포도밭이 있는데, 그중 맥윌리엄 McWilliam의 바르왕Barwang 빈야드와 이탈리아 품종 전문인 프리먼Freeman 빈야드가 대표적이다.

수도 캔버라 주위에 모여있는 와인산지인 **캔버라 디스트릭트**Canberra District의 놀라운 점은 첫째는 포도밭이 많다는 것이고, 둘째는 모두 실제로는 뉴 사우스 웨일스 주에 속한다는 것, 셋째는 포도밭이 아주 오래전부터 존재했다는 것이다. 클로나킬라Clonakilla의 존 커크 John Kirk, 레이크 조지Lake George의 에드가 릭Edgar Riek이 1971년에 처음 포도를 심었다. 존 커크의 아들인 팀 커크는 코트-로티를 모델로 호주의 유명한 쉬라즈 / 비오니에 블렌드를 개척하였다. 가장 높은 곳에 있

헌터 밸리

이 지도에 실린 헌터 밸리의 일부 지역에는 20세기 중반 역동적인 호주의 와인문화를 선도했던, 헌터 밸리의 주요 와이너리와 포도밭이 포함되어 있다.

POKOLBIN　와인 하위지역(GI)
Lovedale　비공식 와인 하위지역
■ ADINA　주요생산자
● Mount View　주요포도밭
　포도밭
300　등고선간격 75m
▼　기상관측소(WS)

Key to producers
1 HONEYTREE
2 TYRRELL'S
3 GLENGUIN
4 McGUIGAN
5 TEMPUS TWO
6 WINE HOUSE HUNTER VALLEY
7 TAMBURLAINE
8 PEPPER TREE
9 TOWER ESTATE
10 HUNGERFORD HILL

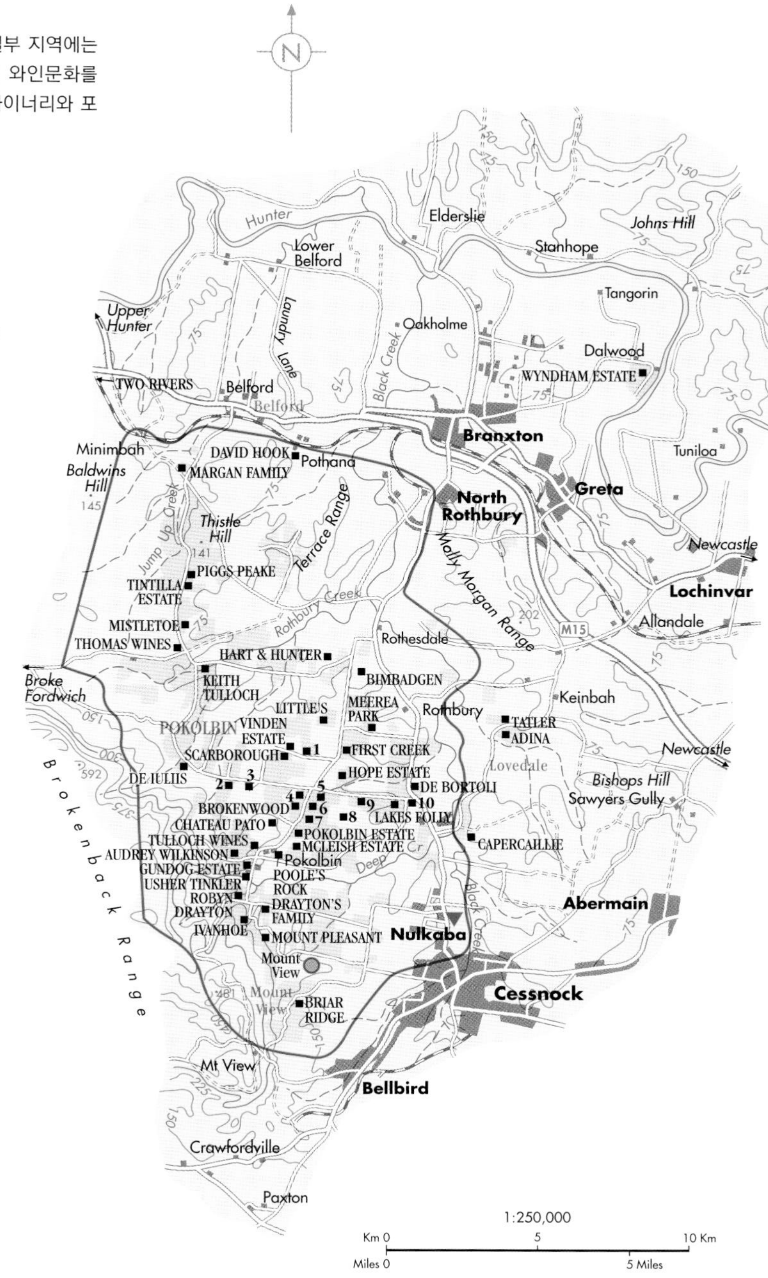

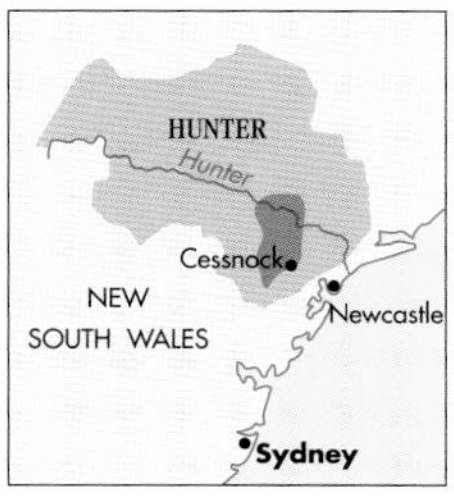

는 포도밭 라크 힐스Lark Hill's는 현재 바이오다이나믹 농법으로 전환했고, 날씨는 서늘한 정도가 아니라 춥다(서리가 내릴 수 있다). 그래서 호주에서 가장 섬세한 피노 누아, 리슬링, 심지어는 그뤼너 펠트리너도 생산된다.

숄헤이번 코스트 Shoalhaven Coast 역시 빠르게 발전하고 있는데, 북쪽의 포트 맥쿼리Port Macquarie 근처에 있는 **헤이스팅스 리버**Hastings River와 마찬가지로 습도가 매우 높다. 붉은색 껍질의 교배종 샹부르생Chambourcin 이 일종의 해결책이 되고 있다. **툼바룸바**Tumbarumba 역시 매우 추운 고지대로, 고급 샤르도네와 스파클링 와인을 블렌딩하는 생산자들이 관심을 보인다. 라벨에 툼바룸바라고 표기된 화이트와인을 가까운 힐탑스나 캔버라 디스트릭트에서 병입하는 경우가 늘고 있다.

로어 헌터 세스눅	▼
남위 / 고도(WS)	32.50°/90m
생장기 평균 기온(WS)	21.7℃
연평균 강우량(WS)	678㎜
수확기 강우량(WS)	2월 : 87㎜
주요 재해	수확기의 비, 진균병
주요 품종	레드 쉬라즈 화이트 세미용, 샤르도네, 베르델료

태즈메이니아 Tasmania

기후변화로 호주의 재배자들은 점점 남쪽으로 내려가고 있다. 멜버른에서 배스해협을 건너 420km 떨어진 태즈메이니아가 목적지다. 태즈메이니아의 높은 위도 (뉴질랜드 남섬과 같다)는 본토의 와인메이커들에게 부러움의 대상이다. 하디스Hardys는 이곳에서 재배한 포도로 아라스Arras 스파클링와인을 만든다. 얄룸바 역시 태즈메이니아 포도로 얀스Jansz를 만들며, 높은 평가를 받는 댈림플Dalrymple 포도밭을 매입했다. 빅토리아주의 탈타니Taltarni를 소유한 고엘렛Goelet 와인 에스테이트는 태즈메이니아 포도로 클로버 힐 와인을 만든다.

이 섬에서는 매우 좋은 스틸와인도 생산한다. 쇼+스미스는 톨퍼들Tolpuddle 포도밭을 매입하면서 애들레이드 힐스 밖으로 처음 진출했는데, 톨퍼들의 피노 누아는 특히 매우 신중한 계획 하에 심은 것이다. 빅토리아주의 브라운 브러더스는 가장 공격적으로 투자를 했는

데, 매우 상쾌하고 균형이 잘 잡힌 피노 스틸와인의 높은 품질에 이끌려 타마 릿지Tamar Ridge, 피리Pirie, 데블스 코너Devil's Corner를 매입하고 태즈메이니아의 대표적인 생산자가 되었다. 브라운 브러더스의 가장 큰 경쟁자는 파이퍼스 브룩Piper's Brook과 나인스 아일랜드Ninth Island를 만드는, 벨기에 와인회사 크레그링거Kreglinger 와인 에스테이트이다.

철저히 제한된 포도재배

2017년까지도 230개의 포도밭은 겨우 2,000ha에 불과했고, 많은 경우 관개용수의 이용 가능성에 따라 사용이 제한되었다. 서쪽 해안이 열대우림지역이고 섬에서 습도가 가장 높지만, 주도인 호바트Hobart는 애들레이드와 함께 호주에서 가장 건조한 곳이다. 현재 포도밭은 섬 동쪽에 주로 모여있으며, 공식 명칭은 없지만

(모든 와인이 라벨에 '태즈메이니아'라고 표시된다) 산지별로 고유의 특징을 갖고 있다. 섬 북동부의 잘 보호된 타마 밸리와 숲이 많고 습하며 포도가 늦게 익는 파이퍼스 리버는 서늘한 기후의 와인을 생산하기에 호주에서 가장 적합한 곳이다. 강이 기온을 높여주고 계곡 비탈이 위험한 서리를 막아준다. 한편 남동부 해안의 포도밭은 큰 산들이 보호해줘서 포도밭과 남극 사이에 땅이 없어도 별 문제 없는 것처럼 보인다. 프레이시넷Freycinet 근처의 자연적으로 형성된 원형극장식 포도밭은 포도재배에 적합하다. 여름에 너무 덥지 않으면 꽤 훌륭한 피노 누아가 나온다.

호주 최남단의 와인산지 후온 밸리Huon Valley에서도 제대로 잘 익은, 훌륭한 와인을 생산한다. 호바트 북쪽과 북동쪽의 더웬트 밸리Derwent Valley와 콜 리버Coal River는 웰링턴산의 비그늘 아래에 있어서 건조하지만, 콜 리버는 강이 있어 관개용수를 쓸 수 있다. 두 지역은 샤르도네, 피노 누아, 리슬링(드라이부터 스위트까지) 재배에 가장 적합하지만, 지금은 무릴라Moorilla 에스테이트 소유인 도멘 A처럼 좋은 위치를 골라 관리만 잘 하면 카베르네 소비뇽도 익을 만큼 따뜻해졌다.

좋은 바닷바람

태즈메이니아는 점점 대형 와인회사들의 사냥터가 되고 있다. 하디스의 고급와인 에일린 하디Eileen Hardy를 만드는 쓰이는 피노 누아와 샤르도네는 모두 이곳에서 재배한다. 펜폴즈는 '아이콘' 와인인 샤르도네 야타나Yattarna에 들어가는 태즈메이니아 샤르도네의 비율을 계속 높이고 있다. 또한 이곳은 스파클링와인용 베이스와인의 오랜 공급지여서 피노 누아와 샤르도네가 전체 품종의 각각 44%와 23%를 차지한다.

해안에서 불어오는 바람은, 꽃이 많이 피는 풍성한 관목을 뽑아내고 만든 포도밭의 수확량을 자연스럽게 제한한다. 바다를 향해 있는 비탈 포도밭의 경우 포도 잎을 보호할 차단막이 필요한 곳도 있다. 하지만 재배자라면 누구나 원하는 속도로 포도가 천천히, 확실하게 익고, 풍미도 그만큼 강렬하다.

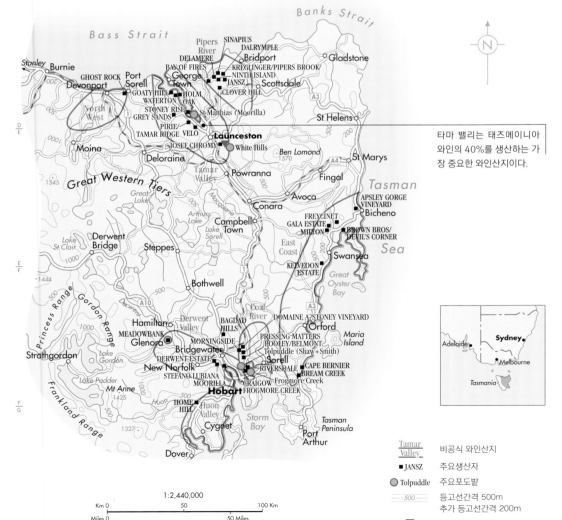

타마 밸리는 태즈메이니아 와인의 40%를 생산하는 가장 중요한 와인산지이다.

1:2,440,000
Km 0   50   100 Km
Miles 0   50 Miles

Tamar Valley 비공식 와인산지
■ JANSZ 주요생산자
● Tolpuddle 주요포도밭
—500— 등고선간격 500m
추가 등고선간격 200m
▼ 기상관측소(WS)

태즈메이니아 론서스턴	▼
남위 / 고도(WS)	41.54°/166m
생장기 평균 기온(WS)	14.4℃
연평균 강우량(WS)	620mm
수확기 강우량(WS)	4월 : 47mm
주요 재해	보트리티스, 병충해
주요 품종	레드 피노 누아 화이트 샤르도네, 소비뇽 블랑, 피노 그리 / 그리조, 리슬링

뉴질랜드 NEW ZEALAND

뉴질랜드처럼 날카로운 이미지를 가진 와인산지는 없다. 꿰뚫는 듯한 투명한 풍미와 상쾌한 산미를 자랑하며 다른 어떤 와인과도 확실히 구분되는 뉴질랜드 와인에는 '날카롭다'는 단어가 가장 잘 어울린다. 뉴질랜드는 세계에서 가장 외떨어진 나라 중 하나일 뿐 아니라(이웃인 호주에서도 비행기로 3시간 걸린다), 와인세계에서도 비교적 신참국가다. 와인생산량도 적어서 전 세계 와인생산량의 1%에 불과하다. 하지만 이 책에서는 뉴질랜드에 많은 페이지를 할애했다. 뉴질랜드는 자국 와인의 90%를 수출하는 매우 중요한 와인수출국이고, 뉴질랜드 와인을 마셔본 사람이라면 매우 강렬하고 직접적인 풍미에 바로 빠져들기 때문이다. 호주 사람도 예외는 아니다.

이 책의 초판(1971년)에서는 뉴질랜드를 거의 언급하지 않았다. 포도밭이 적고 포도나무는 거의 교배종이었기 때문이다. 현대 뉴질랜드 와인의 출발지라 할 수 있는 말버러에 처음 포도나무를 심은 것은 비교적 최근인 1973년이다. 1980년경 뉴질랜드 포도밭의 총면적은 5,600ha였고 그중 말버러가 800ha였다.

그러다가 1990년대부터 포도재배가 본격적으로 시작되어, 땅이 조금이라도 있는 사람은 누구나 포도나무를 심었다. 2018년에 뉴질랜드의 포도재배면적은 38,000ha가 되었다.

하지만 2008년에 대풍작이 들자 뉴질랜드 와인산업에 큰 위기가 닥쳤다. 현대에 들어 처음으로 와인 회사들은 심각한 공급과잉과 씨름해야 했다. 수확하지 않고 버려둔 포도도 많았다. 2008년에는 1,060이었던 재배자의 수가 2018년에는 700을 겨우 웃도는 수준으로 뚝 떨어졌다. 아무리 매력적인 와인을 만든다고 해도 소규모 포도밭이어서 수익을 내기 힘들었다. 반면 와이너리는 지속적으로 늘어나 2018년에는 697곳으로 증가했고, 많은 와이너리가 자신의 포도밭을 소유하고 있다. 규모의 경제 덕분에 계약 양조 사업이 매우 커졌으며, 대다수의 재배자가 자신의 라벨을 갖고 있지만 자기 소유의 와이너리는 없다.

뉴질랜드는 자국의 와인 마니아층이 실질적인 소비자층으로 발전하기 전에 먼저 자연환경 문제를 해결해야 했다. 150년 전만 해도 좁고 긴 땅인 뉴질랜드는 열대우림으로 덮여있었고, 토양은 영양분이 너무 풍부해서 다른 식물들처럼 포도나무도 지나치게 무성하게 자랐다. 풍부한 강우량도 문제를 악화시켰는데, 특히 서부와 북섬에 비가 많이 왔다. 북섬과 남섬 모두 동부 해안에 포도재배지가 집중되어 있는데, 남섬의 경우에는 남알프스 산맥이 유용한 비그늘을 제공한다. 그래서 캐노피 매니지먼트 기술이 절실히 필요했고, 1980년대에 도입되었다. 특히 호주 출신 포도재배학자 리처드 스마트Richard Smart 박사의 공헌이 컸는데, 덕분에 뉴질랜드 와인의 독특한 스타일이 글자 그대로, 그리고 비유적으로도 빛을 보게 되었다.

뉴질랜드의 장점

와인애호가들이 뉴질랜드를 눈여겨보게 된 것은 소비뇽 블랑 때문이었다. 활기찬 와인을 얻으려면 서늘한 기후가 필요한데, 서늘하고 맑고 해가 잘 들며 바람이 많이 부는 남섬의 북쪽 끝은 소비뇽 블랑의 매우 미세한 톡 쏘는 느낌을 최대한 강하게 만들도록 설계된 지역이다. 1980년대의 초기 말버러 소비뇽은 누구도 무시할 수 없고, 무엇보다 전 세계 어느 누구도 흉내낼 수 없는 풍미의 판도라상자였다. 오늘날 소비뇽 블랑은 뉴질랜드에서 가장 중요한 품종으로 전체 포도밭의 60%를 차지하며, 세계 어디에서도 뉴질랜드만큼 한 품종에 의지하는 나라는 찾을 수 없다(p.368 아래 참조).

그 이유는 간단하다. 와인수출량이 급증하면서 2018년에 소비뇽 블랑은 놀랍게도 수출량의 86%를 차지하는데, 뉴질랜드 소비뇽 블랑은 오크통 숙성 없이 빠르게 출하될 수 있어 많은 수출시장에서 병당 가장 높은 평균가를 기록해 큰 이익을 얻을 수 있기 때문이다.

소비뇽, 특히 말버러 소비뇽의 인기가 너무 높아 뉴질랜드 와인산업은 멋진 풍경 못지않게 많은 해외투자자를 끌어들였다. 최초의 주요 해외투자자는 프랑스의 다국적 주류회사 페르노 리카Pernod Ricard로, 2005

와인산지

- Northland
- Auckland
- Gisborne
- Hawke's Bay
- Wairarapa (including Martinborough)
- Nelson
- Marlborough
- Canterbury
- Central Otago
- Waitaki Valley

경계선 (region)

Kumeu 다른 지도에 표시되지 않은 와인 하위지역

369 상세지도 페이지

뉴질랜드의 와인산지

서부와 남부 해안 대부분은 와인을 생산하기에 습도가 너무 높고, 노스랜드 최북단은 거의 열대기후이다. 하지만 그 외의 지역은 대부분 포도재배에 적합하다. 지도에 표시된 하위지역들이 가장 중요한 산지이며, 2017년 도입된 공식 지리적 표시제(GIs) 시스템으로 조금씩 인정받고 있다.

년에 뉴질랜드의 주요 와이너리를 매입해서 브랜콧 에스테이트Brancott Estate로 이름을 바꾸었다.

모두 소비뇽 블랑에 사활을 걸었지만, 뉴질랜드의 피노 누아 역시 해외 소비자들을 매혹시킬 가능성이 보였다. 피노 누아는 뉴질랜드의 또 다른 성공의 주인공인데, 역시 비교적 서늘한 기후 덕분이다. 소비뇽 블랑이 화이트와인의 76%를 차지하는 것처럼, 피노 누아는 레드와인의 72%를 차지한다. 피노 누아의 주요 생산지 4곳은 말버러, 마틴버러Martinborough, 센트럴 오타고Central Otago, 캔터베리Canterbury이다. 각자 고유의 스타일이 있지만, 뉴질랜드의 피노는 일반적으로 소비뇽 블랑처럼 부담없이 마실 수 있다.

또 다른 레드품종으로 메를로가 있는데, 만생종인 카베르네 소비뇽보다 재배자들에게 인기가 많다. 카베르네 소비뇽은 혹스 베이 특산품인 시라(2018년 435ha)에게도 밀렸다.

화이트품종 중에서는 샤르도네가 서늘한 기후와 밝은 햇빛 덕분에 어디에 내놓아도 손색이 없다. 하지만 재배자들은 소비뇽 블랑의 수익성이 더 높다고 생각한다. 샤르도네의 재배면적이 줄면서, 오크통 숙성이 필요 없는(그래서 생산비용이 더 싸다) 피노 그리가 추월하고 있다. 리슬링은 드라이와 스위트에 모두 적합하다.

뉴질랜드는 고립되어 있어 병충해 위험은 없지만, 대부분의 포도나무는 필록세라에 면역력이 있는 바탕나무에 접붙인다. '지속가능성'은 현재 뉴질랜드에서 가장 중요한 슬로건이다. 하지만 그에 대한 공식 승인 기준은 관대한 편이다.

북섬

뉴질랜드 와인은 '달리 플롱크Dally plonk(달마티아 사람들이 만든 싸구려 술)'라고 불리던 시절에서 벗어나 크게 발전했다. 20세기 초 달마티아 출신 이민자들이 먼 북쪽의 카우리 소나무 숲에 매혹되어 **오클랜드** 근처에 포도나무를 심었다. 그들은 비가 많이 오는 아열대 기후에도 굴하지 않았다. 지금도 크로아티아식 이름을 가진 유명 와이너리가 여럿 있는데, 그중에서도 쿠메우Kumeu강의 유명한 브라이코비치Brajkovich 와이너리가 부르고뉴 최고 화이트와인과 비교해도 손색없는 샤르도네를 만든다. 호주의 헌터 밸리처럼, 구름이 지나치게 강한 햇빛을 가려주고 오후에는 바닷바람이 불어와 포도가 안정적으로 익을 수 있는 환경이다. 수확기의 비와 곰팡이가 문제될 수 있지만, 동쪽의 와이헤케Waiheke섬은 본섬에 비가 내려도 그냥 지나갈 때가 있다. 스토니리지Stonyridge 와이너리는 오래전에 와이헤케섬에서 보르도 품종의 가능성을 보여줬지만, 시라가 오히려 더 유망해보인다. 최북단 아열대 기후의 **노스랜드**Northland 재배자들은 건기에 소량의 인상적인 시라, 피노 그리, 샤르도네를 생산한다.

북섬 동부해안의 **기즈번**Gisborne에는 상대적으로 와이너리가 적은데, 블렌딩회사와 병입회사에 점령당했다가 버림받은 대표적인 와인산지이다. 대표 품종인 샤르도네도 훌륭하지만, 지금은 남쪽의 더 서늘한 지역에서 재배되는 소비뇽 블랑과 피노 그리를 더 많이 찾는다. 혹스 베이보다 특히 가을에 더 따뜻하고, 습도가 높으며, 태풍의 위험이 있다. 비교적 비옥한 롬(양토)에서 거의 화이트와인 품종만 재배하며, 보통 혹스 베이와 말버러보다 2~3주 일찍 수확한다.

오하우Ohau는 웰링턴 북쪽 서해안에 있는 새로운 와인 하위지역이다. 상큼하고 활기찬 소비뇽 블랑과 피노 그리를 생산한다.

남섬

거센 바람으로 악명 높은 쿡해협 건너 남섬, 말버러의 서쪽에 있는 **넬슨**Nelson은 북섬(p.370 참조)의 와이라라파와 재배면적이 거의 비슷하다. 하지만 강우량이 더 많고, 큰 기업의 영향도 거의 받지 않는다. 완만한 모우테레Moutere 힐스의 자갈 섞인 점토 토양과, 바다의 영향에 더 노출된 와이메아Waimea평원의 돌이 많은 충적토에서 포도를 재배한다. 상쾌한 풍향의 소비뇽과 튼튼하고 풍부한 샤르도네, 피노 누아를 생산하는 다재다능한 지역이다. 향이 좋은 화이트와인, 그리고 특히 리슬링과 인기가 높은 피노 그리가 유명하다.

뉴질랜드 품종의 흥망성쇠

1990년에 뉴질랜드에서 가장 많이 재배된 품종은 지금은 거의 찾을 수 없는 뮐러-투르가우였다(2018년의 재배면적은 2ha에 불과하며 기타 품종으로 분류된다). 뉴질랜드 포도품종 재배현황은 크게 변해서, 가장 많이 재배되는 품종은 소비뇽 블랑으로, 다른 어느 나라보다도 뉴질랜드에서 압도적으로 비중이 높다. 피노 누아와 피노 그리도 계속 늘고 있다. 뉴질랜드의 전체 포도밭 면적은 거의 8배나 증가했다.

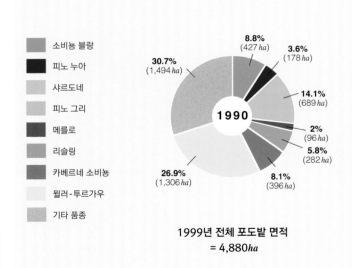

- 소비뇽 블랑
- 피노 누아
- 샤르도네
- 피노 그리
- 메를로
- 리슬링
- 카베르네 소비뇽
- 뮐러-투르가우
- 기타 품종

1990

30.7%
(1,494 ha)
8.8%
(427 ha)
3.6%
(178 ha)
14.1%
(689 ha)
2%
(96 ha)
5.8%
(282 ha)
8.1%
(396 ha)
26.9%
(1,306 ha)

1999년 전체 포도밭 면적 = 4,880ha

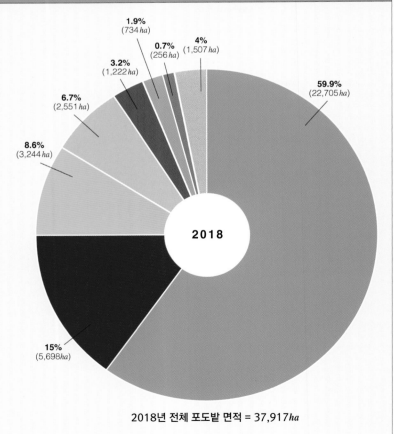

2018

59.9%
(22,705 ha)
1.9%
(734 ha)
0.7%
(256 ha)
4%
(1,507 ha)
3.2%
(1,222 ha)
6.7%
(2,551 ha)
8.6%
(3,244 ha)
15%
(5,698 ha)

2018년 전체 포도밭 면적 = 37,917ha

혹스 베이 Hawke's Bay

혹스 베이는 1850년대에 마리아회 선교사들이 포도 나무를 처음 심은 역사적인 지역이다. 1940년대에 이곳 주민인 톰 맥도널드가 심은 카베르네가 호주 와인 회사 맥윌리엄스McWilliam's를 매혹시킨 이후, 뉴질랜드 제2의 와인산지로 발전했다. 맥도널드가 1949년에 선보인 카베르네 블렌딩이 뉴질랜드의 첫 고급 레드와인이다. 1970년대에 뉴질랜드 전역에서 본격적으로 포도나무를 심기 시작했을 무렵 혹스 베이의 포도밭도 당연히 확장되었다. 주요 품종은 오래전부터 샤르도네였고 지금도 그렇지만, 혹스 베이는 뉴질랜드에서는 예외적으로 클라레 스타일 레드와인의 대표주자이기도 하다. 1998년은 양들을 트럭에 싣고 산 너머 서쪽의 풀이 있는 곳까지 이동시켜야 했을 정도로 매우 덥고 건조했다. 당연히 잘 익은 포도(심지어 카베르네 소비뇽도 잘 익었다)로 와인을 만들었는데, 부드럽지만 힘 있는 타닌은 훌륭한 미래를 암시했다. 이후의 빈티지는 혹스 베이의 레드 블렌딩이 품종 구성은 변해도 전형적인 블렌딩와인과 견줄 만하다는 것을 보여줬다. 혹스 베이 와인은 빨리 성숙하지만 가격은 훨씬 저렴하다.

북섬 동부해안의 넓은 만에 자리한 혹스 베이 포도밭은 해양성 기후의 혜택을 누리고, 루아히네Ruahine와 카웨카Kaweka 산맥이 있어서 편서풍으로부터 보호를 받는다. 덕분에 오래전부터 비교적 낮은 강우량과 높은 기온(하지만 보르도보다 낮음)이 완벽하게 조합된 포도재배지로 유명했다. 하지만 땅속 상태를 이해하는 데 오랜 시간이 걸렸다.

척박한 땅, 잘 익은 포도

혹스 베이의 항공사진을 보면 풍부한 충적토와 척박한 자갈 토양의 다양한 모습과, 그 토양이 산에서 바다로 흘러가는 패턴을 확인할 수 있다. 실트, 롬, 자갈은 보수력이 서로 매우 다르다. 어떤 포도밭은 보수력이 포화점에 이르러 식물이 엄청난 속도로 자라고, 어떤 포도밭은 관개를 하지 않으면 말라죽고 만다. 포도나무는 생장을 제한하고, 관개용수로 각각의 포도나무에 공급하는 물을 통제할 수 있는 척박한 땅에서 가장 잘 익는 것이 분명하다. 헤이스팅스Hastings 북서쪽, 1870년 대홍수가 있기 전 나루로로Ngaruroro강이 흘렀던 길이며 지금은 김블렛 로드Gimblett Road가 지나는 지역에 800ha의 깊고 따뜻한 자갈땅이 있다. 이곳보다 더 척박한 땅은 없다. 1990년대 말 김블렛 그래블스Gimblett Gravels라고 영리하게 이름 붙인(소비자가 기억하기 쉬운 이름이다) 이 지역에 포도밭이 크게 늘어났

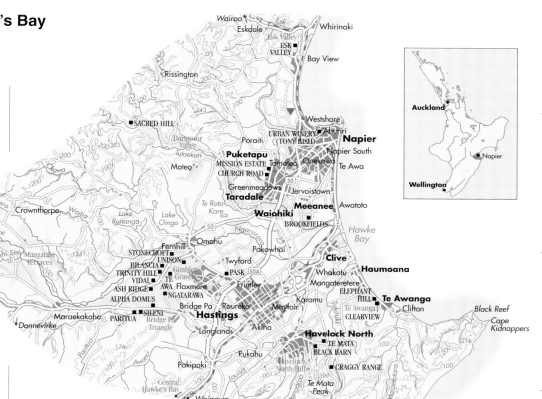

혹스 베이

네이피어에 있는 기상관측소는, 해안에서 떨어져 있는 혹스 베이의 유명 포도밭보다 기후가 조금 더 온화하다. 인기 있는 김블렛 그래블스를 비롯한 여러 주요 하위지역을 눈여겨볼 필요가 있다.

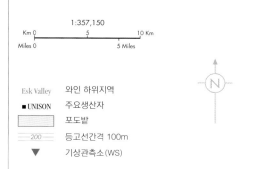

1:357,150

Km 0   5   10 Km
Miles 0   5 Miles

Esk Valley	와인 하위지역
■ UNISON	주요생산자
	포도밭
—200—	등고선간격 100m
▼	기상관측소(WS)

혹스 베이 네이피어 ▼	
남위 / 고도(WS)	39.50°/2m
생장기 평균 기온(WS)	17.2℃
연평균 강우량(WS)	786㎜
수확기 강우량(WS)	3월 : 67㎜
주요 재해	가을 비, 여름 태풍, 진균병
주요 품종	레드 메를로, 시라, 피노 누아, 카베르네 소비뇽 화이트 샤르도네, 소비뇽 블랑

다. 남아있던 마지막 3/4의 땅이 팔리고 나서 땅이 부족해 수경재배를 해야 할 정도로 포도나무를 많이 심었다.

김블렛 그래블스 바로 남쪽으로 조금 더 서늘한 브리지 파 트라이앵글Bridge Pa Triangle, 수년 전에 테 마타Te Mata 에스테이트가 개발했던 여러 포도밭처럼 해블록 노스Havelock North의 석회암 언덕에 자리잡은 엄선된 지역, 하우모아나Haumoana와 테 아왕가Te Awanga 사이 해안을 따라 펼쳐지는 서늘하고 포도가 늦게 익는 포도밭도 레드품종이 잘 익는 지역이다.

다른 곳과 마찬가지로 뉴질랜드 역시 1980년대에 카베르네 소비뇽을 과도하게 찬양했다. 그러나 김블렛 그래블스처럼 따뜻한 곳에서도 카베르네 소비뇽은 잘 익지 않았다. 그래서 지금은 훨씬 안정적으로 잘 익는 조생종 메를로가 혹스 베이에서 가장 많이 심는 레드품종이다(카베르네의 5배). 카베르네는 대부분 시라에 접붙인다. 뉴질랜드 시라의 3/4이 혹스 베이의 척박한 토양에서 자라고, 거의 해마다 만족스럽게 익는다. 열매가 잘 맺히지 않는 단점이 있지만 조생종 말벡 역시 잘 자라며, 블렌딩 재료로 인기가 많다. 또한 따뜻한 혹스 베이도 소비뇽 블랑의 열병은 피해가지 못했다.

하지만 빈티지마다 편차가 상당히 심하고, 태풍으로 큰 피해를 보기도 한다.

와이라라파
Wairarapa

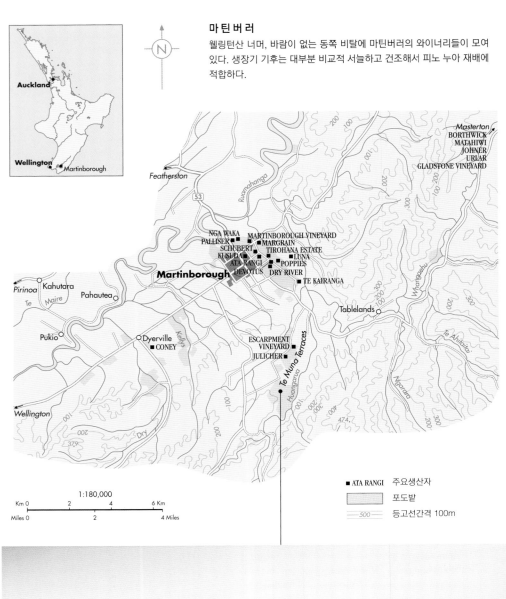

와이라라파는 북섬에서 가장 유망한 피노 누아 산지이고, 또 뉴질랜드에서는 처음 피노 누아로 명성을 쌓았다. 남쪽의 하위지역 **마틴버러**Martinborough는 음식과 와인으로 정평이 난 작은 마을로, 와이라라파의 와인 수도 마틴버러에서 이름을 따왔다. 지도에 나오지 않는 북쪽의 글래드스톤Gladstone과 매스터턴Masterton도 이곳의 하위지역에 포함된다.

이 산지는 수도 웰링턴과 밀접하게 연결되어 있다. 웰링턴에서 북동쪽으로 1시간 정도 차를 타고 산을 넘어 섬 동부의 비그늘로 들어가면, 기온이 매우 낮은 와이라라파가 나온다. 전직 연구원이며 드라이 리버Dry River 와이너리의 창립자인 닐 맥캘럼 박사는 '이곳의 적산 온도는 에든버러와 거의 비슷하다'고 말한다. 하지만 서쪽의 산맥 덕분에 마틴버러의 가을 날씨는 북섬에서 가장 건조하며, 와이라라파의 60개가 넘는 와이너리에서 주요 품종인 피노 누아로 부르고뉴 스타일의 활기찬 와인을 만들고 있다. 부르고뉴 와인처럼 서양자두향이 강한 것부터 최근 자주 볼 수 있는 깔끔하고 드라이하며 흙내음이 나는 것까지 풍미의 폭이 넓다.

와인산업의 구조 역시 부르고뉴와 비슷하다. 와이라라파에서도 포도재배자가 와인을 양조한다. 수확량은 쿡해협 건너편 말버러보다 훨씬 적어 에이커당 평균 2톤이 안 된다. 토양은 물이 잘 빠지는 깊은 자갈층, 실트, 점토층 위에 척박하고 얇은 흙이 덮여있다. 편서풍이 많이 부는 지역으로, 서리가 위협적인 추운 봄이 지나면 개화기에 끊임없이 바람이 분다. 하지만 생장기간이 길어 보통 포도가 충분히 익고, 또 마틴버러가 뉴질랜드에서 가장 일교차가 큰 것도 도움이 된다.

아타 랑기Ata Rangi, 마틴버러 빈야드, 드라이 리버 같은 대표 와이너리들은 대부분 1980년대 초반에 설립되었다. 그래서 이제는 오래된 포도나무의 혜택을 누리고 있다. 주요 품종은 피노 누아의 클론인 지역 특산품종 '아벨Abel'이다. 현재 뉴질랜드에서 가장 사랑받는 피노 그리에도 매우 적합한 지역으로, 1880년대에 혹스 베이의 미션Mission 와이너리에 매우 훌륭한 피노 그리의 복제품종이 수입되었다. 소비뇽 블랑은 와이라라파에서 두 번째로 많이 심는 품종이다. 자존심이 매우 강한 뉴질랜드 피노 누아의 세계에서 마틴버러와 센트럴 오타고 사이에 강력한 라이벌 관계가 형성되면서, 각자 자신의 피노 누아를 알리기 위해 국제 행사를 적극적으로 진행하고 있다.

미국인 소유의 크레기 레인지 와이너리는 혹스 베이에 기반을 두고 있지만, 유명한 테 무나 테라시즈(Te Muna Terraces)에 완벽하게 관리된 (사진) 피노 누아와 소비뇽 블랑 포도밭이 있다.

마틴버러

웰링턴산 너머, 바람이 없는 동쪽 비탈에 마틴버러의 와이너리들이 모여 있다. 생장기 기후는 대부분 비교적 서늘하고 건조해서 피노 누아 재배에 적합하다.

■ ATA RANGI 주요생산자

　포도밭

_500_ 등고선간격 100m

1:180,000

Km 0　　2　　4　　6 Km
Miles 0　　2　　　　4 Miles

와이파라는 겨울에 눈이 내릴 정도로 춥다. 사진은 행운과 다산을 기원하는 마오리족의 부적 티키에서 이름을 딴 티키(Tiki) 와이너리의 포도밭이다. 현재 뉴질랜드에는 마오리족 소유의 와이너리와 포도밭이 있다.

캔터베리
Canterbury

캔터베리는 남섬 제1의 도시 크라이스트처치Christ-church와 밀접한 관계가 있는 배후지역이다. 뉴질랜드의 피노와 샤르도네 중 부르고뉴 스타일에 가장 가까운 와인을 만들며, 대부분의 뉴질랜드 와인산지와는 다른 길을 걷고 있다.

19세기 중반 이곳의 뱅크스반도에 처음 포도나무를 심었지만, 판매용 와인은 100년 뒤에나 생산되었다. 지역 전체가 서늘한데, 보르도 레드품종이 익기에는 지나치게 서늘하다. 여름이 길고 건조하며 바람

이 지속적으로 부는데, 고온건조한 북서풍이나 남쪽에서 불어오는 매우 서늘한 바람은 너무 세지만 않으면 포도가 건강하게 자라는 데 도움이 된다. 서리는 9월 말~11월 초에 지속적으로 포도나무를 위협하며, 수확량은 비교적 적다. 물을 찾기 힘들어서 일반적으로 찬정(artesian wells) 관개가 필수적이다.

크라이스트처치 주위와 남쪽 평원은 일반적으로 자갈 위에 실트가 덮여있으며, 얇게 뢰스(황토)가 덮여있는 경우도 있다. 바람도 매우 세게 불고 사방이 트여있지만, 크라이스트처치에서 북쪽으로 차로 1시간 거리인 **와이파라Waipara** 구릉지대는 높지 않은 테비오트데일 힐스 산맥이 동풍을 막아주고, 서쪽의 알프스 남부도 바람막이가 되어준다. 와이파라의 토양은 점토와 석회암 퇴적물이 섞인 석회질 롬(양토)이다. 와이파

라의 개척자인 크라이스트처치 출신 의사 이반 도날드슨이 설립한 페가수스 베이Pegasus Bay 와이너리는, 훌륭한 드라이 리슬링과 마시기 쉬운 스위트 리슬링으로 명성을 쌓았다. 하지만 최근 큰 회사들이 땅값이 비교적 싼 점을 이용해 소비뇽 블랑을 많이 심었고, 지금은 와이파라에서 가장 많이 재배하는 품종이 되었다. 타지역에서 수확한 포도를 15%까지 허용하는 말버러 소비뇽 블랑에 저렴한 가격의 포도를 공급하려는 계획이었지만, 개화기의 서리와 추운 날씨로 수확량이 줄어 차질이 생겼다. 일찍 싹이 트는 샤르도네도 마찬가지였다. 피노 누아는 거의 유일한 레드와인 품종으로 전체 포도밭의 1/3을 차지한다. 와인은 실망스럽게도 풀내음이 나는 것부터 부르고뉴 레드의 오마주라고 할 정도로 잠재력이 뛰어난 것까지 극과 극을 달린다.

와이너리는 앰버리 북서쪽 간선도로를 따라 모여있는데, 포도나무를 빽빽하게 심지는 않았다. 대부분의 포도밭이 따로 흩어져있고, 적당히 건조하며, 바람이 계속 불어 유기농 재배가 비교적 쉬운 지역이다.

뉴질랜드에서 가장 중요한 생산자인 벨 힐Bell Hill(1997년 설립)과 피라미드 밸리Pyramid Valley(2000년 설립) 모두 **노스 캔터베리North Canterbury**의 웨카 패스Weka Pass 너머, 와이파라 서쪽에 위치한다. 두 와이너리 모두 석회암 토양을 찾아냈고, 두 곳에서 만든 최고의 레드와인과 화이트와인에서 부르고뉴와의 연관성을 확인할 수 있다.

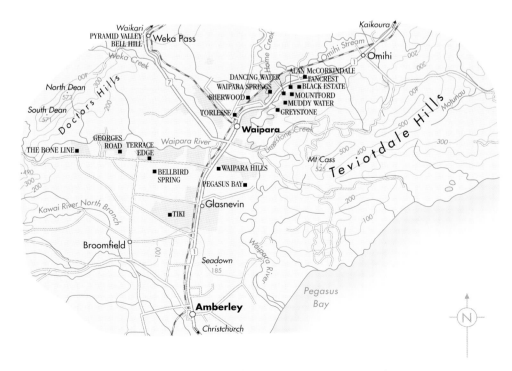

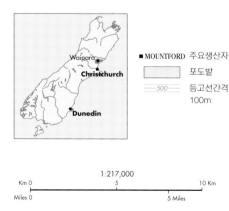

■ MOUNTFORD 주요생산자
　　　　　　포도밭
═500═　등고선간격
　　　　　　100m

1:217,000

Km 0 ——— 5 ——— 10 Km
Miles 0 ——— 5 Miles

와이파라

캔터베리의 와이너리와 포도밭은 지진 피해를 입은 크라이스트처치 바로 북쪽 와이파라에 밀집되어 있으며, 노스 캔터베리 안에 섬처럼 떠 있다. 이곳에서는 셀러 도어에서 와인을 직접 판매하는 것이 매출의 주요 부분을 차지하는데, 와이너리들이 길가에 위치해 있기 때문이다. 2011년 지진으로 카이코우라(Kaikoura)로 가는 해안도로가 폐쇄된 것도 한몫했는데, 대신 블레넘-캔터베리 도로가 와이파라에 등장했다.

말버러 Marlborough

최근 몇 년 동안 과열이라 할 정도로 포도를 많이 심으면서, 말버러는 뉴질랜드의 다른 와인산지들을 제치고 뉴질랜드 와인 그 자체가 되었다. 뉴질랜드 전체 포도밭의 70%가 와인세계에서 특별한 위치에 있는 이곳 말버러에 있다. 말버러 포도밭의 85% 이상이 소비뇽 블랑이고, 그 덕분에 말버러는 뉴질랜드 전체 포도 생산량의 80%를 책임지고 있다. 1873년 한 정착민이 메도뱅크 팜Meadowbank Farm(현재는 언츠필드 에스테이트Auntsfield Estate)에 심은 것을 제외하고, 1973년까지 이곳에는 포도밭이 존재하지 않았다. 1973년은 뉴질랜드의 주요 와인생산자인 브랜콧Brancott(당시 회사명은 몬타나Montana였다)이 200ha의 포도밭에 처음으로 상업용 포도나무를 심은 해이다.

관개시설 부족으로 초반에 여러 문제가 있었지만, 1975년에 처음 소비뇽 블랑을 심었다. 1979년에는 몬타나 말버러 소비뇽 블랑을 처음 병입했고, 이 지역의 독특한 강렬함은 분명 지나칠 수 없는 것이었다. 흥미롭고 마시기 쉬우며 놀라운 잠재력을 가진 것이 분명했다. 이를 빨리 깨달은 서부 케이프 멘텔Cape Mentelle 와이너리의 데이비드 호넨David Hohnen은 1985년 클라우디 베이Cloudy Bay를 출시했는데, 와인명, 그리고 이름에 어울리는 라벨 디자인, 스모키한 향, 숨이 막힐 정도로 톡 쏘는 맛은 이제 전설이 되었다.

2018년경 말버러의 포도밭 면적은 26,000ha를 넘었다. 2000년대 초반과 비교해 무려 5배나 증가했지만, 앞으로 더 확장될 것으로 예상된다. 재배자와 생산자 수는 2018년 각각 510과 141로, 정점에 도달했던 5년 전보다 조금 감소한 수치다. 하지만 대부분의 많은 생산자들이 성업 중인 지역의 계약 와이너리들과 계약을 맺고 와인을 만들고 있다.

말버러는 왜 특별한가

넓은 평지인 와이라우 밸리Wairau Valley에 투자자들이 계속 모여들고 있다. 특히 아시아의 와인수입회사(물론 그들만이 아니다)들은 수입할 와인을 안정적으로 공급받고 비용을 줄이기 위해 이 지역에 투자하고 있다. 단순히 와인이 좋아서 와인을 만들기 위해 오는 사람들

말버러의 대표적인 4가지 토양

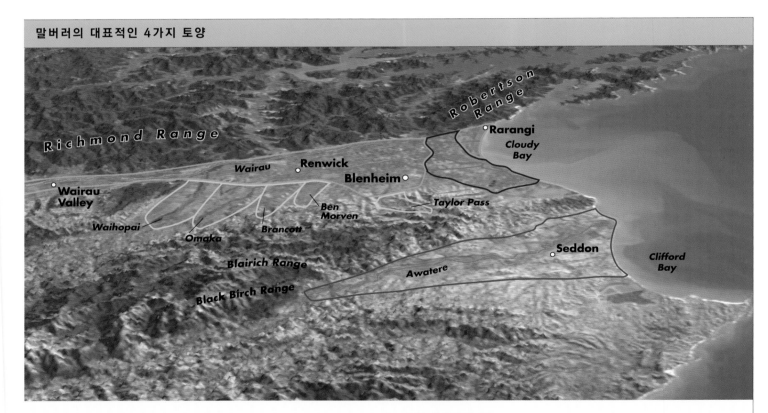

─── 해안 와이라우 실트 롬
─── 내륙 와이라우 롬
─── 서던 밸리 점토
─── 아와테레 매트릭스

말버러의 몇몇 토양은 세계에서 가장 어린 토양에 속하고, 종류만 해도 90가지나 된다. 말버러 와인산업 전문가와 토양학자의 도움으로 작성된 위 지도는 와인산지의 4가지 주요 토양 그룹을 보여준다. 하지만 전 세계 말버러 소비뇽 블랑 애호가들에게 토양이 제대로 표현된 와인을 제공하려면 시간이 걸릴 것이다. 이제 나오기 시작한 싱글빈야드 와인에서 실마리를 찾을 수 있는데, 물론 이 『The World Atlas of Wine』을 먼저 읽어야 한다.

해안 와이라우 실트 롬

와이라우 밸리 하류와 딜런즈 포인트 하위지역을 포함한다. 소금과 미네랄이 풍부한 깊은 실트와 모래 롬(양토)에서 무성하게 자라는 소비뇽 블랑을 주로 재배한다.

내륙 와이라우 롬

와이라우 밸리 상류와 자갈이 더 많은 라랑기 하위지역을 포함한다. 얇은 실트와 모래 롬 토양인 이곳에서도 소비뇽 블랑을 가장 많이 재배한다. 다른 몇몇 화이트와인 품종은 지력이 약한 포도밭에 심는다.

서던 밸리 점토

와이호파이, 오마카, 브랜콧, 벤 모븐, 테일러 패스 하위지역을 포함한다. 상부토는 얇은 롬(양토)이지만 활력이 약한 점토가 있어 피노 누아와 샤르도네가 잘 자란다. 와이호파이는 실트 충적토지만 와이라우보다 지력이 약하다. 피노 누아는 남쪽 고지대에 있는, 점토 기반의 이 토양에서 가장 꽃향이 강하고 풍미가 풍성하며 부드러운 와인이 된다.

아와테레 매트릭스

아와테레 밸리는 와이라우나 북쪽의 서던 밸리보다 토양이 훨씬 복잡하다. 고도가 높은 계단식 포도밭에 모래, 자갈, 점토가 섞여있는 실트질 롬 토양이 얇은 층부터 조금 깊은 층까지 토양 매트릭스를 구성한다. 그래서 다양한 품종을 심을 수 있다.

Data Source : PlanetObserver

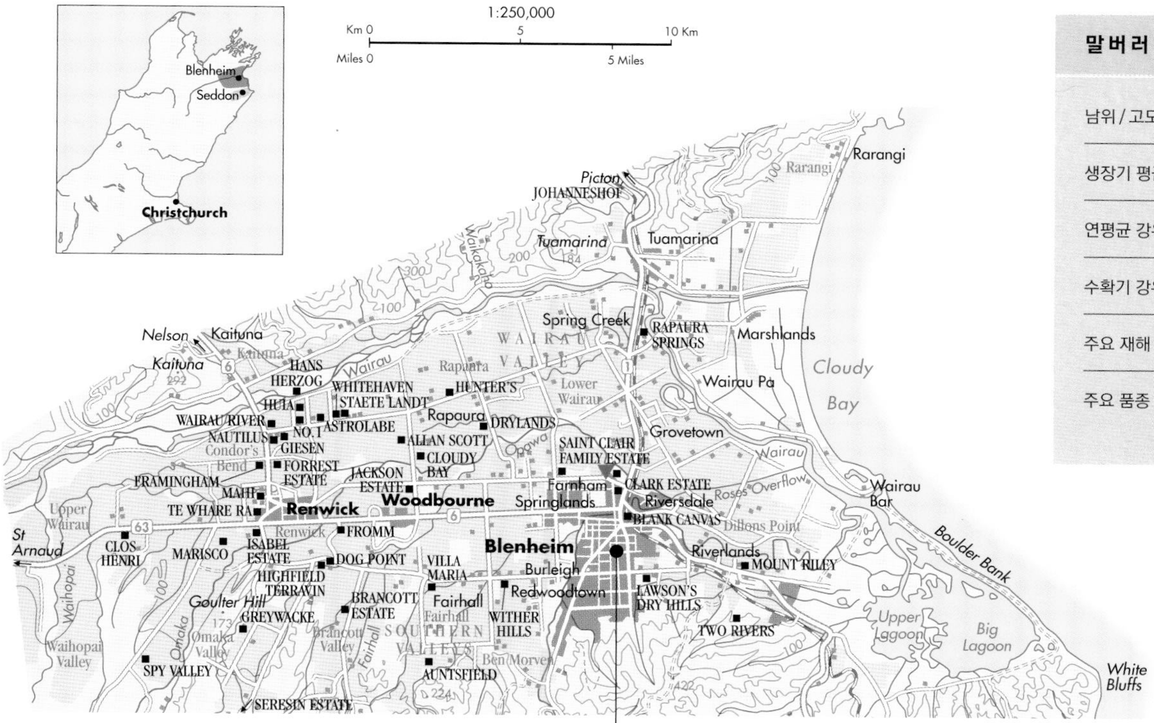

1:250,000

Km 0 　　　 5 　　　 10 Km
Miles 0 　　　　 5 Miles

Christchurch
Blenheim
Seddon

말버러 블레넘

남위 / 고도(WS)	41.50°/35m
생장기 평균 기온(WS)	15.4℃
연평균 강우량(WS)	711㎜
수확기 강우량(WS)	4월 : 53㎜
주요 재해	가을비
주요 품종	화이트 소비뇽 블랑, 피노 그리 레드 피노 누아

WAIRAU VALLEY　와인산지
Rapaura　와인 하위지역
CLOUDY BAY　주요생산자
　포도밭
500　등고선간격 100m
▼　기상관측소(WS)

조용한 농촌마을이었던 블레넘은 말버러 소비뇽 블랑이 세계적인 성공을 거두자 와인관광 중심지로 거듭났다.

와이라우 밸리

이 작은 계곡과 조용한 마을 블레넘은 지난 30년 동안 롤러코스터 같은 변화를 겪었다. 양떼가 뛰어놀던 곳에 포도밭이 들어서면서 와인 붐이 일어났고, 초기 아펠라시옹 제도까지 도입되었다. 이곳의 잠재력은 확실하지만, 한계가 없지는 않다. 포도재배를 좀 더 정교하게 하고 하위지역들이 발전한다면 와인 품질이 달라질 것이다.

도 있다. 말버러 화이트와인의 경제성은 정말 매력적이다. 생산량이 많고, 세계적인 명성이 있으며, 비싼 오크통 숙성이 필요 없고, 해가 가기 전에 병입해서 시판할 수 있다.

거대 주류회사들은 와이라우 밸리 서쪽에서 소비뇽 블랑을 계속 심고 있다. 지도에 나오는, 와이라우 밸리 하류의 원래 중심지보다 땅값이 훨씬 저렴한 지역이다. 이곳에서는 밤에 바다에서 불어오는 편동풍 덕분에 대부분의 서리를 피할 수 있다. 하지만 내륙쪽, 특히 와이라우 밸리 마을쪽은 반드시 서리를 막아줘야 한다. 서쪽으로 멀리 심은 포도는 해마다 잘 익지 않는 땅도 있고, 중요한 물이 부족한 땅도 있다.

와인산지로서 말버러가 특별한 이유는 해가 길고, 밤이 추우며, 햇빛이 강하고, 날씨가 좋은 해에는 가을에 비가 오지 않기 때문이다. 기온은 비교적 낮은데(위 주요 정보 참조), 2017년처럼 가을에 비가 많이 오면 포도나무에 치명적이다. 하지만 이곳의 포도는 보통(항상 그런 것은 아니지만) 천천히 익도록 포도나무에 그대로 둔다. 밤이 춥기 때문에 산미를 희생시키지 않고 당분을 축적시켜 뉴질랜드 와인 특유의 풍미를 만든다.

남쪽에 있는 **아와테레 밸리**Awatere Valley는(p.374 지도 참조) 조금 더 건조하고, 더 서늘하며, 바람도 더불어 일교차가 매우 크다. 1986년에 설립된 바바사워Vavasour가 선구적인 와이너리이고, 최근 관개시설 확충과 특히 옐랜즈Yealands 에스테이트를 비롯한 포도밭에서 적극적으로 포도나무를 심은 덕분에 아와테레 밸리는 계속 확장되고 있다.

아와테레 밸리를 말버러의 일부가 아니라 독자적인 와인산지로 친다면, 와이라우 밸리보다 작고 혹은 베이보다 커서 뉴질랜드에서 두 번째로 큰 와인산지가 될 것이다. 아와테레 밸리는 와이라우 밸리 바닥보다 싹이 늦게 트고 수확도 늦은 편이지만, 여름이 길고 덥다. 대부분의 화이트와인 품종(특히 소비뇽 블랑, 리슬링, 샤르도네, 피노 그리)과 피노 누아가 잘 익을 만큼 따듯하다. 와이마Waima(또는 우레Ure) 밸리와, 아와테레 밸리보다 훨씬 남쪽에 있는 케케렝구Kekerengu에서는 포도나무가 어느 정도 잘 자란다. 하지만 말버러에서 가장 중요한 변수는 토양이다(p.372 아래 참조).

와이라우 밸리를 거쳐 동서를 가로지르는 6번과 63번 고속도로의 북쪽 토양은, 우드본Woodbourne 주위를 제외하면 남쪽 토양에 비해 훨씬 젊다. 몇몇 장소는 지하수면이 위험할 정도로 높다. 이 젊고 돌이 많은 토양에서 최고의 포도밭은 한때 강바닥이었던 자갈 위에

가벼운 롬(양토)이 덮여 배수가 잘 되는 곳이다. 성숙한 포도나무는 뿌리를 깊이 내리지만, 어린나무는 건조한 여름을 넘기려면 관개가 필요하다.

서던 밸리즈 Southern Valleys의 63번 고속도로 남쪽 저지대의 오래된 토양은 고급와인을 생산하기에는 지나치게 배수가 안 되지만, 브랜콧, 오마카, 와이호파이 하위지역에는 괜찮은 포도밭이 있다. 하지만 계곡 남쪽 끝에 있는 탁 트이고 거친 포도밭이 배수가 더 잘 되고 지대가 더 높아, 훨씬 건조한 토양에서 흥미로운 포도가 나올 가능성이 더 높다.

차별화만이 살길이다

규모가 큰 소비뇽 블랑 생산자들은 보통 다른 토양과 조금 다른 기후조건에서 자란 포도를 블렌딩해서, 자칫 단조로울 수 있는 풍미를 차별화하려고 노력한다. 프랑스 오크통을 제한적으로 사용하거나 젖산발효로 차이를 만들기도 한다. 싱글빈야드 소비뇽 블랑 생산이 점점 늘고, 특정 하위지역을 라벨에 표시한 와인이 나오기 시작했다. 하지만 거기서 그치지 않고 손으로 수확하거나, 수확량을 어느 정도 줄이거나, 효모를 추가하지 않고 오크통에서 발효시키거나, 고전적인 부르고뉴 화이트처럼 쉬르리 숙성을 하는 등, 매우 진지하

양의 탈을 쓴 잔디깎이? 아와테레 밸리에 있는 옐랜즈 에스테이트의 광대한 포도밭에서는 베이비돌 양들이 피복식물을 완벽하게 관리한다. 뉴질랜드 와인산업은 지속가능성을 위해 많은 노력을 기울이고 있다.

고 야심찬 노력이 진행되고 있다.

2018년 말버러 지역에서 관장하는 말버러 와인 아펠라시옹 제도가, 가장 인정받는 와이너리 36개가 참여한 가운데 도입되었다. 처음에는 당연히 소비뇽 블랑에 주력했다. 말버러 와인 아펠라시옹은 유럽 외의 지역에서 최초로 채택된, 유럽의 아펠라시옹 시스템과 가장 흡사한 인증제도이다.

말버러에서는 소비뇽 블랑 외에 다른 품종도 재배한다. 화이트와인 중에서는 피노 그리와 리슬링이 중요한 자리를 차지한다. 프레이밍햄 와인즈Framingham Wines에서는 두 품종을 늦수확해서 인상적인 스위트와인을 만든다. 피노 누아는 생산량 면에서 중요한데, 말버러 최고의 피노는 수령이 높아지면서 복합적인 풍미가 더해졌다. 소비뇽처럼 피노 역시 판매할 때 지리적 특징을 강조한다.

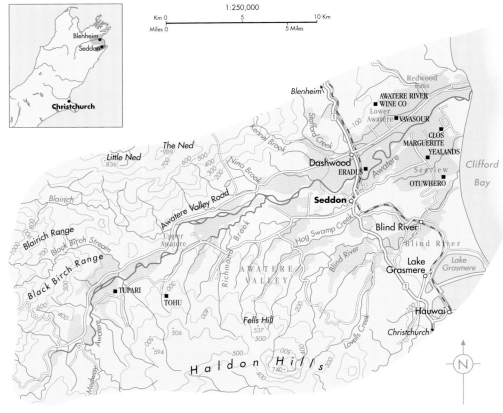

1:250,000

AWATERE VALLEY	와인산지
Seaview	와인 하위지역
■ VAVASOUR	주요생산자
	포도밭
—500—	등고선간격 100m

아 와 테 레 밸리

와이라우 밸리에서 남쪽으로 20㎞ 떨어진 아와테레 밸리는 훨씬 서늘하고, 수확도 말버러 중심부보다 2~3주 늦다. 아와테레 밸리에서도 상류는 수확이 더 늦지만, 싹은 같은 시기에 나온다.

센트럴 오타고 Central Otago

관광의 메카 퀸스타운은 남반구 최고의 스키장과 1년 내내 아름다운 풍경을 자랑한다. 아시아인과 미국인을 중심으로 많은 외국인들이 이곳에 투자 이민을 오고 있다. 퀸스타운 공항에서 보이는 개인 제트기에서 알 수 있듯이 조용한 곳을 찾아 이곳에 오는 사람도 있다. 와인 역시 사람들을 끄는 요소 중 하나다.

테루아 상부토는 가볍고 물이 잘 빠지는 뢰스(황토)와 자갈 토양이고, 하부토는 보통 다양한 양의 석회와 점토가 섞인 풍화된 편암이며, 테라스 지형이다. 비탈 포도밭이 일반적이다.

기 후 반건조 기후. 뉴질랜드의 다른 지역과는 달리 뚜렷한 대륙성 기후이다. 해가 매우 잘 들지만, 여름이 매우 짧다.

품 종 레드 피노 누아 / 화이트 피노 그리

1997년 **센트럴 오타고**에는 와인생산자 14곳과 200*ha*가 안 되는 포도밭이 있었는데, 2018년에는 공식등록된 포도밭 수는 211개, 포도밭 면적은 1,904*ha*가 되었다. 포도나무 5그루 중 4그루가 피노 누아로 대부분 비교적 젊은 나무들이며, 많은 양의 포도즙이 계약 와이너리에서 양조된다.

1년 내내 서리의 위험이 도사리고 있는데, 깁스톤처럼 서늘한 지역에서는 조생종 피노마저도 겨울이 올 때까지 다 익지 않는 경우가 있다. 여름 햇빛은 무척 강한 반면, 밤에는 추워서 산미가 잘 유지된 좋은 포도가 나온다. 그렇게 만든 와인은 과일 풍미가 매우 뚜렷하며, 포도가 너무 잘 익어서 알코올 도수가 14% 미만인 와인이 드문 편이다. 센트럴 오타고 피노 누아는 말버러 소비뇽 블랑처럼 세계에서 가장 섬세한 와인은 아니지만, 병입한 뒤 바로 마셔도 맛이 좋다.

이 지역은 여름과 초가을이 매우 건조해서, 곰팡이가 잘 피는 피노 누아도 진균병의 위험이 거의 없다. 관개용수는 부족하지 않지만 토양의 보수력이 매우 한정적이다.

찬란했던 과거

대륙성 기후가 가장 뚜렷한 하위지역은 최남단의 알렉산드라이다. 기온을 완화해줄 하천이나 바다가 없어서, 여름은 덥고 겨울은 매우 춥다. 1860년대의 뉴질랜드 골드러시 때 처음 포도나무를 심었고, 1973년에 다시 심었다. 여기서 북서쪽에 있는 깁스톤은 더 서늘하고 일조량이 제한적인데, 동서로 난 계곡이 좁기 때문이다. 포도나무는 풍경이 장관인 카와라우Kawarau협

곡의 북향 비탈에서 자라는데, 이곳은 세계 최초로 번지점프가 상업화된 곳이기도 하다.

생장기가 긴 해에는 복합미가 뛰어난 와인이 나온다. 센트럴 오타고 포도밭의 70%가 크롬웰Cromwell분지에 위치한다. 크롬웰분지는 던스턴Dunstan호수 덕분에 기후가 온화하고, 배넉번Bannockburn, 로번Lowburn, 피사Pisa, 벤디고Bendigo를 포함한다. 협곡과 크롬웰분지가 만나는 배넉번은 포도나무를 가장 집중적으로 심은 하위지역 중 하나이다. 많은 고급와인산지가 그렇듯 배넉번에도 금광이 있었다. 북쪽의 벤디고 역시 비교적 따뜻해서 포도밭이 빠르게 늘고 있는데, 와이너리보다 셀러 도어가 더 많다. 따뜻한 호수 서쪽의 로번Lowburn과, 북향 비탈 포도밭이 피사산맥 기슭으로 이어지는 피사 역시 큰 잠재력을 갖고 있다. 가장 북쪽에 있는 와나카Wanaka는 1980년대에 처음 개발된 하위지역 중 하나이다. 현재 바이오다이나믹 농법으로 운영

되는 리폰Rippon 와이너리의 포도밭은 호숫가 옆이어서 서리를 피하는 데 도움이 되며, 기후가 극단적이지 않고 온화하다. 포도밭, 파란 호수, 황금색 가을 단풍, 그리고 멀리서 보이는 눈 덮인 산봉우리는 사진작가들이 좋아하는 풍경이다.

노스 오타고

이제 노스 오타고에도 공식 와인산지인 **와이타키 밸리 Waitaki Valley**가 있다. 포도재배자들은 '중부(센트럴)'에는 없는 석회석에 큰 기대를 걸고 있으며, 부르고뉴 지방의 석회석에 견주기도 한다. 하지만 이곳에서도 개화기에 항상 문제가 되는 서리, 찬바람과 싸워야 하며, 포도나무가 어려서 잘 관리해야 한다. 아직 포도밭은 55*ha*뿐이며, 중부에서 온 재배자들을 포함해 13곳의 재배자가 있다. 주로 피노 누아와 피노 그리를 심고, 리슬링과 샤르도네도 일부 심는다.

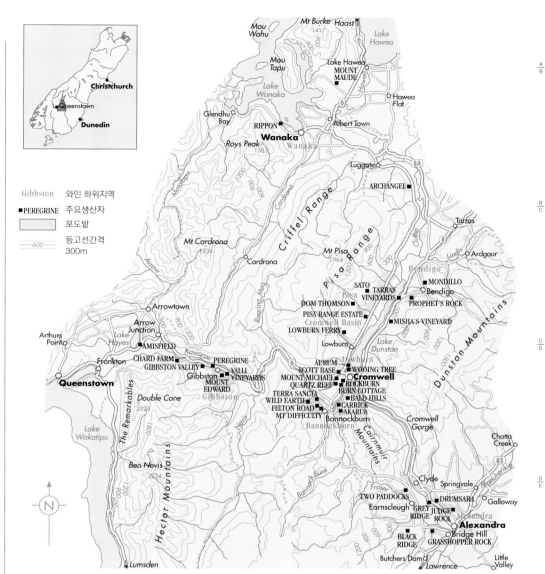

Gibbston 와인 하위지역
■ PEREGRINE 주요생산자
□ 포도밭
—600— 등고선간격 300m

남아프리카공화국 SOUTH AFRICA

허머너스는 케이프 사우스 코스트의 중심 도시로,
고래 투어와 와인 테이스팅이 유명하다.

남아프리카공화국 SOUTH AFRICA

아름다운 와인산지를 뽑는 대회가 있다면 결선주자는 도루, 모젤, 그리스의 섬, 그리고 케이프일 것이다. 그 중에서도 시몬스버그산 아래 끝없이 펼쳐진 초록빛 포도밭, 그 한가운데에 서있는 네덜란드풍 하얀색 농가, 파란 하늘을 향해 우뚝 솟은 화강암 바위산, 그 위에 드리워진 푸른 그림자를 볼 수 있는 케이프가 좀 더 유리해 보인다. 그러나 세월이 흘러도 변하지 않는 아름다운 풍경은, 이 책에 나온 수많은 불변의 풍경처럼 지형의 변화를 숨기고 있다. 실제로 남아프리카공화국(남아공) 사람들, 포도밭, 저장고, 와인지도, 그리고 와인은 지난 25년 동안 알아볼 수 없을 정도로 크게 변했다.

남아공의 포도나무는 위도에 비해 더 서늘한 곳에서도 잘 자란다. 케이프는 남극에서 대서양 해안을 따라 흐르는 차가운 벵겔라해류의 혜택을 받는다. 이곳은 겨울에 비가 집중적으로 내리며, 어디에 어떻게 내리는지는 케이프의 매우 다양한 지형에 달려있다. 겨울의 탁월풍인 편서풍이 기후를 완화시켜준다. 남쪽과 서쪽으로 갈수록, 바다와 가까울수록 더 서늘하고 비가 잘 내린다. 최근 몇 년간 이 지역 역시 비가 귀했다. 드라켄스테인Drakenstein, 호텐토츠 홀란드Hottentots Holland, 랑게버그Langeberg 같은 산맥 양쪽의 비탈은 비가 (비교적) 많이 내리는데, 불과 몇 km만 떨어져도 연간 강우량이 200mm로 줄어든다. 케이프닥터Cape Doctor라 불리는 강한 남동풍이 산맥을 따라 케이프로 불어오는데, 케이프닥터는 곰팡이와 노균병을 예방하지만 어린 포도나무를 손상시키기도 한다.

오래된 토양

케이프의 와인생산자들은 케이프의 토양이 전 세계 와인산지 중에서 지질학적으로 가장 오래된 것이라고 자랑한다. 보통 화강암이나 테이블산의 사암 또는 이판암을 베이스로 한 오래된 풍화토는 포도나무가 무성하게 자라는 것을 자연적으로 완화시켜준다. 케이프의 토양이 가장 풍요로운 식물왕국에 영양분을 공급한다는 사실 역시 중요하다. 생물다양성은 현재 남아공 와인산업이 추구하는 방향이다. 와인생산자들은 포도밭에 있는 자연 식물을 최대한 보존하면서 몇 가지 특징을 더해 에코투어리즘으로 발전시키려고 노력한다. 단일품종을 심은 6ha 미만 싱글빈야드의 등록을 장려하고, 2005년부터 싱글빈야드 명칭을 라벨에 표시하고 있다.

오스트레일리아처럼 기계화되고 광대한 내륙의 와인산지가 없기 때문에, 남아공 생산자들은 생존을 위해 낮은 가격보다 더 가치 있는 무언가가 필요하다는 것을 잘 알고 있다. 현재 남아공에서 수확한 포도의 약 80%가 와인으로 팔리고, 나머지는 포도주스 농축액(남아공이 주요 생산자이다)이나 증류주가 된다.

오늘날 남아공 와인산업의 구조는 20세기 대부분의 와인생산자를 옥죄었던 경직된 제도에서 많이 달라졌지만, 협동조합이나 과거 협동조합이었던 와이너리가 아직도 남아공 포도의 거의 80%를 양조하며 막강한 힘을 행사하고 있다.

1994년 아파르트헤이트가 폐지되고 고립주의를 포기하면서, 새로운 세대의 젊은 와인생산자들은 세계를 여행하면서 기술을 배우고 영감을 얻었다. 이러한 자유는 새롭고 서늘한 지역에 포도나무를 심으면서 여러 가지 실험으로 이어졌다. 스와트랜드(p.381 참조)와 올리펀츠강, 그리고 더 북쪽에 있는 기존의 와인산지도 재평가 작업이 이루어졌다.

새로운 자본이 케이프의 와인산업에 유입되었지만 수익성을 보장하기 힘들었다. 최근 몇 년간 심각한 가뭄도 있었고, 그 결과 전체 포도밭 면적이 지속적으로 줄어들어 공식적으로 2016년에 95,775ha까지 떨어졌다. 포도나무 대신 밀과 감귤류를 심었고, 특히 건조한 지역의 포도밭은 그대로 방치되었다.

전체 와이너리 수는 570개로 큰 변화가 없지만, 케이프에서는 땅 구매 절차가 너무 복잡해서, 계속 교체되는 생산자들 중 대다수가 와이너리를 공동으로 사용하고 있다.

지방, 지역, 지구

1973년 처음으로 도입된 원산지명칭(WO)법은 포도밭을 공식적으로 지방(region), 지역(district), 지구(ward, 지리적으로 가장 작은 단위)로 나누었다. 포도밭이 더 서늘하고 높은 땅으로 올라가면서 새로운 이름이 계속 추가되고 있다. 가장 중요한 곳은 p.379 지도에 표시하였다. 그런데 많은 생산자들이 흩어져있는 여러 포도밭에서 가져온 포도를 양조하고, 종종 너무 넓은 지역의 포도를 블렌딩했다. 그래서 와인 라벨을 보면 코스털Coastal 지방 WO(대서양 해안의 남부 배후 지역)나 더 광대한 아펠라시옹인 웨스턴 케이프Western Cape WO(사실상 케이프 전 지역에 해당)도 흔하다. 특히 수출시장에서 그렇다.

스와트랜드 바로 동쪽의 툴바흐Tulbagh는 빈터후크산맥으로 삼면이 둘러싸인, 재발견된 와인 지역이다. 토양, 방향, 고도가 매우 다양하고 일교차는 안정적으로 크다. 산맥이 만들어낸 원형극장식 지형에 밤의 찬 공기가 갇혀서 아침이 매우 서늘하다.

더 북쪽으로 가면 브레덴달에 나마쿠아Namaqua 와이너리가 있다. 약 5,000ha의 포도밭은 낮은 고도가 낮은 품질을 의미하지는 않는다는 것을 보여준다. 남아공을 세계 최고의 저렴한 화이트와인 공급처로 만든 산뜻한 슈냉과 콜롱바르Colombard는 대부분 북쪽에 있는 올리펀츠 리버Olifants River 지방, 특히 루츠빌Lutzville과 시트루스달Citrusdal 지역에서 생산된다. 올드바인이 있어 잠재력도 큰 곳이다. 밤부스 베이는 서해안에 있는 지구로, 위도에 비해 훨씬 섬세한 소비뇽 블랑을 생산한다. 올리펀츠 리버 바로 동쪽, 외떨어진 세더버그 지구의 큰 장점은 고도다. 세더버그는 새로 개발된 포도밭 중 가장 흥미로운 곳이다. 서덜랜드-카루Sutherland-Karoo 지역의 포도밭은 지도 북쪽에 있어 표시되지 않았다. 웨스턴 케이프 주보다도 노던 케이프Northern Cape 주의 이 새로운 포도밭이 남아공에서 가장 높고 대륙적이다. 역시 지도 밖 북쪽에 있는 로어 오렌지는 여름에 더 더워서 오렌지 리버에서 끌어오는 관개용수에 크게 의존한다. 가차없는 햇볕에서 포도를 보호하기 위해, 트렐리스를 설치하느라 애쓰고 있다.

동부 내륙의 광대하고 건조한 관목지대인 클라인 카루Klein Karoo는 여름 기온이 매우 높아 주정강화와인을 생산한다. 물론 관개를 해야 포도재배가 가능하다. 주정강화와인은 레드 테이블 와인, 타조(타조고기와 타

조깃털)와 함께 클라인 카루의 특산품이다. 틴타 바로카(포르투갈의 바호카), 토리가 나시오나우, 소장과 같은 도루 밸리 품종과 뮈스카도 잘 자란다. 포르투갈의 포트와인 생산자들은 경계를 늦추지 않으면서도 남아공 주정강화와인의 발전에 경의를 표하고 있다. 특히 칼리츠도르프Calitzdorp 지역은 남아공 주정강화와인 강좌에서 늘 최고로 꼽힐 만큼 좋은 와인을 생산한다.

대서양쪽으로 조금 가까이 가면 **브리드 리버 밸리 Breede River Valley** 지방의 우스터Worcester와 브리드클루프Breedekloof 지역이 나온다. 대서양의 영향으로 더 온화하지만, 그래도 덥고 건조해서 관개가 필요하다. 이곳은 케이프 지방에서 와인을 가장 많이 생산하며, 남아공 전체 생산량의 1/4 이상을 차지한다. 대부분 브랜디이지만 완성도 높은 상업용 와인도 일부 생산한다.

인도양쪽으로 브리드 리버 밸리를 따라 더 내려가면 로버트슨 지역이 나온다. 훌륭한 협동조합 와인과 한두 곳의 멋진 와이너리를 자랑하는 지역이다. 이 지역은 석회암이 풍부해 종마 사육 산업도 활발하고, 화이트와인도 유명하다. 특히 과즙이 풍부한 샤르도네는 케이프 최고의 몇몇 스파클링이나 블렌딩 와인이 된다. 레드와인 역시 명성이 높아가고 있다. 강우량이 항상 적고 여름이 뜨겁지만, 남동풍이 인도양의 시원한 바닷바람을 계곡쪽으로 옮겨준다.

케이프 품종

20세기 말까지 남아공 품종은 무조건 슈냉 블랑(종종 스틴Steen이라고 불린다)이었다. 레드와인 바람이 불면서 레드품종이 슈냉 블랑을 대체하기 시작했다. 하지만 슈냉 블랑, 특히 올드 부시바인 슈냉 블랑이 재평가되었다. 지금은 포도나무 5그루당 1그루도 안 되지만, 여전히 남아공에서 가장 많이 심는 품종이다. 두 번째로 많이 심는 품종은 콜롱바르로 역시 화이트(그리고 브랜디)이다. 하지만 라벨에서 자주 눈에 띄는 것은 소비뇽 블랑과 샤르도네이다. 이 두 품종으로 케이프의 더 서늘한 포도밭에서 고급와인을 만든다.

점점 더 시라로 자주 불리는 쉬라즈는 가장 많이 심는 레드로 카베르네 소비뇽을 위협하고 있다. 한때 폭넓게 심은 랑그독 품종 생소의 재평가도 이루어졌다.

오늘날 케이프 포도재배자들의 신조는 다양성으로, 더 건조해지고 더워지는 기후조건에서 지속 가능한 발전을 이루는 것이 목표다. 그래서 지중해 품종을 더 많이 활용하고 있다. 톡 쏘는 맛의 피노타주Pinotage는 피노 누아와 생소를 교배한 남아공의 토착품종으로, 보졸레를 대신하거나 살집이 있고 입에 꽉 차는 더 훌륭한 와인이 된다. 두 품종 모두 마니아들이 있다. 레드와인 생산은 포도가 제대로 익지 못하는 잎말이병으로 오랫동안 피해를 입었다. 그래서 철저하게 격리된 포도나무가 튼튼하고 건강하다는 것을 증명해야 하는 어려운 과제를 안고 있다.

남아공이 발전해 나아가야 할 다음 단계는 의심의 여지 없이 사회의 진보이다. 소수의 백인이 오랫동안 지배해온 산업의 소유권과 경영권을 보다 공평하게 나누는 일은 쉽지 않다. 많은 계획이 좌절되었다. 하지만 윤리적 와인 인장의 도입이 도움이 될 수 있다(윤리적 와인 인장은 남아공 와인의 주요 수입국, 특히 주류 수입을 독점하는 스칸디나비아 기업들의 요구로 도입되었다). 앞으로 수적으로 우세한 남아공 흑인 공동체가 상당한 와인시장이 될 것으로 기대하는 사람들도 있다. 흑인 역량강화제도, 조인트 벤처, 임금상승, 주택문제 개선 등 다양한 정책이 시행 중이고, 일부 흑인들의 '사회적 상승'도 시작되었지만, 아직 갈 길이 멀다.

케이프 와인 지방
중요한 와인 지구 중 상세지도에 나오지 않은 곳만 표시했다.

케이프 최남단의 포도밭은 엘림 지구에 있다.

COASTAL REGION	원산지명칭 지정 지방 (region)
SWARTLAND	원산지명칭 지정 지역 (district)
Constantia	원산지명칭 지정 지구 (ward)
CAPE POINT	주요생산자
	와인산지
	해발 3,000m 이상 지역
380	상세지도 페이지

1:2,175,000
Km 0   25   50 Km
Miles 0   25 Miles

케이프타운
Cape Town

테이블 마운틴 밑자락에 있는 케이프타운은 대부분의 외국인 관광객들에게 와인의 나라로 가는 관문이다. 2017년 케이프타운은 와인 지역으로 공식 지정되었다(p.379 지도 참조). 수많은 야심찬 레스토랑과 몇몇 와이너리가 케이프타운시에 있다. 도런스Dorrance와 새비지Savage가 유명하다.

케이프타운 지역 내의 이미 정해진 4개 지구 중 북쪽 스와트랜드 방향으로 뻗은 필라델피아Philadelphia는 적어도 현재로서는 중요도가 가장 떨어진다. 바로 남쪽에 있는 더번빌Durbanville은 케이프타운 근교이며 과소평가 받는 경향이 있다. 가까운 대서양의 영향으로 밤이 서늘해서 매우 상쾌한 화이트와인과 선명한 카베르네, 메를로가 나온다. 후트 베이Hout Bay는 서부 해안의 거센 바람이 부는 만 근처로, 암벨루이Ambeloui 스파클링와인이 가장 잘 알려져 있다.

전설의 당도

이곳에서 가장 유명하고 생산량이 많은 지구는 콘스탄시아Constantia이다. 18세기 말과 19세기 초 디저트 와인으로 전 세계의 사랑을 받았던 이름이다. 1714년 그루트Groot 콘스탄시아라고 알려진 원래의 방대한 와이너리가 파산했고, 19세기에 국가 소유의 표본농장이 되었다. 1980년대에 이웃인 클라인Klein 콘스탄시아는 옛 콘스탄시아 와인을 연상시키는 독특한 하프보틀 와인을 만들기 위해, 특별히 알이 작은 뮈스카 블랑을 심었다. 뱅 드 콩스탕스Vin de Constance는 귀부포도가 아닌 말린 포도로 만든 스위트와인이다. 현재 복원된 그루트 콘스탄시아 와이너리에서 동일한 와인인 그랑 콩스탕스Grand Constance를 생산하고 있다.

오늘날 콘스탄시아는 케이프타운 남쪽의 아름다운 근교 마을로, 당연히 땅값이 비싸다. 따라서 포도밭 확장이 제한되며, 테이블산의 동쪽 꼬리인 콘스탄시아버그산의 가파른 동쪽, 남동쪽, 북동쪽 비탈로 한정된다.

원형극장식 산이 곧장 폴스 베이로 통하는 케이프의 이 외곽에서 가장 독특한 드라이와인을 생산한다. 케이프닥터로 불리는, 바다에서 불어오는 강한 남동풍이 포도밭의 열기를 식혀준다. 습도가 높아 진균병의 위험이 도사리고 있지만 이 '닥터'가 처리해준다.

오늘날 420ha에 이르는 콘스탄시아 포도밭의 품종은 소비뇽 블랑으로 전체 지방의 1/3을 차지하며, 카베르네 소비뇽, 메를로, 샤르도네가 한참 뒤를 따르고 있다. 비교적 서늘한 날씨가 피라진pyrazine을 유지하는 데 도움을 준다. 피라진은 소비뇽의 특징인 풀향을 내는 방향화합물이다. 가장 인상적인 소비뇽은 아마도 클라인 콘스탄시아의 싱글빈야드에서 병입한 소비뇽일 것이다. 19세기 초 남아프리카에서 가장 많이 심었던 세미용 역시 훌륭하다. 콘스탄시아 에잇직Constantia Uitsig 와이너리에서 좋은 소비뇽과 세미용을 생산한다.

도시개발의 압박에도(근처 자연보호지역에서 나온 개코원숭이가 먹이를 찾아 돌아다닐 때도 있다) 2000년대 초 몇몇 새 와이너리가 콘스탄시아에서 문을 열었다. 총 11개의 와이너리 중에는 아주 작은 곳도 있다.

고급 소비뇽 블랑과 세미용을 만드는 스틴버그와 케이프 포인트 빈야즈는 콘스탄시아 지구의 경계선 양쪽에 있다. 더 서늘하고 바람도 많이 분다. 스틴버그는 스파와 골프장이 있는 리조트이고, 케이프 포인트 빈야즈는 남아프리카 최고의 화이트와인으로 유명하다.

바다, 산, 심지어 물을 공급해줄 호수도 있다. 채프먼즈 베이의 케이프 포인트 빈야즈(Cape Point Vineyards)에서 훌륭한 와인이 나오는 것도 놀라운 일이 아니다.

콘스탄시아의 토양은 풍화가 심하며 산성이고 적갈색이다. 점토 함유량도 높다. 단 모래가 많은 에잇직은 예외다. 에잇직은 콘스탄시아에서 가장 따뜻하고 가장 낮은 곳으로, 포도가 가장 빨리 익는다.

스와트랜드
Swartland

남아공 와인산업은 끊임없이 변하고 있지만, 그중에서도 가장 극적인 변화를 겪은 지역이 스와트랜드이다.

기 후 덥고 건조하다. 서쪽의 대서양에서 불어오는 바람이 열기를 식혀준다.

테루아 하부토는 주로 화강암과 셰일, 상부토는 오크리프, 투쿨루, 클랍무츠 토양

품 종 **화이트** 슈냉 블랑, 소비뇽 블랑 / **레드** 시라, 카베르네 소비뇽, 피노타주Pinotage

몇 년 동안 스와트랜드는 케이프 방문자도 들어보지 못한 곳이었고, 현지에서도 단순히 협동조합에 포도를 공급하는 곳이었다. 지금도 대규모 와이너리들은 조합용 포도를 대량 재배하지만, 21세기 들어 케이프타운 북쪽의 스와트랜드는 신세대 와인메이커들이 만드는 가장 뛰어난 와인의 원산지가 되었다. 이 지역은 대부분 밀밭 구릉지로, 겨울에는 푸르고 여름에는 황금색으로 빛나지만 몇몇 지역에서는 황토색 사이로 초록색 포도나무가 보인다. 1960년대에 화이트와인 붐에 편승하기 위해 심은 슈냉 블랑 부시바인으로, 관개하지 않고 재배한다. 레드품종도 있는데 카베르네는 생산량을 위해, 쉬라즈 / 시라는 놀라운 품질 때문에 심는다. 올드 바인과 건지농업이 이곳의 상징이다.

스와트랜드의 재발견은 1990년대 말에 시작되었다. 페어뷰의 찰스 백이 설립한 스파이스 루트Spice Route 와이너리의 첫 와인메이커였던 에벤 사디는 이곳의 잠재력을 금방 알아채고, 2000년에 시라를 베이스로 한 획기적인 블렌딩와인 콜루멜라Columella를 선보였다. 2002년에는 슈냉을 베이스로 한 화이트 팔라디우스Palladius를 출시했는데, 이 와인들은 와이너리가 소유하지 않고 관리하는 여러 포도밭의 포도를 블렌딩한 것으로, 많은 사람이 모방했다. 시라와 슈냉은 스와트랜드, 피노타주, 생소와 잘 맞는다는 것을 계속 보여줬으며, 그르나슈도 잠재력이 뛰어나다.

공급과 수요

처음에는 가장 서늘한 대서양의 바람을 많이 받는 화강암 산 페르데버그Perdeberg(아프리칸스어)가 주목을 받았다. 산 동쪽의 포르 파르데베르흐Voor Paardeberg(네덜란드어)는 행정적으로는 파를Paarl에 속하지만 성격상 스와트랜드에 더 가깝다. 리벡-카스틸에 있는 셰일과 점토질 토양의 산에 포도나무를 심으면서, 이 작고 예쁜 마을은 비공식적인 와인 수도가 되었다. 프란슈후

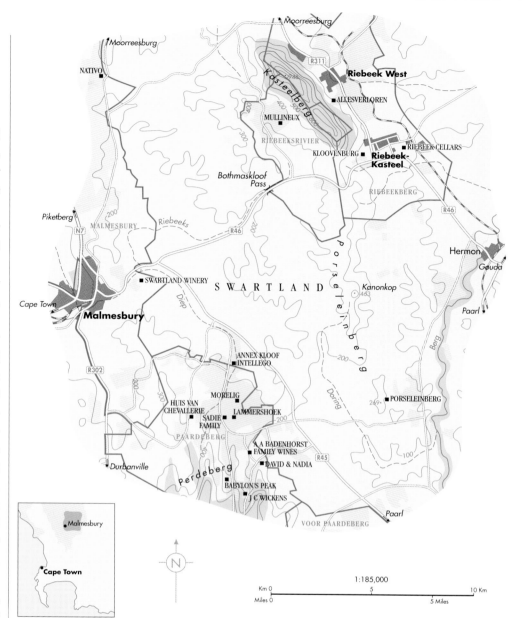

스와트랜드의 중심부

p.379 지도를 보면 위 지도에 표시된 스와트랜드는 극히 일부에 지나지 않는다는 점을 알 수 있다. 하지만 야심찬 젊은 생산자들은 대부분 이곳에 모여있다. 이들 중 다수가 올리펀츠 리버 지방의 북쪽과 서쪽 끝에서 포도를 매입한다. 특히 시트루스달 마운틴의 피케니어스클로프(Piekenierskloof)가 좋은 그르나슈의 공급처로 유명하다.

MALMESBURY 원산지명칭 지정 지구(ward)
■ MULLINEUX 주요생산자
  포도밭
  숲
500 등고선간격 100m

크가 본거지인 안토니 루퍼트의 요한 루퍼트가 이곳의 포도밭을 매입했다. 프란슈후크의 부켄하우츠클로프Boekenhoutskloof 와이너리는 리벡산 비탈에 포르셀레인베르흐Porseleinberg 와인농장을 만들어 좋은 품질의 시라를 공급받는다. 리벡-카스틸의 멀리뉴 패밀리 와인즈Mullineux Familiy Wines는 화강암과 편암 토양에서 자란 싱글 테루아 시라로 돌풍을 일으켰다. 멀리뉴의 포도밭은 부켄하우츠클로프의 두 번째 스와트랜드 와인농장인 골드마인과 같은 경사면에 있다.

스와트랜드의 젊은이들은 '내추럴한' 양조에 관심이 많아 독립생산자협회를 꾸렸다. AOC처럼 생산 관련

법도 있고 협회 인장도 있는데, 스와트랜드에서 양조한 와인이어야 인장을 받을 수 있어 여러 유명 생산자들이 가입하지 못했다. 케이프 전역의 자금이 부족한 생산자, 특히 스와트랜드 생산자들은 와이너리를 공유하며 포도나무를 소유하지 않는다. 포도는 몇 세대에 걸쳐 이곳에서 살아온 아프리카너 농가가 관리하며, 젊은 와인메이커들은 악수로 계약을 하기도 한다.

지도 남서쪽 밖에 있는 **달링Darling** 지역은 스와트랜드의 섬 같은 곳이다. 흐루네클로프 지구는 서늘한 바닷바람이 불고, 닐 엘리스의 맑은 소비뇽 블랑으로 유명하다. 케이프타운과 가까워 와인관광을 오기 좋다.

스텔렌보스 지역 The Stellenbosch Area

남아공 와인은 역사적으로 p.383 지도에 나온 지역을 중심으로 발전했다. 그 한가운데에 스텔렌보스가 있다. 스텔렌보스는 목가적인 시골 마을에 둘러싸이고 나무가 우거진 대학도시이며, 케이프의 상징인 네덜란드풍 흰 곡선의 박공지붕이 아름다움을 더하는 곳이다. 니트보르베이의 권위 있는 농업연구센터와, 최하층을 비롯 다양한 배경의 학생들이 다니는 남아공 와인아카데미도 이곳에 위치한다.

케이프의 거의 모든 유명 와이너리가 **스텔렌보스** 지역에 있다. 대다수의 최고급와인과 해외투자자들의 자본 대부분이 이곳에 모인다. 부모세대보다 세계 와인에 더 친숙한 새로운 세대는, 각종 고급 레드와인과 매우 상쾌하며 때로는 장기숙성도 가능한 소비뇽 블랑, 샤르도네, 슈냉 블랑으로 쌓아온 스텔렌보스의 명성을 유지하기 위해 노력하고 있다. 오래된 와이너리 가문들의 전통 역시 생생히 살아있다. 8대째 와인을 만들고 있는 메이부르 가문의 메이를뤼스트Meerlust 와이너리는, 1980년에 카베르네를 블렌딩해 루비콘Rubicon을 만들었다. 그리고 바다 가까이 서머셋 웨스트에 위치한 페르헬레헨Vergelegen 와이너리는 케이프타운의 제2대 총독인 빌렘 아드리안 판 데르 스텔의 저택이었다. 지금은 다국적기업 앵글로 – 아메리칸Anglo – American의 대표적인 와이너리이다.

스텔렌보스의 토양은 매우 다양하다. 서쪽 계곡 바닥은 가볍고 모래가 많은 토양이고(전통적인 슈냉 블랑 산지이다), 동쪽의 시몬스버그, 스텔렌보스, 드라켄스테인, 프란슈후크 산맥 기슭의 화강암 풍화토는 무거운 토양이다(드라켄스테인과 프란슈후크 산맥은 프란슈후크 지역에 속한다). p.383 지도의 등고선은 테루아가 얼마나 다양한지 짐작하게 한다. 바다에서 떨어진 북쪽의 기온이 높지만 전반적인 기후는 포도재배에 완벽하다. 강우량도 적당하며 비가 겨울에 집중적으로 내린다. 여름은 보르도보다 조금 더 따뜻한 정도다.

한때 슈냉 블랑이 압도적이었지만 카베르네 소비뇽, 쉬라즈, 메를로, 소비뇽 블랑에 추월당한 지 오래다. 블렌딩와인이 오랫동안 중시되었고, 레드와 화이트도 마찬가지다. 전통적인 케이프 블렌드는 피노타주를 30% 이상 포함해서 독특한 풍미를 만든다. 카논코프Kanonkop는 오래전부터 스텔렌보스의 대표 와이너리이고 피노타주의 왕이지만, 지금은 수많은 젊은 후계자들이 자리를 노리고 있다. 그라프 다이아몬드 소유인 들레어 그라프Delaire Graff(고급 호텔과 레스토랑도 함께 운영한다), 드모르겐존DeMorgenzon, 바이오다이나믹 농법을 사용하는 레이네케Reyneke가 대표적이다. 샤토 피숑 – 랄랑드의 성주였던 메이 – 엘리안 드 렝크생의 은퇴 후 프로젝트인 글레넬리Glenelly도 있다.

비밀스러운 7총사

스텔렌보스는 다양한 특징을 가진 전통의 와인산지로, 토양과 기후를 철저히 분석해서 그것을 바탕으로 코스탈 지방의 공식 단일 지역인 이곳을 7개의 지구로 나눴다. 공식적으로 지정된 첫 번째 지구는 시몬스버그 – 스텔렌보스로, 서늘하고 배수가 잘 되는 웅장한 시몬스버그산 남쪽 비탈이 대표적이다(유명한 텔레마Thelema 와이너리는 1980년에 와인농장이 아니었던 관계로 배제되었다). 용커스후크 밸리Jonkershoek Valley는 스텔렌보스 동쪽 산에 위치하며, 작지만 오래전부터 인정받은 와인산지다. 역시 작은 파페하이베르흐Papegaaiberg가 마을 반대편에 있어, 데본 밸리가 본거지인 지구의 성장에 완충 역할을 한다. 더 넓고 평지이며 최근에 지정된 북쪽 보텔라리Bottelary 지구는 남서쪽 끝 보텔라리산에서 이름을 따왔다. 서쪽의 방후크와 폴카드라이 언덕은 따로 분리되어 지구가 되었다. 현재로서는 이 이름들을 라벨에서 찾기 힘들다. 생산자들은 스텔렌보스라는 간단한 이름으로 마케팅하는 것이 더 효율적이라고 생각하기 때문이다(나파 밸리 그리고 그 하위 AVA와 비슷한 사정이다).

최고의 와인은 폴스 베이에서 남풍이 부는 포도밭과, 포도가 서서히 익는 고지대 포도밭에서 생산된다. 서머셋 웨스트 북동쪽의 웅장한 헬더버그산맥은 이곳 와인 지형에 중요한 영향을 미치며, 산맥 서쪽 비탈에 유망한 와이너리들이 많다. 영국인 소유의 바테르클로프Waterkloof 와이너리는 산맥 남동쪽 기슭에 있다. 서머셋 웨스트 위로 근사하게 펼쳐진 바이오다이나믹 포도밭과 야심찬 레스토랑이 보기 드문 조화를 이룬다.

과거의 영광

폴스 베이의 서늘한 바람의 영향에서 떨어져있는 **파를Paarl** 지역은 주정강화와인을 만들던 시절에는 케이프 와인산업의 핵심이었지만, 이제는 과거의 영광이 되었다. 한때 막강했던 KWV와 연례 와인경매로 유명한, 니더버그Nederburg 와이너리의 본사가 있는 곳이기도 하다. 페어뷰Fairview, 글렌 칼루Glen Carlou, 루퍼트＆로쉴드Rupert＆Rothschild가 괜찮은 테이블와인을 생산한다. 스텔렌보스에 있는 야심찬 미국인 소유의 와이너리 빌라폰테Vilafonté 역시 파를에서 포도를 재배한다.

동쪽의 **프란슈후크 밸리Franschhoek Valley**(지도에 일부만 표시) 역시 인정받는 와인 지역이다. 한때 프랑스에서 온 개신교 신자들이 포도농사를 지었고, 여전히 프랑스식 지명들이 눈에 띈다. 삼면이 산으로 둘러싸여 경관이 아름답고, 시선을 끄는 호텔과 레스토랑이 즐비하다. 메토드 캅 클라시크Méthode Cap Classique(레

1,000마리가 넘는 인디언 러너 오리들이 매일 행진을 한다. 포도밭으로 벌레를 먹으러 가는 오리들은 방문객들에게 좋은 볼거리다. 현재 독일인이 소유한 페르게누흐트 르브(Verge-noegd Löw) 와인 에스테이트의 스텔렌보스 포도밭이다.

드와 화이트 품종을 블렌딩해서 병입·발효하는, 케이프
고유의 스파클링 양조방식)로 만드는 스파클링와인이
유명하다. 르 뤼드Le Lude와 콜망Colmant이 대표적인 생
산자다. 부켄하우츠클로프는 이곳 터줏대감으로 지역
에서 가장 오래된 포도나무 중 일부를 보유하고 있다.
지금은 스와트랜드와 헤멜–엔–아르데에도 와이너리
를 갖고 있다. 레우 파산트Leeu Passant는 인도 자본이
투자된 영향력 있는 와이너리 호텔로, 스와트랜드의
멀리뉴 와이너리가 양조 부분을 컨설팅하고 있다.

웰링턴Wellington은 해안보다 일교차가 훨씬 큰 지역
이다. 다양한 충적단구 위의 포도밭이 스와트랜드의
완만하게 경사진 곡물 산지까지 뻗어있다. 하웨쿠아산
기슭에 있는 포도밭은 지형이 좀 더 가파르다.

스텔렌보스, 프란슈후크, 파를
스텔렌보스와 프란슈후크의 와인산지는 거의 지도에 표시되어 있다. 하지만 훨
씬 더 북쪽에 있는 파를은 지도 바깥에 있다. 포르 파르데베르흐 지구의 경우 북
서쪽이 스와트랜드 지도의 남쪽 경계와 맞닿아 있다.

스텔렌보스 니트보르베이	▼
남위/고도(WS)	33.9°/146m
생장기 평균 기온(WS)	19.7℃
연평균 강우량(WS)	736㎜
수확기 강우량(WS)	3월 : 29㎜
주요 재해	잎말이병
주요 품종	레드 카베르네 소비뇽, 쉬라즈/시라, 메를로, 피노타주 화이트 소비뇽 블랑, 슈냉 블랑, 샤르도네

케이프
사우스
코스트
Cape South Coast

서늘한 기후가 전 세계 와인메이커들을 손짓해 부른다. 서늘한 남극의 영향을 받는 아프리카 대륙 최남단에 포도밭이 많은 것은 놀라운 일이 아니다.

1975년, 은퇴한 광고업자 팀 해밀턴 러셀은 와인메이커로 변신했다. 허머너스의 웨일와칭 리조트 위에 있는 헤멜-엔-아르데 밸리Hemel-en-Aarde Valley에 피노 누아를 심는 도전을 한 것이다. 이제 **워커 베이 Walker Bay** 지역에는 12개의 와이너리와 6개의 지구가 있다. 중요한 지구 3곳의 이름에는 헤멜-엔-아르데가 들어간다. 헤멜-엔-아르데 밸리의 부샤르-핀레이슨과 뉴턴 존슨은 해밀턴 러셀의 뒤를 따랐다. 이곳과 남쪽 해안의 이웃 지역(p.379 참조)에서 생산하는, 향이 풍부하고 균형 잡힌 독특한 와인은 케이프를 흥분을 자아내는 독특한 와인산지로 만들었다.

대서양에서 서늘한 바람이 불어오는 헤멜-엔-아르데 밸리는 아직도 오지와 야생의 느낌이 강하다. 내륙으로 갈수록 대륙성 기후가 뚜렷하고, 지도의 북쪽에 있는 포도밭은 겨울에 눈이 온다. 지도의 헤멜-엔-아르데 릿지는 여름에 매우 덥고 겨울에 매우 춥다. 연평균 강우량이 750mm이지만 몇몇 내륙쪽 포도밭, 특히 풍화된 셰일과 사암 토양의 포도밭은 추가로 관개가 필요하다. 다행히 몇몇 곳은 점토질 토양이어서, 부르고뉴 품종을 건지농업으로 재배하고 있다. 이 지역은 부르고뉴 품종의 선구자였고, 지금도 피노 누아의 비율이 가장 높으며, 샤르도네 역시 훌륭하다. 소비자들이 좋아하는 소비뇽 블랑도 재배자들 사이에서 인기가 높아지고 있다.

이곳과 북서쪽 스텔렌보스 사이, 오래된 사과밭이 많은 **엘진Elgin** 지역은 1980년대부터 여러 품종을 시도하고 있다. 1990년대까지는 폴 클루버Paul Cluver가 유일한 와이너리였다. 2001년이 데뷔 빈티지인 앤드류 건Andrew Gunn의 아이오나 엘진Iona Elgin 소비뇽 블랑이 출시되자 투자가 줄을 이었다. 오랫동안 포도를 재배한 오크 밸리는 이제 와인도 생산한다. 다른 많은 사과재배자들이 포도나무를 심었고, 그중 몇몇은 수익이 충분치 않아 다시 사과재배로 돌아갔다. 토카라Tokara나 텔레마 같은 생산자들은 엘진에서 수확한 포도를 스텔렌보스에 있는 와이너리에서 양조한다. 반면 새로 시작한 생산자들은 자신만의 셀러를 짓고 있다.

포도밭은 해발 200~420m 높이에 있고, 대서양에서 불어오는 탁월풍 덕분에 2월 평균 기온은 20℃ 미만이다. 수확시기는 케이프에서 가장 늦은 지역 중 하나다. 연간 강우량이 1,000mm나 되지만, 활력이 약한 셰일과 사암이 진균병을 막아준다. 수정처럼 맑은 샤르도네를 비롯해 자극적인 화이트가 엘진의 특산품이다. 좋은 피노도 일부 생산된다. 리차드 커쇼는 우아한 엘진 시라로 멋지게 성공을 거두었다.

케이프 가장 남쪽, 엘림 마을 동쪽에 짠바람을 맞으며 포도나무를 심은 낙천주의자들도 있다. 아프리카 대륙 끝 **케이프 아굴라스Cape Agulhas**의 내륙으로, 시원한 소비뇽 블랑이 원래 엘림의 대표 품종이었지만 케이프의 또 다른 인기 품종인 쉬라즈 역시 떠오르고 있다.

아이오나 포도밭. 따뜻한 옷을 입고 수확하는 사람들만 봐도, 높고 바람이 많이 부는 엘진 지역이 얼마나 서늘한지 알 수 있다. 남아프리카에서 가장 서늘한 곳 중 하나다.

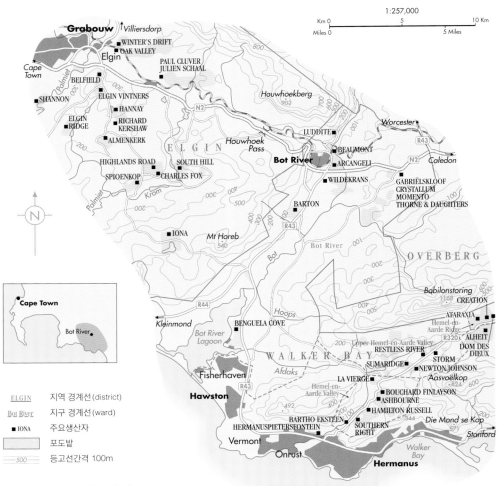

엘진에서 워커 베이까지
역동적인 워커 베이 지역은 6개 지구로 나뉜다.
그중 3곳이 위의 지도에 나온다.

아시아 ASIA

아시아는 얼마 전까지만 해도 와인과 상관없는 대륙이었지만, 이제 와인의 미래에서 중요한 역할을 맡고 있다. 이 책이 출간될 때마다 페이지 수가 늘고 있는 중국은 p.388에서 자세히 다루겠지만 이제 중요한 와인생산국이 되었을 뿐 아니라, 전 세계 와인생산자들에게 무시할 수 없는 잠재력을 가진 광대한 시장이 되었다. 동시에 중국도 다른 아시아 국가에서 와인소비가 문화의 상징이자 서구화의 증거로 빠르게 자리잡은 것에 고무되고 있다.

p.386에서 자세하게 다룰 일본은 와인문화가 자리잡은 최초의 아시아 국가이다. 유서 깊은 포도밭도 있고 와인도 직접 생산했다.

지금은 와인양조의 긴 역사를 가진(전통적으로 시럽 느낌의 와인을 만들었지만 개선되고 있다), 중앙아시아의 '-스탄'이라는 이름을 가진 나라들뿐 아니라 쉽게 연상되지 않는 인도, 태국, 베트남, 대만, 인도네시아(발리), 미얀마 / 버마, 그리고 한국도 와인을 생산하고 있고 독자적인 와인산업을 갖췄다. 캄보디아(바탐방Battambang 근처), 스리랑카, 부탄, 네팔에도 포도를 재배하는 개인농장이 있다. 이들 나라에서는 자연적으로 한 해에 여러 번 수확할 수 있지만 포도 맛이 심심하다. 그래서 대부분의 경우 수확횟수를 줄이고 품질을 높이는 방법을 찾기 위해 노력하고 있다. 신중하게 가지치기를 하고, 잎사귀를 정리하며, 물을 주거나 반대로 물을 주지 않으면서 포도 품질을 개선해나가고 있다. 화학비료와 호르몬 제제 등도 활용한다.

쉽지 않은 내수시장

인도의 중산층이 점점 증가하고 서구화되며 부유해져서 와인 내수시장을 자극하고 있다. 인도는 다른 아시아 시장과는 달리 현지에서 생산하는 포도에 전적으로 의존한다. 그런데 생산자들은 복잡한 규제정책, 그리고 주별로 다른 세제법과 싸워야 한다. 게다가 더운 기후로 운송과 보관도 문제다. 하지만 2005년 수입와인에 무거운 관세가 매겨지면서 인도의 와인생산자는 2018년에 56개(다른 생산자에게 포도를 팔기만 하는 생산자도 있다)로 늘어났다. 금주법을 시행하는 주도 있지만, 마하라슈트라Maharashtra주는 2001년부터 지역 와인생산자에게 인센티브를 제공한다. 지금은 카르나타카Karnataka주에서도 인센티브를 제공한다. 마하라슈트라주의 상당수 와이너리가 힌두교의 성지 나시크Nashik시 주위에 위치한다. 높은 고도가 낮은 위도를 보완해주는 곳이다.

와인은 이제 부유한 인도 젊은이들, 특히 서구문화를 경험한 젊은이들 사이에서 중요한 사업으로 떠오르고 있다. 한 예로 라지브 사만트Rajeev Samant는 1990년대 중반 실리콘 밸리에서 인도로 돌아와, 캘리포니아 와인의 느낌을 살린 상쾌하고 과일향 풍부한 드라이 화이트와인을 만들었다. 대부분이 술라Sula 소비뇽 블랑으로 2000년이 데뷔 빈티지이며 당시 5,000상자를 생산했는데, 2017년경에는 연간 생산량이 1,000만 병으로 크게 증가했다. 인도 전체 생산량의 절반에 달하는 수치다. 사만트는 나시크에 있는 자신의 와이너리가 대부분의 사람들이 처음으로 와인을 경험하는 지구상의 유일한 공간이라고 주장하고 있다.

그로버Grover 가문이 큰 성공을 거둔 와이너리는 역사가 더 긴데, 카르나타카주 벵갈루루에 있는 난디 힐스Nandi Hills에 포도밭이 있다. 나시크 밸리의 발레 드 뱅Vallée de vin 와이너리와 합병한 뒤 회사명은 그로버 잠파 빈야즈Grover Zampa Vineyards로 변경되었고, 현재 매우 야심찬 외부투자자가 관리하고 있다. 또 다른 인상적인 인도 와이너리는 이탈리아 와인의 영향을 크게 받은 푸네Pune의 프라텔리Fratelli이다. 산조베제와 카베르네의 블렌딩와인인 세트Sette가 대표적이다.

인도에서 포도나무는 휴면기에 들어가지 않지만, 여름 장마가 오기 전에 가볍게 가지치기를 하고, 9월에 한 번 더 신중하게 가지치기를 한다. 그리고 매년 3월이나 4월에 수확한다. 관개를 위한 댐은 필수다.

동남아시아

미얀마 샨Shan주의 관광산업과 높은 고도는 비니페라 국제품종을 재배하는 두 와인생산자에게 영감을 주었다. 미얀마 빈야즈Myanmar Vineyards는 1990년대 말에, 프랑스의 영향을 받은 레드 마운틴 에스테이트Red Mountain Estate는 2003년에 문을 열었다.

타이의 와인 산업은 역사가 더 오래되고 규모도 더 크다(인도보다는 훨씬 작다). 8개 와이너리가 원주민보다는 관광객을 대상으로 와인을 만든다. 타이 와인양조의 뿌리는 1960년대로 거슬러 올라간다. 방콕 바로 서쪽에 있는 차오 프라야Chao Praya 강 델타 지역에 포도나무를 심었는데, 주로 과일로 먹기 위해서였다. 지금은 대부분의 포도밭에서 국제품종을 재배하며, 방콕 북동쪽의 카오 야이Chao Yai 지역 해발 550m에 모여있다. 가장 큰 생산자는 시암Siam 와이너리로, 적도에서 겨우 10° 위에 있는 타이만의 남서쪽 후아 힌Hua Hin 휴양지의 배후지역에 포도밭과 관광센터가 있다. 타이만 동쪽 해안, 유명관광지 파타야에서 멀지 않은 곳에 실버레이크Silverlake 와이너리가 있다. 와인은 나쁘지 않으며, 성실한 재배자들은 1년에 1번 수확하려고 노력하고 있다. 이곳은 마음만 먹으면 2년 동안 5번 수확할 수 있다.

타이의 세 지역에 위치한 타이와인협회의 6개 회원사는, 술을 금지시키려는 강력한 로비가 있는 나라에서 경이로울 정도로 똘똘 뭉쳐 일하고 있다. 아시아 국가에서는 자국 와인에 수입와인이나 포도를 보충하는 것이 일반적인 관례이지만, 타이와인협회의 회원은 수입산 재료가 10%를 넘으면 라벨에 타이 와인이 아님을 표기해야 한다. 새로운 와인생산국에서는 환영할 만한 강력한 조치다.

100년도 더 전인 프랑스 식민시대에 베트남 남쪽 고지대와 북쪽 하노이 근처에서 와인을 만들기 시작했다. 거대 식품회사 소유의 샤토 달라트Dalat는 현재 베트남에서 가장 성공적인 와인회사다. 달라트시 주위와 닌 투안Ninh Thuan 해안 평원에 포도밭이 있다.

적도에서 8° 남쪽에 위치한 인도네시아의 발리에 100ha가 넘는 포도밭이 있다. 주로 과일로 먹기 위한 포도지만 전부 그런 것은 아니다. 습도 관리를 위해 퍼걸러 방식으로 포도나무를 재배하고, 보통 3개월마다 수확한다. 하텐Hatten이 선구자이고 지금은 5개의 와이너리가 있다. 그중 3개는 수입품종과 현지에서 재배한 품종을 섞어서 양조한다.

2002년 정부가 주류독점 정책을 폐지하자 타이완의 와인산업이 틀을 갖추기 시작했다. 일본 교배종인 블랙 퀸Black Queen과 골든 뮈스카Golden Muscat로 주로 스위트와인을 만들며, 서부에 대부분의 포도밭이 있다.

대한민국에는 60개의 와이너리가 있다. 주로 소규모이며 포도 외의 과일로 만드는 경우가 많다. 겨울이 혹독하게 추워서, 일본 교배종인 뮈스카 베일리 A Muscat Bailey A(머루포도)와 캠벨 얼리Campbell Early가 현재까지 가장 많이 심는 품종이다.

인도 서부 나시크의 술라 포도밭. 세계에서 가장 개방적인 와이너리 중 하나다. 사리의 화려한 색채가 관광객들의 눈을 즐겁게 해준다.

1:10,700,000

Km 0   100   200   300 Km
Miles 0   100   200 Miles

■ TSUNO WINE 주요생산자

해발 1,000m 이상 지역

Notable producers in Nagano

CH MERCIAN (MARIKO)	OBUSE WINERY
HAYASHI	ST COUSAIR
IZUTSU	SUNTORY (SHIOJIRI)
KIDO	VILLA D'EST
MANNS (KOMORO)	

일본 Japan

일본인들의 세련된 미각은 세계적으로 유명하다. 수천 명의 회원이 소속된 소믈리에협회가 있는 나라는 일본 뿐이다. 다양한 뉘앙스를 가진 일본 사케가 유행하며 세계인의 사랑을 받고 있다. 이제 일본의 와인양조 기술도 사케처럼 매우 높은 수준까지 올라왔다. 그런데 자연이 일본을 만들면서 거의 모든 형태의 작업과 즐거움을 고려했지만 와인만은 예외였던 것 같다. 일본 열도에서 가장 큰 섬인 혼슈는 지중해와 같은 위도에 위치하지만 기후는 전혀 다르다. 미국 동부와 중국 북부(같은 위도상에 있다)처럼 서쪽에 거대한 대륙이 있는 것이 문제다. 아시아와 태평양 사이, 지구에서 가장 거대한 땅덩어리와 가장 광대한 바다 사이에 끼어있어 예상할 수 있듯 일본은 기후가 극단적이다. 겨울에는 시베리아에서 불어오는 바람이 모든 것을 얼려버리고, 봄과 여름에는 북태평양 고기압의 영향으로 집중호우가 발생한다. 게다가 포도나무가 햇빛이 가장 필요할 때 태풍이 온다. 생장기 동안 포도밭은 높은 습도와 끊임없이 싸우는 전쟁터다. 6~7월에 장맛비가 내리고, 7~10월에는 태풍이 닥친다.

태풍이 몰아치는 땅은 견고한 산악지대로 2/3가 매우 가파르다. 산성의 화산 토양이 요동치는 짧은 강으로 쓸려내려가는 것을 막을 수 있는 것은 숲뿐이다. 평지는 산에서 쓸려내려온 충적토로 물이 잘 빠지지 않는다. 벼농사에는 좋은 땅이지만 포도를 재배하기에는 좋지 않다. 그래서 경작이 가능한 완만한 비탈은 (특히 차농사에서) 매우 소중했고, 고수익이 나야 했다.

당연히 일본은 1,300년 동안 와인양조에 소극적일 수밖에 없었다. 역사는 정확하다. AD 8세기에 나라 왕실에서 포도를 재배했고 포교승들이 일본 전역에 포도나무를 퍼뜨렸는데, 물론 와인을 만들려는 의도는 아니었다.

일본에서 현대적 의미의 와인산업은 1874년부터 존재했으며, 아시아 국가 중에서 가장 오래되었다. 일

본 정부는 1870년대에 연구자들을 유럽에 보내 양조기술을 공부하고 포도나무를 가져오게 했다. 일본의 가장 큰 와인생산자인 메르시앙Mercian과 산토리Suntory의 뿌리는 각각 1877년과 1909년으로 거슬러 올라간다. 일본의 와인생산에서 가장 중요하고 긴 역사를 가진 야마나시Yamanashi현에는 이 둘 말고도 많은 생산자들이 있다.

평범하지 않은 포도

과일로 먹는 포도는 일본에서 중요하다. 가장 흔한 품종이 추위에 강한 일본 품종 교호Kyoho이고, 그 다음은 미국 교배종 델라웨어Delaware다. 교호가 일본 전체 포도밭의 31%를 차지하지만, 와인 생산에 있어서는 고슈Koshu, 그리고 뮈스카 베일리 AMuscat Bailey A, 그 뒤로 나이아가라Niagara가 전체의 43%를 차지한다.

뮈스카 베일리 A는 일본 품종의 교배종으로 꽤 괜찮

은 레드와인이 된다. 하지만 와인에 사용되는 품종 중 가장 독특하며, 외국인들이 당연히 일본 것이라고 생각하는 품종은 핑크빛 고슈이다. 거의 비니페라 품종에 가까운 고슈는, 기원은 밝혀지지 않았지만 일본에서 수백 년 전부터 재배되어왔다. 처음에는 과일로 먹었지만 와인양조도 일본의 환경과 잘 맞았다. 껍질이 두꺼워 높은 습도에 잘 견디며, 확실하고 섬세하며 미묘하면서도 균형이 잘 잡힌 화이트와인이 된다. 오크통 숙성을 시킨 것과 시키지 않은 것, 스위트와 드라이 모두 생산한다. 해마다 빈티지가 나오고 고슈 생산자들이 품종에 익숙해지면서 더 흥미로운 와인을 만들어내고 있다. 알코올 도수를 높이기 위해 보당이 필요할 때가 많다.

포도재배는 계약재배자에 의해 철저하게 관리되지만, 포도밭은 국제적인 기준으로 작다. 그래서 포도 가격이 높을 수밖에 없다. 일본 전체 포도밭의 13%만이

일본의 와인생산자

수천 개가 넘는 일본의 섬은 북위 24°~46°에 위치한다. 지역별로 포도재배 환경이 매우 다르며, 포도밭이 가장 많은 중부지방은 여름에 습도가 높아 진균병의 위험이 있다.

(지도 지명)

Sôya-Misaki
Rebun-Tô
Rishiri-Tô
Wakkanai
Hokkaidō
Shiretoko-Misaki
KONDO (TAP-KOP FARM)
TAKIZAWA
YAMAZAKI
DOM ATSUSHI SUZUKI
DOM MONT
DOM TAKAHIKO
HIRAKAWA
NIKI HILLS VILLAGE
HOKKAIDO WINE
Asahikawa Kitami
Ishikari-Wan
FURANO WINE
HOUSUI WINERY
10R (TOARU)
Yoichi Otaru
Kushiro
NAKAZAWA
Sapporo
SAPPORO FUJINO
Ikeda
TOKACHI WINE
CHITOSE WINERY (GRACE)
Okushiri-Tô
OKUSHIRI
NORA
Muroran
Uchiura-Wan
Erimo-Misaki
Hakodate
Tsugaru-Kaikyō

Aomori
Hachinohe
Morioka
Akita
Miyako
KUZUMAKI WINE
EDEL WEIN
Sakata
Ichinoseki
Yamagata
Sendai
SAKAI (BIRDUP)
GASSAN
GRAPE REPUBLIC
TAINAI KO-GEN WINERY
TAKEDA
TAKAHATA WINERY
Suzu-Misaki
Sado
ECHIGO WINERY
Niigata
CAVE D'OCCI
Kōriyama
FERMIER
DOM HASE
Iwaki
SAYS FARM
IWANOHARA
SHINSHU TAKAYAMA
Toyama-Wan
KISUNOKI
ARC-EN-VIGNE
DOM NAKAJIMA
RUE DE VIN
Kanazawa
Toyama Nagano
Utsunomiya
Mito
FUNKY CHATEAU
Matsumoto
Ueda
COCO FARM & WINERY
Tsuchiura
Fukui
CH MERCIAN (KIKYOGAHARA)
Shiojiri
Kōfu
Tōkyō
Chôshi
Gifu 387
Fuji-san 3776
Kawasaki
SAITO BUDOEN
Oki-Shotō
Nagoya
Yokohama
Tottori
Matsue
TAMBA WINE
Kyōto
Chiba
Tsushima
SHIMANE WINERY
OKU-IZUMO VINEYARD
SAPPORO (OKAYAMA)
DOM TETTA
HITOMI
Ōsaka
Kōbe
Shizuoka
Masuda
Okayama
KIYOSUMI SHIRAKAWA FUJIMARU
NAKAIZU WINERY HILLS/CH TS
Hiroshima
Takamatsu
Nara
Matsuzaka
AZUCCA E AZUCCO
Shimonoseki
Matsuyama
Tokushima
Wakayama
Izu-Shotō
Kitakyūshū
Shikoku
Kōchi
Fukuoka
AJIMU BUDOUSHU KOUBOU
Oita
Kii-Suidō
Goto-Retto
Kumamoto
Bungo-Suidō
Ashizuri-Misaki
1 HIROSHIMA MIYOSHI
2 SERA
3 FUKUYAMA WINE KOBO
4 LA GRANDE COLLINE JAPON
Nagasaki
KUMAMOTO WINE
TSUNO WINE
Miyazaki
Kagoshima
Ōsumi-Kaikyō
Ōsumi-Shotō
Tane-ga-Shima
Yaku-Shima

야마나시

야마나시현은 현대 일본 와인산업의 요람이다. 주요 대도시가 가까이 있어 편리하지만, 인구밀도가 높아 불편하기도 하다. 소규모 와이너리가 많고 분지에 몰려있다.

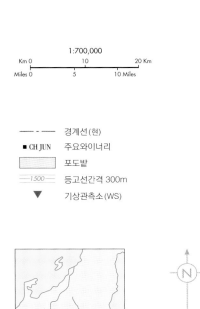

1:700,000

Km 0　　10　　20 Km
Miles 0　　5　　10 Miles

- – – – – 경계선(현)
- ■ CH JUN　주요와이너리
- ▦ 포도밭
- ─1500─ 등고선간격 300m
- ▼ 기상관측소(WS)

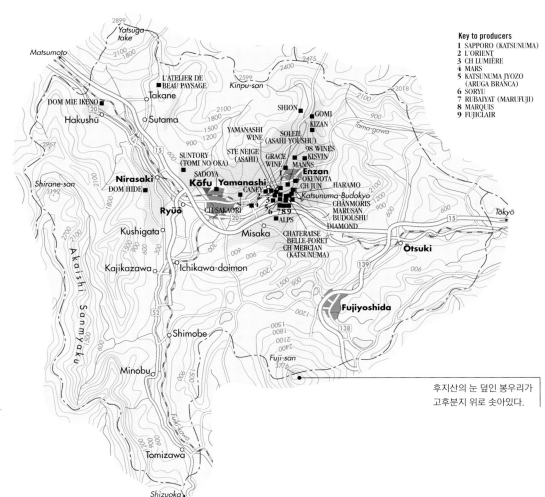

Key to producers
1 SAPPORO (KATSUNUMA)
2 L'ORIENT
3 CH LUMIÈRE
4 MARS
5 KATSUNUMA JYOZO (ARUGA BRANCA)
6 SORYU
7 RUBAIYAT (MARUFUJI)
8 MARQUIS
9 FUJICLAIR

후지산의 눈 덮인 봉우리가 고후분지 위로 솟아있다.

와인생산자의 소유다.

오늘날 방대한 전문지식과 섬세한 미각을 가진 사람이 많은 일본 와인시장은 메르시앙과 산토리가 주도하고 있다(산토리는 메독의 그랑 크뤼 샤토 라그랑주Lagrange를 비롯해 다른 나라에도 와이너리를 갖고 있다). 다음 주자로 삿포로, 아사히, 알프스 와인이 있는데, 이 다섯 생산자가 일본 와인 생산량의 85%를 차지한다.

'국산'으로 표시된 와인은 일본에서 병입된 와인을 말하며, 오래전부터 주로 남아메리카에서 수입한 벌크 와인과 포도농축액을 일본 와인에 첨가한 것이다. 하지만 '국산' 와인에 들어가는 일본 포도의 평균 비율은 점점 증가해서 2018년에는 25%에 도달했다.

진정한 일본 와인의 생산에 대한 관심이 전례 없이 뜨겁다. 2018년에 303개의 와이너리가 있었지만 그 중 상당수는 사실 소규모였다. 현재 47개 현 중 45개 현에서 와인을 생산하고 있다. 가장 중요한 와이너리는 강우량이 적은 곳으로, 야마나시현뿐 아니라 나가노Nagano, 홋카이도Hokkaidō, 야마가타Yamagata현을 꼽을 수 있다.

역사적 중심지

일본의 와인산업은 **야마나시**현 고후Kōfu분지 주위의 언덕에서 시작되었다. 후지산이 한눈에 들어오는 곳으로, 도쿄와 가까워 교통이 편리하다. 야마나시는 여전히 일본 와인 생산의 중심지이고 81개의 유서 깊은 와이너리가 있다. 평균 기온이 일본에서 가장 높으며, 가장 빨리 싹이 트고 꽃이 핀다. 수확도 가장 빠르다. 그런데 **나가노**가 그 뒤를 바짝 뒤쫓고 있다. 야마나시처럼 해가 잘 들고 연평균 일조량이 2,200시간이며, 장마의 영향을 덜 받는 나가노는 몇몇 일본 최고의 와인을 생산하며 현재 35개의 와이너리를 자랑한다. 해발 700m의 서늘한 고지대인 시오지리Shiojiri시 지역은 소비뇽 블랑으로 유명하다. 나가노현 북부의 호쿠신Hokushin은 지쿠마강이 흐르며 샤르도네로 명성이 높다. 두 지역 모두 향이 좋은 메를로를 생산한다. 우에다Ueda시 주위 고지대에서는 시라와 카베르네 프랑을 성공적으로 재배하고 있다. **니가타Niigata**현의 모래가 많은 토양에서 재배하는 소량의 알바리뇨가 일본에서 파란을 일으키고 있다.

일본 최북단의 **홋카이도**는 일본에서 가장 추운 섬이며, 장마나 태풍의 영향을 거의 받지 않는다. 하지만 지구온난화 덕분인지 최근 몇 년 동안 나가노현만큼 와이너리 수가 늘어났다. 다만 연평균 일조량이 1,500시간을 넘지 않는 것이 문제다. 케르너 품종으로 관심을 끌기 시작했지만 피노 누아도 투자자를 모을 만큼 흥미롭다. 그 투자자는 바로 부르고뉴의 에티엔 드 몽티유Etienne de Montille다. 역시 북부에 있는 **야마가타**현에서도 유명한 메를로와 샤르도네를 생산한다. 남쪽의 **규슈Kyushu**는 캠벨 얼리Cambell Early로 만든 가볍고 달콤한 로제와 우아한 샤르도네로 유명하다.

일본 정부는 고급 일본 와인을 홍보하고 수출하려는 노력을 지원하고 있다. 해외에서 일본 와인 붐이 일어날 것이라는 희망과 기대를 안고, 와인 관련법을 개정하고 있다.

야마나시 고후	▼
북위/고도(WS)	35.67°/281m
생장기 평균 기온(WS)	20.7℃
연평균 강우량(WS)	1,136㎜
수확기 강우량(WS)	9월 : 183㎜
주요 재해	비, 여름 태풍, 진균병
주요 품종	레드 고슈, 델라웨어, 샤르도네 화이트 뮈스카 베일리 A, 교호, 메를로

중국 China

와인세계가 빠르게 변하고 있지만, 세계 어느 나라도 중국만큼 급속하게 그리고 극적으로 변모하지 않았다. 1980년대만 해도 중국에는 포도로 만든 술이 사실상 존재하지 않았다. 하지만 오늘날, 인구가 많은 중국은 세계에서 다섯 번째로 큰 와인소비국이 되었다.

포도나무를 매우 효율적으로 심은 덕분에, 2006년 부터 2016년까지 중국의 포도밭 면적은 2배 이상 증가해 847,000*ha*가 되었다(스페인에 이어 세계에서 두 번째로 넓다). 하지만 90%에 달하는 대부분의 포도가 과일로 먹기 위한 것이고, 그중 일부는 말려서 건포도를 만드는 것으로 추정된다.

급성장하는 도시 중산층을 비롯해 와인을 마실 경제적 능력이 되는 사람에게, 와인은 중국의 서구화를 보여주는 가장 강력한 상징 중 하나이다. 중국인의 1인당 와인 소비량은 연간 1.4*l*에 불과하지만, 2010년대 말 경제위기가 닥칠 때까지 매년 거의 10%씩 증가하면서 와인 수출업자에게는 상하이와 베이징이 뉴욕이나 런던보다 더 인기 있는 배송지였다.

희망의 첫 물결은 보르도에서 왔다. 보르도 레드와인 또는 보르도 레드와인이라고 주장하는 와인(가짜 보르도 와인)이 2000년대 중국 와인 시장을 지배했다. 하지만 오늘날 중국의 와인소비자들은 훨씬 많은 지식을 갖췄고(와인 강좌가 매우 많다) 대단히 실험적이어서, 부르고뉴 마니아가 보르도 마니아를 대체했다. 그러나 자유무역협정 덕분에 오스트레일리아와 칠레가 대중시장을 지배하고 있다.

자본 규제가 있기 전까지 많은 중국 기업가들이 100개가 넘는 보르도의 프티 샤토에 투자했고, 보르도 대학교에는 와인을 배우는 중국인 학생이 프랑스인 다음으로 많다. 오스트레일리아 와인산업의 주요 투자자들 또한 중국인이다.

오래된 기원

중국 서부의 원예가들은 적어도 2세기 무렵에는 포도나무에 대해 알고 있었고, 이때부터 포도로 와인을 양조해서 마신 것이 거의 확실시되고 있다. 유럽산 포도 품종이 19세기 말 중국 동부에 들어왔지만, 포도로 만든 와인은 20세기 말이 되어서야 중국 (도시) 사회에 스며들었다.

후베이성과 산둥성

현대 중국 와인은 이곳에서 시작되었다. 오늘날 중국 최대의 와인회사 장유와 국영기업 코프코(COFCO)의 와이너리를 비롯해 12개의 와이너리가 있다. 옌타이시 근처에 막대한 양의 수입 벌크와인을 병입하는 공장도 있다.

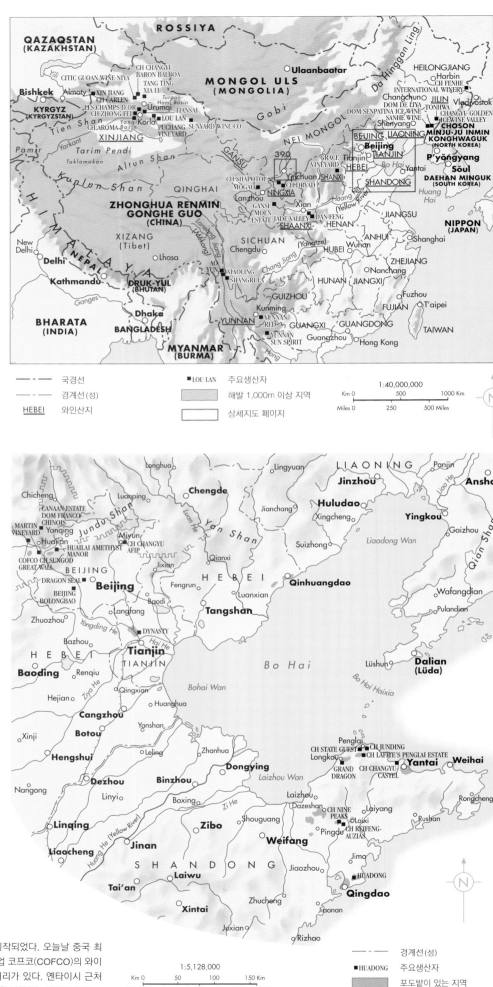

─·─·─	국경선
─·─·─	경계선(성)
<u>HEBEI</u>	와인산지

■ LOU LAN	주요생산자
	해발 1,000m 이상 지역
	상세지도 페이지

1:40,000,000

Km 0 — 500 — 1000 Km
Miles 0 — 250 — 500 Miles

─·─·─	경계선(성)
■ HUADONG	주요생산자
	포도밭이 있는 지역
⌐⌐⌐⌐	만리장성

1:5,128,000

Km 0 — 50 — 100 — 150 Km
Miles 0 — 50 — 100 Miles

중국의 포도주 사랑은 곡물 수입을 줄이려는 중국 정부 정책의 결과이기도 하다. 국제와인사무국(OIV)의 최신 통계에 따르면, 1990년대 말 중국은 세계에서 여섯 번째로 중요한 와인생산국이 되었고, 2016년에는 11억 4000만l를 생산했다. 하지만 제3의 기관이 확인한 통계는 없고, 중국의 병입자들은 수입와인, 포도즙, 포도농축액, 심지어 포도와 전혀 상관없는 음료로 생산량을 부풀리는 것으로 유명하다. 지금은 상당수 소비자들이 와인이 어떤 맛인지 알기 때문에 그런 일은 줄고 있다. 맛이 더 좋아진다고 고급와인에 탄산음료를 타서 마시던 시대는 오래전에 끝났다.

이번 세기 초에는 품질을 논할 만한 중국 와인을 찾기 힘들었다. 중국 소비자들이 보르도 레드를 흉내낸 것이라면 어떤 와인이든 좋아했기 때문에, 생산자들은 좋은 와인을 만들 동기가 없었다(언어와 문화적 이유로 일반 중국 소비자는 스틸 레드와인을 선호했다. 스파클링 와인은 잘 팔리지 않았다). 2012년 시진핑 주석이 엄중한 단속에 나서기 전까지 와인은 재계에서 인기 있는 '선물'이었고, 생산자들은 와인 자체보다 포장에 시간과 돈을 투자했다.

초기에는 보르도 와인의 영향으로 카베르네 소비뇽과 적은 양이지만 메를로, 카베르네 게르니슈트 Cabernet Gernischt(카르메네르)를 주로 심었고 지금도 마찬가지다. 초기의 와인은 보통 설익은 맛이 나고 오크통 숙성이 과했다. 그러나 2010년경 실제 중국에서

재배한 포도로 신중하게 만든 고급 중국 와인이 시판되기 시작했고 생산량을 늘려가고 있다. 카베르네와 그르나슈의 최신 교배종인 마르슬랑은 팬이 생길만큼 좋은 품질을 획득했고, 품종도 조금씩 다양해지고 있다. 껍질이 두꺼운 프티 망상으로 스위트 화이트와인을 만들고, 과일로 먹는 룽옌Long-yan을 양조해서 드라이 화이트를 만들었다. 룽옌을 선호하는 생산자도 있지만 와인은 가볍고 평범하다. 이탈리안 리슬링과 샤르도네도 광범위하게 재배된다.

극단적인 기후

중국은 광대하기 때문에 한없이 다양한 토양, 고도, 위도를 갖고 있다. 문제는 기후다. 중국 내륙은 극단적인 대륙성 기후여서, 가을이 오면 대부분 포도나무를 흙으로 공들여 덮어야 겨울 추위에서 살아남을 수 있다. 애를 써봐도 매년 일정 비율의 나무를 잃으면서 생산비용이 크게 늘어나는데, 지금은 겨우 감당할 만한 정도가 되었다. 중국 농민들이 계속 도시로 이동하면서 이런 힘든 작업이 기계화되고 있기 때문이다. 땅에 묻은 포도나무를 일찍 파낼수록 취약한 싹이 나올 확률이 줄어든다. 매년 11월에 포도나무를 공들여 묻고, 이듬해 봄에 다시 파내는 중국의 토양은 보통 산도가 치명적일 만큼 낮다.

반면 해안지역, 특히 남부와 중부 지역은 7월과 8월 초에 장마가 오고, 겨울과 봄은 매우 건조하다. 산둥

샤토 장유 모저 15세(Chateau Changyu Moser XV) 와이너리에서 볼 수 있듯 야심찬 중국 와이너리들은 건물을 웅장하게 짓는다. 샤토명인 모저는 조인트 벤처에 참여한 오스트리아 와인메이커 렌츠 모저(Lenz Moser)의 이름에서 따왔다.

Shandong성은 해양성 기후로 겨울에 포도나무를 보호할 필요가 없으며 배수가 잘 되는 남향 비탈이다. 최초의 현대적 와이너리와 포도밭이 산둥성에 자리잡았다.

현재 중국의 수백여 개 와이너리 중에 약 1/4이 산둥성에 있지만, 여름에는 진균병의 위험이 항상 도사리고 있다. 평균 수확량은 135hl/ha로 건조한 내륙의 와인산지보다 많은 양이다. 1892년, 이곳에 처음으로 와이너리를 설립한 장유Changyu가 지금도 독보적인 생산자이다.

와인관광 프로젝트 또한 야심차게 진행되고 있다. 2009년 샤토 라피트가 중국에 본격적인 와이너리를 설립하기로 결정했을 때 와인관광객을 겨냥한 다른 회사들에 둘러싸인, 펑라이Penglai시의 구릉지대를 선택해 업계 관계자들을 놀라게 했다. 카베르네가 주요 품종인 라피트의 첫 와인이 2019년에 출시되었다.

더 내륙쪽의 후베이Hebei성은 산둥성 다음으로 생산량이 많다(하지만 병 안에 들어있는 와인이 어디서 왔는지 원산지를 밝혀내는 일은 쉽지 않다). 베이징에서 더 가깝고 만리장성에 가는 길에 있다는 것이 장점으로, 강우량은 산둥보다 적고 닝샤Ningxia보다 많다. 꽤

긴 생장기간의 혜택을 받으며, 겨울철의 가장 추운 달에는 포도나무를 땅에 묻어야 한다. 특히 야심찬 '샤토chateaus'들이 화이라이Huailai현 주위에 몰려있다.

북동쪽 끝에 있는 **둥베이**Dongbei 지방(만주 내륙)은 아이스바인 생산에 적합한 것으로 밝혀졌다. 비달, 리슬링, 그리고 베이빙홍Beibinghong 같은 토착 왕머루(포도속)를 교배한, 껍질색이 진한 품종으로 만든다.

그레이스 빈야드Grace Vineyard는 홍콩에 본거지를 둔 가문이 1997년 **산시**Shanxi성에 설립했다. 2004년경에는 몇몇 중국 최고의 와인을 만들었는데, 대부분 뢰스(황토)인 타이구Taigu현의 와이너리에서 만든 스파클링과 중국 최초의 알리아니코가 대표적이다. 깊은 내륙인 이곳도 장마는 오지만 기온이 전반적으로 온화하다. 그레이스 빈야드도 다른 와이너리처럼 더 서쪽에 있는 성들을 알아보고 있다.

간쑤Gansu성의 하서주랑Hexi Corridor은 중국에서 가장 오래된 포도재배의 전통이 있는 곳으로, 이곳도 해외투자자들의 관심을 받고 있다. 그리스에서 온 미할리스 부타리스Mihalis Boutaris가 톈수이Tianshui시의 간쑤 모엔Gansu Moen 와이너리에서 괜찮은 피노 누아를 만들고 있다. 이 지역에서 가장 큰 와이너리인 모가오Mogao는 의약용 아편 생산자로 시작했지만 여러 가지 품질의 와인으로 사업을 다양화했다. 와인의 품질은 일정하지 않다. 간쑤성은 토양이 무겁고, **산시**Shaanxi성은 노동력 부족과 추위로 어려움을 겪고 있다.

산시성과 간쑤성 사이에 와인에 가장 신경을 쓰는 **닝샤(닝샤 후이족 자치구)**가 있다. 닝샤의 지방정부는 황허강의 동쪽을 향한 강가에 있는, 해발 약 1,000m의 자갈 간척지를 중국에서 가장 중요한 와인산지로 만들기를 결정했다. 하지만 최근의 지방정부 교체로 인해 계획이 계속 진행될지는 미지수다. 연평균 강우량이 250~300mm이지만 강에서 물을 끌어오는 것이 매우 중요한데, 늦여름에 강우량이 줄어드는 경향이 있기 때문이다. 매년 가을에는 포도나무를 묻어야 한다(p.18 참조). 현재 허란Helan산 기슭에 포도밭과 와이너리가 모여있고, 가장 좋은 포도밭은 황허강의 충적평야 위에 있다.

페르노 리카르Pernod Ricard와 LVMH의 모엣 & 샹동이 이곳에 뿌리내린 첫 해외투자자들이다. 문어발식 사업 확장을 하는 거대 국영기업 코프코COFCO와 장유는 원래 산둥에 본거지를 두고 있지만, 닝샤에 진출해 다양한 규모의 주요 생산자들과 경쟁하고 있다. 흥미로운 소규모 와이너리인 실버 하이츠Silver Heights, 가나안Kanaan, 허란 칭수에Helan Qingxue 등은 모두 중국 최고의 보르도 블렌딩와인을 만든다.

서부를 향해

북서쪽 끝의 사막지대인 **신장**Xinjiang위구르자치구에는 세계에서 가장 높은 산들에서 내려오는 빙하를 활용한 독창적인 관개시설이 있다. 하지만 생장기간이 짧은데, 포도가 제대로 익을 수 없을 정도로 짧을 때도 있다. 또한 포도밭이 소비자들에게서 수천km나 떨어져 있다.

톈산Tien Shan산맥은 방대한 지역을 남과 북으로 나눈다. 동쪽에는 투르판-하미Turpan-Hami고원이 있는데 연간 강우량이 70~80mm로 적고 일교차가 매우 크다.

LVMH가 오스트레일리아의 와인 컨설턴트인 토니 조단 박사를 보내 레드와인 생산에 알맞는 장소를 찾았을 때, 그는 4년 동안 조사한 끝에 **윈난**Yunnan성의 티베트 국경선에 모여있는 작은 산골마을에 자리를 잡았다. 메콩강과 양쯔강 상류 계곡(해발 약 3,000m)으로, 오래전 프랑스 수도사들이 포도나무를 심었던 곳이다. 겨울은 포도나무를 묻어야 할 만큼 춥지 않고, 깊은 내륙이어서 장마도 없다. 그렇게 해서 만들어진 와인이 아오 윈Ao Yun이다. 가격은 싸지 않지만 제값을 하는 와인이다. 다른 와이너리들이 그 뒤를 따르고 있다.

중국인들이 맥주와 증류주를 마시던 1970년대와 비교하면 모든 것이 크게 변했다. 이러한 중국 음주문화의 변화에 편승해 홍콩 정부는 2008년 와인 수입관세를 0%로 인하했다(중국 본토로 들어가는 와인에 대해서는 여전히 징벌적 관세가 부과된다). 홍콩은 아시아의 고급와인 허브로서, 돈 많은 중국인이 와인을 살 뿐 아니라 엄청난 양의 세계 최고급와인들이 소비되는 곳으로 변모했다. 세계의 고급와인 거래는, 어디에도 없는 꿀단지 주위로 윙윙거리는 꿀벌처럼 홍콩에 모여들고 있다.

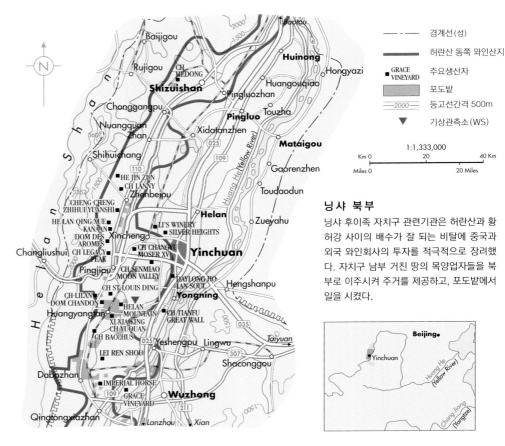

닝샤 북부

닝샤 후이족 자치구 관련기관은 허란산과 황허강 사이의 배수가 잘 되는 비탈에 중국과 외국 와인회사의 투자를 적극적으로 장려했다. 자치구 남부 거친 땅의 목양업자들을 북부로 이주시켜 주거를 제공하고, 포도밭에서 일을 시켰다.

닝샤 인촨	▼
북위/고도(WS)	38.28°/1,111m
생장기 평균 기온(WS)	17.7℃
연평균 강우량(WS)	183mm
수확기 강우량(WS)	10월 : 24.5mm
주요 재해	가뭄, 겨울 추위
주요 품종	레드 카베르네 소비뇽, 메를로, 카베르네 게르니슈트(카르메네르), 마르슬랑 화이트 이탈리아 리슬링, 샤르도네

Index 종합색인

샤토, 도멘 등의 개별 이름은 앞에 표기.
볼드체는 색인 항목을 주요 내용으로 다룬 페이지.
*이탤릭체*는 그림이나 사진을 설명한 페이지.

Gazetteer 지명색인

지명색인에서는 생산자, 포도밭, 샤토, 킨타, 일반 와인지역, 그 밖의 이 책에 표시된 지도 정보를 검색할 수 있다. 주요 산지를 제외한 즉, 지도에 고딕체로 표시한 지역과 지리적 특징은 제외하였다. 모든 보르도 샤토는 C그룹, 모든 킨타는 Q그룹으로 모아서 회색박스에 나열하였다. 다른 모든 샤토, 도멘, 와이너리 등은 개별 이름을 앞에 표기했고(예_ Agel, d', Ch), 포도밭 등은 메인 이름을 앞에 표기했다(예_ Perrières, les). 동일한 이름은 국가 또는 지역 이름을 *이탤릭체*로 표시하여 구분했고, 달리 부르는 이름은 괄호 안에 표기했다[예_ Praha(Prague)]. 지도에 이름이 표시된 와인생산자도 포함했으며, 페이지 번호 뒤의 알파벳과 숫자는 지도 페이지에서 구분 지은 기준 영역을 의미한다.

3 Drops 347 G4
4.0 Cellars 326 C5
10R (Toaru) 386 A6
60 Ouvrées, Clos des 61 F3
98 Wines 387 B4
1000-Eimerberg 256 D6

A to Z 297 C4
Aaldering 383 D2
Aalto 195 C3
Aarau 251 A4
Aargau 251 A4
Abacela 295 F2
Abadía de Poblet 201 E2
Abadía Retuerta 195 C2
Abaújszántó 265 D1
Abbaye de Morgeot 59 F5
Abbaye de Valmagne 142 F4
Abbaye Notre Dame de Lérins 147 C5
Abeja 300 B5
Abel Mendoza Monge 199 F4
Abona 191 G2
Abotia, Dom 114 G6
Abrau Durso 277 B3
Abreu 313 F4
Absheron 277 C6
Absterde 239 B3
Abtsberg 233 E4 F4
Abtsfronhof 242 C2
Abymes 151 C5
Acacia 309 E4 311 G5
Acaibo 307 C5
Accendo 313 G5
Achaia Clauss 283 E2
Achával Ferrer 340 B2
Achkarren 244 E3 245 D2
Achleiten 257 B2
Acireale 185 D6
Aconcagua 334 E2 333 D5
Acústic 202 E4
Adamclisi 273 D5
Adanti 181 E6
Adega Cooperativa de Colares 215 C1
Adega Cooperativa de Monção 209 G2
Adega Cooperativa de Palmela 215 E5
Adega do Moucho 192 G1
Adega José de Sousa 219 F5
Adega Mae 215 B4
Adega Mayor 219 D6
Adelaida 320 B1
Adelaide 344 E1 356 B3
Adelaide Hills 344 E2 355 C5 356 C4 C5
Adelaide Plains 344 E1
Adelina 353 C2
Adelsheim 297 C3
Adina 365 C5
Adjara 277 C4
Adobe Guadalupe 327 E4
Adobe Road 307 G6
Adolfo Lona 331 F4
Adrano 185 C3
Adyar 286 F4
Aegean 285 F3
Aeris 185 B5
Aetna Springs 311 A3
Affenberg 239 D3 D4
Afianes 281 D5
Afip 388 D4
Afips Valley 277 B4
Afton Mountain 323 F3
Agel, Ch d' 141 B3
Agenais 53 F2
Aglianico del Taburno 182 A2 183 A3
Aglianico del Vulture 182 B3 B4
Agrelo 340 C2
Agricola Punica 186 D5
Agritiusberg 229 B4
Agro de Bazan 193 B3
Agrolaguna 271 A1
Agustí Torelló 201 E4
Agyag 265 E1
Ahlgren 317 C2
Ahr 223 E2
Aidarinis 281 A3
Aietta, l' 179 B5
Aigle 253 F1 F2
Aigle, Dom de l' 140 E6
Aigrefeuille-sur-Maine 116 C3 117 G3
Aigrots, les 62 C3
Aiguelière, Dom l' 142 D3
Aires Hautes, Dom des 141 B2
Airfield Estates 298 F5
Aiud 274 B3
Aivalis 283 F6
Aix-en-Provence 140 B6
Ajaccio 149 F3
Ajdovščina 268 E3
Ajimu Budoushu Koubou 386 D3
Akarua 375 D5
Akhasheni 279 E1
Akhmeta Wine House 279 E3
Alabama 290 C4
Alain Cailbourdin 123 B5
Alain Chabanon, Dom 142 D3
Alain Roy-Thevenin, Dom 68 G4
Alan McCorkindale 371 E3
Alari, Dom de Clos d' 147 C3
Alaska 290 D1
Alaverdi Monastery 279 E3
Alba Iulia 273 C2 C3
Alba 157 F3 159 E3 161 F2
Albamar 193 C3
Alban 320 C2
Albany 347 G4
Albarella 163 D3
Albert Sounit 68 A6
Albesani 161 B3
Albet y Noya 201 E4
Albuquerque 326 B4
Albury 359 A6 344 F5
Alcamo 184 E3
Alder Ridge Vineyard 298 G5
Aleanna-el Enemigo 340 B3 C3
Aleatico di Gradoli 181 F3
Alella 188 D6
Alella Vinícola 201 E6
Alemany i Corrio 201 F4
Alenquer 208 D4 215 B5
Alentejano 208 E5 219 F4 F5
Alentejo 208 D5 E5 219 F5 F6
Alexander Mountain Estate Vineyard 307 B5
Alexander Valley 307 B4 304 F4
Alexander Valley Vineyards 307 C5
Alexandra 375 E6
Alexandra Bridge 347 F1
Alexandra Estate 274 E4
Alexeli Vineyard & Winery 297 D4
Alf 227 B5
Alfaro 199 C6
Alfred Eames Cellars 326 A4
Algarrobo 204 B6
Algarve 208 F4
Alghero 186 B4
Algueira 192 G3
Alheit 383 F6
Aliança 217 B2
Alicante 188 F5
Alice Bonaccorsi 185 A4
Alion 195 C3
Alira 273 E5
Alkoomi 247 G3
All Saints 359 A6
Allan Scott 373 B2
Allée Bleue 383 C4
Allegracore 185 A4
Allegrets, Dom les 113 E4
Allesverloren 381 A5
Allinda 363 C4
Allots, aux 64 F6
Alma 4 340 B4
Alma Rosa 321 C4
Almansa 188 E4
Almaviva 334 C4
Almenkerk 384 E3
Almocaden 205 B5 B6
Alois 182 A2
Alonso del Yerro 195 B3
Aloxe-Corton 55 D5 D6 57 C3
Alpamanta 340 C2
Alpha Box & Dice 355 D4
Alpha Domus 369 C4
Alpha Estate 281 A2
Alpha Omega 314 E4
Alphonse Mellot 123 B4
Alpilles 53 F5
Alpine Valleys 344 F5 359 B6
Alps 387 B4
Alquier, Dom 142 E2
Alsheim 238 F4
Alta Alella 201 E6
Alta Langa 157 F4
Alta Mesa 318 C2
Alta Vista 340 B2
Altaïr 334 C6
Altanza 199 B2
Altärchen 231 F2 G3
Alte Badstube am Doktorberg 233 F4
Alte Burg 245 B5 B6
Alte Lay 226 F3
Alte Point 257 B5 259 E1
Altea Illotto 186 D5
Altenbamberg 234 F3
Altenberg de Bergbieten 125 A4
Altenberg de Bergheim 127 C5 D5
Altenberg de Wolxheim 125 A5
Altenberg, *Leithaberg* 260 E3 F3 G3
Altenberg, *Neusiedlersee* 260 E5
Altenberg, *Saar* 229 A4 A5 B2 B5 C5
Altenburg, *Alsace* 127 B3
Altenburg, *Kremstal* 257 B5
Altenburg, *Pfalz* 242 E2
Altenweg 256 E6
Alter Berg 260 E3
Altes Weingebirge 261 C5 C6
Altesino 179 A5
Alto 383 F3
Alto Adige 165 C2
Alto Adige Valle Isarco 165 B3
Alto Adige Valle Venosta 165 B2 C2
Alto de la Ballena 332 G4
Alto Mora 185 A5
Altocedro 340 F1
Altos Las Hormigas 340 C3
Altupalka 339 B4
Alturas Vineyard, las 317 F4
Alupka 277 B2
Alushta 277 B3
Alvarez y Diez 196 G4
Álvaro Palacios 202 C4
Alximia 327 F4
Alysian 307 D5
Alzey 238 F3
Amadieu, Dom des 137 B4
Amador Foothill 318 B5
Amalaya 339 C4
Amandaie, Clos de l' 142 E4
Amani 383 E1
Amapola Creek 309 C3
Amaro Winery 326 B4
Amaurice Cellars 300 B5
Amavi Cellars 300 B4
Amayna 334 E4
Ambeloui 379 F1 F2
Amboise 117 B1
Ambonnay 83 D5
Ambonnay, Clos d' 83 D5
Ambrosía 340 D1
Amelia Park 347 C6
Americana 325 C5
Amézola de La Mora 199 B1
Ameztia, Dom 114 G5
Amigas Vineyard, las 309 E5 311 G5
Amindeo 281 B2
Amirault, Y 120 C2
Amisfield 375 D3
Amity 297 D3
Amizetta 311 C4
Ammerschwihr 125 D4 127 B2
Amoureuses, les 65 F4
Amouriers, Dom des 137 E4
Ampeloeis 281 A4
Ampelos 320 F2
Amphorae 287 D4
Amtgarten 233 G1
Anadia 208 B4 217 C2
Anaferas 205 E5
Anakena 334 C6
Anakota Verite 307 C6
Anam Cara 297 C4
Anapa 277 B3
Anastasia Fragou 281 D6
Ancenis 116 B3
Ancienne Cure, Dom de l' 113 E6
Ancient Lakes 295 A5 B5 290 B5
Ancre Hill 249 F3
Andau 255 C6
Andeluna Cellars 340 D1
Anderson Valley 304 D2
Anderson's Conn Valley 311 B3 B4
Andlau 125 C4
André Bonhomme, Dom 69 C5
André et Michel Quenard 152 C4
Andrew Murray 321 B5
Andrew Will 295 A3
Angaston 351 C5 352 D4
Angel Lorenzo Cachazo, Martivillí 196 G6
Angel's Estate 274 E4
Angelo, d 182 B3
Anglès, Ch d' 141 C5
Angles, les 61 F5
Anglore, Dom l' 136 G6
Angove 355 D4
Anguix 195 B3
Anhel, Clos de l' 141 D2
Anhialos 281 B3
Añina 205 C4
Anjou-Villages-Brissac 118 B3
Ankara 285 F4
Annaberg 242 A1
Anne Amie 297 D3
Anne Gros & Jean-Paul Tollot, Dom 141 B3
Annex Kloof 381 C4
Ansonica Costa dell'Argentario 173 D2
Antadze 279 F3
Antech 140 D6
Anthonij Rupert 383 D4 D5
Anthony Road 325 B4 C4
Antica 311 D6
Antica Tenuta del Nanfro 184 G5
Antichi Poderi Jerzu 186 C6
Antigua Bodega 332 G3
Antinori 177 D3
Antioche 285 G5
Antiyal 334 C4
Antonin Rodet 68 B5
Antonio Caggiano 183 A5
António Madeira 217 C5
Antonio Más 340 D2
Antoniolo 156 F3
Antonius-Brunnen 229 E1 F1
Antoniusberg 229 G3
Antonopoulos 283 E2
Antucura 340 F1 F2
Anura 383 C3
Ao Yun 388 B4
Apalta 335 D1 333 E5
Apetlon 255 C5
Apkhazeti 277 B4
Apotheke 231 F3 G3
Appenheim 238 D2
Applegate Valley 295 G2
Apremont 152 C5
Apsley Gorge Vineyard 366 E3
Aqueria, Ch d' 136 G6
Aquitania 334 C3
Arabako Txakolina 188 C3
Aranda de Duero 195 C4
Aranyos 265 G4
Ararat 344 G3 359 C1
Arbin 152 C5
Arbois 151 D4
Arbois, Fruitiere Vinicole d' 151 D5
Arboleda 334 E2
Arboleda, la 340 D2
Arborina 163 C4
Arcadia 285 E3
Arcangeli 384 E5
Archangel 375 B5
Archées Kleones 283 E4
Archery Summit 297 D3
Arcuria 185 A5
Ardillats, les 73 C4
Ardoisières, Dom 152 C5
Arenberg, d' 355 D4
Aresti 335 D2
Arezzo 173 B4
Argentiera 175 C4
Argentina 330 D4
Argiano 179 D4
Argillat, l' 61 A2
Argillats, aux 64 F6
Argillats, les 64 E6
Argillières, les, *Gevrey-Chambertin* 65 F4
Argillières, les, *Nuits-St-Georges* 64 F2
Argiolas 186 D5
Árgos 281 D3 283 F4
Argyle 297 D3
Argyros 281 E5
Arhánes 281 F4
Arhéa 283 E4
Arianna Occhipinti 184 G5
Arinzano 188 E5
Arione 163 F5
Arizona 290 C2
Arizona Stronghold 326 B3
Arjolle, Dom de l' 142 F2
Arkansas 290 C4
Arlanza 188 C3
Arlay, Ch d' 151 E4
Arlewood 349 G5
Arlot, Clos de l' 64 F1
Arman Franc 271 A1
Armida 307 D5
Armusèries, les 121 B2
Arnaldo Caprai 181 E6 F6
Arnedo 199 C4
Arnulfo 163 E3
Aroma, Ch 388 A3
Aromes, dom des 390 B3
Aromo, El 335 E3
Árpádhegy 265 F1
Arretxea, Dom 114 G5 G6
Arribes 188 D2
Arrowood 309 C2
Arroyo Grande Valley 320 D2
Arroyo Seco 317 G4
Arruda 208 D4 215 C4 C5
Arsos 284 C5
Artadi 199 F6
Artazu (Artadi) 197 A4 A5
Artemis Karamolegos 281 E5
Artemíssio 283 F3
Artesa 309 D4 311 F5
Artesana 332 G3
Artigas 330 E5 332 E3
Artisans of Barossa 351 C4
Artuke 199 G5
Arvelets, les, *Pommard* 61 E6 62 B1
Arvelets, les, *Gevrey-Chambertin* 67 B2
Arzuaga Navarro 195 C1
Asara 383 E2
Aschaffenburg 247 B1
Ascoli Piceno 173 E5
Asenovgrad 274 E3
Asenovgrad (Assenovgrad) 274 E3
Ash Ridge 369 C4
Ashbourne 384 G5
Ashbrook Estate 349 E5
Ashes & Diamonds 311 E5 F5
Ashton Hills 356 C4
Asili 161 C2
Asolo Prosecco 165 D3 D4
Asprókambos 283 E3
Assisi 173 D4 181 E6
Astella 292 G5
Áster 195 B3
Asti 157 E3
Astley 249 F3
Astrales 195 B3
Astrolabe 373 B2
Asunción 330 D5
At Roca 201 E4
Ata Rangi 370 C4 B4
Ataíde da Costa Martins Semedo 217 C2
Atalánti 281 C3
Atalaya 205 B1
Atamisque 340 D1
Ataraxia 384 F6
Atascadero 320 B1 B2
Atelier de Beau Paysage, l' 387 A4
Ateni 277 C5
Athées, aux 64 G6
Athets, les 65 G5
Athina 281 D3
Atibaia 286 E4
Atlantique 53 E2
Atlas Peak 311 D5 D6
Atsushi Suzuki, Dom 386 A5
Attis Bodegas 193 C3
Atwater 325 C5
Atzberg 256 D6
Au Bon Climat 320 D3
Auberdière, l' 121 B3
Aubues, les 60 G3
Aubuis, les 120 F3
Aubuisières, Dom des 121 B3
Auckland 367 B5
Audebert & Fils 120 D2
Audignac, Clos d' 61 F4
Audrey Wilkinson 365 D4
Auersthal 255 B5
Auf der Heide 233 B5
Auf der Wiltinger Kupp 229 A3
Auleithen 256 D6
Aulerde 239 B3 B4
Auntsfield 373 C2
Aupilhac, Dom d' 142 D3
Aurelia Vişinescu 273 C4 C5
Aurora 286 D4
Aurum 375 D5
Ausseuil, Dom de l' 145 D3
Aussières, Dom d' 141 C4
Aussy, les 61 F4
Austin 326 C6
Auxey-Duresses 55 D5 61 D1
Avancia 192 G4
Avantis 281 C3
Avaux, Clos des 62 C3
Avaux, les 62 C3
Avenay 83 D4
Avenir, l' 383 D2
Aventure, l' 320 B1
Avignonesi 180 A6
Avincis 273 D3
Avize 83 F3
Avoca 344 G4
Avoines, aux 67 C3
Avondale 383 B4 B5
Avontuur 383 F2
Awatere River Wine Co. 374 E5
Awatere Valley 374 F4
Awatere, Lower 374 E5
Axe Hill 379 F5
Axpoint 256 D6
Aÿ 83 D3
Aydie, Ch d' 115 F2
Ayrés 188 E5
Ayze 152 A6
Azalea Springs 311 B2
Azay-le-Rideau 116 B6
Azé 69 C4
Azərbaycan (Azerbaijan) 277 C5 C6
Azucca e Azucco 386 D5
Azul y Granza 197 B6

B Vinters 383 E1
Babadag 273 D5
Babcock 321 B3
Babillères, les 65 F5
Bablut, Dom de 118 B5
Babylon's Peak 381 D4
Babylonstoren 383 C3
Bacalhôa Vinhos, Alentejo 219 E5
Bacalhôa Vinhos, Setúbal 215 E4 E5
Bacchus, Ch 390 C3
Bachen, Ch de 115 E1
Bačka 267 E5
Backsberg 383 C3
Bad Bergzabern 241 E3
Bad Dürkheim 241 B4 243 C1
Bad Kreuznach 234 E3
Bad Krozing 244 E3
Bad Münster am Stein 235 F6
Bad Münster-Ebernburg 234 F3
Bad Neuenahr 223 E2 226 F4 F5
Bad Sobernheim 234 F2
Bad Vöslau 255 C4
Badacsony 263 C2
Badacsonytomaj 263 C2
Badagoni 279 E3
Baden, *Austria* 255 C4 C5
Baden, *Germany* 223 F2 G3
Badenhorst Family Wines, A A 381 D4 D5
Badia a Coltibuono 177 E5
Badische Bergstrasse 244 B5
Badoz, Dom 151 E5
Bagatelle, Clos 141 B4
Bagdad Hills 366 F2
Baglio Hopps 184 F2
Bagnol, Dom du 146 D6
Bagnoli Friularo 165 E4
Bahlingen 245 B4
Baigorri 199 F5
Baiken 237 E3 F3
Baileyana 320 C2
Baileys 359 B5
Baillat, Dom 141 D2
Bainbridge Island 295 A3
Bairrada 208 B4 217 C1
Baixada Finca Dofí, la 202 D4
Baixo Corgo 211 E4 212 D5
Bakhchysarai 277 B2
Baki (Baku) 277 C6
Balaton-felvidék 263 B2 C2
Balatonboglár 263 C2
Balatonfüred 263 C2
Balatonfüred-Csopak 263 B2 C2
Balbaina Alta 205 D4
Balbaina Baja 205 D3
Balboa 300 B4
Balcon de l'Hermitage, le 133 A4 A5
Bald Hills 375 D5
Baldacci 315 B2
Balgownie 359 B3
Balla Geza 273 C1 C2
Ballarat 344 G4 359 C3
Ballard Canyon 320 E3 F3 321 B4 C4
Balnaves 357 D6
Bamboes Bay 379 C1
Banat, *Romania* 273 C2
Banat, *Serbia* 267 E5
Banc, le 60 D1
Bancroft Ranch Vineyard 311 B4
Bandkräftn 260 F3
Banghoek 383 D4
Bannockburn, *Australia* 359 D3
Bannockburn, *New Zealand* 375 D5
Bányász 265 E2
Bányihegy 265 C6
Baraques 66 C5 C6
Barbabecchi 185 A5
Barbadillo 204 A6
Barbanau, Ch 146 D6
Barbara Fores 200 G5
Barbare 285 F3
Barbaresco 157 F3 159 D3 161 C2
Barbeito 221 C3
Barbera d'Alba 157 E3
Barbera d'Asti 159 D4 D5
Barbera del Monferrato 157 E4
Barberani 181 F4
Barbières, les 61 E3
Barboursville 323 F4
Barcelona 188 D6 201 E5
Bardarina 163 E5
Bardolino 165 E2 168 E5
Bardolino Classico 165 E2 168 F5
Barel 285 F3
Bargetto 317 D2 D3
Barguins, les 121 B3
Bargylus, Dom De 286 D4
Bari 182 A5
Baricci 179 B5
Barka, Ch 286 E6
Barkan 287 E4
Barletta 182 A4
Barnard Griffin 299 E1
Barnett 311 B2
Barolo 157 F3 159 E2 E3 163 D2
Baron Balboa 388 A4
Barón Balch'e 327 D4
Barón de Ley 199 B3
Baron Widmann 167 F5
Baronarques, Dom de 140 D6
Barone di Villagrande, *Aeolian Islands* 184 D5
Barone di Villagrande, *Sicily* 185 B5 C5
Baronne, Ch la 141 C2
Barossa Valley 344 E2 351 C3 352 D3 D4
Barossa Valley Estate 351 B3
Barottes, les 65 F5
Barr 125 B4
Barra 304 D3
Barraco 184 F2
Barrancas 340 C2
Barratt Wines 356 C4
Barraud, Dom 70 B3
Barre Dessus, la 61 F2
Barre, Clos de la 61 F2
Barre, en la 61 F2
Barre, la, *Volnay* 61 F4
Barre, la, *Vouvray* 121 B3 C5
Barres, es 67 C3
Barres, les 63 D6
Barrières, aux 65 F1
Barroche, Dom la 139 E3
Barros, Artur de & Sousa 221 D3
Barroubio, Dom de 141 B3
Barsac 85 E4 105 A3
Barta 265 F2
Bártfai 265 E2
Bartho Eksteen 384 G5
Bartholomew Park 309 D3
Bartinney 383 D4
Bartoli, de 184 F2
Barton 384 E5
Barwick Estate 349 D5
Bas Chenevery 66 C2
Bas de Combe, au 65 F1
Bas de Gamay à l'Est, le 60 E3
Bas de Monin, le 60 D2
Bas de Poillange, au 60 B6
Bas des Duresses 61 E2
Bas des Saussilles, le 62 B2
Bas des Teurons, le 62 C4
Bas Doix, les 65 F4
Bas Liards, les 63 B1
Bas Marconnets 63 C1
Bas-Valais 253 F1
Bas, Ch 146 B5
Basarin 161 D3
Basel 251 A3
Baselbiet 251 A3
Basket Range 356 C4
Bass Phillip 359 D5
Basses Chenevières, les 67 C1 C2
Basses Mourottes 63 C5
Basses Vergelesses 63 B2
Basses Vergelesses, les 63 B3
Bassgeige 245 C2 C3
Basté, Clos 115 F2
Bastei 235 F5
Bastianich 171 B3

Gazetteer 지명색인 413

Acknowledgments 감사인사

We would like to thank the following for their invaluable specialist expertise, and particularly apologize to those we may have overlooked.

Introduction *History* Dr Patrick E McGovern; *Key Facts Climate Data, Temperature and Sunlight, Water into Wine, The Changing Climate* Dr Gregory V Jones; *Beneath the Vines* Dr Rob Bramley; Professor Alex Maltman; Pedro Parra; Professor Robert White; *How Wine is Made* Matt Thomson; *The Bottom Line* Ines Salpico; Vinea Transaction; Sarah Phillips, Liv-ex; Farr Vinters; The Wine Society; Berry Bros & Rudd; Bruce Nemet

France *Burgundy* Jasper Morris MW; *Côte d'Or geology* Professor Alex Maltman; *Northern Côte de Nuits map* Françoise Vannier, Emmanuel Chevigny, adama; *Beaujolais* Jasper Morris MW, Jean Bourjade, Inter Beaujolais; *Champagne* Peter Liem; *Bordeaux* James Lawther MW; Alessandro Masnaghetti; Cornelis van Leeuwen; *Southwest France* Paul Strang; *Loire* Jim Budd; *Alsace* Foulques Aulagnon, CIVA; *Rhône* John Livingstone-Learmonth; Michel Blanc; *Languedoc-Roussillon* Matthew Stubbs MW; *Provence* Elizabeth Gabay MW; *Corsica* Marcel Orford-Williams; *Jura, Savoie, Bugey* Wink Lorch

Italy Walter Speller; *Alto Piemonte* Cristiano Garella; *Etna* Patricia Toth; *Sardinia* Claudio Olla

Spain Ferran Centelles; *Andalucía* Jesús Barquín; Eduardo Ojeda; *Climate maps* Roberto Serrano-Notivoli, Santiago Beguería, Miguel Ángel Saz, Luis Alberto Longares, Martín de Luis, University of Zaragoza

Portugal Sarah Ahmed; Frederico Falcão; IVV; *Alentejo* Francisco Mateus, Maria Amélia Vaz Da Silva, CVRA; *Port and Madeira* Richard Mayson; *Douro* Paul Symington

Germany Michael Schmidt; VdP

England and Wales Stephen Skelton MW; Margaret Rand

Switzerland José Vouillamoz; Gabriel Tinguely; François Bernaschina

Austria Luzia Schrampf; Susanne Staggl, Osterreich Wein Marketing

Hungary Gabriella Mészáros

Czechia Klára Kollárová

Slovakia Edita Durčová

Serbia Caroline Gilby MW

North Macedonia Ivana Simjanovska

Albania Jonian Kokona

Kosovo Sami Kryeziu

Montenegro Vesna Maraš

Bosnia & Herzegovina Zeljko Garmaz

Croatia Professor Edi Maletić; Professor Ivan Pejić; Dr Goran Zdunić

Slovenia Robert Gorjak

Romania Caroline Gilby MW

Bulgaria Caroline Gilby MW

Moldova Caroline Gilby MW

Russia Volodymyr Pukish

Ukraine Volodymyr Pukish

Armenia Dr Nelli Hovhannisyan

Azerbaijan Mirza Musayev

Georgia Tina Kezeli; Dr Patrick E McGovern

Greece Konstantinos Lazarakis MW

Cyprus Caroline Gilby MW

Turkey Umay Çeviker

Lebanon Michael Karam

Israel Adam Montefiore

North America *USA* Doug Frost MW MS; *Canada* Rod Phillips; *Pacific Northwest, California, and Arizona* Elaine Chukan Brown; *New York* Kelli White; *Texas and New Mexico* James Tidwell; *Virginia* Dave McIntyre; *Mexico* Carlos Borboa

South America *Bolivia and Peru* Cees van Casteran; *Uruguay* Martín López; *Brazil* Eduardo Milan; Maurício Roloff, IBRAVIN; *Chile* Patricio Tapia; Joaquín Almarza; Maria Pia Merani; *Argentina* Andres Rosberg; *Mendoza* Edgardo Del Pópolo

Australia Huon Hooke

New Zealand Sophie Parker-Thomson; *New Zealand's grapes statistics* New Zealand Winegrowers; *Marlborough soil map* Richard Hunter; Marcus Pickens

South Africa Tim James

India Reva Singh

Asia Denis Gastin

Japan Ken Ohashi; Ryoko Fujimoto

China Young Shi; Fongyee Walker

Photographs

The publishers would like to acknowledge and thank all the wineries, producers and their agents, as well as photographic agencies and photographers, who have kindly supplied images for use in this book.

2 Château Cheval Blanc. Photo Gerard Uferas; 7 photo Chris Terry; 8 Weingut am Stein. Photo Stefan Schütz; 10 Mondadori Portfolio/Electa/akg-images; 11 ImageBroker/Alamy Stock Photo; 13l Wines of Bolivia; 13r Freeprod/ Dreamstime.com; 13c Quintanilla/Dreamstime.com; 18 Ningxia Wines; 19a Domaine St Jacques, Canada; 19b Thierry Gaudillière; 20 Amanda Barnes, South American Wine Guide; 21l & r Gavin Quinney, gavinquinney.com; 23 US Army Photo/Alamy Stock Photo; 24a All Canada Photos/Alamy Stock Photo; 24b Underworld/Dreamstime.com; 25l Barossa Grape & Wine Association; 25r Pedro Parra y Familia. Photo Paul Krug; 26 Per Karlsson, BKWine 2/Alamy Stock Photo; 27l Wikipedia. Karl Bauer/CC BY 3.0 (https://creativecommons.org/licenses/by/3.0/at/deed.en); 27c mazzo1982/iStock; 27r Whiteway/iStock; 29 Jean-Bernard Nadeau/Cephas; 30a Corison Winery; 30b Ralf Kaiser, instagram.com/weinkaiser; 36 Jon Wyand; 37a Pablo Blazquez Dominguez/Getty Images; 37b, from left, Octopus Publishing Group x 2, Per Karlsson/BKWine 2/Alamy Stock Photo, Gregory Dubus/iStock, Octopus Publishing Group; www.vinolok. com; 39 Emmanuel Lattes/Alamy Stock Photo; 40b www.bartapince.com; 40a Symington Family Estates; 43a Matt Martin; 43b Octopus Publishing Group; 45al Neydtstock/iStock, 45br Vacu Vin, www.vacuvin.com, all others siscosoler/iStock; 50 Massimo Ripani/4Corners Images; 54, 61, 65 Jon Wyand; 63 Ricochet69/Dreamstime.com; 67 Malcolm Park/Alamy Stock Photo; 71 CW Images/Alamy Stock Photo; 72 Gaelfphoto/Alamy Stock Photo; 76 Joerg Lehmann/Stockfood; 78 Thierry Gaudillière; 82 Victor Pugatschew; 87 Photo Anaka/La Cité du Vin/XTU Architects; 88 Will Lyons, @Will_Lyons; 90 Daan Kloeg/Alamy Stock Photo; 92 Jon Wyand; 94 Georges Gobet/AFP/Getty Images; 95 Château Talbot; 96 Kate Williams; 98 Château Marquis d'Alesme. Photo Eloise Vene; 102 Archives Bordeaux Métropole, Bordeaux XL B 70; 104 Tim Graham/Getty Images; 108 Jerónimo Alba/Alamy Stock Photo; 114 Jacques Sierpinskki/Hemis/Alamy Stock Photo; 119 Per Karlsson, BKWine 2/Alamy Stock Photo; 122 Christian

Guy/Hemis/Alamy Stock Photo; 126 Elmar Pogrzeba/Zoonar/Alamy Stock Photo; 128 Camille Moirenc/Hemis/Alamy Stock Photo; 129 Andy Christodolo/Cephas Picture Library; 130 Philippe Desmazes/AFP/Getty Images; 132 Pierre Witt/Hemis/Alamy Stock Photo; 134 Mick Rock/Cephas Picture Library; 138 © Fédération des Syndicats de Producteurs de Châteauneuf-du-Pape; 143 René Mattes/Hemis/Alamy Stock Photo; 144 Hilke Maunder/Alamy Stock Photo; 146 Joseph Sohm/Visions of America/Getty Images; 151 Xavier Fores - Joana Roncero/Alamy Stock Photo; 153 Arcangelo Piai/4Corners Images; 155 Azienda Agricola Fontodi; 158 Ceretto Wines; 160 javarman3/iStock; 162 age fotostock/Alamy Stock Photo; 164 Conegliano Valdobbiadene Prosecco Superiore DOCG. Photo Arcangelo Piai; 168 Alberto Zanoni/Alamy Stock Photo; 170 Azienda Agricola Gravner. Photo Alvise Barsanti; 172 Markus Gann/Zoonar GmbH/Alamy Stock Photo; 174 Ornellaia. Photo Paolo Woods; 178 Daniel Schoenen/Getty Images; 180 Shaiith/iStock; 187, 189 age fotostock/Alamy Stock Photo; 190 Bodegas Monje; 194 Noradoa/Shutterstock; 196 Mick Rock/ Cephas Picture Library; 201 @raventosiblanc; 203 Consejo Regulador de los Vinos de Jerez; 204 age fotostock/Alamy Stock Photo; 206 M Seemuller/De Agostini/Getty Images; 207 Azores Wine Company; 213 Symington Family Estates; 214 Dimaberkut/Alamy Stock Photo; 216 Carole Anne Ferris/Alamy Stock Photo; 218 Comissão Vitivinicola Regional Alentejana (CVRA); 220 Merten Snijders/Getty Images; 222 Stadt Bad Dürkheim; 224 Verband Deutscher Prädikatsweingüter (VDP); 226 Rainer Unkel/age fotostock; 228 Zilliken VDP. Weingut Forstmeister Geltz Zilliken; 230 Hans-Peter Merten/Getty Images; 232 Holger Klaes/Klaes Images; 235 Verband Deutscher Prädikatsweingüter (VDP); 237 Pearl Bucknall/Alamy Stock Photo; 240 Kühling-Gillot; 243 Weingut Dr Bürklin Wolf; 246 Bildarchiv Monheim GmbH/Alamy Stock Photo; 247 UKraft/Alamy Stock Photo; 248 Helen Dixon/Alamy Stock Photo; 250 dvoevnore/iStock; 253 photo José Vouillamoz; 257 Stefan Rotter/Alamy Stock Photo; 258a Malat. at; 258b Loisium Wine & Spa Resorts | South Styria & Kamptal; 261 xeipe/iStock; 264 StockFood Ltd/Alamy Stock Photo; 269 Neil Watson; 270 xbrchx/iStock; 272 Agricola Stirbey; 275 Orbelia Winery. Photo Raya Chorbadzhiyska; 276 alexabelov/iStock; 278 Akhmeta Wine House. Photo

Ann Imedashvili; 279 Ivan Nesterov/Alamy Stock Photo; 280 Tramont_ana/Shutterstock; 282 Alpha Estate; 284 Amir Makar/AFP/Getty Images; 288 Washington State Wine © Andrea Johnson Photography 289; Vignoble Rivière du Chêne; 291 David Boily/AFP/Getty Images; 294 Janis Miglavs; 296 Leslie Brienza/iStock; 299 Richard Duval/DanitaDelimont/Alamy Stock Photo; 301 Washington State Wine © Andrea Johnson Photography; 305 Hirsch Vineyards; 308 Benziger; 310 © Robert Holmes; 313 Turley Wine Cellars; 315 Stag's Leap Wine Cellars; 316l & r Technical Imagery Studios; 319 Sashi Moorman; 322 Eric Feinblatt; 329 Efrain Padro/Alamy Stock Photo; 331 ImageBroker/Alamy Stock Photo; 337 Matt Wilson; 338 Federico Garcia/Garcia Betancourt; 341 Wines of Argentina; 342 Robert Detttman/Straydog Photography; 348a Leeuwin Estate; 348b Gilbert Wines. Photo Lee Griffith; 350 Barossa Grape & Wine Association; 352 Henschke. Photo Dragan Radocaj; 353 Pikes Wines, Polish Hill, Clare Valley, SA/Photo John Krüger; 354 Kay Brothers, McLaren Vale. Photo Josh Beare; 357 Kevin Judd/Cephas; 358 Victor Pugatschew; 360a Mount Langi Ghiran Vineyards; 360b Nicholas Brown/All Saints Estate; 362 Global Ballooning Australia; 364 R. Ian Lloyd/Mauritius Images/Masterfile RM; 370 Craggy Range Vineyards. Photo Rich Brim; 371 Tikiwine & Vineyards, Waipara, North Canterbury; 374 Jim Tannock/Yealands Estate; 376 Hamilton Russell Vineyards; 378 Old Vine Project; 380 Mick Rock/Cephas Picture Library; 382 Vergenoegd Löw Wine Estate, Stellenbosch, South Africa; 384 Iona Wine Farm; 385 Sula Vineyards; 386 Julia Harding MW; 390 Janis Miglavs.

Illustrations
Lisa Alderson/Advocate 12, 15a, 16 all excepting ar, 17 all excepting bl, 31;
Fiona Bell Currie 14, 15b & c, 16ar, 17bl;
Jessie Ford 14–17 card design, 22, 23, 32–33, 34–35, 38, 41, 42, 44, 46, 47

Cover
Cover image source: maximmmmum/Shutterstock